교통안전표지일람표

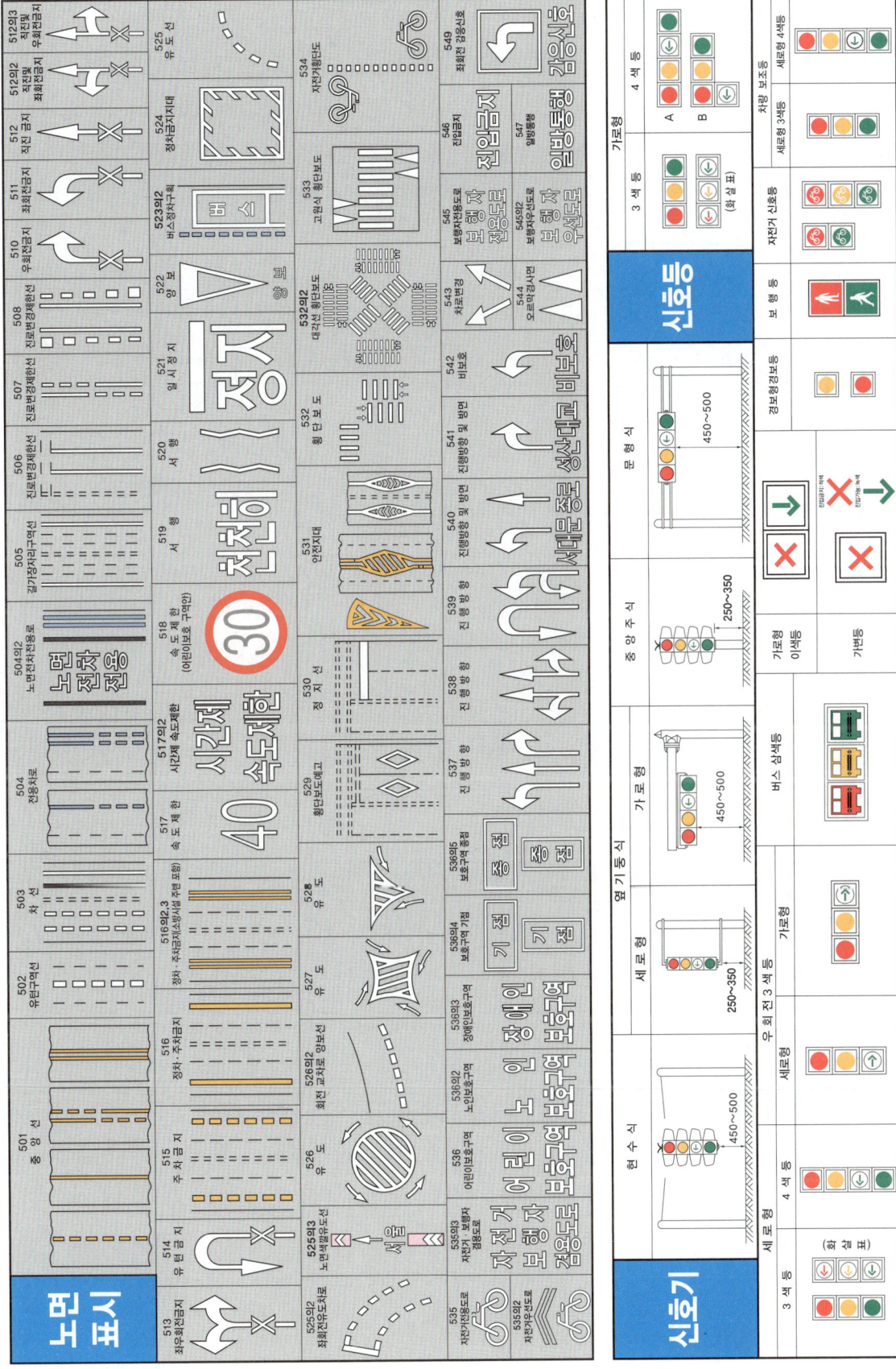

자동차 운전·전문학원 취업시험 대비!!

기능검정원
기능/학과 강사
필기시험
출제예상문제

자동차운전 전문학원 기능·학과강사, 기능검정원의 자격시험 응시요령

※ 도로교통법 제106조 및 제107조 같은 법 시행규칙 제118조 등 규정에 의한 자동차운전 전문학원의 기능 및 학과강사, 기능검정원의 자격시험 실시공고

1. **선발대상**
   ① **기능검정원** : 자동차운전 전문학원에서 기능검정(운전면허기능시험)을 실시하는 사람
   ② **기능강사** : 자동차운전 전문학원 또는 자동차운전학원에서 운전에 필요한 기능교육을 지도하는 강사
   ③ **학과강사** : 자동차운전 전문학원 또는 자동차운전학원에서 운전에 필요한 학과교육을 지도하는 강사

2. **응시 결격(도로교통법 제106조, 제107조)**
   (1) 학과강사 및 기능강사
   ① 「도로교통법」 제83조 제1항 제4호 및 같은 조 제2항에 따른 자동차등의 운전에 필요한 기능과 도로에서의 운전 능력을 익히기 위한 교육에 사용되는 자동차등을 운전할 수 있는 운전면허를 받지 아니한 사람
   ② 기능교육에 사용되는 자동차를 운전할 수 있는 운전면허를 받은 날부터 2년이 지나지 아니한 사람(연수교육 수료일 기준)

   (2) 기능검정원
   ① 기능검정에 사용되는 자동차를 운전할 수 있는 운전면허를 받지 아니하거나 운전면허를 받은 날부터 3년이 지나지 아니한 사람(연수교육 수료일 기준)

   (3) 공통요건: 나이·학력 제한 없음
   ① 「교통사고처리 특례법」 제3조 제1항 및 「특정범죄 가중처벌 등에 관한 법률」 제5조의3(도주차량 운전자의 가중처벌), 제5조의11(위험운전 등 치사상) 제1항, 제5조의13(어린이 보호구역에서 어린이 치사상의 가중처벌)에 따른 죄 및 「성폭력범죄의 처벌 등에 관한 특례법」 제2조(정의)에 따른 성폭력범죄 및 「아동·청소년성보호에 관한 법률」 제2조(정의) 제2호에 따른 아동·청소년대상 성범죄
   위에 어느 하나에 해당하는 죄를 저질러 금고 이상의 형을 선고받고 그 집행이 끝나거나 집행이 면제된 날부터 2년이 지나지 아니한 사람 또는 그 집행유예 기간 중에 있는 사람(연수교육 수료일 기준)
   ② 「도로교통법」 제106조, 제107조 제5항에 따라 강사 및 기능검정원의 자격이 취소된 경우 그 자격이 취소된 날부터 3년이 지나지 아니한 사람(연수교육 수료일 기준)
   ㉠ 거짓이나 그 밖의 부정한 방법으로 강사(기능검정원) 자격증을 발급받은 경우
   ㉡ 기능교육(검정)에 사용되는 자동차를 운전할 수 있는 운전면허가 취소된 경우
   ㉢ 강사(기능검정원)의 자격정지 기간 중에 교육(기능검정)을 한 경우
   ㉣ 강사(기능검정원)의 자격증을 다른 사람에게 빌려준 경우 등

3. 시험 과목

   (1) (1차) 필기시험(1과목 당 50문제 및 시험시간 60분) ※ 컴퓨터 활용한 시험(CBT)

교시(시간)	학과강사	기능강사	기능검정원
1교시(60분)	교통안전수칙	교통안전수칙	교통안전수칙
2교시(60분)	전문학원 관계법령	전문학원 관계법령	전문학원 관계법령
3교시(60분)	학과교육 실시요령	기능교육 실시요령	기능검정 실시요령

   ① 응시생별 매 교시 문제(답안)지 제출 후 10분간 휴식 시간 부여
   ※ 휴식 시간(10분) 경과 시 자동으로 다음 교시 시험이 시작되며, 시험 시작된 후 10분간 답안 입력이 없는 경우 자동 실격 처리되오니 반드시 이 점에 유의하시기 바랍니다.
   ㉠ 휴식 시간 중이라도 시험장 내에서는 관련 교재를 보거나 휴대폰 사용 등 불가함
   ㉡ 휴식 시간 사용 여부는 응시생의 선택적 사항으로 휴식 없이 다음 교시 진행도 가능
   ㉢ 문제(답안)지를 제출하지 않고 시험 도중 퇴실은 불가함(퇴실 시 실격)
   ② 자격시험 종별(학과강사ㆍ기능강사ㆍ기능검정원) 응시 횟수는 회차별 1회만 가능

   (2) (2차) 실기시험
   ①「도로교통법」제83조 제2항에 따른 제1종 보통운전면허 도로주행시험과 동일
   ② 필기시험 합격자에 한해 합격일로부터 1년 이내에 2번의 응시 기회 부여
   ※ 단, 운전면허시험장장이 지정한 일정에만 응시 가능하며, 실기시험 당일까지「도로교통법」제83조 제2항에 규정된 제1종 보통운전면허 도로주행시험용 차량을 운전할 수 있는 운전면허 소지자에 한함(1종 보통(자동) 및 연습면허 제외)

   (3) 시험 일부 면제
   ① 학과강사ㆍ기능강사ㆍ기능검정원 자격증 중 어느 하나를 받은(소지) 사람인 경우 1차 필기시험 중 교통안전수칙 및 전문학원 관계법령 시험을 면제함

4. 합격 기준(공통)

   (1) (1차) 필기시험: 매 과목 100점 만점으로 하여 매 과목 40점 이상, 전 과목 평균 60점 이상 득점한 자
   (2) (2차) 실기시험: 제1종 보통운전면허 도로주행시험에서 85점 이상 득점한 자

5. 합격자 발표

   (1) (1차) 필기시험: 시험 종료 후 합격 여부 발표
   (2) (2차) 실기시험: 시험 종료 후 합격 여부 발표

6. 응시관련 제출서류 및 수수료

   (1) 응시원서(별첨 1 소정양식), 컬러사진(3.5㎝×4.5㎝, 최근 6개월 이내 촬영) 2매
   ① 응시원서는 자필로 기재하고, 착오 등으로 인한 불이익은 응시자의 책임
   (2) 응시수수료: 필기시험 15,000원, 기능시험(도로주행) 30,000원
   ① 공단 운전면허수수료 징수 규칙에 따라 공고 이후 수수료 변경될 수 있음
   ② 응시 취소 시 수수료 반환은 도로교통법령 및 공단 규정에 따름
   (3) 학과강사ㆍ기능강사ㆍ기능검정원 자격증 사본 1부(자격증 소지자에 한함)
   (4) 신분증명서(주민등록증, 여권, 자동차운전면허증 등)

7. 자격시험 일정 및 접수 안내

   (1) 응시접수(평일 09:00~18:00, 토 · 일 · 공휴일은 접수하지 않음)
   ① 접수방법: 온라인(PC만 가능하고 모바일은 접수 불가함) 및 시험장 방문
      〈온라인 접수〉한국도로교통공단 안전운전통합민원(www.safedriving.or.kr)
      〈시험장 방문 접수〉전국 운전면허시험장에서 접수 가능(시스템 운영 관계상 본인이
              방문한 시험장 외 타 시험장 응시 접수는 불가함)
      ※ 실기시험의 접수는 필기시험을 합격한 시험장에만 응시접수 가능
   ② 접수기간: (필기) 아래 접수기간 참고
              (실기) 희망 시험일을 선택 후 해당 시험일 6일 전까지 접수해야 함
      ㉠ 일정변경은 기 접수한 시험의 접수기간 내에서만 다른 날로 변경 가능
      ㉡ 일정변경을 희망하시는 날에 접수가 마감된 경우 별도로 추가 접수는 하지 않음

구 분		(1차) 필기시험 〈전국 27개 운전면허시험장에서 시행〉		(2차) 실기시험
	회차	접수기간	시험일자	
학과 강사	1회차	1. 21.(화) ~ 1. 23.(목)	2. 4.(화) / 2. 11.(화)	3. 11.(화) 3. 18.(화) 6. 10.(화) 6. 17.(화) 10. 14.(화) 10. 21.(화)
	2회차	4. 22.(화) ~ 4. 24.(목)	5. 13.(화) / 5. 20.(화)	
	3회차	8. 19.(화) ~ 8. 21.(목)	9. 9.(화) / 9. 16.(화)	
	회차	접수기간	시험일자	
기능 강사	1회차	1. 21.(화) ~ 1. 23.(목)	2. 5.(수) / 2. 12.(수) / 2. 19.(수)	3. 12.(수) 3. 19.(수) 6. 11.(수) 6. 18.(수) 10. 15.(수) 10. 22.(수) 10. 29.(수)
	2회차	4. 22.(화) ~ 4. 24.(목)	5. 7.(수) / 5. 14.(수) / 5. 21.(수)	
	3회차	8. 19.(화) ~ 8. 21.(목)	9. 10.(수)/9. 17.(수)/9. 24.(수)	
	회차	접수기간	시험일자	
기능 검정원	1회차	1. 21.(화) ~ 1. 23.(목)	2. 6.(목) / 2. 13.(목)	3. 13.(목) 3. 20.(목) 6. 12.(목) 6. 19.(목) 10. 16.(목) 10. 23.(목)
	2회차	4. 22.(화) ~ 4. 24.(목)	5. 15.(목) / 5. 22.(목)	
	3회차	8. 19.(화) ~ 8. 21.(목)	9. 11.(목) / 9. 18.(목)	

   (2) 필기 시험시간(전국 운전면허시험장 동일)
      (오전) 10:00 ~ 11:00 〈시험 일부 면제자〉
      (오후) 13:30 ~ 16:50 〈일반 응시자〉
   (3) 실기 시험시간: 시험장별 시험시간이 상이하오니 접수 시 시험시간을 반드시 확인

8. 유의 사항

(1) 우리 공단은 자격증 취득자에 대하여 취업을 알선하거나 보장하지 않습니다.
(2) 필기 및 실기시험은 각 시험장 수용인원에 따라 응시인원 제한 있으며(선착순 접수)
　　 필기 응시인원은 회차별 첫 필기시험일 20일 전에 각 시험장 홈페이지 및 게시판 등 공고
(3) 부정행위자는 해당시험을 무효로 처리하고, 처분일로부터 2년간 해당 시험에 응시 불가함
(4) 응시생은 신분증·응시표를 지참하시고 시험시작 시간 20분 전까지 시험장에 도착하시어 시험 진행과 관련된 안내를 듣고 신분확인 완료(시험시작 전까지 신분확인이 완료되지않은 경우 해당시험 응시불가(불참)로 불합격 처리되오며 응시취소 및 일정변경 불가함)
(5) 본 시험운영 및 기준 등 관련되어 도로교통법령 개정(시행) 시 개정된 법령에 따름
(6) 최종합격자는 실기시험 합격일로부터 2년 이내에 연수교육까지 이수해야만 자격증 취득 가능하며, 자격증 취득자만이 필기시험 일부 면제됨(교육 및 자격증 교부 비용은 본인 부담)
　　 ※ 연수교육 접수 문의는 하단 전화번호 참고

9. 전국 운전면허시험장 및 주소

지역	운전면허시험장(주 소)	지역	운전면허시험장(주 소)
서울	강 남(강남구 테헤란로114길 23)	강원	춘 천(산북읍 신북로 247)
	도 봉(노원구 동일로 1449)		강 릉(사천면 중앙서로 464)
	강 서(강서구 남부순환로 171)		원 주(호저면 사제로 596)
	서 부(마포구 월드컵로42길 13)		태 백(수아밭길 166)
부산	북 부(사상구 사상로367번길 35)	충북	청 주(상당구 가덕면 교육원로 131-20)
	남 부(남구 용호로 16)		충 주(대가주1길 16)
대구	대 구(북구 태암남로 38)	충남	예 산(오가면 국사봉로 500)
인천	인 천(남동구 아암대로 1247)	전북	전 북(전주시 덕진구 팔복로 359)
울산	울 산(울주군 상북면 봉화로 342) 울 산(울주군 상북면 봉화로 342)	전남	전 남(나주시 내영산2길 49)
			광 양(광양읍 대학로 11)
대전	대 전(동구 산서로1660번길 90)	경북	문 경(신기공단1길 12)
경기	용 인(기흥구 용구대로 2267)		포 항(남구 오천읍 냉천로 656)
	안 산(단원구 순환로 352)	경남	마 산(마산합포구 진동면 진북산업로 90-1)
	의정부(금오로109번길 55)	제주	제 주(제주시 애월읍 평화로 2072)

10. 홈페이지 및 전화번호 안내

홈페이지	고객지원센터	자격시험(면허시험처)	연수교육(교육운영처)
www.koroad.or.kr	☎ 1577-1120	☎ 052-216-1629	☎ 033-749-5318

응 시 원 서

운전면허시험장장 귀하

도로교통법시행규칙 제118조 규정에 의거 다음과 같이 자격시험 응시원서를 제출합니다.

응시자	성 명	( )	주민등록번호	~		컬러사진 (탈모·무배경) 3.5cm×4.5cm
	주 소					
	연락처	집:( ) 직장:( ) 휴대폰: e-mail:				
응시시험	신규 ☐ 추가취득 ☐		1. 기능검정원 ☐ 2. 학과강사 ☐ 3. 기능강사 ☐	면제과목	교통안전수칙 ☐ 전문학원 관계법령 ☐	
소지자격증	종별 :		자격증번호 :			
소지면허	종별 :		면허번호 :			

년   월   일

신 청 인   ㊞

응 시 표

접수 번호 :
접수년월일 :   운전면허시험장장   ㊞

응시자	성 명	( )	주민등록번호	~		컬러사진 (탈모·무배경) 3.5cm×4.5cm
	주 소					
	연락처	집:( ) 직장:( ) 휴대폰: e-mail:				
응시시험	신규 ☐ 추가취득 ☐		1. 기능검정원 ☐ 2. 학과강사 ☐ 3. 기능강사 ☐	면제과목	교통안전수칙 ☐ 전문학원 관계법령 ☐	
소지자격증				최종합격일		

1차 필기시험				2차 기능시험			
년월일	수험번호	판정	확인인	년월일	수험번호	판정	확인인

210mm×297mm
(인쇄용지(특급) 120g/m²)

응시원서 기재요령

1. 모든 내용은 정자로 정확하게 기재하여야 하며, 특히 숫자는 명확하게 기재하여 주시기 바랍니다.
2. 성명 : 한글로 쓰고 ( ) 안에 한자로 정자로 기재하십시오.
3. 주민등록번호 : 생년월일과 주민번호 7개 숫자를 정확히 기재하여 주십시오.
4. 컬러사진란 : 최근 6개월 이내에 촬영한 3.5cm×4.5cm 규격의 탈모 상반신 컬러 사진을 부착하여 주시기 바랍니다.
5. 주소지는 주민등록상의 주소지를 기재합니다.
6. 응시원서, 응시표의 연락처는 연락을 받을 수 있는 것을 기재합니다.
7. 응시시험(신규, 추가 취득)은 기능검정원, 학과강사, 기능강사 중 하나를 □ 안에 표시하기 바랍니다.
8. 면제과목은 일부시험 면제자(다른 강사(학과강사 등) 자격증 소지자)가 □ 안에 표시하기 바랍니다.
9. 소지자격증 : 자격증 종별과 자격증 번호를 기재합니다.
10. 소지 운전면허란 : 면허종별, 면허번호를 정자로 기재하시기 바랍니다.

영 수 필 증 붙 이 는 곳				
1	2	3	4	5

유의사항	1. 응시자는 필기·기능시험 시간 20분 전에 시험장에 입장완료하여야 합니다. 2. 시험장에서는 반드시 응시표와 주민등록증, 여권 등 국가 또는 지방자치단체가 발행한 신분증명서(사진이 첨부된 것에 한합니다) 및 컴퓨터용 사인펜을 가지고 와야 합니다. 3. 1차시험(필기시험)의 합격유효기간은 필기시험에 합격한 날로부터 1년이며 동 기간 내에 2회에 한하여 2차시험(장내기능시험)을 응시할 수 있습니다. 4. 장내기능시험 불합격으로 다시 응시하고자 하는 때에는 영수필증을 새로 붙여 제출하여야 합니다. 5. 시험 중 부정한 행위를 한 사람은 그 시험을 무효로 하고 당해 시험일로부터 2년간 시험응시자격이 정지됩니다.

차 례

제1편 교통안전수칙

⟨기능검정 및 기능 · 학과교육 공통과목⟩

❖	용어의 정의	18
	적중출제예상문제	24
제1장	도로이용자가 다같이 지켜야 할 사항	26
	적중출제예상문제	39
제2장	보행자의 안전보행과 보행자 보호	47
	적중출제예상문제	55
제3장	교통신호기와 교통안전표지 등	59
	적중출제예상문제	69
제4장	자동차의 구조와 점검	81
	적중출제예상문제	102
제5장	자동차의 안전운전	124
	적중출제예상문제	153
제6장	안전운전에 필요한 지식	176
	적중출제예상문제	194
제7장	고속도로에서의 안전운행	207
	적중출제예상문제	216
제8장	특별한 상황에서의 안전운전	221
	적중출제예상문제	227
제9장	교통사고 처리특례와 처리방법	231
	적중출제예상문제	241
제10장	교통사고 현장에서의 응급처치	247
	적중출제예상문제	255
제11장	자동차의 등록 및 관리	259
	적중출제예상문제	269
제12장	운전면허의 관리	273
	적중출제예상문제	304

차 례

제2편 전문학원 관계법령

〈기능검정 및 기능·학과교육 공통과목〉

제1장	운전면허시험제도	317
	적중출제예상문제	366
제2장	자동차운전 전문학원제도	383
제1절	자동차운전학원의 변천과정과 도입배경	384
제2절	자동차운전학원의 등록	386
	적중출제예상문제	395
제3절	자동차운전 전문학원 지정	398
	적중출제예상문제	445
제3장	교통안전교육	473
	적중출제예상문제	489

제3편 기능검정 실시요령

〈기능검정 단독과목〉

제1장	기능검정의 기본이념	495
	적중출제예상문제	503
제2장	기능검정의 실제	507
	적중출제예상문제	523
제3장	기능검정의 기술연구	540
	적중출제예상문제	545
제4장	기능검정 시 안전운전 지식	548
	적중출제예상문제	556

제4편 기능 및 학과교육 실시요령

〈기능 및 학과교육 공통과목〉

제1장	운전교육에 필요한 기본지식	563
	적중출제예상문제	587
제2장	자동차운전기법과 안전운전지식	600
	적중출제예상문제	611
제3장	자동차의 구조와 점검	614

〈기능교육 단독과목〉

제4장	기능교육의 기본이념	615
	적중출제예상문제	626
제5장	기능교육의 실제	635
	적중출제예상문제	653

〈학과교육 단독과목〉

세6장	학과교육의 기본이념	660
	적중출제예상문제	668
제7장	학과교육의 실제	673
	적중출제예상문제	690
제8장	학과교육과정별 지도목표	698
	적중출제예상문제	701

〈특별부록〉
위험예측 그림문제 ················ 705

교통안전수칙

〈기능검정 및 기능·학과교육 공통과목〉

용어의 정의	…………………………………	18
제1장	도로이용자가 다같이 지켜야 할 사항 …………	26
제2장	보행자의 안전보행과 보행자 보호 ………………	45
제3장	교통신호기와 교통안전표지 등 …………………	57
제4장	자동차의 구조와 점검 ……………………………	79
제5장	자동차의 안전운전 …………………………………	122
제6장	안전운전에 필요한 지식 …………………………	174
제7장	고속도로에서의 안전운행 …………………………	203
제8장	특별한 상황에서의 안전운전 ……………………	217
제9장	교통사고 처리특례와 처리방법 …………………	227
제10장	교통사고 현장에서의 응급처치 …………………	243
제11장	자동차의 등록 및 관리 …………………………	255
제12장	운전면허의 관리 …………………………………	267

용어의 정의

1. **도 로**(법제2조제1호)

    도로란 도로법에 따른 도로, 유료도로법에 따른 유료도로, 농어촌도로 정비법에 따른 농어촌도로, 그 밖에 현실적으로 불특정 다수의 사람 또는 차마(車馬)가 통행할 수 있도록 공개된 장소로서 안전하고 원활한 교통을 확보할 필요가 있는 장소
    ① 도로법에 따른 도로 : 고속국도, 일반국도, 특별시도(광역시도), 지방도, 시·군·구도
    ② 유료도로법에 따른 유료도로 : 통행료를 징수하는 도로
    ③ 농어촌도로 정비법에 따른 농어촌도로 : 면도(面道), 이도(里道), 농도(農道)
    ④ 그 밖의 일반 교통에 사용되는 모든 곳 : 공지, 해변, 광장, 유원지, 사도 등

    > **해설**
    >
    > **도로와 도로 아닌 곳의 구분**
    > 1. 도로에 해당되는 곳 : 산림도로, 깊은 산속 비포장 도로, 아파트 단지 내 도로, 공원·휴양지 도로, 차로, 교차로, 차도, 차선 등 교통에 이용되고 있는 도로
    > 2. 도로가 아닌 곳 : 출입이 제한된 학교 운동장 및 유료주차장 내, 자동차운전학원 실습장, 해수욕장 모래길 등은 도로교통법 상 도로로 보지 않는다.

2. **자동차전용도로**(법제2조제2호)

    자동차만 다닐 수 있도록 설치된 도로를 말한다.

3. **고속도로**(법제2조제3호)

    자동차의 고속 운행에만 사용하기 위하여 지정된 도로를 말한다.

    > **해설**
    >
    > **고속도로의 개념**
    > 1. 고속도로는 경인, 경부, 중부(제2중부), 영동, 중앙, 남해, 중부내륙, 88올림픽, 서해안, 논산-천안 간, 대구-부산 간, 통영-대전 간, 호남고속도로 등이 있다.
    > 2. 고속도로는 이륜자동차(긴급자동차 제외), 원동기장치자전거, 소형 특수차(경운기), 보행자의 통행이 금지된다.

4. **차 도**(車道)(법제2조제4호)

    연석선(차도와 보도를 구분하는 돌 등으로 이어진 선을 말함), 안전표지나 또는 그와 비슷한 인공구조물을 이용하여 경계(境界)를 표시하여 모든 차가 통행할 수 있도록 설치된 도로의 부분을 말한다.

5. **중앙선**(법제2조제5호)

　　차마의 통행 방향을 명확하게 구분하기 위하여 도로에 황색 실선(實線)이나 황색 점선 등의 안전표지로 표시한 선 또는 중앙분리대나 울타리 등으로 설치한 시설물을 말한다. 다만, 가변차로(可變車路)가 설치된 경우에는 신호기가 지시하는 진행방향의 가장 왼쪽에 있는 황색 점선(파선 : 떨어져 있는 선)을 말한다.

6. **차 로**(법제2조제6호)

　　차마가 한 줄로 도로의 정하여진 부분을 통행하도록 차선(車線)으로 구분한 차도의 부분을 말한다.

7. **차 선**(법제2조제7호)

　　차로와 차로를 구분하기 위하여 그 경계지점을 안전표지로 표시한 선을 말한다.

> **해설**
>
> **실선의 차선과 점선의 차선**
> 차선은 백색점선(파선=떨어져 있는 선)으로 표시하는 것이 원칙이나 교차로, 횡단보도, 철길건널목 등은 표시하지 않는다.
> 1. 백색점선(파선) : 백색선으로 떨어져 있는 선으로 자동차 등이 침범할 수 있고, 차선변경을 할 수 있다.
> 2. 백색실선(이어져 있는 선) : 백색으로 계속 이어져 있는 선으로 자동차가 침범할 수 없으며, 침범하면 차선위반이 된다.

7의 2. 노면전차 전용로(법제2조제7의 2호)

　　도로에서 궤도를 설치하고, 안전표지 또는 인공구조물로 경계를 표시하여 설치한「도시철도법」제18조의2 제1항 각 호에 따른 도로 또는 차도를 말한다. 〈18. 3. 27. 신설〉

8. **자전거도로**(법제2조제8호)

　　안전표지, 위험방지용 울타리나 그와 비슷한 인공구조물로 경계를 표시하여 자전거 및 개인형 이동장치가 통행할 수 있도록 설치된「자전거이용·활성화에 관한 법률」제3조 각 호의 도로를 말한다.

　　※ 자전거도로의 구분 : ① 자전거 전용도로 ② 자전거 보행자 겸용도로 ③ 자전거 전용차로
　　　　　　　　　　　　④ 자전거 우선도로

9. **자전거횡단도**(법제2조제9호)

　　자전거 및 개인형 이동장치가 일반도로를 횡단할 수 있도록 안전표지로 표시한 도로의 부분을 말한다.

10. **보 도**(步道)(법제2조제10호)

　　연석선, 안전표지나 그와 비슷한 인공구조물로 경계를 표시하여 보행자(유모차, 보행보조용 의자차, 노약자용 보행기 등 행정안전부령으로 정하는 기구·장치를 이용하여 통행하는 사람 및 실외이동로봇을 포함)가 통행할 수 있도록 한 도로의 부분을 말한다.

11. 길가장자리구역(법제2조제11호)

보도와 차도가 구분되지 아니한 도로에서 보행자의 안전을 확보하기 위하여 안전표지 등으로 경계를 표시한 도로의 가장자리 부분을 말한다.

12. 횡단보도(법제2조제12호)

보행자가 도로를 횡단할 수 있도록 안전표지로 표시한 도로의 부분을 말한다.

13. 교차로(법제2조제13호)

십(+)자로, 티(T)자로나, 그 밖에 둘 이상의 도로(보도와 차도가 구분되어 있는 도로에서는 차도를 말함)가 교차하는 부분을 말한다.

13의 2. 회전교차로(법제2조제13의2호)

교차로 중 차마가 원형의 교통섬(차마의 안전하고 원활한 교통 처리나 보행자 도로 횡단의 안전을 확보하기 위하여 교차로 또는 차도의 분기점 등에 설치하는 섬 모양의 시설)을 중심으로 반시계 방향으로 통행하도록 한 원형의 도로를 말한다.

14. 안전지대(법제2조제14호)

도로를 횡단하는 보행자나 통행하는 차마의 안전을 위하여 안전표지나 이와 비슷한 인공구조물로 표시한 도로의 부분을 말한다.

15. 신호기(법제2조제15호)

도로교통에서 문자·기호 또는 등화(燈火)를 사용하여 진행·정지·방향전환·주의 등의 신호를 표시하기 위하여 사람이나 전기의 힘으로 조작하는 장치를 말한다.

16. 안전표지(법제2조제16호)

교통안전에 필요한 주의·규제·지시 등을 표시하는 표지판이나 도로의 바닥에 표시하는 기호·문자 또는 선 등을 말한다.

17. 차마(車馬)(법제2조제17호)

"차마"란 다음 각 목의 차와 우마를 말한다.
① 차 : 자동차, 건설기계, 원동기장치자전거, 자전거
② 사람 또는 가축의 힘이나 그 밖의 동력(動力)으로 도로에서 운전되는 것. 다만 철길이나 가설(架設)된 선을 이용하여 운전되는 것, 유모차, 보행보조용 의자차, 노약자용 보행기 등 행정안전부령으로 정하는 기구·장치는 제외한다.
③ 우마 : 교통이나 운수(運輸)에 사용되는 가축을 말한다.

17의 2. 노면전차(법제2조제17의 2호)

「도시철도법」 제2조제2호에 따른 노면전차로서 도로에서 궤도를 이용하여 운행되는 차를 말한다.

18. 자동차(법제2조제18호)(자동차관리법제3조 관련)

철길이나 가설된 선을 이용하지 아니하고 원동기를 사용하여 운전되는 차(견인되는 자동차도 자동차의 일부로 본다)로서 승용자동차, 승합자동차, 화물자동차, 특수자동차, 이륜자동차 및 건설기계(덤프트럭 외 5종)가 있다(원동기장치자전거는 제외한다).

18의 2. 자율주행시스템(법제2조제18의2호)

운전자 또는 승객의 조작 없이 주변상황과 도로 정보 등을 스스로 인지하고 판단하여 자동차를 운행할 수 있게 하는 자동화 장비, 소프트웨어 및 이와 관련한 모든 장치를 말한다. 이 경우 그 종류는 완전 자율주행시스템, 부분 자율주행시스템 등 행정안전부령으로 정하는 바에 따라 세분할 수 있다.

18의 3. 자율주행자동차(법제2조제18의3호)

운전자 또는 승객의 조작 없이 자동차 스스로 운행이 가능한 자동차로서 자율주행시스템을 갖추고 있는 자동차를 말한다.

19. 원동기장치자전거(법제2조제19호)

① 자동차관리법 제3조에 따른 이륜자동차 가운데 배기량이 125cc 이하(전기를 동력으로 하는 경우에는 최고정격출력 11Kw 이하)의 이륜자동차
② 그밖에 125cc 이하(전기를 동력으로 하는 경우 최고정격출력 11Kw 이하)의 원동기를 단 차를 말한다.

19의 2. 개인형 이동장치

제19호 ②의 원동기장치자전거 중 시속 25km 이상으로 운행할 경우 전동기가 작동하지 아니하고 차체 중량이 30kg 미만인 것으로서 행정안전부령으로 정하는 것을 말한다.

20. 자전거

「자전거 이용활성화에 관한 법률」 제2조제1호 및 제1호의2에 따른 자전거 및 전기자전거를 말한다.

21. 자동차 등(법제2조제21호)

자동차와 원동기장치자전거를 말한다.

21의 2. 자전거 등

자전거와 개인형 이동장치를 말한다.

22. 긴급자동차(법제2조제22호)

소방차, 구급차, 혈액 공급차량, 그 밖에 대통령령으로 정하는 자동차로서 그 본래의 긴급한 용도로 사용되고 있는 자동차를 말한다.

23. 어린이통학버스(법제2조제23호)

　　다음 각 목의 시설 가운데 어린이(13세 미만의 사람)를 교육대상으로 하는 시설에서 어린이의 통학 등에 이용되는 자동차와 여객자동차 운수사업법에 따른 여객자동차운송사업의 한정면허를 받아 어린이를 여객대상으로 하여 운행되는 운송사업용 자동차를 말한다.
① 「유아교육법」에 따른 유치원 및 유아교육진흥원, 「초·중등교육법」에 따른 초등학교 및 특수학교, 대안학교, 외국인학교
② 「영유아보육법」에 따른 어린이집
③ 「학원의 설립·운영 및 과외교습에 관한 법률」에 따라 설립된 학원 및 교습소
④ 「체육시설의 설치·이용에 관한 법률」에 따라 설립된 체육시설
⑤ 「아동복지법」에 따른 아동복지시설(아동보호전문기관은 제외)
⑥ 「청소년활동 진흥법」에 따른 청소년수련시설
⑦ 「장애인복지법」에 따른 장애인복지시설(장애인 직업재활시설은 제외)
⑧ 「도서관법」에 따른 공공도서관
⑨ 「평생교육법」에 따른 시·도평생교육진흥원 및 시·군·구평생학습관
⑩ 「사회복지사업법」에 따른 사회복지시설 및 사회복지관

24. 주 차(법제2조제24호)

　　운전자가 승객을 기다리거나 화물을 싣거나 차가 고장 나거나 그 밖의 사유로 차를 계속 정지 상태에 두는 것 또는 운전자가 차에서 떠나서 즉시 그 차를 운전할 수 없는 상태에 두는 것을 말한다.

25. 정 차(법제2조제25호)

　　운전자가 5분을 초과하지 아니하고 차를 정지시키는 것으로서 주차 외의 정지 상태를 말한다.

26. 운 전(법제2조제26호)

　　도로(주취운전, 과로운전, 교통사고 발생 시 조치불이행, 음주운전 및 음주 측정거부, 주·정차된 차 손괴 시 인적사항 미제공의 경우에는 도로 외의 곳을 포함한다)에서 차마 또는 노면전차를 그 본래의 사용방법에 따라 사용하는 것(조종 또는 자율주행 시스템을 사용하는 것을 포함한다)을 말한다.

27. 초보운전자(법제2조제27호)

　　처음 운전면허를 받은 날(처음 운전면허를 받은 날부터 2년이 지나기 전에 운전면허의 취소처분을 받은 경우에는 그 후 다시 운전면허를 받은 날을 말한다)부터 2년이 지나지 아니한 사람을 말한다. 이 경우 원동기장치자전거면허만 받은 사람이 원동기장치자전거면허 외의 운전면허를 받은 경우에는 처음 운전면허를 받은 것으로 본다.

28. 서 행(徐行)(법제2조제28호)

운전자가 차 또는 노면전차를 즉시 정지시킬 수 있는 정도의 느린 속도로 진행하는 것을 말한다.

29. 앞지르기(법제2조29호)

차의 운전자가 앞서가는 다른 차 옆을 지나서 그 차의 앞으로 나가는 것을 말한다.

30. 일시정지(법제2조제30호)

차 또는 노면전차의 운전자가 그 차 또는 노면전차의 바퀴를 일시적으로 완전히 정지시키는 것을 말한다.

31. 보행자 전용도로(법제2조제31호)

보행자만 다닐 수 있도록 안전표지나 그와 비슷한 인공구조물로 표시한 도로를 말한다.

31의 2. 보행자 우선도로(법제2조제31의2호)

차도와 보도가 분리되지 아니한 도로로서 보행자의 안전과 편의를 보장하기 위하여 보행자 통행이 차마(「도로교통법」에 따른 차마) 통행에 우선하도록 지정한 도로를 말한다.

32. 자동차운전학원(법제2조제32호)

자동차 등의 운전에 관한 지식·기능을 교육하는 시설로서 다음 각 목의 시설 외의 시설을 말한다.
① 교육 관계 법령에 따른 학교에서 소속 학생 및 교직원의 연수를 위하여 설치한 시설
② 사업장 등의 시설로서 소속 직원의 연수를 위한 시설
③ 전산장치에 의한 모의운전 연습시설
④ 지방자치단체 등이 신체장애인의 운전교육을 위하여 설치하는 시설 가운데 시·도경찰청장이 인정하는 시설
⑤ 대가(代價)를 받지 아니하고 운전교육을 실시하는 시설
⑥ 운전면허를 받은 사람을 대상으로 다양한 운전경험을 체험할 수 있도록 하기 위하여 도로가 아닌 장소에서 운전교육을 실시하는 시설

33. 모범운전자(법제2조제33호)

무사고운전자 또는 유공운전자의 표시장을 받거나 2년 이상 사업용 자동차 운전에 종사하면서 교통사고를 일으킨 전력이 없는 사람으로서 경찰청장이 정하는 바에 따라 선발되어 교통안전 봉사활동에 종사하는 사람을 말한다.

34. 음주운전 방지장치(법제2조제34호)

술에 취한 상태에서 자동차 등을 운전하려는 경우 시동이 걸리지 아니하도록 하는 것으로서 행정안전부령으로 정하는 것을 말한다.

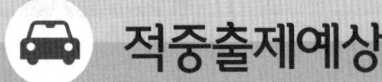 적중출제예상문제

【문제 1】 도로교통법에서 정의한 "도로"를 가장 적절하게 설명한 문항은?
① 고속도로와 자동차전용도로 및 일반 국도만을 말한다.
② 도로법 및 유료도로법에 따른 도로, 그 밖에 불특정 다수의 사람·차마가 통행할 수 있는 모든 곳
③ 농어촌도로 정비법에 따른 농어촌도로는 도로로 볼 수 없다.
④ 농도, 임도, 광산로 등 누구나 자유롭게 통행할 수 있어도 도로가 아니다.

【문제 2】 "자동차전용도로"의 정의에 대한 설명이다. 옳은 문항은?
① 대형 자동차만 다닐 수 있는 도로를 말한다.
② 자동차의 고속 운행에만 사용하기 위한 도로를 말한다.
③ 자동차만 다닐 수 있도록 설치된 도로를 말한다.
④ 이륜자동차만이 다닐 수 있도록 설치된 도로를 말한다.

【문제 3】 도로교통법상 "고속도로"의 정의를 가장 올바르게 설명한 문항은?
① 자동차의 고속 운행에만 사용하기 위하여 지정된 도로를 말한다.
② 고속버스만 다닐 수 있도록 설치된 도로를 말한다.
③ 중앙분리대 설치 등 안전하게 고속 주행할 수 있도록 설치된 도로를 말한다.
④ 자동차만 다닐 수 있도록 설치된 도로를 말한다.

【문제 4】 "길가장자리구역"을 설치한 목적의 설명으로 가장 옳은 문항은?
① 차도와 보도가 구분된 도로에 설치한다.
② 길가장자리구역은 도로로 볼 수 없다.
③ 자동차의 주차를 위하여 설치한다.
④ 보도와 차도가 구분되지 아니한 도로에서 보행자의 안전을 확보하기 위하여 안전표지 등으로 경계를 표시한 도로의 가장자리 부분을 말한다.

【문제 5】 "주차"의 정의에 대한 설명 중 맞지 않는 문항은?
① 버스가 승객을 기다리며 계속 정지하고 있는 상태를 말한다.
② 시내버스가 승객을 내리고 태우기 위하여 정지한 상태를 말한다.
③ 화물자동차에 물건이나 짐(화물) 등을 싣기 위하여 계속 정지하고 있는 상태를 말한다.
④ 승합자동차가 고장으로 계속 정지하고 있는 상태를 말한다.

【문제 6】 "정차"의 정의에 대한 설명이다. 가장 옳은 문항은?
① 화물자동차에 짐을 싣기 위하여 계속 정지하고 있는 상태를 말한다.
② 불러도 들리지 않는 곳으로 운전자가 떠나 즉시 운전할 수 없는 상태를 말한다.
③ 운전자가 5분을 초과하지 아니하고 정지하는 것으로서 주차 외의 정지 상태를 말한다.
④ 운전자가 5분 이상 엔진의 시동을 꺼두고 정지하여 즉시 출발할 수 없는 상태를 말한다.

정답 【1】② 【2】③ 【3】① 【4】④ 【5】② 【6】③

【문제 7】 도로교통법상 "운전"의 정의에 대한 설명이다. 해당되지 않는 문항은?
① 자전거를 끌고 횡단보도를 걸어가는 경우
② 좁은 골목길에서 자전거를 타고 가는 경우
③ 도로에서 차를 주차시키기 위해 후진하는 경우
④ 자동차전용도로에서 승용차를 운전하는 경우

【문제 8】 "서행"의 정의에 대한 설명으로 옳은 문항은?
① 차 또는 노면전차가 일시적으로 차의 바퀴를 완전히 정지시키는 경우
② 다른 차가 추월할 수 있는 속도로 진행하는 경우
③ 차 또는 노면전차를 즉시 정지할 수 있는 정도의 느린 속도로 진행하는 경우
④ 해당 도로의 최저 제한속도로 진행하는 경우

【문제 9】 도로교통법상 "차"의 정의에 해당되는 문항은?
① 자전거
② 보행보조용 의자차
③ 유모차
④ 우마(소, 말 등)

【문제 10】 "일시정지"의 정의에 관한 설명 중 틀린 문항은?
① 보행자가 있는 횡단보도 앞 정지선에 자동차 또는 노면전차를 일시정지하는 경우
② 차 또는 노면전차의 운전자가 그 차 또는 노면전차의 바퀴를 일시적으로 완전히 정지시키는 경우
③ 일시정지 표지가 설치되어 있는 곳에서 일시정지하는 경우
④ 차 또는 노면전차를 즉시 정지할 수 있는 정도의 느린 속도로 진행하는 경우

【문제 11】 "안전지대"의 정의에 관한 설명으로 가장 적절한 것은?
① 긴급자동차만 통행할 수 있도록 차도에 설치한 도로의 부분을 말한다.
② 도로를 횡단하는 보행자나 통행하는 차마의 안전을 위하여 안전표지나 이와 비슷한 인공구조물로 표시한 도로의 부분을 말한다.
③ 자동차 등이 고장 시 주차할 수 있도록 차도에 설치한 도로의 부분을 말한다.
④ 노폭이 좁은 도로에서 원활한 통행을 위하여 차도에 설치한 도로의 부분을 말한다.

【문제 12】 도로교통법상 용어의 정의로 틀린 문항은?
① 차선은 차로와 차로를 구분하기 위하여 그 경계지점을 안전표지로 표시한 선이다.
② 안전표지는 교통안전에 필요한 주의, 규제, 지시 등을 표시한 표지판이나, 도로의 바닥에 표시하는 기호, 문자 또는 선 등을 말한다.
③ 소방자동차가 불을 끄고 돌아오는 경우도 긴급자동차에 해당되어 특례가 인정된다.
④ 운전은 차마 또는 노면전차를 그 본래의 사용방법에 따라 사용하는 것(조종 또는 자율주행 시스템을 사용하는 것을 포함)을 말한다.

정답 【7】① 【8】③ 【9】① 【10】④ 【11】② 【12】③

제1장 도로이용자가 다같이 지켜야 할 사항

제1절 교통법령의 준수

1. 도로교통법의 목적 (법제1조)

도로교통법의 목적은 도로에서 일어나는 교통상의 모든 위험과 장해를 방지하고 제거하여 안전하고 원활한 교통을 확보함을 목적으로 한다.

2. 교통안전수칙과 교통안전에 관한 교육지침의 제정 등 (법제144조제1항 · 제2항)

(1) 교통안전수칙 제정 보급 (법제144조제1항)

경찰청장은 다음 각 호의 사항이 포함된 「교통안전수칙」을 제정하여 보급하여야 한다.
① 도로교통의 안전에 관한 법령의 규정
② 자동차 등의 취급방법, 안전운전 및 친환경 경제운전에 필요한 지식
③ 긴급자동차에 길 터주기 요령
④ 그 밖에 도로에서 일어나는 교통상의 위험과 장해를 방지 · 제거하여 교통의 안전과 원활한 소통을 확보하기 위하여 필요한 사항

(2) 교통안전에 관한 교육지침의 제정 공표 (법제144조제2항)

경찰청장은 도로를 통행하는 사람을 대상으로 교통안전에 관한 교육을 하는 자가 효과적이고 체계적으로 교육을 할 수 있도록 하기 위하여 다음 각 호의 사항이 포함된 교통안전교육에 관한 지침을 제정하여 공표하여야 한다.
① 자동차 등의 안전운전 및 친환경 경제운전에 관한 사항
② 교통사고의 예방과 처리에 관한 사항
③ 보행자의 안전한 통행에 관한 사항
④ 어린이 · 장애인 및 노인의 교통사고 예방에 관한 사항
⑤ 긴급자동차에 길 터주기 요령에 관한 사항
⑥ 그 밖에 교통안전에 관한 교육을 효과적으로 하기 위하여 필요한 사항

3. 교통규칙의 준수와 안전운전

(1) 도로의 효율적인 이용은 한 개의 기술이다

① 도로는 많은 사람과 차량이 통행하는 공간으로서 이 공간은 두 개의 물체가 동시에 점유할 수는 없다.
② 운전자나 보행자가 도로라는 공간을 서로 시간차를 두고 효율적으로 이용하는 것이 하나의 기술이다.
③ 도로라는 공간을 서로 협조하며 질서 있게 사용하는 경우 안전성과 효율성이 크게 높아진다.

(2) 교통규칙은 도로이용자 상호간의 약속이다

① 운동경기에 규칙(룰 : Rule)이 있듯이 도로라는 공간을 서로 협조하면서 질서 있게 사용하기 위하여 도로 이용자 상호간의 약속인 교통규칙이 있다.
② 운동경기에서 규칙을 잘 지키는 선수가 훌륭하듯이 도로에서는 교통규칙을 잘 지키는 사람이 교통문화사회에서의 훌륭한 민주시민이다.

[교통규칙을 지킨다]

③ 교통규칙을 지키지 않는 것이 습관화된 사람은 사고에 휘말릴 가능성이 매우 높아져 자신은 물론 가족과 타인에게 커다란 피해를 주게 된다.
④ 운동경기에서 반칙을 하면 퇴장이나 선수자격 박탈로 끝나지만 도로에서 교통규칙을 어기면 생명을 잃을 수도 있다.

제2절 교통사회와 도덕

① 복잡한 교통상황을 법령으로 일일이 규제하는 것은 도저히 불가능하다. 그러므로 운전자는 법령으로 규제된 것은 말할 것도 없고 법령으로 규제되지 않았더라도 도덕심, 즉 양심에 따라 지킬 것은 지켜나가야 한다. 이것이 곧 교통도덕이다.
② 교통도덕이 앙양되면 자연히 교통규칙을 지키는 준법정신도 높아져 질서 있고 활기찬 밝은 사회가 이루어지게 된다.

1 자동차 운전자의 올바른 가치관

운전하는 자신의 안전과 편리한 통행만을 생각할 것이 아니라, 다른 교통이나 연도주민에 대해서도 위험이나 피해를 끼치지 않도록 배려할 줄 아는 올바른 가치관을 가지고 운전하여야 한다.

(1) 공익정신을 가져야 한다

① 공익정신은 개인의 이익보다 사회와 공공의 이익을 먼저 생각하는 정신이다.
② 사람은 혼자서 살아갈 수 없기 때문에 집단을 이루고 생활하게 되며, 이 집단의 안녕을 위

해서는 개인의 욕구는 어느 정도 제한되지 않을 수 없다.
③ 그러므로 모든 운전자는 개인적인 욕구보다 공공의 이익을 위하여 마땅히 지켜야 할 도리를 다할 때 교통질서 확립은 물론, 개인의 이익도 더욱 증진될 수 있다.

(2) 성실성과 책임감이 있어야 한다

① 성실성은 마음을 곧고 바르게 가짐으로써 말과 행동에 거짓과 허식이 없는 것을 말하고, 책임감은 자기의 맡은 임무를 중히 여기고 성실히 수행하는 마음이다. 성실하고 책임감이 강한 운전자는 항상 남을 존중하며, 인간 이외의 물질이나 명예와 같은 것을 위하여 인간의 가치를 희생시키려 하지 않는다.
② 살기 좋고 질서 있는 사회를 만들기 위하여 기본적으로 요구되는 것이 이러한 성실성과 책임감이다. 그러므로 모든 운전자는 성실성과 책임감을 가지고 안전하게 운전하며 남을 위해 정성을 다하는 데 힘써야 한다.

> **해설**
>
> **버려야 할 가치관**
> 1. 편법주의 : 정당한 수단과 방법을 사용하지 않고 자기자신에게 편리한 방법이나 수단이 있으면 이를 사용하여 목적달성하려는 생각이며, 이는 사회의 공공이익을 해치고 질서를 문란케 한다.
> 2. 이기주의 : 다른 사람은 어떻게 되든 상관 않고 자기 자신의 이익만을 생각하고 행동하는 것이다.

2 교통예절을 지킨다

① 교통예절이라 함은 사회질서 유지를 위하여 교통사회인으로서 지켜야 할 공손하고 삼가하는 몸가짐을 말한다. 예절은 인간이 가지는 고유의 것이고, 사람의 됨됨이는 그 사람이 얼마나 예의 바른가에 따라 가늠하기도 한다.
② 법과 질서를 지키려는 마음, 실수를 하면 용서를 구하는 마음, 자기행위에 대하여 책임을 질 줄 아는 마음 등이 교통예절이다.

[교통예절을 지킨다]

③ 교통현장에서는 이와 같이 예의를 지키려는 노력이 보다 크게 요구된다.

> **해설**
>
> **교통예절을 갖춘 운전자의 자세**
> 1. 다른 차나 보행자와 조화를 유지한다.
> 2. 사회에 대하여 충분한 책임을 다한다.
> 3. 다른 교통이나 연도주민에 대하여 배려할 줄 아는 운전을 한다.

3 양보하는 마음을 갖는다

[양보하는 기쁨]

① 양보하는 마음이라 함은 남에게 길을 비켜주는 마음 또는 자기의 생각이나 주장을 굽혀 남의 의견에 따르는 마음을 말한다.
② 운전자는 도로라는 공간을 이용함에 있어 항상 상대방의 입장을 존중하고 양보하는 마음을 가져야 한다.
③ 상대방에게 길을 비켜주는 등 양보했을 때는 기쁜 마음, 편안한 마음이 생겨 여유 있고 안전한 운전을 하게 된다.
④ 양보 받은 운전자는 고마운 마음으로 앞으로 자기자신도 양보해야겠다는 마음이 생겨 보다 밝고 질서있는 교통환경이 이루어지게 된다.
⑤ 이와 반대로 자기의 편리만을 위하여 무리하게 운전하면 교통 혼란과 위험이 따르게 되어 나 자신은 물론 남에게 커다란 피해를 주게 된다.
⑥ 그리고 운전자가 다른 사람으로부터 양보를 받기 위해서는 자신의 의도를 상대방에게 정확히 전달하고 상대방의 의도를 확실히 파악한 후 행동하여야 한다.

4 다른 사람에게 폐가 되지 않는 운전을 한다

① 운전자는 도로를 이용함에 있어 항상 다른 교통이나 연도주민에게 피해가 발생되지 않도록 배려하는 마음으로 운전하여야 한다.
② 소음과 매연을 발생시키거나, 도로에 물건을 던지거나, 물을 튀게 하거나, 급차선 변경, 난폭운전, 지그재그운전, 신호를 무시한 질주 등으로 위험을 초래하는 행위 등은 모두 다른 사람에게 피해를 주는 행위이므로 삼가야 한다.

제3절 운전자의 사명과 자세

1 운전자의 사명

(1) 남의 생명을 내 생명같이 존중

교통사고를 일으킨 경우 육체적, 정신적, 물질적 고통이 수반되므로 운전자의 첫째 사명은 인명을 존중하여 안전운전을 이행하고 교통사고를 예방하는 데 있다.

(2) 운전자는 공인의 신분임을 자각

운전은 혼자 하는 것이 아니라 남(타인)과 함께하는 것이며, 책임과 의무가 동시에 부여되는 공동행위이다. 따라서 운전자는 자신만을 생각하기보다는 사회공익을 위하여 일하는 공인(公人)이라는 자각이 필요하다.

2 운전에 임하는 자세

(1) 운전하기 편한 복장

자동차를 운전하고자 할 때에는, 활동하기 편한 복장을 갖추어야 한다. 슬리퍼나 하이힐 같은 불편한 신발 등을 신고 운전에 임하여서는 아니 된다.

(2) 좌석안전띠의 착용

① 좌석안전띠 착용은 교통사고를 당할 경우 피해를 크게 줄여줌과 동시에 바른 운전자세를 유지해 주므로, 피로를 덜어주거나 마음을 안정시켜주는 등 여러 면으로 효과가 있다.

② 자동차를 운전할 때에는, 운전자 자신은 물론 모든 동승자에게도 좌석안전띠를 착용하도록 함과 동시에 영유아인 경우에는 영유아 보호용 장구를 착용한 후 좌석안전띠를 매도록 하여야 한다. 그러나 질병 등 부득이한 사유가 있는 경우는 예외로 착용하지 아니할 수 있다.

(3) 여유 있는 운전계획

① 차를 운전할 때에는 거리와 시간에 무리가 없도록 운전계획을 여유 있게 세우는 것이 필요하다.

② 운전계획에 무리가 있으면 마음이 초조해져 냉정을 잃고, 신중성이 결여되어 자신도 모르게 과속하거나, 무리한 앞지르기를 하는 등 위험한 운전을 하게 된다.

(4) 몸의 상태 조정

① 운전조작은 계속하여 변화하는 도로와 교통상황을 재빨리 인지하고, 인지한 정보를 적절하게 판단하여, 판단에 따른 정확한 조작을 하는 동작의 반복이다.

② 몸의 상태가 나쁠 때는 인지·판단·조작에 큰 영향을 미치므로 피곤할 때, 병이 났을 때, 걱정이 있을 때는 주의력이 산만해지고 판단력이 떨어지기 때문에 뜻밖의 사고를 일으킬 수 있다.

③ 이러한 경우에는 운전하지 말고 몸의 상태가 좋을 때까지 기다렸다가 운전하여야 한다.

제4절 운전자의 인성과 습관

1 인성과 운전습관의 중요성

① 운전자는 일반적으로 자신의 성격대로 운전하는 경향이 있으며, 결국 성격은 운전행동에

제1장 도로이용자가 다 같이 지켜야 할 사항

지대한 영향을 미치게 된다.
② 운전자의 운전태도를 보면 그 사람의 성품을 알 수 있으므로 평소 올바른 운전습관을 갖도록 노력하여야 한다.

2 운전자의 안전운전 습관형성

(1) 습관은 후천적으로 형성되는 조건반사현상으로, 무의식 중에 어떤 것을 반복적으로 행하게 될 때 자기도 모르게 습관화되어 행동으로 나타난다.

(2) 운전 중에 양보를 자주 하면 이것이 습관화되어 배려하는 성격이 형성된다.

(3) 습관은 본능에 가까운 강력한 힘을 발휘하게 되며, 다음과 같은 나쁜 운전습관이 몸에 배게 되면 나중에는 고치기(개선)가 어렵게 된다.

> **해설**
> 고치기 어려운 나쁜 습관
> 1. 신호가 바뀌기 직전에 조급한 출발
> 2. 경음기를 울리며 앞차에게 독촉하는 행위
> 3. 방향지시등을 켜지 않고 진로변경 하는 행위(갑자기 끼어들기)

3 운전자의 운전습관 교정

(1) 교통법규는 최소한의 사항만을 규정하고 있으므로 완벽한 장치가 되지 못하며, 여유 있는 마음가짐으로 양보하는 운전습관을 들이는 것만이 최상의 안전보장책이다.

(2) 모든 사람은 현재의 위치에서 자신의 존재와 상황, 하는 일에 대하여 스스로 자부심과 긍지를 가질 때 보람된 인생의 행복을 경험하게 된다.

(3) 운전자가 자기중심적이며 이기적이고 편협된 생각을 하게 되면 사고가 뒤따른다. 그러므로 운전자는 무엇보다도 「보행자와 다른 차」를 먼저 생각하는 마음자세가 필요하다.

제5절 운전자의 준수사항

1 모든 차 또는 노면전차의 운전자 준수사항 (법제49조제1항제1호 내지 제13호)

(1) 물이 고인 곳을 운행할 때에는 고인 물을 튀게 하여 다른 사람에게 피해를 주는 일이 없도록 할 것

(2) 다음 각 목의 어느 하나에 해당하는 경우에는 일시정지할 것
  ① 어린이가 보호자 없이 도로를 횡단할 때, 어린이가 도로에서 앉아 있거나 서 있을 때 또는 어린이가 도로에서 놀이를 할 때 등 어린이에 대한 교통사고위험이 있는 것을 발견한 경우
  ② 앞을 보지 못하는 사람이 흰색 지팡이를 가지거나, 장애인보조견을 동반하는 등의 조치를 하고 도로를 횡단하고 있는 경우
  ③ 지하도나 육교 등 도로 횡단시설을 이용할 수 없는 지체장애인이나 노인 등이 도로를 횡단하고 있는 경우

(3) 자동차의 앞면 창유리와 운전석 좌우 옆면 창유리의 가시광선(可視光線)의 투과율이 대통령령으로 정하는 기준보다 낮아 교통안전 등에 지장을 줄 수 있는 차를 운전하지 아니할 것. 다만, 요인(要人) 경호용·구급용 및 장의용(葬儀用) 자동차는 제외한다.

> **해설**
> **대통령령이 정하는 자동차 창유리 가시광선 투과율의 기준(영제28조)**
> 1. 앞면 창유리 : 70퍼센트
> 2. 운전석 좌우 옆면 창유리 : 40퍼센트

(4) 교통단속용 장비의 기능을 방해하는 장치를 한 차나 그 밖에 안전운전에 지장을 줄 수 있는 것으로서 행정안전부령으로 정하는 기준에 적합하지 아니한 장치를 한 차를 운전하지 아니할 것. 다만, 자율주행자동차의 신기술 개발을 위한 장치를 장착하는 경우에는 그러하지 아니하다.

> **해설**
> **행정안전부령이 정하는 불법부착장치의 기준(규칙제29조)**
> 1. 삭제(2008.6.20)
> 2. 경찰관서에서 사용하는 무전기와 동일한 주파수의 무전기
> 3. 긴급자동차가 아닌 자동차에 부착된 경광등, 사이렌 또는 비상등
> 4. 「자동차 및 자동차 부품의 성능과 기준에 관한 규칙」에서 정하지 아니한 것으로서 안전운전에 현저히 장애가 될 정도의 장치

※ 위의 위반사항 (3), (4)호를 발견한 경우에는 그 현장에서 운전자에게 위반사항을 제거하게 하거나 필요한 조치를 명할 수 있다. 이 경우 운전자가 그 명령에 따르지 아니할 때에는 경찰공무원이 직접 위반사항을 제거하거나 필요한 조치를 할 수 있다(도로교통법 제49조제2항).

(5) 도로에서 자동차 등(개인형 이동장치는 제외한다. 이하 이 조에서 같다) 또는 노면전차를 세워둔 채로 시비, 다툼 등의 행위를 하며 다른 차마의 통행을 방해하지 아니할 것

(6) 운전자가 차 또는 노면전차를 떠나는 경우에는 교통사고를 방지하고 다른 사람이 함부로 운전하지 못하도록 필요한 조치를 할 것

제1장 도로이용자가 다 같이 지켜야 할 사항

(7) 운전자는 안전을 확인하지 아니하고 차 또는 노면전차의 문을 열거나 내려서는 아니 되며, 동승자가 교통의 위험을 일으키지 아니하도록 필요한 조치를 할 것

(8) 운전자는 정당한 사유 없이 다음 각 목의 어느 하나에 해당하는 행위를 하여 다른 사람에게 피해를 주는 소음을 발생시키지 아니할 것

> **해설**
> 자동차의 소음을 발생시키는 행위(법제49조제1항제8호)
> 1. 자동차 등을 급히 출발시키거나 속도를 급격히 높이는 행위
> 2. 자동차 등의 원동기 동력을 차의 바퀴에 전달시키지 아니하고 원동기의 회전수를 증가시키는 행위
> 3. 반복적이거나 연속적으로 경음기를 울리는 행위

(9) 운전자는 승객이 차 안에서 안전운전에 현저히 장해가 될 정도로 춤을 추는 등 소란행위를 하도록 내버려두고 차를 운행하지 아니할 것

(10) 운전자는 자동차 등 또는 노면전차의 운전 중에는 휴대용 전화(자동차용 전화 포함)를 사용하지 아니할 것. 다만, 다음 각 목의 어느 하나에 해당하는 경우에는 그러하지 아니하다.

> **해설**
> 자동차 운전 중 휴대용 전화를 사용할 수 있는 경우(법제49조제1항제10호)
> 1. 자동차 등 또는 노면전차가 정지하고 있는 경우
> 2. 긴급자동차를 운전하는 경우
> 3. 각종 범죄 및 재해신고 등 긴급한 필요가 있는 경우
> 4. 안전운전에 장해를 주지 아니하는 장치로서 대통령령으로 정하는 장치를 이용하는 경우
> ※ 대통령령이 정하는 장치 : 손으로 잡지 아니하고도 휴대용 전화(자동차용 전화 포함)를 사용할 수 있도록 해주는 장치

(11) 자동차 등 또는 노면전차의 운전 중에는 방송 등 영상물을 수신하거나 재생하는 장치(운전자가 휴대하는 것을 포함하며, 이하 "영상표시장치"라 한다)를 통하여 운전자가 운전 중 볼 수 있는 위치에 영상이 표시되지 아니하도록 할 것. 다만, 다음 각 목의 어느 하나에 해당하는 경우에는 그러하지 아니한다.

가. 자동차 등 또는 노면전차가 정지하고 있는 경우

나. 자동차 등 또는 노면전차에 장착하거나 거치하여 놓은 영상표시장치에 다음의 영상이 표시되는 경우

　　1) 지리안내 영상 또는 교통정보안내 영상

　　2) 국가비상사태 · 재난상황 등 긴급한 상황을 안내하는 영상

　　3) 운전을 할 때 자동차 등 또는 노면전차의 좌우 또는 전후방을 볼 수 있도록 도움을 주는 영상

(12) 자동차 등 또는 노면전차의 운전 중(자동차 등 또는 노면전차가 정지하고 있는 경우 또는 노면전차 운전자가 운전에 필요한 영상표시장치를 조작하는 경우 제외한다)에는 영상표시장치를 조작하지 아니할 것

(13) 운전자는 자동차의 화물 적재함에 사람을 태우고 운행하지 아니할 것

2 특정 운전자의 준수사항 (법제50조)

(1) 자동차(이륜자동차를 제외한다)의 운전자는 자동차를 운전할 때에는 좌석안전띠를 매어야 하며, 모든 좌석의 동승차자에게도 좌석안전띠(영유아인 경우에는 영유아보호용 장구를 장착한 후의 좌석안전띠를 말한다)를 매도록 하여야 한다. 다만, 질병 등으로 인하여 좌석안전띠를 매는 것이 곤란하거나 행정안전부령으로 정하는 사유가 있는 경우에는 그러하지 아니하다.

> **해설**
>
> **행정안전부령이 정하는 좌석안전띠를 매지 않아도 되는 사유(규칙제31조)**
> 1. 부상·질병·장애 또는 임신 등으로 인하여 좌석안전띠의 착용이 적당하지 아니하다고 인정되는 자가 자동차를 운전하거나 승차하는 때
> 2. 자동차를 후진시키기 위하여 운전하는 때
> 3. 신장·비만, 그 밖의 신체상태에 의하여 좌석안전띠의 착용이 적당하지 아니하다고 인정되는 자가 자동차를 운전하거나 승차하는 때
> 4. 긴급자동차가 그 본래의 용도로 운행되고 있는 때
> 5. 경호 등을 위한 경찰용 자동차에 의하여 호위하거나 유도되고 있는 자동차를 운전하거나 승차하는 때
> 6. 국민투표법 및 공직선거관계법령에 의하여 국민투표운동·선거운동 및 국민투표·선거관리업무에 사용되는 자동차를 운전하거나 승차하는 때
> 7. 우편물의 집배, 폐기물의 수집, 그 밖에 빈번히 승강하는 것을 필요로 하는 업무에 종사하는 자가 해당업무를 위하여 자동차를 운전하거나 승차하는 때
> 8. 「여객자동차 운수사업법」에 의한 여객자동차운송사업용 자동차의 운전자가 승객의 주취, 약물복용 등으로 좌석안전띠를 매도록 할 수 없거나 승객에게 좌석 안전띠 착용을 안내하였음에도 불구하고 승객이 착용하지 않는 때

(2) 이륜자동차와 원동기장치자전거(개인형 이동장치는 제외)의 운전자는 행정안전부령으로 정하는 인명보호장구를 착용하고 운행하여야 하며, 동승자에게도 착용하도록 하여야 한다(법제50조제3항).

> **해설**
>
> **행정안전부령이 정하는 인명보호장구의 적정기준(규칙제32조제1항)**
> 1. 좌우, 상하로 충분한 시야를 가질 것
> 2. 풍압에 의하여 차광용 앞창이 시야를 방해하지 아니할 것
> 3. 청력에 현저하게 장애를 주지 아니할 것
> 4. 충격 흡수성이 있고 내관통성이 있을 것

제1장 도로이용자가 다 같이 지켜야 할 사항

5. 충격으로 쉽게 벗어지지 아니하도록 고정시킬 수 있을 것
6. 무게는 2킬로그램 이하일 것
7. 인체에 상처를 주지 아니하는 구조일 것
8. 안전모의 뒷부분에는 야간운행에 대비하여 반사체가 부착되어 있을 것

(3) 자전거 등의 운전자는 자전거도로 및 도로법에 따른 도로를 운전할 때에는 행정안전부령으로 정하는 인명보호장구를 착용하여야 하며 자전거 운전자는 동승자에게도 이를 착용하도록 하여야 한다.

(4) 운송사업용 자동차ㆍ화물자동차 및 노면전차 등으로서 행정안전부령으로 정하는 자동차 또는 노면전차의 운전자는 다음 각 호의 어느 하나에 해당하는 행위를 하여서는 아니 된다(법제50조제5항).
① 운행기록계가 설치되어 있지 아니하거나 고장 등으로 사용할 수 없는 운행기록계가 설치된 자동차를 운전하는 행위
② 운행기록계를 원래의 목적대로 사용하지 아니하고 자동차를 운전하는 행위
③ 승차를 거부하는 행위(사업용 승합자동차와 노면전차의 운전자에 한함)

> **해설**
> 운행기록계를 설치하고 운행해야 하는 자동차(교통안전법 제55조제1항)
> ① 여객자동차 운수사업법에 따른 여객자동차 운송사업자
> ② 화물자동차 운수사업법에 따른 화물자동차 운송사업자 및 화물자동차 운송가맹사업자
> ③ 도로교통법 제52조에 따른 어린이통학버스(제1호에 따라 운행기록장치를 장착한 차량은 제외한다) 운영자

(5) 사업용 승용자동차의 운전자는 합승행위 또는 승차거부를 하거나 신고한 요금을 초과하는 요금을 받아서는 아니 된다(법제50조제6항).

제6절 운전자의 의무

1 무면허운전 등의 금지 (법제43조)

누구든지 시ㆍ도경찰청으로부터 운전면허를 받지 아니하거나 운전면허의 효력이 정지된 경우와 국제운전면허증을 받지 아니하고(운전이 금지된 경우와 유효기간이 지난 경우 포함) 자동차 등(개인형 이동장치는 제외)을 운전하여서는 아니 된다.

※ 벌칙 : 자동차 등(원동기장치자전거 면허는 제외) : 1년 이하의 징역이나 벌금 300만 원 이하 벌금
　　　　원동기장치자전거 : 30만 원 이하의 벌금이나 구류(벌칙 제152조제1호 및 제154조제2호)

2 술에 취한 상태에서의 운전금지 (법제44조제1항 내지 제4항)

(1) 누구든지 술에 취한 상태에서 자동차 등, 노면전차 또는 자전거를 운전하여서는 아니 된다.

(2) 경찰공무원은 교통의 안전과 위험방지를 위하여 필요하다고 인정하거나, 술에 취한 상태에서 자동차 등, 노면전차 또는 자전거를 운전하였다고 인정할만한 상당한 이유가 있는 경우에는 운전자가 술에 취하였는지를 호흡조사로 측정할 수 있다. 이 경우 운전자는 경찰공무원의 측정에 응하여야 한다.

(3) 술에 취하였는지의 여부를 측정 결과에 불복하는 운전자에 대하여는 그 운전자의 동의를 받아 혈액 채취 등의 방법으로 다시 측정할 수 있다.

(4) 운전이 금지되는 술에 취한 상태의 기준은 운전자의 혈중알코올농도가 0.03퍼센트 이상인 경우로 한다.

(5) 술에 취한 상태에 있다고 인정할 만한 상당한 이유가 있는 사람은 자동차 등, 노면전차 또는 자전거를 운전한 후 경찰공무원의 측정(혈액 채취 방법 포함)을 곤란하게 할 목적으로 추가로 술을 마시거나 혈중알코올농도에 영향을 줄 수 있는 의약품 등 행정안전부령으로 정하는 물품을 사용하는 행위를 하여서는 아니 된다.

(6) 혈중알코올농도에 영향을 줄 수 있는 물품(시행규칙 제27조의3). 혈중알코올농도에 영향을 줄 수 있는 의약품 등 행정안전부령으로 정하는 물품은 ① 베라파밀염산염(Verapamil Hydrochloride) ② 에리트로마이신(Erythromycin)이다.

[참고] 음주운전의 처벌(법제148조의2)
  (1) 주취운전 또는 주취측정 불응 2회 이상 위반한 경우(10년 내)
    1. 주취측정 불응 : 1년 이상 6년 이하의 징역이나 500만 원 이상 3,000만 원 이하의 벌금
    2. 주취운전 혈중알코올농도 0.2% 이상 : 2년 이상 6년 이하의 징역이나 1,000만 원 이상 3,000만 원 이하의 벌금
    3. 주취운전 혈중알코올농도 0.03% 이상 0.2% 미만 : 1년 이상 5년 이하의 징역이나 500만 원 이상 2,000만 원 이하의 벌금
  (2) 주취 측정에 불응한 경우 : 1년 이상 5년 이하의 징역이나 500만 원 이상 2,000만 원 이하의 벌금
  (3) 주취운전을 한 경우
    1. 혈중알코올농도 0.2% 이상 : 2년 이상 5년 이하의 징역이나 1,000만 원 이상 2,000만 원 이하의 벌금
    2. 혈중알코올농도 0.08% 이상 0.2% 미만 : 1년 이상 2년 이하의 징역이나 500만 원 이상 1,000만 원 이하의 벌금
    3. 혈중알코올농도 0.03% 이상 0.08% 미만 : 1년 이하의 징역이나 500만 원 이하의 벌금
  (4) 제45조제1항[약물의 영향으로 정상적으로 못할 우려가 있는 상태에서 자동차 등(개인형 이동장치는 제외) 또는 노면전차를 운전한 경우에 한정한다] 제2항을 위반하여 벌금 이상의 형을 선고받고 그 형이 확정된 날부터 10년 내에 다시 같은 조 제1항 또는 제2항을 위반한 사람(형이 실효된 사람도 포함 한다)은 다음 각 호의 구분에 따라 처분한다.

1. 제45조제1항을 위반한 사람은 2년 이상 6년 이하의 징역이나 1천만 원 이상 3천만 원 이하의 벌금에 처한다.
2. 제45조제2항을 위반한 사람은 1년 이상 6년 이하의 징역이나 500만 원 이상 3천만 원 이하의 벌금에 처한다.

(5) 제45조제1항을 위반하여 약물의 영향으로 인하여 정상적으로 운전하지 못할 우려가 있는 상태에서 자동차 등(개인형 이동장치는 제외) 또는 노면전차를 운전한 사람은 5년 이하의 징역이나 2천만 원 이하의 벌금에 처한다.

(6) 액물의 영향으로 인하여 정상적으로 운전하지 못할 우려가 있는 상태에 있다고 인정할 만한 상당한 이유가 있는 사람으로서 경찰공무원의 측정에 응하지 아니하는 사람은 5년 이하의 징역이나 2천만 원 이하의 벌금에 처한다.

3 과로한 때 등의 운전금지 (법제45조)

자동차 등(개인형 이동장치는 제외) 또는 노면전차의 운전자는 술에 취한 상태 외에 과로·질병 또는 약물(마약·대마 및 향정신성 의약품과 그 밖의 행정안전부령으로 정하는 것을 말한다. 이하 같다)의 영향과 그 밖의 사유로 인하여 정상적으로 운전하지 못할 우려가 있는 상태에서 자동차 등 또는 노면전차를 운전하여서는 아니 된다.

※ 벌칙 : • 과로·질병상태에서의 운전 : 30만 원 이하의 벌금이나 구류(법제154조제3호)
         • 마약·대마 등 약물복용 운전 : 5년 이하의 징역이나 2,000만 원 이하의 벌금(법제148조의2제5항)

4 공동위험행위의 금지 (법제46조)

(1) 자동차 등(개인형 이동장치는 제외)의 운전자는 도로에서 2명 이상이 공동으로 2대 이상의 자동차 등을 정당한 사유 없이 앞뒤로 또는 좌우로 줄지어 통행하면서 다른 사람에게 위해(危害)를 끼치거나 교통상의 위험을 발생하게 하여서는 아니 된다(제1항).

(2) 자동차 등의 동승자는 (1)항에 따른 공동 위험행위를 주도하여서는 아니 된다(제2항).

※ 벌칙 : 2년 이하의 징역이나 500만 원 이하 벌금(법제150조제1호)

5 교통단속용 장비의 기능방해 금지 (법제46조의2)

누구든지 교통단속을 회피할 목적으로 교통단속용 장비의 기능을 방해하는 장치를 제작·수입·판매 또는 장착하여서는 아니 된다.

※ 벌칙 : 6개월 이하의 징역이나 200만 원 이하의 벌금 또는 구류(벌칙 : 153조 3호)

6 난폭운전금지 (법제46조의3)

자동차 등(개인형 이동장치는 제외)의 운전자는 "신호 또는 지시 위반, 중앙선 침범, 속도의 위반, 횡단·유턴·후진 금지(고속도로 포함) 위반, 안전거리 미확보, 진로변경 금지 위반, 급제동 금지 위반, 앞지르기 방법(고속도로 포함) 또는 앞지르기의 방해금지 위반, 정당한 사유 없는 소음 발생" 중 둘 이상의 행위를 연달아 하거나, 하나의 행위를 지속 또는 반복하여 다른 사람에게 위협 또는 위해를 가하거나 교통상의 위험을 발생하게 하여서는 아니 된다.

※ 벌칙 : 1년 이하의 징역이나 500만 원 이하의 벌금에 처한다.(벌칙 : 제151조의2 1호)

7 위험방지를 위한 조치 (법제47조제1항·제2항)

(1) 경찰공무원은 자동차 등(개인형 이동장치는 제외) 또는 노면전차의 운전자가 무면허운전 등의 금지, 술에 취한 상태에서의 운전금지, 과로한 때 등의 운전금지의 규정을 위반하여 자동차 등 또는 노면전차를 운전하고 있다고 인정되는 경우에는 자동차 등 또는 노면전차를 일시정지시키고 그 운전자에게 자동차 운전면허증(이하 "운전면허증"이라 한다)을 제시할 것을 요구할 수 있다(법제47조제1항).

(2) 경찰공무원은 술에 취한 상태에서의 운전금지 및 과로한 때의 운전금지를 위반하여 자동차 등 또는 노면전차를 운전하는 사람이나 자전거 등을 운전하는 사람에 대하여는 정상적으로 운전할 수 있는 상태가 될 때까지 운전의 금지를 명하고 그 밖의 필요한 조치를 할 수 있다(법제47조제2항).

※ 벌칙 : 6개월 이하의 징역이나 200만 원 이하의 벌금 또는 구류(벌칙제153조 2호)

8 안전운전 및 친환경 경제운전의 의무 (법제48조)

(1) 모든 차 또는 노면전차의 운전자는 차 또는 노면전차의 조향장치(操向裝置)와 제동장치 그 밖의 장치를 정확하게 조작하여야 하며, 도로의 교통상황과 차 또는 노면전차의 구조 및 성능에 따라 다른 사람에게 위험과 장애를 주는 속도나 방법으로 운전하여서는 아니 된다(제1항).

(2) 모든 차의 운전자는 차를 친환경적이고 경제적인 방법으로 운전하여 연료소모와 탄소배출을 줄이도록 노력하여야 한다(제2항).

※ 벌칙 : 범칙금 부과(승합자동차 등 5만 원, 승용자동차 등 4만 원, 이륜자동차 등 3만 원)

제1장 적중출제예상문제

1 교통법령의 준수

【문제 1】 도로교통법의 목적에 대한 설명으로 옳은 문항은?
① 교통사고의 방지를 위한 종합적인 계획
② 자동차의 등록, 점검, 안전기준에 관한 법
③ 도로교통상의 모든 위험과 장해를 방지·제거하여 안전하고 원활한 교통을 확보
④ 자동차의 안전과 공공복리 증진

【문제 2】 도로교통의 3대 요소이다. 해당되지 않는 문항은?
① 도로
② 자동차
③ 도로교통법
④ 사람(운전자, 보행자)

【문제 3】 교통안전수칙에 포함될 내용으로 볼 수 없는 문항은?
① 도로교통 안전에 관한 법령의 규정
② 자동차 등의 취급방법과 안전운전 및 친환경 경제운전에 필요한 지식
③ 자동차의 정비기술과 점검요령에 관한 사항
④ 긴급자동차에 길터주기 요령

【문제 4】 교통안전에 관한 교육지침의 제정에 포함될 내용이다. 해당 없는 문항은?
① 자동차 등의 안전운전 및 친환경 경제운전에 관한 사항
② 교통사고의 예방과 처리에 관한 사항
③ 어린이·장애인 및 노인의 교통사고 예방에 관한 사항
④ 자동차의 정기검사와 임시검사에 관한 사항

【문제 5】 교통법규를 준수하여야 할 운전자의 태도로서 옳은 문항은?
① 교통법규는 생활법규로 항상 지켜야 한다.
② 교통법규는 운전자만을 위하여 존재한다.
③ 교통법규는 알고 있으면 되고 편의를 위해 지키지 않아도 된다.
④ 교통법규는 운전자 이외에는 하나의 권장사항이다.

정답 1. 【1】③ 【2】③ 【3】③ 【4】④ 【5】①

2 교통사회와 도덕

【문제 1】 자동차 운전자의 올바른 가치관에 대한 설명이다. 가치관으로 볼 수 없는 문항은?
① 운전자 개인의 이익보다 사회와 공공의 이익을 먼저 생각하는 정신
② 민주주의 사회에서 개인의 자유가 으뜸이라는 생각
③ 집단의 안녕을 위하여 개인의 욕구를 자제할 줄 아는 마음
④ 말과 행동에서 거짓과 허식이 없는 성실한 마음가짐

【문제 2】 교통예절을 갖추고 있는 운전자의 자세로 볼 수 없는 문항은?
① 다른 차나 보행자와의 조화를 유지하려는 자세
② 사회에 대하여 충분한 책임을 다하려는 자세
③ 다른 교통이나 연도주민에 대하여 배려할 줄 아는 자세
④ 물질이나 명예를 위하여 인간의 가치를 희생시키려는 자세

【문제 3】 양보운전을 하였을 때 느끼는 마음가짐으로 볼 수 없는 문항은?
① 운전에 여유가 생긴다.
② 운전을 함에 마음이 편안해진다.
③ 손해보는 기분이 든다.
④ 안전운전을 하게 된다.

【문제 4】 도로를 통행하고 있을 때 운전자가 가져야 할 마음 자세이다. 아닌 문항은?
① 자신의 이익만을 추구하는 마음
② 질서와 규칙을 지키려는 마음
③ 공중의 이익을 추구하는 마음
④ 남의 안전을 생각하는 마음

【문제 5】 교통도덕과 예절에 대한 설명이다. 잘못된 문항은?
① 양보정신을 가진다.
② 교통규칙을 지킨다.
③ 교통예절을 지킨다.
④ 교통사고 피해자 보상을 우선한다.

【문제 6】 공공의 질서와 개인의 자유를 설명한 것으로 옳은 문항은?
① 공공의 질서를 위하여 개인의 자유는 희생시킨다.
② 공공의 질서와 개인의 자유는 상호 보완관계에 있다.
③ 공공의 자유와 개인의 자유는 상호 대립적이다.
④ 공공의 질서보다 개인의 자유가 우선한다.

【문제 7】 교통사회의 일원으로 운전자가 지켜야 할 사항이다. 잘못된 문항은?
① 보행자의 처지를 존중한다.
② 상대방의 사소한 실수에도 관용을 베푼다.
③ 양보하는 마음을 항상 가진다.
④ 항상 본인 위주로 운전한다.

정답 2. 【1】② 【2】④ 【3】③ 【4】① 【5】④ 【6】② 【7】④

【문제 8】 교통문화사회에서 훌륭한 민주시민이라 할 수 없는 사람은?
① 도로라는 공간을 상호협조하면서 질서 있게 이용하는 운전자
② 도로라는 공간을 시간차를 두고 효율적으로 이용할 줄 아는 사람
③ 교통법규를 지키지 않는 것이 습관화된 사람
④ 교통법규를 잘 지키는 사람

【문제 9】 질서를 지키려는 마음가짐으로 볼 수 없는 문항은?
① 양보정신을 가지고 운전하는 마음가짐
② 질서를 지키면 손해 본다는 생각
③ 지정차로를 지키면서 운전하는 마음가짐
④ 교통법규를 지키려는 마음가짐

【문제 10】 교통법규를 준수하는 운전자의 특성이다. 아닌 문항은?
① 이기적이고 성급하다.　　② 양보정신이 강하다.
③ 자신을 통제하는 능력이 있다.　　④ 공익정신이 투철하다.

【문제 11】 운전자가 가져야 할 가치관이다. 해당 없는 가치관은?
① 개인주의　　② 질서의식
③ 준법정신　　④ 공익정신

【문제 12】 인내심이 부족한 운전자가 흔히 나타내고 있는 운전 행태로 옳은 것은?
① 속도준수　　② 끼어들기
③ 신호준수　　④ 법규준수

【문제 13】 도로를 이용하는 자동차와 보행자의 질서의식을 통하여 그 나라의 무엇을 알 수 있는가?
① 예술문화의 수준　　② 양보심
③ 인내심　　④ 준법정신

【문제 14】 경쟁의식이 강한 운전자가 가장 위반하기 쉬운 위반 사항인 것은?
① 주취운전　　② 과속운전
③ 정차위반　　④ 과로운전

【문제 15】 성격이 급한 운전자에게 나타나는 현상이다. 해당되는 문항은?
① 안전운전　　② 준법운전
③ 양보운전　　④ 과속운전

【문제 16】 앞지르기할 때 양보하지 않는 운전자의 심리상태로 볼 수 있는 것은?
① 인내심이 강하다.　　② 책임감이 강하다.
③ 경쟁심이 강하다.　　④ 협동심이 강하다.

정답 【8】③ 【9】② 【10】① 【11】① 【12】② 【13】④ 【14】② 【15】④ 【16】③

【문제 17】 운전자가 갖춰야 할 기본자세로 볼 수 없는 문항은?
① 서로 양보하는 마음을 갖는다.　　② 심신 상태를 안정시킨다.
③ 운전 중에 주의력을 집중한다.　　④ 운전기술에 지나친 자신감을 갖는다.

【문제 18】 자동차를 운전하는 운전자의 사명으로 옳지 못한 문항은?
① 남의 생명도 내 생명과 같이 귀중하게 여기는 마음을 가져야 한다.
② 운전자는 공인의 신분임을 자각하고 행동하여야 한다.
③ 종합보험에 가입한 경우 교통사고의 책임을 면할 수 있다.
④ 운전은 혼자 하는 것이 아니라 다른 사람과 함께 함을 잊지 않아야 한다.

【문제 19】 교통사고를 발생할 우려가 있는 마음가짐으로 옳은 문항은?
① 항상 자신을 공인이라 생각한다.　　② 항상 겸허한 태도를 갖는다.
③ 남을 먼저 생각한다.　　④ 매사에 숙명적인 태도를 갖는다.

【문제 20】 화를 잘 내는 운전자가 가장 위반하기 쉬운 위반 항목은?
① 주·정차 위반　　② 과로운전
③ 안전운전 불이행　　④ 무면허 운전

【문제 21】 운전자의 습관형성에 대한 설명이다. 틀린 문항은?
① 습관은 후천적으로 형성되는 조건반사현상이다.
② 어떤 행동을 반복하여 습관화되면 무의식 중 그 습관이 행동으로 나타난다.
③ 습관은 본능에 가까운 강력한 힘을 발휘하게 된다.
④ 나쁜 습관이 몸에 배게 되면 나중에 고치기가 쉽다.

【문제 22】 교통법규를 지키지 않는 것이 습관화된 운전자의 행태로 옳은 문항은?
① 도로라는 공간을 먼저 차지하게 되므로 앞서 갈 수 있다.
② 사고에 휘말리거나 생명을 잃을 확률이 높아진다.
③ 운전기술이 뛰어난 사람이므로 사고를 당하지 않을 수 있다.
④ 어려운 사회생활의 치열한 경쟁에서 이길 수 있다.

【문제 23】 운전습관에 관한 설명이다. 옳지 못한 문항은?
① 운전습관은 후천적으로 형성되므로 고치기 쉽다.
② 운전습관은 운전자의 인격을 알 수 있다.
③ 운전습관은 운전 중 무의식적으로 행동화되어 나타나게 된다.
④ 올바른 운전습관은 교통사고 예방에 큰 도움이 된다.

【문제 24】 자신의 운전 기술을 과신하는 운전자의 운전 행태에 대한 설명이다. 옳은 문항은?
① 난폭운전　　② 준법운전
③ 양보운전　　④ 서행운전

정답 【17】④ 【18】③ 【19】④ 【20】③ 【21】④ 【22】② 【23】① 【24】①

제1장 도로이용자가 다 같이 지켜야 할 사항

【문제 25】 도로교통의 3요소를 설명한 것이다. 옳지 못한 문항은?
　① 도로교통의 3요소는 사람, 자동차, 도로환경을 말한다.
　② 교통안전의 확보는 3요소 중 교통 환경이 가장 중요하다.
　③ 교통 환경을 훌륭하게 조성하거나 나쁘게 하는 것도 사람이다.
　④ 교통의 3요소 중 인지, 판단, 결정, 조작을 할 줄 아는 것은 사람이다.

【문제 26】 보행자에게 물을 튀게 하는 운전자의 성향에 해당되는 문항은?
　① 다른 차나 보행자와 조화를 유지할 줄 아는 성향
　② 자신의 의도를 상대방에게 전달하고 상대방의 의도를 알고 행동하는 성향
　③ 자기 편리한대로 빨리 운전할 줄 아는 성향
　④ 다른 교통이나 연도주민에 대하여 배려할 줄 아는 성향

3 운전자 준수사항

【문제 1】 운전자가 준수하여야 할 의무를 설명하였다. 잘못된 문항은?
　① 유아나 동물을 안고 운전하여서는 아니 된다.
　② 노상 시비, 다툼 등으로 차마의 통행을 방해하여서는 아니 된다.
　③ 승객이나 화물이 떨어지지 않도록 조치하여야 한다.
　④ 도주차량을 목격하면 추적 검거할 의무가 있다.

【문제 2】 자동차의 불법부착장치로 볼 수 없는 문항은?
　① 차내에 설치된 자동차용 전화기
　② 교통단속용 장비의 기능을 방해하는 장치
　③ 자동차번호판 식별 곤란장치
　④ 긴급자동차가 아닌 자동차에 부착한 경광등

【문제 3】 사고예방을 위한 운전자의 준수사항으로 옳지 못한 문항은?
　① 안전운전과 방어운전을 생활화하여야 한다.
　② 어린이 교통사고가 많이 나고 있는 지역에서는 항상 조심하여 운전해야 한다.
　③ 교통장해가 없는 곳에서는 과속을 해도 상관없다.
　④ 교통신호는 반드시 지키면서 운전하여야 한다.

【문제 4】 교통법규를 잘 지키는 운전자의 태도 또는 특성에 대한 설명이다. 아닌 문항은?
　① 자신을 통제할 수 있어야 한다.
　② 자기중심적으로 생각하여 운전한다.
　③ 준법운전을 습관화(생활화)한다.
　④ 흥분을 자제할 수 있어야 한다.

정답 【25】② 【26】③　3.【1】④ 【2】① 【3】③ 【4】②

【문제 5】 운전자의 준수 사항에 대한 설명이다. 적절하지 못한 문항은?
① 물이 고인 곳을 운행할 때에는 고인 물이 튀지 않도록 서행해야 한다.
② 운전자가 운전 중에는 영상물을 수신하거나, 운전자가 볼 수 있는 위치에 영상이 표시되지 않도록 할 것
③ 운전자가 운전 중(정지 상태의 경우 제외) 영상표시장치를 조작하지 않을 것
④ 이륜자동차를 운전할 때에는 운전자만 헬멧을 착용하면 된다.

【문제 6】 운전자가 운행 중 반드시 일시정지하여야 할 경우에 대한 설명이다. 적절하지 못한 문항은?
① 앞을 보지 못하는 사람이 흰색 지팡이나 장애인보조견을 동반하고 도로를 횡단하는 경우
② 지하도 등 횡단시설을 이용할 수 없는 지체장애인이나 노인이 도로를 횡단하는 경우
③ 교통정리가 행하여지고 있지 않는 교차로에 진입하는 경우
④ 어린이가 보호자 없이 혼자 도로를 횡단하는 경우

【문제 7】 도로교통법상 운전자의 금지 행위 사항에 대한 설명이다. 아닌 문항은?
① 도로에서 자동차 등을 세워둔 채로 시비나 다툼을 하여 통행을 방해하는 행위
② 앞지르기 하는 자동차에게 양보 운전하는 행위
③ 자동차의 급출발 등으로 소음을 발생시켜 타인에게 피해를 주는 행위
④ 반복적이고 연속적으로 경음기를 울리는 행위

【문제 8】 자동차 안전운전에 지장을 줄 수 있는 불법 부착물에 대한 설명이다. 해당되지 않는 문항은?
① 교통단속용 장비의 기능을 방해하는 장치
② 경찰관서의 무전기와 동일한 주파수의 무전기
③ 긴급자동차가 아닌 차에 부착된 경광등, 사이렌 또는 비상등
④ 승용자동차의 뒷자석에 장착된 유아용 보조시트

【문제 9】 운행 중 휴대 전화기를 사용함으로써 발생할 수 있는 위험으로 틀린 문항은?
① 주의력이 산만하게 되어 위험발견 및 대처가 늦어진다.
② 방향지시기 등 차량 진행 변화에 따른 기계조작을 하지 못하게 된다.
③ 속도 감각이 예민하게 되어 속도조절이 용이하게 된다.
④ 기계 조작이 정확하지 않게 되고 핸들을 놓치기 쉽다.

【문제 10】 좌석안전띠 착용효과에 대한 설명이다. 잘못된 문항은?
① 바른 운전 자세를 유지시켜 준다.
② 운전자의 시야가 넓어진다.
③ 교통사고 발생 시 피해를 줄일 수 있다.
④ 운전자의 피로를 감소시킨다.

정답 【5】④ 【6】③ 【7】② 【8】④ 【9】③ 【10】②

【문제 11】도로에서 자동차 운전 중 좌석안전띠를 착용하여야 하는 경우에 해당하는 것은?
① 모든 차의 운전자 및 동승자
② 뒷좌석에 승차한 임신 9개월 부녀자
③ 출동 중에 있는 소방차의 운전자
④ 안전띠 착용이 어려운 장애인

【문제 12】좌석안전띠를 착용하지 않아도 되는 운전자에 해당하는 것은?
① 고속도로에서 관광버스의 운전자
② 고속도로에서 관광버스에 승차한 관광객
③ 일반도로에서 택시운전자
④ 긴급차가 그 본래의 용도로 운행되고 있는 때

【문제 13】좌석안전띠를 매지 않아도 되는 사람이다. 아닌 문항은?
① 부상, 질병, 장애 또는 임신 등으로 좌석안전띠 착용이 어려운 사람
② 소방차의 운전자가 불을 끄고 돌아오는 때
③ 신장, 비만 등으로 좌석안전띠 착용이 적당하지 아니한 사람
④ 자동차를 후진시키기 위하여 운전하는 사람

【문제 14】택시운전자가 앞좌석의 승객에게 좌석안전띠를 매도록 하지 않은 경우의 처벌 대상은?
① 운전자만 과태료 3만 원을 납부하여야 한다.
② 운전자와 승객 모두 교통범칙금을 납부하여야 한다.
③ 승객이 위반하였으므로 승객만 교통범칙금을 납부하여야 한다.
④ 운전자가 승객으로부터 교통범칙금을 받아서 납부하여야 한다.

【문제 15】고속도로에서 고속버스 운전자의 좌석안전띠 착용에 대한 조치로서 적절한 것은?
① 자동차운전자는 물론 모든 승객에게 좌석안전띠를 착용하도록 주의를 환기시켜야 한다.
② 자동차운전자와 그 옆 좌석의 승객에게만 좌석안전띠를 매도록 하면 된다.
③ 자동차운전자는 반드시 매어야하고 승객에게도 좌석안전띠를 매도록 권유하여야 한다.
④ 자동차부상, 질병, 장애 등 안전띠 매는 것이 곤란한 사람도 좌석안전띠를 매도록 하여야 한다.

【문제 16】어린이나 장애인이 보호자 없이 도로를 횡단하고 있을 때 운전자는 어떻게 해야 하는가?
① 일시정지 또는 서행하여야 한다.
② 일시정지하여 횡단 후 운행해야 한다.
③ 서행하여야 한다.
④ 안전하게 피하여 진행한다.

정답 【11】① 【12】④ 【13】② 【14】① 【15】① 【16】②

제1장 도로이용자가 다 같이 지켜야 할 사항

4 운전자의 의무

【문제 1】 무면허 운전의 사례를 설명하였다. 해당없는 문항은?
① 운전면허를 받지 아니하고 자동차를 운전한 사람
② 운전면허의 효력 정지기간 중에 운전한 사람
③ 제1종 보통면허로 적재용량 3,000리터 초과 화물자동차를 운전한 사람
④ 범칙금납부통지서를 소지하고 운전한 사람

【문제 2】 원동기장치자전거를 무면허로 운전한 경우 처벌 기준으로 맞는 것은?
① 200만 원 이하의 벌금이나 구류　　② 6월 이하의 징역이나 벌금 200만 원
③ 30만 원 이하의 벌금이나 구류　　④ 1년 이하의 징역이나 벌금 300만 원

【문제 3】 주취측정에 불응한 자가 10년 내 다시 경찰관의 주취측정에 불응한 때의 처벌기준으로 맞는 것은?
① 1년 이상 6년 이하의 징역이나 500만 원 이상 3,000만 원 이하의 벌금
② 2년 이하의 징역이나 1,000만 원 이하의 벌금
③ 2년 이하의 징역이나 500만 원 이하의 벌금
④ 1년 이하의 징역이나 500만 원 이하의 벌금

【문제 4】 자동차를 무면허로 운전한 경우 처벌 기준으로 맞는 것은?
① 2년 이하 징역이나 500만 원 이하 벌금　　② 3년 이하 징역이나 1,000만 원 이하 벌금
③ 1년 이하 징역이나 300만 원 이하 벌금　　④ 6월 이하 징역이나 200만 원 이하 벌금

【문제 5】 2인 이상이 2대 이상의 자동차로 공동위험행위를 한 때의 처벌 기준으로 맞는 것은?
① 1년 이하 징역이나 300만 원 이하 벌금　　② 1년 이하 징역이나 500만 원 이하 벌금
③ 6월 이하 징역이나 300만 원 이하 벌금　　④ 2년 이하 징역이나 500만 원 이하 벌금

【문제 6】 교통단속용 장비의 기능방해금지 위반시 벌칙으로 맞는 것은?
① 5개월 이하의 징역이나 200만 원 이하의 벌금 또는 구류
② 6개월 이하의 징역이나 200만 원 이하의 벌금 또는 구류
③ 6개월 이상의 징역이나 200만 원 이하의 벌금 또는 구류
④ 7개월 이하의 징역이나 200만 원 이하의 벌금 또는 구류

【문제 7】 운전자가 난폭운전을 하는 경우 처벌기준으로 맞는 것은?
① 법칙금 6만 원의 통고처분을 받는다.
② 과태료 3만 원이 부과된다.
③ 6월 이하의 징역이나 200만 원 이하의 벌금에 처한다.
④ 1년 이하의 징역 도는 500만 원 이하의 벌금에 처한다.

정답　4.【1】④　【2】③　【3】①　【4】③　【5】④　【6】②　【7】④

제2장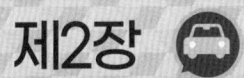
보행자의 안전보행과 보행자 보호

제1절 보행자의 안전보행

1 보행자의 통행원칙 (법제8조)

(1) 보도통행의 원칙 (법제8조제1항)

보행자는 보도와 차도가 구분된 도로에서는 언제나 보도로 통행하여야 한다. 다만, 차도를 횡단하는 경우, 도로공사 등으로 보도의 통행이 금지된 경우나 그 밖의 부득이한 경우에는 그러하지 아니하다.

[보행자는 보도로 통행]

(2) 우측통행의 원칙 (법제8조제2항~제4항))

① 보행자는 보도와 차도가 구분되지 아니한 도로 중 중앙선이 있는 도로(일방통행인 경우에는 차선으로 구분된 도로를 포함)에서는 길가장자리 또는 길가장자리구역으로 통행하여야 한다.

② 보행자는 어느 하나에 해당하는 곳에서는 도로의 전부분으로 통행할 수 있다. 이 경우 보행자는 고의로 차마의 진행을 방해하여서는 아니 된다.
  1. 보도와 차도가 구분되지 아니한 도로 중 중앙선이 없는 도로(일방통행인 경우에는 차선으로 구분되지 아니한 도로에 한정한다.)
  2. 보행자 우선도로.

③ 보행자는 보도에서는 우측통행을 원칙으로 한다.

2 보행자의 도로 횡단방법 (법제10조)

(1) 횡단보도의 설치 (법제10조제1항)

시·도경찰청장은 도로를 횡단하는 보행자의 안전을 위하여 행정안전부령으로 정하는 기준에 따라 횡단보도를 설치할 수 있다.

(2) 보행자의 횡단보도 통행원칙 (법제10조제2항)

보행자는 횡단보도, 지하도, 육교나 그 밖의 도로횡단시설이 설치되어 있는 도로에서는 그 곳으로 횡단하여야 한다. 다만, 지하도나 육교 등의 도로 횡단시설을 이용할 수 없는 지체장애인의 경우에는 다른 교통에 방해가 되지 아니하는 방법으로 도로 횡단시설을 이용하지 아니하고 도로를 횡단할 수 있다.

(3) 횡단보도가 없는 도로의 횡단방법 (법제10조제3항)

보행자는 횡단보도가 설치되어 있지 아니한 도로에서는 가장 짧은 거리로 횡단하여야 한다.

(4) 차와 노면전차의 바로 앞이나 뒤로 횡단금지 (법제10조제4항)

보행자는 차와 노면전차의 바로 앞이나 뒤로 횡단하여서는 아니 된다. 다만, 횡단보도를 횡단하거나 신호기 또는 경찰공무원 등의 신호나 지시에 따라 도로를 횡단하는 경우에는 그러하지 아니하다.

(5) 횡단이 금지된 도로에서의 횡단금지 (법제10조제5항)

보행자는 안전표지 등에 의하여 횡단이 금지되어 있는 도로의 부분에서는 그 도로를 횡단하여서는 아니 된다.

3 행렬 등의 통행원칙 (법제9조)

(1) 행렬의 차도 우측통행원칙 (법제9조제1항)

학생의 대열과 그 밖에 보행자의 통행에 지장을 줄 우려가 있다고 인정하여 대통령령으로 정하는 사람이나 행렬(이하 "행렬 등"이라 한다)은 보행자의 보도 통행원칙에도 불구하고 차도로 통행할 수 있다. 이 경우 행렬 등은 차도의 우측으로 통행하여야 한다.

> **해설**
>
> 대통령령으로 정하는 차도를 통행할 수 있는 사람이나 행렬(영제7조)
> 1. 말, 소 등의 큰 동물을 몰고 가는 사람
> 2. 사다리, 목재나 그 밖에 보행자의 통행에 지장을 줄 우려가 있는 물건을 운반 중인 사람
> 3. 도로에서 청소나 보수 등의 작업을 하고 있는 사람
> 4. 군부대나 그 밖에 이에 준하는 단체의 행렬
> 5. 기(旗) 또는 현수막 등을 휴대한 행렬
> 6. 장의(葬儀) 행렬

(2) 도로의 중앙으로 통행할 수 있는 행렬 (법제9조제2항)

행렬 등은 사회적으로 중요한 행사에 따라 시가를 행진하는 경우에는 도로의 중앙을 통행할 수 있다.

(3) 경찰공무원의 필요한 조치명령 (법제9조제3항)

경찰공무원은 도로에서의 위험을 방지하고 교통의 안전과 원활한 소통을 확보하기 위하여 필요하다고 인정할 때에는 행렬 등에 대하여 구간을 정하고 그 구간에서 행렬 등이 도로 또는 차도의 우측(자전거도로가 설치되어 있는 차도에서는 자전거도로를 제외한 부분의 우측)으로 붙어서 통행할 것을 명하는 등 필요한 조치를 할 수 있다.

4 운전자의 보행자 보호 (법제27조)

(1) 횡단보도 직전(정지선)에서 일시정지 (법제27조제1항)

모든 차 또는 노면전차의 운전자는 보행자(자전거 등에서 내려서 자전거 등을 끌거나 들고 통행하는 자전거 등의 운전자를 포함한다)가 횡단보도를 통행하고 있거나 통행하려고 하는 때에는 보행자의 횡단을 방해하거나 위험을 주지 아니하도록 그 횡단보도 앞(정지선이 설치되어 있는 곳에서는 그 정지선을 말한다)에서 일시정지하여야 한다.

(2) 신호나 지시에 따라 도로를 횡단하는 보행자 보호 (법제27조제2항)

모든 차 또는 노면전차의 운전자는 교통정리를 하고 있는 교차로에서 좌회전이나 우회전을 하려는 경우에는 신호기 또는 경찰공무원 등의 신호나 지시에 따라 도로를 횡단하는 보행자의 통행을 방해하여서는 아니 된다.

(3) 교통정리를 하고 있지 아니하는 교차로 또는 그 부근의 도로를 횡단하는 보행자 보호 (법제27조제3항)

모든 차의 운전자는 교통정리를 하고 있지 아니하는 교차로 또는 그 부근의 도로를 횡단하는 보행자의 통행을 방해하여서는 아니 된다.

(4) 안전지대에 보행자가 있는 경우 등의 서행 (법제27조제4항)

모든 차의 운전자는 도로에 설치된 안전지대에 보행자가 있는 경우와 차로가 설치되지 아니한 좁은 도로에서 보행자 옆을 지나는 경우에는 안전한 거리를 두고 서행하여야 한다.

(5) 횡단보도가 설치되어 있지 아니한 도로를 횡단하는 보행자 보호 (법제27조제5항)

모든 차 또는 노면전차의 운전자는 횡단보도가 설치되어 있지 아니한 도로를 보행자가 횡단하고 있을 때에는 안전거리를 두고 일시정지하여 보행자가 안전하게 횡단할 수 있도록 하여야 한다.

(6) 보행자의 옆을 지나는 경우 등의 서행 (법제27조제6항)

모든 차의 운전자는 다음 각호의 어느 하나에 해당하는 곳에서 보행자의 옆을 지나는 경우에는 안전거리를 두고 서행하여야 하며, 보행자의 동행에 방해가 될 때에는 서행하거나 일시정지하여 보행자가 안전하게 통행할 수 있도록 하여야 한다.

1. 보도와 차도가 구분되지 아니한 도로 중 중앙선 없는 도로
2. 보행자 우선도로   3. 도로 외의 곳

(7) 어린이 보호 구역 내 신호기가 설치되지 아니한 횡단보도 통행방법 (법제27조제7항)

모든 차 또는 노면전차의 운전자는 어린이 보호 구역 내에 설치된 횡단보도 중 신호기가 설치되지 아니한 횡단보도 앞(정지선이 설치된 경우에는 그 정지선)에서는 보행자의 횡단 여부와 관계없이 일시정지하여야 한다.

(8) 보행자 전용도로의 설치 및 통행방법 (법제28조제1항~제3항)

① 시·도경찰청장이나 경찰서장은 보행자의 통행을 보호하기 위하여 특히 필요한 경우에는 도로에 보행자 전용도로를 설치할 수 있다.

② 차마 또는 노면전차의 운전자는 보행자 전용도로를 통행하여서는 아니 된다. 다만, 시·도경찰청장이나 경찰서장은 특히 필요하다고 인정하는 경우에는 보행자 전용도로에 차마의 통행을 허용할 수 있다.

③ 보행자 전용도로의 통행이 허용된 차마의 운전자는 보행자를 위험하게 하거나, 보행자의 통행을 방해하지 아니하도록 차마를 보행자의 걸음 속도로 운행하거나 일시정지하여야 한다.

(9) 보행자 우선도로 (법제28조의2)

시·도 경찰청장이나 경찰서장은 보행자 우선도로에서 보행자를 보호하기 위하여 필요하다고 인정하는 경우에는 차마의 통행 속도를 시속 20km 이내로 제한할 수 있다.

(10) 어린이 및 장애인 등의 횡단 시 일시정지 (법제49조제1항제2호)

① 어린이가 보호자 없이 도로를 횡단할 때, 어린이가 도로에서 앉아 있거나, 서 있을 때 또는 어린이가 도로에서 놀이를 할 때 등 어린이에 대한 교통사고의 위험이 있는 것을 발견한 경우

② 앞을 보지 못하는 사람이 흰색 지팡이를 가지거나 장애인 보조견을 동반하는 등의 조치를 하고 도로를 횡단하고 있는 경우

③ 지하도나 육교 등 도로 횡단시설을 이용할 수 없는 지체장애인이나 노인 등이 도로를 횡단하고 있는 경우

제2절　어린이의 안전지도

1 어린이 등에 대한 보호 (법제11조제1항 내지 제4항)

(1) 어린이의 보호자는 교통이 빈번한 도로에서 어린이를 놀게 하여서는 아니 되며, **영유아**(6세 미만인 사람을 말한다. 이하 같다)의 보호자는 교통이 빈번한 도로에서 영유아가 혼자 보행하게 하여서는 아니 된다.

(2) 앞을 보지 못하는 사람(이에 준하는 사람을 포함한다)의 보호자는 그 사람이 도로를 보행하는 때에는 흰색 지팡이를 갖고 다니도록 하거나 앞을 보지 못하는 사람에게 길을 안내하는 개로서 행정안전부령으로 정하는 개(이하 "장애인보조견"이라 한다)를 동반하도록 하는 등 필요한 조치를 하여야 한다.

(3) 어린이의 보호자는 도로에서 어린이가 자전거를 타거나 행정안전부령으로 정하는 위험성이 큰 움직이는 놀이기구를 타는 경우에는 어린이의 안전을 위하여 행정안전부령으로 정하는 인명보호 장구(裝具)를 착용하도록 하여야 한다.

제2장 보행자의 안전보행과 보행자 보호

> **해설**
> 행정안전부령이 정하는 위험성이 큰 놀이기구와 인명보호장구(규칙제13조)
> 1. 위험성이 큰 놀이기구 : ① 킥보드 ② 롤러스케이트 ③ 인라인스케이트 ④ 스케이트보드 ⑤ 그 밖에 이와 유사한 놀이기구
> 2. 인명보호장구 : 안전모

(4) 어린이 보호자는 도로에서 어린이가 개인형 이동장치를 운전하게 하여서는 아니 된다.

2 어린이통학버스의 특별보호 (법제51조)

(1) 정지 중의 어린이통학버스 측방 통과 시의 방법 (법제51조제1항, 제2항)

어린이통학버스가 도로에 정차하여 어린이(13세 미만)나 영유아(6세 미만)가 타고 내리는 중임을 표시하는 점멸등의 장치를 작동 중일 때에는 다음과 같이 운행하여야 한다.
① 어린이통학버스가 정차한 차로와 그 차로의 바로 옆 차로로 통행하는 차의 운전자는 어린이통학버스에 이르기 전에 일시정지하여 안전을 확인한 후 서행하여야 한다.
② 중앙선이 설치되지 아니한 도로와 편도 1차로인 도로에서는 반대방향에서 진행하는 차의 운전자도 어린이통학버스에 이르기 전에 일시정지하여 안전을 확인한 후 서행하여야 한다.

(2) 통행 중인 어린이통학버스를 뒤따르는 때 앞지르기 금지 (법제51조제3항)

모든 차의 운전자는 어린이나 영유아를 태우고 있다는 표시를 한 상태로 도로를 통행하는 어린이통학버스를 앞지르지 못한다.

3 어린이통학버스 운전자 및 운영자 등의 의무 (법제53조)

(1) 점멸등의 작동시기 (법제53조제1항)

어린이통학버스를 운전하는 사람은 어린이나 영유아가 타고 내리는 경우에만 "어린이나 영유아가 타고 내리는 중임"을 표시하는 점멸등의 장치를 작동하여야 하며, 어린이나 영유아를 태우고 운행 중인 경우에만 "어린이나 영유아를 태우고 있다는" 표시하여야 한다(즉, 공(빈)차일 경우에는 "어린이나 영유아를 태우고 운행 중임"을 표시하여서는 아니 된다).

(2) 어린이통학버스의 운행방법 (법제53조제2항)

어린이통학버스를 운전하는 사람은 어린이나 영유아가 어린이통학버스를 탈 때에는 승차한 모든 어린이나 영유아가 좌석안전띠를 매도록 한 후에 출발하여야 하며, 내릴 때에는 보도나 길가장자리 구역 등 자동차로부터 안전한 장소에 도착한 것을 확인한 후에 출발하여야 한다.

(3) 어린이통학버스 운영자의 의무(어린이보호자 동승) (법제53조제3항)

어린이통학버스를 운영하는 자는 어린이통학버스에 어린이나 영유아를 태울 때에는 성년인 사람 중 어린이통학버스를 운영하는 자가 지명한 보호자를 함께 태우고 운행하여야하며, 동승

한 보호자는 어린이나 영유아가 승차 또는 하차하는 때에는 자동차에서 내려서 어린이나 영유아가 안전하게 승하차하는 것을 확인하고 운행 중에는 어린이나 영유아가 좌석에 앉아 좌석안전띠를 매고 있도록 하는 등 어린이 보호에 필요한 조치를 하여야 한다.

(4) 어린이통학버스 운전자의 어린이 등 하차확인 (법제53조제4·5항)
① 어린이통학버스를 운전하는 사람은 어린이통학버스의 운행을 마친 후 어린이나 영유아가 모두 하차하였는지를 확인하여야 한다.
② 어린이통학버스를 운전하는 사람이 어린이나 영유아의 하차 여부를 확인할 때에는 어린이나 영유아의 하차를 확인할 수 있는 장치(어린이 하차 확인장치)를 작동하여야 한다.

(5) 어린이통학버스 운영자 등에 대한 안전교육 (법제53조의3)
① 어린이통학버스를 운영하는 사람과 운전하는 사람 및 보호자는 어린이통학버스의 안전운행 등에 관한 교육을 받아야 한다.
② 어린이통학버스 안전교육은 다음 각 호의 구분에 따라 실시한다.
　㉮ 신규 안전교육 : 어린이통학버스를 운영하려는 사람과 운전하려는 사람 및 어린이통학버스에 동승하려는 보호자를 대상으로 그 운영, 운전 또는 동승을 하기 전에 실시하는 교육
　㉯ 정기 안전교육 : 어린이통학버스를 계속하여 운영하는 사람과 운전하는 사람 및 어린이통학버스에 동승한 보호자를 대상으로 2년마다 정기적으로 실시하는 교육

4 어린이통학버스의 신고 등 (법제52조제1항, 제2항)
① 어린이통학버스(여객자동차 운수사업법에 따른 한정면허를 받아 어린이를 여객대상으로 하여 운행되는 운송사업용 자동차는 제외)를 운영하려는 자는 미리 관할 경찰서장에게 신고하고 신고증명서를 발급받아야 한다.
② 어린이통학버스를 운영하는 자는 어린이통학버스 안에 발급받은 신고증명서를 항상 갖추어 두어야 한다(앞면 창유리 우측 상단과 뒷면 창유리 중앙 하단에 부착).

> **해설**
> **어린이통학버스로 사용할 수 있는 자동차와 요건 등(영제31조, 제1호 내지 제4호)**
> 1. 자동차안전기준에서 정한 어린이운송용 승합자동차의 구조를 갖출 것
> 2. 어린이통학버스 앞면 창유리 우측상단과 뒷면 창유리 중앙하단의 보기 쉬운 곳에 행정안전부령이 정하는 어린이 보호표지를 부착할 것
> 3. 교통사고로 인한 피해를 전액 배상할 수 있도록 「보험업법」 제4조에 따른 보험 또는 「여객자동차 운수사업법」 제61조에 따른 공제조합에 가입되어 있을 것
> 4. 「자동차등록령」 제8조에 따른 등록원부에 법 제2조제23호에 따른 유치원, 학교, 어린이집, 학원, 체육시설의 인가를 받거나 등록 또는 신고를 한 자의 명의로 등록되어 있는 자동차 또는 유치원, 학교, 어린이집, 학원 또는 체육시설의 장이 「여객자동차 운수사업법 시행령」 제3조제2호가목 단서에 따라 전세버스운송사업자와 운송계약을 맺은 자동차일 것

5 어린이운송용 승합자동차의 표시등 (자동차 및 자동차부품의 성능과 기준에 관한 규칙 제48조)

(1) 점멸등의 설치 (제4항)

    차의 앞면과 뒷면에 분당 60~120회 점멸되는 각각 2개의 적색표시등(바깥쪽)과 2개의 황색표시등(안쪽)을 설치하여야 한다.

(2) 도로에 정지하려고 하거나 출발하려고 하는 경우의 표시등 (제4항제5호)

① 도로에 정지하려는 때에는 황색표시등 또는 호박색표시등이 점멸되도록 운전자가 조작할 수 있어야 할 것
② ①항의 점멸 이후 어린이의 승하차를 위한 승강구가 열릴 때에는 자동으로 적색표시등이 점멸될 것
③ 출발하기 위하여 승강구가 닫혔을 때에는 다시 자동으로 황색표시등 또는 호박색표시등이 점멸될 것
④ ③항의 점멸 시 적색표시등과 황색표시등 또는 호박색표시등이 동시에 점멸되지 아니할 것

6 어린이보호구역의 지정·해제 및 관리 (법제12조제1항제1호 내지 제3호)

(1) 시장 등은 교통사고의 위험으로부터 어린이를 보호하기 위하여 필요하다고 인정하는 경우에는 다음 각 호의 어느 하나에 해당하는 시설이나 장소의 주변도로 가운데 일정 구간을 어린이보호구역으로 지정하여 자동차 등과 노면전차의 통행속도를 시속 30km 이내로 제한할 수 있다.

① 유치원, 초등학교 또는 특수학교(영유아보육법 제10조에 따른 어린이집 포함)
② 「학원의 설립·운영 및 과외교습에 관한 법률」 제2조에 따른 학원 가운데 행정안전부령으로 정하는 학원
③ 「초·중등교육법」에 따른 외국인학교 또는 대안학교, 국제학교 등
④ 그 밖에 어린이가 자주 왕래하는 곳으로서 조례로 정하는 시설 또는 장소

(2) 보육시설 및 학원의 범위(교육부, 행정안전부 및 국토교통부령으로 정함)

① 정원 100인 이상의 보육시설(100인 미만도 교통사고 위험으로부터 어린이 보호의 필요가 인정될 시 지정할 수 있다)
② 보호구역은 주 출입문을 중심으로 300m 이내의 도로 중 일부구간을 지정한다.

7 어린이보호구역 안에 무인 교통단속용장비를 설치 (법제12조제4·5항)

    시·도 경찰청장, 경찰서장 또는 시장 등은 어린이보호구역에 어린이의 안전을 위하여 다음 각 호에 따른 시설 또는 장비를 우선적으로 설치하거나 관할 도로관리청에 해당 시설 또는 장비의 설치를 요청하여야 한다.

① 어린이보호구역으로 지정한 시설의 주 출입문과 가장 가까운 거리에 있는 간선도로상 횡단보도의 신호기

② 속도제한 및 횡단보도 기점(起點) 및 종점(終點)에 관한 안전표지
③ 「도로법」제2조제2호에 따른 도로의 부속물 중 과속방지시설 및 차마의 미끄럼을 방지하기 위한 시설과 방호 울타리
④ 그 밖에 교육부, 행정안전부 및 국토교통부의 공동부령으로 정하는 시설 또는 장비

8 노인 및 장애인 보호구역의 지정 · 해제 및 관리 (제12조의2제1항 ~ 제3항)

(1) 시장 등은 교통사고의 위험으로부터 노인(65세 이상의 사람) 또는 장애인을 보호하기 위하여 필요하다고 인정하는 경우에는 아래 ①~④호에 따른 시설 또는 장소의 주변도로 가운데 일정 구간을 노인보호구역으로, ⑤호에 따른 시설의 주변도로 가운데 일정구간을 장애인 보호구역으로 각각 지정하여 차마와 노면전차의 통행을 제한하거나 금지하는 등 필요한 조치를 할 수 있다.
① "노인복지법"에 따른 노인복지시설
② "자연공원법"에 따른 자연공원 또는 "도시공원 및 녹지 등에 관한 법률"에 따른 도시공원
③ "체육시설의 설치 · 이용에 관한 법률"에 따른 생활 체육 시설
④ 그 밖의 노인이 자주 왕래하는 곳으로서 조례로 정하는 시설 또는 장소
⑤ "장애인 복지법"에 따른 장애인 복지시설

> **해설**
> **노인복지시설의 종류(노인복지시설의 범위)(노인복지법 제31조)**
> 1. 노인주거 복지시설 : 양로시설, 실비양로시설, 유료양로시설, 실비노인복지주택
> 2. 노인의료 복지시설 : 노인요양시설, 실비노인요양시설, 유료노인요양시설, 노인전문요양시설 등
> 3. 노인여가 복지시설 : 노인복지회관, 경로당, 노인교실, 노인휴양소

(2) 제1항에 따른 노인 보호구역 또는 장애인 보호구역의 지정 · 해제절차 및 기준 등에 관하여 필요한 사항은 보건복지부 · 행정안전부 · 국토교통부의 공동부령으로 정한다.

(3) 차마 또는 노면전차의 운전자는 노인보호구역 또는 장애인 보호구역에서 위 (1)항에 따른 조치를 준수하고 노인 및 장애인의 안전에 유의하면서 운행하여야 한다.

제2장 적중출제예상문제

1 보행자의 안전보행

【문제 1】 보행자의 통행 방법에 대한 설명이다. 맞지 않는 문항은?
① 보도와 차도가 구분된 도로에서는 보도를 통행하여야 한다.
② 보행자는 보도에서 우측 통행을 원칙으로 한다.
③ 보행자는 보도에서 좌측으로 통행하여야 한다.
④ 보도와 차도가 구분되지 아니한 도로에서는 마주보는 방향의 길가장자리로 통행하여야 한다.

【문제 2】 보도와 차도가 구분되지 아니한 도로에서 보행자의 통행 원칙으로 옳은 문항은?
① 도로의 중앙부분 통행
② 도로의 좌측부분 통행
③ 도로의 우측 또는 길가장자리 구역 통행
④ 보행자가 편리한 대로 통행

【문제 3】 도로교통법상 보행자로 볼 수 있는 사람에 대한 설명이다. 해당되는 사람은?
① 자전거를 타고 횡단보도를 횡단하는 사람
② 도로에서 원동기장치자전거를 타고 가는 사람
③ 보도에서 휠체어에 사람을 태우고 밀고 가는 사람
④ 보도에서 자전거를 타고 가는 사람

【문제 4】 보행자가 차도의 우측을 통행할 수 있는 경우에 대한 설명이다. 잘못된 통행은?
① 사회적으로 중요한 행사에 따른 시가행진인 경우 차도의 우측을 통행하여야 한다.
② 학생의 대열 등은 차도의 우측으로 통행할 수 있다.
③ 사다리, 목재 등 보행자의 통행에 지장을 줄 물건을 운반 중인 사람은 차도의 우측을 통행할 수 있다.
④ 말, 소 등 큰 동물을 몰고 가는 사람은 차도의 우측으로 통행할 수 있다.

【문제 5】 보행자가 차도의 중앙으로 통행할 수 있는 경우로 옳은 문항은?
① 도로에서 청소나 보수 등의 작업을 하고 있는 사람
② 사다리, 목재 등 보행자의 통행에 지장을 줄 물건을 운반 중인 사람
③ 말, 소 등 큰 동물을 몰고 가는 사람
④ 사회적으로 중요한 행사에 따라 시가행진을 하는 경우

【문제 6】 학생의 대열, 군부대 및 단체행렬 등이 차도에서 통행방법이다. 가장 적절한 것은?
① 길가장자리 구역으로 통행
② 차도의 우측으로 통행
③ 도로의 중앙으로 통행
④ 보도의 좌측으로 통행

정답 1.【1】③ 【2】③ 【3】③ 【4】① 【5】④ 【6】②

【문제 7】 지하도나 육교 등을 이용하지 아니하고 도로를 횡단할 수 있는 보행자는?
① 지체장애인　　② 노령의 남자　　③ 임신부　　④ 어린이

【문제 8】 보행자의 도로횡단방법이다. 잘못된 횡단은?
① 횡단보도, 육교, 지하보도가 있는 경우 반드시 이를 이용하여 통행한다.
② 횡단시설이 없는 곳에서는 도로의 폭이 가장 짧은 곳으로 횡단한다.
③ 눈과 귀로 접근차량의 속도·거리 등을 확인하고 신속히 횡단한다.
④ 지체장애인도 반드시 횡단시설을 이용하여 횡단하여야 한다.

【문제 9】 보행자의 도로 횡단방법으로 가장 적절한 문항은?
① 횡단보도가 없는 곳에서는 손을 들고 횡단하면 된다.
② 육교 밑으로 횡단할 때는 차량이 없는 때 신속히 횡단한다.
③ 자기 편리한 곳으로 횡단하되 차량 바로 앞이나 뒤로 횡단한다.
④ 도로 폭이 가장 짧은 최단거리로 횡단하되 차량의 통행에 방해가 되지 않도록 횡단한다.

【문제 10】 어린이·노인 또는 지체장애인이 도로를 횡단 중인 때 운전자의 올바른 운행방법은?
① 진행하던 속도로 빨리 통과한다.
② 경음기를 울리며 안전하게 지나간다.
③ 안전거리를 두고 일시정지한다.
④ 전조등을 점멸하며 신속히 통과한다.

【문제 11】 차의 도로횡단방법에 대한 설명이다. 옳은 문항은?
① 이륜차를 타고 횡단보도로 횡단할 수 있다.
② 자동차가 도로 이외의 장소를 출입할 때에는 보도를 횡단할 수 있다.
③ 원동기장치자전거는 보도로 통행할 수 있다.
④ 보행자의 통행에 방해가 되지 않으면 자전거를 타고 횡단보도로 횡단할 수 있다.

【문제 12】 안전지대에 있는 보행자 옆을 지나갈 때 올바른 운전방법은?
① 안전거리를 두고 서행한다.　　② 경음기를 사용하면서 진행한다.
③ 전조등을 켜고 진행한다.　　④ 주위를 살피면서 신속히 통과한다.

【문제 13】 차의 통행이 허용된 보행자 전용도로에서 차의 통행방법으로 옳지 못한 문항은?
① 보행자의 통행에 방해되지 않도록 통행한다.
② 경음기를 사용하며 최대한 빠르게 통과한다.
③ 일시정지 후 좌우를 살피면서 주의하며 통과한다.
④ 차는 보행자 걸음걸이 속도로 통행한다.

【문제 14】 무단횡단하는 노인이나 장애인 또는 어린이를 발견 시 올바른 운전 방법으로 옳은 문항은?
① 진행하던 속도로 진행한다.　　② 우측으로 피양한다.
③ 서행한다.　　④ 일시정지 후 통행한다.

정답 【7】① 【8】④ 【9】④ 【10】③ 【11】② 【12】① 【13】② 【14】④

제2장 보행자의 안전보행과 보행자 보호

【문제 15】 보행자가 횡단보도를 통과하고 있는 때에 차의 통행방법으로 옳은 문항은?
① 차의 운전자는 횡단보도 표시선 내에 정지할 수 있다.
② 교차로에서 우회전할 때에 보행자가 횡단 중이라도 진행할 수 있다.
③ 횡단보도 앞 정지선에 일시정지하여야 한다.
④ 횡단보도 정지선을 지나쳐 정지해도 보행자의 통행에 방해가 되지 않으면 된다.

【문제 16】 신호등 없는 횡단보도에 보행자가 횡단하는 때 자동차 또는 노면전차의 통행 방법이다. 가장 적절한 것은?
① 전조등을 점멸하여 보행자에게 주의를 환기시키고 그냥 지나간다.
② 경음기를 울리고, 전조등을 점멸하며 서행한다.
③ 경음기를 울리며 서행한다.
④ 일시정지 후 안전을 확인하고 통행하여야 한다.

2 어린이의 안전지도

【문제 1】 교통이 빈번한 도로에서 보호자는 어린이(   )를 놀게 하거나 영유아(   )를 보호자 없이 보행하게 하여서는 아니 된다. (   )에 알맞은 문항은?
① 13세 이하, 6세 이하
② 13세 이하, 6세 미만
③ 13세 미만, 6세 이하
④ 13세 미만, 6세 미만

【문제 2】 어린이의 교통안전교육에 관한 설명이다. 가장 적절한 것은?
① 교통안전교육은 중학교 이상에서 실시하고 있다.
② 가정, 학교, 사회에서 항상 이루어져야 한다.
③ 유치원이나 초등학교 시절에서만 실시하면 된다.
④ 운전학원에서 집중적으로 받으면 된다.

【문제 3】 어린이가 보호자 없이 도로에서 놀고 있어 교통사고 위험이 있을 때 올바른 운전방법은?
① 경음기를 울려 주의를 주며 지나간다.
② 어린이의 잘못이므로 신속히 지나간다.
③ 일시정지 후 통행하여야 한다.
④ 어린이를 조심하며 급히 지나간다.

【문제 4】 어린이통학버스로 지정받을 수 없는 자동차로 맞는 것은?
① 유치원생을 수송하는 9인승 이상 승합자동차
② 초등학생을 수송하는 9인승 이상 승합자동차
③ 중학생을 수송하는 9인승 이상 자동차
④ 13세 미만의 학원생을 수송하는 9인승 이상 승합자동차

◉ 해설 어린이(13세 미만) 통학버스로 신고할 수 있는 자동차는 9인승 이상 자동차이다.

정답 【15】③ 【16】④ 2.【1】④ 【2】② 【3】③ 【4】③

【문제 5】 어린이가 보호자 없이 교통이 빈번한 도로에서 놀고 있을 때 운전자의 통행 방법인 것은?
① 일시정지 후 통행하여야 한다.
② 서행하여야 한다.
③ 도로 우측으로 피하여야 한다.
④ 일시정지하거나 서행한다.

【문제 6】 특별시, 특별자치시 또는 광역시 구역 내에 어린이보호구역 지정권자는?
① 시장 등   ② 경찰서장   ③ 교육감   ④ 시·도 경찰청장

【문제 7】 어린이보호구역 안에서의 제한 또는 금지사항으로 잘못된 문항은?
① 주 출입문과 연결된 도로에는 노상주차장의 설치를 금지한다.
② 운행속도를 매시 40km 이내로 제한한다.
③ 이면도로를 일방통행로로 지정 운영한다.
④ 자동차 등의 통행속도를 30km 이내로 제한한다.

【문제 8】 어린이통학버스로 신고할 수 있는 최저 승차 정원의 기준은?
① 9인승 이상   ② 7인승 이상
③ 17인승 이상   ④ 12인승 이상

【문제 9】 어린이통학버스로 신고할 수 없는 차량은?
① 보육원, 유치원, 초등학교 어린이 통근용 승합자동차로 9인승 이상
② 중학생 통근용 승합자동차로서 9인승 이상
③ 13세 미만의 어린이 통근용 학원의 승합자동차로 9인승 이상
④ 13세 미만의 어린이 수송용 체육시설 승합자동차로 9인승 이상

【문제 10】 노인보호구역 지정·해제 및 관리에 대한 내용이다. 옳지 못한 문항은?
① 노인보호구역에는 차마의 통행을 제한하거나 금지할 수 없다.
② 노인보호구역은 교통사고의 위험으로부터 노인을 보호하기 위하여 지정한다.
③ 노인복지회관 주변도로에 노인보호구역을 지정·운영할 수 있다.
④ 차마의 운전자는 노인보호구역에서는 안전에 유의하면서 운행하여야 한다.

【문제 11】 어린이통학버스가 점멸등을 켜고 어린이를 승·하차 시킬 때 뒤차의 통행 방법으로 옳은 문항은?
① 일시정지하여 안전을 확인 후 서행한다.
② 좌측 차로로 차로 변경한 후 그대로 진행한다.
③ 어린이통학버스가 출발할 때까지 정지한다.
④ 서행으로 앞지르기 한다.

【문제 12】 어린이통학버스를 뒤따르고 있는 운전자의 통행 요령으로 옳은 문항은?
① 앞지르기할 수 있다.   ② 안전을 확인 후 앞지르기할 수 있다.
③ 앞지르기할 수 없다.   ④ 교통상황에 따라 앞지르기할 수 있다.

정답 【5】① 【6】① 【7】② 【8】① 【9】② 【10】① 【11】① 【12】③

제3장 교통신호기와 교통안전표지 등

제1절 교통신호기의 설치관리와 신호의 뜻

1 교통신호기의 정의 (법제2조제15호)

"신호기"란 도로교통에서 문자·기호 또는 등화(燈火)를 사용하여 진행·정지·방향전환·주의 등의 신호를 표시하기 위하여 사람이나 전기의 힘으로 조작하는 장치를 말한다.

2 신호기 등의 설치 및 관리 (법제3조)

(1) 신호기의 설치 (법제3조, 제1항·제3항·제4항)

① 특별(광역)시장, 제주특별자치도지사 또는 시장, 군수(광역시의 군수는 제외)는 도로에서의 위험을 방지하고 교통의 안전과 원활한 소통을 확보하기 위하여 필요하다고 인정하는 경우에는 신호기 및 안전표지(이하 교통안전시설이라 한다)를 설치·관리하여야 한다.

② 도(道)는 ①항에 따라 시장이나 군수가 교통안전시설을 설치·관리하는 데에 드는 비용의 전부 또는 일부를 시(市)나 군(郡)에 보조할 수 있다.

③ 시장 등은 대통령령으로 정하는 사유로 도로에 설치된 교통안전시설을 철거하거나 원상회복이 필요한 경우에는 그 사유를 유발한 사람으로 하여금 해당 공사에 드는 비용의 전부 또는 일부를 부담하게 할 수 있다.

(2) 신호기의 설치·관리권

① 특별시장·광역시장·제주특별자치도지사 또는 시장·군수가 설치하도록 되어 있으나 법제147조(위임 및 위탁) 및 영제86조(위임 및 위탁)에 따라 시·도경찰청장이나 경찰서장에게 위임 및 위탁하여 설치·관리한다(법제3조제1항).

> **해설**
> 신호기·안전표지 등의 설치·관리권의 위임·위탁(법제147조, 영제86조제1항제1호)
> 1. 특별시장·광역시장의 권한을 시·도경찰청장이나 경찰서장에게 위임
> 2. 시장·군수(광역시의 군수는 제외)의 권한을 경찰서장에게 위탁

② 유료도로법에 따른 유료도로에서는 시장 등(시·도경찰청장 또는 경찰서장)의 지시에 따라 그 도로 관리자가 설치·관리하여야한다(법제3조, 제1항단서).

3 신호등의 등화 배열순서와 신호순서 (규칙제7조제2항)

신호등의 등화의 배열순서 및 신호순서는 다음과 같다.

(1) 신호등의 등화 배열순서 [별표4]

신호등 \ 배열	가로형 신호등	세로형 신호등
적색·황색·녹색화살표·녹색의 사색등화로 표시되는 신호등	• 좌로부터 적색·황색·녹색화살표·녹색의 순서로 한다. • 좌로부터 적색·황색·녹색의 순서로 하고, 적색등화 아래에 녹색화살표 등화를 배열한다.	위로부터 적색·황색·녹색화살표·녹색의 순서로 한다.
적색·황색 및 녹색(녹색화살표)의 삼색등화로 표시되는 신호등	좌로부터 적색·황색·녹색(녹색화살표)의 순서로 한다.	위로부터 적색·황색·녹색(녹색화살표)의 순서로 한다.
적색화살표·황색화살표 및 녹색화살표의 삼색등화로 표시되는 신호등 적색X표 및 녹색하향화살표의 이색등화로 표시되는 신호등	좌로부터 적색화살표·황색화살표·녹색화살표의 순서로 한다. 좌로부터 적색X표·녹색하향화살표의 순서로 한다.	위로부터 적색화살표·황색화살표·녹색화살표의 순서로 한다.
적색 및 녹색의 이색등화로 표시되는 신호등		위로부터 적색·녹색의 순서로 한다.
황색T자형·백색가로막대형·백색점형·백색세로막대형·백색사선막대형의 등화로 표시되는 신호등		위로부터 황색T자형·백색가로막대형·백색점형·백색세로막대형의 순서로 배열하며, 필요 시 백색세로막대형의 좌우측에 백색사선막대형을 배열한다. 다만, 도로폭이 협소한 등 부득이한 경우에는 백색사선막대형을 백색세로막대형의 좌우측이 아닌 아래에 배열할 수 있으며, 이 경우 위로부터 백색사선막대형(좌측)·백색사선막대형(우측) 순으로 배열한다.

(2) 신호등의 신호순서 [별표5]

신 호 등	신 호 순 서
적색·황색·녹색화살표·녹색의 사색 등화로 표시되는 신호등	녹색등화·황색등화·적색 및 녹색화살표등화·적색 및 황색등화·적색등화의 순서로 한다.
적색·황색·녹색(녹색화살표)의 삼색 등화로 표시되는 신호등	녹색(적색 및 녹색화살표)등화·황색등화·적색등화의 순서로 한다.
적색화살표·황색화살표·녹색화살표의 삼색등화로 표시되는 신호등	녹색화살표등화·황색화살표등화·적색화살표등화의 순서로 한다.
적색 및 녹색의 이색등화로 표시되는 신호등	녹색등화·녹색등화의 점멸·적색등화의 순서로 한다.
황색T자형·백색가로막대형·백색점형·백색세로막대형의 등화로 표시되는 신호등	백색세로막대형등화·백색점형등화·백색가로막대형등화·백색가로막대형등화 및 황색T자형등화·백색가로막대형등화 및 황색T자형등화의 점멸의 순서로 한다.

제3장 교통신호기와 교통안전표지 등

황색T자형·백색가로막대형·백색점형·백색세로막대형·백색사선막대형의 등화로 표시되는 신호등	백색세로막대형등화 또는 백색사선막대형등화·백색점형등화·백색가로막대형등화·백색가로막대형등화 및 황색T자형등화·백색가로막대형등화 및 황색T자형등화의 점멸의 순서로 한다.

㈜ 교차로와 교통여건상 특별히 필요하다고 인정되는 장소는 신호의 순서를 달리하거나 녹색화살표 및 녹색등화를 동시에 표시하거나, 적색 및 녹색화살표 등화를 동시에 표시하지 않을 수 있다.

[참고] 신호등의 성능 : ① 등화의 밝기 – 낮에는 150미터 앞쪽에서 식별할 수 있을 것
② 등화의 빛의 발산각도 – 사방으로부터 각각 45도 이상으로 할 것

4 신호의 종류와 뜻 (규칙 제6조제2항)

신호기가 표시하는 신호의 종류 및 신호의 뜻 [별표2]

구 분		신호의 종류	신호의 뜻
차량신호등	원형등화	녹색의 등화	1. 차마는 직진 또는 우회전할 수 있다. 2. 비보호 좌회전표지 또는 비보호 좌회전표시가 있는 곳에서는 좌회전할 수 있다.
		황색의 등화	1. 차마는 정지선이 있거나 횡단보도가 있을 때에는 그 직전이나 교차로의 직전에 정지하여야 하며, 이미 교차로에 차마의 일부라도 진입한 경우에는 신속히 교차로 밖으로 진행하여야 한다. 2. 차마는 우회전할 수 있고 우회전하는 경우에는 보행자의 횡단을 방해하지 못한다.
		적색의 등화	1. 차마는 정지선, 횡단보도 및 교차로의 직전에서 정지해야 한다. 2. 차마는 우회전하려는 경우 정지선, 횡단보도 및 교차로의 직전에서 정지한 후 신호에 따라 진행하는 다른 차마의 교통을 방해하지 않고 우회전할 수 있다. 3. 제2호에도 불구하고 차마는 우회전 삼색등이 적색의 등화인 경우 우회전할 수 없다.
		황색등화의 점멸	차마는 다른 교통 또는 안전표지의 표시에 주의하면서 진행할 수 있다.
		적색등화의 점멸	차마는 정지선이나 횡단보도가 있을 때에는 그 직전이나 교차로의 직전에 일시정지한 후 다른 교통에 주의하면서 진행할 수 있다.
	화살표등화	녹색화살표의 등화	차마는 화살표시 방향으로 진행할 수 있다.
		황색화살표의 등화	화살표시 방향으로 진행하려는 차마는 정지선이 있거나 횡단보도가 있을 때에는 그 직전이나 교차로의 직전에 정지하여야 하며, 이미 교차로에 차마의 일부라도 진입한 경우에는 신속히 교차로 밖으로 진행하여야 한다.
		적색화살표의 등화	화살표시 방향으로 진행하려는 차마는 정지선, 횡단보도 및 교차로의 직전에서 정지하여야 한다.
		황색화살표등화의 점멸	차마는 다른 교통 또는 안전표지의 표시에 주의하면서 화살표시 방향으로 진행할 수 있다.
		적색화살표등화의 점멸	차마는 정지선이나 횡단보도가 있을 때에는 그 직전이나 교차로의 직전에 일시정지한 후 다른 교통에 주의하면서 화살표시 방향으로 진행할 수 있다.
	사각형등화	녹색화살표시의 등화(하향)	차마는 화살표로 지정한 차로로 진행할 수 있다.
		적색×표 표시 등화	차마는 ×표가 있는 차로로 진행할 수 없다.
		적색×표 표시 등화의 점멸	차마는 ×표가 있는 차로로 진입할 수 없고, 이미 차마의 일부라도 진입한 경우에는 신속히 그 차로 밖으로 진로를 변경하여야 한다.

보행신호등	녹색의 등화	보행자는 횡단보도를 횡단할 수 있다.
	녹색 등화의 점멸	보행자는 횡단을 시작하여서는 아니되고, 횡단하고 있는 보행자는 신속하게 횡단을 완료하거나 그 횡단을 중지하고 보도로 되돌아와야 한다.
	적색의 등화	보행자는 횡단보도를 횡단하여서는 아니 된다.
자전거신호등	자전거 주행 신호등	
	녹색의 등화	자전거 등은 직진 또는 우회전할 수 있다.
	황색의 등화	1. 자전거 등은 정지선이 있거나 횡단보도가 있을 때에는 그 직전이나 교차로의 직전에 정지하여야 하며, 이미 교차로에 차마의 일부라도 진입한 경우에는 신속히 교차로 밖으로 진행하여야 한다. 2. 자전거 등은 우회전할 수 있고 우회전하는 경우에는 보행자의 횡단을 방해하지 못한다.
	적색의 등화	1. 자전거 등은 정지선, 횡단보도 및 교차로의 직전에서 정지해야 한다. 2. 자전거 등은 우회전하려는 경우 정지선, 횡단보도 및 교차로의 직전에서 정지한 후 신호에 따라 진행하는 다른 차마의 교통을 방해하지 않고 우회전할 수 있다. 3. 제2호에도 불구하고 자전거 등은 우회전 삼색등이 적색의 등화인 경우 우회전할 수 없다.
	황색등화의 점멸	자전거 등은 다른 교통 또는 안전표지의 표시에 주의하면서 진행할 수 있다.
	적색등화의 점멸	자전거 등은 정지선이나 횡단보도가 있는 때에는 그 직전이나 교차로의 직전에 일시정지한 후 다른 교통에 주의하면서 진행할 수 있다.
	자전거 횡단 신호등	
	녹색의 등화	자전거 등은 자전거횡단도를 횡단할 수 있다.
	녹색의 등화의 점멸	자전거 등은 횡단을 시작하여서는 아니 되고, 횡단하고 있는 자전거 등은 신속하게 횡단을 종료하거나 그 횡단을 중지하고 진행하던 차도 또는 자전거도로로 되돌아와야 한다.
	적색의 등화	자전거 등은 자전거횡단도를 횡단하여서는 아니 된다.
버스 신호등	녹색의 등화	버스전용차로에 차마는 직진할 수 있다.
	황색의 등화	버스전용차로에 있는 차마는 정지선이 있거나 횡단보도가 있을 때에는 그 직전이나 교차로의 직전에 정지하여야 하며, 이미 교차로에 차마의 일부라도 진입한 경우에는 신속히 교차로 밖으로 진행하여야 한다.
	적색의 등화	버스전용차로에 있는 차마는 정지선, 횡단보도 및 교차로의 직전에서 정지하여야 한다.
	황색 등화의 점멸	버스전용차로에 있는 차마는 다른 교통 또는 안전표지의 표시에 주의하면서 진행할 수 있다.
	적색 등화의 점멸	버스전용차로에 있는 차마는 정지선이나 횡단보도가 있을 때에는 그 직전이나 교차로의 직전에 일시정지한 후 다른 교통에 주의하면서 진행할 수 있다.

제3장 교통신호기와 교통안전표지 등

노면전차 신호등	황색 T자형의 등화	노면전차가 직진 또는 좌회전·우회전할 수 있는 등화가 점등될 예정이다.
	황색 T자형 등화의 점멸	노면전차가 직진 또는 좌회전·우회전할 수 있는 등화의 점등이 임박하였다.
	백색 가로 막대형의 등화	노면전차는 정지선, 횡단보도 및 교차로의 직전에서 정지해야 한다.
	백색 가로 막대형 등화의 점멸	노면전차는 정지선이나 횡단보도가 있는 경우에는 그 직전이나 교차로의 직전에 일시정지한 후 다른 교통에 주의하면서 진행할 수 있다.
	백색 점형의 등화	노면전차는 정지선이 있거나 횡단보도가 있는 경우에는 그 직전이나 교차로의 직전에 정지해야 하며, 이미 교차로에 노면전차의 일부가 진입한 경우에는 신속하게 교차로 밖으로 진행해야 한다.
	백색 점형 등화의 점멸	노면전차는 다른 교통 또는 안전표지의 표시에 주의하면서 진행할 수 있다.
	백색 세로 막대형의 등화	노면전차는 직진할 수 있다.
	백색 사선 막대형의 등화	노면전차는 백색사선막대의 기울어진 방향으로 좌회전 또는 우회전할 수 있다.

(비고)
1. 자전거를 주행하는 경우 자전거주행신호등이 설치되지 않은 장소에서는 차량신호등의 지시에 따른다.
2. 자전거횡단도에 자전거횡단신호등이 설치되지 않은 경우 자전거는 보행신호등의 지시에 따른다. 이 경우 보행신호등란의 "보행자"는 "자전거 등"으로 본다.
3. 우회전하려는 차마는 우회전 삼색등이 있는 경우 다른 신호등에도 불구하고 이에 따라야 한다.

제2절 신호 또는 지시에 따를 의무 (법제5조)

1 신호기의 신호 또는 지시에 따를 의무 (법제5조제1항)

(1) 도로를 통행하는 보행자와 차마 또는 노면전차의 운전자는 교통안전시설이 표시하는 신호 또는 지시와 다음 각 호의 어느 하나에 해당하는 사람이 하는 신호 또는 지시에 따라야 한다.

① 교통정리를 하는 경찰공무원(의무경찰을 포함) 및 제주특별자치도의 자치경찰공무원(이하 자치경찰공무원이라 한다)

② 경찰공무원(자치경찰공무원을 포함)을 보조하는 사람으로서 대통령령으로 정하는 사람(이하 경찰보조자)

※ **경찰공무원을 보조하는 사람의 범위** : 모범운전자, 군사훈련 및 작전에 동원되는 부대의 이동을 유도하는 군사경찰 및 본래의 긴급한 용도로 운행하는 소방차·구급차를 유도하는 소방공무원 (시행령제6조).

2 교통안전시설이 표시하는 신호와 경찰공무원 등의 신호 또는 지시가 서로 다른 경우의 따를 의무 (법제5조제2항)

(1) 경찰공무원 등에 의한 신호에 따를 의무 (법제5조제2항)

도로를 통행하는 보행자, 차마 또는 노면전차의 운전자는 교통안전시설이 표시하는 신호 또는 지시와 교통정리를 하는 경찰공무원 또는 경찰보조자의 신호 또는 지시가 서로 다른 경우에는 경찰공무원 등의 신호 또는 지시에 따라야 한다.

3 통행의 금지 및 제한(경찰공무원 등의 지시) (법제6조)

(1) 시·도경찰청장의 통행금지 및 제한 (법제6조제1항)

시·도경찰청장은 도로에서 위험을 방지하고 교통의 안전과 원활한 소통을 확보하기 위하여 필요하다고 인정할 때에는 구간(區間)을 정하여 보행자, 차마 또는 노면전차의 통행을 금지하거나 제한할 수 있다. 이 경우 시·도경찰청장은 보행자나 차마 또는 노면전차의 통행을 금지하거나 제한한 도로의 관리청에 그 사실을 알려야 한다.

(2) 경찰서장의 통행금지 및 제한 (법제6조제2항·제3항)

경찰서장은 도로에서 위험을 방지하고 교통의 안전과 원활한 소통을 확보하기 위하여 필요하다고 인정할 때에는 우선 보행자나 차마 또는 노면전차의 통행을 금지하거나 제한한 후 그 도로관리자와 협의하여 금지 또는 제한의 대상과 구간 및 기간을 정하여 도로의 통행을 금지하거나 제한할 수 있다. 또한 (1), (2)항의 금지 또는 제한을 하려는 경우 그 사실을 공고하여야 한다.

(3) 긴급 시의 조치 (법제6조제4항)

경찰공무원은 도로의 파손, 화재의 발생이나 그 밖의 사정으로 인한 도로에서의 위험을 방지하기 위하여 긴급히 조치할 필요가 있을 때에는 필요한 범위에서 보행자나 차마 또는 노면전차의 통행을 일시 금지하거나 제한할 수 있다.

(4) 교통 혼잡을 완화시키기 위한 조치 (법제7조)

경찰공무원은 보행자나 차마 또는 노면전차의 통행이 밀려서 교통 혼잡이 뚜렷하게 우려될 때에는 혼잡을 덜기 위하여 필요한 조치를 할 수 있다.

(4)-1 고령운전자 표지 (법제7조의2)

① 국가 또는 지방자치단체는 고령운전자의 안전운전 및 교통사고 예방을 위하여 행정안전부령으로 정하는 바에 따라 고령운전자가 운전하는 차임을 나타내는 표지(고령운전자 표지)를 제작하여 배부할 수 있다.

② 고령운전자는 다른 차의 운전자가 쉽게 식별할 수 있도록 차에 고령운전자 표지를 부착하고 운전할 수 있다.

제3절 교통안전표지와 도로안내표지

1 교통안전표지 (규칙 제8조)

(1) 교통안전표지의 종류

① 주의표지 : 도로상태가 위험하거나 도로 또는 그 부근에 위험물이 있는 경우에 필요한 안전조치를 할 수 있도록 이를 도로사용자에게 알리는 표지

※ 기본구조 : 기본 형상은 삼각형이고 노란색 바탕에 빨간색 테두리로 구성

[주의표지]

② 규제표지 : 도로교통의 안전을 위하여 각종 제한·금지 등의 규제를 하는 경우에 이를 도로 사용자에게 알리는 표지

※ 기본구조 : 테두리는 빨간색, 바탕은 흰색이나 빨간색, 파란색으로 구성

[규제표지]

③ 지시표지 : 도로의 통행방법·통행구분 등 도로교통의 안전을 위하여 필요한 지시를 하는 경우에 도로사용자가 이에 따르도록 알리는 표지

※ 기본구조 : 청색바탕에 백색표기로 구성

[지시표지]

④ 보조표지 : 주의표지·규제표지 및 지시표지의 주기능을 보충하여 도로사용자에게 알리는 표지

※ 기본구조 : 흰색바탕에 검정 또는 빨간색 표기

[보조표지]

⑤ 노면표시 : 도로교통의 안전을 위하여 각종 주의·규제·지시 등의 내용을 노면에 기호·문자 또는 선으로 도로사용자에게 알리는 표지

※ 기본구조 : 흰색, 노란색 또는 파란색으로 구성

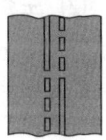
[노면표시]

(2) 노면표시의 색채기준 (별표6 · 나)

① 노란색(황색) : 중앙선표시, 주차금지표시, 정차·주차금지표시, 정차금지지대표시, 보호구역 기점·종점 표시의 테두리와 어린이보호구역 횡단보도 및 안전지대 중 양방향 교통을 분리하는 표시

② 파란색(청색) : 전용차로 표시 및 노면전차전용로 표시

③ 빨간색 또는 흰색 : 소방시설 주변 정차·주차금지표시 및 보호구역(어린이·노인·장애인) 또는 주거지역 안에 설치하는 속도제한 표시의 테두리 선

④ 분홍색·연한녹색 또는 녹색 : 노면색깔유도선 표시

⑤ 흰색(백색) : 그 밖의 표시

2 도로안내표지(책표지 뒷면 「도로안내표지」 참조)

도로안내표지는 교통의 원활과 운전자의 도로 이용을 편리하게 하기 위하여 설치한다(관할 도로관리청이 설치·관리).

(1) 도로표지의 종류(도로표지규칙 제3조)

① **경계표지** : 특별시 · 광역시 · 특별자치시 · 도 또는 시 · 군 · 읍 · 면 사이의 행정구역의 경계를 나타내는 표지이다. 면계표지, 군계표지, 도계표지가 있다(행정구역 경계 안내).

   ※ 기본구조 : 녹색 바탕에 백색글씨로 표시

② **이정표지** : 목표지까지의 거리를 나타내는 표지이다(중요지의 거리안내).

③ **방향표지** : 목표지까지의 방향을 나타내는 표지로 방향예고표지와 방향표지로 구분되어 있다(교차로선 방향안내).

④ **노선표지** : 노선55표지는 주행노선 또는 분기노선을 나타내는 표지이다(주행 분기노선 안내).

⑤ **안내표지**

   ㉠ 도로정보 안내표지 : 양보차로표지, 오르막차로표지, 유도표지, 예고표지, 보행인표지, 지점표지, 출구감속유도표지, 자동차전용도로표지, 시종점표지, 돌아가는길표지 및 고속국도유도표지

   ㉡ 도로시설 안내표지 : 휴게소표지, 주차장표지, 시설물(하천, 교량, 터널, 비상주차장, 정류장, 도로관리기관 및 긴급제동시설)표지, 긴급신고표지 및 매표소표지

   ㉢ 그 밖의 안내표지 : 관광지표지, 아시안하이웨이안내표지, 공공시설표지 및 도로관리청이 안내를 위하여 필요하다고 인정하여 국토교통부장관과 협의하여 설치한 표지

(2) 도로표지 문안 및 노선번호 등을 보는 요령

① 「방향(예고)표지」 : 지방지역의 3방향 표지

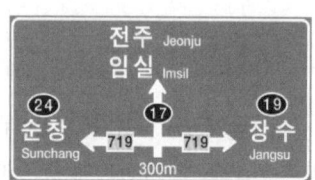

(편지식표지, 5m×2.5m)

- 300m 앞 교차로가 있으며, 여기서 직진방향 도로는 '17번 국도', 좌 · 우회전방향 도로는 '719번 지방도'임
- 좌회전하여 '719번 지방도'를 따라가면 '24번 국도'를 만나고, 우회전하여 '719번 지방도'를 따라가면 '19번 국도'를 만남
- 직진하면 먼저 '임실'을 만나고, 더 가면 '전주'를 만남

※ 노선번호 보는 요령
- 화살표 상의 노선번호(On the way) : 화살표가 직접 의미하는 도로노선(예 : ⑰ 719)
- 화살표 앞의 노선번호(To the way) : 화살표 방향으로 가면 만나는 도로(예 : ⑲ ㉔)

② 「방향표지」 : 도시지역의 3방향 표지

(현수식 표지, 5.55m×1.35m)

- 운전자의 현재 위치는 '동작대로'임
- 직진방향은 '92번 시도'임
- 직진하면 '1번 고속국도', '예술의 전당 및 서초IC'를 만남
- 좌회전하면 '88번 자동차전용시도 및 이수교차로', 우회전하면 '47번 국도 및 과천'을 만남

③ 「출구 예고표지」 : 고속도로

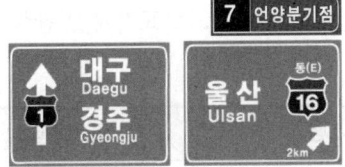

- 현재 주행노선은 '1번 고속국도'의 '대구' 방향임
- 동쪽 2km 앞에 '16번 고속국도'의 '울산' 방향으로 연결된 '언양 분기점'(출구번호 7번)이 있음

④ 「출구점 예고표지」 : 고속도로

- 150m 더 가면 '출구 감속차로'가 시작됨
- 출구( )명은 '군포 IC' 출구번호는 '6'임
- 출구로 나가면 '군포' 방향의 '47번 국도'를 만남

⑤ 「2방향 표지」

- 좌측은 부산방향, 우측은 서울방향

⑥ 「분기점 표지」

- 2.5km 더 가면 우측방향으로 '1번 고속국도'가 분기됨

⑦ 「보행인 표지」

- 화살표 방향에 '고속버스터미널 및 정부과천청사'가 있음을 안내
※ 교차로 모퉁이마다 설치

(3) 도로의 종류별 노선마크와 관리기관

도로의 종류·노선별로 노선마크의 형태와 번호를 부여하고, 도로표지에 일관성·연계성 있게 표기하여 각 도로의 노선을 안내한다.

도로의 종류	노선마크	주요 내용	도로관리청
1. 고속국도	15	방패모양, 청색바탕 흰색 글씨	국토교통부장관 (한국도로공사 대행)
2. 일반국도	39	타원형, 청색바탕 흰색 글씨	국토교통부장관 (시 관내는 해당 시장)
3. 지방도	306	직사각형, 황색바탕 청색 글씨	도지사
4. 시도	92	팔각형, 흰색바탕 청색 글씨	시장 (특별·광역시장 포함)
5. 아시안 하이웨이	AH1	사각형, 백색바탕 흑색 글씨	국토교통부장관 (한국도로공사 대행)

(4) 도로표지판의 바탕색이 의미하는 도로 종류별

① 도로표지의 바탕색은 녹색, 관광지 표지의 바탕색은 갈색
② 다음 도로표지는 **청색**
　㉠ **도시지역** (특별시·광역시·시 지역 중 읍·면 지역을 제외한 지역)의 도로 중 고속국도·일반국도 및 자동차전용도로 외의 도로
　㉡ **보행인 표지·주차장 표지·휴게소 표지·자동차전용도로 표지·유도 표지·시설물표지**
　㉢ 도로명 안내표지의 경우 녹색과 청색을 함께 쓸 수 있다.
　※ 도로(안내)표지의 구분
　㉠ **시외도로** : 사각형–녹색바탕–백색글자
　㉡ **시내도로** : 사각형–청색바탕–백색글자
　㉢ **관광지** : 사각형–갈색바탕–백색글자
　※ 도로별 노선상징 마크

일반 국도	일반 시도	고속도로	자동차전용 시도	지방도	국가지원지방도	박물관표지
24	92	1	88	368	70	M

제3장 적중출제예상문제

1 신호기 등

【문제 1】 교통신호에 대한 설명으로 적절하지 못한 문항은?
① 모든 운전자와 보행자는 신호기의 신호에 따라 통행하여야 한다.
② 운전자는 자기가 가는 방향의 신호를 정확하게 확인하고 진행하여야 한다.
③ 가변차로의 가변신호등은 교통신호로 볼 수 없다.
④ 주변신호만을 보거나 신호확인 없이 앞차만 따라 진행하지 않도록 주의하여야 한다.

【문제 2】 신호기의 신호등이 표시하는 뜻으로 맞지 않는 문항은?
① 황색등화가 점멸하면 차마는 다른 교통 또는 안전표지의 표시에 주의하면서 진행할 수 있다.
② 보행등의 녹색등화가 점멸하면 보행자는 횡단을 시작할 수 있다.
③ 적색등화가 점멸하면 차마는 일시정지한 후 다른 교통에 주의하며 진행할 수 있다.
④ 적색 ×표시의 등화가 점멸하면 차마는 ×표가 있는 차로로 진입할 수 없다.

【문제 3】 신호등의 신호 순서로 옳지 않은 문항은?
① 사색등화 : 적색 및 녹색화살표 → 황색 → 녹색 → 황색 → 적색등화
② 삼색등화 : 녹색(적색 및 녹색화살표) → 황색 → 적색등화
③ 이색등화 : 녹색등화 → 녹색등화의 점멸 → 적색등화
④ 사색등화 : 녹색 → 황색 → 적색 및 녹색화살표 → 적색 및 황색 → 적색등화

【문제 4】 교차로의 차량신호가 녹색등화인 때 올바른 우회전 방법으로 옳은 문항은?
① 횡단보도에 보행자가 있어도 우회전할 수 있다.
② 다른 교통에 방해되지 않도록 신속히 우회전할 수 있다.
③ 차마는 직진 또는 우회전할 수 있다.
④ 횡단보도 내에서 일시정지한 후 우회전할 수 있다.

【문제 5】 차량신호등이 녹색등화인 때 자동차 통행방법에 대한 설명이다. 옳지 못한 문항은?
① 비보호 좌회전 표지가 있고 녹색등화인 때 대향차가 없을 경우에는 좌회전할 수 있다.
② 차마는 직진 또는 우회전할 수 있다.
③ 비보호 좌회전 표시가 있고 녹색등화인 때에는 좌회전할 수 없다.
④ 다른 교통에 방해가 된 때에는 안전운전 위반 책임을 진다.

【문제 6】 차량신호등이 적색등화인 때 자동차의 통행방법에 대한 설명으로 적절하지 못한 문항은?
① 차마는 정지선 또는 횡단보도 및 교차로 직전에서 정지하여야 한다.
② 신호에 따라 진행하는 다른 차마의 교통을 방해한 경우에도 우회전할 수 있다.
③ 차마는 우회전하려는 경우 정지선·횡단보도 및 교차로의 직전에서 정지한 후, 신호에 따라 진행하는 다른 차마의 교통을 방해하지 아니하고 우회전할 수 있다.
④ 차마는 우회전 삼색등이 적색의 등화인 경우 우회전할 수 없다.

정답 1. 【1】③ 【2】② 【3】① 【4】③ 【5】③ 【6】②

【문제 7】 신호기의 황색등화가 켜져있다. 차마의 운전자가 취할 운전 요령은?
① 좌회전할 수 있다.
② 서행하여야 한다.
③ 적색등화가 켜지기 전에 속도를 높여 신속히 정지선을 통과하여야 한다.
④ 정지선 또는 횡단보도가 있을 때에는 그 직전이나 교차로의 직전에 정지하여야 한다.

【문제 8】 신호등의 황색등화가 점멸하고 있다. 이 때 올바른 통행 방법으로 옳은 문항은?
① 일시정지한 후 다른 교통에 주의하면서 진행하여야 한다.
② 차마는 다른 교통 또는 안전표지의 표시에 주의하면서 진행할 수 있다.
③ 빠른 속도로 교차로를 벗어나가야 한다.
④ 정지선에서부터 서행하여야 한다.

【문제 9】 황색신호가 나타내는 뜻으로 올바른 것은?
① 차마는 우회전할 수 있고 우회전하는 경우에는 보행자의 횡단을 방해하지 못한다.
② 비보호 좌회전 시 좌회전할 수 있다.
③ 이미 교차로에 진입했을 때는 서행으로 통과해야 한다.
④ 교차로에 이르기 전 일시정지한 후 통과한다.

【문제 10】 교차로 진입 전(정지선 전)에 황색신호로 바뀐 경우 올바른 운전방법은?
① 계속 진행하여 신속히 교차로를 벗어나야 한다.
② 좌회전하고자 하는 차는 계속 좌회전하여야 한다.
③ 차마는 정지선이 있거나, 횡단보도가 있을 때는 그 직전이나 교차로의 직전에 정지하여야 한다.
④ 속도를 줄여 서행으로 계속 진행하여야 한다.

【문제 11】 전방의 적색신호등이 점멸하고 있다. 이 때 차마의 운전자가 통행하는 방법은?
① 차마는 정지선이나 횡단보도가 있을 때는 그 직전이나 교차로의 직전에 일시정지한 후 다른 교통에 주의하면서 진행할 수 있다.
② 주의하면서 계속 진행한다.
③ 좌회전차량은 서서히 좌회전할 수 있다.
④ 교차로 직전 또는 정지선 직전에 정지하여야 한다.

【문제 12】 정지(적색)신호가 끝나고 진행(녹색)신호가 켜진 경우 운전자가 취할 바른 행동은?
① 안전여부를 확인한 후 출발한다.
② 앞차가 서행할 때는 앞지르기할 수 있다.
③ 뒤차를 생각해서 빠른 속도로 출발한다.
④ 경음기를 울리면서 출발한다.

【문제 13】 비보호 좌회전표지(표시)가 있고 녹색등화가 켜진 교차로에서 좌회전 중 교통사고가 발생하였을 때 가해운전자에게 적용되는 법적책임은?
① 좌회전 위반
② 교차로 통행방법 위반
③ 안전운전불이행 위반
④ 보행자 보호의무 위반

정답 【7】④ 【8】② 【9】① 【10】③ 【11】① 【12】① 【13】③

【문제 14】 신호기의 신호가 녹색화살표의 등화로 점등되었을 때의 통행방법은?
① 우회전만 가능하다.
② 직진 및 좌회전이 가능하다.
③ 직진 및 우회전이 가능하다.
④ 화살표시 방향으로 진행할 수 있다.

【문제 15】 경찰공무원 등의 신호와 신호기의 신호가 서로 다른 경우 따라야 할 신호는?
① 신호기의 신호에 따라야 한다.
② 경찰공무원 등의 신호가 우선이므로 경찰공무원 등의 수신호에 따라야 한다.
③ 운전자가 스스로 안전여부를 판단하여 진행한다.
④ 경찰공무원 등의 수신호와 신호기의 신호가 일치될 때까지 기다린다.

【문제 16】 교통정리를 하기 위한 경찰공무원을 보조하는 사람의 범위이다. 아닌 문항은?
① 소방차·구급차를 유도하는 소방공무원
② 모범운전자
③ 작전에 동원되는 부대이동유도 군사경찰
④ 녹색어머니회원

【문제 17】 비보호 좌회전표지(표시)가 있는 교차로에서 비보호좌회전이 가능한 신호는?
① 녹색신호
② 적색신호
③ 황색신호
④ 적색 및 황색신호

2 교통안전표지

【문제 1】 교통안전표지에 대한 설명이다. 옳지 못한 문항은?
① 교통의 안전과 원활한 소통을 확보하기 위하여 설치·관리한다.
② 도로이용자에게 교통상 필요한 정보를 제공하여 준다.
③ 주의표지·규제표지·지시표지·보조표지 및 노면표시가 있다.
④ 주의표지는 도로의 통행방법 등 교통안전에 필요한 지시를 하는 표지이다.

【문제 2】 교통안전표지에 대한 설명으로 적절하지 못한 문항은?
① 규제표지는 교통안전을 위하여 각종 제한·금지 등의 규제를 하는 경우에 알리는 표지이다.
② 지시표지는 도로상태가 위험하거나 위험물이 있는 경우 이를 알리는 표지이다.
③ 보조표지는 주의·규제·지시표지의 주기능을 보충하여 알리는 표지이다.
④ 노면표시는 주의·규제·지시 등의 내용을 기호·문자·선 등으로 노면에 표시하는 표지이다.

【문제 3】 도로의 통행방법·통행구분 등 교통안전을 위하여 필요한 지시를 하는 안전표지는?
① 주의표지
② 규제표지
③ 지시표지
④ 도로표지

정답 【14】④ 【15】② 【16】④ 【17】① 2.【1】④ 【2】② 【3】③

2-1 주의표지

【문제 1】 다음 안전표지가 표시하는 뜻은?

① 병원 앞 표지
② 우선도로 표지
③ 회전 교차로 표지
④ 십자형 교차로 표지

【문제 2】 다음 안전표지가 표시하는 뜻은?

① 횡단보도 표지
② 기차역 표지
③ 철길건널목 표지
④ 건설기계 표지

【문제 3】 다음 안전표지의 명칭으로 맞는 것은?

① 오르막 경사 표지
② 내리막 경사 표지
③ 경사가 10% 표지
④ 우방향 도로 표지

【문제 4】 다음 안전표지의 명칭으로 맞는 것은?

① 고속도로 주행방법 표지
② 상습정체구간 표지
③ 앞지르기 방법 표지
④ 차선변경구간 표지

【문제 5】 다음 안전표지가 표시하는 뜻은?

① 우측차로의 없어짐을 알리는 표지
② 우합류 도로 표지
③ 도로폭이 좁아짐을 알리는 표지
④ 중앙선이 좁아짐을 알리는 표지

【문제 6】 다음 안전표지의 명칭으로 맞는 것은?

① 중앙분리대 시작 표시
② 중앙분리대 끝남 표지
③ 좌·우 회전 표지
④ 양 측방 통행 표지

정답 2-1 【1】④ 【2】③ 【3】① 【4】② 【5】① 【6】①

【문제 7】 다음 안전표지가 표시하는 뜻에 해당하지 않는 문항은?

① 과속방지턱 표지
② 고원식 횡단보도 표지
③ 고원식 교차로 표지
④ 장애물 있다는 표지

【문제 8】 다음 안전표지가 표시하는 뜻으로 맞는 것은?

① 철길건널목 표지
② 교량 표지
③ 교량길이 표지
④ 건물 표지

【문제 9】 다음 안전표지가 의미하는 뜻으로 맞는 것은?

① 노면이 고르지 못함
② 굴곡이 많은 도로
③ 비포장 도로
④ 노상장애물이 있다.

【문제 10】 다음 주의표지와 보조표지를 병설한 표지의 뜻으로 맞는 것은?

① 병목지점이므로 양보하시오.
② 양보할 곳은 병목지점이다.
③ 도로 폭이 좁아지므로 양보하시오.
④ 좌측 차로 없어지므로 양보하시오.

【문제 11】 다음 주의표지와 보조표지를 병설한 표지의 뜻으로 맞는 것은?

① 눈·비 올 때 사고가 많은 도로임을 알린다.
② 눈·비 올 때 속도를 제한한다.
③ 눈·비 올 때 앞지르기를 금지한다.
④ 눈·비 올 때 미끄러운 도로이니 주의하시오.

2-2 규제표지

【문제 1】 다음 안전표지가 표시하는 뜻으로 맞는 것은?

① 모든 차마의 통행을 금지한다.
② 보행자와 차마의 통행을 금지한다.
③ 보행자의 통행을 금지한다.
④ 모든 승용자동차의 통행을 금지한다.

정답 【7】④ 【8】② 【9】① 【10】④ 【11】④ 2-2 【1】②

【문제 2】 다음 안전표지가 표시하는 뜻으로 틀린 문항은?

① 차량 총 중량 8톤 이상의 화물차 통행금지
② 승용자동차는 통행 할 수 있다.
③ 승합자동차의 통행을 금지한다.
④ 차체길이 8m 이상의 자동차 통행을 금지한다.

【문제 3】 다음 안전표지가 표시하는 뜻으로 맞는 것은?

① 보행자의 횡단을 금지한다.
② 어린이의 횡단을 금지한다.
③ 어린이의 보행을 금지한다.
④ 보행자의 보행을 금지한다.

【문제 4】 다음 안전표지가 의미하는 뜻은?

① 커브길 주의 표지
② 승용차 진입금지 표지
③ 차의 앞지르기 금지 표지
④ 전방에 커브길이 있는 표지

【문제 5】 다음 안전표지가 표시하는 뜻으로 맞는 것은?

① 최고속도 제한 표지
② 차간거리 확보 표지
③ 차 높이 제한 표지
④ 차 폭 제한 표지

【문제 6】 다음 안전표지가 표시하는 뜻으로 맞는 것은?

① 자동차의 최고속도를 매시 50km로 제한 표지
② 자동차의 최저속도를 매시 50km로 제한 표지
③ 차간거리를 50m 이상 확보토록 제한 표지
④ 총중량 50톤 초과한 차량의 통행을 제한 표지

【문제 7】 다음 안전표지의 명칭으로 맞는 것은?

① 자동차 높이 제한표지
② 화물자동차의 화물적재높이 제한표지
③ 자동차 차간거리 표지
④ 자동차 차 폭 제한표지

【문제 8】 다음 안전표지의 명칭으로 맞는 것은?

① 화재위험장소 승용자동차 통행금지표지
② 위험물을 실은 차량 전용도로 통행표지
③ 물 튀기 금지장소표지
④ 위험물을 실은 차량통행금지표지

정답 【2】③ 【3】④ 【4】③ 【5】② 【6】① 【7】① 【8】④

【문제 9】 다음 안전표지의 뜻으로 맞는 것은?

① 차 중량 제한 표지
② 차 높이 제한 표지
③ 차 폭 제한 표지
④ 차간 거리 확보 표지

【문제 10】 다음 규제표지와 보조표지를 병설한 뜻으로 맞는 것은?

① 주차금지 장소에 자동차를 주차하면 견인한다.
② 주차금지 장소에 자동차를 정차하면 견인한다.
③ 자동차를 주차 또는 정차하면 견인한다.
④ 견인지역 내에 주차를 금지한다.

2-3 지시표지

【문제 1】 다음 안전표지가 표시하는 뜻으로 맞는 것은?

① 자동차의 통행금지 구역임을 지시
② 자동차전용도로 또는 전용구역임을 지시
③ 승용자동차만의 전용도로임을 지시
④ 승용자동차의 통행금지구역임을 지시

【문제 2】 다음 안전표지가 표시하는 뜻으로 맞는 것은?

① 적색화살표방향차량 우선통행 지시
② 백색 화살표방향차량 우선통행 지시
③ 도로 폭이 좁아짐을 알리는 표지
④ 도로 폭이 좁으니 교대로 통행하라는 지시

【문제 3】 다음 안전표지의 명칭으로 맞는 것은?

① 양측방 통행금지 표지
② 중앙분리대 시작 표지
③ 양측방향 통행 표지
④ 중앙분리대 끝남 표지

【문제 4】 다음 안전표지의 명칭으로 맞는 것은?

① 우회로 표지
② 회전형 교차로 표지
③ 주차장 진입안내 표지
④ 좌측면 통행표지

【문제 5】 다음 안전표지의 의미로 맞는 것은?

① 이중 굽은도로 표지
② 유턴 금지 표지
③ 좌회전 및 유턴 표지
④ 좌회전 금지 표지

【문제 6】 다음 안전표지의 명칭으로 맞는 것은?

① 양측방 통행표지
② 전방 통행금지 표지
③ 좌·우회전 표지
④ 좌우회전금지 표지

【문제 7】 다음 안전표지가 표시하는 뜻으로 맞는 것은?

① 차가 유턴할 수 있음을 지시
② 차가 우측면으로 통행할 것을 지시
③ 차가 좌회전할 수 없음을 지시
④ 차가 유턴할 수 없음을 지시

【문제 8】 다음 안전표지가 표시하는 뜻으로 맞는 것은?

① 보행자 전용도로 표지
② 보행자 보호구역임을 지시
③ 보행자 보호를 위해 출입금지를 지시
④ 보행자 보행이 우선임을 지시

【문제 9】 다음 안전표지가 표시하는 뜻으로 맞는 것은?

① 자전거 통행우선 표지
② 자전거 통행금지 표지
③ 자전거의 전용차로 표지
④ 자전거 전용도로 표지

【문제 10】 다음 지시표지와 보조표지를 병설한 뜻으로 맞는 것은?

① 08:00~20:00 사이 적색신호 시 비보호좌회전 허용
② 08:00~20:00 사이 황색신호 시 비보호좌회전 허용
③ 08:00~20:00 사이 녹색신호 시 비보호좌회전 허용
④ 08:00~20:00 사이 비보호좌회전 할 수 없음을 지시

정답 【5】③ 【6】③ 【7】② 【8】① 【9】③ 【10】③

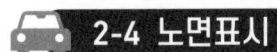

【문제 1】 다음 노면표시가 표시하는 뜻으로 맞는 것은?

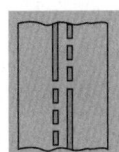

① 황색실선과 황색점선 모두 넘어갈 수 있다.
② 황색점선과 황색실선 모두 넘어갈 수 없다.
③ 길가장자리 구역선이다.
④ 황색점선 쪽에서는 넘어갈 수 있으나 황색실선 쪽에서는 넘어갈 수 없다.

【문제 2】 다음 노면표시가 표시하는 뜻으로 맞는 것은?

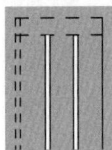

① 자동차의 유턴을 허용하는 표시이다.
② 자동차의 진로변경을 제한하는 표시이다.
③ 자동차의 진로변경을 허용하는 선이다.
④ 자동차의 유턴을 제한하는 선이다.

【문제 3】 다음 노면표시가 표시하는 뜻으로 맞는 것은?

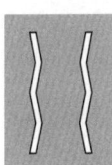

① 차가 서행하여야 하는 곳을 표시
② 차가 일시정지하여야 할 것을 표시
③ 도로 중앙에 장애물이 있으면 백색으로 표시
④ 도로의 한쪽 방향에 장애물이 있으면 황색으로 표시

【문제 4】 다음 노면표시가 표시하는 뜻으로 맞는 것은?

① 전방에 장애물이 있음을 알리는 표시
② 자동차가 우선 진행할 장소임을 표시
③ 전방에 횡단보도가 있음을 알리는 표시
④ 차가 양보하여야할 장소임을 표시

【문제 5】 다음 노면표시가 표시하는 뜻으로 맞는 것은?

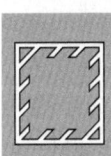

① 광장이나 교차로 중앙지점임을 알리는 표시
② 자동차가 광장·교차로에 들어가 정차하는 것을 금지하는 표시
③ 자동차가 광장·교차로에 들어가 정차하는 장소임을 표시
④ 자동차가 광장·교차로에 들어가 주차하는 장소임을 표시

【문제 6】 다음 노면표시의 의미로 맞지 않는 문항은?

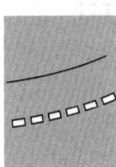

① 교차로에서 회전시 통행 할 방향을 표시
② 회전교차로 양보선 표시
③ 회전교차로에 진입하려는 차량이 양보해야 할 지점 표시
④ 회전교차로에 진입할 경우 양보해야 할 지점에 설치

정답 2-4 【1】④ 【2】② 【3】① 【4】④ 【5】② 【6】①

【문제 7】 다음 노면표시가 표시하는 뜻으로 맞는 것은?

① 자전거가 들어가서 주·정차할 수 있음을 표시
② 자전거가 들어가지 못하는 안전지대 표시
③ 자전거 우선 도로 표시
④ 자전거도로상에 장애물이 있음을 표시

【문제 8】 다음 노면표시에 대한 설명이다. 잘못된 문항은?

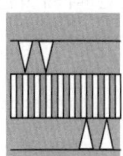

① 제한속도 30km/h 이하로 제한하는 도로의 횡단보도 표시
② 노면보다 높게 횡단보도를 설치한 지점에 설치
③ 고원식 횡단보도표시라 한다.
④ 횡단보도의 형태 및 높이는 "블록사다리꼴 과속방지턱" 형태로 하며, 10cm 이상으로 한다.

【문제 9】 다음 노면표시가 표시하는 뜻으로 옳은 문항은?

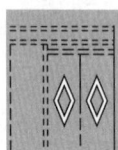

① 전방에 일시정지 표지가 있음을 알리는 예고표시
② 전방에 과속방지턱이 있음을 알리는 예고표시
③ 전방에 횡단보도가 있음을 알리는 예고표시
④ 전방에 안전지대가 있음을 알리는 예고표시

【문제 10】 다음 노면표시에 대한 설명이다. 잘못된 문항은?

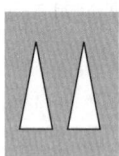

① 전방에 과속방지턱이 있음을 표시 하는 것
② 전방의 교차로에 오르막 경사면이 있음을 표시하는 것
③ 교차로 전체를 도로보다 높게 조성하여 교차로 입구에 오르막 경사면이 생긴 경우 경사진 부분에 설치
④ 횡단보도와 결합된 과속방지턱에 오르막 경사면이 없는 경우 경사진 부분에 설치

3 도로표지

【문제 1】 다음 도로표지에 대한 설명으로 틀린 문항은?

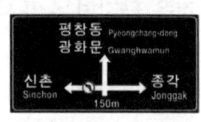

① 150m 전방에 교차로가 있다.
② 직진하면 광화문으로 갈 수 있다.
③ 신촌으로 가려면 150m 전방에서 좌회전할 수 있다.
④ 종각으로 가려면 우회전하면 된다.

【문제 2】 시가지에 설치된 청색의 표지판이다. 「고양」을 바르게 설명한 문항은?

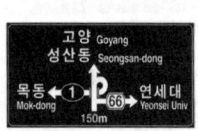

① 전방 150m부터 고양시다.
② 전방 150m부터 시외구간이다.
③ 교차로에서 직진하면 고양시의 경계에 진입한다.
④ 교차로에서 직진하면 시외지역인 고양으로 갈 수 있다.

정답 【7】③ 【8】④ 【9】③ 【10】④ 3.【1】③ 【2】④

【문제 3】 다음 도로표지에 대한 설명이다. 잘못된 문항은?

① 좌회전하여 강릉까지 25km를 더 가야한다.
② 좌회전하면 제25호선 일반국도로 이어진다.
③ 우회전하여 태백까지 32km 거리가 남았다.
④ 일반국도의 이정표지이다.

【문제 4】 다음 도로표지에 대한 설명이다. 옳지 않은 것은?

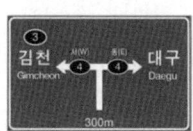

① 현재 일반국도 제4호선을 달리고 있다
② 전방 300m 직진하면 일반국도 제4호선을 만날 수 있다.
③ 300m 전방에서 우회전하면 대구 방향으로 간다.
④ 300m 전방에서 좌회전하면 김천방향 일반국도 제3호선을 만날 수 있다.

【문제 5】 다음 도로표지에 대한 설명이다. 틀린 문항은?

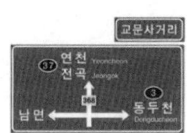

① 좌회전하면 남면 방향으로 갈 수 있다.
② 직진하면 일반국도 제368호선 도로로 주행할 수 있다.
③ 우회전하면 동두천방향의 일반국도 제3호선을 만날 수 있다.
④ 직진하면 연천방향 일반국도 제37호선을 만날 수 있다.

【문제 6】 다음 도로표지가 나타내고 있는 내용과 다르게 설명되어 있는 것은?

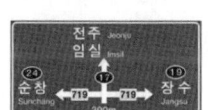

① 300m 전방에서 직진하면 임실을 거쳐 전주로 간다.
② 300m 전방에 평면 교차로가 있다.
③ 300m 전방에서 좌회전하면 제24호 일반국도가 나온다.
④ 300m 전방에서 우회전하면 장수방면으로 갈 수 있다.

【문제 7】 갈색 바탕에 다음과 같은 상징 그림이 있는 표지의 시설명으로 맞는 것은?

① 관광지
② 박물관
③ 가족공원
④ 산성

【문제 8】 다음 도로안내표지가 나타내는 뜻은?

① 200m 앞 지점에 터널이 있다.
② 전방에 길이 200m 비상주차장이 있다.
③ 전방에 200m 정도의 굴곡도로가 있다.
④ 200m 전방에 비상주차장이 있다.

정답 【3】② 【4】① 【5】② 【6】③ 【7】② 【8】④

【문제 9】 이 표지가 안내하는 설명 중에 잘못된 문항은?

① 전방 500m 지점에 간이 휴게소가 있다.
② 휴게소 이름은 「문막휴게소」이다.
③ 숙박 시설이 있다.
④ LPG, CNG, H₂ 충전 시설이 있다.

【문제 10】 다음 도로표지에 대한 설명 중 옳은 문항은?

① 길이 500m 되는 터널이 있음 표지
② 전방 500m 지점에 정암터널이 있음 표지
③ 500m 앞에 휴게소가 있음 표지
④ 500m 앞에 교량이 있음 표지

【문제 11】 다음 휴게소예고표지에 대한 설명이다. 틀린 문항은?

① LPG, CNG, H₂를 충전 할 수 있고 차량정비업소가 있다.
② 숙박과 식사가 가능하다.
③ 전방 500m 앞에 금강휴게소가 있다.
④ 전기 충전소가 있다.

【문제 12】 다음 그림과 같은 도로표지의 뜻으로 맞는 것은?

① 노선번호 101번의 고속국도
② 노선번호 101번의 일반국도
③ 노선번호 101번의 시도
④ 노선번호 101번의 지방도

【문제 13】 다음 도로표지의 뜻으로 맞는 것은?

① 자동차 정차대
② 자동 세차장
③ 승용차 전용도로
④ 자동차 전용도로

【문제 14】 도로의 종류와 노선상징 마크가 정확하게 연결되지 않은 문항은?
① 고속국도-녹색바탕-타원형
② 고속국도-적·청색바탕-방패형
③ 일반국도-청색바탕-타원형
④ 지방도-노란색바탕-사각형

【문제 15】 갈색바탕에 백색글씨로 표시한 표지판의 문항은?
① 유원지
② 관광지
③ 박물관
④ 가족공원

정답 【9】③ 【10】② 【11】① 【12】① 【13】④ 【14】① 【15】②

제4장 자동차의 구조와 점검

제1절 자동차의 구조 및 기능

1 자동차의 구성

자동차는 2만여 개의 부품으로 이루어져 있으나 크게 나누어 보면 차체(보디)와 차대(섀시)로 구분된다.

(1) 차체(Body : 보디)

차체는 차대 위에 얹혀 자동차의 외부모형을 구성하는 부분이다. 용도에 따라 승용자동차, 승합자동차, 화물자동차, 승용 겸 화물자동차 등으로 분류된다.

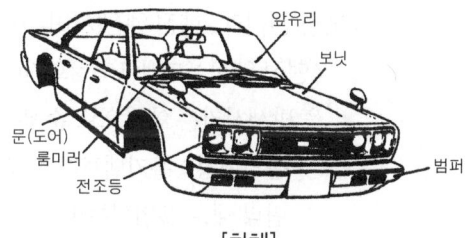

[차체]

(2) 차대(Chassis : 섀시)

차대는 자동차의 골격이 되는 부분으로 동력발생장치인 엔진과 엔진에서 발생한 동력을 바퀴까지 전달하는 **동력전달장치**가 있고, 그 밖에 주행하는 자동차를 감속하거나 멈추기 위한 **제동장치**, 노면으로부터 받은 충격을 흡수하여 승차감을 좋게하는 **현가장치**, 자동차의 진행방향을 임의로 바꾸기 위한 **조향장치** 등으로 구성되어 있다.

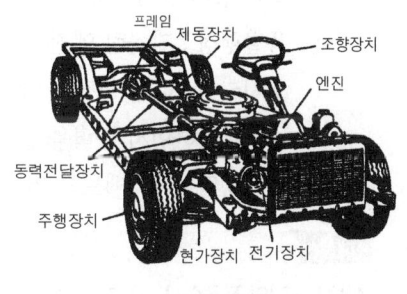

[차대]

2 동력발생장치의 구성과 기능

동력발생장치는 연료가 연소하면서 발생하는 열에너지를 기계적인 일로 바꾸어 자동차가 움직이는 데 필요한 동력을 발생시키는 장치이다.

(1) 기관(엔진)의 작동원리

기관의 실린더 내에 혼합기를 흡입·압축한 후 점화 플러그의 전기불꽃으로 혼합가스를 연소시켜 폭발·배기하는 과정에서, 실린더 내의 피스톤이 상하운동을 하면서 동력을 발생시켜

자동차를 달리게 한다.

(2) 기관(엔진)의 구성
실린더, 피스톤, 커넥팅 로드, 크랭크축, 밸브 개·폐 기구 등으로 구성되어 있다.
① **실린더** : 피스톤이 상·하 운동을 하면서 연료를 연소시키는 연소실이다.
② **피스톤** : 실린더내를 상·하 행정하며 혼합기를 흡입·압축하여 동력을 발생시킨다.
③ **크랭크축** : 피스톤의 상·하 운동을 고속 회전운동으로 바꿔주는 곡축으로, 앞에서는 크랭크축 풀리와 캠축을 회전시키며 끝에는 엔진출력을 원활하게 하는 플라이휠이 설치되어 있다.
④ **커넥팅 로드** : 피스톤의 상·하 운동을 크랭크축에 전달하는 동력연결봉이다.
⑤ **밸브 개·폐 기구** : 흡입밸브와 배기밸브는 캠축을 회전시키고, 밸브 개폐기구인 태핏, 푸시로드, 로커, 암 등에 의해 밸브가 개폐된다.

(3) 엔진의 종류
① 4행정 엔진과 2행정 엔진(사이클에 의한 분류)
　㉮ **4행정 엔진** : 크랭크축 2회전(720°)에 흡입·압축·폭발·배기 4행정을 완료하여 동력을 발생시키는 엔진으로 순서는 다음과 같다.
　　㉠ **흡입행정** : 흡기밸브가 열리며 가솔린 엔진은 혼합 가스가, 디젤 엔진은 공기가 실린더 내로 흡입되는 행정
　　㉡ **압축행정** : 흡기·배기밸브가 모두 닫히며 피스톤의 상승행정으로 흡입된 혼합가스 또는 공기를 압축하는 행정
　　㉢ **폭발행정** : 가솔린 엔진은 점화플러그에서 전기불꽃을 일으켜 압축된 혼합가스를 연소시키며, 디젤 엔진은 압축된 공기에 연료분사노즐에서 연료를 분사시켜 착화·연소·폭발하면서 동력을 발생시키는 행정
　　㉣ **배기행정** : 배기밸브가 열리면서 실린더 내의 연소된 가스를 배출시키는 행정

> **해설**
> **4행정 엔진의 작용순서(크랭크축 2회전)**
> 흡입(혼합가스 흡입) → 압축(혼합가스 압축) → 폭발(폭발하며 피스톤을 밀어냄) → 배기(배기를 배출)

　㉯ **2행정기관** : 크랭크축 1회전(360°)에 피스톤이 2행정(흡입과 압축 → 폭발과 배기)을 완료하여 동력을 발생시키는 엔진

> **해설**
> **2행정 엔진의 작용순서(크랭크축 1회전)**
> 흡입·압축(혼합가스 흡입·압축) → 폭발·배기(혼합가스가 폭발하며 피스톤을 밀어내고 배기가스 배출)

② 가솔린 엔진·디젤 엔진 및 액화가스 엔진(연료에 따른 분류)
　　㉮ **가솔린 엔진** : 가솔린을 공기와 안개상태로 혼합하여 실린더 내에 흡입·압축·점화·연소시켜 동력을 발생시키는 엔진
　　㉯ **디젤 엔진** : 공기만을 실린더 내에 흡입·압축하여 고온으로 만든 곳에 경유를 분사시켜 동력을 발생시키는 엔진
　　㉰ **액화가스(LPG) 엔진** : 가솔린 엔진에서 연료장치만을 개조하여 가솔린 대신 액화석유가스(LPG)를 연료로 하여 동력을 발생시키는 엔진이다.
③ SOHC 엔진과 DOHC 엔진(캠축 형식에 의한 분류)
　　㉮ **SOHC 엔진** : 실린더당 흡·배기 밸브가 1개씩 있는 엔진
　　㉯ **DOHC 엔진** : 실린더당 흡·배기 밸브가 2개씩으로 많은 혼합가스를 흡입하고 연소 후 신속히 배출함으로써 엔진출력을 증대시킬 수 있는 엔진

3 연료장치의 구성과 기능

　연료장치는 연료 탱크 내의 연료를 연료 펌프에 의하여 기화기까지 압송하고, 기화기는 연소하기 쉬운 혼합기로 만들어 이를 실린더 내에 흡입되도록 하는 장치이다.

(1) 연료장치의 구성

　연료장치는 연료 탱크, 연료 필터, 기화기 등으로 구성되어 있다.
① **연료 탱크** : 일정 주행시간 동안 주행할 수 있는 연료를 저장한다.
② **연료 필터** : 연료 중의 수분, 먼지, 불순물 등을 제거한다.
③ **연료 펌프** : 연료탱크 내의 연료를 기화기까지 압송한다.
④ **기화기(카뷰레터)** : 연료와 공기를 혼합하여 혼합기를 만든 후 실린더 내로 공급한다.
⑤ **공기청정기(에어 클리너)** : 기화기에 흡입되는 공기 중 먼지와 불순물을 여과하다.
※ 최근에는 가솔린을 연료로 사용하는 자동차에 기화기(카뷰레터) 대신 연소에 필요한 연료의 양을 컴퓨터로 점화시기에 맞추어 실린더 내부로 공급하는 「**전자제어 연료분사방식**」이 보급되어 있으며, 자동차 제작회사마다 EGI, EFI, MPI, TBI 등으로 서로 다르게 불려지고 있다. 이 방식은 연료의 완전연소를 유도하여 엔진 출력을 향상시키고 미연소로 인한 배기 가스문제 해결에 커다란 효과가 있다.

(2) 연료의 종류

　휘발유, 경유, LPG, LNG(액화천연가스) 등이 있다.

4 윤활장치의 구성과 기능

　윤활장치는 엔진 내부의 각 마찰부에 오일을 공급하여 엔진의 작동을 원활하게 하고 마찰손

실과 부품의 마멸을 최소화하기 위한 장치이다.

(1) 윤활장치의 작동원리

오일 팬에 있는 엔진 오일이 오일 펌프에 의해 퍼 올려져 엔진 오일 필터에서 금속분말이나 이물질이 제거된 후 유압조정기에 의해 일정한 압력으로 엔진 내를 순환하도록 조정한다.

(2) 윤활장치의 구성

① 오일 펌프 : 오일 팬 내의 오일을 엔진 각부에 압송한다.
② 유압 조정기 : 엔진에 공급되는 오일을 일정 압력으로 유지시킨다.
③ 오일 여과기(오일 클리너) : 오일필터를 설치하여 오일 내의 수분이나 불순물을 제거시킨다.
④ 오일 팬 : 엔진 오일을 저장한다.

(3) 윤활유(엔진 오일)

① 윤활유의 기능
  ㉮ **마찰감소와 마멸방지** : 회전부분과 미끄럼 운동부분의 마찰을 적게하여 마멸을 줄인다.
  ㉯ **냉각작용** : 엔진 각 부의 운동과 마찰에 의해 발생되는 열을 흡수하는 방열작용을 한다.
  ㉰ **세척작용** : 마멸된 금속분말 또는 연소생성물 등의 불순물을 제거하여 연소실 내부를 깨끗하게 한다.
  ㉱ **충격완화 및 소음방지작용** : 엔진의 모든 운동부에서 발생하는 충격을 흡수하고 마찰 등의 소음을 감소시킨다.
  ㉲ **방청작용** : 엔진 내부 금속부분의 산화 및 부식 등을 방지하여 금속부를 보존한다.

② 윤활유의 분류
  ㉮ 윤활유의 점도와 온도에 따른 분류 : S.A.E(미국자동차기술협회)
    ㉠ **겨울** : SAE 20번 사용
    ㉡ **여름** : SAE 30~40번 사용
  ※ 최근에는 SAE 10W~40W 등 4계절용으로 사용되는 오일이 보급되고 있다.
  ㉯ 사용조건에 따른 분류 : A.P.I(미국석유협회)
    ㉠ ML : 가벼운 조건에 사용
    ㉡ MM : 약간 가혹한 조건에 사용
    ㉢ MS : 고속 및 가장 가혹한 조건에 사용

5 냉각장치의 구성과 기능

냉각장치는 실린더 안에서 연료의 폭발과 작동으로 발생한 고열(2,000℃ 이상)로 엔진이 소손·마모되는 것을 방지하기 위하여 공기 또는 물로 과열된 엔진을 적온(75~85℃)으로 냉각시키는 장치이다.

(1) 냉각장치의 구성

방열기, 냉각 팬, 냉각 벨트, 워터 재킷, 온도조절기 등으로 구성되어 있다.

① **방열기(라디에이터)** : 워터 재킷을 통하여 냉각수를 냉각시킨다.
② **냉각 팬** : 팬 벨트에 의해 회전되면서 차가운 공기를 전방에서 후방으로 순환시킨다.
③ **냉각 팬 벨트** : 워터 펌프와 냉각 팬 발전기를 회전시킨다.
④ **워터 펌프(물 펌프)** : 냉각수를 엔진으로 순환시킨다.
⑤ **워터 재킷(물 재킷)** : 실린더를 냉각시키는 냉각수의 통로이다.
⑥ **온도조절기** : 워터 재킷 출구에 설치되어 냉각수의 온도를 조절한다.

(2) 냉각장치의 종류

① **공랭식** : 엔진을 공기와 접촉시켜 냉각시키는 장치로 자연냉각식과 강제냉각식이 있다.
　㉮ **자연냉각식** : 실린더 벽의 바깥 둘레에 냉각핀을 설치하여 주행 중에 받는 바람을 이용하여 자연적으로 엔진을 냉각시키는 방식
　㉯ **강제냉각식** : 냉각핀에 송풍하여 강제로 순환시켜 기관을 냉각시키는 방식
※ 주로 이륜자동차와 같은 소형엔진에 많이 사용한다.
② **수냉식** : 실린더 블록과 실린더 헤드에 워터 재킷이라는 물 통로를 만들어 물의 순환에 의거 엔진을 냉각시키는 장치로 자연순환식과 강제순환식이 있다.
　㉮ **자연순환식** : 냉각수를 대류에 의하여 순환시키는 방식
　㉯ **강제순환식** : 워터 펌프에 의거 냉각수를 강제로 순환시켜 기관을 냉각시키는 방식

(3) 냉각수와 부동액

① **냉각수**
　㉮ 산 · 알칼리성이 없는 순수한 물 사용(증류수 또는 수돗물)
　㉯ 겨울철에는 부동액을 사용
　㉰ 냉각수 양은 보조탱크를 통해 수위를 확인하고 가급적 라디에이터 캡을 열고 확인하는 것이 좋다.
　㉱ 라디에이터 연결 고무 부분에 대한 균열 및 변형 · 누수부분을 확인 점검한다.
② **부동액** : 에틸렌글리콜, 메탄올, 글리세린 등이 있으며 현재는 에틸렌글리콜을 주로 사용한다.

6 동력전달장치의 구성과 기능

　동력전달장치는 자동차 엔진에서 발생한 동력을 자동차 바퀴까지 전달하여 자동차를 주행시키는 장치로서 클러치, 변속기, 추진축, 자재이음, 차동장치, 차축 등으로 구성되어 있다.

(1) 동력전달장치의 구성

① **클러치** : 엔진과 변속기 사이에서 클러치 페달의 조작에 의하여 동력을 끊어주거나 연결하는 역할을 한다.

　㉮ **클러치의 사용 방법**
　　㉠ 클러치 페달을 밟으면 동력이 끊어지고 떼면 연결된다.
　　㉡ 밟을 때에는 신속하고 충분히, 뗄 때에는 서서히 한다.
　　㉢ 출발 시는 반클러치를 사용하고 장시간 계속 사용해서는 안 된다(반클러치를 장시간 사용하면 클러치판이 빨리 마모되고 엔진이 과열되거나 미끄러진다).
　　※ 클러치 페달의 유격은 20~30mm이다.
　　㉣ 클러치의 미끄러짐을 점검하려면 핸드 브레이크를 끝까지 당기고서 기어를 1단에 넣고 가속 페달을 조금 밟은 후 클러치를 서서히 연결하여 본다(엔진이 꺼지면 미끄러지지 않는 것이고 엔진이 꺼지지 않으면 미끄러지는 것이다).

　㉯ **클러치 사용시기**
　　㉠ 엔진 시동할 때
　　㉡ 기어변속할 때(관성(탄력)운전이란 기어를 뺀 상태에서 차가 계속 주행하고 있는 상태)

　㉰ **클러치 디스크의 마모가 많아지는 원인**
　　㉠ 페달의 유격이 작을 때
　　㉡ 반 클러치를 남용할 때
　　㉢ 페달에 발을 올려놓고 운전 중일 때
　　㉣ 장시간 저속 운전할 때(반클러치 사용)
　　㉤ 디스크에 기름이 부착되어 있을 때

　㉱ **클러치의 슬립(미끄러짐)원인**
　　㉠ 디스크 마모 및 기름 부착
　　㉡ 반클러치의 장시간 사용으로 마모

② **변속기** : 클러치와 추진축 사이에서 변속기어의 조작에 의거 가속, 감속 및 후진하는 등 구동력을 조정하는 역할을 하며 수동식과 자동식이 있다.

　㉮ **수동식** : 기어변속레버에 의하여 수동으로 변속하는 방식으로 그 위치는 다음과 같다.

㉠ 뉴트럴(중립) : 엔진의 회전력이 전달되지 않는 위치

㉡ 로우(1단) : 힘은 강하나 속도는 느리다. 출발이나 등판 시에 사용

㉢ 세컨드(2단) : 저속주행 시에 사용하는 위치

㉣ 써드(3단) : 중속 시에 사용하는 위치

㉤ 톱(4단) : 중 · 고속 시에 사용하는 위치

㉥ 오버 톱(5단) : 고속주행 시에 사용하는 위치

㉦ 백(후진) : 후진할 때 사용하는 위치

㉯ **자동식** : 클러치 페달 없이 가속 페달에 의거 자동변속되는 방식으로 위치는 다음과 같다.

㉠ P(파킹) : 주차 시 및 엔진 시동 시 사용하는 위치

㉡ R(리버스) : 후진 시에 사용하는 위치

㉢ N(뉴트럴) : 엔진 시동 시나 정지가 가능한 위치

㉣ D(드라이브) : 일상 전진주행의 위치

㉤ 2(2nd : 세컨드) : 엔진 브레이크가 필요한 경우 및 가파른 오르막길에서 사용

㉥ L(로우) : 강한 브레이크, 강한 구동력이 필요한 경우 사용

※ 자동변속기도 진행방향(전진, 후진)과 동력전달여부(중립, 주행, 주차)는 수동으로 선택하여야 한다.

㉰ **변속레버 조작상 주의사항**

㉠ 운전 중 정지 또는 시동 시는 레버를 뉴트럴(중립) 위치에 놓아야 한다.

㉡ 레버조작 시 클러치 페달을 완전히 밟고 레버를 체인지하여야 한다.

③ **차동기** : 좌우 구동바퀴의 회전속도를 균형 있게 조절한다(커브길에서 외측바퀴가 내측바퀴보다 더 빨리 돌게 하는 작용).

④ **구동장치**

㉮ **프로펠러 샤프트** : 변속기의 회전력을 차동기에 전달하는 구동축

㉯ **유니버설 조인트** : 노면의 충격을 흡수하여 원활한 회전력을 전달하는 이음장치

㉰ **최종감속장치** : 구동축의 회전력을 최종 감속하고 축의 회전력을 직각으로 변환시켜 전하는 장치

(2) 동력전달방식

① **FR방식(Front engine Rear wheel drive)** : 엔진은 앞에 있고 뒷바퀴에 의하여 구동되는 방식이다. 중간에 추진축이 있기 때문에 실내의 바닥면에 볼록한 돌기가 생기며 축의 중량이 증가하는 단점이 있으나 엔진실에 조향장치와 구동장치가 같이 있지 않아 여유 공간이 있고 무게가 앞뒤로 배분되는 장점이 있다.

② **FF방식(Front engine Front wheel drive)** : 엔진은 앞에 있고 앞바퀴에 의해 구동되는 방식이다. 주로 중형급 이하의 승용차에 세계적으로 선택되고 있다. 커브길과 미끄러운 길에서 조향성이 양호하고 추진축이 없어 실내공간이 넓다는 장점이 있으나 조향장치와 구동장치가 같이 있어 구조상으로 복잡하고 바퀴간의 하중분포가 균일하지 않다는 단점이 있다.

③ **RR방식(Real engine Rear wheel drive)** : 「폭스바겐」처럼 엔진은 뒤에 있고 뒷바퀴에 의하여 구동되는 방식으로 실내공간이나 구동력 측면에서 유리하나 트렁크 공간이 작고 하중분포가 뒤쪽에 쏠리는 단점이 있다.

④ **4WD방식(4wheel drive)** : 4바퀴 모두에 엔진의 동력이 전달되는 방식으로서 주로 비포장도로나 산간지역을 통행하는 지프나 일부 화물차에 적용되고 있다. 필요에 따라 「트랜스퍼 케이스」라는 전환장치를 장착하여 2WD 또는 4WD의 굴림 방식으로 변환시킬 수 있는 타임방식과 전환할 수 없는 풀타임 방식이 있다.

7 전기장치의 구성과 기능

전기장치는 자동차의 시동·점화·점등 등에 필요한 전기를 발전·축전하여 필요 시 각 전기장치에 전기적 에너지를 공급하는 장치이며 축전지, 점화장치, 시동장치, 충전장치, 부속장치 등으로 구성되어 있다.

(1) 전기장치의 구성

① **축전지(배터리)** : 발전기에서 발생한 전기적 에너지를 화학적 에너지로 축적하였다가 시동, 점화, 점등 등 필요 시 전류를 공급하는 역할을 한다.

(+)와 (-)의 전극판과 전해액으로 만들어져 있고, 보통승용차는 12V, 대형트럭과 대형버스는 24V의 전압을 사용한다.

※ 최근에는 증류수의 보충이 필요없고 관리하기 용이한 MF(Maintenance Free)배터리가 널리 보급되어 있다.

② **점화장치** : 실린더 내에 압축된 혼합가스를 점화플러그의 불꽃방전으로 연료를 연소시켜 폭발시킨다.

㉮ **점화코일** : 12V~24V의 저전압을 15,000V 이상의 고전압으로 만들어 점화플러그에 보내는 일종의 변압기 역할을 한다.

㉯ **배전기** : 점화코일에서 발생한 고전압을 점화 순서대로 각 점화플러그에 보내며, 보내는 타이밍을 절묘하게 변화시키는 점화 조절기능을 한다.

㉰ **점화플러그** : 고전압이 중심 전극에 도달하면 몸체 하단에 있는 접지 전극과의 간극에서

불꽃방전을 일으켜 실린더에 불꽃을 튕겨주는 역할을 한다.

　　㉣ **단속기** : 1차 전류를 단속하여 2차 전류로 유도한다.

③ **시동장치** : 엔진은 자력으로 시동할 수 없으므로 시동모터를 이용하여 엔진을 회전시켜 시동한다.

　　㉮ **시동장치의 작동** : 시동스위치를 돌리면 배터리 전류에 의해 시동전동기가 회전되며, 피니언기어가 링기어를 회전시켜 엔진이 시동된다.

　　㉯ **시동방법** : 5~10초 동안 회전시켜 시동한다. 안 되면 10~15초 쉬었다가 다시 시동한다. 시동되었는데 스위치를 계속 돌리면 시동전동기 피니언기어가 파손된다.

　　㉰ **시동 시 주의사항**

　　　㉠ **겨울철 시동 시** : LPG차는 초크버튼을 사용(디젤엔진은 예열장치 사용)한다.

　　　㉡ **엔진 시동 시** : 키 스위치 연속 사용은 5~6초 이내로 한다(시동모터 보호).

　　　㉢ **야간 시동 시** : 전조등을 끄고 시동한다(배터리 전력 소모방지).

④ **충전장치** : 시동 시 배터리의 소모된 전력을 발전기로 발전하여 배터리에 충전하는 장치이다.

　　㉮ **발전기** : 팬 벨트에 의하여 회전되면서 전기를 발생시켜 축전지 및 각 전기장치에 전류를 공급한다.

　　㉯ **전압조정기(레귤레이터)** : 전류, 전압, 충전량을 조정하며 역류를 방지한다.

　　㉰ **충전경고등** : 운전석에서 발전기의 충전유무를 확인하는 경고등이다.

　　※ **비중계** : 밧데리의 충전상태를 측정하는 계기이다.

8 조향장치의 구성과 기능

조향장치는 조향핸들 조작으로 앞바퀴의 방향을 틀어 자동차의 진행방향을 조종하는 장치로서 조향핸들, 조향축, 충격흡수식 조작기구 등으로 구성된다.

(1) 조향 핸들의 구성

① **조향 핸들(Steeling Wheel)** : 운전자의 손잡이로 진행방향을 조종하며 핸들 잡는 방향은 9시 15분 또는 10시 10분 방향이다. 충돌 시 운전자의 가슴에 충격하는 부상을 가볍게 하기 위하여 합성수지로 형성되어 있고 충격완화장치로 에어백을 장착하고 있다.

② **조향축(Steeling Column)** : 조향 핸들의 조작력을 조향기어에 전달하는 축으로 윗부분에 핸들이 결합되어 있고 아랫부분에 조향기어가 결합되어 있다.

③ **충격흡수식 조작기구** : 충돌사고가 발생하였을 때 운전자의 부상을 가볍게 하기 위한 기구이다.

(2) 앞바퀴 정렬

① **앞바퀴 정렬의 구성요소** : 앞바퀴 정렬은 조향핸들의 조작안전과 복원성을 좋게 하며 타이어의 마모를 최소화하기 위하여 다음의 요소로 구성한다.

 ㉮ **토인(Toe-in)** : 앞바퀴를 위에서 보았을 때 앞쪽이 뒤쪽보다 좁은 상태
  ㉠ 캠버에 의하여 앞바퀴가 밖으로 벌어지는 것을 방지한다.
  ㉡ 타이어의 이상마모를 방지한다.
  ㉢ 바퀴를 용이하게 회전시킬 수 있어 핸들 조작이 용이하다.

 ㉯ **캠버(Camber)** : 앞바퀴를 앞에서 보았을 때 위쪽이 아래쪽보다 밖으로 기운 상태
  ㉠ 앞바퀴가 하중을 받았을 때 아래로 벌어지는 것을 방지한다.
  ㉡ 핸들조작을 가볍게 한다.

 ㉰ **캐스터(Caster)** : 옆에서 보았을 때 차축과 연결되는 킹핀의 중심선이 약간 뒤로 기울어진 상태
  ㉠ 앞바퀴에 직진성을 부여하여 차의 롤링을 방지한다.
  ㉡ 선회 시 핸들의 복원성을 좋게 한다.

 ㉱ **킹핀각** : 킹핀이 캠버와 반대로 위쪽이 안으로 기울어져 있는 상태
  ㉠ 핸들을 가볍게 한다.
  ㉡ 핸들의 복원성을 좋게 한다.

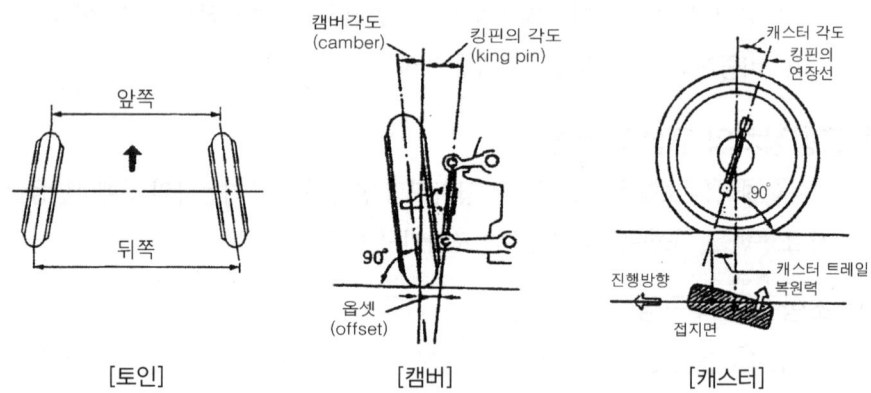

[토인] [캠버] [캐스터]

② **앞바퀴 정렬의 필요성**
 ㉮ 조향 휠에 복원성을 준다.
 ㉯ 조향핸들의 조작을 안전하고 확실하게 한다.
 ㉰ 타이어 마모를 최소화한다.
 ㉱ 조향핸들의 조작력을 적은 힘으로 쉽게 할 수 있다.

(3) 핸들 조작 방법

① 핸들은 시계의 9시 15분 또는 10시 10분 방향으로 잡는다.
② 속도가 빠르면 핸들 각을 작게 돌리고, 속도가 느리면 핸들 각을 크게 한다.
③ 정지 중 핸들을 무리하게 돌리면 연결부와 타이어가 손상되고 조종이 틀려진다.
④ 주행 중 급핸들하면 원심력에 의하여 옆으로 미끄러지거나 구르게 되어 위험하다.
⑤ 뒷바퀴가 미끄러질 때에는 뒷바퀴가 미끄러지는 쪽으로 핸들을 돌려 똑바로 한다.
⑥ 주행 중 타이어 펑크 시는 핸들을 빼앗길 위험이 있으므로 핸들을 꼭 잡고 방향을 바로 한다.

9 제동장치의 구성과 기능

제동장치는 주행 중에 자동차의 속도를 늦추거나 정지시키는 장치로서 풋 브레이크, 핸드 브레이크, 엔진 브레이크가 있다.

(1) 제동장치의 구성

① 풋 브레이크

주행 중 발로 조작하는 주 브레이크로서 브레이크 페달을 밟으면 브레이크 페달의 바로 앞에 있는 마스터 실린더 내의 피스톤이 작동하여 브레이크액이 압축되고, 압축된 브레이크액은 파이프를 따라 휠 실린더로 전달된다. 휠 실린더의 피스톤에 의해 브레이크 라이닝을 밀어주면 타이어와 함께 회전하는 드럼을 잡아 차가 멈추게 된다. 최근에는 뒷바퀴에는 드럼브레이크방식을 앞바퀴에는 디스크 브레이크방식을 많이 사용한다.

㉮ 유압식 : 브레이크 페달을 밟으면 마스터 실린더 내의 유압이 휠 실린더 내의 피스톤을 밀어 브레이크슈를 외측으로 확장시켜 브레이크슈에 접착되어 있는 라이닝이 드럼에 압착하여 바퀴의 회전을 정지시키는 방식이 가장 많이 사용된다.

㉯ 공기식 : 압축공기의 압력으로 제동한다.

② 핸드(주차) 브레이크

핸드 브레이크는 주차 시 또는 풋 브레이크 이상 시 사용하는 제동장치로서 손으로 브레이크 레버를 당기면 와이어 또는 로드가 뒷바퀴 브레이크슈를 확장하여 좌·우의 뒷바퀴가 고정되는 기계식 제동방식이다.

③ 엔진 브레이크

액셀레이터 페달을 밟았다 놓거나 고단기어에서 저단기어로 바꾸게 되면 엔진 브레이크가 작동하며 속도가 떨어지게 된다. 이것은 마치 구동바퀴에 의해 엔진이 역으로 회전하는 것과 같이 되어 그 회전저항으로 제동력이 발생하는 것이다. 엔진 브레이크는 눈이나 비가 온 후 미끄러운 길이나 급한 내리막길 등에서 사용한다.

④ ABS(Anti-lock Braking System)

　　빙판이나 빗길 등 미끄러운 노면에서 제동 시 바퀴를 록(Lock)시키지 않음으로써 핸들의 조절이 가능하고 가능한 최단거리로 정지시킬 수 있도록 채택된 첨단 안전장치이다.

(2) 브레이크 조작상 주의사항

① 페달을 사전에 천천히 여러 번 나누어 밟는다.
② 위급한 경우 이외에는 급브레이크 사용을 삼간다.
③ 고속주행 중 감속할 때는 먼저 엔진 브레이크로 늦춘 후 풋 브레이크를 사용한다.
④ 물이 고인 곳을 지나면 브레이크 드럼에 물이 들어가 제동이 나빠지므로 주의한다.
⑤ 차를 출발할 때에는 핸드 브레이크를 완전히 풀고 주행한다.
⑥ 긴 내리막길에서는 엔진 브레이크를 주로 사용하고 풋 브레이크는 보조로 사용한다.

10 현가장치의 구성과 기능

현가장치는 차체에 스프링을 설치하여 노면으로부터 받는 충격을 흡수하여 승차감을 좋게 하고 차체를 보호하는 역할을 한다. 차축식과 독립식이 있으며 스프링, 쇽 업소버로 구성되어 있다.

(1) 현가장치의 구성

① **스프링** : 차축과 프레임 사이에 설치되어 바퀴에 가해지는 충격이나 진동을 완화하여 차체에 전달되지 않게 하는 역할을 하며 금속스프링과 비금속스프링이 있다.
　㉮ **금속스프링** : 판스프링, 코일스프링, 토션바스프링이 있다.
　㉯ **비금속스프링** : 공기스프링, 고무스프링이 있다.
② **쇽 업소버** : 스프링의 고유진동을 흡수하여 승차감을 향상시키며 고속주행조건의 하나인 로드홀딩이 향상된다.
③ **스태빌라이저** : 자동차의 롤링을 적게 하고 가능한 신속하게 평형상태를 유지하기 위해 사용한다.

(2) 현가장치의 종류

① **차축식** : 차축에 스프링을 결합하여 작동하게 한다.
② **독립식** : 좌우 양 바퀴가 독립하여 작동하게 한다.

11 주행장치의 구성과 기능

주행장치는 엔진에서 발생한 동력이 최종적으로 바퀴에 전달되어 노면 위를 달리게 하는 장치로서 휠과 타이어로 구성되어 있다.

(1) 주행장치의 구성

① **휠(Wheel)** : 휠은 타이어와 함께 차량의 중량을 지지하고 구동력과 제동력을 지면에 전달하는 역할을 한다. 휠은 무게가 **가볍고** 노면의 충격과 측력에 견딜 수 있는 **강성**이 있어 타이어에서 발생하는 **열을 흡수**하여 대기 중으로 **방출**시킨다.

② **타이어(Tire)**

  ㉮ **타이어의 역할**
    ㉠ 휠의 림에 끼워져서 일체로 회전하며 달리거나 멈춘다.
    ㉡ 자동차의 중량을 떠받쳐 준다.
    ㉢ 지면으로부터 받는 충격을 흡수하여 승차감을 좋게 한다.
    ㉣ 자동차의 진행방향을 전환하거나 조정하여 안정성을 좋게 한다.

  ㉯ **타이어의 관리**
    ㉠ 타이어의 마모 : 타이어가 마모되면 제동거리가 길어지고 옆으로 미끄러지는 등 위험하며, 작은 상처도 고속주행 시 파열되기 쉬우므로 교환하여야 한다.
    ㉡ 타이어의 공기압 : 공기압은 타이어의 수명, 승차감, 연료소비량 등에 큰 영향을 주며 사고원인이 되므로 타이어의 사이즈나 용도에 적합한 공기압을 유지하여야 한다.

> **해설**
> **타이어의 공기압에 따른 현상**
> 1. 공기압력이 높으면 접지면이 적어져 미끄러지기 쉽고 트레드 중앙부가 빨리 마모되고 진동이 흡수되지 않는다.
> 2. 공기압력이 낮으면 타이어 마모가 크며 핸들조작이 무겁고 연료소비가 크다.
> 3. 공기압이 좌·우 균등치 않으면 공기압이 낮은 쪽으로 핸들이 돌아가고 편마모된다.

(2) 타이어의 속도기호

타이어의 속도기호는 다음 표와 같으며 최고속도라 함은 그 타이어를 장착하였을 때 자농자가 평탄한 포장도로에서 낼 수 있는 최고속도를 말한다.

[속도의 기호에 따른 최고 주행속도]

(단위 : km/h)

속도 기호	최고속도	속도 기호	최고속도
L	120	H	210
Q	160	V	240
S	180	Z	240 초과

12 자동차의 제원

(1) 크기

① 전장(Overall length) : 자동차의 중심면과 접지면에 평행하게 측정했을 때 후미등을 포함한 최대길이

② 전폭(Overall width) : 자동차의 중심면과 직각으로 측정했을 때의 최대너비

③ 전고(Overall height) : 공차상태에서의 접지면에서 최고부까지의 높이

④ 축거(Wheel base) : 앞·뒤 차축의 중심거리, 전륜 또는 후륜이 2축인 것은 그 중간점에서 측정

⑤ 윤거(Thread) : 좌·우 타이어 중심간의 수평거리, 복륜인 경우는 중심면에서 측정

⑥ 최저 지상고(Ground clearance) : 접지면에서 자동차의 가장 낮은 부분까지의 높이로서 공차상태에서 12cm 이상이 되어야 하는데 일반적으로 리어 액슬 하우징 밑면 또는 프론트 액슬 밑면이 해당된다.

⑦ 앞 오버행(Front overhang) : 앞바퀴의 중심을 지나는 수직면에서 자동차의 맨 앞부분까지의 수평거리, 범퍼나 견인장치 등 자동차에 부착된 것이 모두 포함된다.

⑧ 뒤 오버행(Rear overhang) : 뒷바퀴의 중심을 지나는 수직면에서 자동차의 맨 뒷부분까지의 수평거리, 범퍼나 견인장치 등 자동차에 부착된 것이 모두 포함된다.

⑨ 최소 회전반경(Turning radius) : 자동차의 조향핸들을 최대로 꺾은 상태에서 저속으로 선회할 때 제일 바깥쪽 바퀴의 접지면 중심이 그리는 반경으로 소형차는 6m, 기타 자동차는 12m를 초과해서는 안 된다.

⑩ 내륜차(內輪差) : 자동차가 회전할 때 안쪽 앞바퀴와 안쪽 뒷바퀴의 진행 흔적이 서로 다르게 되는데, 이 안쪽 앞바퀴와 안쪽 뒷바퀴의 회전 반경 차이를 내륜차라고 한다.

소형차보다는 대형차의 내륜차가 크기 때문에 일반 승용차에서는 별로 느껴지지 않는 내륜차를 대형차에서는 좀더 확실하게 느낄 수 있다.

[내륜차]

⑪ 외륜차(外輪差) : 자동차가 회전을 할 때 바깥쪽 앞바퀴와 바깥쪽 뒷바퀴의 회전반경 차이를 외륜차라고 한다.

또한 후진을 하면서 회전을 할 때에 차량의 앞부분을 보면 외륜차를 분명히 알 수 있고 후진을 위해 핸들을 돌릴 때에도 외륜차를 생각하면서 조심 운전을 해야 한다.

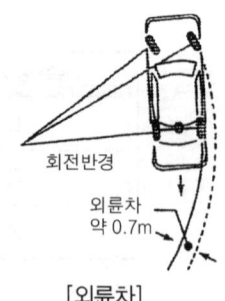

[외륜차]

(2) 중량

① **차량 중량** : 공차상태에서 연료, 냉각수 및 윤활유를 만재한 자동차의 중량을 말한다. 예비타이어, 예비부품 및 공구, 기타 휴대품은 제외한다.
② **차량 총중량** : 공차상태의 자동차에 승차정원의 인원이 승차하거나, 최대적재량의 물품이 적재된 상태의 자동차 중량을 말한다. 승차정원 1인(13세 미만은 1.5명을 승차정원 1인으로 본다)의 중량은 65kg으로 계산한다.
③ **축중** : 자동차가 수평상태에 있을 때 1개의 차축에 연결된 모든 바퀴의 윤하중을 합한 것이다.
④ **윤하중** : 자동차가 수평상태에 있을 때 1개의 바퀴가 수직으로 지면을 누르는 중량을 말한다.

(3) 성능

① **공기 저항 계수(CD ; Coefficient of Drag)** : 차량의 크기와 모양에 따라 차량 주위로 흐르는 공기의 흐름 등에 의한 바람의 저항을 말하는데 이 값이 적을수록 공기 저항이 낮다. 일반적으로 0.25에서 0.50 정도의 값을 갖는다.
② **마력(HP ; Horse Power)** : 엔진의 출력은 나타내는데 1마력은 75kg의 물체를 1초 동안에 1m 들어 올릴 수 있는 힘의 크기를 말한다.
③ **엔진 스위치** : 엔진 시동키의 조작에 따라 ACC(엔진을 멈추고 라디오 등을 듣는 위치) · ON(엔진회전 중의 위치) · START(엔진을 시동하는 위치) · LOCK(엔진정지 위치)한다.
④ **계기류** : 속도계(주행속도 표시), 연료계(연료량 표시), 회전계(엔진회전속도), 수온계, 브레이크 경고등, 도어 경고등, 연료잔량 경고등, 유압 경고등, 충전 경고등, 배기온도 경고등, 전조등 상향표시등이 있다.

제2절 자동차의 점검 및 관리

1 운전 전 점검사항

(1) 엔진룸의 점검

평탄한 곳에 정지 후 엔진시동을 끄고 5분 정도 지난 후 보닛(Bonnet)을 열고 엔진오일, 냉각수, 브레이크액, 팬 벨트, 축전지 등을 점검한다.
① 엔진 오일량과 질의 점검 및 교환
㉮ 엔진 옆에 꽂힌 오일 레벨 게이지를 뽑아내어 묻은 오일을 닦은 후 다시 꽂는다.

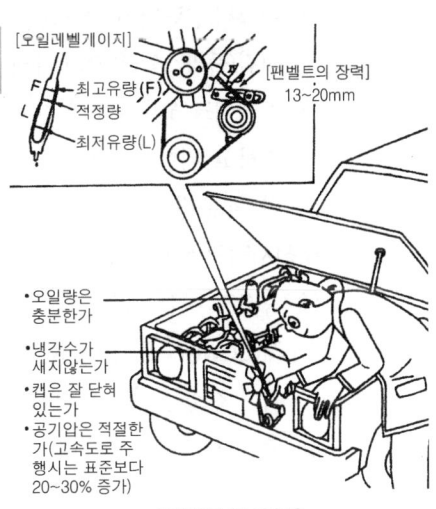

[엔진룸의 점검]

㉯ 오일 레벨 게이지를 다시 뽑아 오일이 묻은 곳을 확인한다.
　　㉰ 오일 레벨 게이지의 F와 L 사이가 적정하나 오일량 감소를 감안하여 F 가까이 채운다.
　　㉱ 이때 오일색에 의한 질을 진단 후 점도가 나쁠 때에 교환한다.
　　　㉠ **우유색** : 냉각수 혼입
　　　㉡ **검은색** : 카본 등 연소생성물의 혼입으로 심한 오염상태

> **해설**
>
> **엔진 오일 교환 시 주의사항**
> 1. 동일 등급의 오일로 교환
> 2. 반드시 오일 필터를 함께 교환
> 3. 한 번에 많이 넣기보다 양을 확인하면서 조금씩 넣는다.
> 4. 엔진 길들이기 과정에는 1,000~1,500km, 길들이기 끝난 후에는 5,000~10,000km마다 교환

② 냉각수의 점검과 보충
　　㉮ 매일 점검해야 하며 자동차를 평탄한 장소에 두고 엔진이 정상작동 온도일 때 공회전 상태로 보조탱크의 냉각수량이 F와 L 사이에 있는가 확인하여 부족 시는 F선까지 보충
　　㉯ 가능하면 라디에이터 캡을 열어 보아서 냉각수량을 확인
　　㉰ 이 때 라디에이터와의 연결부위인 상·하 두 개의 고무가 변형되지 않았는지, 이음새가 새지 않았는지 확인
　　㉱ 냉각수가 부족한 때에는 산성이나 알칼리성이 없는 물(증류수, 수돗물)로 보충, 겨울에는 냉각수에 부동액을 넣어 사용

③ 브레이크액의 점검 조치
　　㉮ 유압식 제동장치는 브레이크액이 동력전달의 매개역할을 하므로 항상 적정량 유지
　　㉯ 마스터 실린더에 붙어있거나 호스로 연결된 반투명 플라스틱 용기에 들어있는 브레이크액 점검(플라스틱 용기의 아래·위 표시선 중간에 있으면 정상이나 감소를 감안 더 채운다)
　　㉰ 브레이크액이 현저히 감소하면 제동력 상실로 대형사고 위험이 있으므로 그 원인을 찾아내어 정비 후 운행

④ 축전지액의 점검과 보충
　　㉮ 축전지 바깥 플라스틱 통 측면에 위(Upper) 아래(Lower) 표시선 중간에 전해액이 있으면 정상이나 감소를 감안해 더 채운다.
　　㉯ 축전지액이 부족하면 증류수로 보충하고 40,000km 주행 시마다 축전지 교환

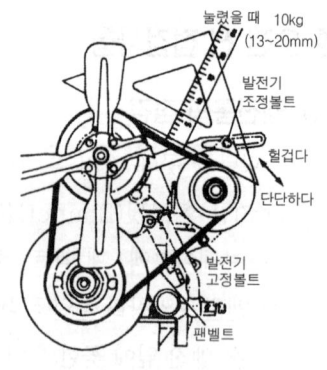

[팬 벨트의 장력]

㉱ MF배터리는 투시창을 통해 배터리 상태를 확인할 수 있다.
  ㉠ **초록색** : 양호한 상태
  ㉡ **검정** : 배터리 점검이 필요한 상태
  ㉢ **흰색** : 수명이 다 되어 교체해야 하는 상태

⑤ **팬 벨트의 점검**
  ㉮ 팬 벨트의 손상이나 측면의 마찰로 인한 풀리와의 접촉상태가 불량 시 교환
  ㉯ 팬 벨트의 중앙부를 눌렀을 때 일반적으로 13~20mm정도 눌리면 정상이며 너무 느슨하거나 팽팽하면 조정한다.
  ㉰ 팬 벨트 조정은 발전기의 고정 볼트와 조정볼트를 푼 상태에서 움직여 맞춘다.
  ㉱ 팬 벨트가 헐겁거나 끊어지면 냉각상태가 나빠져 엔진과열의 원인이 되거나 발전기 충전기의 불량상태가 된다. 반대로 너무 팽팽하면 베어링이 망가진다.

⑥ **자동변속기 오일 점검**
자동변속기오일을 점검할 때에는 변속기 오일을 정상온도까지 워밍업(상승)시킨 후 엔진공회전 상태에서 선택레버를 모든 위치(P, R, N, D, 2, L)로 여러 번 전환시킨 다음 N위치에 놓고서 오일수준 게이지를 뽑아「HOT」범위에 있는가를 점검하는데, 측정 시 가열된 부위에 화상을 입지 않도록 조심해야 한다. 점검결과 부족 시는 오일을「HOT」범위 내로 보충한다.
※ 교환주기는 가혹조건에서는 40,000km이고 일반적으로는 80,000km마다 교환한다.

(2) 자동차 차체 주변 점검

① **타이어 점검**
  ㉮ 타이어 공기압이 현저히 줄지 않았는지 눈으로 확인(**규정압력유지**)
    ㉠ 공기압이 높으면 타이어의 접지면이 작기 때문에 중앙부분이 마모되고 제동거리가 길어지고 미끄러지기 쉽다.
    ㉡ 공기압이 낮으면 타이어의 트레드부분의 조향마모가 크고 핸들이 무거우며 타이어가 균열되어 파손되고 고속 시 사고원인이 된다.
    ㉢ 좌우 타이어의 공기압이 균등하지 않으면 공기압이 낮은 쪽으로 핸들을 빼앗긴다.
  ㉯ 타이어 마모상태의 과마모(**트레드 홈 깊이 1.6mm 미만**) 여부 확인
  ㉰ 타이어의 편마모 방지 및 수명연장을 위하여 1만 km 주행 시마다 타이어 위치교환 (전·후구간)
  ㉱ 타이어 면이 부분적으로 갈라지거나 찢어지지 않았는지 확인

② **차체 밑에 냉각수나 오일이 떨어졌는지 여부 점검**
차에는 5개의 저장용기가 있는데 이 곳과 이음부에서 새는지 여부 확인조치

- ㉮ 오일 팬 : 엔진오일　　㉯ 라디에이터 : 냉각수
- ㉰ 연료탱크 : 연료　　㉱ 배터리 : 전해액
- ㉲ 리저브 탱크 : 브레이크액, 와셔액 등

③ 각종 등화장치 점검 후 파손되거나 불이 안 들어오면 수리
- ㉮ 전조등　　㉯ 방향지시등　　㉰ 제동등　　㉱ 안개등
- ㉲ 미등　　㉳ 번호등　　㉴ 실내등

④ 차체 외관이 긁히거나 손상된 곳 유무 점검정비

(3) 운전석 내 점검

① 유격점검
- ㉮ **조향핸들** : 조향핸들을 좌우로 돌리면서 다른 부분과 접촉되는 부분이 없는가, 앞타이어가 움직이기 직전까지 조향핸들을 돌린 거리인 조향핸들유격이 적절한가를 확인(유격거리 : 일반승용차의 경우 20~30mm가 적정)
  - ㉠ **핸들의 유격이 크면** : 핸들조작이 늦고 차가 흔들려서 불안정한 주행이 되어 위험하다.
  - ㉡ **핸들의 유격이 적으면** : 핸들이 무겁고 앞바퀴로부터의 충격이 커 핸들을 놓치기 쉽다.
- ㉯ **브레이크 페달** : 브레이크 페달을 가볍게 눌렀을 때 유격은 10~25mm가 적당하고 끝까지 밟았을 때 바닥에서 50mm 이상 여유가 있어야 한다.
  - ㉠ 브레이크 페달을 밟았을 때 듣는 상태가 견고한 감으로 정지되어야 한다.
  - ㉡ 스펀지를 밟은 것 같은 때나 한 번 멈춰진 페달이 다시 내려가는 때는 이상이 있으므로 정비해야 한다.
- ㉰ **클러치 페달** : 클러치 페달의 유격은 20~30mm가 **적당하다.**

② 각종 계기판 점검
- ㉮ 엔진시동을 걸고 5초 정도 경과 후 운전석 계기판 경고등에 불이 들어왔는지 확인
- ㉯ RPM(공회전) 계기 바늘이 정상을 가리키고 있는지 확인
- ㉰ 연료량, 주행속도, 냉각수온도 등의 계기판의 결함여부 점검

③ 각종 스위치의 점검
- ㉮ 전원스위치, 시동스위치, 점등스위치 등의 작동여부 확인
- ㉯ 경음기, 방향지시기의 정상여부 확인
- ㉰ 미등, 전조등의 점등여부 확인

2 운행 중 점검사항

자동차 운전 중에는 주로 운전자 감각에 의한 점검이 이루어져야 하며 주요 점검사항은 다음과 같다.

(1) 자동차의 어느 부분에서 이상한 소리가 나는지 여부
(2) 이상한 냄새가 나는지 여부
(3) 계기판·경고등에 불이 들어오는지 여부
(4) 냉각수·온도계기는 정상을 가리키고 있는지 여부
(5) 브레이크·액셀러레이터·핸들 조작 시 이상한 감각이 느껴지지 않는지 여부

[자동차 계기판의 기호 내용]

식별기호	기능	식별기호	기능
△	비상 경고 스위치		안전벨트 경고등
	연료잔량 경고등 또는 연료 탱크 캡 개·폐기		헤드라이트 하향표시등
	충전표시등		뒷유리 열선 스위치

3 운행 후 점검사항

목적지에 도착하면 안전한 장소에 주차시킨 후 다음 사항을 점검한다.

(1) 핸드(수동, 주차) 브레이크의 정확한 작동여부
(2) 언덕길 주차 시 고임목 삽입이나 기어변속 실시
(3) 각종 전기장치 스위치를 끈 후 다시 한번 확인
(4) 문(Door)의 잠긴 상태 확인
(5) 차체 외관과 타이어 상태 확인

제3절 자동차의 고장원인 및 조치요령

1 시동 불량 시

(1) 시동모터가 돌지 않는 경우
　① 경음기의 울림이 나쁘면서 시동모터가 돌지 않을 때

㉮ 배터리액의 부족
㉯ 배터리 터미널의 접촉 불량
㉰ 코드의 접촉 불량과 빠짐
㉱ 배터리의 불량

② **경음기의 울림은 좋으나 시동모터가 돌지 않을 때**
㉮ 시동모터의 기어가 물려 있음
㉯ 시동모터에 전기가 통하지 않음
㉰ 시동모터의 불량

(2) 시동모터는 돌지만 시동이 안 될 경우

① **연료의 공급에 이상이 있을 때**
㉮ 연료의 부족
㉯ 연료계통의 막힘이나 누출
㉰ 연료 펌프의 고장

② **연료공급에 이상 없으나 전기계통에 이상이 있을 때**
㉮ 스파크 플러그에 불꽃이 튀지 않음
㉯ 배전기 캡 중앙부위에 불꽃이 튀지 않음
㉰ 스파크 플러그의 불량
㉱ 배전기의 불량

2 엔진 과열 시

(1) 냉각수 부족

① 차를 안전한 곳으로 이동시켜 보닛(Bonnet)을 연다.
② 엔진작동을 멈추지 말고 공회전시킨다.
③ 온도가 어느 정도 내려갈 때까지 기다렸다가 라디에이터 캡을 연다.
④ 냉각수가 부족할 경우에는 보충해 주고 새는 부위가 있는지 확인한다.
⑤ 냉각수 부족은 라디에이터 코어나 드레인 플러그의 파손, 라디에이터 호스 파열이나 호스 밴드의 풀림이 주원인이므로 파손된 부분을 교환하거나 풀린 곳을 조여 준다.

(2) 냉각수 순환 이상

① 팬 벨트의 끊어짐이나 장력 이상이나 장력이완
팬 벨트의 중앙을 엄지손가락으로 눌렀을 때 13~20mm 정도의 탄력이 있어야 한다.
㉮ 너무 느슨하면 : 엔진과열과 배터리 방전의 원인이 되고

㉯ 너무 강하면 : 워터펌프나 발전기 베어링이 손상됨
② **정온기의 고장** : 정온기는 엔진 내부의 냉각수 온도의 변화에 따라 밸브가 자동으로 개폐되어 라디에이터로 흐르는 유량을 조절함으로써 냉각수의 온도를 적정한 수준으로 유지시켜 주는 장치인데 고장이 날 경우에는 열리지 않아 엔진이 과열된다.
③ 엔진오일의 부족
④ 워터펌프의 고장
⑤ 온도센서나 계기판의 고장

3 브레이크 이상 시

(1) 브레이크액의 양 점검

유압에 의하여 작동하는 제동장치에 있어서는 브레이크액이 부족할 경우 브레이크 작동이 안 되므로 브레이크액은 항상 적정량이 들어 있어야 한다.
① 브레이크액이 상한선과 하한선의 중간을 유지하고 있는지 확인한다.
② 브레이크액이 부족할 때에는 기준선까지 보충한다.
※ 보충할 브레이크액이 없을 때에는 소주를 넣어 임시로 조치하고 가까운 정비공장에 가서 브레이크 계통을 정비한다.

(2) 브레이크액의 공기 유입

브레이크액의 파이프 라인에 공기가 들어가면 공기가 쿠션역할을 하므로 브레이크를 밟아도 듣지 않는다.

공기 유입의 원인으로는 브레이크액의 부족, 호스나 각 고장개소의 불량에 의한 것도 있으나 내리막길에서 풋 브레이크만 계속 사용할 경우 브레이크 라이닝과 마찰열에 의해 브레이크액의 일부가 기체로 변하기 때문이다.

(3) 브레이크 라이닝의 상태 불량

브레이크 라이닝에 물이나 오일이 묻어 있으면 드럼과의 마찰력 저하로 브레이크가 잘 듣지 않게 된다.

물구덩이를 지나거나 세차한 직후에는 브레이크 라이닝에 물기가 스며들어 제동의 불균형을 초래하므로 브레이크 페달을 가볍게 2~3회 나누어 밟아 주면 마찰열에 의해 물기가 제거된다.

제4장 적중출제예상문제

1 자동차의 구조와 기능

【문제 1】 자동차의 구조를 크게 두 부분으로 나눈 것이다. 옳은 문항은?
① 기관과 차대(chassis)
② 동력전달장치와 차체(body)
③ 프레임과 차체(body)
④ 차대(chassis)와 차체(body)

【문제 2】 자동차의 차체(Body)에 대한 설명이다. 옳은 문항은?
① 차대 위에 얹혀 자동차의 외형을 형성하는 부분이다.
② 엔진에서 발생된 동력을 바퀴까지 전달하는 장치이다.
③ 주행하는 자동차를 감속하거나 멈추기 위한 장치이다.
④ 노면으로부터 받는 충격을 완화하여 승차감을 좋게 하는 장치이다.

【문제 3】 자동차의 차대(Chassis)에 대한 설명이다. 옳지 못한 문항은?
① 차대에는 엔진, 동력전달장치, 제동장치, 현가장치, 조향장치 등이 있다.
② 연료장치, 윤활장치, 냉각장치, 전기장치, 주행장치 등은 차대에 포함되지 않는다.
③ 자동차에서 차체를 제외한 나머지 부분을 차대라 한다.
④ 차대에는 엔진에서 발생된 동력을 바퀴까지 전달하는 과정으로 모든 장치가 있다.

【문제 4】 자동차의 차체와 차대에 대한 설명이다. 옳지 못한 문항은?
① 자동차는 차체와 차대로 구분한다.
② 차대에는 엔진이 포함된다.
③ 차체에는 동력전달장치가 포함된다.
④ 차체는 용도에 따라 승용차, 승합차 또는 화물차, 승용겸 화물차로 구분된다.

【문제 5】 자동차의 차대에 포함되는 장치에 해당되지 않는 문항은?
① 동력발생장치
② 차체
③ 윤활장치
④ 조향장치

2 동력발생장치

【문제 1】 자동차가 움직이는 데 필요한 동력을 발생하는 장치인 것은?
① 엔진
② 전기장치
③ 연료장치
④ 동력전달장치

정답 1.【1】④ 【2】① 【3】② 【4】③ 【5】②   2.【1】①

【문제 2】 엔진의 기능에 대하여 가장 적절하게 설명한 문항은?
① 연료를 공기와 섞어 혼합기로 만드는 장치
② 고전압이 중심전극에 도달하면 불꽃방전을 일으켜주는 장치
③ 점화코일에서 발생한 고전압을 점화플러그에 보내는 장치
④ 연료가 연소하면서 발생하는 열에너지를 자동차를 움직이는 동력으로 바꾸는 장치

【문제 3】 자동차의 사용연료에 따른 엔진을 분류한 것이다. 맞지 않는 문항은?
① 가솔린엔진   ② 디젤엔진
③ 증기엔진   ④ 액화석유가스(LPG) 엔진

【문제 4】 가솔린 엔진의 4행정 기관이다. 사이클 작동순서로 옳은 문항은?
① 흡입 → 압축 → 배기 → 폭발   ② 흡입 → 압축 → 폭발 → 배기
③ 흡입 → 폭발 → 압축 → 배기   ④ 흡입 → 폭발 → 배기 → 압축

【문제 5】 무거운 물건을 운반하는 대형 화물차나 버스에 많이 사용되는 동력발생장치는?
① 가솔린 기관   ② 휘발유 기관   ③ 디젤 기관   ④ L.P.G 기관

【문제 6】 기관에서 발생된 동력이 바퀴까지 전달되는 과정으로 가장 적절한 문항은?
① 클러치 → 추진축 → 변속기 → 차축   ② 클러치 → 변속기 → 추진축 → 차축
③ 클러치 → 변속기 → 차축 → 추진축   ④ 클러치 → 차축 → 변속기 → 추진축

【문제 7】 압축된 혼합가스가 연소하면서 기관에서 동력을 발생하는 행정으로 맞는 것은?
① 폭발행정   ② 배기행정   ③ 흡입행정   ④ 압축행정

【문제 8】 DOHC(Double Over Head Camshaft) 엔진에 대한 설명이다. 옳지 못한 문항은?
① 실린더당 흡·배기 밸브가 1개씩으로 된 방식이다.
② 실린더당 흡·배기 밸브가 2개씩으로 된 방식이다.
③ 혼합가스를 실린더 안으로 보다 많이 공급하고 배기가스를 신속히 배출한다.
④ 엔진의 출력을 증대시킬 수 있다.

【문제 9】 SOHC(Single Over Head Camshaft) 엔진에 대한 설명이다. 가장 적절한 문항은?
① 실린더당 흡·배기밸브가 2개씩으로 된 방식이다.
② DOHC 방식에 비하여 출력을 증대시킬 수 있다.
③ 실린더당 흡·배기밸브가 1개씩으로 된 방식이다.
④ 혼합가스를 실린더 안으로 보다 많이 공급한다.

【문제 10】 가솔린기관의 흡입행정을 설명한 것이다. 옳은 문항은?
① 연소된 가스가 실린더에 흡입된다.   ② 가솔린만 기화되어 실린더에 흡입된다.
③ 순수한 공기만이 실린더에 흡입된다.   ④ 혼합가스가 실린더에 흡입된다.

정답 【2】④ 【3】③ 【4】② 【5】③ 【6】② 【7】① 【8】① 【9】③ 【10】④

3 연료장치

【문제 1】 자동차의 연료장치에 대한 설명이다. 적절하지 못한 문항은?
① 연료장치에는 연료탱크, 연료필터, 연료펌프, 카뷰레터, 흡기 매니폴드 등이 있다.
② 연료필터는 연료 중의 수분, 먼지 등 불순물을 제거하는 장치이다.
③ 카뷰레터는 연료와 공기를 혼합한 혼합기를 만들어 실린더에 공급한다.
④ 연료펌프는 연료를 주행 장치까지 보내는 역할을 한다.

【문제 2】 자동차의 연료를 공기와 섞어 혼합기로 만드는 장치에 해당되는 문항은?
① 연료펌프   ② 기화기(카뷰레터)
③ 흡기 매니폴드   ④ 연료필터

【문제 3】 기화기(카뷰레터)의 역할에 대한 설명이다. 맞는 문항은?
① 연료와 공기의 혼합작용을 한다.   ② 공기의 양을 조정한다.
③ 연료 중의 불순물을 제거한다.   ④ 연료를 공급한다.

【문제 4】 연료 속의 불순물을 제거하는 장치에 해당되는 문항은?
① 연료 펌프   ② 카뷰레터   ③ 흡기 매니폴드   ④ 연료 필터

【문제 5】 자동차 연료장치의 연료공급순서로 가장 적절하게 설명한 문항은?
① 연료탱크 → 연료펌프 → 연료필터 → 기화기 → 흡기 매니폴드
② 연료탱크 → 연료펌프 → 기화기 → 연료필터 → 흡기 매니폴드
③ 연료탱크 → 연료필터 → 연료펌프 → 기화기 → 흡기 매니폴드
④ 연료탱크 → 연료필터 → 기화기 → 연료펌프 → 흡기 매니폴드

【문제 6】 겨울철 자동차의 연료탱크에 연료를 가득 채우는 것이 좋다고 한다. 그 이유는?
① 연료가 적으면 수증기가 응축된다.
② 연료가 적으면 많이 흔들려 연료손실을 가져온다.
③ 연료가 적으면 자동차의 속도가 늦어진다.
④ 연료계기의 고장률이 높아진다.

4 윤활장치

【문제 1】 자동차 윤활장치의 기능에 대한 설명이다. 옳지 못한 문항은?
① 오일팬의 엔진오일이 오일펌프에 의해 오일필터를 거쳐 윤활계통으로 공급된다.
② 엔진 내부의 각 마찰부에 오일을 공급하여 엔진의 작동을 원활하게 한다.
③ 엔진 내부의 각 마찰부에 오일을 공급하여 부품의 마찰을 최소화한다.
④ 윤활유는 윤활작용은 가능하나 산화나 부식방지작용은 할 수 없다.

정답 3. 【1】④ 【2】② 【3】① 【4】④ 【5】③ 【6】①   4. 【1】④

【문제 2】 윤활유의 기능에 대한 설명이다. 기능이 아닌 문항은?
① 마찰감소와 마찰방지
② 연료의 연소를 돕는 작용
③ 냉각작용과 세척작용
④ 충격완화와 소음방지

【문제 3】 윤활유의 방청작용에 대한 설명이다. 가장 적절한 문항은?
① 엔진 내부의 각 회전부분 등의 마찰을 적게 하여 마멸을 감소한다.
② 엔진 각 부의 마찰열을 흡수하여 마찰부분의 손상을 방지한다.
③ 엔진 내부의 금속부분의 산화 및 부식 등을 방지하여 금속부를 보존한다.
④ 엔진에서 발생하는 충격을 흡수하고 마찰 등의 소음을 감소시킨다.

【문제 4】 엔진오일 여과기의 작용에 대한 설명이다. 옳은 문항은?
① 오일 순환을 조정한다.
② 오일 순환을 가속화한다.
③ 완전 연소 작용을 한다.
④ 불순물을 여과한다

【문제 5】 자동차의 엔진오일 필터를 정기적으로 교환해 주는 이유로 맞는 문항은?
① 유압을 알맞게 조정하기 위하여
② 엔진오일에 불순물이 함유되지 않도록 하기 위하여
③ 엔진 내 습기를 제거하기 위하여
④ 소음을 방지하기 위하여

【문제 6】 4계절용 엔진오일 종류에 해당되는 문항은?
① SAE 10W
② SAE 20W
③ SAE 30W
④ SAE 10W/40W

5 냉각장치

【문제 1】 자동차 냉각장치의 기능에 대한 설명이다. 가장 적절한 문항은?
① 연료가 연소하면서 발생하는 열에너지를 기계적인 일로 바꾸는 기능
② 연료와 공기를 섞어 혼합기로 만들어 실린더에 공급하는 기능
③ 엔진을 냉각시켜 과열을 방지하고 적절한 온도를 유지하는 기능
④ 엔진 내부에 오일을 공급하여 열을 흡수하여 방열하는 기능

【문제 2】 자동차의 냉각장치에 해당되지 않는 문항은?
① 배전기
② 물 펌프
③ 라디에이터
④ 냉각팬

【문제 3】 일반적으로 보통승용차에 사용되는 냉각방식으로 맞는 문항은?
① 주행 중 바람을 이용하는 자연냉각방식
② 수랭식
③ 강제적으로 송풍하는 강제적 냉각방식
④ 공랭식

정답 【2】② 【3】③ 【4】④ 【5】② 【6】④ 5.【1】③ 【2】① 【3】②

【문제 4】 자동차 엔진의 냉각수로 가장 적당한 문항은?
① 증류수나 수돗물　　　　　　② 산성이 많은 물
③ 시냇물　　　　　　　　　　　④ 우물물

【문제 5】 자동차 냉각장치 중 라디에이터(방열기)의 기능에 대한 설명이다. 옳은 문항은?
① 더워진 냉각수가 실린더 블록에서 순환하여 저장되는 기능
② 엔진에서 뜨거워진 냉각수가 방열판을 통과하며 공기와 접촉 냉각시키는 기능
③ 냉각수의 온도를 조절하는 기능
④ 더워진 냉각수를 빼내는 기능

6 동력전달장치

【문제 1】 자동차의 동력전달장치의 기능에 대한 설명이다. 적절하지 못한 문항은?
① 엔진에서 발생한 동력을 타이어까지 전달하는 장치이다.
② 클러치, 변속기, 추진축, 자재이음, 차동장치, 차축 등으로 구성되어 있다.
③ 클러치는 엔진과 변속기 사이에서 동력을 끊어주거나 연결하는 장치이다.
④ 변속기는 클러치와 추진축 사이에서 자동차의 방향을 바꾸는 장치이다.

【문제 2】 엔진을 시동할 때나 기어변속을 할 때에는 엔진과의 연결을 차단하고, 출발할 때에는 엔진의 동력을 서서히 연결시키는 기능을 가지고 있는 장치의 명칭으로 맞는 문항은?
① 클러치　　　　　　　　　　② 추진축
③ 변속기　　　　　　　　　　④ 차동기

【문제 3】 자동차의 클러치와 추진축 사이에서 엔진의 회전력을 증감하거나 후진시키는 장치는?
① 클러치　　　　　　　　　　② 추진축
③ 변속기　　　　　　　　　　④ 차동장치

【문제 4】 자동차 클러치의 역할에 대한 설명이다. 적절한 문항은?
① 클러치 페달에 발을 올려놓고 운전해야 한다.
② 클러치 디스크에 기름을 바르면 수명이 길어진다.
③ 클러치는 자동차의 속도를 조절하는 역할을 한다.
④ 엔진의 동력을 차단하거나 연결하고 기어 변속을 용이하게 한다.

【문제 5】 동력전달장치에 해당되지 않는 문항인 것은?
① 윤활장치　　　　　　　　　② 변속기
③ 추진축　　　　　　　　　　④ 클러치

【문제 6】 자동차 클러치의 기능에 대한 설명이다. 틀린 문항은?
① 기어 변속을 원활하게 한다.　　② 회전력을 전달시킨다.
③ 관성운전을 위해 필요하다.　　④ 동력을 차단한다.

정답　【4】①　【5】②　6.【1】④　【2】①　【3】③　【4】④　【5】①　【6】③

【문제 7】 자동차의 동력전달 방식의 종류에 대한 설명이다. 틀린 문항은?
① 동력전달 방식은 FR식, FF식, RR식, 4WD식 등이 있다.
② RR식은 엔진은 뒤에 있고 앞바퀴에 의해 구동되는 방식이다.
③ FR식은 엔진은 앞에 있고 뒷바퀴에 의해 구동되는 방식이다.
④ FF식은 엔진은 앞에 있고 앞바퀴에 의해 구동되는 방식이다.

【문제 8】 자동차의 엔진은 앞에 있고 뒷바퀴에 의하여 구동되는 동력전달 방식으로 맞는 문항은?
① FR식(Front engine Rear wheel drive) ② FF식(Front engine Front wheel drive)
③ RR식(Rear engine Rear wheel drive) ④ 4WD식(4 Wheel drive)

【문제 9】 가파른 비탈길을 오르거나 내려가는데 4바퀴 모두에 엔진의 동력이 전달되는 방식은?
① FR식   ② FF식   ③ RR식   ④ 4WD식

【문제 10】 폭스바겐(딱정벌레) 자동차처럼 엔진이 뒤에 있고 뒷바퀴에 의해 구동되는 동력전달 방식으로 맞는 문항은?
① FF방식   ② RR방식   ③ FR방식   ④ 4WD방식

【문제 11】 자동차의 조향장치와 구동장치가 앞에 있어 구조상 복잡하고 바퀴의 하중분포가 균일하지 않지만 현재 중형급 이하 승용차에 세계적으로 많이 선택되고 있는 구동방식인 문항은?
① RR방식   ② FR방식   ③ FF방식   ④ 4WD방식

【문제 12】 클러치가 미끄러지면 어떤 현상이 일어나는지에 대한 설명으로 맞는 문항은?
① 주행 중 가속 페달을 밟아도 속도가 나지 않는다.
② 출발 시에 소음과 진동이 생긴다.
③ 핸들의 조작이 무겁게 된다.
④ 가솔린의 소비량이 많아진다.

【문제 13】 자동차가 선회할 때 좌·우 바퀴의 회전수를 다르게 분배해 주는 장치로 맞는 문항은?
① 클러치   ② 차동장치   ③ 추진축   ④ 변속기

【문제 14】 주행 중 클러치 페달 조작상의 주의사항이다. 잘못된 문항은?
① 클러치 페달을 밟은 채로 가속 페달을 밟는 것은 바람직하지 않다.
② 반 클러치는 출발할 때나 극히 저속으로 운전할 때 사용한다.
③ 필요하지 않더라도 비상 시를 대비해 클러치 페달에 발을 얹어 놓는다.
④ 클러치 페달을 밟을 때는 왼발로 빨리 충분히 밟는다.

【문제 15】 자동차의 클러치 페달에 유격을 두는 이유로 옳은 문항은?
① 클러치의 미끄럼을 방지하기 위하여   ② 변속기 주축기어의 마멸을 방지하기 위하여
③ 반 클러치의 사용편의를 위하여   ④ 클러치축의 마멸을 방지하기 위하여

정답 【7】② 【8】① 【9】④ 【10】② 【11】③ 【12】① 【13】② 【14】③ 【15】①

【문제 16】 자동차 주행 시 반 클러치를 사용할 때 수명이 가장 짧아지는 장치로 맞는 문항은?
① 클러치 스프링
② 클러치 포크
③ 클러치 압력판
④ 클러치 디스크

【문제 17】 클러치 페달에 발을 올려놓고 주행할 때 일어나는 현상으로 볼 수 없는 문항은?
① 연료소모가 늘어난다.
② 기어변속이 용이하여 연료소모가 적다.
③ 클러치판이 빨리 마모된다.
④ 클러치가 밀착되지 않아 미끄럼이 일어나 추진력이 약화된다.

【문제 18】 자동차 클러치의 조작방법에 대한 설명이다. 적절하지 못한 문항은?
① 클러치 페달은 한 번에 꽉 밟는다.
② 정지 시에는 브레이크를 서서히 밟으면서 클러치를 끊는다.
③ 위급 시에 대비하여 클러치 페달에 발을 올려놓고 주행한다.
④ 출발 시에는 액셀레이터 페달을 밟으면서 클러치를 서서히 뗀다.

【문제 19】 자동차의 변속기에 대한 설명이다. 적절하지 못한 문항은?
① 변속기 조작 시는 클러치를 완전히 차단하여야 한다.
② 후진할 때에는 엔진을 역회전시키는 작용을 한다.
③ 오르막길에서 출발 시에는 핸드 브레이크를 당기고 변속기어를 1단에 넣는다.
④ 변속기의 오일은 정기적으로 점검하여야 한다.

【문제 20】 자동변속기 차량의 변속 레버 위치 및 사용에 대한 설명이다. 틀린 문항은?
① N – 엔진 브레이크가 필요한 때에 사용
② P – 주차(Parking) 및 엔진 시동 시
③ D – 전진주행(Drive) 시
④ R – 후진(Reverse) 시

【문제 21】 자동변속기 차량의 변속 레버 조작요령이다. 틀린 문항은?
① D – 통상 전진주행(Drive)할 때의 위치
② 2(2nd) – 주로 엔진 브레이크가 필요한 경우 사용하는 위치
③ L – 속도를 줄이고자 할 때에 사용하는 위치
④ O/D(Over/Drive) – 스위치의 누름에 따라 On, Off로 전환되고, On으로 하면 연료절약 및 쾌적한 주행을 할 수 있고 내려갈 때에는 Off로 한다.

7 전기장치

【문제 1】 자동차 전기장치에 대한 설명이다. 적절하지 못한 문항은?
① 전기장치는 축전지, 발전기, 시동기, 배전기점화코일, 점화플러그 등으로 구성되었다.
② 축전지는 발전기에 의하여 만들어진 전기를 저장하는 기능을 한다.
③ 점화코일은 12V 내지 24V의 저전압을 15,000V의 고전압으로 만들어 점화플러그에 보내는 변압기의 역할을 한다.
④ 점화플러그는 고전압의 타이밍을 절묘하게 변화시키는 기능을 한다.

정답 【16】④ 【17】② 【18】③ 【19】② 【20】① 【21】③   7.【1】④

【문제 2】 자동차의 점등, 점화, 시동, 발전 또는 충전 등의 장치에 해당하는 문항은?
① 연료장치　　　② 조향장치　　　③ 전기장치　　　④ 윤활장치

【문제 3】 자동차의 전기장치 중 점화코일에서 발생한 고전압을 점화순서대로 각 점화플러그에 보내는 장치에 해당되는 문항은?
① 배전기　　　② 점화코일　　　③ 점화 플러그　　　④ 전동기

【문제 4】 자동차의 전기장치 중 12V 내지 24V의 저전압을 15,000V 이상의 고전압으로 만드는 장치에 해당되는 문항은?
① 전동기　　　② 발전기　　　③ 점화코일　　　④ 배전기

【문제 5】 자동차의 전기장치 중 전기를 발생시키는 장치에 해당되는 문항은?
① 시동전동기　　　② 배전기　　　③ 발전기　　　④ 축전지

【문제 6】 자동차용 배터리 중 증류수의 보충이 필요없고 관리가 용이한 배터리로 맞는 문항은?
① MR 배터리　　　② MF 배터리
③ MV 배터리　　　④ MC 배터리

【문제 7】 자동차 엔진을 시동할 때 전조등을 꺼야하는 이유로 옳은 문항은?
① 시동 모터를 보호하기 위하여
② 엔진에 무리한 부하를 감소시키기 위하여
③ 전조등 전구에 과전류가 흐르는 것을 방지하기 위하여
④ 강한 전류로 시동하기 위하여

【문제 8】 자동차에 사용되는 배터리의 전압이다. 승용자동차는 몇 V의 전압을 사용하는가?
① 12V　　　② 24V　　　③ 20V　　　④ 36V

【문제 9】 자동차에 사용되는 배터리의 전압이다. 대형트럭과 버스에 사용하는 전압으로 옳은 문항은?
① 12V　　　② 24V　　　③ 20V　　　④ 36V

【문제 10】 자동차 전기 장치 중 축전지의 충전상태를 측정하는 장치로 맞는 계기는?
① 전류계　　　② 비중계　　　③ 온도계　　　④ 연료계

【문제 11】 자동차 전기장치 중 충전 계통에 이상이 생겼을 때 나타나는 징후로 맞는 문항은?
① 충전경고등이 꺼진다.
② 오일경고등이 켜진다.
③ 충전경고등이 켜진다.
④ 차체가 떨린다.

정답　【2】③　【3】①　【4】③　【5】③　【6】②　【7】④　【8】①　【9】②　【10】②　【11】③

8 조향장치

【문제 1】 자동차의 조향장치 기능에 대한 설명이다. 적절하지 못한 문항은?
① 조향장치는 조향핸들로 자동차의 앞바퀴를 틀어서 그 방향을 바꾸는 장치이다.
② 조향장치에는 조향핸들, 조향축, 충격흡수식조작기구 등으로 구성되었다.
③ 조향핸들은 자동차의 진행방향을 바꾸는 장치이다.
④ 조향축은 충돌사고 발생 시 운전자의 부상을 가볍게 하기 위한 기구이다.

【문제 2】 자동차의 진행방향을 좌우로 자유로이 변경시켜주는 장치로 맞는 문항은?
① 조향장치 ② 현가장치 ③ 주행장치 ④ 제동장치

【문제 3】 자동차 앞바퀴의 방향을 틀어서 자동차의 진행방향을 바꾸는 장치로 맞는 문항은?
① 토인 ② 조향축 ③ 조향핸들 ④ 캠버

【문제 4】 운전 중 핸들 잡는 방법으로 가장 바른 문항은?
① 10시 10분 방향 ② 8시 20분 방향 ③ 6시 방향 ④ 12시 방향
◎ 해설 9시 15분 방향도 있다.

【문제 5】 자동차의 앞바퀴 정렬의 중요성에 대한 설명이다. 옳지 않은 문항은?
① 자동차의 타이어 마모를 최소화한다. ② 조향 핸들의 조작을 안전하고 확실하게 해준다.
③ 조향 핸들에 복원성을 좋게 해준다. ④ 충격을 흡수한다.
◎ 해설 자동차의 앞바퀴 정렬 구성 요소
앞바퀴 정렬은 조행핸들의 조작안전과 복원성을 좋게 하며 타이어의 마모를 최소화하기 위하여 다음의 요소로 구성한다.
1. 토인(Toe-in) : 앞바퀴의 앞쪽이 뒤쪽보다 좁은 상태(타이어의 이상마모 방지와 핸들조작 용이하고 캠버에 의하여 앞바퀴가 밖으로 벌어지는 것을 방지한다)
2. 캠버(Camber) : 앞바퀴의 위쪽이 아래쪽보다 밖으로 기운 상태(앞바퀴가 하중을 받았을 때 아래로 벌어지는 것을 방지하고 핸들조작을 가볍게 한다)
3. 캐스터(Caster) : 옆에서 보았을 때 차축과 연결되는 킹핀의 중심선이 약간 뒤로 기울어진 상태(앞바퀴의 직진성을 부여하고 차의 롤링방지 및 핸들의 복원성을 좋게 한다)

【문제 6】 앞바퀴를 위에서 보았을 때 앞쪽이 뒤쪽보다 좁게 정렬된 상태의 명칭으로 맞는 문항은?
① 토인 ② 캠버 ③ 캐스터 ④ 조향축

【문제 7】 앞에서 보았을 때 앞바퀴 위쪽이 아래보다 약간 바깥쪽으로 기울어지게 정렬된 것은?
① 캐스터 ② 킹핀 ③ 캠버 ④ 토인

【문제 8】 앞바퀴에 직진성을 부여하여 차의 롤링을 방지하고 선회하였을 때 핸들의 복원성을 좋게 하기 위해 정렬된 상태의 명칭으로 맞는 문항은?
① 토인 ② 캠버 ③ 킹핀 경사각 ④ 캐스터

【문제 9】 자동차 앞바퀴 정렬의 구성 요소가 아닌 문항은?
① 부스타 ② 토인 ③ 캐스터 ④ 캠버

정답 8.【1】④ 【2】① 【3】③ 【4】① 【5】④ 【6】① 【7】③ 【8】④ 【9】①

제4장 자동차의 구조와 점검

【문제 10】 자동차를 운전 중일 때 조향핸들이 떨리는 이유에 대한 설명이다. 틀린 문항은?
① 앞 타이어 좌·우 공기압이 일정하지 않을 때
② 앞바퀴 정렬이 불량한 때
③ 앞 타이어의 휠 밸런스의 조정이 불량한 때
④ 브레이크 작동이 불량한 때

【문제 11】 자동차 앞바퀴의 타이어를 새 것으로 교환을 할 때 반드시 해야 할 일로 옳은 문항은?
① 핸들의 유격을 다시 조정한다.　② 앞바퀴 정렬을 다시 조정한다.
③ 휠 디스크에 기름을 칠해야 한다.　④ 휠 밸런스를 다시 조정해야 한다.

9 제동장치

【문제 1】 자동차 제동장치에 대한 설명이다. 적절하지 못한 문항은?
① 자동차를 감속·정지하거나 주차상태를 유지시키는 장치이다.
② 핸드 브레이크는 차를 주·정차시킬 때 사용하며 발로 조작한다.
③ 풋 브레이크는 발로 조작하는 주브레이크이며 차를 정지시키거나 서행할 때 사용한다.
④ 제동장치에는 풋 브레이크, 핸드 브레이크, 엔진 브레이크, 미끄럼방지 제동장치 등이 있다.

> **해설** 제동장치의 종류에 따른 조작법과 용도
> 1. 풋 브레이크 : 제동장치로서 발로 밟거나 떼는 등의 동작으로 작동하며 유압식, 공기식, 기계식 등이 있으며 주로 유압식이 사용된다.
> 2. 핸드 브레이크 : 핸드 브레이크는 주차 시 또는 풋 브레이크 이상 시 사용하는 제동장치로서 손으로 브레이크 레버를 당기면 와이어 또는 로드가 뒷바퀴 브레이크슈를 확장하여 제동한다.
> 3. 엔진 브레이크 : 저속기어에 넣고 엔진의 저속회전을 이용하여 속도를 감속하는 브레이크이다. 엔진 브레이크는 눈이나 비가 온 후 미끄러운 길에서 사용하거나 급한 내리막길 등에서 사용한다.
> 4. 미끄럼방지 제동장치(ABS 브레이크) : 빙판이나 빗길 등 미끄러운 노면위에서 제동 시에 바퀴를 로크시키지 않음으로써 핸들의 조절이 용이하고 최단거리에 정지시킬 수 있는 첨단 안전장치이다.

【문제 2】 엔진 브레이크를 사용할 경우에 대한 설명이다. 옳은 문항은?
① 긴 내리막길을 내려갈 때　② 긴 오르막길을 오를 때
③ 속도를 내고자 할 때　④ 주·정차할 때

【문제 3】 액셀레이터 페달에서 발을 떼는 순간부터 작동되며, 좀 더 강하게 고속에서 저속으로 줄일 때, 고단에서 저단기어로 변속하여 속도가 떨어지게 된다. 해당되는 브레이크는?
① ABS 브레이크　② 풋 브레이크
③ 엔진 브레이크　④ 주차(핸드 : 수동) 브레이크

【문제 4】 운전석에서 레버를 당기면 와이어(쇠 줄)에 의해 좌·우의 뒷바퀴가 고정되는 기계식 제동방식에 해당되는 브레이크는?
① 풋 브레이크　② 엔진 브레이크
③ 핸드(수동) 브레이크　④ ABS 브레이크

정답 【10】④　【11】②　9.【1】②　【2】①　【3】③　【4】③

【문제 5】 브레이크 페달에 유격이 많이 있을 때 브레이크가 듣는 상태를 설명하였다. 옳은 문항은?
① 브레이크 제동상태에 변함이 없다.　　② 브레이크 제동상태가 빨라진다.
③ 브레이크 제동상태가 좋아진다.　　　④ 브레이크 제동상태가 늦어진다.

【문제 6】 자동차 제동 장치의 마찰부가 과열되어 제동력이 저하되는 현상이다. 해당되는 문항은?
① 페이드 현상　　② 베이퍼 록 현상　　③ 오버히트 현상　　④ 노킹 현상

【문제 7】 빙판이나 빗길 등 미끄러운 노면 위에서 제동 시 가능한 최단거리로 정지시킬 수 있도록 채택된 첨단 제동장치로 맞는 문항은?
① 주차 브레이크　　　　　　　　　　② 엔진 브레이크
③ ABS 브레이크　　　　　　　　　　④ 핸드 브레이크

【문제 8】 자동차 엔진 브레이크 조작에 대한 설명이다. 적절하지 못한 문항은?
① 엔진의 힘을 이용하여 정지하는 것을 말한다.
② 클러치 페달을 빨리 끊고 서서히 연결하여야 한다.
③ 내리막길에서 엔진 브레이크를 사용하면 제동력이 떨어져 위험하다.
④ 눈길이나 내리막길에서 사용하면 효과적이다.

【문제 9】 자동차가 엔진 브레이크로 비탈길을 내려가다가 클러치 페달을 밟으면 어떻게 되는가?
① 속도가 느려진다.　　　　　　　　② 속도와 관계없다.
③ 정지한다.　　　　　　　　　　　　④ 속도가 빨라진다.

【문제 10】 자동차로 가파른 내리막길을 내려갈 때의 안전운전요령으로 맞는 문항은?
① 엔진 브레이크와 풋 브레이크를 겸용하되 주로 엔진 브레이크를 사용한다.
② 차체의 중량으로 가속이 붙어 위험하므로 시동을 끄고 타력을 이용한다.
③ 핸드 브레이크와 풋 브레이크를 동시에 사용한다.
④ 풋 브레이크만 계속 사용하면서 내려간다.

【문제 11】 자동차 운전 중 브레이크를 밟았더니 핸들이 왼쪽으로 심하게 쏠리는 원인으로 맞는 문항은?
① 앞바퀴의 왼쪽 바퀴에 브레이크가 지나치게 먼저 작용했기 때문이다.
② 핸들 유격이 많았기 때문이다.
③ 앞바퀴의「토인」이 맞지 않았기 때문이다.
④ 왼쪽 앞바퀴의 타이어가 많이 마모되었기 때문이다.

【문제 12】 자동차를 정지시킬 때 브레이크 페달의 조작요령이다. 가장 옳은 문항은?
① 클러치와 풋 브레이크 페달을 동시에 밟는다.
② 풋 브레이크 페달을 여러 번 가볍게 나누어 밟는다.
③ 클러치를 밟고 기어를 중립에 넣은 후 풋 브레이크를 밟는다.
④ 풋 브레이크 페달을 강하게 한 번에 밟는다.

정답 【5】④ 【6】① 【7】③ 【8】③ 【9】④ 【10】① 【11】① 【12】②

10 주행장치

【문제 1】 자동차 주행장치에 대한 설명이다. 적절하지 못한 문항은?
① 엔진에서 발생한 동력이 최종적으로 바퀴에 전달되어 달리는 장치이다.
② 주행장치에는 휠(Wheel)과 타이어(Tire)가 있다.
③ 휠은 타이어와 함께 차량의 중량을 지지하고 구동력과 제동력을 지면에 전달한다.
④ 타이어는 핸들의 조종에 따라 차의 진행방향을 바꾸는 조향장치이다.

【문제 2】 자동차 휠(Wheel)에 대한 설명이다. 적절하지 못한 문항은?
① 타이어에서 발생하는 열을 흡수하여 저장한다.
② 구동력과 제동력을 지면에 전달한다.
③ 타이어와 함께 차량의 중량을 지지한다.
④ 무게가 가볍고 노면의 충격과 측력에 견딜 수 있는 강성이 있다.

【문제 3】 자동차 타이어의 역할에 대한 설명이다. 적절하지 못한 문항은?
① 자동차의 중량을 떠받쳐 주고 휠의 림에 끼어져 달리거나 멈춘다.
② 자동차의 롤링을 방지하는 조향장치의 하나이다.
③ 브레이크를 걸면 노면과의 마찰저항으로 자동차를 정지시킨다.
④ 지면으로부터 받는 충격을 흡수해 승차감을 좋게 한다.

【문제 4】 타이어 공기압에 대한 설명이다. 가장 옳은 문항은?
① 공기압이 많으면 핸들이 무겁고 트레드 양단의 마모가 심하다.
② 공기압이 적으면 미끄러지기 쉽고 진동이 흡수되지 않는다.
③ 공기압이 적을수록 핸들이 무겁고 연료소비량이 많다.
④ 고속주행 시는 공기압을 규정치보다 약간 낮춘다.

【문제 5】 타이어 공기압이 과대할 때 일어나는 현상으로 옳은 문항은?
① 타이어 트레드 중앙의 마모가 심해 타이어의 수명이 짧아진다.
② 핸들이 무거워진다.
③ 제동거리가 짧아진다.
④ 진동이 잘 흡수된다.

【문제 6】 타이어의 마모가 크고 핸들조작이 힘들고 연료소비가 많은 경우의 타이어 공기압은?
① 공기압이 낮은 경우이다.   ② 공기압이 좌·우 균형이 맞지 않는 경우이다.
③ 공기압이 높은 경우이다.   ④ 공기압이 적정한 경우이다.

【문제 7】 고속도로 운행 시 적절한 타이어의 공기압으로 옳은 문항은?
① 기준치와 같게 한다.   ② 기준치보다 약간 낮게 한다.
③ 기준치보다 20% 낮게 한다.   ④ 기준치보다 20% 높게 한다.

정답 10. 【1】④ 【2】① 【3】② 【4】③ 【5】① 【6】① 【7】④

【문제 8】 자동차 타이어 트레드 홈의 마모 한계선으로 맞는 문항은?
① 1mm ② 2.6mm ③ 1.6mm ④ 3.6mm

【문제 9】 자동차 타이어의 이상 마모 시 일어나는 현상으로 볼 수 없는 문항은?
① 소음이 발생한다.
② 진동이 발생한다.
③ 타이어 한쪽 부분이 마모된다.
④ 연료가 절감된다.

【문제 10】 브레이크 페달을 밟으면 핸들이 한쪽 방향으로 쏠리는 현상이 나타나는 원인이다. 맞는 문항은?
① 공기압이 낮은 경우
② 공기압이 좌·우 균형이 맞지 않은 경우
③ 공기압이 높은 경우
④ 공기압이 규정압인 경우

【문제 11】 자동차 타이어의 정상적인 공기압으로 맞는 문항은?
① 규정압력보다 조금 낮은 것이 좋다.
② 도로상태에 따라 조절하는 것이 좋다.
③ 규정압력이어야 좋다.
④ 규정압력보다 높은 것이 좋다.

【문제 12】 자동차가 평탄한 포장도로에서 그 타이어로 달릴 수 있는 최고 속도를 타이어에 기호로 표시하였다. 옳지 못한 문항은?
① L – 시속 120km
② Q – 시속 160km
③ H – 시속 240km
④ S – 시속 180km

11 현가장치

【문제 1】 자동차의 현가장치에 대한 설명이다. 적절하지 못한 문항은?
① 현가장치는 노면에서 받은 충격이나 진동을 완화하여 승차감과 안전성을 좋게 한다.
② 현가장치에는 스프링, 쇽 업소버, 스태빌라이저 등으로 구성되어 있다.
③ 스프링은 차축과 프레임 사이에 설치되어 바퀴에 가해지는 충격을 완화한다.
④ 쇽 업소버는 롤링을 작게 하고 가능한 신속하게 평형상태를 유지시켜 준다.

【문제 2】 자동차 스프링의 고유진동을 흡수하여 승차감과 고속주행 조건인 로드홀딩을 향상시켜 주는 장치에 해당되는 문항은?
① 스프링
② 쇽 업소버
③ 스태빌라이저
④ 휠 밸런스

【문제 3】 자동차의 롤링을 작게 하고 가능한 신속하게 평형상태를 유지하기 위한 장치로 맞는 문항은?
① 쇽 업소버
② 휠 밸런스
③ 스프링
④ 스태빌라이저

정답 【8】③ 【9】④ 【10】② 【11】③ 【12】③ 11.【1】④ 【2】② 【3】④

【문제 4】 주행 중 차축에 전달되는 충격이나 진동을 흡수하여 완화시켜주는 장치로 맞는 문항은?
① 현가장치　　　　　　　　　② 안정장치
③ 동력전달장치　　　　　　　④ 브레이크 장치

12 자동차의 제원

【문제 1】 자동차의 제원 중 크기를 나타내는 용어의 설명이다. 틀린 문항은?
① 전장 : 자동차 길이를 자동차 중심면과 정지면에 평행하게 측정한 때의 최대 길이
② 전폭 : 자동차의 너비를 자동차 중심면과 직각으로 측정한 때의 최대 너비
③ 전고 : 화물적재상태에서 접지면에서 최고부까지의 높이
④ 축거 : 앞·뒤 차축의 중심거리, 전륜 또는 후륜이 2축인 경우 중간점에서 측정

【문제 2】 자동차의 제원 중 크기를 나타내는 용어의 설명이다. 틀린 문항은?
① 윤거 : 좌·우 타이어 중심 간의 수평거리 복륜은 중심면에서 측정
② 최저지상고 : 접지면에서 자동차의 가장 낮은 부분까지의 높이
③ 앞 오버항 : 앞바퀴의 중심을 지나는 수직면에서 맨 앞부분까지의 수평거리
④ 뒤 오버항 : 뒷바퀴의 중심을 지나는 수직면에서 맨 앞부분까지의 수평거리

【문제 3】 자동차의 조향핸들을 최대로 꺾은 상태에서 저속으로 선회할 때 제일 바깥쪽 바퀴의 접지면 중심이 그리는 반경의 용어로 맞는 문항은?
① 앞 오버항　　　　　　　　　② 최소 회전 반경
③ 뒤 오버항　　　　　　　　　④ 윤거

【문제 4】 자동차의 제원 중 중량을 나타내는 용어의 설명이다. 적절하지 못한 문항은?
① 차량 중량 : 공차상태의 자동차 중량(연료, 냉각수, 윤활유 만재상태)
② 차량 총중량 : 적재상태의 자동차 중량(최대적재량, 최대적재인원)
③ 축중 : 자동차가 수평상태에서 1개의 차축에 연결된 모든 바퀴의 윤하중을 합친 무게
④ 윤하중 : 자동차가 수평상태에 있을 때 뒷바퀴가 수직으로 지면을 누르는 중량

【문제 5】 자동차의 제원 중 성능을 나타내는 용어의 설명이다. 틀린 문항은?
① 공기저항계수는 차량주위로 흐르는 공기의 흐름 등에 의한 바람의 저항을 말한다.
② 공기저항계수는 값이 적을수록 공기저항이 높다.
③ 마력은 출력을 나타낸다.
④ 1마력은 75kg의 물체를 1초 동안에 1m 들어올릴 수 있는 힘의 크기이다.

【문제 6】 적재 상태의 자동차 중량(공차 상태의 자동차에 승차정원의 인원이 승차하거나 최대 적재량의 물품이 적재된 상태)을 나타내는 용어의 설명이다. 맞는 문항은?
① 축중　　　　　　　　　　　② 차량 중량
③ 차량 총중량　　　　　　　④ 전고

정답　【4】①　12.【1】③　【2】④　【3】②　【4】④　【5】②　【6】③

【문제 7】 자동차가 회전할 때 안쪽 앞바퀴와 안쪽 뒷바퀴의 진행 흔적이 서로 다르게 되는데, 이 안쪽 앞바퀴와 안쪽 뒷바퀴의 회전 반경 차이의 용어로 맞는 문항은?
① 뒤 오버항   ② 앞 오버항   ③ 외륜차   ④ 내륜차

【문제 8】 좌·우 타이어의 중심 간의 수평거리를 표현하는 용어로 맞는 문항은?
① 전고   ② 전장   ③ 축거   ④ 윤거

【문제 9】 자동차가 수평상태에서 1개의 바퀴가 수직으로 지면을 누르는 중량을 표시한 용어는?
① 윤하중   ② 윤거   ③ 차량 중량   ④ 축중

【문제 10】 차량의 크기와 모양에 따라 차량 주위로 흐르는 바람의 저항을 나타내는 용어는?
① 마력   ② 공기저항계수   ③ 내륜차   ④ 외륜

【문제 11】 공차 상태에서의 접지면에서 최고부까지의 높이를 나타내는 용어로 맞는 것은?
① 전장   ② 전고   ③ 전폭   ④ 축거

【문제 12】 앞바퀴의 중심을 지나는 수직면에서 자동차의 맨 앞부분까지의 수평 거리를 일컫는 용어는?
① 전장   ② 뒤 오버항   ③ 앞 오버항   ④ 축거

13 자동차의 점검

【문제 1】 자동차의 일상 점검사항으로 볼 수 없는 문항은?
① 자동차 외관 점검
② 엔진룸의 점검
③ 자동차 내부에서의 점검
④ 실린더 안의 점검

【문제 2】 운전하기 전 자동차 점검사항이다. 점검사항이 아닌 문항은?
① 운전석의 클러치와 브레이크, 각종 경고등 및 계기판
② 차체 주변의 타이어와 공기압, 차체 밑의 오일·냉각수 흔적, 등화장치, 차체 외관
③ 에어클리너, 발전기, 배전기
④ 엔진룸의 냉각수, 각종 오일, 브레이크액, 축전지액, 각종 벨트

【문제 3】 자동차에 오르기 전 자동차 외관에 대한 점검사항이다. 아닌 문항은?
① 타이어의 공기압 상태
② 타이어의 트레드 마모 상태
③ 타이어의 교환
④ 누수 및 누유 여부

【문제 4】 자동차 타이어의 점검사항으로 볼 수 없는 문항은?
① 타이어 트레드의 마모 상태
② 타이어의 공기압 상태
③ 타이어에 못 등이 박혔는지 여부
④ 타이어에 오물 부착 여부

정답 【7】④ 【8】④ 【9】① 【10】② 【11】② 【12】③   13. 【1】④ 【2】③ 【3】③ 【4】④

【문제 5】 자동차 누수 및 누유점검사항이다. 해당없는 문항은?
① 오일 팬 – 전해액
② 라디에이터 – 냉각수
③ 연료탱크 – 연료
④ 리저브탱크 – 브레이크액, 와셔액

【문제 6】 자동차 엔진룸에 대한 점검사항이다. 해당없는 문항은?
① 엔진오일, 냉각수
② 점화플러그 상태
③ 브레이크액, 배터리
④ 팬 벨트

【문제 7】 자동차 엔진오일의 점검방법이다. 옳지 못한 문항은?
① 엔진의 시동을 건 상태에서 점검한다.
② 양과 색 및 점도를 점검한다.
③ 양이 L과 F 사이에서 중간보다 약간 위가 적당하다.
④ 평탄한 곳에서 점검한다.

【문제 8】 엔진 윤활유의 양을 점검결과 가장 적당한 문항은?
① F(에프)표시와 L(엘)표시 사이가 적량이다.
② L(엘)과 F(에프)표시 사이에서 중간보다 약간 위가 적량이다.
③ F(에프)표시를 넘어야 적량이다.
④ L(엘)표시보다 낮은 것이 적량이다.

【문제 9】 자동차의 엔진오일 필터를 정기적으로 교환해야 하는 이유로 맞는 문항은?
① 유압을 알맞게 조정하기 위하여
② 엔진오일에 불순물이 함유되지 않도록 하기 위하여
③ 엔진 내 습기를 제거하기 위하여
④ 소음을 방지하기 위하여

【문제 10】 자동차 밑에 검은 기름이 떨어지는 원인에 해당되는 문항은?
① 배터리 전해액 누유
② 엔진오일 누유
③ 브레이크액 누유
④ 냉각수 누수

【문제 11】 윤활유의 색깔이 우유색에 가까워진 경우의 원인이다. 맞는 문항은?
① 배기가스가 섞여 있다.
② 냉각수가 섞여 있다.
③ 노킹이 발생하였다.
④ 가솔린이 유입되었다.

【문제 12】 자동차 엔진오일 교환 시 주의사항이다. 적절하지 못한 문항은?
① 동일 등급의 오일로 교환한다.
② 반드시 엔진오일 필터를 함께 교환한다.
③ 엔진 길들이기 과정에서는 주행거리 3,000km일 때 엔진오일을 교환한다.
④ 엔진오일의 상태를 점검하여 5,000~10,000km마다 교환한다.

정답 【5】① 【6】② 【7】① 【8】② 【9】② 【10】② 【11】② 【12】③

【문제 13】 엔진오일의 교환시기로 가장 적절한 문항은?
　① 3,000~4,000km 주행 시마다　② 5,000~10,000km 주행 시마다
　③ 1,000~2,000km 주행 시마다　④ 2,000~3,000km 주행 시마다

【문제 14】 자동차 팬 벨트 점검사항이다. 적당하지 않은 문항은?
　① 팬 벨트의 느슨함 또는 팽팽함의 여부
　② 팬 벨트 측면 마찰력 접촉 상태 불량 여부
　③ 팬 벨트 한가운데를 눌렀을 때 30mm 이상 눌러져야 한다.
　④ 팬 벨트의 손상 여부

【문제 15】 자동차 팬 벨트 중앙부를 엄지로 눌렀을 때 눌리는 깊이가 적당하다고 판단 할 수 있는 깊이로 맞는 항목은?
　① 13~20mm　② 7~10mm　③ 21~30mm　④ 25~35mm

【문제 16】 자동차의 팬 벨트가 너무 느슨할 때 일어나는 현상으로 맞는 문항은?
　① 엔진이 과냉한다.　② 엔진오일의 압력이 저하된다.
　③ 충전전압이 높아진다.　④ 엔진이 과열한다.

【문제 17】 자동차 팬 벨트가 너무 팽팽할 때 일어나는 현상으로 맞는 문항은?
　① 엔진 과열 현상이 일어난다.　② 팬 벨트가 손상된다.
　③ 발전기가 손상된다.　④ 워터펌프 베어링이 손상된다.

【문제 18】 자동차 내부에서의 점검사항이다. 틀린 문항은?
　① 계기판의 점검　② 각종 스위치의 작동 여부 점검
　③ 유격의 적정 여부 점검　④ 팬 벨트의 적정 여부 점검

【문제 19】 자동차 내부의 계기판 점검사항이다. 잘못된 문항은?
　① 엔진오일 압력경고등 및 엔진 냉각수 온도계　② 충전경고 표시등
　③ 배터리 전해액의 양과 비중　④ 연료잔량 경고등 또는 연료 탱크 캡 개폐기

【문제 20】 자동차 내부의 각종 스위치 작동 여부 점검사항이다. 아닌 문항은?
　① 전원스위치, 시동스위치, 점등스위치의 작동상태
　② 엔진오일의 양과 점도의 적정 여부
　③ 야간운전에 필요한 전조등과 미등의 정상작동 여부
　④ 경음기와 방향지시등의 정상작동 여부

【문제 21】 오일 압력 경고등이 들어왔을 때 조치사항이다. 적절하지 않은 문항은?
　① 엔진시동을 걸고 즉시 엔진 오일량과 점도를 점검한다.
　② 부족한 오일은 보충한다(동일 등급 오일).
　③ 오일량이 정상이면 오일 게이지 배선이 떨어지지 않았는지 점검한다.
　④ 오일량에 이상이 없는데도 경고등이 들어오면 정비공장에서 점검을 받는다.

정답 【13】② 【14】③ 【15】① 【16】④ 【17】④ 【18】④ 【19】③ 【20】② 【21】①

【문제 22】 자동차 주행 중 온도계의 지침이 과열(높게)을 표시할 때 조치사항이 아닌 문항은?
① 윤활유 점검   ② 팬 벨트 점검   ③ 냉각수 점검   ④ 연료량 점검

【문제 23】 자동차 내부에서 유격점검대상이다. 아닌 문항은?
① 조향핸들   ② 가속 페달   ③ 브레이크 페달   ④ 클러치 페달

【문제 24】 자동차 클러치 페달의 유격에 대한 설명이다. 적절하지 못한 문항은?
① 일반적으로 20~30mm가 적당하다.
② 불필요한 회전에 의한 베어링의 소손을 방지한다.
③ 클러치 페달의 유격이 없으면 제동이 민감해진다.
④ 클러치판의 미끄러짐을 방지한다.

【문제 25】 자동차 클러치 페달의 유격이다. 가장 적정한 문항은?
① 5~10mm   ② 10~15mm
③ 20~30mm   ④ 제한 없이 편리한대로

해설 클러치 페달의 유격은 20~30mm가 적당하다.

【문제 26】 자동차 클러치의 마모가 심할 때 발생하는 클러치 페달의 유격 현상으로 맞는 문항은?
① 유격이 커진다.   ② 유격이 작아진다.
③ 진동이 심해진다.   ④ 변동이 없다.

【문제 27】 자동차 운행 중 점검사항이다. 아닌 문항은?
① 핸드 브레이크의 정상작동 여부   ② 타는 냄새(이상한 냄새)
③ 속도계 이상 유무   ④ 이상한 소리 유무

【문제 28】 주행 중 제동할 때마다 긁히는 소리가 난다. 정비할 사항으로 맞는 문항은?
① 클러치 교환   ② 조향 기어 점검
③ 팬 벨트 교환   ④ 브레이크 라이닝 교환

【문제 29】 봄철 자동차 관리사항이다. 아닌 문항은?
① 배선상태 점검   ② 세차 및 월동장비 정리
③ 냉각수 및 엔진오일 점검   ④ 부동액 점검

【문제 30】 봄철 자동차 월동장비 정리에 관한 사항이다. 아닌 문항은?
① 스노우 타이어, 체인 등 월동 장비를 잘 정리보관
② 스노우 타이어는 깨끗하게 씻은 후 물기를 제거하고 신문지로 포장해서 그늘에 보관
③ 타이어 체인은 물로 깨끗이 씻은 다음 구리스를 발라 보관
④ 타이어 체인은 폐유로 깨끗이 닦은 다음 구리스를 발라 보관

정답 【22】④ 【23】② 【24】③ 【25】③ 【26】② 【27】① 【28】④ 【29】④ 【30】③

【문제 31】 여름철 자동차 관리사항이다. 아닌 문항은?
① 냉각장치 및 에어컨 점검
② 서리 제거용 열선 점검
③ 차량내부의 습기 제거
④ 와이퍼의 작동상태 점검

【문제 32】 여름철 자동차의 와이퍼 작동상태의 점검사항이다. 아닌 문항은?
① 유리면과 접촉하는 브레이드의 마모상태
② 모터 작동상태의 정상여부
③ 서리제거용 열선의 정상 작동여부
④ 노즐의 분출구 및 분사각도의 정상여부

【문제 33】 겨울철 자동차 월동장비 관리사항이다. 적절하지 못한 문항은?
① 눈길이나 빙판길에서는 스노우 타이어로 교환하거나 체인을 장착한다.
② 빙판길에서는 스파이크 타이어를 사용해야 하는 규칙이 있다.
③ 알루미늄 휠을 장착한 차량에 체인을 사용하면 휠이 손상된다.
④ 체인은 구동 바퀴에만 장착하고 시속 50km 이상 주행하면 안 된다.

【문제 34】 빙판이나 빗길 등 미끄러운 노면 위에서 제동 시 가능한 최단거리로 정지시킬 수 있도록 채택된 첨단 제동장치로 맞는 문항은?
① ABC 브레이크
② 엔진 브레이크
③ ABS 브레이크
④ ARS 브레이크

14 자동차의 고장원인 및 조치요령

【문제 1】 자동차 경음기의 울림이 나쁘면서 시동모터가 돌지 않는 원인으로 볼 수 없는 문항은?
① 발전기의 고장
② 배터리 터미널의 접촉 불량
③ 코드의 접촉 불량이나 빠짐
④ 배터리 충전 부족

【문제 2】 자동차 경음기의 울림이 좋으나 시동모터가 돌지 않는 경우 점검사항이 아닌 문항은?
① 시동모터의 기어가 물려 있는지 여부
② 시동모터에 전기가 통하고 있는지 여부
③ 클러치 단속이 되어 있는지 여부
④ 시동모터의 불량 여부

【문제 3】 시동모터는 돌지만 연료공급 이상으로 시동이 안 되는 경우 그 원인이 아닌 문항은?
① 연료의 부족
② 냉각수의 부족
③ 연료계통의 막힘이나 누출
④ 연료 펌프의 고장

【문제 4】 시동모터는 돌지만 전기계통 이상으로 시동이 안 되는 경우 점검사항이 아닌 문항은?
① 스파크 플러그에 불꽃이 튀는지 여부
② 배전기 캡 중앙부위에 불꽃이 튀는지 여부
③ 스파크 플러그의 불량 여부
④ 배터리의 불량 여부

【문제 5】 자동차 엔진이 가동되었는데도 스위치를 계속 돌리게 되면?
① 전기자가 탄다.
② 크랭크베어링이 녹는다.
③ 스테이터가 단선된다.
④ 로우터베어링이 녹는다.

정답 【31】② 【32】③ 【33】② 【34】③ 14. 【1】① 【2】③ 【3】② 【4】④ 【5】①

【문제 6】 자동차 엔진이 시동되지 않는 원인으로 맞는 문항은?
① 발전기의 고장
② 스파크 플러그의 불량
③ 클러치단속이 안 된다.
④ 변속이 안 된다.

【문제 7】 자동차 엔진 스위치를 작동하였으나 시동되지 않을 때의 시동요령으로 맞는 문항은?
① 엔진 스위치를 연속 작동시킨다.
② 잠시 쉬었다가 작동시켜 본다.
③ 클러치 페달을 꽉 밟고 스위치를 연속 작동시킨다.
④ 액셀레이터 페달을 펌프질하고 스위치를 작동시킨다.

【문제 8】 자동차 엔진이 과열되는 원인이다. 아닌 문항은?
① 냉각수 부족 또는 순환이상
② 엔진오일 부족
③ 워터펌프의 고장
④ 정온기가 열려 있다.

【문제 9】 엔진 과열(오버히트)이 냉각수에 의한 경우 조치요령으로 틀린 문항은?
① 차를 안전하고 통풍이 잘 되는 곳으로 이동시켜 보닛을 연다.
② 엔진 작동을 멈춘다.
③ 온도가 어느 정도 내릴 때까지 기다렸다가 라디에이터 캡을 연다.
④ 냉각수가 부족한 경우 보충해 주고 새는 경우 파손된 부분을 수리한다.

【문제 10】 자동차 엔진 과열 시 조치사항이 아닌 문항은?
① 윤활유를 점검한다.
② 팬 벨트의 장력을 늘린다.
③ 공회전을 시킨다.
④ 냉각수를 식혀준다.

【문제 11】 자동차 주행 중 온도계 지침이 과열을 표시한 때의 조치사항이 아닌 문항은?
① 팬 벨트 점검
② 연료량 점검
③ 윤활유 점검
④ 냉각수 점검

【문제 12】 자동차 브레이크 이상 시 점검사항이 아닌 문항은?
① 브레이크액 양의 적정여부
② 브레이크액의 공기유입 여부
③ 브레이크 라이닝의 불량여부
④ 팬 벨트의 정상여부

【문제 13】 내리막길에서 브레이크가 파열되었을 때 조치요령으로 가장 적절한 문항은?
① 저단기어로 변속 감속하고 차체를 언덕에 부딪친다.
② 클러치를 끊고 시동을 끈다.
③ 핸들을 지그재그로 조작한다.
④ 차에서 뛰어내린다.

정답 【6】② 【7】② 【8】④ 【9】② 【10】② 【11】② 【12】④ 【13】①

【문제 14】 자동차에서 휘발유 냄새가 날 때 점검사항이 아닌 문항은?
① 연료탱크에서 연료펌프까지 파이프가 손상되거나 풀리지 않았는지
② 시동 시에 가속페달을 너무 많이 밟아 연료가 과다 공급되지 않았는지
③ 기화기 내부의 뜨개가 파손되지 않았는지
④ 팬 벨트가 느슨하지 않았는지

【문제 15】 자동차에서 휘발유 냄새가 나는 원인이다. 아닌 문항은?
① 전자제어 연료분산 장치의 고장   ② 연료공급 과다
③ 전기계통의 누전   ④ 연료 파이프의 손상

【문제 16】 자동차 주행 중 오일 타는 냄새가 날 때의 점검사항으로 틀린 문항은?
① 배터리가 타는지 여부
② 배기 매니폴드에 묻은 오일이 타는지 여부
③ 유압계통의 이상 유무
④ 엔진오일의 부족 여부

【문제 17】 자동차 주행 중 고무 타는 냄새가 날 때 점검사항으로 맞는 문항은?
① 팬 벨트   ② 전기장치의 전선 부분
③ 엔진오일 누유   ④ 부동액의 누수

【문제 18】 자동차 주행 중 엔진에서 이상한 소리가 나는 원인으로 볼 수 없는 문항은?
① 엔진이 과열되었을 때 가속 페달을 밟으면 소리가 난다.
② 실린더 내부의 혼합가스가 급격히 연소하면서 일어나는 노킹현상 때문이다.
③ 노킹상태가 오래 계속되면 피스톤이 타 붙는 등 엔진고장을 일으킨다.
④ 노킹현상은 옥탄가가 높은 휘발유를 사용한 때 발생한다.

【문제 19】 브레이크 페달을 밟을 때 귀에 거슬릴 정도의 이상한 소리가 나는 원인으로 맞는 문항은?
① 브레이크 라이닝의 과다 마모 또는 표면의 강화
② 브레이크액의 부족
③ 브레이크액에 공기 유입
④ 브레이크 페달의 유격 과대

【문제 20】 주행 중인 차에서 이상한 소리가 날 때의 조치로 적절하지 못한 문항은?
① 공기청정기 고정 너트나 클립이 풀리지 않았는지 확인 조치한다.
② 각종 캡이나 조임 볼트·너트가 풀리지 않았는지 확인 조치한다.
③ 차에 이상한 소리가 나면 즉시 정비공장에 가서 정비해야 한다.
④ 휠 너트와 캡이 풀리거나 고정되어 있는지 확인 조치한다.

정답 【14】④ 【15】③ 【16】① 【17】② 【18】④ 【19】① 【20】③

【문제 21】 자동차 주행 중 변속기에서 이상한 소리가 나는 원인이 아닌 문항은?
 ① 변속기 내의 오일이 부족하거나 오일이 노화된 경우 잡음이 생긴다.
 ② 기어를 중립으로 하고 클러치를 끊었을 때 소리가 그치면 클러치에 이상이 있다.
 ③ 기어를 중립으로 하고 클러치를 끊었을 때 소리가 계속 나면 변속기에 이상이 있다.
 ④ 기어변속을 할 때 소리가 날 경우 끊김이 좋지 않은 현상이기도 하지만 변속기 내부의 고장일 수도 있다.

【문제 22】 자동차 주행 중 차가 기울 때 스프링에서 이상한 소리가 나는 원인이 아닌 문항은?
 ① 차체의 쇽 업소버 연결부의 풀림이나 헐거움
 ② 핀이나 부싱의 마모
 ③ 코일 스프링의 절손이나 쇽 업소버의 오일 누출
 ④ 공기청정기의 고정너트의 풀림

【문제 23】 전기장치가 작동되지 않는 원인이다. 볼 수 없는 문항은?
 ① 퓨즈의 절단
 ② 필라멘트의 절단
 ③ 배전기의 불량
 ④ 전선연결 부분의 절단

【문제 24】 자동차 배기가스가 백색(흰색)인 경우 그 원인으로 맞는 문항은?
 ① 유사 휘발유가 섞인 연료를 사용하고 있다.
 ② 불완전연소가 일어나고 있다.
 ③ 냉각수와 함께 연소되고 있다.
 ④ 엔진오일이 연소실에 들어가 함께 연소되고 있다.

【문제 25】 주행 중 자동차에서 달콤한 냄새가 나는 경우 그 원인으로 맞는 문항은?
 ① 엔진오일이 새고 있다.
 ② 브레이크 오일이 새고 있다.
 ③ 냉각수가 새고 있다.
 ④ 연료가 새고 있다.

【문제 26】 브레이크에 이상이 있을 때 점검사항이다. 아닌 문항은?
 ① 브레이크액 양의 점검
 ② 브레이크액의 공기유입
 ③ 브레이크 라이닝의 상태불량
 ④ 구동바퀴의 상태

정답 【21】② 【22】④ 【23】③ 【24】④ 【25】③ 【26】④

제5장 자동차의 안전운전

제1절 운행 전 준수사항

1 운행 전 확인사항

(1) 휴대서류
① 운전면허증
② 자동차등록증
③ 책임보험가입증명서
④ 종합보험가입증명서

(2) 자동차 점검
① 매일 첫 운행 전 운전 전 점검실시
② 자동차 트렁크 안의 휴대품 확인
㉮ 기본휴대공구
㉯ 고장자동차 표지판
㉰ 예비 타이어
㉱ 기타(경광등, 손전등 등)

[운전 전 확인사항]

(3) 운행계획
① 운행 전 자신의 능력과 자동차 성능에 맞는 운행계획수립
② 운행계획에 포함될 내용
㉮ 운행경로(초보운전자는 가능한 한 1차로를 피하여 운행)
㉯ 휴식 및 주차장소와 시간
㉰ 구간 및 전체소요시간
㉱ 사고다발지점, 공사구간 등 교통정보
③ 장거리운전 시는 2시간마다 휴식
④ 운전 중 졸음이 오거나 멍해지면 휴게소나 길가장자리 등에서 휴식 후 운전

(4) 몸의 상태 조절
① 피곤·감기·고민·불안·흥분 상태에서는 기억력과 판단력이 떨어져 위험하므로 운전을 삼가야 한다.

② 졸음이 올 수 있는 감기약·두통약을 복용한 때에는 운전을 삼가야 한다.
③ 술이 덜 깨거나 과로한 때, 약물복용 등으로 심신이 비정상인 때에는 운전을 삼가야 한다.

2 안전한 출발

(1) 자동차를 타고 내릴 때
① 타고 내릴 때에는 주변의 상황, 특히 뒤에서 오는 자동차가 있는지 확인한다.
② 문 닫을 때는 닫기 전 쉬었다가 힘껏 닫고, 열 때는 약간 열고 안전 확인 후 내린다.
③ 운전자는 타고 내리는 사람이 떨어지지 않도록 문을 정확히 여닫는 등 필요조치를 한다.

(2) 운전자세
① 운전석 위치조정은 클러치를 밟을 때 무릎이 약간 굽는 상태로 맞추며, 운전석의 등받이는 핸들을 잡았을 때 팔꿈치가 약간 굽은 상태로 맞춘다.
② 머리 받침대는 양귀의 중심과 받침대의 중심을 일치시킨 높이에서 받침대와 머리 사이는 약 10cm의 간격을 유지한다.
③ 운전자는 유아나 동물을 안거나 운전석 주변에 싣는 등 안전에 지장을 줘서는 안 된다.

(3) 좌석안전띠 등의 착용 (법제50조제1항·제3항)
① 자동차(이륜자동차를 제외)의 운전자는 자동차를 운전할 때에는 **좌석안전띠를 매어야** 하며, 모든 좌석의 **동승자에게도 좌석안전띠**(영유아인 경우에는 유아보호용장구를 장착한 후의 좌석안전띠를 말한다)를 매도록 하여야 한다. 다만, 질병 등으로 인하여 좌석안전띠를 매는 것이 곤란하거나 **행정안전부령**으로 정하는 사유가 있는 경우에는 그러하지 아니하다.
② 이륜자동차와 원동기장치자전거(개인형 이동장치는 제외)의 운전자는 인명보호 장구를 착용하고 운행하여야 하며, 동승자에게도 착용하도록 하여야 한다.

(4) 출발할 때의 안전 확인
① 승차하기 전 자동차의 앞뒤를 확인한다.
② 승차 후 방향지시기로 출발신호를 하고 거울을 보고 주변을 다시 확인한다.
③ 주차공간이 좁은 경우는 동승자에게 전·후·좌·우의 안전을 확인하도록 한다.
④ 안전확인은 반드시 머리를 돌려서 눈으로 확인한다.

3 승차 또는 적재의 방법과 제한 (법제39조)

(1) 승차 또는 적재방법의 제한 (법제39조제1항 내지 제5항)
① 모든 차의 운전자는 승차인원, 적재중량 및 적재용량에 관하여 대통령령으로 정하는 운행상의 안전기준을 넘어서 승차시키거나 적재한 상태로 운전하여서는 아니 된다. 다만, 출발지를 관할하는 경찰서장의 허가를 받은 경우에는 그러하지 아니하다.
② 모든 차 또는 노면전차의 운전자는 운전 중 타고 있는 사람 또는 타고 내리는 사람이 떨어

지지 아니하도록 하기 위하여 문을 정확히 여닫는 등 필요한 조치를 하여야 한다.
③ 모든 차 또는 노면전차의 운전자는 운전 중 실은 화물이 떨어지지 아니하도록 덮개를 씌우거나 묶는 등 확실하게 고정될 수 있도록 필요한 조치를 하여야 한다.
④ 모든 차의 운전자는 영유아나 동물을 안고 운전장치를 조작하거나 운전석 주위에 물건을 싣는 등 안전에 지장을 줄 우려가 있는 상태로 운전하여서는 아니 된다.

(2) 운행상의 안전기준 (영제22조제1호 내지 제4호)

① 자동차의 승차인원은 **승차정원 이내 일 것**
② 삭제〈2023. 6. 20.〉

> **해설**
>
> **승차정원의 산정기준**
> 승차정원은 운전자와 안내원도 포함된다. 13세 미만의 어린이 또는 유아는 1.5인을 1인으로, 13세 이상의 사람은 1인으로 산정한다(중량은 1인을 65kg 기준으로 계산한다). (안전기준 제2조)

③ 화물자동차의 적재중량은 구조 및 성능에 따르는 **적재중량의 110% 이내일 것**
④ 자동차(화물자동차·이륜자동차·소형 3륜자동차)의 적재용량은 다음 각 목의 구분에 따른 기준을 넘지 아니할 것

[화물자동차의 적재용량] (영제22조제4호)

구 분		제 한
길이	• 화물자동차	자동차 길이에 그 길이의 1/10을 더한 길이
	• 이륜자동차	승차장치 또는 적재장치의 길이에 30cm를 더한 길이
너비	• 후사경의 높이보다 화물을 낮게 적재한 경우	그 화물을 확인할 수 있는 범위의 너비
	• 후사경의 높이보다 화물을 높게 적재한 경우	뒤쪽을 확인할 수 있는 범위의 너비
높이	• 화물자동차	지상으로부터 4m(도로구조상의 보전과 통행의 안전에 지장이 없다고 인정하여 고시한 도로노선의 경우 4.2m)
	• 소형 3륜자동차	지상으로부터 2.5m 이내
	• 이륜자동차	지상으로부터 2.0m

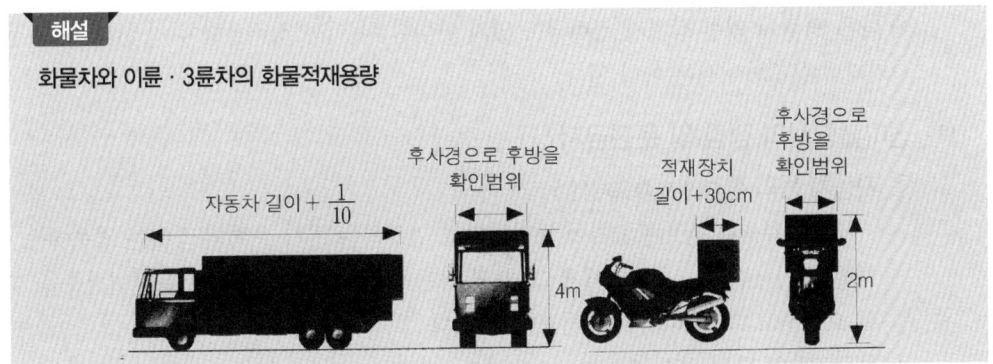

해설

화물차와 이륜·3륜차의 화물적재용량

(3) 안전기준을 넘는 승차 및 적재의 허가 (영제23조, 규칙제26조제3항)

출발지 관할 경찰서장 다음 각호에 해당하는 경우에만 허가를 할 수 있다.
① 전신, 전화, 전기공사, 수도공사, 제설작업 그 밖의 공익을 위한 공사 또는 작업을 위하여 부득이 화물자동차의 승차정원을 넘어서 운행하려는 경우
② 분할할 수 없어 안전기준을 적용할 수 없는 화물을 수송하는 경우
③ 안전기준을 넘는 화물의 수송을 위해 경찰서장의 적재허가를 받은 사람은 화물의 길이 또는 폭의 양 끝에 너비 30cm, 길이 50cm 이상의 빨간 헝겊으로 된 표지를 달아야 하며, 밤에 운행하는 경우에는 반사체(야광)로 된 표지를 달아야 한다(규칙제26조③).

해설

화물 적재요령과 주의사항
1. 화물을 실을 때에는 될 수 있는 대로 낮고 넓게, 그리고 어느 한쪽으로 쏠리지 않게 앞에서부터 뒤로 고르게 실어야 한다.
2. 만약 화물을 높게 실었을 때 커브길 또는 주행 시 속도를 낮추고 급핸들, 급브레이크 조작을 하지 않도록 한다.
3. 적재된 화물이 운행 중 흔들리지 않게 튼튼하게 묶어야 하며, 운전 중에는 묶은 끈이나 적재화물의 이상 유무를 수시로 확인하여야 한다.
4. 모래나 자갈, 흙 등을 적재했을 때에는 반드시 화물에 덮개를 씌워야 한다.
5. 화물이 도로에 떨어져 흩어졌을 때에는 주변 차량이 알아볼 수 있는 조치와 함께 신속히 제거하여야 한다.
6. 위험물을 운반할 때에는 포장과 적재를 확실히 하고 차량 뒷부분에 "위험물 운반 중"이라는 표지판을 부착하여야 한다.

(4) 시·도경찰청장의 제한 (법제39조제6항)

시·도경찰청장은 도로에서의 위험을 방지하고 교통의 안전과 원활한 소통을 확보하기 위하여 필요하다고 인정하는 경우에는 차의 운전자에 대하여 승차인원, 적재중량 또는 적재용량을 제한할 수 있다.

4 정비불량차의 운전금지 (법제40조)

모든 차의 사용자, 정비책임자 또는 운전자는 「자동차관리법」, 「건설기계관리법」이나 그 법

에 따른 명령에 의한 장치가 정비되어 있지 아니한 차(이하 "정비불량차"라 한다)를 운전하도록 시키거나 운전하여서는 아니 된다.

(1) 정비불량차의 점검 및 운전금지

① 자동차 등의 점검(법제41조제1항)

경찰공무원은 정비불량차에 해당된다고 인정하는 차가 운행되고 있는 경우에는 우선 그 차를 정지시킨 후, 운전자에게 그 차의 자동차등록증 또는 자동차 운전면허증을 제시하도록 요구하고 그 차의 장치를 점검할 수 있다.

② 응급조치와 운전 정지 명령(법제41조제2항·제3항, 영제24조제1항·제2항·제3항)

㉮ 경찰공무원은 점검결과 정비불량사항이 발견된 경우에는, 그 정비불량 상태의 정도에 따라 그 차의 운전자로 하여금 응급조치를 하게 한 후에 운전을 하도록 하거나, 도로 또는 교통상황을 고려하여 통행구간, 통행로와 위험방지를 위한 필요한 조건을 정한 후 그에 따라 운전을 계속하게 할 수 있다.

㉯ 시·도경찰청장은 ㉮항에도 불구하고 정비상태가 매우 불량하여 위험발생의 우려가 있는 경우에는 그 차의 자동차등록증을 보관하고, 운전의 일시정지를 명할 수 있다. 이 경우 필요하면 10일의 범위에서 정비기간을 정하여 그 차의 사용을 정지시킬 수 있다.

㉰ 위의 ㉯항 전단에 의거 일시정지를 명하는 때에는 「정비불량표지」를 자동차의 앞면 창유리에 붙이고 정비명령서를 교부 후 시·도경찰청장에게 보고하여야 한다.(영24①②)

㉱ 누구든지 정비불량표지를 찢거나 훼손하여 못쓰게 하여서는 아니되며, 시·도경찰청(경찰서장)의 정비확인을 받지 않고는 이를 떼어내지 못한다.(영24조③)

(2) 정비불량 자동차 등의 정비확인(영제25조제1항 내지 제4항)

① 경찰공무원으로부터 운전정지처분을 받은 자동차 등의 운전자 또는 관리자는 필요한 정비를 한 후 정비명령서를 제출하여 관할 시·도경찰청장의 정비확인을 받아야 한다(시·도경찰청장은 관할 경찰서장으로 하여금 정비확인을 하게 할 수 있다).

② 시·도경찰청장은 정비명령서에 의한 필요한 정비가 되었음을 확인한 때에는 보관한 자동차등록증을 지체 없이 반환하여야 한다.

(3) 정비불량 자동차의 사용정지 통고(영제26조제1항)

시·도경찰청장은 정비확인을 위하여 점검한 결과 필요한 정비가 행하여지지 아니하였다고 인정하여 자동차의 사용을 정지시키고자 하는 때에는 자동차 사용정지통고서를 교부하여야 한다.

제2절 차마 및 노면전차의 통행방법과 통행우선순위

1 차마의 통행구분(법제13조)

(1) 차도 통행의 원칙과 예외 (법제13조제1항 · 제2항 · 제5항 · 제6항)
① 차마의 운전자는 보도와 차도가 구분된 도로에서는 차도로 통행하여야 한다. 다만, 도로 외의 곳으로 출입할 때에는 보도를 횡단하여 통행할 수 있다.
② 차마의 운전자가 도로 외의 곳(주유소 · 차고 · 주차장 등)으로 출입할 때에는 직전에 일시정지하여 좌측과 우측부분 등을 살핀 후 보행자의 통행을 방해하지 아니하도록 횡단하여야 한다.
③ 차마의 운전자는 안전지대 등 안전표지에 의하여 진입이 금지된 장소에 들어가서는 아니 된다.
④ 차마(자전거 등은 제외)의 운전자는 안전표지로 통행이 허용된 장소를 제외하고는 자전거도로 또는 길가장자리 구역으로 통행하여서는 아니 된다.

(2) 우측 통행의 원칙 (법제13조제3항)
① 차마의 운전자는 도로(보도와 차도가 구분된 도로에서는 차도를 말한다)의 중앙(중앙선이 설치되어 있는 경우에는 그 중앙선을 말한다) 우측부분을 통행하여야 한다.
② 보도와 차도가 구분되어 있지 않은 도로에서는 도로의 중앙으로부터 우측부분을 통행하여야 한다.

(3) 중앙이나 좌측을 통행할 수 있는 경우(우측 통행의 예외) (법제13조제4항)
차마의 운전자는 다음 각 호의 어느 하나에 해당하는 경우에는 도로의 중앙이나 좌측부분을 통행할 수 있다(일방통행의 도로를 통행할 경우는 제외).
① 도로가 일방통행인 경우
② 도로의 파손, 도로공사나 그 밖의 장애 등으로 도로의 우측부분을 통행할 수 없는 경우
③ 도로의 우측부분의 폭이 6m가 되지 아니하는 도로에서 다른 차를 앞지르려는 경우
　＊예외 : ㉮ 도로의 좌측부분을 확인할 수 없는 경우, ㉯ 반대방향의 교통을 방해할 우려가 있는 경우,
　　　　　 ㉰ 안전표지 등으로 앞지르기를 금지하거나 제한하고 있는 경우
④ 도로 우측부분의 폭이 차마의 통행에 충분하지 아니한 경우
⑤ 가파른 비탈길의 구부러진 곳에서 교통의 위험을 방지하기 위하여 시 · 도경찰청장이 필요하다고 인정하여 구간 및 통행방법을 지정하고 있는 경우에 그 지정에 따라 통행하는 경우

(4) 차로에 따라 통행할 의무 (법제14조제2항)
차마의 운전자는 차로가 설치되어 있는 도로에서는 이 법이나 이 법에 따른 명령에 특별한 규정이 있는 경우를 제외하고는 그 차로를 따라 통행하여야 한다. 다만, 시 · 도경찰청장이 통행방법을 따로 지정한 경우에는 그 방법으로 통행하여야 한다.

(5) 차로에 따른 통행구분 (규칙제16조제1항 내지 제3항)
① 차로를 설치한 경우 그 도로의 중앙에서 오른쪽으로 2개 이상의 차로(전용차로가 설치되어 운용되고 있는 도로에서는 전용차로를 제외)가 설치된 도로 및 일방통행도로에 있어서 그 차로에 따른 통행차의 기준에 따라 통행하여야 한다(별표9).

② 모든 차의 운전자는 통행하고 있는 차로에서 느린 속도로 진행하여 다른 차의 정상적인 통행을 방해할 우려가 있는 때에는 통행하던 차로의 오른쪽 차로로 통행하여야 한다.
③ 차로의 순위는 도로의 중앙선쪽에 있는 차로부터 1차로로 한다(일방통행 도로에서는 도로의 왼쪽부터 1차로로 한다).

(6) 차로에 따른 통행차의 기준 (규칙 제16조제1항, 별표9)

차로에 따른 통행차의 기준(제16조제1항 및 제39조제1항 관련)

도로	차로 구분		통행할 수 있는 차종
고속도로 외의 도로	왼쪽 차로		승용자동차 및 경형·소형·중형 승합자동차
	오른쪽 차로		대형승합자동차, 화물자동차, 특수자동차, 법 제2조제18호나목에 따른 건설기계, 이륜자동차, 원동기장치자전거(개인형 이동 장치는 제외)
고속도로	편도 2차로	1차로	앞지르기를 하려는 모든 자동차. 다만, 차량통행량 증가 등 도로상황으로 인하여 부득이하게 시속 80킬로미터 미만으로 통행할 수밖에 없는 경우에는 앞지르기를 하는 경우가 아니라도 통행할 수 있다.
		2차로	모든 자동차
	편도 3차로 이상	1차로	앞지르기를 하려는 승용자동차 및 앞지르기를 하려는 경형·소형·중형 승합자동차. 다만, 차량통행량 증가 등 도로상황으로 인하여 부득이하게 시속 80킬로미터 미만으로 통행할 수밖에 없는 경우에는 앞지르기를 하는 경우가 아니라도 통행할 수 있다.
		왼쪽 차로	승용자동차 및 경형·소형·중형 승합자동차
		오른쪽 차로	대형 승합자동차, 화물자동차, 특수자동차, 법 제2조제18호나목에 따른 건설기계

※ 비고
1. 위 표에서 사용하는 용어의 뜻은 다음 각 목과 같다.
    가. "왼쪽 차로"란 다음에 해당하는 차로를 말한다.
        1) 고속도로 외의 도로의 경우 : 차로를 반으로 나누어 1차로에 가까운 부분의 차로. 다만, 차로 수가 홀수인 경우 가운데 차로는 제외한다.
        2) 고속도로의 경우 : 1차로를 제외한 차로를 반으로 나누어 그 중 1차로에 가까운 부분의 차로. 다만, 1차로를 제외한 차로의 수가 홀수인 경우 그 중 가운데 차로는 제외한다.
    나. "오른쪽 차로"란 다음에 해당하는 차로를 말한다.
        1) 고속도로 외의 도로의 경우 : 왼쪽 차로를 제외한 나머지 차로
        2) 고속도로의 경우 : 1차로와 왼쪽 차로를 제외한 나머지 차로
2. 모든 차는 위 표에서 지정된 차로보다 **오른쪽에 있는** 차로로 통행할 수 있다.
3. 앞지르기를 할 때에는 위 표에서 지정된 차로의 **왼쪽 바로 옆** 차로로 통행할 수 있다.
4. 도로의 진출입 부분에서 진출입하는 때와 정차 또는 주차한 후 출발하는 때의 상당한 거리 동안은 이 표에서 정하는 기준에 따르지 아니할 수 있다.
5. 이 표 중 승합자동차의 차종 구분은「자동차관리법 시행규칙」별표 1에 따른다.
6. 다음 각 목의 차마는 도로의 가장 오른쪽에 있는 차로로 통행하여야 한다.
    가. 자전거

나. 우마
다. 법 제2조제18호 나목에 따른 건설기계 이외의 건설기계
라. 다음의 위험물 등을 운반하는 자동차
　　1)「위험물안전관리법」제2조제1항제1호 및 제2호에 따른 지정수량 이상의 위험물
　　2)「총포·도검·화약류 등의 안전관리에 관한 법률」제2조제3항에 따른 화약류
　　3)「화학물질관리법」제2조제2호에 따른 유독물질
　　4)「폐기물관리법」제2조제4호에 따른 지정폐기물과 같은 조제5호에 따른 의료폐기물
　　5)「고압가스 안전관리법」제3조 및 같은 법 시행령 제2조에 따른 고압가스
　　6)「액화석유가스의 안전관리 및 사업법」제2조제1호에 따른 액화석유가스
　　7)「원자력안전법」제2조제5호에 따른 방사성물질 또는 그에 따라 오염된 물질
　　8)「산업안전보건법」제37조제1항 및 같은 법 시행령 제29조에 따른 제조 등의 금지 유해물질과 「산업안전보건법」제38조제1항 및 같은 법 시행령 제30조에 따른 허가대상 유해물질
　　9)「농약관리법」제2조제3호에 따른 원제
마. 그 밖에 사람 또는 가축의 힘이나 그 밖의 동력으로 도로에서 운행되는 것
7. 좌회전 차로가 2차로 이상 설치된 교차로에서 좌회전하려는 차는 그 설치된 좌회전 차로 내에서 위 표 중 고속도로 외의 도로에서의 차로 구분에 따라 좌회전하여야 한다.

> **해설**
> **차로의 설치(규칙제15조)**
> 1. 차로를 설치하고자 하는 때에는 중앙선 표시를 하여야 한다.
> 2. 차로는 횡단보도·교차로 및 철길건널목에는 설치할 수 없다.
> 3. **차로의 너비는 3m 이상**으로 설치하여야 한다(좌회전전용차로 설치 등 **부득이하다고 인정되는 때에는 275cm 이상으로 할 수 있다**).
> 4. 보도와 차도의 구분이 없는 도로에 차로를 설치할 때에는 보행자가 안전하게 통행할 수 있도록 그 도로의 양쪽에 길가장자리 구역을 설치하여야 한다.

(7) 차로의 너비보다 넓은 차의 통행허가 (법제14조제3항, 규칙제17조제3항, 규칙제26조제3항)

① 차로가 설치된 도로를 통행하려는 경우로서 차의 너비가 행정안전부령으로 정하는 차로의 너비보다 넓어 교통의 안전이나 원활한 소통에 지장을 줄 우려가 있는 경우, 그 차의 운전자는 그 도로를 통행하여서는 아니 된다. 다만, 그 차의 출발지를 관할하는 경찰서장의 허가를 받은 경우에는 그러하지 아니한다.

② 통행허가를 받은 운전자는 그 길이와 폭의 양 끝에 너비 30cm, 길이 50cm 이상의 빨간 헝겊으로 된 표지를 달아야 하며, 밤에 운행하는 경우에는 반사체(야광)로 된 표지를 달아야 한다.

2 전용차로 설치 (법제15조)

(1) 전용도로 설치 (법제15조제1항)

시장 등은 원활한 교통을 확보하기 위하여 특히 필요한 경우에는 시·도경찰청장이나 경찰서장과 협의(설치권자 : 시장 등)하여 도로에 전용차로를 설치할 수 있다.

＊**전용차로** : 차의 종류나 승차인원에 따라 지정된 차만 통행할 수 있는 차로

(2) 전용도로의 종류 · 통행할 수 있는 자동차 등 (법제15조제2항)

전용차로의 종류 및 전용차로로 통행할 수 있는 차와 그 밖에 전용차로 운영에 관하여 필요한 사항은 대통령령으로 정한다.

> **해설**
>
> **전용차로의 종류와 전용차로를 통행할 수 있는 차량(법제15조제2항, 영제9조제1항 별표1)**
> 1. 고속도로전용차로를 통행할 수 있는 차량
>   고속도로전용차로를 통행할 수 있는 차는 9인승 승용자동차 및 승합자동차(승용차 또는 12인승 이하의 승합자동차는 6명 이상이 승차한 경우에 고속도로전용차로를 통행할 수 있다)
> 2. 고속도로 외의 버스전용차로를 통행할 수 있는 차량
>   ① 36인승 이상의 대형승합자동차(자동차 관리법 제3조)
>   ② 36인승 미만의 시내 · 시외 · 사업용승합자동차(여객자동차 운수사업법제3조)
>   ③ 어린이통학버스(신고필증을 교부받은 차에 한함)
>   ④ 대중교통수단으로 이용하기 위한 자율주행자동차로서 자동차관리법에 따라 시험 · 연구 목적으로 운행하기 위하여 국토교통부 장관의 임시 운행 허가를 받은 자율주행자동차
>   ⑤ 노선을 지정하여 운행하는 16인승 이상 통학 · 통근용승합자동차
>   ⑥ 국제행사 참가인원 수송의 승합자동차(시 · 도경찰청장이 정한 기간 내에 한함)
>   ⑦ 외국인 관광객 수송용 25인승 이상 관광승합자동차(외국인 관광객이 승차한 경우에 한함)
> 3. 다인승 전용차로를 통행할 수 있는 차량
>   ① 3명 이상 승차한 승용자동차
>   ② 3명 이상 승차한 승합자동차
> 4. 자전거전용차로 : 자전거 등

(3) 차마의 전용차로 통행금지 (법제15조제3항, 영제10조)

전용차로로 통행할 수 있는 차가 아니면 전용차로로 통행하여서는 아니 된다. 다만, 긴급자동차가 그 본래의 긴급한 용도로 운행되고 있는 경우 등 대통령령으로 정하는 경우에는 그러하지 아니한다.

> **해설**
>
> **전용차로 통행차 외에 전용차로를 통행할 수 있는 경우(영제10조)**
> 1. 긴급자동차가 본래의 긴급한 용도로 운행되고 있는 경우
> 2. 전용차로 통행 차의 통행에 장애를 주지 아니하는 범위에서 택시가 승객을 태우거나 내려주기 위하여 일시 통행하는 경우, 이 경우 택시 운전자는 승객이 타거나 내린 즉시 전용차로를 벗어나야 한다.
> 3. 도로의 파손 · 공사 그 밖의 부득이한 장애로 인하여 전용차로가 아니면 통행할 수 없는 경우

3 노면전차 전용로의 설치 등(법제16조, 제1항, 제2항)

(1) 시장 등은 교통을 원활하게 하기 위하여 노면전차 전용도로 또는 전용차로를 설치하려는 경우에는 「도시철도법」 제7조제1항에 따른 도시철도사업계획의 승인 전에 다음 각 호의 사항에 대하여 시 · 도경찰청장과 협의하여야 한다. 사업 계획을 변경하려는 경우에도 또한 같다.

제5장 자동차의 안전운전

　　① 노면전차의 설치 방법 및 구간
　　② 노면전차 전용로 내 교통안전시설의 설치
　　③ 그 밖에 노면전차 전용로의 관리에 관한 사항

(2) 노면전차의 운전자는 제1항에 따른 노면전차 전용도로 또는 노면전차 전용차로로 통행하여야 하며, 차마의 운전자는 노면전차 전용도로 또는 전용차로를 다음 각 호의 경우를 제외하고는 통행하여서는 아니 된다.
　　① 좌회전, 우회전, 횡단 또는 회전하기 위하여 궤도부지를 가로지르는 경우
　　② 도로, 교통안전시설, 도로의 부속물 등의 보수를 위하여 진입이 불가피한 경우
　　③ 노면전차 전용차로에서 긴급자동차가 그 본래의 긴급한 용도로 운행되고 있는 경우

4 진로양보의 의무 (법제20조, 제1항, 제2항)

(1) 모든 차(긴급자동차를 제외한다)의 운전자는 뒤에서 따라오는 차보다 느린 속도로 가려는 경우에는 도로의 우측 가장자리로 피하여 진로를 양보하여야 한다. 다만, 통행구분이 설치된 도로의 경우에는 그러하지 아니하다.

(2) 좁은 도로에서 긴급자동차 외의 자동차가 서로 마주보고 진행할 때에는 다음 각 호의 구분에 따른 자동차가 도로의 우측 가장자리로 피하여 진로를 양보하여야 한다.
　　① 비탈진 좁은 도로에서 자동차가 서로 마주보고 진행하는 경우에는 올라가는 자동차
　　② 비탈진 좁은 도로 외의 좁은 도로에서 사람을 태웠거나 물건을 실은 자동차와 동승자(同乘者)가 없고 물건을 싣지 아니한 자동차가 서로 마주보고 진행하는 경우에는 동승자가 없고 물건을 싣지 아니한 자동차

5 긴급자동차의 우선

(1) 긴급자동차의 정의 (법제2조제22호)

　　긴급자동차란 다음 각 목의 자동차로서 그 본래의 긴급한 용도로 사용되고 있는 자동차를 말한다.
　　① 소방차　　② 구급차　　③ 혈액 공급차량
　　④ 그 밖에 대통령령으로 정하는 자동차(신청에 의하여 시·도경찰청장이 지정하는 자동차 포함)를 말한다.

> **해설**
> **소방차·구급차 그 밖에 대통령령으로 정하는 긴급자동차(영제2조제1항)**
> 1. 대통령령으로 정하는 긴급자동차
> 　① 경찰용자동차 중 범죄수사·교통단속 그 밖의 긴급한 경찰업무수행에 사용되는 자동차
> 　② 국군 및 주한국제연합군용자동차 중 군 내부의 질서유지나 부대의 질서 있는 이동을 유도(誘導)하는데 사용되는 자동차
> 　③ 수사기관의 자동차 중 범죄수사를 위하여 사용되는 자동차

> **해설**
>
> ④ 교도소, 소년교도소·구치소, 소년원 또는 소년분류심사원, 보호관찰소의 시설 또는 기관의 자동차 중 도주자의 체포 또는 수용자·보호관찰대상자의 호송·경비를 위하여 사용되는 자동차
> ⑤ 국내외 요인(要人)에 대한 경호업무수행에 공무(公務)로 사용되는 자동차
> 2. 사용하는 사람 또는 기관 등의 신청에 의하여 시·도경찰청장이 지정하는 긴급자동차
> ① 전기사업·가스사업 그 밖의 공익사업을 하는 기관에서 위험방지를 위한 응급작업에 사용되는 자동차
> ② 민방위업무를 수행하는 기관에서 긴급예방 또는 복구를 위한 출동에 사용되는 자동차
> ③ 도로의 관리를 위하여 사용되는 자동차 중 도로상의 위험을 방지하기 위한 응급작업에 사용되거나 운행이 제한되는 자동차를 단속하기 위하여 사용되는 자동차
> ④ 전신·전화의 수리공사 등 응급작업에 사용되는 자동차와 긴급한 우편물의 운송에 사용되는 자동차 및 전파감시업무에 사용되는 자동차
> 3. 긴급자동차로 보는 자동차(영제2조제2항)
> ① 경찰용의 긴급자동차에 의하여 유도되고 있는 자동차
> ② 국군 및 주한 국제연합군용의 긴급자동차에 의하여 유도되고 있는 국군 및 주한 국제연합군의 자동차
> ③ 생명이 위급한 환자 또는 부상자나 수혈을 위한 혈액을 운송 중인 자동차

(2) 긴급자동차의 준수사항 (영제3조제1항·제2항)

① 소방차, 구급차, 혈액 공급차량 및 대통령령으로 정하는 긴급자동차는 자동차관리법에 따른 자동차안전운행에 필요한 기준에서 정한 긴급자동차의 구조를 갖추어야 한다.

② 긴급자동차가 운행 중 우선 통행 및 특례의 적용을 받으려는 때에는 사이렌을 울리거나 경광등을 켜야 한다(속도에 관한 규정을 위반하는 자동차 등을 단속하는 경우 및 국내외 요인에 대한 경호업무를 수행하는 경우의 긴급자동차는 예외).

③ 긴급자동차 등의 운전자는 해당 자동차를 그 본래의 긴급한 용도로 운행하지 아니하는 경우에도 다음의 경우에는 해당 자동차에 설치된 경광등을 켜거나 사이렌을 작동할 수 있다(영제10조의2).
 ㉮ 소방차가 화재예방 및 구조·구급활동을 위하여 순찰하는 경우
 ㉯ 소방차 등이 그 본래의 긴급한 용도와 관련된 훈련에 참여하는 경우
 ㉰ 범죄수사, 교통단속 등 자동차가 범죄예방 및 단속을 위하여 순찰하는 경우

④ 긴급자동차로 보는 자동차는 전조등 또는 비상표시등을 켜거나 그 밖에 적당한 방법으로 긴급한 목적으로 운행되고 있음을 표시하여야 한다.

> **해설**
>
> **긴급자동차의 안전기준**
> 1. 등광색
> ① 소방차·범죄수사·교통단속차 : 적색·청색
> ② 구급차 : 녹색
> ③ 시·도경찰청장이 지정하는 긴급자동차 : 황색
> 2. 사이렌 음의 크기 : 전방 30m 위치에서 90~120데시벨

(3) 긴급자동차의 우선통행 (법제29조제1항·제2항·제3항)

① 긴급하고 부득이한 경우에는 도로의 중앙이나 좌측 부분을 통행할 수 있다.
② 긴급자동차는 이 법이나 이 법에 따른 명령에 따라 정지하여야 하는 경우에도 불구하고 긴급하고 부득이한 경우에는 정지하지 아니할 수 있다.
③ 긴급자동차의 운전자는 교통의 안전에 특히 주의하면서 통행하여야 한다.

(4) 긴급자동차에 대한 특례 (법제30조)

① 긴급자동차는 긴급자동차에 대하여 속도를 제한한 경우를 제외하고 법정 운행속도나 제한속도를 준수하지 아니하고 통행할 수 있다.
② 앞지르기 금지(나란히 진행하고 있을 때 앞지르기 금지, 이중 앞지르기 금지, 앞지르기 금지 장소)에 관한 규정을 적용받지 않고 통행할 수 있다.
③ 끼어들기 금지의 규정을 적용받지 않고 통행할 수 있다.

(5) 긴급자동차가 접근할 때 피양방법

① 교차로나 그 부근에서 피양방법(법제29조제4항)
   교차로나 그 부근에서 긴급자동차가 접근하는 경우, 차마와 노면전차의 운전자는 교차로를 피하여 일시정지하여야 한다.
② 그 밖의 곳에서의 피양방법(법제29조제5항)
   모든 차마와 노면전차의 운전자는 교차로나 그 부근 외의 곳에서 긴급자동차가 접근한 경우에는 긴급자동차가 우선 통행할 수 있도록 진로를 양보하여야 한다.
③ 긴급자동차의 운전자는 긴급자동차를 그 본래의 긴급한 용도로 운행하지 아니하는 경우에는 경광등을 켜거나 사이렌을 작동하여서는 아니된다. 다만, 범죄 및 화재 예방 등을 위한 순찰·훈련 등을 실시하는 경우에는 그러하지 아니하다(법 제29조제6항).

제3절 안전한 속도와 안전거리

1 자동차 등과 노면전차의 속도 (법제17조)

(1) 자동차 등과 노면전차의 법정운행속도 (법제17조제1항, 규칙제19조제1·2항)

자동차 등(개인형 이동장치는 제외)과 노면전차의 도로 통행 속도는 행정안전부령으로 정한다.

(2) 경찰청장 또는 시·도경찰청장이 안전표지 등으로 제한하는 속도
(법제17조제2항, 규칙제③·④·⑤항)

경찰청장이나 시·도경찰청장은 도로에서 일어나는 위험을 방지하고 교통의 안전과 원활한 소통을 확보하기 위하여 필요하다고 인정하는 경우에는 다음 각 호의 구분에 따라 구역이나 구간을 지정하여 자동차 등의 도로통행속도를 제한할 수 있다(법제17조제2항).
① 경찰청장 : 고속도로
② 시 · 도경찰청장 : 고속도로를 제외한 도로

(3) **최고속도 초과 또는 최저속도 미달 운전금지** (법제17조제3항)

자동차 등과 노면전차의 운전자는 행정안전부령에서 정한 법정최고속도보다 빠르게 운전하거나 최저속도보다 느리게 운전하여서는 아니 된다(다만, 교통이 밀리거나 그 밖의 부득이한 사유로 최저속도보다 느리게 운전할 수밖에 없는 경우에는 그러하지 아니하다).

[행정안전부령이 정하는 자동차 등의 속도]

① 일반도로의 법정속도(규칙제19조 · 제1항제1호)

주거지역 · 상업지역 및 공업지역 일반 도로	50km/h 이내
지정한 노선 또는 구간 및 편도 1차로의 도로	60km/h 이내
편도 2차로 이상의 도로	80km/h 이내

② 자동차전용도로에서의 속도(차로의 수가 많고 적음에 관계없음)(규칙제19조제1항2호)
- **최고속도** : 90km/h
- **최저속도** : 30km/h

③ 고속도로에서의 속도(규칙제19조제1항제3호)

• 편도 2차로 이상 고속도로	- 승용자동차, 승합자동차 - 화물자동차 (적재중량 1.5톤 이하)	최고 100km/h 최저 50km/h
	- 화물자동차 (적재중량 1.5톤 초과) - 위험물 운반차 및 건설기계, 특수자동차	최고 80km/h 최저 50km/h
• 논산-천안간 고속도로 • 중부(제2중부) 및 서해안고속도로(경찰청장 고시(제2010-2호) 한 노선 또는 구간)	- 승용자동차, 승합자동차 - 화물자동차 (적재중량 1.5톤 이하)	최고 120km/h 최저 50km/h
	- 화물자동차 (적재중량 1.5톤 초과) - 위험물 운반차 및 건설기계, 특수자동차	최고 90km/h 최저 50km/h
• 편도 1차로 고속도로	- 모든 자동차	최고 80km/h 최저 50km/h

④ 비, 바람, 안개, 눈 등 이상기후 시 감속운행 속도(규칙제19조제2항)

도로의 상태	감속운행 속도
1. 비가 내려 노면이 젖어 있는 경우 2. 눈이 20mm 미만 쌓인 경우	최고속도의 $\frac{20}{100}$을 줄인 속도로 운행
1. 폭우, 폭설, 안개 등으로 가시거리가 100m 이내인 경우 2. 노면이 얼어붙은 경우 3. 눈이 20mm 이상 쌓인 경우	최고속도의 $\frac{50}{100}$을 줄인 속도로 운행

제5장 자동차의 안전운전

> **해설**
>
> 예시 : 편도 2차로 일반도로에 눈·비가 오는 때 감속속도는?
> 편도2차로의 법정 운행속도는 80km/h이고, 눈·비 내릴 때에는 100분의 20을 감속해야 하므로
> $80km/h \times \dfrac{20}{100} = 16km/h$, 즉 80km/h-16km/h=64km/h이다.
> 따라서 64km/h의 속도로 주행하여야 한다.
> ※ 미끄러운 도로 노면을 운행 시는 타이어의 공기압을 낮추고 운행하면 효과적이다.

　⑤ 경찰청장 또는 시·도경찰청장은 "도로의 구조·시설기준에 관한 규칙"에 따른 설계속도, 실제 주행속도, 교통사고 발생 위험성, 도로주변 여건 등을 고려하여 가변형 속도제한 표지로 정한 최고속도와 그 밖의 안전표지로 속도를 제한할 수 있다.

(4) 견인자동차가 아닌 자동차로 다른 자동차를 견인하는 때의 속도(고속도로 제외) (규칙제20조)

　① 총중량 2,000kg 미만인 자동차를 총중량이 그의 3배 이상인 자동차로 견인하는 경우에는 매시 30km 이내
　② 위 ①항 외의 경우 및 이륜자동차가 견인하는 경우에는 매시 25km 이내
　③ 대형차가 대형차, 승용차가 승용차 등의 견인 시는 25km/h 이내(고속도로 제외)
　④ 고속도로에서는 견인자동차가 아닌 자동차로 다른 자동차를 견인할 수 없다.
　⑤ 이륜차가 이륜차 및 원동기장치자전거는 견인할 수 없다.

2 안전거리(차와 차 사이의 거리) 확보 (법제19조)

(1) 안전거리 확보 (법제19조제1항, 제2항)

　① 모든 차의 운전자는 같은 방향으로 가고 있는 앞차의 뒤를 따르는 경우에는 앞차가 갑자기 정지하게 되는 경우 그 앞차와의 충돌을 피할 수 있는 필요한 거리를 확보하여야 한다.
　② 자동차 등의 운전자는 같은 방향으로 가고 있는 자전거 등의 운전자에 주의하여야 하며 그 옆을 지날 때에는 자전거 등과의 충돌을 피할 수 있는 필요한 거리를 확보하여야 한다.

(2) 진로변경 시 안전거리 확보 (법제19조제3항)

　모든 차의 운전자는 차의 진로를 변경하려는 경우에 그 변경하려는 방향으로 오고 있는 다른 차의 정상적인 통행에 장애를 줄 우려가 있을 때에는 진로를 변경하여서는 아니 된다.

(3) 급제동의 금지 (법제19조제4항)

　모든 차의 운전자는 위험방지를 위한 경우와 그 밖의 부득이한 경우가 아니면 운전하는 차를 갑자기 정지시키거나 속도를 줄이는 등의 급제동을 하여서는 아니 된다.

> **해설**
>
> **안전거리의 확보기준**
> 모든 차는 즉시 정지하지 못한다. 차가 정지하기 위해서는 운전자가 위험을 느끼고 브레이크를 밟아 브레이크가 실제로 작동을 시작할 때까지 차가 달려간 거리(**공주거리**)와 브레이크가 작동하여 정지할 때까지 자동차가 이동한 거리(**제동거리**)를 합친 거리(**정지거리**)가 필요하다. 이 정지거리를 고려하여 위험이 발생한 경우에 안전하게 정지할 수 있도록 충분한 안전거리를 확보하여야 한다.
> 1. 정지거리 = 공주거리 + 제동거리
> 2. 공주거리 : 운전자가 위험을 느끼고 브레이크를 밟아 브레이크가 실제 듣기 시작하기까지 사이에 주행한 거리(주취, 과로, 약물복용 운전 시는 길어짐)
> 3. 제동거리 : 브레이크가 듣기 시작하여 차가 정지하기까지의 거리(타이어 마모, 고속, 이상 기후로 노면이 미끄러울 때는 길어짐)

> **해설**
>
> **제동방법**
> ① 제동을 할 때 처음에는 가능한 한 브레이크를 가볍게 여러 번(2~3회 정도) 밟다가 힘주어 밟는다.
> ② 또한 브레이크는 차의 뒤틀림을 막기 위하여 여러 번으로 나누어 사용한다.
> ③ 이 방법은 미끄러지기 쉬운 곳에서는 특히 효과적일 뿐만 아니라 뒤차에게도 신호가 된다.

3 서행 또는 일시정지할 장소 (법제31조)

(1) 서행 (법제31조제1항)

서행이라 함은 차 또는 노면전차가 즉시 정지할 수 있는 느린 속도로 진행하는 것을 말한다.

모든 차 또는 노면전차의 운전자는 다음 각 호의 어느 하나에 해당하는 곳에서는 서행하여야 한다.

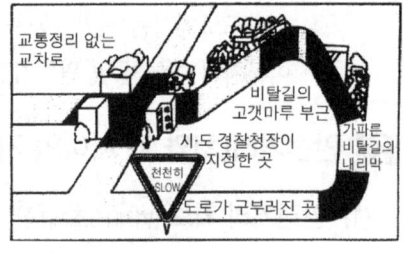

[서행하여야 할 장소]

① 교통정리를 하고 있지 아니하는 교차로
② 도로가 구부러진 부근
③ 비탈길의 고갯마루 부근
④ 가파른 비탈길의 내리막
⑤ 시·도경찰청장이 도로에서의 위험을 방지하고, 교통의 안전과 원활한 소통을 확보하기 위하여 필요하다고 인정하여 안전표지로 지정한 곳

(2) 일시정지 (법제31조제2항)

일시정지라 함은 차 또는 노면전차의 운전자가 그 차 또는 노면전차의 바퀴를 일시적으로 완전히 정지시키는 것으로서, 모든 차 또는 노면전차의 운전자는 다음 각 호의 어느 하나에 해당하는 곳에서는 일시정지하여야 한다.

① 교통정리를 하고 있지 아니하고 좌우를 확인할 수 없거나 교통이 빈번한 교차로
② 시·도경찰청장이 도로에서의 위험을 방지하고 교통의 안전과 원활한 소통을 확보하기 위하여 필요하다고 인정하여 안전표지로 지정한 곳

제4절 진로변경 및 앞지르기

1 진로변경

(1) 진로변경 시 안전거리 확보 (법제19조제3항)

모든 차의 운전자는 차의 진로를 변경하려는 경우에 그 변경하려는 방향으로 오고 있는 다른 차의 정상적인 통행에 장애를 줄 우려가 있을 때에는 진로를 변경하여서는 아니 된다.

> **해설**
>
> **안전확인 방법 및 차의 신호**
> 1. 안전확인 방법
>   운전 중에는 전방의 한 곳만을 집중 주시하지 말고, 항상 후방이나 측방의 상황을 순간순간 확인하고, 운전 행동을 변경할 때에는 다른 교통에 위험을 주거나 장애가 되지 않도록 한다.
>   그러기 위하여 후사경을 충분히 활용하고 후사경에 비춰지지 않는 부분은 직접 눈으로 확인하여야 한다.
> 2. 차의 신호(법제38조제1항)
>   ① 모든 차의 운전자는, 좌회전·우회전·횡단·유턴·서행·정지 또는 후진하거나, 같은 방향으로 진행하면서 진로를 바꾸려고 하는 경우와 회전교차로에 진입·진출하는 경우에는 손이나 방향지시기 또는 등화로써 그 행위가 끝날 때까지 신호를 하여야 한다.
>   ② 진로변경 시에는 뒤차와 충돌을 피하기 위하여 진로변경을 하려는 지점으로부터 30m 이상(고속도로 에서는 100m 이상) 전에서 신호를 조작한 후 진로를 변경하는 것이 안전하다.

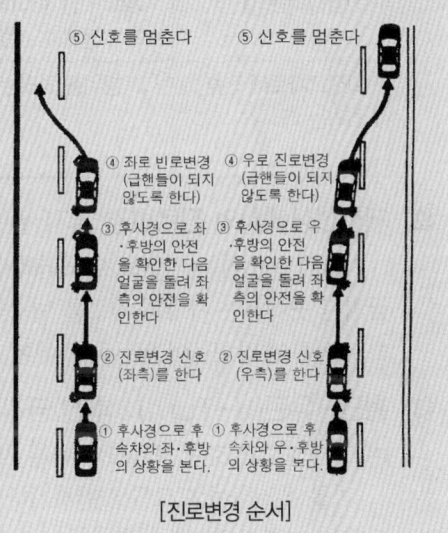

[진로변경 순서]

[신호를 하는 시기 및 방법]

(영제21조 별표2)

신호를 행할 경우	신호의 시기	신호의 방법
• 좌회전, 횡단, 유턴 또는 같은 방향으로 진행하면서 진로를 왼쪽으로 바꾸려는 때	• 그 행위를 하려는 지점(좌회전할 경우에는 그 교차로의 가장자리)에 이르기 전 30미터(고속도로에서는 100미터) 이상의 지점에 이르렀을 때	• 왼팔을 수평으로 펴서 차체의 왼쪽 밖으로 내밀거나, 오른팔을 차체의 오른쪽 밖으로 내어 팔꿈치를 굽혀 수직으로 올리거나 왼쪽의 방향지시기 또는 등화을 조작할 것
• 우회전 또는 같은방향으로 진행하면서 진로를 오른쪽으로 바꾸려는 때	• 그 행위를 하려는 지점(우회전할 경우에는 그 교차로의 가장자리)에 이르기 전 30미터(고속도로에서는 100미터) 이상의 지점에 이르렀을 때	• 오른팔을 수평으로 펴서 차체의 오른쪽 밖으로 내밀거나(조수석 앉은 승객), 운전자가 왼팔을 차체의 왼쪽 밖으로 내어 팔꿈치를 굽혀 수직으로 올리거나 오른쪽의 방향지시기 또는 등화를 조작할 것

신호를 행할 경우	신호의 시기	신호의 방법
• 정지할 때	• 그 행위를 하려는 때	• 팔을 차체 밖으로 내어 45° 밑으로 펴거나, 자동차 안전기준에 따라 장치된 제동등을 켤 것
• 후진할 때	• 그 행위를 하려는 때	• 팔을 차체 밖으로 내어 45° 밑으로 펴서 손바닥을 뒤로 향하게 하여 그 팔을 앞뒤로 흔들거나, 자동차 안전기준에 따라 장치된 후진등을 켤 것
• 뒤차에게 앞지르기를 시키려는 때	• 그 행위를 시키려는 때	• 오른팔 또는 왼팔을 차체의 왼쪽 또는 오른쪽 밖으로 수평으로 펴서 손을 앞뒤로 흔들 것
• 서행할 때	• 그 행위를 하려는 때	• 팔을 차체 밖으로 내어 45°밑으로 펴서 위·아래로 흔들거나 자동차 안전기준에 따라 장치된 제동등을 켤 것
• 회전교차로에 진입하려는 때	• 그 행위를 하려는 지점에 이르기 전 30미터 이상의 지점에 이르렀을 때	• 왼팔을 수평으로 펴서 차체의 왼쪽 밖으로 내밀거나 오른팔을 차체의 오른쪽 밖으로 내어 팔꿈치를 굽혀 수직으로 올리거나 왼쪽의 방향지시기 또는 등화를 조작할 것
• 회전교차로에 진출하려는 때	• 그 행위를 하려는 때	• 오른팔을 수평으로 펴서 차체의 오른쪽 밖으로 내밀거나 왼팔을 차체의 왼쪽 밖으로 내어 팔꿈치를 굽혀 수직으로 올리거나 오른쪽의 방향지시기 또는 등화를 조작할 것

(2) 제한선상에서의 진로변경 금지 (법제14조제5항)

　차마의 운전자는 안전표지(노면표시 : 진로변경제한선 표시)가 설치되어 특별히 진로변경이 금지된 곳에서는 차마의 진로를 변경하여서는 아니 된다. 다만, 도로의 파손이나 도로공사 등으로 인하여 장해물이 있는 경우에는 그러하지 아니하다.

(3) 횡단 · 유턴(U-Turn) · 후진 금지 (법제18조제1항 · 제2항 · 제3항)

① 차마의 운전자는 보행자나 다른 차마의 정상적인 통행을 방해할 우려가 있는 경우에는, 차마를 운전하여 도로를 횡단하거나 유턴 또는 후진하여서는 아니 된다.

② 시 · 도경찰청장은 도로에서의 위험을 방지하고 교통의 안전과 원활한 소통을 확보하기 위하여 특히 필요하다고 인정하는 경우에는 도로의 구간을 지정하여 차마의 횡단이나 유턴 또는 후진을 금지할 수 있다.

③ 차마의 운전자는 길가의 건물이나 주차장 등에서 도로에 들어갈 때에는 일단 정지한 후에 안전한지 확인하면서 서행하여야 한다.

> **해설**
>
> **일반도로에서 유턴**
> 일반도로에서는 유턴 금지 장소가 아니면 다른 교통에 방해가 되지 않는 한 유턴할 수 있다. 다만, 유턴은 유턴 허용 지점에서만 하여야 한다(고속도로에서는 유턴할 수 없다).

(4) 끼어들기의 금지 (법제23조)

　모든 차의 운전자는 "이 법이나 이 법에 따른 명령에 따라 정지하거나 서행하고 있는 차 또는 경찰공무원의 지시에 따라 정지하거나 서행하고 있는 차와 위험을 방지하기 위하여 정지하거나 서행하고 있는 차" 앞으로 끼어들지 못한다.

제5장 자동차의 안전운전

2 앞지르기(추월)

(1) 앞지르기 방법 등 (법제21조제1항)

모든 차의 운전자는 다른 차를 앞지르려면 앞차의 좌측으로 통행하여야 한다.

(2) 앞지르기를 하려고 할 때 확인할 사항 (법제21조제3항)

㉮ 반대방향의 교통
㉯ 앞차 앞쪽의 교통에도 주의를 충분히 기울여야 함
㉰ 앞차의 속도와 진로
㉱ 그 밖의 도로상황에 따라 방향지시기·등화 또는 경음기(警音機)를 사용하는 등 안전한 속도와 방법으로 앞지르기를 하여야 한다.

> **해설**
>
> **앞지르기할 때의 안전운전 순서**
> 1. 앞지르기를 금지하는 곳이 아닌가를 확인한다. 법령의 규정이나 안전표시로써 앞지르기가 금지되어 있는 곳이 아닌가를 확인한다.
> 2. 전방, 좌측 및 좌·후방의 안전 확인한다.
>   전방의 안전을 확인함과 동시에 후사경 등으로 좌측이나 왼쪽 후방(좌·후방)의 안전을 확인한다. 특히 도로의 중앙 좌측부분을 넘어서 앞지르기하는 경우에는 반대방향에서 주행해 오는 차의 안전을 반드시 확인한다.
> 3. 좌측방향지시기를 켠다(좌측방향지시 및 진로변경).
> 4. 약 3초 후, 최고속도의 제한 내에서 가속하다가 진로를 천천히 좌측으로 하고, 앞차의 좌측으로 안전한 간격을 유지하면서 통과한다.
> 5. 우측의 방향지시기를 켠다.
> 6. 앞지르기 당한 차가 실내거울(룸 미러)에 나타나기까지의 거리를 진행하다가 진로에 여유가 있을 때 서서히 우측으로 들어간다.
> 7. 신호를 끈다.

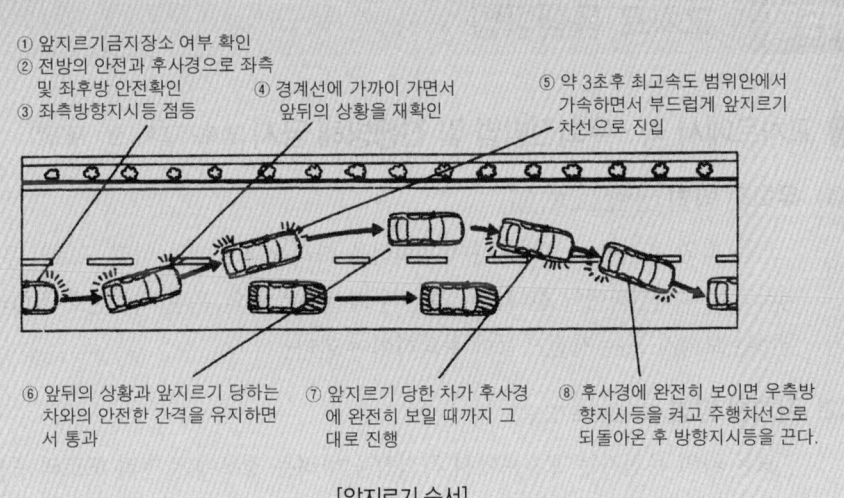

[앞지르기 순서]

(3) 앞지르기의 방해 금지 (법제21조제4항)

모든 차의 운전자는 앞지르기를 하려는 차가 앞지르기 방법에 따라 앞지르기를 하는 차가 있을 때에는 속도를 높여 경쟁하거나 그 차의 앞을 가로막는 등의 방법으로 앞지르기를 방해하여서는 아니 된다.

(4) 앞지르기 금지의 시기 (법제22조제1항·제2항)

① 모든 차의 운전자는 다음 각 호의 어느 하나에 해당하는 경우에는 앞차를 앞지르지 못한다.
㉮ 앞차의 좌측에 다른 차가 앞차와 나란히 가고 있는 경우
㉯ 앞차가 다른 차를 앞지르고 있거나 앞지르려고 하는 경우

② 모든 차의 운전자는 이 법이나 이 법에 의한 명령 또는 경찰공무원의 지시를 따르거나, 위험을 방지하기 위하여 정지하거나 서행하고 있는 차를 앞지르거나 끼어들기 하여서는 안 된다.

(5) 앞지르기 금지장소 (법제22조제3항)

모든 차의 운전자는 다음 각 호의 어느 하나에 해당하는 곳에서는 다른 차를 앞지르지 못한다.
① 교차로   ② 터널 안   ③ 다리 위
④ 도로의 구부러진 곳, 비탈길의 고개 마루 부근 또는 가파른 비탈길의 내리막 등 시·도경찰청장이 도로에서 위험을 방지하고 교통의 안전과 원활한 소통을 위하여 필요하다고 인정하는 곳으로서 안전표지로 지정된 곳

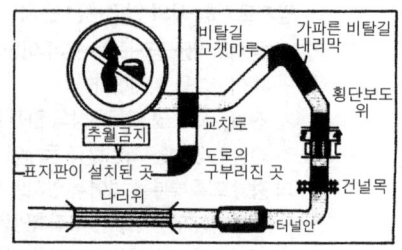

[앞지르기 금지장소]

제5절 교차로 통행방법

1 교차로에서 좌·우회전방법 및 진행방해 금지 (법제25조제1항~제3항)

(1) 우회전 방법 (법제25조제1항)

모든 차의 운전자는 교차로에서 우회전을 하려는 경우에는 미리 도로의 우측가장자리를 서행하면서 우회전하여야 한다. 이 경우 우회전하는 차의 운전자는 신호에 따라 정지하거나 진행하는 보행자 또는 자전거 등에 주의하여야 한다.

(2) 좌회전 방법 (법제25조제2항)

모든 차의 운전자는 교차로에서 좌회전을 하려는 경우에는 미리 도로의 중앙선을 따라 서행하면서 교차로의 중심 안쪽을 이용하여 좌회전하여야 한다. 다만, 시·도경찰청장이 교차로

상황에 따라 특히 필요하다고 인정하여 지정한 곳에서는 교차로의 중심 바깥쪽을 통과할 수 있다.

(3) 좌·우회전하는 차의 진행방해 금지 (법제25조제4항)

모든 차의 운전자가 우회전이나 좌회전을 하기 위하여 손이나 방향지시기 또는 등화로써 신호를 하는 차가 있는 경우에 그 뒤차의 운전자는 신호를 한 앞차의 진행을 방해하여서는 아니 된다.

(4) 교차로 안에 정차금지 (법제25조제5항)

모든 차 또는 노면전차의 운전자는 신호기로 교통정리를 하고 있는 교차로에 들어가려는 경우에는 진행하려는 진로의 앞쪽에 있는 차 또는 노면전차의 상황

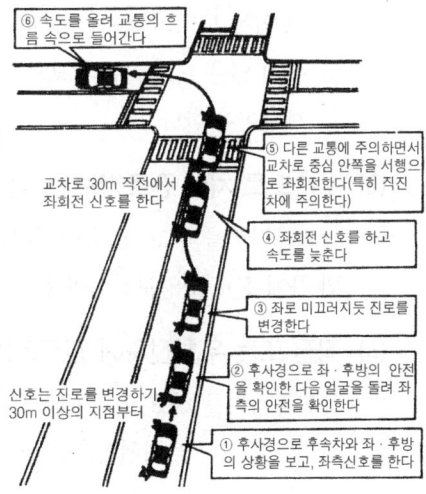

[교차로에서 좌회전 순서]

에 따라 교차로(정지선이 설치되어 있는 경우에는 그 정지선을 넘은 부분을 말한다)에 정지하게 되어 다른 차 또는 노면전차의 통행에 방해가 될 우려가 있는 경우에는 그 교차로에 들어가서는 아니 된다.

(5) 교차로 진입 전 일시정지 또는 양보의무 (법제25조제6항)

모든 차의 운전자는 교통정리를 하고 있지 아니하고 일시정지나 양보를 표시하는 안전표지가 설치되어 있는 교차로에 들어가려고 할 때에는 다른 차의 진행을 방해하지 아니하도록 일시정지하거나 양보하여야 한다.

(6) 회전교차로 통행 방법 (법제25조의2)

① 모든 차의 운전자는 회전교차로에서는 반시계방향으로 통행하여야 한다.
② 모든 차의 운전자는 회전교차로에 진입하려는 경우에는 서행하거나 일시정지하여야 하며, 이미 진행하고 있는 다른 차가 있는 때에는 그 차에 진로를 양보하여야 한다.
③ ①항 및 ②항에 따라 회전교차로 통행을 위하여 손이나 방향지시기 또는 등화로써 신호를 하는 차가 있는 경우 그 뒤차의 운전자는 신호를 한 앞차의 진행을 방해하여서는 아니 된다.

2 교통정리가 없는 교차로에서의 양보운전 (법제26조제1항~제4항)

(1) 먼저 진입한 차에 진로양보 (법제26조제1항)

교통정리를 하고 있지 아니하는 교차로에 들어가려고 하는 차의 운전자는 이미 교차로에 들어가 있는 다른 차가 있을 때에는 그 차에 진로를 양보하여야 한다.

(2) 폭이 넓은 도로의 차에 진로양보 (법제26조제2항)

① 교통정리를 하고 있지 아니하는 교차로에 들어가려고 하는 차의 운전자는 그 차가 통행하

고 있는 도로의 폭보다 교차하는 도로의 폭이 넓은 경우에는 서행하여야 한다.
② 폭이 넓은 도로로부터 교차로에 들어가려고 하는 다른 차가 있을 때에는 그 차에 진로를 양보하여야 한다.

(3) 우측도로 차에 진로양보 (법제26조제3항)

교통정리를 하고 있지 아니하는 교차로에 동시에 들어가려고 하는 차의 운전자는 우측도로의 차에 진로를 양보하여야 한다.

(4) 직진 또는 우회전차에 진로양보 (법제26조제4항)

교통정리를 하고 있지 아니하는 교차로에서 좌회전하려고 하는 차의 운전자는 그 교차로에서 직진하거나 우회전하려는 다른 차가 있을 때에는 그 차에 진로를 양보하여야 한다.

[교통정리 없는 교차로 통행우선순위]

> **해설**
>
> **교차로 통행 시의 주의**
> 1. 안전한 속도와 방법
>   차의 운전자는 교차로에 들어가려고 하는 때나 교차로 내를 통행하는 때에는 좌회전하는 차나 보행자 등에 주의하고, 교차로 상황에 따라 안전한 속도와 방법으로 진행하여야 한다. 특히, 좌회전할 때에는 대항차로를 직진하는 이륜차를 보지 못하는 경우가 있으므로 주의하여야 한다.
> 2. 좌·우회전 시 말려들지 않도록 주의
>   차의 운전자는 차가 좌·우회전할 때에는 내륜차(회전할 때에는 뒷바퀴가 앞바퀴보다 내측을 통과하는 것)가 생긴다. 특히 대형차는 내륜차가 크며 또 운전석에서 우측 후방 쪽은 더욱 보이지 않으므로, 우측을 통행하는 보행자나 자전거 등이 말려들지 않도록 주의한다.

제6절 정차 및 주차

1 주차·정차의 정의

(1) 주차의 정의 (법제2조제24호)

① 운전자가 승객을 기다리거나, 화물을 싣거나, 차가 고장나거나 그 밖의 사유로 차를 계속 정지상태에 두는 것을 말한다.
② 운전자가 차에서 떠나서 즉시 그 차를 운전할 수 없는 상태에 두는 것을 말한다.

(2) 정차의 정의 (법제2조제25호)

운전자가 5분을 초과하지 아니하고 차를 정지시키는 것으로서 주차 외의 정지상태를 말한다.

2 정차 또는 주차의 방법 등

(1) 정차 · 주차의 방법 및 시간의 제한(법 제34조)

도로 또는 노상주차장에 정차하거나 주차하려고 하는 차의 운전자는 차를 차도의 우측가장자리에 정차하는 등 대통령령으로 정하는 정차 또는 주차의 방법 · 시간과 금지사항 등을 지켜야 한다.

> **해설**
>
> **대통령령이 정하는 정차 · 주차의 방법 등(영제11조)**
> 1. 다른 교통에 방해가 되지 않는 정 · 주차(영제11조제2항)
>   모든 차의 운전자는 도로에서 정차하거나 주차할 때에는 다른 교통에 방해가 되지 아니하도록 하여야 한다. 다만, 안전표지 또는 경찰공무원(의무경찰을 포함) 및 제주특별자치도의 자치경찰공무원(이하 "자치경찰공무원"이라 한다) 경찰공무원 또는 자치경찰공무원을 보조하는 사람(모범운전자, 군사경찰, 소방공무원)의 지시에 따르는 때와 고장으로 인하여 부득이 주차하는 때에는 그러하지 아니하다.
> 2. 정차 · 주차의 방법과 시간(영제11조제1항)
>   ① 정차 · 주차가 가능한 도로 상에서의 정 · 주차방법
>   ㉮ 모든 차의 운전자는 도로에서 정차하고자 하는 때에는 차도의 우측가장자리에 정차하여야 한다.
>   ㉯ 차도와 보도의 구별이 없는 도로의 경우에 도로의 우측가장자리로부터 중앙으로 50cm 이상의 거리를 두어야 한다.
>   ㉰ 도로 우측에 정 · 주차하여야 한다.
>   • 황색실선 : 정 · 주차 금지
>   • 황색점선 : 정차만 가능
>   ㉱ 야간에 주 · 정차 시 차폭등과 미등을 켜고 사고예방 및 안전장치확인 등을 하여야 한다.
>   ② 여객자동차(노선여객자동차운송사업용)의 정차시간 및 노상주차장의 제한(영제11조제1항)
>   ㉮ 여객자동차운전자는 승객을 태우거나 내려주기 위하여 정류소 또는 이에 준하는 장소에서 정차하였을 때에는 승객이 타거나 내린 즉시 출발하여야 하며 뒤따르는 다른 차의 정차를 방해하지 아니할 것
>   ㉯ 모든 차의 운전자는 도로에서 주차를 할 때에는 시 · 도경찰청장이 정하는 주차의 장소 · 시간 및 방법(직각 · 일렬 · 경사 주차)에 따를 것

(2) 경사진 곳에서의 정차 · 주차 방법(법제34조의 3)

① 경사진 곳에 정차하거나 주차(도로 외의 경사진 곳에서 정차하거나 주차하려는 경우를 포함)하려는 자동차의 운전자는 고임목을 설치하거나 조향장치를 도로의 가장자리 방향으로 돌려놓는 등 미끄럼 사고의 발생을 방지하기 위한 조치를 취하여야 한다.

② 경사진 곳에 정차하거나 주차하는 경우 자동차의 주차제동장치를 작동한 후에 다음 각 호의 어느 하나에 해당하는 조치를 취하여야 한다. 다만, 운전자가 운전석을 떠나지 아니하고 직접 제동장치를 작동하고 있는 경우는 제외한다.

㉮ 경사의 내리막 방향으로 바퀴에 고임목, 고임돌, 그 밖에 고무, 플라스틱 등 자동차의 미끄럼 사고를 방지할 수 있는 것을 설치할 것

㉯ 조향장치(操向裝置)를 도로의 가장자리(자동차에서 가까운 쪽을 말한다) 방향으로 돌려놓을 것
㉰ 그 밖에 제1호 또는 제2호에 준하는 방법으로 미끄럼 사고의 발생 방지를 위한 조치를 취할 것

3 정차 또는 주차를 금지하는 장소의 특례 (법제34조의2)

정차나 주차를 금지하는 장소 중 시·도경찰청장이 안전표지로 구역·시간·방법 및 차의 종류를 정하여 정차나 주차를 허용한 곳에서는 정차하거나 주차할 수 있다.

4 정차·주차의 금지

(1) 정차 및 주차를 금지하는 곳 (법제32조)

모든 차의 운전자는 다음 각 호의 어느 하나에 해당하는 곳에서는 차를 정차하거나 주차해서는 아니 된다. 다만, 이 법이나 이 법에 따른 명령 또는 경찰공무원의 지시에 따르는 경우와 위험방지를 위하여 일시정지하는 경우에는 그러하지 아니하다.

① 교차로, 횡단보도, 건널목이나 보도와 차도가 구분된 도로의 보도(「주차장법」에 따라 차도와 보도에 걸쳐서 설치된 노상주차장은 제외)
② 교차로의 가장자리나 도로의 모퉁이로부터 5미터 이내인 곳
③ 안전지대가 설치된 도로에서는 그 안전지대의 사방으로부터 각각 10미터 이내인 곳
④ 버스여객자동차의 정류지임을 표시하는 기둥이나 표지판 또는 선이 설치된 곳으로부터 10미터 이내인 곳(버스여객자동차 운전자가 운행시간 중에 운행노선에 따르는 정류장에서 승객을 태우거나 내리기 위하여 차를 정차하거나 주차하는 경우에는 그러하지 아니하다)
⑤ 건널목의 가장자리 또는 횡단보도로부터 10미터 이내인 곳
⑥ 다음 각 목의 곳으로부터 5미터 이내인 곳
　㉮ 「소방기본법」 제10조에 따른 소방용수시설 또는 비상소화장치가 설치된 곳
　㉯ 「소방시설 설치 및 관리에 관한 법률」 제2조제1항제1호에 따른 소방시설(소화설비, 경보설비, 피난구조설비, 소화용수설비, 그 밖에 소화활동설비)로서 대통령령으로 정하는 시설이 설치된 곳
⑦ 시·도경찰청장이 도로에서의 위험을 방지하고 교통의 안전과 원활한 소통을 확보하기 위하여 필요하다고 인정하여 지정한 곳과 시장 등이 지정한 어린이 보호구역

(2) 주차 금지의 장소 (법제33조)

모든 차의 운전자는 다음 각 호의 어느 하나에 해당하는 곳에 차를 주차해서는 아니 된다.
① 터널 안 및 다리 위
② 다음 각 목의 곳으로부터 5미터 이내인 곳

㉮ 도로공사를 하고 있는 경우에는 그 공사 구역의 양쪽 가장자리
㉯ 「다중이용업소의 안전관리에 관한 특별법」에 따른 다중이용업소의 영업장이 속한 건축물로 소방본부장의 요청에 의하여 시·도경찰청장이 지정한 곳
③ 시·도경찰청장이 도로에서 위험을 방지하고 교통의 안전과 원활한 소통을 확보하기 위하여 필요하다고 인정하여 지정한 곳

5 주차·정차위반에 대한 조치 (법제35조)

(1) 정차·주차방법의 변경 또는 이동명령 (법제35조제1항·제2항)

① 운전자 등이 현장에 있을 때의 조치 : 정차 및 주차의 금지·주차금지의 장소·정차 또는 주차의 방법 및 시간의 제한을 위반하여 주차하고 있는 차가 교통에 위험을 일으키게 하거나 방해될 우려가 있을 때에는 경찰공무원 또는 시·군·구, 공무원(시장 등이 임명하는 공무원)은 그 차의 운전자 또는 관리책임이 있는 사람에게 대하여 주차방법을 변경하거나 그 곳으로부터 이동할 것을 명할 수 있다.

② 운전자 등이 현장에 없을 때의 조치 : 불법주차의 운전자나 관리책임이 있는 사람이 현장에 없을 때에는 경찰서장이나 시장 등은 도로에서 일어나는 위험을 방지하고, 교통의 안전과 원활한 소통을 확보하기 위하여 필요한 범위에서 그 차의 주차방법을 직접 변경하거나 변경에 필요한 조치를 할 수 있으며, 부득이한 경우에는 관할경찰서나 경찰서장 또는 시장 등이 지정하는 곳으로 이동하게 할 수 있다.

(2) 주차위반 차의 견인·보관 및 반환 등을 위한 조치 (영제13조)

① 주차위반 차량을 견인할 경우 : 경찰서장·도지사·시장 등은 주차위반차를 견인하고자 하는 경우 다음과 같이 조치를 하여야 한다.

㉮ 「과태료 또는 범칙금부과 및 견인대상차」임을 알리는 과태료부과대상차 표지를 그 차의 보기 쉬운 곳에 부착하여 견인대상차임을 알 수 있도록 하여야 한다(영제13조①).

㉯ 차를 견인한 경우에는 그 차의 사용자(소유자나 소유자로부터 차의 관리를 위탁 받은 자) 또는 운전자가 그 차의 소재를 쉽게 알 수 있도록 조치 한다(영제13조②).

㉰ 차를 견인하였을 때로부터 24시간이 경과하여도 이를 인수하지 아니한 때에는 해당 차의 보관 장소 등을 사용자 또는 운전자에게 등기우편으로 통지하여야 한다(영제13조③).

㉱ 경찰서장 등은 보관하고 있는 차의 사용자나 운전자를 알 수 없을 때에는 차를 견인한 날부터 14일간 해당기관의 게시판에 다음사항을 공고하고, 열람부를 작성·비치하여 관계자가 열람할 수 있도록 하여야 한다(영제13조④).

㉠ 보관하고 있는 차의 종류 및 현상
㉡ 보관하고 있는 차가 있던 장소 및 그 차를 견인한 일시
㉢ 차를 보관하고 있는 장소

ⓔ 그 밖에 차를 보관하기 위하여 필요하다고 인정되는 사항
　ⓜ 경찰서장·도지사 또는 시장 등은 **공고기간이 지나도** 차의 사용자나 운전자를 알 수 없을 때에는 일간신문, 관보, 공보 중 하나 이상에 공고하고, 인터넷 홈페이지에도 공고해야 한다. 다만, 공고할 만한 **재산적 가치가 없다고 인정되는 경우**에는 그렇지 않다.
② 보관한 차의 반환 등 : 경찰서장, 도지사·시장 등이 보관한 차를 반환할 때에는, 그 차의 사용자 또는 운전자로부터 그 차의 견인·보관 또는 공고 등에 든 비용을 징수하고, 범칙금납부통고서 또는 과태료납부고지서를 발급한 후 인수증을 받고 차를 반환한다(영제15조①).

6 정·주차위반에 대한 시장 등의 과태료부과 및 납부

(1) 과태료 부과대상차 표지의 부착 (영제88조제2항)

시장 등은 정차 및 주차의 금지·주차금지장소·정차 또는 주차의 방법 및 시간의 제한 규정을 위반한 차의 운전자를 고용하고 있는 사람이나 직접운전자나 차를 관리하는 지위에 있는 사람 또는 차의 사용자(고용주 등)에게 경우에 과태료를 부과하려는 경우에는 주차·정차위반 차에 과태료 부과대상차 표지를 붙인 후 해당차를 촬영하거나 무인교통단속용장비로 주차·정차위반을 촬영한 사진증거 등의 증거자료를 갖추어 부과하여야 하고, 증거자료는 관련번호를 부여하여 보존하여야 한다.

(2) 과태료 부과 및 징수절차 (영제88조제6항, 제7항)

① 과태료는 과태료 납부 고지서를 받은 날로부터 60일 이내에 내야 한다. 다만, 천재지변이나 그 밖의 부득이한 사유로 과태료를 낼 수 없는 때에는 그 사유가 없어진 날부터 5일 이내에 내야 한다(제6항).
② 시장 등은 과태료의 납부고지를 받은 자가 납부기간 이내에 과태료를 내지 아니하면 체납처분하기 전에 지방세 중 자동차세의 납부고지와 함께 미납과태료(가산금 포함)의 납부를 고지할 수 있다(제7항).

(3) 미납과태료의 징수의뢰 (영제88조제8항, 규칙제147조제2항)

① 시·도경찰청장 또는 시장 등은 차의 등록원부가 있는 지역(이하 "차적지"라 한다)이 다른 관할구역인 경우에는 행정안전부령으로 정하는 바에 따라 차적지를 관할하는 시·도경찰청장 또는 시장 등에게 과태료의 징수를 의뢰하여야 한다. 이 경우 과태료 징수를 의뢰한 시장 등은 차적지를 관할하는 시장 등에게 징수된 과태료의 100분의 30의 범위에서 행정안전부령으로 정하는 징수 수수료를 교부하여야 한다(제8항).
② 과태료 미납자 명부를 송부받은 차적지의 경찰서장, 특별시장·광역시장·제주특별자치도지사, 또는 구청장 등은 송부받은 즉시 과태료 징수의뢰 인수서를 의뢰지 경찰서장, 특별시장·광역시장·제주특별자치도지사 또는 구청장 등에게 송부하고, 과태료의 납부의무자에게는 과태료 징수의뢰 인수사실 통지서로 납부기한을 지정하여 통지하여야 하며, 과태

료의 납부의무자가 그 관할구역 안에 거주하지 아니하거나 체납처분할 재산이 없어 징수를 할 수 없는 경우에는 의뢰지 경찰서장, 특별시장·광역시장·제주특별자치도지사 또는 구청장 등에게 징수불능 통지서를 송부하여야 한다.(규칙제147조제2항)

제7절 차와 노면전차의 등화 (법제37조)

1 밤에 도로에서 차를 운행하는 경우 등 (법제37조제1항, 영제19조)

차 또는 노면전차의 운전자는 다음 각 호의 어느 하나에 해당하는 경우에는 대통령령으로 정하는 바에 따라 전조등(前照燈)·차폭등(車幅燈)·미등(尾燈)과 그 밖의 등화를 켜야 한다.

(1) 밤(해가 진 후부터 해가 뜨기 전까지)에 도로에서 차 또는 노면전차를 운행하거나 고장이나 그 밖의 부득이한 사유로 도로에서 차 또는 노면전차를 정차 또는 주차하는 경우 (법제37조제1항제1호)

(2) 안개가 끼거나 비 또는 눈이 올 때에 도로에서 차 또는 노면전차를 운행하거나 고장이나 그 밖의 부득이한 사유로 도로에서 차 또는 노면전차를 정차 또는 주차시키는 경우 (법제37조제1항제2호)

(3) 터널 안을 운행하거나 고장 또는 그 밖의 부득이한 사유로 터널 안 도로에서 차 또는 노면전차를 정차 또는 주차하는 경우 (법제37조제1항제3호)

> **해설**
>
> **대통령령이 정하는 밤에 도로에서 차를 운행하는 경우 등의 등화(영제19조)**
>
> 1. 밤에 도로에서 차를 운행하는 경우의 등화(영제19조제1항제1호 내지 제4호)
>   모든 차의 운전자는 밤(해가 진 후부터 해가 뜨기 전까지)에 도로에서 차를 운행할 때 켜야하는 등화는 다음 각 호의 구분에 따른다.
>   ① 자동차 : 전조등, 차폭등, 미등, 번호등과 실내조명등(실내조명등은 승합자동차·사업용승용차(택시)에 한함)
>   ② 원동기장치자전거 : 전조등 및 미등(후부 반사기를 미등으로 본다)
>   ③ 견인되는 차 : 미등, 차폭등 및 번호등
>   ④ 노면전차 : 전조등, 차폭등, 미등 및 실내 조명등
>   ⑤ 자동차 외의 모든 차 : 시·도경찰청장이 정하여 고시하는 등화
> 2. 밤에 정차·주차할 때의 등화(영제19조제2항제1호 내지 제3호)
>   모든 차의 운전자가 밤에 도로에서 정차하거나 주차할 때 켜야하는 등화
>   ① 자동차(이륜자동차 제외) : 미등 및 차폭 등
>   ② 이륜자동차(원동기장치자전거 포함) : 미등(후부 반사기를 미등으로 본다)
>   ③ 노면전차 : 차폭등, 미등
>   ④ 자동차등 외의 모든 차 : 시·도경찰청장이 정하여 고시하는 등화
> 3. 밤에 준하여 등화를 켜야 하는 경우(법제37조제1항제2호제3호)
>   ① 모든 차, 노면전차의 운전자는 안개, 강우 또는 강설 때에 도로에서 차를 운행하거나 고장이나 그 밖의 부득이한 사유로 도로에서 차를 정차 또는 주차하는 경우에는 밤에 준하여 등화를 켠다.
>   ② 굴 속(터널)안을 통행하는 때에는 밤에 준하여 등화를 켜야 한다.

2 밤에 마주보고 진행(교행)하는 경우의 등화 조작 (법제37조제2항)

모든 차 또는 노면전차의 운전자는 밤에 차 또는 노면전차가 서로 마주보고 진행하거나 앞차의 바로 뒤를 따라가는 경우에는 대통령령으로 정하는 바에 따라 등화의 밝기를 줄이거나 잠시 등화를 끄는 등의 필요한 조작을 하여야 한다.

> **해설**
>
> **대통령령이 정하는 등화 밝기 조작(영제20조)**
> 1. 서로 마주보고 진행하는 경우 등의 등화 조작(영제20조제1항)
>   모든 차 또는 노면전차의 운전자는 밤에 서로 마주보고 진행하거나, 앞차의 바로 뒤를 따라갈 때에는 다음 각 호의 방법에 의하여 등화 조작을 하여야 한다.
>   ① 서로 마주보고 진행하는 때(영제20조제1항제1호)
>   ㉮ 전조등의 밝기를 줄이거나
>   ㉯ 불빛의 방향을 아래로 향하게 하거나
>   ㉰ 잠시 전조등을 끌 것(서로간의 교통을 방해할 우려가 없는 경우에는 그러하지 아니하다)
>   ㉱ 마주오는 차 또는 노면전차의 전조등 불빛 때문에 보행자가 보이지 않게 되는 증발현상이 발생하므로 감속한다.
>   ② 앞차 또는 노면전차의 바로 뒤를 따라갈 때(영제20조제1항제2호)
>   ㉮ 전조등 불빛의 방향을 아래로 향하게 하고
>   ㉯ 전조등 불빛의 밝기를 함부로 조작하여 앞차 또는 노면전차의 운전을 방해하지 아니할 것
> 2. 교통이 빈번한 곳에서의 등화 조작(영제20조제2항)
>   모든 차 또는 노면전차의 운전자는 밤에 교통이 빈번한 곳에서 운행할 때에는 전조등 불빛의 방향을 계속 아래로 유지하여야 한다. 다만, 시·도경찰청장이 교통의 안전과 원활한 소통을 확보하기 위하여 필요하다고 인정하여 지정한 지역에서는 그러하지 아니하다.

3 이상기후인 때의 운행과 야간 운행

(1) 안개 낀 때의 운전

① 시계(視界)가 매우 좁아지므로 전조등(안개등)을 켜고 앞차의 미등, 가드레일, 중앙선을 기준으로 서행으로 운전한다.
② 충분한 안전거리를 유지하고, 노상주차, 급브레이크 조작, 급감속을 하지 않도록 한다.

(2) 비올 때의 운전

① 제동거리가 길어지므로 안전거리를 충분히 유지하고 운전하여야 한다.
② 고속으로 주행하면 하이드로플레이닝, 즉 수막 현상으로 핸들 및 브레이크가 잘 듣지 않게 되어 미끄러지게 되므로 도로 사정에 따라 최고속도의 20~50%를 감속 운행한다.

(3) 눈 올 때(빙판길)의 운전

① 정지거리가 길어지므로 최고속도의 20~50%를 감속 운행하여야 한다.
② 눈길·빙판길에서는 엔진 브레이크를 사용하며 서행하여야 한다.

(4) 전조등의 불빛을 아래로 비추고 운전할 경우

① 대향차와 마주보고 진행할 경우
② 앞차의 바로 뒤를 따라갈 경우
③ 교통이 빈번한 장소에서 운행할 경우

(5) 전조등의 불빛을 위로 비추고 운전하여야 할 경우

커브길이나 시야가 좋지 않은 교차로에서는 2~3회 정도 상향·하향으로 변환 또는 점멸하여 자기 차의 접근위치를 알린다.

제8절 철길건널목 통행방법과 고장 시 조치요령

1 철길건널목의 정의

철도와 도로법에서 정한 도로가 평면 교차하는 곳을 의미한다. 종류에는 제1종 건널목, 제2종 건널목, 제3종 건널목으로 구분한다.

> **해설**
>
> **건널목의 종류**
> 1. 제1종 건널목 : 차단기, 경보기 및 건널목 교통안전표지를 설치하고 차단기를 주·야간 계속하여 작동시키거나 또는 건널목 안내원이 근무하는 건널목
> 2. 제2종 건널목 : 경보기와 건널목 교통안전표지만 설치하는 건널목
> 3. 제3종 건널목 : 건널목 교통안전표지만 설치하는 건널목

2 철길건널목 통과방법 (법제24조)

(1) 일시정지와 안전확인 (법제24조제1항)

① 모든 차 또는 노면전차의 운전자는 철길건널목(이하 건널목)을 통과하려는 경우에는 건널목 앞에서 일시정지하여 안전한지 확인한 후에 통과하여야 한다.

> **해설**
>
> **안전 확인방법**
> 1. 건널목 앞(정지선이 있을 때에는 그 직전)에서 일시정지하여 창문을 열고 본인의 눈과 귀로 좌우의 안전을 확인한다.
> 2. 한쪽의 열차가 통과하였어도 그 직후 반대 방향에서 열차가 다가올 수 있으니 주의한다.
> 3. 앞차에 이어서 통과할 때에도 일시정지하여 안전을 확인하여야 한다.

② 다만, 신호기 등이 표시하는 신호에 따르는 경우에는 정지하지 아니하고 통과할 수 있다.

(2) 경보기, 차단기에 의한 진입금지 (법제24조제2항)

모든 차 또는 노면전차의 운전자는 건널목의 차단기가 내려져 있거나 내려지려고 하는 경우 또는 건널목의 경보기가 울리고 있는 동안에는 그 건널목으로 들어가서는 아니 된다.

(3) 철길건널목 통과 시 유의사항

① 교통정체로 건널목 건너편에 차가 들어갈 공간이 없을 때에는 들어가서는 아니 된다.
② 건널목 통과 시에는 도중에 엔진이 꺼지지 않도록 1단이나 2단기어로 미리 변속한 후 철로와 직각방향으로 통과하여야 한다.
③ 특별한 주의를 요하는 철길건널목
  ㉮ 건널목 좌우가 건물이나 수목에 가려져 있거나 커브지점에 위치하여 안전 확인이 어려운 곳
  ㉯ 건널목이 비탈진 곳에 위치하거나 비스듬히 좌우로 경사진 곳
  ㉰ 철길침목이나 노면이 고르지 못하여 통과 중 엔진이 꺼지기 쉬운 곳
  ㉱ 건널목의 폭이 좁아 자동차의 바퀴가 철길로 빠지기 쉬운 곳

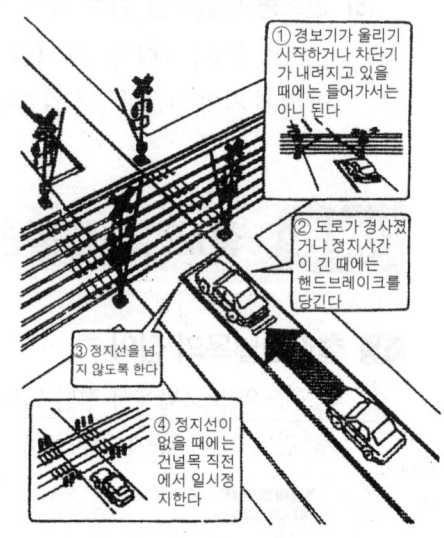

[철길건널목 통과방법]

3 건널목에서 고장 시 조치요령 (법제24조제3항)

모든 차 또는 노면전차의 운전자는 건널목을 통과하다가 고장 등의 사유로 건널목 안에서 차 또는 노면전차를 운행할 수 없게 된 경우에는 다음과 같이 조치한다.

(1) 즉시 승객을 대피시킨다.

(2) 비상신호기 등을 사용하거나 그 밖의 방법으로 철도 공무원이나 경찰공무원에게 그 사실을 알린다.

(3) 그 차량이 시동이 걸리지 않을 경우에는 당황하지 말고 기어를 1단 위치에 넣은 후 클러치 페달을 밟지 않은 상태에서 엔진 키를 돌리면 시동모터가 회전하면서 바퀴를 움직여 철길을 빠져나올 수 있다.

[철길건널목에서 고장 시 조치요령]

제5장 적중출제예상문제

1 운행 전 준수사항

【문제 1】 운전하기 전 반드시 준비하여야 할 휴대 서류이다. 해당 없는 문항은?
① 운전면허증
② 자동차등록증
③ 건강보험증
④ 책임 및 종합보험가입영수증

【문제 2】 운전하기 전 반드시 준비하여야 할 트렁크 내의 휴대품으로 볼 수 없는 문항은?
① 기본휴대공구
② 고장표지판, 경광등 및 손전등
③ 예비 타이어
④ 식사도구

【문제 3】 운전하기 전 자동차운행계획에 반드시 포함시켜야 할 내용이 아닌 문항은?
① 목적지의 숙박시설
② 휴식 및 주차장소와 시간
③ 운행경로와 구간 및 전체 소요시간
④ 사고다발지점, 공사구간 등 교통정보

【문제 4】 운전을 삼가해야 하는 경우로 볼 수 없는 문항은?
① 주차위반으로 범칙금납부통지서를 받은 때
② 걱정·불안·흥분상태에 있을 때
③ 피곤하거나 감기·몸살 등 병이 날 증상이 있을 때
④ 졸음이 오는 감기약등을 복용하였거나 술이 덜 깬 상태일 때

【문제 5】 자동차 출발 시 안전 확인요령이다. 적절하지 못한 문항은?
① 승차하기 전에 자동차의 앞뒤를 확인한다.
② 승차 후 방향지시기로 출발신호를 하고 거울을 통해 주변을 다시 확인한다.
③ 안전 확인은 후사경을 통하여 하면 되고 눈으로 직접 확인할 필요는 없다.
④ 주차공간이 좁은 경우에는 동승자에게 전후좌우의 안전을 확인하도록 한다.

【문제 6】 승용자동차의 승차정원에 대한 설명이다. 맞는 문항은?
① 자동차의 크기에 따라 승차할 수 있는 최대의 인원
② 편안하게 승차할 수 있는 최대의 인원
③ 어른, 아이 구분없이 무조건 5인 이내
④ 자동차등록증에 명시된 인원

【문제 7】 승차정원을 초과할 수 없는 자동차로 맞는 문항은?
① 고속버스
② 시내버스
③ 마을버스
④ 승용자동차

정답 1. 【1】③ 【2】④ 【3】① 【4】① 【5】③ 【6】④ 【7】①

【문제 8】 일반도로에서 승차정원을 초과하여 운행할 수 없는 자동차로 맞는 문항은 ?
① 고속버스　　　　② 시내버스　　　　③ 승용차　　　　④ 전세버스

【문제 9】 올바른 화물 적재 방법이다. 맞지 않는 문항은?
① 모래나 자갈, 흙 등을 실었을 때에는 덮개를 씌워야 한다.
② 화물은 넓고 낮게 앞에서부터 차례로 실으며, 무거운 화물은 아래(밑)에 싣는다.
③ 화물은 높게 싣고 뒤에서부터 실어야 한다.
④ 화물을 떨어지지 않게 튼튼하게 묶어야 하며, 가벼운 화물은 위에 싣는다.

【문제 10】 승용자동차에 어린이를 승차시키고 운행할 때 가장 적절한 승차 위치로 옳은 문항은?
① 운전석 옆에 승차시키고 좌석안전띠를 맨다.
② 조수석 뒷좌석 어린이보조시트에 승차시킨다.
③ 운전석 뒷좌석 어린이보조시트에 승차시킨다.
④ 운전석 뒷좌석에 승차시키고 좌석안전띠를 맨다.

【문제 11】 자동차 승차인원에 대한 설명이다. 맞는 문항은?
① 고속도로운행 승합차는 승차정원의 110% 이내를 승차시킬 수 있다.
② 출발지 관할 경찰서장의 허가를 받은 때에는 승차정원을 초과할 수 있다.
③ 자동차등록증에 명시된 승차정원은 운전자를 제외한 인원이다.
④ 승차정원을 초과하였을 때 도착지관할 경찰서장의 허가를 받아야 한다.

【문제 12】 화물자동차의 적재 중량 기준에 대한 설명이다. 맞는 문항은?
① 자동차 총중량의 110% 이내일 것　　② 화물 적재중량의 110% 이내일 것
③ 자동차 총중량의 120% 이내일 것　　④ 화물 적재중량의 120% 이내일 것

【문제 13】 화물자동차의 적재 용량 기준(후사경의 높이보다 높게 적재의 경우)에 대한 설명이다. 옳은 문항은?
① 길이는 자동차 길이의 4m를 더한 길이　　② 너비는 후사경으로 뒤쪽을 확인할 수 있는 범위
③ 높이는 차 높이의 4m를 더한 높이　　④ 중량은 적재중량의 3.5배 범위

【문제 14】 화물자동차의 적재 용량 기준으로 맞지 않는 문항은?
① 길이 : 자동차 길이에 그 길이의 10분의 1을 더한 길이
② 너비 : 자동차 후사경으로 뒤쪽을 확인할 수 있는 범위의 너비
③ 높이 : 지상으로부터 4m의 높이(도로구조보전상 고시한 도로노선의 경우 4.2m)
④ 적재중량 : 자동차 적재중량의 100% 이내의 적재

【문제 15】 화물자동차의 화물 적재높이의 기준이다. 옳은 문항은?
① 높이 : 적재함으로부터 4m 이내　　② 높이 : 지상으로부터 4m 이내
③ 높이 : 적재함으로부터 3m 이내　　④ 높이 : 지상으로부터 2.5m 이내

정답 【8】① 【9】③ 【10】③ 【11】② 【12】② 【13】② 【14】④ 【15】②

【문제 16】 화물자동차 적재 길이의 기준으로, 자동차 총 길이에 그 길이 중 일부를 더한 길이까지 적재할 수 있다. 그 길이로 맞는 것은?
① 길이 : 20분의 1을 더한 길이
② 길이 : 10분의 1을 더한 길이
③ 길이 : 13분의 1을 더한 길이
④ 길이 : 15분의 1을 더한 길이

【문제 17】 이륜자동차의 적재용량으로 적재장치 길이에 얼마를 더한 길이만큼 적재할 수 있는가?
① 적재장치 길이에 30cm를 더한 길이
② 적재장치 길이에 40cm를 더한 길이
③ 적재장치 길이에 50cm를 더한 길이
④ 적재장치 길이에 60cm를 더한 길이

【문제 18】 일반도로에서 승차 및 적재의 안전기준을 초과한 경우이다. 적법한 문항은?
① 승차정원 9명인 승합자동차에 10명이 승차한 때
② 화물자동차 길이의 11분의 1의 화물을 적재한 경우
③ 승차정원 15명인 승합자동차에 16명이 승차한 때
④ 적재중량 4톤 화물자동차에 4.3톤을 적재한 때

【문제 19】 화물자동차의 화물적재 안전기준이다. 아닌 문항은?
① 화물의 길이 및 너비
② 화물의 무게
③ 화물의 종류
④ 화물의 높이

🔵 해설 안전기준을 넘는 승차 및 적재의 허가(영제23조, 규칙제26조제3항)
안전기준을 넘는 다음의 경우에는 출발지 관할 경찰서장의 허가를 받아야 한다.
1. 전신, 전화, 전기공사, 수도공사, 제설작업 그 밖의 공익을 위한 공사 또는 작업을 위하여 부득이 승차정원을 넘어서 운행하려는 경우
2. 분할할 수 없어 안전기준을 적용할 수 없는 화물을 수송하는 경우
3. 안전기준을 넘은 화물의 적재허가를 받은 사람은 그 길이 또는 폭의 양 끝에 너비 30cm, 길이 50cm 이상의 빨간 헝겊으로 된 표지를 달아야 하며, 다만, 밤에 운행하는 경우에는 반사체(야광)로 된 표지를 달아야 한다.

【문제 20】 안전기준을 초과하는 승차 및 적재의 허가를 할 수 있는 사항에 해당되는 문항은?
① 예비군훈련을 위하여 인원을 초과수송할 경우 허가를 받을 수 있다.
② 승차정원에 운전자와 승무원은 포함되지 않는다.
③ 야산에는 초과 석재물에 반사제(야광)로 된 표지를 달지 않아도 된다.
④ 분할할 수 없어 안전기준을 적용할 수 없는 화물을 수송하는 경우

【문제 21】 안전기준을 넘은 화물을 적재하고 운행하고자 할 때 누구의 허가를 받아야 하는가?
① 주소지 관할 경찰서장
② 주소지 관할 시·도경찰청장
③ 출발지 관할 경찰서장
④ 주소지 관할 시장, 군수

【문제 22】 정비불량 자동차의 개념에 대한 설명이다. 옳은 문항은?
① 자동차운수사업법에 의하여 운행할 수 없는 상태의 차
② 도로교통법에 의한 자동차 정비가 불량한 차
③ 자동차 구조학적으로 정상적인 운전에 지장을 줄 상태의 차
④ 자동차관리법이나 건설기계관리법에 따른 장치가 정비되어 있지 아니한 차

정답 【16】② 【17】① 【18】④ 【19】③ 【20】④ 【21】③ 【22】④

【문제 23】 정비불량 자동차에 대한 조치로 가장 올바른 문항은?
　① 차주정비책임자의 분명한 허락을 받고 운전할 수 있다.
　② 모든차의 사용자, 정비책임자, 운전자는 정비불량 자동차를 운전하여서는 아니 된다.
　③ 속도를 감속하여 평탄한 도로에서는 운전할 수 있다.
　④ 고장차량표지를 표시하고 운전하면 된다.

【문제 24】 정비가 극히 불량한 경우 시·도경찰청장이 자동차 등의 사용을 정지시킬 수 있는 기간은?
　① 5일의 범위에서 사용정지　　② 10일의 범위에서 사용정지
　③ 20일의 범위에서 사용정지　　④ 30일의 범위에서 사용정지

【문제 25】 경찰공무원이 정비불량차를 적발했을 때 운행정지처분기간과 처분권자는?
　① 10일의 범위, 시·도경찰청장　　② 15일의 범위, 경찰서장
　③ 20일의 범위, 시장·군수　　④ 15일의 범위, 시도지사

【문제 26】 경찰공무원이 정비불량 자동차를 점검결과 정비 상태가 매우 불량하여 위험발생의 우려가 있는 경우 올바른 조치요령이다. 옳은 문항은?
　① 다른 운전자로 하여금 운전하게 하고 그 차의 자동차등록증을 보관한다.
　② 차의 통행량이 적은 심야시간에 운전하게 하고 그 차의 운전을 일시정지할 수 있다.
　③ 정비불량표지를 자동차 앞면 창유리에 붙이고 정비명령서를 교부한다.
　④ 10일 이상 범위에서 정비기간을 정하여 그 차의 사용을 정지시킬 수 있다.

【문제 27】 정비불량 자동차에 대한 정비를 시행한 후 정비확인은 누구에게 받아야 하는가?
　① 시·도경찰청장 또는 경찰서장　　② 시장·군수·시·도지사.
　③ 차량 소유자　　④ 1급 정비공장의 정비책임자

2 차마 및 노면전차의 통행방법과 통행우선순위

【문제 1】 차마의 통행구분이다. 옳지 못한 문항은?
　① 보도와 차도가 구분된 도로에서는 차도로 통행하여야 한다.
　② 도로 외의 곳을 출입하는 때에는 보도를 횡단할 수 있다.
　③ 보도를 횡단할 때 보행자가 없는 때에는 일시(일단)정지하지 아니하고 통행해도 된다.
　④ 도로의 중앙(또는 중앙선)으로부터 우측으로 통행하여야 한다.

【문제 2】 차마가 도로의 중앙이나 좌측부분을 통행할 수 있는 경우이다. 잘못된 문항은?
　① 도로 우측부분의 폭이 6m가 안 되는 앞지르기 금지지점에서 앞지르기하는 경우
　② 도로의 파손 또는 공사나 그 밖의 장애 등으로 우측부분을 통행할 수 없는 경우
　③ 도로가 일방통행으로 된 경우
　④ 도로 우측부분의 폭이 차마의 통행에 충분하지 아니한 경우

정답 【23】② 【24】② 【25】① 【26】③ 【27】① 2.【1】③ 【2】①

【문제 3】 차마의 통행구분이다. 잘못된 문항은?
　① 안전지대 등 안전표지로 진입이 금지된 장소에 들어가서는 아니 된다.
　② 도로 외의 곳을 출입하는 경우에는 보도를 횡단할 수 있다.
　③ 가능한 한 차로를 변경하지 않고 주행하여야 한다.
　④ 차로 너비보다 폭이 큰 차는 절대로 도로를 통행할 수 없다.

【문제 4】 차마가 '보도와 차도가 구분된 도로'를 통행하는 방법으로 옳은 문항은?
　① 차마의 운전자는 어떤 경우에도 보도를 횡단할 수 없다.
　② 차마의 운전자는 안전지대에 들어가거나 들어가 주차할 수 있다.
　③ 차마의 운전자는 보도를 횡단하는 때에는 경음기를 울려야 한다.
　④ 차마의 운전자는 차도의 중앙(또는 중앙선) 우측부분으로 통행하여야 한다.

【문제 5】 차마의 운전자가 주차장에 들어가기 위하여 보도를 횡단하고자 할 때 올바른 운전방법으로 맞는 문항은?
　① 보행자가 신속히 통과하도록 신호한다.
　② 보행자보다 먼저 통과한다.
　③ 보도직전에 일시정지하여 보행자의 통행을 방해하지 아니하도록 횡단하여야 한다.
　④ 경음기를 사용하여 보행자에게 알린 후 통과한다.

【문제 6】 차마의 운전자가 길가의 건물이나 주차장에 들어가려고 한다. 올바른 운전방법은?
　① 서행하여야 한다.　　　　　　　　② 일시정지한 후 서행하여야 한다.
　③ 서행한 후 신속히 통과하여야 한다.　④ 일시정지한 후 신속히 통과하여야 한다.

【문제 7】 차마의 통행이 허용된 보행자 전용도로에서의 올바른 운행방법으로 맞는 문항은?
　① 일시정지하거나 보행자의 걸음걸이 속도로 운행한다.
　② 경음기를 울려 주의를 주며 서행한다.
　③ 보행자의 통행에 방해가 되지 않으면 통행방법에는 제약이 없다.
　④ 신속하게 통과한다.

【문제 8】 중앙선이 설치된 도로에서 차로 구분에 대한 설명이다. 옳은 문항은?
　① 도로의 가장자리로부터 1차로　　② 도로의 좌측으로부터 1차로
　③ 도로의 우측으로부터 1차로　　　④ 도로의 중앙선으로부터 1차로
　🔶해설 일방통행도로에서는 도로의 좌측(왼쪽)부터 1차로로 한다.

【문제 9】 자동차전용도로로 통행할 수 있는 차에 해당하는 문항은?
　① 대형승합자동차　② 경운기　③ 이륜자동차　④ 원동기장치자전거

【문제 10】 고속도로 외의 도로에서 왼쪽차로로 통행할 수 없는 자동차에 해당하는 문항은?
　① 승용자동차　② 대형승합자동차　③ 영업용 택시　④ 중·소형승합자동차

정답　【3】④　【4】④　【5】③　【6】②　【7】①　【8】④　【9】①　【10】②

【문제 11】 편도 4차로의 일반도로에서 차로에 따른 통행차기준으로 잘못된 문항은?
① 왼쪽차로 : 승용자동차, 중·소형승합자동차
② 왼쪽차로 : 대형승합자동차, 화물자동차·특수자동차
③ 오른쪽차로 : 대형승합자동차, 화물자동차·특수자동차
④ 오른쪽차로 : 화물자동차, 특수자동차, 건설기계, 이륜자동차, 원동기장치자전거, 우마차
  🔅해설 고속도로 이외의 도로에서 1차로는 왼쪽차로에 해당하므로 통행할 수 있는 차종은 승용자동차 및 경형·소형·중형 승합자동차이다. (도로교통법 시행규칙 별표 9)

【문제 12】 화물자동차가 편도 4차로의 일반도로에서 통행할 수 있는 차로로 맞는 문항은?
① 왼쪽차로   ② 2차로
③ 오른쪽차로   ④ 1, 2차로

【문제 13】 편도 4차로의 일반도로에서 왼쪽차로로 통행할 수 없는 차에 해당되는 문항은?
① 승용자동차   ② 경형 승합자동차
③ 중형 승합자동차   ④ 화물자동차

【문제 14】 차로에 따른 통행차의 기준에 대한 설명이다. 잘못된 문항은?
① 느린 속도로 진행할 때에는 그 통행하던 차로의 오른쪽 차로로 통행할 수 있다.
② 편도 2차로 고속도로의 1차로는 앞지르기를 하려는 모든 자동차가 통행할 수 있다.
③ 일방통행도로에서는 도로의 오른쪽부터 1차로로 한다.
④ 편도 3차로 고속도로의 오른쪽 차로는 화물자동차가 통행할 수 있는 차로이다.

【문제 15】 편도 3차로의 일반도로에서 왼쪽차로로 통행할 수 있는 차에 해당되는 문항은?
① 승용자동차   ② 원동기장치자전거
③ 특수자동차   ④ 화물자동차
  🔅해설 편도 3차로의 일반도로(고속도로 외의 도로)에서 차로에 따른 통행차의 기준
    1. 왼쪽차로 : 승용자동차, 경형·소형·중형 승합자동차
    2. 오른쪽차로 : 대형 승합자동차, 화물자동차, 특수자동차, 건설기계, 이륜자동차, 원동기장치자전거, 자전거 및 우마차

【문제 16】 편도 3차로의 일반도로에서 제일 오른쪽 차로(3차로)로만 통행할 수 있는 차량은?
① 승용자동차   ② 중·소형 승합자동차
③ 경형 승합자동차   ④ 건설기계

【문제 17】 편도 2차로 일반도로에서 차마의 통행방법에 대한 설명이다 맞는 문항은?
① 대형 승합자동차는 1차로로 통행할 수 있다.
② 특수자동차는 2차로로 통행하여야 한다.
③ 적재중량 1.5톤 이하 화물자동차는 1차로로 통행할 수 있다.
④ 이륜자동차는 1차로로 통행할 수 있다.
  🔅해설 편도 2차로의 일반도로(고속도로 외의 도로)에서 차로별 통행차구분
    1차로 : 승용자동차, 소형·중형 승합자동차
    2차로 : 대형승합자동차, 화물자동차, 특수자동차, 건설기계, 이륜자동차, 원동기장치자전거, 자전거 및 우마차

정답 【11】② 【12】③ 【13】④ 【14】③ 【15】① 【16】④ 【17】②

【문제 18】 차로의 설치기준에 대한 설명이다. 적절하지 못한 문항은?
① 좌회전용차로 등 부득이한 경우에는 270cm 이상으로 설치할 수 있다.
② 횡단보도, 교차로 및 철길건널목에는 차로를 설치할 수 없다.
③ 차로의 너비는 3m 이상으로 설치하여야 한다.(다만, 부득이한 경우는 2.75m 이상 설치)
④ 차로를 설치하고자 할 때에는 중앙선을 표시하여야 한다.
　해설　차로의 너비는 3m 이상으로 설치하여야 한다. 다만, 좌회전용차로 등 부득이한 때에는 275cm 이상으로 설치할 수 있다.

【문제 19】 차로를 설치할 수 있는 장소이다. 맞는 문항은?
① 횡단보도
② 일방통행 도로
③ 교차로
④ 철길건널목

【문제 20】 일반도로에 설치된 버스전용차로로 통행할 수 없는 자동차에 해당하는 문항은?
① 36인승 미만의 시내·시외·농어촌의 사업용 승합자동차
② 36인승 이상의 대형승합자동차
③ 노선을 지정하여 운행하는 16인승 이상의 통학·통근용 승합자동차
④ 9인승 승합자동차

【문제 21】 일반도로의 버스전용차로를 부득이하게 이용할 수 있는 경우이다. 옳지 못한 문항은?
① 택시가 승객의 승·하차를 위하여 일시 통행하는 경우
② 도로의 파손, 공사 등으로 전용차로가 아니면 통행할 수 없는 경우
③ 차의 통행량이 많아 심하게 정체된 경우
④ 긴급자동차가 그 본래의 긴급한 용도로 운행하는 경우

【문제 22】 중앙선을 넘어오는 반대방향 자동차를 발견했을 때에 가장 적절한 대처요령은?
① 기어를 저단으로 변속하여 감속되도록 한다.
② 가속페달에서 발을 떼어 자연스럽게 감속되도록 한다.
③ 즉시 감속과 함께 길가장자리로 피하도록 한다.
④ 충돌을 피할 수 없을 때에는 정면충돌하도록 한다.

【문제 23】 1·2차로가 좌회전차로인 교차로의 통행방법으로 가장 적절한 문항은?
① 승용자동차는 2차로만 이용하여 좌회전하여야 한다.
② 대형승합자동차는 2차로만을 이용하여 좌회전하여야 한다.
③ 승용자동차는 1차로만을 이용하여 좌회전하여야 한다.
④ 대형승합자동차는 1차로만 이용하여 좌회전하여야 한다.

정답 【18】① 【19】② 【20】④ 【21】③ 【22】③ 【23】②

> **해설** 차마의 진로양보의무(도로교통법 제20조)
> 1. 좁은 비탈길에서 긴급자동차 외의 자동차가 마주보고 진행할 때 진로양보의무(법제20조②)
>   ① 비탈진 좁은 도로에서 자동차가 서로 마주보고 진행하는 경우에는 올라가는 자동차
>   ② 비탈진 좁은 도로 외의 도로에서 사람을 태웠거나 물건을 실은 자동차와 동승자가 없고, 물건을 싣지 아니한 자동차가 서로 마주보고 진행하는 경우에는 동승자가 없고 물건을 싣지 아니한 자동차
> 2. 교통정리 없는 교차로에서 양보운전(법제26조①~④)
>   ① 교차로에 선 진입한 차량에 진로를 양보
>   ② 폭이 좁은 도로의 차량은, 폭이 넓은 도로의 차량에 진로를 양보
>   ③ 좌측도로 차량은, 우측도로 차량에 진로를 양보
>   ④ 좌회전차량은, 직진·우회전차량에 진로를 양보
> 3. 교차로 등에서 서로간의 통행 우선권이 애매한 경우 : 양보하는 것이 최선임

【문제 24】 비탈진 좁은 도로에서의 차마 서로간의 통행 우선순위가 가장 최우선인 차로 맞는 문항은?

① 불을 끄고 돌아가기 위하여 올라가는 소방자동차
② 승객을 싣고 올라가는 승용자동차
③ 화물을 적재하고 내려가는 화물자동차
④ 법으로 정한 최고속도가 높은 차

【문제 25】 교통신호가 없는 교차로에 먼저 진입한 빈 택시와 승객을 태우고 나중에 진입한 택시 간의 통행 우선순위로 맞는 문항은?

① 먼저 진입한 빈 택시가 우선이다.
② 속도가 빠른 택시가 우선이다.
③ 승객을 태운 택시가 우선이다.
④ 통행 우선순위가 같다.

【문제 26】 긴급자동차 운전자가 할 수 있는 운전방법으로 맞는 문항은?

① 적색신호 시 교통안전에 주의하지 않고 운행할 수 있다.
② 교통사고를 일으키고도 별도 조치 없이 계속 운행할 수 있다.
③ 긴급하고 부득이한 경우에 한해 중앙선을 넘어 운행할 수 있다.
④ 긴급 부득이한 경우가 아니라도 지정속도를 지키지 않고 운행할 수 있다.

【문제 27】 비탈진 좁은 도로에서 자동차가 서로 마주보고 진행하는 경우 통행우선순위가 가장 빠른 차에 해당되는 문항은?

① 화물을 싣고 올라가는 화물자동차
② 승객을 태우고 올라가는 시내버스
③ 화물을 싣고 내려오는 화물자동차
④ 생명이 위급한 환자의 수송을 끝내고 돌아가는 구급자동차

【문제 28】 긴급자동차의 정의이다. 맞는 문항은?

① 범죄수사, 교통단속에 사용되는 경찰차량은 언제나 긴급자동차이다.
② 긴급자동차는 그 본래의 긴급한 용도로 운행되는 자동차를 말한다.
③ 불을 끄고 돌아가는 소방자동차도 긴급자동차에 해당된다.
④ 폭발물 운반차량도 긴급자동차에 해당된다.

정답 【24】③ 【25】① 【26】③ 【27】③ 【28】②

【문제 29】 긴급자동차에 대한 설명이다. 아닌 문항은?
① 교도소 수감자를 호송 중에 있는 호송경비를 위하여 사용되는 차량
② 국내외 요인 경호업무수행을 위하여 경찰차에 유도되어 가는 차량
③ 응급 환자를 이송 중인 구급자동차
④ 불을 끄고 소방서로 돌아가는 소방자동차

【문제 30】 긴급자동차에 해당되지 않는 차는?
① 독극물을 운반 중인 자동차
② 응급환자를 수송 중인 구급차
③ 화재진압을 위해 출동 중인 소방차
④ 생명이 위급한 환자를 수송하는 택시

【문제 31】 긴급자동차에 해당되지 않는 차는?
① 뇌출혈 환자를 수송 중인 일반 승용차
② 화재진압을 위한 출동 중인 소방자동차
③ 소규모 병·의원의 구급자동차
④ 도로의 관리를 위하여 사용되는 자동차

【문제 32】 경광등을 켜지 않거나 사이렌을 울리지 않아도 긴급자동차로 볼 수 있는 차는?
① 절도범을 추격 중인 수사경찰 자동차   ② 응급환자 수송 중인 119구급자동차
③ 화재진압 출동 중인 소방자동차   ④ 속도위반차량을 단속 중인 경찰자동차

【문제 33】 긴급자동차의 지정취소요건으로 볼 수 없는 문항은?
① 자동차의 색상이 긴급자동차에 관한 구조에 적합하지 않은 경우
② 긴급자동차를 목적 외에 벗어나 사용한 경우
③ 고장으로 일시 긴급자동차로 사용할 수 없는 경우
④ 자동차의 사이렌, 경광등이 긴급자동차의 구조에 적합하지 아니한 경우

【문제 34】 긴급자동차가 긴급업무 수행 중인 때 우선 및 특례를 설명한 것이다. 아닌 문항은?
① 앞지르기 금지장소에서도 앞지르기를 할 수 있다.
② 긴급업무수행을 위하여 교통안전에 구애받지 않는다.
③ 정지신호에도 정지하지 아니하고 통행할 수 있다.
④ 끼어들기 금지장소에서도 끼어들기를 할 수 있다.

【문제 35】 생명이 위급한 환자를 운송 중인 택시가 긴급자동차의 우선 및 특례를 적용 받으려면?
① 시·도경찰청장의 긴급자동차 지정을 받아야 한다.
② 경찰관서에 신고하고 운행하여야 한다.
③ 전조등을 켜거나 그 밖의 적당한 방법으로 긴급 상황임을 표시하여야 한다.
④ 일반자동차나 택시는 긴급자동차로 인정받을 수 없다.

정답 【29】④ 【30】① 【31】④ 【32】④ 【33】③ 【34】② 【35】③

3 안전한 속도와 안전거리 등

【문제 1】 자동차 등의 속도에 대한 설명으로 잘못된 문항은?
① 법령으로 정한 자동차 등의 속도를 법정속도라 한다.
② 시・도경찰청장이 위험방지상 안전표지로 제한하는 속도를 제한속도라 한다.
③ 자동차 등의 운전자는 법정속도와 제한속도를 초과하여 운전하여서는 아니 된다.
④ 편도 2차로 이상 일반도로에서의 최고속도는 모두 70km/h 이내이다.

【문제 2】 일반도로에서의 자동차 등 또는 노면전차의 법정속도로 잘못된 문항은?
① 편도 2차로 이상 도로의 최고속도는 80km/h 이내이고 최저속도는 규제가 없다.
② 편도 1차로의 도로는 최고속도 60km/h 이내이고 최저속도는 규제가 없다.
③ 편도 4차로 이상 도로의 최고속도는 90km/h 이내이고 최저속도는 규제가 없다.
④ 일반도로에서는 최저속도를 규제하지 아니한다.

> **해설** 일반도로의 법정속도
> 1. 편도 2차로 이상 : 최고속도 80km/h 이내, 최저속도 규제 없음
> 2. 편도 1차로(지정한 노선 및 구간 포함) : 최고속도 60km/h 이내, 최저속도 규제 없음
> 3. 주거지역・상업지역 및 공업지역 내의 도로 : 50km/h 이내

【문제 3】 편도 2차로 이상의 일반도로에서 승용자동차의 법정최고속도로 맞는 문항은?
① 80km/h 이내   ② 50km/h 이내   ③ 60km/h 이내   ④ 70km/h 이내

【문제 4】 편도 3차로인 일반도로에서 법정최고속도로 맞는 문항은?
① 60km/h 이내   ② 70km/h 이내   ③ 80km/h 이내   ④ 90km/h 이내

【문제 5】 편도 2차로인 일반도로에서 1.5톤 이하 화물자동차의 주행속도로 맞는 문항은?
① 60km/h 이내
③ 80km/h 이내
② 70km/h 이내
④ 90km/h 이내

【문제 6】 법정최고속도의 100분의 20을 줄인 속도 이내로 운행해야 하는 경우로 맞는 문항은?
① 비가 내리려고 하는 경우
② 비가 내려 노면이 젖어 있는 경우
③ 폭우, 폭설, 안개 등으로 가시거리가 100m 이내인 경우
④ 폭우, 폭설, 안개 등으로 가시거리가 50m 이내인 경우

> **해설** 비, 바람, 안개, 눈 등 이상기후 시 감속운행속도

1. 비가 내려 노면이 젖어 있는 경우 2. 눈이 20mm 미만 쌓인 경우	법정최고속도의 100분의 20 감속
1. 폭우・폭설・안개 등으로 가시거리가 100m 이내인 경우 2. 노면이 얼어붙은 경우 3. 눈이 20mm 이상 쌓인 경우	법정최고속도의 100분의 50 감속

정답 3. 【1】④ 【2】③ 【3】① 【4】③ 【5】③ 【6】②

【문제 7】 이상기후 시 최고속도의 100분의 50을 감속해야 하는 경우이다. 아닌 문항은?
① 노면이 얼어붙은 경우
② 폭우 · 폭설 · 안개 등으로 가시거리가 100m 이내인 경우
③ 눈이 20mm 이상 쌓인 경우
④ 비가 내려 노면이 젖어 있는 경우

【문제 8】 눈이 20mm 미만 쌓인 경우의 감속기준이다. 옳은 문항은?
① 최고속도의 20% 감속 운행
② 최고속도의 40% 감속 운행
③ 최고속도의 50% 감속 운행
④ 감속하지 않아도 된다.

【문제 9】 비, 바람, 안개, 눈 등 이상기후 시 감속 기준이다. 맞는 문항은?
① 비가 내려 노면이 젖어있는 경우 20% 감속 운행
② 눈이 20mm 미만 쌓인 경우 50% 감속 운행
③ 안개로 인하여 가시거리가 100m 이상인 경우 50% 감속 운행
④ 노면이 얼어붙은 경우 20% 감속 운행

【문제 10】 중앙 고속도로에서 눈이 20mm 이상 쌓인 경우의 주행최고속도로 맞는 문항은?
① 65km/h 이하로 운행
② 55km/h 이하로 운행
③ 50km/h 이하로 운행
④ 88km/h 이하로 운행

【문제 11】 일반도로에서 대형자동차가 대형자동차를 견인하는 경우의 법정최고속도로 맞는 문항은?
① 시속 10km 이내로 운행
② 시속 30km 이내로 운행
③ 시속 25km 이내로 운행
④ 시속 20km 이내로 운행

【문제 12】 총중량 2,000kg 미만인 차를 총중량이 그의 3배 이상인 차로 견인하는 경우의 법정최고속도로 맞는 문항은?
① 시속 10km 이내로 운행
② 시속 20km 이내로 운행
③ 시속 25km 이내로 운행
④ 시속 30km 이내로 운행

【문제 13】 서해안 고속도로에 눈이 20mm 이상 쌓였을 경우 승용자동차의 최고속도는?
① 50km/h
② 55km/h
③ 60km/h
④ 80km/h

【문제 14】 차의 안전거리확보에 대한 설명이다. 적절하지 못한 문항은?
① 화물을 적재한 차량은 빈 차보다 안전거리를 짧게 확보해도 된다.
② 눈길에서는 평상 시보다 안전거리를 길게 확보하여야 한다.
③ 미끄러운 노면은 주행 전에 타이어의 공기압을 낮춘다.
④ 비에 젖은 노면에서는 안전거리를 길게 확보하는 것이 좋다.

【문제 15】 공주거리가 길어질 우려가 있는 가장 큰 원인으로 맞는 문항은?
① 비 오는 날
② 노면의 습기
③ 과로운전
④ 노면의 결빙

정답 【7】④ 【8】① 【9】① 【10】③ 【11】③ 【12】④ 【13】③ 【14】① 【15】③

【문제 16】 서행에 대한 설명이다. 가장 적절하게 설명한 문항은?
① 차 또는 노면전차가 즉시 정지할 수 있는 느린 속도로 진행하는 것을 말한다.
② 사고를 내지 않을 정도의 속도로 진행하는 것을 말한다.
③ 시속 30km 정도의 속도로 진행하는 것을 말한다.
④ 앞차가 급정지할 때 추돌을 피할 수 있을만한 속도로 진행하는 것을 말한다.

【문제 17】 차 또는 노면전차의 운전자가 서행하여야 할 장소이다. 아닌 곳은?
① 터널 안 및 다리 위
② 가파른 비탈길의 내리막
③ 교통정리가 없는 교차로
④ 비탈길의 고갯마루 부근

【문제 18】 차 또는 노면전차의 운전자가 일시정지 하여야 할 장소이다. 아닌 곳은?
① 교통정리가 없고 교통이 빈번한 교차로
② 철길건널목, 횡단보도 앞 정지선
③ 보행자가 보행 중인 신호등 없는 횡단보도
④ 가파른 비탈길의 내리막

【문제 19】 차 또는 노면전차의 운전자가 일시정지 하여야 하는 경우이다. 해당되지 않는 문항은?
① 육교 등 도로 횡단시설을 이용할 수 없는 신체장애인이 도로를 횡단하고 있는 경우
② 어린이가 도로에서 앉아 놀이를 하고 있는 경우
③ 이륜차가 옆 차로에서 계속 질주하고 있는 경우
④ 앞을 못 보는 사람이 흰색 지팡이를 가지고 도로를 횡단하고 있는 경우

【문제 20】 가파른 비탈길의 내리막길에서 가장 올바른 운전방법에 해당하는 문항은?
① 일시정지 후 신속히 진행하여야 한다.
② 저단기어로 서행하면서 주의 운전하여야 한다.
③ 고단기어로 신속히 통과하여야 한다.
④ 일시정지 후 안전을 확인하고 진행한다.

【문제 21】 서행 및 일시정지에 관한 설명이다. 적절하지 못한 문항은?
① 보행자가 보행 중인 횡단보도 앞에서는 일시정지 하여야 한다.
② 철길건널목을 통과하는 때에는 서행하여야 한다.
③ 신호등이 없고 교통이 빈번한 교차로에서는 일시정지 하여야 한다.
④ 폭이 좁은 도로에서 넓은 도로로 진입하는 때에는 일시정지 하여야 한다.

4 진로변경, 앞지르기 등

【문제 1】 진로변경을 하고자 할 경우에 사전에 취할 조치이다. 적절하지 못한 문항은?
① 미리 후사경으로 전후좌우의 교통상황과 안전을 확인한다.
② 일반도로에서는 30m 이상(고속도로는 100m 이상) 지점에서 신호를 한다.
③ 진로변경이 완료되면 신속히 신호를 멈춘다.
④ 고속도로에서 횡단·후진·유턴을 할 때에도 같은 요령으로 한다.

정답 【16】① 【17】① 【18】④ 【19】③ 【20】② 【21】② 4.【1】④

제5장 자동차의 안전운전

【문제 2】 진로변경을 할 때 차의 신호방법이다. 적절하지 못한 문항은?
① 좌회전 할 경우에는 30m 밖에서 좌측 방향지시등을 켠다.
② 서행하려할 경우에는 브레이크 페달을 밟아 제동등을 켠다.
③ 우회전 할 경우에는 30m 밖에서 우측 방향지시등을 켠다.
④ 후진하려 할 경우에는 후진등을 켠다.

【문제 3】 시내 교차로에서 우회전을 하고자 할 때 방향지시등으로 신호를 행하기 시작해야 하는 거리로 맞는 문항은?
① 10m 전부터   ② 20m 전부터   ③ 30m 전부터   ④ 50m 전부터

【문제 4】 앞차의 운전자가 제동등을 점멸하고 있다. 뒤따르는 운전자는 어떻게 하여야 하는가?
① 감속 운행을 한다.   ② 앞지르기를 한다.
③ 일시정지를 한다.   ④ 진로를 변경한다.

【문제 5】 차의 수신호방법이다. 적절하지 못한 문항은?
① 정지하려할 경우에는 팔을 차체 밖으로 내어 45도 위로 편다.
② 우회전 시는 오른팔을 수평으로 펴서 차체 오른쪽 밖으로 내민다.
③ 뒤차를 앞지르기 시키려는 때에는 팔을 차체 밖으로 수평으로 펴서 손을 앞뒤로 흔든다.
④ 좌회전 시는 왼팔을 수평으로 펴서 차체의 왼쪽 밖으로 내민다.

【문제 6】 운전자가 왼팔을 차체 밖으로 내어 45도 밑으로 폈을 때의 신호의 뜻으로 맞는 문항은?
① 서행한다.   ② 좌회전한다.   ③ 정지한다.   ④ 후진한다.

> **해설** 운전자의 수신호방법(영 제21조, 별표7)
> 1. 좌회전할 때 : 왼팔을 수평으로 펴서 차체의 왼쪽 밖으로 내민다.
> 2. 우회전할 때 : 오른팔을 수평으로 펴서 차체의 오른쪽 밖으로 내민다(조수석에 앉은 사람). 또는 왼팔을 차체의 왼쪽 밖으로 내어 팔꿈치를 굽혀 수직으로 올린다(운전자).
> 3. 정지할 때 : 팔을 차체의 밖으로 내어 45°밑으로 편다.
> 4. 후진할 때 : 팔을 차체의 밖으로 내어 45°밑으로 펴서 손바닥을 뒤로 향하게 하여 그 팔을 앞뒤로 흔든다.
> 5. 뒤차에게 앞지르기시키려는 때 : 오른팔 또는 왼팔을 차체 왼쪽 또는 오른쪽 밖으로 수평으로 펴서 손을 앞뒤로 흔든다.
> 6. 서행할 때 : 팔을 자체의 밖으로 내어 45°밑으로 펴서 위·아래로 흔든다.

【문제 7】 운행 중 방향지시등이 고장 난 경우 뒤차에게 좌회전·유턴할 때의 운전자의 수신호 방법으로 옳은 문항은?
① 왼팔을 수평으로 펴서 차체의 좌측 밖으로 내민다(운전자).
② 왼팔을 왼쪽 밖으로 내어 팔꿈치를 굽혀 수직으로 내민다(조수석에 앉은 사람).
③ 팔을 차체 밖으로 내어 45도 밑으로 편다.
④ 팔을 차체 밖으로 내어 45도 밑으로 펴서 손바닥을 뒤로 향하게 하여 앞뒤로 흔든다.

【문제 8】 팔을 차체의 밖으로 내어 45도 밑으로 펴서 손바닥을 뒤로 향하게 하여 그 팔을 앞뒤로 흔드는 수신호의 뜻으로 맞는 문항은?
① 정지   ② 후진   ③ 서행   ④ 앞지르기

정답 【2】② 【3】③ 【4】① 【5】① 【6】③ 【7】① 【8】②

【문제 9】 운전자가 왼팔을 차체의 밖으로 내어 45도 밑으로 펴서 위·아래로 흔들 때 신호의 뜻으로 맞는 문항은?
① 서행한다.   ② 급제동한다.   ③ 급가속한다.   ④ 앞지르기한다.

【문제 10】 차의 운전자가 진로를 변경하고자 할 때의 순서로 올바른 문항은?
① 안전확인 → 핸들조작 → 신호 → 안전확인 → 신호종료
② 안전확인 → 신호 → 핸들조작 → 안전확인 → 신호종료
③ 안전확인 → 신호 → 안전확인 → 핸들조작 → 신호종료
④ 신호 → 안전확인 → 핸들조작 → 안전확인 → 신호종료

【문제 11】 진로변경을 해서는 아니되는 경우의 설명이다. 어느 때인가?
① 변경하고자 하는 차로 전방에 대형차량이 진행 중인 경우
② 변경하고자 하는 차로 방향을 진행 중인 차에게 장애를 줄 우려가 있는 경우
③ 차로가 편도 2차로 이상인 경우
④ 교통류의 속도가 매시 50km 이상인 경우

【문제 12】 장애물을 피하기 위한 진로변경 방법이다. 적절하지 못한 문항은?
① 장애물 주변에 충분한 공간이 있는지 파악한다.
② 반대편에 마주 오는 차가 있는지 확인한다.
③ 비상점멸등으로 후속 차에게 신호를 한다.
④ 장애물을 피하기 위해서는 신속함이 중요하므로 발견 즉시 빠른 속도로 통과한다.

【문제 13】 차마의 운전자가 횡단·유턴·후진을 할 수 있는 경우로 맞는 문항은?
① 다른 차의 정상적인 통행에 방해가 될 염려가 있는 경우
② 시·도경찰청장이 위험방지상 필요하여 안전표지로 금지한 구역
③ 고속도로에서 다른 교통에 방해가 되지 아니한 경우
④ 일반도로에서 다른 교통에 방해가 되지 아니한 경우

【문제 14】 앞지르기의 순서이다. 가장 적절한 문항은?
① 안전확인 → 좌측 방향지시기 → 앞지르기 → 우측 방향지시기 → 진로변경 및 신호종료
② 좌측 방향지시기 → 안전확인 → 앞지르기 → 우측 방향지시기 → 진로변경 및 신호종료
③ 안전확인 → 우측 방향지시기 → 앞지르기 → 좌측 방향지시기 → 진로변경 및 신호종료
④ 우측 방향지시기 → 안전확인 → 앞지르기 → 좌측 방향지시기 → 진로변경 및 신호종료

【문제 15】 앞지르기에 대한 설명이다. 가장 옳은 방법인 문항은?
① 교차로에서는 위험이 있을 때에만 앞지르기를 금지한다.
② 앞지르기할 때에는 앞차의 우측으로 하여야 한다.
③ 위험방지를 위하여 서행중인 차는 앞지르기할 수 있다.
④ 앞지르기는 앞차의 좌측으로 하여야 한다.

정답 【9】① 【10】③ 【11】② 【12】④ 【13】④ 【14】① 【15】④

【문제 16】 앞차를 앞지르면서 앞지르기를 위반한 경우에 해당하는 문항은?
① 비포장도로에서 앞차의 좌측으로 앞지르기 하였을 경우
② 반대방향의 안전을 살피면서 황색실선의 중앙선을 넘어 앞지르기하였을 경우
③ 교통의 안전을 확인하면서 황색점선의 중앙선을 넘어 앞지르기하였을 경우
④ 편도 2차로에서 백색점선을 넘어 앞지르기하였을 경우

【문제 17】 자전거를 앞지르기할 때에 충분한 거리와 공간을 두는 가장 큰 이유로 맞는 문항은?
① 자전거는 좌우측으로 흔들리지 않기 때문이다.
② 자전거는 갑자기 멈출 수 없기 때문이다.
③ 자전거는 갑자기 방향전환을 할 수 있기 때문이다.
④ 자전거는 갑자기 넘어지는 일이 없기 때문이다.

【문제 18】 앞지르기할 수 없는 경우를 설명한 것이다. 앞지르기를 할 수 있는 경우로 맞는 문항은?
① 앞차가 다른 앞차를 앞지르기하거나 앞지르려 하는 경우
② 앞차의 우측방향에 다른 차가 앞차와 나란히 진행하고 있는 경우
③ 앞차의 좌측에 다른 차가 앞차와 나란히 진행하고 있는 경우
④ 앞차가 위험방지를 위하여 서행하고 있는 경우

【문제 19】 뒤차가 앞지르기를 하려고 하는 경우 올바른 운전방법으로 맞는 문항은?
① 앞지르기를 할 수 있도록 차로를 변경하여야 한다.
② 일시정지하거나 서행하여 앞지르기를 시킨다.
③ 속도를 높여 경쟁하거나 가로막는 등 앞지르기를 방해한다.
④ 서행하는 등 안전하게 앞지르기를 할 수 있도록 양보한다.

【문제 20】 앞지르기가 금지된 장소에 해당되는 문항은?
① 터널 안
② 횡단보도 부근
③ 비포장노로
④ 백색점선 노면표시의 도로

【문제 21】 앞지르기 금지장소로 틀린 문항은?
① 교차로   ② 황색점선의 중앙선
③ 도로가 구부러진 곳   ④ 비탈길의 고갯 마루 부근

【문제 22】 앞지르기 금지구역에서 앞지르기할 수 있는 차량으로 맞는 문항은?
① 이륜자동차
② 화재진압을 끝내고 소방서로 돌아가는 소방차
③ 생명이 위급한 환자를 태우고 운행하는 구급차
④ 어린이를 태우고 운행하는 통학버스

정답 【16】② 【17】③ 【18】② 【19】④ 【20】① 【21】② 【22】③

【문제 23】 끼어들기를 할 수 없는 경우의 설명이다. 아닌 문항은?
① 경찰관의 지시를 따르는 자동차의 앞
② 화물을 적재한 대형화물자동차의 앞
③ 위험상황에 대비하여 정지 또는 서행하고 있는 자동차의 앞
④ 그 본래의 용도로 운행 중인 긴급자동차의 앞

【문제 24】 앞지르기할 때의 최고속도로 옳은 문항은?
① 경제속도 내에서 앞지르기를 한다.
② 앞지르기하는 때에는 속도제한이 없다.
③ 앞지르기 당하는 차보다 20km/h 빠른 속도로 앞지르기를 한다.
④ 최고제한속도 내에서 앞지르기를 한다.

5 교차로 통행방법과 보행자 등의 보호

【문제 1】 교차로 통과요령에 대한 설명으로 적절하지 못한 문항은?
① 우회전하려는 경우에는 미리 도로의 우측가장자리를 따라 서행하여야 한다.
② 좌회전하려는 경우에는 도로의 중앙선을 따라 교차로중심 바깥쪽으로 서행하여야 한다.
③ 안전표지로 진행방향이 지정되어 있는 때에는 그에 따라 통행하여야 한다.
④ 앞차가 진로변경신호를 하는 때에는 그 차의 진로를 방해하여서는 아니 된다.

【문제 2】 교차로에서의 좌회전 방법이다. 틀린 문항은?
① 교차로에 이르기 전 30m 전방에서 좌회전지시등을 켜야 한다.
② 미리 도로의 중앙선을 따라 교차로의 중심 안쪽으로 서행하여야 한다.
③ 교차로 중심 바깥쪽을 이용하여 좌회전한다.
④ 좌회전이 끝날 때까지 좌회전신호를 하여야 한다.

【문제 3】 교차로에서 우회전방법이다. 옳지 못한 문항은?
① 교차로에 이르기 전 20m 전방에서 우회전지시등을 켜야 한다.
② 미리 도로의 우측가장자리로 서행하여야 한다.
③ 우회전할 때는 신호에 따라 횡단하는 보행자의 통행을 방해하여서는 아니 된다.
④ 우회전이 끝날 때까지 계속 신호하여야 한다.

【문제 4】 교차로에서 좌회전할 때에 위험성이 가장 낮은 문항은?
① 반대차로에서 마주 오는 차
② 교차로 부근을 통행하는 차
③ 반대차로에서 우회전하는 차
④ 내차의 우측 후방을 진행하는 차

정답 【23】② 【24】④   5.【1】② 【2】③ 【3】① 【4】④

【문제 5】 교통량은 한산하나 좌·우를 확인할 수 없는 교통신호 없는 교차로 통행방법으로 옳은 문항은?
　① 교차로 직전에서 일시정지하여 안전을 확인한 후 진행한다.
　② 한산한 교차로이므로 속도를 내어 통과한다.
　③ 횡단보도에 보행자가 없으면 그대로 통과한다.
　④ 교차로에 진입할 때에는 속도를 줄여 서행하여야 한다.

【문제 6】 신호기가 없는 교차로에서 진입우선순위가 가장 먼저인 차로 맞는 문항은?
　① 교차로에서 우회전하려는 차량
　② 이미 교차로에 진입하여 좌회전 중인 차량
　③ 교차로에 먼저 도착한 차량
　④ 폭 넓은 도로에서 진입하려는 차량

【문제 7】 자동차의 교차로 통행방법을 가장 적절하게 설명한 문항은?
　① 녹색신호일지라도 교차로 내에 정체가 있으면 정지선 직전에서 정지한다.
　② 교차로에 진입할 때에는 경음기를 울리며 천천히 진입한다.
　③ 교차로에 진입할 때에는 앞차와의 간격을 좁혀 신속히 진행한다.
　④ 신호등과 경찰공무원의 신호가 다른 때에는 신호등의 신호에 따른다.

【문제 8】 교통정리가 없는 교차로에 동시에 진입하려 하는 경우 우선순위가 가장 높은 차로 맞는 문항은?
　① 좌회전 차가 우선
　② 우측 도로의 직진차가 우선
　③ 좌측 도로의 직진차가 우선
　④ 우회전 차가 우선

【문제 9】 교통정리가 없는 교차로 통행방법에 대한 설명이다. 적절하지 못한 문항은?
　① 직진하려는 차는 이미 진입 좌회전하고 있는 차의 통행을 방해하지 못한다.
　② 좌회전하려는 차는 직진하려는 차의 통행을 방해하지 못한다.
　③ 우회전하려는 차는 이미 진입 좌회전하는 차의 통행을 방해하지 못한다.
　④ 직진하려는 차는 좌회전하려는 차의 통행을 방해하지 못한다.

【문제 10】 교통정리가 없는 교통이 빈번한 교차로에서의 통행방법이다. 가장 적절한 문항은?
　① 교통상황에 따라 서행한다.
　② 평상 시의 속도대로 주행한다.
　③ 반드시 일시정지하여야 한다.
　④ 반드시 서행하여야 한다.

【문제 11】 교통정리가 없는 교차로에 진입할 때의 주의사항으로 볼 수 없는 문항은?
　① 통행우선순위를 잘못 알거나 무시하는 차량이 있으므로 주의한다.
　② 황색신호가 점멸하는 때에는 좌우안전를 살피며 서행한다.
　③ 적색신호가 점멸하는 때에는 일시정지한 후 안전을 확인하고 진행한다.
　④ 통행순서가 우선인 경우에는 속도를 높여 신속히 통과한다.

정답 【5】① 【6】② 【7】① 【8】② 【9】④ 【10】③ 【11】④

【문제 12】 비보호좌회전 안전표지(표시)가 있는 교차로에서 통행신호로 옳은 문항은?
① 녹색신호에서 좌회전이 가능하다.
② 좌회전을 할 수 있는 경우 유턴도 할 수 있다.
③ 직진하는 차보다 비보호좌회전 차가 우선권이 있다.
④ 적색신호에도 좌회전이 가능하다.

6 주차 및 정차

【문제 1】 정차의 정의에 대한 설명으로 가장 적절한 문항은?
① 차가 화물을 싣기 위하여 계속 정지하는 것을 말한다.
② 차가 5분을 초과하지 않고 정지하는 것으로 주차 외의 정지상태를 말한다.
③ 차가 10분을 초과하지 않는 범위에서 정지하는 것을 말한다.
④ 운전자가 식사하기 위하여 차고에 세워두는 것을 말한다.

【문제 2】 정·주차방법에 대한 설명이다. 잘못된 문항은?
① 차도와 보도가 구분된 도로에서는 차도의 우측가장자리에 세운다.
② 보·차도 구분이 없는 도로에서는 도로 우측가장자리로부터 50cm 이상 거리를 두고 세운다.
③ 안전표지로 정·주차방법을 지정한 때에는 그에 따라야 한다.
④ 버스가 정류장에 정차한 때에는 3분 이내에 출발하여야 한다.

【문제 3】 경사진 도로에서의 주차방법이다. 잘못된 문항은?
① 핸드 브레이크를 확실히 당긴다.
② 오르막길에서는 1단 기어를 넣고 내리막길에서는 후진 기어를 넣는다.
③ 연석 있는 도로의 내리막에서는 핸들을 왼쪽으로 돌리고 오르막에서는 오른쪽으로 돌린다.
④ 고인목을 바퀴에 받쳐두면 더욱 안전하다.

【문제 4】 버스가 정류소에 정차하였을 때 지켜야 할 사항이다. 아닌 문항은?
① 뒤따르는 다른 차의 정차를 방해하여서는 아니 된다.
② 앞 차와의 거리는 항상 20m 이상을 두고 정차하여야 한다.
③ 승객이 내리고 타는 즉시 출발하여야 한다.
④ 차도의 우측단에 정차하여야 한다.

【문제 5】 택시가 정차할 수 없는 곳에서 손님을 태우고자 할 때 가장 적절한 정차방법은?
① 서행하면서 손님을 태운다.
② 손님을 태우지 않고 그냥 지나간다.
③ 정차할 수 있는 곳까지 손님을 유도하여 태운다.
④ 즉시 정차하여 신속하게 승차시킨다.

정답 【12】① 6.【1】② 【2】④ 【3】③ 【4】② 【5】③

제5장 자동차의 안전운전

【문제 6】 보 · 차도구분 없는 도로에 주차할 경우 도로 우측가장자리로부터 떨어져야 하는 거리로 맞는 문항은?

① 50cm 이상 거리를 두고 주차
② 40cm 이상 거리를 두고 주차
③ 30cm 이상 거리를 두고 주차
④ 10cm 이상 거리를 두고 주차

【문제 7】 정 · 주차가 금지되는 곳이다. 맞지 않는 문항은?

① 교차로, 횡단보도, 철길건널목 및 보 · 차도가 구분된 도로의 보도
② 교차로의 가장자리 또는 도로의 모퉁이로부터 5m 이내인 곳
③ 철길건널목의 가장자리 또는 횡단보도로부터 10m 이내인 곳
④ 안전지대로부터 사방 15m 이내인 곳

> **해설** 정차 · 주차를 금지하는 곳(법제32조)
> ① 교차로 · 횡단보도 · 건널목이나 보도와 차도가 구분된 도로의 보도
> ② 교차로의 가장자리나 도로의 모퉁이로부터 5m 이내인 곳
> ③ 안전지대의 사방으로부터 각각 10m 이내인 곳
> ④ 버스여객자동차의 정류지임을 표시하는 기둥이나 표지판 또는 선이 설치된 곳으로부터 10m 이내인 곳
> ⑤ 건널목의 가장자리 또는 횡단보도로부터 10m 이내인 곳
> ⑥ 다음 각 목의 곳으로부터 5m 이내인 곳
> ㉮ 소방용수시설 또는 비상소화장치가 설치된 곳
> ㉯ 소방시설로서 대통령령으로 정하는 시설이 설치된 곳
> ⑦ 시 · 도경찰청장이 필요하다고 인정하여 지정한 곳

【문제 8】 주차가 금지되는 곳이다. 맞지 않는 문항은?

① 터널 안 및 다리 위
② 화재경보기로부터 5m 이내인 곳
③ 소방용기계기구가 설치된 곳으로부터 5m 이내인 곳
④ 소방용 방화물통으로부터 5m 이내인 곳

> **해설** 주차를 금지하는 곳(법제33조)
> ① 터널 안 및 다리 위
> ② 다음 각 목의 곳으로부터 5m 이내인 곳
> ㉮ 도로공사를 하고 있는 경우에는 그 공사 구역의 양쪽 가장자리
> ㉯ 다중이용업소의 영업장이 속한 건축물로 소방본부장의 요청에 의하여 시 · 도경찰청장이 지정한 곳
> ③ 시 · 도경찰청장이 필요하다고 인정하여 지정한 곳

【문제 9】 정차할 수 있는 장소로 맞는 문항은?

① 교차로의 가장자리
② 도로의 모퉁이
③ 터널 안과 다리 위
④ 버스정류장을 표시하는 기둥, 판이 설치된 곳

【문제 10】 주차만을 금지하고 있는 구역으로 맞는 문항은?

① 터널 안, 다리 위
② 교차로, 횡단보도, 보도, 건널목
③ 도로 모퉁이로부터 5m 이내인 곳
④ 교차로 가장자리로부터 5m 이내인 곳

정답 【6】① 【7】④ 【8】② 【9】③ 【10】①

【문제 11】 주차할 수 있는 곳으로 맞는 문항은?
　① 터널 안
　② 노상주차장
　③ 다리 위
　④ 소방용 방화물통으로부터 5m 이내인 곳

【문제 12】 정·주차 금지장소에서 일시정지할 수 있는 경우가 아닌 문항은?
　① 노선버스가 정류소에서 승객을 승·하차하는 경우
　② 경찰관의 지시로 정차하는 경우
　③ 위험방지상 부득이 정차하는 경우
　④ 택시가 승객을 승차시키고자 하는 경우

【문제 13】 소화전으로부터 주차가 금지된 범위로 맞는 문항은?
　① 3m 이내인 곳　　　　　　　② 5m 이내인 곳
　③ 10m 이내인 곳　　　　　　 ④ 15m 이내인 곳

【문제 14】 소방용 방화물통으로부터 주차가 금지된 범위로 맞는 문항은?
　① 3m 이내인 곳　　　　　　　② 5m 이내인 곳
　③ 10m 이내인 곳　　　　　　 ④ 15m 이내인 곳

【문제 15】 안전지대가 설치된 도로에서는 그 안전지대의 사방 (　) 이내에서 주차할 수 없는가?
　① 10m 이내인 곳　　　　　　 ② 5m 이내인 곳
　③ 20m 이내인 곳　　　　　　 ④ 15m 이내인 곳

【문제 16】 차도의 우측 가장자리에 표시된 황색실선의 의미로 맞는 문항은?
　① 주차만 금지 표시　　　　　 ② 진로변경 금지 표시
　③ 주차허용 표시　　　　　　　④ 정차·주차 금지 표시

【문제 17】 도로의 가장자리에 설치한 황색점선의 노면표시 의미로 맞는 문항은?
　① 주차는 금지하고 정차는 할 수 있다는 표시
　② 정차와 주차를 모두 할 수 있다는 표시
　③ 정차와 주차를 모두 금지한다는 표시
　④ 정차는 금지하고 주차는 할 수 있다는 표시

【문제 18】 주차 위반차량을 견인·이동·보관할 때 조치요령이다. 맞지 않는 문항은?
　① 견인 후 24시간 경과해도 차를 인수하지 아니한 때에는 등기우편으로 통지한다.
　② 차의 사용자, 운전자의 성명·주소를 알 수 없는 때에는 14일간 경찰서 게시판에 공고한다.
　③ 공고기간이 경과해도 사용자 및 관리자를 알 수 없는 때에는 일간신문에 공고한다.
　④ 통지한 날로 부터 1개월이 지나도 반환요구를 아니한 때에는 매각하여 국고에 귀속된다.

정답　【11】②　【12】④　【13】②　【14】②　【15】①　【16】④　【17】①　【18】④

【문제 19】 불법 정·주차 위반 차량을 단속할 수 없는 사람으로 맞는 문항은?
① 순찰대 소속의 경찰공무원
② 시·군·구 공무원(임명받은 경우)
③ 의무경찰
④ 군청으로부터 허가를 받은 견인업체의 직원

【문제 20】 시장 등이 주차위반 차량을 견인·이동·보관한 때 사용자 또는 운전자에게 통지하는 방법으로 맞는 문항은?
① 전화로 통지
② 시 게시판에 공고
③ 등기우편으로 통지
④ 일반우편으로 통지

【문제 21】 주차위반 차의 견인, 보관, 공고, 매각 또는 폐차 등에 소요되는 비용을 부담해야 하는 대상자로 맞는 문항은?
① 시장·군수
② 경찰서장
③ 그 차의 사용자
④ 그 차의 운전자

7 차의 등화

【문제 1】 승용자동차(자가용 승용자동차)가 야간에 도로를 통행할 때 켜야 하는 등화는?
① 전조등, 차폭등, 미등, 번호등, 실내조명등
② 전조등, 차폭등, 번호등, 실내조명등
③ 전조등, 차폭등, 미등, 실내조명등
④ 전조등, 차폭등, 미등, 번호등

【문제 2】 영업용 택시(사업용 승용자동차)가 야간에 도로를 운행할 때 켜야 하는 등화는?
① 전조등, 차폭등, 미등, 번호등
② 전조등, 차폭등, 번호등, 실내조명등
③ 전조등, 차폭등, 미등, 번호등, 실내조명등
④ 전조등, 미등, 번호등, 실내조명등

【문제 3】 밤에 자동차가 주·정차할 때에 켜야 하는 등화로 맞는 문항은?
① 미등, 차폭등, 번호등, 실내조명등
② 미등, 차폭등
③ 미등, 차폭등, 실내조명등
④ 미등, 차폭등, 번호등

【문제 4】 야간에 실내조명등을 켜야 하는 자동차로 맞는 문항은?
① 긴급자동차
② 승합자동차
③ 승용자동차
④ 견인되는 자동차

【문제 5】 차의 운전 중 주간이라도 야간에 준하여 전조등을 켜야 하는 경우로 틀린 문항은?
① 터널 안을 운행하는 때
② 안개, 강우 또는 강설 시에 차를 운행하는 때
③ 고장이나 그 밖의 부득이한 사유로 주·정차 하는 때
④ 천둥·번개와 함께 비가 내려 200m 이내의 물체확인이 어려운 때

정답 【19】④ 【20】③ 【21】③ 7.【1】④ 【2】③ 【3】② 【4】② 【5】④

【문제 6】 밤에 앞차의 바로 뒤를 따라가는 경우의 등화조작요령이다. 가장 적절한 문항은?
① 전조등 불빛을 정상으로 하고 전조등을 껐다 켰다 한다.
② 전조등 불빛을 위로 향하게 한다.
③ 전조등 불빛을 아래로 향하게 하고 전조등 불빛의 밝기를 함부로 조작하지 않는다.
④ 전조등 밝기를 상황에 따라 높였다 낮추었다 한다.

【문제 7】 전조등 불빛을 아래로 비추고 운전할 경우가 아닌 문항은?
① 대향차와 마주보고 진행하는 때
② 앞차의 바로 뒤를 따라가는 때
③ 교통이 빈번한 장소에서 운전하는 때
④ 커브길을 통과하는 때

【문제 8】 비 오는 날의 안전운전요령이다. 적절하지 못한 문항은?
① 비가 온 다음날 엔진 시동 후 첫 브레이크는 그 기능이 현저히 떨어지므로 주의한다.
② 비 오는 날은 수막 현상이 일어나기 때문에 감속 운행하여야 한다.
③ 비가 내리기 시작한 직후에는 노면의 흙, 기름 등이 비와 섞여 더욱 미끄러우니 조심한다.
④ 비 오는 날 물웅덩이를 지난 직후에는 브레이크 기능이 현저히 떨어지니 주의한다.

【문제 9】 안개 낀 날 안전운전요령이다. 적절하지 못한 문항은?
① 커브 길에서는 경음기를 울리고 전조등을 상하로 전환시켜 상대방에게 자기차의 위치를 알린다.
② 짙은 안개로 전방시계가 100m 이내인 경우에는 50% 감속 운행한다.
③ 짙은 안개로 전방 확인이 어려우면 중앙선이나 앞차의 미등을 기준해서 운전한다.
④ 안개 낀 날은 운전자의 시야와 시계의 범위가 넓고 길어진다.

【문제 10】 눈길이나 빙판길에서의 안전운전요령이다. 적절하지 못한 문항은?
① 급제동, 급핸들 조작을 하지 않아야 한다.
② 차체가 미끄러지는 반대쪽으로 핸들을 틀어 위험을 방지한다.
③ 응달이나 다리 위 또는 터널부근은 빙판이 되기 쉬운 장소이므로 특히 주의한다.
④ 앞차의 미등이나 제동등의 움직임, 노면반사 등으로 도로상태를 가늠한다.

【문제 11】 강풍이나 돌풍이 불어 올 때의 안전운전요령이다. 적절하지 못한 문항은?
① 강풍이 불면 핸들을 안돌려도 자동차가 차로를 조금씩 벗어나는 경향이 있다.
② 감속과 함께 핸들을 양손으로 꽉 잡고 신중히 대처하는 운전을 한다.
③ 산길이나 높은 고지대, 터널입구와 출구, 다리 위에서는 특히 조심한다.
④ 빠른 속도로 터널입구, 다리 위 등을 벗어나야 안전하다.

【문제 12】 대향차(반대편의 차)의 전조등 불빛이 운전자의 눈을 부시게 하는 경우 대처 요령으로 맞는 문항은?
① 미등을 깜빡거린다.
② 시선을 약간 우측으로 한다.
③ 경음기를 울린다.
④ 후사경을 눈부심 방지로 조절한다.

정답 【6】③ 【7】④ 【8】① 【9】④ 【10】② 【11】④ 【12】②

8 건널목 통행방법과 고장 시 조치요령

【문제 1】 보행자가 건널목을 통행해도 안전한 때로 맞는 것은?
① 차단기가 내려지려고 하는 경우　② 차단기가 내려지고 있는 경우
③ 건널목 안내원이 진행신호를 하는 경우　④ 경보기가 울리고 있는 경우

【문제 2】 철길건널목을 안전하게 통과하는 방법이다. 올바른 문항은?
① 앞차가 통과할 때에는 뒤따라 그대로 통과한다.
② 경보기가 울리고 있는 때에는 신속히 통과한다.
③ 일시정지 하여 좌·우를 살피고 안전을 확인한 후 통과한다.
④ 건널목 내에서 가급적 저속 기어로 변속하여 단숨에 통과한다.

【문제 3】 철길건널목을 통과할 때의 안전원칙이다. 그 순서로 맞는 문항은?
① 듣는다 → 보고 멈춘다 → 안전 확인 후 통과한다.
② 멈춘다 → 보고 듣는다 → 안전 확인 후 통과한다.
③ 보고 듣는다 → 멈춘다 → 안전 확인 후 통과한다.
④ 본다 → 멈추고 듣는다 → 안전 확인 후 통과한다.

【문제 4】 철길건널목 통과 중 차량이 고장 난 경우 운전자의 조치로 잘못된 문항은?
① 신속하게 현장에서 차량의 고장여부를 확인하고 수리한다.
② 기어를 1단으로 하고 스타팅 모터의 힘으로 건널목 밖으로 이동시킨다.
③ 비상 신호, 그 밖의 방법으로 철도공무원이나 경찰공무원에게 알린다.
④ 승객을 신속히 하차시켜 대피시킨다.

【문제 5】 철길건널목 통과방법이다. 잘못된 운전 행위로 맞는 문항은?
① 앞차가 통과하여도 일시정지하는 행위
② 일시정지 후 통과하는 행위
③ 경보기가 울릴 때 통과하는 행위
④ 철도공무원의 신호에 따라 통과하는 행위

【문제 6】 철길건널목 내에서 차량고장 시 조치방법이다. 가장 옳은 문항은?
① 철도공무원 등에게 연락 → 건널목 밖으로 이동 → 승객 대피
② 승객 대피 → 건널목 밖으로 이동 → 철도공무원 등에게 연락
③ 건널목 밖으로 이동 → 승객 대피 → 철도공무원 등에게 연락
④ 승객 대피 → 철도공무원 등에게 연락 → 건널목 밖으로 이동

정답　8.【1】③　【2】③　【3】②　【4】①　【5】③　【6】④

제6장 안전운전에 필요한 지식

제1절 사람의 감각과 판단능력

1 감각(感覺)과 판단능력(判斷能力)

(1) 인지 · 판단 · 조작

① 자동차의 운전은 시시각각으로 변하는 도로의 교통상황을 재빨리 인지하고, 정확한 판단과 적절한 조작을 되풀이하는 과정이다. 다만, 인지 · 판단 · 조작 중 하나라도 잘못되면 위험이 따르는 것은 말할 것도 없으며, 이 세 가지 중 가장 **중요한 것은 인지**이다.

② 판단의 근본인 정보를 인지하지 못하고 놓치면 정확한 판단을 할 수 없게 되어 조작을 잘못하는 결과로 연결되는 것이다.

③ 교통사고의 대부분은 인지(정보)가 늦거나 놓침으로써 올바른 판단을 하지 못하는 잘못 때문에 일어나는 것이다. 특히, 초보운전자는 인지력이 모자라고 또 운전경험이 짧기 때문에 정확한 판단을 하지 못할 뿐 아니라 위험을 예측하는 능력도 부족하므로 더욱 신중하게 운전하여야 한다.

(2) 반응시간

① 운전자가 위험을 감지(인지)하고 브레이크를 밟아 브레이크가 듣기 시작하기까지는 **1초** 정도의 시간이 걸린다. 이것을 반응시간이라 한다.

② 1초 동안에 주행한 거리는 속도가 빠르면 빠를수록 정지거리가 길어져 장애물을 피하는 것이 어렵게 되므로 과속하거나 무리한 운전을 삼가야 한다.

2 시각(視覺)의 특성(特性)

(1) 시력(視力)

물체를 확실히 볼 수 있는 것은 주시점 부근이 극히 좁은 범위로 그 부분 이외의 것은 잘 보이지 않기 때문에 운전 중에는 한 곳을 오래 집중 주시하지 말고 전방을 넓게 전체를 고루 살펴보아야 한다.

(2) 동체시력(動體視力)

① 동체시력이란 움직이는 물체를 보거나 자신이 움직이면서 물체를 보는 것을 말한다.

② 동체시력은 정지하고 있을 때의 시력에 비해 많이 떨어지며, 속도가 빠를수록 시력이 감퇴(고속일수록 동체시력이 떨어진다)되어 그만큼 위험한 상황의 발견이 늦어지게 된다.

(3) 시야(視野)

① 시야란 사람이 눈의 위치를 바꾸지 않고 멀리 바라볼 수 있는 범위를 말한다.
② 보통 정지시의 시야는 한쪽 눈으로 좌우 각각 160도 정도, 두 눈이면 200도 정도이다.
③ 이때 색깔을 완전히 확인할 수 있는 범위는 더욱 좁아 좌우 각각 35도 부근까지이다. 따라서 시야 바깥쪽일수록 더욱 확인할 수 없게 되어 신호나 안전표지 등은 잘 살피지 않으면 놓칠 위험이 높다.

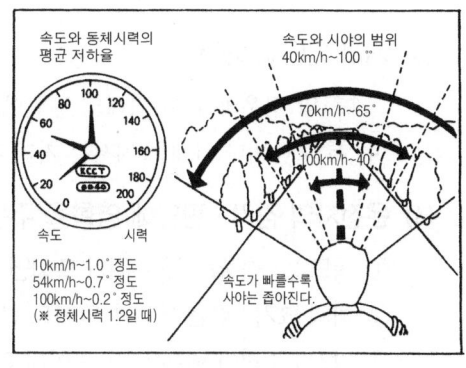

[시각의 특성]

(4) 시력(視力)과 피로(疲勞)
피로가 심하면 그 영향은 눈에서부터 가장 뚜렷하게 나타나서 주의력이 산만해지고 동체시력이 현저히 저하되므로 피로한 상태에서의 운전은 대단히 위험하다.

(5) 명, 암순응(明, 暗順應)
일반적으로 눈이 명암에 순응할 때까지는 시력이 현저하게 떨어지기 때문에 회복할 때까지는 속도를 낮추고 충분한 주의를 하면서 주행하여야 한다.

① 명순응(明順應) : 어두운 장소에서 갑자기 밝은 장소로 이동하면 잠깐동안 아무것도 볼 수 없다가 곧 눈이 순응하면서 조금씩 볼 수 있게 되는 현상을 말한다.
② 암순응(暗順應) : 밝은 장소에서 갑자기 어두운 장소로 이동하면 잠깐동안 아무것도 볼 수 없다가 곧 눈이 순응하면서 조금씩 볼 수 있게 되는 현상을 말한다.

(6) 현혹(眩惑)
야간에 마주 오는 차의 불빛을 직접적으로 받으면 **한순간 시력을 잃어버리는 현상을 현혹**이라 한다. 현혹상태에서 자동차를 운전하면 매우 위험하므로 서행하거나 반드시 자동차를 세우고 회복 시까지 기다려야 한다.

3 속도와 거리판단능력

사람의 판단력은 정확한 것이 아니어서 판단착오로 인한 사고가 많으므로 판단능력의 오차를 고려하여 항상 여유 있게 판단해야 한다.

(1) 속도감각

속도 감각은 주변 환경의 흐름 등을 통하여 눈으로 얻어지는 것이나 이에 따른 사람의 속도 판단은 반드시 정확한 것이 아니다.

(2) 속도감

좁은 도로에서는 실제 속도보다 빠르게 느껴지나, 차로가 많은 고속도로와 같이 주변이 트인 곳에서는 느리게 느껴진다.

(3) 거리 판단의 능력

속도의 경우와 같이 거리의 판단에 있어서도 정확하지 못하고 사람에 따라 큰 차이가 있으며, 특히 밤이나 안개 속에서는 거리 판단이 더욱 어렵다.

(4) 운전자의 감각 · 판단에 영향을 주는 조건

① 속도 : 고속도로 등 주위가 트이면 속도가 느리다고 느껴진다.
② 차의 크기 : 같은 거리에 있어도 큰 차는 가깝게 보이고, 작은 차는 멀리 있는 듯이 보인다.
③ 야간 : 주변이 어두워 잘 보이지 않기 때문에 속도감을 덜 느끼게 된다. 또 다른 차의 전조등 불빛으로 속도 판단을 잘못할 수가 있다.
④ 그 밖의 음주, 피로, 질환 등 운전자의 신체에 영향을 주는 요인들이 있으며, 이 요인들은 인지 · 판단에 착오를 일으킬 확률이 매우 높다.

4 자동차의 제동(制動)

달리는 자동차가 위험을 인지하고 브레이크 페달을 밟아 멈추기(정지)까지에는 일련의 과정을 거치게 되는데, 운전자가 전방의 위험을 발견하고 급정지해야 한다고 생각하여 브레이크 페달을 밟아 실제로 브레이크가 작용하기 시작할 때까지의 단계와 브레이크가 작용해서 자동차가 멈출 때까지의 단계로 나눌 수 있다.

(1) 지각반응시간과 공주거리(空走距離)

① 지각반응시간 : 운전자가 위험을 인지하고 브레이크를 밟아 브레이크가 듣기 시작하기까지 걸리는 시간을 지각반응시간이라 하며 **보통 약 1초 정도 걸린다.** 지각반응시간은 사람의 신체상태(정신상태, 건강상태 등)에 따라 달라질 수 있다.
② 공주거리 : 공주거리는 지각반응시간 동안 자동차가 주행하여오던 속도대로 달린 거리이다.

(2) 제동거리(制動距離)

제동거리는 운전자가 브레이크 페달을 밟아 브레이크가 듣기 시작하여 자동차가 정지할 때까지 달린 거리를 말한다. 제동거리는 주행속도가 빠르거나 노면이 미끄러울수록 길어진다.

(3) 정지거리(停止距離)

정지거리는 공주거리와 제동거리를 합한 거리를 말한다.

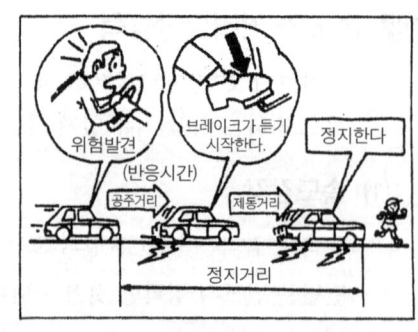

[지각반응시간과 공주거리]

제2절 음주(알코올) 운전금지

1 술에 취한 상태에서의 운전금지 (법제44조)

(1) 술에 취한 상태에서 운전금지 (법제44조제1항)

누구든지 술이 취한 상태에서 자동차 등(건설기계-덤프트럭 외 5종 포함), 노면전차 또는 자전거를 운전하여서는 아니 된다.

※ 벌칙 내용은 182쪽의 (2) "표" 참조

(2) 경찰공무원의 음주측정검사 (법제44조제2항)

① 술에 취한 상태에서 운전을 2회 이상 위반한 자로서 다시 음주운전을 한 사람
② 경찰공무원(자치경찰공무원을 제외한다. 이하 이 항에서 같다)은 교통의 안전과 위험방지를 위하여 필요하다고 인정하거나, 술에 취한 상태에서 자동차 등, 노면전차 또는 자전거를 운전하였다고 인정할 만한 상당한 이유가 있는 경우에는 운전자가 술에 취하였는지를 호흡조사로 측정할 수 있다. 이 경우 2회 이상 경찰공무원의 측정에 응하지 아니한 사람(벌칙제148조의 2).

※ 벌칙 : 1년 이상 6년 이하의 징역이나 500만 원 이상 3,000만 원 이하의 벌금에 처한다.(제1항제1호)

(3) 술에 취한 상태의 측정결과에 불복한 운전자의 혈액채취 재검사 (법제44조제3항)

술에 취하였는지의 여부를 측정한 결과에 불복하는 운전자에 대하여는 그 운전자의 동의를 받아 혈액채취 등의 방법으로 다시 측정할 수 있다.

(4) 술에 취한 상태의 기준 (법제44조제4항)

운전이 금지되는 술에 취한 상태의 기준은 운전자의 **혈중알코올농도가 0.03퍼센트 이상인** 경우로 한다.

(5) 술에 취한 상태에 있다고 인정할 만한 상당한 이유가 있는 사람은 자동차 등, 노면전차 또는 자전거를 운전한 후 경찰공무원의 측정(혈액 채취 방법 포함)을 곤란하게 할 목적으로 추가로 술을 마시거나 혈중알코올농도에 영향을 줄 수 있는 의약품 등 행정안전부령으로 정하는 물품을 사용하는 행위(음주측정방해 행위)를 하여서는 아니 된다.

① 술에 취한 상태의 측정 방법은 다음 각 호와 같다.
　　1. 호흡조사: 호흡을 채취하여 술에 취한 정도를 객관적으로 환산하는 측정 방법
　　2. 혈액 채취: 혈액을 채취하여 술에 취한 정도를 객관적으로 환산하는 측정 방법
② 술에 취한 상태의 측정 절차는 다음 각 호와 같다.
　　1. **호흡조사로 측정하는** 경우 다음 각 목의 절차를 따를 것
　　　　가. 경찰공무원이 교통의 안전과 위험방지를 위하여 필요하다고 인정하는 경우나 운전자의 외관, 언행, 태도, 운전 행태 등 객관적 사정을 종합하여 운전자가 술에 취한 상태에서 운전한 것으로 의심되는 경우에 실시할 것

나. 입 안의 잔류 알코올을 헹궈낼 수 있도록 운전자에게 음용수를 제공할 것
2. 혈액 채취로 측정하는 경우 다음 각 목의 절차를 따를 것
　가. 운전자가 처음부터 혈액 채취로 측정을 요구하거나 호흡조사로 측정한 결과에 불복하면서 혈액 채취로의 측정에 동의하는 경우 또는 운전자가 의식이 없는 등 호흡조사로 측정이 불가능한 경우에 실시할 것
　나. 가까운 병원 또는 의원 등의 **의료기관에서 비알콜성 소독약을 사용**하여 채혈할 것
③ 제1항 및 제2항에서 규정한 사항 외에 술에 취한 상태의 측정 방법 및 절차 등에 관하여 필요한 사항은 경찰청장이 정한다.

(6) 혈중알코올농도에 영향을 줄 수 있는 물품 (시행규칙 제27조의3).

혈중알코올농도에 영향을 줄 수 있는 의약품 등 행정안전부령으로 정하는 물품은 ① 베라파밀연산염(Verapamil Hydrochloride) ② 에리트로마이신(Erythromycin) 이다.

법제148조의2 제4항	과로, 질병 또는 약물(마약류)의 영향으로 정상적으로 운전하지 못할 우려가 있는 상태에서 자동차 등 또는 노면전차를 운전한 경우와 경찰공무원의 약물측정을 위반하여 벌금이상의 형을 선고 받고 그 형이 확정된 날부터 10년내에 다시 과로, 질병 또는 약물(마약류)운전 및 약물측정위반을 한 사람	1. 과로, 질병 또는 약물(마약류)운전을 위반한 사람은 2년 이상 6년 이하의 징역이나 1천만 원 이상 3천만 원이하의 벌금에 처한다. 2. 경찰공무원의 약물측정을 위반한 사람은 1년 이상 6년 이하의 징역이나 500만 원 이상 3천만 원이하의벌금에 처한다.
법제148조의2 제5항	과로, 질병 또는 약물(마약류)의 영향으로 인하여 정상적으로 운전하지 못할 우려가 있는 상태에서 자동차 등 또는 노면전차를 운전한 사람	5년 이하의 징역이나 2천만 원 이하의 벌금에 처한다.
법제148조의2 제6항	약물의 영향으로 인하여 정상적으로 운전하지 못할 우려가 있는 상태에 있다고 인정할 만한 상당한 이유가 있는사람으로서 경찰공무원의 약물측정에 응하지 아니한 사람	5년 이하의 징역이나 2천만 원 이하의 벌금에 처한다.

※ 〈참고〉 제4항·제5항·제6항은 25년 4월 2일 시행한다.

2 알코올(Alcohol)이 인체에 미치는 영향

(1) 알코올의 흡수작용

사람이 음식을 먹으면 위에서 소화되어 혈액으로 흡수되지만 알코올은 위와 장에서 그대로 혈액 속에 흡수되어 대뇌를 비롯한 몸 전체에 퍼진다.

(2) 알코올이 혈액에 흡수되는 비율

① 술의 종류와 양　　② 술 마시는 속도
③ 체중　　　　　　　④ 위 속에 있는 음식물의 종류와 양에 따라 다르다.

(3) 알코올의 산화

혈액 속의 알코올은 간장에서 1시간에 10cc씩 산화되며, 적은 양은 호흡과 소변, 땀으로 배출된다.

3 술에 취한 상태의 운전이 운전에 영향을 미치는 위험요인

(1) 술에 취한 상태에서의 운전의 위험성

음주운전은 대형사고로 이어지는 사고의 원인 중 가장 최악의 위반행위이다. 그럼에도 불구하고 음주운전을 하는 것은 그 위험성을 올바로 인식하지 못하고 있기 때문이다.

「적은 양이라도 술을 마시고 난 후 운전하여서는 안 된다」, 「술을 마셨으면 차의 핸들을 잡지 않는다. 운전하려면 마시지 않는다」라는 습관을 완전히 몸에 익혀야 한다.

① **알코올이 몸에 미치는 영향** : 술 취한 감이 있을 정도로 술을 마신 경우에는 일반적으로 10시간(1시간에 10cc씩 산화되므로)은 알코올의 영향을 받는다. 알코올의 영향을 가장 받기 쉬운 기관은 뇌로서, 이성을 마비시켜 생각이나 판단하는 작용을 둔화시킨다. 이 때문에 자기 억제가 되지 못하여 성격이 다른 사람처럼 변하게 된다.

② **알코올이 운전에 미치는 영향** : 운전자는 비록 적은 양의 술을 마셨다고 하더라도 두뇌의 활동이 저하되어 정신 집중은 물론 사고력이나 판단력과 민첩성이 둔해져 갑작스런 돌발 상황이 발생했을 때에는 신속한 대응을 하지 못하고 반응시간이 길어지게 된다. 예를 들면 다음과 같다.

㉮ 신호등, 안전표지, 장애물, 대향차 등의 발견이 늦어지거나 보지 못하게 된다.
㉯ 운전조작에 요구되는 반응시간이 늦어지게 된다.
㉰ 준법의식이 떨어지고 교통법규를 위반하게 되어 운전조작 행위는 필요 이상으로 난폭해져 교통사고와 직결된다.

4 술에 취한 상태에 따른 처벌기준

(1) 술에 취한 상태의 기준 (법제44조제4항)

① 운전이 금지되는 술에 취한 상태의 기준은 **혈중알코올농도 0.03% 이상인 경우**로 하며, 술에 **만취된 상태는 0.08% 이상**이다. 혈중알코올농도가 0.03% 미만이라도 술을 마신 상황에서는 운전하지 않는 것이 사고예방을 위하여 가장 현명한 방법이다.

② 일반적으로 음주운전의 기준이 되는 혈중알코올농도 0.03%는 사람의 체질이나 심신상태 등에 따라 개인차가 많다. 그러나 보통의 성인 남자가 음주 후 60분, 성인 여자는 30분 경과한 후 정점에 도달한다(소주 2잔, 캔 맥주 2캔, 양주 2잔, 포도주 2잔).

(2) 술에 취한 상태에서 운전 시 처벌의 기준 (법 제148조의2제1항~제6항)

관련 조항	술에 취한 상태의 위반 내용	처벌의 내용
법 제148조의2 제1항	① 같은 법으로 벌금 이상의 형이 확정된 날부터 10년 내에 재위반한 사람	1. 1년 이상 6년 이하의 징역이나 500만 원 이상 3,000만 원 이하의 벌금(주취측정 불응) 2. 2년 이상 6년 이하의 징역이나 1,000만 원 이상 3,000만 원 이하의 벌금(주취운전 - 0.2% 이상) 3. 1년 이상 5년 이하의 징역이나 500만 원 이상 2,000만 원 이하의 벌금(주취운전 - 0.03% 이상 0.2% 미만) 4. 행정처분(면허취소)
법 제148조의2 제2항	② 술에 취한 상태에 있다고 인정할 만한 사람이 경찰공무원의 측정에 응하지 아니한 사람 ③ 술에 취한 상태에 있다고 인정할 만한 사람이 음주운전 후 음주측정방해행위를 한 사람	1. 1년 이상 5년 이하의 징역이나 500만 원 이상 2,000만 원 이하의 벌금 2. 행정처분(면허취소)
법 제148조의2 제3항제1호	④ 술에 취한 상태의 기준 1. 혈중알코올농도가 0.2% 이상인 사람	1. 2년 이상 5년 이하의 징역이나 1,000만 원 이상 2,000만 원 이하의 벌금 2. 행정처분(면허취소)
법 제148조의2 제3항제2호	2. 혈중알코올농도가 0.08% 이상 0.2% 미만인 사람	1. 1년 이상 2년 이하의 징역이나 500만 원 이상 1,000만 원 이하의 벌금 2. 행정처분(면허취소)
법 제148조의2 제3항제3호	3. 혈중알코올농도가 0.03% 이상 0.08% 미만인 사람	1. 1년 이하의 징역이나 500만 원 이하의 벌금 2. 행정처분(면허 100일 정지)

※ 〈참고〉 제4항 · 제5항 · 제6항은 25년 4월 2일 시행한다.

제3절 과로한 때 등의 운전금지

1 과로한 때 등의 운전금지 (법 제45조, 제1항 ※ 26. 4. 2 시행)

자동차 등(개인형 이동장치는 제외한다.) 또는 노면전차의 운전자는 술에 취한 상태 외에 과로, 질병 또는 약물(마약, 대마 및 향정신성 의약품과 그 밖에 행정안전부령으로 정하는 것)의 영향과 그 밖의 사유로 정상적으로 운전하지 못할 우려가 있는 상태에서 자동차 등 또는 노면전차를 운전하여서는 아니 된다.

(1) 피로와 운전조작

피로한 상태에서 운전하면 하품 또는 졸음이나 반응이 늦는 등의 변화가 있다. 또한 눈에 보이지 않는 변화로 맥박이 증가하거나 혈압이 상승하기도 한다.

① 피로가 몸에 미치는 영향
- ㉮ 시야가 좁아진다.
- ㉯ 감각이 둔해진다.
- ㉰ 판단력과 예측능력이 저하된다.
- ㉱ 의사결정이나 반응시간이 지연된다.
- ㉲ 동작의 타이밍이 늦거나 빨라진다.
- ㉳ 운전자세가 나빠진다.

② 피로가 운전에 미치는 영향
- ㉮ 위험상태를 무시하거나 인식하는 것을 태만히 한다.
- ㉯ 눈부심에 약하다.
- ㉰ 다른 차와의 거리감이나 속도감이 틀린다.
- ㉱ 마음이 초조하고 규칙을 무시하거나 화를 잘 낸다.
- ㉲ 운전조작이 난폭해진다.

(2) 과로운전을 피하는 방법

몸이 극도로 피로한 때에는 운전을 하지 말고 다음 사항에 유의하여야 한다.

① 수면과 휴식을 충분히 취하여 몸이나 심신이 정상상태로 회복된 뒤에 운전한다. 몸이 불편하거나 정신상태가 불안정한 때에는 즉시 운전을 삼간다.

② 미리 여유 있는 운전계획을 세우되 장시간 계속 운전하는 일이 없도록 2시간마다 휴식할 수 있게 하여야 한다.

③ 운전 중 졸리거나 심하게 피로한 때에는 무리하지 말고 안전한 장소에 주차하여 잠시 눈을 붙이거나 가벼운 운동을 한다.

2 약물복용 운전의 금지

(1) 약물복용 운전의 금지 (법제45조 제1항~제3항(※26. 4. 2 시행))

① 자동차 등 또는 노면전차의 운전자는 술에 취한 상태 외에 과로·질병 또는 약물(마약·대마 및 향정신성 의약품과 그 밖에 행정안전부령으로 정하는 것을 말한다)의 영향과 그 밖의 사유로 정상적으로 운전하지 못할 상태에서 자동차 등 또는 노면전차를 운전하여서는 아니 된다.

[약물복용 운전의 금지]

※ 운전이 금지되는 약물의 종류 : 흥분, 환각 또는 마취의 작용을 일으키는 환각물질

※ 약물로 인하여 정상적으로 운전하지 못할 우려가 있는 상태에서 자동차를 운전한 때 : 3년 이하의 징역이나 1,000만 원 이하의 벌금에 처한다.(제148조의2 제4항)

② 경찰공무원은 약물의 영향으로 정상적으로 운전하지 못할 우려가 있는 상태에서 자동차 등 또는 노면전차를 운전하였다고 인정할 만한 이유가 있는 경우에는 운전자가 약물을 복용하였는지를 타액 간이 시약검사 등 방법으로 측정할 수 있다. 이 경우 운전자는 경찰공무원의 측정에 응하여야 한다.

③ 제2항에 따른 측정 결과에 불복하는 운전자에 대하여는 그 운전자의 동의를 받아 혈액채취 등의 방법으로 다시 측정할 수 있다.

(2) 약물복용이 운전에 미치는 영향

약물인 각성제, 진정제, 신경안정제 등을 복용하게 되면 일시적인 졸음이나 주의력, 판단력을 둔화시키는 부작용을 일으킬 수 있으므로 운전을 하지 않도록 한다. 약물을 복용할 때에는 반드시 약물의 용법과 부작용 여부를 약사나 의사에게 물어 그 지시에 따라야 한다.

(3) 약물과 술을 동시 복용할 때의 위험

약물과 술을 동시에 복용하게 되면 대뇌와 중추신경에 치명적인 영향을 주어 사고력, 판단력, 자제력, 지각반응능력을 잃게 되어 대형교통사고의 원인이 되기도 한다. 따라서 약물과 술을 동시에 복용한 때에는 절대로 운전을 삼가야 한다.

[운전에 악영향을 미치는 약물의 종류 및 증세]

종 류	증 세
1. 마약	• 중추신경을 진정시키는 작용으로 졸음과 함께 정신집중이 되지 않고 시력장애 또는 나른함을 느끼게 된다. • 일시적인 쾌감, 도취감, 무감동을 일으킨다. • 습관성이 있기 때문에 사용을 중지하면 극심한 고통이 뒤따른다.
2. 대마초(마리화나)	• 습관성이 있고 극심한 흥분과 공포에 빠지게 하거나 환각을 일으키는데 차츰 졸음이 오면서 나중에는 혼수상태가 된다.
3. 항히스타민제	• 감기, 알레르기성 질환에 사용되는 약물로 중추신경의 진정작용과 함께 부주의, 혼란, 졸음 등의 부작용을 일으키며 사람에 따라 환각증세가 나타나기도 한다.
4. 메스암페타민 (필로폰, 히로뽕)	• 처음에는 신경자극과 함께 작업능률이 높아지는 경향을 보이지만 나중에는 두통, 어지럼, 집중력 감퇴와 함께 극심한 피로를 일으킨다.
5. 카페인 성분의 약물	• 신경을 흥분시켜 일시적으로 졸음과 피로를 덜 수 있으나 멍한 상태에서 주의력 집중이 되지 않고 더욱 피로해진다.
6. 시너·본드 냄새	• 졸음과 어지럼, 집중력이 감퇴되며, 심하면 혼수, 인사불성, 환각증세가 나타나기도 한다.
7. 진정제, 신경안정제	• 주로 대뇌의 지각, 운동 중추의 병적 흥분을 억제하는 효과의 약물수면제로 복용하는 경우 정상적인 기능마저 상실한다.

제4절 자동차에 작용하는 물리적 힘

1 자연의 법칙

주행 중인 자동차에는 속도와 중량에 의한 운동에너지가 발생하여 그로 인한 관성력, 원심력, 마찰력 등 자연력이 작용한다. 이 자연의 법칙을 이해하고, 차를 조절할 수 있는 한계에 대하여 알아두어야 안전운전을 할 수 있다.

(1) 관성과 마찰의 힘

① 운동하고 있는 물체는 외부로부터 힘을 가하지 않는 한 **그대로 운동을 계속하려 한다**. 이것을 「관성의 법칙」이라 한다.
② 주행 중의 차에도 이 관성이 작용하기 때문에 차는 즉시 정지하지 않는 것이다. 차를 정지시키기 위해서는 브레이크를 걸어 타이어와 노면과의 마찰저항을 이용한다.
③ 타이어와 노면과의 마찰저항에는 한계가 있으므로 그 한계 내에서 관성을 제어하지 않으면 차를 조절할 수가 없다.
④ 차가 앞으로 달려 나가려고 하는 운동에너지는 **속도의 제곱에 비례하여 커진다**.
⑤ 물에 젖어 있는 노면을 주행할 때나 타이어의 마모가 심하면 노면과의 마찰저항이 줄어들어 제동거리가 길어지므로 각별히 주의하여야 한다.

(2) 제동거리의 한계

① 차를 정지시키기 위해서는 힘이 필요한데 이 힘을 제동력이라 한다. 예를 들면 디스크 브레이크를 장착한 차의 경우, 브레이크를 걸면 디스크와 패드의 마찰저항이 작동하여 차가 정지하게 된다. 이 방법은 일반적인 브레이크 장치를 한 경우에 차의 정지방법이다.
② 자동차에 급브레이크를 건 때에는 디스크와 패드 사이에 강한 저항이 발생하여 바퀴의 회전이 급격히 멈추면서 그 상태로 노면을 미끄러지게 된다. 또한 주행 중의 차는 운동에너지를 지니며, 운동에너지는 속도의 제곱에 비례하여 커진다.
③ **차의 속도가 2배로 되면 제동거리는 약 4배이다**. 또한 비에 젖어있는 노면이나 얼어붙어 있는 노면은 마찰저항이 적어 미끄러지는 거리가 대단히 길어진다.
④ 고속주행 중에 급브레이크를 걸면 순간적으로 핸들이 듣지 않고 이상한 미끄럼 현상이 일어나기 때문에 조심해야 한다.

(3) 커브와 원심력

① 커브길을 주행하는 자동차는 커브 바깥쪽으로 미끄러지려고 하는 원심력이 있고, 그 힘이 타이어와 노면과의 마찰저항보다 크면 자동차는 전복되거나 길 밖으로 미끄러지기(전복되기) 쉽다.

② 원심력의 크기는 커브 반경이 작을수록, 중량이 무거울수록 비례해서 커지며 또한 속도의 제곱에 비례해서 커진다.

③ 커브길을 운전할 때에는 항상 원심력이 작용한다는 생각을 하고 커브가 시작되기 전 직선도로에서 브레이크로 충분히 속도를 줄인 후에 원심력을 약하게 하여 안전하게 돌아나가도록 해야 한다.

[커브길에서의 원심력]

[커브의 반경에 따른 적정속도와 위험속도]

커브의 반경 (cm)	적정속도 (km/h)	위험속도 (km/h)	커브의 반경 (cm)	적정속도 (km/h)	위험속도 (km/h)
10	15	21 이상	50	36	47
20	24	30	100	50	67
30	28	36	150	62	82
40	32	42			

(4) 속도와 충격력

차가 충돌하면 운동에너지에 의하여 그 차나 충돌한 대상을 파괴하거나, 운전자를 튀어나가게 하는데, 이 운동에너지는 자동차 속도의 **제곱으로** 비례하여 커지므로 속도가 빠르면 빠를수록 충돌에 의한 피해는 커지게 된다. 따라서 고속으로 운전할 때에는 특히 주의하여야 한다.

[속도에 따른 충격력]

① 자동차가 충돌했을 때 얼마나 큰 피해가 발생하느냐는 충돌 순간의 자동차 속도와 중량에 따라 달라지는데 속도가 빠를수록 중량이 무거울수록 또한 딱딱한 물체에 충돌했을 때일수록 더 크다.

② 자동차의 충격력은 속도의 제곱에 비례해서 커진다. 때문에 속도가 2배가 되면 충격력은 4배가 된다.

③ **시속 60km로 콘크리트 벽에 충돌한 경우는 14m 높이**(건물 5층 높이)에서 떨어진 경우와 같은 충격력을 받는다.

(5) 수막 현상(하이드로플레이닝 ; Hydroplaning)

① 비가 내려 물이 고여 있는 도로 위를 자동차가 고속으로 달리면 타이어와 노면 사이에 수막

층(약 10mm)이 생겨 마치 차가 수상스키를 타는 것과 같은 상태가 되는 것을 「수막 현상」이라 한다.

② 「수막 현상」이 발생하면 자동차 타이어와 노면 사이의 마찰저항이 급격히 떨어지며, 핸들과 브레이크 기능이 상실되면서 자동차가 중앙선을 넘어 간다든가 길 밖으로 미끄러지는 등 사고위험이 매우 크다.

③ 「수막 현상」은 승용차의 경우 보통 시속 90km 이상 달리면 발생되지만 타이어의 마모상태와 공기압에 따라 달라진다. 공기압이 낮거나 타이어가 마모된 경우에는 시속 70km 속도에서도 발생할 수 있다.

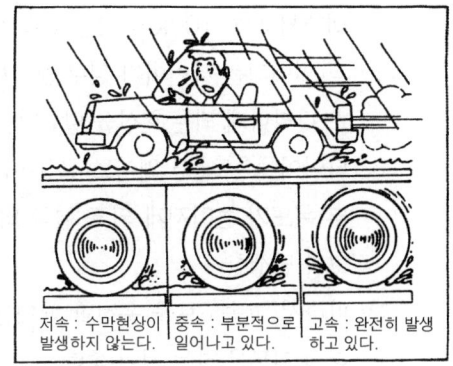

[수막 현상(하이드로플레이닝)]

④ 「수막 현상」을 예방하기 위해서는 비 오는 날 급제동을 삼가며, 이 현상이 일어난 때에는 핸들을 꼭 잡고 엔진 브레이크를 사용하여 서서히 속도를 줄이는 것이 중요하다.

(6) 베이퍼 록(Vaper lock)와 페이드(Fade) 현상

① 베이퍼 록(Vaper lock) 현상

「베이퍼 록 현상」은 긴 내리막길에서 풋(발) 브레이크를 너무 자주 사용하면, 브레이크의 드럼과 라이닝이 과열되어 휠 실린더 등의 브레이크 오일 속에 기포가 생기게 되면서 브레이크 페달을 밟아도 유압이 전달되지 않아 브레이크가 작동되지 않는 현상을 말한다.

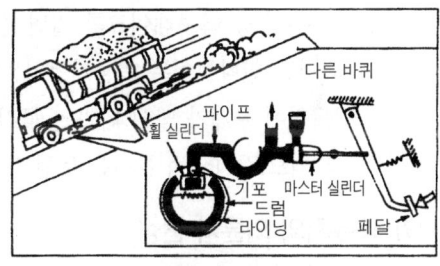

[베이퍼 록 현상]

② 페이드(Fade) 현상

「페이드 현상」은 내리막길 등에서 짧은 시간 안에 풋(발) 브레이크를 지나치게 많이 사용하면 마찰열이 브레이크 라이닝의 재질을 변화시켜 마찰계수가 떨어지면서 브레이크가 밀리거나 듣지 않는 현상을 말한다.

③ 베이퍼 록(Vaper lock) 및 페이드(Fade) 현상의 예방

「베이퍼 록」 현상이나 「페이드」 현상이 발생하면 브레이크가 듣지 않게 되어 대형교통사고의 원인이 되므로, 긴 내리막길을 내려갈 때에는 풋(발) 브레이크보다 엔진 브레이크를 주로 사용함으로써 방지할 수 있다.

(7) 스탠딩 웨이브(Standing wave) 현상

① 「스탠딩 웨이브 현상」은 타이어 공기압력이 부족한 상태에서 시속 100km 이상 고속으로 주행하면 접지면과 떨어지는 타이어의 일부분이 변형되어 물결모양으로 나타나게 되는 현상을 말한다.

② 타이어에 「스탠딩 웨이브 현상」이 나타나면 타이어 내부 온도가 높아지게 되고 결국 타이어가 파열되며 사고가 발생한다.

[스탠딩 웨이브 현상]

③ 따라서 고속도로를 운전할 때에는 일반도로의 경우보다 타이어 공기압을 20~30% 정도 더 높이도록 하는 것이 좋다.

(8) 중심과 안정

① 차에 작용하는 중력(무게)이 한 곳으로 모여 균형이 잡히는 곳을 차량의 중심이라 한다. 중심이 높은 곳에 위치할수록 자동차는 불안정하게 되므로 짐을 실을 때에는 지나치게 높게 싣지 않도록 하여야 한다.

② 또 좌우가 균등하지 않을 경우에도 중심이 한쪽으로 치우치기 때문에 핸들을 놓치거나 완만한 커브에서도 옆으로 구를 위험이 있다.

③ 또 주행 중 급브레이크를 걸면 중심이 앞으로 이동하기 때문에 뒷바퀴가 들떠 불안정하게 되기도 한다. 이는 화물자동차뿐만 아니라 승용자동차도 마찬가지이다. 승용자동차의 지붕 위에 무게가 많이 나가는 물건을 싣게 되면 커브 길에서 차체가 더 많이 한쪽으로 쏠리게 되므로 가급적 물건은 트렁크에 싣도록 하여야 한다.

(9) 내륜차와 외륜차 현상

① **내륜차(內輪差) 현상**

자동차가 회전 시 안쪽 앞바퀴와 안쪽 뒷바퀴와의 회전 반경차를 「내륜차」라 하며 핸들을 최대로 꺾었을 때 최대치가 된다(안쪽 앞바퀴와 안쪽 뒷바퀴의 회전 반경의 차).

※ 소형차보다는 대형차가 내륜차도 크기 때문에 대형차에서 좀더 확실히 느낄 수 있다.

② **외륜차(外輪差) 현상**

자동차가 회전 시 바깥쪽 앞바퀴와 바깥쪽 뒷바퀴의 회전 반경차를 「외륜차」라 하며, 이것 역시 핸들을 최대로 꺾었을 때 최대치가 된다(바깥쪽 앞바퀴와 바깥쪽 뒷바퀴의 회전 반경의 차).

[내륜차, 외륜차 현상]

※ 자동차의 앞부분이 튀어나와서 옆을 지나는 차량이나 보행자를 놀라게 하는데 이는 외륜차 때문이다. 특히 후진 시 주의를 요한다.
※ 전진 시는 내륜차를 고려해 핸들조작을 하고, 후진 시는 외륜차를 고려해 핸들조작을 하여야 한다.

2 자동차의 진동

(1) 바운싱(Bouncing : 상·하 진동)

차체가 일정방향으로 향한 상태로 상하 방향으로 움직이는 운동으로서 비교적 고속으로 주행하고 있는 상태에서 노면이 갑자기 높게 되어 있거나 낮게 되어있을 때 생긴다.

(2) 피칭(Pitching : 앞·뒤 진동)

차체의 앞부분이 상하로 진동하는 운동으로서 급제동을 걸었을 때 생기는데 계속되지 아니하고 곧 없어지게 된다.

(3) 롤링(Rolling : 좌·우 진동)

차체가 좌우로 경사져서 흔들리는 것으로서 동요하는 중심축은 일반적인 무게 중심보다 아래에 있게 된다.

이 축을 롤축(Roll axis)이라 하고, 차체가 기울어지는 각을 롤각(Roll angle)이라 한다.

(4) 요잉(Yawing : 차체후부 진동)

차체가 상하축의 둘레로 흔들리는 것으로서 조향핸들을 급히 조작할 경우, 그리고 레일 위나 미끄럼이 생기기 쉬운 노면을 달릴 때 생기기 쉽다.

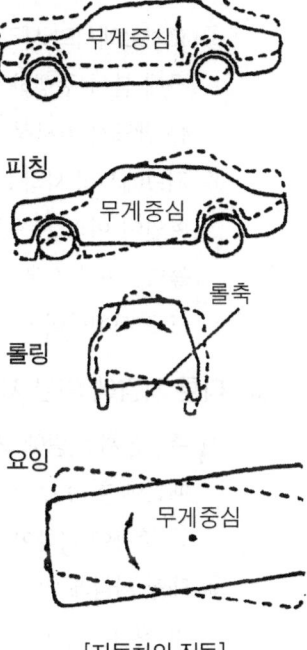

[자동차의 진동]

(5) 로드 홀딩 : 자동차의 모든 바퀴가 노면에 찰싹 달라붙는 현상

(6) 노우스 업(스쿼트 현상) : 자동차가 출발할 때 앞이 들리는 현상

(7) 노우스 다운(다이브 현상) : 자동차가 급제동 시에 앞이 내려가는 현상

3 자동차의 사각(死角)

운전자가 운전석에 앉은 상태에서 차 밖을 보는 경우 시계가 차체 등에 가리어 보이지 않는 부분이 있다. 이 보이지 않는 부분을 사각(死角) 또는 시사각(視死角)이라 하며 **자동차 차체에 의한 사각**, **교차로 등에서의 사각**, **다른 차량에 의한 사각** 등으로 구분하고 있다.

(1) 자동차 차체에 의한 사각

모든 자동차에는 범위의 차이는 있으나 그 자동차 자체의 구조에서 오는 사각부분이 있다. 이 사각을 보완하기 위하여 실외 후사경(사이드 밀러) 및 실내 후사경(룸 밀러) 등을 장착하고 있으나, 차가 출발할 때에는 실내·외 후사경으로도 확인할 수 없는 부분이 있다. 이 부분을 반드시 확인하여야 한다.

(2) 교차로 등에서의 사각

① 교차로에서의 사각 : 사륜차에서 보면 왼쪽방향에서 오는 이륜차는 차체가 작은데다가 오른쪽에 붙어 주행하기 때문에 발견하지 못하는 경우가 있다. 안전 확인이 어려운 교차로에서는 반드시 일시정지하여 안전을 확인 후 진행하여야 한다.

② 커브에서의 사각 : 커브길에서는 장해물이 있고 없음에 따라 사각의 범위가 달라진다. 전방 확인이 어려운 좁은 커브에서는 대향차와의 충돌 또는 보행자를 충격하는 사고의 위험성이 높다. 이와 같은 커브를 주행할 때에는 확인 가능한 중간지점에서 즉시 정지할 수 있는 속도로 서행하여야 한다.

(3) 다른 차량에 의한 사각

① 주·정차 차량에 의한 사각 : 양쪽에 주·정차된 차량이 있는 경우에는 사각이 양쪽에 있기 때문에 한쪽 주차에 비하여 보행자 등의 발견이 곤란하다. 그리고 연속주차의 경우에는 단독 주차에 비하여 사각이 되는 부분이 많으므로 더 위험하다.

② 대향 차량에 의한 사각 : 교차로에서 좌회전하는 경우에는 대향(정지)차에 가려진 곳이 사각이 된다. 대향(정지)차와의 거리가 짧을수록 사각이 커지고 위험도 증대한다. 특히, 이륜차는 차체가 작아 사각에 들기 쉬우므로 주의하여야 한다.

③ 앞차에 의한 사각 : 앞차를 따라 진행할 때에도 사각이 있다. 그 사각은 앞차와의 거리가 짧을수록 커지고 위험도 증대한다.

④ 어린이에 대한 사각 : 어린이는 신장이 짧기 때문에 주·정차 차량이 승용차일지라도 사각이 되기 쉽다.

⑤ 측면사각 : 자동차의 옆으로 나타나는 사각으로 운전석 쪽인 좌측이 1.15m 정도이고, 조수석 쪽인 우측이 4.4m 정도로 우측 사각이 더 크다.

⑥ 전방 및 후방사각 : 자동차의 앞쪽과 뒤쪽이 보이지 않는 범위로서 자동차의 종류에 따라 다르다. 운전석에 앉아 있는 사람의 눈높이가 지상 1.28m인 승용차를 기준으로 하면 다음과 같다. 운전석의 앞쪽은 4.25m이고 운전석의 뒤쪽은 7.15m로 운전석에서 볼 때 앞쪽보다 뒤쪽의 사각이 훨씬 크다.

> **해설**
>
> 사각의 위험성과 안전운전
> 1. 실제의 도로상황에는 사각지대가 너무나 많다. 무사고 운전자는 사각인 곳에 위험이 없는가를 확실히 살피고 항상 신중하게 운전한다. 그러나 사고를 일으킨 운전자의 말을 들어보면, '주차차량 속에서 보행자가 뛰어나 오리라고 생각하지 못했다.', '커브에서 대향차가 오리라고 생각하지 못했다.', '교차로 왼쪽에서 차가 주행하여 오리라고 생각하지 못했다.'와 같이 사각에 대한 위험을 예측 못하거나 다른 교통은 없을 것이라는 잘못된 판단 때문이 대부분이다.
> 2. 시야에 들어오지 않는 교통상황 및 현재 확인이 불가능한 상황에도 주의를 기울이고 또 예측 못할 상황은 없는지 확인하여야 한다.
> 3. 차체의 앞부분 또는 옆부분의 사각에 보행자가 있을 경우, 큰 사고로 이어지는 예가 흔히 있다. 운전 중 사각을 전혀 없앨 수 없기 때문에 운전자는 「보이지 않는 곳에 위험이 있다.」는 마음을 가지고 항상 신중한 운전을 하여야 한다.

4 위험예측훈련

(1) 위험예측훈련의 의의

① 위험예측훈련은 원래 독일 교통교육 및 운전자교육의 일인자인 G. Munsch(문취)박사가 교통위험학(交通危險學)으로 체계화한 것이며 독일의 운전면허시험에 도입되었다.

② 위험예측훈련은 교통교육 및 운전자교육으로 IPDE 훈련, 즉 인지(Identify), 상황예측(Predict), 의사결정(Decide), 조작(Execute)이라는 운전행동에 필수적인 요소를 훈련하는 것이다.

③ 위험감수성훈련, 위험예측훈련이라는 방법으로 운전 중의 잠재적 위험을 운전자가 인식하고 대처할 수 있는 능력을 키워주는 훈련이다.

(2) 위험예측훈련 방법

① 운전자는 운전 중에 일어날 수 있는 위험에 대비해 항상 예측하려고 노력해야 한다.

② 앞차나 주위의 차들의 조그마한 움직임에 대해서도 놓치지 말고 위험여부를 예측하는 능력을 길러야 한다. 처음에는 어려운 일 같지만 습관이 되면 자연적으로 이루어진다.

③ 위험예측훈련에 있어서 행하여져야 할 사항은 잠재적인 위험요인의 발견으로 「다음 순간 어떤 위험이 있을까?」「수 초 후에 일어날 수 있는 위험요소는 무엇인가?」에 대하여 인식하고 느끼는 것이다.

④ 위험예측훈련의 목표는 위험을 위험으로 인식하여 사고발생을 미연에 방지할 수 있는 능력을 배양하는 것이다.

(3) 운전경험이 짧은 사람의 성향

① 주의를 제대로 못하여 위험을 보지 못한다.

② 적절한 판단이나 위험예측이 불충분하다.
③ 위험한 상황에 처해 있어도 위험을 못 느끼고 있다.
④ 위험을 피하기 위한 핸들이나 브레이크 조작이 적절하지 못하다.

제5절 자동차의 공해방지 및 경제운전

1 자동차의 공해방지

자동차는 편리한 운송수단이긴 하지만, 주행 중 배기관에서 배출되는 매연과 유해가스로 인하여 대기오염은 물론 소음과 진동 등 심각한 피해를 주고 있다.

(1) 배출가스 등

① 자동차에서 발생되는 배출가스는 엔진에서 발생한 블로바이 가스(Blowby Gas)와 연료탱크에서 발생하는 연료 증발가스, 그리고 배기 파이프에서 공기 중에 방출되는 배기가스가 있다.
② 자동차 엔진에서 연료가 완전히 연소되지 못하면 일산화탄소(CO), 탄화수소(HC), 그리고 질소산화물(NOX)이 발생되고, 이 가스는 배기 파이프를 통해 배출되면서 공기를 오염시키고 인체에 해를 끼친다.

(2) 소음·진동 등

① 차는 배기소음이나 타이어소음 등 주행소음을 내는 외에 도로주변에 진동을 준다.
② 차의 속도가 빠르면 빠를수록, 차의 중량이 무거우면 무거울수록 심하게 된다.
③ 제한속도나 적재제한 등을 지키는 것은 물론 급출발, 급가속, 급브레이크 조작 등을 삼가하고 가능한 한 불필요한 운행을 자제하여야 한다.

2 경제운전(에너지절약)

(1) 주행방법과 경제속도

① 자동차의 경제속도는 일반도로에서는 시속 60~70km가 적당하다. 그러나 교통량이 복잡한 시내에서는 시속 40km 정도가 적합하다.
② 고속도로에서는 시속 80km 정도가 경제속도로 적당하다.
  ※ 자동차의 경제적 운전은 엔진에 무리가 가지 않는 적절한 기어 선택과 정속주행을 함으로써 연료를 절약할 수 있다(80km에서 100km로 가속하면 6% 정도가 더 소모된다).

(2) 연료절약 방법

① 급출발, 급가속, 급제동, 공가속 등을 하지 않는다.
　㉮ 여름에는 출발 전 자동차를 2~3분 정도 워밍업을 하고 천천히 조용하게 출발시킨다(겨울철에는 3~5분 정도 워밍업).
　㉯ **급출발** 10회로 100cc, **급가속** 10회로 50cc **소모 증가**
② 도로에서 주행 시에는 가속 페달을 천천히 밟아 가속하고, 정상적인 속도일 경우에는 일정한 상태를 유지하며 정속주행을 한다.
③ 가속할 때에는 천천히 점진적으로 가속 페달을 밟아 가속한다.
④ 출발 전에 운행경로를 미리 파악하여 가장 짧은 거리와 차가 정체되지 않은 도로를 선택하여 운전한다(지도를 휴대한다).
⑤ 최단코스의 행로를 정하고 정체구간을 가능한 한 피해서 운전한다.
⑥ 트렁크 등에 불필요한 짐을 줄여 하중으로 인한 연료소모를 줄인다.
　※ 10kg 적재하고 50km 주행 시 80cc 정도 추가 소모
⑦ 가급적 고단기어를 선택하여 정속주행한다.
⑧ 가능한 한 규정 속도를 지키며 주행한다.
　※ 고속도로에서 100km 이상 과속하면 6% 정도의 연료가 더 소모된다.
⑨ 연비가 좋은 자동차를 선택한다(소형차 사용).
⑩ 차의 중량은 연비에 가장 큰 영향을 준다.
⑪ 에너지 효율등급이 높은 차를 사용한다(1~5등급).
⑫ 가능한 한 냉·난방기기를 사용하지 않는다.
　※ 여름에는 에어컨 사용 시 연료 소모는 15~20%가 증가한다.
⑬ 타이어의 공기압력을 적정수준(규정압력)으로 유지하고 운행한다.
⑭ 자동차를 최고 성능상태에서 운전하기 위하여 공기정정기의 청소 및 교환, 윤활유 교환, 냉각수 교환, 타이어 공기압 등을 점검한다.
⑮ 에어클리너, 필터청소, 타이어의 적정공기압 등 철저한 정비로 연료를 절약한다.

제6장 적중출제예상문제

1 사람의 감각과 판단능력

【문제 1】 시각의 특성과 거리에 대한 설명이다. 적절하지 못한 문항은?
① 물체를 확실히 볼 수 있는 것은 주시점 부근이 극히 좁은 범위이다.
② 운전 중에는 전방을 넓게 살피기보다 한 곳을 계속 주시해야 한다.
③ 속도가 빠를수록 시력이 감퇴되어 위험한 상황의 발견이 늦어진다.
④ 동체시력은 정지하고 있을 때의 시력에 비해 많이 떨어진다.

【문제 2】 시야에 대한 설명이다. 잘못된 문항은?
① 시야란 눈의 위치를 바꾸지 않고 멀리바라 볼 수 있는 범위를 말한다.
② 색깔을 완전히 확인할 수 있는 범위는 더욱 넓어져 좌우 각각 35도 까지이다.
③ 시야 바깥쪽일수록 더욱 확인할 수 없게 된다.
④ 속도가 빠를수록 시야는 좁아진다.

> **해설** 시각의 특성
> 1. 동체 시력 : 동체시력은 움직이는 물체를 보거나 자신이 움직이면서 물체를 보는 것을 말한다.
> 2. 시야 : 시야란 사람이 눈의 위치를 바꾸지 않고 멀리 바라볼 수 있는 범위를 말한다.
> 3. 명순응 : 어두운 장소에서 갑자기 밝은 장소로 이동하면 잠깐동안 아무것도 볼 수 없다가 곧 눈이 순응하면서 조금씩 볼 수 있게 되는 현상을 말한다.
> 4. 암순응 : 밝은 장소에서 갑자기 어두운 장소로 이동하면 잠깐동안 아무것도 볼 수 없다가 곧 눈이 순응하면서 조금씩 볼 수 있게 되는 현상을 말한다.
> 5. 현혹 : 야간에 마주 오는 차의 불빛을 직접 받으면 한순간 시력을 잃어버리는 현상을 말한다.

【문제 3】 움직이는 물체를 보거나 자신이 움직이면서 물체를 보는 용어이다. 맞는 문항은?
① 시력   ② 현혹
③ 동체시력   ④ 시야

【문제 4】 어두운 장소에서 갑자기 밝은 장소로 이동하면 잠시 시력을 잃었다가 회복되는 현상은?
① 현혹   ② 암순응
③ 동체시력   ④ 명순응

【문제 5】 밝은 장소에서 갑자기 어두운 장소로 이동하면 잠시 시력을 잃었다가 회복되는 현상은?
① 시야   ② 암순응
③ 현혹   ④ 명순응

【문제 6】 야간에 마주 오는 차의 불빛을 직접 받으면 한순간 시력을 잃어버리는 현상의 용어는?
① 명순응   ② 암순응
③ 현혹   ④ 동체시력

정답 1. 【1】② 【2】② 【3】③ 【4】④ 【5】② 【6】③

【문제 7】 시속 100km 속도로 주행할 때 시야각으로 맞는 문항은?
　① 40도 정도　　　　　　　　② 60도 정도
　③ 80도 정도　　　　　　　　④ 100도 정도

　◎ 해설 시속 100km일 때 시야는 40도, 시속 70km일 때 시야는 65도, 시속 40km일 때 시야는 100도이다.

【문제 8】 시력과 속도와의 관계를 설명한 것이다. 옳은 문항은?
　① 터널에서 나올 때에는 시력과 별 영향이 없으므로 속도를 높인다.
　② 속도가 빠를수록 가까이 있는 물체가 명확히 보인다.
　③ 시력은 속도와 별로 관계가 없다.
　④ 터널에 들어가면 시력이 일시 떨어지므로 미리 속도를 낮추어야 한다.

【문제 9】 운전자가 느끼는 속도감에 대한 설명이다. 옳은 문항은?
　① 교외나 시가지에서 느끼는 속도감은 항상 동일하다.
　② 교외에서는 시가지보다 속도감이 느리게 느껴진다.
　③ 시가지에서는 속도감이 교외보다 느리게 느껴진다.
　④ 속도감과 실제속도는 거의 일치한다.

【문제 10】 운전자가 위험을 느끼고 브레이크를 밟아 브레이크가 듣기 시작하기까지 걸리는 시간은?
　① 인지시간　　　　　　　　② 제동시간
　③ 지각반응시간　　　　　　④ 정지시간

【문제 11】 운전자가 위험을 느끼고 브레이크를 밟아 브레이크가 듣기 시작하기까지 주행한 거리를 의미하는 용어는?
　① 지각거리　　　　　　　　② 공주거리
　③ 제동거리　　　　　　　　④ 정지거리

【문제 12】 피곤한 때 운전하면 안 되는 이유이다. 잘못된 문항은?
　① 주의력이 떨어진다.　　　　② 반응속도가 떨어진다.
　③ 반사신경이 이완된다.　　　④ 긴장상태가 유지된다.

【문제 13】 운전 중 피로가 오는 원인이다. 해당없는 문항은?
　① 간단한 식사　　　　　　　② 2시간 이상 휴식 없는 장거리 운전
　③ 휴식이나 수면의 부족　　　④ 감기 등 병적 요인

정답　【7】①　【8】④　【9】②　【10】③　【11】②　【12】④　【13】①

【문제 14】 제동거리에 대한 설명이다. 옳은 문항은?
① 지각반응시간동안 달려간 거리이다.
② 공주거리와 정지거리를 합한 거리이다.
③ 위험을 느끼고 브레이크를 밟아 브레이크가 작동할 때까지 주행한 거리이다.
④ 브레이크가 듣기 시작하여 정지할 때까지 자동차가 주행한 거리이다.

【문제 15】 정지거리에 대한 설명이다. 틀린 문항은?
① 위험을 인지하고 브레이크가 걸리기까지 자동차가 그대로 주행한 거리이다.
② 위험을 발견하고 브레이크 페달을 밟아 차가 완전히 정지할 때까지의 거리이다.
③ 공주거리와 제동거리를 합한 값으로 표시한다.
④ 자동차의 무게, 도로여건, 주행속도에 따라 차이가 있다.

2 술에 취한 상태의 운전 금지

【문제 1】 알코올이 인체에 미치는 영향을 설명한 것이다. 적절하지 못한 문항은?
① 알코올은 위와 장에서 그대로 혈액 속에 흡수되어 대뇌를 비롯한 몸 전체에 퍼진다.
② 알코올이 혈액에 흡수되는 비율은 모든 사람에게 동일하다.
③ 혈액 속의 알코올은 간장에서 1시간에 10cc씩 산화된다.
④ 술을 마시면 알코올이 대뇌를 침해하여 이성과 판단력이 떨어진다.

【문제 2】 술을 마신 사람의 일반적인 특징이다. 적절하지 못한 문항은?
① 판단력과 자제력이 떨어진다.   ② 반응 동작이 늦어진다.
③ 시력이 떨어진다.   ④ 운동기능이 활발해진다.

【문제 3】 술을 마신 상태로 운전했을 때 운전에 미치는 영향으로 볼 수 없는 문항은?
① 반응 동작의 신속   ② 교통안전표지나 대향차 등의 발견이 늦어짐
③ 시력의 약화   ④ 대담한 행동

【문제 4】 술을 마신 상태에서 운전을 할 때 운전의 위험성과 관계가 적은 문항은?
① 감정의 불안정   ② 행동조절기능의 약화
③ 소심한 행동   ④ 판단력과 자제력 상실

【문제 5】 술을 마신 상태에서 운전을 할 때 운전의 위험성을 설명한 것이다. 아닌 문항은?
① 준법정신의 약화   ② 판단력의 상실
③ 신속한 조작행동   ④ 행동조절기능의 약화

정답 【14】④ 【15】① 2.【1】② 【2】④ 【3】① 【4】③ 【5】③

【문제 6】 알코올이 운전자에게 미치는 영향으로 볼 수 없는 문항은?
① 넓은 시야의 확보
② 판단력의 둔화
③ 반응 동작의 지연
④ 졸음운전

【문제 7】 알코올이 운전에 미치는 영향으로 볼 수 없는 문항은?
① 반응 동작의 지연과 시력의 약화로 장애물의 인지가 늦어진다.
② 이성과 판단력을 떨어뜨린다.
③ 준법의식을 약화시킨다.
④ 대담한 행동으로 자신 있는 운전을 한다.

【문제 8】 술에 취한 상태의 운전으로 처벌되는 술에 취한 상태의 최저기준으로 맞는 문항은?
① 혈중알코올농도 0.03% 이상
② 혈중알코올농도 0.08% 이상
③ 혈중알코올농도 0.1% 이상
④ 혈중알코올농도 0.2% 이상

【문제 9】 술이 취한 상태에서 운전을 하였을 때의 처벌기준이다. 틀린 문항은?
① 혈중알코올농도가 0.03% 이상 0.08% 미만인 사람은 1년 이하의 징역이나 500만 원 이하의 벌금에 처한다.
② 혈중알코올농도가 0.08% 이상 0.2% 미만인 사람은 1년 이상 2년 이하의 징역이나 500만 원 이상 1,000만 원 이하의 벌금에 처한다.
③ 혈중알코올농도가 0.2% 이상인 사람은 2년 이상 5년 이하의 징역이나 1,000만 원 이상 2,000만 원 이하의 벌금에 처한다.
④ 술에 취한 상태에 있다고 인정할만한 상당한 이유가 있는 사람이 경찰공무원의 음주측정에 응하지 않았을 때의 처벌은 6개월 이하의 징역이나 300만 원 이하의 벌금에 처한다.

◎ 해설 ④의 처벌기준 – 1년 이상 5년 이하 징역, 500만 원 이상 2,000만 원 이하 벌금

【문제 10】 술이 취한 상태(혈중알코올농도 0.03% 이상~0.08% 미만)에서 운전하다 단속된 경우 행정처분기준 중 벌점으로 맞는 것은?
① 벌점 90점
② 벌점 100점
③ 면허취소
④ 벌점 60점

3 과로한 때(약물복용) 등의 운전 금지

【문제 1】 과로(피로)가 사람의 몸에 미치는 영향이다. 옳지 못한 문항은?
① 시야가 좁아진다.
② 감각이 민감해진다.
③ 판단력 예측능력이 저하된다.
④ 의사결정 및 반응시간이 지연된다.

정답 【6】① 【7】④ 【8】① 【9】④ 【10】② 3. 【1】②

【문제 2】 과로(피로)가 운전에 미치는 영향이다. 아닌 문항은?
① 다른 차와의 속도감과 거리감을 맞춘다.
② 위험상태를 무시하거나 인식하는 것을 태만히 한다.
③ 눈부심에 약하다.
④ 운전조작이 난폭해진다.

【문제 3】 약물복용 운전에 대한 설명 중 잘못된 문항은?
① 약물과 술을 동시에 복용한 때에는 운전을 하지 말아야 한다.
② 약을 지을 때에는 운전 중임을 미리 알리는 것이 좋다.
③ 약물복용은 대뇌와 중추신경에 치명적인 영향을 주어 판단능력 등을 잃어 사고위험이 높다.
④ 어떤 약물이든 복용한 상태에서 운전을 하여도 된다.

【문제 4】 신경안정제나 각성제를 복용했을 때 인체에 주는 영향을 설명한 것이다. 아닌 문항은?
① 지각반응력의 저하
② 지속적인 피로회복
③ 주의력과 판단력의 둔화
④ 일시적인 졸음현상

【문제 5】 운전에 나쁜 영향을 주는 약물에 대한 설명이다. 해당되지 않는 문항은?
① 마약과 대마초   ② 항히스타민제   ③ 소화제   ④ 신경안정제

【문제 6】 감기약의 성분으로서 중추신경의 진정작용으로 주의력을 떨어뜨리는 약물의 종류는?
① 항히스타민제   ② 카페인   ③ 마약   ④ 메스암페타민

【문제 7】 감기, 알레르기 질환에 사용되는 약물로 중추신경의 진정작용과 함께 부주의, 혼란, 졸음 등의 부작용을 일으키고 사람에 따라 환각증세가 나타나기도 하는 약물은?
① 마약   ② 대마초   ③ 신경안정제   ④ 항히스타민제

【문제 8】 주로 대뇌의 지각, 운동 중추의 병적 흥분을 억제하는 효과의 약물을 복용하였을 때 정상적인 기능마저 상실되는 약물이 아닌 문항은?
① 진정제   ② 카페인   ③ 수면제   ④ 신경안정제

【문제 9】 자동차 운전에 악영향을 미치는 약물의 종류가 아닌 문항은?
① 카페인 성분이 들어있는 녹차
② 마리화나
③ 항히스타민제
④ 신경안정제

【문제 10】 운전자가 마약을 복용하고 운전하였을 때 나타나는 증세이다. 아닌 문항은?
① 중추신경을 진정시키는 작용으로 졸음과 정신집중이 어렵게 된다.
② 일시적인 쾌감, 도취감, 무감동을 일으킨다.
③ 습관성이 있기 때문에 사용을 중지하면 극심한 고통이 뒤따른다.
④ 신경을 흥분시켜 일시적으로 졸음과 피로를 덜 수 있다.

정답 【2】① 【3】④ 【4】② 【5】③ 【6】① 【7】④ 【8】② 【9】① 【10】④

4. 자동차에 작용하는 물리적인 힘

【문제 1】 관성과 마찰의 힘에 대한 설명이다. 적절하지 못한 문항은?
① 운동 중인 물체는 외부의 힘이 가해지지 않는 한 계속 운동하려는 것이 관성이다.
② 주행 중인 차에도 이 관성이 작용하기 때문에 즉시 정지할 수 있다.
③ 타이어와 노면의 마찰저항 한계 내에서 관성을 제어 않으면 차를 조종할 수 없다.
④ 타이어 마모가 심하면 마찰저항이 줄어들어 제동거리가 길어지므로 주의해야 한다.

【문제 2】 운동 중인 물체는 외부의 힘이 가해지지 않는 한 계속 운동하려는 현상으로 맞는 문항은?
① 관성의 법칙　　　　　　　　② 마찰저항
③ 원심력　　　　　　　　　　④ 공주거리

【문제 3】 고속으로 주행 중 급브레이크를 걸었을(밟았을) 때 일어나는 현상으로 맞는 문항은?
① 타이어와 노면과의 마찰저항이 일어나며 미끄러지지 않는다.
② 핸들조작이 부드러워지며 진행방향을 잡기가 쉬워진다.
③ 순간적으로 제동이 듣지 않고 이상한 미끄럼현상이 일어난다.
④ 얼어붙은 노면은 마찰저항이 낮아 미끄러지는 거리가 짧아진다.

【문제 4】 커브길을 동일한 속도로 주행할 때 상대적으로 차체의 균형을 잃기 쉬운 차량은?
① 무게 중심이 높은 차　　　　② 무게 중심이 낮은 차
③ 무게 중심이 중간인 차　　　④ 무게 중심과 상관이 없다.

【문제 5】 자동차가 커브 길을 주행할 때 원의 중심에서 바깥쪽을 향해 작용하는 현상은?
① 충격력　　　　　　　　　　② 스탠딩 웨이브 현상
③ 베이퍼 록 현상　　　　　　④ 원심력

【문제 6】 커브 도로를 돌아갈 때 원심력에 관한 설명이다. 틀린 문항은?
① 차량 중량이 무거울수록 원심력이 비례해서 커진다.
② 속도가 빠를수록 원심력은 속도의 제곱에 비례해서 커진다.
③ 원심력이 발생하면 차는 커브 바깥쪽으로 미끄러진다.
④ 커브 반경이 크면 원심력이 커진다.

【문제 7】 자동차가 충돌했을 때 충격력에 대한 설명이다. 잘못된 문항은?
① 속도가 빠를수록, 중량이 무거울수록 충격력은 커진다.
② 충격력은 딱딱한 물체보다 부드러운 물체에 충돌했을 때에 더 커진다.
③ 충격력은 속도의 제곱에 비례해서 커진다.
④ 시속 60km로 콘크리트 벽에 충돌한 경우 14m 높이(건물 5층 높이)에서 떨어진 경우와 같다.

정답　4.【1】②　【2】①　【3】③　【4】①　【5】④　【6】④　【7】②

【문제 8】 긴 내리막길 운행 시 엔진 브레이크를 사용하여야 하는 이유로 맞는 문항은?
　① 차량의 수명이 단축되는 것을 방지하기 위하여
　② 연료를 절약하기 위하여
　③ 엔진에 무리가 오는 것을 방지하기 위하여
　④ 브레이크 장치의 페이드 현상 발생을 방지하기 위하여

【문제 9】 비 오는 날 자동차가 고속으로 운행할 때 타이어가 떠올라서 엷은 수막 위를 미끄러지는 것 처럼 되는 현상으로 맞는 문항은?
　① 충격력　　　　　　　　　　　② 베이퍼 록 현상
　③ 하이드로플레이닝(수막) 현상　④ 스텐딩웨이브 현상

【문제 10】 비 오는 날 도로를 주행할 때 차바퀴가 물에 뜨게 되는 현상을 방지하기 위한 방법은?
　① 타이어는 적정 공기압을 유지하고 서서히 속도를 줄여 운행한다.
　② 면적이 넓은 타이어를 이용하고 속도를 줄여 운행한다.
　③ 차가 물에 뜨는 것을 느낄 때 급브레이크를 밟는다.
　④ 빠르게 핸들을 틀어 피한다.

【문제 11】 긴 내리막길에서 풋 브레이크를 지나치게 사용하면 마찰열이 브레이크라이닝의 재질을 변화시켜 마찰계수가 떨어지면서 브레이크가 듣지 않는 현상을 뜻하는 문항은?
　① 페이드 현상　　　　　　② 베이퍼 록 현상
　③ 스탠딩 웨이브 현상　　　④ 하이드로플레이닝 현상

【문제 12】 긴 내리막길에서 풋 브레이크를 지나치게 사용하면 브레이크의 드럼과 라이닝의 과열로 브레이크 오일 속에 기포가 생기면서 브레이크가 작동되지 않는 현상을 뜻하는 문항은?
　① 페이드 현상　　　　　　② 스탠딩 웨이브 현상
　③ 베이퍼 록 현상　　　　　④ 하이드로플레이닝 현상

【문제 13】 제동장치에서 발생되는 페이드 현상을 바르게 설명한 문항은?
　① 슈의 확장력이 커지면서 제동효과가 좋아지는 현상
　② 마찰부가 과열되어 제동력이 저하되는 현상
　③ 배관 내로 공기가 들어가서 발생하는 현상
　④ 타이어 접지부 뒷부분에 나타나는 파도현상

【문제 14】 스탠딩 웨이브 현상에 대한 설명이다. 적절하지 못한 문항은?
　① 타이어 내부온도상승 및 파열　　② 빗길에서 잘 일어난다.
　③ 속도가 빠를 때(시속 100km 이상)　④ 타이어 공기압력이 부족한 상태

정답 【8】④ 【9】③ 【10】① 【11】① 【12】③ 【13】② 【14】②

제6장 안전운전에 필요한 지식

【문제 15】 타이어 공기압이 부족한 상태에서 100km 이상 고속주행하면 타이어의 일부분이 변형되어 물결모양으로 나타나는 현상을 뜻하는 문항은?
① 스탠딩 웨이브 현상　　② 하이드로플레이닝 현상
③ 베이퍼 록 현상　　　　④ 페이드 현상

【문제 16】 자동차가 회전 시 안쪽 앞바퀴와 안쪽 뒷바퀴가 그리는 원호의 반경 차이를 뜻하는 문항은?
① 내륜차　　② 외륜차　　③ 축거　　④ 윤거

【문제 17】 자동차가 회전 시 바깥쪽 앞바퀴와 바깥쪽 뒷바퀴가 그리는 원호의 반경 차이를 뜻하는 문항은?
① 축거　　② 윤거　　③ 외륜차　　④ 내륜차

【문제 18】 자동차의 중심이동에 대한 현상을 설명한 것이다. 옳지 못한 문항은?
① 차에 작용하는 중력(무게)이 한 곳으로 모여 균형이 잡히는 곳을 차의 중심이라 한다.
② 차의 중심이 높은 곳에 위치할수록 불안정해진다.
③ 좌우가 균등하지 않을 경우에도 중심이 한 쪽으로 치우쳐 핸들을 놓치기 쉽다.
④ 주행 중 급브레이크를 걸면 차의 중심이 뒤로 이동하기 때문에 불안해진다.

【문제 19】 차체가 일정방향으로 향한 상태로 상·하방향으로 움직이는 운동으로서 비교적 고속으로 주행하고 있는 상태에서 노면이 갑자기 높거나 낮을 때 발생하는 현상을 뜻하는 문항은?
① 바운싱　　② 롤링
③ 피칭　　　④ 요잉

【문제 20】 자동차의 진동 중 앞부분이 상·하(세로방향)로 진동하는 운동으로서 급브레이크를 걸었을 때 발생하는데 계속되지 않고 잠시 후 없어지는 현상을 뜻하는 문항은?
① 롤링　　② 피칭
③ 요잉　　④ 바운싱

【문제 21】 차체가 좌우로 경사져서 흔들리는 것으로서 동요하는 중심축은 일반적인 무게중심보다 아래에 있게 되는 현상을 뜻하는 문항은?
① 바운싱　　② 요잉
③ 피칭　　　④ 롤링

【문제 22】 차체의 상·하 축의 둘레로 흔들리는 것으로서 조향 핸들을 급히 조작할 경우나 레일 위나 미끄럼이 생기기 쉬운 노면을 달릴 때 발생하기 쉬운 현상을 뜻하는 문항은?
① 피칭　　② 롤링
③ 요잉　　④ 바운싱

정답 【15】① 【16】① 【17】③ 【18】④ 【19】① 【20】② 【21】④ 【22】③

【문제 23】 자동차 차체에 의한 사각을 설명한 것이다. 적절하지 못한 문항은?
① 운전석에서는 차체의 우측보다 좌측부분의 사각이 크다.
② 후사경은 자동차의 사각부분을 보완하는 기능을 갖는다.
③ 사각지대 거울 등을 부착하면 사각지대 해소에 도움이 된다.
④ 자동차 차체의 사각부분은 자동차의 구조에 따라 다소의 차이가 있다.

【문제 24】 자동차의 사각지대가 생기는 이유이다. 적절하지 못한 문항은?
① 백미러로 보이지 않는 부분
② 주행 시 또는 정차 시 다른 차량에 의해 가려진 부분
③ 어두워서 보이지 않는 부분
④ 나무나 빌딩 등에 가려서 보이지 않는 부분

【문제 25】 운전석에서 볼 때 자동차의 사각거리가 가장 짧은 곳으로 맞는 문항은?
① 자동차의 후방
② 자동차의 좌측방
③ 자동차의 전방
④ 자동차의 우측방

【문제 26】 커브길에서 사각에 대한 설명이다. 적절하지 못한 문항은?
① 커브길에서는 장애물이 있고 없음에 따라 사각의 범위가 달라진다.
② 같은 커브길이라도 장애물이 있으면 사각의 범위가 작아진다.
③ 좁은 커브길에서는 대향차와 보행자를 충격하는 사고의 위험성이 높다.
④ 좁은 커브길에서는 즉시 정지할 수 있는 속도로 서행하여야 한다.

【문제 27】 다른 차량에 의한 사각으로 볼 수 없는 문항은?
① 양 쪽 도로변에 주·정차한 차량 사이
② 교차로에서 좌회전 시 대향(정지) 차의 뒤
③ 전방의 차에 붙어갈 때 그 차의 전방
④ 커브길의 모퉁이 부근

【문제 28】 사각의 위험으로부터 안전한 운전방법이다. 적절하지 못한 문항은?
① 차체의 사각해소를 위하여 사각지대 거울을 부착한다.
② 위험한 좌우방향 사각지대에서는 일시정지 또는 서행하며 안전 확인 후 진행한다.
③ 교차로에서 우회전 시 가급적 교차로와 짧은 거리로 돌아간다.
④ 좁은 커브길에서는 즉시 정차할 수 있는 속도로 서행한다.

정답 【23】① 【24】③ 【25】② 【26】② 【27】④ 【28】③

【문제 29】 주·정차 차량의 사각에 대하여 설명한 것이다. 적절하지 못한 문항은?
① 한쪽으로 주차된 곳이 양쪽으로 주차된 곳보다 위험하다.
② 교차로에서 좌회전 시 반대방향에 주차된 차의 뒤에 사각이 생긴다.
③ 연속 주차된 곳이 단독 주차된 곳보다 사각지대가 많아 위험하다.
④ 한 종류의 차량이 주차된 곳보다 여러 종류의 차가 주차된 곳이 위험하다.

【문제 30】 자동차 사각에 대한 설명이다. 적절하지 못한 문항은?
① 앞차를 따라갈 때에는 그 앞차의 전방에 사각이 생긴다.
② 앞차가 대형차일수록 사각의 범위가 넓어진다.
③ 뒤차에 의한 사각은 전방으로 진행 시에도 위험하다.
④ 앞차와의 거리가 짧을수록 사각의 범위도 넓어진다.

【문제 31】 위험예측훈련에 대한 설명이다. 적절하지 못한 문항은?
① 위험예측훈련은 잠재적 위험을 인식하고 대처능력을 길러주는 훈련이다.
② 예측훈련의 목적은 가장 빠른 방법으로 목적지에 도착하는 훈련이다.
③ 대부분의 상황은 예측되지만 예측 못한 상황을 예측할 수 있어야 한다.
④ 다른 차들의 조그마한 움직임에도 위험여부를 예측하려고 노력하여야 한다.

【문제 32】 어린이나 자전거가 뛰어들 것을 예측하여 운전하는 요령이다. 적절하지 못한 문항은?
① 주차 중인 차 사이와 횡단보도 등에서는 위급상황에 대처할 수 있는 속도로 운전
② 전조등 불빛 등으로 인한 현혹 등을 예견하고 방어하는 운전
③ 다른 차의 주위를 주의 깊게 살피는 운전
④ 위험대상을 발견하면 빨리 눈을 떼는 훈련

【문제 33】 운전 중의 잠재적 위험을 인식하고 대처할 수 있는 능력을 기르는 훈련 명칭은?
① 처치판단훈련 ② 위험예측훈련
③ 속도추정훈련 ④ 중복작업훈련

【문제 34】 위험예측훈련을 교통위험학으로 체계화시킨 사람으로 맞는 문항은?
① Simon(시몬) ② Barnard(바너드)
③ Gibson(기브슨) ④ Munsch(문취)

【문제 35】 위험예측훈련은 운전행동에 필수적인 네 가지 요소를 훈련한다. 4 요소가 아닌 문항은?
① 인지(Identify) ② 행동(Action)
③ 의사결정(Decide) ④ 상황예측(Predict)

해설 ①, ③, ④ 외에 "조작(Execute)"이 있다.

정답 【29】① 【30】③ 【31】② 【32】④ 【33】② 【34】④ 【35】②

5 자동차 공해방지 및 경제운전

【문제 1】 자동차 공해방지에 대한 설명이다. 잘못된 문항은?
① 자동차는 매연, 소음, 진동 등으로 많은 사람에게 심각한 피해를 준다.
② 자동차는 블로바이 가스, 연료 증발가스 및 배기가스를 배출한다.
③ 자동차 엔진에서 완전 연소되지 못한 가스는 대기를 오염시켜 인체에 해를 끼친다.
④ 자동차의 속도나 급제동 · 급출발 · 급가속 등은 공해와 무관하다.

【문제 2】 자동차 엔진에서 완전 연소되지 않고 방출되어 대기를 오염시키는 가스가 아닌 문항은?
① 산소
② 탄화수소
③ 일산화탄소
④ 질소산화물

【문제 3】 자동차에서 배출되는 가스와 배출되는 장치를 연결한 것으로 잘못 연결된 문항은?
① 엔진-블로바이 가스
② 오일 팬-엔진오일 증발가스
③ 연료 탱크-연료 증발가스
④ 배기 파이프-배기가스

【문제 4】 경제운전 요령에 대한 설명이다. 적절하지 못한 문항은?
① 가능한 한 고속주행으로 목적지까지 빨리 간다.
② 타이어 공기압력을 적정한 수준으로 유지한다.
③ 속도에 따라 엔진에 무리가 없는 범위 내에서 고단 기어를 사용한다.
④ 급가속, 급발진은 연료절약에 도움이 안 된다.

【문제 5】 복잡한 시내 일반도로에서 연료절약을 위한 경제속도로 맞는 문항은?
① 70km/h
② 50km/h
③ 40km/h
④ 80km/h

【문제 6】 고속도로에서 주행할 때 연료절약을 위한 경제속도에 해당되는 문항은?
① 60km/h
② 80km/h
③ 100km/h
④ 110km/h

【문제 7】 에너지 절약을 위한 운전요령이다. 아닌 문항은?
① 법정속도로 주행
② 타이어 공기압을 규정압력으로 유지
③ 에어컨을 항시 가동
④ 에너지 효율 등급이 높은 차를 사용

【문제 8】 자동차운전 방법 중 연료절약 운전에 해당되는 문항은?
① 주 · 정차 중에 가속 페달을 밟는다.
② 언덕에서 대기 시 클러치 페달로 정차한다.
③ 도로를 충분히 파악하고 계획적인 주행을 한다.
④ 주행 중에 클러치 페달에 발을 올려놓고 주행한다.

정답 5. 【1】④ 【2】① 【3】② 【4】① 【5】③ 【6】② 【7】③ 【8】③

【문제 9】 연료절약을 위해 정기적으로 청소 또는 교체하여 주어야 하는 것으로 맞는 문항은?
① 에어클리너
② 연료탱크
③ 연료필터
④ 라디에이터

【문제 10】 에어클리너에 불순물이 많이 끼었을 때 나타나는 현상으로 맞는 문항은?
① 연료소비는 같다.
② 연료소비가 증가한다.
③ 연료소비와 관계 없다.
④ 연료소비가 낮아진다.

【문제 11】 연료를 절약할 수 있는 운전 방법이다. 아닌 문항은?
① 급제동을 하지 않는다.
② 엔진에 무리가 없는 한 고단 기어를 사용한다.
③ 정차시간이 길어질 경우 엔진의 시동을 정지한다.
④ 급출발 · 급가속 · 공회전을 해도 연비와는 관계없다.

【문제 12】 연료가 많이 소모되는 경우이다. 아닌 문항은?
① 연료 필터 청소상태 불량
② 에어클리너를 새로 교환한 경우
③ 차에 부적합한 엔진오일을 사용한 경우
④ 냉각수 온도가 60℃ 이하인 때

【문제 13】 친환경 운전에 해당되는 문항은?
① 정속주행을 생활화하고 브레이크 페달을 자주 밟지 않는다.
② 연료는 항상 가득 채우고 운행을 한다.
③ 에어컨은 항상 저단으로 켜두고 운행을 한다.
④ 타이어 공기압력은 약간 낮게 유지하고 운행한다.

【문제 14】 내리막길에서 연료절약을 위해 동력을 끄고 타력으로 운행 시 자동차에 미치는 영향은?
① 연료소비량을 줄일 수 있어 경제적이다.
② 연료소비량을 줄일 수 있고 안전하다.
③ 클러치 각 부분에 손실이 많고 매우 위험하다.
④ 위험성이 없고 승차감이 좋다.

【문제 15】 자동차가 출발을 할 때 연료절약을 위한 운전방법으로 맞는 문항은?
① 저단 기어 사용
② 고단 기어 사용
③ 4단 기어 사용
④ 2단 기어 사용

정답 【9】① 【10】② 【11】④ 【12】② 【13】① 【14】③ 【15】①

제6장 안전운전에 필요한 지식

【문제 16】 여름철에 자동차 출발전에 워밍업시간으로 옳은 문항은?
① 1분~2분 정도 워밍업
② 2분~3분 정도 워밍업
③ 3분~4분 정도 워밍업
④ 4분~5분 정도 워밍업

【문제 17】 겨울철에 자동차 출발전에 워밍업 시간으로 옳은 문항은?
① 2분~3분 정도 워밍업
② 3분~4분 정도 워밍업
③ 3분~5분 정도 워밍업
④ 3분~6분 정도 워밍업

> 해설 여름철 – 2~3분, 겨울철 – 3~5분 워밍업

【문제 18】 급 출발 10회를 하였을 때 증가하는 연료 소모량으로 맞는 문항은?
① 70cc 정도 증가
② 80cc 정도 증가
③ 90cc 정도 증가
④ 100cc 정도 증가

> 해설 급출발 10회로 100cc 소모 증가

【문제 19】 급 가속 10회를 하였을 때 증가하는 연료 소모량으로 맞는 문항은?
① 50cc 정도 증가
② 60cc 정도 증가
③ 70cc 정도 증가
④ 80cc 정도 증가

> 해설 급가속 10회로 50cc 소모 증가

【문제 20】 트렁크에 10kg을 적재하고 50km를 주행하였을 때 연료 소모량은 얼마정도인가?
① 70cc 정도 추가 소모
② 80cc 정도 추가 소모
③ 90cc 정도 추가 소모
④ 100cc 정도 추가 소모

> 해설 10kg 적재하고 50km 주행 시 80cc 정도 추가 소모

【문제 21】 고속도로에서 100km이상 과속한 때 연료 소모량으로 맞는 문항은?
① 6% 정도
② 7% 정도
③ 8% 정도
④ 9% 정도

> 해설 ① 고속도로에서 100km 이상 과속하면 6% 정도의 연료가 더 소모된다.
> ② 여름에는 에어컨 사용 시 연료 소모는 15~20% 증가한다.

정답 【16】② 【17】③ 【18】④ 【19】① 【20】② 【21】①

제7장 고속도로 등에서의 안전운행

제1절 고속도로 운행 전 준비사항

1 고속도로의 정의 (법제2조제3호)

「고속도로」는 자동차의 고속운행에만 사용하기 위하여 지정된 도로를 말하며, 「자동차 전용도로」는 자동차만 다닐 수 있도록 설치된 도로를 말한다.

고속도로(자동차전용도로 포함)는 교통법칙이나 교통도덕을 잘 지키며 올바르게 운전하면 쾌적한 운행이 될 수 있도록 설계된 도로이다. 그러나 이를 무시하면 대형 참사로 이어질 수 있는 곳 또한 고속도로이다. 최고속도의 준수, 안전거리의 확보, 올바른 주행방법 등을 몸에 익혀 사고를 내거나 당하지 않는 안전운전이 되도록 노력하여야 한다.

2 고속도로 운행 전 준비사항

(1) 도로 및 교통상황 사전 파악

① 고속도로를 이용하는 경우는 일반적으로 장거리 운행이 많으므로 사전에 운행경로를 선정하고 운행도중 휴식을 취할 장소와 시간 등을 결정하는 등 여유있는 운행계획을 수립하여야 한다.
② 라디오나 TV 등을 통해 경유할 도로의 기상상태나 교통정체, 사고여부 등도 미리 알아둔다.

(2) 자동차의 사전 점검

고속도로를 이용하고자 할 경우에는 출발하기에 앞서 다음 사항을 점검하여야 한다.
① 전조등, 방향지시등, 제동등, 각종 점등장치의 정상 여부
② 냉각수, 유리닦기액의 적정 여부 및 새는지 여부
③ 연료량, 엔진오일, 변속기오일, 브레이크액의 적정여부 및 새는지 여부
④ 타이어 공기압의 적정 여부

(3) 필요한 기구의 지참

① 예비용 타이어와 수리 공구
② 퓨즈, 손전등, 팬 벨트, 고장자동차의 표지(삼각대), 소화기
③ 기타 구급약품 및 지도 등의 기구를 휴대한다.

(4) 화물의 적재상태 점검

① 화물의 추락 방지를 위해 적재상태를 수시로 확인한다.
② 화물의 결박상태는 주행으로 인해 느슨해지기 쉽기 때문에 휴식시간 등 일정한 시간마다 수시로 반드시 재확인한다.
③ 화물덮개도 안전한지 확인하여야 한다.

제2절 고속도로의 통행구분과 법정속도

1 고속도로의 통행구분

자동차는 고속도로에서 앞지르기하거나 도로상황 그 밖의 부득이한 경우를 제외하고는 차로(전용차로가 설치된 도로에서는 전용차로 제외)에 따른 통행차량기준에 따라 통행하여야 한다.

(1) 고속도로 차로에 따른 통행차량 구분 (규칙제39조제1항 별표9)

도로	차로구분	통행할 수 있는 차종
편도 2차로	1차로	앞지르기를 하려는 모든 자동차. 다만, 차량통행량 증가 등 도로상황으로 인하여 부득이하게 시속 80킬로미터 미만으로 통행할 수밖에 없는 경우에는 앞지르기를 하는 경우가 아니라도 통행할 수 있다.
	2차로	모든 자동차
편도 3차로 이상	1차로	앞지르기를 하려는 승용자동차 및 앞지르기를 하려는 경형·소형·중형 승합자동차. 다만, 차량통행량 증가 등 도로상황으로 인하여 부득이하게 시속 80킬로미터 미만으로 통행할 수밖에 없는 경우에는 앞지르기를 하는 경우가 아니라도 통행할 수 있다.
	왼쪽 차로	승용자동차 및 경형·소형·중형 승합자동차
	오른쪽 차로	대형 승합자동차, 화물자동차, 특수자동차, 법 제2조제18호나목에 따른 건설기계

※ 비고
1. "왼쪽 차로"란 1차로를 제외한 차로를 반으로 나누어 그 중 1차로에 가까운 부분의 차로. 다만, 1차로를 제외한 차로의 수가 홀수인 경우 그 중 가운데 차로는 제외한다.
2. "오른쪽 차로"란 1차로와 왼쪽 차로를 제외한 나머지 차로
3. 모든 차는 위 표에서 지정된 차로보다 오른쪽에 있는 차로로 통행할 수 있다.
4. 앞지르기를 할 때에는 위 표에서 지정된 차로의 왼쪽 바로 옆 차로로 통행할 수 있다.
5. 도로의 진출입 부분에서 진출입하는 때와 정차 또는 주차한 후 출발하는 때의 상당한 거리 동안은 이 표의 기준에 따르지 아니할 수 있다.
6. 다음 각 목의 위험물 등을 운반하는 자동차는 도로의 가장 오른쪽에 있는 차로로 통행하여야 한다.
    1) 「위험물안전관리법」제2조제1항제1호 및 제2호에 따른 지정수량 이상의 위험물

2) 「총포·도검·화약류 등의 안전관리에 관한 법률」 제2조제3항에 따른 화약류
3) 「화학물질관리법」 제2조제2호에 따른 유독물질
4) 「폐기물관리법」 제2조제4호에 따른 지정폐기물과 같은 조제5호에 따른 의료폐기물
5) 「고압가스 안전관리법」 제2조 및 같은 법 시행령 제2조에 따른 고압가스
6) 「액화석유가스의 안전관리 및 사업법」 제2조제1호에 따른 액화석유가스
7) 「원자력안전법」 제2조제5호에 따른 방사성물질 또는 그에 따라 오염된 물질
8) 「산업안전보건법」 제37조제1항 및 같은 법 시행령 제29조에 따른 제조 등의 금지 유해물질과 「산업안전보건법」 제38조제1항 및 같은 법 시행령 제30조에 따른 허가대상 유해물질
9) 「농약관리법」 제2조제3호에 따른 원제

(2) 고속도로의 차로

① 주행차로 : 고속도로에서 주행 시에 통행하는 차로
② 가속차로 : 주행차로에 진입하기 위하여 속도를 높이는 차로
③ 감속차로 : 고속도로 이탈 시 감속하는 차로
④ 오르막차로 : 화물의 적재 등 완속차가 오르막을 오를 때 이용
⑤ 앞지르기 차로 : 앞지르기 할 때 통행하는 차로, 그 밖의 부득이한 경우 통행

(3) 고속도로 전용차로의 설치 (법제61조제1항)

경찰청장은 고속도로의 원활한 소통을 위하여 특히 필요한 경우에는 고속도로에 전용차로를 설치할 수 있다.

(4) 고속도로 전용도로 통행금지 (법제15조제3항)

① 전용도로를 통행할 수 있는 차가 아니면 전용도로를 통행하여서는 아니 된다.
② 고속도로 버스전용차로로 통행할 수 있는 차량(영제9조 별표1 및 영제10조)
  ㉮ 9인승 이상 승용자동차 및 승합자동차(승용자동차 또는 12인승 이하 승합자동차는 6인 이상이 승차한 경우에 한한다)
  ㉯ 긴급자동차가 그 본래의 긴급한 용도로 운행되고 있는 경우 등 대통령령으로 정하는 경우(법제15조③)

2 고속도로의 법정속도

(1) 고속도로에서의 속도 (법제17조, 규칙제19조제1항제3호)

고속도로에서는 법정속도 또는 구간별 제한속도를 반드시 지켜야 한다. 최고속도보다 빠르게 운전하거나 최저속도보다 느리게 운전하여서는 아니 된다.

고속도로에서 도로의 차종별 법정속도

고속도로별	차종 구분	법정 최고·최저속도
• 편도 2차로 이상 고속도로	– 승용자동차, 승합자동차 – 화물자동차(적재중량 1.5톤 이하)	최고 100km/h 최저 50km/h
	– 화물자동차(적재중량 1.5톤 초과) – 위험물 운반자동차 및 건설기계, 특수자동차	최고 80km/h 최저 50km/h
• 논산–천안간 고속도로 • 중부(제2중부) 및 서해안고속 도로 (경찰청 고시(제2016-7호)한 노선 또는 구간)	– 승용자동차, 승합자동차 – 화물자동차(적재중량 1.5톤 이하)	최고 120km/h 최저 50km/h
	– 화물자동차(적재중량 1.5톤 초과) – 위험물 운반자동차 및 건설기계, 특수자동차	최고 90km/h 최저 50km/h
• 편도 1차로 고속도로	– 모든 자동차	최고 80km/h 최저 50km/h

㈜ 고속도로에서는 최고속도와 최저속도의 규제가 있다(일반도로는 최저속도의 규제가 없음).

(2) 고속도로에서의 안전거리 확보 (법제19조)

① **같은 방향으로 가고 있는 앞차의 뒤를 따를 때**(법제19조제1항)

모든 차의 운전자는 같은 방향으로 가고 있는 앞차의 뒤를 따르는 경우는 앞차가 갑자기 정지하게 되는 경우 그 앞차와의 충돌을 피할 수 있는 필요한 거리를 확보하여야 한다.

② **진로를 변경하는 때**(법제19조제3항)

모든 차의 운전자는 차의 진로를 변경하려는 경우에 그 변경하려는 방향으로 오고 있는 다른 차의 정상적인 통행에 장애를 줄 우려가 있을 때에는 진로를 변경하여서는 아니 된다.

③ **급감속 및 급제동금지**(법제19조제4항)

모든 차의 운전자는 위험방지를 위한 경우와 그 밖의 부득이한 경우가 아니면 운전하는 차를 갑자기 정지시키거나 속도를 줄이는(급감속) 등의 급제동을 하여서는 아니 된다.

> **해설**
>
> **고속도로에서의 안전거리 확보**
> 1. 고속도로에서는 안전거리를 반드시 확보하고 주행하여야 한다.
>   ① 시속 100km에는 100m의 안전거리 확보, 시속 80km에는 80m의 안전거리 확보가 필요하다.
>   ② 노면이 비에 젖어 있거나 타이어가 낡았을 경우에는 안전거리를 2배 정도 유지해야 한다.
> 2. 앞지르기 할 경우 방향지시기나 등화·경음기를 사용하는 등 안전한 속도와 방법으로 앞지르기 하여야 한다.

제3절 고속도로 주행 시 주의사항

1 고속도로 진입시 우선순위 및 주의사항

(1) 고속도로 진입 시의 우선순위 (법제65조제1항, 제2항)

① 자동차(긴급자동차 제외)의 운전자는 고속도로에 들어가려고 하는 경우에는 그 고속도로를 통행하고 있는 다른 자동차의 통행을 방해하여서는 아니 된다.
② 긴급자동차 외의 자동차 운전자는 긴급자동차가 고속도로에 들어가는 경우에는 그 진입을 방해하여서는 아니 된다.

(2) 고속도로 진입 시의 주의사항

① 일반도로에서 고속도로 진입로를 통하여 고속도로로 진입할 경우 시속 40km 이하의 속도로 가속차로까지 접근한다.
② 가속차로에 들어서기 전 본선차로의 교통상황과 안전여부를 확인한 다음 왼쪽 방향지시등을 켜고 충분한 가속과 함께 안전하게 주행차로로 진입하여야 한다.

[고속도로 진입방법]

③ 주행차로로 일단 진입하게 되면 다른 차량 등의 흐름에 합류할 수 있도록 주행속도를 조절하여야 한다.
④ 고속도로를 주행 중인 차량은 가속차로에서 주행차로로 진입하려는 차량이 있는지 여부를 살펴 진입하려는 차량이 있는 때에는 적절한 감속 등 속도를 조절하여 안전하게 진입할 수 있도록 도와주는 것이 교통예절이다.

2 고속도로 주행 시 안전운전

(1) 고속도로에서는 반드시 지정속도를 유지하여야 하며 비, 눈, 안개 등 기상조건이 나쁠 때에는 이상기후일 때의 감속기준에 따라 운행하여야 한다.

(2) 고속도로 주행 중에는 일반도로의 경우보다 도로 상태나 주변교통 환경이 단조롭고, 운전조작의 변화도 크지 않는 반면, 자동차의 속도가 빠르기 때문에 속도감과 앞차와의 거리감이 둔화되거나, 졸음운전이 되기 쉽다. 따라서 속도계기판을 가끔 살펴 속도감각을 잃지 않도록 하여야 한다.

(3) 고속주행 중에는 급핸들이나 급브레이크를 조작하는 일이 없도록 사전 위험을 예측하거

나 여유 있는 운전을 하도록 하고, 제동상황이 발생하면 일단 낮은 기어로 변속하여 엔진 브레이크를 사용하면서 브레이크 페달을 여러 번 나누어 밟도록 한다. 고속주행 중 급핸들이나 급브레이크를 사용하면 자동차는 안전성을 잃고 옆으로 미끄러지거나 전도되거나 다른 차로로 뛰어들게 되는 등 매우 위험하다.

[고속주행 중 급핸들·급제동 금지]

(4) 갓길은 기본적으로 주행하여서는 안 되며 부득이 주행하여야 할 상황이 발생하는 경우에는 고장난 차나 긴급자동차가 정지하고 있는 곳이 많으므로 주의하여야 한다.

(5) 고속으로 터널을 진입하거나 나올 때에는 시력이 급격히 떨어지므로 미리 그 앞에서 속도를 줄여야 한다(암순응이나 명순응에 주의).

(6) 강풍이나 돌풍이 불 때에는 핸들이 흔들리거나 주행속도가 변화하기 때문에 조심하여야 하며, 특히 다리 위, 터널입구나 출구, 산 중턱을 깎아 만든 도로에서는 옆바람 때문에 핸들이 심하게 흔들리는 경우가 있으므로 주의한다.

(7) 앞지르기 할 때에는 **앞차와의 속도의 차가 시속 20km 이상** 되어야 하지만 **규정 속도를** 초과하여서는 아니 된다.

(8) 고속도로 주행 중 앞차와의 안전거리는 100m 이상 확보하여야 하며, 2시간 이상 계속 운전하여서는 아니 된다.

(9) 고속도로 주행 중 빈 음료수 병이나 과자봉지 등 쓰레기를 버리는 것은 사고와 직결되는 매우 위험한 행동임을 인식하고 삼가야 한다.

3 고속도로에서의 금지사항

(1) **갓길 통행금지 등** (법제60조제1항, 제2항)

① 자동차의 운전자는 고속도로 등에서 자동차의 고장 등 부득이한 사정이 있는 경우를 제외하고는 차로에 따라 통행하여야 하며, 갓길(도로법은 "길 어깨")로 통행하여서는 아니 된다. 다만, 다음 각 호에 해당하는 경우에는 그러하지 아니하다.
  1. 긴급자동차와 고속도로 등의 보수, 유지 등의 작업을 하는 자동차를 운행하는 경우
  2. 차량정체 시 신호기 또는 경찰공무원의 신호나 지시에 따라 갓길에서 자동차를 운전하는 경우
② 자동차의 운전자는 고속도로에서 다른 차를 앞지르려면 방향지시기·등화 또는 경음기를 사용하여 정하여진 차로로 안전하게 통행하여야 한다.

(2) 횡단(유턴·후진) 등의 금지 (법제62조)

자동차의 운전자는 그 차를 운전하여 고속도로 등을 횡단하거나 유턴 또는 후진하여서는 아니 된다. 다만, 긴급자동차 또는 도로의 보수·유지 등의 작업을 하는 자동차 가운데 고속도로 등에서의 위험을 방지·제거하거나 교통사고에 대한 응급조치작업을 위한 자동차로서 그 목적을 위하여 반드시 필요한 경우에는 그러하지 아니하다.

(3) 통행 등의 금지 (법제63조)

자동차(이륜자동차는 긴급자동차만 해당한다) 외의 차마의 운전자 또는 보행자는 고속도로 등을 통행하거나 횡단하여서는 아니 된다.

(4) 고속도로 등에서의 정차 및 주차의 금지 (법제64조)

자동차의 운전자는 고속도로 등에서 차를 정차하거나 주차시켜서는 아니 된다. 다만, 다음 각 호의 어느 하나에 해당하는 경우에는 그러하지 아니하다.

[고속도로에서는 2시간마다 휴식]

① 법령의 규정 또는 경찰공무원(자치경찰공무원은 제외한다)의 지시에 따르거나 위험을 방지하기 위하여 일시정차 또는 주차시키는 경우
② 정차 또는 주차할 수 있도록 안전표지를 설치한 곳이나 정류장에서 정차 또는 주차시키는 경우
③ 고장이나 그 밖의 부득이한 사유로 길가장자리 구역(갓길)에 정차 또는 주차시키는 경우
④ 통행료를 내기 위하여 통행료를 받는 곳에서 정차하는 경우
⑤ 도로관리자가 고속도로 등을 보수·유지 또는 순회하기 위하여 정차 또는 주차시키는 경우
⑥ 경찰용 긴급자동차가 고속도로 등에서 범죄수사·교통단속이나 그 밖의 경찰임무를 수행하기 위하여 정차 또는 주차시키는 경우
⑦ 소방차가 고속도로 등에서 화재진압 및 인명구조·구급 등 소방활동, 소방지원활동 및 생활안전활동을 수행하기 위하여 정차 또는 주차시키는 경우
⑧ 경찰용 긴급자동차 및 소방차를 제외한 긴급자동차가 사용 목적을 달성하기 위하여 정차 또는 주차시키는 경우
⑨ 교통이 밀리거나 그 밖의 부득이한 사유로 움직일 수 없을 때에 고속도로의 차로에 일시정차 또는 주차시키는 경우

> **해설**
>
> 고속도로 등에서 주·정차 할 수 없는 경우
> 1. 휴식을 위해 갓길 주·정차 금지
> 2. 사진촬영을 위해 정·주차 금지
> 3. 운전자 교대 시 갓길 주·정차 금지
> 4. 교통사고를 구경하기 위해 정·주차 금지

4 운전자의 고속도로 등에서의 준수사항 (법제67조)

(1) 고장자동차의 표지를 항상 비치 (제2항)

고속도로 등을 운행하는 자동차의 운전자는 교통의 안전과 원활한 소통을 확보하기 위하여 고장자동차의 표지를 항상 비치하며, 고장이나 그 밖의 부득이한 사유로 자동차를 운행할 수 없게 되었을 때에는 자동차를 도로의 우측 가장자리에 정지시키고 그 표지를 설치하여야 한다.

(2) 고장자동차 등의 조치 (법제66조)

자동차의 운전자는 고장이나 그 밖의 사유로 고속도로 등에서 자동차를 운행할 수 없게 되었을 때에는 행정안전부령으로 정하는 표지(고장자동차의 표지)를 설치하여야 하며, 그 자동차를 고속도로 등이 아닌 다른 곳으로 옮겨 놓는 등의 필요한 조치를 하여야 한다.

> **해설**
>
> 행정안전부령이 정하는 고장자동차의 표지(규칙제40조)
> ① 법 제66조에 따라 자동차의 운전자는 고장이나 그 밖의 사유로 고속도로 또는 자동차전용도로(이하 "고속도로 등"이라 한다)에서 자동차를 운행할 수 없게 되었을 때에는 다음 각 호의 표지를 설치하여야 한다.
>
>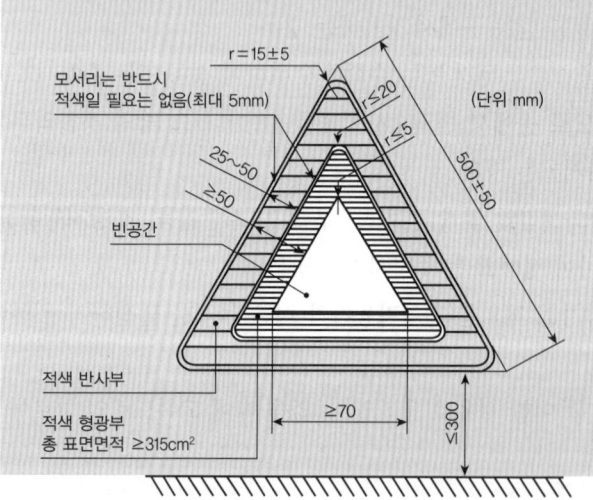
>
> 1. 「자동차관리법 시행령」 제8조의2제7호, 「자동차 및 자동차부품의 성능과 기준에 관한 규칙」 제112조의 8 및 별표 30의5에 따른 안전삼각대
> 2. 사방 500미터 지점에서 식별할 수 있는 적색의 섬광신호·전기제등 또는 불꽃신호. 다만, 밤에 고장이나 그 밖의 사유로 고속도로 등에서 자동차를 운행할 수 없게 되었을 때로 한정한다.
> 3. 자동차의 운전자는 제1항에 따른 표지를 설치하는 경우 그 자동차의 후방에서 접근하는 자동차의 운전자가 확인할 수 있는 위치에 설치하여야 한다.

5 고속도로에서 일반도로로 나갈 때의 주의사항

(1) 고속도로에서 벗어나고자 할 때는 사전에 목적지의 방향과 출구를 예고하는 안내표지에 유의하고, 적어도 1km 전방에서부터 우측차로로 차로 변경을 하여야 한다.

(2) 출구로 접근할 때의 감속조치는 감각에 의존하지 말고 반드시 속도계를 확인하고, 브레이크 페달을 가볍게 여러 번 밟아 안전한 속도로 서서히 감속하여야 한다.

(3) 일반도로로 나오면 빠르게 일반도로에 적응하도록 유의하여야 한다.

참고 고속도로에서 자동차 고장 시 조치요령

자동차 운전자는 고장이나 그 밖의 사유로 고속도로 등에서 자동차를 운행할 수 없게 되었을 때에는 아래와 같이 안전하게 조치하여야 한다(법제66조).

(1) **도로 우측 가장자리 또는 길가장자리 구역(갓길)에 주차**

고속도로 등을 운행하는 자동차의 운전자는 교통의 안전과 원활한 소통을 확보하기 위하여 고장자동차의 표지를 항상 비치하며, 고장이나 그 밖의 부득이한 사유로 자동차를 운행할 수 없게 되었을 때에는 자동차를 도로의 우측 가장자리에 정지시키고 **행정안전부령으로** 정하는 바에 따라 그 표지를 설치하여야 한다.

(2) **고장자동차의 표시**

고장 등으로 갓길 등에 주차할 경우, 뒤따라오는 차가 쉽게 알아볼 수 있도록 다음과 같이 표시하여야 한다.

① 낮에는 후방에서 접근하는 자동차의 운전자가 확인할 수 있는 위치에 고장자동차의 표지(안전삼각대)를 설치하여야 한다.

② 밤에는 후방에서 접근하는 자동차의 운전자가 확인할 수 있는 위치에 고장자동차의 표지(안전삼각대)를 설치한 후, 그 **자동차로부터 뒤쪽 도로상에 사방 500m 지점에서** 식별할 수 있는 **적색의 섬광신호, 전기제등 또는 불꽃신호**를 설치하여야 한다.

(3) **피난 및 차량의 이동**

① **피난** : 고속도로에 그대로 있는 것이 위험한 경우에는 필요한 위험방지 조치를 한 후 차에 남아 있지 말고 안전한 장소로 피하여야 한다.

② **차량의 이동** : 차의 고장으로 인하여 운전을 할 수 없게 되었을 경우에는 2차적인 사고방지를 위하여 비상전화로 견인차를 부르는 등 신속히 차량을 이동시켜야 한다.

제7장 적중출제예상문제

1 고속도로 운행 전 준비사항

【문제 1】 고속도로상의 신호기 및 안내표지를 설치·관리할 수 있는 사람으로 맞는 문항은?
① 경찰청장
② 시·도경찰청장
③ 고속도로 관리자
④ 시·도지사

【문제 2】 고속도로 운행 전 준비 및 점검사항이다. 적절하지 못한 문항은?
① 자동차의 사전점검 실시
② 화물의 적재상태 안전여부 확인
③ 3시간마다 휴식을 취할 수 있는 계획의 수립
④ 도로교통상황의 사전파악

【문제 3】 고속도로 운행계획수립 시 고려할 사항이다. 아닌 문항은?
① 목적지의 숙박시설 확보
② 충분한 여유시간을 고려한 운행계획의 수립
③ 운행 전 충분한 휴식과 음주를 하지 말 것
④ 운행경로에 위험지역이나 공사구간 유무와 우회도로 파악

【문제 4】 화물 적재상태의 안전여부에 대한 점검사항이다. 해당없는 문항은?
① 화물적재 높이와 폭의 초과여부
② 화물덮개재질의 적정여부
③ 화물적재 중량의 과적여부
④ 결박 끈의 풀림이나 느슨함 여부

【문제 5】 고속도로 운행 전에 자동차 점검사항이다. 아닌 문항은?
① 연료량, 엔진오일, 변속기오일, 브레이크액의 적정 여부 및 새는지 여부
② 냉각수, 앞유리닦기액의 적정 여부 및 새는지 여부
③ 전조등, 방향지시등, 제동등 등 각종 점등장치의 이상 유무
④ 실린더와 피스톤의 손상 또는 마모상태 여부

【문제 6】 고속도로를 주행하고자 할 때 타이어의 적정한 공기압력으로 맞는 문항은?
① 규정된 압력으로 한다.
② 규정된 압력에서 20~30% 높게 주입한다.
③ 규정된 압력에서 10% 낮춘다.
④ 규정된 압력에서 20~30% 낮게 주입한다.

정답 1. 【1】③ 【2】③ 【3】① 【4】② 【5】④ 【6】②

2 고속도로 통행구분과 법정속도

【문제 1】 편도 3차로 고속도로에서 대형 승합자동차의 주행차로인 문항은?
① 1 · 2 차로　　　　　　　　　② 왼쪽 차로
③ 오른쪽 차로　　　　　　　　④ 모든 차로

【문제 2】 편도 3차로의 고속도로에서 주행차로에 대한 설명이다. 맞는 문항은?
① 1차로는 2차로가 주행차로인 승용자동차의 앞지르기 차로이다.
② 1차로는 승합자동차의 주행차로이다.
③ 갓길은 긴급자동차 및 견인자동차의 주행차로이다.
④ 버스전용차로가 운용되고 있는 경우, 2차로가 화물자동차의 주행차로이다.

【문제 3】 편도 2차로인 고속도로에서 승용자동차의 법정 최고속도 맞는 문항은?
① 70km/h　　② 90km/h　　③ 100km/h　　④ 80km/h

【문제 4】 고속도로 버스전용차로로 통행할 수 없는 자동차로 맞는 문항은?
① 6인 이상 승차한 9인승 승용자동차　　② 6인 이상 승차한 12인승 이하 승합자동차
③ 6인 이상 승차한 13인승 이상 승합자동차　　④ 5인이 승차한 12인승 이하 승합자동차

【문제 5】 고속도로를 주행할 수 있는 차량으로 맞는 문항은?
① 긴급이륜자동차　　　　　　② 이륜자동차
③ 원동기장치자전거　　　　　④ 경운기

【문제 6】 고속도로의 오르막길 고갯마루부근에 저속차량의 통행을 위하여 설치한 차로는?
① 가속차로　　② 오르막차로　　③ 감속차로　　④ 주행차로

【문제 7】 고속도로별 승용자동차와 승합자동차의 최고 주행속도 틀린 문항은?
① 서해안 고속도로에서는 매시 120km
② 중부(제2중부) 고속도로에서는 매시 120km
③ 편도 1차로의 고속도로에서는 매시 90km
④ 편도 2차로 이상 고속도로에서는 매시 100km

【문제 8】 고속도로별 1.5톤 초과 화물자동차와 특수자동차의 최고속도 틀린 문항은?
① 편도 2차로 이상 고속도로에서는 매시 90km
② 논산~천안간 고속도로에서는 매시 90km
③ 중부(제2중부) 고속도로에서는 매시 90km
④ 서해안 고속도로에서는 매시 90km

정답　2. 【1】③　【2】①　【3】③　【4】④　【5】①　【6】②　【7】③　【8】①

【문제 9】 편도 1차로인 고속도로에서 승용자동차의 법정 최저속도로 맞는 문항은?
① 매시 30km ② 매시 60km ③ 매시 40km ④ 매시 50km

【문제 10】 건조한 포장도로에서 시속 100km로 주행하는 때의 가장 안전한 차간 거리는?
① 80m 이상 ② 100m 이상 ③ 70m 이상 ④ 90m 이상

【문제 11】 고속도로에서 앞지르기를 하고자 하는 때의 신호조작 시기의 거리로 맞는 문항은?
① 60m ② 80m ③ 30m ④ 100m

【문제 12】 고속도로에서 이상기후 시 최고속도의 100분의 20을 감속 운행하여야 하는 경우는?
① 폭우로 가시거리가 100m 이내인 때 ② 비가 내려 노면이 젖어 있을 때
③ 노면이 얼어붙은 때 ④ 눈이 20mm 이상 쌓인 때

해설 비, 바람, 안개, 눈 등 이상기후 시 감속운행속도

1. 비가 내려 노면이 젖어 있는 경우 2. 눈이 20mm 미만 쌓인 경우	법정최고속도의 100분의 20 감속
1. 폭우 · 폭설 · 안개 등으로 가시거리가 100m 이내인 경우 2. 노면이 얼어붙은 경우 3. 눈이 20mm 이상 쌓인 경우	법정최고속도의 100분의 50 감속

【문제 13】 고속도로에서 이상기후 시 최고속도의 100분의 50을 감속 운행하여야 하는 경우는?
① 폭우 · 폭설 · 안개 등으로 100m 이내의 앞이 보이지 않은 경우
② 비가 오고 가시거리가 200m 이상인 경우
③ 비가 내려 노면이 젖어 있는 경우
④ 눈이 20mm 미만 쌓인 경우

3 고속도로 주행 시 주의사항

【문제 1】 고속도로에 진입할 때 우선순위이다. 맞지 않는 문항은?
① 고속도로에 진입하려는 차보다 이미 고속도로를 주행 중인 차가 우선한다.
② 긴급출동 중인 소방자동차가 진입하는 때에는 그 소방차가 우선한다.
③ 고속도로에 진입하려고 가속차로에 접근한 자동차는 이미 고속도로를 주행 중인 차에 우선한다.
④ 교통단속 중인 경찰용 자동차가 진입하는 때에는 그 경찰용 자동차가 우선한다.

【문제 2】 고속도로에서 통행이 가장 우선인 자동차인 문항은?
① 감속차로에서 주행 중인 차량
② 가속차로에서 주행 중인 차량
③ 고속도로 본선에서 주행 중인 차량
④ 진입로에서 선두에 있는 차량

정답 【9】④ 【10】② 【11】④ 【12】② 【13】① 3. 【1】③ 【2】③

【문제 3】 고속도로 진입 시 주의사항에 대한 설명이다. 적절하지 못한 문항은?
① 운전자와 승차자 모두 안전띠를 매어야 한다.
② 시속 100km이상의 속도로 가속차로까지 진입한다.
③ 가속차로에서 왼쪽 방향지시기를 켜고 충분한 가속과 함께 주행차로로 진입한다.
④ 진입하려는 차는 이미 주행 중인 차의 통행을 방해하여서는 아니 된다.

【문제 4】 고속도로에서 주행 중일 때의 주의사항이다. 적절하지 못한 문항은?
① 고속주행 중 급핸들, 급브레이크 조작은 위험하다.
② 차간거리를 충분히 유지하며 주행하여야 한다.
③ 앞지르기할 때에 규정 속도를 초과하여서는 아니 된다.
④ 정체가 심할 때에는 갓길로 주행할 수 있다.

【문제 5】 고속도로에서 안전하고 원활한 소통을 위하여 금지하는 행위가 아닌 문항은?
① 앞지르기 금지
② 횡단·유턴·후진 금지
③ 정차·주차의 금지
④ 갓길통행 금지

【문제 6】 고속도로에서 안전하고 원활한 소통을 확보하기 위하여 금지하는 행위인 문항은?
① 자동차 고장으로 길가장자리 구역(갓길)에 주차하는 행위
② 2차로 주행차량이 1차로로 앞지르기하는 행위
③ 횡단·유턴·후진하는 행위
④ 터널 진입통행 시에 전조등을 켜는 행위

【문제 7】 고속도로 운행 중 운전자의 옳지 못한 행위로 맞는 문항은?
① 주행차로로 계속 주행하는 행위
② 앞지르기 차로로 앞지르기하는 행위
③ 최고속도와 최저속도를 준수하는 행위
④ 피로하지 않은 경우 2시간 이상 계속 운전하는 행위

【문제 8】 고속도로에 자동차가 잘못 진입한 사실을 알았을 때 어떻게 해야 옳은가?
① 비상점멸등을 켜고 진입했던 곳으로 서서히 후진하여 빠져 나온다.
② 이미 진입하였으므로 다음 출구까지 주행한 후 빠져 나온다.
③ 진입차로가 2개 이상일 경우에는 유턴하여 돌아 나온다.
④ 갓길에 정차한 후 비상점멸등을 켜고 고속순찰대에 도움을 요청한다.

【문제 9】 고속도로의 교량구간에서 강한 옆바람이 불어와 차체가 흔들릴 때 올바른 주행방법은?
① 차체가 흔들리지 않게 핸들을 양손으로 꽉 잡고 속도를 줄인다.
② 차체가 흔들리지 않도록 핸들을 양손으로 꽉 잡고 속도를 높인다.
③ 최고속도의 100분의 50을 감속하여 운행한다.
④ 빠른 속도로 교량구간을 벗어나야 한다.

정답 【3】② 【4】④ 【5】① 【6】③ 【7】④ 【8】② 【9】①

【문제 10】 고속도로 주행 중 급제동이나 급핸들 조작을 하여서는 안 되는 이유로 맞는 문항은?
　① 자동차 브레이크 파열을 가져오므로
　② 타이어에 무리가 있고 차량의 하중이 앞에 걸리므로
　③ 자동차가 전도되거나 뒤차와 추돌하므로
　④ 뒤차 운전자에게 피로를 주게 됨으로

【문제 11】 고속도로에서 유턴, 횡단, 후진이 가능한 경우로 맞는 문항은?
　① 고속도로를 잘못 들어와 되돌아갈 필요가 있는 때
　② 도로의 보수·유지 등 작업 차량이 부득이한 경우
　③ 자동차가 고장난 경우
　④ 휴식을 위하여 안전한 장소를 물색하는 때

【문제 12】 운전자가 고속도로에서 주·정차한 때 위반이 되는 경우로 맞는 문항은?
　① 교통사고 현장을 보려고 갓길에 정차하였다.
　② 자동차의 고장으로 부득이하게 갓길에 주차하였다.
　③ 경찰관의 지시에 의하여 갓길에 정차하였다.
　④ 통행요금을 지불하기 위하여 잠시 정차하였다.

【문제 13】 고속도로에서 일반도로로 나갈 때 주의사항이다. 적절하지 못한 문항은?
　① 사전에 목적지의 방향과 출구를 예고하는 안내표지에 유의한다.
　② 출구로 접근할 때의 감속조치는 앞차를 따라가면 된다.
　③ 브레이크를 여러 번 나누어 밟아 안전한 속도로 서서히 감속한다.
　④ 일반도로에 나오면 빨리 일반도로에 적응하도록 유의한다.

【문제 14】 고속도로 주행 중 고장이 발생한 경우 올바른 조치방법으로 맞는 문항은?
　① 갓길로 이동하여 고장 난 차량을 현장에서 수리한다.
　② 주행 중인 차로에 다른 교통에 방해가 되지 않으면 그대로 둔다.
　③ 다른 교통에 상관없이 빠르게 정비공장에 연락한다.
　④ 갓길로 이동 후 고장자동차 표지(안전삼각대)를 설치하고 견인차에 연락한다.

【문제 15】 밤에 고속도로에서 자동차 고장 시 설치하는 적색섬광신호등의 식별 가능 범위는?
　① 사방 100m　　　　　　　② 사방 200m
　③ 사방 500m　　　　　　　④ 사방 300m

정답　【10】③　【11】②　【12】①　【13】②　【14】④　【15】③

제8장 특별한 상황에서의 안전운전

제1절 위험한 장소에서의 운전

1 언덕길 또는 산길운전

(1) 오르막길 중간에서 정지한 차의 뒤에 차를 멈출 때에는 너무 가깝게 접근하여 세우지 않도록 한다. 이유는 앞차가 출발할 때 뒤로 밀리면서 충돌할 위험이 있기 때문이다.

(2) 가파른 오르막길 중간에서 정지하였다가 다시 출발할 때 핸드 브레이크를 보조로 사용하면 출발할 때 뒤로 미끄러지는(후진) 것을 방지할 수 있다.

(3) 언덕길 정상부근을 오를 때에는 반대편에서 마주 오고 있는 자동차가 있는지 확인하기 어렵기 때문에 항상 서행하여야 하고, 절대 앞지르기해서는 안 된다.

(4) 내리막길에서는 올라갈 때와 같은 기어(자동변속기 차량은 변속 레버를 2 또는 L에 놓는다)의 상태에서 엔진 브레이크를 사용하도록 하며, 앞차와 충분한 안전거리를 유지한다.

[내리막길에서는 엔진 브레이크 사용]

(5) 긴 내리막길에서 풋 브레이크만을 사용하여 내려가게 되면 베이퍼 록 현상 등으로 브레이크가 작동되지 않는 경우가 있어 매우 위험하므로 엔진 브레이크를 주로 사용하고, 풋 브레이크는 보조로 사용하는 것이 안전하다.

(6) 내리막길에서는 가속력이 작용하기 때문에 급핸들이나 급브레이크 조작을 하게 되면 자동차는 중심을 잃고 길 밖으로 떨어지거나 옆으로 미끄러지면서 중앙선을 넘게 될 위험이 크므로 서행으로 내려간다.

(7) 언덕길을 내려가는 자동차는 브레이크나 핸들 계통에 이상이 생겼을 때에 즉각적인 조치가 어렵기 때문에 올라가는 차가 양보하여야 한다.

(8) 언덕길에서 빈차는 사람을 태웠거나 화물을 실은 차에게 양보하여야 한다.

(9) 한쪽의 도로가 낭떠러지나 벼랑으로 되어 있는 경우 반대 방향에서 마주 오는 자동차와

안전하게 지나칠 수 없을 때에는 낭떠러지 쪽의 차가 일시정지하여 길을 양보하는 것이 안전에 도움이 된다.

(10) 산길 주행 시 길가장자리 부분이 내려앉거나 아래 부분이 움푹 패인 곳에 차가 접근하지 않도록 조심한다.

2 도로 모퉁이 또는 커브길 운전

(1) 도로 모퉁이나 커브길을 주행할 때에는 그 앞의 직선 도로부분에서 충분히 속도를 줄여야 한다. 만약 과속운전 중 급핸들이나 급브레이크 조작을 하게 되면 차는 원심력에 의하여 길 밖으로 전복되거나 미끄러지기 때문에 이러한 운전은 하지 않도록 하여야 한다.

[커브길에서 고속은 위험]

(2) 도로 모퉁이나 커브길을 주행할 때에는 도로의 중앙을 넘어가지 않도록 조심하고, 반대 방향에서 마주 오는 자동차가 중앙선을 넘어올지도 모른다는 것을 염두에 두고 이에 대비하는 운전을 하여야 한다.

(3) 차가 커브 구간을 돌아갈 때에는 앞바퀴보다 뒷바퀴가 더 안쪽으로 돌기 때문에 뒷바퀴가 길 안쪽에 있는 보행자나 자전거에 충격을 주거나 도로 밖으로 빠지게 할 염려가 있다는 것을 알고 항상 조심하여야 한다.

(4) 도로 폭이 넓은 급커브지점에서는 완만한 커브길로 착각하기 쉽기 때문에 조심해야 한다.

(5) 도로모퉁이나 커브길에서는 앞지르기를 금지한다.

3 주택가 골목길 운전

(1) 주택가 골목길은 폭이 좁고 어린이를 비롯한 보행자나 차의 왕래가 빈번하기 때문에 항상 서행 운전하여야 한다.

(2) 움직이는 공이나 자전거, 장난감 뒤에는 반드시 어린이가 달려 나온다는 것을 예측하고 즉시 차를 정지시킬 수 있는 마음가짐으로 운전하여야 한다.

(3) 위험스럽게 느껴지는 자동차, 자전거, 손수레, 사람 또는 그림자 등을 발견하였을 때에는 그 움직임을 계속 주시하여 안전하다고 판단될 때까지 눈을 떼지 않도록 한다.

(4) 잠시 정차 후 다시 출발하기에 앞서 자동차 주변에 어린이가 있는지의 여부를 먼저 확인하고 출발하는 습관이 매우 중요하다.

제2절 야간 안전운전

1 시계와 속도

(1) 야간에는 운전자가 눈으로 확인할 수 있는 시야의 범위가 좁아져 도로상의 보행자나 자전거 등의 발견이 늦어지고 속도감도 둔화되므로 감속 운전해야 한다.

(2) 해가 뜨기 직전이나 지고 난 후에는 먼저 미등을 켜고 조금 어두워지기 시작하면 야간등화(전조등)를 켜야 한다.

(3) 보행자와 자동차의 통행이 빈번한 시가지에서는 항상 전조등이 비추는 방향을 하향으로 하고 운전해야 한다.

(4) 주간이라도 터널 안이나 짙은 안개, 강우, 강설 시 운전할 때에는 야간에 켜는 등화를 켜야 한다.

(5) **밤에 도로에서 차를 운행하는 경우 등의 등화** (영제19조제1항)

① **자동차** : 전조등, 차폭등, 미등, 번호등, 실내조명등(실내조명등은 승합차 및 택시에 한함)
② **원동기장치자전거** : 전조등 및 미등
③ **견인되는 차** : 미등, 차폭등 및 번호등
④ **노면전차** : 전조등, 차폭등, 미등 및 실내조명등
⑤ **그 밖의 모든 차** : 시·도경찰청장이 정하여 고시하는 등화

2 마주오는 차의 불빛과 시선

(1) 도로상에 있는 보행자가 마주오는 차의 전조등 불빛과 마주치면 불빛의 착란으로 보행자의 신체일부 또는 전체가 보이지 않는 현상(증발현상)이 발생한다. 따라서 감속과 함께 보행자 움직임에서 시선을 떼지 않도록 한다.

(2) 시선은 가급적 먼 곳을 보도록 하여 전방의 장애물을 조금이라도 빨리 발견하여야 하며, 마주오는 차의 전조등 불빛으로 눈이 부실 때에는 시선을 약간 오른쪽으로 돌려 눈이 부시지 않도록 한다.

[밤에 교행 시 전조등 하향조작]

(3) 야간에는 검은색 계통의 복장을 한 보행자의 발견이 늦어지거나 어려우며, 술 취한 보행자의 행동은 예측하기 어렵다는 점에 특히 유념하여야 한다.

(4) 전방이나 좌·우 확인이 어려운 신호등 없는 교차로나 커브길 직전에서는 전조등 불빛을 2~3번 상향과 하향으로 변환하여 자기 차가 접근하고 있다는 것을 알려야 하며, 다른 차와 엇갈릴 때에는 전조등 불빛을 하향으로 하여야 한다.

3 앞차의 제동등(制動燈)에 주의

(1) 주행 중에 앞차의 제동등(브레이크등)이 켜지면 뒤에 따라가는 차도 감속이나 정지할 준비를 하여야 한다.

(2) 앞차의 급핸들이나 급제동조작은 앞차의 위험한 상황을 뜻하기 때문에 감속하여 이에 대비하여야 한다.

제3절 악천후 시의 운전

1 비 오는 날의 안전운전

(1) **제동거리가 길어짐**

비가 오면 도로는 미끄럽고 라이닝과 드럼 사이에 물기가 들어가 상대적으로 제동거리가 길어지게 된다.

(2) **시야가 좁아짐**

비오는 날 운전자는 와이퍼가 움직이는 부분으로만 전방을 확인할 수 있어, 시야도 그만큼 좁아질 수 밖에 없는 악조건으로 바뀌게 된다. 그러므로 더욱 조심해야 한다.

(3) **비 오는 날 안전운행 요령**

① 비가 내리기 시작한 직후에는 포장된 노면이나 공사장 철판 위의 먼지, 흙, 기름 등이 비와 섞여 있어 차가 미끄러지기 쉬우니 감속 운행하여야 한다.

② 비가 오는 날은 맑은 날보다 차가 미끄러지기 쉽고, 수막 현상도 일어나기 때문에 주행속도를 낮추고 앞차와의 안전거리도 충분히 유지한다.

③ 비가 오는 날 물 웅덩이를 지난 직후에는 브레이크 기능이 현저히 떨어지기 때문에 특히 조심한다(브레이크를 여러 번 가볍게 밟아 라이닝의 물기를 말린다).

④ 가을철 도로 위의 낙엽은 자동차 정지거리를 더 길게 하며, 비에 젖은 낙엽은 자동차를 더 미끄럽게 한다. 은행잎은 다른 나뭇잎보다 더욱 미끄러지기 쉽다.

⑤ 주행 중에 번개가 칠 때에는 라디오를 끄고, 큰 나무나 전신주 옆을 피해서 도로 가장자리에 차를 세우고, 그대로 차 안에 머무르는 것이 안전하다.

2 안개 낀 날의 안전운전

(1) 안개등을 켜고 감속운행

안개가 낀 날은 운전자가 확인할 수 있는 시야와 시계의 범위가 좁고 짧아지기 때문에 안개등을 켠 상태에서 속도를 낮추어 감속 운전하여야 한다.

(2) 야간에 켜는 등화의 점등

[안개 낀 날은 앞차와 미등기준으로 운전]

짙은 안개인 때에는 안개등과 함께 야간등화를 켜고 중앙선, 차선, 가드레일과 앞차의 미등을 기준으로 감속 운행한다.

(3) 자신의 위치를 다른 차에 신호

커브길이나 언덕길을 운전할 때에는 커브구간이나 언덕정상 직전에서 경음기를 울림과 동시에 전조등을 상·하향으로 2~3번 변환하여 자기 차가 주행하고 있음을 반대방향에서 오는 차에게 알리도록 한다.

3 눈길이나 빙판길의 안전운전

(1) 스노우 타이어 또는 체인 착용

눈길이나 빙판길을 통행할 때에는 미리 눈길용(스노우) 타이어를 끼우거나 타이어에 체인을 감고 운행하여야 한다.

(2) 급출발·급제동·급핸들 조작금지

차가 방향을 잃고 앞·뒤 특히 옆으로 미끄러지는 일이 많으므로 핸들이나 브레이크 조작은 신중히 하도록 하며 급출발, 급제동, 급핸들 조작은 절대로 하지 않도록 한다.

(3) 2단 기어와 반 클러치 사용

빙판길에서 출발할 때에는 2단 기어와 반 클러치를 사용한다.

(4) 앞차가 지나간 발자국 따라 통행

빙판이나 눈이 쌓여있는 도로에서는 가능하면 앞차가 지나간 바퀴자국을 따라 통행하는 것이 안전하다.

(5) 언덕길은 1단 또는 2단기어로 운행

눈길이나 빙판길 또는 언덕길을 오를 때에는 오르기 직전에 1단이나 2단의 저속기어로 변속한 후 중간에 다시 변속하거나 정지함이 없이 오르도록 하여야 한다.

(6) 정지 시 브레이크 페달 분할 제동

정지할 때는 엔진 브레이크로 감속 후 풋 브레이크를 여러 번 나누어 밟는다.

4 강풍이나 돌풍 시의 안전운전

(1) 강풍이 부는 날의 운전

바람이 심하게 부는 날 자동차를 운전하면 바람을 맞는 자동차의 부분에 따라 핸들을 돌리지 않아도 차가 차로를 조금씩 벗어난다거나 가속 또는 감속이 되며 자동차 주행방향에 따라 이러한 현상은 다르게 나타난다. 따라서 주행속도의 감속과 함께 핸들을 양손으로 꽉 잡고 주행방향이나 속도변화에 신중히 대처하는 운전을 하도록 하여야 한다.

(2) 산길, 터널 입·출구·다리위에서의 운전

산길이나 높은 고지대, 터널 입구와 출구, 다리 위 등에서는 갑자기 강한 바람(돌풍)이 부는 때가 있다. 따라서 이런 곳에서는 주행속도의 감속과 함께 양손으로 핸들을 꽉 잡고 이에 대비하는 자세로 운전해야 한다.

5 돌발 상황발생 시 조치요령

(1) 차 유리창에 김(성애)이 서릴 때

여름 또는 겨울철, 특히 비 오는 날 창문을 닫고 주행하면 자동차의 실내온도와 외부온도의 차이로 인하여 차창에 김(성애)이 서려 자동차 외부의 상황이 잘 보이지 않는 등 운전에 장해를 일으키는 경우가 있다. 이때에는 에어컨을 작동시키거나 창문을 약간 열고 운행하면 쉽게 해결할 수 있다.

(2) 주행 중 타이어가 파손된 경우

주행 중에 타이어가 펑크나면 핸들이 한쪽으로 치우치는 등 매우 위험하게 된다. 이때에는 핸들을 단단히 잡고 비상등을 점멸시킴과 동시 가속 페달에서 발을 서서히 떼면서 속도를 떨어뜨려 천천히 길가장자리의 안전한 장소에 주차시킨 후 타이어 교체 작업을 하여야 한다.

제8장 적중출제예상문제

1 위험한 장소에서의 운전

【문제 1】 언덕길이나 산길 또는 낭떠러지 부근 도로에서 안전운전방법이다. 틀린 문항은?
① 언덕길에서는 내려가는 차가 올라오는 차에게 양보한다.
② 한쪽이 낭떠러지로 된 도로에서는 낭떠러지 쪽의 차가 일시정지하여 양보한다.
③ 언덕길에서는 빈차가 사람 또는 화물을 실은 차에게 양보한다.
④ 산길에서는 길가장자리가 내려앉거나 움푹 패인 곳에 접근하지 않도록 한다.

【문제 2】 긴 내리막길을 내려갈 때에 엔진 브레이크를 사용하는 이유로 맞는 문항은?
① 엔진에 무리를 주지 않기 위하여
② 연료를 절약하기 위하여
③ 브레이크장치의 페이드 현상을 방지하기 위하여
④ 제동장치의 수명을 길게 하기 위하여

【문제 3】 긴 내리막길을 내려갈 때의 안전한 운전방법인 문항은?
① 엔진 브레이크만 사용하면서 내려간다.
② 엔진 브레이크와 풋 브레이크를 겸용하되 가급적 풋 브레이크 사용을 적게 한다.
③ 시동을 끄고 타력을 이용하여 내려간다.
④ 핸드 브레이크와 풋 브레이크를 동시에 사용한다.

【문제 4】 가파른 비탈길오르막의 우측도로에 장시간 주차할 경우 가장 올바른 방법인 문항은?
① 후진기어를 넣고 핸드 브레이크를 당겨 놓는다.
② 1단 기어를 넣는다.
③ 기어를 중립에 넣고 핸드 브레이크를 당겨 놓는다.
④ 1단 기어를 넣고 핸드(주차) 브레이크를 당겨 놓고 고임목을 고인다.

【문제 5】 비탈길의 고갯마루 부근에서 지켜야 할 사항이다. 가장 타당한 문항은?
① 서행 및 경음기 사용금지   ② 일시정지 및 차로변경 금지
③ 서행 및 앞지르기 금지   ④ 일시정지 및 주·정차 금지

【문제 6】 오르막길을 오르다가 앞선 차 뒤에 정차하고자 할 때 가장 올바른 정차 방법인 문항은?
① 앞차와의 간격을 멀리 두고 정차한다.
② 가급적 안전거리를 충분히 유지하여 정차한다.
③ 앞차에 근접하여 정차한다.
④ 적당한 거리를 두고 정차하면 된다.

정답 1. 【1】① 【2】③ 【3】② 【4】④ 【5】③ 【6】②

【문제 7】 국도 변 마을도로에는 속도제한구역이 많다. 이런 도로에서 바른 운전태도가 아닌 문항은?
① 사고의 위험이 높으므로 특히 주의한다.
② 위험한 도로이므로 신속히 통과한다.
③ 예상치 못한 사고위험이 있으므로 긴장감을 갖는다.
④ 과속사고가 많으므로 감속 운행한다.

【문제 8】 커브길에서의 안전운전에 관한 설명이다. 잘못된 문항은?
① 브레이크를 급조작하지 않는다.
② 진입 전에 충분히 속도를 줄인다.
③ 핸들을 급조작하지 않는다.
④ 커브를 돌아가면서 기어를 낮춘다.

【문제 9】 커브길에서 안전운전방법이다. 적절하지 못한 문항은?
① 차가 커브를 돌 때 뒷바퀴가 더 바깥쪽으로 돌며 보행자를 충격하므로 주의한다.
② 커브를 돌 때에는 중앙선을 침범하지 않도록 조심한다.
③ 반대방향차가 중앙선을 넘어올지 모른다는 생각을 하며 대비하는 운전을 한다.
④ 커브길 진입 전 충분히 속도를 줄인다.

【문제 10】 주택가 골목길에서의 안전운행방법이다. 아닌 문항은?
① 공이 날아오면 뒤이어 어린이가 달려 나올 것을 예상하고 이에 대비한다.
② 주차차량 사이에서 갑자기 어린이가 달려 나올 수 있다는 것을 예측하고 서행한다.
③ 위험이 느껴지는 보행자를 발견하면 안전하다고 판단될 때까지 계속 주시한다.
④ 잠시 정차 후 출발할 때에는 후사경만으로 좌우를 확인하면 된다.

2 야간에 안전운전

【문제 1】 야간에 켜야 하는 등화이다. 잘못된 문항은?
① 영업용 택시는 전조등, 차폭등, 미등, 번호등, 실내조명등
② 원동기장치자전거는 전조등 및 미등
③ 견인되는 차는 미등과 차폭등
④ 승합자동차는 전조등, 차폭등, 미등, 번호등, 실내조명등

【문제 2】 주간(낮)이라도 전조등을 켜야 하는 경우이다. 아닌 문항은?
① 비나 눈이 내리고 있는 때
② 짙은 안개가 끼어 있는 때
③ 터널 안을 운행하고 있을 때
④ 비탈길의 오르막을 올라갈 때

【문제 3】 야간에 가로등도 없고 주위에 다른 차도 없을 때 운전방법이다. 틀린 문항은?
① 도로의 가장자리로 주행한다.
② 멀리 볼 수 있게 전조등을 상향조정한다.
③ 표지판 확인에 더욱 주의한다.
④ 속도를 줄여서 운전한다.

정답 【7】② 【8】④ 【9】① 【10】④ 2. 【1】③ 【2】④ 【3】①

【문제 4】 야간에 운전을 할 때 나타나는 현상이다. 맞지 않는 문항은?
① 시야 확보거리가 넓다.   ② 예측이 어렵다.
③ 분별력이 떨어진다.   ④ 주의력 집중이 힘들다.

【문제 5】 야간운전이 주간운전에 비하여 위험성이 높은 직접적인 이유로 맞는 문항은?
① 속도감 증가   ② 과속 및 음주운전
③ 시야의 제한 및 시인성 저하   ④ 졸음 및 피로

【문제 6】 야간 운전의 위험성에 대한 설명이다. 맞지 않는 문항은?
① 시야의 범위가 좁아진다.
② 속도감이 증가한다.
③ 마주오는 차의 전조등 불빛으로 물체의 증발현상이 발생한다.
④ 술에 취한 사람이 도로에 뛰어드는 경우가 있다.

【문제 7】 야간 주행을 할 때의 주의사항이다. 옳지 못한 문항은?
① 전조등은 항상 위로 비추어 도로 중앙이 잘 보이도록 한다.
② 뒤차의 불빛에 현혹되지 않도록 백미러를 조정한다.
③ 시야가 나쁜 교차로 통행 시에는 전조등으로 자기 차가 진행 중임을 알린다.
④ 중앙선 쪽에서 조금 떨어져 운행한다.

3 악천후 시의 운전

【문제 1】 비 오는 날 운전의 위험성을 설명한 것이다. 틀린 문항은?
① 제동거리가 길어진다.   ② 정지거리가 짧아진다.
③ 수막 현상이 발생한다.   ④ 운전자의 시야가 좁아진다.

【문제 2】 비가 내리고 있는 도로에서의 운행방법이다. 잘못된 문항은?
① 낮에도 전조등을 켜고 운행한다.
② 감속할 때에는 주로 엔진 브레이크를 이용한다.
③ 물이 고인 곳을 운행할 때에는 수막 현상이 발생할 수 있다.
④ 트레드 홈 깊이가 약 1.6mm 이하인 타이어를 사용한다.

【문제 3】 비 오는 날 김 서림(성애) 방지를 위한 조치 방법이다. 가장 옳은 문항은?
① 출발 전 기름기가 있는 걸레로 몇 번 닦는다.
② 히터를 사용한다.
③ 에어컨 바람을 유리창 방향으로 작동시킨다.
④ 물에 젖은 헝겊으로 닦는다.

정답 【4】① 【5】③ 【6】② 【7】①   3. 【1】② 【2】④ 【3】③

【문제 4】 눈이나 비가 오는 날 고속도로 주행방법이다. 옳지 않는 문항은?
① 비 오는 날 고속주행은 수막 현상으로 제동·조향효과가 감소되므로 감속 운행한다.
② 눈이 내리는 도로에서는 체인이나 스노우 타이어를 사용하고 운행한다.
③ 눈·비가 올 때에는 앞차와의 안전거리를 가깝게 한다.
④ 비 오는 날에는 전방교통 확인이 어려우므로 주의한다.

【문제 5】 안개가 끼어 있는 날의 안전운전 요령이다. 옳지 못한 문항은?
① 안개등을 켜고 감속 운행한다.
② 야간에 켜는 등화를 켠다.
③ 커브 길에서는 상향등을 켜서 자신의 위치를 다른 차에 알린다.
④ 시야와 시계의 범위가 넓고 길어지니 주의한다.

【문제 6】 빙판길에서 자동차의 출발요령으로 옳은 문항은?
① 1단 기어로 출발
② 2단 기어로 출발
③ 2단 기어와 반 클러치로 출발
④ 1단 기어와 반 클러치로 출발

【문제 7】 눈길이나 빙판길에서의 안전운전요령이다. 아닌 문항은?
① 스노우 타이어 또는 체인 착용
② 언덕길은 4단 기어로 운행
③ 출발 시 2단 기어와 반 클러치 사용
④ 급출발·급핸들·급제동금지

【문제 8】 빙판길에서 차가 미끄러질 때 운전방법으로 가장 옳은 문항은?
① 핸들을 미끄러지는 반대방향으로 돌린다.
② 저단으로 변속한다.
③ 핸들을 미끄러지는 방향으로 돌린다.
④ 브레이크를 밟는다.

【문제 9】 주행 중 자동차 옆으로 강한 바람이 불어올 때 운전자의 올바른 운행방법으로 맞는 문항은?
① 계속하여 빠른 속도로 운전한다.
② 핸들을 바람이 부는 방향으로 20~30cm 정도 돌리면서 운전한다.
③ 평상시와 같은 속도로 바람을 무시하고 운전한다.
④ 핸들을 양손으로 꼭 잡고 속도를 줄이면서 운전한다.

【문제 10】 주행 중 타이어가 펑크 난 경우 운전자의 조치방법으로 적절하지 못한 문항은?
① 조금씩 속도를 떨어뜨려 천천히 도로 가장자리에 멈춰야 한다.
② 즉시 급제동하여 차량을 정지시킨다.
③ 저단기어로 변속하고 엔진 브레이크를 사용한다.
④ 양손으로 핸들을 꼭 잡고 속도를 줄인다.

정답 【4】③ 【5】④ 【6】③ 【7】② 【8】③ 【9】④ 【10】②

제9장 교통사고 처리특례와 처리방법

제1절 교통사고 발생 시 조치요령

「교통사고」라 함은 차의 운전 등 교통으로 인하여 사람을 사상하거나 물건을 손괴하는 것을 말하며, 「교통사고」를 일으킨 때에는 그 차의 운전자나 그 밖의 승무원은 즉시 정차하여 사상자를 구호하는 등 필요한 조치를 하여야 한다.

1 교통사고 발생 시 일반적 조치 순서

(1) 즉시 정차한다.

사고가 나면 일단 자동차를 안전한 곳에 즉시 정차시켜야 한다. 만일 계속 진행하게 되면 도주차량으로 간주되어 불이익을 받는 경우가 발생하게 된다.

(2) 부상자를 구호한다.

자동차를 정차시킨 후 부상자의 발생여부를 확인하여 부상자가 있을 경우에는 우선 부상 정도에 따라 지혈, 인공호흡 등의 응급조치를 한 다음 신속히 인근병원으로 옮기거나 119 또는 112 등에 연락하여 구급차를 부른다.

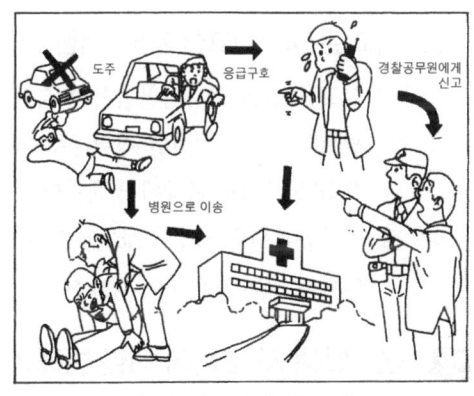

[교통사고 발생 시 조치]

(3) 사고 재발 방지 조치를 한다.

고속도로나 자동차 전용도로에서는 위험표지설치 등 사고 재발 방지 조치가 우선시되어야 한다. 그러나 이 과정에서 사고관련자 및 차량현황, 목격자, 증거물의 위치표시, 기록, 촬영 등의 증거를 확보하는 일도 소홀히 해서는 아니 된다.

(4) 경찰관서 및 보험회사 등에 신속히 신고한다.

① 경찰공무원이 현장에 없을 때에는 가장 가까운 경찰관서(지구대, 파출소 및 출장소 포함)에 사고발생 사실을 신속히 신고하고 경찰공무원의 지시에 따라야 한다.

② 다만, 운행 중인 차만 파손된 물적 피해사고가 분명한 경우에는 도로에서의 위험방지와 원활한

소통을 위하여 필요한 조치를 하고 원만히 합의된 때에는 그러하지 아니하다(신고의무 면제).
③ 교통사고 내용을 보험회사에 통보할 때는 가능한 한 빨리 하는 것이 좋다.

2 사고 발생 시의 조치사항(법제54조)

(1) 운전자나 그 밖의 승무원의 할 일 (법제54조제1항·제2항)

차 또는 노면전차의 운전자 등은 교통으로 인하여 사람을 사상하거나 물건을 손괴한 경우에는
① 즉시 정차하여 다음의 조치를 해야 한다.
  ㉮ 사상자를 구호하는 등 필요한 조치를 하여야 한다.
  ㉯ 피해자에게 인적사항(성명·전화번호·주소 등) 제공
② 경찰공무원이 현장에 있을 때에는 그 경찰공무원에게 신고한다. 현장에 경찰공무원이 없을 때에는 가장 가까운 국가경찰관서(지구대, 파출소, 출장소)에 다음 사항을 신고한다.
  ㉮ 사고가 일어난 곳(사고장소)   ㉯ 사상자 수 및 부상 정도
  ㉰ 손괴한 물건 및 손괴 정도   ㉱ 그 밖의 조치사항 등

(2) 사고 운전자(신고한 자)에 대한 경찰공무원의 조치 (법제54조제3~4항)

① 신고를 받은 국가경찰관서의 경찰공무원은 부상자 구호와 그 밖의 교통위험방지를 위하여 필요하다고 인정하면 경찰공무원(자치경찰공무원은 제외)이 현장에 도착할 때까지 신고한 운전자 등에게 현장에서 대기할 것을 명할 수 있다.
② 경찰공무원은 사고를 낸 차 또는 노면전차의 운전자 등에 대하여 그 현장에서 부상자 구호와 교통안전을 위하여 필요한 지시를 명할 수 있다.

3 사고 발생 시 조치에 대한 방해의 금지

(1) 교통사고가 일어난 경우에는 누구든지 운전자와 승무원이 행하는 조치 또는 신고행위를 방해하여서는 아니 된다(법제55조).

(2) 교통사고가 발생하면 가해자와 피해자는 사고처리에 따른 법적인 절차가 진행되는 것과는 관계없이 도덕적인 측면에서 서로간에 예의를 다하여야 한다.

(3) 교통사고의 현장에 있었던 사람은 부상자의 구호, 사고차량의 이동에 대하여 솔선하여 협력하여야 한다.

(4) 사고를 야기하고 도주하는 자동차를 목격한 때에는 부상자를 구호하는 동시에 그 자동차의 번호, 차종, 색, 그 밖의 차의 특징을 112에 신고한다.

(5) 사고현장에는 휘발유의 유출 또는 적재화물에 위험물이 있을 수 있으므로 라이터나 성냥불을 켜 담배를 피우는 등 화재가 발생할 수 있는 행위를 하지 않아야 한다.

(6) 운전자는 아무리 경미한 사고라도 병원에 옮겨 진단조치토록 하고 피해자가 거부하는 경우에는 사고당사자 상호간의 주소·성명·연락처·전화번호 등을 명함(메모지)에 기록하여 교환하는 등 차후 문제가 발생하더라도 조치가 가능하도록 하여야 한다.

4 교통사고 신고시한 및 신고방법 (규칙제91조제1항 별표28)

(1) **신고시한** (별표28 3. 나.(2) 조치 등 불이행에 따른 벌점기준) (벌점 : 30점)
① 고속도로와 특별시·광역시 및 시의 관할구역 : 3시간 이내 신고
② 군(광역시의 군을 제외) 관할구역 중 경찰관서가 위치하는 리 또는 동 지역 : 3시간 이내 신고
③ 그 밖의 지역 : 12시간 이내에 신고

(2) **신고방법**
교통사고신고는 본인의 출두 및 구두신고, 제3자의 대리신고 등 어느 경우나 무방하다.

(3) **긴급을 요할 때 동승한 승차자가 신고** (법제54조제5항)
긴급자동차 또는 부상자를 운반중인 차 및 우편물자동차 및 노면전차 등의 운전자는 긴급한 경우에는 동승자로 하여금 조치 또는 신고를 하게 하고 계속 운행할 수 있다.

제2절 교통사고 처리특례

1 교통사고 처리특례법의 목적 (교통사고 처리특례법제1조)

이 법은 업무상 과실(業務上過失) 또는 중대한 과실로 교통사고를 일으킨 운전자에 관한 형사처벌 등의 특례를 정함으로써 교통사고로 인한 피해의 신속한 회복을 촉진하고 국민생활의 편익을 증진함을 목적으로 하고 있다.

2 교통사고자 처벌의 특례 (교통사고 처리특례법제3조)

(1) **사고야기 운전자의 처벌** (교통사고 처리특례법제3조제1항)
차의 운전자가 교통사고로 인하여 업무상과실치사상죄 또는 중과실치사상죄(형법제268조의 죄)를 범한 경우에는 5년 이하의 금고 또는 2,000만 원 이하의 벌금에 처하도록 규정하였다.

(2) **피해자의 의사에 반하여 처벌할 수 없는 경우** (교통사고 처리특례법제3조제2항 전단)
① 차의 교통으로 업무상과실치상죄(業務上過失致傷罪) 또는 중과실치상죄(重過失致傷罪)와 물적피해사고(도로교통법제151조의 죄 : 재물손괴죄)를 범한 운전자에 대하여는 피해자의

명시한 의사에 반하여 공소(公訴)를 제기할 수 없다.
② 다만, 12개 중요법규에 해당되거나 피해자 구조없이 도주하거나 피해자를 사고장소로부터 옮겨 유기(遺棄) 도주하거나 같은 죄를 범하고 경찰공무원의 음주 측정요구에 불응(채혈측정 요청 또는 동의한 경우는 제외)한 사실이 있는 경우에는 피해자의 명시한 의사에 반하여 공소를 제기하여야 한다.

> **해설**
> **피해자의 명시한 의사**
> 피해자의 명시한 의사라 함은 피해자와 합의하거나, 피해전액을 보상하는 보험 또는 공제에 가입한 경우 처벌을 원하지 않는다는 의사를 말한다.

(3) 피해자의 의사에 관계없이 처벌할 수 있는 경우 (교통사고 처리특례법제3조제2항 단서)

차의 운전으로 12개 중요법규를 위반하거나 피해자를 구호조치없이 도주하거나 피해자를 사고장소로부터 옮겨 유기 도주하거나, 같은 죄를 범하고 경찰공무원의 음주 측정요구에 불응(채혈측정 요청 또는 동의한 경우는 제외)하거나 사망사고를 일으킨 경우에는 피해자의 명시한 의사에 불구하고 공소를 제기한다.

① **중요위반 12개항 교통사고 야기한 경우의 처벌**

차의 운전으로 다음 중요법규 12개항을 위반하여 업무상과실치상죄 또는 중과실치상죄를 범한 운전자에 대하여는 피해자의 의사에 관계없이 공소 제기한다.

㉮ 경찰공무원 등의 신호 또는 통행금지 및 일시정지 위반
㉯ 중앙선침범 또는 고속도로에서 횡단·유턴·후진위반
㉰ 제한속도를 시속 20km 초과하여 운전한 경우
㉱ 앞지르기 방법·금지 시기·금지 장소 및 끼어들기 금지 위반, 또는 고속도로에서의 앞지르기 방법 위반
㉲ 철길건널목 통과방법 위반
㉳ 횡단보도에서의 보행자보호의무 위반
㉴ 무면허운전 또는 운전금지 중에 운전한 경우(건설기계 조종사 면허, 국제운전면허증 포함)
㉵ 음주 및 약물복용 운전한 경우
㉶ 도로의 보도를 침범하거나 보도 횡단방법을 위반한 경우
㉷ 승객추락방지의무 위반하여 운전한 경우
㉸ 어린이보호구역에서 어린이의 안전에 유의하면서 운전하여야 할 의무를 위반하여 어린이의 신체를 상해에 이르게 한 경우
㉹ 자동차의 화물이 떨어지지 아니하도록 필요한 조치를 하지 아니하고 운전한 경우

② **피해자 구호조치 없이 도주하거나 피해자를 옮겨 유기 도주하거나 같은 죄를 범하고 경찰공무원의 음주 측정요구에 불응한 경우의 처벌** : 차의 운전자가 업무상과실치상죄 또는 중과

실치상죄를 범한 경우에도 피해자를 구호조치하지 아니하고 도주하거나 피해자를 사고 장소로부터 옮겨 유기 도주하거나 같은 죄를 범하고 경찰공무원의 음주 측정요구에 불응(채혈측정 요청 또는 동의한 경우는 제외)한 경우에는 위 (2)항의 규정에 불구하고 피해자의 의사에 관계없이 공소 제기한다.

③ **사망사고를 일으킨 경우 처벌** : 차의 운전으로 업무상 과실 또는 중대한 과실로 다른 사람을 죽게 한 경우에는 교통사고 처리특례법상의 특례가 배제되어 형사처벌을 받게 된다.

④ **중상해사고를 일으킨 경우 처벌** : 차의 운전으로 업무상 과실 또는 중대한 과실로 다른 사람에게 중상해를 입힌 경우에는 교통사고 처리특례법상의 특례가 배제되어 형사처벌을 받게 된다(중상해라 함은 신체의 상해로 인하여 생명에 대한 위험이 발생하거나 불구 또는 불치나 난치의 질병이 생긴 경우를 말한다).

3 보험 등에 가입된 경우의 특례 (교통사고 처리특례법제4조제1항)

교통사고를 일으킨 차가 교통사고로 인한 손해배상금 전액을 보상하는 보험 또는 공제에 가입된 경우에는 교통사고 처리특례법제3조제2항 본문에 규정된 죄를 범한 당해 차의 운전자에 대하여 공소를 제기할 수 없다.

다만, 다음 각 호의 하나에 해당하는 경우에는 그러하지 아니하다.

1. 교통사고 처리특례법제3조제2항 단서에 해당하는 경우(중요위반 12개 사항 위반)
2. 피해자가 신체의 상해로 인하여 생명에 대한 위험이 발생하거나 불구(不具) 또는 불치(不治)나 난치(難治)의 질병이 생긴 경우
3. 보험계약 또는 공제계약이 무효 또는 해지되거나 계약상의 면책규정 등으로 인하여 보험회사·공제조합 또는 공제사업자의 보험금 또는 공제금 지급의무가 없어진 경우

제3절 교통사고 운전자의 책임

운전자가 교통사고를 일으키면 형사상(刑事上)의 책임(責任)과 행정상(行政上)의 책임(責任), 그리고 민사상(民事上)의 책임(責任) 등을 지게 된다.

1 형사상의 책임(징역, 금고, 벌금)

차의 운전자가 교통사고를 일으킨 경우 「공소권 없음」으로 처분되는 경우 외에는 다음과 같은 형사상 책임을 지게 된다.

(1) 업무상과실 또는 중과실로 사람을 사상한 때 5년 이하의 금고 또는 2,000만 원 이하의 벌금에 처한다(교통사고 처리특례법제3조제1항).

(2) 다른 사람의 건조물이나 그 밖의 재물을 손괴한 경우에는 2년 이하의 금고나 500만 원 이하의 벌금에 처한다(도로교통법제151조).

(3) 교통사고 발생시의 구호조치를 불이행한 때 5년 이하의 징역 또는 1,500만 원 이하의 벌금에 처한다(도로교통법제148조).

[교통사고 야기 운전자의 책임]

(4) 교통사고를 야기하고 도주한 때(특정범죄가중처벌등에 관한법률제5조의3)
  ① **단순도주 후 피해자 사망** : 무기 또는 5년 이상 징역
  ② **단순도주 후 피해자 상해** : 1년 이상 유기징역 또는 500만 원 이상 3,000만 원 이하의 벌금
  ③ **유기 후 도주로 피해자 사망** : 사형·무기 또는 5년 이상 징역
  ④ **유기 후 도주로 피해자 치상** : 3년 이상 유기징역

(5) 음주 또는 약물의 영향으로 정상적인 운전이 곤란한 상태에서 자동차(원동기장치자전거를 포함)를 운전하여 사람을 상해에 이르게 한 때(특정범죄 가중처벌 등에 관한법률 제5조의11)
  ① **상해사고** : 1년 이상 15년 이하의 징역 또는 1,000만 원 이상 3,000만 원 이하의 벌금
  ② **사망사고** : 무기 또는 3년 이상의 징역

(6) 자동차(원동기장치자전거를 포함)의 운전자가 어린이 보호구역에서 지정속도와 어린이의 안전에 유의하면서 운전하여야 할 의무를 위반하여 어린이에게 인명피해 사고를 일으킨 때(특정범죄 가중처벌 등에 관한 법률제5조의13)
  ① **상해사고** : 1년 이상 15년 이하의 징역 또는 500만 원 이상 3,000만 원 이하의 벌금
  ② **사망사고** : 무기 또는 3년 이상의 징역

2 행정상의 책임(운전면허의 취소, 정지)

(1) 교통사고로 인한 운전면허 행정처분

운전면허 행정처분은 운전자가 교통사고로 인하여 다른 사람에게 피해를 주거나 교통상의 위험을 초래한 경우 일정기간 도로의 공동사용을 제한하는 제도이다. 이 제도는 운전자의 사고재발을 방지하는 한편 운전자의 안전운전능력을 회복시켜 주기 위한 제도로서, 면허를 취소하거나 일정기간 면허의 효력을 정지시켜 운전을 하지 못하게 하는 것이다.
  ① 운전면허의 취소[규칙제91조, 별표28, 나.(1)]
    ㉮ 교통사고야기도주   ㉯ 주취운전 인명피해 교통사고 야기

㉰ 1회의 위반·사고 또는 누산벌점이 1년간 121점, 2년간 201점, 3년간 271점 이상
② 벌점부과(벌점 40점 이상부터 벌점 1점을 1일로 산정하여 면허정지처분)
㉮ 사망 1명마다 벌점 90점   ㉯ 중상 1명마다 벌점 15점
㉰ 경상 1명마다 벌점 5점   ㉱ 부상신고 1명마다 벌점 2점
㉲ 원인행위(법규위반)에 대한 벌점부과   ㉳ 조치 등 불이행에 따른 벌점부과

(2) 법규위반으로 인한 운전면허 행정처분

교통법규를 자주 위반하거나 교통사고 등으로 합산된 벌점이 기준치를 넘게 되면 면허가 취소되거나 일정기간 면허가 정지되는 행정처분을 받게 된다. 이 기간 동안 무면허 상태가 되는 불이익 처분을 받게 되는 것이다.

3 민사상의 책임(손해배상)

(1) 교통사고가 일어나면 차량이 파손되는 등의 물적 피해와 사람이 죽거나 다치는 등의 인적 피해가 발생하게 되며, 사고를 일으킨 운전자와 차량의 소유자는 이 모든 피해를 배상하여야 할 책임이 있다.

(2) 피해를 배상하는 법적 근거는 민법상 손해배상의 특례로서 제정된 자동차손해배상보장법에 의해 이루어진다. 운전자가 책임보험과 종합보험에 가입된 상태에서는 가입된 보험회사에서 보상책임을 지게 된다.

제4절 보험금의 지급 (교통사고 처리특례법제4조)

피보험자(보험회사 측)와 피해자간의 손해배상에 관한 합의여부에 불구하고 피해자의 치료비에 대하여 통상비용의 전액과 기타 손해에 따른 지급기준액을 우선 지급하여야 한다.

1 우선 지급할 치료비의 통상비용 범위 (교통사고 처리특례법시행령제2조)

(1) 진찰료
(2) 일반병실의 입원료(다만, 일반병실 및 일반병실보다 비싼 병실에 입원한 경우 그 병실의 입원료 포함)
(3) 처치·투약·수술 등 치료에 필요한 모든 비용
(4) 인공 팔·다리·의치·안경·보청기·보철구 그 밖에 치료에 부수하여 필요한 기구 등의 비용
(5) 호송·다른 보호 시설로의 이동·퇴원 및 통원에 필요한 비용
(6) 보험약관 또는 공제약관에서 정하는 환자의 식대·간병료 및 기타 비용

2 우선 지급할 치료비 외의 손해배상금의 범위 (교통사고 처리특례법시행령제3조)

(1) **부상의 경우** : 보험약관 또는 공제약관에서 정한 지급기준에 의하여 산출한 위자료전액과 휴업손해액의 100분의 50에 해당하는 금액

(2) **후유장애의 경우** : 보험약관 또는 공제약관에서 정한 지급기준에 의하여 산출한 위자료 전액과 상실수익액의 100분의 50에 해당하는 금액

(3) **대물손해의 경우** : 보험약관또는 공제약관에서 정한 지급기준에 의하여 산출한 대물배상액의 100분의 50에 해당하는 금액

(4) 위자료가 중복되는 경우에는 보험약관 또는 공제약관이 정하는 바에 의하여 지급한다.

3 자동차보험의 종류 및 가입사실 증명

(1) **자동차손해배상책임보험(강제보험)**
 ① 자동차를 소유한 사람이 의무적으로 가입해야 하는 보험이다.
 ② 교통사고 시 타인에 대한 손해를 보상한다.

(2) **자동차 종합보험(임의보험) : 특례를 적용받을 수 있는 보험**
 ① 책임보험으로 보상할 수 있는 최고한도액을 초과하는 손해를 입힌 경우 보상되는 보험이다.
 ② 대인, 대물, 자손, 자차 등의 모든 손해가 일괄적으로 되어 있다.
 ③ 사고발생 시 차량소유자, 운전자의 부모, 배우자, 자녀 등의 피해는 보상받지 못한다.

> **해설**
> **특례를 적용받는 보험의 종류**
> 1. 교통사고 처리특례법에서 특례를 인정하는 보험은 자가용자동차의 종합보험, 업무용자동차의 종합보험, 사업용 자동차의 종합보험 등이 있다.
> 2. 사업용 자동차의 책임보험은 자동차종합보험과 다르므로 혼동되지 않도록 할 것

(3) **보험 또는 공제조합가입사실증명원** (교통사고 처리특례법제4조제3항)

보험 또는 공제에 가입된 사실은 보험회사·공제조합 또는 공제사업자가 기재한 서면에 의하여 증명되어야 한다.

> **해설**
> **보험증명 등을 거짓으로 작성하거나 발급을 거부할 때 처벌**
> 1. 보험가입사실 증명원을 거짓으로 작성한 경우에는 3년 이하의 징역 또는 1,000만 원 이하의 벌금에 처한다 (거짓으로 작성된 문서를 그 정황을 알고 행사한 사람도 같이 처벌) (교통사고 처리특례법제5조제1항·제2항).
> 2. 보험사업자 등이 보험가입사실 증명원 발급을 정당한 사유 없이 발급하지 아니한 경우에는 1년 이하 징역 또는 300만 원 이하 벌금에 처한다(교통사고 처리특례법제5조제3항).

제5절 교통사고의 원인과 예방

1 교통사고의 정의

교통사고라 함은 차의 교통으로 인하여 **사람을 사상(死傷)**하거나 **물건을 손괴(損壞)**하는 것을 말하며, 교통사고가 발생하면 인적피해와 물적피해가 발생한다.

(1) 인적피해사고 (규칙제91조제1항 별표28, 나.(1) 참조 282쪽)

교통사고로 사람을 죽게 하거나 다치게 한 사고

① 사망사고 : 사고발생 시로부터 72시간 이내 사망자가 있는 사고(벌점 : 90점)
② 중상사고 : 3주 이상 치료를 요하는 의사의 진단이 있는 사고(벌점 : 15점)
③ 경상사고 : 3주 미만 5일 이상의 치료를 요하는 의사의 진단이 있는 사고(벌점 : 5점)
④ 부상사고 : 5일 미만의 치료를 요하는 의사의 진단이 있는 사고(벌점 : 2점)

(2) 물적피해사고

교통사고로 다른 사람의 건조물이나 그 밖의 재물을 손괴한 사고

2 교통사고의 요인

교통사고의 요인은 인적 요인, 차량적 요인, 환경적 요인 등 3요소가 단독 또는 복합적으로 발생하고 있으나 이 중 대부분의 사고는 인적 요인인 운전자와 보행자의 과실로 인하여 발생하고 있는 실정이다.

(1) 인적 요인

운전자와 보행자의 준법정신과 안전운전의식의 부족으로 인한 사고로서 우리나라 전체 교통사고의 90% 이상을 점하고 있다.

(2) 차량적 요인

자동차의 정비 불량이나 구조적 결함 등으로 인한 사고로서 일일점검의 소홀 등 인적 요인과 복합적으로 발생하고 있다.

(3) 환경적 요인

도로구조나 안전시설 등 교통안전시설의 미비나 눈, 비 등 기상상태로 인한 사고로서 불가항력적인 경우도 있으나 대개는 운전자의 과실과 복합적으로 발생한다.

3 교통사고의 예방

(1) 운전 중에는 자신의 생각보다 먼저 다른 운전자들이 어떠한 운전행동으로 나올 것인지를 미리 예측하고 이에 대비하는 마음자세로 운전하여야 한다.

(2) 안전운전의 가장 기본은 교통법규를 잘 지키는데 있으므로 아무리 급하더라도 법규에 따라 운전하는 것을 습관화하여야 한다.

(3) 운전자는 상대방의 입장에서 서로 존중하고 양보하는 마음을 가져야하며 일시적인 감정이나 자기편리만을 위하여 무리한 운전은 삼가야 한다.

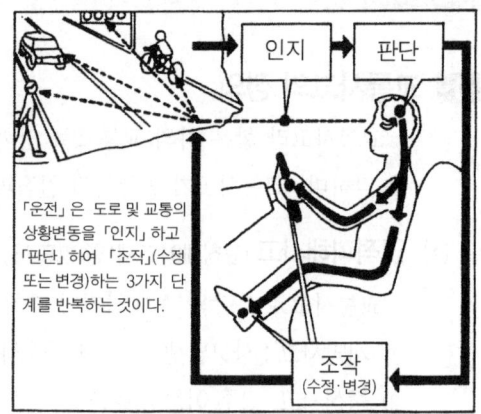

[운전의 3단계 요소]

(4) 운전자는 다른 사람에게 폐를 끼치지 않도록 항상 노력하고 실수를 하면 용서를 구하는 등 보다 높은 교통 예절이 몸에 배도록 노력하여야 한다.

(5) 운전의 3단계 요소인 인지·판단·조작을 정확하게 할 수 있도록 끊임없는 노력을 해야 하며, 이 중 한 개의 조그마한 오차도 사고로 이어짐을 명심하여야 한다.

(6) 운전자는 조그마한 실수나 심리적 불안정(서두름, 초조, 불안, 화, 흥분, 경쟁, 과시 등)이 결국 사고로 이어짐을 명심하고 항상 심신을 안정시킨 상태에서 가급적 위험을 빨리 예측하고 이에 대비하는 운전을 하도록 하여야 한다.

제9장 적중출제예상문제

1 교통사고 발생 시 조치요령

【문제 1】 교통사고가 발생하였을 때 운전자의 일반적 조치순서로 옳은 문항은?
① 즉시정차 → 경찰신고 → 부상자구호 → 사고재발방지
② 즉시정차 → 부상자구호 → 사고재발방지 → 경찰신고
③ 즉시정차 → 부상자구호 → 경찰신고 → 사고재발방지
④ 즉시정차 → 사고재발방지 → 경찰신고 → 부상자구호

【문제 2】 교통사고에 대한 설명으로 바르지 못한 문항은?
① 교통사고는 차의 교통으로 인하여 사람을 사상하거나 물건을 손괴한 것을 말한다.
② 중상사고는 3주 이상 치료를 요하는 의사의 진단 있는 사고이다.
③ 사망사고는 교통사고 발생 시로부터 72시간 이내 사망자가 있는 사고이다.
④ 경상사고는 3주 미만 1주 이상 치료를 요하는 의사의 진단이 있는 사고이다.

> **해설** 사고로 72시간이 경과 후 사망하더라도 "교통사고와 인과관계"가 있으면 사망사고로 취급된다.

【문제 3】 교통사고라고 볼 수 없는 문항은?
① 건설기계를 운전 중 보행하는 사람을 다치게 한 경우
② 차의 운전 등 교통으로 타인의 재물을 손괴한 경우
③ 도로공사를 위하여 운행 중인 차가 사람을 다치게 한 경우
④ 차의 운행으로 사람을 놀라게 한 경우와 정차 중인 차에서 낙하물로 인하여 다친 경우

【문제 4】 차 또는 노면전차의 운행 중 과실로 사고를 일으킨 경우 교통사고로 처리되지 않는 문항은?
① 다른 사람을 사망하게 한 경우
② 다른 사람의 신체에 상해를 입힌 경우
③ 자기 자신의 재물을 망가뜨린 경우
④ 다른 사람의 건조물 또는 재물을 손괴한 경우

【문제 5】 교통사고가 발생하였을 때 가장 먼저 해야 할 조치로 맞는 문항은?
① 부상자의 구호
② 경찰관서에 신고
③ 후속사고의 방지
④ 사진촬영 등 증거의 확보

【문제 6】 차 또는 노면전차의 교통으로 인하여 교통사고를 일으켜 사상자가 발생한 경우 가장 먼저 취해야 할 조치로 맞는 문항은?
① 즉시 정차하여 사상자를 구호하고 경찰관서에 신고한다.
② 먼저 경찰관에게 신고한 다음 사상자를 구호한다.
③ 피해자의 가족에게 먼저 알리고 합의를 한다.
④ 동승자에게 사상자를 구호하게 하고 운전을 계속한다.

정답 1. 【1】② 【2】④ 【3】④ 【4】③ 【5】① 【6】①

【문제 7】 자동차 또는 노면전차의 운전자가 교통사고를 일으키고도 계속 운행할 수 있는 경우는?
① 혈액공급차량은 동승자에게 현장에서 조치하게 하고 계속 운행할 수 있다.
② 긴급한 사정이 있는 승용차는 동승자에게 현장 조치케 하고 계속 운행할 수 있다.
③ 통근버스운전자는 동승자에게 현장 조치케 하고 계속 운행할 수 있다.
④ 환자 수송을 끝낸 구급차는 동승자에게 현장 조치케 하고 계속 운행할 수 있다.

【문제 8】 교통사고가 발생한 때 경찰관서에 신고사항으로 거리가 먼 문항은?
① 사고가 일어난 곳
② 사상자의 수 및 부상의 정도
③ 손괴한 물건 및 손괴 정도
④ 사고현장의 차로 수와 신호등

【문제 9】 터널 안에서 교통사고로 화재가 났을 때 뒤따르던 운전자의 조치사항이다. 잘못된 문항은?
① 차를 정지시키고 소화기를 가져다 불을 끈다.
② 차를 그 자리에 정지시키고 그 곳을 빨리 대피한다.
③ 비상등을 켜서 뒤따르는 차에게 알린다.
④ 휴대전화 또는 비상전화기를 사용하여 119에 연락한다.

【문제 10】 교통사고 발생 시 신고의무가 없는 경우로 맞는 문항은?
① 가벼운 물적 피해 교통사고로서 종합보험에 접보하거나 피해자와 합의된 경우
② 사람을 다치게 하였으나 합의가 된 경우
③ 사람을 다치게 하였으나 종합보험에 가입된 경우
④ 사람이 다치고 물건도 손괴한 경우

2 교통사고 처리의 특례

【문제 1】 교통사고 처리특례법의 목적으로 가장 적절하게 설명한 문항은?
① 과실로 교통사고를 일으킨 운전자를 신속하게 처벌하기 위한 법이다.
② 교통사고로 구속된 운전자를 신속하게 사회에 복귀시키기 위한 법이다.
③ 고의로 교통사고를 일으킨 운전자를 처벌하기 위한 법이다.
④ 교통사고로 인한 피해의 신속한 회복을 촉진하고 국민생활의 편익을 증진하는 법이다.

【문제 2】 교통사고 처리특례법의 중요내용으로 적절하지 못한 문항은?
① 교통사고로 인한 업무상과실치사상죄 또는 중과실치사상죄의 특례를 규정하였다
② 사망·도주·중요위반 12개항 사고 외에는 피해자와 합의 시 처벌할 수 없도록 하였다.
③ 사망·도주·중요위반 12개항 사고 외에는 종합보험가입 시 처벌할 수 없도록 하였다.
④ 재물손괴사고도 중요법규 12개항 위반 시에는 합의여부 불문 처벌하도록 하였다.

【문제 3】 차의 운전자가 업무상 과실 또는 중대한 과실로 사람을 사상케 한 경우 교통사고처리 특례법상 처벌로 맞는 문항은?

정답 【7】① 【8】④ 【9】② 【10】① 2.【1】④ 【2】④ 【3】④

① 2년 이하의 금고 또는 500만 원 이하의 벌금
② 3년 이하의 금고 또는 1,000만 원 이하의 벌금
③ 4년 이하의 금고 또는 1,500만 원 이하의 벌금
④ 5년 이하의 금고 또는 2,000만 원 이하의 벌금

【문제 4】 교통사고 운전자가 피해자와 합의하거나 종합보험에 가입되어 처벌할 수 없는 경우는?
① 사람을 다치게 한 사고를 일으키고 도주한 경우
② 중앙선을 침범하여 다른 사람의 재물을 손괴한 사고를 일으킨 경우
③ 사람을 죽게 한 사고를 일으킨 경우와 사망자를 유기도주한 경우
④ 중요법규 12개항 위반사고로 사람을 다치게 한 경우

【문제 5】 교통사고 운전자가 피해자와 합의하거나 종합보험에 가입되어도 처벌하는 경우는?
① 무단횡단하는 보행자를 충격하여 8주 상해를 입힌 경우(중상해가 아닌 경우)
② 중요법규 12개항 위반으로 다른 사람의 차를 손괴한 경우
③ 점선인 중앙선을 넘어가 반대방향 차와 충돌하여 5주 상해를 입힌 경우
④ 안전운전의무 불이행으로 다른 차와 충돌하여 6주 상해를 입힌 경우(중상해가 아닌 경우)

🔵해설 피해자가 신체의 상해로 인하여 생명에 대한 위험이 발생하거나 불구 또는 불치나 난치의 질병에 이르게 한 중상해의 경우는 중요법규 12개항에 해당되지 않고 종합보험에 가입되어도 처벌한다.

【문제 6】 도주 또는 중요법규 12개항 위반에 해당되지 않는 사고로서 피해자와 합의 또는 종합보험에 가입 되어 있어도 처벌하는 경우로 맞는 문항은?
① 업무상과실치사죄   ② 중과실치상죄
③ 업무상과실치상죄   ④ 중과실로 다른 사람의 차를 손괴한 죄

【문제 7】 횡단보도를 횡단 중인 초등학생를 충격한 교통사고의 처벌로 맞는 문항은?
① 종합보험에 가입되었으면 형사처벌을 받지 않는다.
② 피해 어린이를 병원에 입원시켜 치료해 주면 처벌 받지 않는다.
③ 교통사고 처리특례법상 중요위반사항에 해당되어 형사처벌을 받는다.
④ 피해 어린이의 부모와 합의하면 처벌 받지 않는다.

【문제 8】 교통사고 처리특례법상 중요법규 12개항 위반사고에 해당되지 않는 문항은?
① 신호위반사고, 철길건널목사고   ② 교차로 통행방법 위반사고, 안전운전
③ 주취운전사고, 약물복용운전사고   ④ 무면허운전사고, 속도위반 20km 초과운전사고

【문제 9】 교통사고 처리특례법상 어린이보호구역 내에서 제한속도위반으로 어린이를 다치게 한 경우 운전자의 처벌로 맞는 문항은?
① 피해자의 명시한 의사에 관계없이 형사처벌한다.
② 피해자가 처벌을 요구할 경우에만 형사처벌한다.
③ 운전자가 종합보험에 가입되어 있는 경우에는 형사처벌하지 않는다.
④ 피해자와 합의가 되면 처벌하지 않는다.

정답 【4】② 【5】③ 【6】① 【7】③ 【8】② 【9】①

【문제 10】 교통사고 처리특례법상 중요법규 12개항 위반사고에 해당되지 않는 문항은?
① 난폭운전사고
② 제한속도 매시 20km 초과운전사고
③ 승객추락방지의무 위반사고
④ 어린이보호구역에서 어린이 상해사고

【문제 11】 교통사고 처리특례법상 중요위반 12개항에 해당되지 않는 문항은?
① 신호위반 운전사고
② 제한속도 매시 20km 미만 운전사고
③ 중앙선침범 운전사고
④ 횡단보도 보행자 보호의무 위반사고

【문제 12】 교통사고 처리특례법상 횡단보도 보행자 보호 의무 위반사고가 아닌 문항은?
① 보행자가 횡단보도를 횡단 중인 때 일시정지 않고 통과 중 일어난 사고
② 횡단보도를 표시하는 횡단보도표시선 안에서 일어난 사고
③ 비포장도로에서 횡단보도보조표지가 표시하는 횡단보도너비 안에서 일어난 사고
④ 자전거를 타고 횡단보도를 횡단하는 사람을 충격한 사고

【문제 13】 제한속도를 매시 30km를 초과하여 운전 중 3명의 중상사고를 일으킨 경우의 처벌은?
① 피해자와 합의하면 공소권 없음으로 처리된다.
② 종합보험에 가입되었으면 공소권 없음으로 처리된다.
③ 피해자의 명시한 의사에 반하여 처벌할 수 없다.
④ 피해자의 의사와 관계없이 처벌한다.

【문제 14】 교통사고 처리특례법상 합의에 대한 설명이다. 합의로 볼 수 없는 문항은?
① 자동차종합보험에 가입된 때에는 합의된 것으로 간주한다.
② 중상자 5명은 합의되고 경상자 1명만 합의가 안 된 경우 합의된 것으로 간주한다.
③ 합의당사자는 교통사고를 일으킨 가해운전자와 그 피해자이다.
④ 조건부처벌 불원의사표시는 합의되지 않는 것으로 본다.

【문제 15】 업무상과실 또는 중과실로 교통사고를 일으켜 타인의 재물을 손괴한 사고의 벌칙은?
① 1년 이하의 금고 또는 100만 원 이하의 벌금
② 2년 이하의 금고 또는 200만 원 이하의 벌금
③ 2년 이하의 금고 또는 500만 원 이하의 벌금
④ 3년 이하의 금고 또는 500만 원 이하의 벌금

【문제 16】 교통사고 처리특례법상 종합보험에 가입한 것으로 인정되는 문항은?
① 교통사고로 인한 손해배상금 전액을 보상하는 보험 또는 공제에 가입된 경우
② 교통사고로 인한 손해배상금 일부를 보상하는 보험 또는 공제에 가입된 경우
③ 보험계약 또는 공제계약이 무효 또는 해지된 경우
④ 보험사업자 또는 공제사업자의 보험금 또는 공제금 지급의무가 없게 된 경우

3 교통사고 운전자의 책임

【문제 1】 교통사고를 일으킨 운전자의 책임으로 볼 수 없는 문항은?
① 형사상의 책임　② 감독상의 책임　③ 민사상의 책임　④ 행정상의 책임

정답　【10】①　【11】②　【12】④　【13】④　【14】②　【15】③　【16】①　3.【1】②

【문제 2】 교통사고를 일으킨 운전자의 형사상 책임(벌칙) 내용으로 맞지 않는 문항은?
① 교통사고 처리특례법상 사람을 사상한 때 5년 이하 금고 또는 2,000만 원 이하 벌금
② 도로교통법상 타인의 재물을 손괴한 때 2년 이하 금고 또는 500만 원 이하 벌금
③ 특정범죄가중처벌 등에 관한 법률상 사람을 죽게 하고 도주한 때 무기 또는 5년 이상 징역
④ 특정범죄가중처벌 등에 관한 법률상 사람을 다치게 하고 도주한 때 2년 이상 징역

【문제 3】 주취 또는 약물운전으로 사람을 상해에 이르게 한 때 적용되는 문항은?
① 교통사고 처리특례법   ② 도로교통법
③ 형법   ④ 특정범죄가중처벌등에 관한 법률

【문제 4】 주취운전 등으로 인명피해사고를 일으킨 때 처벌기준으로 맞지 않는 문항은?
① 특정범죄가중처벌등에 관한 법률 제5조의11에 의거 처벌
② 사람을 죽게 한 때에는 1년 이상 10년 이하의 징역
③ 사람을 죽게 한 때에는 무기 또는 3년 이상의 징역
④ 사람을 다치게 한 때에는 1년 이상 15년 이하의 징역 또는 1,000만 원 이상 3,000만 원 이하의 벌금

4 보험금의 지급

【문제 1】 교통사고 처리특례법상 피해자와 합의한 것과 같은 효력이 있는 보험이 아닌 문항은?
① 화물자동차운수사업법에 의한 종합공제   ② 여객자동차운수사업법에 의한 종합공제
③ 자동차손해보장법에 의한 책임보험   ④ 보험업법에 의한 종합보험

【문제 2】 자동차 책임보험에 가입해야 하는 법적 근거로 맞는 문항은?
① 보험업법   ② 자동차손해배상보장법
③ 육운진흥법   ④ 자동차공제조합

【문제 3】 자동차손해배상책임보험에 대한 설명이다. 적절하지 못한 문항은?
① 자동차를 소유한 사람이 의무적으로 가입하여야 하는 보험이다.
② 교통사고가 발생한 경우 타인의 손해에 대하여는 무한으로 보상한다.
③ 사고발생 시 차량소유자, 운전자의 부모, 배우자, 자녀 등의 피해는 보상받지 못한다.
④ 교통사고가 발생한 경우 타인에 대한 손해를 보상한다.

【문제 4】 자동차종합보험에 대한 설명이다. 적절하지 못한 문항은?
① 교통사고가 발생 시 책임보험의 최고한도액을 초과하는 손해를 보상하는 보험이다.
② 대인, 대물, 자손, 자차 등 교통사고로 인한 손해를 일괄적으로 보상한다.
③ 특례가 인정되는 보험에는 자가용차 · 업무용차 · 사업용차보험 등이 있다.
④ 책임보험과 종합보험은 모두 교통사고 처리특례법의 특례가 인정된다.

정답 【2】④ 【3】④ 【4】②   4. 【1】③ 【2】② 【3】② 【4】④

제9장 교통사고 처리특례와 처리방법

【문제 5】 교통사고로 다른 사람을 사상한 경우 손해배상금 전액을 보상하는 보험으로 맞는 문항은?
① 대인배상보험
② 대물배상보험
③ 자기차량손해보험
④ 자기신체사고배상보험

【문제 6】 교통사고 처리특례법에서 특례를 인정하는 보험이 아닌 문항은?
① 버스공제조합 ② 사업용 종합보험 ③ 자가용 공제조합 ④ 화물차공제조합

【문제 7】 교통사고 처리특례법상 보험 또는 공제에 가입된 사실을 증명하는 방법으로 맞는 문항은?
① 보험 또는 공제사업자가 발급하는 서면으로 증명
② 경찰공무원이 보험회사에 조회
③ 피해자가 보험회사 또는 공제조합에 전화로 확인
④ 운전자가 항상 소지해야 하는 보험가입증서로 증명

【문제 8】 교통사고 처리특례법상 치료비 외에 우선 지급할 손해배상지급기준액으로 틀린 문항은?
① 부상의 경우 위자료전액과 휴업손해액의 100분의 50에 해당하는 금액
② 후유장애의 경우 위자료전액과 상실수익액의 100분의 30에 해당하는 금액
③ 대물손해의 경우 대물보상액의 100분의 50에 해당하는 금액
④ 위자료가 중복되는 경우에는 보험 또는 공제약관이 정하는 바에 따라 지급

5 교통사고의 원인과 예방

【문제 1】 교통사고의 요인을 설명한 것으로 맞지 않는 문항은?
① 인적 요인 – 운전자 및 보행자의 준법의식 부족으로 발생
② 차량적 요인 – 자동차의 정비 불량이나 구조적 결함으로 발생
③ 환경적 요인 – 도로구조 및 안전시설 미비나 눈·비 등 기상상태로 발생
④ 법률적 요인 – 법령의 미비나 법규위반 단속의 미흡으로 발생

【문제 2】 운전이란 운전 중에 3단계 과정(인지, 판단, 조작)을 반복하는 것인데 이 3단계 과정으로 볼 수 없는 문항은?
① 도로상에서 각종 정보를 받아드리는 인지단계
② 인지된 정보를 분석하여 운전행동을 결정하는 판단단계
③ 조작에 의하여 자동차가 정지하는 제동단계
④ 판단한 정보를 실제운전행동으로 옮기는 조작단계

【문제 3】 교통사고 예방에 대한 설명으로 적절하지 못한 문항은?
① 운전 중의 3단계 요소인 인지·판단·조작을 정확하게 하여 조그마한 오차도 없도록 한다.
② 운전 중의 3단계 요소 중 가장 중요한 것은 조작단계이다.
③ 자기 생각보다 다른 운전자의 행동을 예측하고 대비하는 방어 운전을 한다.
④ 상대방의 입장에서 양보하는 마음가짐으로 운전한다.

정답 【5】① 【6】③ 【7】① 【8】② 5.【1】④ 【2】③ 【3】②

제10장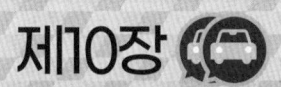
교통사고 현장에서의 응급처치

제1절 응급처치법의 정의와 원칙 등

1 응급처치법의 정의

「응급처치법」이라 함은 교통사고로 인한 부상자나 갑작스런 질병으로 인한 환자가 발생하였을 때 구급차나 의사가 교통사고 현장에 도착하여 의료서비스를 하기 전까지 운전자나 동승자가 적극적이고 임시적인 적절한 처치와 보호를 하는 방법을 말한다.

[교통사고 발생 시 부상자 응급처치]

2 응급처치 교육의 목적

교통사고로 인하여 부상자가 발생하였을 때 구급차나 전문의가 도착할 때까지의 짧은 시간 사이에도 많은 생명을 잃게 된다. 그러므로 교통사고 현장에 있게 될 가능성이 많은 운전자 등은 응급처치에 관한 지식과 기능을 익혀 불의의 사고가 발생한 경우 사고현장에서 신속·적절하게 활용함으로써 교통사고에 의한 부상자를 구하고, 교통사고로 인한 사망자를 한 사람이라도 줄이고자 하는 데 목적이 있다.

3 응급처치의 원칙 등

(1) 응급처치 구조 활동의 4대 원칙

현장조사 ⇨ 부상자 상태 1차 기본조사 ⇨ 응급의료서비스 기관에 도움요청 ⇨ 부상자 상태 2차 조사

① **현장조사** : 먼저 부상자를 구출하여 안전한 장소로 이동시킨다.
② **부상자 상태에 대한 1차 기본조사** : 부상자의 생명을 위협하는 위급 상태의 정도를 점검하여 이에 따른 응급처치를 수행하기 위한 것으로 1차 기본조사를 하고자 할 때 확인할 사항으로는 보통 A, B, C로 구분 실시하고 있다.
  ㉮ A-(Airway, 기도) : 기도가 열려 있는가(기도개방 유무)
    부상자가 의식이 있더라도 호흡을 매우 불편하게 하는 경우에 기도개방을 한다.

㉯ B-(Breathing, 호흡) : 호흡을 하고 있는가(호흡실시 유무 확인)
　　　　반드시 귀와 뺨으로 부상자의 가슴이 오르내리는지 숨을 내쉬는지 느껴본다.
　　　㉰ C-(Circlulation, 순환) : 심장은 뛰고 있는가(혈액순환 여부 확인)
　　　　심장이 뛰고 있는지를 먼저 조사하고 심한 출혈은 없는지를 조사한다.
　③ 응급의료 서비스 기관에 도움요청 : 관계기관 및 의료기관에 신속히 연락한다.
　④ 부상자 상태에 대한 2차 기본조사 : 2차 조사는 부상자의 생명을 당장 위협하지는 않지만, 응급처치를 실시하지 않으면 추후에 문제를 일으킬 수 있는 다른 증상이나 손상을 주도면밀하고 신중하게 서서히 확인하는 과정으로서 2차 기본조사는 다음 3단계로 구분하여 실시한다.
　　㉮ 부상자에게 직접 물어본다. 만약, 부상자가 말을 못하는 경우에는 주위사람으로부터 필요한 정보를 얻는다.
　　㉯ 부상자의 호흡, 맥박, 체온 등이 정상인지 여부를 조사한다.
　　㉰ 부상자의 관찰은 머리에서 발 끝까지를 세밀하게 조사한다.

(2) 응급처치 실시 내용

　부상자에 대한 응급처치는 의약품이나 도구를 사용하지 않고 실시할 수 있는 처치로, 구급차가 도착할 때까지의 몇 분간 행할 수 있는 최소한의 범위에 한하여야 하며, 구체적으로 다음과 같은 7개 항목에 대하여 실시한다.

① 부상자 관찰　② 부상자 장소이동　③ 체위관리　④ 기도확보
⑤ 인공호흡　⑥ 심장 마사지　⑦ 지혈법

제2절　교통사고현장의 안전관리

1 사고현장의 안전조치

(1) 안전한 곳에 주차하거나, 현장에 정차할 경우는 비상점멸등을 켜야 한다.

(2) 연쇄사고를 방지하기 위하여 비상등을 켜고 다른 차량이나 보행자에게 부상자에 대한 응급조치, 부상자의 호송, 후속차량의 피행 또는 유도 등의 도움을 청하도록 한다.

(3) 고속도로에서 사고가 일어났을 경우에는 일정한 간격으로 도로변에 설치되어 있는 긴급전화의 수화기를 들면 곧바로 고속도로 상황실과 통화가 되므로 사고발생 신고와

119 긴급구급차의 출동을 의뢰한다(후속 차 운전자에게 의뢰하는 것도 한 방법이다).

(4) 접촉차량과 부상자에게 접근하여 부상자의 상태, 연료 유출여부, 엔진작동여부 등 화재가 일어날 요인이 있는지를 확인하고, 위험이 예상되면 부상자를 안전한 곳으로 이동시킨다.

(5) 사고차량의 부상자가 의식이 없는 경우에는 그를 꼭 옮겨야 할 필요가 있지 않는 한 부상자를 움직이지 않도록 하여야 한다.

2 부상자의 구호조치

(1) 접촉차량 내에 유아나 어린이가 없는지 확인한다.

(2) 출혈이 심한 때에는 될 수 있는 대로 깨끗한 헝겊과 허리띠 등으로 응급지혈조치를 취한다.

(3) 될 수 있는 대로 부상자를 빨리 인근병원으로 후송한다.

(4) 부상자의 후송이 어려운 때에는 **부상부위, 호흡상태, 출혈상태, 골절여부, 의식상태** 등 **위급여부를 관찰**하여 응급순위에 따라 처치한다.

(5) 부상자가 중태라고 생각된 때에는 부상자의 몸을 함부로 움직이지 말고 다른 사람의 협조를 얻어 조심스럽고 안전하게 이동시킨다.

(6) 특히 척추골절의 경우 함부로 부상자를 움직이면 척추신경이 상하게 되어 영구불구로 만드는 경우도 있으니 특히 주의하여야 한다.

(7) 의식을 잃고 호흡이 불안정한 부상자는 두개골의 함몰이나 골절, 뇌출혈 등으로 혀가 말리고, 입 안에 피 또는 토한 것 등이 기도를 막는 경우가 있어 그대로 방치하면 질식하여 사망할 우려가 있으므로 확인한 후 기도 막은 것을 제거하고 기도를 확보한다.

(8) 전항의 경우는 부상자를 반듯하게 눕힌 다음 머리를 젖히고 턱을 치켜올려 입과 목의 공기통로를 직선으로 하고, 입 안에 이물질이 있을 때에는 손가락에 헝겊을 감아서 이물질을 닦아낸 다음 혓바닥을 눌러서 앞으로 당겨야 한다.

(9) 부상자가 토하려 할 때에는 옆으로 뉘어서 토하도록 자세를 조정한다.

(10) 이물질이 기관을 막고 있을 때에는 거꾸로 엎드려 얼굴을 밑으로 하게 하고, 등을 두드려 기관에 막혔던 이물질을 토하게 한다.

(11) 인공호흡이 필요하다고 판단되는 때에는 인공호흡을 실시하여야 한다.

3 부상자 구호의무를 위반한 경우

(1) 부상자 구호의무는 사고 운전자가 반드시 취해야 할 준수사항 중에서 가장 중요한 의무이다.

(2) 의무의 위반은 신고의무 불이행과 병합하여 이른바 뺑소니(도주) 행위로 규정하여 교통사고 처리특례법에서 규정한 형사면책 혜택에서 제외된다.

(3) 교통사고를 일으키고 뺑소니(도주)한 때는 **특정범죄가중처벌에 관한 법률**을 적용하여 피해자가 사망 시에는 무기 또는 5년 이상의 유기징역, 피해자를 상해에 이르게 한 경우에는 1년 이상의 유기징역 또는 500만 원 이상 3,000만 원 이하의 벌금을 받게 되므로 구조의무와 신고의무를 병행하여야 한다.

제3절 응급처치 실시 순서

응급처치는 부상자의 이동, 부상자의 관찰, 부상자의 체위관리, 부상상태에 따른 응급처치 등의 순서로 실시한다.

1 부상자의 이동

(1) 사고현장이 화재 또는 다른 교통의 통행 등으로 위험이 예상되거나 그대로 두면 부상자의 상태가 악화될 위험이 있는 경우 차 안에 있는 부상자나 도로위에 쓰러져 있는 부상자를 안전한 장소로 이동시켜야 한다.

(2) 이동 시에는 부상자의 상태를 관찰 확인하면서 안전한 방법으로 이동시켜야 하며 특히 목뼈 등 골절환자에 대하여는 더욱 조심하여야 한다.

(3) 꼭 필요한 경우가 아니면 함부로 부상자를 움직이지 않아야 하며, 부득이하게 장소를 이동하여 응급처치를 실시하는 경우에는 이동방법에 충분한 주의를 기울여 상태를 악화시키는 일이 없도록 하여야 한다.

(4) 교통사고의 경우 동시에 여러 사람이 부상을 입게 되는 경우가 있으므로 이러한 경우에는 우선순위를 정하여 응급처치를 실시함과 동시에 주변사람들에게 협력을 구한다.

(5) 부상자가 의식이 있는 경우는 격려하면서 정신적으로 안정을 시키는 것이 중요하다.

(6) 교통사고 현장은 사고의 원인을 규명하기 위하여 필요한 곳이므로 부근에 있는 것을 필요 이상 이동한다거나 분별없이 치워서는 아니 된다.

제10장 교통사고 현장에서의 응급처치

2 부상자의 관찰

부상자에 대하여는 다음 표에 의거 부상자의 의식상태, 호흡상태, 출혈상태, 구토상태 및 신체상태에 대하여 면밀히 관찰하여야 한다.

[부상자의 관찰 및 조치 요령]

부상자의 상태	관찰방법	필요한 조치
1. 의식상태	• 말을 걸어본다. • 팔을 꼬집어본다. • 눈동자를 확인해본다.	– 의식이 있을 때 : 괜찮다, 별일이 없다, 구급차가 곧 온다고 하여 안심시킨다. – 의식이 없을 때 : 기도를 확보한다.
2. 호흡상태	• 가슴이 뛰는지 살핀다. • 뺨을 부상자의 입과 코에 대본다. • 맥을 짚어 본다.	– 호흡이 없을 때 : 인공호흡 실시한다. – 맥박이 없을 때 : 인공호흡과 심장마사지실시한다.
3. 출혈상태	• 어느 부위에서 어느 정도 출혈인지 살펴본다.	– 지혈 조치한다.
4. 구토상태	• 입 속에 오물이 있는지를 확인한다.	– 기도 확보한다.
5. 신체상태	• 신체의 일부가 변형되었는지 본다. • 국부에 강한 통증을 호소하고 있지 않는지를 본다.	– 변형이 있을 때 움직이지 않게 한다. – 강한 통증의 호소 시 원인을 확인 조치한다. – 부상부위 등을 확인한 후 의사에게 고지한다.

> **해설**
> **부상자의 상태조사방법**
> 1. 호흡을 하고 있는지의 여부 : 가슴의 오르내림, 부상자의 내쉬는 숨소리 확인
> 2. 경동맥이나 손목 동맥의 맥박확인 : 맥박이 느린 경우 성인 50회/분 이하, 아주 빠른 경우 성인 100회/분 이상
> 3. 의식의 유무확인 : 의식이 없으면 뇌에 손상이 있다고 볼 수 있음
> 4. 손발 등 사지의 움직임 관찰 : 뇌, 척추, 말초신경 등 손상 시 움직이지 못함
> 5. 얼굴색, 피부색, 체온관찰 : 얼굴, 손톱 등의 색이 청홍색 또는 창백하고 피부가 차가운지 여부 확인

3 부상자의 체위관리

(1) 의식 있는 부상자는 직접 물어보면서 가장 편안하다고 하는 자세로 눕힌다.

(2) 의식이 없는 부상자는 기도를 개방하고 수평자세로 눕힌다.

(3) 얼굴색이 창백한 경우는 하체를 높게 한다.

(4) 토하고자 하는 부상자는 머리를 옆으로 돌려준다.

(5) 가슴에 부상을 당하여 호흡을 힘들게 하는 부상자인 경우에는 호흡하기가 한결 쉬워지게 하기 위하여 예외로서 **부상자의 머리와 어깨를 높여** 눕힌다.

4 응급처치의 실시

다음 제4절에서 부상에 따른 응급처치 실시요령을 설명하고 있다.

제4절 부상에 따른 응급처치

(1) 응급처치는 부상자에게 필요한 처치를 신속하고 적절하게 하여야 한다. 다만, 필요하지 않은 일(나중에 해도 되는 일 또는 전문 의료인이 할 일)을 함으로써 시간을 낭비하거나 지연시켜서는 아니 된다.

(2) 시간을 다투어 응급처치하지 않으면 생명이 위급한 부상자 즉, **호흡을 하지 않는 부상자, 출혈을 많이 한 부상자** 등은 응급순서대로 우선적으로 **처치**해야 한다.

(3) 대부분의 교통사고는 복잡하고 혼잡한 상황에서 발생하고 있으므로 응급처치를 실시하고자 하는 때에는 구조자 자신의 안전을 확보함과 동시에 구조할 자의 응급처치를 안전하게 실시할 수 있는 적절한 장소를 선정하여야 한다. 부상에 따른 원인·증상과 응급처치방법은 다음과 같다.

1 심폐소생술

심폐소생술은 부상자의 의식이 분명치 않다든지 호흡정지·심장정지(산소공급이 중단된 상태)나 이와 비슷한 상태에 놓여졌을 때에 호흡이나 순환기를 다른 사람의 도움으로 회생시켜 부상자의 생명을 구하는 처치방법을 말한다.

심폐소생술의 구체적인 방법으로는 ① 기도확보 ② 인공호흡 ③ 가슴압박 등 3가지가 있다.

심폐소생술을 실시함에 있어서는 ① 의식의 유무 ② 호흡장애의 유무를 면밀히 살펴본 후 그 실시 여부를 판단하여야 한다.

(1) **심폐소생술 시행 순서**(심폐소생술은 심정지 이후 4분 이내에 시행되어야 한다.)

① 확인 : 어깨를 두드리며 반응을 확인한다.
② 신고 : 119 신고 및 자동심장충격기(AED)를 요청하고, 호흡을 확인한다.
③ 압박 : 분당 100~120회로 강하고 빠르게 30번 압박한다.
④ 호흡 : 기도를 열고 가슴이 부풀어오르도록 2회 인공호흡을 한다.

⑤ 반복 : 가슴압박과 인공호흡을 30:2로 119 구급대원이 오기 전까지 반복한다.
⑥ AED : 자동심장충격기가 도착하면 기계의 지시에 따라 행동한다.

(2) 인공호흡

① 인공호흡이 필요한 경우
  ㉮ 기도를 확보하고 맥박이 뛰고 있는 데도 호흡을 하지 아니하는 경우
  ㉯ 기도를 확보하였다고 해도 가슴의 움직임이 없는 경우
  ㉰ 가슴이 움직이고 있으나 불규칙적이고 숨소리가 들리지 않는 경우

② 인공호흡 방법
  ㉮ 머리를 뒤로 젖히고 턱을 끌어올려 기도를 개방시킨 상태에서 부상자의 이마를 누르고 있는 손의 엄지와 검지로 부상자의 코를 부드럽게 잡아 막는다.
  ㉯ 응급처치원은 자기 입을 크게 벌려 공기를 많이 들어 마신 후 부상자의 입에 자기의 입을 공기가 새지 않도록 밀착시킨 후 부상자의 입으로 공기를 불어 넣는다.

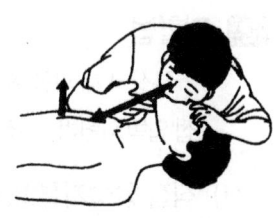
[입 대 입 인공호흡법]

  ㉰ 가슴 상승이 눈에 보일 정도로 1~2초 동안 공기를 불어 넣어야 하며 2회 계속 실시 후 경동맥을 조사한다.
  ㉱ 계속 맥박은 뛰고 있는데도 호흡을 하지 않으면 부상자가 스스로 호흡을 하거나 응급서비스요원이 도착할 때까지 **계속 실시**한다.
  ㉲ 숨을 불어넣은 후에는 입을 떼고 코도 놓아주어서 공기가 배출되도록 한다.

(3) 가슴압박

① 가슴압박이 필요한 경우
  의식이 없고 호흡을 하지 않는 부상자에 대한 인공호흡을 실시하기 전 또는 실시 중에 맥박을 확인하여 맥박이 뛰지 않는 즉시 가슴압박을 실시하여야 한다.

② 가슴압박 실시 방법
  ㉮ 부상자를 딱딱하고 평평한 바닥 위에 머리와 심장이 같은 높이가 되게 수평으로 눕힌다.
  ㉯ 처치원은 부상자의 가슴을 보며 무릎을 꿇고 앉아 부상자의 흉골 아래쪽 끝의 검상돌기 위에 양손을 대고 팔꿈치가 구부러지지 않게 팔을 곧게 펴고 어깨가 손과 수직이 되도록 한 후 상체의 무게로 부상자의 흉골을 똑바로 내려 누른다(앞뒤로 흔들거나 수직압박이 안 되면 효력이 없다. 인공호흡을 2번 실시한 후 심장이 뛰는지를 경동맥의 박동을 짚어봄으로써 확인할 수 있다).

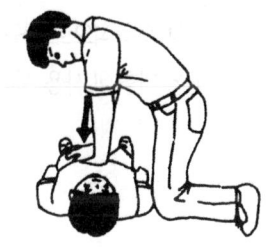
[심장 마사지]

㉰ 압박할 때마다 흉골을 약 5cm 정도씩 누르고 1분에 100~120회 정도 부드럽게 실시한다.

㉱ 흉부압박과 불어넣기 비율은 30회 압박과 두 번 불어넣기를 한 주기로 하여 실시한다.

*소아 및 영유아 가슴압박 방법

㉠ 소아(만 8세 이하) : 손꿈치 1개 또는 2개를 이용하여 **흉골(가슴뼈)** 아래 1/2 지점을 4~5cm 깊이로 100~120회 압박한다.

㉡ 영유아(생후 ~ 만 1세 이하) : 손가락 2~3개를 이용하여 젖꼭지 사이의 정중앙 바로 아래를 4cm 깊이로 분당 100~120회 압박한다.

2 지혈법

부상자가 피를 흘리고 있는 때에는 지혈을 하며 지혈법에는 **직접 압박지혈법, 간접 압박지혈법, 지혈대법** 등 세 가지가 있다.

(1) 직접 압박지혈법(출혈이 적을 때)

출혈 부위를 직접 거즈나 깨끗한 헝겊 또는 손수건을 접어 상처 바로 위에 대고 직접 누르고 붕대를 단단히 감아주는 방법으로 가장 확실한 지혈법이다.

[직접 압박지혈법]

(2) 간접 압박지혈법(출혈이 심할 때)

직접 압박을 해도 계속 출혈이 있는 경우 동맥이 손상된 것이므로 간접 압박지혈법으로 처리한다. 즉, 손상부위와 심장 사이에서 뼈가 가까이 지나는 곳의 동맥을 압박하여 피의 흐름을 차단하는 방법으로 직접 압박과 동시에 실시한다.

[간접 압박지혈법]

(3) 지혈대법

직접 압박지혈법과 간접 압박지혈법으로도 출혈이 계속 되는 경우에는 지혈대를 사용한다. 지혈대는 출혈부위보다 심장에 가까운 곳의 손발을 묶어 지혈한다. **지혈대는 30분 이상 지속적으로 사용하지 않도록** 하고 지혈대의 보기 쉬운 곳에 지혈대 사용 시간과 부위를 기록해 두는 것이 좋다.

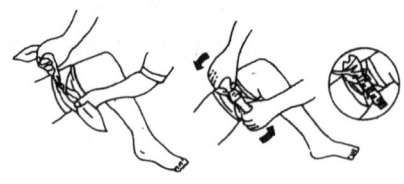

[지혈대 사용]

제10장 적중출제예상문제

1 응급처치법의 정의 및 원칙

【문제 1】 응급처치법의 정의를 설명한 것이다. 틀린 문항은?
① 전문적인 의료서비스를 받을 때까지 도움이 되게 한다.
② 치료비용을 줄이는데 있다.
③ 귀중한 목숨을 구하는데 있다.
④ 환자의 고통을 경감시키는데 있다.

【문제 2】 응급처치구조 활동의 4대 원칙이다. 맞지 않는 문항은?
① 현장을 조사하고 부상자를 구출하여 안전한 장소로 이동한다.
② 부상자의 기도개방여부, 호흡실시여부, 혈액순환여부 등 1차 기본조사를 실시한다.
③ 생명이 위급한 환자에 대하여는 2차 기본조사를 실시한다.
④ 응급의료기관에 신속히 연락한다.

【문제 3】 부상자의 1차 기본조사내용이다. 적절하지 못한 문항은?
① 출혈이 심하지 않는지 여부를 확인한다.
② 기도가 열려 있는지 여부를 확인한다.
③ 호흡을 하고 있는지 여부를 확인한다.
④ 부상자의 위급상태를 점검하여 이에 따라 응급처치를 하기 위한 조사이다.

【문제 4】 1차 기본조사를 할 때에 확인할 사항이다. 맞지 않는 문항은?
① 과거 병력의 유무(중병여부 확인)
② 호흡을 하고 있는가(호흡실시 유무 확인)
③ 심장은 뛰고 있는가(혈액순환여부 확인)
④ 기도가 열려 있는가(기도개방 유무)

2 교통사고 현장의 안전관리

【문제 1】 교통사고 현장에서 해야 할 일로서 적절하지 않는 문항은?
① 비상점멸등을 켜서 후속차량에게 사고발생 사실을 알린다.
② 부상자 주변의 위험요소를 제거한다.
③ 휘발유가 새는지 전원스위치가 작동 중인지 여부를 살피고 전원스위치를 끈다.
④ 척추환자는 잘못하면 영구불구가 되므로 어떤 경우에도 이동하여서는 아니 된다.

【문제 2】 교통사고 현장에서 취해야 할 조치로서 적절하지 못한 문항은?
① 현장의 양측으로 100m 떨어진 지점에 사고표지를 세운다.
② 사고차량의 시동을 끄고 가능하면 배터리 선을 떼어낸다.

정답 1. 【1】② 【2】③ 【3】① 【4】① 2. 【1】④ 【2】③

③ 야간인 경우에는 부상자에게 밝은 색의 옷을 갈아 입힌다.
④ 심한 손상이 있는 경우 부상자를 계속 관찰한다.

【문제 3】 교통사고 현장에서 부상자 구호조치에 대한 설명으로 적절하지 못한 문항은?
① 접촉차량 안에 유아나 어린이 유무를 살핀다.
② 부상자는 최대한 빨리 인근병원으로 후송한다.
③ 후송이 어려우면 호흡상태, 출혈상태 등을 관찰 위급순위에 따라 응급처치한다.
④ 부상자가 토하려고 할 때에는 토할 수 있게 앞으로 엎드리게 자세를 조정한다.

3 응급처치 실시순서

【문제 1】 응급처치원의 응급처치 실시범위로 볼 수 없는 문항은?
① 사고의 발생원인과 결과를 분석하여 자료를 만든다.
② 응급처치 후 반드시 전문의료인의 치료를 받게 한다.
③ 원칙적으로 의약품을 사용하지 않는다.
④ 부상자나 환자의 생사에 대한 판정을 하지 않는다.

【문제 2】 부상자의 이동에 대한 설명으로 적절하지 못한 문항은?
① 사고현장의 화재나 자동차 통행 등 위험이 있을 때 이동한다.
② 그대로 두면 부상상태가 악화되는 경우에 이동한다.
③ 목뼈 등 골절이 의심되면 전문 의료인이 올 때까지 이동하면 안 된다.
④ 부상자의 상태에 따라 안전한 방법으로 이동한다.

【문제 3】 부상자에 대한 관찰할 사항이다. 맞지 않는 문항은?
① 의식 및 호흡상태의 관찰   ② 사고행태의 관찰
③ 신체상태의 관찰   ④ 출혈 및 구토상태의 관찰

【문제 4】 부상자의 의식상태 관찰 및 조치방법으로 맞지 않는 문항은?
① 말을 걸어보거나 팔을 꼬집거나 눈동자를 확인해 본다.
② 의식이 있을 때에는 구급차가 곧 온다는 등 안심을 시킨다.
③ 의식이 없을 때에는 우선 구급차가 빨리 오도록 재촉한다.
④ 의식이 없을 때에는 우선 기도를 확보한다.

【문제 5】 부상자의 호흡상태 관찰 및 조치방법으로 잘못된 문항은?
① 가슴이 뛰는지 살피거나 맥을 짚어본다.
② 뺨을 부상자의 배에 대어본다.
③ 호흡이 없을 때에는 인공호흡을 실시한다.
④ 맥박이 없을 때에는 인공호흡과 가슴압박을 실시한다.

정답 【3】④   3.【1】① 【2】③ 【3】② 【4】③ 【5】②

【문제 6】 부상자의 출혈상태 관찰 및 조치방법으로 적절하지 못한 문항은?
① 어느 부분에서 어느 정도 출혈되는지 살핀다.
② 출혈이 심한 경우 출혈부위를 눌러 막고 그 부위를 높여 준다.
③ 출혈이 심하지 않는 경우는 상처부위를 심장보다 높게 하여 준다.
④ 출혈이 멎기 전에도 부상자가 원하면 음료를 주어도 된다.

【문제 7】 부상자의 구토상태 관찰 및 조치방법으로 적절하지 못한 문항은?
① 입속에 오물이 있는지를 확인한다.
② 기도가 열려 있는지 확인한다.
③ 기도가 막혔으면 머리를 앞으로 숙인다.
④ 입 안에 피나 토한 음식물이 목구멍을 막고 있으면 손가락으로 긁어낸다.

【문제 8】 부상자의 신체상태 관찰 및 조치방법으로 적절하지 못한 문항은?
① 신체의 일부가 변형되지 않았는지 확인한다.
② 변형이 있을 때에는 많이 움직이게 한다.
③ 국부에 강한 통증을 호소하고 있는지 살핀다.
④ 강한 통증을 호소하면 원인을 확인 조치한다.

【문제 9】 부상자에 대한 체위관리에 대한 설명으로 적절하지 못한 문항은?
① 체위관리는 부상자의 상태를 악화시키지 않고 안전한 상태로 눕히는 것이다.
② 부상자가 토하려고 할 때에는 반듯하게 눕혀 토하도록 한다.
③ 의식 있는 부상자는 직접 물어보면서 가장 편안한 체위로 해준다.
④ 의식 없는 부상자는 기도를 개방하고 수평자세로 눕힌다.

【문제 10】 부상자의 기도확보에 대한 설명으로 적절하지 못한 문항은?
① 엎드려져 있는 사람은 몸이 뒤틀리지 않도록 그대로 둔다.
② 기도확보는 공기가 입과 폐를 통하여 폐에 도달할 수 있는 통로를 확보하는 것이다.
③ 기도에 이물질 또는 분비물이 있는 경우 제거한다.
④ 의식이 없고 혀가 늘어진 경우 머리를 뒤로 젖히고 턱을 끌어올려 목구멍을 넓힌다.

【문제 11】 기도로 공기가 들어가지 않는 이유로 옳지 않은 문항은?
① 머리 젖히기가 충분하지 않기 때문이다.
② 혀가 목 안쪽을 막고 있기 때문이다.
③ 공기 중의 산소가 부족하기 때문이다.
④ 토한 음식물과 이물질이 기도를 막고 있기 때문이다.

【문제 12】 응급처치를 할 때 체온을 유지시켜 주는 이유로 옳은 문항은?
① 얼굴색을 좋게 하려고   ② 환자를 안심시키려고
③ 혈압을 유지하려고   ④ 충격을 방지하려고

정답 【6】④ 【7】③ 【8】② 【9】② 【10】① 【11】③ 【12】③

4 부상에 따른 응급처치

【문제 1】 인공호흡을 실시해야 하는 경우로 옳은 문항은?
① 맥박은 뛰고 있으나 호흡을 하지 않는 경우 ② 맥박이나 호흡이 멈춘 상태인 때
③ 심장의 운동을 멈춘 때 ④ 입이 닫히고 있는 때

【문제 2】 인공호흡을 실시하여야 하는 경우로 볼 수 없는 문항은?
① 기도를 확보하고 맥박이 뛰고 있는데도 호흡을 않는 경우
② 기도를 확보하였으나 움직임이 없는 경우
③ 가슴이 움직이고 있으나 불규칙적이고 숨소리가 들리지 않는 경우
④ 맥박이나 호흡이 멈춘 상태인 때

【문제 3】 인공호흡 실시방법에 대한 설명이다. 적절하지 못한 문항은?
① 심장 마사지를 실시 후 하는 것이 효과적이다.
② 먼저 기도를 개방하여야 한다.
③ 매회 1~2초간 불어넣기를 2회 실시한다.
④ 부상자의 가슴이 올라오는지 지켜본다.

【문제 4】 가슴압박을 실시해야 하는 경우로 옳은 문항은?
① 맥박은 뛰나 호흡을 하지 않는 때
② 가슴이 움직이고 있으나 불규칙적이고 숨소리가 안 들릴 때
③ 의식이 없고 호흡을 하지 않는 때
④ 환자가 몹시 지쳐 있을 때

【문제 5】 심장마사지(흉부압박) 실시요령을 설명한 것이다. 옳지 못한 문항은?
① 손의 위치를 바꾸어 가며 한번 누르고 한번 쉬기를 반복한다.
② 가슴압박의 깊이는 5cm(소아4~5cm, 영유아 4cm) 정도를 누른다.
③ 1분에 100~120회 정도 부드럽게 누르기를 한다.
④ 상체의 체중을 이용하여 부상자의 흉골을 수직으로 내려 누른다.

【문제 6】 경미한 부상자가 피를 흘리고 있는 경우 응급처치요령이다. 가장 옳은 문항은?
① 출혈부위를 심장보다 낮은 부위에 두도록 한다.
② 구급차가 올 때까지 부상자를 안심시키며 기다리게 한다.
③ 출혈부위에 깨끗한 거즈나 헝겊을 대고 손으로 꾹 눌러 지혈시킨다.
④ 심장에서 먼 곳에 지혈대를 사용하여 묶는다.

【문제 7】 출혈이 있는 부상자에 대한 지혈법이다 맞지 않는 문항은?
① 직접압박 지혈법   ② 드레싱 지혈법   ③ 간접압박 지혈법   ④ 지혈대 지혈법

정답 4. 【1】① 【2】④ 【3】① 【4】③ 【5】① 【6】③ 【7】②

제11장 자동차의 등록 및 관리

제1절 자동차의 구입 및 등록

1 자동차의 신규등록 (자동차관리법제8조)

신규로 자동차에 관한 등록을 하려는 자는 대통령령으로 정하는 바에 따라 시·도지사(위임 : 시장·군수·구청장(특별자치도지사는 제외한다))에게 신규자동차등록(이하 "신규등록"이라 한다)을 신청하여야 한다.

(1) 신규등록 신청 등 (자동차등록규칙제27조)

자동차를 새로 구입하면 임시운행허가기간 10일 이내에 소유자의 사용본거지를 관할하는 등록관청(시·군·구)에 자동차신규등록신청서에 다음 서류를 첨부하여 신청한다(등록신청은 소유자가 직접 하거나 자동차판매회사가 대행한다).

① 소유권을 증명하는 서류 ② 제작증(신조(新造)차의 경우)
③ 수입신고필증 또는 세관의 증명서(수입차인 경우)
④ 임시운행허가증 및 임시운행허가번호판(임시운행허가를 받은 경우)
⑤ 신규검사증명서(말소등록된 자동차를 다시 등록하는 자동차인 경우와 자기인증이 면제된 자동차만 해당한다).
⑥ '여객자동차 운수사업법'에 따른 여객자동차운수사업 또는 '화물자동차 운수사업법'에 따른 화물자동차사업에 관한 면허·허가·등록·인가 또는 신고를 증명하는 서류 또는 사업계 형의 변경을 증명하는 서류(사업용자동차만 해당한다).
⑦ 안전검사증(자동차관리법 시행규칙 제37조에 따라 안전검사를 받은 자동차만 해당한다).
⑧ 자동차관리법 시행규칙에 따른 내압용기 장착검사증(내압용기를 장착한 자동차만 해당 한다).
⑨ 대리인이 신청하는 경우에는 위임장 및 위임한 자의 신분을 확인할 수 있는 신분증명서 사본(법인인 경우에는 법인인감증명서를 말하되, 해당 법인이 제출한 사용인감계를 등록 관청이 대조·확인할 수 있는 경우에는 제출하지 아니할 수 있다.)
⑩ 반품 또는 하자 이력 고지사실 확인서 사본(신규등록을 하려는자동차가 "반품으로 말소 등록된 자동차와 고장 또는 흡집 등 하자가 발생한 자동차" 만 해당).
⑪ '자율주행자동차 상용화 촉진 및 지원에 관한 법률 시행규칙'의 "적합성 승인서" (적합성 승인을 받은 자율주행자동차인 경우로 한정 한다).

(2) 자동차 등록번호판 및 자동차등록증의 비치 (자동차관리법제10조 동 규칙제3조)

① 시·도지사는 국토교통부령으로 정하는 바에 따라 자동차등록번호판(이하 "등록번호판"이라 한다)을 붙이고 봉인을 하여야 한다. 다만, 자동차 소유자 또는 자동차를 제작·조립 또는 수입하는 자가 판매한 경우에는 자동차 소유자를 갈음하여 등록을 신청하는 자가 직접 등록번호판의 부착 및 봉인을 직접 할 수 있다. 자동차 소유자를 갈음하여 등록을 신청하는 자가 등록번호판의 부착 및 봉인을 직접 하게 할 수 있다.

② 자동차등록번호판은 자동차의 앞쪽과 뒷쪽에 다음 각호의 기준에 적합하게 부착하여야 한다. 다만, 피견인자동차의 앞쪽에는 등록번호판을 부착하지 아니할 수 있다.

㉠ 차량중심선을 기준으로 등록번호판의 좌우가 대칭이 될 것. 다만, 자동차의 구조 및 성능상 차량중심선에 부착하는 것이 곤란한 경우에는 그러하지 아니하다.

㉡ 자동차의 앞쪽과 뒷쪽에서 볼 때에 차체의 다른 부분이나 장치등에 의하여 등록번호판이 가리워지지 아니할 것

㉢ 뒷쪽 등록번호판의 부착위치는 차체의 뒷쪽 끝으로부터 65센티미터 이내일 것. 다만, 자동차의 구조 및 성능상 차체의 뒷쪽 끝으로부터 65센티미터 이내로 부착하는 것이 곤란한 경우에는 그러하지 아니하다.

㉣ 그 밖에 국토교통부장관이 정하여 고시하는 부착 방법

※ 벌칙(자동차관리법 시행령 별표2의 바.개별기준)

① 300만 원 이하의 과태료(자동차관리법 제84조제3항제1호)
- 자동차 번호판 미부착 또는 미봉인 자동차를 운행한 때(1차 50만 원, 2차 150만 원, 3차 250만 원)
- 자동차 등록번호판을 가리거나 알아보기 곤란하게 하거나 그러한 자동차를 운행한 자(1차 50만 원, 2차 150만 원, 3차 250만 원)

② 1년 이하의 징역 또는 1,000만 원 이하의 벌금(자동차관리법 제81조) : 고의로 자동차 등록번호판을 가리거나 알아보기 곤란하게 한 자

2 자동차의 변경등록 (자동차관리법제11조)

자동차 등록원부의 기재사항이 변경(이전등록 및 말소등록에 해당하는 경우는 제외 즉, 소유자의 주소·성명 또는 차대번호·원동기의 형식·장치·용도 및 사용본거지의 변동, 시·도간의 사용본거지의 변경도 포함)된 경우에는 신청해야 한다.

(1) 변경등록 신청 (자동차등록령제22조)

① 자동차소유자는 변경등록 사유가 발생한 날부터 30일 이내에 등록관청에 신청하여야 한다.

② 자동차사용자의 주민등록지가 해당 자동차의 사용본거지인 경우에는 「주민등록법」에 의한 전입신고를 한 때에 변경등록 신청한 것으로 본다.

(2) 시·도간의 변경등록 신청 (자동차등록령25조)

소유자가 자동차의 사용본거지를 다른 시·도로 변경한 때에는 변경한 날부터 **30일 이내**(주소변경의 경우에는 **전입신고일로부터 30일 이내**)에 신청서에 사용본거지를 확인할 수 있는 서류(주민등록표등본·주민등록증 사본 등, 법인의 경우에는 법인등기부등본) 및 자동차등록증, 자동차 등록번호판을 첨부하여 변경된 사용본거지를 관할하는 등록관청에 신청하여야 한다.

※ 벌칙 : 변경등록사유가 발생한 날로부터 30일 이내 미신청 시 ① 신청지연기간이 90일 이내인 경우 과태료 2만 원 ② 신청지연기간이 90일 초과 174일 이내인 경우에는 매 3일 초과 시마다 과태료 1만 원을 더한 금액 ③ 신청지연기간이 175일 이상인 경우 과태료 30만 원(자동차관리법 시행령 별표2의 아)

> **해설**
> **주소를 변경하는 경우**
> 자동차소유자가 동일한 시·도 안에서 주소를 변경하고자 하는 때에는 주민등록전입신고서 제출 시 기재란에 기록하면 된다.

3 자동차의 이전등록 (자동차관리법제12조, 자동차등록령제26조)

(1) 이전등록 신청기간
① **매매의 경우** : 매수한 날부터 15일 이내
② **증여의 경우** : 증여를 받은 날부터 20일 이내
③ **상속의 경우** : 상속 개시일이 속하는 달의 말일 부터 6개월 이내
④ **그 밖의 사유로 인한 소유권이전의 경우** : 사유가 발생한 날부터 15일 이내

(2) 매매로 인한 등록절차
① 등록된 자동차를 양수받은 자는 시·도지사에게 자동차소유권의 이전등록을 신청하여야 한다.
② 자동차 매매업을 등록한 자는 자동차의 매도 또는 매매의 알선을 한 경우에는 산 사람을 갈음하여 이전등록을 신청하여야 한다. 다만, 자동차 매매업자 사이에 매매 또는 매매의 알선을 한 경우와 산 사람이 직접 이전등록을 하는 경우에는 그러하지 아니하다.
③ 자동차를 양수받은 자가 다시 제3자에게 양도하려는 경우에는 양도 전에 자기 명의로 이전등록을 하여야 한다.
④ 자동차를 양수한 자가 이전등록을 신청하지 아니한 경우에는 그 양수인에 갈음하여 양도자(이전등록을 신청할 당시 자동차등록원부에 기재된 소유자를 말한다.)가 신청할 수 있다.
⑤ 이전등록을 신청받은 시·도지사는 등록을 수리(受理)하여야 한다.
⑥ 자동차 소유자가 사망한 경우에는 이전 등록의 신청 기준(상속의 경우)에 의한다.

4 자동차의 말소(폐차)의 정의 (자동차관리법2조제5호)

자동차를 해체하여 국토교통부령으로 정하는 자동차의 장치를 그 성능을 유지할 수 없도록 압축·파쇄(破碎) 또는 절단하거나, 자동차를 해체하지 아니하고 바로 압축·파쇄하는 것을 말한다.

(1) 말소(폐차)사유 (법제13조제1항)
① 자동차해체재활용업을 등록한 자에게 폐차를 요청한 경우
② 자동차제작·판매자 등에게 반품한 경우
③ 여객자동차 운수사업법에 따른 차령이 초과된 경우
④ 여객자동차 운수사업법 및 화물자동차 운수사업법에 따라 면허·등록·인가 또는 신고가 실효되거나 취소된 경우
⑤ 천재지변, 교통사고 또는 화재로 자동차 본래의 기능을 회복할 수 없게 되어 멸실된 경우
⑥ 자동차를 수출하는 경우
⑦ 자동차를 강제집행 절차로 압류등록을 마친 후 환가가치가 없다고 인정되는 경우
⑧ 자동차를 교육·연구목적으로 사용하는 등의 사유에 해당하는 경우

(2) 말소등록신청
자동차를 폐차하면 그로부터 1개월 이내에 관할관청에 말소등록을 하여야 하며, 이 말소등록을 함으로 인하여 자동차소유에 따른 제반 권리와 의무가 소멸된다.

(3) 말소등록 시 구비서류
① 자동차등록증
② 자동차등록번호판
③ 폐차인수증명서
④ 도난으로 인한 경우는 관할 경찰서장의 도난신고확인서

(4) 벌칙 (동법 시행령 별표2)
말소 등록 사유가 발생한 날부터 1개월 이내에 말소등록 신청을 하지 아니한 때 : ① 신청 지연 기간이 10일 이내인 경우 : 과태료 5만 원 ② 신청 지연기간이 10일 초과 54일 이내인 경우 : 5만 원에 11일째부터 계산하여 1일마다 1만 원을 더한 금액 ③ 신청 지연기간이 55일 이상인 경우 : 50만 원

5 자동차의 임시운행허가(자동차관리법 제27조)

자동차를 등록하지 않은 상태에서 일시적으로 운행할 필요가 있을 경우에는 신청에 의하여 임시운행이 가능하다.
① 봉인멸실, 신규등록신청, 사용정지중인 자동차 등을 위한 운행기간 : 10일
② 시험·연구목적을 위한 임시운행 : 2년

6 자동차번호판

(1) 자동차등록번호판 (자동차관리법제10조제1항)

시·도지사는 국토교통부령으로 정하는 바에 따라 자동차등록번호판(이하 "등록번호판"이라 한다)을 붙이고 봉인을 하여야 한다. 다만, 자동차 소유자 또는 자동차를 제작·조립 또는 수입하는 자가 판매한 경우에는 자동차 소유자를 갈음하여 등록을 신청하는 자가 직접 등록번호판의 부착 및 봉인을 직접 할 수 있다. 자동차 소유자를 갈음하여 등록을 신청하는 자가 등록번호판의 부착 및 봉인을 직접 하게 할 수 있다.

(2) 등록번호판의 규격 (자동차관리법시행규칙제6조)

① 등록번호판의 규격·재질 및 색상은 자동차의 종류 및 용도(자동차운수사업용·비사업용 및 외교용을 말한다)에 따라 각각 구분하여야 한다.

② 자동차운수사업용자동차의 등록번호판에는 관할관청을 기호로 표시하여야 한다. 다만, 「여객자동차 운수사업법」 제28조에 따른 자동차대여사업에 사용하는 자동차는 그러하지 아니하다.

③ 등록번호판의 규격·재질·색상 그 밖의 필요한 세부적인 사항은 국토교통부장관이 정하여 고시한다. 이 경우 국토교통부장관은 미리 경찰청장과 협의하여야 한다.

② 차종 및 용도구분 등의 기호(자동차 등록번호판 등의 제식에 관한 고시)

㉮ 현행자동차 번호판의 체계

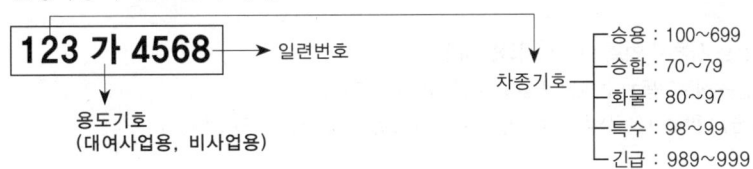

㉯ 번호판의 종류

구 분	부착대상	규 격
1. 대형등록번호판	• 대형승합자동차 • 최대적재량 4톤 이상의 화물 및 총중량 4톤 이상의 특수자동차	400mm×220mm
2. 보통등록번호판	• "1. 대형등록번호판" 이외의 자동차에 부착하는 번호판	520mm×110mm 335mm×170mm
3. 이륜자동차번호판	• 자동차관리법 제49조의 규정에 따라 이륜자동차에 부착하는 번호판	210mm×115mm
4. 임시운행번호판	• 임시운행허가를 받은 자동차에 부착하는 번호판	
5. 전기 자동차 번호판	• 전기 자동차에 부착하는 번호판	520mm×110mm
6. 법인업무용 자동차번호판	• 업무용 자동차에 부착하는 번호판	520mm×110mm

※ 보통번호판 부착대상 자동차는 자동차 및 번호판 고정위치 등이 520mm×110mm 규격의 번호판을 부착할 수 있도록 설계된 자동차에는 520mm×110mm 규격의 번호판을 부착하여야 한다.

㉰ 차종 및 용도별 분류기호

구 분		분 류	기 호
차 종		• 승용 자동차	비사업용 · 대여사업용(100~699), 일반 사업용(01~69)
		• 승합자동차	비사업용 · 대여사업용(700~799), 일반 사업용(70~79)
		• 화물 자동차	비사업용(800~979), 일반 사업용(80~97)
		• 특수 자동차	비사업용 · 대여사업용(980~997), 일반 사업용(98~99)
		• 긴급 자동차	경찰차 · 소방차(998~999)
용도별	• 비사업용 (SOFA자동차 포함)	• 자가용 (관용 포함)	가, 나, 다, 라, 마, 거, 너, 더, 러, 머, 버, 서, 어, 저, 고, 노, 도, 로, 모, 보, 소, 오, 조, 구, 누, 두, 루, 무, 부, 수, 우, 주
	• 자동차 운수 사업용	• 일반용	바, 사, 아, 자, 배
		• 대여사업용	허, 하, 호
	• 외교용		외교관용(외교), 영사용(영사), 준외교관(준외), 준영사용(준영), 국제기구용(국기), 기타 외교용(협정, 대표)

※ 이륜자동차의 번호판은 가, 나, 다, 라, 마, 바, 사, 아, 자, 차, 카, 타, 하를 용도별 기호로서 표시한다.

해설

사업용 자동차 번호판이 표시하는 내용
사업용 화물자동차 번호판 번호 : 「서울 84 바 1234」인 경우
「서울」: 관할관청, 「84」: 차종별, 「바」: 용도별, 「1234」: 차의 일련번호

㉱ 번호판의 도색구분

구 분		바 탕	문 자
• 비사업용 (SOFA자동차 포함)	• 일반용(페인트 방식)	분홍빛 흰색	보랏빛 검은색
	• 일반용(필름 부착 방식)	흰 색	검은색
	• 외교용	감청색	흰 색
	• 법인업무용	연녹색	검은색
• 자동차 운수 사업용		황 색	검은색
• 이륜자동차		흰 색	청 색
• 임시운행허가 번호판		흰 색	검은색(적색사선)

제11장 자동차의 등록 및 관리

제2절 일상점검 및 정기검사

1 일상점검

자동차는 운행 전과 운행 후의 상태가 항상 변하게 된다. 변한 그대로의 상태에서 운행하게 되면 차량의 안전성을 확보할 수 없다. 따라서 자동차를 운행하는 자는 매일 운행을 시작하기 전에 일상점검을 하고 난 후에 운행하여야 한다.

차량 주위의 점검	• 타이어의 손상여부와 공기압을 점검한다. • 차의 앞뒤에 있는 전조등·방향지시등·제동등이 제대로 들어오는지를 점검한다.	
운전석에서의 점검	도어 밀러와 룸 밀러	앉은 자세에서 후방에 대한 확인이 용이하도록 조정한다.
	브레이크	발로 밟았을 때 페달이 쉽게 들어가면 브레이크 오일계통에 문제가 있는 경우가 많으므로 이에 대한 점검을 하도록 한다.
	각종 경고 및 지시등	
	• 연료잔량경고등	연료가 비어 있음을 나타내는 경고등으로 이 등이 켜지면 서둘러서 연료를 보충하도록 한다.
	• 충전경고등	주행 중 점등되면 충전상태에 이상신호로 즉시 자동차의 속도를 낮추고 안전한 곳에 세워 점검을 받도록 한다.
	• 오일압력경고등	주행 중 점등되면 엔진 오일 부족 또는 오일 압송압력에 이상이 있을 경우이므로 즉시 확인해 본다.
	• 엔진경고등	엔진회전 중 엔진 전자제어시스템의 이상 시 점등된다. 엔진 스위치를 ON으로 하면 점등되고 시동이 걸리면 소등된다.
엔진 룸 점검	엔진 룸을 점검할 때는 일반적으로 엔진 오일, 자동변속기 오일(오토매틱차량의 경우), 파워스티어링 오일, 브레이크/클러치 오일, 냉각계통, 배터리액량, 구동벨트에 대한 점검을 한다. 그리고 겨울철에는 부동액에 대한 점검도 하여야 한다.	

2 신규·정기검사 유효기간 (자동차관리법제43조제1항)

(1) **신규검사** : 차량을 신규등록을 하려는 경우 실시하는 검사이다.
(2) **정기검사(계속검사)** : 신규등록 후 일정 기간마다 자동차등록증에 기재된 검사유효기간에 정기적으로 실시하는 검사이다.
(3) **튜닝(구조변경)검사** : 법 제34조에 따라 자동차를 튜닝한 경우에 실시하는 검사이다.
(4) **임시검사** : 이 법 또는 이 법에 따라 명령이나 자동차 소유자의 신청받아 비정기적으로 실시하는 검사이다.
(5) **수리검사** : 전손 처리 자동차를 수리한 후 운행하려는 경우에 실시하는 검사이다.

※ 자동차검사는 교통안전공단이 대행하고 있으며, 정기검사와 종합검사는 교통안전공단과 지정정비사업자가 대행할 수 있음.

3 차종별 정기검사 유효기간 (자동차관리법시행규칙제74조제1항 별표15의2)

구분			검사 유효기간
비사업용	승용자동차		2년(신조차로서 신규검사를 받은 것으로 보는 자동차의 최초 검사 유효기간은 5년)
	경형·소형 화물자동차	차령 4년 이하	2년
		차령 4년 초과	1년
	중형·대형 화물자동차	차령 5년 이하	1년
		차령 5년 초과	6개월
	중형·대형 승합자동차	차령 8년 이하	1년(신조차로서 신규검사를 받은 것으로 보는 자동차 중 길이 5.5미터 미만인 자동차의 최초 검사 유효기간은 2년)
		차령 8년 초과	6개월
사업용	승용자동차 및 경형·소형 화물자동차		1년(신조차로서 신규검사를 받은 것으로 보는 자동차의 최초 검사 유효기간은 2년)
	중형 화물자동차	차령 5년 이하	1년
		차령 5년 초과	6개월
	대형 화물자동차	차령 2년 이하	1년
		차령 2년 초과	6개월
	중형·대형 승합자동차	차령 8년 이하	1년
		차령 8년 초과	6개월
경형·소형 승합자동차		차령 4년 이하	2년
		차령 4년 초과	1년
특수 자동차		차령 5년 이하	1년
		차령 5년 초과	6개월

주) 10인 이하를 운송하기에 적합하게 제작된 자동차(법 제3조제1항제2호 가목 및 나목에 따른 자동차를 제외한다)로서 2000년 12월 31일 이전에 등록된 승합자동차의 경우에는 승용자동차의 검사유효기간을 적용한다.

4 자동차종합검사의 대상과 유효기간 (자동차종합검사의 시행 등에 관한 규칙 제8조 별표1)

검사 대상		적용 차량	검사 유효기간
승용자동차	비사업용	차령이 4년 초과인 자동차	2년
	사업용	차령이 2년 초과인 자동차	1년
경형·소형의 승합 및 화물 자동차	비사업용	차령이 3년 초과인 자동차	1년
	사업용	차령이 2년 초과인 자동차	1년
대형 화물자동차	사업용	차령이 2년 초과인 자동차	6개월
대형 승합자동차	사업용	차령이 2년 초과인 자동차	차령 8년까지는 1년, 이후부터는 6개월
중형 승합자동차	비사업용	차령이 3년 초과인 자동차	차령 8년까지는 1년, 이후부터는 6개월
	사업용	차령이 2년 초과인 자동차	차령 8년까지는 1년, 이후부터는 6개월
그 밖의 자동차	비사업용	차령이 3년 초과인 자동차	차령 5년까지는 1년, 이후부터는 6개월
	사업용	차령이 2년 초과인 자동차	차령 5년까지는 1년, 이후부터는 6개월

※ 자동차 정기검사 또는 종합검사를 받지 않은 때의 벌칙(자동차관리법 시행령 별표2)
  1) 검사 지연 기간이 30일 이내인 경우 : 4만 원
  2) 검사 지연 기간이 30일 초과 114일 이내인 경우 : 4만 원에 31일째부터 계산하여 3일 초과 시 마다 2만 원을 더한 금액
  3) 검사 지연 기간이 115일 이상인 경우 : 60만 원

5 고용주 등의 의무(고용주 등의 사회적 책임) (도로교통법제56조)

(1) 법령을 준수하도록 감독할 의무 (법제56조제1항)

　　차 또는 노면전차의 운전자를 고용(雇用)하고 있는 사람이나 직접 운전자나 차 또는 노면전차를 관리하는 지위에 있는 사람 또는 차 또는 노면전차의 사용자(고용주 등)는 운전자에게 이 법이나 이에 따른 명령을 지키도록 항상 주의시키고 감독하여야 한다.

(2) 무면허자 등의 운전금지 조치의무 (법제56조제2항)

　　고용주 등은 [무면허운전], [주취 중 운전], [과로한 때] 운전의 규정에 따라 운전을 하여서는 아니 되는 운전자가 자동차 등을 운전하는 것을 알고도 말리지 아니하거나 그러한 운전자에게 자동차 또는 노면전차 등을 운전하도록 시켜서는 아니 된다.

제11장 적중출제예상문제

1 자동차의 구입 등록

【문제 1】 자동차의 각종 등록기간을 설명한 것이다. 틀린 문항은?
① 새 차를 구입할 때 신규등록은 구입한 날부터 10일 이내이다.
② 소유자의 주소·성명 등의 변경등록은 변경사유가 발생한 날부터 30일 이내이다.
③ 매매의 경우 이전등록은 매수한 날부터 15일 이내이다.
④ 말소등록(폐차)은 폐차한 날부터 3월 이내이다.

【문제 2】 새로 구입한 자동차의 임시운행허가 기간으로 맞는 문항은?
① 20일 ② 10일 ③ 15일 ④ 30일

【문제 3】 새로 자동차를 구입한 경우 관할관청에 등록해야 하는 기간으로 맞는 문항은?
① 20일 ② 15일 ③ 30일 ④ 10일

【문제 4】 새 차를 구입한 경우 자동차신규등록 구비서류에 해당되지 않는 문항은?
① 소유권을 증명하는 서류
② 자동차제작증
③ 인감증명서
④ 자동차책임보험가입사실증명서

【문제 5】 자동차의 이전사유별 이전등록 신청기간이다. 맞지 않는 문항은?
① 매매의 경우 매수한 날부터 15일 이내
② 증여의 경우 증여받은 날부터 20일 이내
③ 상속의 경우 상속을 받은 날부터 2개월 이내
④ 기타 사유로 소유권 이전의 경우 사유가 발생한 날부터 15일 이내

> **해설** 자동차의 신규·변경·이전·폐차 등록기간
> 1. 신규등록 : 구입한 날부터 10일 이내
> 2. 변경등록(주소·성명·차대번호·원동기형식·장치 및 사용본거지 등) : 변경일부터 30일 이내
>   ① 주민등록지가 당해 자동차 사용본거지인 경우 : 주민등록신청 시
>   ② 사용본거지가 다른 시·도로 변경 등록하는 경우 : 관할등록관청에 등록
> 3. 이전등록
>   ① 매매의 경우 : 매수한 날부터 15일 이내
>   ② 증여의 경우 : 증여받은 날부터 20일 이내
>   ③ 상속의 경우 : 상속받은 날부터 6개월 이내
>   ④ 기타 사유로 소유권 이전의 경우 : 사유발생 일부터 15일 이내
> 4. 말소등록 (폐차, 멸실, 차령초과 등) : 30일 이내

【문제 6】 자동차의 매매로 인한 이전등록 신청기일로 옳은 문항은?
① 10일 이내 ② 15일 이내 ③ 20일 이내 ④ 30일 이내

정답 1. 【1】④ 【2】② 【3】④ 【4】③ 【5】③ 【6】②

【문제 7】 자동차 이전등록을 할 때의 구비서류에 해당되지 않는 문항은?
① 양수인의 책임보험가입 영수증　② 양수인의 운전면허증
③ 자동차등록증　④ 양도인의 인감증명서

【문제 8】 자동차의 변경등록 사유가 아닌 문항은?
① 차대번호의 변경　② 소유자의 주소지 변경
③ 소유권의 변경　④ 사용본거지 변경

【문제 9】 차주의 주소지가 변경된 경우 변경사유 발생일부터 며칠 이내 변경등록을 해야 하는가?
① 10일 이내　② 15일 이내　③ 20일 이내　④ 30일 이내

【문제 10】 자동차의 매매 또는 상속받은 때에 신청하는 등록에 해당되는 문항은?
① 이전등록　② 신규등록　③ 변경등록　④ 말소등록

【문제 11】 자동차 소유자가 말소등록을 신청하여야 하는 경우이다. 아닌 문항은?
① 자동차의 차령이 초과된 경우
② 자동차를 장기간 동안 정비 또는 개조하기 위해 해체한 경우
③ 자동차의 용도를 폐지한 경우
④ 자동차가 멸실된 경우

【문제 12】 자동차를 상속받았을 때 이전등록 해야 하는 기간으로 맞는 문항은?
① 1개월 이내　② 6개월 이내　③ 2개월 이내　④ 4개월 이내

【문제 13】 자동차 등록번호판의 관리방법에 대한 설명으로 맞는 문항은?
① 훼손된 등록번호판은 시·도지사의 허가 없이 뗄 수 있다.
② 봉인이 훼손 또는 분실된 경우에는 재교부 받을 수 없다.
③ 자동차 등록번호판이 훼손된 경우에는 재신청하여 교부받을 수 있다.
④ 등록번호판을 가리거나 알아보기 곤란하게 한 경우 처벌할 수 없다.

【문제 14】 자동차관리법상 경형 승용자동차(경차)의 배기량 기준으로 맞는 문항은?
① 1,000cc 미만의 차　② 900cc 이상의 차
③ 800cc 이하의 차　④ 900cc 미만의 차

【문제 15】 자동차 번호판의 종류이다. 아닌 문항은?
① 이륜자동차 등록번호판　② 중형등록번호판
③ 보통등록번호판　④ 대형등록번호판

【문제 16】 자동차 등록번호판의 용도별분류이다. 해당되지 않는 문항은?
① 특장용　② 사업용
③ 비사업용　④ 외교용

정답　【7】②　【8】③　【9】④　【10】①　【11】②　【12】②　【13】③　【14】①　【15】②　【16】①

【문제 17】 자동차 등록번호판의 용도별 도색 구분이다. 맞지 않는 문항은?
① 비사업 일반용의 번호판은 분홍빛 흰색 바탕에 보라색, 검정색 글자
② 비사업 외교용의 번호판은 감청색 바탕에 흰색 글자
③ 사업용 일반용차의 번호판은 황색 바탕에 검정색 글자
④ 사업용 대여사업차의 번호판은 황색 바탕에 백색 글자

【문제 18】 자동차원동기의 형식·장치·용도가 변경된 경우 신청해야 하는 등록으로 맞는 문항은?
① 이전등록 ② 신규등록
③ 말소등록 ④ 변경등록

【문제 19】 자동차 말소등록은 말소등록 사유가 발생한 날로부터 며칠 이내에 신청하여야 하는가?
① 10일 ② 15일
③ 20일 ④ 30일

【문제 20】 자동차관리법에서 말하는 자동차 해체재활용업(폐차)을 올바르게 설명한 문항은?
① 자동차를 산이나 공터에 버리는 것을 말한다.
② 자동차를 파쇄·용해시키는 것을 말한다.
③ 자동차의 중요부품을 재활용하는 것을 말한다.
④ 자동차를 해체하여 재사용하는 것을 말한다.

【문제 21】 자동차관리법에서 말하는 중고자동차를 올바르게 설명한 문항은?
① 자동차를 구입하여 1년 이상이 지난 자동차
② 자동차를 구입하여 2만km 이상 운행한 자동차
③ 자동차를 신규 등록하여 사실상 그 성능을 유지할 수 없을 때까지의 자동차
④ 자동차를 신규 등록하여 무상보증기간이 지난 자동차

【문제 22】 법에 위반된 차를 보관하다가 기간 경과로 해당 차를 매각처분한 후 소요비용을 공제하고, 그 잔액을 차량 소유주에게 돌려주어야 하는데 소유주 또는 운전자 소재불명으로 돌려주지 못한 경우 처리방법으로 맞는 문항은?
① 운전자가 잔액을 찾아갈 때까지 기다린다.
② 국고에 환수 조치한다.
③ 공탁법에 의하여 공탁을 한다.
④ 경찰서 게시판에 14일간 공고 후 국고에 환수 조치한다.

【문제 23】 자동차에 임시운행허가증 및 임시운행허가 번호판을 부착하고 운행하다가 반납기간이 10일 이내의 기간이 경과되어 적발된 경우에 과태료에 해당되는 문항은?
① 과태료 : 3만 원 ② 과태료 : 5만 원
③ 과태료 : 6만 원 ④ 과태료 : 7만 원

정답 【17】④ 【18】④ 【19】④ 【20】② 【21】③ 【22】③ 【23】①

【문제 24】 승합자동차는 몇 명 이상을 운송하기에 적합하게 제작된 자동차를 말하는가?
① 10인 이상 ② 11인 이상
③ 12인 이상 ④ 15인 이상

2 정기점검 및 종합(정기)검사

【문제 1】 자동차의 정기검사를 받아야 하는 기간으로 맞는 문항은?
① 만료일 전후 각각 31일 이내 ② 만료일 전후 각각 15일 이내
③ 만료일 전후 각각 20일 이내 ④ 만료일 전후 각각 25일 이내

【문제 2】 비사업용 승용자동차가 4년 초과인 경우의 종합(정기)검사 유효기간으로 맞는 문항은?
① 6개월 ② 1년
③ 3년 ④ 2년

【문제 3】 자동차 정기검사 기간에 대한 설명 중이다. 틀린 문항은?
① 사업용 소형 화물차는 매 6월마다
② 비사업용승용차의 신규등록 시 최초검사 기간은 5년(2회차부터는 매 2년마다)
③ 차령이 4년 이하인 사업용 경형 승합자동차는 매 2년마다
④ 차령이 2년 이하인 사업용대형화물차는 매 1년마다

【문제 4】 자동차종합검사의 대상과 유효기간에서 "사업용 승용자동차의 차령이 2년 초과인 자동차의 검사유효기간"으로 맞는 문항은?
① 1년 ② 2년
③ 6개월 ④ 1년 6개월

【문제 5】 자동차종합검사의 대상과 유효기간에서 "사업용 대형화물자동차 차령이 2년 초과인 자동차의 검사유효기간"에 해당되는 문항은?
① 6개월 ② 1년
③ 1년 6개월 ④ 2년

【문제 6】 자동차 정기 또는 종합 검사를 받지 않았을 때의 벌칙에 대한 것으로 옳지 않은 것은?
① 검사 지연 기간이 30일 이내인 때 : 3만 원
② 검사 지연 기간이 30일 이내인 때 : 4만 원
③ 검사 지연 기간이 30일 초과 114일 이내인 때
　: 4만 원에 31일째부터 계산하여 3일 초과 시 마다 2만 원을 더한 금액
④ 검사 지연 기간이 115일 이상인 때 : 60만 원

정답 【24】② 2. 【1】① 【2】④ 【3】① 【4】① 【5】① 【6】①

제1절 운전면허시험제도

운전면허시험제도는 자동차운전 전문학원제도의 기능검정과 연계되어 제2편의 자동차운전 전문학원 관계법령편의 제1장에 수록하였으며 이 장에서는 중복되어 생략합니다 (317쪽 참조).

제2절 운전면허의 관리

1 운전면허증 등

(1) 운전면허 (법제80조제1항)

자동차 등을 운전하려는 사람은 시·도경찰청장으로부터 운전면허를 받아야 한다. 다만, 원동기를 단 차 중 개인형 이동장치 또는 "교통약자의 이용편의 증진법"의 교통약자가 최고속도가 시속 20km 이하로만 운행될 수 있는 차를 운전하는 경우에는 그러하지 아니하다(운전면허 없이 운전할 수 있다).

(2) 운전면허증의 수령 (규칙 제87호의3)

운전면허시험에 합격하여 발급(적성검사·오손·분실·재교부 포함)받은 운전면허증은 본인이 수령해야 한다. 다만, 다음 각 호의 어느 하나에 해당하는 경우에는 대리인을 통해 운전면허증을 수령할 수 있다.

① 운전면허증 발급신청(운전면허시험 응시할 때 본인확인과 운전면허증 발급 대상자 본인확인 포함)시 본인 여부를 확인한 경우
② 해외에 체류 중인 경우
③ 재해 또는 재난을 당한 경우
④ 질병이나 부상으로 인하여 거동이 불가능한 경우
⑤ 법령에 따라 신체의 자유를 구속당한 경우
⑥ 군 복무 중(병역법에 따라 의무경찰 또는 의무소방원으로 전환복무 중인 경우를 포함, 사병으로 한정)인 경우
⑦ 그 밖에 사회통념상 부득이하다고 인정할 만한 상당한 이유가 있는 경우

(3) 음주운전 방지 장치 부착 조건부 운전면허 (법제80조의2 제1항, 제2항)

① 음주운전, 음주측정 또는 술에 취한 상태에 있다고 인정할만한 상당한 이유가 있는 사람이 자동차 등을 운전한 후 음주측정 또는 혈액채취측정에 따른 측정을 곤란하게 할 목적으로 추가로 술을 마시거나 혈중알코올농도에 영향을 줄 수 있는 의약품 등 물품을 사용하는 행위를 위반한 날부터 5년 이내에 다시 같은 죄를 위반하여, 운전면허 취소처분을 받은 사람이 자동차 등을 운전하려는 경우에는 시·도 경찰청장으로부터 음주운전방지장치 부착 조건부 면허(이하 "조선부 면허"라 한다)를 받아야 한다.(제1항)

② 음주운전 방지장치는 운전면허 결격사유 제1호부터 제9호까지에 따라 조건부 면허 발급 대상자에게 적용되는 운전면허 결격기간과 같은 기간 동안 부착하며, 운전면허 결격기간이 종료된 다음 날부터 부착기간을 산정한다.(제2항)

(4) 조건부 운전면허 발급조건 (법제73조제6항)

조건부 운전면허를 받으려는 사람은 대통령령으로 정하는 바에 따라 운전면허시험에 응시하기 전에 음주운전 방지장치의 작동방법 및 음주운전 예방에 관한 교통안전교육을 받아야 한다.

(5) 음주운전 방지장치 부착기간

① 음주운전 방지장치는 조건부 운전면허 발급 대상에게 적용되는 운전면허 결격기간과 같은 기간 동안 부착하며, 운전면허 결격기간이 종료된 다음 날부터 부착기간을 산정한다.

② 조건부 운전면허증을 발급받은 사람은 발급한 조건부 운전면허증의 조건기간이 경과하면 해당 조건은 소멸한 것으로 본다.

(6) 임시운전증명서 (법제91조)

① 임시운전증명서 교부대상 : 시·도경찰청장은 다음 각 호의 어느 하나의 경우에 해당하는 사람이 임시운전증명서의 발급을 신청하면 임시운전증명서를 발급할 수 있다. 다만, ㉯항의 경우에는 소지하고 있는 운전면허증 뒷면에 접수사유, 접수일자, 면허증 교부예정일자 및 처리담당자의 성명을 기재 후 날인해 발급함으로써 임시운전증명서 발급을 갈음할 수 있다(법제91조제1항제1호~제3호).

　㉮ 운전면허증을 받은 사람이 잃어버리거나 헐어 못쓰게 되어 재발급 신청을 한 경우
　㉯ 정기 적성검사 또는 운전면허증 갱신 발급신청을 하거나 수시적성검사를 신청을 한 경우
　㉰ 운전면허의 취소 또는 정지처분 대상자가 운전면허증을 제출한 경우

② 임시운전증명서의 효력 : 임시운전증명서는 그 유효기간 중에는 운전면허증과 같은 효력이 있다(법제91조제2항).

③ 임시운전증명서의 유효기간(규칙제88조) : 임시운전증명서의 유효기간은 20일 이내로 하되, 운전면허의 취소 또는 정지처분대상자의 경우에는 40일 이내로 할 수 있다. 다만, 경찰서장이 필요하다고 인정하는 경우에는 그 유효기간을 1회에 한하여 20일의 범위 이내에서 연장할 수 있다.

(7) 운전면허증의 휴대 및 제시 등의 의무 (법제92조제1항·제2항)

① 운전면허증의 휴대의무 : 자동차 등(개인형 이동장치는 제외)을 운전할 때에는 다음 각 호의 어느 하나에 해당하는 운전면허증 등을 지니고 있어야 한다(법제92조제1항).

㉮ 운전면허증, 국제운전면허증 또는 상호인정외국면허증이나 「건설기계관리법」에 따른 건설기계조종사면허증(이하 "운전면허증 등"이라 한다)

㉯ 운전면허증 등을 갈음하는 다음 각 목의 증명서
  ㉠ 임시운전증명서   ㉡ 범칙금 납부통고서 또는 출석지시서
  ㉢ 시·군공무원이 전용차로 위반, 긴급자동차에 대한 진로양보 의무위반 및 정차, 주차금지의무, 주차금지, 정차 및 주차금지 의무위반을 단속되어 발급한 출석고지서

② 운전면허증의 제시 의무 : 위 ①항에 의거 운전자는 운전 중에 교통안전이나 교통질서 유지를 위하여 경찰공무원이 운전면허증 또는 이를 갈음하는 증명서를 제시할 것을 요구하거나 또는 운전자 신원 및 운전면허 확인을 위한 질문을 할 때에는 이에 응하여야 한다(법제92조제2항).

2 국제운전면허증 또는 상호인정외국면허증

(1) 국제운전면허증 또는 상호인정외국면허증에 의한 자동차등의 운전 (법 제96조)

외국의 권한 있는 기관에서 국제운전면허증 또는 상호인정외국면허증을 발급받은 사람은 그 국제운전면허증 또는 상호인정외국면허증으로 국내에서 자동차 등을 운전할 수 있다(제1항).

① 입국한 날부터 1년 동안 그 국제운전면허증 또는 상호인정외국면허증으로 운전할 수 있다.

② 운전할 수 있는 자동차의 종류는 그 국제운전면허증 또는 상호인정외국면허증에 기재된 것으로 한정한다.

㉮ 국제운전면허증 : 1949년 제네바에서 체결된 「도로교통에 관한 협약」, 1968년 비엔나에서 체결된 「도로교통에 관한 협약」, 우리나라와 외국 간에 국제운전면허증을 상호 인정하는 협약·협정 또는 약정

㉯ 상호인정외국면허증 : 우리나라와 외국 간에 상대방 국가에서 발급한 운전면허증을 상호 인정하는 협약·협정 또는 약정에 따른 운전면허증

③ 국제운전면허증을 외국에서 발급받은 사람 또는 상호인정외국면허증으로 운전하는 사람은 「여객자동차 운수사업법」 또는 「화물자동차 운수사업법」에 따른 사업용 자동차를 운전할 수 없다. 다만, 「여객자동차 운수사업법」에 따른 대여사업용 자동차를 임차(賃借)하여 운전하는 경우에는 그러하지 아니하다(제2항).

④ 운전면허 결격사유에 해당하는 사람으로서 결격기간이 지나지 아니한 사람은 자동차 등을 운전하여서는 아니 된다(제3항).

(2) 자동차 등의 운전 금지 (법 제97조)

① 국제운전면허증 또는 상호인정외국면허증의 운전을 금지하는 경우 : 국제운전면허증 또는 상호인정외국면허증을 가지고 국내에서 자동차 등을 운전하는 사람이 다음 각 호의 어느

하나에 해당하는 경우에는 그 사람의 주소지를 관할하는 시·도 경찰청장은 **1년을 넘지 아니하는 범위에서** 국제운전면허증 또는 상호인정외국면허증에 의한 자동차등의 운전을 금지할 수 있다(제1항).
- ㉮ 적성검사를 받지 아니하였거나 적성검사에 불합격한 경우
- ㉯ 운전 중 고의 또는 과실로 교통사고를 일으킨 경우
- ㉰ 대한민국 국적을 가진 사람이 운전면허가 취소되거나 효력이 정지된 후 운전면허 결격기간이 지나지 아니한 경우
- ㉱ 자동차 등의 운전에 관하여 이 법이나 이 법에 따른 명령 또는 처분을 위반한 경우

② 국제운전면허증 또는 상호인정외국면허증의 제출 : 위 ①항에 의하여 자동차 등의 운전이 금지된 사람은 지체 없이 국제운전면허증 또는 상호인정외국면허증에 의한 운전을 금지한 시·도 경찰청장에게 그 국제운전면허증 또는 상호인정외국면허증을 제출하여야 한다(제2항).

③ 국제운전면허증 또는 상호인정외국면허증의 반환 : 시·도경찰청장은 위 ①항에 의한 금지기간이 끝난 경우 또는 금지처분을 받은 사람이 그 금지기간 중에 출국하는 경우에는 그 사람의 반환청구가 있으면 지체 없이 보관 중인 국제운전면허증 또는 상호인정외국면허증을 돌려주어야 한다(제3항).

(3) 국제운전면허증의 발급 등 (법제98조제1항~제4항)

① 운전면허를 받은 사람이 국외에서 운전을 하기 위하여 「도로교통에 관한 협약」에 따른 국제운전면허증을 발급받으려면 시·도경찰청장에게 신청하여야 한다(제1항).
② 발급받은 국제운전면허증의 유효기간은 **발급받은 날부터 1년으로 한다**(제2항).
③ 발급받은 국제운전면허증은 이를 발급받은 사람의 국내운전면허의 효력이 없어지거나 취소된 때에는 그 효력을 잃는다(제3항).
④ 발급받은 국제운전면허증은 이를 발급받은 사람의 국내운전면허의 효력이 정지된 때에는 그 정지기간 동안 효력이 정지된다(제4항).

(4) 국제운전면허증의 교부절차 (규칙제98조)

① 국내운전면허를 받은 사람(원동기장치자전거면허 및 연습운전면허를 받은 사람을 제외한다) 국제운전면허증을 발급받으려는 경우에는 「국제운전면허증교부신청서」를 시·도경찰청장 또는 한국도로교통공단에 제출하여야 한다(제1항).
② 신청을 받은 시·도경찰청장 또는 한국도로교통공단은 행정정보 공동이용을 통하여 신청인의 여권정보를 확인하여야 한다. 다만, 신청인이 확인에 동의하지 아니하는 경우에는 여권의 사본을 제출(여권을 제시하는 것으로 갈음할 수 있다)하도록 하여야 한다(제2항).
③ 시·도경찰청장 또는 한국도로교통공단은 국제운전면허증을 발급하는 때에는 「국제운전면허발급대장」에 이를 기록하여야 한다(제3항).

(5) 국제운전면허증 발급의 제한 (법제98조의2)

시·도경찰청장은 국제운전면허증을 발급받으려는 사람이 납부하지 아니한 범칙금 또는 과태료가 있는 경우 국제운전면허증의 발급을 거부할 수 있다. 다만, 범칙금 납부기간 또는 과태료 납부기간 중에 있는 경우에는 그러하지 아니하다.

3 적성검사

(1) 운전면허증의 갱신과 정기 적성검사 (법제87조)

① 운전면허를 받은 사람의 운전면허증 갱신 (법제87조제1항)

운전면허를 받은 사람은 운전면허증 갱신기간 이내에 시·도경찰청장으로부터 운전면허증을 갱신하여 발급받아야 한다.

㉮ 최초의 운전면허증 갱신기간은 운전면허시험에 합격한 날부터 기산하여 10년(운전면허시험합격일에 65세 이상 75세 미만인 사람은 5년, 75세 이상인 사람은 3년, 한쪽 눈만 보지 못하는 사람으로서 제1종 운전면허 중 보통면허를 취득하는 사람은 3년)이 되는 날이 속하는 해의 1월 1일부터 12월 31일까지(제1호)

㉯ ㉮ 외의 운전면허증 갱신기간은 직전의 운전면허증 갱신일부터 기산하여 10년(직전의 운전면허증 갱신일에 65세 이상 75세 미만인 사람은 5년, 75세 이상인 사람은 3년, 한쪽 눈만 보지 못하는 사람으로서 제1종 운전면허 중 보통면허를 취득하는 사람은 3년)이 되는 날이 속하는 해의 1월 1일부터 12월 31일까지(제2호)

② 운전면허를 받은 사람의 정기적성검사 (법제87조제2항제3항)

다음 각 호의 어느 하나에 해당하는 사람은 제1항에 따른 운전면허증 갱신기간에 도로교통공단이 실시하는 정기(定期)적성검사(適性檢査)를 받아야 한다.

㉮ 제1종 운전면허를 받은 사람(제1호)

㉯ 제2종 운전면허를 받은 사람 중 운전면허증 갱신기간에 70세 이상인 사람(제2호)

③ 다음에 해당하는 사람은 운전면허증을 갱신하며 받을 수 없다(제3항).

㉮ 교통안전교육을 받지 아니한 사람

㉯ 정기적성검사를 받지 아니하거나 이에 합격하지 못한 사람

(2) 운전면허증의 갱신 (영제53조)

① 운전면허증을 갱신하여 발급받아야 하는 사람은 운전면허 갱신기간 동안에 「운전면허증 갱신신청서」를 시·도경찰청장에게 제출하여야 한다(제1항).

② 운전면허증의 갱신 발급업무를 대행하는 한국도로교통공단은 행정안전부령으로 정하는 「대장」에 운전면허증을 갱신하여 발급한 내용을 기재하여야 한다(제2항).

(3) 운전면허증 발급 대상자 본인 확인 (법제87조의2)

① 시·도경찰청장은 운전면허증을 발급하려는 경우에는 운전면허증 발급을 받으려는 사람의 주민등록증이나 여권, 그 밖에 신분증명서의 사진 등을 통하여 본인인지를 확인할 수 있다.

② 위 ①항에 따른 방법으로 본인인지 확인하기 어려운 경우에는 운전면허증 발급을 받으려는 사람의 동의를 받아 전자적 방법으로 지문정보를 대조하여 확인할 수 있다.

③ 시·도경찰청장은 운전면허증 발급을 받으려는 사람이 위 ②항에 따른 본인 확인절차를 따르지 아니하는 경우에는 운전면허증 발급을 거부할 수 있다.

(4) 정기적성검사 등 (영제54조제1항~제3항)

① 정기적성검사를 받아야 하는 사람은 운전면허증 갱신기간 동안에 「신청서」를 한국도로교통공단에 제출하여야 한다(제1항).
② 시·도경찰청장은 정기적성검사에 합격한 신청인에게 새로운 운전면허증을 발급하여야 한다.
③ 한국도로교통공단은 행정안전부령으로 정한 「대장」에 정기적성검사에 관한 내용을 기재하여야 한다(제3항).

(5) 운전면허증 갱신발급 및 정기적성검사의 연기 (법제87조제4항, 영제55조)

① 운전면허를 받은 사람이 운전면허증을 갱신하여 발급받거나 정기적성검사를 받아야 하는 사람이 해외여행 또는 군복무 중 등의 사유로 그 기간 이내에 운전면허증을 갱신하여 발급받거나 정기적성검사를 받을 수 없는 때에는 대통령령으로 정하는 바에 따라 이를 미리 받거나 그 연기를 받을 수 있다(법제87조제4항).
② 운전면허증을 갱신하여 발급(정기적성검사를 받아야 하는 경우에는 정기적성검사를 포함한다)받아야 하는 사람이 다음 각 호의 어느 하나에 해당하는 사유로 운전면허증 갱신기간 동안에 운전면허증을 갱신하여 발급받을 수 없을 때에는 행정안전부령으로 정하는 바에 따라 운전면허증 갱신기간 이전에 미리 운전면허증을 갱신하여 발급받거나 운전면허증갱신발급연기 신청서에 연기사유를 증명할 수 있는 서류를 첨부하여 시·도경찰청장(정기적성검사를 받아야 하는 경우에는 한국도로교통공단을 포함)에게 제출하여야 한다(영제55조제1항).
　㉮ 해외에 체류 중인 경우와 재해 또는 재난을 당한 경우
　㉯ 질병이나 부상으로 인하여 거동이 불가능한 경우
　㉰ 법령에 따라 신체의 자유를 구속당한 경우
　㉱ 군복무 중(의무경찰 또는 의무소방원으로 전환복무 중인 경우를 포함하고, 병으로 한정한다)이거나 대체복무요원으로 복무 중인 경우, 그 밖에 사회통념상 부득이하다고 인정할 만한 상당한 이유가 있는 경우
③ 시·도경찰청장은 신청사유가 타당하다고 인정하는 때에는 운전면허증 갱신기간 이전에 운전면허증을 갱신하여 발급하거나 3년 이내의 범위에서 운전면허증 갱신기간을 연기하여야 한다(영제55조제2항).
④ 운전면허증 갱신의 연기를 받은 사람은 그 **사유가 없어진 날부터 3개월 이내**에 운전면허증을 갱신하여 발급받아야 한다(영제55조제3항).
⑤ 한국도로교통공단은 정기적성검사 또는 운전면허증 갱신발급을 연기한 때에는 「자동차운전면허대장」에 그 내용을 기록하고, 「적성검사·운전면허증갱신발급 연기사실확인서」를 작성하여 신청인에게 발급하여야 한다(규칙제83조제3항).

(6) 수시적성검사 (법제88조, 영제56조)

① 제1종 운전면허 또는 제2종 운전면허를 받은 사람(국제운전면허증 또는 상호인정외국면허증을 받은 사람을 포함한다)이 안전운전에 장애가 되는 후천적 신체장애 등 대통령령으로 정하

는 사유에 해당되는 경우에는 한국도로교통공단이 실시하는 수시적성검사(隨時適性檢査)를 받아야 한다(법제88조제1항).
② 위 ①항에 따른 수시적성검사의 기간·통지와 그 밖에 수시적성검사의 실시에 필요한 사항은 대통령령으로 정한다(법제88조제2항).
③ "안전운전에 장애가 되는 후천적 신체장애 등" 대통령령이 정하는 사유란 다음 중 어느 하나에 해당하게 된 경우를 말한다(영제56조제1항제1호).
㉮ 정신질환자 또는 뇌전증환자, 듣지 못하는 사람 및 앞을 보지 못하는 사람, 양쪽팔의 팔꿈치 이상 절단자 또는 양쪽 팔을 쓸 수 없는 자, 마약·대마·향정신성의약품 또는 알코올 중독자의 어느 하나에 해당하거나 안전운전에 장애가 되는 신체장애 등에 해당한다고 인정할 만한 상당한 이유가 있는 경우

해설

법제82조제1항제2호 내지 제5호

1. 법제82조제1항제2호 : 교통상의 위험과 장해를 일으킬 수 있는 정신질환자 또는 뇌전증환자로서 대통령령으로 정하는 사람
   ※ 대통령령으로 정하는 신체장애인 : 치매, 조현병, 조현정동장애, 양극성 정동장애(조울병), 재발성 우울장애 등의 정신질환 또는 정신발육지연, 뇌전증 등으로 인하여 정상적인 운전을 할 수 없다고 해당 분야 전문의가 인정하는 사람을 말한다(영제42조제1항).
2. 법제82조제1항3호 : 듣지 못하는 사람(대형면허, 특수면허에 한한다), 앞을 보지 못하는 사람(한쪽 눈만 보지 못하는 사람의 경우에는 제1종 운전면허 중 대형면허, 특수면허만 해당한다)이나 그 밖에 대통령령으로 정하는 신체장애인
   ※ 그 밖에 대통령령으로 정하는 신체장애인 : 다리·머리·척추 그 밖의 신체장애로 인하여 앉아 있을 수 없는 사람을 말한다(영제42조제2항).
3. 법제82조제1항제4호 : 양쪽 팔의 팔꿈치관절 이상을 잃은 사람이나 양쪽 팔을 전혀 쓸 수 없는 사람. 다만, 본인의 신체장애 정도에 적합하게 제작된 자동차를 이용하여 정상적인 운전을 할 수 있는 경우에는 그러하지 아니하다.
4. 법제82조제1항제5호 : 교통상의 위험과 장해를 일으킬 수 있는 마약·대마·향정신성의약품 또는 알코올중독자로서 대통령령으로 정하는 사람
   ※ 대통령령으로 정하는 사람 : 마약·대마·향정신성의약품 또는 알코올 관련 장애 등으로 인하여 정상적인 운전을 할 수 없다고 해당 분야 전문의가 인정하는 사람을 말한다(영제42조제3항).

㉯ 후천적 신체장애 등에 관한 개인정보가 경찰청장에게 통보된 경우(영제56조①2호)
④ 한국도로교통공단은 제1항의 사유에 해당하여 수시적성검사를 받아야 하는 사람에게 그 사실을 등기우편 등으로 통지하여야 한다(영제56조제2항).
⑤ 제2항에 따른 통지를 받은 사람(수시적성검사 대상자라 함)은 한국도로교통공단이 정하는 날부터 **3개월 이내에 수시적성검사를 받아야** 한다(영제56조제3항).
⑥ 수시적성검사의 합격판정은 정밀감정인(분야별 운전적성을 정밀감정하기 위하여 한국도로교통공단이 위촉한 의사를 말한다. 이하 같다)의 의견을 들은 후 행정안전부령이 정하는 바에 따라 결정한다(영제56조제5항).

⑦ 한국도로교통공단은 수시적성검사를 받아야 하는 사람에게 수시적성검사를 받아야 한다는 사실을 수시적성검사 기간 20일 전까지 통지하여야 하며, 기간 내 수시적성검사를 받지 아니한 사람에 대하여는 다시 기간을 지정하여 수시적성검사 기간 20일 전까지 통지하여야 한다.(규칙제84조제1항)

⑧ 수시적성검사대상자의 주소 등을 통상적인 방법으로 확인할 수 없거나 통지서를 송달할 수 없는 경우에는 수시적성검사를 받아야 하는 사람의 운전면허대장에 기재된 주소지를 관할하는 운전면허시험장의 게시판에 14일간 이를 공고함으로써 통지를 대신할 수 있다(규칙제84조제1항(단서)).

⑨ 한국도로교통공단은 운전면허를 받은 사람에 대한 수시적성검사의 결과와 통지의 내용을 수시적성검사대장에 기재하여야 한다(규칙제84조제5항).

(7) 수시적성검사의 연기 등 (영제57조)

① 수시적성검사 대상자는 다음 각 호의 어느 하나에 해당하는 사유로 수시적성검사기간 동안에 수시적성검사를 받을 수 없을 때에는 행정안전부령으로 정하는 바에 의하여 수시적성검사기간 이전에 미리 적성검사를 받거나 수시적성검사 연기신청서에 연기사유를 증명할 수 있는 서류를 첨부하여 한국도로교통공단에 제출하여야 한다.
   1. 해외에 체류 중인 경우
   2. 재해 또는 재난을 당한 경우
   3. 질병이나 부상으로 인하여 거동이 불가능한 경우
   4. 법령에 따라 신체의 자유를 구속당한 경우
   5. 군 복무 중(병역법에 따라 의무경찰 또는 의무소방원으로 전환복무 중인 경우를 포함, 사병으로 한정)인 경우
   6. 그 밖에 사회통념상 부득이하다고 인정할 만한 상당한 이유가 있는 경우

② 한국도로교통공단은 위의 ①에 따른 신청사유가 타당하다고 인정될 때에는 수시적성검사를 그 기간 이전에 실시하거나 1년 이내의 범위에서 한 차례만 연기할 수 있다.

③ ②에 따라 수시적성검사를 연기 받은 사람은 그 사유가 없어진 날부터 3개월 이내에 수시적성검사를 받아야 한다.

제3절 운전면허의 취소 · 정지

1 운전면허의 취소 · 정지대상 (법제93조)

(1) 시 · 도경찰청장은 운전면허(연습운전면허를 제외한다. 이하 이 조에서 같다)를 받은 사람이 취소 또는 효력정지사유[별표28의 2.3 취소 · 정지처분개별기준]에 해당하면 운전면허를 취소하거나 1년 이내의 범위에서 운전면허의 효력을 정지시킬 수 있다(제1항).

(2) 시·도경찰청장은 위 (1)항에 따라 운전면허를 취소하거나 운전면허의 효력을 정지하려고 할 때 그 기준으로 활용하기 위하여 교통법규를 위반하거나 교통사고를 일으킨 사람에 대하여는 그 위반 및 피해의 정도 등에 따라 벌점을 부과할 수 있으며, 그 벌점이 정하는 기간 동안 일정한 점수를 초과하는 경우에는 운전면허를 취소 또는 정지할 수 있다(제2항).

(3) 시·도경찰청장은 연습운전면허를 발급받은 사람이 운전 중 고의 또는 과실로 교통사고를 일으키거나 이 법이나 이 법에 따른 명령 또는 처분을 위반한 경우에는 연습운전면허를 취소하여야 한다. 다만, 본인에게 귀책사유(歸責事由)가 없는 경우 등 대통령령으로 정하는 경우에는 그러하지 아니하다(제3항).

> **해설**
>
> **연습운전면허취소의 예외사유(본인에게 귀책사유 없는 영이 정하는 경우)(영제59조)**
> 1. 한국도로교통공단에서 도로주행시험을 담당하는 사람, 자동차운전학원의 강사, 전문학원의 강사 또는 기능검정원(技能檢正員)의 지시에 따라 운전하던 중 교통사고를 일으킨 경우
> 2. 도로가 아닌 곳에서 교통사고를 일으킨 경우
> 3. 교통사고를 일으켰으나 물적(物的) 피해만 발생한 경우

(4) 시·도경찰청장은 위의 규정에 의하여 운전면허의 취소 또는 정지의 처분을 하려고 하거나 연습운전면허 취소처분을 하려면 그 처분을 하기 전에 미리 처분의 당사자에게 처분의 내용과 의견 제출기한 등을 미리 통지하여야 하며, 그 처분을 하는 때에는 처분의 이유와 행정심판을 제기할 수 있는 기간 등을 통지하여야 한다. 다만, 적성검사를 받지 아니하였다는 이유로 운전면허를 취소하려면 처분의 당사자에게 적성검사를 할 수 있는 날의 만료일 전까지 적성검사를 받지 아니하면 운전면허가 취소된다는 사실의 조건부 통지를 함으로써 처분의 사전 및 사후 통지를 갈음할 수 있다(같은법제4항).

2 운전면허의 취소·정지처분의 기준 등 (규칙제91조제1항, 제2항, 제3항)

(1) 운전면허를 취소 또는 정지시킬 수 있는 기준(교통법규를 위반하거나 교통사고를 일으킨 경우 그 위반 및 피해의 정도 등에 따라 부과하는 벌점의 기준을 포함한다)과 국제운전면허증으로 자동차 등의 운전을 금지시킬 수 있는 기준은 별표28(282쪽 참조)과 같다.

(2) 연습운전면허 취소처분기준은 별표29(283쪽 참조)와 같으며 연습운전면허 취득한 사람은 별표28에 의한 벌점을 관리하지 아니한다(제2항, 제3항).

[별표28]

[운전면허 취소·정지처분 기준] (규칙제91조제1항 관련)

1. 일반기준
가. 용어의 정의
(1) "벌점"이라 함은 행정처분의 기초자료로 활용하기 위하여 법규위반 또는 사고 야기에 대하여 그 위반의 경중, 피해의 정도 등에 따라 배점되는 점수를 말한다.

(2) "누산점수"라 함은 위반·사고 시의 벌점을 누적하여 합산한 점수에서 상계치(무위반·무사고 기간 경과 시에 부여되는 점수 등)를 뺀 점수를 말한다. 다만, 제3호 가목의 7에 의한 벌점은 누산점수에 이를 산입하지 아니하되, 범칙금 미납 벌점을 받은 날을 기준으로 과거 3년 간 2회 이상 범칙금을 납부하지 아니하여 벌점을 받은 사실이 있는 경우에는 누산점수에 산입한다.

> 누산점수 = 매 위반·사고 시 벌점의 누적 합산치 – 상계치

(3) "처분벌점"이라 함은 구체적인 법규위반·사고야기에 대하여 앞으로 정지처분기준을 적용하는 데 필요한 벌점으로서, 누산점수에서 이미 정지처분이 집행된 벌점의 합계치를 뺀 점수를 말한다.

> 처분벌점 = 누산점수 – 이미 처분이 집행된 벌점의 합계치
> = 매 위반·사고 시 벌점의 누적합산치 – 상계치
> – 이미 처분이 집행된 벌점의 합계치

나. 벌점의 종합관리
(1) 누산점수의 관리

　　법규위반 또는 교통사고로 인한 벌점은 행정처분기준을 적용하고자 하는 당해 위반 또는 사고가 있었던 날을 기준으로 하여 과거 3년간의 모든 벌점을 누산하여 관리한다.

(2) 무위반·무사고 기간 경과로 인한 벌점 소멸

　　처분벌점이 40점 미만인 경우에, 최종의 위반일 또는 사고일로부터 위반 및 사고없이 1년이 경과한 때에는 그 처분벌점은 소멸한다.

(3) 벌점 공제

　　(가) 인적 피해가 있는 교통사고를 야기하고 도주한 차량의 운전자를 검거하거나 신고하여 검거하게 한 운전자(교통사고의 피해자가 아닌 경우로 한정한다)에게는 검거 또는 신고할 때마다 40점의 특혜점수를 부여하여 기간에 관계없이 그 운전

자가 정지 또는 취소처분을 받게 될 경우, 누산점수에서 이를 공제한다. 이 경우 공제되는 점수는 40점 단위로 한다.

(나) 경찰청장이 정하여 고시하는 바에 따라 무위반·무사고 서약을 하고 1년간 이를 실천한 운전자에게는 실천할 때마다 10점의 특혜점수를 부여하여 기간에 관계없이 그 운전자가 정지처분을 받게 될 경우 누산점수에서 이를 공제하되, 공제되는 점수는 10점 단위로 한다. 다만 교통사고로 사람을 사망에 이르게 하거나 법 제93조제1항제1호·제5호의2·제10호의2·제11호 및 제12호 중 중 어느 하나에 해당하는 사유로 정지처분을 받게 될 경우에는 공제할 수 없다.

(4) 개별기준 적용에 있어서의 벌점 합산 (법규위반으로 교통사고를 야기한 경우)

법규위반으로 교통사고를 야기한 경우에는 3. 정지처분 개별기준 중 다음의 각 벌점을 모두 합산한다.

① 가. 이 법이나 이 법에 의한 명령을 위반한 때 (교통사고의 원인이 된 법규위반이 둘 이상인 경우에는 그 중 가장 중한 것 하나만 적용한다)
② 나. 교통사고를 일으킨 때의 (1) 사고결과에 따른 벌점
③ 나. 교통사고를 일으킨 때의 (2) 조치 등 불이행에 따른 벌점

(5) 정지처분 대상자의 임시운전증명서

경찰서장은 면허 정지처분 대상자가 면허증을 반납한 경우에는 본인이 희망하는 기간을 참작하여 **40일 이내의 유효기간**을 정하여 별지 제79호 서식의 임시운전증명서를 발급하고, 동 증명서의 유효기간 만료일 다음 날부터 정해진 정지처분을 집행하며, 당해 면허정지처분대상자가 정지처분을 즉시 받고자 하는 경우에는 임시운전증명서를 발급하지 않고 즉시 운전면허정지처분을 집행할 수 있다.

다. 벌점 등 초과로 인한 운전면허의 취소·정지

(1) 벌점·누산점수 초과로 인한 면허취소

1회의 위반·사고로 인한 벌점 또는 연간 누산점수가 다음 표의 벌점 또는 누산점수에 도달한 때에는 그 운전면허를 취소한다.

기 간	벌점 또는 누산점수
1년간	121점 이상
2년간	201점 이상
3년간	271점 이상

(2) 벌점 · 처분벌점 초과로 인한 면허정지

운전면허 정지처분은 1회의 위반·사고로 인한 벌점 또는 처분벌점이 40점 이상이 된 때부터 결정하여 집행하되, 원칙적으로 1점을 1일로 계산하여 집행한다.

라. 처분벌점 및 정지처분 집행일 수의 감경

(1) 특별교통안전교육에 따른 처분벌점 및 정지처분집행일수의 감경

(가) 처분벌점이 40점 미만인 사람이 특별 교통안전 권장교육 중 벌점감경교육 또는 특별 교통안전 의무교육 중 법규준수교육을 마친 경우에는 경찰서장에게 교육확인증을 제출한 날부터 처분벌점에서 20점을 감경한다.

(나) 운전면허정지처분을 받게 되거나 받은 사람이 특별 교통안전 의무교육이나 특별 교통안전 권장교육 중 법규준수교육(권장)을 마친 경우에는 경찰서장에게 교육확인증을 제출한 날부터 정지처분기간에서 20일을 감경한다. 다만, 해당 위반행위에 대하여 운전면허행정처분 이의심의위원회의 심의를 거치거나 행정심판 또는 행정소송을 통하여 행정처분이 감경된 경우에는 정지처분을 추가로 감경하지 아니하고, 정지처분이 감경된 때에 한정하여 누산점수를 20점 감경한다.

(다) 면허정지처분을 받게 되거나 받은 사람이 특별 교통안전 의무교육이나 특별 교통안전 권장교육 중 법규준수교육(권장)을 마친 후에 특별 교통안전 권장교육 중 현장참여교육을 마친 경우에는 경찰서장에게 교육확인증을 제출한 날부터 정지처분기간에서 30일을 추가로 감경한다. 다만, 해당 위반행위에 대하여 운전면허행정처분 이의심의위원회의 심의를 거치거나 행정심판 또는 행정소송을 통하여 행정처분이 감경된 경우에는 그러하지 아니하다.

(2) 모범운전자에 대한 처분 집행일 수 감경

모범운전자(법 제146조에 따라 무사고운전자 또는 유공운전자의 표시장을 받은 사람으로서 교통안전 봉사활동에 종사하는 사람을 말한다)에 대하여는 면허정지처분의 집행기간을 2분의 1로 감경한다. 다만, 처분벌점에 교통사고 야기로 인한 벌점이 포함된 경우에는 감경하지 아니한다.

(3) 정지처분 집행일 수의 계산에 있어서 단수의 불산입 등

정지처분 집행일수를 계산할 때 1일 미만의 날짜는 산입하지 않는다.

마. 행정처분의 취소

교통사고(법규위반을 포함한다)가 법원의 판결로 무죄확정[혐의가 없거나 죄가 되지 않아 불송치 또는 불기소(불송치 또는 불기소를 받은 이후 해당 사건이 다시 수사 및 기소되어 법원의 판결에 따라 유죄가 확정된 경우는 제외한다)를 받은 경우를 포함한다. 이하 이 목에서 같다]된 경우에는 즉시 그 운전면허 행정처분을 취소하고 당해 사고 또는 위반으로 인한 벌점을 삭제한다. 다만, 법 제82조제1항제2호(정신질환자, 뇌전증환자) 또는 제5호(마약, 대마, 향정신성의약품, 알코올 중독자)에 따른 사유로 무죄가 확정된 경우에는 그러하지 아니하다.

바. 처분기준의 감경

(1) 감경사유

(가) 음주운전으로 운전면허 취소처분 또는 정지처분을 받은 경우

운전이 가족의 생계를 유지할 중요한 수단이 되거나, 모범운전자로서 처분 당시 3년 이상 교통봉사활동에 종사하고 있거나, 교통사고를 일으키고 도주한 운전자를 검거하여 경찰서장 이상의 표창을 받은 사람으로서 다음의 어느 하나에 해당되는 경우가 없어야 한다.

1) 혈중알코올농도가 0.1%를 초과하여 운전한 경우
2) 음주운전 중 인적피해 교통사고를 일으킨 경우
3) 경찰관의 음주측정 요구에 불응하거나 도주한 때 또는 단속경찰관을 폭행한 경우
4) 과거 5년 이내에 3회 이상의 인적피해 교통사고의 전력이 있는 경우
5) 과거 5년 이내에 음주운전의 전력이 있는 경우

(나) 벌점·누산점수 초과로 인하여 운전면허 취소처분을 받은 경우

운전이 가족의 생계를 유지할 중요한 수단이 되거나, 모범운전자로서 처분 당시 3년 이상 교통봉사활동에 종사하고 있거나, 교통사고를 일으키고 도주한 운전자를 검거하여 경찰서장 이상의 표창을 받은 사람으로서 다음의 어느 하나에 해당되는 경우가 없어야 한다.

1) 과거 5년 이내에 운전면허 취소 처분을 받은 전력이 있는 경우
2) 과거 5년 이내에 3회 이상 인적 피해 교통사고를 일으킨 경우
3) 과거 5년 이내에 3회 이상 운전면허 정지처분을 받은 전력이 있는 경우
4) 과거 5년 이내에 운전면허행정처분 이의심의위원회의 심의를 거치거나 행정심판 또는 행정소송을 통하여 행정처분이 감경된 경우

(다) 그 밖에 정기적성검사에 대한 연기신청을 할 수 없었던 불가피한 사유가 있는 등으로 취소처분 개별기준 및 정지처분 개별기준을 적용하는 것이 현저히 불합리하다고 인정되는 경우

(2) 감경기준

위반행위에 대한 처분기준이 운전면허의 취소처분에 해당하는 경우에는 해당 위반행위에 대한 처분벌점을 110점으로 하고, 운전면허의 정지처분에 해당하는 경우에는 처분

집행일수의 2분의 1로 감경한다. 다만, 다목(1)에 따른 벌점·누산점수 초과로 인한 면허취소에 해당하는 경우에는 면허가 취소되기 전의 누산점수 및 처분벌점을 모두 합산하여 처분벌점을 110점으로 한다.

(3) 처리절차

(1)의 감경사유에 해당하는 사람은 행정처분을 받은 날(정기적성검사를 받지 아니하여 운전면허가 취소된 경우에는 행정처분이 있음을 안 날)부터 **60일 이내**에 그 행정처분에 관하여 주소지를 관할하는 시·도경찰청장에게 이의신청을 하여야 하며, 이의신청을 받은 시·도경찰청장은 제96조에 따른 운전면허행정처분 이의심의위원회의 심의·의결을 거쳐 처분을 감경할 수 있다.

2. 취소처분 개별기준

일련번호	위 반 사 항	적용법조 (도로교통법)	내 용
1	교통사고를 일으키고 구호조치를 하지 아니한 때	제93조	• 교통사고로 사람을 죽게 하거나 다치게 하고, 구호조치를 하지 아니한 때
2	술에 취한 상태에서 운전한 때	제93조	• 술에 취한 상태의 기준(**혈중알코올농도 0.03% 이상**)을 넘어서 운전을 하다가 교통사고로 사람을 죽게 하거나 다치게 한 때 • **혈중알코올농도 0.08% 이상**의 상태에서 운전한 때 • 술에 취한 상태의 기준을 넘어 운전한 사람 술에 취한 상태의 측정에 불응한 사람 또는 법제44조제5항에 따른 음주측정방해행위를 한 사람이 다시 술에 취한 상태(혈중알코올농도 0.03% 이상)에서 운전한 때.
3	술에 취한 상태의 측정에 불응한 때	제93조	• 술에 취한 상태에서 운전한 사람 술에 취한 상태에서 운전하였다고 인정할 만한 상당한 이유가 있음에도 불구하고 경찰공무원의 측정 요구에 불응한 때
3의2	음주측정방해행위를 한 경우	제93조	• 법 제44조 제5항을 위반하여 술에 취한 상태에 있다고 인정할만한 상당한 이유가 있는 사람이 자동차 등을 운전한 후 음주측정방해행위를 한 경우
4	운전면허증을 부정하게 사용할 목적으로 다른 사람에게 운전면허증을 대여	제93조	• 면허증 소지자가 부정하게 사용할 목적으로 다른 사람에게 면허증을 빌려준 경우 • 면허 취득자가 부정하게 사용할 목적으로 다른 사람의 면허증을 빌려서 사용한 경우

제12장 운전면허의 관리

일련번호	위 반 사 항	적용법조 (도로교통법)	내 용
5	결격사유에 해당	제93조	• 교통상의 위험과 장해를 일으킬 수 있는 정신질환자 또는 뇌전증환자로서 영제42조제1항(치매, 조현병 등의 정신질환 또는 정신발육지연 등)에 해당하는 사람 • 앞을 보지 못하는 사람(한쪽 눈만 보지 못하는 사람의 경우에는 제1종 운전면허 중 대형면허 · 특수면허로 한정한다) • 듣지 못하는 사람(제1종 운전면허 중 대형면허 · 특수면허로 한정한다) • 양팔의 팔꿈치 이상을 잃은 사람, 양팔을 전혀 쓸 수 없는 사람. 또는 다리, 머리, 척추, 그 밖의 신체장애로 인하여 앉아 있을 수 없는 사람 다만, 본인의 신체장애 정도에 적합하게 제작된 자동차를 이용하여 정상적으로 운전할 수 있는 경우에는 제외한다. • 교통상의 위험과 장해를 일으킬 수 있는 마약, 대마, 향정신성 의약품 또는 알코올 중독자로서 해당전문의가 정상적인 운전을 할 수 없다고 인정하는 사람
6	약물을 사용한 상태에서 자동차 등을 운전한 때	제93조	• 약물(마약, 대마, 향정신성 의약품 및 「화학물질관리법 시행령」 제11조에 따른 환각물질)의 투약 · 흡연 · 섭취 · 주사 등으로 정상적인 운전을 하지 못할 염려가 있는 상태에서 자동차 등을 운전한 때 • 약물의 영향으로 인하여 정상적으로 운전하지 못할 우려가 있는 상태에 있다고 인정할 만한 상당한 이유가 있음에고 불구하고 결찰공무원의 측정에 응하지 아니한 때.
6의2	공동위험행위	제93조	• 법제46조제1항(공동위험행위금지)을 위반하여 공동위험행위로 구속된 때
6의3	난폭운전	제93조	• 법제46조의3을 위반하여 난폭운전으로 구속된 때
6의4	속도위반	제93조	• 법 제17조제3항을 위반하여 최고속도보다 100km/h를 초과한 속도로 3회 이상 운전한 때
7	정기적성검사 불합격 또는 정기적성검사기간 1년 경과	제93조	• 정기적성검사에 불합격하거나 적성검사기간 만료일 다음날부터 적성검사를 받지 아니하고 1년을 초과한 때
8	수시적성검사 불합격 또는 수시적성검사 기간 경과	제93조	• 수시적성검사에 불합격하거나 수시적성검사 기간을 초과한 때
9	2011.12.9 삭제		
10	운전면허 행정처분기간 중 운전행위	제93조	• 운전면허 행정처분기간 중에 운전한 때

일련번호	위 반 사 항	적용법조 (도로교통법)	내 용
11	허위 또는 부정한 수단으로 운전면허를 받은 경우	제93조	• 허위 · 부정한 수단으로 운전면허를 받은 때 • 법제82조에 따른 결격사유에 해당하여 운전면허를 받을 자격이 없는 사람이 운전면허를 받은 때 • 운전면허 효력의 정지기간 중에 면허증 또는 운전면허증에 갈음하는 증명서를 교부받은 사실이 드러난 때
12	등록 또는 임시운행 허가를 받지 아니한 자동차를 운전한 때	제93조	• 「자동차관리법」에 따라 등록되지 아니하거나 임시운행 허가를 받지 아니한 자동차(이륜자동차를 제외한다)를 운전한 때
12의2	자동차 등을 이용하여 형법상 특수상해 등을 행한 때(보복운전)	제93조	• 자동차 등을 이용하여 형법상 특수상해, 특수폭행, 특수협박, 특수손괴를 행하여 구속된 때
13	삭제〈18.9.28〉		
14	삭제〈18.9.28〉		
15	다른 사람을 위하여 운전면허 시험에 응시한 때	제93조	• 운전면허를 가진 사람이 다른 사람을 부정하게 합격시키기 위하여 운전면허시험에 응시한 때
16	운전자가 단속 경찰공무원 등에 대한 폭행	제93조	• 단속하는 경찰공무원 등 및 시 · 군 · 구 공무원을 폭행하여 형사입건된 때
17	연습면허 취소사유가 있었던 경우	제93조	• 제1종 보통 및 제2종 보통면허를 받기 이전에 연습면허의 취소사유가 있었던 때(연습면허에 대한 취소절차 진행 중 제1종 보통 및 제2종 보통면허를 받은 경우를 포함)
18	음주운전 방지장치 부착 조건부 운전면허를 받은 운전자 등이 준수사항을 위반한 경우	제93조	• 음주운전 방지장치가 설치된 자동차 등을 시 · 도경찰청에 등록하지 않고 운전한 경우 • 음주운전 방지장치가 설치되지 않거나 설치기준에 부합하지 않은 음주운전 방지장치가 설치된 자동차 등을 운전한 경우 • 음주운전 방지장치가 해체 · 조작 또는 그 밖의 방법으로 효용이 떨어진 것을 알면서 해당 자동차 등을 운전한 경우

3. 정지처분 개별기준

가. 이 법이나 이 법에 의한 명령을 위반한 때

일련번호	위 반 사 항	적용법조 (도로교통법)	벌점
1	속도위반(100km/h 초과)	제17조제3항	100
2	술에 취한 상태의 기준을 넘어서 운전한 때(혈중알코올농도 0.03% 이상 0.08% 미만)	제44조제1항	
2의 2	자동차 등을 이용하여 형법상 특수상해 등(보복운전)을 하여 입건된 때	제93조	

제12장 운전면허의 관리

일련번호	위 반 사 항	적용법조 (도로교통법)	벌점
3	속도위반(80km/h 초과 100km/h 이하)	제17조제3항	80
3의 2	속도위반(60km/h 초과 80km/h 이하)	제17조제3항	60
4	정차·주차 위반에 대한 조치불응(단체에 소속되거나 다수인에 포함되어 경찰공무원의 3회 이상의 이동명령에 따르지 아니하고 교통을 방해한 경우에 한한다)	제35조제1항	40
4의 2	공동위험행위로 형사입건된 때	제46조제1항	
4의 3	난폭운전으로 형사입건된 때	제46조제3항	
5	안전운전 의무 위반(단체에 소속되거나 다수인에 포함되어 경찰공무원의 3회 이상의 안전운전 지시에 따르지 아니하고 타인에게 위험과 장해를 주는 속도나 방법으로 운전한 경우에 한한다)	제48조	
6	승객의 차내 소란행위 방치운전	제49조제1항제9호	
7	출석기간 또는 범칙금 납부기간 만료일부터 60일이 경과될 때까지 즉결심판을 받지 아니한 때	제138조 및 제165조	
8	통행구분 위반(중앙선 침범에 한함)	제13조제3항	30
9	속도 위반(40km/h 초과 60km/h 이하)	제17조제3항	
10	철길건널목 통과방법 위반	제24조	
10의2	회전교차로 통행방법 위반(통행 방향 위반에 한정)	제25조의2제1항	
10의3	어린이통학버스 특별보호 위반	제51조	
10의4	어린이통학버스 운전자 의무 위반(좌석안전띠를 매도록 하지 아니한 운전자는 제외)	제53조제1항·제2항·제4항 및 제5항	
11	고속도로·자동차전용도로 갓길통행	제60조제1항	
12	고속도로 버스전용차로·다인승전용차로 통행위반	제61조제2항	
13	운전면허증 등의 제시의무 위반 또는 운전자 신원확인을 위한 경찰공무원의 질문에 불응	제92조제2항	
14	신호·지시위반	제5조	15
15	속도 위반(20km/h 초과 40km/h 이하)	제17조제3항	
15의 2	속도 위반(어린이보호구역 안에서 오전 8시부터 오후 8시까지 사이에 제한속도 20km/h 이내에서 초과한 경우에 한한다)	제17조제3항	
16	앞지르기 금지시기·장소 위반	제22조	
16의 2	적재 제한 위반 또는 적재물 추락 방지 위반	제39조제1항·제4항	
17	운전 중 휴대용 전화사용 위반	제49조제1항제10호	
17의2	운전 중 운전자가 볼 수 있는 위치에 영상표시 위반	제49조제1항제11호	
17의3	운전 중 영상표시장치조작 위반	제49조제1항제11호의2	
18	운행기록계 미설치 자동차 운전금지 등의 위반	제50조제5항	
19	14. 12. 31 삭제		

일련번호	위 반 사 항	적용법조 (도로교통법)	벌점
20	통행구분 위반(보도침범, 보도 횡단방법 위반)	제13조제1항·제2항	10
21	차로통행 준수 의무 위반, 지정차로 통행위반 (진로변경 금지장소에서의 진로변경 포함)	제14조제2항·제5항, 제60조제1항	
22	일반도로 전용차로 통행 위반	제15조제3항	
23	안전거리 미확보(진로변경 방법위반 포함)	제19조제1항·제3항·제4항	
24	앞지르기 방법 위반	제21조제1항·제2항 제60조제2항	
25	보행자 보호 불이행(정지선 위반 포함)	제27조	
26	승객 또는 승하차자 추락방지 조치 위반	제39조제3항	
27	안전운전 의무 위반	제48조	
28	노상 시비·다툼 등으로 차마의 통행 방해행위	제49조제1항제5호	
29	자율주행자동차 운전자의 준수사항 위반	제50조의2제1항	
30	돌·유리병·쇳조각이나 그 밖에 도로에 있는 사람이나 차마를 손상시킬 우려가 있는 물건을 던지거나 발사하는 행위	제68조제3항제4호	
31	도로를 통행하고 있는 차마에서 밖으로 물건을 던지는 행위	제68조제3항제5호	

🈳 1. 삭제(2011.12.9 부령제261호)
 2. 범칙금 납부기간 만료일부터 60일이 경과될 때까지 즉결심판을 받지 아니하여 정지처분 대상자가 되었거나 정지처분을 받고 정지처분기간 중에 있는 사람이 위반 당시 통고받은 범칙금액에 그 100분의 50을 더한 금액을 납부하고 증빙서류를 제출한 때에는 정지처분을 하지 아니하거나 그 잔여기간의 집행을 면제한다. 다만, 다른 위반행위로 인한 벌점이 합산되어 정지처분을 받은 경우 그 다른 위반행위로 인한 정지처분기간에 대하여는 집행을 면제하지 아니 한다.
 3. 제7호, 제8호, 제10호, 제12호, 제14호, 제16호, 제20호부터 제27호까지 및 제30호부터 제31호까지의 위반행위에 대한 벌점은 자동차 등을 운전한 경우에 한하여 부과한다.
 4. 위 표에도 불구하고 어린이보호구역 및 노인·장애인보호구역 안에서 오전 8시부터 오후 8시까지 사이에 다음 각 목에 따른 위반행위를 한 운전자에게는 해당 목에서 정하는 벌점을 부과한다.
   가. 제1호 및 제3호 중 어느 하나에 해당하는 위반행위 : 120점
   나. 제3호의2, 제9호, 제14호, 제15호 또는 제25호 중 어느 하나에 해당하는 위반행위 : 해당 호에 따른 위반행위에 부과하는 벌점의 2배
 5. 제25호에도 불구하고 법 제27조제6항제3호에 따른 도로 외의 곳에서 보행자 보호 의무를 불이행한 경우에는 벌점을 부과하지 않는다.

나. 자동차 등의 운전 중 교통사고를 일으킨 때

(1) 사고결과에 따른 벌점기준

구 분		벌점	내 용
인적피해 교통사고	사망 1명마다	90	사고발생 시부터 72시간 이내에 사망한 때
	중상 1명마다	15	3주 이상의 치료를 요하는 의사의 진단이 있는 사고
	경상 1명마다	5	3주 미만 5일 이상의 치료를 요하는 의사의 진단이 있는 사고
	부상신고 1명마다	2	5일 미만의 치료를 요하는 의사의 진단이 있는 사고

> 1. 교통사고 발생원인이 불가항력이거나 피해자의 명백한 과실인 때에는 행정처분을 하지 아니한다.
> 2. 자동차 등 대 사람 교통사고의 경우 쌍방과실인 때에는 그 벌점을 2분의 1로 감경한다.
> 3. 자동차 등 대 자동차 등 교통사고의 경우에는 그 사고원인 중 중한 위반행위를 한 운전자만 적용한다.
> 4. 교통사고로 인한 벌점산정에 있어서 처분받을 운전자 본인의 피해에 대하여는 벌점을 산정하지 아니한다.

(2) 조치 등 불이행에 따른 벌점기준

불이행사항	적용법조	벌 점	내 용
교통사고 야기 시 조치 불이행	제54조 제1항	15	1. 물적피해가 발생한 교통사고를 일으킨 후 도주한 때
		30	2. 교통사고를 일으킨 즉시(그때, 그 자리에서) 사상자를 구호하는 등 조치를 하지 아니하였으나, 그 후 자진신고를 한 때 가. 고속도로, 특별시·광역시 및 시의 관할구역과 군(광역시의 군은 제외)의 관할구역 중 경찰관서가 위치하는 리 또는 동 지역에서는 3시간(그 밖의 지역에서는 12시간) 이내에 자진신고를 한 때
		60	나. 가목의 규정에 따른 시간 후 48시간 이내 자진신고를 한 때

4. 자동차 등 이용 범죄 및 자동차 등 강도·절도 시의 운전면허 행정처분 기준

가. 취소처분 기준

위반사항	내 용
자동차 등을 다음 범죄의 도구나 장소로 이용한 경우 ○「국가보안법」중 제4조부터 제9조까지의 죄 및 같은 법 제12조 중 증거를 날조·인멸·은닉한 죄 ○「형법」중 다음 어느 하나의 범죄 • 살인, 사체유기, 방화 • 강도, 강간, 강제추행 • 약취·유인·감금 • 상습절도(절취한 물건을 운반한 경우에 한정한다) • 교통방해(단체 또는 다중의 위력으로써 위반한 경우에 한정한다) ○「보험사기방지 특별법」제9조 및 제10조(제9조의 미수범만 해당)의 죄	○ 자동차 등을 법정형 상한이 유기징역 10년을 초과하는 범죄의 도구나 장소로 이용한 경우 ○ 자동차 등을 범죄의 도구나 장소로 이용하여 운전면허 취소·정지 처분을 받은 사실이 있는 사람이 다시 자동차 등을 범죄의 도구나 장소로 이용한 경우. 다만, 일반교통방해죄의 경우는 제외한다.
다른 사람의 자동차 등을 훔치거나 빼앗은 경우	○ 다른 사람의 자동차 등을 빼앗아 이를 운전한 경우 ○ 다른 사람의 자동차 등을 훔치거나 빼앗아 이를 운전하여 운전면허 취소·정지 처분을 받은 사실이 있는 사람이 다시 자동차 등을 훔치고 이를 운전한 경우

나. 정지처분 기준

위반사항	내 용	벌점
자동차 등을 다음 범죄의 도구나 장소로 이용한 경우 ○ 「국가보안법」 중 제5조, 제6조, 제8조, 제9조 및 같은 법 제12조 중 증거를 날조·인멸·은닉한 죄 ○ 「형법」 중 다음 어느 하나의 범죄 　• 살인, 사체유기, 방화 　• 강간·강제추행 　• 약취·유인·감금 　• 상습절도(절취한 물건을 운반한 경우에 한정한다) 　• 교통방해(단체 또는 다중의 위력으로써 위반한 경우에 한정한다) ○ 「보험사기방지 특별법」 제8조 및 제10조(제8조의 미수범만 해당)의 죄	○ 자동차 등을 법정형 상한이 유기징역 10년 이하인 범죄의 도구나 장소로 이용한 경우	100
다른 사람의 자동차 등을 훔친 경우	○ 다른 사람의 자동차 등을 훔치고 이를 운전한 경우	100

※ 비고

가. 행정처분의 대상이 되는 범죄행위가 2개 이상의 죄에 해당하는 경우, 실체적 경합관계에 있으면 각각의 범죄행위의 법정형 상한을 기준으로 행정처분을 하고, 상상적 경합관계에 있으면 가장 중한 죄에서 정한 법정형 상한을 기준으로 행정처분을 한다.
나. 범죄행위가 예비·음모에 그치거나 과실로 인한 경우에는 행정처분을 하지 아니한다.
다. 범죄행위가 미수에 그친 경우 위반행위에 대한 처분기준이 운전면허의 취소처분에 해당하면 위반행위에 대한 처분벌점을 110점으로 하고, 운전면허 정지처분에 해당하면 처분 집행일수의 2분의 1로 감경한다.

5. 다른 법률에 따라 관계 행정기관의 장이 행정처분 요청 시의 운전면허 행정처분 기준

일련번호	적용법조 (도로교통법)	내 용	정지기간
1	제93조제1항 제18호	• 「양육비 이행확보 및 지원에 관한 법률」 제21조의3에 따라 여성가족부장관이 운전면허 정지처분을 요청하는 경우	100일

※ 비고
1. 「양육비 이행확보 및 지원에 관한 법률」 제21조의3제3항에 따라 해당 양육비 채무자가 양육비 전부를 이행한 때에는 위 표에 따른 운전면허의 정지처분을 철회한다.
2. 위 표에 따른 운전면허의 정지처분에 대해서는 특별교통안전교육에 따른 정지처분집행일수의 감경은 적용하지 않는다.

[별표29]

[연습운전면허 취소처분 기준]   (규칙제91조제2항 관련)

일련번호	위반사항	적용법조 (도로교통법)	벌점 또는 누산점수
1	교통사고	제93조	• 도로에서 자동차 등의 운행으로 인한 교통사고(다만, 물적 피해만 발생한 경우를 제외한다)를 일으킨 때
2	술에 취한 상태에서의 운전	제93조	• 술에 취한 상태의 기준(혈중알코올농도 0.03% 이상)을 넘어서 운전한 때
3	술에 취한 상태의 측정에 불응한 때	제93조	• 술에 취한 상태에서 운전하거나 술에 취한 상태에서 운전하였다고 인정할 만한 상당한 이유가 있음에도 불구하고 경찰공무원의 측정요구에 불응한 때
4	다른 사람에게 연습운전면허증 대여 (도난, 분실 제외)	제93조	• 다른 사람에게 연습운전면허증을 대여하여 운전하게 한 때 • 다른 사람의 면허증을 대여받거나 그 밖에 부정한 방법으로 입수한 면허증으로 운전한 때
5	결격사유에 해당	제93조	• 교통상의 위험과 장해를 일으킬 수 있는 정신질환자 또는 뇌전증환자로서 영제42조제1항(치매 등)에 해당하는 사람 • 앞을 보지 못하는 사람, 듣지 못하는 사람(제1종 보통 연습면허에 한한다) • 양팔의 팔꿈치 관절 이상을 잃은 사람 또는 양팔을 전혀 쓸 수 없는 사람. 다만, 본인의 신체장애 정도에 적합하게 제작된 자동차를 이용하여 정상적으로 운전할 수 있는 경우에는 그러하지 아니하다. • 다리, 머리, 척추 그 밖의 신체장애로 인하여 앉아 있을 수 없는 사람 • 교통상의 위험과 장해를 일으킬 수 있는 마약, 대마, 향정신성 의약품 또는 알코올 중독자로서 영제42조제3항(마약, 대마, 향정신서의약품 등)에 해당하는 사람
6	약물을 사용한 상태에서 자동차 등을 운전한 때	제93조	• 약물(마약 · 대마 · 향정신성의약품 및 「화학물질 관리법 시행령」 제11조에 따른 환각물질)의 투약 · 흡연 · 섭취 · 주사 등으로 정상적인 운전을 하지 못할 염려가 있는 상태에서 자동차 등을 운전한 때

일련 번호	위 반 사 항	적용법조 (도로교통법)	벌점 또는 누산점수
7	허위·부정수단으로 연습운전면허를 취득한 경우	제93조	• 허위 또는 부정한 수단으로 연습운전면허를 받은 사실이 드러난 때
8	등록 또는 임시운행 허가를 받지 아니한 자동차 운전	제93조	• 「자동차관리법」에 따라 등록되지 아니하거나 임시운행 허가를 받지 아니한 자동차(이륜자동차를 제외한다)를 운전한 때
9	자동차를 이용하여 범죄 행위를 한 때	제93조	• 국가보안법을 위반한 범죄에 이용된 때 • 형법을 위반한 다음 범죄에 이용된 때 – 살인, 사체유기 또는 방화 – 강도, 강간 또는 강제추행 – 약취, 유괴 또는 감금 – 상습절도(절취한 물건을 운반한 경우에 한한다) – 교통방해(단체에 소속되거나 다수인에 포함되어 교통을 방해한 경우에 한한다) • 「보험사기방지 특별법」 제8조, 제9조 및 제10조의 죄
10	다른 사람의 자동차 등을 훔치거나 빼앗은 때	제93조	• 다른 사람의 자동차 등을 훔치거나 빼앗아 이를 운전한 때
11	다른 사람을 위하여 운전면허 시험에 응시한 때	제93조	• 다른 사람을 부정하게 합격시키기 위하여 운전면허 시험에 응시한 때
12	단속 경찰공무원 등에 대한 폭행	제93조	• 단속하는 경찰공무원 등 및 시·군·구 공무원을 폭행한 때
13	준수사항을 위반한 때	제93조	• 연습운전면허로 운전할 수 없는 자동차등을 운전한 때 • 제55조제1호 내지 제3호(연습면허를 받은 사람의 준수사항) 중 어느 하나의 규정을 위반한 때 – 1호 : 운전면허를 받은지 2년이 경과된 자와 동승하여 지도를 받을 것 – 2호 : 여객자동차운수사업법 또는 화물자동차운수사업법에 따른 사업용 자동차를 운전하는 등 주행연습 외의 목적으로 운전한 경우 – 3호 : 주행연습 중에는 별표21의 표지 부착하고 운전
14	이 법이나 이 법에 따른 명령을 위반한 때	제93조	• 연습운전면허 유효기간에 별표28제3호가목 중 제4호부터 제17호까지, 제17호의2, 제17호의3 및 제20호부터 제31호까지의 위반사항 중 어느 하나에 해당하는 사항을 3회 이상 위반한 때(265쪽~272쪽 참조)

제4절 범칙행위처리에 관한 특례

교통범칙금 통고제도는 자동차 등 운전자나 보행자의 위반행위 중 20만 원 이하의 벌금이나 구류 또는 과료의 비교적 가벼운 죄에 대하여는 일정기간 내에 은행 등에 통고된 범칙금을 납부하면 형사재판을 받지 않고 처리되는 제도이다.

1 범칙행위 · 범칙자 및 범칙금

(1) **범칙행위** (법제162조제1항)

「범칙행위」라 함은 법제156조(벌칙) 각호 또는 제157조(벌칙) 각 호의 죄에 해당하는 위반행위로 20만 원 이하의 벌금이나 구류 또는 과료의 위반행위를 말하며 그 구체적인 범위는 [시행령 별표8] 「범칙행위 및 범칙금액표」(운전자)와 [시행령 별표9] 「범칙행위 및 범칙금액표」(보행자)에 규정되어 있다.

(2) **범칙자** (법제162조제2항)

「범칙자」라 함은 범칙행위를 한 사람으로서 다음 각 호의 어느 하나에 해당하지 아니하는 사람을 말한다.
① 범칙행위 당시 운전면허증 등 또는 이를 갈음하는 증명서를 제시하지 못하거나 경찰공무원의 운전자 신원 및 운전면허 확인을 위한 질문에 응하지 아니한 운전자
② 범칙행위로 교통사고를 일으킨 사람. 다만, 「교통사고 처리특례법」제3조제2항 및 제4조에 따라 업무상과실치상죄 · 중과실치상죄 또는 이 법제151조(다른 사람의 건조물이나 그 밖의 재물손괴)의 죄에 대한 벌을 받지 아니하게 된 사람은 제외한다.

(3) **범칙금** (법제162조제3항)

「범칙금」이란 범칙자가 통고처분에 따라 국고(國庫) 또는 제주특별자치도의 금고에 내야 할 금전을 말하며, 범칙금의 액수는 범칙행위의 종류 및 차종(車種) 등에 따라 대통령령으로 정한다.

(4) **범칙행위의 범위와 범칙금액표** (영제93조제1항 · 제2항) (별표9)

① 대통령령으로 정하는 운전자에 대한 범칙행위 및 범칙금액표는 [별표8](참조 296쪽)과 보행자는 [별표9](참조 299쪽)와 같다.
② 별표8에도 불구하고 어린이보호구역에서 오전 8시부터 오후 8시까지 신호 · 지시위반, 횡단보도 보행자 횡단방해, 속도위반, 통행금지 · 제한위반, 보행자 통행방해 또는 보호 불이행, 정차 · 주차금지 위반, 주차금지 위반, 정차 · 주차방법 위반, 정차 · 주차위반에 대한 조치불응 등 어느 하나에 해당하는 범칙행위에 대한 범칙금액은 [별표10](참조 300쪽)와 같다.

[별표8]

[범칙행위 및 범칙금액표(운전자)]

(영제93조제1항관련)

위 반 사 항	해당 법조문 (도로교통법)	차량종류별 범칙금액	
1. 속도위반(60km/h 초과) 1의2. 어린이통학버스 운전자의 의무 위반(좌석안전띠를 매도록 하지 않은 경우는 제외한다)	제17조제3항 제53조제1·제2항, 제53조의5	• 승합자동차 등 • 승용자동차 등 • 이륜자동차 등	13만 원 12만 원 8만 원
1의3. 인적사항제공의무 위반(주·정차된 차만 손괴한 것이 분명한 경우에 한정한다.)	제54조제1항제2호	• 승합자동차 등 • 승용자동차 등 • 이륜자동차 등 • 자전거 등 및 손수레 등	13만 원 12만 원 8만 원 6만 원
1의4. 개인형 이동장치 무면허 운전 1의5. 약물의 영향과 그 밖의 사유로 정상적으로 운전하지 못할 우려가 있는 상태에서 자전거 등을 운전	제43조 제50조제8항	• 자전거 등	10만 원
2. 속도위반(40km/h 초과 60km/h 이하) 3. 승객의 차 안 소란행위 방치운전 3의2. 어린이통학버스 특별보호 위반	제17조제3항 제49조제1항제9호 제51조	• 승합자동차 등 • 승용자동차 등 • 이륜자동차 등	10만 원 9만 원 6만 원
3의3. 안전표지가 설치된 곳에서의 정차·주차 금지 위반 3의4. 승차정원을 초과하여 동승자를 태우고 개인형 이동장치를 운전	제32조제6호 제50조제10항	• 승합자동차 등 • 승용자동차 등 • 이륜자동차 등 • 자전거 등 및 손수레 등	9만 원 8만 원 6만 원 4만 원
4. 신호·지시위반 5. 중앙선침범·통행구분 위반 6. 속도위반(20km/h 초과 40km/h 이하) 7. 횡단·유턴·후진 위반 8. 앞지르기 방법 위반 9. 앞지르기 금지시기·장소 위반 10. 철길건널목 통과방법 위반 10의2. 회전교차로 통행방법 위반 11. 횡단보도 보행자 횡단방해(신호 또는 지시에 따라 횡단하는 보행자 통행방해와 어린이 보호구역에서의 일시정지위반을 포함한다) 12. 보행자 전용도로 통행위반(보행자 전용도로 통행방법 위반을 포함한다) 12의2. 긴급자동차에 대한 양보·일시정지 위반 12의3. 긴급한 용도나 그 밖에 허용된 사항 외 경광등이나 사이렌 사용 13. 승차인원 초과·승객 또는 승하차자 추락방지조치위반 14. 어린이·앞을 보지 못하는 사람 등의 보호 위반	제5조 제13조제1항 내지 제3항·제5항 제17조제3항 제18조 제21조제1항· 제3항, 제60조제2항 제22조 제24조 제25조의2제1항 제27조제1항·제2항 ·제7항 제28조제2항·제3항 제29조제4항·제5항 제29조제6항 제39조제1항·제3항· 제6항 제49조제1항제2호	• 승합자동차 등 • 승용자동차 등 • 이륜자동차 등 • 자전거 등 및 손수레 등	7만 원 6만 원 4만 원 3만 원

위 반 사 항	해당 법조문 (도로교통법)	차량종류별 범칙금액	
15. 운전 중 휴대용 전화 사용 15의2. 운전 중 운전자가 볼 수 있는 위치에 영상 표시 15의3. 운전 중 영상표시장치 조작 16. 운행기록계미설치 자동차운전금지 등의 위반 19. 고속도로 · 자동차전용도로 갓길 통행 20. 고속도로버스전용차로 · 다인승 전용차로 통행 위반	제49조제1항제10호 제49조제1항제11호 제49조제1항제11호의2 제50조제5항 제53조제3항 제60조제1항 제61조제2항		
21. 통행금지 · 제한 위반 22. 일반도로 전용차로 통행 위반 22의2. 노면전차 전용로 통행위반 23. 고속도로 · 자동차전용도로 안전거리 미확보 24. 앞지르기의 방해금지 위반 25. 교차로 통행방법 위반 25의2. 회전교차로 진입 · 진행방법 위반 26. 교차로에서의 양보운전 위반 27. 보행자의 통행 방해 또는 보호 불이행 29. 정차 · 주차금지 위반 (안전표지가 설치된 곳 제외) 30. 주차금지 위반 31. 정차 · 주차방법 위반 31의 2. 경사진 곳에서의 정차 · 주차방법 위반 32. 정차 · 주차위반에 대한 조치 불응 33. 적재제한위반 · 적재물 추락방지위반 또는 유아나 동물을 안고 운전하는 행위 34. 안전운전의무 위반 35. 도로에서 시비 · 다툼 등으로 인한 차마의 통행 방해행위 36. 급발진 · 급가속 · 엔진 공회전 또는 반복적 · 연속적인 경음기 울림으로 소음 발생행위 37. 화물적재함에의 승객 탑승 운행 행위 38의2. 개인형 이동장치 인명보호 장구 미착용 38의3. 자율주행자동차 운전자의 준수사항 위반 39. 고속도로 지정차로 통행 위반 40. 고속도로 · 자동차전용도로 횡단 · 유턴 · 후진 위반 41. 고속도로 · 자동차전용도로 정차 · 주차금지 위반 42. 고속도로 진입 위반 43. 고속도로 · 자동차전용도로에서의 고장 등의 경우 조치 불이행	제6조제1항 · 제2항 · 제4항 제15조제3항 제19조제1항 제21조제4항 제25조 제25조의2제2항 · 제3항 제26조 제27조제3항부터 제5항까지 및 같은 조제6항제1호 · 제2호 제32조 제33조 제34조 제34의 3 제35조제1항 제39조제1항 · 제4항 내지 제6항 제48조제1항 제49조제1항제5호 제49조제1항제8호 제49조제1항제12호 제50조제4항 제50조의2제1항 제60조제1항 제62조 제64조 제65조 제66조	• 승합자동차 등 • 승용자동차 등 • 이륜자동차 등 • 자전거 등 및 손수레 등	5만 원 4만 원 3만 원 2만 원

위 반 사 항	해당 법조문 (도로교통법)	차량종류별 범칙금액	
44. 혼잡 완화조치 위반 45. 차로통행 준수 의무 위반, 지정차로 통행 위반 · 차로 너비보다 넓은 차 통행 금지 위반(진로변경금지 장소에서의 진로변경을 포함한다) 46. 속도위반(20km/h 이하) 47. 진로 변경방법 위반 48. 급제동 금지 위반 49. 끼어들기 금지 위반 50. 서행의무 위반 51. 일시정지 위반 52. 방향전환 · 진로변경 및 회전 교차로 진입 · 진출 시 신호 불이행 53. 운전석 이탈 시 안전 확보 불이행 54. 동승자 등의 안전을 위한 조치위반 55. 시 · 도경찰청 지정 · 공고 사항 위반 56. 좌석안전띠 미착용 57. 이륜자동차 · 원동기장치자전거(개인형 이동장치는 제외한다) 인명보호 장구 미착용 57의2. 등화점등 불이행 · 발광장치 미착용(자전거 운전자는 제외) 58. 어린이통학버스와 비슷한 도색 · 표지 금지위반	제7조 제14조제2항 · 제3항 제5항 제17조제3항 제19조제3항 제19조제4항 제23조 제31조제1항 제31조제2항 제38조제1항 제49조제1항제6호 제49조제1항제7호 제49조제1항제13호 제50조제1항 제50조제3항 제50조제9항 제52조제4항	• 승합자동차 등 • 승용자동차 등 • 이륜자동차 등 • 자전거 등 및 손수레 등	3만 원 3만 원 2만 원 1만 원
59. 최저속도 위반 60. 일반도로 안전거리 미확보 61. 등화점등 · 조작불이행(안개가 끼거나 비 또는 눈이 올 때는 제외한다) 62. 불법부착장치 차 운전(교통 단속용 장비의 기능을 방해하는 장치를 한 차의 운전을 제외한다) 62의2. 사업용 승합자동차 · 노면전차의 승차거부 63. 택시의 합승(장기 주차 · 정차하여 승객을 유치하는 경우에 한한다) · 승차거부 · 부당요금 징수행위 64. 운전이 금지된 위험한 자전거 등의 운전	제17조제3항 제19조제1항 제37조제1호 · 제3호 제49조제1항 · 4호 제50조제5항제3호 제50조제6항 제50조제7항	• 승합자동차 등 • 승용자동차 등 • 이륜자동차 등 • 자전거 등 및 손수레 등	2만 원 2만 원 1만 원 1만 원
64의2. 술에 취한 상태에서의 자전거 등 운전	제44조제1항	• 개인형 이동 장치 • 자전거	10만 원 3만 원
64의3. 술에 취한 상태에 있다고 인정할만한 상당한 이유가 있는 자전거 등 운전자가 경찰공무원의 호흡조사 측정에 불응	제44조제2항	• 개인형 이동 장치 • 자전거	13만 원 10만 원
65. 돌, 유리병, 쇳조각이나 그 밖에 도로에 있는 사람이나 차마를 손상시킬 우려가 있는 물건을 던지거나 발사하는 행위 66. 도로를 통행하고 있는 차마에서 밖에서 물건을 던지는 행위	제68조제3항제4호 제68조제3항제5호	모든 차마 (동승자 포함)	5만 원

위 반 사 항	해당 법조문 (도로교통법)	차량종류별 범칙금액	
67. 특별한 교통안전교육 미필 　가. 과거 5년 이내에 법제44조를 1회 이상 위반하였던 사람으로서 다시 같은 조를 위반하여 운전면허효력 정지처분을 받게 되거나 받은 사람이 그 처분기간이 끝나기 전에 특별 교통안전교육을 받지 아니한 경우 　나. 가목 외의 경우	제73조제2항	차종구분 없음	15만 원 10만 원
68. 경찰관의 실효된 면허증 회수에 대한 거부 또는 방해	제95조제2항	차종구분 없음	3만 원

주 1. "승합자동차 등"이라 함은 승합자동차 · 4톤 초과 화물자동차 · 특수자동차 · 건설기계를 말한다.
　 2. "승용자동차 등"이라 함은 승용자동차 · 4톤 이하 화물자동차를 말한다.
　 3. "이륜자동차 등"이라 함은 이륜자동차 · 원동기장치자전거를 말한다.
　 4. "손수레 등"이라 함은 손수레, 경운기 및 우마차를 말한다.
　 5. 제65호 및 제66호의 경우 동승자를 포함한다.

[별표9]

[범칙행위 및 범칙금액표(보행자)]

(영제93조제1항관련)

범 칙 행 위	해당 법조문 (도로교통법)	차량종류별 범칙금액
1. 돌, 유리병, 쇳조각, 그 밖에 도로에 있는 사람이나 차마를 손상시킬 우려가 있는 물건을 던지거나 발사하는 행위	제68조제3항제4호	5만 원
2. 신호 또는 지시위반 3. 차도 통행 4. 육교 바로 밑 또는 지하도 바로 위로의 횡단 5. 횡단이 금지되어 있는 도로부분이 횡단 6. 술에 취하여 도로에서 갈팡질팡하는 행위 7. 도로에서 교통에 방해되는 방법으로 눕거나 앉거나 서있는 행위 8. 교통이 빈번한 도로에서 공놀이 또는 썰매타기 등의 놀이를 하는 행위 9. 도로를 통행하고 있는 차마에 뛰어 오르거나 매달리거나 차마에서 뛰어내리는 행위	제5조 제8조제1항 본문 제10조제2항 본문 제10조제5항 제68조제3항제1호 제68조제3항제2호 제68조제3항제3호 제68조제3항제6호	3만 원
10. 통행 금지 또는 제한의 위반 11. 도로 횡단시설이 아닌 곳으로의 횡단(제4호의 행위는 제외한다) 12. 차의 바로 앞이나 뒤로의 횡단	제6조 제10조제2항 본문 제10조제4항	2만 원
13. 교통혼잡을 완화시키기 위한 조치 위반 14. 행렬 등의 차도 우측통행 의무 위반(지휘자를 포함한다.)	제7조 제9조제1항 후단	1만 원

[별표10]

[어린이보호구역에서의 범칙행위 및 범칙금액료] (영제93조제2항관련)

위반행위	근거 법조문	차량 종류	범칙금액
1. 신호·지시위반 2. 횡단보도 보행자 횡단 방해	제5조 제27조제1항·제2항	• 승합자동차 등 • 승용자동차 등 • 이륜자동차 등 • 자전거 등 및 손수레 등	13만 원 12만 원 8만 원 6만 원
3. 속도위반 가. 60km/h 초과	제17조제3항	• 승합자동차 등 • 승용자동차 등 • 이륜자동차 등	16만 원 15만 원 10만 원
나. 40km/h 초과 60km/h 이하		• 승합자동차 등 • 승용자동차 등 • 이륜자동차 등	13만 원 12만 원 8만 원
다. 20km/h 초과 40km/h 이하		• 승합자동차 등 • 승용자동차 등 • 이륜자동차 등	10만 원 9만 원 6만 원
라. 20km/h 이하		• 승합자동차 등 • 승용자동차 등 • 이륜자동차 등	6만 원 6만 원 4만 원
4. 통행 금지·제한 위반 5. 보행자 통행 방해 또는 보호 불이행	제6조제1항·제2항·제4항 제27조제3항부터 제5항까지 및 같은 조제6항제1호·제2호	• 승합자동차 등 • 승용자동차 등 • 이륜자동차 등 • 자전거 등 및 손수레 등	9만 원 8만 원 6만 원 4만 원
6. 정차·주차 금지 위반 가. 어린이보호구역에서 위반한 경우	제32조	• 승합자동차 등 • 승용자동차 등 • 이륜자동차 등 • 자전거 등	13만 원 12만 원 9만 원 6만 원
나. 노인·장애인보호구역에서 위반한 경우		• 승합자동차 등 • 승용자동차 등 • 이륜자동차 등 • 자전거 등	9만 원 8만 원 6만 원 4만 원
7. 주차금지 위반 가. 어린이보호구역에서 위반한 경우	제33조	• 승합자동차 등 • 승용자동차 등 • 이륜자동차 등 • 자전거 등	13만 원 12만 원 9만 원 6만 원
나. 노인·장애인보호구역에서 위반한 경우		• 승합자동차 등 • 승용자동차 등 • 이륜자동차 등 • 자전거 등	9만 원 8만 원 6만 원 4만 원

8. 정차·주차방법 위반	제34조		
가. 어린이보호구역에서 위반한 경우		• 승합자동차 등	13만 원
		• 승용자동차 등	12만 원
		• 이륜자동차 등	9만 원
		• 자전거 등	6만 원
나. 노인·장애인보호구역에서 위반한 경우		• 승합자동차 등	9만 원
		• 승용자동차 등	8만 원
		• 이륜자동차 등	6만 원
		• 자전거 등	4만 원
9. 정차·주차 위반에 대한 조치 불응	제35조제1항		
가. 어린이보호구역에서의 위반에 대한 조치에 불응한 경우		• 승합자동차 등	13만 원
		• 승용자동차 등	12만 원
		• 이륜자동차 등	9만 원
		• 자전거 등	6만 원
나. 노인·장애인보호구역에서의 위반에 대한 조치에 불응한 경우		• 승합자동차 등	9만 원
		• 승용자동차 등	8만 원
		• 이륜자동차 등	6만 원
		• 자전거 등	4만 원

주 1. "승합자동차 등"이란 승합자동차, 4톤 초과 화물자동차, 특수자동차, 건설기계 및 노면전차를 말한다.
2. "승용자동차 등"이란 승용자동차 및 4톤 이하 화물자동차를 말한다.
3. "이륜자동차 등"이란 이륜자동차 및 원동기장치자전거(개인형 이동장치는 제외)를 말한다.
4. "손수레 등"이란 손수레, 경운기 및 우마차를 말한다.
5. 제3호가목 위반으로 범칙금의 납부통고를 받은 운전자가 통고처분을 이행하지 않아 제99조제1항에 따라 가산금을 더할 경우 최대 부과금액은 20만 원으로 한다.

2 범칙금 통고 및 납부

(1) 범칙금의 통고처분 (법제163조)

① **범칙금의 납부통고** (법제163조제1항 및 단서)

경찰서장이나 제주특별자치도지사(통행의금지 및 제한 등 9개 항목제외)는 범칙자로 인정하는 사람에 대하여는 이유를 분명하게 밝힌 범칙금 납부통고서로 범칙금을 낼 것을 통고할 수 있다. 다만, 다음 각 호의 어느 하나에 해당하는 사람에 대하여는 그러하지 아니하다.

㉮ 성명이나 주소가 확실하지 아니한 사람

㉯ 달아날 우려가 있는 사람

㉰ 범칙금 납부통고서 받기를 거부한 사람

② **통고처분사실 통보** (법제163조제2항)

제주특별자치도지사가 위의 1항에 따라 통고처분을 한 경우에는 관할 경찰서장에게 그 사실을 통보하여야 한다.

(2) 범칙금의 납부 (제164조제1항 내지 제3항)
① 범칙금 납부통고서를 받은 사람은 **10일 이내**에 경찰청장이 지정하는 국고은행, 지점, 대리점, 우체국 또는 제주특별자치도지사가 지정하는 금융회사 등이나 그 지점에 범칙금을 내야 한다. 다만, **천재지변이나 그 밖의 부득이한 사유**로 말미암아 그 기간에 범칙금을 낼 수 없는 경우에는 부득이한 사유가 없어지게 된 날부터 **5일 이내**에 내야 한다.
② 납부기간에 범칙금을 납부하지 아니한 사람은 **납부기간이 끝나는 날의 다음 날부터 20일 이내**에 통고받은 범칙금에 **100분의 20을 더한 금액**을 내야 한다.
③ 위 ①, ②항에 따라 범칙금을 낸 사람은 범칙행위에 대하여 다시 벌 받지 아니한다.

> **해설**
> **범칙금 납부방법 등(법제164조의 2)**
> 범칙금 납부방법에 대해서는 법제161조의2(과태료 납부방법 등)의 규정을 준용한다. 이 경우 과태료는 범칙금으로 본다.

(3) 통고처분 불이행자 등의 처리 (법제165조제1항 내지 제4항)
① 경찰서장 또는 제주특별자치도지사는 다음 각 호의 어느 하나에 해당하는 사람에 대하여는 지체 없이 즉결심판을 청구하여야 한다. 다만, ㉯항에 해당하는 사람으로서 **즉결심판이 청구되기 전까지 통고받은 범칙금액에 100분의 50을 더한 금액을 납부한 사람**에 대하여는 그러하지 아니하다.
　㉮ 제163조제1항 단서 각 호의 어느 하나에 해당하는 사람

> **해설**
> **제163조 단서의 범칙금납부통고서를 발급할 수 없는 사람**
> 1. 성명이나 주소가 확실하지 아니한 사람
> 2. 달아날 우려가 있는 사람
> 3. 범칙금 납부통고서 받기를 거부하는 사람

　㉯ 납부기간에 범칙금을 납부하지 아니한 사람
② 위 ㉯항에 의하여 즉결심판이 청구된 피고인이 즉결심판의 선고 전까지 통고받은 범칙금액에 그 100분의 50을 더한 금액을 내고 납부를 증명하는 서류를 제출하면 경찰서장 또는 제주특별자치도지사는 피고인에 대한 즉결심판 청구를 취소하여야 한다.
③ 위 ①, ②항에 따라 범칙금을 납부한 사람은 그 범칙행위에 대하여 다시 벌 받지 아니한다.

(4) 현장 즉결심판대상자의 처리 (영제98조제1항 내지 제4항)
① 경찰서장 또는 제주특별자치도지사는 현장 즉결심판대상자에게 즉결심판을 위한 출석의 일시·장소 등을 알리는 「즉결심판출석통지서」를 출석일 **10일 전까지** 발급하거나 또는 발송하여야 한다(제1항).
② 경찰서장 또는 제주특별자치도지사는 현장 즉결심판 대상자가 즉결심판기일에 출석하지 아니하여 즉결심판절차가 진행되지 못한 경우에는 그 현장 즉결심판 대상자에게 즉결심판을 위

하여 다시 정한 출석의 일시·장소 등을 알리는 「즉결심판출석최고서」를 다시 정한 출석일 10일 전까지 발송하여야 한다(제2항).
③ 시·도경찰청장은 위 ②항의 즉결심판 출석최고에도 불구하고 운전자인 현장 즉결심판 대상자가 출석하지 아니하여 즉결심판절차가 진행되지 못한 경우에는 그 현장 즉결심판 대상자의 운전면허의 효력을 일시정지시킬 수 있다(제3항).
④ 경찰서장 또는 제주특별자치도지사는 즉결심판을 청구하려는 경우에는 즉결심판청구서를 작성하여 관할 법원에 제출하여야 한다(제4항).

(5) 통고처분불이행자에 대한 즉결심판 청구 등 (영제99조제1항 내지 제3항)

① 경찰서장 또는 제주특별자치도지사는 통고처분불이행자에게 범칙금 납부기간 만료일(범칙금을 낼 수 있는 기간의 마지막 날을 말함)부터 30일 이내에 다음 각호의 사항을 적은 즉결심판 출석통지서를 범칙금 등(범칙금액에 그 100분의 50을 더한 금액을 말함) 영수증 및 범칙금등 납부고지서와 함께 발송하여야 한다. 이 경우 즉결심판을 위한 출석일은 범칙금 납부기간 만료일부터 40일이 초과되어서는 아니 된다(제1항).

㉮ 통고처분을 받은 사람의 인적사항 및 운전면허번호 ㉯ 위반 내용 및 적용 법조문 ㉰ 범칙금의 액수 및 납부기한 ㉱ 통고처분 연월일 ㉲ 즉결심판 출석 일시·장소 ㉳ 범칙금을 낼 경우 즉결심판을 받지 아니하여도 된다는 사실

② 경찰서장 또는 제주특별자치도지사는 통고처분불이행자가 범칙금 등을 내지 아니하고 즉결심판기일에 출석하지도 아니하여 즉결심판절차가 진행되지 못한 경우에는 즉결심판을 위한 출석의 일시 및 장소를 다시 정하여 지체없이 그 통고처분 불이행자에게 제1항 각호의 사항을 적은 즉결심판 출석최고서를 범칙금 등, 영수증 및 범칙금 등 납부고지서와 함께 발송하여야 한다. 이 경우 즉결심판을 위한 출석일은 법원의 사정으로 즉결심판을 할 수 없는 경우 등 특별한 사정이 있는 경우 외에는 범칙금 납부기간 만료일부터 60일이 초과되어서는 아니 된다(제2항).

③ 시·도경찰청장은 위 ②항에 따른 즉결심판 출석최고에도 불구하고 운전자인 통고처분불이행자가 범칙금 등을 내지 아니하고 즉결신판기일에 출석하지도 아니하여 즉결심판절차가 진행되지 못한 경우에는 그 통고처분 불이행자의 운전면허의 효력을 일시정지시킬 수 있다(제3항).

> **해설**
>
> **범칙금 통고처분불이행자의 처리(법제165조, 영제98조, 제99조)**
> 1. 범칙금 납부 통고 : 10일 이내 납부
> 2. 미납 시 범칙금의 100분의 20을 가산납부통고(즉시 통고) : 납부마감일부터 20일 이내 납부
> 3. 미납 시 즉결심판출석통지서에 범칙금 100분의 50을 가산납부통고(출석일 10일 전 통고) : 출석 전까지 납부 시 즉심면제(처리시한은 납부마감일부터 40일 이내)
> 4. 즉심 불응 시 즉결심판최고통지서에 범칙금의 100분의 50 가산납부최고 : 출석 전까지 납부 시 즉심면제(처리시한은 납부마감일부터 60일 이내)
> 5. 최고에도 즉심 불응 시 : 운전면허 일시정지처분(벌점 40점 부과)

제12장 적중출제예상문제

1 운전면허증의 관리 등

【문제 1】 임시운전증명서 교부에 대한 설명이다. 옳지 않은 문항은?
① 운전면허증을 잃어버리거나 헐어 못쓰게 되어 재교부 신청한 경우
② 적성검사 또는 운전면허증 갱신교부신청을 하거나 수시적성검사를 신청한 경우
③ 운전면허의 취소 또는 정지처분 대상자가 운전면허증을 제출한 경우
④ 임시운전증명서의 유효기간은 30일 이내로 하되 1회 20일을 연장할 수 있다.

【문제 2】 임시운전증명서의 유효기간에 대한 설명이다. 틀린 문항은?
① 유효기간은 20일 이내, 필요 시 1회에 한하여 20일 이내 연장 가능하다.
② 운전면허취소·정지 대상자의 경우 40일 이내, 필요 시 20일 이내 연장 가능하다.
③ 유효기간은 30일 이내, 필요 시 1회에 한하여 30일 이내 연장 가능하다.
④ 임시운전증명서는 그 유효기간 중 운전면허증과 같은 효력이 발생한다.

【문제 3】 운전면허증의 휴대 및 제시 등의 의무에 대한 설명이다. 적절하지 못한 문항은?
① 자동차 등을 운전하는 때에는 운전면허증을 지니고 있어야 한다.
② 운전 중 경찰공무원의 운전면허증 제시요구가 있으면 이를 내보여야 한다.
③ 운전면허증 휴대의무위반 시는 범칙금 5만 원의 통고처분을 받게 된다.
④ 운전 중 경찰공무원의 신원확인 및 운전면허 확인을 위한 질문 시 이에 응하여야 한다.

【문제 4】 운전면허증에 갈음하는 증명서로 볼 수 있는 것이다. 해당없는 문항은?
① 임시운전증명서
② 범칙금납부통고서
③ 시·군 공무원이 발급한 출석고지서
④ 주민등록증

【문제 5】 외국에서 받은 국제운전면허증에 대한 설명으로 잘못된 것은?
① 입국한 날로부터 1년의 기간에 한하여 국제운전면허증으로 운전할 수 있다.
② 대여사업용 자동차는 사업용 자동차이므로 임대하여 운전할 수 없다.
③ 운전할 수 있는 자동차의 종류는 그 국제면허증에 기재된 것에 한한다.
④ 국제운전면허증으로 사업용 자동차를 운전할 수 없다.

【문제 6】 외국에서 발급 받은 국제운전면허증으로 국내에서 운전할 수 있는 기간으로 맞는 문항은?
① 입국한 날로부터 1년간
② 발급한 날로부터 1년간
③ 입국한 날로부터 2년간
④ 발급한 날로부터 2년간

【문제 7】 국제운전면허증소지자에 대하여 운전을 금지시킬 수 있는 사유가 아닌 문항은?
① 적성검사를 받지 아니하였거나 적성검사에 불합격한 경우

정답 1. 【1】④ 【2】③ 【3】③ 【4】④ 【5】② 【6】① 【7】④

② 운전 중 고의 또는 과실로 교통사고를 일으킨 경우
③ 국내운전면허가 취소되거나 효력이 정지된 후 그 결격기간이 지나지 아니한 경우
④ 주소지 변경신고를 하지 아니한 경우

【문제 8】 "운전면허증의 갱신발급과 정기적성 검사"에 대한 설명이다. 틀린 문항은?
① 최초의 운전면허증 갱신기간이 65세 미만은 운전면허시험에 합격한 날부터 기산하여 10년이 되는 날이 속하는 해의 1월 1일부터 12월 31일까지 갱신 발급 받아야 한다.
② 운전면허시험 합격일에 65세 이상 75세 미만인 사람은 5년이 되는 날이 속하는 해의 1월 1일부터 12월 31일까지 갱신 발급 받아야 한다.
③ 운전면허증 갱신기간은 직전의 운전면허증 갱신일로부터 기산하여 연령에 관계없이 매 10년이 되는 날이 속하는 해의 1월 1일부터 12월 31일까지 갱신 발급 받아야 한다.
④ 제2종 운전면허를 받은 사람 중 운전면허증 갱신기간에 75세 이상인 사람은 3년이 되는 해에 정기적성검사를 받아야 한다.

【문제 9】 정기적성검사를 실시하는 이유이다. 가장 옳은 문항은?
① 노쇠 · 질병 · 사고 등으로 인한 운전능력 결격자의 배제
② 운전면허증의 관리상태 점검
③ 운전면허시험장의 수입 확대
④ 도로교통법 등의 지식유무 확인

【문제 10】 운전면허증의 갱신발급의 목적이다. 해당되지 않는 문항은?
① 운전면허증 소지자의 신체상 운전능력 상실 여부를 확인 점검하기 위하여
② 낡은 운전면허증을 새 운전면허증으로 교환해 주기 위하여
③ 운전면허증의 기재사항 변경 여부를 확인하기 위하여
④ 운전면허소지자의 본인 여부를 확인하기 위하여

【문제 11】 운전면허증 갱신발급 및 정기적성검사 연기사유이다. 틀린 문항은?
① 해외에 체류 중이거나 재해 또는 재난을 당한 경우
② 질병이나 부상을 입어 거동이 불가능한 경우
③ 법령에 따라 신체의 자유를 구속당한 경우
④ 군에 복무 중인 각 군의 장교(소위 이상)

【문제 12】 수시적성검사 대상자 등에 대한 설명이다. 대상자가 아닌 문항은?
① 정신질환 또는 뇌전증으로 전문의가 정상적인 운전을 할 수 없다고 인정하는 사람
② 다리, 머리, 척추나 그 밖의 신체장애로 앉아 있을 수 없는 사람
③ 마약, 대마 등으로 전문의가 정상적인 운전을 할 수 없다고 인정하는 사람
④ 신체상의 질환으로 장기간 병원에 입원 중인 사람

정답 【8】③ 【9】① 【10】② 【11】④ 【12】④

2 운전면허 행정처분

【문제 1】 운전면허 취소·정지처분기준에 대한 용어의 정의이다. 틀린 문항은?
① "벌점"은 행정처분기초자료로 활용하기 위하여 법규위반 또는 사고야기에 대하여 그 위반의 경중, 피해정도에 따라 배점되는 점수를 말한다.
② "누산점수"는 위반·사고 시의 벌점을 누적하여 합산한 점수에서 상계치를 뺀 점수를 말한다.
③ "처분벌점"은 누산점수에 이미 정지처분이 집행된 벌점의 합계치를 뺀 점수를 말한다.
④ "처분벌점"은 누산점수에 상계치를 뺀 점수로 행정처분에 필요한 벌점을 말한다.

【문제 2】 운전면허 행정처분의 누산점수 관리 기간이다. 맞는 문항은?
① 3년간　　② 2년간　　③ 1년간　　④ 4년간

【문제 3】 처분벌점이 40점 미만인 경우 최종의 위반 또는 사고일로부터 위반 및 사고 없이 기간이 경과하면 그 벌점이 소멸된다. 그 기간으로 맞는 문항은?
① 4년　　② 1년　　③ 2년　　④ 3년

【문제 4】 운전자가 교통사고를 일으킨 경우 벌점의 합산기준이다. 맞지 않는 문항은?
① 교통사고 원인이 된 법규위반에 따른 벌점
② 사고 야기 시 교통사고 결과에 따른 벌점
③ 사고 야기 시 조치 등 불이행에 따른 벌점
④ 교통사고 원인이 된 법규위반이 둘 이상인 경우에는 모두 합산한 벌점

【문제 5】 1회 위반·사고로 인한 벌점 또는 누산점수초과 시 면허취소처분기준으로 잘못된 문항은?
① 1년간 벌점 또는 연간 누산점수가 121점 이상이면 운전면허를 취소한다.
② 2년간 벌점 또는 연간 누산점수가 201점 이상이면 운전면허를 취소한다.
③ 2년간 벌점 또는 연간 누산점수가 200점 이상이면 운전면허를 취소한다.
④ 3년간 벌점 또는 연간 누산점수가 271점 이상이면 운전면허를 취소한다.

【문제 6】 특별교통안전교육에 따른 처분벌점 및 정지처분일수 감경기준이다. 틀린 문항은?
① 교통소양교육을 마치고「교육확인증」을 제출하면 면허정지 20일을 감경한다.
② 처분벌점 40점 미만인 사람이 교통법규교육을 마친 경우에는 처분벌점 20점을 감경한다.
③ 교통소양교육을 마친 후 다시 교통참여교육을 마친 경우에는 30일을 추가로 감경한다.
④ 행정심판 또는 행정소송으로 감경된 경우에도 교통참여교육을 받으면 감경한다.

【문제 7】 주취(음주)운전으로 인한 운전면허 취소처분 기준이다. 아닌 문항은?
① 음주측정불응으로 2회 이상 면허취소처분 받은 사람이 다시 주취운전을 한 때
② 혈중알코올농도 0.03% 이상 주취상태에서 운전 중 교통사고로 사람을 사상한 경우
③ 혈중알코올농도 0.08% 미만 주취상태에서 운전한 경우(단순음주)
④ 주취운전으로 2회 이상 면허정지·취소처분 받은 사람이 다시 주취운전을 한 때

정답　2.【1】④　【2】①　【3】②　【4】④　【5】③　【6】④　【7】③

【문제 8】 운전면허 취소처분 기준이다. 아닌 문항은?
① 다른 사람에게 운전면허증을 대여하여 운전하게 한 때
② 교통사고를 일으켜 사람을 사상하고 구호조치 없이 도주한 때
③ 난폭운전으로 구속된 때
④ 적성 검사 기간 만료일 다음날부터 적성 검사를 받지 않고 6개월이 경과한 때

【문제 9】 운전면허 취소처분 기준이다. 아닌 문항은?
① 자동차를 이용하여 형법상 특수상해 등(보복운전)을 하여 입건된 때
② 허위 또는 부정한 수단으로 운전면허를 받은 경우
③ 등록되지 아니하거나 임시운행허가를 받지 아니한 자동차를 운전한 때
④ 운전면허행정처분기간 중에 운전을 한 경우

【문제 10】 자동차를 이용하여 범죄행위를 하였다. 운전면허취소 기준에 해당하지 않는 문항은?
① 자동차를 이용하여 약취, 유인, 또는 감금의 범죄에 이용된 때
② 단체에 소속되지 아니한 사람이 단독으로 교통을 방해한 때
③ 자동차를 이용하여 강도, 강간 또는 강제추행의 범죄에 이용된 때
④ 자동차를 이용하여 살인, 시체유기, 방화 등의 범죄에 이용된 때

【문제 11】 운전면허 정지처분은 운전면허 벌점이 몇 점이 되었을 때부터 집행할 수 있는가?
① 처분벌점 : 40점 이상이 된 때   ② 처분벌점 : 30점 이상이 된 때
③ 처분벌점 : 50점 이상이 된 때   ④ 처분벌점 : 20점 이상이 된 때

【문제 12】 음주운전으로 적발되어 혈중알코올농도 0.07%로 측정되었다. 정지처분 벌점은?
① 벌점 : 90점   ② 벌점 : 110점   ③ 벌점 : 100점   ④ 벌점 : 80점

【문제 13】 운전자가 속도위반을 60km/h 초과 80km/h 이하 위반을 하였을 때의 벌점은?
① 벌점 : 60점   ② 벌점 : 90점   ③ 벌점 : 100점   ④ 벌점 : 120점

【문제 14】 정지처분 벌점 40점이 부과되는 경우이다. 아닌 문항은?
① 단체에 소속되어 경찰공무원의 3회 이상 안전운전지시에 불응하고 위험과 장애를 주는 경우
② 차 내에서 승객의 소란행위를 방치하고 운전하는 행위
③ 철길건널목 통과방법을 위반한 경우
④ 공동위험행위로 형사입건된 때

【문제 15】 정지처분 벌점 30점이 부과되는 경우이다. 아닌 문항은?
① 통행구분 위반(중앙선 침범) 또는 철길건널목 통과방법위반을 한 경우
② 법정 또는 지정속도 40km/h 초과 60km/h 이하를 위반한 경우
③ 고속도로 갓길 통행 또는 버스전용차로·다인승전용차로 통행위반을 한 경우
④ 신호 또는 지시에 따를 의무를 위반한 경우

정답 【8】④ 【9】① 【10】② 【11】① 【12】③ 【13】① 【14】③ 【15】④

【문제 16】 정지처분 벌점 30점이 부과되지 않는 교통법규 위반행위로 맞는 문항은?
① 중앙선침범
② 속도위반(40km/h 초과 60km/h 이하)
③ 철길건널목 통과위반
④ 신호·지시위반

【문제 17】 정지처분 벌점 15점이 부과되는 위반행위이다. 아닌 문항은?
① 앞지르기금지시기·장소위반 경우 또는 운전 중 휴대전화 사용금지 위반
② 법정 또는 지정속도위반(20km/h 초과 40km/h 이하) 경우
③ 운전자가 볼 수 있는 위치에 영상표시와 운전 중 영상표시장치 조작
④ 운전면허증 제시 또는 운전자 신원확인을 위한 경찰관의 질문에 불응한 경우

【문제 18】 정지처분 벌점 10점이 부과되는 위반행위이다. 아닌 문항은?
① 어린이통학버스 운전자의 의무를 위반한 경우
② 앞지르기 방법을 위반한 경우
③ 보행자보호 의무를 불이행한 경우(정지선위반 포함)
④ 일반도로의 전용차로 통행 위반한 경우

【문제 19】 교통사고 야기 시 사고결과에 따른 벌점기준이다. 맞지 않는 문항은?
① 사망 1명마다 벌점 90점씩 부과(사고발생 시로부터 72시간 내에 사망)
② 부상신고 1명마다 벌점 3점씩 부과(5일 미만의 의사 진단이 있는 사고)
③ 경상 1명마다 벌점 5점씩 부과(3주 미만 5일 이상 의사진단 있는 사고)
④ 중상 1명마다 벌점 15점씩 부과(3주 이상의 의사 진단 있는 사고)

【문제 20】 벌점관리에 대한 설명으로 맞지 않는 문항은?
① 정지처분 벌점이 40점 이상일 때 면허정지처분한다.
② 정지처분 대상자가 특별안전교육을 이수하면 정지 처분 기간 30일을 감경한다.
③ 처분벌점 40점 미만인 경우 1년간 무사고·무위반하면 그 벌점은 소멸한다.
④ 도주차량을 검거하여 표창을 받았을 때 그 운전자의 면허정지·취소 시 40점을 상계한다.

【문제 21】 승용자동차를 운전 중 중앙선침범으로 사망 1명, 중상 2명, 경상 3명의 교통사고를 일으킨 경우 부과되는 벌점으로 맞는 문항은?
① 150점
② 165점
③ 135점
④ 120점

　해설　운전면허 행정처분기준
1. 중앙선침범 : 벌점 30점
2. 사망 1명마다 벌점 90점 : 1명 벌점 90점
3. 중상 1명마다 벌점 15점 : 2명 벌점 30점
4. 경상 1명마다 벌점 5점 : 3명 벌점 15점
5. 합계 : 165점 = 중앙선침범 30점+사망 1명 90점+중상 2명 30점+경상 3명 15점

【문제 22】 중앙선 침범으로 중상 2명의 교통사고를 일으킨 경우 벌점으로 맞는 문항은?
① 45점
② 60점
③ 70점
④ 90점

정답 【16】④ 【17】④ 【18】① 【19】② 【20】② 【21】② 【22】②

【문제 23】 신호·지시위반으로 중상 3명의 교통사고를 일으킨 경우 벌점으로 맞는 문항은?
① 45점   ② 60점   ③ 70점   ④ 80점

【문제 24】 신호위반으로 벌점 15점을 받았다. 정지 처분 벌점이 소멸되는 기간으로 맞는 문항은?
① 신호위반일로부터 2년 경과 시
② 신호위반일로부터 1년 6월 경과 시
③ 신호위반일로부터 1년 경과 시
④ 신호위반일로부터 3년 경과 시

【문제 25】 인명피해사고 야기 도주차량을 검거한 운전자에게 특혜점수를 부여하여 그 운전자가 정지·취소처분 받게 되는 경우 1회에 한하여 누산점수에서 이를 공제하는데 그 특혜점수는?
① 50점   ② 30점   ③ 40점   ④ 60점

【문제 26】 운전자가 단속경찰관을 폭행하여 형사입건된 경우의 처벌 기준으로 맞는 문항은?
① 벌점 80점   ② 벌점 90점   ③ 정지대상   ④ 취소대상

【문제 27】 속도를 40km/h 초과 60km/h 이하로 위반한 사람의 정지처분 벌점기준은?
① 40점   ② 30점   ③ 20점   ④ 50점

【문제 28】 운전면허 정지처분일수의 감경 또는 누산점수 공제사유가 아닌 문항은?
① 인적피해 교통사고야기 도주차량의 검거 또는 신고하여 검거하게 한 경우
② 특별교통안전교육(교통소양교육, 교통참여교육)을 이수한 경우
③ 교통안전봉사활동에 종사하는 모범운전자
④ 어린이의 교통지도 등 봉사활동을 하는 녹색어머니회 회원

【문제 29】 연습면허소지자가 운전연습 중 인적피해(물적피해 경우는 제외) 교통사고를 일으킨 경우 행정처분기준이다. 맞는 문항은?
① 연습면허정지 100일
② 연습운전면허 취소
③ 연습면허정지 90일
④ 연습면허정지 60일

> **해설** 연습운전면허 취소처분기준
> 1. 연습운전면허 취소처분기준에는 모두 면허취소처분되며 정지처분규정은 없음
> 2. 연습운전면허는 운전면허행정처분기준에 의한 벌점관리를 하지 않음

【문제 30】 연습면허소지자가 혈중알코올농도 0.03% 이상을 넘어 운전한 때 행정처분기준은?
① 연습운전면허 취소
② 연습면허정지 100일
③ 연습면허정지 90일
④ 연습면허정지 80일

【문제 31】 연습운전면허소지자가 도로에서 주행연습을 할 때 운전면허를 받은 날부터 2년이 경과된 사람과 동승하여 지도를 받지 아니하고 단독으로 주행연습을 한 경우의 처분기준은?
① 형사처벌
② 연습운전면허의 취소
③ 연습운전면허의 정지
④ 범칙금 통고처분

정답 【23】② 【24】③ 【25】③ 【26】④ 【27】② 【28】④ 【29】② 【30】① 【31】②

【문제 32】 연습운전면허취소 기준이다. 아닌 문항은?
① 다른 사람에게 연습운전면허를 대여하여 운전하게 한 때
② 사업용 자동차를 운전하는 등 주행연습 외의 목적으로 운전한 때
③ 혈중알코올농도 0.03% 미만 음주한 상태에서 운전한 때
④ 연습 중인 자동차에「주행연습」표지를 부착하지 않고 운전연습한 때

【문제 33】 운전면허행정처분에 대한 이의신청절차를 설명한 것이다. 잘못된 문항은?
① 운전면허의 취소·정지처분에 이의 있는 사람은 60일 이내에 시·도경찰청장에게 이의신청을 할 수 있다.
② 시·도경찰청장은 운전면허행정처분심의위원회의 심의·의결을 거쳐 감경할 수 있다.
③ 이의신청결과 그 결과를 통보받은 사람은 90일 이내에 행정심판을 청구할 수 있다.
④ 이의신청한 사람은 이의신청결과를 통보받기 전에 행정심판을 청구할 수 없다.

3 범칙행위 및 범칙금액

【문제 1】 "범칙행위"에 대한 벌칙으로 가장 적절한 문항은?
① 도로교통법 중 벌금 10만 원 이하의 벌금이나 구류·과료에 해당하는 위반행위
② 도로교통법 중 벌금 20만 원 이하의 벌금이나 구류·과료에 해당하는 위반행위
③ 도로교통법 중 벌금 30만 원 이하의 벌금이나 구류·과료에 해당하는 위반행위
④ 도로교통법 중 벌금 50만 원 이하의 벌금이나 구류·과료에 해당하는 위반행위

【문제 2】 "범칙자"에 해당하는 사람으로 맞는 문항은?
① 범칙행위 당시 운전면허증을 제시하지 못한 자동차 등의 운전자
② 범칙행위로 교통사고를 일으킨 운전자(공소권 없음으로 처리되는 사람 제외)
③ 도로교통법 중 20만 원 이하의 벌금이나 구류·과료에 해당하는 죄를 범한 사람
④ 범칙행위당시 경찰관의 신원 및 운전면허 확인을 위한 질문에 응하지 아니하는 운전자

【문제 3】 "범칙금"에 대한 설명이다. 옳지 않은 문항은?
① 범칙금이라 함은 범칙자가 통고처분에 의하여 국고 등에 납부할 금액을 말한다.
② 범칙금의 액수는 범칙행위의 종류 및 차종에 따라 다르게 정한다.
③ 범칙금액은 최고 16만 원에서 최하 1만 원까지 차등을 두고 있다.
④ 범칙금은 운전자에게만 적용하고 보행자에게는 적용하지 않는다.

【문제 4】 경찰서장이 범칙금납부통고서를 발급할 수 없는 사람으로 옳지 않은 문항은?
① 현장에서 범칙금을 납부하려고 하는 사람
② 달아날 염려가 있는 사람
③ 범칙금납부통고서 받기를 거부하는 사람
④ 성명 또는 주소가 확실하지 아니한 사람

정답 【32】③ 【33】④ 3.【1】② 【2】③ 【3】④ 【4】①

【문제 5】 범칙금 납부절차로서 적절하지 못한 문항은?
① 범칙금납부통고서를 받은 사람은 10일 이내에 국고 은행, 지점, 대리점, 우체국 납부
② 납부기간 내 미납자는 만료일 다음날부터 20일 이내 범칙금에 100분의 20 가산하여 납부
③ 가산금미납자는 납부기간 만료일부터 30일 이내 100분의 50을 더한 금액을 납부하거나 즉결심판을 받도록 통지(둘 중 택일)
④ 100분의 50을 더한 금액을 미납 시는 납부기간 만료일부터 50일 이내에 즉심회부

【문제 6】 범칙금납부통고서를 받은 사람의 1차 범칙금 납부기한으로 맞는 문항은?
① 10일 이내
② 20일 이내
③ 30일 이내
④ 7일 이내

【문제 7】 출석기간 또는 범칙금납부기간 만료일로부터 60일이 경과될 때까지 즉결심판을 받지 아니한 때의 처분으로 맞는 문항은?
① 40일간 운전면허 효력을 정지 처분한다.
② 운전면허를 취소한다.
③ 즉결심판을 받도록 다시 한번 최고한다.
④ 범칙금액에 100분의 50을 더한 가산금액을 납부하도록 한다.

【문제 8】 통고처분의 수령거부나 범칙금을 기간 내에 미납한 사람은 어떻게 처리하는가?
① 운전면허의 효력이 정지된다.
② 즉결심판에 회부한다.
③ 운전면허가 취소된다.
④ 형사입건한다.

【문제 9】 범칙금을 납부하는 기관이 아닌 문항은?
① 우체국
② 국고은행
③ 국고은행 지점이나 대리점
④ 경찰서

【문제 10】 범칙행위로 즉결심판을 받아야 할 사람이 아닌 문항은?
① 달아날 염려가 있는 사람
② 성명과 주소가 확실하지 아니한 사람
③ 범칙금납부통고서를 받고 10일 이내에 범칙금을 납부하지 아니한 사람
④ 범칙금납부통고서 받기를 거부하는 사람

【문제 11】 승합자동차가 시속 40km/h를 초과 60km/h 이하로 운전 중 적발된 경우 부과되는 범칙금액으로 맞는 문항은?
① 9만 원
② 10만 원
③ 6만 원
④ 8만 원

【문제 12】 승용자동차가 교차로에서 신호·지시위반 운전 중 적발된 경우 부과되는 범칙금은?
① 6만 원
② 5만 원
③ 7만 원
④ 8만 원

정답 【5】④ 【6】① 【7】① 【8】② 【9】④ 【10】③ 【11】② 【12】①

【문제 13】 고속도로에서 승용자동차 운전자는 안전띠를 착용했으나 승객이 착용하지 않았을 경우(착용을 안내 안함) 처분으로 맞는 문항은?
　① 운전자에게 범칙금 3만 원　　　② 승객에게 범칙금 3만 원
　③ 운전자에게 과태료 3만 원　　　④ 승객에게 과태료 3만 원

【문제 14】 승용자동차 운전자가 어린이를 태우고 있다는 표시(황색점멸등 점멸)를 한 어린이통학버스를 앞지르기하다가 적발된 경우의 처벌이다. 맞는 문항은?
　① 범칙금 5만 원　　② 범칙금 3만 원　　③ 범칙금 2만 원　　④ 범칙금 9만 원

【문제 15】 승합자동차 운전자가 도로에서 시비 다툼 등으로 차마의 통행방해 행위를 한 때의 범칙금이다. 맞는 문항은?
　① 범칙금 3만 원　　② 범칙금 4만 원　　③ 범칙금 5만 원　　④ 범칙금 6만 원

【문제 16】 승용자동차가 고속도로의 지정차로 통행 위반으로 적발된 경우의 처벌은?
　① 범칙금 3만 원　　② 범칙금 4만 원　　③ 범칙금 5만 원　　④ 범칙금 2만 원

【문제 17】 승합자동차 운전자가 볼 수 있는 위치에 영상표시 또는 운전 중 영상표시장치 조작 위반으로 적발된 경우의 처벌이다. 맞는 문항은?
　① 범칙금 7만 원　　② 범칙금 6만 원　　③ 범칙금 5만 원　　④ 범칙금 4만 원

【문제 18】 승합자동차의 운전자가 어린이보호구역에서 20km/h 초과 40km/h 이하로 운전하였을 때의 부과되는 범칙금액이다. 맞는 문항은?
　① 8만 원　　　　　② 9만 원　　　　　③ 10만 원　　　　　④ 12만 원

【문제 19】 승용자동차 운전자가 어린이보호구역에서 신호, 지시위반, 횡단보도 보행자 횡단방해를 하였을 때 부과되는 범칙금액이다. 맞는 문항은?
　① 13만 원　　　　② 8만 원　　　　　③ 12만 원　　　　　④ 6만 원

【문제 20】 승합자동차 운전자에게 범칙금 7만 원이 부과되는 범칙 위반행위이다. 아닌 문항은?
　① 운전 중 영상표시장치 조작 위반　　② 중앙선침범행위 또는 신호·지시 위반
　③ 철길건널목 통과방법위반　　　　　④ 승객의 차내 소란행위 방치운전

【문제 21】 승용자동차에게 범칙금 4만 원이 부과되는 범칙 위반행위이다. 아닌 문항은?
　① 앞지르기의 방해금지위반　　　　　② 운전 중 휴대용전화 사용
　③ 교차로통행방법위반　　　　　　　　④ 정차·주차금지위반

【문제 22】 승합자동차 운전자에게 범칙금 3만 원이 부과되는 범칙 위반행위이다. 아닌 문항은?
　① 속도를 시속 20km 이하 위반　　　② 긴급자동차에 대한 피양·일시정지위반
　③ 끼어들기 금지위반　　　　　　　　④ 좌석안전띠 미착용

정답　【13】③　【14】④　【15】③　【16】②　【17】①　【18】③　【19】③　【20】④　【21】②　【22】②

【문제 23】 승용자동차 운전자에게 범칙금 2만 원이 부과되는 도로교통법 위반행위가 아닌 문항은?
① 일반도로 안전거리 미확보
② 등화 점등 · 조작 불이행
③ 최저속도 위반
④ 좌석안전띠 미착용

【문제 24】 승합자동차 운전자가 위반한 범칙금이 가장 많이 부과되는 위반행위로 맞는 문항은?
① 신호 · 지시 위반행위
② 어린이, 맹인 등의 보호 위반
③ 속도 위반행위(40km/h 초과 60km/h 이하)
④ 교차로 통행방법 위반행위

【문제 25】 범칙금납부기간 내에 내지 않은 운전자가 즉결심판 직전에 내려 할 때의 금액은?
① 통고받은 범칙금액
② 통고받은 범칙금액에 20%를 더한 금액
③ 통고받은 범칙금액에 50%를 더한 금액
④ 통고받은 범칙금액에 70%를 더한 금액

【문제 26】 승합자동차 운전자가 어린이보호구역에서 40km/h 초과 60km/h 이하의 속도위반을 하였을 때 부과되는 범칙 금액으로 맞는 문항은?
① 10만 원
② 11만 원
③ 12만 원
④ 13만 원

○ 해설 60km/h 초과를 하였을 때의 범칙금은 16만 원이며, 승용자동차는 15만 원이다.

【문제 27】 누구든지 돌, 유리병, 쇳조각이나 그 밖에 도로에 있는 사람이나 차마를 손상시킬 우려가 있는 물건을 던지거나 발사하는 행위를 한사람에게 대한 범칙 금액으로 맞는 문항은?
① 범칙금 : 5만 원
② 범칙금 : 6만 원
③ 범칙금 : 7만 원
④ 범칙금 : 8만 원

【문제 28】 도로를 통행하고 있는 모든 차마에서 밖으로 물건을 던지는 행위를 하였을 때 범칙 금액으로 맞는 문항은?
① 범칙금 : 5만 원
② 범칙금 : 6만 원
③ 범칙금 : 7만 원
④ 범칙금 : 8만 원

【문제 29】 모든 차마에 동승하고 있는 사람이 돌, 유리병, 쇳조각이나 그 밖에 도로에 있는 사람이나 차마를 손상시킬 우려가 있는 물건을 던지거나 발사하는 행위를 한 사람에게 부과되는 범칙 금액으로 맞는 문항은?
① 범칙금 : 5만 원
② 범칙금 : 6만 원
③ 범칙금 : 7만 원
④ 범칙금 : 8만 원

【문제 30】 도로를 통행하고 있는 차마의 동승자가 밖으로 물건을 던지는 행위를 하여 단속된 경우의 범칙 금액으로 맞는 문항은?
① 범칙금 : 5만 원
② 범칙금 : 6만 원
③ 범칙금 : 7만 원
④ 범칙금 : 8만 원

정답 【23】④ 【24】③ 【25】③ 【26】④ 【27】① 【28】① 【29】① 【30】①

MEMO

제2편

전문학원 관계법령

⟨기능검정 및 기능·학과교육 공통과목⟩

제1장	**운전면허시험제도**	311
제2장	**자동차운전 전문학원제도**	376
제3장	**교통안전교육**	465

제1장 운전면허시험제도

제1절 자동차운전면허의 유래 등

1 운전면허제도의 유래

(1) 세계 최초의 운전면허시험은 1893년 3월 프랑스 파리경찰이 실시했다. 그 당시는 출발, 정지 및 커브만 돌 줄 알면 면허증이 발급되었는데 면허증의 크기가 액자만하여 가지고 다닐 수가 없었다고 한다.

(2) 세계최초로 발행된 운전면허증 제1호는 세계 최초의 자동차공장을 세운 파리의 여장부「사라갱」의 남편「에밀르바소」였다. 자동차가 늘어나면서 사고가 심심찮게 발생하자 6년 후인 1899년 파리경찰이 운전면허증을 휴대용 카드로 만들어 휴대를 의무화했다.

(3) 우리나라는 1913년 낙산부자「이봉래」씨와 일본청년「곤도」,「오라이」등 세 사람이 최초의 자동차회사와 자동차학원을 세워 학생을 모집했으나 지망자가 없어 월급과 성적이 우수하면 보너스까지 주겠다는 조건으로 겨우 10명을 모집했다. 이들 중 유일한 한국인은 이봉래씨의 아들「이용문」씨로 우리나라 운전면허증 취득 제1호가 되었다.

(4) 지금의 도로교통법령이라 할 수 있는 일제 때의 경무총감부령제6호(1915. 7.22)에 의거 운전면허시험이 처음 실시되었다. 그 당시는 기술시험(현재의 기능시험)에 합격하면「자동차운전허가증」을 교부하였으며 그 후 1919년부터 사진이 붙은 운전면허증이 발행되었다.

(5) 현재의 운전면허시험제도는 1961년 12월 27일 국가재건최고회의 제94차 상임위원회 의결에 의하여 동년 12월 31일 법률제941호로「도로교통법」이 제정·공포되면서 시행하게 되었다.

2 운전면허제도의 의의

(1) 자동차운전은 위험이 따르므로 일반적으로 금지하고 일정한 지식과 기능이 있는 사람에게만 허용함으로써 도로상에서의 교통의 안전과 원활한 소통을 확보함에 그 의의가 있는 행정법상 대인적 허가제도인 것이다.

(2) 따라서 자동차 등을 운전하고자 하는 사람은 시·도경찰청장 또는 한국도로교통공단이 실시하는 운전면허시험에 합격하여 운전면허를 받아야 한다.

(3) 운전면허의 최종목표는 도로상 교통의 안전과 원활한 소통을 확보함에 있으므로 운전면허를 받은 사람이라도 교통상 위험발생의 우려가 있거나 위험을 발생시킨 경우, 그 사안에 따라 그 사람의 운전면허를 일시정지 시키거나 취소하여 일정기간 교통현장에서 배제하고 있는 것이다.

3 운전면허의 성격

(1) 도로교통법 제80조 제1항에서는 「자동차 등을 운전하려는 사람은 시·도경찰청장으로부터 운전면허를 받아야한다.」고 규정하였고, 동법 제43조에는 「누구든지 시·도경찰청장으로부터 운전면허를 받지 아니하거나 운전면허의 효력이 정지된 경우에는 자동차 등을 운전하여서는 아니 된다.」라고 규정하고 있어 운전면허가 경찰허가의 일종임을 명시하고 있다.

(2) 「경찰허가」라 함은 경찰상의 목적(공익상의 목적)을 달성하기 위하여 일반적으로 금지하고 있는 행위에 대하여 특정한 경우 이를 해제하고 적법하게 일정한 행위를 할 수 있게 하는 경찰처분인 것이다.

(3) 따라서, 운전면허에 대한 행정처분(운전면허의 취소·정지)도 일신전속적인 성격이 있어 면허 종별에 따라 별개로 구분 행정처분하는 것이 아니라 그 사람이 소지한 면허 전체에 행정처분의 효력이 미친다고 보는 것이 입법취지에 부합하다할 것이다.

제2절 운전면허의 구분 등

법제80조제1항에 「자동차 등을 운전하려는 사람은 시·도경찰청장으로부터 운전면허를 받아야 한다.」라고 규정하였으며, 운전면허를 받지 못한 사람은 도로에서 운전할 수 없음을 천명하고 있다. 다만, 제2조제19호나목 원동기장치자전거- 배기량 125cc 이하(전기 동력의 경우 최고정격출력 11kw 이하)의 원동기를 단 차 중 페달(손페달을 포함)과 전동기의 동시 동력으로 움직이며, 전동기만으로는 움직이지 아니하고, 시속 25킬로미터 이상으로 운행할 경우 전동기가 작동하지 아니하며 차체 중량이 30킬로그램 미만인 전기자전거는 제외한다.

제1장 운전면허시험제도

1 운전면허의 구분

(1) 운전면허의 종류 (법제80조제2항)

운전면허의 종류는 운전할 수 있는 차의 종류를 기준으로, 제1종 운전면허, 제2종 운전면허, 연습운전면허 등 크게 세 가지로 구분하며 그 종류는 다음과 같다.

① 제1종 운전면허 : 대형면허, 보통면허, 소형면허, 특수면허(대형견인차, 소형견인차, 구난차 면허로 구분)

② 제2종 운전면허 : 보통면허, 소형면허, 원동기장치자전거면허

③ 연습운전면허 : 제1종 보통연습면허, 제2종 보통연습면허

(2) 운전할 수 있는 차의 종류 (규칙제53조)

운전면허를 받은 사람이 운전할 수 있는 자동차 등의 종류는 별표18과 같다.

[별표18]

[운전할 수 있는 차의 종류] (규칙제53조관련)

면허구분			운전할 수 있는 차량
제1종	대형면허		① 승용자동차 ② 승합자동차 ③ 화물자동차 ⑤ 건설기계 　가. 덤프트럭, 아스팔트살포기, 노상안정기 　나. 콘크리트믹서트럭, 콘크리트펌프, 천공기(트럭 적재식) 　다. 콘크리트믹서트레일러, 아스팔트콘크리트재생기 　라. 도로 보수트럭, 3톤 미만의 지게차, 트럭지게차 ⑥ 특수자동차[대형견인차, 소형견인차 및 구난차(이하 "구난차 등"이라 한다)는 제외] ⑦ 원동기장치자전거
	보통면허		① 승용자동차 ② 승차정원 15명 이하의 승합자동차 ④ 적재중량 12톤 미만의 화물자동차 ⑤ 건설기계(도로를 운행하는 3톤 미만의 지게차로 한정한다) ⑥ 총중량 10톤 미만의 특수자동차(구난차등은 제외한다) ⑦ 원동기장치자전거
	소형면허		① 3륜화물자동차　　② 3륜승용자동차　　③ 원동기장치자전거
	특수면허	대형견인차	① 견인형 특수자동차　　② 제2종 보통면허로 운전할 수 있는 차량
		소형견인차	① 총중량 3.5톤 이하의 견인형 특수자동차 ② 제2종 보통면허로 운전할 수 있는 차량
		구난차	① 구난형 특수자동차　　② 제2종 보통면허로 운전할 수 있는 차량

제2종	보통면허	① 승용자동차 ② 승차정원 10명 이하의 승합자동차 ③ 적재중량 4톤 이하의 화물자동차 ④ 총중량 3.5톤 이하의 특수자동차(구난차 등은 제외한다) ⑤ 원동기장치자전거
	소형면허	① 이륜자동차(운반차를 포함한다)　　② 원동기장치자전거
	원동기장치 자전거면허	원동기장치자전거
연습 면허	제1종 보통	① 승용자동차 ② 승차정원 15명 이하의 승합자동차 ③ 적재중량 12톤 미만의 화물자동차
	제2종 보통	① 승용자동차 ② 승차정원 10명 이하의 승합자동차 ③ 적재중량 4톤 이하의 화물자동차

주 1. 「자동차관리법」 제30조에 따라 자동차의 형식이 변경 승인되거나 동법제34조에 따라 자동차의 구조 또는 장치가 변경 승인된 경우에는 다음의 구분에 의한 기준에 따라 이 표를 적용한다.
　　가. 자동차의 형식이 변경된 경우 : 다음의 구분에 따른 정원 또는 중량 기준
　　　(1) 차종이 변경되거나 승차정원 또는 적재중량이 증가한 경우 : 변경승인 후의 차종이나 승차정원 또는 적재중량
　　　(2) 차종의 변경없이 승차정원 또는 적재중량이 감소된 경우 : 변경승인 전의 승차정원 또는 적재중량
　　나. 자동차의 구조 또는 장치가 변경된 경우 : 변경승인 전의 승차정원 또는 적재중량
2. 별표9(주)제6호 각 목에 따른 위험물 등을 운반하는 적재중량 3톤 이하 또는 적재용량 3천리터 이하의 화물자동차는 제1종 보통면허가 있어야 운전할 수 있고, 적재중량 3톤 초과 또는 적재용량 3천리터 초과의 화물자동차는 제1종 대형면허가 있어야 운전할 수 있다.
3. 피견인자동차는 제1종 대형면허, 제1종 보통면허 또는 제2종 보통면허를 가지고 있는 사람이 그 면허로 운전할 수 있는 자동차(이륜자동차는 제외)로 견인할 수 있다. 이 경우, 총중량 750킬로그램을 초과하는 3톤 이하의 피견인자동차를 견인하기 위해서는 견인하는 자동차를 운전할 수 있는 면허와 소형견인차면허 또는 대형견인차면허를 가지고 있어야 하고, 3톤을 초과하는 피견인자동차를 견인하기 위해서는 견인하는 자동차를 운전할 수 있는 면허와 대형견인차면허를 가지고 있어야 한다.

2 운전면허 조건 등 (규칙제54조)

(1) 조건의 구분 (제1항, 제2항)

① 한국도로교통공단은 실시한 적성검사(수시 적성검사 포함) 결과가 운전면허에 조건을 붙여야 하거나 변경이 필요하다고 판단되는 경우에는 그 내용을 시·도경찰청장에게 통보하여야 한다.

② 제1항에 따라 한국도로교통공단으로부터 통보를 받은 시·도경찰청장이 운전면허를 받을 사람 또는 적성검사를 받은 사람에게 붙이거나 바꿀 수 있는 조건은 다음 각 호의 구분과 같다.

　㉮ 자동차 등의 구조를 한정하는 조건(규칙제54조제1항제1호 내지 제3호)
　　㉠ 자동변속기장치 자동차만을 운전하도록 하는 조건
　　㉡ 삼륜 이상의 원동기장치자전거(다륜형 원동기장치자전거)만을 운전하도록 하는 조건
　　㉢ 가속페달 또는 브레이크를 손으로 조작하는 장치, 오른쪽 방향지시기 또는 왼쪽 엑

셀레이터를 부착하도록 하는 조건
㉣ 신체장애 정도에 적합하게 제작·승인된 자동차 등만을 운전하도록 하는 조건
㉤ 의수·의족·보청기 등 신체상의 장애를 보완하는 보조수단을 사용하도록 하는 조건
㉥ 청각장애인이 운전하는 자동차에는 청각장애인표지와 충분한 시야를 확보할 수 있는 볼록거울을 별도로 부착하도록 하는 조건

(2) 조건의 부과기준 (규칙제54조 제3항)

조건의 부과기준은 별표20과 같다. 다만, 운전면허를 받을 사람 또는 적성검사를 받은 사람의 신체상의 상태 또는 운전능력에 따라 2 이상의 조건을 병합하여 부과할 수 있다.

> **해설**
> [별표20]「신체상태에 따라 받을 수 있는 운전면허 및 조건부 부과기준」생략(별표)

(3) 조건부과에 따른 조치 (규칙제54조제4항, 제5항, 제6항)

① 시·도경찰청장이 운전에 필요한 조건을 붙이거나 바꾼 때에는 그 내용을 한국도로교통공단에 통보하고 그 통보를 받은 한국도로교통공단은 운전면허의 조건이 부과되거나 변경되는 사람에게 조건부과(변경)통지서에 따라 그 내용을 통지하여야 한다.
② 한국도로교통공단은 시·도경찰청장으로부터 통보를 받은 때에는 그 사람의「운전면허증」과「자동차운전면허대장」,「정기적성검사대장」,「수시적성검사대장」에 그 내용을 기재하여야 한다.
③ 시·도경찰청장은 조건을 바꾸거나 해지하려는 경우에는 적성 및 기능에 관한 시험에 합격한 사람에 한정하여 이를 할 수 있다.

3 연습운전면허

(1) 연습운전면허의 효력 (법제81조)

연습운전면허는 그 면허를 받은 날부터 1년 동안 효력을 가진다. 다만, 연습운전면허를 받은 날부터 1년 이전이라도 연습운전면허를 받은 사람이 제1종 보통면허 또는 제2종 보통면허를 받은 경우 연습운전면허는 그 효력을 잃는다.

(2) 연습운전면허 받은 사람의 준수사항 (규칙제55조)

연습운전면허를 받은 사람이 도로에서 주행연습을 하는 때에는 다음 각 호의 사항을 지켜야 한다.
① 운전면허(연습하고자 하는 자동차를 운전할 수 있는 운전면허에 한한다)를 받은 날부터 2년이 경과된 사람(소지하고 있는 운전면허의 효력이 정지기간 중인 사람을 제외한다)과 함께 승차하여 그 사람의 지도를 받아야 한다.
②「여객자동차 운수사업법」또는「화물자동차 운수사업법」에 따른 사업용 자동차를 운전하는 등 주행연습 외의 목적으로 운전하여서는 아니 된다.

③ 주행연습 중이라는 사실을 다른 차의 운전자가 알 수 있도록 연습 중인 자동차에 별표21의 표지를 붙여야 한다.

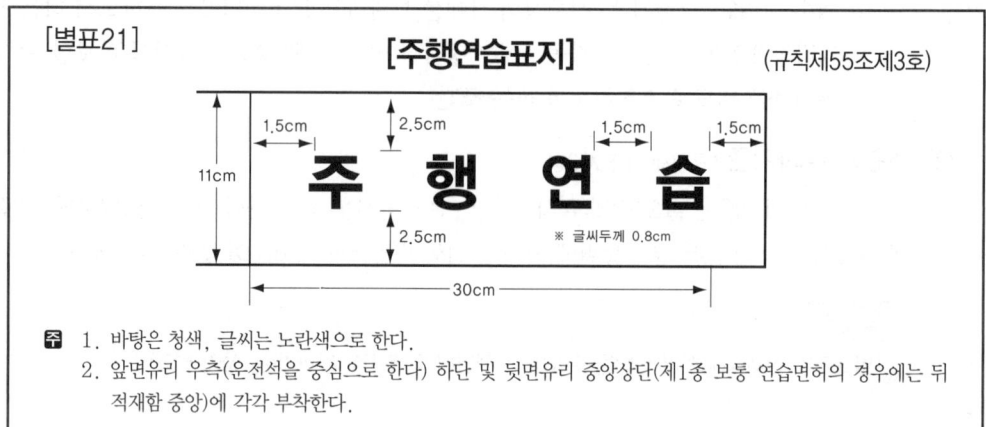

4 운전면허의 결격사유 (법제82조)

(1) 운전면허를 받을 수 없는 사람 (법제82조제1항)
① 18세 미만(원동기장치자전거의 경우에는 16세 미만)인 사람
② 교통상의 위험과 장해를 일으킬 수 있는 정신질환자 또는 뇌전증환자로서 대통령령으로 정하는 사람

> **해설**
> **대통령령이 정하는 구체적인 운전면허 결격사유에 해당하는 사람의 범위(영제42조제1항)**
> 치매, 조현, 조현 정동장애, 양극성 정동장애(조울병), 재발성 우울장애 등의 정신질환 또는 정신발육지연, 뇌전증 등으로 인하여 정상적인 운전을 할 수 없다고 해당분야 전문의가 인정하는 사람

③ 듣지 못하는 사람(제1종 운전면허 중 대형면허·특수면허에만 해당한다), 앞을 보지 못하는 사람(한쪽 눈만 보지 못하는 사람의 경우에는 제1종 운전면허 중 대형면허, 특수면허만 해당한다.)이나 그 밖에 대통령령으로 정하는 신체장애인

> **해설**
> **대통령령이 정하는 그밖의 운전면허 결격사유에 해당하는 사람의 범위(영제42조제2항)**
> 다리, 머리, 척추, 그 밖의 신체장애로 인하여 앉아 있을 수 없는 사람

④ 양쪽 팔의 팔꿈치관절 이상을 잃은 사람이나 양쪽 팔을 전혀 쓸 수 없는 사람. 다만, 본인의 신체장애 정도에 적합하게 제작된 자동차를 이용하여 정상적인 운전을 할 수 있는 경우에는 그러하지 아니하다.
⑤ 교통상의 위험과 장해를 일으킬 수 있는 마약·대마·향정신성 의약품 또는 알코올 중독자로서 대통령령으로 정하는 사람

제1장 운전면허시험제도

> **해설**
>
> **대통령령이 정하는 구체적인 운전면허 결격사유의 범위** (영제42조제3항)
> 마약, 대마, 향정신성 의약품 또는 알코올관련 장애 등으로 인하여 정상적인 운전을 할 수 없다고 해당분야 전문의가 인정하는 사람

⑥ 제1종 대형면허 또는 제1종 특수면허를 받으려는 경우로서 19세 미만이거나 자동차(이륜자동차를 제외한다)의 운전경험이 1년 미만인 사람

⑦ 대한민국 국적을 가지지 아니한 사람 중 「출입국관리법」제31조에 따라 외국인 등록을 아니한 사람(외국인 등록이 면제된 사람은 제외), 「재외동포의 출입국과 법적 지위에 관한 법률」제6조제1항에 따라 국내거소신고를 하지 아니한 사람

(2) 일정기간이 지나지 아니하면 운전면허를 받을 수 없는 사람 (법제82조제2항)

응시 제한 사유	응시 제한 기간
• 무면허운전 또는 운전면허결격사유에 해당하는 사람이 자동차 등을 운전한 경우에는 그 위반한 날(운전면허효력정지기간에 운전하여 취소된 경우에는 그 취소된 날)부터 1년(원동기장치자전거면허를 받으려는 경우에는 6개월, 공동위험행위의 금지를 위반한 경우에는 그 위반한 날부터 1년). 다만 사람을 사상한 후 교통사고에 따른 필요한 조치 및 신고를 하지 아니한 경우. • 음주운전.음주측정거부.과로운전'공통위험행위금지(무면허운전, 운전면허 결격사유자 포함)를 위반하여 운전을 하다가 사람을 사상한 후 구호조치 및 신고를 아니한 경우. • 음주운전·음주측정거부·약물운전 또는 약물측정거부 위반(무면허운전. 운전면허결격사유자 포함)하여 운전을 하다가 사람을 사망에 이르게 한 경우. • 술에 취한 상태에 있다고 인정할 만한 상당한 이유가 있는 사람이 자동차 등을 운전하다가 사람을 사상한 후 사고발생 시의 조치 및 신고를 하지 아니하고, 음주측정방해행위를 한 경우(무면허 운전 또는 운전면허결격사유자 포함) • 술에 취한 상태에 있다고 인성할 만한 상당한 이유가 있는 사람이 자동차 등을 운전하다가 사람을 사망에 이르게 하고 음주 측정방해행위를 한 경우.	위반한 날부터 5년
• 음주운전·음주측정거부 또는 음주운전자가 음주측정방해행위 (추가로 음주 또는 의약품 복용)를 2회 이상 위반(무면허운전 또는 운전면허결격사유자 포함)하여 운전을 하다가 교통사고를 일으킨 경우. • 음주운전·음주측정거부를 위반(무면허운전 또는 운전면허 결격사유자 포함)하여 운전을 하다가 교통사고를 일으킨 경우.	취소된 날부터 5년 (효력 정지 기간 운전으로 취소된 경우)
• 무면허 운전 금지 등, 술에 의한 상태에서의 운전 금지, 과로한 때 등의 운전 금지, 공동 위험 행위의 금지 규정에 따른 사유가 아닌 다른 사유로 사람을 사상한 후 사상자 구호 조치 및 사고 신고 의무를 위반한 경우.	취소된 날부터 4년

응시 제한 사유	응시 제한 기간
• 음주 운전 또는 경찰 공무원의 음주 측정을 위반(무면허 운전 등의 금지 또는 운전면허 결격 기간 중 운전 위반 포함)하여 운전을 하다가 2회 이상 교통사고를 일으킨 경우	취소된 날부터 3년
• 자동차, 원동기 장치 자전거를 이용하여 범죄 행위를 하거나 다른 사람의 자동차, 원동기 장치 자전거를 훔치거나 빼앗은 사람이 무면허로 그 자동차가 원동기 장치 자전거를 운전한 경우	위반한 날부터 3년 (무면허로 운전한 경우)
• 술에 취한 상태에 있다고 인정할 만한 상당한 이유가 있는 사람이 자동차 등을 운전하여 교통사고를 일으키고 음주측정방해행위를 한 경우 • 과로 · 질병 또는 약물운전(약물의 영향으로 정상적으로 운전하지 못할 우려가 있는 상태에서 운전한 경우에 한함) 또는 약물운전 측정을 2회 이상 위반(무면허 운전 또는 운전면허 결격사유자 포함)한 경우. • 과로. 질병 또는 약물운전(약물의 영향으로 인하여 정상적으로 운전하지 못할 우려가 있는 상태에서 운전한 경우에 한함) 또는 약물운전측정(무면허 운전 또는 운전면허결격사유자 포함)을 위반하여 운전을 하다가 교통사고를 일으킨 경우. • 공동 위험 행위의 금지를 2회 이상 위반(무면허 운전, 결격기간 운전 위반 포함)한 경우 • 무면허 운전 또는 운전면허 결격사유로 인한 기간을 3회 이상 위반하여 자동차를 운전한 경우) • 운전면허를 받을 자격이 없는 사람이 운전면허를 받은 경우 • 운전면허 효력 정지 기간 중 운전 면허증이나 운전면허증을 갈음하는 증명서를 발급 받은 사실이 드러난 경우 • 다른 사람의 자동차 등을 훔치거나 빼앗는 경우 • 다른 사람이 부정하게 운전면허를 받도록 하기 위하여 운전면허 시험에 대신 응시한 경우	취소된 날부터 2년 (무면허 운전 금지 등 위반한 경우 : 그 위반한 날부터 2년)
• 위(2년~5년)의 규정에 따른 경우가 아닌 다른 사유로 운전면허가 취소된 경우	취소된 날부터 1년
• 원동기 장치 자전거 면허를 받으려는 경우	취소된 날부터 6개월
• 공동위험 행위 금지 규정을 위반하여 취소된 경우	취소된 날부터 1년
• 적성검사를 받지 아니하거나 그 적성검사에 불합격하여 운전면허가 취소된 사람 • 제 1종 운전면허를 받은 사람이 적성검사에 불합격 되어 다시 제2종 운전면허를 받으려는 경우	기간 제한 없음
• 운전면허 효력 정지처분을 받고 있는 경우	그 정지 기간
• 국제운전면허증 또는 상호인정외국면허증으로 운전하는 운전자가 운전금지 처분을 받은 경우	그 금지 기간

제3절 운전면허시험

1 운전면허시험의 절차 등

운전면허시험은 자동차 등의 운전에 관하여 특정인에게 일반적 금지를 해제시켜 주기 위한 요건으로서 운전능력 유무에 대한 판정을 하는 절차를 말한다.

(1) 운전면허시험과목 등 (법제83조제1항, 제3항)

① 운전면허시험(제1종 보통면허시험 및 제2종 보통면허시험을 제외한다)은 한국도로교통공단이 다음 각 호의 사항에 대하여 운전면허의 구분에 따라 실시한다. 다만, 원동기장치자전거면허시험은 시·도경찰청장이나 한국도로교통공단이 실시한다.
  ㉮ 자동차 등(개인형 이동장치는 제외한다. 이하 이 조에서 같다)의 운전에 필요한 적성
  ㉯ 자동차 등 및 도로교통에 관한 법령에 대한 지식
  ㉰ 자동차 등의 관리방법과 안전운전에 필요한 점검의 요령
  ㉱ 자동차 등의 운전에 필요한 기능
  ㉲ 친환경 경제운전에 필요한 지식과 기능
② 운전면허를 받을 수 없는 사람은 운전면허시험에 응시할 수 없다.

(2) 운전면허시험의 공고 (규칙제56조제1항, 제2항)

① 경찰서장 또는 한국도로교통공단은 운전면허시험을 실시하려는 경우에는 **시험일 20일 전**에 자동차운전면허시험 실시공고에 의하여 이를 공고하여야 한다. 다만, 월 4회 이상 실시하는 경우에는 월별로 일괄하여 공고할 수 있다(제1항).
② 위의 공고는 운전면허시험장의 **게시판에 공고**하거나 **신문 또는 방송** 등을 통하여 널리 알릴 수 있는 방법으로 하여야 한다(제2항).

(3) 운전면허시험의 응시 (규칙제57조제1항, 제2항, 제3항)

① 운전면허시험에 응시하려는 사람(제1종 보통 및 제2종 운전면허시험에 응시하려는 사람)은 자동차운전면허시험 응시원서에 다음 각 호의 서류를 첨부하여 경찰서장 또는 한국도로교통공단에 제출하고, 신분증명서를 제시하여야 한다. 다만, 신청인이 원하는 경우에는 신분증명서 제시를 갈음하여 전자적 방법으로 지문정보를 대조하여 본인 확인을 할 수있다 .
  1. 사진(신청일부터 6개월 내에 모자를 벗은 상태에서 배경 없이 촬영된 상반신 컬러사진으로 규격은 가로 3.5센티미터, 세로 4.5센티미터로 한다. 이하 같다) 3장
  2. 병력신고서(제1종 대형 및 특수 운전면허시험에 응시하려는 경우만 해당한다)
  3. 질병·신체에 관한 신고서(제1종 보통 및 제2종 운전면허시험에 응시하려는 경우만 해당한다)

4. 운전면허시험 신청일로부터 2년 이내에 발급된 다음 각 목의 어느 하나에 해당하는 서류(한쪽 눈만 보지 못하는 사람이 제1종 보통면허시험에 응시하려는 경우에는 다목에 따른 서류만 해당)로서 운전면허의 적성에 관한 사항을 포함하고 있는 것. 다만, 제2항에 따라 행정정보의 공동이용을 통하여 확인할 수 있는 사항은 포함하지 않을 수 있다.
   가. 한국도로교통공단에 신고한 의료기관이 발행한 신체검사서
   나. 「국민건강보험법」에 따른 건강검진 결과 통보서
   다. 「의료법」에 따라 의사가 발급한 진단서
   라. 「병역법」에 따른 병역판정 신체검사(현역병지원 신체검사를 포함) 결과 통보서
② 제1항에 따라 신청을 받은 경찰서장 또는 한국도로교통공단은 행정정보의 공동이용을 통하여 다음 각 호의 정보를 확인하여야 한다. 다만, 신청인이 해당 정보의 확인에 동의하지 아니하는 경우에는 관련 자료를 제출하도록 해야 한다.
   1. 운전면허시험을 신청한 날로부터 2년 내에 실시한 「국민건강보험법」에 따른 신청인의 건강검진 결과 내역 또는 「병역법」에 따른 신청인의 병역판정 신체검사 결과 내역 중 적성검사를 위하여 필요한 시력 또는 청력에 관한 정보
   2. 신청인이 외국인 또는 재외동포인 경우 외국인등록사실증명 중 국내 체류지에 관한 정보나 국내거소신고사실증명 중 대한민국 안의 거소에 관한 정보
   3. 신청인이 군복무 중 자동차 등에 상응하는 군의 차를 운전한 경험이 있는 사람인 경우 병적증명서 중 지방병무청장이 발급하는 군 운전경력 및 무사고 확인서.
③ 연습운전면허시험에 응시하고자 하는 사람은 제1종 보통연습면허 및 제2종 보통연습면허를 동시에 신청할 수 없다(제③항).

(4) 응시원서의 접수 등 (규칙제58조)

① 경찰서장 또는 한국도로교통공단은 「응시원서」를 접수한 때에는 그 사실을 「응시원서접수대장」에 기록하고, 시험 일자를 지정한 후 「운전면허시험응시표」를 응시자에게 발급하여야 한다. 다만, 응시원서 접수사실을 전산정보처리조직에 의하여 관리하는 경우에는 「운전면허 응시원서접수대장」에 그 사실을 기록하지 아니할 수 있다(제1항).
② 「자동차운전면허시험 응시원서」의 유효기간은 **최초의 필기시험 일부터 1년간**으로 하되, 제1종 보통연습면허 또는 제2종 보통연습면허를 받은 때에는 그 연습운전면허의 유효기간으로 한다(제2항).
③ 제1항에 따라 「운전면허시험응시표」를 발급받은 사람이 그 「운전면허시험응시표」를 잃어버리거나 헐어 못쓰게 된 때에는 그 응시지역을 관할하는 경찰서장 또는 한국도로교통공단이 지정하는 장소에서 「운전면허시험응시표」를 재발급 받을 수 있다(제3항).
④ 경찰서장 또는 한국도로교통공단은 학과시험 또는 기능시험을 실시한 때에는 「운전면허시험 종합성적표」를, 도로주행시험을 실시한 때에는 「제1종 보통·제2종 보통운전면허시험 종합성적표」를 작성·비치하여야 하며, 최종합격자에 대하여는 「운전면허시험응시표」를 회수하여 이를 보관하여야 한다(제4항).

2 운전면허시험의 내용

(1) 운전면허시험의 순서
운전면허시험의 실시 순서는 운전면허의 종류에 따라 다소 차이는 있으나 통상 제1종·제2종 보통면허시험의 경우는 다음과 같은 방법으로 실시되므로 도표는 생략함.

(2) 적성시험(적성검사)의 정의
① 적성시험(적성검사)은 운전자의 육체적 정신적 기능이나 행동특성이 실제의 운전행위에서 일상적인 위험상태를 통제하고, 자동차를 안전하게 운전할 수 있는가 하는 능력을 검증하는 시험이다.
② 적성시험(적성검사)은 운전할 사람의 신체적 조건에 관하여 시험당시를 기준으로 판단하는 것으로서, 사람의 신체적 조건은 시간의 흐름에 따라 노쇠, 질병, 사고 등으로 인하여 변할 수 있기 때문에 처음 운전면허취득 당시는 정상이었으나, 그 후 사정변화로 적성기준에 미달하는 경우가 있으므로, 이에 대비하여 정기적성검사와 수시적성검사제도를 두고 있다.

(3) 적성시험(적성검사)의 합격기준 (영제45조)
자동차 등의 운전에 필요한 적성의 검사(정기적성검사와 수시적성검사)는 다음의 각 호의 기준을 갖추었는지에 대하여 실시한다. 다만, 제2호기준 (색채식별능력)은 정기적성검사와 수시적성검사의 경우에는 적용하지 않고, 제3호기준(청력)은 제1종 운전면허 중 대형면허 또는 특수면허를 취득하려는 경우에만 적용한다.
① 자동차 등의 운전에 필요한 적성의 기준 (영제45조제1항)

검사항목	합 격 기 준
1. 시력(교정시력 포함)	• 제1종 운전면허 : 두 눈을 동시에 뜨고 잰 시력이 0.8 이상이고, 두 눈의 시력이 각각 0.5 이상일 것. (다만, 한쪽 눈을 보지 못하는 사람이 보통면허를 취득하려는 경우에는 다른 쪽 눈의 시력이 0.8 이상이고, 수평시야가 120도 이상이며, 수직시야가 20도 이상이고, 중심시야 20도 내 암점과 반맹이 없어야 한다.) • 제2종 운전면허 : 두 눈을 동시에 뜨고 잰 시력이 0.5 이상일 것. 다만, 한쪽 눈을 보지 못하는 사람은 다른 쪽 눈의 시력이 0.6 이상이어야 한다.
2. 색채 식별 능력	• 붉은색·녹색 및 노란색을 구별할 수 있을 것
3. 청력	• 제1종 운전면허 중 대형면허·특수면허에 한한다. 55데시벨(보청기를 사용하는 사람은 40데시벨)의 소리를 들을 수 있을 것
4. 신체상태	• 조향장치나 그 밖의 장치를 뜻대로 조작할 수 없는 등 정상적인 운전을 할 수 없다고 인정되는 신체상 또는 정신상의 장애가 없어야 한다. 다만, 보조수단이나 신체장애 정도에 적합하게 제작·승인된 자동차를 사용하여 정상적인 운전을 할 수 있다고 인정되는 경우에는 그러하지 아니하다.

② **적성검사 판정방법** (영제45조 제2항)
   ㉮ 운전면허 적성기준에 따른 적성은 운전면허시험 신청일부터 2년 이내에 발급된 것으로서 다음 각 호의 어느 하나와 행정안전부령으로 정하는 병력신고서(제1종 보통면허와 제2종 운전면허의 경우 색채식별과 신체 또는 정신상의 장애에 따른 적성은 행정안전부령으로 정하는 질병·신체에 관한 신고서)로 판정할 수 있다.
   1. 행정안전부령으로 정하는 바에 따라 한국도로교통공단에 신고한 병원 및 종합병원이 발행한 신체검사서
   2. 「국민건강보험법」 제52조에 따른 건강검진결과통보서
   3. 「의료법」 제17조에 따라 의사가 발급한 진단서
   4. 「병역법」 제11조에 따른 병역판정신체검사(현역병지원 신체검사 포함) 결과 통보서
   ㉯ 신체검사서 건강검진결과통보서·의사진단서·병력신고서 또는 질병·신체에 관한 신고서로도 판정이 곤란한 사람에 대한 운전적성의 인정 방법 등은 행정안전부령이 정하는 다음 각 호의 하나에 해당하는 경우를 말한다(제45조제3항).
      ㉠ 학원·전문학원 또는 지방자치단체 등이 장애인의 운전교육을 위하여 설치하는 시설가운데 시·도경찰청장이 인정하는 시설에서 2시간 이상 기능교육을 받은 사실이 있는 경우(규칙 제60조제1항제1호)
      ㉡ 신체장애 정도에 적합하게 제작·승인된 자동차를 이용하여 운전면허시험에 응시하는 경우(규칙 제60조제1항제2호)
      ㉢ 해당분야의 전문의가 발급하는 소견서에 의하여 운전이 가능하다고 인정되는 경우
      ㉣ 의수·의족 등의 보조수단(이하 "보조장구"라 한다)을 사용하거나 보조장구 없이 핸들·브레이크·엑셀레이터 등의 조작능력 등을 과학적으로 평가할 수 있는 운동능력 평가기기에 의하여 운전적성의 판정에 합격하는 경우

(4) **학과시험(필기시험)** (법제83조제1항제2호·제3호)

학과시험내용은 응시자가 교통법규, 차량의 안전 및 비상 시 긴급조치 등에 관하여 실제의 교통상황에서 어떻게 대처하고 응용하는가를 이론적으로 평가하는 시험이다.

학과시험은 「자동차 등 및 도로교통 관한 법령에 대한 지식에 관한 시험」과 「자동차 등의 관리방법과 안전운전에 필요한 점검의 요령에 관한 시험」에 대한 내용을 사지(1답, 2답, 5지 2답)선다형의 객관식 필기시험으로 실시한다.

학과시험에 응시하고자 하는 사람은 그 운전면허시험에 응시하기 전에 교통안전교육 기관에서 실시하는 교통안전교육 또는 자동차운전 전문학원에서의 학과교육을 받아야 한다.

① **학과시험 내용**

학과시험은 「자동차 등 및 도로교통 관한 법령에 대한 지식에 관한 시험」과 「자동차 등의 관리방법 및 안전운전에 필요한 점검의 요령에 관한 시험」에 대한 시험을 95대 5의 비율로 출제하여 병합 실시한다.

제1장 운전면허시험제도

㉮ 자동차 등 및 도로교통에 관한 법령에 대한 지식에 관한 시험(영제46조)
  ㉠ 도로교통법 및 같은 법에 따른 명령에 규정된 사항
  ㉡ 「교통사고 처리특례법」 및 같은 법에 따른 명령에 규정된 사항
  ㉢ 「자동차관리법」 및 같은 법에 따른 명령에 규정된 사항 중 자동차 등의 등록과 검사에 관한 사항
  ㉣ 교통안전수칙과 교통안전교육지침에 규정된 사항
㉯ 자동차 등의 관리방법 및 안전운전에 필요한 점검요령에 관한 시험(영제47조)
  자동차 등의 관리방법 및 안전운전에 필요한 점검요령에 관한 시험은 다음 사항에 대하여 실시하며, 면허의 구분에 따른 자동차의 종류별로 실시한다.
  ㉠ 자동차 등의 기본적인 점검요령
  ㉡ 경미한 고장의 분별
  ㉢ 유류를 절약할 수 있는 운전방법 등을 포함한 운전장치의 관리방법.
  ㉣ 교통안전수칙과 교통안전교육에 관한 지침에 규정된 사항
② **학과시험문제의 출제와 관리** (규칙제62조①, ②, ③)
  ㉮ 한국도로교통공단은 매년 운전면허시험의 학과시험 문제지를 면허시험 종별로 작성하고, 원동기장치자전거 면허시험의 학과시험 문제지를 경찰서장에게 배부하여야 한다.
  ㉯ 경찰서장 및 한국도로교통공단은 학과시험 문제지를 분실·훼손되지 아니하도록 보관하여야 하며, 시험이 시작되기 직전에 소속 경찰공무원 또는 한국도로교통공단 소속 직원을 지명하여 학과시험문제지를 선별하고 응시자에게 좌석 열별로 다르게 배부하도록 하여야 한다.
  ㉰ 응시자에게 배부한 학과시험 문제지는 시험 끝나는 즉시 회수하여 보관하여야 한다.
③ **필기시험의 출제비율** (규칙제63조)
  도로교통법령 등에 관한 시험 및 자동차 등의 점검요령 등에 관한 시험을 병합하여 실시하는 경우의 출제비율은 다음과 같이 한다.
  ㉮ **도로교통법령**에 관한 시험 : 95퍼센트
  ㉯ 자동차 등의 **점검요령** 등에 관한 시험 : 5퍼센트
④ **필기시험의 합격기준** (영제50조제2항)
  ㉮ 제1종 운전면허시험은 100점 만점에 **70점**이다.
  ㉯ 제2종 운전면허시험은 100점 만점에 **60점**이다.

> **해설**
> **신체장애인 또는 글을 알지 못하는 사람의 학과시험 방법**(영제50조제1항 단서)
> 필기시험에 있어서 신체장애인이나 글을 알지 못하는 사람으로서 필기시험을 치르는 것이 곤란하다고 인정되는 사람은 구술시험으로 필기시험을 대신할 수 있다.

⑤ **필기시험 합격자 발표** (규칙제64조제1항~제3항)
    ㉮ 필기시험의 합격자발표는 특별한 사정이 없는 한 시험당일에 하여야 한다.
    ㉯ 필기시험의 합격자를 발표하는 때에는 기능시험의 일시 및 장소를 합격자에게 알려주어야 한다.
    ㉰ 필기시험의 합격자발표는 일정한 장소에 합격자의 수험번호를 게시함으로써 본인에 대한 통지에 대신할 수 있다.
⑥ **필기시험 합격의 효력** (영제50조제1항·제6항)
    ㉮ 필기시험에 합격한 사람에 대해서만 장내기능시험을 실시한다.
    ㉯ 필기시험에 합격한 사람은 **합격한 날부터 1년 이내**에 실시하는 운전면허시험에 한정하여 그 합격한 시험을 면제한다.

(5) 장내기능시험 (법제83조제1항제4호)

　　장내기능시험은 운전장치의 조작능력, 즉 실제 운전상황에서 교통법규나 규칙에 맞는 운전능력, 운전태도, 기타 안전운전에 필요한 능력을 시험하는 것으로, 운전면허시험장 내에 설치된 장내기능시험코스에서 기능시험관이 전자채점기에 의하여 감점방식으로 채점한다.

　　「운전면허시험코스」는 도로를 축소한 형태로 구성된 규칙제65조 별표23 「기능시험코스의 종류·형상 및 구조」에 따라 실시하며, 전국의 운전면허시험장과 자동차운전 전문학원에 설치되어 있다. 설치장소별로 과제의 위치는 다소 차이가 있으나 그 차이는 부지 형태문제로 기능시험에는 별 문제가 없다.

① **장내기능시험의 과제** (영제48조제1항) : 자동차 등의 운전에 필요한 기능에 관한 시험(이하 "장내기능시험"이라 한다)은 다음 사항에 대하여 실시한다.
    ㉮ 운전장치를 조작하는 능력
    ㉯ 교통법규에 따라 운전하는 능력
    ㉰ 운전 중의 지각 및 판단능력
② **장내기능시험에 사용되는 자동차의 종별** (영제48조제2항) : 장내기능시험에 사용되는 자동차 등의 종별은 아래와 같다.

> **해설**
>
> **「장내기능시험 및 도로주행시험에 사용되는 자동차의 종별」** (규칙제70조)
> ① 영제48조제2항 또는 영제49조제3항에 따라 기능시험 또는 도로주행시험에 사용되는 자동차
>   1 제1종 대형면허의 경우 : 다음 각 목의 기준을 모두 갖춘 승차정원 30명 이상의 승합자동차
>   ㉮ 차량길이 : 945센티미터 이상   ㉯ 차량너비 : 240센티미터 이상
>   ㉰ 축간거리 : 480센티미터 이상   ㉱ 최소회전반경 : 798센티미터 이상
>   2 제1종 보통연습면허 및 제1종 보통면허의 경우 : 다음 각 목의 기준을 모두 갖춘 화물자동차
>   ㉮ 차량길이 : 465센티미터 이상   ㉯ 차량너비 : 169센티미터 이상
>   ㉰ 축간거리 : 249센티미터 이상   ㉱ 최소회전반경 : 520센티미터 이상

3 제1종 소형면허의 경우 : 3륜화물자동차
4 제1종 특수면허 중 대형견인차면허의 경우 : 다음 각 목의 구분에 따른 기준을 갖춘 견인자동차 또는 피견인자동차
　㉮ 견인자동차 : 기준 없음
　㉯ 피견인자동차 : 다음의 기준을 모두 갖춘 피견인자동차
　　1) 차량길이 : 1천 200센티미터 이상　　2) 차량너비 : 240센티미터 이상
　　3) 축간거리 : 890센티미터 이상
5 제1종 특수면허 중 소형견인차면허의 경우 : 다음 각 목의 구분에 따른 기준을 갖춘 견인자동차 또는 피견인자동차
　㉮ 견인자동차 : 제2호에 따른 자동차
　㉯ 피견인자동차 : 다음의 기준을 모두 갖춘 피견인자동차
　　1) 차량길이 : 385센티미터 이상　　2) 차량너비 : 167센티미터 이상
　　3) 연결장치에서 바퀴까지 거리 : 200센티미터 이상
　　4) 차량무게 : 총중량 750킬로그램 이상
6 제1종 특수면허 중 구난차면허의 경우 : 다음 각 목의 구분에 따른 기준을 갖춘 견인자동차와 피견인자동차
　㉮ 견인자동차 : 다음의 기준을 모두 갖춘 견인자동차
　　1) 차량길이 : 643센티미터 이상　　2) 차량너비 : 219센티미터 이상
　　3) 축간거리 : 379센티미터 이상
　㉯ 피견인자동차 : 제2호에 따른 자동차
7 제2종 보통연습면허의 경우 : 다음 각 목의 기준을 모두 갖춘 승용자동차(일반형 또는 승용겸화물형으로 한정한다) 또는 3톤 이하의 화물자동차(외관이 일반형 승용자동차와 유사한 밴형으로 한정한다)
　㉮ 차량길이 : 397센티미터 이상　　㉯ 차량너비 : 156센티미터 이상
　㉰ 축간거리 : 234센티미터 이상　　㉱ 최소회전반경 : 420센티미터 이상
8 제2종 보통면허의 경우 : 제⑦호 각 목의 기준을 모두 갖춘 일반형 승용자동차
9 제2종 소형면허의 경우 : 이륜자동차(200cc 이상으로 한정한다)
10 원동기장치자전거면허의 경우 : 배기량 49cc 이상인 이륜의 원동기장치자전거(다륜형 원동기장치자전거만을 운전하는 조건의 면허의 경우에는 삼륜 또는 사륜의 원동기장치자전거로 한다)
② 제1종 보통연습면허 및 제2종 보통연습면허의 기능시험에 있어서 응시자가 소유하거나 타고 온 차가 자동차의 구조 및 성능이 제1항에 따른 기준에 적합한 경우에는 그 차로 응시하게 할 수 있다(제70조제2항).
③ 경찰서장 또는 도로교통공단은 조향장치나 그 밖의 장치를 뜻대로 조작할 수 없는 등 정상적인 운전을 할 수 없다고 인정되는 신체장애인에 대하여는 차의 구조 및 성능이 제1항에 따른 기준에 적합하고, 자동변속기, 수동가속페달, 수동브레이크, 좌측 보조액셀러이터, 우측 방향지시기 또는 핸들선회장치 등이 장착된 자동차 등이나 응시자의 신체장애 정도에 적합하게 제작·승인된 자동차 등으로 기능시험 또는 도로주행시험에 응시하게 할 수 있다(제70조제3항).

③ **장내기능시험 채점방법** : 장내기능시험은 전자채점기로 채점한다. 다만 행정안전부령으로 정하는 기능시험은 운전면허시험관이 직접 채점할 수 있다(영제48조제3항).

④ **장내기능시험 불합격자의 처리** : 장내기능시험에 불합격한 사람은 불합격한 날부터 3일이 지난 후에 다시 장내기능시험에 응시할 수 있다(영제48조제5항).

⑤ **장내기능시험 실시 (규칙제65조)** : 적성검사에 합격한 사람에 대하여 별표23에 따른 코스를 운전하게 함으로써 이를 실시하며, 기능시험코스의 종류·형상 및 구조는 다음과 같다.

[별표23]

[기능시험코스의 종류·형상 및 구조]

(규칙제65조관련)

1. 제1종 대형면허

코스의 종류·형상	구 조	시험방법
가. 출발코스	① 출발지점은 50cm 너비의 백색선으로 표시하고 1m 전방에 "출발"이라고 노면에 표시 ② 출발선을 지나 2m 이상 10m 이내 지점에 최고속도 제한표지(제224호) 설치	• 출발시 전·후·좌·우의 교통상황을 확인하고, 방향지시등을 작동하면서 출발하여 차로 중앙으로 진입 • 진입 후에는 방향지시등을 소등
나. 굴절코스	① 규격(단위:미터) ② 10~15cm 너비의 황색실선으로 표시 ③ 입구에 좌우로 이중굽은 도로 표지(제114호) 또는 우좌로 이중굽은 도로 표지(제113호) 설치	• 전진으로 진입하여 검지선 접촉없이 통과 • 지정시간 2분 이내
다. 곡선코스	① 규격(단위:미터) ② 10~15cm 너비의 황색 실선으로 표시 ③ 입구에 좌우로 이중굽은 도로 표지(제114호) 또는 우좌로 이중굽은 도로 표지(제113호) 설치	• 전진으로 진입하여 검지선 접촉없이 통과 • 지정시간 2분 이내
라. 방향전환코스	① 규격(단위:미터) ② 10~15cm 너비의 황색 실선으로 표시 ③ 차고 후미 부분에 겉테두리선으로부터 1m 지점에 10~20cm 너비의 확인선 설치	• 전진으로 진입하여 후진으로 차고의 확인선을 뒷바퀴로 접촉한 후 전진으로 되돌아 나올 때까지 검지선 접촉없이 통과 • 지정시간 2분 이내

코스의 종류·형상	구 조	시험방법
마. 평행주차코스	① 규격(단위:미터) | 구 분		제1종 대형면허
폭	ㄱ	3.5
길이	ㄴ	15.0
연석과의 간격	ㄷ	0.4 이상
주차코스 사이 간격	ㄹ	3.0 | ② 10~15cm 너비의 황색 실선으로 표시 ③ 입구에 주차장 표지(제319호) 설치 ④ 확인선은 황색실선 바깥쪽으로부터 30cm 위치에 너비 20cm 간격으로 설치	• 후진으로 진입하여 전진·후진으로 주차코스 구간 내에 설치된 확인선을 앞·뒤 바퀴로 동시에 접촉하여 안쪽 연석선과 나란히 주차하였다가 전진으로 검지선 접촉없이 출발 • 지정시간 2분 이내
바. 기어변속코스	① 70m의 대략 직선구간(곡선반경 150R)에 40m로 설치 ② 시작되는 지점 전 10m 우측에 시속 20km 최저속도 제한표지(제225호)와 종료되는 지점 전 10m 우측에 시속 20km 최고속도 제한표지(제224호) 설치	• 시작지점에서는 2단에서 3단으로 기어변속하고, 속도유지 • 종료지점에서는 3단에서 2단으로 기어변속한 후 통과
사. 교통신호가 있는 십자형 교차로코스	① 교차로 모퉁이 반경은 6m 이상 ② 교차로 입구 4방향에는 4색 신호등을 3m~4m 높이로 설치 - 신호등 크기 : 직경 300mm 이상 - 지주의 굵기 : 직경 150mm 이상 ③ 신호순서는 별표5의 신호등의 신호순서에 따른다. ④ 교차로 4방향에 2m 너비의 횡단보도를 설치하고 횡단보도에 이르기 전 2m 지점에 30cm 너비의 정지선을 표시 ⑤ 정지선에 이르기 전 1m 이상 10m 이내 지점의 우측에 +자형 교차로 표지(제101호)와 횡단보도 예고표시(제529호) 설치	• 직진 신호일 때 직진, 우회전할 때 우회전 방향지시등을 작동 우회전, 정지 신호일 때 정지, 좌회전 신호일 때 좌회전 방향지시등을 작동 좌회전하는 등 신호기의 신호에 따라 운전 • 3회 이상 통과(직진, 좌회전, 우회전 등)
아. 횡단보도코스	① 횡단보도의 너비는 4m로 하고, 횡단보도 표시(제532호) 설치 ② 횡단보도에 이르기 전 2m 지점에 30cm 너비의 정지선(제530호)을 표시하고, 정지선에 이르기 전 1m 이상 5m 이내 지점에 횡단보도 표지(제132호)·일시정지 표지(제227호)와 횡단보도 예고 노면표시(제529호) 설치	• 횡단보도 정지선 전방에 정지하였다가 출발

코스의 종류·형상	구조	시험방법
자. 철길건널목코스	① 14×24×230cm 받침목을 35cm 간격으로 세로로 놓고, 그 위에 레일을 받침목 양끝에서 40cm되는 위치에 2개씩 가로로 설치 ② 레일 양쪽에는 양쪽 받침목을 레일에 나란히 붙여 연결 ③ 남은 공간은 콘크리트나 아스콘으로 채우되, 레일로부터 2m 이상되는 지점에서 받침목 높이에 맞게 경사를 두고 경사도가 6% 이상 되게 설치 ④ 철길건널목에 이르기 전 2m 지점에 30cm 너비의 일시정지표시(제521호)를 표시하고, 정지선에 이르기 전 5m 이상 10m 이내 지점 우측에 철길건널목 표지(제110호)와 일시정지 표지(제227호) 설치	• 철길건널목 정지선 전방에 일시정지하여 좌·우를 확인한 후 통과
차. 경사로코스	① 높이는 1.5m 이상, 오르막 경사도는 10~12.5%, 내리막 경사도는 6.5~9%로 하고, 정상부의 길이는 4m 반경 15~16m 곡선으로 함. ② 경사 시작점으로부터 1m 지난 지점과 상부 곡선부 시작점 1m 못미친 지점에 30cm 너비의 경사구획선을 표시하고, 오르막 3m 전방에 오르막 경사표지(제116호) 및 내리막 경사표지(제117호)를 설치 ③ 길가장자리선에서 바깥으로 50cm 이상 높이의 방호벽 설치	• 오르막 정지선에 3초 이상 정지하였다가 50cm 이상 후진하지 아니하고 출발 • 정지구간은 오르막 시작점 1m 지점에서부터 상부곡선부 시작점 1m 못미친 지점의 30cm 폭까지로 하고 정지구간 이탈범위는 자동차의 앞범퍼를 기준으로 한다.
카. 종료코스	① 종료지점은 50cm 너비의 백색선으로 표시하고 종료지점에 이르기 전 1m 지점에 "종료"라고 노면에 표시 ② 종료지점에 이르기 전 5m 이상 10m 이내 지점 우측에 서행 표지(제226호) 설치	• 종료시전·후·좌·우의 교통상황을 확인하고 방향지시등을 작동하면서 차를 도로 우측에 붙여 정지

주 1. 가목에서 카목까지의 코스는 다음과 같은 연장거리 700m 이상의 콘크리트 등으로 포장된 도로에서 연결하여 실시한다.
  가. 도로의 폭은 7m 이상으로 하고 3m부터 3.5m까지 너비의 2개 차로 이상을 설치
  나. 10~15cm 너비의 중앙선을 표시하고 중앙선으로부터 3m 되는 지점에 10~15cm 너비의 길가장자리선을 설치
  다. 연석은 길가장자리선으로부터 25cm 이상 간격으로 높이 10cm 이상, 너비 10cm 이상으로 설치
 2. 전문학원의 기능교육장은 부지의 형상에 따라 굴절·곡선·방향전환코스 등의 순서에 관계없이 설치할 수 있다.
 3. 기능교육을 위하여 필요한 경우에는 폭 3m 이상, 길이 15m 이상의 굴절·곡선·방향전환코스 또는 대형견인차코스 등을 각각 분리하여 설치할 수 있다.
 4. 영 별표5제7호가목 단서의 규정에 의하여 2층으로 교습장을 설치하는 경우에는 기어변속코스, 교통신호가 있는 십자형교차로코스, 출발·종료코스는 반드시 1층에 위치하여야 하며, 다음 각 호의 기준에 적합한 안전시설이 갖추어져 있어야 한다.
  가. 2층 연결도로의 폭은 7m 이상으로 하고 3m 이상 너비의 2개 차로 이상을 확보하여야 하며, 제1호 나목에 따른 규격의 중앙선과 길가장자리선을 표시하는 동시에 경사각도는 12.5% 미만으로 설치될 것

나. 연결도로의 양옆 길가장자리선 외측 및 2층 고가기능교육장의 외측에는 두께 20cm 이상, 높이 110cm 이상의 철근콘크리트조 방호울타리를 설치하여 차량의 추락을 방지하도록 하여야 하며, 이때 방호울타리의 설계하중은 벽의 상단에서 횡방향으로 측정하여 직선구간은 1t/m, 곡선구간은 2t/m 이상으로 유지되어야 한다.
5. 운전면허 기능시험의 응시생(교육생을 포함한다)의 안전을 위하여 대기장소에는 다음의 기준에 적합한 가드레일 또는 철근콘크리트 방호울타리를 설치하여야 한다.
　　가. 가드레일
　　　　(1) 보(폭 350mm, 코르게이션 75mm, 두께 4.0mm, 단면적 18.7cm²)
　　　　(2) 기둥(바깥지름 139.8mm, 두께 4.5mm, 매입깊이 165cm)
　　　　(3) 연결쇠(폭 70mm, 코르게이션 31mm, 두께 4.5mm)
　　　　(4) 보 중심높이 60cm 이상
　　　　(5) 최대 기둥 간격 4.0m
　　나. 철근콘크리트 방호울타리
　　　　(1) 두께 20cm
　　　　(2) 높이 60cm 이상
　　　　(3) 방호울타리의 설계하중은 벽의 상단에서 횡방향으로 측정, 직선구간 1t/m, 곡선구간은 2t/m 이상
6. 제1호의 도로를 운행중 다음 각 목의 운전능력도 함께 측정한다.
　　가. 돌발사고 발생 시 급정지능력 : 돌발등이 켜지면 2초 이내에 급정지하고, 3초 이내 비상점멸등을 켜고 대기 후 운행
　　나. 지정속도 유지능력 : 매시 10~20km 미만의 속도에 따라 운행하여 지정시간 내에 통과

※ 지정시간 = $\dfrac{\text{코스길이}}{\text{평균주행속도(15km 기준)}}$ +경사로, 돌발사고 구간 각 20초(총 40초)+굴절 · 곡선 · 방향 전환 · 평행주차코스 각 120초(총 480초)

※ 신호대기시간은 지정시간 계산에 산입하지 아니한다.
　　다. 시동상태 유지능력 : 시험이 종료될 때까지 시동을 꺼트리지 아니하고, 4,000RPM(분당 회전수) 이하로 운행
　　라. 좌석안전띠 착용상태 : 출발지점에서 종료지점까지(평행주차코스 · 방향전환코스 후진도 포함) 좌석안전띠를 정확하게 착용하고 종료지점까지 운행

1의2. 제1종 보통연습면허 및 제2종 보통연습면허

코스의 종류 형상	구　조	시 험 방 법
가. 출발코스 2~10m　50cm 　1m ⑳ 前 後	① 출발지점은 50센티미터 너비의 백색선(이하 이 란에서 "출발선"이라 한다)으로 표시하고, 출발선에서 코스진행방향으로 1미터 지점의 노면에 "출발"이라는 글자를 표시함 ② 출발선에서 코스진행방향으로 2미터 이상 10미터 이내의 지점에 최고속도제한표지(제224호)를 설치함	가) 출발시 전 · 후 · 좌 · 우의 교통상황을 확인하고, 방향지시등을 작동하면서 출발하여 차로 중앙으로 진입하는지 여부 나) 진입 후 방향지시등을 소등하는지 여부

코스의 종류·형상	구 조	시험방법
나. 경사로코스	① 경사로의 높이는 1미터 이상으로 하고, 경사로의 오르막 경사도는 10~12.5퍼센트로 하며, 경사로의 내리막 경사도는 6.5~9퍼센트로 하고, 경사로의 정상부 길이는 4미터로 하며, 경사로코스는 반경 15~16미터 곡선으로 함 ② 경사로코스 시작 지점부터 코스진행방향으로 1미터 지점과 경사로 코스 시작지점에 가까운 경사로 곡선 시작점부터 코스진행반대방향으로 1미터에 못 미치는 지점에 각각 30센티미터 너비의 경사구획선을 표시하고, 경사로 코스 시작지점부터 오르막 3미터 전방에 오르막 경사 표지(제116호) 및 내리막 경사 표지(제117호)를 설치함 ③ 길가장자리선의 바깥에 높이가 50센티미터 이상인 방호벽을 설치함	가) 오르막 정지구간에서 3초 이상 정지하였다가 50센티미터 이상 후진하지 아니하고 출발하는지 여부 나) 이 경우 정지 구간은 오르막 시작점 1미터 지점부터 상부 곡선부 시작점 1미터 못 미친 지점의 30센티미터 폭까지로 하고, 해당 정지 구간 이탈 범위는 자동차의 앞 범퍼를 기준으로 판단
다. 가속코스	① 가속코스의 길이는 직선구간(곡선반경 150R)에 40미터로 설치함 ② 가속코스 시작 지점에서 10미터 이전 지점의 우측에 시속 20킬로미터 최저속도제한표지(제225호)와 가속코스 종료 지점 10미터 이전 지점의 우측에 시속 20킬로미터 최고속도제한표지(제224호)를 설치함	가) 가속코스 시작 지점 통과 후 시속 20킬로미터 이상의 속도를 유지하고 2단 또는 3단으로 기어변속을 하는지 여부 나) 가속코스 종료 지점 통과 전 시속 20킬로미터 미만의 속도로 감속하고 2단 또는 3단에서 1단 또는 2단으로 기어변속을 하고 주행하는지 여부 다) 가)에도 불구하고 자동변속기 자동차의 경우에는 시작지점부터 종료지점까지 시속 20킬로미터 이상의 속도를 유지하는지 여부

제1장 운전면허시험제도

코스의 종류·형상	구 조	시험방법
라. 직각주차코스	① 1) 직각주차코스 규격 (단위 : 미터) | 폭 | ㄱ | 3.5 | | 차고의 폭 | ㄴ | 3.0 | | 차고의 길이 | ㄷ | 4.8 이상 | | 출입구쪽길이 | ㄹ | 4.8 이상 | | 모퉁이의반경 | ㅁ | 1.0 | ② 주차구획선은 10~15 센티미터 너비의 황색실선으로 표시함 ③ 직각주차코스 입구에 주차장 표지(제319호)를 설치함 ④ 차고 후미부분의 겉테두리선부터 코스 안쪽 방향으로 1미터 지점에 10~20센티미터 너비의 확인선을 설치함	가) 120초 이내에 나)를 이행하는지 여부 나) 전진으로 진입하여 후진으로 차고의 확인선을 뒷바퀴가 접촉하고 나서 주차브레이크를 작동하고 다시 해제한 후 전진으로 되돌아 나오되, 직각주차코스를 벗어나기 전까지 검지선을 접촉하거나 차체가 주차구획선을 벗어나지 않고 통과
마. 신호교차로코스	① 교차로의 모퉁이 반경은 4미터 이상으로 함 ② 교차로 입구 4방향 또는 3방향에 3~4미터 높이의 4색 또는 3색신호등을 설치하되, 신호등 크기는 직경 300밀리미터 이상으로, 신호등 기둥의 굵기는 직경 150밀리미터 이상으로 함 ③ 신호순서는 별표 5의 신호등의 신호순서로 함 ④ 교차로의 4방향 또는 3방향으로 2미터 너비의 횡단보도를 설치하고 횡단보도에 이르기 전 2미터 지점에 30센티미터 너비의 정지선을 표시함 ⑤ 정지선에 이르기 전 1미터 이상 10미터 이내 지점의 우측에 교차로표지(제101호, 제102호, 제104호 또는 제105호)와 횡단보도예고표시(제529호)를 설치함	가) 신호기의 신호에 따라 운전하는지 여부 나) 구체적으로 직진신호 시 직진하고, 우회전할 때에는 우회전방향지시등을 작동하고 우회전을 하며, 정지신호인 때에는 정지하고, 좌회전 신호인 때 좌회전 방향지시등을 작동하여 좌회전하는지 등을 확인 다) 좌회전을 포함하여 1회 이상 신호교차로 통과
바. 종료코스	① 종료지점은 50센티미터 너비의 백색선(이하 이 란에서 "종료선"이라 한다)으로 표시하고 종료선에서 코스진행 반대방향으로 1미터 지점의 노면에 "종료"라는 글자를 표시함 ② 종료선에 이르기 전 5미터 이상 10미터 이내 지점 우측에 서행 표지(제226호)를 설치함	가) 종료시 전·후·좌·우의 교통상황을 확인하고, 우측방향지시등을 작동하면서 차를 도로 우측에 붙여 정지

비고
1. 가목에서 바목까지의 코스는 다음 각 목의 조건을 모두 갖춘 연장거리 300미터 이상의 콘크리트 등으로 포장된 도로로 연결한다.
　가. 도로의 폭은 7미터 이상으로 하고 3미터 너비의 2개 이상의 차로(제1종 대형면허 시험코스로도 사용하려는 경우에는 너비를 3미터 내지 3.5미터로 한다)를 설치함

나. 10~15센티미터 너비의 중앙선을 표시하고, 중앙선부터 3미터 지점에 10~15센티미터 너비의 길가장자리선을 설치함
다. 길가장자리선부터 25센티미터 이상의 간격으로 연석을 설치하되, 연석은 높이 10센티미터 이상, 너비 10센티미터 이상으로 함
2. 운전면허시험장의 기능시험장, 운전(전문)학원의 기능교육장은 부지의 형상에 따라 개별시험코스의 순서에 관계없이 설치할 수 있다.
3. 기능교육을 위하여 필요한 경우에는 폭 3미터 이상, 길이 15미터 이상의 굴절·곡선·방향전환 또는 대형견인차 코스 등을 각각 분리하여 설치할 수 있다.
4. 영 별표 5 제7호가목 단서에 따라 2층으로 교습장을 설치하는 경우 출발코스, 가속코스, 교차로코스 및 종료코스는 반드시 1층에 위치하여야 하고, 다음 각 목의 기준에 적합한 안전시설을 갖추어야 한다.
   가. 2층 연결도로의 폭은 7미터 이상으로 하고, 너비가 3미터 이상인 차로를 2개 이상 확보하여야 하며, 비고 가목 2)에 따라 중앙선 및 길가장자리선을 표시하되, 연결도로의 경사각도는 12.5퍼센트 미만으로 할 것
   나. 연결도로의 양 옆 길가장자리선 외측 및 2층 고가기능교육장의 외측에는 두께 20센티미터 이상, 높이 110센티미터 이상의 철근콘크리트 방호울타리를 설치하여 차량의 추락을 방지하되, 벽의 상단에서 횡방향으로 측정한 방호울타리의 설계하중은 직선구간의 경우 제곱미터당 1톤, 곡선구간은 제곱미터당 2톤 이상이어야 한다.
5. 운전면허 기능시험의 응시생(교육생을 포함한다)의 안전을 위하여 응시생 대기장소에 다음의 기준에 적합한 가드레일 또는 철근콘크리트 방호울타리를 설치하여야 한다.
   가. 가드레일
      1) 보(폭 350밀리미터, 코르게이션 75밀리미터, 두께 4밀리미터, 단면적 18.7제곱센티미터)
      2) 기둥(바깥지름 139.8밀리미터, 두께 4.5밀리미터, 매입깊이 165센티미터)
      3) 연결쇠(폭 70밀리미터, 코르게이션 31밀리미터, 두께 4.5밀리미터)
      4) 보 중심높이 60센티미터 이상
      5) 최대 기둥 간격 4미터
   나. 철근콘크리트 방호울타리
      1) 두께 20센티미터
      2) 높이 60센티미터 이상
      3) 벽의 상단에서 횡방향으로 측정한 방호울타리의 설계하중은 직선구간의 경우 제곱미터당 1톤 이상, 곡선구간의 경우 제곱미터당 2톤 이상
6. 비고 제1호에 따른 도로를 운행 중 다음 각 목의 구분에 따른 운전능력도 함께 측정한다.
   가. 운전장치의 조작: 출발지점에서 출발하기 전에 별표 24 제2호가목1)의 시험항목 순서대로 시험관의 지시 또는 차량 탑재시스템의 음성지시에 따라 운전장치를 조작하는지를 측정
   나. 돌발사고 발생시 급정지능력: 돌발등이 켜지면 2초 이내에 급정지하고 3초 이내에 비상점멸등을 켜고 대기 후 운행하는지를 측정
   다. 지정속도 유지능력: 시속 20킬로미터 미만의 속도로 운행하여 다음에 따른 지정시간 내에 통과(가속코스는 제외)하는지를 측정
      1) 지정시간은 다음의 식에 따라 산정한다.

      $$지정시간 = \frac{코스길이}{시속 15킬로미터} + 경사로 통과 및 돌발상황 대응 시간 각 20초(총 40초) + 직각주차 소요 시간 120 + 운전장치조작 시간 300초$$

      2) 지정시간을 측정할 때 신호대기시간은 제외함
   라. 시동상태 유지능력: 시험이 종료될 때까지 시동을 꺼트리지 않고 4천RPM 미만으로 운행하는지를 측정
   마. 좌석안전띠 착용상태: 출발선에서 출발지시를 받고 출발할 때부터 종료선을 통과하여 결과판정을 받을 때까지 좌석안전띠를 정확하게 착용하고 종료지점까지 운행하는지를 측정
   바. 차로준수: 시속 20킬로미터 미만의 속도로 운행하면서 차로를 준수하는지를 점검하되, 점검이 시작될 때부터 종료될 때까지 차의 바퀴 어느 하나라도 중앙선, 차선 또는 길가장자리구역선을 접촉하는지 여부를 점검

2. 2종 소형면허 및 원동기장치자전거면허

코스의 종류 · 형상	구 조	시험 방법
가. 굴절코스	① 규격(단위:미터) | 폭 | ㄱ | 1.0 | | 모퉁이 사이 길이 | ㄴ | 10.0 | | 출입구쪽 길이 | ㄷ | 3.0 | | 모퉁이의 반경 | ㄹ | 1.0 | ② 10cm 너비의 황색실선으로 표시	• 전진으로 진입하여 검지선 접촉이나 발이 땅에 닿지 아니하고 통과
나. 곡선코스	① 규격(단위:미터) | 폭 | ㄱ | 1.0 | | 진입구 반경 | ㄴ | 6.0 | | 외측 원주의 길이 | ㄷ | 3/8 | | 출구반경 | ㄹ | 6.0 | ② 10cm 너비의 황색실선으로 표시	• 전진으로 진입하여 검지선 접촉이나 발이 땅에 닿지 아니하고 통과
다. 좁은길코스	① 규격(단위:미터) | 폭 | ㄱ | 0.4 | | 높이 | ㄴ | 0.05 | | 길이 | ㄷ | 15.0 | | 경사부의 길이 | ㄹ | 0.4 | ② 콘크리트 구조물로 설치	• 전진으로 진입하여 검지선 접촉이나 발이 땅에 닿지 아니하고 통과
라. 연속 진로전환코스	① 규격(단위:미터) | 폭 | ㄱ | 3.0 | | | ㄴ | 1.5 | | 입체 장애물의 거리 | ㄷ | 4.5 | | | ㄹ | 27.0 | ② 양쪽 끝은 10cm 너비의 황색실선으로 표시 ③ 입체 장애물은 교통콘(높이 50cm 이상)으로 시설 ④ 입체 장애물은 중심선상에 5개소 설치	• 화살표 방향으로 진입하여 진로를 변경하면서 검지선 접촉이나 발이 땅에 닿거나 교통콘을 접촉하지 아니하고 통과

주 1. 가목부터 라목까지의 코스는 분리하여 코스별로 실시한다.
　2. 다륜형 원동기장치자전거만을 운전하는 것을 조건으로 하는 원동기장치자전거면허의 경우에는 가목과 나목의 코스만을 실시하며, 이 경우 각 코스의 규격은 가목 및 나목의 규정에도 불구하고 다음과 같이한다.

굴절코스(단위 : 미터)			곡선코스(단위 : 미터)		
폭	ㄱ	2.0	폭	ㄱ	2.0
모퉁이 사이 길이	ㄴ	10.0	진입구 반경	ㄴ	7.0
출입구 쪽 길이	ㄷ	3.0	외측원주의 길이	ㄷ	3/8
모퉁이의 반경	ㄹ	1.0	출구 반경	ㄹ	6.0

3. 특수면허

코스의 종류·형상	구 조	시험방법
대형견인차면허	① 규격 (단위:미터) | 폭	ㄱ	10
높이	ㄴ	25
여유폭	ㄷ	12
차고의 길이	ㄹ	9.7
차고폭	ㅁ	3.6
입구쪽의 길이	ㅂ	17.4
전·후진 차로길이	ㅅ	46 | ② 10센티미터 너비의 황색실선으로 표시 ③ 차고 후미부분에 겉테두리선으로부터 1미터 지점에 확인선을 설치	• 견인차에 피견인차를 5분 이내에 연결하여 출발점에서 화살표 방향으로 전진하여 A지점의 확인선을 접촉하고, 후진으로 B지점의 확인선을 접촉한 후 다시 A지점으로 전진하였다가 후진으로 출발지점에 도착 • 출발지점에 도착한 후 피견인차를 5분 이내 분리 • 총 지정시간 15분 이내
소형견인차면허 가. 굴절코스	① 규격 (단위:미터) | 폭	ㄱ	4.7
모퉁이 사이길이	ㄴ	15.0
출입쪽 길이	ㄷ	6.0
모퉁이의 반경	ㄹ	1.5 | ② 10~15센티미터 너비의 황색실선으로 표시 ③ 입구에 좌우로 이중굽은 도로표지(제114호) 또는 우좌로 이중굽은 도로표지(제113호) 설치	• 전진으로 진입하여 검지선 접촉 없이 통과 • 지정시간 3분 이내
소형견인차면허 나. 곡선코스	① 규격 (단위:미터) | 폭	ㄱ	4.2
반경	ㄴ	10.0
외측원주의 길이	ㄷ	전원주의 3/8 | ② 10~15센티미터 너비의 황색실선으로 표시 ③ 입구에 좌우로 이중굽은 도로표지(제114호) 또는 우좌로 이중굽은 도로표지(제113호) 설치	• 전진으로 진입하여 검지선 접촉 없이 통과 • 지정시간 3분 이내

제1장 운전면허시험제도

코스의 종류·형상	구 조	시험 방법
소형견인차면허	다. 방향전환코스 ① 규격(단위:미터) 	폭	ㄱ	5.2
차고의 길이	ㄴ	8.0
출입구쪽 길이	ㄷ	8.0
모퉁이의 반경	ㄹ	1.5	 ② 10~15센티미터 너비의 황색실선으로 표시 ③ 차고 후미부분에 겉테두리선으로부터 1미터 지점에 10~20센티미터 너비의 확인선을 설치	• 전진으로 진입하여 후진으로 차고의 확인선을 뒷바퀴가 접촉한 후 전진으로 되돌아 나올 때까지 검지선 접촉 없이 통과 • 지정시간 3분 이내
구난차면허	가. 굴절코스 ① 규격(단위:미터) 	구 분		시험용자동차의 종류	
		A	B
폭	ㄱ	4.7	4.3
모퉁이 사이길이	ㄴ	15.0	15.0
출입구쪽 길이	ㄷ	6.0	6.0
모퉁이의 반경	ㄹ	1.5	1.5 | *A : 각 820×240×450cm 이상(각각 차량길이, 너비, 축간거리)의 구난차. 이하 같다. *B : 각 643×219×379cm 이상(각각 차량길이, 너비, 축간거리)의 구난차. 이하 같다. ② 10~15센티미터 너비의 황색실선으로 표시 ③ 입구에 좌우로 이중굽은 도로표지(제114호) 또는 우좌로 이중굽은 도로표지(제113호) 설치 나. 곡선코스 ① 규격(단위:미터) | 구 분		시험용자동차의 종류	
		A	B
폭	ㄱ	4.2	3.8
반 경	ㄴ	10.0	10.0
외측원주의 길이	ㄷ	전원주의 3/8		 ② 10~15센티미터 너비의 황색실선으로 표시 ③ 입구에 좌우로 이중굽은 도로표지(제114호) 또는 우좌로 이중굽은 도로표지(제113호) 설치	• 견인차에 피견인차를 5분 이내에 연결하고 굴절코스와 곡선코스를 검지선 접촉 없이 전진으로 통과한 후, 다시 피견인차를 5분 이내에 분리하여 방향전환코스를 검지선 접촉없이 통과 • 각 코스는 지정시간 3분 이내 • 총지정시간 19분 이내

341

코스의 종류·형상	구 조	시험방법
구 난 차 면 허	다. 방향전환코스 ① 규격(단위:미터) | 구 분		시험용자동차의 종류	
---	---	---	---
		A	B
폭	ㄱ	5.2	4.4
차고의 길이	ㄴ	8.0	8.0
출입구쪽 길이	ㄷ	8.0	8.0
모퉁이의 반경	ㄹ	1.5	1.5 | ② 10~15센티미터 너비의 황색실선으로 표시 ③ 차고 후미부분에 겉테두리선으로부터 1미터 지점에 10~20센티미터 너비의 확인선을 설치	

비고
1. 구난차면허 시험은 각 코스를 분리하여 실시한다.
2. 소형견인차면허 시험은 견인차와 피견인차를 연결한 상태에서 각 코스를 분리하여 실시한다.
3. 소형견인차면허 시험은 제1종 대형면허시험 기능시험장과 구난차면허 기능시험장에서 실시할 수 있다. 이 경우 각 코스를 분리하여 실시한다.

⑥ **장내기능시험의 채점 및 합격기준** (규칙제66조 별표24) : 기능시험의 운전면허 종류별 채점 및 합격기준은 별표24와 같으며, 기능시험의 채점은 전자채점방식으로 채점한다. 운전면허시험관이 직접 채점할 수 있는 기능시험은 아래와 같다.
  1. 양팔을 쓸 수 없는 사람 및 보조수단이나 신체장애정도에 적합하게 제작, 승인된 자동차로 기능시험을 보는 사람
  2. 경찰서장이 실시하는 원동기장치자전거면허 기능시험
  3. 응시자가 일시적으로 급격히 증가하여 운전면허시험장 외의 장소에서 실시하는 기능시험

[별표24]   (규칙제66조관련)

[장내기능시험의 채점 및 합격기준]

1. 제1종 대형면허

가. 채점기준

시험항목	감점기준	감점방법
(1) 굴절코스의 전진·통과	5	• 지정시간(2분) 초과 시마다, 검지선 접촉 시마다
(2) 곡선코스의 전진·통과	5	• 지정시간(2분) 초과 시마다, 검지선 접촉 시마다
(3) 방향전환코스의 전·후진	5	• 확인선 미접촉, 지정시간(2분) 초과 시마다, 검지선 접촉 시마다

시험항목	감점기준	감점방법
(4) 평행주차코스의 주차	10 5	• 전·후 확인선 미접촉 또는 전진으로 진입 • 지정시간(2분) 초과 시마다, 검지선 접촉 시마다
(5) 기어변속코스의 전진(자동변속 장치 자동차의 경우는 제외)	10	• 기어변속을 하지 아니하고 통과 시 또는 속도 매시 20km 미만 시
(6) +형 교차로 통과	5	• 좌·우회전시 방향지시등을 켜지 아니할 때마다· 정지신호 시에 정지 불이행 시, 교차로 내에서 20초 이상 이유없이 정차한 때 • 신호 위반 시마다
(7) 횡단보도 일시정지	5	• 횡단보도 앞에서 일시정지 불이행 시 • 앞범퍼가 정지선으로부터 1m 이전 또는 정지선을 침범하여 정지
(8) 철길건널목 일시정지	5	• 철길건널목 앞에서 일시정지 불이행 시 • 앞범퍼가 정지선으로부터 1m 이전 또는 정지선을 침범하여 정지
(9) 경사로에서의 정지 및 출발	10	• 경사로 정지검지구역 내에 정지 후 출발 시 후방으로 50cm 이상 밀린 때
(10) 출발 및 출발 시 방향지시등 작동	5	• 출발지시가 있는 때부터 20초 이내 출발하지 못한 때, 도로 중앙으로 진입 시 방향지시등을 켜지 아니한 때, 진입 후 끄지 아니한 때
(11) 종료 시 방향지시등 작동	5	• 종료지점 도로 우측 가장자리에 진입 시 방향지시등을 켜지 아니한 때
(12) 돌발사고 시 급정지 및 출발	10	• 돌발등이 켜짐과 동시 2초 이내 정지하지 못하거나 정지 후 3초 이내에 비상점멸등을 작동하지 아니한 때 또는 출발 시 비상점멸등을 끄지 아니한 때
(13) 전체 지정시간 초과 (지정속도 유지)	1	• 전체 지정시간 초과 매 5초마다, 지정속도 매시 20km 초과 시(기어변속코스를 제외한다)
(14) 시동상태 유지	5	• 시동을 꺼뜨릴 때마다, 4,000RPM 이상 엔진 회전 시마다
(15) 좌석안전띠 착용	5	• 출발 시부터 종료 시까지(평행주차코스, 방향전환코스 후진도 포함) 좌선안전띠를 착용하지 아니한 때

나. 합격기준

각 시험항목별 감점기준에 따라 감점한 결과 100점 만점에 80점 이상을 얻은 때는 합격

※ 다음의 경우에는 실격으로 한다.

(1) 특별한 사유없이 출발선에서 30초 이내 출발하지 못한 때

(2) 경사로코스·굴절코스·곡선코스·방향전환코스·기어변속코스(자동변속장치자동차의 경우는 제외) 및 평행주차코스를 어느 하나라도 이행하지 아니한 때
(3) 특별한 사유없이 교차로 내에서 30초 이상 정차한 때
(4) 안전사고를 일으키거나 단 1회라도 차로를 벗어난 때
(5) 경사로 정지구간 이행 후 30초를 초과하여도 통과하지 못한 때 또는 경사로 정지구간에서 후진하여 앞범퍼가 경사로 사면을 벗어난 때

2. 제1종 보통연습면허 및 제2종 보통연습면허

가. 감점기준

1) 기본조작

시험항목	감점기준	감점방법
가) 기어변속	5	• 시험관이 주차 브레이크를 완전히 정지 상태로 조작하고, 응시생에게 시동을 켜도록 지시하였을 때, 응시생이 정지 상태에서 시험관의 지시를 받고 기어변속(클러치페달조작을 포함한다)을 하지 못한 경우
나) 전조등 조작	5	• 정지 상태에서 시험관의 지시를 받고 전조등을 조작하지 못한 경우(하향, 상향 각 1회씩 전조등 조작시험을 실시한다)
다) 방향지시등 조작	5	• 정지 상태에서 시험관의 지시를 받고 방향지시등을 조작하지 못한 경우
라) 앞유리창닦이기 (와이퍼) 조작	5	• 정지 상태에서 시험관의 지시를 받고 앞유리창닦이기(와이퍼)를 조작하지 못한 경우

※ 비고 : 기본조작 시험항목은 가)~라) 중 일부만을 무작위로 실시한다.

2) 기본주행 등

시험항목	감점기준	감점방법
가) 차로 준수	15	• 나)~차)까지 과제수행 중 차의 바퀴 중 어느 하나라도 중앙선, 차선 또는 길가장자리구역선을 접촉하거나 벗어난 경우
나) 돌발상황에서 급정지	10	• 돌발등이 켜짐과 동시에 2초 이내에 정지하지 못한 경우 • 정지 후 3초 이내에 비상점멸등을 작동하지 않은 경우 • 출발 시 비상점멸등을 끄지 않은 경우
다) 경사로에서의 정지 및 출발	10	• 경사로 정지검지구역 내에 정지한 후 출발할 때 후방으로 50센티미터 이상 밀린 경우

시험항목	감점기준	감점방법
라) 좌회전 또는 우회전	5	• 진로변경 때 방향지시등을 켜지 않은 경우
마) 가속코스	10	• 가속구간에서 시속 20킬로미터를 넘지 못한 경우
바) 신호교차로	5	• 교차로에서 20초 이상 이유 없이 정차한 경우
사) 직각주차	10	• 차의 바퀴가 검지선을 접촉한 경우 • 주차브레이크를 작동하지 않을 경우 • 지정시간(120초) 초과 시(이후 120초 초과시마다 10점 추가 감점)
아) 방향지시등 작동	5	• 출발시 방향지시등을 켜지 않은 경우 • 종료시 방향지시등을 켜지 않은 경우
자) 시동상태 유지	5	• 가)부터 아)까지 및 차)의 시험항목 수행 중 엔진시동 상태를 유지하지 못하거나 엔진이 4천RPM이상으로 회전할 때마다
차) 전체 지정시간(지정속도 유지) 준수	3	• 가)부터 자)까지의 시험항목 수행 중 별표 23 제1호의2 비고 제6호다목1)에 따라 산정한 지정시간을 초과하는 경우 5초마다 • 가속구간을 제외한 전 구간에서 시속 20킬로미터를 초과할 때마다

나. 합격기준
1) 각 시험항목별 감점기준에 따라 감점한 결과 100점 만점에 80점 이상을 얻은 경우 합격으로 한다.
2) 1)에도 불구하고 다음의 어느 하나에 해당하는 경우에는 실격으로 한다.
   가) 점검이 시작될 때부터 종료될 때까지 좌석안전띠를 착용하지 않은 경우
   나) 시험 중 안전사고를 일으키거나 차의 바퀴가 하나라도 연석에 접촉한 경우
   다) 시험관의 지시나 통제를 따르지 않거나 음주, 과로 또는 마약·대마 등 약물 등의 영향으로 정상적인 시험 진행이 어려운 경우
   라) 특별한 사유 없이 출발지시 후 출발선에서 30초 이내 출발하지 못한 경우
   마) 경사로에서 정지하지 않고 통과하거나, 직각주차에서 차고에 진입해서 확인선을 접촉하지 않거나, 가속코스에서 기어변속을 하지 않는 등 각 시험코스를 어느 하나라도 시도하지 않거나 제대로 이행하지 않은 경우
   바) 경사로 정지구간 이행 후 30초를 초과하여 통과하지 못한 경우 또는 경사로 정지구간에서 후방으로 1미터 이상 밀린 경우
   사) 신호 교차로에서 신호위반을 하거나 앞 범퍼가 정지선을 넘어간 경우

3. 제2종 소형면허 및 원동기장치자전거면허

가. 채점기준

시 험 항 목	감점기준	감 점 방 법
(1) 굴절코스 전진	10	• 검지선을 접촉한 때마다 또는 발이 땅에 닿을 때마다
(2) 곡선코스 전진	10	• 검지선을 접촉한 때마다 또는 발이 땅에 닿을 때마다
(3) 좁은 길 코스 통과	10	• 검지선을 접촉한 때마다 또는 발이 땅에 닿을 때마다
(4) 연속 진로전환 코스 통과	10	• 검지선을 접촉한 때마다, 발이 땅에 닿을 때마다 또는 라바콘을 접촉한 때마다

🚗 다륜형 원동기장치자전거만을 운전하는 것을 조건으로 하는 원동기장치자전거면허의 경우에는 (1)과 (2)의 시험항목만을 실시한다.

나. 합격기준

각 시험항목별 감점기준에 따라 감점한 결과 100점 만점에 90점 이상을 얻은 때는 합격

※ 다음의 경우에는 실격으로 한다.
(1) 운전미숙으로 20초 이내에 출발하지 못한 때
(2) 시험과제를 하나라도 이행하지 아니한 때
(3) 시험 중 안전사고를 일으키거나 코스를 벗어난 때

4. 특수면허

가. 채점기준

	시 험 항 목	감점기준	감 점 방 법
대형 견인차 면허	(1) 피견인차 연결	10	• 연결방법이 미숙하거나, 연길시간 5분 초과 시마다
	(2) 방향전환코스 견인 통과	20	• 확인선을 미접촉하거나, 지정시간 5분 초과 시마다 또는 검지선 접촉 시마다
	(3) 피견인차 분리	10	• 분리방법이 미숙하거나 분리시간 5분 초과 시마다
소형 견인차 면허	(1) 굴절코스 견인 통과	10	• 지정시간 3분 초과시마다 또는 검지선 접촉 시마다
	(2) 곡선코스 견인 통과	10	• 지정시간 3분 초과시마다 또는 검지선 접촉 시마다
	(3) 방향전환코스 견인 통과	10	• 확인선을 미접촉하거나, 지정시간 3분 초과 시마다 또는 검지선 접촉 시마다
구난차 면허	(1) 피견인차 연결	10	• 연결방법이 미숙하거나 또는 연결시간 5분 초과 시마다
	(2) 굴절코스 견인 통과	10	• 지정시간 3분 초과시마다 또는 검지선 접촉 시마다
	(3) 곡선코스 견인 통과	10	• 지정시간 3분 초과시마다 또는 검지선 접촉 시마다
	(4) 피견인차 분리	10	• 분리방법이 미숙하거나 분리시간 5분 초과 시마다
	(5) 방향전환코스 견인 통과	10	• 확인선을 미접촉하거나, 지정시간 3분 초과 시마다 또는 검지선 접촉 시마다

나. 합격기준

각 시험항목별 감점기준에 따라 감점한 결과 100점 만점에 90점 이상을 얻은 때는 합격

※ 다음의 경우에는 실격으로 한다.

(1) 특별한 사유없이 20초 이내에 출발하지 못한 때
(2) 시험과제를 어느 하나라도 이행하지 아니한 때
(3) 시험 중 안전사고를 일으키거나 코스를 벗어난 때

(6) 도로주행시험(도로에서 자동차를 운전할 능력이 있는지에 대한 시험)

도로주행시험은 도로에서 운전장치를 조작하는 능력과 도로에서 교통법규에 따라 운전하는 능력을 평가하는 시험으로 테블릿 PC가 지정한 실제의 도로에서 네비게이션의 음성지시에 따라 도로주행시험용 자동차에 응시자와 함께 타고 평가한다.

① **도로주행시험의 과제** (영제49조제1항) : 도로에서 자동차를 운전능력이 있는지에 대한 시험(이하 "도로주행시험"이라 한다)은 다음 사항에 대하여 실시한다.

㉮ 도로에서 운전장치를 조작하는 능력

㉯ 도로에서 교통법규에 따라 운전하는 능력

② **도로주행시험 대상자** (영제49조제2항) : 도로주행시험은 연습운전면허(이하 "연습운전면허"라 한다)를 받은 사람에 대하여 실시한다.

③ **도로주행시험 응시자격** (법제83조제2항, 영제49조제4항)

㉮ 제1종 보통면허시험과 제2종 보통면허시험은 한국도로교통공단이 응시자가 도로에서 자동차를 운전할 능력이 있는지에 대하여 실시하되, 이 경우 제1종 보통면허시험은 제1종 보통연습면허를 받은 사람을 대상으로 하고, 제2종 보통면허시험은 제2종 보통연습면허를 받은 사람을 대상으로 한다.

㉯ 도로주행시험에 불합격한 사람은 불합격한 날부터 3일이 지난 후에 다시 도로 주행시험에 응시할 수 있다(영제49조제4항).

④ **도로주행시험 도로의 기준** (영제49조제3항, 규칙제67조제1항) : 도로주행시험을 실시하는 도로의 기준은 별표25와 같다.

[별표25]

[도로주행시험을 실시하기 위한 도로의 기준]
(규칙제67조제1항관련)

실시항목	설정기준	내용	허용범위
1. 총 주행거리	5킬로미터 이상	1) 주행여건이 양호한 도로 　가) 교통량에 비해 폭이 넓은 도로 　나) 보행자 및 차마의 통행이 비교적 일정한 도로 　다) 교통안전시설이 정비된 도로 2) 기능시험장의 구간을 총 주행거리의 일부로 포함 가능	

2. 지시속도에 의한 주행	1구간 400미터		시속 40킬로미터 이상의 속도로 주행할 수 있는 도로	도로 사정에 따라 300~500미터 내외로 도로주행 구역을 설정할 수 있음
3. 차로변경	1회 이상		차로변경이 가능한 편도 2차로 이상의 도로	
4. 방향 전환	가. 좌회전(유턴 포함) 또는 우회전	1회 이상	교통정리 중인 교차로 또는 교통정리 중이진 않으나 좌·우 방향이 분명한 교차로	도로주행시험 코스 내의 다른 교차로에서 각각 실시할 수 있으며, 반경 5킬로미터 이내에 신호교차로가 없는 경우에는 기능시험장 내의 교차로 이용이 가능
	나. 직진			
5. 횡단보도 일시정지 및 통과	1회 이상		교통안전표지가 설치된 횡단보도	교차로 또는 횡단보도가 있는 도로에서 실시하며, 반경 5킬로미터 이내에 횡단보도가 없는 경우에는 기능시험장의 횡단보도 이용이 가능

※ 비고 : 운전면허시험장 별로 4개 이상의 노선을 확보하여야 한다.

⑤ **도로주행시험에 사용되는 자동차의 종류** (규칙제70조)
  장내 기능시험 및 도로주행시험에 사용되는 자동차 등의 종별은 319쪽의 "도움"을 참조하세요.
⑥ **도로주행에 사용되는 자동차의 요건** (규칙제71조)
  도로주행시험에 사용되는 자동차는 다음의 요건을 갖추어야 한다.
  ㉮ 도로주행시험관이 위험을 방지하기 위하여 사용할 수 있는 별도의 제동장치 등 필요한 장치를 하여야 한다.
  ㉯ 「교통사고 처리특례법」 제4조제2항에 따른 요건을 충족하는 보험에 가입되어 있어야 한다.
  ㉰ 도로주행시험용 자동차(별표27)의 도색과 표지를 하여야 한다.

[별표27]
[도로주행시험용 자동차의 도색 및 표지 등] (규칙제71조제3호 관련)

1. 표지등 모형 및 규격
   ① 적색   ② 황색   ③ 녹색   ④ 적색문자   ⑤ 바탕색은 백색
   ⑥ 600밀리미터   ⑦ 160밀리미터   ⑧ 180밀리미터   ⑨ 60밀리미터
   ⑩ 500밀리미터   ⑪ 100밀리미터   ⑫ 35밀리미터

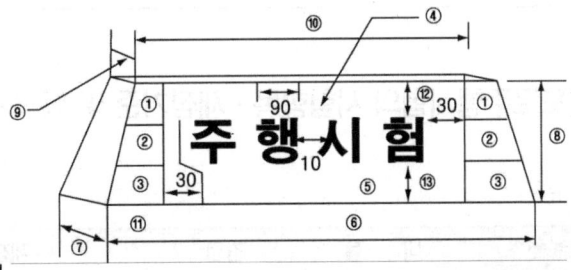

2. 표지등 설치위치
   - 차량지붕 중심위치에 앞뒤에서 볼 수 있게 설치

3. 도색 및 표지
   - 바탕색 : 황색(제1종 보통면허는 백색)
   - 측면에 녹색으로 시험장명, 후미에 백색 원형바탕에 녹색의 차량 고유번호를 표시

4. 제1종 보통면허의 도로주행시험용 자동차의 도색 및 표지
   도색(바탕색을 제외한다) 및 표지는 위에 준한다.

⑦ **도로주행시험 실시** (규칙제67조제2항)

도로주행시험은 연습운전면허를 받은 사람에 대하여 실시하되 도로주행시험을 실시하는 도로 중 적합한 도로에서 시·도경찰청장이 지정한 도로를 운행하게 함으로써 이를 실시한다. 이 경우 운행할 도로는 전자채점기(태블릿 PC)로 자동채점하되, 전자채점기(태블릿 PC)의 고장 등으로 전자채점기(태블릿 PC)로 채점하는 것이 곤란한 경우에는 운전면허시험관이 한국도로교통공단에서 정한 기준에 따라 실시한다.

⑧ **도로주행시험의 채점 및 합격기준 등** (규칙제68조제1항, 제2항)

㉮ 도로주행시험의 운전면허 종류별 시험항목·채점기준 및 합격기준 등은 별표26(350쪽 참조)과 같다.

㉯ 도로주행시험의 채점은 도로주행시험용 자동차에 같이 탄 운전면허 시험관이 전자 채점기에 직접입력하거나 전자채점기로 자동채점하는 방식으로 한다. 다만 전차채점기의 고장 등으로 전자채점이 곤란한 경우에는 도로주행채점표에 운전면허시험관이 직접기록하는 방식으로 채점한다. (별지제51호서식 도로주행채점표 355쪽 참조)

[별표26]

[도로주행시험의 시험항목·채점기준 및 합격기준]

(규칙제68조제1항 관련)

Ⅰ 시험항목 및 채점기준

과제	항목	내 용	감점	채점요령
가. 출발 전 준비(3)	차문 닫힘 미확인(1)	출발 때 자동차문을 완전히 닫지 않은 채 각종 장치를 조작하는 경우	5	• 시험시간 동안 채점하며, 차량이 출발할 때 자동차문을 완전히 닫지 않았거나 주행 중에 자동차문이 열린 경우에 채점
	출발 전 차량점검 및 안전 미확인(2)	차량승차 전·후에 차량주변의 안전을 직접 확인하지 않은 경우	7	• 시험시간 동안 채점하며, 차량 승차 전에 주변의 안전을 확인하고 승차 후에는 운전석에서 후사경 등을 이용하여 전·후·좌·우의 안전을 직접 고개를 숙이거나 돌려서 눈으로 확인하지 않은 경우에 채점
	주차 브레이크 미해제(3)	주차브레이크를 해제하지 않고 출발한 경우	10	• 시험시간 동안 채점하며, 주차 브레이크를 해제하지 않은 상태에서 차량을 출발시킨 경우 채점
나. 운전 자세(1)	정지 중 기어 미중립(4)	신호 또는 차량정체 등으로 10초 이상 정차할 때에 기어를 넣거나 기어가 들어가 있고 클러치 페달과 브레이크 페달을 동시에 밟고 있는 경우(자동변속기 차량으로 도로주행시험을 볼 때에는 신호 또는 차량정체 등으로 10초 이상 정차할 때에 변속레버를 중립위치로 두지 아니한 경우를 말한다)	5	• 시험시간 동안 채점하며, 신호대기 등으로 차량이 10초 이상 정지하고 있는 상태에서 기어를 넣거나 기어가 들어가 있음에도 클러치페달과 브레이크 페달을 동시에 밟고 있는 경우 채점(자동변속기의 경우에는 신호대기 등으로 차량이 10초 이상 정지하고 있는 상태에서 변속레버를 중립위치에 두지 않은 경우 채점)
다. 출발(10)	20초 내 미출발(5)	통상적으로 출발하여야 할 상황인데도 기기조작 미숙 등으로 20초 이내에 출발하지 아니한 경우	10	• 시험시간 동안 채점하며, 신호대기 등으로 차량이 일시정지하였다가 다시 출발할 때 기기조작 미숙 등으로 출발이 20초 이상 늦어진 경우 채점
	10초 내 미시동(6)	엔진시동 정지 후 약 10초 이내에 시동을 걸지 못하는 경우	7	• 시험시간 동안 채점하며, 기기조작 미숙 등으로 시동이 정지된 경우로써 10초 이내에 다시 시동을 걸지 못한 경우 채점

과제	항목	내용	감점	채점요령
다. 출발 (10)	주변 교통 방해(7)	진행신호 중에 기기조작 미숙으로 출발하지 못하거나 불필요한 지연출발로 다른 차의 교통을 방해한 경우	7	• 시험시간 동안 채점하며, 진행신호에 따라 출발하려다가 기기조작 미숙 등으로 그 신호 중에 출발하지 못하거나 불필요한 지연출발로 다른 차의 교통을 방해한 경우 채점
	엔진 정지 (8)	엔진시동 상태에서 기기조작 미숙으로 엔진이 정지된 경우	7	• 시험시간 동안 채점하며, 엔진시동 상태에서 기기의 조작 미숙으로 엔진이 정지(위험을 방지하기 위하여 부득이 급정지하거나 차량 고장으로 엔진시동이 정지된 경우는 제외한다)된 경우 채점
	급조작·급출발(9)	엔진의 지나친 공회전 또는 기기 등을 급조작하여 급출발하는 경우	7	• 시험시간 동안 채점하며, 기기 등의 조작이 능숙하지 못하거나 급조작하여 급출발을 하는 경우 또는 지나친 공회전이 생기는 경우 채점
	심한 진동 (10)	기기 등의 조작불량으로 인한 심한 차체의 진동이 있는 경우	5	• 시험시간 동안 채점하며, 기기 등의 조작이 능숙하지 못하여 차에 심한 진동이 발생한 경우 채점
	신호 안함 (11)	도로 가장자리에서 정차하였다가 출발할 때 방향지시등을 켜지 않고 차로로 진입한 경우	5	• 시험시간 동안 채점하며, 도로 가장자리(출발지점을 포함한다)에 정차하였다가 출발하여 차로로 진입할 때 방향지시등을 켜지 않고 진입하는 경우 채점
	신호 중지 (12)	도로가장자리에서 정차하였다가 출발 후 차로로 진입할 때 차로변경이 끝나기 전에 방향지시등을 끈 경우	5	• 시험시간 동안 채점하며, 도로 가장자리(출발지점을 포함한다)에 정지된 차를 운전하여 차로로 진입할 때 차로에 완전히 진입하기 전에 방향지시등을 소등한 경우 채점
	신호 계속 (13)	도로 가장자리에서 정지하였다가 출발하여 차로변경이 끝났음에도 방향지시등을 계속켜고 있는 경우	5	• 시험시간 동안 채점하며, 도로 가장자리(출발지점을 포함한다)에 정지된 차를 운전하여 차로로 진입이 완료되었음에도 방향지시등을 소등하지 않고 계속해서 신호를 하는 경우 채점
	시동장치 조작 미숙 (14)	엔진의 시동이 걸려 있는 상태에서 시동을 걸기 위하여 다시 시동장치를 조작하는 경우	5	• 시험시간 동안 채점하며, 엔진시동이 걸려 있는 상태임에도 시동을 걸기 위하여 시동키를 돌리는 등 시동장치를 조작하는 경우 채점
라. 가속 및 속도 유지(3)	저속(15)	교통상황에 따른 통상속도보다 낮은 경우	5	• 시험시간 동안 채점하며, 주변 교통상황에 따라 주행을 하여야 함에도 불구하고 주변 교통상황에 맞게 주행하지 못하고 저속 주행하는 경우 채점

과제	항목	내용	감점	채점요령
라. 가속 및 속도 유지(3)	속도 유지 불능(16)	교통상황에 따른 통상속도를 유지할 수 없는 경우	5	• 시험시간 동안 채점하며, 주변 교통상황에 따를 때 내야 하는 통상속도를 유지하지 못하거나 가속과 제동을 반복하는 경우 채점
	가속 불가 (17)	부적절한 기어변속으로 교통상황에 맞는 속도로 주행하지 않은 경우	5	• 시험시간 동안 채점하며, 주변 교통상황에 따를 때 내야 하는 통상속도를 내는 과정에서 그 속도에 맞는 기어변속을 하지 못한 채 저속기어에서 가속만 하는 경우 채점
마. 제동 및 정지(4)	엔진 브레이크 사용미숙 (18)	정지하기 위해 제동이 필요한 상황에서 클러치 페달로 동력을 끊어 주행하거나 미리 기어를 중립에 두는 경우(자동변속기의 경우에는 정지하기 전에 미리 변속레버를 중립에 둔 경우를 말한다) 또는 속도를 줄일 때 미리 가속페달에서 발을 떼어 엔진브레이크를 사용하지 아니한 때	5	• 시험시간 동안 채점하며, 브레이크 페달을 밟기 이전에 클러치페달을 밟거나 기어를 중립에 위치시켜 엔진브레이크 작동을 막고 타력주행을 한 경우(자동변속기의 경우에는 정지하기 전에 미리 변속레버를 중립에 둘 때를 말한다)
	제동 방법 미흡(19)	교통상황에 따라 제동이 필요한 경우임에도 브레이크 페달에 발을 옮기고 제동준비를 하지 않는 경우	5	• 시험시간 동안 채점하며, 교통상황에 따라 제동이 필요한 상태에서 미리 발을 브레이크페달로 옮겨 놓지 않는 경우 채점
	정지 때 미제동(20)	신호대기 등으로 잠시 정지하고 있는 사이에 브레이크 페달을 밟고 있지 않은 경우	5	• 시험시간 동안 채점하며, 자동변속기 차량의 경우에는 일시정지 때 브레이크 페달을 밟고 있지 않는 경우에 채점하고, 수동변속기 차량의 경우에는 일시정지 때 클러치페달만 밟고 브레이크 페달은 밟지 않거나, 기어를 중립으로 한 때 브레이크 페달을 밟지 않은 경우 채점
	급브레이크 사용(21)	정지하거나 제동할 때 급감속 또는 급제동 등으로 차 안에 있는 사람이 심히 요동할 정도의 강한 제동을 한 경우	7	• 시험시간 동안 채점하며, 위험방지를 위하여 부득이하게 급정지해야 하는 상황이 아닌데도 뒤따르던 차에 위험을 주거나 차 내 탑승자가 심하게 요동할 정도로 급정지한 경우 채점
바. 조향(1)	핸들조작 미숙 또는 불량(22)	1) 핸들조작을 지나치게 하거나 핸들 복원이 늦은 경우 2) 운전장치 조작 때 차체의 진동 또는 흔들림으로 인한 불균형 상태가 발생한 경우	7	• 시험시간 동안 채점하며, 급격한 핸들조작으로 자동차의 타이어가 옆으로 밀린 경우, 핸들복원을 하는 시기가 늦은 경우, 운전조작의 잘못으로 차체가 균형을 잃은 경우, 주행 중에 핸들 아래 부분만을 잡거나 한손으로 잡은 경우 또는 조향장치의 조작 불량 등으로 차량의 안전운전 위험 요인이 발생할 때마다 채점

과제	항목	내 용	감점	채점요령
바. 조향(1)	핸들조작 미숙 또는 불량(22)	3) 주행 중에 핸들의 아래 부분만을 잡고 있는 경우 4) 한손으로 핸들을 잡고 진행하고 있는 경우 5) 도로의 구부러진 부분을 주행하는 경우 양팔을 교차한 채로 핸들을 유지하고 있는 경우 6) 핸들을 조작할 때마다 상체가 한쪽으로 쏠릴 때	7	
사. 차체 감각(2)	우측 안전 미확인(23)	1) 진행방향의 교차로 직전에 이륜차 등이 있거나 이륜차 등과 나란히 하는 경우에 이륜차 등을 먼저 출발시키지 않은 경우 2) 우회전 직전에 직접 눈으로 또는 후사경으로 오른쪽 옆의 안전(사각)을 확인하지 않은 경우	7	• 시험시간 동안 채점하며, 우회전 직전에 우측에서 교차로 방향으로 나란히 하던 이륜차 등을 먼저 보내지 않거나, 우측에 따라오는 이륜차 등의 유무를 고개를 숙여 후사경 등을 통하여 사각을 확인하지 아니하거나 말려듦을 확인하지 아니한 경우 채점
	1미터 간격 미유지(24)	마주 오는 차와의 교행, 주·정차 차량, 건조물, 그 밖의 장애물의 옆을 통과할 때 옆쪽 간격을 1미터 이상 유지하지 못하는 경우	7	• 시험시간 동안 채점하며, 부득이한 상황으로 인하여 일정한 간격을 확보할 수 없는 상황이 아닌데도 도로상의 각종 장애물과의 간격을 1미터 이상 유지하지 못하는 경우 채점
아. 통행 구분(4)	지정차로 준수위반 (25)	도로의 중앙에서 오른쪽으로 2차로(전용차로가 설치되어 운용되고 있는 도로에서는 전용차로를 제외한다) 이상의 도로 및 일방통행로에서 그 차로에 따른 통행차의 기준을 따르지 아니한 경우	7	• 시험시간 동안 채점하며, 차로에 따른 통행차의 기준을 따르지 아니한 경우 채점
	앞지르기 방법 등 위반 (26)	1) 시험용자동차를 앞지르기 하고 있는 자동차등의 앞지르기가 끝나기 전에 시험용자동차가 가속을 한 경우 2) 앞차가 좌회전하기 위하여 도로의 중앙 또는 좌측에 다가가서 통행하고 있는 경우에 앞지르기를 위하여 그 좌측을 통행하거나 통행하려고 한 경우	7	• 시험시간 동안 채점하며, 시험용자동차를 앞지르고 있는 다른 차의 앞지르기를 고의로 방해하거나 앞지르기 방법을 위반하여 앞지르기를 한 경우 또는 앞지르기를 금지하는 때와 장소에서 앞지르기를 한 경우 채점

과제	항목	내 용	감점	채점요령
아. 통행 구분(4)	앞지르기 방법 등 위반 (26)	3) 앞지르기를 하려고 하는 경우에 반대방향 또는 뒤쪽 교통 및 앞차의 앞쪽 교통에 주의를 하지 않고 진행하거나 진행하려고 한 경우 4) 앞차가 다른 자동차를 앞지르고자 하는 경우에 앞지르기를 시작하거나 시작하려고 한 경우 5) 앞차의 좌측에 다른 차가 나란히 하고 있는 경우에 앞지르기를 시작하거나 시작하려고 한 경우 6) 자동차 등을 앞지르기하기 위하여 그 우측을 통행하거나 통행하려고 한 경우 7) 다음 장소에서 다른 자동차 등(이륜차는 제외한다)을 앞지르기 위하여 진로를 변경하거나 변경하려고 한 경우 또는 앞차의 옆을 통과하거나 통과하려고 한 경우 　가) 도로의 구부러진 곳 　나) 오르막길의 정상부근 　다) 급한 내리막길 　라) 교차로 　마) 터널 안 　바) 다리 위 　사) 철길건널목 또는 횡단보도 등의 앞가장자리에서 차량진행 방향으로 30미터 이내의 부분 　아) 시·도경찰청장이 안전표지로 지정한 곳	7	
	끼어들기 금지 위반 (27)	1) 도로의 합류지점에서 정당하게 진입하지 않은 경우 2) 경찰공무원 등의 지시에 따르거나 위험방지를 위하여 정지 또는 서행하고 있는 다른 차 앞을 끼어들 경우	7	• 시험시간 동안 채점하며, 정당한 차로변경과 달리 빨리 가기 위해 신호나 지시에 따라 정상적으로 주행하는 차량 앞으로 진행하는 경우 채점

과제	항목	내용	감점	채점요령
아. 통행 구분(4)	차로유지 미숙(28)	1) 직선도로를 통행하거나 구부러진 도로를 돌 때 차로를 침범하여 통행한 경우 2) 안전지대 또는 출입금지 부분에 들어가거나 들어가려고 한 경우 3) 길가장자리 구역에 차체의 일부가 넘어가 통행하거나 통행하려고 한 경우	5	• 시험시간 동안 채점하며, 시험용차량이 다른 차로를 함부로 침범하여 통행한 경우 또는 진입이 금지된 장소를 침범하여 운전한 경우 또는 보행자 통행을 위한 길가장자리구역을 차체가 침범한 상태로 통행한 경우 채점 (법령에 따른 경우 또는 마주 오는 차와의 교행 등으로 인하여 부득이하게 세부항목을 위반한 경우로서 보행자나 이륜차 등의 통행을 방해할 우려가 없는 경우에는 적용하지 않는다)
자. 진로 변경(8)	진로 변경 시 안전 미확인 (29)	진로를 변경하려는 경우(유턴을 포함한다)에 고개를 돌리는 등 적극적으로 안전을 확인하지 않은 경우	10	• 시험시간 동안 채점하며, 통행차량에 대한 안전을 고개를 돌리거나 후사경 등으로 적극적으로 확인하지 않고 진로를 변경하거나 회전한 경우 채점
	진로 변경 신호 불이행 (30)	진로변경 때 변경신호를 하지 않은 경우	7	• 시험시간 동안 채점하며, 진로를 변경할 때 진로를 변경하려는 방향으로 해당 방향지시등을 켜지 않은 경우 채점
	진로변경 30미터 전 미신호(31)	진로변경 30미터 앞쪽 지점부터 변경 신호를 하지 않은 경우	7	• 시험시간 동안 채점하며, 진로를 변경할 때 안전 확보를 위해 진로변경 30미터 앞쪽지점부터 진로를 변경하려는 방향으로 해당 방향지시등을 켜지 않은 경우 채점
	진로변경 신호 미유지 (32)	진로변경이 끝날 때까지 변경 신호를 계속하지 않은 경우	7	• 시험시간 동안 채점하며, 진로변경이 끝날 때까지 방향지시등을 유지하지 못하는 경우 채점
	진로변경 신호 미중지 (33)	진로변경이 끝난 후에도 변경 신호를 중지하지 않은 경우	7	• 시험시간 동안 채점하며, 안전하게 진로변경을 하고도 방향지시등을 끄지 않고 10미터 이상 계속해서 주행하는 경우 채점
	진로변경 과다(34)	다른 통행차량 등에 대한 배려 없이 연속해서 진로를 변경하는 경우	7	• 시험시간동안 채점하며, 뒤쪽이나 옆쪽 교통의 안전을 무시하고 연속적으로 2차로 이상 진로변경을 하는 경우 채점
	진로변경 금지장소 에서의 진로변경 (35)	1) 진로변경이 금지된 교차로, 횡단보도 등에서 진로를 변경하는 경우 2) 유턴할 수 있는 구간에서 차량이 중앙선을 밟거나 넘어가서 유턴한 경우	7	• 시험시간 동안 채점하며, 교차로, 횡단보도 등 진로변경이 금지된 장소에서 진로변경을 하거나 차량이 중앙선을 밟거나 넘어간 상태에서 유턴하는 경우 채점

과제	항목	내용	감점	채점요령
자. 진로 변경(8)	진로변경 미숙(36)	1) 뒤쪽에서 진행하여 오는 자동차가 급히 감속 또는 방향을 급변경하게 할 우려가 있음에도 진로를 바꾸거나 바꾸려고 한 경우 2) 진로를 바꿀 수 있음에도 불구하고 그 시기를 놓치고 진로를 바꾸지 않았기 때문에 뒤쪽에서 진행해 오는 자동차 등의 통행에 방해가 된 경우	7	• 시험시간 동안 채점하며, 무리하게 진로를 변경함으로써 뒤쪽 차에게 위험을 주게 한 경우 또는 진로변경으로 뒤쪽 차에 차로를 양보할 수 있었음에도 시기를 놓쳐 뒤쪽 차의 교통을 방해한 경우 채점
차. 교차로 통행 등(7)	서행 위반(37)	다음의 장소에서 서행하지 않은 경우 1) 좌회전 또는 우회전이 필요한 도로인 경우 2) 교통정리를 하지 않고 있는 교차로에 들어가려고 하는 경우 3) 안전표지 등으로 지정된 서행장소를 통행하는 경우 4) 좌·우를 확인할 수 없는 교차로에 들어가려고 하는 경우 5) 도로의 모퉁이 부근 또는 오르막길의 정상부근 또는 경사가 급한 내리막길을 통행하는 경우	10	• 시험시간 동안 채점하며, 서행을 하도록 규정한 경우와 서행장소에서 서행을 하지 않은 경우 채점
	일시정지 위반(38)	다음의 장소에서 일시정지 하지 않은 경우 1) 교통정리가 행하여지고 있지 아니하고 좌우를 확인할 수 없거나 교통이 빈번한 교차로 2) 안전표지 등에 의하여 지정된 일시정지장소를 통행하는 경우	10	• 시험시간 동안 채점하며, 일시정지를 하도록 규정한 경우와 장소에서 일시정지를 하지 않은 경우 채점
	교차로 진입 통행 위반(39)	교차로에서 우회전시 미리 도로의 우측가장자리를, 좌회전 때 미리 도로의 중앙선을 따라 교차로의 중심 안쪽을 각각 서행하지 않은 경우	7	• 시험시간 동안 채점하며, 교차로에서 좌·우회전할 때 교차로 통행방법을 위반한 경우 채점

과제	항목	내용	감점	채점요령
차. 교차로 통행 등 (7)	신호차 방해 (40)	교차로에서 좌·우회전하려고 손이나 방향지시기 또는 등화로써 신호를 하는 차가 있는 경우에 그 차의 진행을 방해한 경우	7	• 시험시간 동안 채점하며, 교차로에서 좌·우회전하는 다른 차의 교통을 방해한 경우 채점
	꼬리 물기 (41)	신호기에 의하여 교통정리가 행하여지고 있는 교차로에서 진행하려는 진로의 앞쪽에 있는 차의 상황에 따라 교차로(정지선이 설치되어 있는 경우에는 그 정지선을 넘은 부분을 말한다)에 정지하게 되어 다른 차의 통행에 방해가 될 우려가 있음에도 그 교차로에 진입한 경우	7	• 시험시간 동안 채점하며, 교차로에서 정지선을 지나서 교차로에 진입하여 다른 차량의 교통에 방해가 되는 경우 채점
	신호 없는 교차로 양보 불이행 (42)	1) 교통정리가 행하여지고 있지 않은 교차로에서 다른 도로로부터 이미 그 교차로에 들어가고 있는 차가 있는 경우에 그 차의 진행을 방해한 경우 2) 교통정리가 행하여지고 있지 않은 교차로에서 시험용자동차와 동시에 교차로에 들어가려고 하는 우측도로의 차에 진로를 양보하지 않은 경우 3) 교통정리를 하고 있지 않은 교차로에서 시험용자동차가 통행하는 도로보다 폭이 넓은 도로로부터 그 교차로에 들어가려고 하는 다른 차가 있는 경우에 그 차에게 진로를 양보하지 않은 경우	7	• 시험시간 동안 채점하며, 교차로 통행방법을 위반하였거나 교차로 안에서 부득이한 사유 없이 차량을 정차하여 다른 차의 교통을 방해한 경우 채점

과제	항목	내용	감점	채점요령
차. 교차로 통행 등 (7)	횡단보도 직전 일시정지 위반(43)	1) 횡단보도예고표시(시행규칙 별표 6 제5호 노면표시 529)부터 서행하지 아니한 경우 2) 횡단보도 정지선 또는 횡단보도 직전에 정지하지 아니하여 앞범퍼가 정지선 또는 횡단보도를 침범한 경우	10	• 시험시간 동안 채점하며, 채점횡단보도예고표시가 있는 지점부터 서행으로 진입하지 아니하거나, 횡단보도 정지선 또는 횡단보도를 침범한 경우 채점
카. 주행 종료(3)	종료주차 브레이크 미작동(44)	시험종료 후 주차브레이크를 당기지 않은 경우	5	• 시험종료 후 차량이 정지한 상태에서 주차브레이크를 조작하지 않은 경우 채점
	종료 엔진 미정지(45)	시험종료 후 엔진시동을 끄지 않은 경우	5	• 시험종료 후 엔진시동을 끄지 않고 하차하는 경우 채점
	종료 주차 확인 기어 미작동(46)	시험종료 후 기어 등을 바르게 하지 않은 경우	5	• 시험종료 후 차량의 안전을 위해 기어를 1단 또는 후진으로 하지 않은 경우(자동변속기가 있는 자동차의 경우는 선택레버를 P의 위치로 두지 않은 경우를 말한다) 채점

비고
　가. 과제란의 (　)는 각 과제별 시험항목수를 말한다.
　나. 항목란의 (　)는 전체 46개 채점항목의 일련번호를 말한다.
　다. 각 채점항목은 채점요령에서 정하는 바에 따라 중복 감점할 수 있음에 유의하여야 한다.
　라. 내용란의 각 호의 (　)안에 표시한 약자는 도로주행 시험관이 채점과정에서 착오를 일으키지 않도록 채점표에 구체적으로 표시하기 위한 것이다.
　마. 시험과정 중 감점사항을 즉시 알리면 응시자에게 불안 심리를 가져올 수 있으므로 감점사유 발생 시에는 「채점표」에 정확히 표시(정정)하였다가 시험 종료 후 불합격한 사람에게는 그가 원하는 경우 채점표 사본을 내주고 감점이유 등을 설명해 주어야 한다.

2. 합격기준
　가. 도로주행시험은 100점을 만점으로 하되, 70점 이상을 합격으로 한다.
　나. 다음의 어느 하나에 해당하는 경우에는 시험을 중단하고 실격으로 한다.
　　1) 3회 이상 출발불능, 클러치 조작 불량으로 인한 엔진정지, 급브레이크 사용, 급조작·급출발 또는 그 밖에 운전능력이 현저하게 부족한 것으로 인정할 수 있는 행위를 한 경우
　　2) 안전거리 미확보나 경사로에서 뒤로 1미터 이상 밀리는 현상 등 운전능력 부족으로 교통사고를 일으킬 위험이 현저한 경우 또는 교통사고를 야기한 경우
　　3) 음주, 과로, 마약·대마 등 약물의 영향이나 휴대전화 사용 등 정상적으로 운전하지 못할 우려가 있거나, 교통안전과 소통을 위한 시험관의 지시 및 통제에 불응한 경우
　　4) 법제5조에 따른 신호 또는 지시에 따르지 않은 경우
　　5) 법제10조부터 제12조까지, 제12조의2 및 제27조에 따른 보행자 보호의무 등을 소홀히 한 경우
　　6) 법제12조 및 제12조의2에 따른 어린이보호구역, 노인 및 장애인 보호구역에 지정되어 있는 최고 속도를 초과한 경우
　　7) 법제13조제3항에 따라 도로의 중앙으로부터 우측 부분을 통행하여야 할 의무를 위반한 경우
　　8) 법령 또는 안전표지 등으로 지정되어 있는 최고속도를 시속 10킬로미터 초과한 경우
　　9) 법제29조에 따른 긴급자동차의 우선통행 시 일시정지하거나 진로를 양보하지 않은 경우
　　10) 법제51조에 따른 어린이통학버스의 특별보호의무를 위반한 경우
　　11) 시험시간 동안 좌석안전띠를 착용하지 않은 경우

제1장 운전면허시험제도

■ 도로교통법 시행규칙 [별지 제5호서식]

도로주행시험채점표 (NO   )

(면허종별 : 종 보 통   ) (시험차량 : 제   호) (시험시간 :   년   월   일   시   분부터   시   분까지)

응시자		평가 항목 또는 구분	검점 항목	검점수	검점행위	확인
성명	한글					시험관 / 시험 감독관
	한자	1	출발전준비(3)		출발전 자동차점검 및 안전 미확인( )	
연습운전면허번호		2	운전자세(1)		주차브레이크미해제( )	
주민등록번호		3	출발(10)	10	10초 내 미시동( ), 주변 교통방해( ), 엔진정지( ), 급조작·급출발( )	
도로주행시험코스		4	가속 및 속도 유지(3)		20초 내 미출발( )	
		5	제동 및 정지(4)			차문닫힘 미확인( )
		6	조 향(1)			정지중 기어미중립( )
		7	차체감각(2)			저속( ), 속도 유지 불능( ), 신호 위반( ), 신호중지( ), 통행구분 위반( ), 지정차로 위반( )
		8	통행구분(4)			엔진브레이크사용미숙( )
참관인		9	진로변경(8)	7	진로변경시 안전미확인( )	제동·방법미숙( ), 가속불가( )
		10	교차로 통행 등(7)		지정차로 준수위반( ), 앞지르기 금지위반( ), 우측안전 미확인( ), 핸들 조작 미숙 또는 불량( ), 급브레이크 사용( ), 지문변경 30미터 전 미신호( ), 지문변경 신호 미등( ), 지문변경 신호 미종료( )	시동장치조작미숙( )
		11	주행종료(3)		1미터 간격미유지( )	차로유지 미숙( )
		검점 소계			교차로 진입통행 위반( ), 신호차 방해( ), 꼬리물기( ), 신호없는 교차로 양보 불이행( )	

수험번호		감점합계	한자한 운전능력 부족(3회 이상 엔진정지, 3회 이상 급브레이크, 3회 이상 금조작·급출발), 안전거리 미확보 등으로 교통사고 위험이나 교통사고 야기( ), 음주, 휴대전화 사용 등 도로교통안전 중대한 사항이 위반( ), 중앙선 침범( ), 보행자 보호 위반( ), 어린이통학버스 보호 위반( ), 지정속도 위반(지정최고속도 10km초과), 어린이·노인 및 장애인 보호구역에서 지정속도 위반(지정최고속도 초과 시)( ), 작성안전띠 미착용( ), 긴급자동차 진로 미양보( )	실 각	종료주차브레이크미작동( ), 종료엔진 미정지( ), 작성안전띠 기어미작동( )	시험장 (인)
수험과목						
연락처		독점검과	100-( ) = ( )	판 정	실 각	불 합 각

365㎜ × 257㎜(백상지 60g/㎡)

⑨ **도로주행시험관의 자격 및 준수사항** (규칙제69조)
　㉮ 도로주행시험을 실시하는 운전면허시험관은 기능검정원자격증을 받은 한국도로교통공단 소속직원이 된다. 다만, 경찰서장이 실시하는 원동기장치자전거면허 기능시험 시험관은 그 면허시험에 해당하는 운전면허를 받은 경찰공무원(자치 경찰공무원을 제외한다)이 실시한다(제1항).
　㉯ 시험관이 기능시험 또는 도로주행시험을 실시하는 때에는 다음 각 호의 사항을 준수하여야 한다(제2항).
　　㉠ 시험을 실시하기 전에 시험진행방법 및 실격되는 경우 등 주의사항을 응시자에게 설명할 것
　　㉡ 출발점에서부터 앞서가는 차와는 충분한 안전거리가 유지되도록 할 것
　　㉢ 다음 번호의 응시자를 도로주행시험용 자동차에 동승시키는 등 공정한 평가를 위해 노력할 것
　　㉣ 응시자에게 친절한 언어와 태도로 정하여진 순서에 따라 시험을 진행하되, 시험 진행과 관련이 없는 대화를 하지 아니할 것
　　㉤ 시험진행 중 교통사고가 발생하지 않도록 주의하고, 교통사고가 발생한 경우에는 즉시 소속기관의 장에게 보고할 것

(7) 신체장애인에 대한 기능시험 및 도로주행시험 (규칙제73조)
① **양팔을 쓸 수 없는 사람 등에 대한 기능시험 및 도로주행시험**
　양팔을 전혀 쓸 수 없는 사람이 보조수단이나 신체장애 정도에 적합하게 제작, 승인된 자동차를 사용하여 정상적인 운전을 할 수 있다고 인정되는 경우에 대한 기능시험 및 도로주행시험에 관하여는 규칙제66조제2항(기능시험은 전자채점방식으로 한다)·제70조제3항(장애인 시험용 자동차) 및 규칙제71조(도로주행시험용 자동차의 요건)의 규정에 불구하고 다음 각 호에서 정하는 바에 따라 할 수 있다(제1항).
　㉮ 기능시험의 채점은 기능시험채점표에 의하여 경찰청장이 정하는 방식으로 행할 것
　㉯ 기능시험 및 도로주행시험에 사용하는 자동차는「자동차관리법」제30조 및 제34조에 따라 관계행정기관으로부터 형식·구조 또는 장치의 변경승인을 받은 차로서 반드시 내부에 핸드 브레이크가 장착되어 있는 응시자의 소유하거나 타고 온 차일 것.
　㉰ 도로주행시험에 사용되는 자동차는 보험에 가입되어 있어야 한다.
② **착탈식 도로주행시험용 자동차표지 부착** (제2항)
　한국도로교통공단은 위 ①항에 따라 도로주행시험을 실시하는 경우에는 별표27제1호(도로주행용자동차의 표지)에 따른 착·탈식 도로주행시험용자동차의 표지를 갖추어 도로주행시험에 사용하는 자동차에 붙여야 한다.
③ 신체장애인 운전교육시설에서 요청하는 경우에는 특별한 사정이 없으면 그 신체장애인에 대해서는 그 시설에서 기능시험 또는 도로주행시험을 실시할 수 있다(제3항).

(8) 기능시험 또는 도로주행시험의 판정 (규칙제74조)

① 기능시험에 있어서는 응시자 개인별로 그 기능시험이 끝난 후 현장에서 합격 또는 불합격의 판정을 하여야 한다(제1항).

② 도로주행시험에 있어서는 응시자 개인별로 도로주행시험이 끝난 후 현장에서 합격 또는 불합격의 판정을 하여야 한다(제2항).

③ 기능시험 또는 도로주행시험에 출석하지 아니한 사람은 불합격으로 한다(제3항).

④ 시험관은 그 시험의 실시일마다 그 날에 실시한「기능시험채점표」또는「도로주행시험채점표」를 첨부하여 그 실시결과를 소속기관의 장에게 보고하여야 한다(제4항).

3 운전면허증의 발급 등

(1) 운전면허증의 발급

① 운전면허증의 발급 및 효력발생시기 (법제85조제1~5항)

㉮ 운전면허를 받으려는 사람은 운전면허시험에 합격하여야 한다.

㉯ 시·도경찰청장은 운전면허시험에 합격한 사람에 대하여 행정안전부령으로 정하는 운전면허증을 발급하여야 한다.

㉰ 시·도경찰청장은 운전면허를 받은 사람이 다른 범위의 운전면허를 추가로 취득하는 경우에는 운전면허의 범위를 확대(기존에 받은 운전면허이 범위를 추가하는 것)하여 운전면허증을 발급하여야 한다.

㉱ 시·도경찰청장은 운전면허를 받은 사람이 운전면허의 범위를 축소(기존에 받은 운전면허의 범위에서 일부 범위를 삭제하는 것)하기를 원하는 경우에는 운전면허의 범위를 축소하여 운전면허증을 발급할 수 있다.

㉲ 운전면허의 효력은 본인 또는 대리인이 운전면허증을 발급받은 때부터 발생한다.

② **운전면허증의 발급 등** (규칙제77조)

㉮ 운전면허시험에 합격한 사람은 그 합격 일부터 30일 이내에 운전면허시험을 실시한 경찰서장 또는 한국도로교통공단으로부터 운전면허증을 발급받아야 하며, 운전면허증을 발급받지 아니하고 운전하여서는 아니 된다(제1항).

㉯ 행정안전부령으로 정하는 운전면허증이란 다음 각 호의 어느 하나에 해당하는 것을 말한다. (제2항)

1. 별지 제55호서식의 운전면허증
2. 별지 제55호의2서식의 영문운전면허증(운전면허증의 뒤쪽에 영문으로 운전면허증의 내용을 표기한 운전면허증)
3. 별지 제55호의3서식의 모바일운전면허증(이동통신단말장치에 암호화된 형태로 설치된 운전면허증)

㉰ ㉯에도 불구하고 연습운전면허증은 별지 제42호서식의 자동차운전면허시험응시표에 연습운전면허번호 및 유효기간을 기재하여 교부하는 것으로 그 발급을 대신할 수 있다.(제3항)
㉱ 한국도로교통공단은 운전면허증을 발급하는 때에는「자동차운전면허대장」에 그 내용을 기재·관리하여야 한다(제4항).
㉲ 경찰서장 또는 한국도로교통공단은 운전면허증을 발급한 때에는「운전면허증교부대장」(연습운전면허증의 경우에는「연습운전면허증교부대장」을 말한다)을 작성하여 관계인에게 열람할 수 있도록 하여야 한다(제5항).

(2) 운전면허증의 확인 (규칙제79조)

운전면허를 받은 사람이 종별·구분이 다른 운전면허를 받고자 하는 때에는 응시원서의 제출 시에 응시자가 소지하고 있는 운전면허증을 제시하고 확인을 받아야 한다.

(3) 운전면허증의 재발급 및 신청 (법제86조, 규칙제80조)

① 운전면허증을 잃어버렸거나 헐어 못쓰게 되었을 때에는 시·도경찰청장에게 신청하여 다시 발급받을 수 있다(법 제86조).
② 운전면허증의 재발급을 신청하려는 사람은 별지 제59호서식의 신청서를 한국도로교통공단에 제출하고, 신분증명서를 제시해야 한다. 다만, 신청인이 원하는 경우에는 신분증명서 제시를 갈음하여 전자적 방법으로 지문정보를 대조하여 본인 확인을 할 수 있다.
③ 한국도로교통공단이 운전면허증을 재발급한 때에는 자동차운전면허대장에 그 내용을 기재하여야 한다.

4 운전면허시험의 면제 (법제84조, 영제51조)

(1) 운전면허시험의 일부면제 (법제84조제1항, 영제51조)

[별표3] (영제51조)

[운전면허시험의 일부 면제기준]

면제대상자	적용 법조문 (도로교통법)	받고자 하는 면허	면제되는 시험
1. 대학·전문대학 또는 공업계 고등학교의 기계과나 자동차와 관련된 학과를 졸업한 사람으로서 재학 중 자동차에 관한 과목을 이수한 사람 및「국가기술자격법」제10조에 따라 자동차의 정비 또는 검사에 관한 기술자격시험에 합격한 사람	제84조 제1항 제1호·제2호	모든 면허	점검

제1장 운전면허시험제도

면제대상자	적용 법조문 (도로교통법)	받고자 하는 면허	면제되는 시험
2. 국내면허 인정국가의 권한있는 기관에서 발급한 자동차 운전면허증(이륜자동차 및 원동기장치자전거 면허를 제외한다)을 가진 사람	제84조 제1항제3호, 제84조제2항	제2종 보통면허	기능 · 법령 · 점검 · 도로주행
3. 국내면허를 인정하지 않는 국가의 권한 있는 기관에서 발급한 자동차 운전면허증(이륜자동차 및 원동기장치자전거 면허는 제외한다)을 가진 사람	제84조 제1항제3호, 제84조제2항	제2종 보통면허	기능 · 도로주행
4. 군 복무중 자동차 등에 상응하는 군 소속 차를 6개월 이상 운전한 경험이 있는 사람	제84조 제1항제4호	제1종 보통면허 및 제2종 보통면허를 제외한 면허	기능 · 법령 · 점검
		제1종 보통면허 및 제2종 보통면허	기능 · 법령 · 점검 · 도로주행
5. 법 제87조 제2항 또는 제88조에 따른 적성검사를 받지 않아 운전면허가 취소된 후 5년 이내에 다시 운전면허를 받으려는 사람	제84조 제1항제5호	취소된 운전면허로 운전 가능한 범위(법제80조제2항 제1호 및 제2호 각 목에 해당하는 운전면허의 범위를 말한다. 이하 같다)에 포함된 운전면허	기능 · 도로주행. 다만, 도로주행은 제1종 보통면허 또는 제2종 보통면허를 받으려는 경우에만 면제된다.
6. 제1종 대형면허를 받은 사람	제84조 제1항제6호	제1종 특수면허, 제1종 소형면허, 제2종 소형면허	적성 · 법령 · 점검
7. 제1종 보통면허를 받은 사람	제84조 제1항제6호	제1종 대형면허, 제1종 특수면허	법령 · 점검
		제1종 소형면허, 제2종 소형면허	적성 · 법령 · 점검
8. 제1종 소형면허를 받은 사람	제84조 제1항제6호	제1종 대형면허, 제1종 특수면허	적성 · 법령 · 점검
		제1종 보통면허, 제2종 보통면허	적성 · 법령 · 점검 · 기능
9. 제1종 특수면허를 받은 사람	제84조 제1항제6호	제1종 대형면허, 제1종 소형면허, 제2종 소형면허	적성 · 법령 · 점검
		제1종 보통면허	적성 · 법령 · 점검 · 기능

면제대상자	적용 법조문 (도로교통법)	받고자 하는 면허	면제되는 시험
10. 제2종 보통면허를 받은 사람	제84조 제1항제6호	제1종 특수면허, 제1종 대형면허, 제1종 소형면허	법령 · 점검
		제2종 소형면허	적성 · 법령 · 점검
		제1종 보통면허	법령 · 점검 · 기능
11. 제2종 소형면허 또는 원동기장치자전거 면허를 받은 사람	제84조 제1항제6호	제2종 보통면허	적성
12. 원동기장치자전거 면허를 받은 사람	제84조 제1항제6호	제2종 소형면허	적성 · 법령 · 점검
13. 제2종 보통면허를 받은 사람으로서 면허 신청일부터 소급하여 7년간 운전면허가 취소된 사실과 교통사고(법제54조제2항 각 호 외의 부분 단서에 해당하는 교통사고는 제외한다)를 일으킨 사실이 없는 사람	제84조 제1항제6호	제1종 보통면허	기능 · 법령 · 점검 · 도로주행
14. 제1종 운전면허를 받은 사람으로서 신체장애 등으로 제45조에 따른 제1종 운전면허 적성 검사 기준에 미달된 사람	제84조 제1항제6호	제2종 보통면허	기능 · 법령 · 점검 · 도로주행
15. 신체장애 등의 사유로 운전면허 적성 검사 기준에 미달되어 면허가 취소되고, 다른 종류의 면허를 발급받은 후에 취소된 운전면허의 적성 검사 기준을 회복한 사람	제84조 제1항제6호	• 취소된 운전면허와 같은 운전면허(제1종 보통면허를 제외한다)	법령 · 점검 · 기능
		• 취소된 운전면허와 같은 운전면허(제1종 보통면허만 해당한다)	법령 · 점검 · 기능 · 도로주행
16. 법제93조제1항제15호, 제16호 또는 제18호에 해당하는 사유로 운전면허가 취소되어 다시 면허를 받으려는 사람	제84조 제1항제7호	취소된 운전면허로 운전가능한 범위에 포함된 운전면허	기능 · 도로주행 다만, 도로주행시험은 제1종보통면허 또는 제2종보통면허를 받으려는 경우만 면제한다.
17. 법제93조제1항제17호에 해당하는 사유로 운전면허가 취소되어 다시 면허를 받으려는 사람	제84조 제1항제7호	제1종 보통면허 제2종 보통면허	기능

제1장 운전면허시험제도

면제대상자	적용 법조문 (도로교통법)	받고자 하는 면허	면제되는 시험
18. 법제108조제5항에 따른 전문학원의 수료증(연습운전면허를 취득하지 않은 경우만 해당한다)을 가진 사람으로서 장내기능검정 합격일부터 1년이 지나지 않은 사람	제84조 제1항제8호	그 수료증에 해당하는 연습운전면허	기능
19. 법제108조제5항에 따른 졸업증(면허를 취득하지 않은 경우만 해당한다)을 가진 사람으로서 도로주행기능검정 합격일부터 1년이 지나지 않은 사람	제84조 제1항제8호	그 졸업증에 해당하는 운전면허	도로주행
20. 군사분계선 이북지역에서 운전면허를 받은 사실을 통일부장관이 확인서를 첨부하여 운전면허 시험기관의 장에게 통지한 사람	제84조 제1항제9호	제2종 보통면허	기능

주 1. 위 표의 면제되는 시험란 가운데 "적성"이란 제45조에 따른 시험을, "법령"이란 제46조에 따른시험을, "점검"이란 제47조에 따른 시험을, "기능"이란 제48조에 따른 시험을, "도로주행"이란 제49조에 따른 시험을 각각 말한다.
2. 제46조부터 제48조까지의 규정에 따른 시험을 모두 면제하는 경우에는 연습운전면허를 발급한다.
3. 국내면허 인정국가 가운데 대한민국과 운전면허 상호인정에 관한 약정을 체결한 국가에 대하여는 위 표 제2호에도 불구하고 그 약정에 따라 운전면허 시험의 일부를 면제할 수 있다.
4. 위 표 제5호에 따라 운전면허를 다시 받은 경우 종전에 취소된 운전면허에 포함된 것으로서 법제80조제2항제1호 및 제2호에 따른 순서상 새로 취득한 운전면허보다 아래 범위에 있는 운전면허도 부여한다.

제1장 적중출제예상문제

1 운전면허의 구분

【문제 1】 운전면허의 종별 구분에 대한 설명이다. 옳지 않는 것은?
① 제1종 운전면허에는 대형, 보통, 소형, 특수면허가 있다.
② 제2종 운전면허에는 보통, 소형, 경형, 원동기장치자전거면허가 있다.
③ 제2종 운전면허에는 보통, 소형, 원동기장치자전거면허가 있다
④ 연습운전면허에는 제1종 보통연습면허와 제2종 보통연습면허가 있다.

【문제 2】 제1종 운전면허의 종별구분으로 볼 수 없는 것은?
① 제1종 대형면허
② 제1종 보통면허
③ 제1종 소형면허
④ 제1종 보통연습면허

【문제 3】 제2종 운전면허의 종별구분으로 볼 수 없는 것은?
① 제2종 보통면허
② 제2종 소형면허
③ 제2종 보통연습면허
④ 원동기장치자전거면허

【문제 4】 연습운전면허에 대한 설명이다. 잘못된 것은?
① 연습운전면허에는 제1종 보통연습면허와 제2종 보통연습면허가 있다.
② 연습운전면허를 받은 날부터 1년간 유효하다.
③ 연습운전면허를 받은 사람은 단독으로 도로에서 운전연습을 할 수 있다.
④ 연습운전면허를 받은 사람이 본 운전면허를 받으면 그 효력이 소멸된다.

【문제 5】 사업용 자동차를 운전할 수 없는 운전면허는?
① 제1종 대형면허
② 제1종 보통면허
③ 제1종 특수면허
④ 제1종 보통연습면허

【문제 6】 제1종 대형면허로 운전할 수 없는 자동차는?
① 승합자동차
② 대형견인차
③ 화물자동차
④ 덤프트럭

【문제 7】 제1종 대형면허로 운전할 수 있는 자동차는?
① 대형견인차
② 도로를 운행하는 3톤 이상의 지게차
③ 구난차
④ 콘크리트 믹서 트럭

【문제 8】 제1종 보통면허로 운전할 수 있는 자동차는?
① 덤프트럭
② 아스팔트 살포기
③ 15인승 이하 승합자동차
④ 노상안정기

정답 1. 【1】② 【2】④ 【3】③ 【4】③ 【5】④ 【6】② 【7】④ 【8】③

【문제 9】 제1종 보통면허로 운전할 수 없는 자동차는?
① 적재중량 15톤 이하의 화물자동차　② 원동기장치자전거
③ 15인승 이하의 승합자동차　④ 승용자동차

【문제 10】 제1종 특수(대형견인차)면허로 운전할 수 없는 자동차는?
① 견인형 특수자동차　② 승차정원 10명 이하의 승합자동차
③ 승용자동차　④ 적재중량 12톤 미만의 화물자동차

【문제 11】 제2종 보통면허로 운전할 수 없는 자동차는?
① 승차정원 12명 이하의 승합자동차
② 적재중량 4톤 이하의 화물자동차
③ 사업용 승용자동차(자격증 소지자)
④ 총중량 3.5톤 이하의 특수자동차(구난차 등은 제외한다)

　➲ 해설　2008. 6. 22부터 제2종 보통면허로 사업용 승용자동차(영업용 택시)를 운전할 수 있다.

【문제 12】 제1종 소형면허로 운전할 수 없는 자동차는?
① 3륜 화물자동차　② 3륜 승용자동차
③ 원동기장치자전거　④ 승차정원 15명승 이하 승합자동차

【문제 13】 제1종 보통연습면허로 운전할 수 없는 자동차는?
① 승용자동차　② 승차정원 15명 이하의 승합자동차
③ 적재중량 12톤 미만의 화물자동차　④ 이륜자동차

【문제 14】 제2종 보통연습면허로 운전할 수 없는 자동차는?
① 승차정원 10명 이하의 승합자동차　② 적재중량 4톤 이하의 화물자동차
③ 3륜 승용사동차　④ 승용자동차

【문제 15】 총중량 750kg을 초과하는 피견인자동차를 견인할 수 있는 운전면허는?
① 제1종 대형면허가 있으면 견인할 수 있다.
② 제2종 보통면허가 있으면 견인할 수 있다.
③ 제1종 특수면허(구난차)가 있으면 견인할 수 있다.
④ 견인하는 자동차를 운전할 수 있는 면허 외에 대형견인차면허가 있어야 한다.

【문제 16】 적재용량 3000ℓ 초과의 위험물 등 적재화물차를 운전할 수 있는 운전면허는?
① 제1종 대형면허　② 제1종 보통면허
③ 제1종 특수면허　④ 제2종 보통면허

정답　【9】①　【10】④　【11】①　【12】④　【13】④　【14】③　【15】④　【16】①

【문제 17】 건설기계 중 덤프트럭을 운전할 수 있는 운전면허는?
① 제2종 보통면허   ② 제1종 대형면허   ③ 제1종 특수면허   ④ 제1종 소형면허

【문제 18】 도로를 운행하는 3톤 미만의 지게차를 운전할 수 있는 운전면허는?
① 제1종 특수면허   ② 제2종 보통면허   ③ 제1종 보통면허   ④ 제1종 소형면허

【문제 19】 제1종 대형면허를 취득할 수 있는 최소연령과 운전경력기준은?
① 만 20세 이상으로 운전경력 2년 이상
② 만 19세 이상으로 운전경력 1년 이상
③ 만 21세 이상으로 운전경력 1년 이상
④ 만 21세 이상으로 운전경력 2년 이상

◎ 해설 2008. 6. 22부터 만 19세 이상 운전경력 1년 이상이면 제1종 대형면허시험에 응시할 수 있다.

2 운전면허 조건부여 및 결격사유

【문제 1】 원동기장치자전거 운전면허를 취득할 수 있는 최소연령기준은?
① 18세 이상   ② 17세 이상   ③ 20세 이상   ④ 16세 이상

【문제 2】 자동차를 무면허운전으로 3회 이상 적발되어 취소된 사람의 응시자격제한기간은?
① 5년   ② 2년   ③ 3년   ④ 4년

◎ 해설 3회 이상 무면허운전으로 적발되어 취소시는 운전면허응시자격 결격기간이 2년임(3회미만 결격기간은 1년임).

【문제 3】 연습면허를 받은 사람이 도로에서 운전연습 시 주의사항으로 볼 수 없는 것은?
① 사업용 자동차를 운전하는 등 주행연습 이외의 목적으로 사용하여서는 아니 된다.
② 주행연습 시는 다른 사람이 알 수 있도록 차에 「주행연습」 표지를 붙여야 한다.
③ 연습면허는 도로에서 운전연습을 허용하는 면허이므로 단독으로 운전연습을 할 수 있다.
④ 연습용자동차를 운전할 수 있는 운전면허를 받은 날부터 2년이 경과한 사람(지도자)과 함께 승차하여 동승자의 지도를 받아야 한다.

【문제 4】 제1종 대형·특수 운전면허만을 받을 자격이 없는 사람은?
① 마약·대마·알코올관련 장애 등으로 정상적인 운전을 할 수 없다고 인정되는 사람
② 치매·정신분열병 등의 정신질환으로 정상적인 운전을 할 수 없다고 인정되는 사람
③ 다리·머리·척추나 그 밖의 신체장애로 앉아 있을 수 없는 사람
④ 듣지 못하는 사람

【문제 5】 운전면허시험을 5년간 응시할 수 없는 운전면허시험 응시결격자가 아닌 것은?
① 주취운전 2회 이상 교통사고로 운전면허가 취소된 사람
② 주취운전으로 사람을 사상하고 도주한 사실로 운전면허가 취소된 사람
③ 공동위험행위로 사람을 사상하고 도주한 사실로 운전면허가 취소된 사람
④ 무면허운전으로 사람을 사상하고 도주한 사실로 운전면허가 취소된 사람

정답 【17】② 【18】③ 【19】② 2.【1】④ 【2】② 【3】③ 【4】④ 【5】①

【문제 6】 운전면허시험을 4년간 응시할 수 없는 운전면허시험 응시결격자는?
① 주취운전, 음주측정불응 등으로 2회 이상 위반하여 운전면허가 취소된 사람
② 주취운전으로 운전 중 2회 이상 교통사고를 일으켜 운전면허가 취소된 사람
③ 중앙선 침범으로 사람을 사상하고 도주하여 면허가 취소된 사람
④ 허위 부정한 방법으로 면허를 취득한 사람

【문제 7】 운전면허시험을 3년간 응시할 수 없는 운전면허시험 응시결격자는?
① 주취운전 음주 측정 위반 2회 이상 교통사고를 일으켜 운전면허가 취소된 사람
② 면허정지기간 중 운전으로 운전면허가 취소된 사람
③ 음주측정 불응으로 2회 이상 위반하여 운전면허가 취소된 사람
④ 무면허운전, 운전면허결격기간 중 운전으로 2회 이상 위반으로 취소된 사람

【문제 8】 운전면허시험을 2년간 응시할 수 없는 운전면허 응시결격자로 맞지 않는 것은?
① 무면허운전으로 자동차를 이용하여 범죄행위를 한 사람
② 주취운전 2회 이상 위반으로 운전면허가 취소된 사람
③ 면허정지기간 중 운전으로 면허등 또는 이에 갈음하는 증명서를 발급받아 취소된 사람
④ 면허소지자가 남의 차를 훔치거나 빼앗아 운전하다가 운전면허가 취소된 사람

【문제 9】 운전면허가 취소되었으나 즉시 운전면허에 응시할 수 있는 경우가 아닌 것은?
① 적성검사를 받지 않고 1년이 경과하여 운전면허가 취소된 사람
② 운전면허갱신교부를 받지 않고 갱신기간이 경과하여 운전면허가 취소된 사람
③ 제1종 면허를 받은 사람이 적성검사에 불합격하여 제2종 면허를 받고자하는 사람
④ 누산벌점초과 등으로 운전면허가 취소된 사람

3 운전면허시험

【문제 1】 운전면허시험의 시험과목이다. 아닌 것은?
① 자동차 등의 운전에 필요한 적성
② 자동차 등의 운선에 필요한 정비기술
③ 자동차 등의 운전에 필요한 기능
④ 자동차 및 도로교통에 관한 법령지식

⊙ 해설 "①, ③, ④"외 예 ① 자동차 등의 관리방법과 안전운전에 필요한 점검의 요령 ② 친환경 경제운전에 필요한 지식과 기능이 있다.

【문제 2】 자동차운전면허시험 응시원서의 유효기간으로 맞는 것은?
① 최초의 학과시험일로부터 1년간
② 필기시험에 합격할 때까지
③ 응시원서 접수일로부터 1년간
④ 도로주행시험에 최종 합격할 때까지

【문제 3】 운전에 필요한 적성시험(적성검사)의 검사항목이 아닌 것은?
① 시력(교정시력 포함)검사
② 색채식별능력검사
③ 근력강도측정검사
④ 청력 및 신체상태의 검사

정답 【6】③ 【7】① 【8】① 【9】④ 3.【1】② 【2】① 【3】③

【문제 4】 제1종 운전면허 응시자의 적성의 기준 중 시력(교정시력 포함)검사의 합격기준은?
① 두 눈을 동시에 뜨고 잰 시력이 0.8 이상이고 두 눈의 시력이 각 0.5 이상일 것
② 두 눈을 동시에 뜨고 잰 시력이 0.5 이상일 것
③ 한쪽 눈을 보지 못하는 사람은 다른 쪽 눈의 시력이 0.6 이상일 것
④ 두 눈을 동시에 뜨고 잰 시력이 0.7 이상이고 두 눈의 시력이 각 0.6 이상일 것
   ◎해설 "②, ③"은 제2종 운전면허의 시력(교정시력)이다.

【문제 5】 제2종 운전면허 응시자의 적성의 기준 중 시력(교정시력 포함)검사의 합격기준은?
① 두 눈을 동시에 뜨고 잰 시력이 0.7 이상인 사람일 것
② 두 눈을 동시에 뜨고 잰 시력이 0.5 이상인 사람일 것
③ 한쪽 눈을 보지 못하는 사람은 다른 쪽 눈의 시력이 0.4 이상이어야 한다.
④ 한쪽 눈을 보지 못하는 사람은 다른 쪽 눈의 시력이 0.5 이상이어야 한다.

【문제 6】 운전에 필요한 적성기준 중 색채식별능력검사에 대한 설명이다. 옳은 것은?
① 붉은색·청색 및 노란색을 구별할 수 있을 것
② 붉은색·녹색 및 노란색을 구별할 수 있을 것
③ 정기적성검사와 수시적성검사 시에도 색채식별을 할 수 있어야 한다.
④ 정기적성검사 시에는 제1종 운전면허소지자만 색채식별을 할 수 있어야 한다.

【문제 7】 운전에 필요한 적성시험 중 청력검사에 대한 설명으로 옳지 못한 것은?
① 제1종 대형면허와 특수면허 응시자는 55데시벨의 소리를 들을 수 있어야 한다.
② 제1종 대형면허와 특수면허 응시자가 보청기를 사용 시는 40데시벨의 소리를 들을 수 있어야 한다.
③ 제2종 면허응시자는 70데시벨의 소리를 들을 수 있어야 한다.
④ 제1종 보통면허응시자와 제2종 면허응시자는 전혀 듣지 못하여도 된다.

【문제 8】 신체장애인에 대한 적성시험의 합격기준으로 잘못된 것은?
① 조향장치나 그 밖의 장치를 조작할 수 있는 신체 또는 정신장애가 없어야 한다.
② 보조수단을 사용하여 정상적인 운전을 할 수 있다고 인정되어야 한다.
③ 신체장애정도에 따라 적합하게 제작승인 된 자동차를 사용하여 정상적인 운전을 할 수 있다고 인정되어야 한다.
④ 전문학원에서 10시간 이상 기능교육을 받은 사실이 인정되어야 한다.
   ◎해설 "④"은 "2시간 이상"이다.

【문제 9】 운전면허 학과시험 중 자동차 등의 법령지식에 관한 시험사항으로 볼 수 없는 것은?
① 도로교통법 및 같은 법에 의한 명령에 규정된 사항
② 교통사고 처리특례법 및 같은 법에 의한 명령에 규정된 사항
③ 자동차 등의 기본적인 정비요령에 관한 사항
④ 교통안전수칙과 교통안전교육에 관한 지침에 규정된 사항

정답 【4】① 【5】② 【6】② 【7】③ 【8】④ 【9】③

제1장 운전면허시험제도

【문제 10】 학과시험은 면허종별 구분 없이 법령지식 ( )%, 자동차 등의 점검요령 등 ( )%의 비율로 출제하고 있다. 맞는 것은?
① 90 : 10   ② 95 : 5   ③ 96 : 4   ④ 94 : 6

【문제 11】 필기시험에 합격하였을 때에 발생하는 효력이다. 잘못 설명된 것은?
① 필기시험에 합격한 사람은 장내기능시험에 응시할 수 있는 효력이 있다.
② 필기시험 합격한 사람은 5회에 한하여 장내기능시험에 응시할 수 있다.
③ 필기시험 합격사실의 유효기간은 합격한 날부터 1년 이내이다.
④ 필기시험에 합격한 사람이 자동차운전 전문학원에서 소정의 장내기능교육을 이수하면 장내기능검정에 응시할 수 있다.

【문제 12】 운전면허 효력이 발생하는 때는?
① 교통안전교육을 받은 때   ② 운전면허증을 발급받은 때
③ 도로주행시험에 합격한 때   ④ 장내기능시험에 합격한 때

【문제 13】 운전면허 종별의 필기시험 합격기준이다. 틀린 것은?
① 제1종 운전면허의 필기시험합격기준은 100점 만점에 70점 이상이다.
② 제2종 운전면허의 필기시험 합격기준은 100점 만점에 60점 이상이다.
③ 제2종 운전면허의 필기시험 합격기준은 100점 만점에 70점 이상이다.
④ 원동기장치자전거면허시험의 합격기준은 100점 만점에 60점 이상이다.

【문제 14】 1종보통, 2종보통(연습)면허 기능시험(장내기능시험)에 대한 시험과제로 맞지 않는 것은?
① 돌발상황에서 급정지,   ② 자동차운전에 필요한 법령 등의 지식
③ 방향지시등 조작, 기어변속 요령   ④ 전조등 조작, 차로준수

❶해설 "①, ③, ④"외에 앞유리창닦이기(와이퍼) 조작이 있다.

【문제 15】 기능시험(장내기능시험)에 사용되는 자동차의 종별이다. 아닌 것은?
① 제1종 대형면허의 시험용자동차는 승차정원 30인 이상의 승합자동차
② 제1종 소형면허의 시험용자동차는 3륜화물자동차
③ 제2종 보통연습면허의 시험용자동차는 승용자동차(일반형 또는 승용겸 화물형)
④ 제2종 보통면허의 시험용자동차는 외관이 승용차와 유사한 3톤 이하의 화물자동차

【문제 16】 장내기능시험의 채점방식에 대한 설명이다. 맞는 것은?
① 장내기능시험은 전자채점기에 의하여 감점방식으로 채점한다.
② 장내기능시험은 감점방식과 득점방식으로 혼용하여 채점한다.
③ 장내기능시험은 기능시험관 또는 기능검정원이 동승하여 채점한다.
④ 장내기능시험의 채점방식은 득점방식으로 채점한다.

정답 【10】② 【11】② 【12】② 【13】③ 【14】② 【15】④ 【16】①

【문제 17】 제1종 대형면허의 장내기능시험코스 중 굴절코스는 어느 것인가?

① 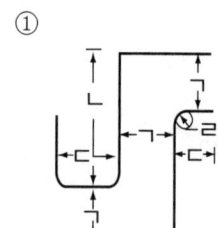 ② 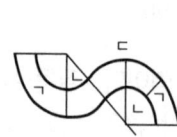 ③ 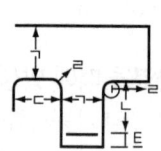 ④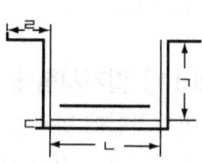

【문제 18】 제1종 대형면허의 장내기능시험코스 중 곡선코스는 어느 것인가?

① 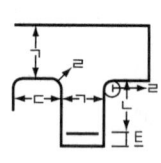 ② 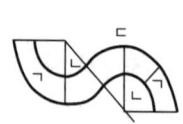 ③ 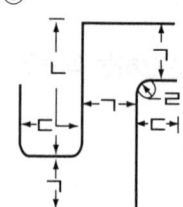 ④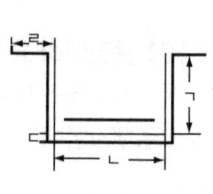

【문제 19】 제1종 대형면허의 장내기능시험코스 중 방향전환코스는 어느 것인가?

① 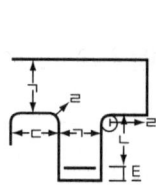 ② 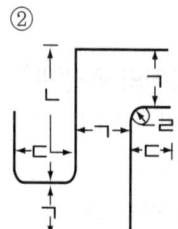 ③ 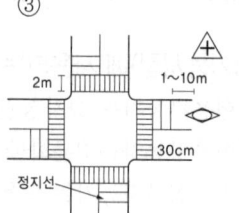 ④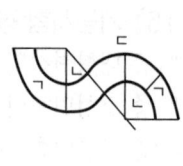

【문제 20】 제1종 대형면허시험의 장내기능검정시험코스에서 십자형교차로 코스는 어느 것인가?

① 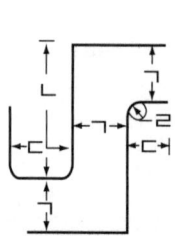 ② 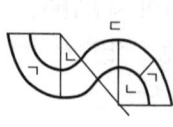 ③ 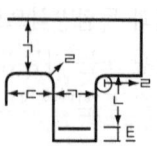 ④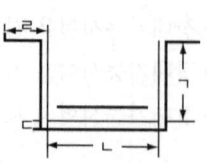

【문제 21】 제1종 대형면허의 장내기능시험코스 중 도로 폭이 가장 좁은 코스는?

① 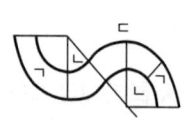 ② 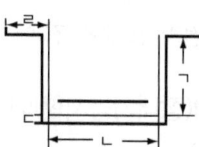 ③ 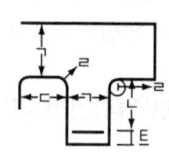 ④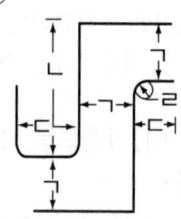

정답 【17】① 【18】② 【19】③ 【20】③ 【21】④

【문제 22】 장내기능시험코스 설치 방법에 대한 설명이다. 틀린 것은?
① 도로의 폭은 7m 이상으로 하고 3m부터 3.5m까지 너비의 2개 차로 이상을 설치한다.
② 10~15cm 너비의 중앙선을 표시한다.
③ 중앙선으로부터 3m 지점에 10~15cm 너비의 길가장자리선을 설치한다.
④ 연석은 길가장자리 선으로부터 10cm 이상 간격으로 높이 10cm, 너비 10cm 이상으로 설치한다.
◎ 해설 연석은 길가장자리 선으로부터 25cm 이상이다.

【문제 23】 제1종 대형면허 장내기능코스의 출발코스에서 종료코스까지 총 연장거리는?
① 800m 이상 콘크리트 등으로 포장된 도로
② 900m 이상 콘크리트 등으로 포장된 도로
③ 700m 이상 콘크리트 등으로 포장된 도로
④ 부지 형태에 따라 제한 없음

【문제 24】 제1종 대형면허 장내기능시험코스 중 굴절코스의 폭은?
① 4.2m   ② 4.7m   ③ 5.2m   ④ 5.5m

【문제 25】 제1종 대형면허 장내기능시험코스 중 경사로 코스의 구조에 대한 설명이다. 틀린 것은?
① 높이는 제1종 대형면허의 경우 1.5m 이상으로 한다.
② 방호벽은 길가장자리선에서 밖으로 30cm 이상 높이로 한다.
③ 정상부의 길이는 4m 반경 15~16m 곡선으로 한다.
④ 오르막 경사도는 10~12.5%이고, 내리막 경사도는 6.5~9%로 한다.

【문제 26】 장내기능교육장을 2층으로 설치할 경우 1층에 확보하여야 하는 제1종 대형면허 부지 면적은?
① 4,125m² 이상   ② 4,225m² 이상   ③ 4,300m² 이상   ④ 4,500m² 이상

【문제 27】 교통신호가 있는 십자형 교차로코스의 구조에 대한 설명이다. 잘못된 것은?
① 교차로 모퉁이의 반경은 제1종 대형면허의 경우는 6m 이상으로 한다.
② 교차로 입구 4방향에는 4색신호등을 3~4m 높이로 설치한다.
③ 교차로 4방향에 2m 너비의 횡단보도와 횡단보도에 이르기 전 2m 지점에 30cm 너비의 정지선을 표시한다.
④ 정지선에 이르기 전 12m 이상 지점에 교차로표시와 횡단보도예고표지를 설치한다.

【문제 28】 제1종 대형면허의 경우 장내기능시험시 출발선에서 특별한 사유 없이 몇 초 이내에 출발하지 못하면 실격되는가?
① 20초 이내   ② 40초 이내   ③ 30초 이내   ④ 50초 이내

【문제 29】 제1종 대형면허 장내기능시험항목 중 돌발사고 발생시 급정지 운행요령을 바르게 설명한 것은?
① 돌발등이 켜짐과 동시 2초 이내 급정지하고 3초 이내 비상점멸등을 켜고 대기 후 진행
② 돌발등이 켜짐과 동시 2초 이내 급정지하고 5초 이내 비상점멸등을 켜고 대기 후 진행
③ 돌발등이 켜짐과 동시 3초 이애 급정지하고 3초 이내 비상점멸등을 켜고 대기 후 진행
④ 돌발등이 켜짐과 동시 1초 이내 급정지하고 3초 이내 비상점멸등을 켜고 대기 후 진행

정답 【22】④ 【23】③ 【24】② 【25】② 【26】① 【27】④ 【28】③ 【29】①

【문제 30】 제2종 소형면허와 원동기장치자전거의 기능시험코스별 시험방법을 잘못 설명한 것은?
① 굴절코스는 전진으로 진입 검지선 접촉이나 발이 땅에 닿지 아니하고 통과해야 한다.
② 굴절·곡선·좁은 길 코스 및 연속진로전환코스를 분리하여 각 코스별로 행한다.
③ 곡선코스는 전진으로 진입 검지선 접촉이나 발이 땅에 닿지 아니하고 통과해야 한다.
④ 굴절·곡선·좁은 길 코스 및 연속진로전환코스를 연속하여 통과해야 한다.

【문제 31】 제1종 특수면허 중 구난차면허의 기능시험코스별 시험방법을 잘못 설명한 것은?
① 굴절코스·곡선코스 및 방향전환코스가 있으며 각각 분리하여 코스별로 행한다.
② 굴절코스와 곡선코스는 견인차에 피견인차를 5분 이내 연결하고, 검지선 접촉 없이 전진으로 통과해야 한다.
③ 다시 피견인차를 5분 이내에 분리하여 방향전환코스를 검지선 접촉 없이 통과해야 한다.
④ 각 코스의 지정시간은 3분 이내이고 총 지정시간은 25분 이내에 종료해야 한다.

【문제 32】 제1종 특수면허 중 대형견인차면허의 기능검정 총 지정시간은?
① 25분 이내
② 20분 이내
③ 15분 이내
④ 19분 이내

【문제 33】 제1종 대형면허의 채점기준 중 10점씩 감점하는 항목이다. 아닌 것은?
① 평행주차코스의 주차 시 전·후 확인선 미 접촉 또는 전진으로 진입 시
② 기어변속코스에서 기어변속 않고 통과하거나 속도 매시 20km 미만 시
③ 방향전환코스에서 확인선 미접촉 또는 지정시간 2분 초과 시마다
④ 경사로 정지검지구역 내에 정지 후 출발 시 후방으로 50cm 이상 밀린 때
◎ 해설 "①, ②, ④"외에 "돌발사고시 급정지 및 출발"이 있다.

【문제 34】 제1종 대형면허시험의 채점기준 중 5점씩 감점되는 항목이다. 아닌 것은?
① 전체 지정시간 초과 매 5초마다
② 곡선코스 전진통과 시 지정시간 2분 초과 시마다, 검지선을 접촉 시마다
③ 시동을 꺼뜨릴 때 마다, 4000RPM 이상 엔진 회전 시마다
④ 굴절코스 전진통과 시 지정시간 2분 초과 시마다, 검지선을 접촉 시마다

【문제 35】 제1종 대형면허시험의 채점기준 중 5점씩 감점되는 항목이다. 아닌 것은?
① 십자형 교차로에서 신호위반 시마다, 정지선을 침범하여 정지할 때마다
② 교차로 내에서 이유 없이 20초 이상 정차한 때
③ 지정속도 매시 20km를 초과한 때(기어변속코스를 제외한다)
④ 교차로에서 정지신호 시 정지 불이행 시

【문제 36】 제1종·제2종 보통면허시험의 채점기준 중 5점씩 감점되는 항목이 아닌 것은?
① 차로준수, 돌발상황에서 급정지
② 기어 변속
③ 전조등 조작, 방향지시등 조작
④ 앞유리창 닦이기(와이퍼) 조작

정답 【30】④ 【31】④ 【32】③ 【33】③ 【34】① 【35】③ 【36】①

【문제 37】 제1종 대형면허의「굴절코스 전진·통과」에 대한 채점기준으로 잘못된 것은?
① 전진으로 진입하여 검지선 접촉 없이 2분 이내에 통과하면 감점이 없다.
② 지정시간 2분 초과 시마다 5점을 감점한다.
③ 검지선 접촉 시마다 5점을 감점한다.
④ 검지선 접촉 시마다 10점을 감점한다.

【문제 38】 제1종 대형면허의「곡선코스 전진·통과」에 대한 채점기준으로 잘못된 것은?
① 전진으로 진입하여 검지선 접촉 없이 2분 이내에 통과하면 감점이 없다.
② 검지선 접촉 시마다 7점을 감점한다.
③ 검지선 접촉 시마다 5점을 감점한다.
④ 지정시간 2분 초과 시마다 5점을 감점한다.

【문제 39】 제1종 대형면허의「방향전환코스」에 대한 채점기준으로 잘못된 것은?
① 두 바퀴로 확인선 미 접촉 시 10점을 감점한다.
② 전진으로 진입하여 후진으로 차고의 확인선을 뒷바퀴가 접촉한 후 전진으로 되돌아 나올 때까지 검지선 접촉 없이 2분 이내 통과할 때는 감점은 없다.
③ 확인선 미접촉 지정시간 2분 초과 시마다 5점을 감점한다.
④ 검지선 접촉 시마다 5점을 감점한다.

【문제 40】 제1종 대형면허의「평행주차코스의 주차」에 대한 채점기준으로 잘못된 것은?
① 후진으로 진입하여 전·후진으로 주차코스구간 내에 설치된 확인선을 앞·뒷 바퀴로 동시에 접촉하여 안쪽 연석선과 나란히 주차하였다가 전진으로 검지선 접촉 없이 2분 이내 출발 시 감점은 없다.
② 전·후 확인선 미 접촉 또는 전진으로 진입 시 5점을 감점한다.
③ 전·후 확인선 미 접촉 또는 전진으로 진입 시 10점을 감점한다.
④ 지정시간 2분 초과 시마다, 검지선 접촉 시마다 5점을 감점한다.

【문제 41】 제1종 대형면허의「기어변속코스의 전진」에 대한 채점기준이다. 잘못된 것은?
① 기어변속을 하지 아니하고 통과 시 10점을 감점한다.
② 속도 매시 20km 미만 시 10점을 감점한다.
③ 자동변속기장치자동차의 경우는 제외한다.
④ 속도 매시 20km 미만 시 5점을 감점한다.

【문제 42】 제1종 대형면허의「+자형교차로 통과」에 대한 채점기준이다. 잘못된 것은?
① 좌우회전 시 방향지시등을 켜지 않을 때마다 5점을 감점한다.
② 정지신호에 정지 불이행 시 5점을 감점한다.
③ 교차로 내에서 20초 이상 이유 없이 정차한 때 10점을 감점한다.
④ 교차로 내에서 20초 이상 이유 없이 정차한 때 5점을 감점한다.

정답 【37】④ 【38】② 【39】① 【40】② 【41】④ 【42】③

【문제 43】 제1종 대형면허의 「횡단보도 일시정지」에 대한 채점기준이다. 잘못된 것은?
① 횡단보도 정지선 앞에 정지하였다가 출발하면 감점은 없다.
② 횡단보도 신호위반 시마다 10점을 감점한다.
③ 횡단보도 앞에서 일시정지 불이행 시 5점을 감점한다.
④ 앞 범퍼가 정지선으로부터 1m 이전 또는 정지선을 침범하여 정지 시 5점을 감점한다.

【문제 44】 제1종 대형면허의 「경사로에서 정지 및 출발」에 대한 채점기준으로 잘못된 것은?
① 경사로 정지검지구역내에 정지 후 출발 시 후방으로 30cm 이상 밀린 때 10점을 감점한다.
② 오르막 정지선에 3초 이상 정지하였다가 50cm 이상 후진하지 않고 출발 시 감점은 없다.
③ 정지구간 이탈범위는 자동차의 앞 범퍼를 기준으로 한다.
④ 경사로 정지검지구역에 정지 후 출발 시 후방으로 50cm 이상 밀린 때 10점을 감점한다.

【문제 45】 제1종 대형면허의 「출발 및 출발시 방향지시 등 작동」에 대한 채점기준으로 잘못된 것은?
① 출발지시가 있는 때부터 20초 이내에 출발하지 못한 때 5점 감점한다.
② 도로 중앙으로 진입 시 방향지시등을 켜지 아니한 때 5점 감점한다.
③ 도로 중앙으로 진입 후 방향지시등을 끄지 아니한 때 5점 감점한다.
④ 출발 지시가 있는 때로부터 30초 이내 출발하지 못한 때 10점 감점한다.

【문제 46】 제2종 소형 및 원동기장치자전거면허의 채점기준으로 잘못된 것은?
① 굴절코스는 검지선을 접촉한 때마다 또는 발이 땅에 닿을 때마다 10점을 감점한다.
② 곡선코스는 검지선 접촉한 때마다 또는 발이 땅에 닿을 때마다 5점을 감점한다.
③ 좁은 길 코스는 검지선 접촉한 때마다 또는 발이 땅에 닿을 때마다 10점을 감점한다.
④ 연속진로전환코스는 검지선 또는 라바콘을 접촉한 때마다 또는 발이 땅에 닿을 때마다 10점을 감점한다.

【문제 47】 제1종 특수면허 중 구난차시험코스의 채점기준이다. 잘못된 것은?
① 피견인차의 연결 : 연결방법이 미숙 또는 연결시간 5분 초과 시마다 10점을 감점
② 굴절코스 견인통과 : 지정시간 3분 초과 또는 검지선 접촉 시마다 10점을 감점
③ 곡선코스 견인통과 : 저정시간 3분 초과 또는 검지선 접촉 시마다 10점을 감점
④ 방향전환코스 통과 : 확인선 미접촉, 지정시간 3분 초과 또는 검지선 접촉 시마다 5점을 감점

【문제 48】 제1종 대형면허 기능시험의 실격기준이다. 맞지 않는 것은?
① 경사로·굴절·곡선·방향전환·기어변속코스와 평행주차코스 중 하나라도 불이행한 때
② 특별한 사유 없이 교차로 내에서 30초 이상 정차한 때
③ 경사로 정지구간 이행 후 30초를 초과하여 통과하지 못한 때
④ 특별한 사유 없이 출발선에서 20초 이내 출발하지 못한 때

정답 【43】② 【44】① 【45】④ 【46】② 【47】④ 【48】④

【문제 49】 제2종 소형면허 및 원동기장치자전거면허의 실격기준이다. 잘못된 것은?
① 운전미숙으로 20초 이내에 출발하지 못한 때
② 좁은 길 코스 통과 시 검지선을 접촉하거나 발이 땅에 닿은 때
③ 시험 중 안전사고를 일으키거나 코스를 벗어난 때
④ 시험과제를 하나라도 이행하지 아니한 때

【문제 50】 장내기능시험의 운전면허종별 합격기준이다. 틀린 것은?
① 제1종 대형면허는 100점 만점에 감점결과 90점 이상이다.
② 제1종ㆍ제2종 보통면허는 100점 만점에 감점결과 80점 이상이다.
③ 제2종 소형면허ㆍ원동기장치자전거면허는 100점 만점에 감점결과 90점 이상이다.
④ 제1종 특수면허는 100점 만점에 감점결과 90점 이상이다.

【문제 51】 도로주행시험 응시자격에 대한 설명으로 적절하지 않는 것은?
① 제1종 보통면허시험은 제1종 보통연습면허를 받은 사람에 대하여 실시한다.
② 제2종 보통면허시험은 제2종 보통연습면허를 받은 사람에 대하여 실시한다.
③ 연습운전면허를 받고 6시간 이상 도로주행연습을 한 사람에 대하여 실시한다.
④ 연습운전면허의 유효기간 내에는 6시간 이상 도로주행연습 교육을 받지 않아도 된다.

【문제 52】 도로주행시험에 불합격한 사람의 재 응시기간이다. 맞는 것은?
① 도로주행연습 5시간 이상 받고 5일 이상이 지나야 재응시할 수 있다.
② 도로주행연습 3시간 이상 받고 3일 이상이 지나야 재응시할 수 있다.
③ 도로주행연습 5시간 이상 받고 3일 이상이 지나야 재응시할 수 있다.
④ 불합격한 사람은 불합격한 날부터 3일 이상이 지나야 재응시할 수 있다.

【문제 53】 도로주행시험의 시험과제로 맞는 것은?
① 도로에서 교통법규에 따라 운전하는 능력과 운전장치를 조작하는 능력
② 도로교통법령에 대한 지식의 유무
③ 자동차 등의 구조와 정비기술에 대한 기본적인 능력
④ 교통안전수칙에 대한 지식의 숙지 여부

【문제 54】 도로주행시험을 실시하기 위한 도로의 기준이다. 잘못된 것은?
① 총 주행거리 5km 이상으로 교통량에 비해 폭이 넓고 주행여건이 양호한 도로여야 한다.
② 시속 40km 이상의 속도로 주행 가능한 1구간 200m의 지시속도구간이 있어야 한다.
③ 교통안전표지가 설치된 횡단보도가 있어야 한다.
④ 차로변경이 가능한 편도 2차로 이상 도로가 있어야 한다(일부구간으로도 가능).

【문제 55】 도로주행시험을 실시하기 위한 도로의 기준이다. 맞지 않는 것은?
① 교통량에 비해 폭이 넓은 도로
② 보행자 및 차마의 통행량이 비교적 일정한 도로
③ 교통안전시설이 정비된 도로
④ 기능시험장의 구간을 총주행거리의 일부로 포함할 수 없다.

정답 【49】② 【50】① 【51】④ 【52】④ 【53】① 【54】② 【55】④

【문제 56】도로주행시험에 사용되는 자동차가 갖추어야 할 요건으로 볼 수 없는 것은?
① 시험관이 위험을 방지할 수 있는 별도의 제동장치 등 필요한 장치를 하여야 한다.
② 교통사고로 인한 손해배상금 전액을 보상하는 보험에 가입되어 있어야 한다.
③ 주행시험자동차에「주행시험」표지를 부착하고 규정에 의한 도색을 하여야 한다.
④「주행시험」표지는 주행시험용 자동차의 앞 뒤 유리창에 부착하여야 한다.

【문제 57】도로주행시험의 채점기준 중 10점씩 감점해야 하는 경우이다. 아닌 것은?
① 통상적으로 출발하여야 할 상황인데도 기기조작 미숙 등으로 20초 이내 출발하지 아니한 경우
② 교차로, 터널 안 또는 다리 위에서 앞지르기한 때
③ 진로변경 시 안전 미확인
④ 일시정지 장소에서 일시정지 않은 경우

> **해설** 도로주행시험 항목 중 10점씩 감점하는 항목

【문제 58】도로주행시험의 채점기준 중 10점을 감점해야 하는 경우가 아닌 것은?
① 좌회전 또는 우회전 등 서행하여야 하는 장소에서 서행하지 아니한 경우
② 법령 또는 안전표지 등으로 지정되어 있는 일시정지 장소를 통행한 경우
③ 차로가 구분된 도로에서 지정된 차로로 통행하지 아니한 경우
④ 진로를 변경 하려는 경우 안전을 확인하지 아니한 경우

【문제 59】도로주행시험의 채점기준 중 7점씩을 감점하여야 하는 경우가 아닌 것은?
① 도로의 중앙에서 오른쪽으로 2차로 이상 도로에서 통행차의 기준을 따르지 아니한 경우
② 진로변경 시 변경신호를 전혀 하지 아니한 때
③ 진로변경 금지장소에서 진로를 바꾼 때
④ 보행자가 통행하고 있는 횡단보도 앞(정지선)에 일시정지하지 아니한 때

> **해설** 도로주행시험 항목 중 7점씩 감점하는 항목
> 1. 출발 시 엔진정지
> 2. 조향핸들조작 미숙 또는 불량(급핸들조작, 균형 잃은 경우, 차로이탈)
> 3. 우측 안전 미확인 또는 측방 등 간격 미유지
> 4. 앞지르기 방법 등 위반 또는 끼어들기 금지위반
> 5. 차로위반
> 6. 진로변경 시(신호불이행, 진로변경금지위반)
> 7. 교차로진입 통행위반

【문제 60】도로주행시험의 채점기준 중 7점을 감점하여야 하는 경우는?
① 앞차가 다른 차를 앞지르고자하는 경우 앞지르기를 시작하거나 시작하려고 한 경우
② 신호기가 표시하는 신호를 위반한 때
③ 서행하여야 하는 장소에서 서행하지 아니한 때
④ 법령 또는 안전표지 등으로 지정되어 있는 최고속도를 10km/h 초과한 때

정답 【56】④ 【57】② 【58】③ 【59】④ 【60】①

【문제 61】 도로주행시험의 채점기준 중 5점을 감점하여야 하는 경우로 맞는 것은?
① 길 가장자리 구역에 차체의 일부가 들어가 통행하거나 통행하려고 한 경우
② 진로변경 시 좌회전 또는 우회전 신호를 전혀 하지 않은 경우
③ 앞차가 급정지할 때 추돌을 피할 수 있는 안전거리를 유지하지 못한 경우
④ 교통정리가 행하여지고 있지 아니하는 교차로에 진입 시 서행하지 아니한 때

【문제 62】 도로주행채점기준 중 10점을 감점하여야 하는 경우는?
① 안전표지 등에 의하여 지정된 서행장소를 통행하는 경우
② 진로변경 30m 앞쪽 지점부터 변경신호를 하지 아니한 경우
③ 진로변경금지장소에서 진로를 바꾼 경우
④ 진로를 변경하려는 경우 변경신호를 하지 아니한 때

【문제 63】 도로주행시험채점기준 중 시험시간 동안 안전띠를 착용하지 아니한 경우 감점기준은?
① 10점 감점　　　　　　　　② 5점 감점
③ 실격　　　　　　　　　　　④ 7점 감점

【문제 64】 도로주행채점기준 중 최고속도를 10km/h 초과하여 주행한 때 감점기준은?
① 실격　　　　　　　　　　　② 10점 감점
③ 5점 감점　　　　　　　　　④ 7점 감점

【문제 65】 도로주행시험 중 시험을 중단하고 실격처리 해야 하는 경우가 아닌 것은?
① 3회 이상 출발불능 또는 응시자가 시험을 포기하는 의사를 표시한 경우
② 2회 이상 클러치 조작불량으로 인하여 엔진이 정지된 때
③ 교통사고를 야기하거나 운전능력 부족으로 교통사고를 일으킬 위험이 현저한 경우
④ 신호 또는 지시의무 위반 및 도로의 중앙선으로부터 우측부분을 통행하여야 할 의무 위반

【문제 66】 도로주행시험관의 준수사항으로 적절하지 못한 것은?
① 시험을 실시하기 전에 시험 진행방법 및 실격되는 경우 등을 설명해야 한다.
② 출발점에서부터 앞서가는 차와는 충분한 안전거리가 유지되도록 해야 한다.
③ 응시자의 긴장을 풀어주기 위하여 시험과 관련 없는 대화도 할 수 있다.
④ 다음 번호의 응시자를 동승시키는 등 공정한 평가를 위하여 노력해야 한다.

【문제 67】 도로주행시험관의 채점방법에 대한 설명이다. 틀린 것은?
① 시험관은 시험차량에 응시자와 동승하여 도로주행시험채점표에 수기로 채점한다.
② 시험과정 중 감점사항은 즉시 응시자에게 고지하여 주의를 환기시킨다.
③ 감점사유가 발생 시에는 채점표에 정확히 표시(✔)하여야 한다.
④ 시험 종료 후 응시자가 불합격한 사람에게는 그가 원하는 경우 채점표사본을 내주고 감점이유 등을 설명해 주어야 한다.

정답 【61】① 【62】① 【63】③ 【64】① 【65】② 【66】③ 【67】②

【문제 68】 도로주행시험의 합격기준이다. 옳은 것은?
① 제1종·제2종 보통면허의 합격기준은 동일하지 않다.
② 제1종 보통면허는 100점을 만점으로 하여 90점 이상을 합격으로 한다.
③ 제2종 보통면허는 100점을 만점으로 하여 80점 이상을 합격으로 한다.
④ 제1종·제2종 보통면허 공히 100점을 만점으로 하되 70점 이상을 합격으로 한다.

【문제 69】 장내기능시험 또는 도로주행시험의 판정기준으로 잘못된 것은?
① 도로주행시험에 출석하지 아니한 사람은 다음 시험에 그 응시표로 응시할 수 있다.
② 도로주행시험은 응시자 개인별로 시험이 끝난 후 현장에서 합격여부를 판정한다.
③ 기능시험 또는 도로주행시험에 출석하지 아니한 사람은 불합격으로 처리한다.
④ 장내기능시험은 응시자 개인별로 시험이 끝난 후 현장에서 합격여부를 판정한다.

【문제 70】 운전면허시험에 합격한 사람은 며칠 이내에 운전면허증을 발급받아야 하는가?
① 합격일로부터 7일 이내
② 합격일로부터 15일 이내
③ 합격일로부터 30일 이내
④ 면허증 발급신청일로부터 20일 이내

【문제 71】 운전면허증의 효력발생시기에 대한 설명이다. 옳은 것은?
① 운전면허의 효력은 본인 또는 대리인이 운전면허증을 발급받은 때부터 발생한다.
② 운전면허의 효력은 운전면허시험에 합격한 날부터 발생한다.
③ 운전면허증에 기재된 발급일자로부터 효력이 발생한다.
④ 운전면허시험에 합격한 다음날부터 효력이 발생한다.

【문제 72】 운전면허증의 유효기간에 대한 설명이다. 맞는 것은?
① 운전면허증에 기재된 적성검사기간 만료일부터 3개월 전까지
② 운전면허증에 기재된 적성검사기간 만료일까지
③ 운전면허증에 기재된 적성검사기간 만료일부터 6개월 이내
④ 운전면허증에 기재된 적성검사기간 만료일부터 1년 이내

【문제 73】 운전경력증명 발급에 대한 설명이다. 틀린 것은?
① 연습운전면허를 받은 기간은 운전경험기간이나 운전경력에서 제외한다.
② 운전경력증명서 발급은 자동차운전면허대장에 기재된 것을 기준으로 작성한다.
③ 운전경력증명을 받고자 하는 사람은 경찰서장에게 발급 신청할 수 있다.
④ 연습운전면허기간과 면허정지기간도 모두 운전경력으로 산정한다.

【문제 74】 운전면허증 재발급신청에 대한 설명이다. 잘못된 것은?
① 운전면허증을 잃어버린 때에는 한국도로교통공단에 신청하여 재발급 받을 수 있다.
② 운전면허증이 헐어 못쓰게 된 경우 한국도로교통공단에 신청하여 재발급 받을 수 있다.
③ 운전면허증을 도난당한 때는 관할경찰서장의 도난사실 확인증명을 첨부해야 한다.
④ 운전면허증이 헐어 못쓰게 된 경우에는 그 면허증을 첨부하여야 한다.

정답 【68】④ 【69】① 【70】③ 【71】① 【72】② 【73】④ 【74】③

4 운전면허시험의 면제

【문제 1】 자동차운전 전문학원에서 수료증을 받은 사람이 장내기능검정 합격일부터 1년이 지나지 않은 때 면제받을 수 있는 시험은?
① 적성시험
② 도로주행시험
③ 장내기능시험
④ 필기시험(법령·점검)

【문제 2】 자동차운전 전문학원에서 졸업증을 받은 사람이 도로주행기능검정 합격일부터 1년이 지나지 않은 때 면제받을 수 있는 시험은?
① 필기시험(법령·점검)
② 도로주행시험
③ 장내기능시험
④ 적성시험

【문제 3】 운전면허 필기시험에 합격한 사람은 합격일로부터 ( )년 이내에 실시하는 운전면허 시험에 응시하면 그 합격한 시험을 면제받을 수 있는가?
① 1년
② 2년
③ 3년
④ 1년 6월

【문제 4】 제1종 보통면허 소지자가 제1종 특수면허에 응시하는 때 면제되는 시험은?
① 필기시험(법령·점검), 장내기능시험
② 적성시험, 도로주행시험
③ 필기시험(법령·점검)
④ 적성시험, 장내기능시험

【문제 5】 적성검사를 받지 아니하여 제1종 보통면허를 취소당한 후 5년 이내에 다시 같은 면허를 받고자 하는 경우 면제되는 시험은?
① 장내기능시험, 학과시험
② 장내기능시험, 도로주행시험
③ 필기시험(법령·점검), 도로주행시험
④ 적성시험, 도로주행시험

【문제 6】 제1종 소형면허 소지자가 제1종 대형면허시험에 응시하는 경우 면제되는 시험은?
① 필기시험(법령·점검), 장내기능시험
② 적성시험, 필기시험(법령·점검)
③ 적성시험, 장내기능시험
④ 필기시험(법령·점검), 도로주행시험

정답 4. 【1】③ 【2】② 【3】① 【4】③ 【5】② 【6】②

【문제 7】 제2종 보통면허 소지자가 제1종 대형면허에 응시하는 경우 면제되는 시험은?
① 적성시험
② 장내기능시험
③ 필기시험(법령 · 점검)
④ 적성시험, 장내기능시험

【문제 8】 군사분계선 이북지역에서 운전면허를 받은 사실을 통일부장관이 확인서를 첨부하여 운전면허 시험기관의 장에게 통지한 사람이 제2종 보통면허를 받고자 할 때 면제받는 시험은?
① 필기시험(법령 · 점검), 장내기능시험
② 필기시험(법령 · 점검), 도로주행시험
③ 적성시험, 장내기능시험
④ 장내기능시험

【문제 9】 제1종 운전면허를 받은 사람이 신체장애 등으로 제1종 적성기준에 미달하여 제2종 운전면허를 받고자 할 때 면제되는 시험은?
① 기능시험, 필기시험(법령 · 점검)
② 필기시험(법령 · 점검), 장내기능시험, 도로주행시험
③ 장내기능시험, 도로주행시험
④ 필기시험(법령 · 점검), 적성시험

【문제 10】 국내면허 인정국가의 권한 있는 기관에서 발급한 자동차 운전면허증(이륜차 및 원동기 제외)을 가진 사람이 제2종 보통운전면허를 받고자 할 때 면제되는 시험은?
① 필기시험(법령 · 점검), 장내기능시험, 도로주행시험
② 장내기능시험, 도로주행시험
③ 필기시험(법령 · 점검), 장내기능시험
④ 필기시험(법령 · 점검), 도로주행시험

【문제 11】 군복무 중 자동차 등에 상응하는 군소속 차를 6개월이상 운전한 경험이 있는 사람이 제1종, 제2종 보통면허를 받고자 할 때 면제되는 시험은?
① 장내기능시험, 필기시험(법령 · 점검), 도로주행시험
② 장내기능시험, 필기시험(법령 · 점검)
③ 장내기능시험, 도로주행시험
④ 적성시험, 필기시험(법령 · 점검)

정답 【7】③ 【8】④ 【9】② 【10】① 【11】①

제2장 자동차운전 전문학원제도

> **해설**

용어의 정의

자동차운전 전문학원에서 사용되는 용어의 정의는 다음과 같다.

1. "자동차운전학원"(이하"학원"이라 한다)이라 함은 자동차 등의 운전에 관한 지식·기능을 교육하는 시설로서 다음 각 목의 시설 외의 시설을 말한다(법제2조제32호).
    ① 교육관계법령에 따른 학교에서 소속 학생 및 교직원의 연수를 위하여 설치한 시설
    ② 사업장 등의 시설로서 소속 직원의 연수를 위한 시설
    ③ 전산장치에 의한 모의운전연습시설
    ④ 지방자치단체 등이 신체장애인의 운전교육을 위하여 설치하는 시설 가운데 시·도경찰청장이 인정하는 시설
    ⑤ 대가(代價)를 받지 아니하고 운전교육을 실시하는 시설
    ⑥ 운전면허를 받은 사람을 대상으로 다양한 운전경험을 체험할 수 있도록 하기 위하여 도로가 아닌 장소에서 운전교육을 하는 시설
2. "자동차운전 전문학원"(이하"전문학원"이라 한다)이라 함은, 법제99조에 따라 등록된 운전학원 중에서 법제104조에 따라 인적·물적·운영적 요건을 갖춘 학원에 대하여, 시·도경찰청장이 지정한 학원으로 자동차운전에 관한 지식 및 기능에 관한 초보자의 교육과 기능검정을 실시하는 공공적 성격을 갖는 교육기관을 말한다.
3. "설립·운영자"라 함은, 학원 또는 전문학원을 설립·경영하는 자를 말한다.
4. "학감"이라 함은, 전문학원에서 자동차운전에 필요한 학과 및 기능에 관한 교육과 학사운영을 담당하는 사람을 말한다.
5. "부학감"이라 함은, 전문학원의 설립·운영자가 학감을 겸임하는 때에 학감을 보조하는 사람을 말하며 학감과 동일한 자격요건을 갖추어야 한다.
6. "학과강사"라 함은 학원 또는 전문학원에서 자동차 등의 운전에 필요한 법령 및 지식에 대한 교육을 실시하는 사람을 말한다.
7. "기능강사"라 함은, 학원 또는 전문학원에서 자동차 등의 운전에 필요한 기능교육을 실시하는 사람을 말한다.
8. "기능검정원"이라 함은, 전문학원에서 장내 기능검정과 도로주행기능검정을 실시하는 사람을 말한다.
9. "기능검정"이라 함은, 전문학원에서 교육생에 대하여 운전기능 또는 도로상 운전능력이 있는지에 관하여 운전면허기능시험에 준하여 검정을 실시하는 것을 말한다.
10. "장내기능검정"이라 함은, 전문학원에서 학과 및 장내기능교육과정을 이수한 사람에 대하여 전문학원의 기능교육장에서 기능검정원이 운전면허 장내기능시험에 준하여 실시하는 것을 말한다.
11. "도로주행기능검정"이라 함은, 전문학원에서 도로주행교육을 이수한 사람에 대하여 연습운전면허 유효기간 내에 기능검정원이 운전면허 도로주행기능시험에 준하여 지정된 도로상에서 운전능력을 검정하는 것을 말한다.
12. "교육용 자동차"라 함은, 학원 또는 전문학원에서 교육생의 운전기능교육을 위하여 사용하는 장내 기능교육용 및 도로주행교육용 자동차를 말한다.

제1절 자동차운전학원의 변천과정과 도입배경

1 자동차운전학원의 변천과정

자동차운전학원은 자동차운전에 관한 필요한 지식 및 기능에 대하여, 초보운전자를 양성하는 교육기관이며, 우리나라 자동차운전학원의 변천과정을 살펴보면 다음과 같다.

(1) 1950년대 후반까지는 일제시대의 「사설강습소에 관한 건」의 조선총독부령에 의거, 일정한 법적 규제 없이 운영하여 왔으며, 6·25사변 시에는 군의 수송군 양성기관으로 군 작전지원에 크게 공헌하였다.

(2) 1961년 12월 27일 국가재건최고회의 제94차 상임위원회의결에 따라, 동년 12월 31일 법률 제941호로 「도로교통법」이 제정공포 되어, 그동안 「조선도로취체규칙」 「조선자동차취체규칙」 「제차보행자의 통행규칙」 등의 개별법규가 이 법에 통합되었고, 이에 따라 각 시도별로 1개소씩 전국에 11개소의 「지정자동차운전교습소제도」가 시행되었다.

(3) 1968년 4월 내무부의 제도개선에 따라, 시설기준이 도로교통법에 적합한 자동차학원에 대하여는 제한없이 「지정자동차운전교습소」로 지정하게 되었다.

(4) 1976년 도로교통법을 개정하면서, 지정자동차운전교습소제도가 시험면제와 관련 많은 문제점이 표출되어, 이 제도를 폐지한 후 문교부로 이관했으며, 문교부는 「사설강습소운영에 관한 법률」에 의거 각 시·도교육위원회에서 인가 및 지도감독토록 하였다.

(5) 1982년 12월 31일 모든 국민의 자질향상을 위한 「사회교육법」이 법률 제3648호로 제정공포 되었고, 1984년 3월 16일 동법이 전면 개정되면서, 자동차운전학원을 운전면허제도와 연계하여 효율적으로 운영되어야 한다는 사회적 요구에 부응하여, 운영감독권을 시·도지사에게 위임하는 근거규정이 마련되었고, 이에 따라 1985년 5월 21일 내무부 치안본부에서는 「자동차운전학원 운영지침」의 준칙을 제정하여, 각 시·도 경찰국에서 실질적으로 관장토록 하였다.

(6) 1985~1994년까지 정부에서는 「자동차운전학원 5개년계획의 수립」 및 「교통안전종합대책」에 근거한 「자동차운전학원 육성방안」 등을 마련하고 자동차운전학원의 교육정상화 내지 학원의 현대화를 지속적으로 추진하였으나 그 성과는 미미하였다.

(7) 1995년 1월 5일자로 경찰청에서는 도로교통법을 개정하여 자동차운전 전문학원제도를 도입 1995년 7월 1일자로 시행됨에 따라 자동차운전학원 중 일정한 요건을 갖춘 학원에 대하여 운전면허기능시험에 준하는 기능검정을 실시토록 지정하는 등 자동차운전학원을 운전면허시험과 연계함으로써 안전한 운전자 양성과 만성적 시험적체해소에 획기적 계기를 마련하였다.

(8) 2001년 1월 26일자로 자동차학원의 설립·운영의 근거법인 「학원의 설립·운영에 관한 법률」의 개정으로, 동법의 자동차운전학원 관련조항이 2001년 1월 26일자로 「도로교통법」에 이관되면서, 운전면허시험제도와 자동차운전학원 및 자동차운전 전문학원이 같은 법률에 일사불란하게 규정되면서 불가분의 관계로 자리매김하기에 이르렀다.

2 자동차운전 전문학원의 도입배경

(1) 자동차운전학원은 본질적으로 하나의 기업으로 영리추구에 목적을 두고 있으나, 국가적 차원에서는 인간존엄성 확보와 공공복리 증진을 위하여 공교육기관으로서의 책무를 강력하게 요구하고 있다. 따라서 영리성을 적절히 보장하면서 공교육기관으로서의 책무를 다 할 수 있도록 운전면허제도를 통한 국가적·제도적 뒷받침이 필요한 시점에 이르렀다.

(2) 만일, 제도적으로 적정한 이윤추구가 불가능하다면, 자동차운전학원은 항시 그 본질에 따라 운영되는 가변성이 있기 때문에 일방적인 공공성 확보가 곤란하다. 따라서 그간의 자동차운전학원의 육성계획은 자동차운전학원의 공공적 역할을 유도·확보하자는데 목적이 있었고, 기업의 이윤추구를 보장하는 데에는 국가적 뒷받침이 미흡했다.

(3) 교육환경적 측면에서 보면, 대도시 지역에서의 지가상승과 학원부지 확보 난으로 인한 학원시설의 부족 등으로 학원의 영리성 추구가 극명하게 표출되었고, 이러한 현상은 교육시설 및 장비에 대한 투자의 최소화와 이윤의 극대화를 초래하여, 교육환경의 열악성은 물론 교육의 부실화를 초래하게 되었다.

(4) 교육의 질적 측면에서도, 강사의 낮은 급료로 인한 이직현상 심화, 재직기간의 단기성, 낮은 채용률 등으로 교육주체로서의 강사의 전문성 확보가 사실상 불가능했고, 아울러 효율적인 교육상황전개가 곤란함으로써, 학과교육의 통합화 기능교육의 요령화를 유도하여, 결과적으로는 교육의 부실화는 물론 질적 저하로 공교육적 특성을 찾아볼 수 없게 되었다.

(5) 제도적 측면에서도, 현행 운전면허제도는 자동차운전학원과 운전면허시험 간에 상관관계가 전무한 상태이므로, 자동차운전학원 정상화는 기대할 수 없는 처지에 놓였다.

(6) 특히, 국민소득 증대에 따른 자동차의 급증, 운전면허 인구의 폭증, 운전면허시험의 만성적 적체로 인한 국민의 불편, 자동차운전학원의 총체적 부실 등으로 교통사고의 폭발적 증가를 초래하는 등 제도적 보완이 시급한 상황에 이르렀다.

(7) 이에 따라, 경찰청에서는 1995년 1월 5일자로 도로교통법을 개정하여, 자동차운전 전문학원제도를 도입하였으며, 1995년 7월 1일자로 이 제도가 시행됨에 따라, 자동차운전학원 중 일정한 법적요건을 갖춘 학원에 대하여 자동차운전 전문학원으로 지정하고, 운전면허시험 중 기능시험실시권을 부여하는 등 공교육기관화 함으로써, 제도적으로 양질의 운전자양성과 만성적 시험적체해소를 위한 획기적 계기를 마련하게 되었다.

제2절 자동차운전학원의 등록 (법제99조)

「자동차운전학원」이라 함은 자동차 등의 운전에 관한 지식·기능을 교육하는 시설로서, 일정한 시설·설비 등을 갖추어 시·도경찰청장에게 「등록」한 학원을 말하고, 「자동차운전 전문학원」이라 함은 자동차운전학원으로 「등록」된 학원 중 인적·물적·운영적 요건을 갖춘 학원에 대하여 시·도경찰청장이 「지정」한 학원으로 자동차운전에 관한 지식 및 기능에 관한 초보자의 교육과 기능검정을 실시하는 공공적 성격을 갖는 교육기관을 말한다.

즉, 「자동차운전학원」은 「자동차운전 전문학원」으로 지정되기 전 단계의 학원이라 할 수 있다.

※ 「자동차운전학원」과 「자동차운전 전문학원」을 혼동하지 않도록 주의를 요한다. 자동차운전학원의 등록절차와 관련규정을 살펴보면 다음과 같다.

학원의 조건부등록 (영제62조②·③)		학원의 등록 (영제62조④·⑤)
조건부등록이란 시·도경찰청장이 학원의 시설·설비 등을 일정한 기간 내에 갖출 것을 조건으로 등록을 받는 것을 말한다(조건부기간은 1년. 단, 부득이한 사유가 있을 때 1회 하여 6개월의 범위에서 연장할 수 있다).	→	• 조건부등록기간 내에 시설·설비 등을 갖추어 기간만료 후 10일 이내에 학원등록신청서에 시설·설비 완성신고서와 해당 서류를 첨부하여 시·도경찰청장에게 제출 • 시·도경찰청장은 시설·설비 등의 적정여부를 확인 후 적합한 경우 등록하고 등록증 교부

1 학원의 조건부 등록 (법제100조제1항)

조건부 등록이라 함은 시·도경찰청장이 학원을 설립·운영하고자하는 사람으로부터 도로교통법에 규정한 학원의 시설·설비 등을 갖출 것을 조건으로 하여 학원의 등록을 받을 수 있다.

(1) 조건부 등록 시 구비서류 (규칙 제101조)

학원의 조건부 등록을 신청하고자 하는 사람은 「자동차운전학원 조건부 등록신청서」에 다음의 구비서류와 「학원의 시설·설비계획서」(건축물 대장등본이나 사용승인서 또는 임시사용승인서를 첨부하지 아니하는 경우에 한한다)를 갖추어 시·도경찰청장에게 제출하여야 한다.

① 학원의 조건부등록을 신청하고자 하는 자는 자동차운전학원 조건부 등록신청서에 제99조 제1항 각호의 서류와 학원의 시설·설비계획서(조건부등록 당시 학원건축물이 건축대장에 등재되지 아니 하였거나, 가설건축물로서 동항 3호의 건축물사용승인서 또는 임시사용승인서를 첨부하여 시도경찰청장에게 제출하여야 한다. 다만 동항 제2호·제3호 및 제6호의 서류는 시설 및 설비 등을 갖춘 날에 제출할 수 있다.

② 제1항에 따라 서류를 제출받은 시·도경찰청장은 「전자정부법」 제36조제1항 에 따른 행정정보의 공동이용을 통하여 다음 각호의 서류를 확인하여야 한다. 다만, 주민등록표 초본은 신청인이 확인에 동의하지 아니하는 경우에는 이를 제출[주민등록증(모바일 주민등록증을 포함한다) 등 신분증명서를 제시하는 것으로 갈음할 수 있다]하도록 하여야 하며, 제1호 중 건축물대장 등본은 시설 및 설비 등이 갖추어지지 않아 확인할 없을 경우에는 시설 및 설비 등을 갖춘 날에 이를 제출할 수 있다.

1. 학원 부지의 토지대장 등본 및 건축물대장 등본(가설건축물인 경우를 제외한다.
2. 설립·운영자의 주민등록표 초본.
3. 법인의 등기사항증명서(설립자가 법인인 경우에 한 한다).

③ 학원의 조건부 등록을 한 자가 1년 이내에 시설 등을 갖춘 때에는 영 제62조제4항에 따라 늦어도 기간만료 후 10일 이내에 별지 제103호서식의 자동차운전학원의 시설·설비완성 신고서에 제1항 단서에 따른 서류를 첨부하여 시·도 경찰청장에게 제출하여야 한다. 이 경우 서류제출은 조건부 등록 시에 제출하지 아니한 경우에 한 한다.

④ 영제62조제5항에 따른 자동차운전학원등록증은 별지 제98호서식에 의한다.

(2) 조건부 등록기간 (영제62조제2~4항)

① 시·도경찰청장은 학원의 시설·설비 등을 갖출 수 있을 것으로 인정되는 경우에는, 1년 이내에 시설 및 설비 등을 갖출 것을 조건으로 하여 등록을 받을 수 있다(제2항). 이 경우 시·도경찰청장은 1년 이내에 시설·설비 등을 갖출 수 없는 부득이한 사유가 있다고 인정되는 경우에는 **한 차례만 6개월의 범위 내에서 그 기간을 연장할 수 있다**(제3항).

② 학원의 조건부 등록을 한 자가 기간 내에 시설 및 설비 등을 갖추어 늦어도 **기간만료 후 10일 이내**에 「자동차운전학원의 시설·설비완성신고서」에 위의 구비서류 중 조건부등록 시 제출하지 아니한 서류를 첨부하여 시·도경찰청장에게 제출하여야 한다(제4항).

2 학원의 등록 (법제99조)

(1) 자동차운전학원의 등록신청 (영제60조)

자동차운전학원을 설립·운영하려는 자는 다음 각 호의 사항을 적은 「등록신청서」에 학원의 운영 등에 관한 원칙을 적은 서류 등 조건부 등록 시의 구비서류 중 조건부 등록 시 제출하지 않는 서류를 첨부하여 대통령령이 정하는 바에 의하여 시·도경찰청장에게 제출하여야 한다.

① 등록신청서에 기재하여야 할 사항 (제1항)
    ㉮ 설립·운영자의 인적사항(법인인 경우에는 그 법인의 임원 및 공동설립운영의 경우 설립자와 운영자를 말한다)
    ㉯ 시설 및 설비
    ㉰ 강사의 명단·정원 및 배치현황
    ㉱ 교육과정
    ㉲ 개원 예정 연월일

② 학원의 운영에 관한 원칙에 기재하여야 할 사항 (제2항)
    ㉮ 학원의 목적·명칭 및 위치
    ㉯ 교육생의 교육과정별 정원
    ㉰ 교육과정 및 교육시간
    ㉱ 교육생의 입원 및 퇴원에 관한 사항
    ㉲ 교육기간 및 휴강일
    ㉳ 교육과정 수료의 인정기준
    ㉴ 수강료 및 이용료

③ 교육과정 일부 분리등록 불가 (제3항)
학과교육 및 기능교육·도로주행교육과정 중 일부의 교육과정을 분리하여 등록할 수 없다.

(2) 학원의 등록증 교부 (영제62조제5항)

시·도경찰청장은 시설·설비 완성 신청서에 따른 신고를 받은 경우 그 내용이 등록기준에 적합한지 확인하고, 적합하면 신청인에게 등록증을 내주어야 한다.

3 학원의 변경등록

(1) 학원의 변경등록 신청 (법제99조후단, 영제61조)

학원이 등록한 후 등록사항 중 대통령령이 정하는 다음 사항을 변경하고자 하는 경우에는 시·도경찰청장에게 변경 등록사항을 제출하여야 한다.

㉠ 설립·운영자의 인적사항
㉡ 학원의 명칭 또는 위치
㉢ 학원의 운영 등에 관한 원칙
㉣ 별표5 중 제1호, 제6호, 제7호, 제9호에 따른 강의실·휴게실·양호실·기능교육장을 위한 장소. 교육용 자동차에 관한 사항
① 설립자(법인의 경우는 그 법인의 임원을 말한다) 변경의 경우 (규칙제100조제1항제1호)

㉮ 변경사유설명서 1부
㉯ 인수자의 정관·재산목록 및 이사회의 회의록 사본 1부(인수자가 법인인 경우에 한한다)
㉰ 인수인계서 사본 1부
㉱ 삭제(2007. 9. 28 개정)
㉲ 인계자의 이사회 회의록 1부(인계자가 법인인 경우에 한한다)
㉳ 자동차운전학원등록증(전문학원인 경우에는 전문학원 지정증을 말한다) 원본

② 명칭 또는 위치 변경의 경우 (규칙제100조제1항제2호)
㉮ 건축물사용승인서 또는 임시사용승인서 1부(가설건축물인 경우)·기능교육장 등 학원의 시설을 나타내는 축척 400분의 1의 평면도 및 위치도, 현황측량성과도 각 1부 및 학원 시설 등의 사용에 관한 전세 또는 임대차 계약서 사본 1부(학원의 시설 등이 다른 사람의 소유인 경우)에 따른 서류(위치 변경의 경우에 한한다)
㉯ 자동차운전학원등록증 원본

③ 시설·설비 등의 변경의 경우 (규칙제100조제1항제3호)
㉮ 학원의 시설을 나타내는 축척 400분의 1의 평면도 및 현황측량성과도 각 1부(강의실·휴게실·양호실 또는 기능교육장 변경의 경우에 한한다)
㉯ 기능교육용 자동차 확인증(기능교육용 자동차를 변경하는 경우) 1부

④ 학원의 운영 등에 관한 원칙 변경의 경우 (규칙 제100조제1항제4호)
㉮ 학원의 운영 등에 관한 원칙의 신·구조문 대조표 1부
㉯ 변경사유 설명서 1부

⑤ 운영자의 변경 (규칙제100조제1항제5호)
㉮ 변경사유 설명서 1부
㉯ 자동차운전학원 등록증(전문학원의 경우는 지정증을 말한다) 원본

(2) 학원의 변경사실의 확인 (규칙제100조제2항)

학원의 설립·운영자 변경, 위치 변경 및 시설·설비 등의 변경에 관한 서류를 제출 받은 시·도경찰청장은「전자정부법」제36조제1항에 따른 행정정보의 공동이용을 통하여 다음 각 호의 구분에 따른 서류를 확인해야 한다. 다만, 주민등록표 초본 및 자동차등록원부는 신청인이 확인에 동의하지 않는 경우에는 이를 제출(주민등록증 등 신분증명서를 제시하는 것으로 갈음할 수 있다)하도록 해야 한다.

① 설립·운영자 변경의 경우
㉮ 설립·운영자의 주민등록표 초본
㉯ 법인의 등기사항증명서(설립·운영자가 법인인 경우에 한정한다)

② 위치변경의 경우

학원 부지의 토지대장 등본 및 건축물대장 등본(가설건축물인 경우를 제외한다)

③ 시설 및 설비 등 변경의 경우

자동차등록원부(도로주행교육용 자동차를 변경하는 경우)

4 학원등록 등의 결격사유 (법제102조)

(1) 학원등록을 할 수 없는 사람 (법제102조제1항)

① 피성년후견인

② 파산선고를 받고 복권되지 아니한 사람

③ 금고 이상의 형을 선고받고 그 형의 집행이 끝나거나 집행을 받지 아니하기로 확정된 후 3년이 지나지 아니한 사람 또는 금고 이상의 형을 선고받고 그 집행유예기간 중에 있는 사람

④ 법원의 판결에 의하여 자격이 정지 또는 상실된 사람

⑤ 학원 등에 대한 행정처분(법제113조제1항(2호, 3호, 4호 제외) 및 제2항과 제4항의 사항을 위반하여 취소·정지된 경우)에 따라 그 등록이 취소된 날부터 1년이 지나지 아니한 학원의 설립·운영자 또는 학원등록이 취소된 날부터 1년 이내에 같은 장소에서 학원을 설립·운영하려는 사람

⑥ 임원 중에 위 ①호 내지 ⑤호의 어느 하나에 해당하는 사람이 있는 법인

(2) 학원등록의 효력 상실 (법제102조제2항)

학원을 설립·운영하는 자가 위 학원등록의 결격사유 중 어느 하나에 해당하게 된 경우에는 그 등록은 효력을 잃는다. 다만, 법인의 임원 중에 그 사유에 해당하는 사람이 있더라도 그 사유가 발생한 날부터 3개월 이내에 그 임원을 해임하거나 다른 사람으로 바꾸어 임명한 경우는 그러하지 아니하다.

5 학원의 시설·설비기준 등 (법제101조, 영제63조제1항 별표5)

학원에는「학원 및 전문학원의 시설·설비 등의 기준」「별표5」(408쪽 참조)에 의하여 강의실, 기능교육장, 부대시설 등 교육에 필요한 시설(장애인을 위한 교육 및 부대시설 포함한다) 및 설비 등을 갖추어야 한다.

6 학원 강사의 자격요건 및 배치기준 등 (법제103조제1항 및 제2항)

학원에서 학과교육(법령·지식) 및 기능교육(기능)을 담당하는 강사의 자격요건·정원 및 배치기준 등 필요한 사항은 다음과 같으며 학원의 교육과정, 교육방법 및 운영기준 등 필요한 사항은 령으로 정한다.

(1) 학원 강사의 자격요건 (영제64조제1항제1호, 제2호)

① 학과교육 강사 : 경찰청장으로부터 학과교육 강사자격증을 발급받은 사람

② 기능(도로주행)교육 강사 : 경찰청장으로부터 기능교육 강사자격증을 발급받은 사람

(2) 운전학원 강사의 정원 및 배치기준 등 (영제64조제2항)

① 운전학원 강사의 배치기준

㉮ **학과교육 강사** : 강의실 1실당 1명 이상

㉯ **기능교육 강사**(교육용 자동차 등의 대수에 따른 비율로 산정한 강사 정원이 정수가 아닌 경우에는 소수점 이하 올림)

㉠ 제1종 대형면허 : **교육용 자동차 10대당 3명 이상**

㉡ 제1·2종 보통면허 및 제1·2종 **보통연습면허** : 다음에 따라 산정한 강사 정원을 합산한다.

1) 운전면허별 교육용 자동차가 10대 이상인 경우에는 해당 운전면허별 교육용 자동차 대수의 합계 10대당 3명 이상

2) 운전면허별 교육용 자동차 10대 미만인 경우에는 해당 **운전면허별로 각 1명 이상**

㉢ 제1종 특수면허 기능교육 강사 : 각각 교육용 **자동차 2대당 1명 이상**

㉣ 제2종 소형면허 또는 원동기장치자전거면허 기능교육 강사 : 각각 **교육용 자동차 등 10대당 1명 이상**

② **학원 강사의 정원확보** : 학원을 설립·운영하는 자는 강사의 정원을 확보하여야 하며, 강사의 결원이 생겼을 때에는 지체없이 그 결원을 보충하여야 한다(영제64조제3항).

(3) 학원(전문학원포함) 강사의 준수사항 (영제64조제4항)

① 교육자로서의 품위를 유지하고 성실히 교육할 것

② 거짓이나 그밖의 부정한 방법으로 운전면허를 받도록 알선·교사하거나 돕지 아니할 것

③ 운전교육과 관련 금품·향응, 그 밖의 부정한 이익을 받지 아니할 것

④ 수강사실을 거짓으로 기록하지 아니할 것

⑤ 연수교육을 받을 것

⑥ 자동차운전교육과 관련하여 시·도경찰청장이 지시하는 사항에 따를 것

7 학원의 교육운영기준 등 (법제103조제2항)

학원의 학과 및 기능교육은 영제65조(학원의 교육과정 등), 규칙제106조(운전면허종별 교육과목 및 교육시간 등) 및 규칙제107조(교육과정의 운영기준 등)의 규정에 따라 적합하게 운영되어야 한다.

(1) 교육과정 · 교육방법 · 운영기준 (영제65조제1항)

① 교육과정 : 학과교육 · 기능교육 및 도로주행교육으로 구분하여 실시할 것(제1호)

② 교육방법

㉮ 교육은 운전면허의 범위별로 구분하여 행정안전부령으로 정하는 최소 시간 이상을 교육하되, 교육생 1명에 대한 교육시간은 다음과 같다.

㉠ 학과교육의 경우 : 1일 7시간 초과하지 아니할 것

㉡ 장내 기능교육의 경우 : 1일 4시간 초과하지 아니할 것

㉢ 도로주행교육의 경우 : 1일 4시간 초과하지 아니할 것

㉯ 도로주행교육은 별표25「도로주행시험을 실시하기 위한 도로의 기준」(420쪽 참조)에 맞는 도로에서 실시하여야 한다.

③ 교육운영기준

제3절 자동차운전 전문학원 지정의「 6 교육운영의 기준」에 준하여 실시한다(413쪽 참조).

(2) 운전학원의 수료와 수료증 교부 (규칙제108조)

〈삭제 2011.4.30〉

(3) 학원 등 종사자의 신분증명서 (규칙제112조)

학원의 강사는 신분증명서를 전문학원 강사 및 기능검정원은 강사 · 기능검정원자격증을 왼쪽 앞가슴에 달아야 한다.

(4) 학원 또는 전문학원의 교재 (규칙제110조)

학원 또는 전문학원을 설립 · 운영하는 자는 경찰청장이 감수한 교재를 사용하여 교육하여야 한다.

8 장부 및 서류의 비치 등 (규칙제111조)

(1) 학원 또는 전문학원에 장부 및 서류의 비치 (규칙제111조제1항)

학원 또는 전문학원에는 별표17의 장부 및 서류를 갖추어 두고 기록을 정확하게 유지하여야 한다.(393쪽 참조)

(2) 학원 또는 전문학원의 직인 비치 (규칙제111조제2항 · 제3항)

① 학원 또는 전문학원을 설립 · 운영하는 자는 문서의 발송 · 교부 또는 인증에 사용하기 위하여 한변의 길이가 3cm인 정사각형의 직인을 갖추어 두어야 한다.

② 학원 또는 전문학원을 설립 · 운영하는 자는 학원 또는 전문학원을 등록한 날부터 7일 이내에 학원 또는 전문학원의 직인을 관할 시 · 도경찰청장이 관리하는「직인등록대장」에 등록하여야 한다.

제2장 자동차운전 전문학원제도

[별표17]

[교통안전교육기관 · 학원 및 전문학원에 갖추어 두어야 하는 장부 및 서류]

(규칙제49조제6항 및 제111조제1항 관련)

연번	교통안전교육기관	자동차운전학원	자동차운전 전문학원	보존기간
1	–	학원등록증 및 등록서류	학원등록증 및 등록서류	준영구
2	교통안전교육기관 지정증 및 지정관계 서류	–	전문학원 지정증 및 지정관계 서류	준영구
3	–	학원의 운영 등에 관한 원칙	전문학원의 운영 등에 관한 원칙	준영구
4	교통안전 교육기관 카드	학원 카드	전문학원 카드	준영구
5	–	–	직인 및 인영 등록대장	준영구
6	교육확인증 발급대장	수료증 발급대장	수료증(졸업증)발급대장	3년
7		교육생원부	교육생원부	3년
8	직원명부(강사자격의 입증서류 포함)	직원명부(강사자격의 입증 서류 포함)	직원명부(강사 · 기능검정원 자격증 사본 및 직원 정 · 현원 포함)	3년
9	–	자동차 관리대장	자동차 관리대장	3년
10	–	–	기능검정 접수대장	3년
11	–	–	장내기능검정 채점표	3년
12	–	–	도로주행 기능검정 채점표	3년
13	–	–	수료자 및 졸업자 현황	3년
14	–	–	학과교육 출석부	3년
15	–	–	장내기능교육 출석부	3년
16	–	–	도로주행교육 출석부	3년
17	문서접수 및 발송대장	문서접수 및 발송대장	문서접수 및 발송대장	1년
18	수강료 영수증 원부철	수강료 영수증 원부철	수강료 영수증 원부철	1년
19	교육 수강자 명단	학원 운영상황 보고서	전문학원 운영상황보고서	1년
20	현금출납부	현금출납부	현금출납부	1년
21	–	–	학과평가 서류철	1년

22	운영책임자 선임·해임 통지서	-	강사·기능검정원 선임·해임통지서	1년
23	-	-	월간 교육생 입원 현황 보고	1년
24	-	-	차량정수 및 보유수 현황표	1년
25	-	-	교육생 정·현원 현황	1년

주 1. 교통안전교육기관에서는 교통안전교육기관지정증 및 지정관계 서류, 교통안전 교육기관카드, 직원명부, 문서접수 및 발송대장, 현금출납부 외의 서류는 전산으로 관리할 수 있다.
2. 학원 또는 전문학원을 설립·운영하는 자는 다음의 서류를 서면으로 관리하고, 그 밖의 서류는 전산으로 관리할 수 있다.
    가. 학원
        (1) 학원등록증 및 등록서류   (2) 학원의 운영 등에 관한 원칙
        (3) 학원카드   (4) 문서접수 및 발송대장
        (5) 수강료 영수증 원부철   (6) 현금출납부
    나. 전문학원
        (1) 학원등록증 및 등록서류   (2) 전문학원 지정증 및 지정관계 서류
        (3) 전문학원의 운영 등에 관한 원칙   (4) 전문학원 카드
        (5) 문서접수 및 발송대장   (6) 수강료 영수증 원부철
        (7) 현금출납부

제2장 1절·2절 적중출제예상문제

【문제 1】 자동차운전학원에 대한 설명이다. 잘못 설명된 것은?
① 자동차운전학원은 자동차 등의 운전에 관한 지식과 기능을 교육하는 교육시설이다.
② 자동차운전학원은 도로교통법의 규정에 의하여 시·도경찰청에게 등록된 학원이다.
③ 자동차운전학원은 자동차운전 전문학원으로 지정되기 전 단계의 운전교육시설이다.
④ 자동차운전학원에서는 교육을 이수한 사람에 대하여 기능검정을 실시할 수 있다.

【문제 2】 자동차운전학원과 자동차운전 전문학원의 차이를 설명한 것이다. 틀린 것은?
① 학원은 시·도경찰청장에게 등록한 운전교육시설이나 전문학원은 운전교육은 물론 기능검정을 실시하도록 시·도경찰청장이 지정한 학원이다.
② 학원의 강사도 자격증이 있어야 하고 전문학원 강사도 강사자격증이 있어야 한다.
③ 전문학원에는 학감과 기능검정원을 두어야 하나 학원에는 없어도 된다.
④ 운전면허시험 전자채점기는 전문학원은 물론 운전학원에도 의무적으로 설치하여야 한다.

【문제 3】 자동차운전학원의 등록절차를 설명한 것이다. 잘못된 것은?
① 학원을 설립하려는 사람은 시·도경찰청장에게 학원의 설립등록신청을 한다.
② 시·도경찰청장은 1년 이내에 시설·설비 등을 갖출 것을 조건으로 등록을 받을 수 있다.
③ 조건부 등록한 자는 기간 내에 시설·설비 등을 갖추어 늦어도 기간 만료 후 10일 이내에 구비서류를 첨부하여 시·도경찰청장에게 제출하여야 한다.
④ 1년 이내에 시설·설비 등을 갖출 수 없는 경우 1년간 그 기간을 연장할 수 있다.

【문제 4】 자동차운전학원의 등록기준에 관한 설명이다. 잘못된 것은?
① 운전면허종별에 따른 교육과목, 교육시간, 운영기준 등은 전문학원과 차이가 없다.
② 강의실, 기능교육장, 교육용 자동차 등 교육에 필요한 시설·설비를 갖추어야 한다.
③ 법령에 의한 학과강사와 기능강사를 배치기준에 맞게 배치하여야 한다.
④ 학과교육, 장내기능교육 및 도로주행교육 등을 규정에 맞게 실시하여야 한다.

【문제 5】 자동차운전학원의 등록에 관한 설명이다. 적절하지 못한 것은?
① 조건부등록기간 중에 시설·설비를 갖추고 강사를 확보한 후 학원등록을 신청한다.
② 시·도경찰청장은 등록신청을 받은 경우 기준에 적합한 경우 등록을 받아야 한다.
③ 학과교육 및 기능교육과정 중 일부의 교육과정을 분리하여 등록할 수 있다.
④ 시·도경찰청장은 학원 등록을 받은 때에는 등록증을 교부하여야 한다.

【문제 6】 자동차운전학원 등록신청서에 기재할 사항이다. 아닌 것은?
① 설립·운영자의 인적사항(법인인 경우는 그 법인의 임원을 말한다)
② 시설·설비 및 교육과정
③ 강사의 명단 및 배치내역
④ 수강료 및 이용료에 관한 사항

정답 【1】④ 【2】④ 【3】④ 【4】① 【5】③ 【6】④

【문제 7】 자동차운전학원 등록을 신청할 때 학원의 운영에 관한 원칙에 기재할 사항이다. 아닌 것은?
① 학원설립의 목적·명칭 및 위치에 관한 사항
② 강사의 명단 및 배치내역에 관한 사항
③ 교육기간·휴강일·수강료 및 이용료에 관한 사항
④ 교육생의 교육과정별 정원 및 교육과정과 교육시간 등에 관한 사항

【문제 8】 자동차운전학원이 등록한 후 변경등록사항이 발생한 경우이다. 아닌 것은?
① 학원의 설립·운영자가 변경된 경우
② 학원의 학과 및 기능강사 등이 변경된 경우
③ 학원의 시설 및 설비 등이 변경된 경우
④ 학원의 명칭 또는 위치가 변경된 경우

【문제 9】 자동차운전학원을 등록할 수 없는 사람들이다. 등록할 수 있는 사람은?
① 피성년 후견인
② 파산자로서 복권되지 아니한 사람
③ 금고 이상의 형의 선고를 받고 집행이 종료되거나 받지 않게 된 후 3년이 경과한 사람
④ 법원의 판결에 의하여 자격이 정지 또는 상실된 사람

【문제 10】 자동차운전학원의 조건부등록신청을 해야 할 기관의 장은?
① 경찰청장
② 시·도경찰청장
③ 시·도지사
④ 시·도교육감

【문제 11】 자동차운전학원의 학과교육강사 자격기준이다. 가장 적합한 것은?
① 자동차운전면허소지자(2종 소형 및 원자면허제외)로 연령 20세 이상, 도로교통에 관한 업무나, 학원 또는 전문학원 업무에 1년 이상 종사한 경력이 있는 자(학과 강사자격증 소지자)
② 고등학교졸업 이상, 연령 25세 이상, 학원근무경력 2년 이상인 자(학과 강사자격증 소지자)
③ 전문대학졸업 이상, 연령 25세 이상, 학원근무경력 1년 이상인 자(학과 강사자격증 소지자)
④ 학과강사 자격기준은 자동차운전 전문학원 학과교육강사 자격기준과 동일하다(학과 강사자격증 소지자).

【문제 12】 자동차운전학원의 기능교육강사 자격기준이다. 가장 적합한 것은?
① 기능강사는 연령 20세 이상, 운전면허 경력 2년 이상인 사람
② 경찰청장으로부터 자동차운전 전문학원 기능교육강사 자격증을 받은 사람
③ 기능강사의 자격기준은 전문학원의 기능교육강사 자격기준과 다르다
④ 교통사고나 뺑소니사고 등의 전과가 있는 사람은 기능교육강사가 될 수 없다.

【문제 13】 자동차운전학원의 강사배치기준이다. 틀린 것은?
① 학과교육강사 : 강의실 1실당 2명 이상
② 제1종 대형면허 기능교육강사 : 교육용 자동차 10대당 3명 이상

정답 【7】② 【8】② 【9】③ 【10】② 【11】④ 【12】② 【13】①

③ 제1·2종 보통(연습)면허 기능교육강사 : 운전면허별 교육용 자동차 대수의 합계 10대당 3명 이상(10대 미만인 경우 운전면허별로 각 1명 이상)
④ 제1종 특수면허 기능교육강사 : 각각 교육용 자동차 2대당 1명 이상

【문제 14】 자동차운전(전문)학원 강사의 준수사항이다. 적절하지 못한 것은?
① 교육자로서 품위를 유지하여야 하고 수강사실을 허위로 기록해서는 아니 된다.
② 허위 또는 부정한 방법으로 운전면허를 받도록 알선·교사·방조해서는 아니 된다.
③ 운전교육과 관련 금품·향응이나 그 밖의 부정한 이익을 받아서는 아니 된다.
④ 자동차운전학원의 강사는 사정에 따라 연수교육을 받지 않아도 된다.

【문제 15】 자동차운전학원의 교육과정·교육방법의 기준을 설명한 것이다. 틀린 것은?
① 교육은 규정에 따른 정원의 범위 안에서 실시하여야 한다.
② 학과·기능 및 도로주행교육은 구분 실시하고 각각 6월 이내에 수료하여야 한다.
③ 학과교육은 50분을 1시간으로 하되 1일 1인당 7시간을 초과하지 않아야 한다.
④ 기능교육은 50분을 1시간으로 하되 1일 1인당 4시간을 초과하지 않아야 한다.

【문제 16】 학원에서 보통(연습)면허를 받고자할 때의 학과 및 장내기능교육시간은?
① 학과교육 5시간, 기능교육 3시간
② 학과교육 3시간, 기능교육 4시간
③ 학과교육 5시간, 기능교육 4시간
④ 학과교육 5시간, 기능교육 5시간

◉ 해설 자동차운전학원의 학과 및 기능교육시간
1. 보통(연습)면허 : 학과교육 3시간, 장내기능교육 4시간, 도로주행교육 6시간
2. 대형·대형견인 및 구난차면허 : 학과교육 3시간, 장내기능교육 10시간(소형견인차 4시간)
3. 소형면허 : 학과교육 5시간, 장내기능교육 10시간
4. 원동기장치자전거면허 : 학과교육 5시간, 장내기능교육 8시간

【문제 17】 학원에서 1종 대형 및 대형견인 및 구난차면허를 받고자할 때의 학과 및 장내기능교육시간은?
① 학과교육 5시간, 기능교육 15시간
② 학과교육 5시간, 기능교육 9시간
③ 학과교육 3시간, 기능교육 10시간
④ 학과교육 3시간, 기능교육 7시간

【문제 18】 자동차운전학원에서 원동기장치자전거면허를 받고자 할 때의 학과 및 기능교육시간은?
① 학과교육 5시간, 기능교육 8시간
② 학과교육 5시간, 기능교육 9시간
③ 학과교육 5시간, 기능교육 7시간
④ 학과교육 5시간, 기능교육 5시간

【문제 19】 자동차전문학원에서 보통(연습)면허를 받고자 할 때의 도로주행교육시간은?
① 6시간　　② 7시간　　③ 8시간　　④ 9시간

【문제 20】 자동차운전학원에서 소형면허를 받고자 할 때의 학과 및 기능 교육시간은?
① 학과교육 5시간, 기능교육 9시간
② 학과교육 5시간, 기능교육 8시간
③ 학과교육 5시간, 기능교육 7시간
④ 학과교육 5시간, 기능교육 10시간

정답 【14】 ④ 【15】 ② 【16】 ② 【17】 ③ 【18】 ① 【19】 ① 【20】 ④

제3절 자동차운전 전문학원 지정

1 개 설

(1) 전문학원의 의의

　자동차운전 전문학원(이하 "전문학원"이라 한다)이라 함은 자동차운전에 관한 교육수준을 높이고 운전자의 자질향상을 도모하기 위하여, 도로교통법 제99조에 따라 등록된 자동차운전학원(이하 "학원"이라 한다) 중 대통령령이 정하는 인적·물적·운영적 요건을 갖춘 학원에 대하여 시·도경찰청장이 지정한 학원이다.

　전문학원은 자동차운전에 관한 지식과 기술이 전혀 없는 초보자에게 자동차운전에 필요한 지식과 기능을 교육하는 것은 물론, 학원의 교육장에서 국가운전면허시험에 준하는 기능검정(장내기능검정과 도로주행검정)을 실시하고, 합격자에게는 운전면허시험장에서 실시하는 기능시험(장내기능시험과 도로주행시험)을 면제함으로써, 운전면허시험의 적체로 인한 국민의 불편을 해소하는 한편 안전한 운전자를 양성하는 공공적 성격을 갖는 교육기관을 말한다.

(2) 지정의 의미

　도로교통법 제104조에는 「시·도경찰청장은 자동차운전에 관한 교육수준을 높이고 운전자의 자질향상을 도모하기 위하여 동법 제99조에 따라 등록된 학원 중 일정한 법적요건을 갖춘 학원에 대하여 「자동차운전 전문학원(Specialized Driver Training School)」으로 지정할 수 있다.」라고 규정하고 있다.

　여기에서 「지정」이라 함은 시·도경찰청장이 일정한 기준에 적합한지를 확인하는 행위로서, 행정법상 준법률행위적 행정행위에 해당한다고 풀이되고 있다.

　한편 「지정할 수 있다.」라고 하는 것은 시·도경찰청장에게 지정의 권한을 부여한 것을 의미한 것에 그치고, 지정여부를 시·도경찰청장의 판단에 위임하는 것이 아니라 지정의 기준에 적합한 때에는 시·도경찰청장은 반드시 지정해야 한다는 뜻이다.

(3) 지정의 목적

　시·도경찰청장이 전문학원을 지정하는 목적은 그 전문학원에 있어서 교육의 수준을 높이고 준법의식과 예의(매너)를 몸에 익힌 양질의 운전자를 육성하기 위한 것이다.

　즉, 전문학원은 교육생을 단순히 운전면허시험에 합격시키기 위한 곳이 아니라, 자동차 운전자로서 필요한 지식과 기능이 전혀 없는 사람을 교통사고를 내거나 당하지 않는 안전한 운전자로 양성하는 교육기관이다.

　따라서 지정의 기준은 단지 형식적인 시설·설비 뿐만이 아니라 운전자를 양성하는데 부족함이 없는 충분한 인적체제와 적정한 운영이 행하여질 것을 요건으로 하고 있다.

그러한 의미에서 앞서 말했듯이 시·도경찰청장의「지정」은 단순한「확인행위」가 아니라 지정 후에도 법령에 의거 적정한 운영이 행하여지고, 안전한 운전자의 육성에 전념할 것이라고 하는 시·도경찰청장의「기대」가 있다고 할 수 있을 것이다.

2 전문학원의 지정

(1) 전문학원의 지정 (법제104조제1항제1호 내지 제4호)

시·도경찰청장은 자동차운전학원에 관한 교육수준을 높이고 운전자의 자질을 향상시키기 위하여 자동차운전학원으로 등록된 학원으로서 다음 각 호의 기준에 적합한 학원을 자동차운전 전문학원으로 지정할 수 있다.

① 자격요건을 갖춘 학감(學監)을 두어야 한다 (제1항제1호).

전문학원 학감의 자격요건을 갖춘 학감(전문학원의 학과 및 기능에 관한 교육과 학사운영을 담당하는 사람)을 둘 것. 다만, 학원을 설립·운영하는 자가 자격요건을 갖춘 경우에는 학감을 겸임할 수 있으며, 이 경우에는 학감을 보좌하는 부학감을 두어야 한다.

② 자격증을 받은 강사 및 기능검정원(技能檢定員)을 두어야 한다 (제1항제2호).

전문학원 강사의 자격을 갖춘 강사 및 전문학원 기능검정원의 자격을 갖춘 기능검정원(기능검정을 실시하는 사람)을 둘 것

③ 운전교육에 필요한 시설·설비를 갖추어야 한다 (제1항제3호).

대통령령으로 정하는 기준에 적합한 시설·설비 및 교통안전교육기관의 지정에 필요한 시설·설비 등을 갖출 것

④ 교육방법 및 졸업자의 운전능력 등 해당 운영기준이 적합할 것 (제1항제4호)

교육방법 및 교육자의 운전능력 등 해당전문학원의 운영이 대통령령으로 정하는 기준에 적합하여야 한다.

※ 구체적인 내용은 전문학원의 지정기준인 인적기준, 시설·설비기준, 교육운영기준 등에서 별도로 설명

(2) 전문학원의 지정신청 (규칙 제113조)

① 학원을 설립·운영하는 자가 전문학원의 지정을 받으려는 경우에는 자동차운전전문학원 지정신청서에 다음 각 호의 서류를 첨부하여 시·도경찰청장에게 제출해야 한다. 다만, 제7호부터 제9호까지의 서류는 시·도경찰청장이 지정하는 기일까지 제출할 수 있다.(제1항)

1. 전문학원의 운영 등에 관한 원칙 1부
2. 자동차운전전문학원 카드 1부
3. 코스부지와 코스의 종류·형상·구조를 나타내는 축척 400분의 1의 평면도와 위치도 및 현황측량성과도 각 1부
4. 전문학원의 부대시설·설비 등을 나타내는 도면 1부

5. 〈삭제〉〈2007. 9. 28.〉
6. 건축물사용승인서 또는 임시사용승인서(학원의 건물이 가설 건축물인 경우에 한함) 및 학원 시설 등의 사용에 관한 전세 또는 임대차 계약서 사본(학원의 재산이 다른 사람의 소유인 경우에 한함) 각 1부
7. 전문학원 직인 및 학감(설립·운영자가 학감을 겸임하는 경우에는 부학감)의 도장의 인영
8. 기능검정원의 자격증 사본 1부, 기능검정합격사실을 증명하기 위한 도장의 인영
9. 강사의 자격증 사본
10. 강사·기능검정원 선임통지서 1부
11. 기능시험전자채점기 설치확인서 1부
12. 장애인교육용 자동차의 확보를 증명할 수 있는 서류 1부
13. 학사관리전자시스템 설치확인서 1부

② 서류를 제출받은 시·도경찰청장은 「전자정부법」 제36조제1항에 따른 행정정보의 공동이용을 통하여 다음 각 호의 서류를 확인하여야 한다. 다만, 주민등록표 초본은 신청인이 확인에 동의하지 아니하는 경우에는 이를 제출(주민등록증 등 신분증명서를 제시하는 것으로 갈음할 수 있다)하도록 하여야 한다.(제2항)

㉮ 법인의 등기사항증명서(학원을 설립·운영하는 자가 법인인 경우에 한함)
㉯ 학감(설립·운영자가 학감을 겸임하는 경우에는 부학감)의 주민등록표 초본
㉰ 학원부지의 토지대장 등본 및 건축물대장 등본(가설 건축물인 경우는 제외)
㉱ 설립·운영자의 주민등록표 초본

(3) 전문학원 지정 전 운영평가 등

① 시·도경찰청장은 전문학원 지정신청을 받은 때에는 현지를 답사하여 규정에 의한 시설·설비 및 구비서류의 적정여부를 확인하고, 「전문학원 지정 전 시설·설비 등 점검표」에 의거 점검한다.
② 위의 신청이 적정하다고 인정되는 때에는 운영기준에 따라 운영할 것을 조건으로 「전문학원 지정 전 운영승인서」를 발급한다.
③ 시·도경찰청장은 전문학원의 지정이 있을 때에는 한국도로교통공단에 그 내용을 통보하여야 한다.(규칙제114조제1항)
④ 한국도로교통공단이 통보를 받은 때에는 신청이 있는 날부터 6월동안 그 학원의 교육과정을 수료한 교육생에 대한 도로주행시험 결과를 시·도경찰청장에게 통보하여야 한다.(제2항)
⑤ 시·도경찰청장은, 전문학원의 지정을 신청한 학원이 도로주행시험 합격률(60% 이상) 등 전문학원의 지정기준을 갖추었다고 인정되는 때에는 그 학원을 전문학원으로 지정하고, 자동차운전전문학원 지정증을 지정신청인에게 발급하고, 자동차운전전문학원 지정대장에 이를 기재하여야 한다.(제3항)

(4) 전문학원 지정 및 지정증 교부 (영제67조 제5항)

시·도경찰청장은 전문학원 지정 신청한 학원을 수료한 교육생의 **도로주행시험 합격률**이 6개월 동안 60% 이상이 되는 등 전문학원의 지정기준을 갖추었다고 인정되는 때에는 그 학원을 전문학원으로 지정하고, 「자동차운전 전문학원 지정증」을 발급함과 동시에 「자동차운전 전문학원 지정대장」에 이를 기재하여야 한다.

(5) 지정증 및 전문학원 간판의 게시

전문학원으로 지정받은 설립자는 전문학원지정증을 사무실의 보기 좋은 곳에 게시하고, 전문학원 간판을 제작하여 **정문 또는 현관문 우측**에 게시하여야 한다.

(6) 전문학원 지정 결격사유 (법제104조제2항제1호, 제2호)

시·도경찰청장은 다음 각 호의 어느 하나에 해당하는 학원은 전문학원으로 지정할 수 없다.

① 학원 등에 대한 행정처분에 따라 등록이 취소된 학원 또는 전문학원(이하 "학원 등"이라 한다)을 설립·운영하는 자(이하 "학원 등 설립·운영자"라 한다), 학감이나 부학감이었던 사람이 등록이 취소된 날부터 3년 이내에 설립·운영하는 학원

② "학원 등에 대한 행정처분"에 따라 등록이 취소된 경우 취소된 날부터 3년 이내에 같은 장소에서 설립·운영되는 학원

3 전문학원의 변경등록 등 (법제104조제3항, 영제68조, 규칙제116조)

(1) 전문학원 중요사항의 변경 (규칙제116조제1항)

지정받은 전문학원이 대통령령으로 정하는 중요사항을 변경하려면 행정안전부령이 정하는 바에 따라 「전문학원변경승인신청서」에 다음의 서류를 첨부하여 소재지를 관할하는 시·도경찰청장에게 제출하여야 한다.

① 학감(學監) (제1호)
  ㉮ 학감 인장의 인영　　　㉯ 전문학원지정증 원본

② 전문학원 위치 (제2호)
  ㉮ 건축물사용승인서 또는 임시사용승인서(가설건축물인 경우에 한한다)·기능교육장 등 학원의 시설을 나타내는 축적 400분의 1의 평면도 및 위치도, 현황측량성과도 각 1부, 학원의 시설 등이 다른 사람의 소유인 경우 학원 시설 등의 사용에 관한 전세 또는 임대차 계약서 사본 1부
  ㉯ 전문학원지정증 원본

③ 전문학원 원칙 (제3호)
  ㉮ 원칙의 신·구 대비표 1부　　㉯ 변경사유 설명서 1부

(2) 시·도경찰청장의 확인 (규칙제116조제2항)

전문학원의 위치변경에 관한 서류를 제출받은 시·도경찰청장은 전자정부법에 따른 행정정보의 공동이용을 통하여 학원부지의 토지대장등본 및 건축물대장등본(가설건축물인 경우를 제외한다)을 확인하여야 한다.

(3) 변경사항의 승인 (규칙제116조제3항)

시·도경찰청장은 전문학원의 변경사항을 승인하는 때에는 「전문학원지정증」을 재교부하고, 「자동차운전 전문학원 지정대장」에 이를 기재하여야 한다.

(4) 원칙변경승인 시 확인사항 (규칙제116조제4항)

시·도경찰청장은 전문학원을 설립·운영하는 자가 교육생의 정원이 확대되어 전문학원의 운영 등에 관한 원칙의 변경승인을 함에 있어서, 강사 및 기능검정원의 배치기준에 적합한지의 여부를 확인하여야 한다.

4 전문학원의 인적기준

학원이 전문학원으로 지정받기 위한 인적기준으로는 학감 또는 부학감(학원을 설립·운영하는 자가 학감을 겸임하는 경우 학감을 보좌하는 사람을 말한다)과 자격증이 있는 기능검정원 및 강사(학과강사와 기능강사)를 두어야 한다.

(1) 학감(부학감) (법제104조제1항, 법제105조, 규칙제117조)

① 학감의 의의
  ㉮ 전문학원에는 일정한 자격요건을 갖춘 「학감」을 두도록 되어 있다. 다만, 학원의 설립·운영자가 자격요건을 갖춘 경우에는 학감을 겸임할 수 있으며, 이 경우에는 학감을 보좌하는 「부학감」을 두어야 한다.(법제104조제1항제1호)
  ㉯ 학감은 전문학원의 학과교육 및 기능교육과 학사운영을 담당하는 사람이다.
  ㉰ 학감은 전문학원의 교육수준향상에 노력하여야 할 의무와 기능검정의 공정성을 확보할 의무가 부과되어 있다.
  ㉱ 학감은 학원의 교육과 기능검정 및 수료증 또는 졸업증을 발급하고, 강사 또는 기능검정원을 선임함에 있어 그 사람의 지식과 기능을 확인하고, 1년 이상 학원업무에 종사한 사실이 없어 지식과 기능이 저하된 사람에 대하여 교육을 실시 후 선임한다.
  ㉲ 학감은 전문학원의 관리체계를 확보하기 위하여 강사 등의 업무를 겸직할 수 없다. 다만, 학과교육과정표의 1교시 교육과목에 대하여는 학과강사자격증이 있는 경우 학감의 업무에 지장이 없는 범위 내에서 겸임할 수 있다.

② 학감(부학감)의 자격요건 (법제105조)
학감이나 부학감은 다음의 각호의 요건을 모두 갖추고 있는 사람이어야 한다.

㉮ **도로교통에 관한 업무에 3년 이상 근무한 경력**(관리직 경력만 해당한다)이 있는 사람 또는 학원 등의 운영·관리에 관한 업무에 **3년 이상 근무한 경력**이나 학원 등의 교육·검정 등 업무에 **5년 이상 근무한 경력**있는 사람으로서 결격사유가 없는 사람(제2호)

㉯ 학원 등에 대한 행정처분에 따라 등록이 취소된 학원 등을 설립·운영한 자. 학감 또는 부학감이었던 경우에는 등록이 **취소된 날부터 3년이 지난 사람**(제3호)

③ 학감의 결격사유 (법제105조제2호)
  ㉮ 미성년자 또는 피성년후견인
  ㉯ 파산선고를 받고 복권되지 아니한 사람
  ㉰ 이 법 또는 다른 법의 규정을 위반하여 금고 이상의 실형을 선고 받고 그 형의 집행이 끝나거나(끝난 것으로 보는 경우를 포함한다) 집행을 받지 아니하기로 확정된 날부터 2년(법제150조 각 호의 어느 하나의 규정을 위반한 경우에는 3년)이 지나지 아니한 사람
  ㉱ 법제150조(공동위험행위를 하거나 주도한 사람, 수강결과를 거짓으로 보고한 교통안전교육강사, 교통안전교육 미필자 또는 기준미달자에게 교육확인증발급, 운전면허증, 강사자격증, 기능검정원을 빌린 사람 또는 이를 알선한 사람, 다른 사람의 명의의 모바일 운전면허증을 부정하게 사용한 사람, 거짓이나 부정한 방법으로 학원등록이나 전문학원의 지정을 받은 자, 지정받지 않은 전문학원이 수료증·졸업증발급, 무등록유상운전교육) 각 호의 어느 하나를 위반하여 벌금형을 선고를 받고 3년이 지나지 아니한 사람
  ㉲ 금고 이상의 형을 선고받고 그 집행유예기간 중에 있는 사람
  ㉳ 금고 이상의 형의 선고유예를 받고 그 유예기간 중에 있는 사람
  ㉴ 법률 또는 판결에 의하여 자격이 상실되거나 정지된 사람
  ㉵ 「국가공무원법」 또는 「경찰공무원법」 등 관련 법률에 따라 징계면직 처분을 받은 날부터 **2년이 지나지 아니한 사람**
  ㉶ 학원 등에 대한 행정처분에 따라 등록이 취소된 학원 등을 설립·운영한 자, 학감 또는 부학감이었던 경우에는 **등록이 취소된 날부터 3년이 지나지 아니한 사람**(제3호)

④ 학감·부학감의 선임통지 (규칙제117조제1항·제2항)
  ㉮ 설립·운영하는 자는 학감 또는 부학감을 선임하고자 하거나 해임한 때에는 근무경력사실증명서(선임하는 경우에 한정한다)를 첨부하여 그 사실을 시·도경찰청장에게 통지하여야 한다(제1항).
  ㉯ 시·도경찰청장은 학감 또는 부학감의 선임에 관한 통지를 받은 때에는 요건에 해당되는 사람인지의 여부를 심사하여 그 결과를 해당전문학원을 설립·운영하는 자에게 통보한다.

(2) 학과 및 기능강사

① 강사의 의의
전문학원에는 자동차 등의 운전에 관한 **법률·지식**을 담당하는 학과교육 강사와 자동차 등의 운전에 관한 **기능교육**을 담당하는 기능교육 강사를 두도록 되어 있다.

㉮ 학과교육 강사는 전문학원에서 자동차 등의 운전에 필요한 법률에 대한 지식과 자동차 등의 관리방법 및 안전운전에 필요한 점검요령에 관한 필요한 지식을 지도하는 사람을 말한다.
㉯ 기능교육 강사는 전문학원에서 자동차 등의 운전에 필요한 장내 기능과 도로에서의 운전능력에 관한 기능을 지도하는 사람이다.
㉰ 전문학원 강사는 업무의 성질상 각계각층의 사람들을 접하기 때문에 양식을 겸한 교육자가 되어야 하며 양식있는 교육자가 되기 위하여 평소 폭 넓은 지식의 함양에 노력하여야 한다.

② **강사의 자격요건** (법제106조제1~3항)
㉮ 전문학원의 강사가 되려는 사람은 강사자격시험에 합격하고 경찰청장이 지정하는 전문기관에서 자동차운전교육에 관한 연수교육을 수료하여야 한다.
㉯ 경찰청장은 강사자격시험에 합격하고 법정자격요건을 갖춘 사람에게 강사자격증을 발급한다.
㉰ 발급받은 강사자격증은 부정하게 사용할 목적으로 다른 사람에게 빌려주거나 빌려서는 아니 되며, 이를 알선하여서도 아니 된다.

③ **강사의 결격요건** (법제106조제4항)
다음 각 호의 어느 하나에 해당하는 사람은 전문학원의 강사가 될 수 없다.
㉮ 다음 각 목의 어느 하나에 해당하는 죄를 저질러 **금고 이상의 형을** 선고받고 그 집행이 **끝나거나 집행이 면제된 날부터 2년이 지나지 아니한 사람** 또는 그 집행유예기간 중에 있는 사람
㉠ 교통사고로 인하여 사람을 사망이나 상해에 이르게 한 죄
㉡ 뺑소니, 음주운전, 약물운전 및 어린이 보호구역 내 어린이 교통사고에 따른 죄
㉢ 성폭력범죄
㉣ 아동·청소년 대상 성범죄
㉯ 강사의 자격취소·정지기준에 따라 강사자격증이 취소된 날부터 3년이 지나지 아니한 사람
㉰ 자동차 등의 운전에 필요한 기능과 도로상 운전능력을 익히기 위한 교육(이하 "기능교육"이라 한다)에 사용되는 자동차를 운전할 수 있는 운전면허를 받지 아니하거나 운전면허를 받은 날부터 2년이 지나지 아니한 사람

④ **강사의 자격취소·정지기준** (법제106조제5항)
시·도경찰청장은 강사자격증을 발급받은 사람이 다음 각 호의 어느 하나에 해당하면 행정안전부령으로 정하는 기준에 의하여 그 강사의 자격을 취소하거나 1년 이내의 범위에서 기간을 정하여 그 자격의 효력을 정지시킬 수 있다. 다만, ㉮항 내지 ㉰항 중 어느 하나에 해당하는 경우에는 그 자격을 취소하여야 하며, ㉯항 및 ㉰항은 학과교육을 담당하는 강사에 대하여는 이를 적용하지 아니한다.

㉮ 거짓이나 그 밖의 부정한 방법으로 강사자격증을 발급받은 경우(취소)
㉯ 다음 각 목의 어느 하나에 해당하는 죄를 저질러 **금고 이상의 형**(집행유예를 포함한다)을 선고받은 경우(취소)
   ㉠ 교통사고로 인하여 사람을 **사망이나 상해**에 이르게 한 죄
   ㉡ 뺑소니, 음주운전, 약물운전 및 어린이 보호구역 내 어린이 교통사고에 따른 죄
   ㉢ 성폭력범죄
   ㉣ 아동 · 청소년 대상 성범죄
㉰ 강사의 자격정지기간 중에 교육을 한 경우(취소)
㉱ 강사의 자격증을 다른 사람에게 빌려 준 경우(취소)
㉲ 기능교육에 사용되는 자동차를 운전할 수 있는 운전면허가 취소된 경우(취소)(학과강사 제외)
㉳ 기능교육에 사용되는 자동차를 운전할 수 있는 운전면허의 효력이 정지된 경우(학과강사 제외)
㉴ 강사의 업무에 관하여 **부정한 행위를 한 경우**
㉵ "무등록 유상운전교육의 금지"의 규정을 위반하여 **대가를 받고 자동차운전교육을 한 경우**
㉶ 그 밖에 이 법이나 이 법에 따른 명령 또는 처분을 위반한 경우

⑤ **강사의 선임** (규칙 제120조)
㉮ 학원 또는 전문학원을 설립 · 운영하는 자가 강사 또는 기능검정원을 선임하고자 하는 때에는 강사 등 선임통지서에 발급받은 강사 등 자격증 사본을 첨부하여 시 · 도경찰청장에게 제출하여야 한다. 이 경우 담당공무원은 「전자정부법」에 따른 행정정보의 공동이용을 통하여 신청인의 주민등록등(초)본이나 운전면허정보를 확인하여야 하며, 신청인이 확인에 동의하지 아니하는 경우에는 그 사본을 첨부하도록 한다(제1항).
㉯ 시 · 도경찰청장은 「강사선임신고」를 접수한 때에는 강사 등으로서의 적격여부를 심사하여 그 결과를 해당 학원 또는 전문학원을 설립 · 운영하는 자에게 통보하여야 한다(제2항).
㉰ 학원 또는 전문학원을 설립 · 운영하는 자는 **강사 등을 해임한 경우는 해임한 날부터 10일 이내** 해임강사명부를 작성 시 · 도경찰청장에게 통지하고 그 변동사항을 기록 유지하여야 한다(제3항).

⑥ **강사업무의 겸임 등** (규칙 제122조)
㉮ 학원 또는 전문학원의 강사가 다른 종류의 강사자격증을 가지고 있는 경우에는 해당 강사의 업무에 지장이 없는 범위 내에서 다른 종류의 강사업무를 겸임할 수 있다. 이 경우 겸임하는 강사는 학원강사의 정원산출과 배치기준에 있어서 중복하여 적용되어서는 아니 된다(제1항).
㉯ 기능검정원이 강사자격증을 가지고 있는 경우에는 기능검정의 업무에 지장이 없는 범위

내에서 강사의 업무를 겸임할 수 있다. 이 경우 기능검정원은 자신이 교육한 교육생에 대하여 교육이 종료된 날부터 1년이 지나지 아니하면 도로주행검정을 **실시할 없으며**, 겸임하는 기능검정원은 기능교육강사의 정원산출과 배치기준에 있어서 교육용 자동차 10대당 1명에 한하여 중복하여 적용할 수 있다(제2항).
- ㉰ 학감 또는 부학감은 강사 또는 기능검정원 업무를 겸임할 수 없다. 다만, 학감 또는 부학감이 학과교육에 대한 강사자격증이 있는 경우로서 업무에 지장이 없는 범위 내에서 학과교육 과정표상의 첫 1교시의 강의를 하는 경우에는 그러하지 아니하다(제3항).
- ㉱ 전문학원의 설립 : 운영자는 기능검정원을 겸임할 수 없다(제4항).
- ㉲ 전문학원의 설립·운영자는 기능교육의 효율적인 실시를 위하여 기능교육보조원을 둘 수 있다. 이 경우 기능교육보조원은 강사를 대신하여 교육을 담당할 수 없다(제5항).

⑦ 전문학원의 강사 및 기능검정원 (영제67조제1항)
- ㉮ 학과교육 강사 : 1일 학과교육 8시간당 1명 이상
- ㉯ 기능교육 강사(비율로 산정한 강사 정원이 정수가 아닌 경우에는 소수점 이하를 올림)
  - ㉠ 제1종 대형면허 : 교육용 자동차 10대당 3명 이상
  - ㉡ 제1·2종 보통면허 및 제1·2종 보통연습면허 : 각각 교육용 자동차 10대당 5명 이상
  - ㉢ 제1종 특수면허 : 각각 교육용 자동차 2대당 1명 이상
  - ㉣ 제2종 소형면허 및 원동기장치자전거면허 : 교육용 자동차 10대당 1명 이상
- ㉰ 삭제 〈2024.11.19〉
- ㉱ 기능검정원 : 교육생 정원 200명당 1명 이상

(3) 기능검정원

① 기능검정원의 의의
- ㉮ 전문학원에는 기능검정을 실시하는 기능검정원을 두어야 한다.
- ㉯ 기능검정원은 국가가 시행하던 운전면허시험의 핵심인 운전면허기능시험을 전문학원에서 직접 평가 채점하는 막중한 임무를 부여받았으므로 그 중요성에 상응하게 엄정하게 선발되어야 한다.

② 기능검정원의 자격요건 (법제107조제1항~제3항)
- ㉮ 기능검정원이 되려는 사람은 행정안전부령으로 정하는 기능검정원 자격시험에 합격하고 경찰청장이 지정하는 전문기관에서 자동차운전기능검정에 관한 연수교육을 수료하여야 한다.
- ㉯ 경찰청장은 연수교육을 수료한 사람에게 행정안전부령으로 정하는 바에 따라 기능검정원자격증을 발급하여야 한다.
- ㉰ 발급받은 기능검정원 자격증은 부정하게 사용할 목적으로 다른 사람에게 빌려주거나 빌려서는 아니 되며, 이를 알선하여서도 아니 된다.

③ **기능검정원의 결격요건** (법제107조제4항)

다음 각 호의 어느 하나에 해당하는 사람은 기능검정원이 될 수 없다.

㉮ 다음 각 목의 어느 하나에 해당하는 죄를 저질러 **금고 이상의 형을 선고받고 그 집행이 끝나거나 집행이 면제된 날부터 2년이 지나지 아니한 사람 또는 그 집행유예기간 중에 있는 사람**

　㉠ 교통사고로 인하여 사람을 사망이나 상해에 이르게 한 죄
　㉡ 뺑소니, 음주운전, 약물운전 및 어린이 보호구역 내 어린이 교통사고에 따른 죄
　㉢ 성폭력범죄
　㉣ 아동·청소년 대상 성범죄

㉯ 기능검정원의 자격취소·정지기준에 따라 기능검정원의 자격이 취소된 경우에는 그 자격이 취소된 날부터 3년이 지나지 아니한 사람

㉰ 기능검정에 사용되는 자동차를 운전할 수 있는 운전면허를 받지 아니하거나 **운전면허를 받은 날부터 3년이 지나지 아니한 사람**

④ **기능검정원의 자격취소·정지기준** (법제107조제5항)

시·도경찰청장은 기능검정원이 다음 각 호의 어느 하나에 해당하면 행정안전부령으로 정하는 기준에 따라 그 기능검정원의 자격을 취소하거나 1년 이내의 범위에서 기간을 정하여 그 자격의 효력을 정지시킬 수 있다. 다만, ㉮항 내지 ㉲항의 어느 하나에 해당하는 경우에는 그 자격을 취소하여야 한다.

㉮ **거짓**으로 기능검정의 합격 사실을 증명한 경우(동법제1호) (취소)
㉯ **거짓이나 그 밖의 부정한 방법**으로 기능검정원자격증을 발급받은 경우(제2호) (취소)
㉰ **교특법 또는 특가법**(교특법제3조① 또는 특가법제5조의3) 위반으로 금고 이상의 형(집행유예를 포함한다)의 선고를 받은 경우(취소) (제3호)
㉱ 기능검정원의 **자격정지기간 중에 기능검정을 한 경우**(제4호) (취소)
㉲ 기능검정원의 **자격증을 다른 사람에게 빌려 준 경우**(제5호) (취소)
㉳ 기능검정에 사용되는 자동차를 운전할 수 있는 **운전면허가 취소된 경우**(제6호) (취소)
㉴ 기능검정에 사용되는 자동차를 운전할 수 있는 **운전면허의 효력이 정지된 경우**(제7호)
㉵ 기능검정원의 업무에 관하여 **부정한 행위를 한 경우**(제8호)
㉶ 그 밖에 이 법이나 이 법에 의한 명령 또는 처분을 위반한 경우(제9호)

⑤ **기능검정원의 선임배치**

402쪽 ⑤ 강사의 선임 ⑥ 강사업무의 겸임 등 참조하세요.

⑥ **기능검정원의 배치기준** (영제67조제1항제4호)

※ 기능검정원 : 교육생 정원 200명당 1명 이상

5 시설·설비 등의 기준 (법제104조제1항제3호)

(1) 학원 및 전문학원의 시설 및 설비 등의 기준 (영제63조① 및 제67조②, 별표5)

학원 또는 전문학원을 설립·운영하는 자는 학과교육, 기능교육 및 기능검정을 실시하기 위한 시설·설비 등이 대통령령이 정한 기준에 적합하여야 하고, 교통안전교육기관에 필요한 시설·설비 등을 갖추어야 한다.

대통령령이 정하는 「학원 및 전문학원의 시설 및 설비 등의 기준」은 다음과 같다.

[영별표5]

학원 및 전문학원의 시설 및 설비 등의 기준

1. 강의실
   가. 학과교육 강의실의 면적은 60제곱미터 이상 135제곱미터 이하로 하되, 1제곱미터당 수용인원은 1명을 초과하지 않을 것
   나. 도로교통에 관한 법령·지식과 자동차의 구조 및 기능에 관한 강의를 위하여 필요한 책상·의자와 각종 보충교재를 갖출 것

2. 사무실
   사무실에는 교육생이 제출한 서류 등을 접수할 수 있는 창구와 휴게실을 설치할 것

3. 화장실 및 급수시설
   학원 또는 전문학원의 규모에 맞는 적절한 화장실 및 급수시설을 갖추되, 급수시설의 경우 상수도를 사용하는 경우 외에는 그 수질이 「먹는 물 관리법」 제5조제3항에 따른 기준에 적합할 것

4. 채광시설, 환기시설, 냉·난방시설 및 조명시설
   보건위생상 적절한 채광시설, 환기시설 및 냉·난방시설을 갖추되, 야간교육을 하는 경우 그 조명시설은 책상면과 칠판면의 조도(밝기)가 150럭스 이상일 것

5. 방음시설 및 소방시설
   「소음·진동관리법」 제21조제2항에 따른 생활소음의 규제기준에 적합한 방음시설과 「소방시설 설치 및 관리에 관한 법률」에 따른 방화 및 소방에 필요한 시설을 갖출 것

6. 휴게실 및 양호실
   교육생의 정원이 500명 이상인 경우에는 제2호에 따른 사무실 안의 휴게실 외에 면적이 15제곱미터 이상인 휴게실과 면적이 7제곱미터(전문학원의 경우에는 16.5제곱미터) 이상으로서 응급처치시설이 포함된 양호실을 갖출 것

7. 기능교육장
   가. 면적이 2,300제곱미터 이상(전문학원인 경우에는 6,600제곱미터 이상)인 기능교육

장을 갖출 것. 다만, 기능교육장을 2층으로 설치하는 경우 전체면적 중 1층에 확보하여야 하는 부지의 면적은 2,300제곱미터(제1종 대형면허 교육을 병행하는 경우에는 4,125제곱미터) 이상이어야 하며, 상·하 연결차로의 너비를 7미터(상·하 차로를 분리할 경우에는 각각 3.5미터) 이상으로 하여야 한다.

나. 제1종 보통면허 및 제2종 보통면허 교육 외의 교육을 하려는 경우에는 다음의 구분에 따라 부지를 추가로 확보할 것. 다만, (1)에 따른 제1종 대형면허 교육을 위한 부지를 추가로 확보한 경우에는 (3)에 따른 소형견인차면허 및 구난차면허 교육에 대한 부지를 추가로 확보하지 않더라도 해당 기능교육장에서 소형견인차면허 교육 및 행정안전부령으로 정하는 구난차면허 교육을 할 수 있다.
  (1) 제1종 대형면허 교육 : 8,250제곱미터(전문학원의 경우에는 2,000제곱미터) 이상
  (2) 제2종 소형면허 및 원동기장치자전거면허 교육 : 1,000제곱미터 이상
  (3) 소형견인차면허 및 구난차면허 교육 : 2,330제곱미터 이상
  (4) 대형견인차면허 교육 : 1,610제곱미터 이상

다. 기능교육장은 콘크리트나 아스팔트로 포장하고, 가목에 해당하는 기능교육장에는 다음과 같은 시설을 갖추어야 한다.
  (1) 너비가 3미터 이상인 1개 이상의 차로를 설치할 것
  (2) 10~15센티미터 너비의 중앙선 또는 차선을 표시하고, 도로 중앙으로부터 3미터 되는 지점에 10~15센티미터 너비의 길가장자리선을 설치할 것
  (3) 연석은 길가장자리선으로부터 25센티미터 이상 간격으로 높이 10센티미터 이상, 너비 10센티미터 이상으로 설치할 것

라. 기능교육장 안에는 기능시험코스 등 기능교육시설, 기능검정을 통제하는 시설, 기능검정에 응시하는 사람이 대기하는 장소 및 조경시설 외에 다른 시설을 설치하지 않을 것

8. **정비장 및 주차시설**
  가. 교육용 자동차의 일상점검에 필요한 정비장을 갖출 것
  나. 포장된 주차시설을 갖출 것

9. **교육용 자동차**(전문학원의 기능검정용 자동차를 포함한다)
  가. 기능 및 도로주행 교육용 자동차의 **공통기준**
    (1) 교육생이 교육 중 과실로 인하여 발생한 사고에 대하여 손해를 전액 보상받을 수 있는 보험에 가입 할 것
    (2) 강사가 위험을 방지할 수 있는 별도의 제동장치 등 필요한 장치를 갖출 것
    (3) 전문학원의 경우 자동변속기, 수동가속페달, 수동브레이크, 왼쪽 보조 엑셀레이터, 오른쪽 방향지시기, 핸들선회장치 등이 장착된 장애인 기능교육용 자동차 및 도로주행교육용 자동차를 각각 1대 이상 확보할 것

(4) 제2종 소형 또는 원동기장치자전거 운전교육 시 필요한 안전모, 안전장갑, 관절 보호대 등 보호장구를 갖출 것

나. 기능교육용 자동차의 기준

(1) 교육생이 기능교육을 받는 데 지장이 없을 정도의 대수를 확보할 것

(2) (1)에 따른 대수를 확보하는 경우에 **기능교육장의 면적 300제곱미터당 1대를 초과하지 않도록 할 것**

(3) 「자동차관리법」 제44조에 따른 자동차검사대행자 또는 같은 법 제45조에 따른 지정정비사업자가 행정안전부령으로 정하는 바에 따라 실시하는 검사를 받은 자동차를 사용할 것

다. 도로주행교육용 자동차의 기준

(1) 학원 등 설립·운영자의 명의로 학원 등의 소재지를 관할하는 행정기관에 등록된 자동차일 것. 다만, 관할 행정기관 외의 행정기관에 등록된 자동차의 경우에는 관할 시·도경찰청장의 승인을 받아 사용할 수 있다.

(2) 도로주행교육용 자동차의 대수는 해당 학원 등 기능교육장에서 동시에 교육이 가능한 **최대 자동차 대수의 3배를 초과하지 않을 것**

(3) 「자동차관리법」 제43조제1항제2호에 따른 **정기검사를 받은 자동차를 사용**할 것

10. **학사관리 전산시스템**

학사관리의 능률과 공정을 위하여 경찰청장이 정하는 학사관리 전산시스템(지문 등으로 본인여부를 확인할 수 있는 장치를 포함한다)을 설치·운영할 것

11. 제1호부터 제10호까지의 시설 및 설비 등은 하나의 학원 또는 전문학원 부지내에 설치할 것 다만, 제10호의 학사관리 전산시스템 중 서버는 경찰청장이 정하는 바에 따라 학원 또는 전문학원 부지 밖에 설치할 수 있다.

12. 강의실 및 부대시설 등을 가설건축물로 설치할 경우에는 「건축법」 제20조제1항 및 같은 법 시행령 제15조제1항에 따른 기준에 적합할 것

13. 전문학원은 경찰청장이 고시한 규격에 적합한 전자채점기를 설치·관리할 것

(2) 기능교육용 자동차의 확보

기능교육용 자동차는 규칙제70조에 따른 운전면허기능시험 또는 도로주행시험에 사용하는 자동차 등의 종별기준에 적합하여야 하며, 그 차의 종류, 도색과 표지, 확보기준, 적합여부 확인과 고유번호 부여, 자동차검사와 유효기간 등은 다음과 같다.

① 운전면허기능시험 또는 도로주행시험에 사용되는 자동차 등의 종별 (규칙제70조)

영제48조제2항 또는 영제49조제3항에 따라 기능시험 또는 도로주행시험에 사용되는 자동차 등의 종별은 다음과 같다.

제2장 자동차운전 전문학원제도

> **해설**
>
> [규칙제70조]
> 「장내기능시험 및 도로주행시험에 사용되는 자동차의 종별」(330쪽 참조)

② 도로주행교육용 자동차의 도색 및 표지 (영제63조, 규칙제102조제2항 별표31)

기능교육용 자동차에는 별표31에 따라 표지 등(도로주행교육용 자동차에 한한다)을 설치하고 시·도경찰청장이 교육용 자동차의 확인 시 학원별로 부여한 차량고유번호의 표시와 도색 및 표지를 하여야 한다.

[별표31]   (규칙제102조제2항 관련)

교육용 자동차의 도색 및 표지

1. 표지 등 모형 및 규격(도로주행교육용 자동차에 한한다)

   ① 적색   ② 황색
   ③ 녹색   ④ 적색문자
   ⑤ 바탕색은 백색 ⑥ 600밀리미터
   ⑦ 160밀리미터   ⑧ 180밀리미터
   ⑨ 60밀리미터   ⑩ 500밀리미터
   ⑪ 100밀리미터   ⑫ 35밀리미터

2. 표지 등 설치위치(도로주행교육용 자동차)
   ① 차량지붕 중심위치에 앞뒤에서 볼 수 있게 설치
   ② 도로주행교육 중에는 "**교육 중**"이라는 표지를, 도로주행기능검정 중에는 "**검정 중**"이라는 표지를 각각 자동차의 앞뒤범퍼에 자동차 등록번호판 크기로 부착

3. 도색 및 표지
   ① 바탕색 : 황색(제1종 보통면허는 백색)
   ② 측면에 녹색으로 시·도 및 학원 명(전문학원의 경우에는 전문학원명), 후미에는 백색원형 바탕에 녹색의 차량 고유번호를 표시

4. 제1종 보통면허의 도로주행교육용 자동차의 도색(바탕색을 제외한다) 및 표지는 위에 준한다.

411

③ **도로주행교육용 자동차의 적합여부 확인** (규칙제102조제3항)

시·도경찰청장은 도로주행교육용 자동차가 규칙제70조(장내 기능시험 및 도로주행시험에 사용하는 자동차의 기준), 규칙제102조제2항(교육용 자동차의 도색 및 표지)의 기준에 적합한지 여부를 확인하기 위하여 **연 1회 이상 도로주행교육용 자동차에 대한 점검**을 실시하되 이에 관하여 필요한 사항은 경찰청장이 정한다.

④ **교육용 자동차의 확인신청 등** (규칙제102조제4항)

학원 또는 전문학원을 설립·운영하는 자는 기능교육용 자동차 또는 도로주행교육용 자동차를 운행하고자 하는 때에는 「교육용 자동차확인신청서」에 다음 서류를 첨부 시·도경찰청장에게 제출하여 확인을 받아야 한다.

㉮ 기능교육용 자동차의 경우 자동차제작증 사본 및 보험가입증명서 사본 각 1부
㉯ 도로주행교육용 자동차의 경우에는 자동차종합보험가입사실증명서 사본 각 1부

⑤ **시·도경찰청장의 확인 및 차량 고유번호 부여** (규칙제102조제5항)

시·도경찰청장은 「교육용 자동차확인신청서」를 받은 때에는 자동차의 형식 등 교육용 자동차로 사용하기에 적합한지 여부를 확인 후 교육용 자동차에 대하여 학원별 차량고유번호를 부여하되, 기능교육용 자동차의 검사를 받기 위하여 「기능교육용 자동차확인증」을 교부하여야 한다.

⑥ **기능교육용 자동차의 검사 등** (규칙제103조)

㉮ 학원 또는 전문학원을 설립·운영하는 자가 기능교육용 자동차의 검사를 받기 위하여 자동차를 검사장소까지 운행하려는 때에는 **특별시장, 광역시장, 제주특별자치도지사 또는 도지사로부터 임시운행허가를 받아야** 한다(제1항).

㉯ 학원 및 전문학원을 설립·운영하는 자는 기능교육용 자동차의 검사를 받고자하는 때에는 기능교육용 자동차와 기능교육용 자동차 확인증」을 자동차검사대행자 또는 지정정비사업자에게 제시하여야 한다(제2항).

㉰ 자동차검사대행자 또는 지정정비사업자가 기능교육용 자동차를 검사한 때에는 「기능교육용 자동차 확인증」에 사용유효기간을 기재하여 교부하여야 한다(제3항).

⑦ **기능교육용 자동차의 사용유효기간** (규칙제103조제4항제5항)

㉮ 승용자동차 및 승용겸 화물자동차 : 2년
㉯ 화물자동차 : 1년
㉰ 승합자동차·대형견인차, 소형견인차 및 구난차
　㉠ 차령 5년 이하 : 1년
　㉡ 차령 5년 초과 : 6개월

※ 다만, 「자동차관리법」 제30조제3항에 따른 확인검사를 받은 자동차로서 제작·판매회사로부터 출고 후 3월 이내에 시·도경찰청장에게 기능교육용 자동차로 확인신청을 한 경우에는 위의 사용기간에 불구하고 그 **사용유효기간을 4년으로 한다**(제4항).

㉤ 기능교육용 이륜자동차 및 원동기장치자전거 : 10년(제5항)

6 교육운영의 기준 (법제104조제1항제4호, 영제67조제5항)

교육방법 및 졸업자의 운전능력 등 해당 전문학원의 운영이 대통령령이 정하는 기준에 적합하여야 하며, 운전교육의 수강신청, 운전면허의 종별 교육과목 및 교육시간, 교육과정·교육방법 및 운영기준은 다음과 같다.

(1) 운전교육의 수강신청 등 (규칙제105조제1항)

① 운전교육을 받으려는 사람은 다음 각 호의 서류를 첨부한 수강신청서와 수강료를 해당학원 또는 전문학원에 납부하여야 한다. 다만, 제1종 또는 제2종 운전면허를 받은 사실이 증명되는 사람이 제1종 또는 제2종 면허를 받고자 하는 경우나 제2종 소형 및 원동기장치자전거면허를 받고자 하는 경우에는 운전경력증명서를 별도로 제출하여야 한다.

㉮ 주민등록증 사본 1부
㉯ 사진 4매
㉰ 운전면허시험 응시표 사본 1부 또는 운전경력증명서 1부(해당하는 사람에 한함)

② 전문학원의 설립·운영자는 다음 사람이 등록하고자하는 때는 이를 거부할 수 있다.

㉮ 운전면허결격사유에 해당하는 사람(법제82조)
다만, **연령이 18세 미만**(원동기장치자전거는 16세 미만, 제1종 대형면허·제1종 특수면허는 19세 미만·운전경력 1년 미만)인 사람은 **기능검정일까지 적령이 되는 경우는 허용**

③ 학원 또는 전문학원을 설립·운영하는 자가 교육생으로부터 수강신청을 받은 때에는 학사관리전산시스템을 이용하여 교육생원부에 이를 등록하여야 한다.

④ 학원 또는 전문학원을 설립·운영하는 자가 수강신청 및 수강료를 받은 때에는 수강증과 수강료영수증을 교부하고 수강일자를 지정하여야 한다.

(2) 교육과목·교육시간 등

① 운전면허의 종별 교육과목 및 교육시간 등 (규칙제106조제1항 별표32)
[별표 32]의 교육시간은 최소교육시간이므로 학원 또는 전문학원의 원칙이 정하는 바에 따라 최소교육시간 이상 교육할 수 있다.

[별표32]

[운전면허의 종별 교육과목 · 교육시간 및 교육방법 등]

(규칙제106조제1항 관련)

1. 전문학원의 교육과목 및 교육시간 (단위 : 시간)

교육과목	면허종별	보통(연습)면허	대형면허, 대형견인차면허 및 구난차면허	소형견인차면허	소형면허	원동기장치자전거면허
학과교육	운전이론 등	3	3	3	5	5
기능교육	기본조작	4	5	2	5	4
	응용주행		5	2	5	4
	소계	4	10	4	10	8
도로주행교육(연습면허소지자)		6	·	·	·	·
계		13	13	7	15	13

가. 위 표의 교육시간은 최소교육시간이므로 해당 학원 또는 전문학원의 운영 등에 관한 원칙이 정하는 바에 따라 최소교육시간 이상의 교육을 할 수 있다.

나. 학과교육은 위 표에서 정한 시간 이상의 교육을 실시함을 원칙으로 하되, 다음 각 호의 경우에는 예외로 할 수 있다.

  1) 제2종 보통면허 소지자가 제1종 보통면허를 취득하고자 하는 경우 또는 원동기장치자전거면허 소지자가 제2종 소형면허를 취득하고자 하는 경우에는 학과교육을 면제할 수 있다.

  2) 제1종 대형 · 특수면허 소지자 또는 제1종 · 제2종 보통면허 소지자가 제2종 소형면허를 취득하려는 경우에는 위 표에서 정한 시간의 최소 1/2 이상 실시한 경우 수료한 것으로 본다.

  3) 제2종 소형면허 또는 원동기장치자전거면허 소지자가 제1종 · 제2종 보통면허를 취득하려는 경우에는 위 표에서 정한 시간의 최소 1/2 이상 실시한 경우 수료한 것으로 본다.

  4) 제1종 또는 제2종 운전면허(제2종 소형면허 및 원동기장치자전거면허는 제외한다)를 받은 사실이 증명되는 사람이 제1종 또는 제2종 운전면허를 받으려는 경우의 학과교육은 영제60조제2항 및 영제66조제1항에 따른 학원의 운영 등에 관한 원칙이 정하는 범위에서 학감 또는 설립 · 운영자가 자율적으로 실시한다.

다. 기능교육 및 도로주행교육은 위 표에서 정한 시간 이상의 교육을 실시함을 원칙으로 하되 다음 각 호의 경우에는 예외로 할 수 있다.

  1) 제2종 보통면허소지자(자동변속기 제외)가 제1종 보통면허를 취득하려는 경우에는 위 표에서 정한 각 단계별 시간의 최소 1/2 이상 실시한 경우 수료한 것으로 본다.

2) 원동기장치자전거면허 소지자가 제2종 소형운전면허를 취득하고자 하는 경우에는 위 표에서 정한 각 단계별 시간의 최소 1/2 이상 실시한 경우 수료한 것으로 본다.
3) 제1종 또는 제2종 운전면허(제2종 소형면허 및 원동기장치자전거면허는 제외한다)를 받은 사실이 증명되는 사람이 제1종 또는 제2종 운전면허를 받으려는 경우의 기능교육은 영 제60조제2항 및 영 제66조제1항에 따른 학원의 운영 등에 관한 원칙이 정하는 범위에서 학감 또는 설립·운영자가 자율적으로 실시한다.

라. 보통(연습)면허의 기능교육시간과 도로주행교육시간은 전문학원의 설립·운영자가 교육생과 협의하여 자율적으로 정할 수 있다. 다만, 기능교육과 도로주행교육을 각각 4시간 이상, 모두 합하여 총 10시간 이상 교육하여야 한다.

마. 운전면허취득자(연습면허소지자는 제외한다)의 운전능력향상을 위하여 실시하는 도로 연수의 교육시간은 학원 등의 설립·운영자가 자율적으로 실시한다.

2. 전문학원의 교육과정별·단계별 교육내용

면허종별	교육과정	단계별	시간	교 육 내 용
제1종 보통(연습)면허 및 제2종 보통(연습)면허	학과교육		1교시~3교시	교통사고 실태 및 인명 존중, 사각지대와 운전, 인간의 능력과 차에 작용하는 자연의 힘, 초보운전자의 교통사고사례, 야간운전, 거친 날씨의 운전, 교통사고발생 시 조치, 보험, 안전운전장치의 이해, 고속주행 시 안전운전
	기능교육	1단계	1교시~3교시	운전장치조작, 차로준수, 돌발 시 급제동, 경사로, 직각주차, 교차로 통과, 가속 요령 등
		2단계	4교시	1단계 교육과정에 대한 종합적인 운전
	도로주행		1교시~6교시	도로주행 시 운전자의 마음가짐, 주변교통과 합류하는 방법, 속도선택, 교차로 통행방법, 위험을 예측한 방어운전 요령 등
제1종 대형면허	학과교육			대형자동차 운전 및 구조적 특징, 교통사고 실태 및 인명 존중, 사각지대와 운전, 인간의 능력과 차에 작용하는 자연의 힘, 대형 교통사고사례, 야간운전, 거친 날씨의 운전, 교통사고발생시 조치, 보험, 안전운전 장치의 이해 등
	기능교육	1단계	1교시~5교시	운전장치조작, 경사로 운전, 모퉁이 통행, 방향전환, 기어변속능력, 평행주차 요령, 돌발상황 대응요령, 엔진 시동상태 유지 등
		2단계	6교시~10교시	1단계 교육과정에 대한 종합적인 운전

면허종별		교육과정	단계별	시간	교육 내용
제1종 특수 면허	대형견인차 · 구난차	학과교육			견인차 및 구난차의 구조적 특징, 교통사고 실태 및 인명존중, 사각지대와 운전, 인간의 능력과 차에 작용하는 자연의 힘, 대형 교통사고사례, 야간운전, 거친 날씨의 운전, 교통사고발생 시 조치, 보험, 안전운전 장치의 이해 등
		기능교육	1단계	1교시~5교시	운전장치 조작, 피견인차 연결 및 분리방법, 전·후진 요령(구난차의 경우 굴절·곡선 통과 요령)
			2단계	6교시~10교시	방향전환 요령, 주차요령 등
	소형견인차	학과교육			차량견인시 주의사항, 견인차의 구조적 특징, 교통사고 실태 및 인명존중, 사각지대와 운전, 인간의 능력과 차에 작용하는 자연의 힘, 대형 교통사고사례, 야간운전, 거친 날씨의 운전, 교통사고발생 시 조치, 보험, 안전운전 장치의 이해 등
		기능교육	1단계	1교시~3교시	운전장치 조작, 방향전환, 굴절코스, 곡선통과, 전·후진 요령
			2단계	4교시	1단계 교육과정에 대한 종합적인 운전
제1종 소형면허		학과교육		1교시~5교시	제1종·제2종 보통연습면허와 같다.
		기능교육	1단계	1교시~5교시	제1종 대형면허와 같다.
			2단계	6교시~10교시	
제2종 소형면허		학과교육		1교시~5교시	제1종·제2종 보통연습면허와 같다.
		기능교육	1단계	1교시~5교시	이륜자동차 취급방법, 굴절·곡선·좁은 길 코스 통과요령, 연속진로전환코스 통과 요령, 시동상태 유지 등
			2단계	6교시~10교시	교육과정에 대한 종합운전
원동기장치자전거면허		학과교육		1교시~5교시	제1종·제2종 보통연습면허와 같다.
		기능교육	1단계	1교시~4교시	원동기장치자전거 취급방법, 굴절·곡선·좁은길 코스 통과 요령, 연속진로 전환코스 통과 요령, 시동상태 유지 등
			2단계	5교시~8교시	교육과정에 대한 종합운전

3. 학원 또는 전문학원의 기능교육 방법

가. **동승교육** : 1단계 과정에 있는 교육생에 대하여 기능교육강사가 기능교육용 자동차의 운전석 옆자리에 승차하여 운전석에서 수강하는 교육생 1명에 대하여 실시하는 교육으로서, 2단계 과정 또는 최소교육시간 외의 교육과정에 있는 교육생이라도 원하는 경우에는 동승교육을 실시하여야 한다.

나. **집합교육** : 1단계 과정에 있는 제1종 소형면허, 제2종 소형면허 및 원동기 장치 자전거 면허 교육생에 대하여 기능교육 강사가 5명 이내의 교육생과 함께 실시한다.

다. **단독교육** : 2단계 과정 또는 최소교육시간 외의 교육과정에 있는 교육생에 대하여 기능교육강사가 기능교육용 자동차에 함께 승차하지 않고 교육생 단독으로 실시하는 운전연습으로서 다음과 같이 실시한다.
  1) 단독교육 시 강사 1명이 담당할 수 있는 교육용 자동차 대수
     - 제1종 특수·대형면허 : 교육용 자동차 5대 이하
     - 제1종·제2종 보통면허 : 교육용 자동차 10대 이하
     - 제2종 소형 및 원동기장치자전거 면허 : 교육용 자동차 10대 이하
  2) 이 경우 기능교육보조원(기능교육강사를 보조하는 사람을 말한다)을 배치하여 강사를 보조하게 할 수 있다.
  3) 담당 기능교육강사는 교육생에게 안전사고예방에 대한 교육을 실시할 것

라. **개별코스교육** : 보통연습면허 이외의 면허의 1단계 과정에 있어서 교육생의 운전능력이 부족하다고 판단되는 코스에 대하여 **4시간의 범위에서 3명 이내의 교육생**과 함께 실시할 수 있다.

마. **모의운전장치교육** : 1단계 과정 중 운전장치조작의 경우 **2시간을 초과하지 않는 범위**에서 다음 기준에 따라 모의운전장치로 실시할 수 있다. 다만, 제1종 보통연습면허 및 제2종 보통연습면허의 경우에는 기능교육의 최소교육시간 이외의 교육과정에서만 모의운전장치로 교육을 실시할 수 있다.
  1) 모의운전장치 1대당 교육할 수 있는 인원 : **1시간당 1명**
  2) 강사 1명이 동시에 지도할 수 있는 인원 : **5명 이내**

4. 학원의 교육실시

가. 학원 설립·운영자는 제3호가목·나목에 따른 교육방법을 기준으로 교육을 실시하여야 한다.

나. 학원 설립·운영자는 가목 이외에 제1호와 제2호에 따른 전문학원의 교육과목·교육시간 및 교육과정별 교육내용을 참고하여 교육을 실시할 수 있다.

② **교육반의 편성** (규칙제106조제2항·제3항)

㉮ 학원 또는 전문학원 설립·운영하는 자는 수강신청서 접수순서에 따라 교육반을 편성하여야 한다.

㉯ 전문학원을 설립·운영하는 자는 장애인이 수강신청을 하는 때에는 장애인 교육반을 편성하고 장애인 교육용 자동차로 교육하여야 한다.

③ 교육과정의 운영기준 (영제67조제4항)
㉮ 학원의 교육과정 등에 따라 학과교육·기능교육 및 도로주행교육으로 구분하여 실시한다.
㉯ 학과교육·기능교육 및 도로주행교육별로 각각 3개월 이내에 수료될 수 있도록 할 것
④ **교육생 1명에 대한 1일 교육시간**
교육은 운전면허의 종별로 구분하여 행정안전부령으로 정하는 최소시간 이상을 교육하되 교육생 1명에 대한 교육시간은
㉮ 학과교육의 경우 : 1일 7시간 초과하지 아니할 것
㉯ 기능교육 및 도로주행교육의 경우 : 1일 4시간 초과하지 아니할 것
⑤ **교육생의 정원** : 행정안전부령이 정하는 정원의 범위 안에서 실시하여야 한다.

> **해설**
> 행정안전부령이 정하는 정원의 산출기준(규칙제109조제3항)
> 장내기능교육장 300m²당 1명 × 1일 최대 부수(20회) = 정원
> [예시] 장내기능교육장 면적 6600m² ÷ 300m² × 20회 = 440인(정원)

(3) 학과교육의 실시 (규칙제107조제1항)

학원 또는 전문학원을 설립·운영하는 자는 다음 각 호의 기준에 따라 학과교육을 실시하여야 한다.

① **교육과목 및 교육시간**
㉮ 별표32의「운전면허의 종별 교육과목 및 교육시간」에 따라 교육하여야 한다(414쪽 참조).
㉯ 교육시간은 50분을 1시간으로 하되, 1일 1명당 7시간을 초과하지 않아야 한다.
㉰ 응급처치 교육은 응급의학 관련 의료인이나 응급구조사 또는 응급처치에 관한 지식과 경험 있는 강사로 하여금 실시토록 하여야 한다.

(4) 장내기능교육의 실시 (규칙제107조제2항)

학원 또는 전문학원 설립·운영자는 다음 각 호의 기준에 의하여 기능교육을 실시하여야 한다.

① **교육과목 및 교육시간** (규칙제106조제1항 별표32)
㉮ 별표32의 운전면허종별 교육과목 및 교육시간에 의거 장내기능교육을 실시하여야 한다 (414쪽 참조).
㉯ 면허의 종별에 따라 단계적으로 교육을 실시하여야 한다(교육생 2명 이상 승차금지).
㉰ 교육시간은 50분을 1시간으로 하되, 1일 1명당 4시간을 초과하지 않아야 한다.
② **장내기능교육코스 및 기능교육용 자동차**
전문학원의 장내기능교육코스에서 전문학원의 장내기능교육용 차량으로 실시한다.
③ **전문학원의 기능교육방법 등의 기준**(영제67조제4항, 규칙제115조)
기능교육은 면허의 종별에 따라 다음과 같이 구분하여 교육을 실시하여야 한다.

㉮ 동승교육
  ㉠ 기능강사는 학감으로부터 당일 교육할 차량을 배정받아 그 차량에 대하여 일일점검을 실시하는 등 교육에 지장이 없도록 준비하여야 한다.
  ㉡ 1단계 과정에 있는 교육생에 대하여 기능교육 강사가 기능교육용 자동차의 운전석 옆자리에 승차하여 운전석에서 수강하는 교육생 1명에 대하여 실시하는 교육으로서, 2단계 과정 또는 최소교육시간 외에 교육과정에 있는 교육생이라도 원하는 경우에는 동승교육을 실시하여야 한다.

㉯ 단독교육
  ㉠ 교육생이 별표32 제2호 전문학원의 기능교육 중 2단계 과정에 있는 경우로서, 2단계 과정 또는 최소 교육시간 외의 교육과정에 있는 교육생에 대하여 기능교육 강사가 기능교육자동차에 함께 승차하지 않고 교육생 단독으로 실시하는 운전연습으로서 다음과 같이 실시한다.
    ⓐ 단독교육 시 강사 1명이 담당할 수 있는 교육용 자동차 대수
      - 제1종 특수·대형면허 : 교육용 자동차 5대 이하
      - 제1종·제2종 보통면허 : 교육용 자동차 10대 이하
      - 제2종 소형 및 원동기장치자전거 : 교육용 자동차 10대 이하
    ⓑ 이 경우 기능교육보조원(기능교육강사를 보조하는 사람을 말한다)을 배치하여 강사를 보조하게 할 수 있다.
    ⓒ 담당 기능교육 강사는 교육생에게 안전사고 예방에 대한 교육을 실시할 것

㉰ 개별코스교육
  기능교육 강사가 보통연습면허 이외의 1단계 과정에 있어서 교육생의 운전능력이 부족하다고 판단되는 코스에 대하여 **4시간의 범위에서 3명 이내의 교육생**과 함께 교육을 실시할 수 있다.

㉱ 모의운전장치교육
  ㉠ 별표32 제2호 전문학원의 기능교육 1단계 과정 중 운전장치조작의 경우 2시간을 초과하지 않는 범위에서 다음 기준에 따라 모의운전장치로 실시할 수 있다. 다만, 제1종 보통연습면허 및 제2종 보통연습면허의 경우에는 기능교육의 최소교육시간 이외의 교육과정에서만 모의운전장치로 교육을 실시할 수 있다.
    ⓐ 모의운전장치 1대당 교육할 수 있는 인원 : 1시간당 1명
    ⓑ 강사 1명이 동시에 지도할 수 있는 인원 : 5명 이내

④ 학원의 교육 실시
  ㉮ 학원 설립·운영자는 제3호가목·나목에 따른 교육방법을 기준으로 교육을 실시하여야 한다.
  ㉯ 학원 설립·운영자는 가목 이외에 제1호와 제2호에 따른 전문학원의 교육과목·교육시간 및 교육과정별 교육내용을 참고하여 교육을 실시할 수 있다.

(5) 도로주행교육의 실시 (규칙제107조제4항)

학원 또는 전문학원을 설립·운영하는 자는 운전면허 또는 연습운전면허를 받은 사람에 대하여 도로주행교육을 실시하여야 한다.

① 교육과목 및 교육시간 (규칙제106조제1항 별표32)
  ㉮ 별표32의 「운전면허종별 교육과목 및 교육시간, 교육방법」(414쪽 참조)에 따라 도로주행교육을 실시하여야 한다.
  ㉯ 교육시간은 50분을 1시간으로 하되 1일 1명당 4시간을 초과하지 아니할 것(다만, 교육생 2명 이상 승차금지)

② 도로주행교육용 자동차 (규칙제70조)
  전문학원의 도로주행 기능교육용 자동차로 교육하여야 한다.

③ 도로주행교육용 도로의 지정 (규칙제124조제3항·제4항)
  ㉮ 전문학원의 설립·운영자는 도로주행기능검정을 실시하고자 하는 경우에는 2개소 이상의 도로를 선정한 후 「주행검정 실시도로 지정신청서」에 도로주행기능검정 실시도로가 표시된 축척 1만분의 1의 지도를 첨부하여 시·도경찰청장에게 제출하여야 한다.
  ㉯ 시·도경찰청장은 신청을 받아 도로주행검정을 실시하는 도로를 지정한 때에는 「도로주행기능검정 실시도로지정서」에 의하여 통지하여야 한다. 이 경우 요일·시간대 및 통행량에 따라 도로주행기능검정의 시간 및 장소를 제한할 수 있다.

[별표25] 〈2016.9.21 개정〉

[도로주행시험을 실시하기 위한 도로의 기준] (규칙제67조제1항 관련)

구 분	설정길이·횟수	도로기준	기 타
1. 총 주행거리	5킬로미터 이상	1) 주행여건이 양호한 도로 　가) 교통량에 비해 폭이 넓은 도로 　나) 보행자 및 차마의 통행량이 비교적 일정한 도로 　다) 교통안전시설이 정비된 도로 2) 기능시험장의 구간을 총 주행거리의 일부로 포함 가능	
2. 지시속도에 따른 도로주행	1구간 400미터	시속 40킬로미터 이상의 속도로 주행할 수 있는 도로	도로 사정에 따라 300~500미터 내외로 도로주행구역을 설정할 수 있음
3. 차로변경	1회 이상	차로변경이 가능한 편도 2차로 이상의 도로	

구분		설정길이·횟수	도로기준	기타
4. 방향전환	가. 좌회전(유턴 포함) 또는 우회전	1회 이상	교통정리 중인 교차로 또는 교통정리 중이진 않으나 좌·우 방향이 분명한 교차로	도로주행시험 코스 내의 다른 교차로에서 각각 실시할 수 있으며, 반경 5킬로미터 이내에 신호교차로가 없는 경우에는 기능시험장 내의 교차로 이용이 가능
	나. 직진			
5. 횡단보도 일시정지 및 통과		1회 이상	교통안전표지가 설치된 횡단보도	교차로 또는 횡단보도가 있는 도로에서 실시하며, 반경 5킬로미터 이내에 횡단보도가 없는 경우에는 기능시험장의 횡단보도 이용이 가능

※ 비고 운전면허시험장당별로 4개 이상의 노선을 확보하여야 한다.

④ **도로주행교육방법** (규칙제107조제4항)

㉮ 도로주행기능강사는 수검자의 본인여부를 확인하고 교육생원부 및 수강증에 서명 날인하여야 한다.

㉯ 운전면허 또는 연습면허를 받은 사람에 대하여 실시하되 면허의 종별·교육과목·교육기간 및 교육방법 등에 따라 실시할 것

㉰ 도로주행기능강사가 도로주행용자동차에 같이 승차하여 지도하고, **교육생 2명 이상 승차시키지 아니할 것**

㉱ 교육시간은 50분을 1시간으로 하되 1일 1명당 4시간을 초과하지 아니할 것(운전면허를 받은 사람은 예외)

㉲ 교육생이 교통법규를 준수하여 안전하게 운전할 수 있도록 지도하여야 한다.

㉳ 교육 중 예측하지 못한 상황이 발생하면 교육생이 당황하지 않도록 신속히 대처하여야 한다.

7 수강사실의 확인 등

(1) 교육생의 수강사실 확인 (규칙제107조제5항)

학원 또는 전문학원을 설립·운영하는 자는 교육생으로 하여금 교육이 시작되기 전과 교육이 끝난 후에 학사관리 전산시스템에 출석사항 및 수강사실을 입력하도록 하고, 교육을 지도한 강사로 하여금 교육생의 수강사실을 확인한 후 전자서명을 하도록 하여야 한다.

(2) 교육실시 여부 확인감독 (규칙제107조제6항)

학원 또는 전문학원을 설립·운영하는 자는 학과·기능 및 도로주행교육이 규정에 따라 실시되는지의 여부를 수시로 감독하여야 한다.

(3) 정원초과교육의 금지 등 (규칙제109조제1항 내지 제3항)

① 학원 또는 전문학원을 설립·운영하는 자는 산정한 학원 또는 전문학원의 정원을 초과하거나 일시수용능력인원을 초과하여 교육을 하여서는 아니 된다.

② 학원 또는 전문학원을 설립·운영하는 자는 도로주행교육을 받는 교육생의 정원이 기능교육을 받는 **교육생의 정원의 3배를 초과하지 아니하도록** 하여야 한다.

③ 학원 또는 전문학원의 정원은 제1호에 따른 방법으로 산정한 기능교육장의 일시수용능력인원에 제2호에 따른 1일 최대 교육횟수를 곱하여 산정한 인원으로 한다.

> **해설**
>
> **학원 또는 전문학원의 정원 산정기준(규칙제109조제3항)**
> 1. 기능교육장 일시수용능력 산정방법
>   ㉮ 제1종 보통연습면허 및 제2종 보통연습면허의 경우 : 해당 기능교육장의 면적[별표 23 제1호 (주) 3.에 따라 기능교육을 위하여 폭 3미터 이상, 길이 15미터 이상인 굴절·곡선·방향전환 또는 대형견인차 코스 등을 분리하여 설치한 기능교육장의 경우에는 같은 호 (주) 1.에 따른 기능교육장 면적의 30퍼센트에 해당하는 면적까지를 해당 기능교육장의 면적으로 본다] 300제곱미터당 1명
>   ㉯ 제1종 대형면허의 경우 : 해당 기능교육장의 면적 900제곱미터당 1명
>   ㉰ 대형견인차면허, 소형견인차면허 및 구난차면허의 경우
>   1) 대형견인차면허 및 소형견인차면허의 경우 : 해당 기능교육코스 1개당 1명
>   2) 구난차면허의 경우 : 해당 기능교육코스 1조당 2명
>   ㉱ 제2종 소형면허 또는 원동기장치자전거면허의 경우 : 해당 기능교육장의 면적 50제곱미터당 1명
> 2. 1일 최대 교육 횟수 : 20회

8 기능검정 (영제69조제1항, 제3항, 제4항, 법제108조제5항)

① 기능검정 중 자동차 등의 운전에 필요한 기능에 관한 검정(장내기능검정)은 전문학원의 기능교육장에서 기능교육용 자동차를 이용하여 기능검정원이 운전면허의 시험범위 별로 기능검정 시험기준에 따라 실시한다(제1항).

② 장내기능은 운전면허의 결격사유에 해당되지 아니하는 사람으로서 장내기능검정일 전 6개월 이내에 학과 또는 기능교육을 모두 수료한 사람에 대하여 실시하고, 도로주행검정은 도로주행교육을 수료한 사람 중에서 그 사람이 소지하고 있는 연습운전면허의 유효기간이 지나지 아니한 사람에 대하여 실시한다.(제3항)

③ 장내기능 검정 및 도로주행기능검정에 합격하지 못한 교육생에 대해서는 **불합격한 날부터 3일이 지난 후에 다시 기능검정을 실시할 수 있다**(제4항).
전문학원에서 실시하는 「장내기능검정」에 합격한 사람에 대하여는 「수료증」이 발급되고, 「도로주행검정」에 합격한 사람에 대하여는 「졸업증」이 발급된다(법제108조제5항).

④ 「수료증」을 받은 사람이 국가운전면허시험장에서 실시하는 「연습운전면허시험」에 응시하면 「장내기능시험」이 면제되고, 「졸업증」을 받은 사람이 「제1종·제2종 보통면허시험」에 응

시하면 「도로주행시험」이 면제된다(법제108조제5항)(법제84조제1항제8호). 이처럼 운전면허시험의 중심이 되는 운전면허기능시험을 전문학원에서 학감과 기능검정원이 대행하므로, 학감과 기능검정원은 확고한 책임의식을 가지고 엄정하게 실시해야 한다.

(1) 학감의 책임 (법제108조제2항 ~ 제5항)

① 전문학원의 학감은 기능검정원으로 하여금 학과교육과 장내기능교육을 수료한 사람에 대하여 장내기능검정을 실시하게 하여야 하고, 도로주행교육을 수료한 사람에 대하여 도로주행검정을 실시하게 하여야 한다(법제108조제2항제1호, 제2호).

② 전문학원 학감은 기능검정원이 아닌 사람으로 하여금 기능검정을 하게 하여서는 아니 된다(법제108조제3항).

③ 전문학원 학감은 기능검정원이 합격한 사실을 서면으로 증명한 사람에게는 기능검정의 종류별로 수료증 또는 졸업증을 발급하여야 한다(법제108조제5항). 이처럼 기능검정은 학감의 책임 하에 이루어지는 것이다. 따라서 기능검정을 받으려고 하는 사람에 대하여, 전 교육과정을 종료했는지 여부의 확인과 기능검정원에 대한 지도를 비롯하여 기능검정결과 등에 대하여 당연히 학감에게 책임이 부여되어 있다.

(2) 기능검정원의 임무

① 기능검정원은 학감의 지시명령에 따라 해당교육과정을 수료한 사람에 대하여 행정안전부령으로 정하는 기능시험채점방법과 기준에 따라 엄정하게 기능검정을 실시하여야 한다.

② 기능검정원은 자기가 실시한 기능검정에 합격한 사람에 대하여 합격사실을 행정안전부령으로 정하는 바에 따라 서면으로 증명하여야 한다(법제108조제4항).

③ 이처럼 기능검정원은 국가가 운전면허시험장에서 실시하던 운전면허기능시험을 전문학원에서 직접 평가하고 채점하는 막중한 임무를 부여받았으므로 그 임무에 상응하게 기능검정 업무를 엄정하게 수행하여야 한다.

(3) 기능검정의 신청

① 운전면허결격사유에 해당하지 아니하는 사람으로서 **전문학원에서 학과교육 및 기능교육을 모두 수료 후 장내기능검정일 전 6개월이 경과하지 아니한 사람으로서** 기능검정을 받고자 하는 사람은 「기능검정신청서」에 기능검정수수료를 첨부하여 학원에 제출하여야 한다(영제69조제3항 전단).

② 전문학원이 「기능검정신청서」를 접수한 때에는 「기능검정접수대장」에 등재함과 동시 그 순서에 따라 수험번호를 부여하고 검정일시·장소 등을 지정한 「기능검정신청접수증」을 교부하여야 한다.

(4) 장내기능검정 실시(제1종 대형면허)

① **장내기능검정 실시기준** (규칙제66조제1항)

　　장내기능검정은 전문학원의 장내기능검정(기능교육)코스에서 장내기능검정용(교육용) 차량에 수검자를 단독 승차시켜, 기능검정원이 별표24의 「장내기능시험의 채점 및 합격기준」에 따라 운전면허시험 전자채점기로 채점한다.

　　※ 별표24 「장내기능시험의 채점 및 합격기준」 (342쪽 참조)

② **장내기능검정 실시대상** : 운전면허 결격대상에 해당되지 않고 장내기능검정일 전 6개월 이내에 전문학원에서 학과교육 및 기능교육을 수료한 사람에 대하여 실시한다(영제69조제3항).

③ **장내기능검정 불합격자의 처리** : 장내기능검정에 합격하지 못한 사람은 **불합격한 날부터 3일이 지난 후가 아니면** 장내기능검정을 실시할 수 없다(영제69조 제4항).

(5) 도로주행기능검정 실시 (규칙제124조제2항)

① **도로주행기능검정도로 실시기준** (규칙제67조제1항, 제68조제2항)

　㉮ 도로주행검정은 시·도경찰청장이 지정한 도로주행시험(교육)실시도로에서 도로주행검정용(교육용)차량에 기능검정원이 수검자와 함께 타고 별표26의 「도로주행시험의 시험항목·채점기준 및 합격기준」에 따라 별지 제51호 서식의 「도로주행시험채점표」로 채점한다.

　㉯ 제1항에 따른 도로주행시험의 채점은 도로주행시험용 자동차에 같이 탄 운전면허시험관이 전자채점기에 직접 입력하거나 전자채점기로 자동 채점하는 방식으로 한다. 다만, 전자채점기의 고장 등으로 전자채점이 곤란한 경우에는 별지 제51호에 따른 도로주행시험채점표에 운전면허시험관이 직접 기록(수기)하는 방식으로 채점한다.

　　※ 별표25 「도로주행시험을 실시하기 위한 도로의 기준」 (420쪽 참조)
　　※ 별표26 「도로주행시험의 시험항목·채점기준 및 합격기준」 (350쪽 참조)
　　※ 별지 제51호 서식 「도로주행시험채점표」 (359쪽 참조)

② **도로주행기능검정 실시대상** (영제69조제3항 후단)

　　전문학원에서 도로주행기능교육을 수료한 사람 중에서 그 사람이 소지하고 있는 연습운전면허의 유효기간이 지나지 아니한 사람에 대하여 실시한다.

③ **도로주행기능검정원의 준수사항** (규칙제69조제2항)

　　도로주행기능검정원이 도로주행시험을 실시하는 때에는 다음 사항을 준수하여야 한다.

　㉮ 시험을 실시하기 전에 시험 진행방법 및 실격되는 경우 등 주의사항을 응시자에게 설명할 것
　㉯ 출발점에서부터 앞서가는 차와는 충분한 안전거리를 유지하여 교통사고가 발생하지 않도록 할 것

㉰ 다음 번호의 수검자를 도로주행시험용 자동차에 동승시키는 등 공정한 평가를 위하여 노력할 것

㉱ 응시자에게 친절한 언어와 태도로 정하여진 순서에 따라 시험을 진행하되, 시험 진행과 관련이 없는 대화는 하지 아니할 것

④ **도로기능검정 불합격자의 처리** : 도로기능검정에 합격하지 못한 사람은 불합격한 날부터 3일이 지난 후가 아니면 도로주행검정을 실시할 수 없다(영제69조제4항).

(6) 강사업무의 겸임 등 (규칙제122조제1항 내지 제5항)

① 학원 또는 전문학원의 강사가 **다른 종류의 강사자격증을 가지고 있는 경우**에는 해당 강사의 업무에 지장이 없는 범위 내에서 **다른 종류의 강사업무를 겸임**할 수 있다. 이 경우 겸임하는 강사는 강사의 정원산출과 배치기준에 있어서 중복 적용되어서는 아니 된다.

② 기능검정원이 강사자격증을 가지고 있는 경우에는 기능검정업무에 **지장이 없는 범위 내에서 강사의 업무를 겸임**할 수 있다. 이 경우 기능검정원은 자신이 교육한 교육생에 대하여 **교육이 종료한 날부터 1년이 지나지 아니하면 도로주행검정을 실시할 수 없으며**, 겸임하는 기능검정원은 강사의 정원산출과 배치기준에 있어서 교육용 자동차 **10대당 1명**에 한하여 중복하여 적용할 수 있다.

③ **학감 또는 부학감은 강사 또는 기능검정원 업무를 겸임할 수 없다**. 다만, 학감 또는 부학감이 학과교육에 대한 강사 자격증이 있는 경우로서 업무에 지장이 없는 범위 내에서 학과교육과정표상의 첫 1교시의 강의를 하는 경우에는 그러하지 아니하다.

④ 전문학원의 설립 · 운영자는 기능검정원을 겸임할 수 없다.

⑤ 전문학원의 설립 · 운영자는 기능교육의 효율적인 실시를 위하여 **기능교육보조원을 둘 수 있다**. 이 경우 기능교육보조원은 강사를 대신하여 교육을 담당할 수 없다.

(7) 수료증 · 졸업증의 발급 또는 재발급 (규칙제125조제1항~제5항)

① 학감은 장내기능검정결과 기능검정원이 합격사실을 증명한 때에는 교육생에게 수료증을 교부하고, 수료증발급대장에 이를 기재하여야 한다.

② 학감은 도로주행기능검정결과 기능검정원이 합격사실을 증명한 때에는 교육생에게 졸업증을 교부하고, 졸업증발급대장에 이를 기재하여야 한다.

③ 수료증 또는 졸업증은 장내기능검정 또는 도로주행기능 검정합격일을 기준으로 발급한다.

④ 수료증 또는 졸업증을 잃어버렸거나 헐어 못쓰게 된 때에는 학감에게 신청하여 다시 발급받을 수 있다.

⑤ 학감이 수료증 또는 졸업증을 재발급한 때에는 그 사실을 수료증발급대장 또는 졸업증발급대장에 각각 기재하여야 한다.

9 강사 등의 연수교육 등

(1) 강사 및 기능검정원의 자격증발급 (법106조제2항, 동제107조제2항, 규칙제119조)

① 경찰청장은 강사 또는 기능검정원 자격시험에 합격하고 경찰청장이 지정하는 전문기관에서 자동차운전교육에 관한 연수교육을 수료한 사람에 대하여 강사 및 기능검정원의 「자격증」을 발급하여야 한다(법제106조제2항 및 제107조제2항).

② 한국도로교통공단이 「강사 또는 기능검정원자격증」을 발급한 때에는 「강사자격증발급대장」 또는 「기능검정원자격증발급대장」에 이를 기재하여야 한다(규칙제119조제2항).

(2) 강사 및 기능검정원의 자격증 재발급 (규칙제121조제1항 내지 제3항)

① 강사 등의 자격증을 발급받은 사람이 그 자격증을 분실하거나 자격증이 훼손되어 재발급을 받으려는 때에는 「자격증재발급신청서」에 다음 각호의 서류를 첨부하여 한국도로교통공단에 제출하여야 한다.(제1항)
　㉮ 자격증(헐어 못쓰게 된 경우에 한한다)
　㉯ 증명사진(3cm×4cm) 2매

② 강사 등의 자격증을 발급받은 사람이 기재사항을 변경하려는 경우에는 「자격증 기재사항 변경신청서」에 다음의 서류를 첨부하여 한국도로교통공단에 제출하여야 한다.(제2항)
　㉮ 자격증
　㉯ 변경내용을 입증할 수 있는 서류

③ 강사 등의 자격증 재발급의 신청을 받은 한국도로교통공단은 신청서류의 영수확인서에 접수 도장을 찍고, 재발급 신청자 명단을 작성한 후 강사·기능검정원 자격증을 발급한다.(제3항)

(3) 강사 등에 대한 연수교육 등

① **연수교육의 의무와 대상자** (법제109조제1항, 영제70조제2항)
　시·도경찰청장은 다음 각 호의 사람을 대상으로 그 자질을 향상시키기 위하여, 필요한 경우에는 연수교육을 실시할 수 있다. 이 경우 연수교육의 통보를 받은 학원 등 설립·운영자는 특별한 사유가 없으면 그 교육을 받아야 하며, ㉯의 학원 등의 강사 및 ㉰의 기능검정원이 연수교육을 받을 수 있도록 조치하여야 한다(법제109조제1항).
　㉮ 학원 등 설립·운영자
　㉯ 학원 등의 강사
　㉰ 기능검정원

② **연수교육에 필요한 경비 등의 지원** (영제70조제2항)
　학원 등의 설립·운영하는 자는 강사 및 기능검정원의 연수교육에 필요한 경비 및 비품 등을 지원하여야 한다.

③ **연수교육 실시결과의 통보** (영제70조제3항)

　　시·도경찰청장은 연수교육을 받은 사항에 대하여 시험을 실시하고, 그 결과를 강사 및 기능검정원이 소속된 학원 등의 설립·운영자에게 통보할 수 있다.

(4) 강사의 인적사항 등 게시 (규칙제126조제1항, 제2항)

① 학원 또는 전문학원을 설립 운영하는 자는 강사의 성명, 자격증 번호 등 인적사항과 교육과목을 교육생이 보기 쉬운 곳에 게시하여야 한다.

② 학원 또는 전문학원을 설립·운영하는 자는 수강료 등의 기준표를 교육생이 보기 쉬운 곳에 게시하여야 한다.

10 휴원·폐원 신고

(1) 휴원·폐원의 신고 (법제112조)

　　학원등 설립·운영자가 해당 학원을 폐원(閉院)하거나 1개월 이상 휴원(休院)하는 경우에는 행정안전부령으로 정하는 바에 따라 **휴원 또는 폐원한 날부터 7일 이내**에 시·도경찰청장에게 그 사실을 신고하여야 한다.

(2) 휴원·폐원신고절차 (규칙제128조)

① 학원 또는 전문학원의 휴원신고는 휴원신고서(별지 제141호 서식)에 의하고, 폐원신고는 폐원신고서(별지 제142호 서식)에 의한다.

② 폐원신고의 경우에는 자동차운전학원 등록증(전문학원의 경우에는 자동차운전학원 등록증 및 지정증을 말한다) 및 보관중인 학원 등의 서류 및 장부 등 학사관리자료 일체를 첨부하여야 한다.

11 강사 또는 기능검정원의 자격취소·정지 (법제106조제4항, 제107조제4항)

(1) 강사 또는 기능검정원의 자격취소·정지의 기준 (규칙제123조제1항)

　　강사 또는 기능검정원의 자격을 취소하거나 1년이내의 범위에서 기간을 정하며 그 자격의 효력을 정지시킬 수 있는 기준은 별표34와 같다.

[별표34]

[강사 · 기능검정원의 자격취소 · 정지의 기준]

(규칙제123조제1항 관련)

Ⅰ. 일반기준

1. 위반행위가 둘 이상인 경우로서 그에 해당하는 각각의 처분기준이 다른 경우에는 그 중 중한 **처분기준에 따른다.** 다만, 둘 이상의 처분기준이 동일한 자격정지인 경우에는 각 처분 기준을 합산한 기간을 넘지 아니하는 범위에서 중한 **처분기준의 2분의 1의 범위에서 가중**할 수 있다.
2. 위반행위의 횟수에 따른 행정처분의 기준은 **최근 2년간 같은 위반행위로 행정처분을 받은 경우에 적용**한다. 이 경우 기간의 계산은 위반 행위에 대한 행정처분일과 그 처분 후 다시 같은 위반행위를 하여 적발된 날을 **기준**으로 한다.
2의2. 제2호에 따라 가중된 처분을 하는 경우 가중처분의 적용차수는 그 위반행위 전 처분차수(제2호에 따른 기간 내에 처분이 둘 이상 있었던 경우에는 높은 차수를 말한다)의 다음 차수로 한다.
3. 시 · 도경찰청장은 위반행위의 동기 · 내용 · 횟수 및 위반의 정도 등 다음 각목에 해당하는 사유를 고려하여 그 처분을 가중하거나 감경할 수 있다. 이 경우 그 처분이 자격정지인 경우에는 그 처분 기준의 2분의 1의 범위에서 가중하거나 감경할 수 있고, 자격취소인 경우에는 6개월 이상의 자격정지처분으로 감경(법제106조제5항제1호부터 제5호까지, 법제107조의제5항제1호부터 제6호까지는 제외)할 수 있다.
    가. 가중 사유
        1) 학원 등에 불이익을 줄 목적으로 고의로 위반한 경우
        2) 위반의 내용 · 정도가 중대하여 교육생에게 미치는 피해가 크다고 인정되는 경우
    나. 감경 사유
        1) 위반행위가 고의나 중대한 과실이 아닌 사소한 부주의나 오류로 인한 것으로 인정되는 경우
        2) 위반의 내용 · 정도가 경미하여 교육생에게 미치는 피해가 적다고 인정되는 경우
        3) 위반행위자가 처음 해당 위반행위를 한 경우로서 3년 이상 학원 등에서 모범적으로 근무해 온 사실이 객관적으로 인정되는 경우
        4) 위반행위자가 해당 위반행위로 인하여 검사로부터 기소유예처분을 받거나 법원으로부터 선고유예의 판결을 받은 경우
4. 시 · 도경찰청장은 강사 등이 해당 위반행위로 인하여 사법경찰관 또는 검사로부터 불송치 또는 불기소(불송치 또는 불기소를 받은 이후 해당 사건이 다시 수사 및 기소되어 법원의 판결에 따라 유죄가 확정된 경우는 제외)를 받거나 법원으로부터 무죄판결을 받아 확정된 경우 처분을 감면할 수 있다.
5. 강사 또는 기능검정원이 전문학원의 설립 · 운영자의 지시에 따라 다음의 구분에 따른 위반행위를 하고 시 · 도경찰청장이 그 사실을 인지하기 전까지 스스로 신고한 때에는 자격취소는 자격정지 3개월로, 그 밖의 자격정지는 그 처분기준의 2분의 1까지 감경할 수 있다.
    가. 강사의 경우에는 Ⅱ. 위반사항란의 제7호나목(출석 사항 조작) 및 바목(전자채점기조작 부정행위)의 위반행위

나. 기능검정원의 경우에는 Ⅲ. 위반사항란의 제8호나목(장내기능시험전자채점기조작)·다목(검정의 공정성 결여)·바목(부정면허취득 조력행위) 및 사목(무자격자 기능검정 실시)의 위반행위

Ⅱ. 강사의 개별기준

위 반 사 항	해당 법조문 (도로교통법)	처분기준 1차 위반	처분기준 2차 위반	처분기준 3차 위반
1. 거짓이나 그 밖의 부정한 방법으로 강사자격증을 교부 받은 때	제106조 제5항제1호	자격취소	-	-
2. 다음의 어느 하나에 해당하는 죄를 저질러 금고 이상의 형(집행유예 포함)을 선고받은 때 가. 사상자를 발생시킨 교통사고 나. 뺑소니, 음주운전, 약물운전 및 어린이 보호구역 내 어린이 교통사고 다. 성폭력범죄 라. 아동·청소년 대상 성범죄	제106조 제5항제2호	자격취소	-	-
3. 강사의 자격정지 기간 중에 교육을 실시한 때	제106조 제5항제3호	자격취소	-	-
4. 강사의 자격증을 다른 사람에게 빌려준 때	제106조 제5항제4호	자격취소	-	-
5. 기능교육에 사용되는 자동차를 운전할 수 있는 운전면허가 취소된 때	제106조 제5항제5호	자격취소	-	-
6. 기능교육에 사용되는 자동차를 운전할 수 있는 운전면허의 효력이 정지된 때	제106조 제5항제6호	운전면허 정지기간 중 자격정지	운전면허 정지기간 중 자격정지	운전면허 정지기간 중 자격정지
7. 강사의 업무에 관하여 부정한 행위를 한 때		-	-	-
가. 교육생에게 금품 등을 강요하거나 이를 받았을 때		자격정지 6개월	자격취소	-
나. 교육생의 출석사항을 조작한 때		자격정지 6개월	자격취소	
다. 교육 중 교육생에게 폭언·폭행 등으로 물의를 일으킨 때	제106조 제5항제7호	자격정지 3개월	자격정지 6개월	자격취소
라. 안전사고의 예방을 위하여 필요한 조치를 게을리 한 때		자격정지 1개월	자격정지 2개월	자격정지 3개월
마. 강사자격증을 달지 아니하는 등 품위를 손상한 때		시정명령	자격정지 1개월	자격정지 2개월
바. 기능시험 전자채점기를 조작하는 등 부정한 운전면허 취득행위를 도운 때		자격정지 6개월	자격취소	-
사. 동승교육을 하여야 하는 교육생에게 동승교육을 하지 아니한 때		자격정지 1개월	자격정지 2개월	자격정지 3개월
8. 무등록 유상운전교육의 금지 규정에 위반하여 대가를 받고 자동차운전교육을 한 때	제106조 제5항제8호	자격정지 6개월	자격취소	-
9. 그 밖에 법이나 법에 다른 명령 또는 처분을 위반한 때	제106조 제5항제9호	시정명령 또는 자격정지 1개월 이하	자격정지 1개월 초과 2개월 이하	자격정지 2개월 초과 3개월 이하

Ⅲ. 기능검정원의 개별기준

위 반 사 항	해당 법조문 (도로교통법)	처분기준		
		1차 위반	2차 위반	3차 위반
1. 거짓으로 기능검정 합격사실을 증명한 때	제107조 제5항제1호	자격취소	–	–
2. 거짓이나 그 밖의 부정한 방법으로 기능검정원 자격증을 교부받은 때	제107조 제5항제2호	자격취소	–	–
3. 다음의 어느 하나에 해당하는 죄를 저질러 금고 이상의 형(집행유예 포함)을 선고받은 때 가. 사상자를 발생시킨 교통사고 나. 뺑소니, 음주운전, 약물운전 및 어린이 보호구역 내 어린이 교통사고 다. 성폭력범죄 라. 아동·청소년 대상 성범죄	제107조 제5항제3호	자격취소		
4. 자격정지 기간 중에 기능검정을 실시한 때	제107조 제5항제4호	자격취소	–	–
5. 기능검정원의 자격증을 다른 사람에게 빌려준 때	제107조 제5항제5호	자격취소	–	–
6. 기능검정에 사용되는 자동차를 운전할 수 있는 운전면허가 취소된 때	제107조 제5항제6호	자격취소	–	–
7. 기능검정에 사용되는 자동차를 운전할 수 있는 운전면허의 효력이 정지된 때	제107조 제5항제7호	운전면허 정지기간 중 자격정지	운전면허 정지기간 중 자격정지	운전면허 정지기간 중 자격정지
8. 기능검정원의 업무에 관하여 부정한 행위를 한 때		–	–	–
가. 교육생에게 금품 등을 강요하거나 이를 받았을 때	제107조 제5항제8호	자격정지 6개월	자격취소	–
나. 장내기능시험 전자채점기를 조작 한 때		자격정지 6개월	자격취소	–
다. 검정 중에 교육생에게 합격을 유도하는 등 검정의 공정성을 결여하는 행위를 한 때		자격정지 3개월	자격정지 6개월	자격취소
라. 검정 중에 폭언·폭행 등으로 물의를 일으킨 때		자격정지 3개월	자격정지 6개월	자격취소
마. 기능검정원자격증을 달지 아니하는 등 품위를 손상한 때		시정명령	자격정지 1개월	자격정지 2개월
바. 부정한 운전면허 취득행위를 도운 때		자격정지 6개월	자격취소	–
사. 기능검정 응시자격이 없는 사람임을 알면서 기능검정을 실시한 때		자격정지 6개월	자격취소	–
9. 그 밖에 법이나 법에 다른 명령 또는 처분을 위반한 때	제106조 제5항제9호	시정명령 또는 자격정지 1개월 이하	자격정지 1개월 초과 2개월 이하	자격정지 2개월 초과 3개월 이하

12 학원 등에 대한 행정처분

(1) 학원등의 등록취소 또는 운영정지기준 (법제113조제1항, 규칙제129조 별표 35)

① 시·도경찰청장은 학원 등이 행정안전부령으로 정하는 기준에 따라 **등록을 취소**하거나 **1년 이내의 기간을 정하여 운영의 정지**를 명할 수 있다. 다만, 거짓이나 그 밖의 부정한 방법으로 운전학원의 등록을 하거나 전문학원의 지정을 받은 경우에는 **취소하여야 한다**.

② 학원 또는 전문학원의 등록취소 및 운영정지와 전문학원의 지정취소는 별표 35와 같다.

[별표35]

[자동차운전학원·전문학원에 대한 행정처분의 기준]

(규칙제129조제1항 관련)

Ⅰ. 일반기준

1. 위반행위가 둘 이상인 경우로서 그에 해당하는 각각의 처분기준이 다른 경우에는 그 중 중한 처분기준에 따른다. 다만, 둘 이상의 처분기준이 동일한 운영정지인 경우에는 각 처분 기준을 합산한 기간을 넘지 아니하는 범위에서 중한 처분기준의 2분의 1의 범위에서 가중할 수 있다.
2. 위반행위의 횟수에 따른 행정처분의 기준은 최근 2년간 같은 위반행위로 행정처분을 받은 경우에 적용하며, 같은 위반행위가 4회 이상인 경우 최종 운영정지 처분기간의 2분의 1의 범위에서 가중하여 행정처분하거나(이 경우 1년을 초과할 수 없다), 학원의 등록 또는 전문학원의 지정을 취소할 수 있다. 이 경우 기간의 계산은 위반행위에 대한 행정처분일과 그 처분 후 다시 같은 위반행위를 하여 적발된 날을 기준으로 한다.

2의2. 제2호에 따라 가중된 처분을 하는 경우 가중처분의 적용차수는 그 위반행위 전 처분차수(제2호에 따른 기간 내에 처분이 둘 이상 있었던 경우에는 높은 차수를 말한다)의 다음 차수로 한다.

3. 시·도경찰청장은 위반행위의 동기·내용 및 위반의 정도 등 다음 각 목에 해당하는 사유를 고려하여 그 처분을 가중하거나 감경할 수 있다. 이 경우 그 **처분이 운영정지인 경우**에는 그 **처분 기준의 2분의 1의 범위에서 가중하거나 감경**할 수 있고, **등록취소·지정취소인 경우**에는 **180일 이상의 운영정지처분으로 감경**(법 제113조제1항제1호는 제외한다)할 수 있다.

　가. 가중 사유
　　1) 위반행위가 사소한 부주의나 오류가 아닌 고의나 중대한 과실에 의한 것으로 인정되는 경우
　　2) 위반의 내용·정도가 중대하여 교육생에게 미치는 피해가 크다고 인정되는 경우
　나. 감경 사유
　　1) 위반행위가 고의나 중대한 과실이 아닌 사소한 부주의나 오류로 인한 것으로 인정되는 경우
　　2) 위반의 내용·정도가 경미하여 교육생에게 미치는 피해가 적다고 인정되는 경우
　　3) 해당 학원 등이 처음 해당 위반행위를 한 경우로서 3년 이상 학원 등을 모범적으로 운영해 온 사실이 객관적으로 인정되는 경우

4) 위반행위자가 해당 위반행위로 인하여 검사로부터 기소유예처분을 받거나 법원으로부터 선고유예의 판결을 받은 경우
5) 학원 등의 설립·운영자가 위반행위 사실을 시·도경찰청장이 인지하기 전까지 스스로 신고한 경우

4. 학원 등의 종사자가 학원 등에 불이익을 주기 위한 목적으로 위반한 경우 또는 제3자가 위반행위를 유도한 경우에는 처분을 감면할 수 있다. 학원 등이 해당 위반행위로 인하여 사법경찰관 또는 검사로부터 불송치 또는 불기소(불송치 또는 불기소를 받은 이후 해당 사건이 다시 수사 및 기소되어 법원의 판결에 따라 유죄가 확정된 경우는 제외한다)를 받거나 법원으로부터 무죄판결을 받아 확정된 경우도 또한 같다.
5. 시·도경찰청장은 전문학원이 시설 및 설비 등의 기준과 지정기준에 적합하지 아니하여 Ⅱ. 제33호에 따른 필요한 명령을 하는 때에는 기능검정을 중단하게 할 수 있다.

Ⅱ. 개별기준

위반항목	위 반 사 항	해당 법조문 (도로교통법)	구분	처분기준		
				1차 위반	2차 위반	3차 위반
등록·지정	1. 허위·부정한 방법으로 학원을 등록한 때	법제113조 제1항제1호	학원	등록취소	-	-
			전문학원	지정취소·등록취소	-	-
	2. 허위·부정한 방법으로 전문학원의 지정을 받은 때		전문학원	지정취소	-	-
변경등록·중요사항 변경	3. 등록한 사항에 관하여 변경등록을 하지 아니하고 이를 변경하는 등 부정한 방법으로 학원을 운영한 때	법제113조 제1항제5호	학원	1개월 이내 시정명령	운영정지 10일	운영정지 20일
			전문학원	1개월 이내 시정명령	운영정지 10일	운영정지 20일
	4. 법제104조제3항을 위반하여 전문학원이 승인을 받지 아니하고 중요사항을 변경한 때	법제113조 제2항제4호	전문학원	운영정지 10일	운영정지 20일	운영정지 30일
조건부	5. 정당한 사유없이 개원 예정일부터 2개월이 지날 때까지 개원하지 아니한 때	법제113조 제1항제3호	학원	등록취소	-	-
등록·휴원	6. 정당한 사유없이 계속하여 2개월 이상 휴원한 때	법제113조 제1항제4호	학원	3개월 이내 시정명령	등록취소	-
			전문학원	3개월 이내 시정명령	등록취소·지정취소	-
인적배치기준 위반	7. 법제103조제1항에 따른 강사배치기준 또는 법제104조제1항제2호에 따른 기능검정원 및 강사의 배치 기준을 위반한 때	법제113조 제1항제6호	학원	운영정지 60일	운영정지 180일	지정취소·등록취소
			전문학원	운영정지 60일	운영정지 180일	지정취소·등록취소

위반 항목	위 반 사 항	해당 법조문 (도로교통법)	구분	처분기준 1차 위반	처분기준 2차 위반	처분기준 3차 위반
시설·설비 기준 위반	8. 교육용 자동차에 관한 규정을 위반한 때 가. 교육용 자동차의 구조 기준에 관한 규정에 위반한 때 나. 사용유효기간이 지난 기능교육용 자동차 또는 정기검사 유효기간이 지난 도로주행교육용 자동차로 교육을 한 때 다. 사용연한이 지난 교육용 자동차로 교육을 한 때(이륜자동차 또는 원동기장치자전거의 경우에 한한다) 라. 영별표5제9호가목(1)에 따른 보험에 가입되도록 하지 아니한 때	법제113조 제1항제2호	학원	1개월 이내 시정명령	운영정지 10일	운영정지 20일
	마. 영별표5제9호가목(3)에 따른 장애인 교육용 자동차를 갖추지 아니한 때 (전문학원의 경우에 한정한다)	법제113조 제1항제2호	전문학원	1개월 이내 시정명령	운영정지 10일	운영정지 20일
	9. 학원을 설립·운영하는 자의 명의로 등록되지 아니한 자동차 또는 시·도경찰청장의 확인을 받지 아니한 자동차로 교육을 실시한 때	법제113조 제1항제2호	학원	운영정지 20일	운영정지 40일	운영정지 60일
			전문학원	운영정지 20일	운영정지 40일	운영정지 60일
교육방법	10. 교육시간을 지키지 아니한 때 가. 1일 1명당 교육시간을 초과한 것이 확인된 때 나. 매교시당 교육시간을 지키지 아니한 때	법제113조 제1항제7호	학원	운영정지 10일	운영정지 20일	운영정지 30일
			전문학원	운영정지 10일	운영정지 20일	운영정지 30일
	11. 학원등에서 법제103조제1항 또는 법제106조의제6항을 위반하여 강사가 아닌 사람이 자동차운전에 관한 교육을 한 때	법제113조 제1항제6호 또는 법제113조 제2항제5호	학원	운영정지 20일	운영정지 40일	운영정지 60일
			전문학원	운영정지 20일	운영정지 40일	운영정지 60일

위반 항목	위 반 사 항	해당 법조문 (도로교통법)	구분	처분기준		
				1차 위반	2차 위반	3차 위반
	12. 교재를 사용하지 않고 교육을 실시하는 경우	법제113조 제1항제7호	학원	1개월 이내 시정명령	운영정지 10일	운영정지 20일
			전문 학원	1개월 이내 시정명령	운영정지 10일	운영정지 20일
	13. 기능교육 방법 위반 가. 면허의 종별에 따라 단계적으로 교육을 실시하지 않은 경우	법제113조 제1항제7호	전문 학원	1개월 이내 시정명령	운영정지 10일	운영정지 20일
	나. 동승하여야 하는 기능교육용 자동차에 기능교육강사가 동승하지 않거나 동승교육 요구를 거부한 경우	법제113조 제1항제7호	학원	운영정지 10일	운영정지 20일	운영정지 30일
			전문 학원	운영정지 10일	운영정지 20일	운영정지 30일
	14. 도로주행교육방법 위반 가. 연습면허를 받지 않은 사람에게 도로주행교육을 실시한 경우 나. 강사가 동승하지 않고 교육을 실시한 경우 다. 시·도경찰청장이 지정한 노선 외의 도로에서 교육(연습면허 소지자에 대한 교육만 해당한다)을 실시한 경우	법제113조 제1항제7호	학원	운영정지 20일	운영정지 40일	운영정지 60일
			전문 학원	운영정지 20일	운영정지 40일	운영정지 60일
전문 학원 교육 방법	15. 전문학원의 운영이 제104조제1항제4호에 따른 기준에 적합하지 않은 경우	법제113조 제2항제3호	전문 학원	운영정지 10일	운영정지 20일	운영정지 30일
	가. 1명당 2시간을 초과하여 모의운전장치에 의한 기본조작교육을 실시한 것이 확인된 경우(보통연습면허의 경우는 제외한다) 나. 보통연습면허의 기능교육의 최소 시간교육에 모의운전장치로 교육을 실시한 경우 다. 학과교육,기능교육 및 도로주행 교육을 각각 3월을 경과하여 수료되도록 한 것이 확인된 경우	법제113조 제2항제3호	전문 학원	운영정지 10일	운영정지 20일	운영정지 30일

위반 항목	위 반 사 항	해당 법조문 (도로교통법)	구분	처분기준		
				1차 위반	2차 위반	3차 위반
운영 기준	16. 수강신청에 관한 규정에 위반한 때	법제113조 제1항제7호	학원	운영정지 20일	운영정지 40일	운영정지 60일
			전문학원	운영정지 20일	운영정지 40일	운영정지 60일
	17. 출석사항을 조작하는 등 교육사실을 허위로 확인한 때	법제113조 제1항제7호	학원	운영정지 180일	등록취소	-
			전문학원	운영정지 180일	등록취소 · 지정취소	-
	18. 교육생 정원을 위반한 때 가. 일시 수용능력인원을 초과한 때 나. 1일 최대 교육횟수를 초과한 때 다. 도로주행교육을 받는 교육생의 정원이 기능교육을 받는 교육생의 정원을 초과한 때	법제113조 제1항제7호	학원	운영정지 10일	운영정지 20일	운영정지 30일
	19. 강사의 선임·해임시의 조치에 관한 규정에 위반한 때		전문학원	운영정지 10일	운영정지 20일	운영정지 30일
	20. 강사가 지켜야하는 사항을 위반한 때	법제113조 제1항제7호	학원	운영정지 10일	운영정지 20일	운영정지 30일
	21. 자동차운전교육생을 모집하기 위한 연락사무소 등을 설치한 때 22. 교육생이 학원 등의 위치·연락처·교육시간에 대해 오인할 만한 정보를 표시·광고한 때 23. 교육시간을 모두 수료하지 않은 교육생에 대하여 운전면허 시험 응시를 유도한 때		전문학원	운영정지 10일	운영정지 20일	운영정지 30일

위반 항목	위 반 사 항	해당 법조문 (도로교통법)	구분	처분기준		
				1차 위반	2차 위반	3차 위반
운영 기준	24. 갖추어 두어야 하는 장부 또는 서류를 갖추어 두지 아니하거나 기록을 유지하지 아니한 때 25. 강사 또는 기능검정원이 신분증명서 또는 자격증을 달지 아니하고 교육을 실시한 때	법제113조 제1항제7호	학원	1개월 이내 시정명령	시정명령	운영정지 20일
			전문 학원	1개월 이내 시정명령	시정명령	운영정지 20일
전문 학원의 기능 검정	26. 법제108조 제2항을 위반하여 자동차 운전에 관한 학과교육 및 기능교육을 수료하지 아니한 사람 또는 도로 주행교육을 수료하지 아니한 사람에게 기능검정을 실시한 때	법제113조 제2항제6호	전문 학원	운영정지 180일	지정취소 · 등록취소	-
	27. 법제108조제3항을 위반하여 기능검정원이 아닌 사람으로 하여금 기능검정을 실시하게 한 때	법제113조 제2항제7호				
	28. 기능검정원이 법제108조제4항을 위반하여 허위로 기능검정의 합격사실을 증명한 때	법제113조 제2항제8호				
	29. 법제108조제5항을 위반하여 기능검정에 합격하지 아니한 사람에게 수료증 또는 졸업증을 교부한 때	법제113조 제2항제9호				
연수 교육	30. 법제109조제1항 후단을 위반하여 학원 등의 설립·운영자가 연수교육에 응하지 아니하거나 학원 등의 강사 및 기능검정원이 연수 교육을 받을 수 있도록 조치하지 아니한 때	법제113조 제1항제8호	학원	1개월 이내 시정명령	운영정지 10일	운영정지 20일
			전문 학원	1개월 이내 시정명령	운영정지 10일	운영정지 20일

위반 항목	위 반 사 항	해당 법조문 (도로교통법)	구분	처분기준		
				1차 위반	2차 위반	3차 위반
자료 미제출 및 출입 · 검사 방해	31. 법제141조제2항에 따른 자료제출 또는 보고를 하지 아니하거나 허위의 자료를 제출 또는 보고한 때	법제113조 제1항제9호	학원	운영정지 10일	운영정지 20일	운영정지 30일
			전문 학원	운영정지 10일	운영정지 20일	운영정지 30일
	32. 법제141조제2항에 따른 관계공무원의 출입·검사를 거부 방해 또는 기피한 때	법제113조 제1항제10호	학원	운영정지 20일	운영정지 40일	운영정지 60일
			전문 학원	운영정지 20일	운영정지 40일	운영정지 60일
명령 위반	33. 법제141조제2항에 따른 시설·설비의 개선 기타 필요한 명령에 따르지 아니한 때	법제113조 제1항제11호	학원	3개월 이내 시정명령	운영정지 10일	운영정지 20일
			전문 학원	3개월 이내 시정명령	운영정지 10일	운영정지 20일
기타 명령 위반	33의2. 법이나 법에 따른 명령 또는 처분을 위반한 때	법제113조 제1항제12호	학원	시정명령 또는 운영정지 10일 이하	운영정지 10일 초과 20일 이하	운영정지 20일 초과 30일 이하
			전문 학원	시정명령 또는 운영정지 10일 이하	운영정지 10일 초과 20일 이하	운영정지 20일 초과 30일 이하
교통 안전 교육	34. 교통안전교육을 실시하지 아니한 때	법제113조 제2항제1호	전문 학원	운영정지 10일	운영정지 20일	운영정지 30일
	35. 법제79조에 따라 교통안전교육기관의 지정 취소 또는 운영정지의 사유에 해당하는 때 가. 제76조제6항의 규정을 위반하여 교통안전교육강사가 연수 교육을 받을 수 있도록 조치하지 아니한 때	법제113조 제2항제2호	전문 학원	1개월 이내 시정명령	운영정지 5일	운영정지 10일
	나. 제77조제2항을 위반하여 교통안전 교육과정을 이수하지 아니한 사람에게 교육확인증을 교부한 때	법제113조 제2항제2호	전문 학원	운영정지 10일	운영정지 20일	운영정지 30일
기타	36. 법제113조제1항 또는 제2항에 따른 학원의 운영정지 명령에 위반하여 학원의 운영행위를 계속하는 때	법제113조 제4항	학원	운영정지 180일	등록취소	-
			전문 학원	운영정지 180일	등록취소 · 지정취소	-

(2) 학원 등의 운영정지 명령위반에 대한 조치 (법제113조제4항)

시·도경찰청장은 학원 등이 운영정지 명령을 위반하여 계속 운영행위를 하는 경우에는 행정안전부령으로 정하는 기준에 따라 등록을 취소하거나 1년 이내의 기간을 정하여 추가로 운영의 정지를 명할 수 있다.

(3) 학원 또는 전문학원의 등록취소 등 (규칙제129조)

① 학원 또는 전문학원의 등록취소 및 운영정지와 전문학원의 지정취소의 기준은 별표35(431쪽)와 같다(제1항).

② 시·도경찰청장은 학원 또는 전문학원의 등록을 취소하거나 운영정지를 명하는 때 또는 전문학원의 지정을 취소하는 때에는 학원 또는 전문학원을 설립·운영하는 자에게「행정처분통지서」에 의하여 그 사실을 통지하고 학원의「등록증」(전문학원의 지정을 취소하는 경우에는「지정증」을 말한다)을 회수하여야 하며,「행정처분관리대장」에 그에 관한 사항을 기재하여야 한다(제2항).

③ 시·도경찰청장은 학원 또는 전문학원의 등록을 취소하거나 운영정지를 명한 때 또는 전문학원의 지정을 취소한 때에는 그 사실을 해당 학원 또는 전문학원의 출입구 등 잘 보이는 곳에 공고하여야 한다(제3항).

(4) 청문 및 행정소송 관계

① 청문(법제114조) : 시·도경찰청장은 학원 등의 등록 또는 지정을 취소하려면 청문을 하여야 한다.

② 행정소송과의 관계(법제142조) : 이 법에 따른 처분으로서 해당 처분에 대한 행정소송은 행정심판의 재결(裁決)을 거치지 아니하면 이를 제기할 수 없다.

(5) 학원 등에 대한 조치 (법제115조제1항~제3항)

① 시·도경찰청장은 등록을 하지 아니하거나 지정을 받지 아니하고 학원 등을 설립·운영하는 경우 또는 등록이 취소되거나 운영정지처분을 받은 학원 등이 계속하여 자동차운전교육을 하는 경우에는 해당 학원 등을 폐쇄하거나 운영을 중지시키기 위하여 다음 각 호의 조치를 할 수 있다.

㉮ 해당 학원 등의 간판이나 그 밖의 표지물을 제거하거나 교육생의 출입을 제한하기 위한 시설물의 설치

㉯ 해당 학원 등이 등록 또는 지정을 받지 아니한 시설이거나 행정처분을 받은 시설임을 알리는 게시문 부착

② 폐쇄 또는 운영정지조치는 그 목적을 달성하기 위하여 필요 최소한의 범위에서 하여야 한다.

③ 폐쇄 또는 운영정지조치를 하는 관계 공무원은 그 **권한을 나타내는 증표**를 지니고 이를 관계인에게 보여주어야 한다.

13 무등록 유상 운전교육의 금지 등

(1) 무등록 유상 운전교육의 금지 (법제116조제1호, 제2호)

학원의 등록을 하지 아니한 사람은 대가를 받고 다음 각 호의 어느 하나에 해당하는 행위를 하여서는 아니 된다.

① 학원 등의 밖에서 하거나 학원 등의 명의를 빌려서 학원 등의 안에서 하는 자동차 등의 운전교육
② 자동차 등의 운전연습을 할 수 있는 시설을 갖추고 그 시설을 이용하게 하는 행위

(2) 유사명칭 등의 사용금지 (법제117조제1항 내지 제3항)

① 학원의 등록을 하지 아니한 자는 학원 등과 유사한 명칭을 사용하여 상호를 게시하거나 광고를 하여서는 아니 된다.
② 학원의 등록을 하지 아니한 자는 그가 소유하거나 임차(賃借)한 자동차에 학원 등의 도로주행교육용 자동차와 비슷한 표시를 하지 못한다.
③ 이 법에 따른 전문학원이 아닌 학원은 그 명칭 중에 「전문학원」 또는 이와 비슷한 용어를 사용하지 못한다.(벌칙 : 1년 이하의 징역이나 300만 원 이하의 벌금)

(3) 전문학원 학감 등의 공무원 의제 (법제118조)

전문학원의 학감·부학감은 기능검정 및 수강사실 확인업무에 관하여, 기능검정원은 기능검정업무에 관하여, 강사는 수강사실 확인업무에 관하여 「형법」이나 그 밖의 법률에 따른 벌칙을 적용할 때에는 각각 공무원으로 본다.

14 지도 및 감독 등 (법제141조)

시·도경찰청장은 교통안전교육기관 또는 학원·전문학원의 건전한 육성·발전을 위하여 직절한 지도·감독을 하여야 한다(제1항).

(1) 보고·검사 및 명령 등 (법제141조제2항)

① 시·도경찰청장은 필요하다고 인정하면 학원 또는 전문학원을 설립·운영하는 자, 전문학원의 학감, 교통안전교육기관의 장에 대하여 시설·설비와 교육에 관한 사항 또는 각종 통계자료를 제출 또는 보고하게 할 수 있다.
② 시·도경찰청장은 필요하다고 인정하는 때에는 관계공무원으로 하여금 해당시설에 출입하여 시설·설비·장부와 그 밖에 관계서류를 검사하게 할 수 있다.
③ 시·도경찰청장은 검사결과 시설·설비의 개선 그 밖에 필요하다고 판단되는 사항에 관하여 교통안전교육기관의장, 학원 등 설립, 운영자, 전문학원학감에게 명령을 할 수 있다.

(2) 관계공무원의 증표 제시 (법제141조제3항)

교통안전교육기관 또는 학원·전문학원에 출입·검사하는 관계공무원은 그 권한을 나타내는 증표를 지니고 이를 관계인에게 보여주어야 한다.

15 학원 및 전문학원에 대한 벌칙과 과태료

(1) 벌칙

① 법제150조 : 다음 각 호의 어느 하나에 해당하는 사람은 **2년 이하의 징역이나 500만 원 이하의 벌금**에 처한다.
  ㉮ **공동위험 행위**를 하거나 주도한 사람
  ㉯ 교통안전교육 수강결과를 교통안전교육기관의 장에게 **거짓으로 보고**한 교통안전교육강사
  ㉰ 교통안전교육을 받지 아니하거나 기준에 미치지 못하는 사람에게 교육확인증을 발급한 교통안전교육기관의 장
  ㉱ **거짓이나 그 밖의 부정한 방법**으로 학원의 등록을 하거나, 전문학원의 지정을 받은 사람
  ㉲ 전문학원의 **지정을 받지 아니하고** 수료증 또는 졸업증을 발급한 사람
  ㉳ **학원의 등록을 하지 않고** 대가를 받고 자동차 등의 운전교육을 한 사람
  ㉴ 운전면허증, 강사자격증 또는 기능검정원 자격증을 빌려주거나 빌린 사람 또는 이를 알선한 사람과 다른 사람의 명의의 모바일 운전면허증을 부정하게 사용한 사람

② 법제152조 : 다음 각 호의 어느 하나에 해당하는 사람은 **1년 이하의 징역 또는 300만 원 이하의 벌금**에 처한다.
  ㉮ 교통안전교육강사가 아닌 사람으로 하여금 교통안전교육을 하게 한 교통안전교육기관의 장(제5호)
  ㉯ 전문학원이 아닌 학원이 전문학원임을 표시하는 등 **유사명칭을 사용**한 사람(제6호)

③ 법제151조의 2 : 다음의 경우에 해당하는 사람은 **1년 이하의 징역이나 500만 원 이하의 벌금**에 처한다.
  ㉮ 자동차 등을 난폭운전 한 사람.
  ㉯ 최고속도보다 시속 100km를 초과한 속도로 3회 이상 자동차 등을 운전한 사람

(2) 과태료 (법제160조제1항, 영제88조제4항 별표6)

다음 각 호의 어느 하나에 해당하는 사람에게는 **500만 원 이하의 과태료를 부과**한다고 규정되었으나, 영제88조제4항 별표6 과태료부과 기준에 의하면 **과태료 100만 원을 부과**하고 있다.

① 13호 : 법제78조를 위반하여 **교통안전교육기관 운영의 정지 또는 폐지의 신고**를 하지 아니한 사람
② 16호 : 법제109조제2항을 위반하여 강사의 인적사항과 교육과목을 게시하지 아니한 사람

③ 17호 : 법제110조제2항을 위반하여 수강료 등을 게시하지 아니하거나 같은조제3항을 위반하여 게시된 수강료 등을 초과한 금액을 받은 사람
④ 18호 : 법제111조를 위반하여 수강료 등의 반환 등 교육생 보호를 위하여 필요한 조치를 하지 아니한 사람
⑤ 19호 : 법제112조를 위반하여 학원 또는 전문학원의 휴원 또는 폐원신고를 하지 아니한 사람
⑥ 20호 : 법제115조제1항에 따른 간판이나 그 밖의 표지물의 제거, 시설물의 설치 또는 게시문의 부착을 거부·방해 또는 기피하거나 게시문이나 설치한 시설물을 임의로 제거하거나 못쓰게 만든 사람

17 학원과 전문학원의 이동(異同)

구 분	학 원	전 문 학 원
1. 법적근거	1. 법제99조(학원의 등록)	1. 법제104조(전문학원의 지정 등)
2. 목적	1. 자동차운전교육	1. 자동차운전교육과 기능검정실시로 교육수준 향상과 운전자 자질 향상

3. 강사·기능검정원·학감의 자격기준	1. 학과교육 강사
	  경찰청장으로부터 학과강사자격증을 발급받은 사람
	
	2. 기능교육강사
	  경찰청장으로부터 기능강사자격증을 발급받은 사람
	
	3. 학감, 기능검정원 배치 불요
		1. 학과 및 기능교육 강사
		  (1) 운전경력 2년 이상인 사람
		  (2) 학과 또는 기능강사자격시험에 합격하고 연수교육을 수료한 후 경찰청장으로부터 학과 또는 기능교육강사자격증을 받고 결격사유 없는 사람
		2. 기능검정원
		  (1) 운전경력 3년 이상인 사람
		  (2) 기능검정원자격시험에 합격하고 연수교육을 수료한 후 경찰청장으로부터 기능검정원자격증을 발급받고 결격이 없는 사람
		3. 학감(부학감)
		  (1) 도로교통관리직에 3년 이상 근무 또는 학원운영관리업무에 3년 이상 근무경력 있는 자로 결격없는 사람

4. 강사·기능검정원 배치기준	1. 학과교육강사 : 강의실 1실당 1명 이상 2. 장내기능교육강사 • 제1종 대형·제1종 보통연습면허·제2종 보통연습면허 : 교육용 자동차 10대당 3명 이상(제1·2종 보통연습면허 교육용 자동차가 각각 10대 미만인 경우 1명 이상) • 제1종 특수면허 : 각각 교육용 자동차 2대당 1명 이상 • 제2종 소형 또는 원동기 장치자전거 면허 : 교육용 자동차 10대당 1명 이상 3. 도로주행기능교육강사 : 교육용 자동차 1대당 1명 이상	1. 학과교육강사 : 1일 학과교육 8시간당 1명 이상 2. 장내기능교육강사 • 제1종 대형면허 : 교육용 자동차 10대당 3명 이상 • **제1종 또는 제2종 보통연습면허 : 각각 교육용 자동차 10대당 5명 이상** • 제1종 특수면허 : 각각 교육용 자동차 2대당 1명 이상 • 제2종 소형 또는 원동기장치자전거면허 : 교육용 자동차 10대당 1명 이상 3. 도로주행기능교육강사 : 교육용 자동차 1대당 1명 이상 4. **기능검정원 : 교육생 정원 200명당 1명 이상**
5. 교육시설·설비기준	1. 학과강의실 설치 : $60m^2$ 이상 $135m^2$ 이하 2. 기능교육장 설치 : $2,300m^2$ 이상(2층으로 설치시 1층에 확보할 부지 면적 : $2,300m^2$ (1종 대형면허 교육 병행 경우 $4,125m^2$ 이상) - 1종 대형면허 추가 시 : $8,250m^2$ 이상 - 2종 소형 및 원동기 추가 : $1,000m^2$ 이상 - 소형견인차 및 구난차면허 추가 시 : $2,330m^2$ 이상 - 대형견인차면허 추가 시 : $1,610m^2$ 이상 3. 사무실(접수창구와 휴게실) 설치 4. 정비장 및 주차시설 : 일상점검에 필요한 정비장과 포장된 주차시설을 갖출 것 5. 화장실, 급수시설, 채광시설, 환기시설, 냉·난방시설, 양호실, 학사관리시스템 설치	1. 좌동 2. 기능교육장 $6,600m^2$ 이상 **다만, 기능검정채점을 위한 전자채점기 설치** - $2,000m^2$ 이상 - 좌동 - 좌동 - 좌동 * 1종 대형면허 교육부지 추가 확보 시 소형견인차, 구난차 면허교육 가능 3. 좌동 4. 좌동 5. 정원 500인 이상의 경우 : $15m^2$ 이상인 휴게실과 면적이 $7m^2$ (전문학원은 $16.5m^2$) 이상으로 응급처치시설이 포함된 양호실을 갖출 것
6. 기능교육장 일시수용 능력	1. 장내기능교육용 자동차 • 기능교육장 면적 $300m^2$ 당 1명 • 제1종 대형면허 : 기능교육장면적 $900m^2$ 당 1명 • 대형견인차 및 소형견인차면허 : 1개당 1명 • 구난차면허 : 1조당 2명 • 제2종 소형·원동기장치자전거면허 : $50m^2$ 당 1인 이내 • 대형견인차 : 기능교육코스 1개당 1인 이내 2. 도로주행교육용 자동차 장내기능교육 최대의 자동차 대수 초과금지 3. 1일 최대 교육횟수 : 20회	1. 좌의 학원 자동차 배치기준과 동일하나 **전문학원은 장애인용 교육용 차량을 확보해야 함** 2. 좌동 3. 좌동

7. 교육용 자동차의 사용 유효기간	1. 승용자동차 및 승용겸 화물자동차 : 2년 2. 화물자동차 : 1년 3. 승합자동차 · 대형견인차, 소형견인차 및 구난차 　- 차령 5년 이하 : 1년 　- 차령 5년 초과 : 6개월 4. 이륜 및 원동기장치 자전거 : 10년 5. 출고 후 3월 이내 확인신청을 한 차 : 4년	1. 좌동 2. 좌동 3. 좌동 4. 좌동 5. 좌동	
8. 학과 및 기능교육	1. 교육반 편성 : 접수 순에 따라 편성 2. 교육과정 : 학과 · 기능 · 도로주행교육으로 구분 실시 3. 교육방법 　(1) 학과교육 1일 7시간 초과금지 　(2) 장내기능교육 · 도로주행교육 각각 1일 4시간 초과금지 4. 교육생 정원 　교육장 면적 300m² 당 1명, 1일 최대부수 20회 　6,600m² ÷ 300m² × 20 = 440(명)(정원) 5. 운전면허종별 교육과목 및 교육시간 　(1) 보통(연습)면허 : 학과 3, 기능 4, 도로주행 6시간 　(2) 대형 · 대형견인 및 구난차면허 : 학과 3, 기능 10시간 　(3) 소형견인차면허 : 학과 3, 기능 4시간 　(4) 소형면허 : 학과 5, 기능 10시간 　(5) 원동기면허 : 학과 5, 기능 8시간 6. 단계별교육 : 전문학원 참고 실시 7. 기능교육 　(1) 동승교육 : 강사 1명 교육생 1명 　(2) 단독교육 시 강사 1명이 담당할 수 있는 자동차 대수 　　• 제1종 특수 · 대형면허 : 교육용 자동차 5대 이하 　　• 제1종 · 제2종보통면허 : 교육용 자동차 10대 이하 　　• 제2종 소형 및 원동기장치자전거 : 교육용 자동차 10대 이하 　(3) 개별코스교육 : 4시간 범위 내에 강사 1명이 교육생 3명 이내 교육 　(4) 모의운전장치교육 　　• 1대당 1시간에 1명씩 　　• 강사 1명이 교육생 5명 이내 지도 8. 도로주행교육 : 1 : 1 동승교육 9. 도로주행교육 도로의 기준 　(1) 총 주행거리 : 5km 이상 　(2) 지시속도구간 : 1구간 400m 　(3) 차로변경구간 : 편도 2차로 이상 도로 　(4) 방향전환(좌 · 우 · 직진) : 교차로1개~수개 　(5) 횡단보도 일시정지 및 통과 : 안전표지 설치된 횡단보도	1. 교육반 편성 : 접수순에 따라 편성하되 **장애인반 편성** 2. 교육과정 : 학과 · 기능 · 도로주행교육으로 구분 실시하되 각각 **3월 이내 수료해야 함** 3. 교육방법 　- 좌동 4. 교육생 정원 　-좌동 5. 운전면허종별 교육과목 및 교육시간 　(1) 보통(연습)면허 : 학과 3, 기능 4, 도로주행 6시간 　(2) 대형 · 대형견인 · 구난차면허 : 학과 3, 기능 10시간 　(3) 소형견인 : 학과 3, 기능 4시간 　(4) 소형면허 : 학과 5, 기능 10시간 　(5) 원동기면허 : 학과 5, 기능 8시간 6. **단계별 교육 : 전문학원은 별도로 규정됨** 7. 기능교육 : 좌동 　(1) 좌동 　(2) 좌동 　(3) 좌동 　(4) 좌동 8. 도로주행교육 : 좌동 9. 도로주행교육 도로의 기준 : 좌동 　(1)~(5) 좌동	

9. 기능검정	1. 기능검정 : 실시하지 않음	1. 기능검정 실시(학감 책임 하에 실시) 　(1) 장내기능검정 : 장내기능시험에 준하여 기능검정원이 전자채점기에 의거 실시 　(2) 도로주행검정 : 기능검정원이 동승하여 전자채점기(테블릿 PC와 네비게이션) 또는 수기로 채점 　(3) 불합격자는 3일이 지나야 재검정	
10. 수료증·졸업증 교부	1. 학원교육 이수자에게 수료증 발급	1. 장내기능검정 합격자에게 수료증 발급 2. 도로주행시험합격자에게 졸업증 발급	
11. 학원·전문학원의 행정처분	1. 허위 부정한 방법으로 학원 등록 등 행정처분 항목 22개항	1. 허위 부정한 방법으로 전문학원 지정 등 행정처분 항목 29개항	
12. 강사·기능검정원의 자격취소·정지처분	1. 강사의 자격취소·정지처분이 별도 규정되지 않음.	1. 강사 : 취소·정지처분항목 14개항 2. 기능검정원 : 취소·정지처분항목 14개항	
13. 교재 등	1. 경찰청장이 감수한 교재사용	1. 좌동	
14. 장부 및 비치서류	1. 학원 등록증 및 등록관계서류 등 11종	1. 전문학원지정증 및 지정관계서류 등 25종	
15. 직인	1. 한변의 길이 3cm인 정사각형 직인 비치	1. 좌동	
16. 공무원 의제	1. 해당 없음	1. 학감(부학감)은 기능검정 및 수강사실 확인업무에 관하여, 기능검정원은 기능검정업무에 관하여, 강사는 수강사실 확인업무에 관하여 형법 그 밖의 법률에 의한 벌칙적용에 있어 공무원으로 본다.	
17. 유사명칭 사용금지	1. 학원 등록을 하지 아니하고 유사명칭사용·상호게시·광고행위의 금지 2. 학원 등록을 하지 아니하고 도로주행교육용 자동차와 유사한 표지의 금지	1. 전문학원이 아닌 학원이 전문학원 또는 이와 비슷한 용어의 사용금지 2. 좌동	

주 굵은 글씨로 표시한 것은 학원과 전문학원의 차이가 있는 것이고 그 외는 동일한 것임

제2장 3절 적중출제예상문제

1 전문학원의 지정

【문제 1】 자동차운전 전문학원에 관련된 용어 의미를 설명하였다. 틀린 것은?
① 「전문학원」은 일정요건을 갖춘 학원에서 기능검정을 실시토록 지정한 학원이다.
② 「학감」은 전문학원에서 학과 및 기능에 관한 교육과 학사운영을 하는 사람이다.
③ 「강사」는 전문학원에서 학과 및 기능교육과 기능검정을 실시하는 사람이다.
④ 「기능검정원」은 전문학원에서 기능검정을 실시하는 사람이다.

【문제 2】 자동차운전 전문학원의 의의를 설명한 것이다. 옳지 못한 것은?
① 자동차운전에 관한 교육수준을 높이고 운전자의 자질향상을 위하여 설립되었다.
② 등록된 학원 중 법정요건을 갖춘 학원에 대하여 시·도경찰청장이 지정한 학원이다.
③ 운전면허시험의 핵인 기능시험(기능검정)을 실시하는 공공적 성격의 교육기관이다.
④ 자동차운전학원에서도 기능검정을 실시케 하여 안전운전자 양성에 동참하고 있다.

【문제 3】 자동차운전 전문학원 지정의 의미이다. 적절하지 못한 것은?
① 지정이란 전문학원의 설치기준에 적합한가를 「확인」하는 행위이다.
② 확인이란 행정법상 준법률행위적 행정행위에 해당된다.
③ 「확인」을 「공인」이라고도 하며 기준에 적합한 사실을 공공연히 하는 것이다.
④ 시·도경찰청장은 기준에 적합하더라도 수급조절을 위해 지정을 하지 않을 수 있다.

【문제 4】 자동차운전 전문학원 지정의 목적을 설명한 것이다. 아닌 것은?
① 교육수준을 높이고 준법의식과 예의를 몸에 익힌 안전한 운전자를 양성함에 있다.
② 운전자양성에 부족함 없는 인적체제, 시설·설비 및 적정한 운영이 행하여져야 한다.
③ 교육생들이 운전면허시험에 쉽게 합격할 수 있도록 방법을 교육목적으로 하고 있다.
④ 안전한 운전자 양성에 전념할 것이라는 시·도경찰청장의 기대가 담겨있다.

【문제 5】 자동차운전 전문학원 지정의 효과를 설명한 것이다. 아닌 것은?
① 전문학원에서 수료증을 받은 사람은 연습면허시험의 장내기능시험이 면제된다.
② 전문학원에서 졸업증을 받은 사람은 연습면허시험의 도로주행시험이 면제된다.
③ 수료증 또는 졸업증의 유효기간은 받은 날로부터 각각 1년간이다.
④ 기능시험이 면제되는 것이 지정의 효과이고 전문학원이 공공성을 갖는 이유이다.

【문제 6】 자동차운전 전문학원의 지정신청절차를 설명한 것이다. 아닌 것은?
① 법정시설·설비와 법정구비서류를 갖추어 시·도경찰청장에게 지정 신청한다.
② 시·도경찰청장은 지정신청이 적정한 때에는 「전문학원지정전 운영승인서」를 발급한다.
③ 승인한 날부터 6개월간 그 학원 수료자의 연습면허합격률과 운영기준을 평가한다.
④ 평가결과 6개월간 연습면허합격률이 50% 이상이면 「전문학원」으로 지정한다.

정답   1.【1】③ 【2】④ 【3】④ 【4】③ 【5】③ 【6】④

【문제 7】 자동차운전 전문학원 지정을 받기 위한 운영기준으로 틀린 것은?
① 「지정 전 학원」 승인 일부터 6개월간 전문학원과 같은 기준의 교육을 하여야 한다.
② 승인일로 부터 6개월간 그 학원 수료자의 도로주행시험합격률이 80% 이상이어야 한다.
③ 승인일로 부터 6개월간 그 학원 수료자의 도로주행시험합격률이 60% 이상이어야 한다.
④ 학과 및 기능교육은 정원의 범위 내에서 실시되어야 한다.

【문제 8】 전문학원지정기준 중 「지정 전 학원」으로 승인된 날부터 6개월간 그 학원 수료자의 도로주행 운전면허시험 합격률의 기준으로 맞는 것은?
① 50%   ② 60%   ③ 80%   ④ 90%

【문제 9】 자동차운전에 관한 지식 및 기능에 관하여 종합적이고 체계적으로 초보운전자의 교육과 기능검정을 실시하는 공공적 성격을 갖는 교육기관은?
① 자동차운전학원   ② 자동차운전 전문학원
③ 도로교통안전관리공단   ④ 자동차정비학원

【문제 10】 전문학원의 지정기준 중 「지정 전 승인학원」으로 승인된 날부터 몇 개월간 그 학원 수료자의 도로주행 운전면허시험 합격률이 몇% 이상 되어야 하는가?
① 7개월간 50%   ② 8개월간 60%   ③ 6개월간 60%   ④ 9개월간 80%

【문제 11】 자동차운전 전문학원의 지정을 받을 수 있는 경우에 해당되는 것은?
① 등록이 취소된 전문학원설립자가 취소된 날부터 3년 이내에 설립·운영하는 학원
② 강사·배치기준위반으로 취소된 날부터 3년 이내 같은 장소에 설립·운영하는 학원
③ 교육운영기준위반으로 취소된 날부터 3년 이내 같은 장소에 설립·운영하는 학원
④ 2월 이상 무단 휴업으로 취소된 날부터 3년 이내 같은 장소에 설립·운영하는 학원

【문제 12】 자동차운전 전문학원의 중요사항 변경신청 사유이다. 아닌 것은?
① 기능검정원 및 강사   ② 학감
③ 전문학원의 운영 등에 관한 원칙 ④ 전문학원의 명칭 또는 위치

【문제 13】 운전학원의 시설·설비 등을 변경할 때 시·도경찰청장에게 신고 안 해도 되는 경우는?
① 강의실   ② 휴게실·양호실   ③ 기능교육장   ④ 정비장

【문제 14】 자동차운전 전문학원 지정판정을 받은 경우 보완할 사항으로 맞지 않는 것은?
① 전문학원의 학감 또는 설립자가 학감 겸임 시 부학감의 선임
② 시·도경찰청장으로부터 자격증을 받은 기능검정원 및 강사의 선임
③ 전문학원 인장의 인영대장 및 학감(또는 부학감)의 주민등록표
④ 전문학원의 직원명부(학감, 기능검정원, 학과교육강사 및 기능교육강사)

정답 【7】② 【8】② 【9】② 【10】③ 【11】④ 【12】① 【13】④ 【14】②

2. 전문학원의 인적기준

【문제 1】 자동차운전 전문학원 지정기준 중 인적 기준에 해당되지 않는 사람은?
① 학감(설립자가 학감을 겸임하는 경우 부학감)
② 전문학원으로 지정 받은 학원의 설립자
③ 경찰청장으로부터 자격증을 발급받은 학과교육강사·기능교육강사
④ 경찰청장으로부터 자격증을 발급받은 기능검정원

【문제 2】 자동차운전 전문학원의 인적 기준 요건으로 해당없는 것은?
① 학감, 부학감　　　　　　　　② 기능검정원
③ 강사(기능 또는 학과)　　　　④ 기능보조원

【문제 3】 자동차운전 전문학원 학감의 지위를 설명한 것이다. 아닌 것은?
① 학감은 전문학원의 학과 및 기능에 관한 교육과 학사운영을 담당하는 사람이다.
② 학감은 전문학원의 교육수준을 높이고 기능검정의 공정성을 확보할 지위에 있다.
③ 학감은 강사·기능검정원의 선임 시 지식 및 기능을 확인하는 위치에 있다.
④ 학감은 강사 및 기능검정원의 역할을 겸임할 수 있다.

【문제 4】 자동차운전 전문학원의 학감 업무를 설명하였다. 해당 없는 것은?
① 강사·기능검정원의 자체교육　　② 기능검정원 및 강사의 지식·기능유무 확인
③ 수료증 및 졸업증의 발급　　　　④ 기능검정의 채점

【문제 5】 학감이 자동차운전 전문학원의 교육 및 기능검정의 적정관리를 위하여 추진할 사항으로 적절하지 못한 것은?
① 교육생에 대하여 자동차운전에 필요한 법령·지식 등의 교육실시
② 전문학원 직원의 자질향상을 위한 자체교육의 실시
③ 교육진도 및 교육실시 상황파악과 창의적인 교육방법의 연구개선
④ 기능검정기준에 따른 공정한 관리와 수료증·졸업증 발급에 따른 책임인식

【문제 6】 전문학원의 설립·운영자가 학감을 겸임하는 경우에 추가로 선임해야 할 사람은?
① 기능검정원　　② 학과교육 강사　　③ 부학감　　④ 기능교육 강사

【문제 7】 자동차운전 전문학원 학감의 자격요건에 대한 설명이다. 해당하는 사람은?
① 학원 등의 교육·검정 업무 3년 이상 근무한 경력이 있는 사람
② 도로교통에 관한 관리직업무에 3년 이상 근무한 경력이 있고 법정 결격요건이 없는 사람
③ 경찰공무원법 등 관련 법률에 의하여 징계 면직된 자로 2년이 지나지 아니한 사람
④ 주취운전으로 금고 이상 형을 선고받고 집행종료 된 후 3년이 지나지 아니한 사람

정답　2.【1】②　【2】④　【3】④　【4】④　【5】①　【6】③　【7】②

【문제 8】 자동차운전 전문학원 기능검정원의 역할에 대한 설명이다. 옳지 못한 것은?
① 운전면허기능시험에 준하는 기능검정 업무를 담당하는 사람이다.
② 기능검정의 중요성 때문에 강사자격이 있어도 강사를 겸임할 수 없다.
③ 기능강사자격이 있는 경우 기능검정업무에 지장이 없는 범위 내에서 강사를 겸임할 수 있다.
④ 기능강사를 겸임하는 경우 자신이 교육한 교육생에 대하여 교육이 종료된 날부터 1년 이내에는 도로주행검정을 실시할 수 없다.

【문제 9】 자동차운전 전문학원의 기능검정원 선임배치에 대한 설명이다. 틀린 것은?
① 전문학원 설립·운영자는 기능검정원자격증 소지자 중 적합한 자를 선임하여야 한다.
② 학감은 기능검정원의 자격과 기능 유무를 확인하여야한다.
③ 전문학원 설립·운영자는 기능검정원을 선임한 때에는 시·도경찰청장에게 선임 신고한다.
④ 기능검정원이 기능강사의 자격이 있는 경우에도 강사의 업무를 겸임할 수 없다.

【문제 10】 경찰청장이 실시하는 기능검정원 자격증 취득시험에 응시할 수 없는 사람은?
① 교통사고로 금고 이상 형의 선고를 받고 집행이 종료된 날부터 2년이 지난 사람
② 거짓으로 기능검정합격사실을 증명하여 자격이 취소된 날부터 3년이 지나지 않은 사람
③ 기능검정용 자동차를 운전할 수 있는 운전면허를 받은 날부터 3년이 지난 사람
④ 주취운전으로 금고 이상의 형을 선고받고 집행 종료된 후 3년이 지나지 않은 사람

【문제 11】 자동차운전 전문학원 학감의 자격요건을 충족하는 사람은?
① 미성년자 또는 피성년후견인
② 도로교통에 관한 업무에 2년 이하 근무한 경력이 있는 사람
③ 법률 또는 판결에 의하여 자격이 상실하거나 정지된 사람
④ 학원 등의 교육·검정 등 업무에 5년 이상 근무한 경력이 있는 사람

【문제 12】 자동차운전 전문학원 기능검정원의 운전경력기준으로 맞는 것은?
① 기능검정용자동차를 운전할 수 있는 면허를 받은 날부터 1년이 지난 사람
② 기능검정용자동차를 운전할 수 있는 면허를 받은 날부터 2년이 지난 사람
③ 기능검정용자동차를 운전할 수 있는 면허를 받은 날부터 3년이 지난 사람
④ 기능검정용자동차를 운전할 수 있는 면허를 받은 날부터 4년이 지난 사람

【문제 13】 기능검정원자격시험 결격요건이다. 기능검정원이 될 수 있는 사람은?
① 교통사고로 금고 이상 형을 선고받고 형의 집행이 종료된 날부터 2년이 지나지 않은 사람
② 도주사고로 금고 이상 형을 선고받고 형의 집행이 종료된 날부터 2년이 지난 사람
③ 거짓으로 기능검정합격사실을 증명하여 자격증이 취소된 날부터 3년이 지나지 않은 사람
④ 기능검정용자동차를 운전할 수 있는 면허를 받은 날부터 3년이 지나지 않은 사람

정답 【8】② 【9】④ 【10】② 【11】④ 【12】③ 【13】②

【문제 14】 자동차운전 전문학원의 기능검정원에 대한 설명으로 잘못된 것은?
① 전문학원에서 운전면허기능시험에 준하는 기능검정을 행하는 사람이다.
② 기능검정을 행하므로 직무의 공정성에 대한 사회의 기대와 책임이 크다.
③ 기능검정원은 기능검정원자격증이 있는 사람을 전문학원의 학감이 선임 신고한다.
④ 기능검정원자격증은 기능검정원자격시험에 합격하고 기능검정에 대한 연수교육을 수료한 사람에게 경찰청장이 발급한다.

【문제 15】 자동차운전 전문학원 기능검정원 배치기준이다. 옳은 것은?
① 교육생 정원 308명당 1명 이상을 두어야 한다.
② 교육생 정원 160명당 1명 이상을 두어야 한다.
③ 교육생 정원 200명당 1명 이상을 두어야 한다.
④ 기능교육장면적 6,600m²당 1명 이상을 두어야 한다.

【문제 16】 자동차운전 전문학원의 강사에 대한 설명이다. 틀린 것은?
① 전문학원에는 학과교육 강사와 기능교육 강사를 두어야 한다.
② 학과교육 강사는 자동차 등의 운전에 필요한 법령·지식을 지도하는 사람이다.
③ 기능교육 강사는 자동차 등의 운전에 필요한 운전기능을 지도하는 사람이다.
④ 학과교육 강사는 자격증이 있어야 하나 기능강사는 자격증이 없어도 된다.

【문제 17】 자동차운전 전문학원에서 학감이 강사를 선임 배치하는 절차로 적절하지 못한 것은?
① 전문학원설립·운영자는 강사 자격증을 가진 사람 중에서 적합한 자를 선임하여 신고한다.
② 학감은 강사의 지식과 기능 유무를 확인하여야 한다.
③ 학감은 강사자격증을 가진 사람 중에서 적합한 자를 선임하여 신고한다.
④ 시·도경찰청장은 심사하여 자격 미달자가 있는 경우 그 선임취소를 명할 수 있다.

【문제 18】 학과강사자격증을 받은 사람으로 전문학원의 학과강사가 될 수 없는 사람은?
① 도주사고로 금고 이상의 형을 선고 받고 집행유예기간 중에 있는 사람
② 강사 자격이 취소된 날부터 3년이 지난 사람
③ 기능교육용 자동차를 운전할 수 있는 운전면허를 받은 날부터 2년이 지난 사람
④ 교통사고로 금고 이상의 형의 선고를 받고 그 집행이 종료된 후 2년이 지난 사람

【문제 19】 자동차운전 전문학원의 학과교육 강사 배치기준으로 옳은 것은?
① 강의실 1실당 1명 이상을 두어야 한다.
② 1일 학과교육 8시간당 1명 이상을 두어야 한다.
③ 교육생 264인당 1명 이상을 두어야 한다.
④ 강의실 면적 60m²당 1명 이상을 두어야 한다.

정답 【14】③ 【15】③ 【16】④ 【17】③ 【18】① 【19】②

【문제 20】 기능강사자격증을 받은 사람으로 전문학원의 기능강사가 될 수 없는 사람은?
① 교통사고로 금고 이상의 형을 선고받고 집행유예기간 중에 있는 사람
② 도주사고로 금고 이상의 형의 선고를 받고 집행이 종료된 후 2년이 지난 사람
③ 기능교육용 자동차를 운전할 수 있는 운전면허를 받은 날부터 2년이 지난 사람
④ 강사 자격이 취소된 날부터 3년이 지난 사람

【문제 21】 자동차운전 전문학원 장내 기능강사의 배치기준으로 틀린 것은?
① 제1종·제2종 보통연습면허 교육은 기능교육용 자동차 10대당 5명 이상
② 제1종·제2종 보통연습면허 교육은 기능교육용 자동차 10대당 3명 이상
③ 제2종 소형면허 또는 원동기장치자전거교육은 교육용 자동차 10대당 1명 이상
④ 제1종 특수면허 중 구난차 또는 견인차면허교육은 교육용 자동차 2대당 1명 이상

> **해설** 기능검정원, 학과강사, 장내기능강사 및 도로주행기능강사의 배치기준

운전 전문 학원	1. 기능검정원 : 교육생정원 200명당 1명 이상 2. 학과교육 강사 : 1일 학과교육 매 8시간당 1명 이상 3. 제1종·제2종 보통연습면허 교육 강사 : 기능교육용 자동차 10대당 5명 이상 4. 제1종 특수면허 : 교육용 자동차 2대당 1명 이상 5. 제2종 소형 또는 원동기장치자전거교육 : 교육용 자동차 10대당 1명 이상 6. 제1종 대형면허 : 교육용 자동차 10대당 3명 이상.
운전 학원	1. 학과교육 강사 : 강의실 1실 당 1명 이상 2. 제1종·제2종 보통연습면허 장내 기능교육 강사 : 기능교육용 자동차 10대당 3명 이상(10대 미만 시 운전면허별로 각 1명 이상) 3. 제1종 특수면허(구난차 또는 견인차) : 각각 교육용 자동차 2대당 1명 이상 4. 제2종 소형면허 또는 원동기자전거면허 : 각각 교육용 자동차 10대당 1명 이상

【문제 22】 자동차운전 전문학원의 도로주행강사 배치기준이다. 맞는 것은?
① 도로주행교육용 자동차 1대당 1명 이상을 배치하여야 한다.
② 도로주행교육용 자동차 10대당 8명 이상을 배치하여야 한다.
③ 장내 기능교육용 강사 수의 80%를 배치하여야 한다.
④ 도로주행코스 길이 500m당 1명을 배치하여야 한다.

【문제 23】 자동차운전 전문학원의 강사 또는 기능검정원을 선임 신고한 경우 근무시작일은?
① 시·도경찰청장에게 선임신고를 접수시킨 때부터 근무시킬 수 있다.
② 학감이 설립자의 승인을 받은 날부터 근무시킬 수 있다.
③ 시·도경찰청장의 승인공문이 전문학원에 도착한 날부터 근무시켜야 한다.
④ 시·도경찰청장의 승인결재가 난 날부터 근무시킬 수 있다.

【문제 24】 자동차운전 전문학원의 기능검정원, 강사의 학력기준으로 옳은 것은?
① 학과교육 강사는 전문대학 졸업 이상의 학력이 있어야 한다.
② 기능교육 강사는 고등학교 졸업 이상의 학력이 있어야 한다.
③ 기능검정원은 전문대학 졸업 이상의 학력이 있어야 한다.
④ 기능검정원, 학과강사, 기능강사 모두 학력제한이 없다.

정답 【20】① 【21】② 【22】① 【23】③ 【24】④

【문제 25】 자동차운전 전문학원 기능강사의 준수사항이다. 옳지 못한 것은?
① 교육자로서의 품위를 유지하고 성실히 안전운전자 양성에 노력하여야 한다.
② 운전교육과 관련하여 교육생이 감사의 뜻으로 제공하는 향응 등은 받을 수 있다.
③ 거짓 또는 부정한 방법으로 운전면허를 받도록 알선·교사·방조해서는 아니 된다.
④ 수강사실을 허위로 기록해서는 아니 된다.

3 전문학원의 시설기준

【문제 1】 자동차운전 전문학원의 기능교육장 부지면적기준이다. 틀린 것은?
① 기능교육장부지면적은 6,600m² 이상이어야 한다.
② 제1종 대형면허기능교육장을 병행하는 경우 2,000m² 이상을 추가 확보해야 한다.
③ 강의실 등 부대시설 포함한 전문학원 전체의 부지면적이 6,600m² 이상이면 된다.
④ 원동기장치자전거기능교육장을 병설하는 경우 1,000m² 이상을 추가 확보해야 한다.

【문제 2】 자동차운전 전문학원의 기능교육장의 부지면적기준이다. 옳은 것은?
① 6,500m² 이상 ② 7,000m² 이상 ③ 6,600m² 이상 ④ 8,000m² 이상

【문제 3】 자동차운전학원의 기능교육장을 2층으로 하는 경우의 설치기준이다. 틀린 것은?
① 1층에 확보해야 하는 부지면적은 2,300m²(1종 대형면허교육을 병행할 경우 4,125m² 이상)이어야 한다.
② 2층에 확보해야 하는 면적은 3,000m² 이상 되어야 한다.
③ 상·하 연결차로를 분리할 경우에는 각각 3.5m 이상으로 하여야 한다.
④ 상·하 연결차로의 너비는 7m 이상으로 하여야 한다.

【문제 4】 자동차운전 전문학원의 기능교육장 개별코스 설치에 대한 설명이다. 틀린 것은?
① 기능교육장에는 주기능교육장 이외에 개별코스를 설치할 수 있다.
② 개별코스는 제1종대형면허의 경우 굴절·곡선·방향전환·평행주차·경사로 및 전·후진코스를 설치할 수 있다.
③ 주기능교육장 면적의 30%에 해당하는 개별코스면적에 한하여 해당 기능교육장의 면적으로 인정한다.
④ 개별코스에서는 1명의 강사가 3시간 이내에서 5명의 교육생과 함께 교육할 수 있다.

【문제 5】 자동차운전 전문학원의 학과교육강의실면적기준이다. 옳지 않은 것은?
① 학과교육강의실의 면적은 60m² 이상 135m² 이하로 설치하여야 한다.
② 학과교육강의실 면적 1m²당 수용인원 1인을 초과하지 않도록 하여야 한다.
③ 학과교육강의실의 면적은 50m² 이상 135m² 이하로 설치하여야 한다.
④ 도로교통에 관한 법령·지식과 구조 강의를 위하여 책상·의자와 보충교재를 갖춰야 한다.

정답 【25】② 3.【1】③ 【2】③ 【3】② 【4】④ 【5】③

【문제 6】 자동차운전 전문학원의 학과강의실의 면적과 일시수용인원으로 옳은 것은?
① 면적은 60m² 이상 135m² 이하이며 1m²당 수용인원 1인을 초과하지 않을 것
② 면적은 50m² 이상 135m² 이하이며 1m²당 수용인원 2인을 초과하지 않을 것
③ 면적은 66m² 이상 136m² 이하이며 1m²당 수용인원 1인을 초과하지 않을 것
④ 면적은 66m² 이상 136m² 이하이며 1m²당 수용인원 2인을 초과하지 않을 것

【문제 7】 자동차운전 전문학원의 사무실 등 부대시설의 설치기준으로 잘못된 것은?
① 사무실에는 교육생이 제출한 서류 등을 접수할 수 있는 접수창구와 휴게실을 설치할 것
② 교육용 자동차의 일상점검에 필요한 정비장을 갖출 것
③ 주차장은 포장된 주차시설을 갖출 것
④ 정원이 500명 이상인 전문학원은 20m² 이상의 응급처치시설이 포함된 양호실을 갖출 것

【문제 8】 제1종 특수면허 시험코스 중 구난차면허 코스의 종류형상이 아닌 것은?
① 굴절코스
② 곡선코스
③ 방향전환코스
④ 연속진로변환코스

【문제 9】 기능교육장을 2층으로 설치하는 경우 반드시 1층에 위치하여야 하는 코스가 아닌 것은?
① 기어변속코스
② 십자형 교차로코스
③ 출발코스와 종료코스
④ 굴절코스

【문제 10】 자동차운전학원의 정비장 면적은?
① 60m² 이상의 정비장을 갖출 것
② 77m² 이상의 정비장을 갖출 것
③ 75m² 이상의 정비장을 갖출 것
④ 일상점검에 필요한 정비장을 갖출 것

🔵 해설 학원 및 전문학원시설의 면적기준
1. 전문학원장내기능교육장 : 6,600m² 이상(운전학원 2,300m² 이상)
2. 제1종 대형면허교육 병설 : 4,125m² 이상
3. 제2종 소형면허 및 원동기장치자전거 코스 병설 : 1,000m² 이상
4. 제1종 소형견인차 및 구난차면허 코스 : 2,330m² 이상
5. 대형견인차면허코스 : 1,610m² 이상
6. 학과강의실 : 60m² 이상 135m² 이하
7. 사무실 : 교육생이 제출한 서류 등을 접수할 수 있는 창구와 휴게실을 설치할 것
8. 정비장 : 교육용 자동차의 일상점검에 필요한 정비장을 갖출 것
9. 주차장 : 포장된 주차시설을 갖출 것
10. 휴게실(정원 500인 이상 학원) : 15m² 이상(전문학원 : 16.5m²)

【문제 11】 자동차운전 전문학원의 기능교육장 안에 설치할 수 없는 시설인 것은?
① 기능검정 통제실
② 조경시설, 응시자대기소
③ 기능교육시설(코스)
④ 자동차 정비시설

정답 【6】① 【7】④ 【8】④ 【9】④ 【10】④ 【11】④

【문제 12】 학원 및 전문학원의 장내기능검정코스 설치기준이다. 틀린 것은?
① 장내 기능교육코스는 6,600m² 이상의 기능교육장 안에 설치되어야 한다.
② 출발코스에서 종료코스까지 총연장거리는 800m 이상의 포장된 도로이어야 한다.
③ 도로의 폭은 7m 이상으로 하고 3m부터 3.5m까지 너비의 2개 차로 이상을 설치하여야 한다.
④ 10~15cm 너비의 중앙선과 10~15cm 너비의 길가장자리선을 설치하여야 한다.

【문제 13】 전자채점기의 검지선을 감지하는 공기압센서의 설치 위치는?
① 황색실선의 내측 부분　　② 황색실선의 외측 부분
③ 황색실선의 가운데 부분　④ 황색실선의 모든 부분

【문제 14】 장내기능시험코스의 도로 폭으로 맞는 것은?
① 8m 이상　② 6m 이상　③ 7m 이상　④ 6.5m 이상

【문제 15】 전문학원의 장내기능코스 중 횡단보도코스의 설치기준이다. 틀린 것은?
① 횡단보도의 너비는 5m로 하고 횡단보도표시를 설치하여야 한다.
② 횡단보도의 너비는 4m로 하고 횡단보도표시를 설치하여야 한다.
③ 정지선 이르기 전 1m 이상 5m 이내 지점에 횡단보도표지와 일시정지표지 등을 설치한다.
④ 횡단보도 이르기 전 2m 지점에 30cm 너비의 정지선 표시를 한다.

【문제 16】 장내기능검정코스 중 확인선이 설치되지 아니한 코스는?
① 평행주차코스　② 굴절코스　③ 종료코스　④ 방향전환코스

【문제 17】 자동차운전 전문학원의 장내기능교육용 자동차의 확보기준이다. 맞는 것은?
① 부지면적 500m²당 1대 초과금지　② 부지면적 300m²당 1대 초과금지
③ 부지면적 400m²당 1대 초과금지　④ 부지면적 330m²당 1대 초과금지

【문제 18】 자동차운전 전문학원의 도로주행교육용 자동차 확보기준이다. 옳은 것은?
① 장내기능교육장에서 동시에 교육이 가능한 최대의 자동차대수의 3배를 초과금지
② 장내기능교육용 자동차 10대당 8대 이내로 확보할 것
③ 장내기능교육용 자동차 10대당 6대 이내로 확보할 것
④ 도로주행코스 길이 500m당 1대씩 확보 할 것

【문제 19】 장내기능시험코스 중 제1종 대형면허 경사로코스의 높이는?
① 1~1.7m 이상　② 1~1.5m 이상　③ 1~1.75m 이상　④ 1~1.0m 이상

【문제 20】 제1종 대형견인차면허시험코스 부지는 몇 m² 이상인가?
① 2,610m² 이상　② 1,610m² 이상　③ 3,610m² 이상　④ 2,330m² 이상

【문제 21】 굴절코스 통과 시 이탈방지를 확인하는 선에 해당하는 것은?
① 확인선　② 인지선　③ 검지선　④ 경계선

정답　【12】②　【13】②　【14】③　【15】①　【16】②　【17】②　【18】①　【19】②　【20】②　【21】③

【문제 22】 장애인 기능교육용 자동차 및 도로주행교육용 자동차는 각각 몇 대씩 확보해야 하는가?
① 2대 이상　　　② 1대 이상　　　③ 3대 이상　　　④ 4대 이상

【문제 23】 자동차운전 전문학원의 기능검정 및 기능교육용 자동차의 확보기준으로 잘못된 것은?
① 운전면허시험장의 장내기능시험용 자동차와 성능 및 구조가 동일하여야 한다.
② 기능교육용 자동차의 대수는 기능교육장면적 300m²당 1대를 초과하지 않도록 할 것.
③ 제2종 소형 및 원동기장치자전거는 60m²당 1대 이내로 확보하여야 한다.
④ 구난차는 코스 1조당 2대 이내, 대형견인차는 코스 1개당 1대 이내를 확보하여야 한다.

🔎 해설　학원 및 전문학원의 교육용 자동차 확보기준
1. 장내기능교육용 자동차 : 300m²당 1대 이내
2. 도로주행교육용 자동차 : 장내기능교육장의 동시교육이 가능한 최대의 자동차대수의 3배를 초과금지
3. 제2종 소형 및 원동기장치자전거 : 교육장면적 50m²당 1대 이내
4. 제1종 구난차 : 코스 1조당 2대 이내
5. 제1종 특수면허(대형견인차) : 코스 1개당 1대 이내

【문제 24】 자동차운전 전문학원의 도로주행검정 및 도로주행교육용 자동차의 기준으로 틀린 것은?
① 운전면허시험장의 도로주행시험에 사용되는 자동차와 구조·성능이 같아야 한다.
② 자동차대수는 기능교육장에서 동시교육이 가능한 최대의 자동차대수의 3배를 초과금지
③ 시·도경찰청장의 확인을 받은 도로주행자동차는 자동차정기검사를 받지 않아도 된다.
④ 도로주행표지등을 설치하고 도색과 학원 명 및 고유번호를 표시하여야 한다.

【문제 25】 학원 및 전문학원의 기능교육용 자동차의 사용유효기간이다. 틀린 것은?
① 승용자동차 및 승용 겸 화물자동차는 2년이고 화물자동차는 1년이다.
② 기능교육용 이륜자동차 및 원동기장치자전거는 9년이다.
③ 승합자동차, 레커 및 트레일러는 차령 5년 이하는 1년이고 5년 초과는 6월이다.
④ 출고 후 3월 이내에 시·도경찰청장에게 확인신청한 자동차는 4년이다.

【문제 26】 학원 및 전문학원의 승용자동차 및 승용 겸 화물자동차의 사용유효기간은?
① 2년　　　② 1년　　　③ 3년　　　④ 3년 6월

【문제 27】 학원 및 전문학원의 화물자동차의 사용유효기간은?
① 2년　　　② 1년　　　③ 3년　　　④ 2년 6월

【문제 28】 학원 및 전문학원의 승합자동차·구난차·견인차의 사용유효기간은?
① 차령 5년 이하 2년　　　② 차령 5년 초과 1년
③ 차령 5년 이하 1년　　　④ 차령 5년 초과 8월

🔎 해설　학원 및 전문학원의 교육용 자동차 사용유효기간
1. 승용자동차 및 승용 겸 화물자동차(제2종 보통면허용) : 2년
2. 화물자동차(제1종 보통면허용) : 1년
3. 승합자동차(제1종 대형면허용) : 차령 5년 이하 1년, 차령 5년 초과 6월
4. 구난차 및 견인차 : 차령 5년 이하 1년, 차령 5년 초과 6월
5. 기능교육용 이륜자동차 및 원동기장치자전거 : 10년
6. 출고 후 3월 이내 시·도경찰청장에게 확인 신청한 자동차의 경우 : 4년

정답　【22】②　【23】③　【24】③　【25】②　【26】①　【27】②　【28】③

4 전문학원의 교육운영기준

【문제 1】 전문학원 설립 · 운영자가 교육생의 등록을 거부할 수 있는 사유이다. 아닌 것은?
① 접수일 현재 연령 미달이나 기능검정일까지 적령이 될 수 있는 사람
② 운전면허적성검사에 합격할 수 없다고 인정되는 사람
③ 전문학원 원칙에서 정하는 교육방법과 시간 등에 따라 교육을 받을 수 없는 사람
④ 신원이 확인되지 아니하는 사람

【문제 2】 자동차운전 전문학원의 수강신청 절차로 잘못된 것은?
① 교육을 받고자하는 자는 수강신청서와 수강료를 전문학원에 제출하여야 한다.
② 전문학원은 수강신청을 받으면 학사관리전산시스템을 이용 교육생원부에 등록해야 한다.
③ 수강신청을 받으면 수강증과 수강료영수증을 발급하고 수강일자를 지정해야 한다.
④ 수강신청하는 교육생에 대하여 어떠한 이유로든 등록을 거부해서는 아니 된다.

【문제 3】 자동차운전 전문학원의 교육실시방법에 대한 설명이다. 잘못된 것은?
① 수강신청 접수순서에 따라 교육반을 편성하여야 한다.
② 학과 · 기능 및 도로주행교육을 구분 실시하되 각각 3월 이내 수료토록 하여야 한다.
③ 학과교육은 교육생 1인이 1일 6시간을 초과해서는 아니 된다.
④ 기능교육은 교육생 1인이 1일 4시간을 초과해서는 아니 된다.

【문제 4】 자동차운전 전문학원의 1일 최대 기능교육회수는?
① 10회 ② 12회 ③ 20회 ④ 24회

【문제 5】 운전전문학원에서 교육생 1명이 1일 기능교육 받을 수 있는 최대시간은?
① 5시간 ② 6시간 ③ 4시간 ④ 8시간

【문제 6】 전문학원 기능강사 1인이 동시에 원동기장치자전거 몇 대까지 교육할 수 있는가?
① 5대 이하 ② 10대 이하 ③ 12대 이하 ④ 8대 이하

【문제 7】 전문학원에서 제1종 대형 또는 대형견인차면허를 받고자할 때의 학과 및 기능교육시간은?
① 학과교육 3시간, 기능교육 10시간
② 학과교육 6시간, 기능교육 10시간
③ 학과교육 7시간, 기능교육 10시간
④ 학과교육 8시간, 기능교육 10시간

【문제 8】 전문학원에서 보통(연습)면허를 받고자할 때의 학과 및 기능교육시간은?
① 학과교육 5시간, 기능교육 5시간
② 학과교육 3시간, 기능교육 4시간
③ 학과교육 5시간, 기능교육 3시간
④ 학과교육 5시간, 기능교육 4시간

◉ 해설 자동차운전 전문학원의 학과 및 기능교육시간
1. 보통연습면허(수동변속기) : 학과교육 : 3시간, 기능교육 : 4시간, 도로주행교육 : 6시간
2. 대형 · 대형견인 및 구난차면허 : 학과교육 : 3시간, 기능교육 : 10시간(소형견인차 : 4시간)
3. 소형면허 : 학과교육 : 5시간, 기능교육 : 10시간
4. 원동기장치자전거면허 : 학과교육 : 5시간, 기능교육 : 8시간

정답 4. 【1】① 【2】④ 【3】③ 【4】③ 【5】③ 【6】② 【7】① 【8】②

【문제 9】 전문학원에서 소형면허를 받고자할 때의 학과 및 기능교육시간은?
　① 학과교육 5시간, 기능교육 15시간　　② 학과교육 5시간, 기능교육 9시간
　③ 학과교육 5시간, 기능교육 10시간　　④ 학과교육 5시간, 기능교육 8시간

【문제 10】 전문학원의 대형면허 및 대형견인차면허의 장내기능교육시간은?
　① 15시간　　② 10시간　　③ 5시간　　④ 20시간

【문제 11】 전문학원의 구난차면허 기능교육시간은?
　① 5시간　　② 10시간　　③ 15시간　　④ 20시간

【문제 12】 전문학원의 원동기장치자전거면허 기능교육시간은?
　① 5시간　　② 8시간　　③ 15시간　　④ 20시간

【문제 13】 전문학원에서 보통(연습)면허를 받고자할 때의 도로주행교육시간은?
　① 6시간　　② 7시간　　③ 8시간　　④ 9시간

【문제 14】 전문학원에서 대형면허를 받고자할 때의 도로주행교육시간은?
　① 25시간　　② 20시간　　③ 15시간　　④ 없음

【문제 15】 전문학원의 보통(연습)면허 기본조작·응용주행의 기능교육시간은?
　① 1시간　　② 2시간　　③ 3시간　　④ 4시간

【문제 16】 전문학원의 보통(연습)면허 학과교육(운전이론 등)의 교육시간은?
　① 4시간　　② 3시간　　③ 6시간　　④ 7시간

【문제 17】 전문학원의 보통(연습)면허의 도로주행교육내용이다. 틀린 것은?
　① 도로주행교육시간은 6시간이나 최소교육시간 이상의 교육을 할 수 있다.
　② 수동변속기면허와 자동변속기면허의 도로주행교육시간은 다르다
　③ 도로주행교육용 자동차에 도로주행강사가 동승하여 지도한다.
　④ 도로주행교육내용은 도로주행시의 운전자의 마음가짐 외 5개 항목이다.

【문제 18】 자동차운전 전문학원의 학과교육실시방법에 대한 설명이다. 틀린 것은?
　① 학과교육은 운전면허 종별 교육과목 및 교육시간표에 따라 교육하여야 한다.
　② 교육시간은 50분을 1시간으로 하되 1일 1인당 7시간을 초과하지 아니할 것
　③ 교육시간은 50분을 1시간으로 하되 1일 1인당 6시간을 초과하지 아니할 것
　④ 응급처치 교육은 응급의학 관련 의료인이나 응급구조사 또는 응급처치에 관한 지식과 경험이 있는 강사로 하여금 실시하게 할 것

정답　【9】③　【10】②　【11】②　【12】②　【13】①　【14】④　【15】④　【16】②　【17】②　【18】③

제2장 자동차운전 전문학원제도

【문제 19】 자동차운전 전문학원의 교육시간 인정기준에 대한 설명이다. 아닌 것은?
① 교육생이 10분 이상 지각한 경우 그 시간은 교육받지 않는 것으로 한다.
② 강사가 질병 등으로 교육 도중 수업을 중단한 경우 교육시간으로 인정해야 한다.
③ 비디오 등 시청각교육은 교육시간의 2분의 1 이하로 하여야 한다.
④ 교육을 위한 강사의 기자재 준비시간 등은 교육시간으로 인정하지 않는다.

【문제 20】 자동차운전 전문학원의 학과교육 실시방법이다. 틀린 것은?
① 원칙에 의거 교육반을 편성하되 교육내용이 같을 경우 반구별 없이 교육할 수 있다.
② 교육방법은 교육여건에 따라 교육단계·순서에 관계없이 할 수 있다.
③ 의사, 간호사 및 인명구조원자격증 소지자도 응급처치 교육을 받아야 한다.
④ 학과강사는 교육생의 본인여부를 매시간 확인 후 교육생원부에 날인하여야 한다.

【문제 21】 기능강사자격증이 있으면 기능강사업무를 겸임할 수 있는 경우로 맞는 것은?
① 학원의 설립 운영자는 기능강사업무를 겸임할 수 있다.
② 기능검정원은 기능강사업무를 겸임할 수 없다.
③ 학감은 기능강사업무를 겸임할 수 있다.
④ 학과강사는 기능강사업무를 겸임할 수 있다.

【문제 22】 전문학원의 학과교육, 기능교육, 도로주행교육의 법정교육기간은?
① 각각 3개월
② 각각 4개월
③ 각각 2개월
④ 각각 5개월

【문제 23】 자동차운전 전문학원의 장내기능교육 실시방법이다. 잘못된 것은?
① 운전면허종별 교육과목 및 교육시간에 따라 장내기능교육코스에서 실시한다.
② 교육시간은 50분을 1시간으로 하되 1명이 1일 5시간을 초과하지 않아야 한다.
③ 면허종별로 동승교육·단독교육·개별코스 및 모의운전장치 교육으로 구분 실시한다.
④ 개별코스교육은 교육생의 운전능력이 부족하다고 판단되는 코스에 중점 실시한다.

【문제 24】 자동차운전 전문학원의 기능교육방법으로 볼 수 없는 것은?
① 모의운전장치에 의한 교육
② 기능강사의 동승교육
③ 교육생 단독교육
④ 학감의 동승교육

【문제 25】 전문학원의 장내기능교육 중 동승교육 지도방법으로 잘못된 것은?
① 기능강사는 설립자로부터 교육용차량을 배정받아 일일점검 등 준비하여야 한다.
② 기능 1단계교육 중이거나 2단계교육의 교육생이 원하는 경우 동승교육을 한다.
③ 기능강사는 운전자 옆 좌석에 동승하여 준법의식 등이 몸에 밸 수 있도록 지도한다.
④ 교육도중 안전사고방지를 위하여 충분한 안전거리를 확보토록 한다.

정답 【19】② 【20】③ 【21】④ 【22】① 【23】② 【24】④ 【25】①

【문제 26】 전문학원의 장내기능교육 중 단독교육 실시방법으로 적절하지 못한 것은?
① 기능 2단계교육 중인 교육생은 교육생 단독으로 운전연습을 하게 할 수 있다.
② 단독교육 시는 대상인원을 고려 기능강사 1명을 배치하여야 한다.
③ 단독교육을 원하지 않거나 위험하다고 인정되는 사람은 단독교육을 실시할 수 없다.
④ 단독교육을 원하지 않더라도 운전기능 향상을 위해 단독연습토록 해야 한다.

【문제 27】 전문학원에서 교육생 단독으로 기능교육 실시할 때 기능강사 배치기준은?
① 1명 이상   ② 2명 이상   ③ 3명 이상   ④ 4명 이상

【문제 28】 전문학원의 장내기능교육 중 개별코스 교육방법이다. 아닌 것은?
① 제1종 대형 개별코스의 경우는 굴절·곡선·방향전환·평행주차·경사로 등을 설치할 수 있다.
② 장내기능교육 중 제1단계교육에서 교육생의 운전능력이 부족하다고 판단되는 코스에 대하여 교육할 수 있다.
③ 기능강사 1명이 5명의 교육생을 동시에 지도할 수 있다.
④ 교육생 1명당 4시간의 범위 내에서 실시할 수 있다.

【문제 29】 전문학원 개별코스교육은 기능강사 1명이 교육생 몇 명을 동시에 지도할 수 있는가?
① 3명 이내   ② 4명 이내   ③ 5명 이내   ④ 6명 이내

【문제 30】 전문학원 모의운전장치에 의한 교육은 기능강사 1명이 교육생 몇 명을 동시에 지도할 수 있는가?
① 6명 이내   ② 4명 이내   ③ 3명 이내   ④ 5명 이내

【문제 31】 전문학원 모의운전장치에 의한 교육은 교육생 1인당 몇 시간까지 실시할 수 있는가?
① 5시간 이내   ② 4시간 이내   ③ 2시간 이내   ④ 3시간 이내

【문제 32】 자동차운전 전문학원의 모의운전장치에 의한 교육방법이다. 틀린 것은?
① 기능교육 1단계교육 중 운전장치조작과정을 모의운전장치로 교육할 수 있다.
② 모의운전장치교육은 2시간을 초과 않는 범위 내에서 실시할 수 있다.
③ 강사 1명이 동시에 지도할 수 있는 교육생은 7명 이내로 한다.
④ 모의운전장치 1대로 1시간당 교육할 수 있는 인원은 1명으로 한다.

【문제 33】 전문학원에서 대형면허반의 기능교육은 몇 시간 교육받아야 단독교육을 실시할 수 있는가?
① 3시간 이상   ② 4시간 이상
③ 5시간 이상   ④ 6시간 이상

정답 【26】④ 【27】① 【28】③ 【29】① 【30】④ 【31】③ 【32】③ 【33】③

【문제 34】 전문학원에서 제2종 소형 및 원동기장치자전거면허의 기능교육방법이다. 맞는 것은?
① 기능강사 1명은 5명 이내의 교육생에 대하여 동시에 교육·지도할 수 있다.
② 교육생 1명당 1일 기능교육은 8시간까지 받을 수 있다.
③ 기능강사 1명은 10명 이내의 교육생에 대하여 동시에 교육·지도할 수 있다.
④ 교육생 1명당 1일 기능교육은 7시간까지 받을 수 있다.

【문제 35】 전문학원에서 도로주행교육 실시방법이다. 아닌 것은?
① 연습면허를 받은 사람에 대하여 교육하되 단계별로 실시한다.
② 교육시간은 50분을 1시간으로 하되 1일 1명당 4시간을 초과하지 않아야 한다.
③ 시·도경찰청장의 지정 승인을 받은 도로에서 교육하여야 한다.
④ 운전면허를 받은 사람도 1일 1명당 4시간을 초과하지 않아야 한다.

【문제 36】 전문학원에서 도로주행교육 실시방법이다. 틀린 것은?
① 도로주행교육 강사는 교육 중 강사자격증을 패용하여야 한다.
② 도로주행교육용 자동차에 도로주행교육 강사가 동승 지도하여야 한다.
③ 교육시간은 50분을 1시간으로 하되 1일 1명당 4시간을 초과하지 않아야 한다.
④ 도로주행교육기간은 2개월 이내에 수료하여야 한다.

【문제 37】 전문학원에서 도로주행교육을 실시하기 위한 도로의 기준이다. 잘못된 것은?
① 총 주행거리 5km에 교통안전시설이 정비되고 주행여건이 양호한 도로이어야 한다.
② 1구간이 400m±100m이고 매시 40km 이상의 지시속도구간이 있어야 한다.
③ 3회 이상 차로변경이 가능한 편도 2차로 이상의 도로가 있어야 한다.
④ 좌·우회전 및 직진이 각 1회씩 가능한 교차로와 방향전환이 분명한 교차로이어야 한다.

【문제 38】 전문학원에서 도로주행교육을 위한 지정도로 신청절차로 틀린 것은?
① 전문학원은 도로주행검정용 도로를 2개 이상 선정 시·도경찰청장에게 지정승인 신청하여야 한다.
② 지정신청서에 도로주행기능검정도로가 표시된 축척 5천분의 1 지도를 첨부한다.
③ 시·도경찰청장은 신청이 적정한 때는 도로주행검정실시도로지정서로 통지한다.
④ 지정통지 시 요일·시간대 및 통행량에 따라 기능검정시간·장소를 제한할 수 있다.

【문제 39】 학원 또는 전문학원의 교육생 정원에 대한 내용이다. 틀린 것은?
① 제1종·제2종 보통연습면허의 경우 기능교육장의 면적 400m²당 1인 이내이다.
② 도로주행교육을 받는 교육생의 정원이 장내기능교육의 정원의 3배를 초과하지 않아야 한다.
③ 정원은 기능교육장 일시수용인원에 1일 최대회수(20회)를 곱하여 산정한다.
④ 정원 또는 일시수용능력인원을 초과하여 교육하여서는 아니 된다.

정답 【34】③ 【35】④ 【36】④ 【37】③ 【38】② 【39】①

【문제 40】 자동차운전 전문학원의 교육생 정원의 산정기준으로 틀린 것은?
① 정원은 기능교육장 일시수용능력인원에 1일 최대회수(20회)를 곱하여 산정한다.
② 제1종·제2종 보통연습면허의 경우 기능교육장의 면적 300m²당 1인 이내로 한다.
③ 제1종 대형면허의 경우 해당 기능교육장면적 800m²당 1인 이내로 한다.
④ 제2종 소형 및 원동기장치자전거면허의 경우 50m²당 1인으로 한다.

5 기능검정 등

【문제 1】 자동차운전 전문학원에서 실시하는 기능검정에 대한 설명이다. 옳지 못한 것은?
① 전문학원에서 운전면허기능시험에 준하여 행하는 기능시험을 기능검정이라 한다.
② 기능검정에는 장내기능검정과 도로주행기능검정이 있다.
③ 장내기능검정은 학감이 기능교육장에서 운전면허기능시험에 준하여 채점한다.
④ 도로주행기능검정은 지정된 도로에서 운전면허도로주행시험에 준하여 행한다.

【문제 2】 전문학원에서 실시하는 장내 및 도로주행기능검정에 대한 설명이다. 틀린 것은?
① 장내 및 도로주행기능검정은 기능검정원이 운전면허기능시험에 준하여 실시한다.
② 장내기능검정은 학과 및 기능교육을 수료 후 장내기능검정일 전 6개월이 경과하지 아니한 사람에 대하여 실시한다.
③ 도로주행검정은 도로주행교육을 수료한 사람중에서 연습면허의 유효기간이 경과하지 아니한 사람에 대하여 실시한다.
④ 장내기능검정합격자에게는 졸업증을, 도로주행검정합격자에게는 수료증을 발급한다.

【문제 3】 전문학원에서 기능검정을 실시함에 있어 학감의 책임을 설명하였다. 틀린 것은?
① 전문학원의 장내기능검정과 도로주행기능검정은 학감의 책임아래 행하여진다.
② 학감은 수검자의 학과 및 장내·도로주행교육 등의 종료여부를 확인하여야 한다.
③ 기능검정원이 유고시는 기능강사 중 대행자를 선정 기능검정을 하게 할 수 있다.
④ 기능검정원이 합격사실을 증명한 사람에 대하여 수료증 또는 졸업증을 발급하여야 한다.

【문제 4】 전문학원에서 기능검정을 실시하는 기능검정원의 임무를 설명한 것으로 틀린 것은?
① 기능검정원은 기능시험채점기준에 따라 장내 및 도로에서 기능검정을 실시한다.
② 기능검정 합격자에 대하여는 합격사실을 서면으로 증명하여야 한다.
③ 국가가 실시하던 기능시험을 기능검정원이 채점하므로 엄정하게 행하여야 한다.
④ 기능검정에 합격하지 못한 사람은 불합격한 날부터 5일이 지나야 재검정을 할 수 있다.

정답 【40】③　5.【1】③　【2】④　【3】③　【4】④

【문제 5】 전문학원에서 기능검정원의 임무로 적절하지 못한 것은?
① 학감의 지시·명령에 따라 교육을 종료한 사람에 대하여 기능검정을 실시한다.
② 기능검정은 운전면허 기능시험방법과 채점기준에 준하여 엄정하고 공평하게 행한다.
③ 기능검정에 합격한 사람에게는 수료증 또는 졸업증을 발급한다.
④ 기능검정에 합격한 사람에 대하여 그 합격사실을 서면으로 증명한다.

【문제 6】 전문학원에서 장내기능검정 실시를 위한 준비사항으로 맞지 않는 것은?
① 운전면허 종별로 구조·성능이 우수한 장내기능검정용자동차를 확보한다.
② 기능검정실시 하루 전에 기능코스, 통제실, 검정용자동차, 채점기 등을 점검한다.
③ 기능검정실시 1시간 전에 기능검정코스, 통제실, 검정용자동차, 채점기 등을 점검한다.
④ 검정실시 전에 안전 확보를 위하여 관계직원을 기능코스의 안전지대에 1명씩 배치한다.

【문제 7】 전문학원의 장내기능검정 실시방법에 대한 설명이다. 틀린 것은?
① 장내기능검정은 기능검정용자동차 10대까지 동시에 실시할 수 있다.
② 장내기능검정은 전문학원의 교육장에서 기능검정전자채점기로 실시한다.
③ 기능검정원은 검정실시 전 수검자확인 및 진행방법과 안전사고방지교육을 실시한다.
④ 기능검정원은 기능검정합격자에 대하여 합격사실을 서면으로 증명하여야 한다.

【문제 8】 전문학원의 장내기능검정을 할 때 미리 준비하여야 할 사항이다. 아닌 것은?
① 기능코스 점검
② 부정응시자 조사
③ 통제실 채점기 점검
④ 기능검정용 자동차 배치 및 점검

【문제 9】 장내 기능검정은 학과 및 기능교육을 이수한 날부터 몇 개월 이내에 받아야 하는가?
① 규정된 기한이 없다.
② 3개월 이내에 받아야 한다.
③ 6개월이 경과되지 않아야 한다.
④ 1년 이내에 받아야 한다.

【문제 10】 전문학원의 장내기능검정 실시방법에 대한 설명이다. 잘못된 것은?
① 장내기능검정은 전문학원의 장내기능교육장에서 실시한다.
② 기능검정방법과 채점기준은 운전면허 장내기능시험에 준하여 실시한다.
③ 기능검정은 3월 이내 학과 및 장내기능교육을 이수한 사람에 대하여 실시한다.
④ 기능검정에 합격하지 못한 사람은 불합격한 날부터 3일이 지난 후에 재검정을 받을 수 있다.

【문제 11】 전문학원의 장내기능검정에 불합격한 사람은 며칠이 지난 후에 다시 기능검정을 받을 수 있는가?
① 불합격한 날부터 2일이 지난 후 재검정
② 불합격한 날부터 3일이 지난 후 재검정
③ 불합격한 날부터 4일이 지난 후 재검정
④ 불합격한 날부터 7일이 지난 후 재검정

정답 【5】③ 【6】② 【7】① 【8】② 【9】③ 【10】③ 【11】②

【문제 12】 전문학원 기능검정원이 검정실시 전 수검자의 확인 및 교육할 사항이다. 아닌 것은?
① 수강증, 신분증과 기능검정신청서를 상호대조 부정응시여부를 면밀히 확인한다.
② 기능검정코스의 진행방향, 시험과제 등을 교양하여 착오를 일으키지 않도록 한다.
③ 수검자에게 차간거리확보와 탈락 시 조치요령을 교육하여 안전사고를 예방한다.
④ 기능검정에 쉽게 합격할 수 있는 요령을 지도하여 불합격자가 없도록 한다.

【문제 13】 자동차운전 전문학원에서 장내기능검정 채점은 어떤 방법으로 하는가?
① 운전면허기능시험에 준하여 학감과 기능검정원이 함께 수기로 채점한다.
② 기능검정원이 장내기능검정채점표에 수기로 채점한다.
③ 기능검정원이 전자채점기에 의하여 채점한다.
④ 기능검정원이 전자채점기 또는 수기로 혼용하여 채점한다.

【문제 14】 자동차운전 전문학원에서 장내 기능검정을 직접 실시할 수 있는 사람은?
① 학감
② 기능검정원
③ 장내기능강사
④ 도로주행기능강사

【문제 15】 전문학원의 기능검정실시에 대한 설명으로 잘못된 것은?
① 기능검정은 전문학원에서 소정의 교육을 마친 사람에 대하여 행한다.
② 기능검정은 기능검정원자격증을 받은 기능검정원이 행한다.
③ 기능검정은 부득이한 사정이 있는 등 필요한 경우 학감이 직접 행할 수 있다.
④ 기능검정원은 기능검정합격자에 대하여 합격사실을 서면으로 증명하여야 한다.

【문제 16】 제1종·제2종 보통연습면허의 장내기능검정사항이다. 아닌 것은?
① 운전장치의 조작(기어변속, 전조등 조작)
② 자동차 등의 구조에 관한 초보적인 지식
③ 운전장치 조작(방향지시등, 와이퍼 조작)
④ 차로준수, 돌발상황에서 급정지

【문제 17】 자동차운전 전문학원의 도로주행기능검정 실시요령이다. 틀린 것은?
① 도로주행검정은 시·도경찰청장의 지정 승인을 받은 도로에서 실시하여야 한다.
② 도로주행기능시험의 채점 및 합격기준에 준하여 실시하여야 한다.
③ 도로주행시험채점표에 의거 기능검정원이 동승하여 전자채점기로 채점한다.
④ 교통사고 위험 때문에 다음 번호의 수검자를 반드시 승차시키지 않아도 된다.

【문제 18】 자동차운전 전문학원에서 도로주행기능검정을 받을 수 있는 사람은?
① 도로주행교육을 이수한 날부터 6개월이 경과하지 아니한 사람
② 도로주행교육을 이수하고 3개월이 경과하지 아니한 사람
③ 도로주행교육을 이수한 사람 중 연습운전면허의 유효기간이 경과하지 아니한 사람
④ 연습운전면허를 받은 날부터 1년이 지난 사람

정답 【12】④ 【13】③ 【14】② 【15】③ 【16】② 【17】④ 【18】③

제2장 자동차운전 전문학원제도

【문제 19】 전문학원에서 도로주행검정 시 준비사항으로 잘못된 것은?
① 구조·성능이 우수한 도로주행기능검정용자동차를 확보한다.
② 기능검정실시 도로는 기능검정 하루 전에 현장 답사하여 지정한다.
③ 당일 도로주행기능검정을 실시할 기능검정원의 결정배치는 대략 1시간 전에 한다.
④ 도로주행기능검정 직전 테블릿 PC가 기능검정실시 도로를 지정한다.

【문제 20】 전문학원에서 도로주행기능검정 실시방법에 대한 설명이다. 틀린 것은?
① 학감은 수료대상자수, 졸업예정일 등을 감안하여 실시토록 배려하여야 한다.
② 기능검정원은 수강증·신분증과 검정신청서를 대조하여 부정응시자가 없도록 해야 한다.
③ 기능검정원은 기능검정의 공정성확보를 위해 다음 차례 수검자를 동승시켜야 한다.
④ 기능검정원은 도로주행시험채점표에 의거 수기로 채점한다.

【문제 21】 전문학원의 기능검정원이 도로주행기능검정 시 준수사항이다. 잘못된 것은?
① 도로주행 기능검정실시 전 진행방법·실격사항 등 주의사항을 응시자에게 설명하여야 한다.
② 출발점에서부터 앞서가는 차와의 충분한 안전거리를 유지하여 사고가 나지 않도록 한다.
③ 다음 번호의 수검자를 동승시키는 등 공정한 평가를 위하여 노력하여야 한다.
④ 수검자의 긴장을 풀어주기 위하여 시험진행과 관련 없는 대화(말)는 하여도 된다.

【문제 22】 도로주행검정을 실시하기 위한 도로의 기준으로 적절하지 못한 것은?
① 총 주행거리 4km로 교통량에 비해 폭이 넓고 주행여건이 양호한 도로여야 한다.
② 교통안전표지가 설치된 횡단보도가 있어야 하고 평행주차 주차구획선도 있어야 한다.
③ 매시 40km 이상 주행할 수 있는 1구간 400m의 지시속도구간이 있어야 한다.
④ 차로변경이 가능한 편도 2차로 이상 도로가 있어야 한다(일부구간으로도 가능).

【문제 23】 도로주행검정에 사용되는 자동차가 갖추어야 할 요건이다. 틀린 것은?
① 교통사고로 인한 손해배상금 전액을 보상할 수 있는 보험에 가입되어 있어야 한다.
② 기능검정원이 위험방지를 위해 별도의 제동장치 등 필요한 장치를 하여야 한다.
③ 도로주행검정용자동차에「주행검정」표지와 규정에 의한 도색을 하여야 한다.
④ 「주행검정」표지는 주행검정용 자동차의 앞 뒤 유리창에 부착해야 한다.

【문제 24】 도로주행기능검정원의 채점방법에 대한 설명이다. 맞지 않는 것은?
① 기능검정원은 검정차량에 수검자와 동승하여 테블릿 PC로 자동채점한다.
② 기능검정과정 중 감점사항은 즉시 수검자에게 고지하여 주의를 환기시킨다.
③ 기능검정원은 도로주행시험용차에 동승하여 테블릿 PC로 자동채점하는 방식으로 한다.
④ 자동채점기의 고장으로 전자채점이 곤란한 경우에는 기능검정원이 직접 기록채점한다.

정답 【19】② 【20】④ 【21】④ 【22】① 【23】④ 【24】②

【문제 25】 장내기능검정 또는 도로주행검정의 판정기준으로 잘못된 것은?
① 도로주행검정에 출석하지 못한 사람은 다음 검정 시 그 수검표로 검정을 받을 수 있다.
② 도로주행검정은 수검자 개인별로 검정이 끝난 후 현장에서 합격여부를 판정한다.
③ 기능검정 또는 도로주행검정에 출석하지 아니한 사람은 불합격으로 처리한다.
④ 장내기능검정은 수검자 개인별로 검정이 끝난 후 현장에서 합격여부를 판정한다.

【문제 26】 도로주행검정에 불합격하면 며칠이 지난 후에 재검정을 받을 수 있는가?
① 7일이 지난 후 재검정
② 4일이 지난 후 재검정
③ 3일이 지난 후 재검정
④ 5일이 지난 후 재검정

【문제 27】 전문학원의 수료증발급에 대한 설명이다. 잘못된 것은?
① 학감은 장내기능검정에 합격한 사람에 대하여 수료증을 교부하여야한다.
② 수료증의 유효기간은 교부받은 날부터 1년간이다.
③ 수료증을 잃어버렸거나 헐어 못쓰게 된 때에는 학감에게 신청하여 다시 받을 수 있다.
④ 수료증을 받은 사람이 연습운전면허시험에 응시하면 장내기능시험이 면제된다.

【문제 28】 전문학원의 졸업증발급에 대한 설명으로 잘못된 것은?
① 학감은 도로주행기능검정에 합격한 사람에 대하여 졸업증을 교부하여야 한다.
② 졸업증을 받은 사람은 보통면허시험에 응시하면 도로주행시험이 면제된다.
③ 졸업증의 유효기간은 졸업증을 교부 받은 날부터 1년간이다.
④ 졸업증을 잃어버렸거나 헐어 못쓰게 된 때에는 학감에게 신청하여 다시 받을 수 있다.

【문제 29】 전문학원에서 실시하는 도로주행검정에 합격한 사람에게 주는 증명서는?
① 수료증　② 졸업증　③ 학원수료증명서　④ 교육이수증명서

【문제 30】 전문학원 강사 및 기능검정원의 자격증 발급에 대한 설명이다. 틀린 것은?
① 강사·기능검정원자격시험에 합격하고 연수교육 받은 사람에게 자격증을 발급한다.
② 강사 또는 기능검정원의 자격증은 경찰청장이 발급한다.
③ 자격증을 분실하거나 헐어 못쓰게 된 때 도로교통공단에 재발급을 신청한다.
④ 강사 또는 기능검정원의 자격증은 시·도경찰청장이 발급한다.

【문제 31】 운전전문학원 기능검정원 자격시험에 합격한 사람에게 자격증을 발급하는 기관은?
① 경찰청장　② 시·도경찰청장　③ 전문학원연합회 회장　④ 도로교통공단

【문제 32】 전문학원 학감·강사 및 기능검정원의 강사업무 겸임에 대한 설명이다. 잘못된 것은?
① 강사가 다른 종류의 자격증을 가진 경우 업무에 지장 없는 범위 내에서 겸임할 수 있다.
② 기능검정원이 기능강사자격증을 가진 경우 검정업무에 지장 없는 범위 내에서 기능강사업무를 겸임할 수 있다.
③ 학감은 학과강사자격증이 있는 경우 학과교육과정의 제1교시를 강의할 수 있다.
④ 기능검정원은 자신이 교육한 교육생에 대하여 언제든지 도로주행검정을 실시할 수 있다.

정답 【25】① 【26】③ 【27】② 【28】③ 【29】② 【30】④ 【31】① 【32】④

【문제 33】 전문학원 강사 등의 연수교육에 대한 설명이다. 틀린 것은?
① 연수교육은 학원·전문학원 직원의 자질향상 및 법령개정 등 필요 시 실시한다.
② 학원 또는 전문학원 설립·운영자는 특별한 사유가 없는 한 이에 응하여야 한다.
③ 교육대상자는 학원 또는 전문학원의 설립·운영자, 강사, 기능검정원, 학감 등이다.
④ 설립·운영자는 강사 및 기능검정원이 교육 받을 수 있도록 조치하여야 한다.

【문제 34】 학원 및 전문학원의 수강료 등에 대한 설명이다. 잘못된 것은?
① 학원의 설립·운영자는 수강료와 기능검정료 등 소요경비를 받을 수 있다.
② 교육내용·시간 등을 고려하여 수강료를 정하고 그 기준표를 게시하여야 한다.
③ 수강료 등의 기준표를 초과하여 받아서는 아니 된다.
④ 시·도경찰청장은 수강료를 과도하게 인하하더라도 이의 조정을 명할 수 없다.

【문제 35】 학원 또는 전문학원의 휴원 또는 폐원신고에 대한 절차로 틀린 것은?
① 폐원하는 경우 폐원일로부터 10일 이내 시·도경찰청장에게 신고하여야 한다.
② 1개월 이상 휴원하는 때는 휴원일부터 7일 이내 시·도경찰청장에게 신고하여야 한다.
③ 폐원하는 경우에는 등록증 또는 지정증과 학원 등의 서류 및 장부 등 학사관리자료 일체를 첨부하여야 한다.
④ 폐원하는 경우 폐원일로부터 7일 이내 시·도경찰청장에게 신고하여야 한다.

6 강사·기능검정원의 자격취소·정지기준

【문제 1】 전문학원의 강사가 1차 위반을 하였을 때 자격취소기준이 아닌 것은?
① 교육 중 교육생에게 폭언, 폭행 등으로 물의를 일으킨 때
② 교통사고 또는 도주사고로 금고 이상의 형을 선고받은 때
③ 강사의 자격정지기간 중에 교육을 한 때
④ 거짓이나 그 밖의 부정한 방법으로 강사자격증을 교부받은 때

【문제 2】 전문학원의 강사가 1차 위반을 한 경우 자격취소기준이 아닌 것은?
① 강사의 자격증을 다른 사람에게 빌려준 때
② 교육생에게 금품 등을 강요하거나 이를 받았을 때
③ 강사의 자격정지기간 중에 교육을 한 때
④ 기능교육에 사용되는 자동차의 운전면허가 취소된 때

【문제 3】 전문학원의 학과강사가 강사자격 정지기간에 학과교육을 실시하여 1차 위반한 경우의 처분기준은?
① 자격이 2개월간 정지된다. ② 자격이 6개월간 정지된다.
③ 자격이 3개월간 정지된다. ④ 자격이 취소된다.

정답 【33】③ 【34】④ 【35】① 6.【1】① 【2】② 【3】④

【문제 4】 전문학원 강사가 교육생에게 금품 등을 강요하거나 이를 수수한 경우 1차 위반을 한 경우 행정처분기준은?
① 자격정지 1개월
② 자격정지 2개월
③ 자격정지 6개월
④ 자격취소

【문제 5】 전문학원의 기능강사가 출석사항을 조작한 경우 1차 위반 시 행정처분기준으로 맞는 것은?
① 자격정지 1개월
② 자격정지 3개월
③ 자격정지 6개월
④ 자격정지 2개월

【문제 6】 전문학원 강사가 교육생에게 폭언, 폭행 등으로 물의를 일으킨 경우의 처분기준으로 맞는 것은?
① 1차 위반 시 자격정지 4개월
② 2년 이내 2차 위반 시 자격정지 7개월
③ 2년 이내 3차 위반 시 자격 취소
④ 2년 이내 3차 위반 시 자격정지 1년

【문제 7】 전문학원 강사가 안전사고의 예방을 위하여 필요한 조치를 게을리 한 때의 행정처분기준으로 맞는 것은?
① 1차 위반 시 자격정지 2개월
② 2년 이내 2차 위반 시 자격정지 3개월
③ 2년 이내 3차 위반 시 자격 취소
④ 2년 이내 3차 위반 시 자격정지 3개월

【문제 8】 전문학원 강사가 자격증을 달지 않는 등 품위를 손상한 때의 처분으로 맞는 것은?
① 1차 위반 시 자격정지 1개월
② 2년 이내 2차 위반 시 자격정지 2개월
③ 1년 이내 3차 위반 시 자격정지 2개월
④ 2년 이내 3차 위반 시 자격정지 3개월

【문제 9】 전문학원 강사가 기능시험 전자채점기를 조작하는 등 부정한 면허취득행위에 도운 때의 처분기준으로 맞는 것은?
① 1차 위반 시는 자격정지 3개월
② 2년 이내 2차 위반 시는 자격정지 6개월
③ 1년 이내 3차 위반 시는 자격 취소
④ 2년 이내 2차 위반 시는 자격 취소

【문제 10】 전문학원 강사가 동승교육을 하여야하는 교육생에게 동승교육을 하지 아니한 때의 처분기준으로 맞는 것은?
① 1차 위반 시 자격정지 2개월
② 2년 이내 2차 위반 시 자격정지 2개월
③ 2년 이내 2차 위반 시 자격정지 3개월
④ 2년 이내 3차 위반 시 자격정지 6개월

【문제 11】 전문학원 강사가 무등록학원에서 대가를 받고 자동차운전교육을 한 경우의 처분기준으로 맞는 것은?
① 1차 위반 시 자격 취소
② 2년 이내 2차 위반 시 자격 취소
③ 2년 이내 2차 위반 시 자격정지 6개월
④ 2년 이내 2차 위반 시 자격정지 10개월

정답 【4】③ 【5】③ 【6】③ 【7】④ 【8】③ 【9】④ 【10】② 【11】②

【문제 12】 전문학원 기능검정원이 1차 위반을 하였을 때 자격취소기준이 아닌 것은?
① 허위로 기능검정 합격사실을 증명한 때
② 교육생에게 금품 등을 강요하거나 이를 받았을 때
③ 교통사고 또는 도주사고로 금고 이상의 형의 선고를 받은 때
④ 허위 또는 부정한 방법으로 기능검정원의 자격증을 교부받은 때

【문제 13】 전문학원 기능검정원이 1차 위반을 한 경우 자격취소처분기준이 아닌 것은?
① 장내기능시험전자채점기를 조작한 때
② 기능검정원의 자격증을 다른 사람에게 빌려준 때
③ 기능검정에 사용되는 자동차를 운전할 수 있는 운전면허가 취소된 때
④ 기능검정원의 자격정지기간 중에 기능검정을 실시한 때

【문제 14】 전문학원 기능검정원이 교육생에게 금품 등을 강요하거나 이를 받았을 때의 처분기준으로 맞는 것은?
① 1차 위반 시 자격정지 3개월
② 1차 위반 시 자격정지 5개월
③ 2년 이내 2차 위반 시 자격정지 8개월
④ 2년 이내 2차 위반 시 자격취소

【문제 15】 전문학원 기능검정원이 장내기능시험 전자채점기를 조작한 때의 처분으로 맞는 것은?
① 1차 위반 시 자격정지 3개월   ② 1차 위반 시 자격정지 5개월
③ 2년 이내 2차 위반 시 자격취소   ④ 2년 이내 2차 위반 시 자격정지 1년

【문제 16】 전문학원 기능검정원이 검정 중에 교육생에게 합격을 유도하는 등 검정의 공정성을 결여하는 행위를 한 때의 처분기준으로 맞는 것은?
① 2년 이내 3차 위반 시 자격취소   ② 2년 이내 2차 위반 시 자격정지 5개월
③ 1차 위반 시 자격정지 2개월   ④ 2년 이내 2차 위반 시 자격정지 8개월

【문제 17】 전문학원의 기능검정원이 검정 중에 폭언, 폭행 등으로 물의를 일으킨 때의 처분기준으로 맞는 것은?
① 1차 위반 시 자격정지 2개월   ② 2년 이내 3차 위반 시 자격취소
③ 2년 이내 2차 위반 시 자격정지 8개월   ④ 2년 이내 2차 위반 시 자격정지 5개월

【문제 18】 전문학원의 기능검정원이 부정한 운전면허 취득행위를 도운 때의 처분기준으로 맞는 것은?
① 1차 위반 시 자격정지 2개월   ② 1차 위반 시 자격정지 3개월
③ 2년 이내 2차 위반 시 자격정지 6개월   ④ 2년 이내 2차 위반 시 자격취소

정답 【12】 ② 【13】 ① 【14】 ④ 【15】 ③ 【16】 ① 【17】 ② 【18】 ④

【문제 19】 전문학원 강사 및 기능검정원의 자격정지·취소처분 시 의견청취에 대한 설명으로 맞지 않는 것은?

① 시·도경찰청장은 강사 등의 자격을 정지·취소하는 때에는 의견을 청취하여야 한다.
② 주소불명 등으로 의견 진술의 기회를 줄 수 없는 경우 정지·취소 처분할 수 없다.
③ 강사 등의 자격을 취소·정지처분한 때에는 처분결과를 통지하여야 한다.
④ 자격의 취소·정지처분 통지를 받은 날부터 10일 이내 자격증을 반납하여야 한다.

7 학원 등에 대한 행정처분 등

【문제 1】 학원 및 전문학원의 등록 또는 지정취소처분기준이다. 틀린 것은?

① 허위·부정한 방법으로 학원의 등록을 한 때는 등록취소
② 허위·부정한 방법으로 전문학원의 지정을 받은 때는 지정취소
③ 정당한 사유 없이 개원예정일부터 2개월이 지날 때까지 학원을 개원하지 아니한 때는 등록취소
④ 학원이 운영정지명령을 위반하고 계속 운영하는 때는 1차 위반하였을 때

【문제 2】 전문학원의 설립·운영자 명의로 등록되지 아니한 자동차 또는 시·도경찰청장의 확인을 받지 아니한 자동차로 교육을 실시한 때의 처분기준으로 틀린 것은?

① 1차 위반 시 운영정지 20일
② 2년 이내 2차 위반 시 운영정지 40일
③ 2년 이내 3차 위반 시 운영정지 60일
④ 2년 이내 3차 위반 시 운영정지 70일

【문제 3】 허위·부정한 방법으로 전문학원의 지정을 받은 때 행정처분기준은?

① 등록취소 ② 운영정지 2개월 ③ 지정취소 ④ 운영정지 6개월

【문제 4】 학원 또는 전문학원이 등록사항에 관하여 변경등록을 하지 아니하고 이를 변경하는 등 부정한 방법으로 학원을 운영한 때 처분기준이다. 틀린 것은?

① 1차 위반 시 1개월 이내 시정명령
② 2년 이내 2차 위반 시 운영정지 10일
③ 2년 이내 2차 위반 시 운영정지 30일
④ 2년 이내 3차 위반 시 운영정지 20일

【문제 5】 전문학원이 강사 및 기능검정원 배치기준을 위반한 때 처분기준이다. 틀린 것은?

① 2년 이내 3차 위반 시 운영정지 90일
② 2년 이내 2차 위반 시 운영정지 40일
③ 2년 이내 3차 위반 시 운영정지 60일
④ 1차 위반 시 운영정지 20일

【문제 6】 학원 또는 전문학원이 교육생정원(일시수용능력인원 초과, 1일 최대교육횟수 초과)을 지키지 아니한 때의 처분기준이다. 틀린 것은?

① 1차 위반 시 운영정지 10일
② 2년 이내 3차 위반 시 운영정지 30일
③ 2년 이내 2차 위반 시 운영정지 20일
④ 2년 이내 3차 위반 시 운영정지 40일

정답 【19】② 7.【1】④ 【2】④ 【3】③ 【4】③ 【5】① 【6】④

【문제 7】 전문학원이 매 교시당 교육시간을 지키지 아니한 때의 처분기준이다. 틀린 것은?
① 2년 이내 2차 위반 시 운영정지 15일
② 2년 이내 2차 위반 시 운영정지 20일
③ 2년 이내 3차 위반 시 운영정지 30일
④ 1차 위반 시 운영정지 10일

【문제 8】 전문학원이 교재를 사용하지 않고 교육을 실시한 경우 1차 위반 시 행정처분기준은?
① 1개월 이내 시정명령 ② 운영정지 10일 ③ 운영정지 20일 ④ 운영정지 30일

【문제 9】 학원 및 전문학원이 교육과정에 관한 도로주행교육을 받는 교육생의 정원이 기능교육을 받는 교육생의 정원을 초과 때의 처분기준이다. 잘못된 것은?
① 2년 이내 3차 위반 시 운영정지 40일
② 2년 이내 3차 위반 시 운영정지 30일
③ 2년 이내 2차 위반 시 운영정지 20일
④ 1차 위반 시 운영정지 10일

【문제 10】 학원 및 전문학원이 연습면허를 받지 않은 사람에게 도로주행교육을 실시한 경우 또는 강사가 동승하지 않고 도로주행교육을 실시한 경우의 처분기준이다. 틀린 것은?
① 1차 위반 시 운영정지 20일
② 2년 이내 2차 위반 시 운영정지 40일
③ 2년 이내 3차 위반 시 운영정지 60일
④ 2년 이내 3차 위반 시 운영정지 70일

【문제 11】 전문학원 강사 또는 기능검정원이 신분증명서 또는 자격증을 달지 아니하고 교육을 실시한 때의 처분기준이다. 틀린 것은?
① 1차 위반 시 1개월 이내 시정명령
② 2년 이내 2차 위반 시 시정명령
③ 2년 이내 3차 위반 시 운영정지 30일
④ 2년 이내 3차 위반 시 운영정지 20일

【문제 12】 학원 등의 종사자가 학원 등에 불이익을 주기 위한 목적으로 위반한 경우 또는 제3자가 위반행위를 유도한 경우의 처분기준이다. 맞는 것은?
① 1차 위반 시 운영정지 20일
② 2차 위반 시 운영정지 40일
③ 3차 위반 시 운영정지 60일
④ 행정처분을 감면할 수 있다.

【문제 13】 전문학원이 수강신청에 관한 규정을 위반한 때 처분기준이다. 틀린 것은?
① 1차 위반 시 운영정지 20일
② 2년 이내 2차 위반 시 운영정지 40일
③ 2년 이내 3차 위반 시 운영정지 70일
④ 2년 이내 3차 위반 시 운영정지 60일

【문제 14】 학원 또는 전문학원이 출석사항을 조작하는 등 교육사실을 허위로 확인한 때의 처분기준이다. 옳은 것은?
① 1차 위반 시 운영정지 30일
② 2년 이내 2차 위반 시 운영정지 60일
③ 2년 이내 3차 위반 시 운영정지 90일
④ 2차 위반 시 등록 취소 및 등록, 지정취소

해설 1차 위반 : 학원, 전문학원 다같이 운영정지 180일이다.

【문제 15】 학원 또는 전문학원이 갖추어 두어야 하는 장부 및 서류 등을 갖추어 두지 아니하거나 기록을 유지하지 아니한 때의 처분기준이다. 틀린 것은?
① 1차 위반 시 1개월 이내 시정명령
② 2년 이내 2차 위반 시 시정명령
③ 2년 이내 3차 위반 시 운영정지 20일
④ 2년 이내 3차 위반 시 운영정지 30일

정답 【7】① 【8】① 【9】① 【10】④ 【11】③ 【12】④ 【13】③ 【14】④ 【15】④

【문제 16】 전문학원이 시·도경찰청장이 지정한 노선 외의 도로에서 도로주행교육(연습면허소지자에 대한 교육만 해당)을 실시한 때의 처분으로 틀린 것은?
① 1차 위반 시 운영정지 20일
② 2년 이내 2차 위반 시 운영정지 40일
③ 2년 이내 3차 위반 시 운영정지 60일
④ 2년 이내 3차 위반 시 운영정지 70일

【문제 17】 학원 또는 전문학원이 운전교육생을 모집하기 위한 연락사무소를 설치한 경우 1차 위반 시 행정처분기준은?
① 운영정지 10일   ② 운영정지 20일   ③ 운영정지 30일   ④ 운영정지 40일

【문제 18】 전문학원의 기능검정원이 기능검정의 합격사실을 허위로 증명한 때 전문학원의 행정처분기준이다. 아닌 것은?
① 1차 위반 시 운영정지 180일
② 2년 이내 2차 위반 시 지정취소
③ 2년 이내 2차 위반 시 등록취소
④ 2년 이내 3차 위반 시 지정 및 등록취소

【문제 19】 학원 또는 전문학원이 자료제출이나 보고를 하지 아니 하거나 허위의 자료를 제출 또는 보고한 때 처분기준이다. 틀린 것은?
① 1차 위반 시 10일 운영정지
② 2년 이내 2차 위반 시 운영정지 20일
③ 2년 이내 3차 위반 시 운영정지 30일
④ 2년 이내 3차 위반 시 운영정지 40일

【문제 20】 학원·전문학원이 관계공무원 등의 출입·검사를 거부 방해 또는 기피한 때의 처분기준으로 잘못된 것은?
① 1차 위반 시 운영정지 20일
② 2년 이내 2차 위반 시 운영정지 40일
③ 2년 이내 3차 위반 시 운영정지 60일
④ 2년 이내 3차 위반 시 운영정지 70일

【문제 21】 전문학원이 기능검정원이 아닌 사람으로 하여금 기능검정을 실시하게 한 때 처분기준이다. 틀린 것은?
① 1차 위반 시 운영정지 180일
② 2년 이내 2차 위반 시는 지정취소
③ 2년 이내 2차 위반 시는 운영정지 240일
④ 2년 이내 2차 위반 시는 등록취소

【문제 22】 전문학원이 기능검정에 합격하지 아니한 사람에게 수료증 또는 졸업증을 교부한 때 처분기준으로 틀린 것은?
① 1차 위반 시 운영정지 180일
② 2년 이내 2차 위반 시 등록취소
③ 2년 이내 2차 위반 시 지정취소
④ 2년 이내 2차 위반 시 운영정지 180일

【문제 23】 학원·전문학원의 운영정지명령에 위반하여 학원의 운영 행위를 계속하는 때에 대한 행정처분기준으로 맞지 않는 것은?
① 학원이 1차 위반 시 운영정지 180일
② 학원이 2차 위반 시 지정취소
③ 전문학원이 1차 위반 시 운영정지 180일
④ 전문학원이 2차 위반 시 등록취소 및 지정취소

정답 【16】④ 【17】① 【18】④ 【19】④ 【20】④ 【21】③ 【22】④ 【23】②

제2장 자동차운전 전문학원제도

【문제 24】학원 또는 전문학원의 유사명칭 사용에 대한 설명이다. 아닌 것은?
① 학원 등록을 하지 아니한 자가 학원 등과 유사한 명칭을 사용하여 상호게시 또는 광고하는 행위
② 학원 등록을 하지 않고 도로주행교육용차에 학원과 비슷한 표시를 하는 행위
③ 전문학원이 아닌 학원이 전문학원 또는 이와 비슷한 용어를 사용하는 행위
④ 연습면허 소지자의 무상지도를 위해 학원과 유사명칭 사용 시는 위법이 아니다.
🔹 해설 벌칙 : 1년 이하의 징역이나 300만 원 이하의 벌금

8 지도감독 및 학사관리전산시스템 등

【문제 1】학사관리전산시스템을 통한 시·도경찰청장의 학원 등 지도감독사항이 아닌 것은?
① 교육생의 일시수용 정·현원
② 교육생원부(대장)정리사항
③ 교육평가 및 기능검정사항
④ 학원의 시설·설비관리사항

【문제 2】학사관리전산시스템을 통한 시·도경찰청장의 중점 확인·점검할 사항이 아닌 것은?
① 교육생 정·현원현황 수정기록
② 교육수강사항·교육평가 및 기능검정 수정기록(수기전산입력내용 포함)
③ 학감·강사·기능검정원 및 교육생의 지문 재등록 또는 오류발생기록
④ 프로그램 수정기록 및 프로그램 사용권한부여 기록 등

【문제 3】전산시스템에 의한 교육생원부 등의 관리방법에 대한 설명이다. 틀린 것은?
① 학원의 교육생원부는 전산시스템으로 관리할 수 있다.
② 학원설립·운영자는 전산시스템의 고장에 대비 CD에 교육생원부를 복사·보관하여야 한다.
③ 강사 등이 전산시스템 고장 등으로 교육사항을 수기용 교육생원부에 수기로 기록 또는 수기자료를 전산입력하려는 때는 사전에 서면으로 설립자 또는 학감의 승인을 받아야 한다.
④ 전산시스템으로 관리하는 교육생원부는 교육이 끝나는 날부터 5년간 보관하여야 한다.

【문제 4】전산시스템에 관리하는 교육생원부는 교육 끝난 날부터 몇 년을 보관하여야 하는가?
① 2년   ② 3년   ③ 4년   ④ 5년

【문제 5】전산시스템에 의한 교육생의 수강 사실 인정에 대한 설명이다. 틀린 것은?
① 강의개시 후 10분 이내 지문인식으로 입실이 확인되고 강의종료 후 1시간 이내 지문인식기에 의해 퇴실이 확인되어야 한다.
② 교육확인은 시스템교육생원부에 강사의 기명 또는 인영(전자서명포함)으로 확인된 것에 한한다.
③ 도로주행교육은 입·퇴실확인 불가로 교육종료 후 3시간 이내 강사가 입력한다.
④ 지문인식기로 입·퇴실확인 불가 시는 수기용 교육생원부에 교육시간 기입·날인한다.

【문제 6】전문학원의 보고·검사 및 명령 등 지도감독에 관한 사항이다. 옳지 못한 것은?
① 시·도경찰청장은 학원의 시설·설비와 교육에 관한 통계자료를 보고하게 할 수 있다.
② 시·도경찰청장은 관계공무원으로 하여금 시설·설비, 장부 등을 검사하게 할 수 있다.
③ 시·도경찰청장은 검사결과 필요한 사항에 대하여 시정명령 등을 할 수 있다.
④ 출입·검사하는 관계공무원은 학원의 요구가 없을 시는 증표를 보이지 않아도 된다.

정답 【24】④   8.【1】④ 【2】③ 【3】④ 【4】② 【5】③ 【6】④

【문제 7】 시·도경찰청장은 전문학원에 대한 시정명령을 누구에게 해야 하는가?
① 학감　　② 학과강사　　③ 기능강사　　④ 기능검정원

【문제 8】 거짓·부정한 방법으로 학원등록을 하거나 전문학원지정을 받은 사람에 대한 처벌은?
① 2년 이하의 징역이나 500만 원 이하의 벌금
② 2년 이하의 징역이나 1,000만 원 이하의 벌금
③ 3년 이하의 징역이나 500만 원 이하의 벌금
④ 3년 이하의 징역이나 1,000만 원 이하의 벌금

【문제 9】 전문학원 지정을 받지 아니하고 수료증 또는 졸업증을 발급한 사람에 대한 처벌은?
① 2년 이하의 징역이나 1,000만 원 이하의 벌금
② 2년 이하의 징역이나 500만 원 이하의 벌금
③ 3년 이하의 징역이나 1,000만 원 이하의 벌금
④ 3년 이하의 징역이나 500만 원 이하의 벌금

【문제 10】 학원의 등록을 하지 않고 대가를 받고 자동차운전교육을 한 사람에 대한 처벌은?
① 1년 이하의 징역이나 300만 원 이하의 벌금
② 2년 이하의 징역이나 300만 원 이하의 벌금
③ 2년 이하의 징역이나 500만 원 이하의 벌금
④ 2년 이하의 징역이나 700만 원 이하의 벌금

【문제 11】 전문학원 아닌 학원이 전문학원표시를 하는 유사명칭을 사용한 사람에 대한 처벌은?
① 2년 이하의 징역이나 500만 원 이하의 벌금　② 2년 이하의 징역이나 300만 원 이하의 벌금
③ 1년 이하의 징역이나 500만 원 이하의 벌금　④ 1년 이하의 징역이나 300만 원 이하의 벌금

【문제 12】 학원 등이 다음 사항을 위반하였을 과태료 부과대상이 아닌 것은?
① 교통안전 교육기관 운영의 정지 또는 폐지 신고를 하지 아니한 사람
② 수강료 등을 게시하지 아니하거나 게시된 수강료 등을 초과한 금액을 받는 사람
③ 전문학원이 아닌 학원이 전문학원임을 표시하는 등 유사명칭을 사용하는 사람
④ 수강료 등의 반환 등 교육생의 반환을 위하여 필요한 조치를 아니한 사람

【문제 13】 다음 각호의 사항이 2년 이하의 징역이나 500만 원 이하의 벌금에 해당하지 않는 것은?
① 공동위험행위를 하거나 주도한 사람
② 교통안전교육강사가 수강결과를 교통안전교육기관의 장에게 거짓으로 보고한 경우
③ 교통안전교육을 받지 아니한 사람에게 교육확인증을 발급한 교통안전교육기관의 장
④ 교통안전교육강사가 아닌 사람으로 하여금 교통안전교육을 하게 한 교육안전교육기관의 장

【문제 14】 학원 등이 강사의 인적사항과 교육과목을 게시하지 아니한 때의 과태료는?
① 300만 원　　② 100만 원　　③ 200만 원　　④ 500만 원

정답　【7】①　【8】①　【9】②　【10】③　【11】④　【12】③　【13】④　【14】②

제3장 교통안전교육

제1절 교통안전교육과 특별 교통안전교육 (법제73조)

1 교통안전교육

(1) 교통안전교육은 운전면허 기능시험의 선결요건 (법제73조제1항)

운전면허를 받으려는 사람은 학과시험에 응시하기 전에 다음 각 호의 사항에 관한 교통안전교육을 받아야 한다. 다만, 교통안전교육기관에서 실시하는 특별교통안전 의무교육을 받은 사람 또는 자동차운전 전문학원에서 학과교육을 수료한 사람은 그러하지 아니하다.

① 운전자가 갖추어야 하는 기본예절　② 도로교통에 관한 법령과 지식
③ 안전운전능력　④ 교통사고의 예방과 처리에 관한 사항
⑤ 어린이·장애인 및 노인의 교통사고 예방에 관한 사항
⑥ 친환경 경제운전에 필요한 지식과 기능
⑦ 긴급자동차에 길 터주기 요령
⑧ 그 밖에 교통안전의 확보를 위하여 필요한 사항

(2) 교통안전교육 과목, 내용, 방법, 시간 등 (규칙제46조·제46의2·제46의3 별표16, 474쪽 참조)

교통안전교육, 특별교통안전 의무교육과 특별교통안전 권장교육, 긴급자동차에 대한 교통안전교육, 75세 이상인 사람에 대한 교통안전교육의 과목·내용·방법 및 시간은 다음과 같다.

① 교통안전교육 : 운전면허를 신규로 받으려는 사람(1시간)
② 특별 교통안전교육
　　㉠ 의무교육(음주운전교육-5년 동안 처음) : 12시간(4시간씩 3회)
　　　　(음주운전교육-5년 동안 2번) : 16시간(4시간씩 4회)
　　　　(음주운전교육-5년 동안 3번) : 48시간(4시간씩 12회)
　　㉡ 배려운전교육 : 6시간, ㉢ 법규준수교육(의무) : 6시간
③ 특별 교통안전 권장교육 : 법규준수교육(권장)-6시간, 벌점감경교육-4시간,
　　　　　　　　　　　　　　현장참여교육-8시간, 고령운전교육-3시간
④ 긴급자동차 교통안전교육 : 2시간(신규 교통안전교육 3시간)
⑤ 75세 이상인 사람에 대한 교통안전교육 : 2시간
⑥ 음주운전 방지장치부착 조건부 운전면허 시험응시 전 교통안전교육-1시간

[별표16]

[교통안전교육의 과목·내용·방법 및 시간]

(규칙제46조제1항 관련)

(1) 교통안전교육

교육 대상자	교육 시간	교육과목 및 내용	교육 방법
운전면허를 신규로 받으려는 사람	1시간	○ 교통환경의 이해와 운전자의 기본예절 ○ 도로교통 법령의 이해 ○ 안전운전 기초이론 ○ 위험예측과 방어운전 ○ 교통사고의 예방과 처리 ○ 어린이·장애인 및 노인의 교통사고 예방 ○ 긴급자동차에 길 터주기 요령 ○ 친환경 경제운전의 이해 ○ 전 좌석 안전띠 착용 등 자동차안전의 이해	시청각

비고 1. 교통안전교육은 운전면허 학과시험 전에 함께 실시할 수 있다.
2. 교육과목·내용 및 방법은 교통여건 등 변화에 따라 조정할 수 있다.

(2) 특별교통안전교육

가. 특별교통안전 의무교육

교육 과정	교육 대상자		교육 시간	교육과목 및 내용	교육 방법
음주 운전 교육	(1) 음주 운전이 원인이 되어 법 제73조제2항제1호부터 제3호까지에 해당하는 사람	최근 5년 동안 처음으로 음주 운전을 한 사람	12시간 (3회, 회당 4시간)	○ 음주 운전 위험 요인 ○ 음주 운전과 교통사고 ○ 안전 운전과 교통 법규 ○ 음주 운전 성향 진단 및 해설	강의·시청각·발표·토의·영화 상영·진단 등
		최근 5년 동안 2번 음주 운전을 한 사람	16시간 (4회, 회당 4시간)	○ 음주 운전 위험 요인 ○ 음주 운전과 교통사고 ○ 안전 운전과 교통 법규 ○ 음주 운전 성향 진단 및 해설 ○ 음주 운전 가상 체험 및 참여	강의·시청각·발표·토의·영화 상영·진단·필기 검사·과제 작성 등
		최근 5년 동안 3번 이상 음주 운전을 한 사람	48시간 (12회, 회당 4시간)	○ 음주 운전 위험 요인 ○ 음주 운전과 교통사고 ○ 안전 운전과 교통 법규 ○ 음주 운전 성향 진단 및 해설 ○ 음주 운전 가상 체험 및 참여 ○ 행동 변화를 위한 상담	강의·시청각·발표·토의·영화 상영·진단·필기 검사·과제 작성·실습·상담 등
배려 운전 교육	(2) 보복 운전이 원인이 되어 법 제73조제2항제1호부터 제3호까지에 해당하는 사람		6시간	○ 스트레스 관리 ○ 분노 및 공격성 관리 ○ 공감 능력 향상 ○ 보복 운전과 교통안전	강의·시청각·토의·검사·영화 상영 등

교육 과정	교육 대상자	교육 시간	교육과목 및 내용	교육 방법
법규 준수 교육 (의무)	(3) (1), (2)를 제외하고 법 제73조제2항 각 호에 해당하는 사람	6시간	○ 교통 환경과 교통 문화 ○ 안전 운전의 기초 ○ 교통 심리 및 행동 이론 ○ 위험 예측과 방어 운전 ○ 운전 유형 진단 교육 ○ 교통 관련 법령의 이해	강의·시청각·토의·검사·영화상영 등

[비고] 1. 교육과목·내용 및 방법에 관한 그 밖의 세부내용은 도로교통공단이 정한다.
2. 위 표의 (1)에 해당하는 교육대상자 선정 시 음주운전 횟수 산정기준은 다음 각 목에 따른다.
  가. 해당 처분의 원인이 된 음주운전도 횟수 산정 시 포함한다.
  나. "최근 5년"은 해당 처분의 원인이 된 음주운전을 한 날을 기준으로 기산한다.

나. 특별교통안전 권장교육

교육 과정	교육 대상자	교육 시간	교육과목 및 내용	교육방법
법규 준수 교육 (권장)	(1) 법 제73조제3항제1호에 해당하는 사람 중 교육받기를 원하는 사람	6시간	○ 교통환경과 교통문화 ○ 안전운전의 기초 ○ 교통심리 및 행동이론 ○ 위험예측과 방어운전 ○ 운전유형 진단 교육 ○ 교통관련 법령의 이해	강의·시청각·토의·검사·영화상영 등
벌점 감경 교육	(2) 법 제73조제3항제2호에 해당하는 사람 중 교육받기를 원하는 사람	4시간	○ 교통질서와 교통사고 ○ 운전자의 마음가짐 ○ 교통법규와 안전 ○ 운전면허 및 자동차 관리 등	강의·시청각·영화상영 등
현장 참여 교육	(3) 법 제73조제3항제3호에 해당하는 사람이나 (1)의 교육을 받은 사람 중 교육받기를 원하는 사람	8시간	○ 도로교통 현장 관찰 ○ 음주 등 위험상황에서의 운전 가상체험 ○ 교통법규 위반별 사고 사례분석 및 토의 등	도로교통현장관찰·강의·시청각·토의·영화상영 등
고령 운전 교육	(4) 법 제73조제3항제4호에 해당하는 사람 중 교육받기를 원하는 사람	3시간	○ 신체 노화와 안전 운전 ○ 약물과 안전 운전 ○ 인지 능력 자가 진단 및 그 결과에 따른 안전 운전 요령 ○ 교통 관련 법령의 이해 ○ 고령 운전자 교통사고 실태	강의·시청각·인지능력 자가진단 등

[비고] 1. 교육 대상자가 「치매 관리법」 제17조에 따른 치매 안심 센터 또는 「의료법」 제3조제2항제1호가목 및 같은 항 제3호가목·마목에 따른 의원·병원·종합병원에서 교육 실시일 전 1년 이내에 받은 「치매 관리법 시행규칙」 제3조에 따른 선별 검사 또는 진단 검사 결과를 제출하면 그 결과에 따라 위 표 고령 운전 교육의 교육 과목 및 내용란 중 인지 능력 자가 진단 및 그 결과에 따른 안전운전 요령에 포함된 치매 선별을 위한 자가 진단을 대체할 수 있다.
2. 교육 과목·내용 및 방법에 관한 그 밖의 세부 내용은 도로 교통 공단이 정한다.

(3) 긴급자동차 교통안전교육

교육 대상자	교육시간	교육과목 및 내용	교육방법
법 제73조제4항에 해당하는 사람	2시간 (3시간)	(1) 긴급자동차 관련 도로교통법령에 관한 내용 (2) 주요 긴급자동차 교통사고 사례 (3) 교통사고 예방 및 방어운전 (4) 긴급자동차 운전자의 마음가짐 (5) 긴급자동차의 주요 특성	강의 · 시청각 · 영화상영 등

[비고] 1. 교육과목 · 내용 및 방법에 관한 그 밖의 세부내용은 도로교통공단이 정한다.
2. 위 표의 교육시간에서 괄호 안의 것은 신규 교통안전교육의 경우에 적용한다.

(4) 75세 이상인 사람에 대한 교통안전교육

교육 대상자	교육시간	교육과목 및 내용	교육방법
법 제73조제5항에 해당하는 사람	2시간	(1) 신체 노화와 안전운전 (2) 약물과 안전운전 (3) 인지능력 자가진단 및 그 결과에 따른 안전운전 요령 (4) 교통관련 법령의 이해 (5) 고령 운전자 교통사고 실태	강의 · 시청각 · 인지능력 자가 진단 등

[비고] 1. 교육 대상자가 「치매 관리법」 제17조에 따른 치매 안심 센터 또는 「의료법」 제3조제2항제1호가목 및 같은 항 제3호가목 · 마목에 따른 의원 · 병원 · 종합 병원에서 교육 실시일 전 1년 이내에 받은 「치매 관리법 시행규칙」 제3조에 따른 선별 검사 또는 진단 검사 결과를 제출하면 그 결과에 따라 위 표 (3) 인지 능력 자가 진단 및 그 결과에 따른 안전 운전 요령에 포함된 치매 선별을 위한 자가 진단을 대체할 수 있다.
2. 교육 대상자가 운전면허증 갱신발급 신청일 전 1년 이내에 법 제73조제3항제4호에 해당하여 특별 교통안전 권장 교육을 받은 경우에는 위 표의 교통안전 교육을 받은 것으로 본다.
3. 교육 과목 · 내용 및 방법에 관한 그 밖의 세부 사항은 도로 교통 공단이 정한다.

(5) 음주운전 방지장치 부착 조건부 운전면허 시험 응시 전 교통안전교육

교육 대상자	교육시간	교육과목 및 내용	교육방법
법 제73조 제6항에 해당하는 사람	1시간	(1) 음주운전 방지장치 부착 자동차 등의 운전자 준수사항 (2) 음주운전 방지장치의 작동방법 (3) 음주운전의 위험성 및 예방 필요성	강의 · 시청각 등

1. 교통안전 교육용 교재 (규칙제46조제2항)

교통안전교육을 실시함에 있어서 필요한 교재는 교통안전교육기관 또는 자동차운전 전문학원연합회에서 제작하고 경찰청장이 감수한 교재를 사용하여야 한다. 다만, 특별한 교통안전교육을 실시함에 있어서는 도로교통공단에서 제작하고 경찰청장이 감수한 교재를 사용하여야 한다.

2. 특별한 교통안전교육의 실시 통지 (규칙제46조제3항)

시 · 도경찰청장 또는 경찰서장은 운전면허정지 · 취소처분결정 통지서를 발송 또는 발급할 때에는 특별교통안전교육의 실시에 관한 사항을 함께 알려주어야 한다.

3. 교육확인증의 발급 (규칙제46조제4항)

교통안전교육기관의 장 또는 도로교통공단 이사장은 교통안전교육 또는 특별교통안전교육을 받은 사람에 대하여는 「교육확인증」을 발급하여야 한다.

2 특별 교통안전교육

(1) 특별 교통안전 의무교육 대상 (법제73조제2항)

자동차 등의 운전자 또는 운전면허 취소처분이나 운전면허효력 정지처분을 받은 사람으로서 다음 각 호의 어느 하나에 해당하는 사람은 대통령령으로 정하는 바에 따라 특별 교통안전 의무교육을 받아야 한다. 이 경우 ②호부터 ⑤호에 해당하는 경우로서 부득이한 사유가 있으면 대통령령으로 정하는 바에 따라 의무교육의 연기(延期)를 받을 수 있다.

① 운전면허 취소처분을 받은 사람(적성검사를 받지 아니하거나 그 적성검사에 불합격한 경우 또는 운전면허를 실효(失效)시킬 목적으로 시·도경찰청장에게 자진하여 운전면허를 반납하는 경우 제외)으로서 운전면허를 다시 받으려는 사람

② 술에 취한 상태에서의 운전, 공동위험행위, 난폭운전, 교통사고나 특수상해, 특수폭행, 특수협박, 특수손괴에 해당하여 운전면허효력 정지처분을 받게 되거나 받은 사람으로서 그 정지기간이 끝나지 아니한 사람

③ 운전면허 취소처분 또는 정지처분(음주운전, 공동위험행위, 난폭운전, 교통사고나 특수상해, 특수폭행, 특수협박, 특수손괴에 해당하여 운전면허효력 정지처분 대상인 경우로 한정)이 면제된 사람으로서 면제된 날로부터 1개월이 지나지 아니한 사람

④ 운전면허효력 정지처분을 받게 되거나 받은 초보운전자로서 그 정지기간이 끝나지 아니한 사람

⑤ 어린이 보호구역에서 운전 중 어린이를 사상하는 사고를 유발하여 벌점을 받은 날부터 1년 이내의 사람

(2) 특별교통안전 권장교육 대상 (법제73조제3항)

다음 각 호의 어느 하나에 해당하는 사람이 시·도경찰청장에게 신청하는 경우에는 대통령령으로 정하는 바에 따라 특별교통안전 권장교육을 받을 수 있다. 이 경우 권장교육을 받기 전 1년 이내에 해당 교육을 받지 아니한 사람에 한정한다.

① 교통법규 위반 사유 외의 사유로 인하여 운전면허효력 정지처분을 받게 되거나 받은 사람

② 교통법규 위반 등으로 인하여 운전면허효력 정지처분을 받을 가능성이 있는 사람

③ 제73조 제2항제2호부터 제4호까지에 해당하여 제2항에 따른 특별교통안전 의무교육을 받은 사람

④ 운전면허를 받은 사람 중 교육을 받으려는 날에 65세 이상인 사람

3 긴급자동차 교통안전교육 (법제73조제4항)

긴급자동차의 운전업무에 종사하는 사람으로서 대통령령으로 정하는 사람은 대통령령으로 정하는 바에 따라 정기적으로 긴급자동차의 안전운전 등에 관한 교육을 받아야 한다.

(1) 긴급자동차 교통안전교육 대상 (영제38조의2)

① 법 제2조제22호가목부터 다목까지의 규정에 해당하는 자동차의 운전자
　　가. 소방차　　　　나. 구급차　　　　다. 혈액 공급차량
② 시행령 제2조제1항 각 호에 해당하는 자동차의 운전자

> **해설**
>
> **시행령 제2조제1항 각 호**
> 1. 경찰용 자동차 중 범죄수사, 교통단속, 그 밖의 긴급한 경찰업무 수행에 사용되는 자동차
> 2. 국군 및 주한 국제연합군용 자동차 중 군 내부의 질서 유지나 부대의 질서 있는 이동을 유도(誘導)하는 데 사용되는 자동차
> 3. 수사기관의 자동차 중 범죄수사를 위하여 사용되는 자동차
> 4. 다음 각 목의 어느 하나에 해당하는 시설 또는 기관의 자동차 중 도주자의 체포 또는 수용자, 보호관찰 대상자의 호송·경비를 위하여 사용되는 자동차
>   가. 교도소·소년교도소 또는 구치소
>   나. 소년원 또는 소년분류심사원
>   다. 보호관찰소
> 5. 국내외 요인(要人)에 대한 경호업무 수행에 공무(公務)로 사용되는 자동차
> 6. 전기사업, 가스사업, 그 밖의 공익사업을 하는 기관에서 위험 방지를 위한 응급작업에 사용되는 자동차
> 7. 민방위업무를 수행하는 기관에서 긴급예방 또는 복구를 위한 출동에 사용되는 자동차
> 8. 도로관리를 위하여 사용되는 자동차 중 도로상의 위험을 방지하기 위한 응급작업에 사용되거나 운행이 제한되는 자동차를 단속하기 위하여 사용되는 자동차
> 9. 전신·전화의 수리공사 등 응급작업에 사용되는 자동차
> 10. 긴급한 우편물의 운송에 사용되는 자동차
> 11. 전파감시업무에 사용되는 자동차

(2) 긴급자동차 교통안전교육 구분 (영제38조의2제2항)

① 긴급자동차의 안전운전 등에 관한 교육은 다음 각 호의 구분에 따라 실시한다.
　　1. 신규 교통안전교육 : 최초로 긴급자동차를 운전하려는 사람을 대상으로 실시하는 교육
　　2. 정기 교통안전교육 : 긴급자동차를 운전하는 사람을 대상으로 3년마다 정기적으로 실시하는 교육. 이 경우 직전에 긴급자동차 교통안전교육을 받은 날부터 기산하여 3년이 되는 날이 속하는 해의 1월 1일부터 12월 31일 사이에 교육을 받아야 한다.
② 긴급자동차 교통안전교육은 도로교통공단에서 실시한다. 다만, 긴급자동차 교통안전교육 대상자가 국가기관 및 지방자치단체에 소속된 사람인 경우에는 소속 기관에서 실시하는 교육훈련의 방법으로 실시할 수 있다.

(3) 긴급자동차의 교통안전교육 (영제38조의 2 ④)

① 긴급자동차 교통안전교육은 다음 각 호의 사항에 대하여 강의·시청각교육 등의 방법으로 제2항제1호에 따른 **신규 교통안전교육은 3시간 이상**, 같은 항 제2호에 따른 **정기 교통안전교육은 2시간 이상** 실시한다.
  1. 긴급자동차와 관련된 도로교통법령
  2. 긴급자동차의 주요 특성
  3. 긴급자동차 교통사고의 주요 사례
  4. 교통사고 예방 및 방어운전
  5. 긴급자동차 운전자의 마음가짐

② 긴급자동차 교통안전교육의 과목·내용·방법·시간, 그 밖에 필요한 사항은 별표16의 3과 같다.

4 75세 이상인 사람에 대한 교통안전교육 (법제73조제5항)

75세 이상인 사람으로서 운전면허를 받으려는 사람은 시험에 응시하기 전 또는 운전면허증 갱신일에 75세 이상인 사람은 운전면허증 갱신기간 이내에 각각 다음 각 호의 사항에 관한 교통안전교육을 받아야 한다.
① 노화와 안전운전에 관한 사항
② 약물과 운전에 관한 사항
③ 기억력과 판단능력 등 인지능력별 대처에 관한 사항
④ 교통관련 법령 이해에 관한 사항

5 음주운전 방지장치 부착 조건부 운전면허 시험 응시 전 교통안전교육 (영제38조의3)

(1) 음주운전 방지장치 부착 조건부 운전면허를 받으려는 사람의 교통안전교육은 다음 각 호의 사항에 대하여 강의·시청각교육 등의 방법으로 1시간 실시한다.
  ① 음주운전 방지장치가 설치된 자동차 등의 운전자 준수사항
  ② 음주운전 방지장치의 작동방법
  ③ 음주운전의 위험성 및 예방 필요성

(2) (1)항에 따른 교통안전교육은 한국도로교통공단에서 실시한다.

(3) (1)항에 따른 교통안전교육의 과목·내용·방법 및 실시 등에 관하여 필요한 사항은 행정안전부령으로 정한다.

6 특별 교통안전교육의 연기 (영제38조제5항)

법제73조제2항제2호부터 제4호까지의 규정에 해당하는 사람이 다음 각 호의 어느 하나에 해당하는 사유로 특별교통안전 의무교육을 받을 수 없을 때에는 특별교통안전 의무교육 연기신청서에 그 **연기사유를 증명할 수 있는 서류**를 첨부하여 **경찰서장에게 제출**하여야 한다. 이 경우 특별교통안전 의무교육의 연기를 받은 사람은 그 **사유가 없어진 날부터 30일 이내**에 특별교통안전 의무교육을 받아야 한다.
① 질병이나 부상으로 인하여 거동이 불가능한 경우

② 법령에 따라 신체의 자유를 구속당한 경우
③ 그 밖에 부득이하다고 인정할 만한 상당한 이유가 있는 경우

7 특별교통안전교육에 따른 처분벌점 및 정지처분 집행일수의 감경
(규칙제91조제1항 별표28 : 운전면허취소·정지처분기준)

(1) 처분벌점이 40점 미만인 사람이 특별교통안전 권장교육 중 벌점감경교육을 마친 경우에는 경찰서장에게「교육확인증」을 제출한 날부터 처분벌점에서 20점을 감경한다.

(2) 운전면허 정지처분을 받게 되거나 받은 사람이 **특별교통안전 의무교육**이나 **특별교통안전 권장교육** 중 **법규준수교육(권장)**을 마친 경우에는 경찰서장에게「교육확인증」을 제출한 날부터 정지처분기간에서 20일을 감경한다. 다만, 해당 위반행위에 대하여 운전면허행정처분 이의심의위원회의 심의를 거치거나 행정심판 또는 **행정소송을 통하여 행정처분이 감경된 경우**에는 정지처분 기간을 추가로 감경하지 아니하고, 정지처분이 감경된 때에 한정하여 누산점수를 20점 감경한다.

(3) 운전면허 정지처분을 받게 되거나 받은 사람이 특별교통안전 의무교육이나 특별교통안전 권장교육 중 법규준수교육(권장)을 마친 후에 특별교통안전권장교육 중 **현장참여교육**을 마친 경우에는 경찰서장에게「교육확인증」을 제출한 날부터 정지처분 기간에서 30일을 추가로 감경한다. 다만, 해당 위반행위에 대하여 운전면허행정처분 이의심의위원회의 심의를 거치거나 행정심판 또는 행정소송을 통하여 행정처분이 감경된 경우에는 그러하지 아니하다.

제2절 교통안전교육기관의 지정 등

1 교통안전교육기관의 지정 (법제74조제1항·제2항)

(1) 운전면허를 받으려는 사람이 받아야 하는 교통안전교육은 자동차운전 전문학원과 시·도경찰청장이 지정한 기관이나 시설에서 한다.

(2) 시·도경찰청장은 교통안전교육을 하기 위하여 다음 각 호의 어느 하나에 해당하는 기관이나 시설이 대통령령으로 정하는 시설·설비 및 강사 등의 요건을 갖추어 신청하는 경우에는 해당 기관이나 시설을 교통안전교육을 하는 기관(이하"교통안전교육기관"이라 한다)으로 지정할 수 있다.
① 법제99조에 따른 자동차운전학원
② 한국도로교통공단과 그 지부(支部)·지소 및 교육기관
③「평생교육법」제30조제2항에 따른 평생교육과정이 개설된 대학부설 평생교육시설

④ 제주특별자치도 또는 시·군 자치구에서 운영하는 교육시설

(3) 시·도경찰청장은 교통안전교육기관을 지정한 경우에는 「교통안전교육기관 지정증」을 발급하여야 한다 (법제74조제3항).

(4) 시·도경찰청장은 다음 각호의 어느 하나에 해당하는 기관이나 시설을 교통안전교육기관으로 지정하여서는 아니 된다 (법제74조제4항).
① 지정이 취소된 교통안전교육기관을 설립·운영한 자가 그 지정이 **취소된 날부터 3년 이내**에 설립·운영하는 기관 또는 시설
② 지정이 **취소된 날부터 3년 이내에 같은 장소에서** 설립·운영하는 기관 또는 시설

2 교통안전교육기관의 지정기준 (영제39조)

법제74조제2항에 따라 교통안전교육을 하는 기관으로 지정받기 위한 시설·설비 및 강사 등의 지정기준은 다음과 같다.

(1) **시설·설비기준** (영제39조제1호)
① 별표5 제1호 내지 제6호까지의 규정(양호실에 관한 기준을 제외한다)에 따른 전문학원의 시설·설비의 기준을 갖출 것(제39조1호.가)

> **해설**
>
> [별표5] 「학원 및 전문학원의 시설·설비 등의 기준(제1호 내지 제6호)(영제67조제2항)
> 1. 강의실
>   ① 학과교육의 강의실의 면적은 60m² 이상 135m² 이하로 하되 1m²당 수용인원은 1명을 초과하지 않을 것
>   ② 도로교통에 관한 법령·지식과 자동차의 구조 및 기능에 관한 강의를 위하여 필요한 책상·의자와 각종 보충교재를 갖출 것
> 2. 사무실 : 사무실에는 교육생이 제출한 서류 등을 접수할 수 있는 창구와 휴게실을 설치할 것
> 3. 화장실 및 급수시설 : 학원 또는 전문학원 규모에 맞는 적절한 화장실 및 급수시설을 갖추되 급수시설의 경우 상수도를 사용하는 경우 외에는 그 수질이 「먹는 물 관리법」 제5조제3항에 따른 기준에 적합할 것
> 4. 채광시설, 환기시설, 냉·난방시설 및 조명시설 : 보건위생상 적절한 채광시설, 환기시설 및 냉난방시설을 갖추되 야간교육을 하는 경우 그 조명시설은 책상면과 칠판면의 조도가 150룩스 이상일 것
> 5. 방음시설 및 소방시설 : 「소음·진동관리법제21조제2항」에 따른 생활소음의 규제기준에 적합한 방음시설과 「소방시설설치 및 관리에 관한 법률」에 따른 방화 및 소방에 필요한 시설을 갖출 것
> 6. 휴게실 및 양호실(양호실 기준은 제외) : 교육생의 정원이 500명 이상인 경우에는 제2호에 따른 사무실 안의 휴게실 외에 면적이 15m² 이상인 휴게실과 면적이 7m²(전문학원의 경우에는 16.5m²) 이상으로서 응급처치시설이 포함된 양호실을 갖출 것

② 경찰청장이 정하여 고시하는 교통안전교육 관리용 전산시스템(본인 여부를 확인할 수 있는 장치를 포함한다) 및 강의용 교육기자재를 갖출 것(제39조1호.나)

(2) **강사기준** (영제39조제2호)
법제76조(교통안전교육강사의 자격기준)에 따른 **교통안전교육강사를 1명 이상 둘 것**. 이 경우 **전문학원에서는 학과교육강사가 교통안전교육강사를 겸임**할 수 있다.

(3) 운영기준 (영제39조제3호)

매주 1회 이상의 야간교육과정과 매월 1회 이상의 토요일·일요일 또는 공휴일 교육과정을 포함하여 1시간의 교육과정을 매주 5회 이상 운영할 수 있을 것

3 교통안전교육기관의 지정신청 등 (규칙제47조제1항 ~ 제4항)

(1) 교통안전교육을 실시하는 기관 또는 시설로 지정 받으려는 자는「교통안전교육기관 지정신청서」에 다음 각호의 서류를 첨부하여 시·도경찰청장에게 제출하여야 한다.
 ① 교통안전교육기관카드 1부
 ② 부대시설·설비 등을 나타내는 도면 1부
 ③ 교통안전교육기관의 시설 등의 사용에 관한 전세 또는 임대차 계약서 사본 1부(교통안전교육기관의 시설 등이 다른 사람의 소유인 경우에 한한다)
 ④ 교통안전교육강사의 자격을 증명할 수 있는 서류 사본 1부
 ⑤ 교통안전교육기관의 직인(한변의 길이가 3센티미터인 정사각형의 것을 말한다) 및 교통안전교육기관의 장·운영책임자의 도장의 인영

(2) 위 (1)항에 따라 서류를 제출받은 시·도경찰청장은「전자정부법」제36조제1항에 따른 행정정보의 공동이용을 통하여 다음 각 호의 서류를 확인하여야 한다. 다만, 주민등록표 초본은 신청인이 확인에 동의하지 아니하는 경우에는 이를 제출(주민등록증 등 신분증명서를 제시하는 것으로 갈음할 수 있다.)하도록 하여야 한다.
 ① 설립·운영하는 자의 법인등기사항증명서(설립·운영하는 자가 법인인 경우에 한한다)
 ② 교통안전교육기관의 토지대장 등본 및 건축물대장 등본
 ③ 교통안전교육기관의 장의 주민등록표 초본(운영책임자를 임명한 경우에는 운영책임자의 주민등록표 초본을 포함한다)
 ④ 설립·운영하는 자의 주민등록표초본(설립·운영자가 개인인 경우에 한정한다)

(3) 교통안전교육기관의 장은 기관 또는 시설의 고유명칭에「부설교통안전교육기관」이라고 표시하여 이를 교통안전교육기관의 명칭으로 사용하여야 한다.

(4) 시·도경찰청장은 교통안전교육기관을 지정한 때에는 교통안전교육기관 지정증을 신청인에게 교부하고, 그 사실을 교통안전교육기관 지정대장에 기록·관리하여야 한다.

4 교통안전교육기관의 운영책임자 (법제75조제1항·제2항)

(1) 교통안전교육기관의 장은 교육업무를 효율적으로 관리하기 위하여 필요하다고 인정하면 해당 기관의 소속 직원(교통안전교육강사를 제외한다) 중에서 교통안전교육기관의 운영책임자를 임명할 수 있다.

(2) 교통안전교육기관의 장이 교통안전교육기관의 운영책임자를 임명한 경우에는 교통안전교육강사를 지도·감독하고 교통안전교육업무가 공정하게 이루어지도록 관리하여야 한다.

(3) 교통안전기관의 장이 운영책임자를 선임 또는 해임한 때에는 지체 없이 시·도경찰청장에게 통보하여야 한다(동법규칙제48조).

제3장 교통안전교육

5 교통안전교육의 관리 등 (규칙제49조제1항 내지 제7항)

(1) 교통안전교육기관의 장(교통안전교육기관의 운영책임자를 임명한 때에는 그 운영책임자를 말한다. 이하 같다)은 교육 당일 교육생이 본인인지의 여부를 확인하여야 한다.

(2) 교통안전교육강사는 교육이 시작되기 전에 교육생명단을 작성한 후 교육을 마친 때에는 교육생이 교육을 이수하였는지의 여부를 확인하여 교육생명단에 서명 또는 날인하고 이를 교통안전교육기관의 장에게 제출하여 그 결과를 보고하여야 한다.

(3) 교통안전교육기관의 장은 위 (2)항에 따른 보고를 받은 경우에는 교육과정을 모두 이수한 교육생에 대하여 「교육확인증」을 교부하고, 「교육확인증 발급현황」을 「교육확인증발급대장」에 기록하여 보관해야 한다.

(4) 교통안전교육기관의 장은 위 (3)항에 따라 「교육확인증」을 받은 사람이 「교육확인증」을 분실 또는 훼손하여 재발급을 신청한 때에는 「교육확인증발급대장」에 그 사실을 기록하고 재발급할 수 있다.

(5) 교통안전교육기관의 장은 교통안전교육관리용 전산시스템을 수시로 점검하여 항상 정상적으로 작동되도록 하여야 한다.

(6) 교통안전교육기관에는 별표17의 장부 및 서류를 갖추어 관련 기록을 정확하게 유지하여야 한다.

> **해설**
> 별표17의 교통안전교육기관에 갖추어 두어야 할 장부 및 서류(규칙제49조⑥) (393쪽 참조)
> 1. 교통안전 교육기관 지정증 및 지정관계서류(준영구)
> 2. 교통안전 교육기관 카드(준영구)
> 3. 교육확인증 발급대장(3년)
> 4. 직원 명부(강사자격의 입증서류 포함)(3년)
> 5. 문서접수 및 발송대장(1년)
> 6. 수강료 영수증 원부철(1년)
> 7. 교육수강자 명단(1년)
> 8. 현금 출납부(1년)
> 9. 운영책임자 선임·해임 통지서(1년)

(7) 위 (1)항 내지 (6)항은 도로교통공단에서 실시하는 특별 교통안전교육의 관리에 관하여 이를 준용한다.

6 교통안전교육강사의 자격기준 등 (법제76조제1항 내지 제6항)

(1) 교통안전교육기관에는 교통안전교육강사를 두어야 한다.

(2) 교통안전교육강사는 다음 중 어느 하나에 해당하는 사람이어야 한다.

① 제106조제2항(자동차운전 전문학원의 강사)의 규정에 의하여 **경찰청장이** 발급한 학과교육 강사자격증을 소지한 사람

② **도로교통 관련 행정 또는 교육업무에 2년 이상 종사한 경력이 있는 사람**으로서 대통령령으로 정하는 교통안전교육 강사자격 교육을 받은 사람

(3) 다음 각 호의 어느 하나에 해당하는 사람은 교통안전교육강사가 될 수 없다.
다음 각 목의 어느 하나에 해당하는 죄를 저질러 금고 이상의 형을 선고받고 그 집행이 끝나거나 집행이 면제된 날부터 2년이 지나지 아니한 사람 또는 그 집행유예기간 중에 있는 사람
㉠ 교통사고처리 특례법 제3조 제1항에 따른 죄
㉡ 특정범죄 가중처벌 등에 관한 법률 제5조의3, 제5조의11제1항 및 제5조의13에 따른 죄
㉢ 성폭력범죄의 처벌 등에 관한 특례법 제2조에 따른 성폭력범죄
㉣ 아동·청소년의 성보호에 관한 법률 제2조에 따른 아동·청소년 대상 성범죄

(4) 교통안전교육기관의 장은 교통안전교육강사가 아닌 사람으로 하여금 교통안전교육을 하게 하여서는 아니 된다.

(5) 시·도경찰청장은 도로교통 관련 법령이 개정되거나 효과적인 교통안전교육을 위하여 필요하다고 인정하면 교통안전교육강사를 대상으로 연수교육을 할 수 있다.

(6) 교통안전교육기관의 장은 교통안전교육강사가 연수교육을 받아야 하는 경우에는 부득이한 사유가 없으면 연수교육을 받을 수 있도록 조치하여야 한다.

7 교통안전교육강사에 대한 자격교육 (영제40조제1항·제2항)

① 교통안전교육강사 자격교육이란 교통안전교육의 내용과 실시방법 및 운전교육강사로서 필요한 자질에 관하여 한국도로교통공단이 실시하는 교육을 말한다.
② 교통안전교육강사에 대한 연수교육에 관하여는 영제70조(자동차운전 전문학원 강사 등에 대한 연수교육)에 따른다.

> **해설**
>
> **영제70조 전문학원 강사 등에 대한 연수교육**
> 영제70조 ① 시·도경찰청장은 법제109조제1항(강사 등에 대한 연수교육)에 따라 도로교통 관련 법령이 개정되는 등 교육이 필요하다고 인정되는 때에는 학원 등의 설립·운영자, 강사 및 기능검정원에 대하여 연수교육을 실시할 수 있다.
> ② 학원 등의 설립·운영하는 자는 제1항에 따른 강사 및 기능검정원의 연수교육에 필요한 경비 및 비품 등을 지원하여야 한다.
> ③ 시·도경찰청장은 제1항 및 제2항에 따라 연수교육을 받은 사항에 대하여 시험을 실시하고, 그 결과를 강사 및 기능검정원이 소속된 학원 등의 설립·운영자에게 통보할 수 있다.

8 교통안전교육의 수강확인 등 (법제77조제1항·제2항)

(1) 교통안전교육강사는 운전면허를 받으려는 사람이 교통안전교육(자동차 등 도로교통에 관한 법령에 대한 지식 또는 자동차 등의 관리방법과 안전운전에 필요한 점검의 요령)을 마

치면 개인별 수강결과를 교통안전교육기관의 장에게 보고하여야 한다.

(2) 교통안전교육기관의 장은 위 (1)항에 따른 보고를 받은 경우, 교육을 받은 사람에게 「교육확인증」을 발급하고 지체 없이 관할 시·도경찰청장에게 그 사실을 보고하여야 한다.

9 교통안전교육기관 운영의 정지 또는 폐지의 신고

(1) 교통안전교육기관의 장은 해당 교통안전교육기관의 운영을 1개월 이상 정지하거나 폐지하려면 정지 또는 폐지하려는 날의 7일 전까지 행정안전부령으로 정하는 바에 따라 시·도경찰청장에게 신고하여야 한다 (법제78조).

(2) 교통안전교육기관의 운영의 정지 또는 폐지의 신고는 「교통안전교육기관 정지·폐지신고서」에 의한다. 이 경우 폐지신고를 하는 때에는 「지정증」을 첨부하여야 한다(규칙제50조).

제3절 교통안전교육기관에 대한 행정처분

1 교통안전교육기관의 지정취소 등 (법제79조제1항·제2항)

① 시·도경찰청장은 교통안전교육기관이 다음 각호의 어느 하나에 해당할 때에는 [별표17의2](486쪽) 교통안전교육기관에 대한 행정처분기준에 따라 **지정을 취소**하거나 **1년 이내의 기간을 정하여 운영의 정지**를 명할 수 있다. 다만, 제3호에 해당할 때에는 그 지정을 취소하여야 한다.

1. 교통안전교육기관이 시설·설비 및 강사 등 요건의 지정기준에 적합하지 아니하여 시정명령을 받고 30일 이내에 시정하지 아니한 경우
2. 교통안전교육기관의 장이 교통안전교육강사가 연수교육을 받을 수 있도록 조치하지 아니한 경우
3. 교통안전교육기관의 장이 교통안전교육과정을 이수하지 아니한 사람에게 **교육확인증을 발급한 경우**(지정취소)
4. 교통안전교육기관의 장이 **자료제출 또는 보고를 하지 아니하거나 거짓으로 자료제출 또는 보고를 한 경우**
5. 교통안전교육기관의 장이 관계 공무원의 출입·검사를 거부·방해 또는 기피한 경우

② 시·도경찰청장은 교통안전교육기관이 제1항에 따른 운영정지명령을 위반하여 계속 운영행위를 할 때에는 행정안전부령으로 정하는 기준에 따라 지정을 취소할 수 있다.

[별표17의2]

[교통안전교육기관에 대한 행정처분기준]

(규칙제51조제1항 관련)

Ⅰ. 일반기준

1. 위반행위가 둘 이상인 경우로서 그에 해당하는 각각의 처분기준이 다른 경우에는 그 중 중한 처분기준에 따른다. 다만, 둘 이상의 처분기준이 동일한 운영정지인 경우에는 각 처분기준을 합산한 기간을 넘지 아니하는 범위에서 중한 처분기준의 2분의 1의 범위에서 가중할 수 있다.
2. 위반행위의 횟수에 따른 행정처분의 기준은 최근 2년간 같은 위반행위로 행정처분을 받은 경우에 적용하며, 같은 위반행위가 4회 이상인 경우 최종 운영정지 처분기간의 2분의 1의 범위에서 가중하여 행정처분하거나(이 경우 1년을 초과할 수 없다), 교통안전교육기관의 지정을 취소할 수 있다. 이 경우 기간의 계산은 위반행위에 대한 행정처분일과 그처분 후 다시 같은 위반행위를 하여 적발된 날을 기준으로 한다.
2의2. 제2호에 따라 가중된 처분을 하는 경우 가중처분의 적용차수는 그 위반행위 전 처분차수(제2호에 따른 기간 내에 처분이 둘 이상 있었던 경우에는 높은 차수)의 다음 차수로 한다.
3. 시·도경찰청장은 위반행위의 동기·내용 및 위반의 정도 등 다음 각 목에 해당하는 사유를 고려하여 그 처분을 가중하거나 감경할 수 있다. 이 경우 그 처분이 운영정지인 경우에는 그 처분 기준의 2분의 1의 범위에서 가중하거나 감경할 수 있고, 지정취소인 경우에는 180일 이상의 운영정지처분으로 감경(법 제79조제1항제3호는 제외한다)할 수 있다.

   가. 가중 사유
      1) 위반행위가 사소한 부주의나 오류가 아닌 고의나 중대한 과실에 의한 것으로 인정되는 경우
      2) 위반의 내용·정도가 중대하여 교육생에게 미치는 피해가 크다고 인정되는 경우

   나. 감경사유
      1) 위반행위가 고의나 중대한 과실이 아닌 사소한 부주의나 오류로 인한 것으로 인정되는 경우
      2) 위반의 내용·정도가 경미하여 교육생에게 미치는 피해가 적다고 인정되는 경우
      3) 해당 교통안전교육기관이 처음 해당 위반행위를 한 경우로서 3년 이상 모범적으로 운영해 온 사실이 객관적으로 인정되는 경우
      4) 위반행위자가 해당 위반행위로 인하여 검사로부터 기소유예처분을 받거나 법원으로부터 선고유예의 판결을 받은 경우
      5) 교통안전교육기관의 장이 위반행위 사실을 시·도경찰청장이 인지하기 전까지 스스로 신고한 경우

4. 교통안전교육기관의 종사자가 교통안전교육기관에 불이익을 주기 위한 목적으로 위반한 경우 또는 제3자가 위반행위를 유도한 경우에는 처분을 감면할 수 있다. 해당 위반행위로 인하여 사법경찰관 또는 검사로부터 불송치 또는 불기소(불송치 또는 불기소를 받은 이후 해당 사건이 다시 수사 및 기소되어 법원의 판결에 따라 유죄가 확정된 경우는 제외)를 받거나 법원으로부터 무죄판결을 받아 확정된 경우도 또한 같다.

Ⅱ. 개별기준

위반사항	해당 법조문 (도로교통법)	처분기준 1차 위반	처분기준 2차 위반	처분기준 3차 위반
1. 교통안전교육기관이 법제74조제2항에 따른 지정기준에 적합하지 아니하여 시정명령을 받고 30일 이내에 시정하지 아니한 때	제79조 제1항제1호	운영정지 10일	운영정지 30일	지정취소
2. 교통안전교육기관의 장이 법제76조제6항을 위반하여 교통안전교육강사가 연수교육을 받을 수 있도록 조치하지 아니한 때	제79조 제1항제2호	1개월 이내 시정명령	운영정지 10일	운영정지 20일
3. 교통안전교육기관의 장이 법제77조제2항을 위반하여 교통안전교육 과정을 이수하지 아니한 사람에게 교육확인증을 교부한 때	제79조 제1항제3호	지정취소	–	–
4. 교통안전교육기관의 장이 법제141조제2항을 위반하여 자료제출 또는 보고를 하지 아니하거나 허위의 자료제출 또는 보고를 한 때	제79조 제1항제4호	운영정지 10일	운영정지 20일	운영정지 30일
5. 교통안전교육기관의 장이 법제141조제2항을 위반하여 관계공무원의 출입·검사를 거부·방해 또는 기피한 때	제79조 제1항제5호	운영정지 20일	운영정지 40일	운영정지 60일
6. 법제79조제2항에 따른 교통안전교육기관의 운영정지 명령에 위반하여 교통안전교육기관의 운영행위를 계속하는 때	제79조 제2항	운영정지 180일	지정취소	–

2 교통안전교육기관의 지정취소 등 (규칙제51조)

(1) 시·도경찰청장은 교통안전교육기관의 지정을 취소하거나 운영정지를 명하려면 먼저 「지정취소처분사전통지서」에 의하여 교통안전교육기관의 장에게 사전통지를 한 후 「지정취소처분결정통지서」에 의하여 지정을 취소한 사실을 통지하고 「교통안전교육기관 지정취소처분대장」에 그 사실을 기재하여야 한다(제2항).

(2) 교통안전교육기관의 장은 **지정취소 또는 운영정지의 통지를 받은 날부터 7일 이내**에「지정증」을 시·도경찰청장에게 반납하여야 한다(제3항).

(3) 시·도경찰청장은 교통안전교육기관의 지정을 취소하거나 운영정지의 명령을 한 때에는 그 사실을 그 교통안전교육기관의 출입구·게시판 등 잘 보이는 곳에 공고하여야 한다(제4항).

3 벌칙 및 과태료

(1) 벌칙 (법제150조제2호·제3호)

다음 각 호의 하나에 해당하는 사람은 2년 이하의 징역이나 500만 원 이하의 벌금에 처한다.
① 제2호 : 법제77조제1항에 따른 수강결과를 거짓으로 보고한 교통안전교육강사
② 제3호 : 법제77조제2항을 위반하여 교통안전교육을 받지 아니하거나 기준에 미치지 못하는 사람에게 **교육확인증을 발급한 교통안전교육기관의 장**

(2) 과태료 (법제160조제1항제1호)

"교통안전교육기관의 장은 해당 교통안전교육기관의 운영을 1개월 이상 정지하거나 폐지하려면 정지 또는 폐지하려는 날의 7일 전까지 행정안전부령으로 정하는 바에 따라 시·도경찰청장에게 **신고하여야 한다**"라고 규정되어 있는 바, 이를 위반하면 500만 원 이하의 과태료(별표 6 과태료부과기준 제13호에 의거 100만 원 이하의 과태료를 부과하고 있음)를 부과한다.

※ 과태료부과기준 제13호 : 교통안전교육기관 운영의 정지 또는 폐지 신고를 하지 않은 사람

제3장 적중출제예상문제

【문제 1】 운전면허를 받고자 하는 사람이 장내기능시험에 응시하기 전 교통안전교육기관에서 받아야 하는 교통안전교육 내용이다. 아닌 것은?
① 운전자가 갖추어야 하는 기본예절
② 도로교통에 관한 법령·지식과 안전운전 능력
③ 어린이·장애인 및 노인의 교통사고 예방에 관한 사항
④ 자동차의 정비기술

【문제 2】 학과시험에 응시하기 전에 받아야 하는 교통안전교육시간인 것은?
① 1시간 ② 4시간 ③ 5시간 ④ 10시간

【문제 3】 학과시험에 응시하기 전 받아야 하는 교통안전교육이 면제되는 경우가 아닌 것은?
① 자동차운전 전문학원에서 학과교육을 수료한 사람
② 교통안전교육기관으로 지정한 자동차운전학원에서 학과교육과정을 수료한 사람
③ 교통안전교육기관으로 지정받지 못한 평생교육과정이 개설된 대학부설시설
④ 교통안전교육기관으로 지정한 운전면허를 관리하는 기관의 교육시설

【문제 4】 특별교통안전교육기관에서 실시하는 특별교통안전 의무교육이 아닌 것은?
① 법규준수교육 ② 교정교육 ③ 음주운전교육 ④ 배려운전교육

【문제 5】 특별교통안전교육을 실시하는 목적으로서 가장 옳은 것은?
① 운전자로서의 기본소양을 습득하여 올바른 운전자가 되기 위하여
② 면허정지처분 일수를 감경받기 위하여
③ 범칙금액을 감액받기 위하여
④ 교육통지서를 받았기 때문에

【문제 6】 특별교통안전교육을 받아야 할 대상자이다. 아닌 것은?
① 운전면허취소의 처분을 받은 사람이 운전면허를 다시 받고자하는 사람
② 면허정지처분을 받게 되거나 받은 초보운전자로 정지기간이 끝나지 아니한 사람
③ 교통사고나 주취운전 또는 공동위험행위로 면허정지처분을 받게 되거나 받은 사람으로서 그 정지기간이 끝나지 아니한 사람
④ 운전면허취소처분을 받을 가능성이 있는 사람

【문제 7】 특별교통안전교육의 교육내용과 교육방법을 설명한 것이다. 아닌 것은?
① 교통질서, 교통법규와 교통안전에 관한 사항
② 교통사고와 그 예방 및 안전운전의 기초에 관한 사항
③ 자동차관리 및 정비기술에 관한 사항
④ 강의·시청각교육 또는 현장관찰교육 등으로 8시간 교육을 실시한다.

정답 【1】④ 【2】① 【3】③ 【4】② 【5】① 【6】④ 【7】③

【문제 8】 교통안전교육기관에서 교통안전교육을 이수한 사람에게 발급하는 증명서는?
① 수료증　　② 졸업증　　③ 교육이수증명서　　④ 교육확인증(교육확인증)

【문제 9】 특별교통안전교육을 이수하고 교육확인증을 경찰서장에게 제출한 사람에게 감경되는 혜택을 설명한 것으로 잘못된 것은?
① 처분벌점이 40점 미만인 사람이 법규준수교육을 마친 경우 벌점 20점이 감경된다.
② 면허정지를 받은 사람이 배려운전교육을 마친 경우 면허정지 20일이 감경된다.
③ 특별교통안전 의무교육이수 후 다시 현장참여교육을 마친 때 정지처분에서 30일이 추가로 감경된다.
④ 행정소송을 통해 정지기간이 감경된 경우에도 교통소양교육을 받으면 감경한다.

【문제 10】 처분벌점 40점 미만인 사람이 벌점감경교육을 마치고 경찰서장에게 교육확인증을 제출한 경우 감경되는 벌점은?
① 제출한 날부터 20점 감경　　② 제출한 날부터 10점 감경
③ 제출한 날부터 30점 감경　　④ 제출한 날부터 모두 소멸

【문제 11】 교통사고로 면허정지처분 받은 사람이 벌점감경교육을 마치고 경찰서장에게 교육확인증을 제출한 경우 감경되는 정지일수는?
① 제출한 날부터 정지기간에서 30일 감경　　② 제출한 날부터 정지기간에서 20일 감경
③ 제출한 날부터 정지기간에서 10일 감경　　④ 제출한 날부터 정지기간에서 40일 감경

【문제 12】 특별교통안전 권장교육 대상자가 아닌 사람은?
① 운전면허를 받은 사람 중 교육을 받으려는 날에 65세 이상인 사람
② 운전면허효력 정지처분을 받고 그 정지기간이 끝나지 아니한 초보운전자로서 특별교통안전 의무교육을 받은 사람
③ 교통법규 위반 등으로 인하여 운전면허효력 정지처분을 받을 가능성이 있는 사람
④ 적성검사를 받지 않아 운전면허가 취소된 사람

【문제 13】 특별교통안전 의무교육을 받아야 하는 사람은?
① 처음으로 운전면허를 받으려는 사람　　② 처분벌점이 30점인 사람
③ 현장참여교육을 받은 사람　　④ 난폭운전으로 면허가 정지된 사람

【문제 14】 특별교통안전 의무교육 중 교통사고로 운전면허정지 된 사람의 교육방법과 교육시간은?
① 강의 및 시청각교육 등 8시간　　② 강의 및 시청각교육 등 6시간
③ 강의 및 시청각교육 등 3시간　　④ 강의 및 시청각교육 등 4시간

【문제 15】 특별교통안전 의무교육 중 음주운전자가 처음 운전면허가 정지된 경우의 교육방법과 교육시간은?
① 강의 및 시청각교육 등 9시간　　② 강의 및 시청각교육 등 10시간
③ 강의 및 시청각교육 등 11시간　　④ 강의 및 시청각교육 등 12시간

정답　【8】④　【9】④　【10】①　【11】②　【12】④　【13】④　【14】②　【15】④

【문제 16】 최근 5년 동안에 2회의 음주운전 전력이 있어 운전면허가 취소된 사람이 운전면허를 다시 받고자하는 경우의 교육방법과 교육시간은?
① 강의 · 시청각교육 및 토의 등 14시간
② 강의 · 시청각교육 및 토의 등 15시간
③ 강의 · 시청각교육 및 토의 등 16시간
④ 강의 · 시청각교육 및 토의 등 17시간
◉ 해설 최근 5년 동안 3회 이상 음주운전 전력이 있는 사람은 48시간이다.

【문제 17】 긴급자동차 운전자가 받아야 하는 정기교통안전교육은 몇 년마다 받아야 하는가?
① 1년
② 2년
③ 3년
④ 5년

【문제 18】 교통안전교육기관의 지정기준을 설명한 것이다. 틀린 것은?
① 강의실, 사무실 등 법령에 적합한 시설 · 설비를 갖추어야 한다.
② 교통안전교육강사 1인 이상을 두어야 한다.
③ 매주 1회 이상의 야간교육과정과 매월 1회 이상의 토 · 일요일 또는 공휴일 교육과정을 포함하여 1시간의 교육과정을 매주 5회 이상 운영할 수 있을 것
④ 교통안전교육강사는 반드시 자동차운전 전문학원의 학과강사 자격증이 있어야 한다.

【문제 19】 교통안전교육기관의 시설 · 설비에 대한 기준이다. 적절하지 못한 것은?
① 강의실의 면적은 60m² 이상 135m² 이하로 하되 책상 · 의자 등을 갖춰야 한다.
② 사무실에는 교육생이 제출한 서류 등을 접수할 수 있는 창구와 휴게실을 갖춰야 한다.
③ 화장실, 급수시설, 채광시설, 환기시설, 냉 · 난방시설, 방음시설 등을 갖춰야 한다.
④ 교육생 정원 500인 미만인 경우에도 별도의 휴게실과 양호실을 갖춰야 한다.

【문제 20】 교통안전교육기관 강사의 자격기준에 대한 설명으로 적절하지 못한 것은?
① 도로교통 관련 행정 또는 교육업무에 2년 이상 근무한 경력이 있는 사람으로 교통안전교육강사 자격교육을 받은 사람
② 경찰청장이 발급한 학과강사 자격증을 소지하고 있는 사람
③ 도로교통 관련 행정업무에 2년 이상 근무한 경력이 있는 사람
④ 교통안전교육 · 강사자격교육이란 교통안전교육의 내용과 실시방법 및 운전교육강사로서 필요한 자질에 관하여 한국도로교통공단이 실시하는 교육을 말한다.

【문제 21】 교통안전교육기관 강사의 결격사유가 아닌 것은?
① 성폭력범죄의 처벌 등에 관한 특례법 위반으로 형을 선고받고 2년이 지나지 아니한 사람
② 교통사고 등으로 금고 이상 형의 선고를 받고 집행종료 · 면제된 후 2년이 지난 사람
③ 도주사고 등으로 금고 이상 형의 선고를 받고 집행유예기간 중에 있는 사람
④ 자동차를 운전할 수 있는 운전면허를 받지 아니한 사람 또는 초보운전자

정답 【16】③ 【17】③ 【18】④ 【19】④ 【20】③ 【21】②

【문제 22】 교통안전교육기관의 운영책임자에 대한 설명으로 잘못된 것은?
① 교통안전교육기관의 장은 강사 중에 최고 연장자를 운영책임자로 임명할 수 있다.
② 기관의 장이 운영책임자를 임명한 때에는 강사를 지도·감독하고 교육업무가 공정하게 이루어지도록 관리하여야 한다.
③ 교통안전교육기관 운영책임자는 강사를 제외한 소속직원(강사제외) 중에서 임명하여야 한다.
④ 기관의 장이 운영책임자를 선임 또는 해임한 때는 지체없이 시·도경찰청장에게 통보한다.

【문제 23】 교통안전교육관리에 대한 설명으로 적절하지 못한 것은?
① 교통안전교육기관의 장은 교육당일 교육생이 본인인지의 여부를 확인하여야 한다.
② 강사는 교육이 시작되기 전 교육생 명단을 작성하고 교육이 끝나면 이수여부를 확인 후 서명 날인하여 기관의 장에게 제출하여 그 결과를 보고하여야 한다.
③ 보고를 받은 기관의 장은 교육확인증을 발급하고 교육확인증 발급현황을 교육확인증발급대장에 기록하여 보관하여야 한다.
④ 보고를 받은 기관의 장은 교육확인증을 발급하고 교육확인증 발급현황을 경찰청장에게 통보한다.

【문제 24】 교통안전교육기관의 지정취소 사유에만 해당되는 것은?
① 지정기준에 적합하지 못하여 시정명령을 받고도 30일 이내에 시정하지 아니한 경우
② 기관의 장이 강사가 연수교육을 받을 수 있도록 조치를 하지 아니한 경우
③ 기관의 장이 교통안전교육과정을 이수하지 아니한 사람에게 교육확인증을 발급한 경우
④ 기관의 장이 관계공무원의 출입·검사를 거부·방해한 경우

【문제 25】 특별교통안전교육을 실시하는 기관으로 맞는 것은?
① 자동차운전 전문학원
② 자동차 운전학원
③ 한국교통안전공단
④ 한국도로교통공단

【문제 26】 교통안전교육강사가 수강 결과를 교통안전교육기관장에게 거짓으로 보고한 때의 벌칙은?
① 2년 이하의 징역이나 400만 원 이하의 벌금
② 2년 이하의 징역이나 500만 원 이하의 벌금
③ 1년 이하의 징역이나 500만 원 이하의 벌금
④ 1년 이하의 징역이나 300만 원 이하의 벌금

【문제 27】 교통안전교육기관장이 교통안전교육을 받지 아니하거나 기준에 미치지 못하는 사람에게 거짓으로「교육확인증」을 발급한 경우의 벌칙은?
① 2년 이하의 징역이나 300만 원 이하의 벌금
② 1년 이하의 징역이나 500만 원 이하의 벌금
③ 2년 이하의 징역이나 500만 원 이하의 벌금
④ 3년 이하의 징역이나 1,000만 원 이하의 벌금

정답 【22】① 【23】④ 【24】③ 【25】④ 【26】② 【27】③

제3편

기능검정 실시요령

〈기능검정 단독과목〉

제1장	**기능검정의 기본이념**	487
제2장	**기능검정의 실제**	499
제3장	**기능검정의 기술연구**	532
제4장	**기능검정 시 안전운전 지식**	540

제1장 기능검정의 기본이념

제1절 기능검정의 의의

1 기능검정의 의의

　기능검정이라 함은 자동차운전 전문학원(이하 "전문학원"이라 한다)에서 소정의 교육을 종료한 사람에 대하여 기능검정원이 운전면허기능시험에 준하여 운전능력을 검정하는 것을 말하며, 장내기능검정과 도로주행기능검정으로 구분 실시하고 있다.

　장내기능검정은 전문학원에서 소정의 **학과 및 장내기능교육을 이수한 날부터 6개월이 경과**하지 아니한 사람에 대하여 그 전문학원의 기능검정원이 그 전문학원의 기능교육장 연결코스에서 국가운전면허시험장의 장내기능시험에 준하여 「기능시험전자채점기」로 장내기능시험을 실시하는 것을 말하고, 도로주행기능검정은 전문학원에서 도로주행교육을 이수한 사람 중에서 소지하고 있는 연습운전면허의 유효기간이 경과하지 아니한 사람에 대하여, 시·도경찰청장이 지정한 도로주행기능검정도로에서 그 전문학원의 기능검정원이 도로주행검정용 자동차에 동승하여 「도로주행시험채점표」에 의거 도로주행기능시험을 전자채점기로 실시하는 것을 말한다.

　이처럼 시·도경찰청장으로부터 전문학원으로 지정받은 학원은 국가운전면허시험의 중심이 되는 운전면허기능시험을 그 학원에서 학감의 감독 아래 기능검정원이 실시하도록 하고 있다.

　이에 따라 전문학원에서 실시하는 「**장내기능검정**」에 합격한 **사람**에 대하여는 그 전문학원의 「**수료증**」이 발급되고, 「**도로주행검정**」에 합격한 사람에 대하여는 「**졸업증**」이 발급된다.

　「**수료증**」을 받은 사람이 국가운전면허시험장에서 실시하는 「**연습운전면허시험**」에 응시하면 「**장내기능시험**」이 면제되고, 「**졸업증**」을 받은 **사람**이 「제1종·제2종 보통면허시험」에 응시하면 「**도로주행시험**」이 면제되는 특전이 부여된다.

　그러므로 전문학원은 이러한 특전이 주어지고 있는만큼 이 특전을 받을 만한 적정한 교육과 엄정한 기능검정을 실시하여 교육생에게 자동차운전에 필요한 지식과 기능을 습득케 함은 물론 교통예절과 준법의식을 갖춘 운전자로 육성하여 「사고를 내거나 당하지 않는 안전운전자 양성」을 바라는 사회의 높은 기대에 부응해야 할 것이다.

　특히 기능검정은 제품생산 공장에서 생산되는 완제품에 대하여 최종적으로 확인하는 품질검사에 해당한다고 할 수 있다. 제품제조공장에서 생산되는 완제품의 품질검사가 최종적으로 확실하지 않으면 신뢰받지 못한 상품이 나오게 되고, 이러한 상품은 불량제품을 만드는 회사라는 불신을 받게 되는 것이다.

전문학원의 기능검정도 마찬가지라고 할 수 있다. 전문학원에서 부실한 교육과 부실한 기능검정으로 불량운전자를 배출한다면 그 운전자는 교통예절과 준법의식을 제대로 갖추지 못한 채로 도로에서 운전하게 되어 자신의 생명과 재산은 물론 다른 사람에게도 막대한 피해를 끼치게 되는 등 불행을 초래하게 되는 것이다.

따라서 국가는 기능검정의 실시방법 및 합격기준을 국가운전면허시험장의 기능시험기준에 준하여 실시하도록 규정하였으며, 컴퓨터채점기에 의한 장내기능검정의 채점과 채점기준표에 의한 도로주행검정 채점 등 엄정하고 공평한 기능검정이 되도록 제도적으로 뒷받침하고 있다.

또한 전문학원의 기능검정은 국가시험장에서 실시하는 기능시험을 국가를 대신하여 실시하는 등 공공적인 성격이 강한 업무이기 때문에 기능검정업무에 종사하는 기능검정원의 자격조건 등에 대해서도 법령상 엄격하게 규정하고 있다.

2 기능검정제도의 탄생배경

현재 사회가 요구하고 있는 운전자는 단지 운전기능만 뛰어난 것이 아니고 교통법규를 준수하고 다른 사람에게 피해를 주지 않으며 교통사회인의 일원으로서 교통예절이 몸에 배고 사회에 책임을 질 줄 아는 운전자이다.

따라서 이러한 우수운전자의 양성은 자동차운전학원의 운전자 초보교육과정에서 이루어져야 함에도 과거의 자동차운전학원은 열악한 환경과 운전면허시험과 연계되지 않는 제도적 미비로 초보운전자의 교육은 운전면허취득의 수단적 존재로, 합격위주의 교육이 목적이 되어 우수하고 안전한 운전자 양성은 기대할 수 없게 되었다. 특히 국민소득의 증대에 따른 자동차의 급증, 운전면허인구의 폭증, 운전면허시험의 만성적 적체로 인한 국민의 불편과 자동차운전학원의 총체적 부실 등으로 교통사고의 폭발적 증가를 초래하는 등 제도적 보완이 시급한 상황에 이르렀다.

이에 따라 경찰청에서는 1995년 1월 5일자로 도로교통법을 개정하여 자동차운전 전문학원 제도를 도입하였으며, 1995년 7월 1일부터 이 제도가 시행됨에 따라, 자동차운전학원 중 일정한 법적요건을 갖춘 학원에 대하여 자동차운전 전문학원으로 지정하고 운전면허시험 중 기능시험실시권한을 부여하는 등 공교육기관으로 법제화함으로써 제도적으로 양질의 운전자양성과 만성적 시험적체해소를 위한 획기적 계기를 마련하게 되었다.

이로 인하여 자동차운전 전문학원 시설의 현대화 및 기능시험코스의 컴퓨터와 국가시험에 의한 강사 및 기능검정원의 선발배치 등 우수운전자양성을 위한 토대가 마련되었고, 1997년 1월 1일부터 도로주행교육과 도로주행시험까지 실시하게 되었던 것이다.

이와 같이 자동차운전 전문학원제도의 도입에 따라 국가운전면허시험장에서 실시하던 운전면허시험 중 장내기능시험과 도로주행시험을 자동차운전 전문학원에서 「기능검정」이라는 이름으로 전문학원의 「기능검정원」이 실시하기에 이르렀다.

3 기능검정의 목적과 평가내용

기능검정을 간략하게 표현하면 도로교통 상황에서 안전운전에 필요한 운전능력을 갖고 있는지의 여부를 전문학원의 기능검정원이 판단하는 것이다. 숙련된 기능검정원이면 수험생을 평가할 때 어느 정도의 거리를 주행시켜보면 그 수험생의 운전능력을 판정할 수 있다.

그러나 기능검정원은 기능검정의 공정성 및 객관성을 확보하여야 하고, 많은 수험생을 평가하기 위해서는 주관적인 판단기준보다는 보다 객관적이고 공정한 판단기준이 있어야 하는데 위의 요건을 충족시키기 위하여 법령에서 기능시험채점기준을 규정하고 있다.

기능검정원이 전문가가 되어서 반복적이고 계속적으로 같은 업무를 장기간 계속하고 있으면 자칫 그 업무 본래의 목적을 잊어버리고 인정에 끌려들기 쉽다. 그래서 기능검정원은 항상 기능검정 본래의 목적을 잊지 말고 공정하고 객관적인 검정이 되도록 하여야 한다.

(1) 기능검정의 목적

기능검정은 초보운전자의 안전운전능력 유무를 선별하기 위하여 실시하는 것으로 법령에서 정한 과제를 제대로 이행할 수 있는지 여부만을 평가하는 「채점을 위한 채점」을 한다면, 운전장치의 조작능력과 법규이행능력 등은 장내기능검정에서 판단하고, 인지·판단 능력은 도로주행기능검정에서 평가하면 된다는 잘못된 발상을 가질 수 있다.

그러나 기능검정은 단순히 안전운전능력을 평가하는 시험이라기보다 도로교통에 잘 어울리는 운전자를 선별하는데 그 본래의 검정목적이 있음을 명심해야 할 것이다.

① 장내기능검정의 목적

장내기능검정의 목적은 도로를 축소한 연결식 코스에서 정해진 조건에 따라 운전장치의 조작, 교통법규에 따라 운전하는 능력, 올바른 운전자세 및 자동차를 안전하게 운전하는 능력 등의 항목을 제대로 익혀 활용하는지 여부를 확인하는데 있다.

② 도로주행기능검정의 목적

도로주행기능검정은 장내의 연결식 코스에서 할 수 없는 교통상황에 대처할 수 있는 운전자의 대응능력과 운전능력을 확인하는 것이 목적이며 다음 사항을 검정한다.

㉮ 도로교통의 상황을 보고 올바른 판단을 할 수 있는지 여부
㉯ 도로교통의 흐름에 동조할 수 있고 정확하고 민첩한 동작이 가능한지 여부
㉰ 주변의 교통이나 장애물을 파악하고 안전한 간격을 유지할 수 있는지 여부
㉱ 위험을 예측하고 대응할 행동을 취할 수 있는지 등을 판단

따라서 유동적인 교통상황에 대응하는 운전이 주체가 되는 것은 당연하지만 운전장치의 조작능력과 법규이행능력 등 기초와 기본단계는 장내검정에서 판단하고, 인지·판단·조작능력만 도로주행검정에서 판단한다는 생각은 위험천만이다.

기능검정은 단순히 운전자를 평가하는 시험이 아니고 도로교통에 잘 어울리는 양질의 운전자를 선별하는데 그 본래의 목적이 있기 때문에 종합적이고 전체적으로 판단해야 하는 것이다.

(2) 기능검정 시 평가내용

운전장치를 조작하는 능력, 교통법규에 따라 운전하는 능력, 운전자세와 자동차를 안전하게 운전하는 능력에 대하여 평가함에 있어 기능검정원은 기능검정의 목적 외에 각각의 평가 항목이 갖고 있는 의미를 정확하게 이해하고 파악하는 것이 매우 중요하다.

① 운전장치 조작능력

운전장치의 조작은 자동차를 운전하기 위한 가장 기초적인 필수사항으로 기능교육 시 각각의 과정에서 충분히 숙달시켜 기능검정의 단계에서는 「조작과 순서의 정확」함이 확인되어야 한다. 즉, 속도와 올바른 진행방향에 대한 정확한 통제를 할 수 있어야 하는 것이다.

② 교통법규 준수능력

도로교통법령은 단순히 알고만 있고 지키지 않는다면 아무런 의미가 없는 것이다.

최근 일부 운전자들이 차량의 신호나 진로변경 등은 일반주행에서 그다지 신경을 쓰지 않는 경향이 있는데 이는 매우 위험한 발상이라 하지 않을 수 없다.

오늘날 도로교통이 고속화, 복잡·다양화되어가고 있는 시점에서 차량신호나 진로변경 등은 교통사고예방을 위한 핵심적 역할을 담당하고 있는 것이다. 이러한 것은 가능한 한 전문학원의 기초교육과정에서부터 훈련을 통하여 습관화되도록 하여야 한다.

방향지시신호를 작동한다는 것은 기능적 측면에서 보면 단순한 기기의 조작이지만 운전행동으로 보면 진로를 변경하려고 하는 운전자의 의지를 다른 운전자에게 전달하는 구체적인 행동을 예고하는 중요한 의미를 갖고 있다. 그러므로 기능검정원은 기능검정과정에서 크든 작든 모든 교통법규를 지키도록 하여야 하며 이러한 것들이 빠짐없이 채점될 수 있도록 해야 한다.

③ 운전자세와 안전운전능력

운전자세와 안전운전능력은 각각 따로 존재하는 것이 아니라 운전장치를 조작할 능력, 교통법규에 따라 운전할 능력 및 다른 운전자와 보행자를 배려하는 양보정신 등 각종 대상에 대한 필요한 사항은 모두 기능검정의 대상으로 한다는 취지이다.

운전교육생에게 운전자세와 안전운전능력을 채점하는 것은 기본적인 조작을 할 수 있고 법규를 지킬 자세와 안전을 위한 배려가 있으며 기능검정에 합격시켜도 안전한 운전자가 될 수 있을 것인지 여부 등을 확인하는 것이라고 할 수 있다.

제2절 기능검정원의 의의

1 기능검정원의 개념

기능검정원은 학감의 지시명령에 따라 전문학원에서 해당 교육과정을 수료한 사람에 대하여 행정안전부령으로 정하는 기능시험채점방법과 기준에 따라 기능검정을 하는 사람이다.

기능검정원은 자기가 실시한 기능검정에 합격한 사람에 대하여 합격사실을 행정안전부령으로 정하는 바에 따라 서면으로 증명하여야 한다.

이처럼 기능검정원은 국가가 운전면허시험장에서 실시하던 운전면허기능시험을 전문학원에서 직접 평가하고 채점하는 막중한 임무를 부여받았으므로 그 임무에 상응하게 기능검정업무를 엄정하게 수행하여야 하는 책임이 부여되어 있다.

따라서 기능검정원의 자격은 경찰청장이 실시하는 기능검정원자격시험에 합격하고 일정기간 기능검정업무에 대한 연수교육을 이수한 후 경찰청장으로부터 자격증을 발급받은 사람에 한하여 기능검정원으로 선발할 수 있도록 법제화하였다.

뿐만 아니라 기능검정원이 행하는 기능검정업무의 강한 공공성 때문에 기능검정과정에서의 부정을 방지하기 위하여 형법, 기타 법률에 의한 벌칙의 적용에 있어서는 공무원에 준하도록 (법제118조 전문학원 학감 등의 공무원의 의제) 규정하고 있다.

2 기능검정원의 자격기준

(1) 자격요건 (법제107조제1항 및 제2항제3호)

① 기능검정원이 되려는 사람은 행정안전부령으로 정하는 기능검정원 자격시험에 합격하고 경찰청장이 지정하는 전문기관에서 자동차운전 기능검정에 관한 연수교육을 수료하여야 한다.
② 경찰청장은 연수교육을 수료한 사람에게 행정안전부령으로 정하는 바에 따라 기능검정원 자격증을 발급한다.
③ 기능검정원 자격증은 부정하게 사용할 목적으로 다른 사람에게 빌려주거나 빌려서는 아니 되며, 이를 알선하여서는 아니 된다.

(2) 기능검정원의 결격요건 (법제107조제4항)

다음 각 호의 어느 하나에 해당하는 사람은 기능검정원이 될 수 없다.
① 연령제한 삭제〈24.2.13〉
② 다음 각 목의 어느 하나에 해당하는 죄를 저질러 금고 이상의 형을 선고받고 그 집행이 끝나거나 집행이 면제된 날부터 2년이 지나지 아니한 사람 또는 그 집행유예기간 중에 있는 사람

㉠ 교통사고처리 특례법 제3조제1항에 따른 죄
㉡ 특정범죄 가중처벌 등에 관한 법률 제5조의3, 제5조의11제1항 및 제5조의13에 따른 죄
㉢ 성폭력범죄의 처벌 등에 관한 특례법 제2조에 따른 성폭력범죄
㉣ 아동·청소년의 성보호에 관한 법률 제2조제2호에 따른 아동·청소년 대상 성범죄
③ 기능검정원의 자격취소·정지기준에 따라 기능검정원의 자격이 취소된 경우에는 그 자격이 취소된 날부터 3년이 지나지 아니한 사람
④ 기능검정에 사용되는 자동차를 운전할 수 있는 운전면허를 받지 아니하거나 운전면허를 받은 날부터 3년이 지나지 아니한 사람

3 기능검정원·강사의 선임배치기준

(1) 기능검정원·강사의 선임 (법제107조 규칙제120조제1항~제3항)

① 학원 또는 전문학원을 설립·운영하는 자가 강사 또는 기능검정원을 선임하고자 하는 때에는 강사 등 선임통지서에 발급받은 강사자격증 등 사본을 첨부하여 시·도경찰청장에게 제출하여야 한다. 이 경우 담당공무원은 전자정부법에 따른 행정정보의 공동이용을 하여 신청인의 주민등록등(초)본이나 운전면허정보를 확인하여야 하며, 신청인이 확인에 동의하지 아니하는 경우에는 그 사본을 첨부하도록 하여야 한다(제1항).

② 시·도경찰청장은 강사 등 선임 통지서를 접수한 때에는 강사 등으로서의 적격여부를 심사하여 그 결과를 해당 학원 또는 전문학원의 설립·운영자에게 통보하여야 한다(제2항).

③ 학원 또는 전문학원을 설립·운영하는 자가 강사 등을 해임한 경우에는 **해임한 날부터 10일 이내에 강사 등의 명부를 작성하여 관할 시·도경찰청장에게 통지**하고 그 변동사항의 기록을 유지하여야 한다(제3항).

(2) 기능검정원의 배치기준 (영제67조제1항제4호)

기능검정원 : 교육생 정원 200명당 1명 이상

4 기능검정원의 자기관리

(1) 공명정대한 기능검정 실시

기능검정원은 교통예절과 준법의식을 갖춘 안전한 운전자를 선별하는 등 교통사고를 예방하는 막중한 업무를 수행해야 하므로 무엇보다 공정하고 엄격함이 요구된다. 이 원칙을 지키는 일은 단순하게 생각할 수 있지만 다음과 같은 사유로 결코 쉬운 일이 아니다.

① 사람이 사람의 행동을 관찰하고 평가하는 방법을 채택하고 있다.
② 응시자의 행동을 순간적으로 파악해야 한다.

③ 관찰하고 평가하면서 사고예방에 주의해야 한다.

　이처럼 어려운 업무를 수행하는 기능검정원은 기능검정업무의 목적에 맞도록 공명정대하게 기능검정을 실시할 수 있도록 부단히 노력하여야 한다. 기능검정의 실시방법이나 채점요령 등에 대하여 기준이 있기 때문에 어려움이 없다고 생각할 수 있지만 실제 그렇게 간단하지만은 않다.

　공정을 유지하는 데는 업무관리에 임하는 학감 등과 기능검정원이 협력해야 한다. 학감은 관리하는 측면에서 코스와 차량 등을 정비하는 것 뿐만 아니라 기능검정의 사회적 중요성을 인식하고 기능검정원의 선임을 포함하여 적절한 관리 · 감독을 하는 일이 중요하다. 기능검정 업무에 대하여 완전히 기능검정원에게 맡기는 등의 방법은 올바른 방법으로 볼 수 없다.

　기능검정원은 기능검정을 실시할 때에는 양심에 따라 독립적으로 판정해야 하며, 기업의 이익이나 고용단계의 선을 넘어 독립성이 유지되어야 한다. 독립성이라는 것은 기능검정에 대하여 전혀 지도 · 감독을 받지 않는다는 것이 아니라 부당한 유혹이나 청탁을 단호히 뿌리치고 공정을 유지해야 한다는 뜻이고, 업무를 위한 지도 · 감독에 따라야 한다는 뜻이다.

(2) 기능검정의 신뢰성 확보

　기능검정을 받는 입장에서 보면 기능검정은 절대적인 신뢰가 있어야 한다. 기능검정에 대한 신뢰는 외면적으로는 기능검정원에 대한 신뢰를 말하지만 내면적으로는 공명정대함에 대한 신뢰를 말한다고 볼 수 있다. 동일한 전문학원에서 실시하는 코스나 자동차는 같아야 한다는 물질적 측면에서 객관적인 공정성은 유지될 수 있지만, 문제는 기능검정원의 판단에 맡겨지는 부분이다. 각각의 조작에 대한 견해에 있어서도 기능검정원의 운전경험이나 운전에 대한 사고방식과 실무경험에 따라 차이가 있고, 같은 기능검정원이라도 당시의 건강상태나 기분에 의해서도 차이가 나타난다는 것이다. 그것이 일정한 범위 내까지는 허용되지만 범위를 넘어 특별한 경향을 나타내면「후하다」「짜다」「편파적이다」등의 비난을 받게 된다.

　이러한 개인차가 동일한 전문학원의 기능검정원들 사이나 다른 전문학원들 사이에나 지역에 따라 차이가 있다고 하는 비판의 목소리가 높아진다면 신뢰를 얻을 수 없게 될 것이다. 특히 동일그룹 내에서 다른 수험생과의 기능검정 차(差)는 수험생의 큰 불만요인으로 작용하게 된다.

　예를 들면,「갑(甲) 기능검정원은 여성에게 후하다.」,「을(乙) 기능검정원은 특정한 사람에게 조언한다.」등의 좋지 못한 소문이 자자하게 된다. 대부분은 남의 이야기를 그대로 받아들이거나 근거 없는 추측에 의한 경우도 많지만 그와 같은 말이 나오는 것만으로도 기능검정원의 권위를 손상시키는 것이다.

(3) 확신을 갖는 태도

기능검정원이 수험생으로부터 신뢰를 얻는 또 하나의 요건은 기능검정원이 확신을 갖는 태도이다. 기능검정채점 시 태도가 애매하면 판정내용 자체에 대하여 의심을 받게 된다.

① 채점기준에 대한 정확한 이해
② 운전행동에 대한 정확한 판단과 적용
③ 채점결과에 대한 정확한 기록

위 3개항에 대하여 확신을 갖고 있다면 애매한 태도가 생길 리 없다.

아무리 경험이 풍부한 기능검정원이라도 양심에 따라 누구에게도 간섭받지 않고 공정하면 아무런 문제가 없다. 그러나「내 기준이 가장 정확하다.」등과 같이 생각하고 있는 사람이 있다면 그것 자체만으로도 기능검정원으로서는 실격이다. 판정의 전문가로서의 권위를 갖고 수험생으로부터 신뢰를 받기 위해서는 거기에 상응하는 끊임없는 연구와 자기개발의 노력과 함께 겸허한 태도가 필요하다.

(4) 연구와 자기개발

기능검정의 실시에는 채점기준의 적용에 관한 전문능력이 필요할 뿐 아니라, 정신적 항상성, 균형감각, 지도력 등 폭넓은 능력이 요구된다. 국가에서 실시하는 엄격한 시험을 통하여 합격한 후 기능검정원으로 선임되었다는 이유로 연구와 자기개발의 노력을 게을리 한다면, 지식이나 기능은 곧바로 후퇴한다는 것을 잊어서는 안 된다.

연구와 연수교육에 대해서는 관리하는 측의 열의와 배려도 중요하지만, 가장 중요한 것은 기능검정원 스스로 연구와 연수에 대한 열의가 성과를 좌우한다. 구체적으로는 정기적인 연수교육 등에서 적극적으로 배우는 것은 당연하지만, 스스로 기회를 찾아 자기개발을 할 필요가 있다.

연구에는 업무에 직접 필요한 채점기준에 관한 지식이나 채점의 실습뿐만 아니라 기능검정 실시의 근거가 되고 있는 도로교통 관계법령이나 자동차의 구조 및 성능에 관한 지식, 교통상황, 교육심리학 등 넓은 범위의 과목이 요구된다.

이러한 실무경험에서 얻은 지식과 기능을 결합시킴으로써 앞에서 말한 기능검정의 실시에 필요한 폭넓은 능력이 배양되어 응시생의 신뢰를 얻는 기초가 될 수 있는 것이다.

제1장 적중출제예상문제

【문제 1】 전문학원의 기능검정제도가 탄생하게 된 배경을 설명한 것이다. 적절하지 못한 것은?
① 준법정신과 교통예절이 몸에 밴 안전한 운전자 양성의 필요성 대두
② 안전한 운전자 양성을 위하여 기능검정실시권이 부여된 자동차운전 전문학원제도 도입
③ 전문학원에 기능검정업무를 실시하기 위하여 기능검정제도 탄생
④ 기능검정원의 지위는 경찰공무원에 준하도록 하여 기능검정업무의 신뢰성 확보

【문제 2】 전문학원의 기능검정원제도를 도입하게 된 배경에 대한 설명이다. 아닌 것은?
① 안전운전자 양성을 위한 전문학원제도 도입
② 전문학원의 기능검정실시에 따른 고도의 공공성을 가진 자격자 필요
③ 기능강사의 운전교습능력향상을 위하여 이를 지도하는 기능검정원의 필요성 대두
④ 안전운전능력자를 선별·공급하여 교통안전환경 조성자의 역할 필요

【문제 3】 전문학원에서 행하는 기능검정의 중요성이나 가치를 설명한 것이다. 아닌 것은?
① 기능검정은 국가시험장에서 행하고 있는 운전면허기능시험에 준하는 업무로 본다.
② 기능검정은 공장에서 제품을 생산한 후 제품검사에 해당한다고 볼 수 있다.
③ 기능검정은 공공적 성격보다 전문학원 자체 검정이므로 영리적 성격이 강하다.
④ 기능검정은 안전한 운전자를 선별(검증)하는 업무로 공공적 성격이 강하다.

【문제 4】 전문학원의 기능검정이 사회적 신뢰를 확보해야 하는 이유이다. 아닌 것은?
① 기능검정은 기능교육효과를 확인하는 전문학원교육의 일환이기 때문이다.
② 장내기능검정에 합격하고 수료증을 받은 사람은 장내기능시험이 면제되기 때문이다.
③ 운전면허의 중심이 되는 기능시험을 전문학원에서 실행하고 있기 때문이다.
④ 기능검정은 안전운전자 선발이라는 공공적 성격이 강하기 때문이다.

【문제 5】 전문학원의 기능검정과 운전면허기능시험과의 관계를 설명한 것이다. 틀린 것은?
① 기능검정은 운전면허기능시험에 상당한 업무로 공공적 성격이 강하다.
② 기능검정방법과 합격기준은 운전면허기능시험과 동일하다.
③ 도로주행기능검정에 합격하고 졸업증을 받은 사람은 도로주행시험이 면제된다.
④ 기능검정은 사회적 신뢰를 확보하기 위하여 경찰공무원이 전문학원에서 실시한다.

【문제 6】 전문학원에서 기능검정을 실시하는 목적이다. 아닌 것은?
① 합격여부 판정은 채점을 위한 채점방법으로 실시
② 안전운전상 필요한 운전기능의 유무 판정
③ 안전운전자를 채점기준표에 의거 객관적으로 판단
④ 기능검정의 공정성 확보로 안전운전자의 선발

정답 【1】④ 【2】③ 【3】③ 【4】① 【5】④ 【6】①

【문제 7】 기능검정의 실시방법과 요령에 대한 설명이다. 틀린 것은?
① 기능검정은 장내기능검정과 도로주행기능검정으로 구분 실시한다.
② 기초능력은 장내에서, 인지판단 등 응용능력은 도로에서 단순구분평가한다.
③ 도로주행기능검정은 도로상에서 교통상황에 따라 운전하는 능력을 평가한다.
④ 장내기능검정은 장내에 설치된 코스에 따라 기본적인 운전능력을 평가한다.

【문제 8】 도로주행기능검정을 실시하는 목적에 관한 설명이다. 가장 적절한 것은?
① 교통상황에 대처할 운전자의 대응능력유무만을 평가한다.
② 주변의 교통흐름보다 보행자 안전을 최우선으로 하는 마음가짐을 판정한다.
③ 교통의 흐름에 따라 민첩하게 조작하는 능력이 있는지를 판정한다.
④ 법규를 준수하고, 인지·판단·조작순서에 따라 정확하게 운전하는 능력을 평가한다.

【문제 9】 운전면허기능검정 평가항목에 해당되지 않는 것은?
① 운전장치를 조작하는 능력   ② 교통법규에 따라 운전하는 능력
③ 운전자세와 안전운전능력   ④ 도로교통법령에 관한 지식

【문제 10】 전문학원에서 장내기능검정을 실시하는 목적이다. 맞지 않는 것은?
① 도로주행검정을 받을 수 있는 능력 유무를 평가하기 위하여
② 운전장치 조작 및 교통법규에 따라 운전할 수 있는 기본적 능력을 평가하기 위하여
③ 운전자세와 자동차를 안전하게 운전할 수 있는 능력유무를 평가하기 위하여
④ 도로에서 안전하게 도로주행연습을 할 수 있는 능력유무를 평가하기 위하여

【문제 11】 기능검정의 공평성과 신뢰확보를 해치는 문제점으로 볼 수 없는 것은?
① 기능검정원의 운전경험과 실무경험의 장단에 따른 견해차
② 검정 당시의 기능검정원의 건강상태와 기분에 따른 검정차
③ 채점기준표에 기초한 객관적인 검정
④ 동일 전문학원에서 기능검정원에 따라 다른 검정차

【문제 12】 기능검정원이 갖추어야 할 자세이다. 옳지 못한 것은?
① 채점기준표에 의한 공정한 검정
②「나 자신이 기준이다.」라는 근거없는 판단
③ 끊임없는 자기개발로 검정에 필요한 폭넓은 지식의 배양
④ 채점기준에 대한 정확한 판단과 기록

【문제 13】 전문학원 기능검정원의 업무내용이다. 아닌 것은?
① 운전장치 조작 능력을 검정한다.   ② 운전자세 및 안전운전능력을 검정한다.
③ 교통법규 준수능력을 검정한다.   ④ 자동차 구조 및 점검 능력을 검정한다.

【문제 14】 전문학원 기능검정원의 역할을 잘 비유한 용어인 것은?
① 안전관리자   ② 품질관리자   ③ 교육자   ④ 조련사

정답 【7】② 【8】④ 【9】④ 【10】① 【11】③ 【12】② 【13】④ 【14】②

【문제 15】 전문학원 기능검정원의 업무상 특성에 대하여 설명한 것이다. 아닌 것은?
① 판정관으로서 권위의식이 있어야 한다. ② 운전기능의 선별기술이 있어야 한다.
③ 설득기술이 필요하다. ④ 수험생이 인정하는 판정을 해야 한다.

【문제 16】 전문학원에서 도로주행 기능검정의 어려움을 설명한 것이다. 잘못된 것은?
① 기능검정은 사람이 사람의 행동을 관찰하고 평가해야 한다.
② 기능검정은「나 자신이 기준이다.」라는 주관에 따라 평가해야 한다.
③ 관찰하고 평가를 하면서 사고예방에 주의해야 한다.
④ 응시생의 움직임을 순간적으로 판단해야 한다.

【문제 17】 기능검정원으로서의 자질이 부족하다고 판단되는 내용이라 생각되는 것은?
① 자신이 스스로 정한 기준이 가장 정확하다고 믿는다.
② 양심에 따라 엄정하게 판정한다.
③ 응시생으로부터 신뢰를 받도록 공명정대하게 평가한다.
④ 끊임없는 연구와 자기개발에 겸허한 노력을 기울인다.

【문제 18】 기능검정원이 기능검정에 임할 때 갖추어야 할 자세이다. 옳지 못한 것은?
① 공정하고 엄격한 검정자세
② 자기개발과 검정에 필요한 지식배양
③ 채점기준 적용에 관한 전문적인 능력의 향상
④ 기능검정원 자신의 주관적인 기준을 중심으로 판정하는 자세

【문제 19】 기능검정원이 기능검정의 공정성 유지를 위한 자기관리방법이다. 틀린 것은?
① 기능검정원의 건강상태에 따라 기능검정판단에 차이가 나므로 건강에 유의해야 한다.
② 기능검정원의 기분에 따라 기능검정 평가에 차이가 나므로 조심해야 한다.
③ 기능검정원의 운전경험을 판단기준으로 기능검정에 임해야 한다.
④ 기능검정용자동차 등의 이상 유무를 점검하고 확인해야 한다.

【문제 20】 전문학원 기능검정원이 기능검정을 할 때 올바른 자세이다. 아닌 것은?
① 기능검정원 스스로 연구 개발하는 열의를 가져야 한다.
② 채점기준에 관한 지식과 채점 등을 통해 일어날 수 있는 문제점을 연구한다.
③ 기능검정원은 판정의 전문가로서 권위와 고압적인 자세가 필요하다.
④ 기능검정에 관계되는 교통법령 등 폭넓은 범위의 연구와 개발이 필요하다.

【문제 21】 기능검정원이 기능검정 시 응시생의 신뢰를 받을 수 있는 요인이다. 가장 타당한 것은?
① 판정을 할 때 애매한 태도를 취한다.
② 경험이 많은 기능검정원은 채점기준보다 자기의 경험이 가장 정확하다고 생각한다.
③ 채점기준의 정확한 이해와 정확한 판단 및 적용 등을 바탕으로 판정한다.
④ 기능검정원은 엄격한 시험을 거쳐 자격증을 받았으므로 자기개발이 불필요하다.

정답 【15】① 【16】② 【17】① 【18】④ 【19】③ 【20】③ 【21】③

제1장 기능검정의 기본이념

【문제 22】 기능검정원의 신뢰도와 평가의 공정성에 대한 설명이다. 아닌 것은?
① 확신 있는 판정설명
② 채점기준에 관한 정확한 이해
③ 운전행동에 대한 정확한 관찰
④ 채점 및 판정설명에 대한 주관적 태도

【문제 23】 기능검정원이 기능검정을 실시할 때 혈연, 학연, 지연 등으로 기능검정(판정)에 영향을 줄 수 있다. 바람직한 행동은?
① 대체로 점수를 후하게 준다.
② 실제 결과와 관계없이 임의로 평가한다.
③ 상당히 엄격하면서도 공정하게 평가한다.
④ 일방적인 평가를 한다.

【문제 24】 기능검정원으로서 자질이 부족하다고 판단되는 유형에 해당되는 사람은?
① 운전면허를 발급하는 최종판정관이라는 자세로 정확하게 채점한다.
② 기능검정원의 권위를 이용하여 운전능력의 유무에 관계없이 후한 점수를 준다.
③ 기능검정원은 강한 공공성 때문에 기능검정을 할 때 개인적인 감정을 버린다.
④ 기능검정원은 항상 기능검정에 대하여 연구하고 자질향상에 노력한다.

【문제 25】 전문학원 기능검정원의 업무에 대한 성격을 설명하였다. 아닌 것은?
① 전문학원에서 초보운전자의 기능교육을 담당하는 사람이다.
② 기능검정 판정을 내리는 전문직이다.
③ 기능검정의 공정성 확보를 위해 사명감을 갖는다.
④ 안전운전자 선발이라는 강한 공공적 성격을 지닌다.

【문제 26】 전문학원의 기능검정원 배치기준이다. 맞는 것은?
① 기능검정교육생 정원 200명당 1명
② 기능검정교육생 정원 300명당 1명
③ 기능검정교육생 정원 220명당 1명
④ 기능검정교육생 정원 180명당 1명

【문제 27】 기능검정 연수교육을 수료한 사람에게 기능검정원 자격증을 발급하여야 하는데 그 발급권자는?
① 시 · 도경찰청장
② 경찰서장
③ 경찰청장
④ 한국도로교통공단

정답 【22】④ 【23】③ 【24】② 【25】① 【26】① 【27】③

제2장 기능검정의 실제

제1절 기능검정의 실시요건

1 기능검정의 실시요건

기능검정의 실시 결과가 유효한 것으로 인정받기 위해서는 기능검정이 소정의 법정요건을 충족하고 있어야 한다.

기능검정의 실시요건은 주행거리, 채점방법, 합격기준, 시험차량 등이 운전면허기능시험에 준하여 실시하도록 도로교통법에 규정되어 있으므로 당연히 이에 따라 실시되어야 한다.

기능검정의 채점은 장내기능검정은 전자채점기에 의하여 행하여지나 도로주행검정은 기능검정원이 도로주행검정용 차량에 응시생과 동승하여 채점하므로 기능검정원의 정실이나 주관이 개입될 여지가 있다. 따라서 기능검정원은 기능검정과 관련한 어떠한 유혹도 단호히 물리치고 양심에 따라 정해진 방법과 기준에 따라 공명정대하게 실시하여야 할 직무상 책임이 있다.

그리고 기능검정과정에서 어느 요건 하나라도 빠뜨리면 기능검정의 효력이 없어질 뿐 아니라 사회의 비난을 면치 못하게 될 것임을 알아야 한다.

2 학감의 책임

(1) 전문학원의 학감은 기능검정원으로 하여금 **학과교육과 장내기능교육을 수료한 사람**을 대상으로 **장내기능검정을 하게 하여야 하고, 도로주행교육을 수료한 사람**에 대하여 **도로주행검정**을 실시하게 하여야 한다(법제108조제2항).

(2) 전문학원 학감은 **기능검정원이 아닌 사람**으로 하여금 **기능검정을 하게 하여서는 아니 된**다(법제108조제3항).

(3) 전문학원 학감은 기능검정원이 **합격한 사실을 서면으로 증명한 사람**에게는 기능검정의 종류별로 **수료증 또는 졸업증을 발급**하여야 한다(법제108조제5항).

이처럼 기능검정은 학감의 책임 하에 이루어지는 것이다. 따라서 기능검정을 받으려고 하는 사람에 대하여, 전 교육과정이 끝났는지 여부의 확인과 기능검정원에 대한 지도를 비롯하여 기능검정결과 등에 대하여 당연히 학감에게 책임이 부여되어 있다.

3 기능검정원의 임무

(1) 기능검정원은 학감의 지시명령에 따라 해당 교육과정을 수료한 사람을 대상으로 행정안전부령으로 정하는 기능시험채점방법과 기준에 따라 엄정하게 기능검정을 실시하여야 한다.

(2) 기능검정원은 자기가 실시한 기능검정에 합격한 사람에 대하여 합격사실을 행정안전부령으로 정하는 바에 따라 **서면(書面)으로 증명**하여야 한다(법108조제4항).

(3) 이처럼 기능검정원은 국가가 운전면허시험장에서 실시하던 운전면허기능시험을 전문학원에서 직접 평가하고 채점하는 막중한 임무를 부여받았으므로 그 임무에 상응하게 기능검정업무를 엄정하게 수행하여야 한다.

4 기능검정의 실시순서

(1) 기능검정의 신청

① 전문학원에서 학과교육 및 기능교육을 이수한 날부터 6월이 지나지 아니한 사람으로서 기능검정을 받고자 하는 사람은 「기능검정신청서」에 기능검정수수료를 첨부하여 학원에 제출하여야 한다.

② 전문학원이 「기능검정신청서」를 접수한 때에는 「기능검정접수대장」에 등재함과 동시에 그 순서에 따라 수험번호를 부여하고 검정일시·장소 등을 지정한 「기능검정신청접수증」을 교부하여야 한다.

(2) 기능검정원 지정 및 검정차량 배정

수험생의 기능검정원 지정 및 검정차량 배정은 학감이 **기능검정실시 1시간 전**에 발표하도록 하고 있으며, 그 이유는 수험생들이 미리 담당할 기능검정원이 누군지 알지 못하도록 함과 동시에 기능검정원도 담당할 수험생을 알지 못하도록 하여 공정성을 확보하고자 함에 있다.

(3) 수험자격 확인 및 승차 시 확인

기능검정원 또는 관계직원은 당일 수험생의 교육수료상황 등 수험자격에 대하여 확인하여야 한다. 또한 기능검정원도 기능검정을 시작할 때에는 관계 자료를 취합해서 수험생을 확인하여야 한다.

(4) 기능검정 실시 전의 지시사항

① 기능검정 중의 사고예방에 대한 주의

수험생에 대하여 운전 중은 물론 기능검정의 순서를 기다리는 동안에 코스를 이탈하여 부상당하는 일이 없도록 미리 사고예방에 주의를 하여야 한다.

② 과제이행 조건에 대한 설명

채점의 공정성을 갖기 위하여 미리 수검자에게 다음사항을 설명하여야 한다.
- ㉮ 채점의 범위
- ㉯ 안전확인의 방법
- ㉰ 지정속도
- ㉱ 탈선 시 조치사항 등

지시는 일반적으로 구두로 행하고 있으며 철저를 기하기 위하여 대기실에서 하든가, 성적표의 뒷면에 인쇄하는 등의 방법도 있다.

③ 기능검정 중지사항에 대한 설명
다음의 기능검정 중지사항을 수검자에게 사전에 설명하여 불필요한 다툼을 피한다.
- ㉮ 위험행위
- ㉯ 기능검정원 보조
- ㉰ 감점초과
- ㉱ 지시위반 등

(5) 기능검정 실시 중의 지시

① 기능검정원은 **불필요한 언행을 삼가야** 한다.
② 기능검정 실시를 위한 사항이나 위험예방을 위한 사항 이외의 **불필요한 조언이나 지도를 해서는 안 된다**. 기능검정의 공정성을 유지하고 수험생이나 다음에 같이 승차할 동승자에게 심리적 영향을 주지 않도록 하는 배려에 의한 것이다.
③ 금지하고 있는 것은 어디까지나 쓸데없는 조언이나 지도이지 수험생의 인사에 답하는 것이나, 수험생의 긴장을 풀기 위해 하는 말은 관계없다.

(6) 기능검정 종료 후의 지시

기능검정이 종료되면 기능검정 실시결과에 대하여 필요한 강평을 하게 되어 있다. 이것을 **요점충고(One Point Advice)**라 하며, 합격자에 대해서는 이후 운전상의 유의점에 대하여, 불합격자에게는 운전상의 주된 결함에 대하여 이후 연습지침을 조언하는 것이다.

충고는 간결하고 정중하게 해야 되지만, 시간적 제약을 받게 된다. 이 경우 흔히 「당신은 엔진정지를 몇 번하고 탈선은 몇 번했으므로 불합격입니다.」라고 하는 결과만을 설명하고 있는 예가 있는데 이것은 친절한 충고가 못된다. 이후 연습지침으로 하기 위해서는 그와 같은 결과를 일으킨 원인을 분석 지적해서 가르쳐 주는 일이 중요하다.

5 장내기능검정 실시

(1) 장내기능검정 실시 기준

① 장내기능검정코스는 별표23의 「기능시험코스의 종류·형상 및 구조」(332쪽 참조)에 따라 실시하여야 한다.
② 장내기능검정의 채점 및 합격 기준은 별표

[장내기능검정실시 광경]

24의 장내기능시험의 채점 및 합격기준(342쪽 참조)에 따라 실시하여야 한다.
③ 장내기능검정에 사용되는 자동차는 규칙제70조의 규정에 의한 기능시험 또는 도로주행시험용자동차의 종류에 적합한 자동차로 실시하여야 한다.
④ 기능검정의 채점은 기능검정원이 운전면허시험 전자채점기로 채점하여야 한다.

(2) 장내기능검정 실시 대상

운전면허결격대상에 해당되지 않고 전문학원에서 학과교육 및 기능교육을 이수한 날부터 6개월이 지나지 아니한 사람이어야 한다.

(3) 장내기능검정 시 준비사항

전문학원의 학감은 장내기능검정을 실시하고자 하는 때에는 다음 사항을 미리 준비하여야 한다.
① 장내기능검정에 사용되는 자동차는 운전면허 종별로 구조·성능이 우수한 자동차로 확보
② 기능검정 실시 시 안전 확보를 위하여 관계직원을 코스 안의 안전지대에 1명씩 배치
③ 기능검정원은 장내기능검정실시 1시간 전에 기능검정코스, 통제실, 기능검정용 자동차, 채점기 등 기능검정에 필요한 각종 장비 및 설비의 정비점검
④ 장내기능검정 실시방법
  ㉮ 전문학원의 기능교육장에서 기능검정전자채점기에 의하여 실시한다.
  ㉯ 기능검정원은 검정실시 전에 수검자를 일정한 장소에 집합시켜 놓고 다음 사항을 확인·교육하고 검정이 공정하고 안전하게 이루어지도록 하여야 한다.
    ㉠ 수강증 기타 신분증 및 기능검정신청서 등을 상호대조하여 대리응시 등 부정응시자를 면밀히 조사 확인한다.
    ㉡ 기능검정코스의 진행방향과 시험과제 등에 대한 사전교양으로 수검자가 검정도중 착오를 일으키는 일이 없도록 한다.
    ㉢ 수검자에 대하여 차간거리의 확보와 탈락 시 조치요령에 관한 교육을 실시하여 수검자가 당황하거나 안전사고를 일으키는 일이 없도록 한다.
  ㉰ 기능검정원은 기능검정채점기의 채점결과에 의하여 판정하되 **합격자에게는 장내기능검정합격 사실을 서면으로 증명하여야 한다.**

6 도로주행 기능검정 실시 (규칙제124조제2항)

(1) 도로주행 기능검정 실시기준

① 도로주행 검정실시용 도로는 별표25의 「도로주행시험을 실시하기 위한 도로의 기준」(420쪽 참조)에 따라 지정된 도로에서 실시하여야 한다.

② 도로주행 기능검정용 자동차는 규칙 제70조에 규정한 「장내기능시험 및 도로주행시험에 사용되는 자동차의 종류」에 적합한 자동차로 실시하여야 한다.
③ 도로주행 검정의 채점 및 합격기준은 별표26의 「도로주행시험의 시험항목·채점기준 및 합격기준」(350쪽 참조)에 준하여 실시하여야 한다.
④ 도로주행 검정의 채점은 별지 제51호 서식의 「도로주행시험채점표」(359쪽 참조)에 **도로주행기능검정원이 도로주행 기능검정용 자동차에 동승하여 태블릿 PC로 자동채점**하여야 한다.

(2) 도로주행 기능검정 실시대상 (영제69조제3항)

전문학원에서 도로주행 교육을 수료한 사람 중에서 그 사람이 소지하고 있는 **연습운전면허의 유효기간이 지나지 아니한 사람**에 대하여 실시한다.

(3) 도로주행검정 시 준비사항

① 전문학원의 학감은 도로주행검정을 실시하고자 하는 때는 다음 사항을 미리 준비하여야 한다.
　㉮ 도로주행 검정용 자동차는 구조·성능이 우수한 것으로 확보
　㉯ 당일 기능검정 도로의 결정
　㉰ 기능검정원 결정 배치
② 기능검정원은 기능검정 실시 전에 수검자에게 기능검정도로 및 통행순서·방법 등을 설명함으로써 수검자가 기능검정도로 등에 착오를 일으키지 않도록 하여야 한다.

(4) 도로주행검정 실시방법

① 학감은 수검대상자 수, 졸업예정일 등을 감안하여 도로주행검정을 실시하도록 배려하여야 한다.
② 학감은 기능검정원이 기능강사를 겸하는 경우 **기능검정원이 교육한 교육생에 대하여 기능검정을 실시하지 않도록** 하여야 한다.
③ 기능검정원은 도로주행검정 시 **공정성을 확보하기 위하여 다음 번호의 수검자를 동승시켜야** 하며, 수강증, 신분증 및 검정신청서 등을 대조하여 대리응시나 부정응시자를 은밀히 조사 확인하여야 한다.
④ 기능검정원은 수검자의 옆 좌석에 동승하여 주행방향에 대한 지시를 하거나 위험방지를 위한 조언을 하는 등 수검이 원활히 진행되도록 하고 그 외의 조언은 삼가야 한다.
⑤ 기능검정원은 도로주행시험과제 및 합격기준에 준하여 도로주행시험채점표에 감점사항을 확인 시마다 수기로 기록하거나 전자기록기에 의하여 기록하여야 한다(수기로 채점시).
⑥ 기능검정원은 도로주행검정실시 후에 합격여부를 판단하여 합격한 사람에게는 합격사실을

서면으로 증명하고 그 결과를 도로주행검정결과보고서에 서명날인 후 학감에게 보고하여야 한다.

⑦ 학감이 기능검정원으로부터 도로주행검정결과를 받은 때에는 합격자에게 졸업증을 작성 발급하고 졸업증발급대장에 이를 기재하여야 한다.

(5) 도로주행 기능검정원의 준수사항 (규칙제69조제2항)

도로주행 기능검정원이 도로주행시험을 실시하는 때에는 다음 각 호의 사항을 준수하여야 한다.

① 시험을 실시하기 전에 시험 진행방법 및 실격되는 경우 등 주의사항을 응시자에게 설명하여야 한다.

② 출발점에서부터 앞서가는 차와는 충분한 안전거리를 유지하도록 할 것이며, 시험진행 중 교통사고가 발생하지 아니하도록 주의하여야 하며 교통사고가 발생한 경우에는 즉시 소속 기관의 장에게 보고할 것

③ 다음 번호의 응시자를 도로주행시험용 자동차에 동승시키는 등 공정한 평가를 위하여 노력하여야 한다.

④ 응시자에게 친절한 언어와 태도로 정하여진 순서에 따라 시험을 진행하되, 시험 진행과 관련이 없는 대화를 하지 아니할 것

제2절 기능검정의 채점

1 기능검정의 채점방법

(1) 기능검정 채점범위

승차하려고 할 때부터 종료 후 하차할 때까지를 채점대상으로 한다. 즉, 문의 개폐, 좌석안전띠에 관한 안전조치, 운전자세, 하차 전의 주차조치 등 안전에 관한 배려와 태도를 채점하려고 하는 취지이다.

(2) 장내기능검정의 채점 (규칙제66조)

① 현재 장내기능검정의 채점방식은 컴퓨터를 이용한 전자채점방식을 채택하고 있다. 이 방식은 단순한 운전기능의 몇 가지 부분만을 체크할 수밖에 없는 단점이 있는 반면에 공정성에 대한 객관성과 신뢰도를 확보할 수 있는 장점이 있다.

② 응시자가 법규에 따라 시험용자동차를 운전하여 기능시험장의 연결식 코스를 지정된 순서

에 따라 진행하면, 기능시험의 채점기준과 합격기준(별표24)에 따라 **100점 만점에서 감점을 시작하여 80점 이상을 득점하면 합격**되고, 80점 미만이면 불합격으로 판정되도록 운전면허기능시험전자채점기에 의하여 자동으로 채점된다.

③ 기능검정원은 운전면허기능시험전자채점기를 이용하여 검정을 진행하고 장내기능검정이 끝나면 실시결과를 보고할 수 있도록 합격자명단, 면허종별, 불합격자 명단, 채점 명단과 종별에 따른 실시(합격자 수, 합격률, 불합격자 수 등) 통계를 출력하여 학감에게 보고한다.

(3) 도로주행 기능검정의 채점 (규칙제68조제1항, 제2항)

도로주행 기능검정은 기능검정원이 시·도경찰청장의 지정을 받은 도로주행기능시험코스에서 도로주행 기능검정용 자동차에 기능검정대상자와 함께 승차하여 도로주행시험의 시험항목·채점기준 및 합격기준(별표26)에 따라 도로주행시험채점표(규칙 제51호 서식)에 전자(테블릿 PC)채점기에 직접 입력하거나 **전자(테블릿 PC)채점기로 자동채점**하는 방식으로 한다. 다만 전자(테블릿 PC)채점기의 고장 등으로 **전자(테블릿 PC)채점이 곤란한 경우**에는 도로주행채점표에 운전면허시험관(기능검정원)이 직접 기록하는 방식으로 채점한다. 채점결과 100점 만점에 감점하여 **70점 이상을 합격**으로 한다. 기능검정결과 합격여부는 현장에서 응시자 개인별로 기능검정이 종료되는 즉시 기능검정원이 알려준다.

2 운전면허 기능시험 전자채점기

(1) 기능시험 전자채점기의 정의

기능시험 전자채점기란 규칙제66조제2항의 규정에 의한 자동차운전면허 장내기능시험 및 전문학원의 장내기능검정 시의 채점에 사용되는 기기를 말한다.

(2) 기능시험 전자채점기의 구성 및 기능

외부 환경의 영향이 적어 어느 때나 정확하게 작동하고 구조가 단순하며 수명이 길고, 사후관리가 간편하여야 하며 다음과 같은 구성과 성능을 갖추어야 한다.

① 도로바닥에 설치하는 센서(Sensor)

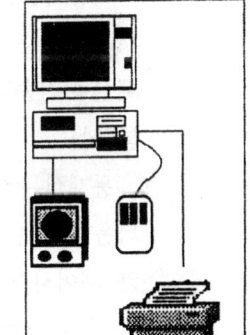

[기능시험 전자채점기]

㉮ 「확인선」을 감지하는 센서는 영구자석으로 한다.

이라 함은 출발선, 횡단보도 및 철길건널목 일시정지선, 경사로, 평행주차코스, 방향전환코스 등 각 과제의 진입 및 진출을 확인하는 선과 기능시험 종료선을 말하는 것으로 시험용 차량이 통과하거나 접촉함으로써 과제수행 및 통과 등을 확인하거나 소요시간의 측정 등의 기준이 되어 채점과 연결되는 선을 말하고, 이 선을 감지하기 위

하여 매설되는 감지기는 영구자석으로 하되 도로바닥으로부터 5cm 이상 지하에 매설하여 설치한다.

[영구자석]   [검지선 지지대]   [공기압 호스]

　㉮ 「검지선」을 감지하는 센서는 공기압 센서로 한다.
　　「검지선」이라 함은 시험용 차량이 각 시험과제(굴절, 곡선, 방향전환, 평행주차코스)를 수행하는 과정에서 도로 밖으로 벗어나지 못하게 한 선을 말하며, 이 선을 벗어나는 상태의 검지는 공기압에 의한 센서로 하되, 그 구조는 검지선 지지대(Housing), 공기압 호스, 공기압 소자로 구성되며 황색실선의 외측에 설치한다.

② **무전망 구성(시험용 차량과 통제실 간에 설치)**
　㉮ 통제실과 시험차량 간에 별도의 데이터 송수신이 가능하도록 무선망을 구성하여 동시에 최대의 수용차량에 의한 기능시험 진행에도 무전방해가 없이 자료를 송·수신할 수 있어야 하고 사용주파수는 국내통신규약에 적합하여야 한다.
　㉯ 시험용 차량에서 채점결과를 수시로 그때마다 통제실로 전송할 수 있어야 하고, 응시자 수험번호, 출발, 실격 등의 상황을 차량으로 전송할 수 있어야 한다.

③ **채점방식**
　기능시험장의 시험용 차량이 그 순서에 따라 진행하면 시험용 차량 탑재기에서 과제단위로 기능시험채점기준에 따라 자동적으로 채점이 되어야 하고, 채점된 성적은 그 순간에 통제실로 전송되어 시험용 차량 탑재기와 통제실 컴퓨터에 동시에 저장되어야 한다.

④ **통제실**
　통제실은 사실상 기능시험을 책임 실시하는 핵심적인 기능을 하는 곳으로 이 통제실에는 다음과 같은 제어장비를 기본적으로 구비하고 있어야 한다.
　㉮ 제어시스템
　　㉠ 주 제어부(MCM) : 통제실에서 사용하는 PC와 차량탑재기를 접속(interface)하는 시스템 제어부
　　㉡ 무전 송·수신부(RFM) : 통제실과 시험용 차량의 자료 송·수신을 위한 무선 송·수신장치
　　㉢ 신호등 제어부(TCM) : 시험장 내의 교차로 신호등을 제어하는 장치로 통제실 PC에서 교통량에 따라 방향별 신호주기를 조절할 수 있어야 한다.

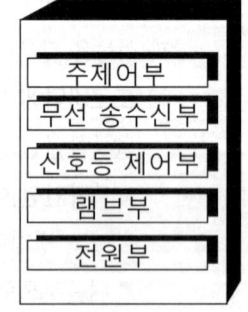

[제어시스템]

ⓔ 방송용 앰프(AMP) : 통제실에서 외부 스피커와 연결되어 음성정보를 지원 전달하는 장치

ⓓ 전원공급장치(PCM) : 각 기기에 대한 전원을 안전하게 공급하는 장치

㉯ 기능시험(검정)용 개인용 컴퓨터(PC)

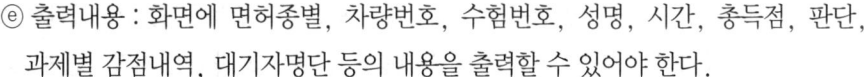

[기능검정 전자채점기]

㉠ 기능시험(검정)을 진행하는 개인용 컴퓨터를 말하며 「기능시험(검정) 시스템프로그램」에 의한 기능검정을 진행할 수 있어야 한다.

㉡ 그 시험결과에 대하여 동시에 통제실과 응시자 대기실 모니터에 화면출력이 가능하여야 한다.

㉢ 채점결과에 따른 인쇄를 할 수 있어야 하며 그 구성은 다음과 같다.

ⓐ PC(개인용 컴퓨터) : 80486DX66급 이상
ⓑ 프린트 : 도트매트릭스 80컬럼급 이상
ⓒ 마우스 : 2버튼 이상(키보드가 없는 구조이어야 한다)
ⓓ 외부스피커 : 1개 이상
ⓔ 출력내용 : 화면에 면허종별, 차량번호, 수험번호, 성명, 시간, 총득점, 판단, 과제별 감점내역, 대기자명단 등의 내용을 출력할 수 있어야 한다.

⑤ **시험용 차량**

응시자 시험용 차량에서 다음 사항을 확인할 수 있어야 한다.

㉮ 응시생이 자기의 수험표와 자기가 타는 차에 표시된 수험번호가 일치하는지 확인이 가능할 것

㉯ 시험 진행상황, 채점상황, 채점기상태 등을 응시생이 확인 가능할 것

㉰ 응시생이 차량에서 출발, 실격 등 지시로 음성신호와 함께 인식이 가능할 것

㉱ 시험 진행 시 「정상상태」, 「돌발발생」을 표시하는 일체로 된 등(燈)이 운전자 전면 보기 쉬운 곳에 있어 확인할 수 있을 것

㉲ 차량 외부에서 시험 진행을 돕고 있는 안전요원이 볼 수 있게 「시험 진행」, 「실격」 등 상황을 표시하는 차량외부에 경광등 표시가 가능할 것

⑥ **차량 탑재기**

㉮ 시험용 차량에는 충격에 강한 단순한 구조의 탑재기가 있어야 한다.

㉯ 이 탑재기는 기능시험 진행의 질서 있는 통제자, 응시생에게는 자상한 안내자로서의 역할을 할 수 있어야 한다.

[차량 탑재기]

ⓒ 채점장치에 대한 자기진단기능을 갖출 것 : 구성은 주제어부, 무선 송·수신부, 센서, R/F부, Lamp 제어부, Display부로 구조를 갖추고 표시판에는 다음과 같이 나타나게 할 것
　　　㉠ 4개의 표시창을 가지고 시작 전 수험번호, 시작 후 총 소요시간, 과제수행 소요시간, 과제별 감점사항이 표시되게 할 것
　　　㉡ 현재 수행 중인 과제의 표시가 있을 것
　　　㉢ 전원스위치 등으로 구성하되 정전 시에도 채점상황이 저장되어 있게 할 것
　　　㉣ 차량 채점기의 제원은 아래와 같이 할 것(생략)
⑦ 통제실과 시험용 차량에 탑승한 응시자와 통신장치
　　㉮ 시험용 차량내부에는 적색과 녹색의 신호등이 1개의 구조로 비치되어 외부의 경보등과 연동되고,
　　㉯ 출발선 통과 시 음성신호와 함께 녹색등이 들어오며,
　　㉰ 출발하여 과제가 시작되면 녹색등은 소등되고,
　　㉱ 돌발상황이 발생하면 음성신호와 함께 적색등이 켜지고 돌발이 끝나면 소등되어야 하며,
　　㉲ 합격 시는 녹색등, 불합격 시는 적색등이 가청멜로디와 함께 점등되도록 할 것
⑧ 차량 지붕 위 3색 경광등
　　㉮ 차량 지붕 위에 반구형의 적·황·녹 3색 경광등을 횡으로 나란히 설치하여 출발선을 통과하면 음성신호와 함께 녹색등이 들어오고 과제가 시작되면 이 등은 소등되고 황색등이 켜진다.
　　㉯ 돌발 및 실격 시에는 음성신호와 함께 적색등이 켜져 시험도중 안전요원이 신속히 접근하여 시험관리를 할 수 있어야 한다.
⑨ 안테나
　1m 이내의 전방향성 안테나이어야 하며 3색 경광등과 일체형으로 한다.
⑩ 차량부착용 센서(Sensor)
　　㉮ 채점기의 성능은 센서에 의해 결정되며 비교적 단순하고 견고하며 성능이 우수할 것
　　㉯ 자석감지용 센서 : 도로 바닥에 매설된 영구자석감지용 센서로 차량 우측 전·후 바퀴 부근 차체 등에 설치, 시험장을 진행하면서 통과하는 과제를 인식할 수 있어야 한다.
　　㉰ 이동거리 측정용 센서 : 이동거리 측정을 위하여 자동차의 트랜스미션에 연결된 거리계(마일게이지) 케이블에 장착되어 전·후진으로 이동한 거리의 측정이 가능하여야 하고 특히, 경사로 구간에서 정지 후 출발 시 실질적 후진거리를 측정하여 채점이 가능하여야 한다. 다만, 오차는 정지지점으로부터 후진허용 거리가 50~55cm 이내이어야 한다.
　　㉱ 기어변속감지 센서 : 기어변속행위를 감지하는 센서로 기어변속레버에 연결·설치되어 운전자의 기어변속행위를 감지할 수 있어야 한다.

⑭ 앞 차량감지 센서 : 응시생 등이 운전하는 차량의 앞에 다른 차가 있는지 여부를 감지하는 센서로 적외선으로 하되 앞서가던 차가 일시정지를 함으로써 더 이상 진행을 못하게 된 때에는 시험시간이 정지되어야 한다. 다만, 앞차가 후방으로 전파 등을 발사하고 뒤차가 수신하는 원리로 하여 인위적으로 전파를 차단, 시간을 정지시키지 못하도록 하는 구조이어야 한다.

⑪ 응시자 접수용 개인용 컴퓨터(PC) : 접수실에서 접수 등 학원의 기본적인 업무와 데이터 등을 관리하는 PC로 그 구성은 다음과 같다.

㉮ 개인용 컴퓨터 : 08486-66급 이상

㉯ 키보드 : 103키

㉰ 마우스 : 2~3버튼

㉱ 접수자료 송부 : 온라인으로 기능시험 통제실에 자료를 송부, 마우스만을 이용, 시험통제 진행이 가능하게 해야 한다.

⑫ 응시생 대기실 모니터

㉮ 공정한 기능시험 진행을 위하여 대기실에 20인치 텔레비전을 설치하고 평상시에는 텔레비전으로 활용하다가 기능시험(검정) 중에는 통제실과 동시에 각 구간별 기능시험 실시 내역 및 현재 진행 중인 과제의 위치를 확인할 수 있어야 하고,

㉯ 현재 진행 중인 전체 응시차량을 Scroll-Up 기법으로 나타낼 수 있어야 하고 대기자 명단도 6명 이상 표시할 수 있어야 한다.

⑬ 기능시험의 진행과 채점기 기능

㉮ 출발·종료 : 출발대기 장소에서 기어를 중립에 두고 안전띠를 매고 대기상태에 있다가 출발신호가 있으면 좌측 방향지시등을 켬과 동시에 출발선을 자동차 앞 범퍼가 통과하면 이 때부터 시험 진행이 시작되면서 안전띠 착용여부, 좌측 방향지시등 작동여부가 채점되어야 하고 출발 후 방향지시등을 끄지 아니한 때에는 감점되어야 한다. 또한 시험 종료선 앞에서 우측 방향지시등을 켜고 종료선을 통과하면 채점이 종료된다.

㉯ 횡단보도, 교차로, 철길건널목 앞 일시정지 : 횡단보도 등 정지선에 자동차 앞 범퍼가 넘지 않게 일시정지 하되 정지선으로부터 도착 전 1m까지는 일시정지로 감지되어야 하고 만일 자동차 앞 범퍼가 횡단보도 정지선을 넘거나 정지선으로부터 1m 지점 그 이전에 정지하면 감점되어야 한다.

㉰ 경사로 일시정지 후 출발 : 경사로 일시정지구간은 경사로 시작점에서 1m 지난 지점부터 경사로 정상 1m 전 지점까지를 정지구간으로 하고 그 정지구간 내 자동차의 모든 바퀴가 위치하게 일시정지한 후 출발하되 자동차 바퀴가 뒤로 50cm 이상 밀리지 않고 출발하면 득점이 되도록 감지할 수 있어야 한다. 다만, 타이어 공기압 등으로 인한 측

정기 오차의 범위는 응시자에게 유리한 방향으로 5cm 이내로 한다.

㉣ **굴절코스, 곡선코스, 방향전환코스** : 각 코스의 소요시간은 자동차 앞바퀴가 진입확인선을 통과 시부터 자동차 뒷바퀴가 종료확인선을 통과할 때까지로 하고, 탈선검지선 접촉 시마다 감점하여야 한다. 다만, 방향전환코스의 확인선은 접촉과 동시에 확인이 가능해야 한다.

㉤ **평행주차코스** : 평행주차코스의 소요시간은 진입 확인선을 통과 시부터 과제수행 후 뒷바퀴가 종료 확인선을 통과할 때까지로 하고 평행주차코스의 확인선은 우측 자동차 앞·뒷바퀴가 동시에 나란히 주차 확인선 위에 주차됨을 확인 가능해야 한다.

㉥ **교차로 통과** : 교차로 통과는 반드시 신호에 따라야 하며 자동차 앞 범퍼가 교차로 횡단보도 정지선을 통과한 시점부터 교차로로 인식해야 하고, 자동차 뒷바퀴가 진행방향 횡단보도를 초과한 시점에 교차로를 벗어난 것으로 하며, 통과 시는 방향지시등을 교차로 진입 전에 켜야 하고 교차로 통과 후는 꺼야 하나, 끄는 것은 인식하지 않아도 되게 해야 한다. 다만, 교차로 신호등이 적색일 경우 자동차가 교차로 정지구간에 정지하면 시험 진행시간이 일시정지 되어야 하고, 적색의 경우에도 차가 진행을 하면 시간이 진행되게 해야 한다.

⑭ 기능시험의 채점방법과 합격판정

㉮ **기능시험 채점** : 응시자가 법규에 따라 시험용 자동차를 운전하여, 기능시험장을 지정된 순서에 따라 진행하면 규칙제66조제1항 별표24에서 규정하고 있는 감점기준에 따라 자동채점 되도록 해야 한다.

㉯ **판정** : 도로교통법시행규칙에서 정한 감점기준에 따라 100점에서 감점을 시작하여 80점 이상을 득점하면 합격이며 80점 미만이면 불합격으로 판정하되 응시자가 알 수 있게 자동 음성방송이 되게 하여야 한다.

⑮ **기능시험채점기 사용에 대한 보안조치** : 기능시험채점기는 직접 기능시험(검정)업무를 관리하는 사람과 감독자 외에는 사용할 수 없게 하되 채점기 가동 시에는 가동한 사람의 인적사항과 가동시작시간 및 종료시간이 자동으로 입력되고 따로 그 내용을 인쇄할 수 있어야 한다.

⑯ **채점결과 보고서 출력** : 기능시험이 끝나면 실시결과를 보고할 수 있도록 면허종별, 합격자 명단, 불합격자 명단, 오채점자 명단과 종별에 따른 실시(합격자 수, 불합격자 수, 합격률 등) 통계가 출력될 수 있어야 한다.

3 기능검정 채점기준의 구성

채점기준의 구성은 기준 그 자체를 나타내는 것이라 할 수 있지만 기본적인 구성으로는 교통사고에 직접 연결될 염려가 있는 위험한 조작이나 중대한 법규위반의 경우는 감점점수를 높게 하여 위험한 사람을 쉽게 배제할 수 있도록 하였고, 사고로 직접 연결되지는 않지만 바람직하지 않는 조작이나 경미한 법규위반의 경우는 감점점수를 낮게 하는 방법으로 누계점수에 의해 배제될 수 있도록 하고 있다.

(1) 장내기능검정코스의 구조와 채점

2004년 1월 1일부터 모든 운전면허 종별에 대하여 전문학원에서 기능검정을 실시할 수 있도록 도로교통법시행령이 개정되어 시행하고 있다. 현재 전국에 산재하고 있는 전문학원의 경우, 운전면허시험장과 같이 모든 운전면허종별에 대하여 장내기능검정을 실시하고 있는 곳도 있지만 대부분의 전문학원은 2011년 4월 30일 개정(시행:2011. 6. 10)되어 장내기능검정을 실시하고 있다.

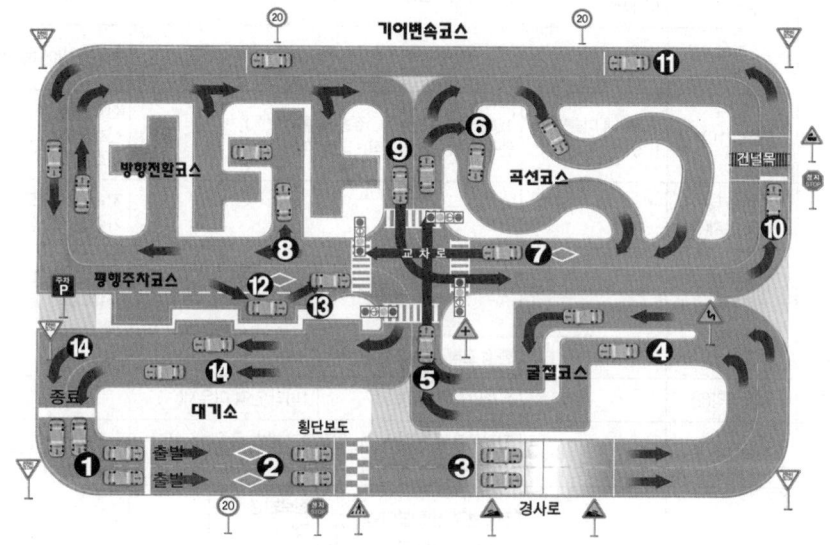

[제1종 대형면허 기능교육장 코스 위치도]

① 기능시험코스의 종류, 형상 및 구조(별표23) (규칙제65조)

제1종 대형면허, 제1종 및 제2종 보통연습면허(위 그림 참조), 제2종 소형면허 및 원동기장치자전거면허, 특수면허의「기능시험코스의 종류·형상 및 구조」는 별표23과 같다(332쪽 참조하여 시험준비 요함).

② 기능시험 채점기준 및 합격기준(별표24) (규칙제66조)

「제1종 대형면허, 제1종 및 제2종 보통연습면허, 제2종 소형면허 및 원동기장치자전거면허, 특수면허의 채점기준 및 합격기준」은 별표24와 같다(342쪽 참조하여 시험준비 요함).

(2) 도로주행 기능검정 도로의 기준과 채점

① 도로주행시험을 실시하기 위한 도로의 기준(별표25) (규칙제67조)

※ 도로주행시험을 실시하기 위한 도로의 기준은 별표25와 같다(420쪽 참조하여 시험준비 요함).

② 도로주행시험의 시험항목·채점기준 및 합격기준(별표26) (규칙제68조제1항)

　※ 도로주행검정을 실시하기 위한 시험항목·채점기준 및 합격기준은 별표26과 같다(350쪽 참조하여 시험준비 요함).

③ 도로주행시험채점표(별지 제51호 서식)

　※ 도로주행검정 시 기능검정원이 채점하는 채점표는 별지 제51호 서식과 같다(359쪽 참조하여 시험준비 요함).

(3) 도로주행 기능검정의 감점항목과 감점수

과제 번호	감점항목 \ 감점수	10	7	5
1	출발전 준비(3)	주차브레이크 미해제( )	출발전 차량점검 및 안전 미확인( )	차문닫힘 미확인( )
2	운전 자세(1)			정지중 기어미중립( )
3	출발(10)	20초 내 미출발( )	10초 내 미시동( ), 주변 교통방해( ), 엔진정지( ), 급조작·급출발( )	신호안함( ), 신호중지( ), 신호계속( ) / 심한 진동( ) / 시동장치 조작미숙( )
4	가속 및 속도 유지(3)			저속( ), 속도 유지 불능( ), 가속 불가( )
5	제동 및 정지(4)		급브레이크 사용( )	엔진브레이크 사용미숙( ) / 제동 방법 미흡( ), 정지 때 미제동( )
6	조향(1)		핸들 조작 미숙 또는 불량( )	
7	차체감각(2)		우측안전 미확인( )	1미터 간격 미유지( )
8	통행구분(4)		지정차로 준수위반( ), 앞지르기 방법 등 위반( ), 끼어들기 금지위반( )	차로유지 미숙( )
9	진로변경(8)	진로변경시 안전미확인( )	진로변경 신호 불이행( ), 진로변경 30미터 전 미신호( ), 진로변경 신호 미유지( ), 진로변경 신호 미중지( )	진로변경 과다( ), 진로변경 금지장소에서의 진로변경( ) / 진로변경 미숙( )
10	교차로 통행 등(7)	서행 위반( ) 일시정지 위반( ) 횡단보도 직전 일시정지 위반( )	교차로 진입통행 위반( ), 신호차 방해( ), 꼬리물기( ), 신호없는 교차로 양보 불이행( )	
11	주행종료(3)			종료주차브레이크미작동( ), 종료 엔진미정지( ), 종료주차확인 기어미작동( )
	실격	현저한 운전능력 부족(3회 이상 엔진정지, 3회 이상 급브레이크, 3회 이상 급조작·급출발)( ), 안전거리 미확보 등으로 교통사고 위험이나 교통사고 야기( ), 음주, 휴대전화 사용 등 또는 교통안전과 소통을 위한 시험관의 이행지시 불응( ), 신호위반( ), 중앙선 침범( ), 보행자 보호 위반( ), 어린이통학버스 보호 위반( ), 지정속도 위반(지정최고속도 10km초과)( ), 어린이·노인 및 장애인 보호구역에서 지정속도 위반(지정최고속도 초과 즉시)( ), 좌석안전띠 미착용( ), 긴급자동차 진로 미양보( )		

제3절 기능검정 시 주의사항

1 적절한 응대

기능검정실시 결과가 응시생에게 순순히 받아들여지기 위해서는 기능검정원이 인간적으로 신뢰를 받는 것이 중요하다. 짧은 접촉 중에 신뢰감을 갖게 하기 위해서는 응대에 대한 올바른 생각과 기술이 필요하다. 시험이나 검정을 받는 입장이라면 누구라도 긴장해서 불안감을 갖는 것이 보통이지만 더욱이 기능검정원이 기능검정에 대한 합격의 결정권을 갖고 있다는 권위의식을 갖고 고자세의 태도를 취하면 양자 사이에 결코 원만한 관계는 이루어지지 않으며 나아가서는 기능검정결과에 대한 불만이라는 형태로 나타나게 된다.

기능검정 시에 응시생과의 마찰은 대부분 기능검정원의 언어와 태도에 기인하고 있는 것이다. 친절한 응대는 겸손한 언어와 태도를 취하는 것이 아니다. 언어는 간결하면서도 평범한 표현이면 괜찮다. 기본적으로 중요한 것은 상대방의 입장에 서서 공정하게 처리하는 것과 따뜻한 마음이다.

응대는 기능검정원에 있어서 중요한 기술이다. 기술이라고 해서 어려운 것은 아니다. 딱딱하게 긴장해 있는 응시생에 대하여 배려하는 언행을 부담되지 않게 해주는 기능검정원이기를 바라는 것이다.

2 기능검정 중 사고예방

사고예방을 위한 교육현장에서 사고가 일어난다는 것은 교육의 의미가 없게 되는 것이다. 기능검정 중에는 접촉사고 뿐만 아니라 문에 손가락이 끼이는 등의 안전사고를 당하는 일도 발생한다.

이와 같은 일은 서로가 조심하면 예방할 수 있는 일이지만 도로주행 기능검정에 있어서는 일반교통의 흐름 속에서 행하여지는 만큼 채점을 계속하면서 사고예방에도 세심한 주의를 해야 하는 어려움이 있다.

(1) 기능검정자동차의 정비

기능검정원은 기능검정개시 전에 기능검정용 자동차를 스스로 점검하여 이상 유무를 확인하여야 한다. 점검은 주행장치만이 아니라 방향지시기, 와이퍼, 유리창, 타이어 등 철저한 점검이 필요하다.

(2) 기능검정대상자의 운전능력 파악과 사전조치

사고를 미연에 예방하기 위해서는 응시자의 기능상황을 정확히 파악하여 대응할 필요가 있다. 운전능력이 미숙한 자에 대하여는 위험한 장소를 통과할 때에 보조조작을 준비하면서 접근하는 등 항상 주의를 게을리 하지 않도록 할 것이며, 위험을 감지하면 사전에 예방조치가 중요하다. 한편 감점체크의 기록은 위험한 지점을 지나고 나서 하도록 하여야 한다.

(3) 사고 발생 시 검토

기능검정 중 사고는 반드시 예방하여야 하므로 만일의 상황에 대비하여 여러 가지 대책을 사전에 검토해 두어야 한다.

3 기능검정의 채점기록

※ 전자채점기고장 시 등 운전면허시험관(기능검정원)이 직접기록하는 방식을 사용할 때

(1) 채점기록은 「기능검정 채점표」에 다음 사항을 실수 없이 정확하게 기록하여야 한다.
   ① 감점적용의 체크마크(Check Mark 「✔」)에 의해 감점을 기록한다.
   ② 중지사항 또는 검정원의 보조에 해당하는 경우는 해당 항목에 체크한다.
   ③ 채점 종료 시에 감점소계, 감점총계 및 득점의 수치를 기입한다.

(2) 채점표는 검정의 실시결과를 설명하는 중요한 자료임과 동시에 요점충고(One-Point-Advice)를 위해 필요한 것이므로 실수 없이 정확하게 기록하여야 한다.

(3) 기록은 적색의 볼펜 또는 사인펜으로 하는 것이 바람직하다. 또는 체크마크의 잘못 등은 일정한 수정기호에 의해 수정하고 수정인을 찍는 등의 책임 있는 자세로 임해야 한다.

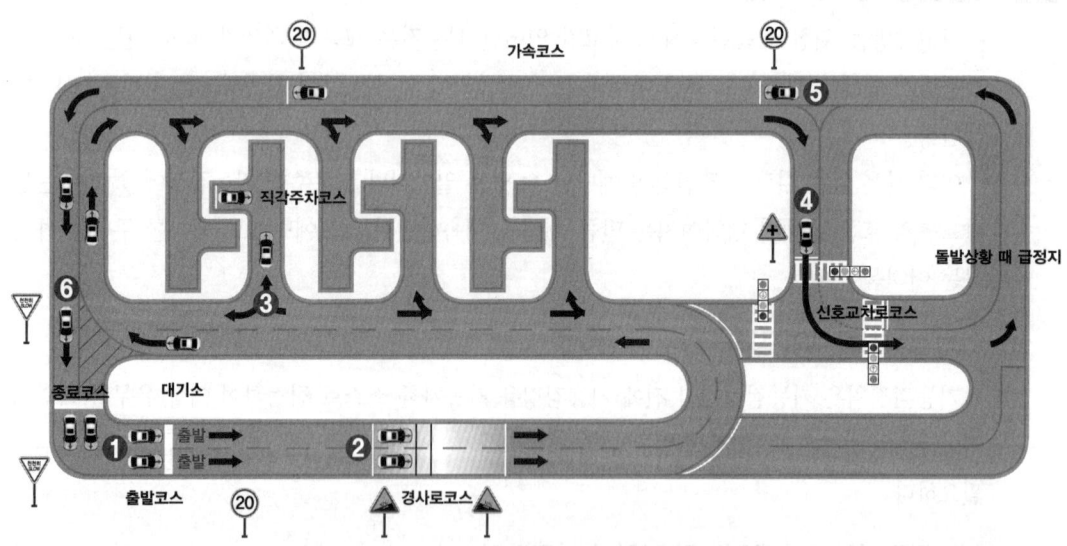

[제1종 및 제2종 보통면허 장내기능검정 코스의 종류 · 형상]

제2장 적중출제예상문제

1 기능검정의 실시요건

【문제 1】 전문학원의 기능검정 실시요건이다. 아닌 것은?
① 기능검정원과 기능강사 및 수검자의 확보
② 법정규격에 적합한 기능검정코스의 설치
③ 법정규격에 적합한 기능검정용 차량의 확보
④ 기능검정 채점방법과 합격기준의 법정화

【문제 2】 전문학원에서 기능검정을 실시하는 때 기능검정원의 업무로서 옳지 못한 것은?
① 응시생의 본인여부를 확인한 후 승차할 기능검정 차량을 지정해 준다.
② 응시생이 승차하면 안전벨트를 착용하도록 지시한다.
③ 합격자에 대하여는 합격사실을 서면으로 증명한다.
④ 검정도중 실격 시 당황하지 않도록 사전에 교양하고 안전하게 유도한다.

【문제 3】 전문학원의 기능검정실시방법에 대한 설명이다. 틀린 것은?
① 전문학원교육을 수료한 날부터 6개월이 지나지 아니한 사람에 대하여 실시한다.
② 기능검정원이 운전면허의 종별에 따라 기능시험에 준하여 실시한다.
③ 기능검정은 누구나 응시할 수 있으며 검정기준에 적합하면 합격된다.
④ 기능검정에 불합격한 사람은 3일이 지난 후가 아니면 재검정을 받을 수 없다.

【문제 4】 전문학원의 기능검정 실시순서에 대한 설명이다. 틀린 것은?
① 기능검정원의 지정과 기능검정용 차량의 배차
② 응시자격의 확인 및 승차 시 본인여부 확인
③ 기능검정실시 전과 실시 중의 지시
④ 기능검정 종료 후 지시는 불합격자에게만 실시한다.

【문제 5】 기능검정코스에 대한 설명이다. 옳은 것은?
① 도로주행기능검정코스는 전문학원에서 아무 곳이나 정하여 실시할 수 있다.
② 전문학원에는 기능검정을 위하여 장내기능검정코스를 2층으로 설치할 수 없다.
③ 장내기능검정코스에는 법정시설·설비 외에 기능시험전자채점기를 설치하여야 한다.
④ 도로주행기능검정코스는 전문학원에 1개 이내로 설치하여야 한다.

【문제 6】 도로주행기능검정코스를 규정에 맞게 선정하는 방안이다. 맞지 않는 것은?
① 지시속도, 차로변경, 방향전환, 횡단보도 등 과제적용에 양호한 도로이어야 한다.
② 사고방지상 통학로, 학교주변도로 등 사고발생위험이 있는 도로는 피한다.
③ 기준 적용상 무리를 피하기 위하여 변형도로 등 일반적이지 않은 도로는 피한다.
④ 코스의 선정은 관할경찰서장의 승인을 받아야 한다.

정답 1. 【1】① 【2】② 【3】③ 【4】④ 【5】③ 【6】④

【문제 7】 장내기능검정 시 응시자의 안전에 대비하여 지시하는 교양내용이다. 아닌 것은?
① 장내기능검정코스의 진행방향과 시험항목 등에 대하여 사전에 지시를 한다.
② 사고발생 시 그 책임이 응시생에게 있음을 알려 책임소재를 명확히 한다.
③ 응시생에게 안전거리 미확보와 무리한 앞지르기를 할 때의 위험요소에 대하여 교양을 한다.
④ 실격사항과 실격이 되었을 때의 조치요령 등에 대하여 설명한다.

【문제 8】 장내기능검정을 실시하기 전에 기능검정원이 준비해야 할 사항이다. 아닌 것은?
① 기능교육에 사용되는 성능이 우수한 검정용자동차를 확보하여야 한다.
② 기능검정코스장의 이상 유무를 점검하고 안전요원 1명 이상을 배치하여야 한다.
③ 기능검정실시 1시간 전에 통제실, 채점기, 검정용 차량 등을 정비 점검하여야 한다.
④ 기능검정 시 응시생의 편의를 위해 주차장 확보에 노력하여야 한다.

【문제 9】 장내기능검정을 실시하기 전에 준비사항으로 볼 수 없는 것은?
① 정상적인 성능의 장내기능검정차량을 확보한다.
② 기능검정 도중 사고가 발생하였을 때 조치요령을 설명한다.
③ 운전면허기능시험전자채점기 점검을 할 때 합격·불합격 가능여부만 확인한다.
④ 장내기능검정 실시 전 응시생에 대하여 채점사항 및 안전에 대한 교육을 실시한다.

【문제 10】 전문학원의 기능검정용 차량에 대한 설명이다. 옳지 못한 것은?
① 운전면허기능시험용 차량의 규격과 동일해야 한다.
② 기능검정용 차량은 완벽하게 정비되어 있어야 한다.
③ 기능검정을 시작하기 전에 차량의 사전점검과 안전운전을 통해 결함을 보완한다.
④ 기능검정용 차량의 사용연한은 제한이 없다.

【문제 11】 기능검정원의 배치와 기능검정차량의 배치는 기능검정실시 얼마 전에 발표해야 하는가?
① 30분 전 ② 1시간 전 ③ 1일 전 ④ 1주일 전

【문제 12】 제1종 대형면허의 기능검정용 자동차는 승차정원 몇 인 이상인 승합자동차인가?
① 16인 ② 20인 ③ 30인 ④ 36인

【문제 13】 기능검정용 승용자동차 또는 승용 겸 화물자동차의 사용연한은?
① 2년 ② 3년 ③ 4년 ④ 5년

【문제 14】 기능검정용 특수자동차(구난차)가 차령 5년 이하인 경우 유효기간은?
① 6월 ② 1년 ③ 5년 ④ 10월

【문제 15】 장내기능검정용 차량의 사용유효기간으로 맞지 않는 것은?
① 승합자동차 차령 5년 이하 : 6월
② 화물자동차 : 1년
③ 신조차(3개월 내 확인) : 4년
④ 이륜자동차 : 10년

정답 【7】② 【8】④ 【9】③ 【10】④ 【11】② 【12】③ 【13】① 【14】② 【15】①

제2장 기능검정의 실제

> **해설** 학원 및 전문학원의 교육용자동차 사용유효기간(규칙제103조제4항))
> 1. 승용자동차 및 승용 겸 화물자동차(제2종 보통면허용) : 2년
> 2. 화물자동차(제1종 보통면허용) : 1년
> 3. 승합자동차(제1종 대형면허용) : 차령 5년 이하 1년, 차령 5년 초과 6월
> 4. 구난차 및 대형견인차(제1종 특수면허용) : 차령 5년 이하 1년, 차령 5년 초과 6월
>   ※ 출고 후 3월 이내 시·도경찰청장에게 확인 신청한 경우 : 4년
> 5. 기능교육용이륜자동차 및 원동기장치자전거 : 10년

【문제 16】 전문학원의 장내기능검정 실시요령이다. 틀린 것은?
① 운전면허기능시험 전자채점기에 의하여 기능검정원이 행한다.
② 장내기능검정용 차량 20대까지 동시에 실시할 수 있다.
③ 기능검정원은 기능검정을 실시하기 전에 응시자에게 안전에 대한 교육을 실시해야 한다.
④ 기능검정결과는 전자채점기에 의한 채점결과에 따라 판정해야 한다.

【문제 17】 도로주행 기능검정용 차량에 대한 설명이다. 옳지 않는 것은?
① 장내 기능검정용 자동차로 도로주행 기능검정을 실시할 수 있다.
② 도로주행 시험용자동차와 동일한 구조·성능을 갖추고 있어야 한다.
③ 도로주행 기능검정용 자동차에는「검정 중」표지를 부착하여야 한다.
④ 교통사고 처리특례법 제4조의 규정에 충족하는 보험에 가입되어 있어야 한다.

【문제 18】 교육생의 장내기능검정 신청절차를 설명한 것이다. 틀린 것은?
① 전문학원의 학과·기능교육과정을 이수하지 않은 사람은 신청할 수 없다.
② 장내기능검정을 받고자 하는 사람은 기능검정신청서에 수수료를 첨부하여 신청한다.
③ 전문학원은 신청서를 접수한 때는 접수증에 수험번호와 시험일시를 지정해 준다.
④ 전문학원은 자체검정이므로 기능검정 신청접수증을 발급하지 않을 수 있다.

【문제 19】 기능검정코스의 결정공포 및 기능검정원 배치방법에 대한 설명이다. 맞지 않는 것은?
① 기능검정원의 배치는 검정당일 3시간 전에 결정 공포해야 한다.
② 학감은 수검자의 차량 배정을 검정 당일 1시간 전에 행한다.
③ 학감은 담당 검정원을 검정 당일 1시간 전에 배치한다.
④ 수검자들이 담당검정원과 차량을 사전에 알지 못하게 하여 공정을 기하려는 데 목적이 있다.

【문제 20】 전문학원의 기능검정 응시자격 확인절차로 틀린 것은?
① 도로주행 기능검정은 응시표와 연습면허유효기간 및 본인여부를 대조 확인한다.
② 기능검정실시일 기준으로 결격사유에 해당하는 때에는 기능검정을 실시할 수 없다.
③ 기능검정대상자의 자격확인은 특별한 사정이 있는 경우 부학감이 대신할 수 있다.
④ 기능검정은 전문학원교육생을 대상으로 하기 때문에 본인여부대조는 안 해도 된다.

【문제 21】 기능검정원이 기능검정 실시 전 수검자에게 지시할 사항이다. 아닌 것은?
① 기능검정 중 사고예방지시   ② 항목이행 조건과 주행순로에 대한 지시
③ 운전연습면허증 휴대요령지시   ④ 기능검정 중지사항에 대한 지시

정답 【16】② 【17】① 【18】④ 【19】① 【20】④ 【21】③

【문제 22】 제1종 대형면허 장내기능검정 중 「실격사항」에 대한 설명으로 틀린 것은?
① 경사로 정지구간 이행 후 30초를 초과하여 통과하지 못한 때
② 특별한 사유 없이 출발선에서 30초 이내 출발하지 못한 때
③ 특별한 사유 없이 교차로 내에서 20초 이상 정차한 때
④ 시험 중 안전사고를 일으키거나 단 1회라도 차로를 벗어난 때

【문제 23】 기능검정원이 도로주행검정실시 전 「실격사항」에 대한 설명이다. 아닌 것은?
① 5회 이상 클러치조작불량으로 엔진정지 및 급브레이크 사용으로 운전능력이 현저히 부족한 경우
② 신호 또는 지시에 따르지 않은 경우
③ 긴급자동차의 우선통행 시 일시정지하거나 진로를 양보하지 않은 경우
④ 어린이통학버스의 특별보호의무를 위반한 경우

【문제 24】 전문학원의 「기능검정 실시 중」에 주의하여야 할 사항이다. 아닌 것은?
① 친절하게 기능검정합격요령을 알려준다. ② 불필요한 조언을 하지 않는다.
③ 불필요하게 지도하지 않는다. ④ 수험생에게 부담을 주는 언행을 하지 않는다.

【문제 25】 전문학원 기능검정원의 도로주행기능검정 실시요령이다. 틀린 것은?
① 기능검정의 공정성 확보를 위하여 다음 번호의 응시생을 동승시켜야 한다.
② 기능검정원은 전자채점기 고장 등의 경우 도로주행시험채점표에 수기로 감점사항을 체크(✔) 한다.
③ 도로주행기능검정합격사실은 학감이 확인 후 응시생에게 알려주어야 한다.
④ 기능검정원은 도로주행기능검정 결과보고서에 서명·날인 후 학감에게 보고한다.

【문제 26】 기능검정원이 기능검정 종료 후 실시하는 「요점충고」에 대한 설명이다. 틀린 것은?
① 합격자에 대해서는 이후 운전상 유의점에 대한 조언을 한다.
② 불합격자에게는 불합격한 사유만을 간결하게 설명해 준다.
③ 불합격자에 대해서는 주된 운전결함에 대한 연습지침을 조언한다.
④ 충고는 간결하고 정중하게 하여야 한다.

【문제 27】 전문학원 도로주행기능검정원이 검정실시 전 또는 실시중 주의사항이다. 아닌 것은?
① 응시자에게 검정진행방법과 실격되는 경우 등 주의사항을 알려 주어야 한다.
② 앞서가는 차와의 안전거리를 유지하여 교통사고가 발생하지 않도록 하여야 한다.
③ 공정한 평가를 위하여 다음 순위의 응시생을 동승시켜야 한다.
④ 응시자의 긴장을 풀어주기 위한 농담 등은 기능검정에 도움이 된다.

【문제 28】 기능검정을 할 때 공정을 유지하기 위한 방법이다. 틀린 것은?
① 학감은 기능검정을 정해진 방법으로 적절히 하고 있는지 관리 감독해야 한다.
② 학감은 기능검정업무에 대하여는 전적으로 기능검정원에 일임해야 한다.
③ 기능검정원은 재판관의 심판과 같이 양심에 따라 독립해서 판정해야 한다.
④ 공정한 기능검정을 위해서는 학감과 기능검정원이 일체가 되어야 한다.

정답 【22】③ 【23】① 【24】① 【25】③ 【26】② 【27】④ 【28】②

2 기능검정의 채점

【문제 1】 전문학원 기능검정의 채점원칙을 설명한 것이다. 틀린 것은?
① 채점범위는 승차하려고 할 때부터 하차가 끝날 때까지이다.
② 잘못을 방치하고 지킨 것으로 채점해서는 안 된다.
③ 잘못이 생기려고 하는 시점에서 조치하고 감점해야 한다.
④ 도로주행검정 중 위험상황에서도 즉시 감점 처리해야 한다.

【문제 2】 전문학원 기능검정의 채점범위로서 가장 옳은 것은?
① 승차하려고 할 때부터 하차가 끝날 때까지이다.
② 승차한 후 하차가 끝날 때까지이다.
③ 기능검정차량의 출발 시부터 종료 시까지이다.
④ 타이어의 점검, 차 주변의 안전 확인 등도 채점범위에 속한다.

【문제 3】 기능검정의 채점 및 합격기준이다. 틀린 것은?
① 기능검정의 채점 및 합격기준은 운전면허기능시험의 채점 및 합격기준에 준한다.
② 채점은 100점을 기준으로 하여 각 시험과제 위반 시마다 감점방식으로 채점한다.
③ 장내기능검정의 제1·2종 보통연습면허의 합격기준은 각각 70점 이상을 합격으로 한다.
④ 도로주행기능검정의 제1·2종 보통면허의 합격기준은 각각 70점 이상을 합격으로 한다.

【문제 4】 전문학원 장내기능검정의 전자채점방식이 갖는 장점은?
① 운전자세와 위급 시 대처능력 등 전반적인 채점이 가능하다.
② 객관성을 확보할 수 있고 공정성에 대한 신뢰도가 높다.
③ 안전운전에 대한 배려와 태도를 평가할 수 있다.
④ 교통법규에 따라 적정하게 운전하는지 여부를 평가할 수 있다.

【문제 5】 장내 기능시험전자채점기의 구성 중 검지선을 감지하는 센서는?
① 공기압센서 ② 광센서 ③ 압전센서 ④ 앞차량 감지센서

【문제 6】 장내 기능전사채섬기의 구성 중 확인선을 감지하는 센서는?
① 공기압센서 ② 광센서 ③ 압전센서 ④ 영구자석

【문제 7】 장내 기능시험장의 「검지선」 기능에 대한 설명이다. 틀린 것은?
① 검지선은 시험용 차량이 시험 중 도로를 벗어나지 못하게 하는 선이다.
② 굴절, 곡선, 방향전환, 평행주차코스 등에 설치되어 있다.
③ 도로 밖으로 벗어나는 검지는 광센서에 의하여 확인된다.
④ 검지선은 황색실선의 외측에 설치되어 있다.

정답 2.【1】④ 【2】① 【3】③ 【4】② 【5】① 【6】④ 【7】③

【문제 8】 장내 기능시험장의 「확인선」 기능을 설명한 것이다. 맞지 않는 것은?
① 확인선은 각과제의 진입 및 진출을 확인하는 선과 기능검정 출발과 종료선을 말한다.
② 횡단보도와 철길건널목 일시정지선, 경사로·평행주차·방향전환코스 등에 설치되었다.
③ 시험차량이 통과하거나 접촉함으로써 과제수행, 통과 등을 확인한다.
④ 감지기는 공기압센서로 도로바닥 5cm 이상 지하에 매설되어 설치한다.

【문제 9】 기능검정채점통제실과 시험차량 간의 무전망 구성을 설명한 것으로 틀린 것은?
① 동시에 최대의 수용차량이 기능시험을 진행해도 무전방해 없이 송·수신할 수 있어야 한다.
② 사용주파수는 국제통신규약에 적합하여야 한다.
③ 시험차량에서 채점결과를 통제실로 전송할 수 있어야 한다.
④ 응시자의 수험번호, 출발, 실격 등의 상황을 차량으로 전송할 수 있어야 한다.

【문제 10】 장내 기능시험전자채점기의 차량부착용 센서가 아닌 것은?
① 이동거리 측정용 센서   ② 3색 경광등 센서
③ 기어변속감지 센서   ④ 앞 차량 감지센서

【문제 11】 기능검정전자채점기의 교차로 신호등을 제어하는 장치의 기기 명칭은?
① TCM(신호등제어부)   ② RFM(무전송·수신부)
③ PCM(전원공급장치)   ④ MCM(주 제어부)

【문제 12】 통제실에서 사용하는 PC와 차량탑재기를 접속하는 시스템 제어부의 명칭은?
① TCM(신호등제어부)   ② RFM(무전송·수신부)
③ PCM(전원공급장치)   ④ MCM(주 제어부)

【문제 13】 전자채점기의 「검지선」을 감지하는 공기압센서는 황색실선의 어느 부분에 설치하는가?
① 굴절코스의 황색실선 내측부분   ② 곡선코스의 황색실선 외측부분
③ 평행주차코스의 황색실선의 내측부분 ④ 방향전환코스의 황색실선의 가운데부분

【문제 14】 기능검정채점기의 통제실제어시스템의 구성을 설명한 것이다. 틀린 것은?
① 주제어부(MCM)는 통제실의 PC와 차량탑재기를 접속하는 시스템
② 무전송·수신부(RFM)는 통제실과 시험차량 간 무선송·수신 장치
③ 신호등제어부(TCM)는 통제실에서 교차로신호등을 제어하는 장치
④ 전원공급장치(PCM)는 통제실에서 외부기기와 연결하여 음성정보를 지원하는 장치

【문제 15】 수검자가 시험중인 차량에서 확인할 수 있는 사항을 설명하였다. 아닌 것은?
① 자기의 수험표와 차에 표시된 자기의 성명과 주소가 일치한지 확인할 수 있어야 한다.
② 시험 진행상황, 채점상황, 채점기상태 등을 확인할 수 있어야 한다.
③ 차량에서 출발, 실격 등의 지시로 음성신호와 함께 인식이 가능해야 한다.
④ 시험 진행 중 「정지상태」, 「돌발발생」을 표시하는 등화를 확인할 수 있어야 한다.

정답 【8】④ 【9】② 【10】② 【11】① 【12】④ 【13】② 【14】④ 【15】①

【문제 16】 기능검정용 차량탑재기의 채점 장치에 대한 설명이다. 틀린 것은?
① 구성은 주제어부, 무선송·수신부, 센서, R/F부, Lamp제어부, Display부로 되었다.
② 시작 전 수험번호, 시작 후 총 소요시간, 과제수행 소요시간, 감점사항이 표시된다.
③ 현재 수행 중인 과제가 표시된다.
④ 전원스위치 등으로 구성되어 정전 시에는 채점이 되지 않는다.

【문제 17】 제1종 대형면허시험의 장내기능검정항목 중 출발지시 후 30초 이내 출발하지 못한 경우의 조치는?
① 1점 감점
② 2점 감점
③ 5점 감점
④ 실격(중지)

【문제 18】 장내 기능검정항목 중 「경사로코스」에서 잠시 정지 후 출발 시 몇 cm 이상 뒤로 밀리지 않고 출발해야 하는가?
① 50cm
② 60cm
③ 70cm
④ 80cm

【문제 19】 경사로 정지구간 이행 후 30초를 초과하여 통과하지 못한 경우 또는 경사로 정지구간에서 후방으로 1미터 이상 밀린 경우의 조치로 맞는 것은?
① 5점 감점
② 7점 감점
③ 실격
④ 10점 감점

【문제 20】 장내 기능검정항목 중 「경사로에서의 정지 및 출발」할 때 채점기준으로 옳은 것은?
① 정지구역 내에 정지 후 출발 시 후방으로 50cm 이상 밀린 때 : 10점 감점
② 정지구역 내에 정지 후 출발 시 후방으로 30cm 이상 밀린 때 : 10점 감점
③ 정지구역 내에 정지 후 출발 시 후방으로 50cm 이상 밀린 때 : 5점 감점
④ 정지구역 내에 정지 후 출발 시 후방으로 30cm 이상 밀린 때 : 5점 감점

【문제 21】 장내 기능검정 중 시동정지 1회와 4,000RPM 이상 1회 위반한 경우 감점기준은?
① 5점
② 6점
③ 10점
④ 8점

【문제 22】 장내 기능검정 중 굴절코스에서 2번의 검지선 접촉과 전체 지정시간 10초 초과 시 감점은?
① 10점
② 12점
③ 15점
④ 20점

【문제 23】 장내 기능검정항목 중 「십자형 교차로 통과 시」 채점기준이다. 맞지 않는 것은?
① 좌·우회전 시 방향지시등을 켜지 아니한 때마다 5점 감점
② 정지신호 시에 정지 불이행한 때 5점 감점
③ 교차로 내에서 20초 이상 이유 없이 정차한 때 5점 감점
④ 신호 위반 시마다 10점 감점

정답 【16】④ 【17】④ 【18】① 【19】③ 【20】① 【21】③ 【22】② 【23】④

【문제 24】장내 기능검정항목 중 「곡선코스의 전진 통과 시」 채점기준으로 맞는 것은?
① 지정시간(2분) 초과 시마다, 검지선 접촉 시마다 10점 감점
② 지정시간(2분) 초과 시마다, 검지선 접촉 시마다 5점 감점
③ 지정시간(3분) 초과 시마다, 검지선 접촉 시마다 10점 감점
④ 과제를 이행하지 않았을 때 15점 감점

【문제 25】장내 기능검정항목 중 「방향전환 코스」 채점기준이다. 틀린 것은?
① 확인선 미접촉 시마다 5점 감점
② 지정시간(2분) 초과 시마다 5점 감점
③ 검지선 접촉 시마다 5점 감점
④ 지정시간(3분) 초과 시마다 5점 감점

【문제 26】장내 기능검정항목 중 「방향전환 코스」에 진입할 때 확인선 미접촉, 검지선을 2회 접촉한 경우 감점점수는 모두 얼마인가?
① 10점 ② 15점 ③ 20점 ④ 25점

【문제 27】장내 기능검정항목 중 「기어변속 코스의 전진 시」 채점기준이다. 옳은 것은?
① 기어변속을 아니하고 통과 시 5점 감점
② 기어변속을 아니하고 통과 시 또는 속도 매시 20km 미만 시 10점 감점
③ 속도 매시 30km 미만 통과 시 5점 감점
④ 속도 매시 30km 이상 통과 시 5점 감점

【문제 28】평행주차코스 주차에서 전·후 확인선 미접촉 또는 전진으로 진입한 경우 감점기준은?
① 20점 ② 15점 ③ 10점 ④ 5점

【문제 29】장내 기능검정항목 중 「평행주차코스」에서 지정시간(2분) 초과 시마다, 검지선 접촉 시마다 감점 점수로 맞는 것은?
① 5점 ② 10점 ③ 15점 ④ 20점

【문제 30】장내 기능검정항목 중 「돌발사고 시 급정지 및 출발 시」 채점기준으로 틀린 것은?
① 돌발등이 켜짐과 동시 2초 이내 정지하지 못한 때 : 10점 감점
② 정지 후 5초 이내 비상점멸등을 작동하지 아니한 때 : 10점 감점
③ 정지 후 3초 이내 비상점멸등을 작동하지 아니한 때 : 10점 감점
④ 출발 시 비상점멸등을 끄지 아니한 때 : 10점 감점

【문제 31】제1종 대형면허 장내 기능검정항목 중 「전체 지정시간 초과」시 채점기준으로 맞는 것은?
① 전체 지정시간 초과 매 5초마다 1점 감점
② 전체 지정시간 초과 매 5초마다 5점 감점
③ 전체 지정시간 5초 초과 시 실격
④ 지정속도 매시 20km 초과 시 5점 감점(기어변속코스 제외)

정답 【24】② 【25】④ 【26】② 【27】② 【28】③ 【29】① 【30】② 【31】①

【문제 32】 장내 기능검정항목 중 「시동을 꺼뜨릴 때마다, 4,000RPM 이상 엔진회전 시마다」 감점기준은?
① 10점　　　　　② 5점　　　　　③ 3점　　　　　④ 1점

【문제 33】 장내 기능검정항목 중 「시동상태 유지」에 대한 채점기준이다. 옳은 것은?
① 시동을 꺼뜨릴 때마다 또는 4,000RPM 이상 엔진회전 시마다 5점 감점
② 시동을 꺼뜨릴 때마다 10점 감점
③ 시동을 꺼뜨린 경우 실격
④ 4,000RPM 이상 엔진 회전 시마다 10점 감점

【문제 34】 장내 기능검정항목 중 교차로 통과 시 「신호위반 시마다」 감점기준은?
① 15점　　　　　② 10점　　　　　③ 20점　　　　　④ 5점

【문제 35】 제1종 대형면허 장내 기능검정에서 「출발 시부터 종료 시까지(평행주차코스, 방향전환코스, 후진도 포함) 좌석안전띠를 착용하지 아니한 때」의 감점 기준은?
① 1점　　　　　② 3점　　　　　③ 10점　　　　　④ 5점

【문제 36】 제1종 대형면허 장내 기능검정에 있어서 실격기준이다. 틀린 것은?
① 경사로 정지구간에서 후진하여 앞 범퍼가 경사로 사면을 벗어난 때
② 특별한 사유 없이 교차로 내에서 30초 이상 정지한 때
③ 시험 중 안전사고를 일으키거나 단 1회라도 차로를 벗어난 때
④ 경사로 정지구간 이행 후 1분을 초과하여 통과하지 못한 때

【문제 37】 제1종 대형면허 기능검정의 감점사유를 설명한 것이다. 틀린 것은?
① 돌발등이 켜짐과 동시 2초 이내에 정지하지 못한 때 10점 감점
② 교차로 내에서 20초 이상 이유 없이 정차한 때 실격 처리
③ 평행주차코스에서 전진으로 진입한 때와 전·후 확인선 미접촉 10점 감점
④ 경사로 정지구역 내에 정지 후 후방으로 50cm 이상 밀린 때 10점 감점

【문제 38】 대형견인차면허 기능검정 중 「연결방법미숙 또는 피견인차 연결시간」 5분 초과 시 감점기준은?
① 10점 감점　　　② 15점 감점　　　③ 20점 감점　　　④ 실격 처리

【문제 39】 구난차면허 기능검정 중 「곡선코스 견인통과 시」 감점기준은?
① 지정시간 2분 초과 시마다 또는 검지선 접촉 시마다 10점 감점
② 지정시간 3분 초과 시마다 또는 검지선 접촉 시마다 10점 감점
③ 지정시간 4분 초과 시마다 또는 검지선 접촉 시마다 10점 감점
④ 지정시간 5분 초과 시마다 또는 검지선 접촉 시마다 10점 감점

【문제 40】 제2종 소형면허 기능검정 중 「좁은 길 코스」를 이행하지 않았을 때 처리방법은?
① 10점 감점한다.　　　　　　　② 20점 감점한다.
③ 실격 처리한다.　　　　　　　④ 20점 감점으로 불합격이다.

정답　【32】②　【33】①　【34】④　【35】④　【36】④　【37】②　【38】①　【39】②　【40】③

【문제 41】 제2종 소형면허 기능검정 중 「연속진로전환코스에서 라바콘을 접촉한 때」 감점기준은?
① 5점 감점   ② 10점 감점   ③ 15점 감점   ④ 20점 감점

【문제 42】 도로주행 기능검정코스의 설치기준이다. 옳지 못한 것은?
① 총 주행거리 5km 이상이고 주행여건이 양호한 도로이어야 한다.
② 시속 40km 이상의 속도로 주행 가능한 지시속도구간이 1구간 400m 정도이어야 한다.
③ 좌회전, 우회전, 직진을 1회 이상 할 수 있는 교차로가 있어야 한다.
④ 차로변경이 가능한 편도 3차로 이상 구간이 있어야 한다.
　해설　차로변경이 가능한 편도 2차로 이상의 도로이어야 한다.

【문제 43】 도로주행 기능검정을 실시하기 위한 도로의 기준으로 맞지 않는 것은?
① 차로변경이 가능한 편도 2차로 이상의 도로
② 총 주행거리 5km 이상 주행여건이 양호한 도로
③ 일시정지후 통과할 수 있는 "철길건널목"이 있어야 한다.
④ 횡단보도 일시정지 통과할 수 있는 교통안전표지가 설치된 횡단보도가 있어야 한다.

【문제 44】 도로주행 기능검정의 채점방법과 합격기준이다. 맞는 것은?
① 득점방식으로 70점 이상 득점   ② 감점방식으로 80점 이상 득점
③ 득점방식으로 80점 이상 득점   ④ 감점방식으로 70점 이상 득점

【문제 45】 도로주행 기능검정항목 중 출발 때 자동차 문을 완전히 닫지 않았거나 주행중 차의 문이 열린 경우 감점기준은?
① 7점 감점   ② 5점 감점   ③ 10점 감점   ④ 실격

【문제 46】 도로주행 기능검정항목 중 차량 승차 전·후 차량 주변의 안전을 직접 확인하지 아니하고 출발한 때의 감점기준으로 맞는 것은?
① 3점 감점   ② 7점 감점   ③ 10점 감점   ④ 실격

【문제 47】 도로주행 기능검정 채점기준의 구성에 대한 설명이다. 아닌 것은?
① 교통사고로 직접 연결될 염려가 있는 위험한 조작에 대한 행위
② 경미한 법령위반과 중대한 법령위반에 대한 행위
③ 응시생이 기능검정원을 대하는 예의범절 행위
④ 사고로 직접 연결되지 않지만 바람직하지 않는 조작행위

【문제 48】 도로주행 기능검정항목 중 「출발 전 준비」에 대한 감점기준으로 맞는 것은?
① 출발할 때 자동차문을 완전히 닫지 않은 채 각종 장치를 조작하는 경우 5점 감점
② 출발점에서 후사경이 제대로 조정되어 있는지 여부를 확인하지 아니한 경우 10점 감점
③ 주차 브레이크를 해제(풀지)하지 아니하고 출발한 경우 7점 감점
④ 기어가 들어가 있는데 클러치를 밟지 않고 시동한 경우 5점 감점

정답 【41】② 【42】④ 【43】③ 【44】④ 【45】② 【46】② 【47】③ 【48】①

【문제 49】 도로주행 기능검정과제 중 「운전자세」를 감점하는 항목은?
① 정지 중 기어 미중립
② 올바른 조작의 습관성
③ 올바른 행동의 예고
④ 기민한 판단과 동작

【문제 50】 도로주행 기능검정항목 중 「출발」에 대한 감점기준이다. 맞는 것은?
① 도로의 구부러진 부분을 도는 경우 양팔을 교차한 채로 핸들을 유지하고 있는 때 3점 감점
② 운전석을 체형에 맞게 조절하지 아니한 경우 3점 감점
③ 직진중에 핸들의 아래 부분만을 잡고 진행하고 있을 때 3점 감점
④ 20초 이내 미출발한 경우 10점 감점

【문제 51】 도로주행 기능검정항목 중 「출발」에 대한 감점기준으로 맞는 것은?
① 엔진의 지나친 공회전 또는 클러치의 급조작·급출발 5점 감점
② 클러치 페달 조작불량으로 엔진이 정지된 경우 5점 감점
③ 통상적으로 출발하여야 할 상황인데도 기기조작 미숙 등으로 20초 이내 출발하지 아니한 경우 10점 감점
④ 출발 직전에 전후좌우의 안전을 직접 눈으로 확인 하지 않은 경우 5점 감점

【문제 52】 도로주행 기능검정항목 중 「가속 및 속도유지」에 대한 감점기준으로 맞는 것은?
① 기어변속이 부적절한 채로 주행을 계속하여 가속이 붙지 않는 경우 3점 감점
② 교통상황에 따른 통상 속도보다 낮은 경우 5점 감점
③ 교통상황에 따른 통상 속도보다 낮은 속도로 진행하는 경우 7점 감점
④ 통상 속도를 유지할 수 없는 경우 3점 감점

【문제 53】 도로주행 기능검정과정 중 「제동 및 정지」에 대한 감점기준이다. 맞는 것은?
① 지정속도에서 급정지로 1m 이상 미끄러지면서 제동으로 정지한 경우 10점 감점
② 정지하기 위해 제동이 필요한 상황에서 클러치 페달로 동력을 끊어 주행하거나 중립에 두는 경우 5점 감점
③ 교통상황에 따라 제동이 필요한 경우임에도 페달에 발을 옮기고 제동준비를 하지 않은 경우(제동 미준비) 3점 감점
④ 신호대기등으로 잠시 정지하고 있는 사이에 브레이크 페달을 밟고 있지 않은 경우(정지 시 미제동) 7점 감점

【문제 54】 도로주행 기능검정과정 중 「조향」에 대한 감점기준이다. 맞는 것은?
① 주행 중 급핸들조작으로 자동차 타이어가 옆으로 밀린 경우 10점 감점
② 핸들조작을 지나치게 하거나 핸들복원이 늦은 경우(핸들조작 미숙) 7점 감점
③ 핸들조작 불량으로 정해진 차로를 벗어나 주행한 경우 10점 감점
④ 운전장치조작 시 차체의 불균형상태가 발생한 경우 10점 감점

【문제 55】 도로주행 기능검정항목 중 「20초 내 미출발」을 감점하는 목적은?
① 민첩한 판단과 동작
② 기기조작 미숙
③ 올바른 조작의 습관성
④ 모든 사태에의 대응

정답 【49】① 【50】④ 【51】③ 【52】② 【53】② 【54】② 【55】②

【문제 56】 도로주행 기능검정항목 중 「차체감각」에 대한 감점기준이다. 틀린 것은?
① 우회전 직전에 직접 눈으로 또는 후사경으로 오른쪽 옆의 안전을 확인하지 않은 경우 7점 감점
② 진행방향의 교차로 직전에 이륜차 등이 있거나 이륜차 등과 나란히 진행하는 경우에 이륜차 등을 먼저 출발시키지 않은 경우 7점 감점
③ 건조물, 그 밖의 장애물의 옆을 통과할 때 옆쪽 간격을 1m 이상 유지하지 못하는 경우 7점 감점
④ 건조물 등의 옆을 지날 때 0.5m 이상 간격을 유지하지 않고 통과한 때 10점 감점

【문제 57】 「위험을 방지하기 위하여 부득이 급정지하여 엔진시동이 정지된 경우」 감점기준은?
① 5점을 감점한다.
② 7점을 감점한다.
③ 감점하지 않는다.
④ 기능검정원의 보조행위로 처리한다.

【문제 58】 「출발 전에 차량점검 및 안전을 직접 확인하지 않은 경우」의 감점기준은?
① 2점 감점
② 7점 감점
③ 10점 감점
④ 5점 감점

【문제 59】 도로주행 기능검정항목 중 「출발시간 지연」과 「가속 불량」을 감점하는 목적은?
① 민첩한 판단 및 조작과 원활한 주행
② 주의력의 배분
③ 모든 사태에의 대응
④ 안전한 태도

【문제 60】 「통상적으로 출발하여야 할 상황인데도 20초 이내 출발하지 아니한 경우」의 감점기준은?
① 5점 감점
② 7점 감점
③ 10점 감점
④ 실격

【문제 61】 도로주행 기능검정항목 중 정지하거나 제동할 때 「급브레이크 사용으로 차안에 있는 사람이 심히 요동할 정도인 경우」의 감점기준으로 맞는 것은?
① 7점 감점
② 5점 감점
③ 10점 감점
④ 실격

【문제 62】 도로주행 기능검정항목 중 도로의 중앙으로부터 우측부분을 통행하여야 할 의무를 위반한 경우 채점기준으로 맞는 것은?
① 실격처리
② 10점 감점
③ 5점 감점
④ 3점 감점

【문제 63】 도로주행 기능검정항목 중 「제동방법 미흡」을 감점하는 목적은?
① 인지와 판단
② 모든 사태에의 대응
③ 주의력의 배분
④ 올바른 조작의 습관성

【문제 64】 도로주행시험의 시험항목채점기준 중 감점기준이다. 틀린 것은?
① 1미터 간격 미유지 7점
② 제동방법 미흡 7점
③ 핸들조작 미숙 7점
④ 우측 안전 미확인 7점

【문제 65】 브레이크 페달을 가볍게 2~3회 나누어 밟는 이유를 설명한 것이다. 아닌 것은?
① 후속차량에게 정지 의사를 알리려고
② 급제동을 예방하려고
③ 후속차량에게 위협하려고
④ 올바른 조작을 습관화하려고

⊕ 해설 교통상황의 여유가 있음에도 불구하고 단속조작을 하지 않는 경우(단속 미조작)

정답 【56】④ 【57】③ 【58】② 【59】① 【60】③ 【61】① 【62】① 【63】④ 【64】② 【65】③

【문제 66】 교통정리가 행하여지고 있지 아니하는 교차로에 들어가려는 경우(교차로 진입시) 서행하여야 할 장소에서 서행하지 않는 경우 감점기준은?
① 5점 감점　　② 7점 감점　　③ 10점 감점　　④ 감점 없음

【문제 67】 주행 중 「급격한 핸들 조작으로 자동차 타이어가 옆으로 밀린 경우」의 감점기준은?
① 5점 감점　　② 7점 감점　　③ 10점 감점　　④ 감점 없음

【문제 68】 「마주오는 차와의 교행, 주·정차차량 또는 건조물, 그 밖의 장애물 등의 옆을 통과할 때 옆쪽 간격」을 얼마나 유지해야 감점되지 않는가?
① 0.8m 이상　　② 0.5m 이상　　③ 0.7m 이상　　④ 1m 이상

【문제 69】 도로상의 각종 장애물 옆을 통과할 때 옆쪽 간격을 얼마나 유지해야 감점되지 않는가?
① 1m 이상　　　　　　　　② 0.5m 이상
③ 0.7m 이상　　　　　　　④ 0.3m 이상

【문제 70】 도로주행 기능검정의 감점 목적을 연결한 것이다. 맞지 않는 것은?
① 안전조치불이행 - 운전 시작 전의 착오
② 운전자세불량 - 차체감각과 반응동작
③ 신호 불이행 - 올바른 행동의 예고 안전
④ 지시속도 도달 불능 - 속도감각

【문제 71】 도로주행 기능검정항목 중 「지정차로 준수위반 시」 감점기준이다. 옳은 것은?
① 도로의 중앙에서 오른쪽으로 2차로 이상의 도로에서 차로에 따른 통행기준을 따르지 아니한 경우 7점 감점
② 길가장자리 구역에 차체일부가 들어가 통행하거나 통행하려고 한 경우 5점 감점
③ 부득이한 경우 보행자의 통행에 방해되지 않게 길가장자리 구역 통행 시 5점 감점
④ 부득이한 경우 이륜차의 통행에 방해되지 않게 길가장자리 구역 통행 시 5점 감점

【문제 72】 도로주행 기능검정항목 중 「앞지르기방법 등 위반 시」 감점기준이다. 맞는 것은?
① 앞차의 좌측에 다른 차가 나란히 하고 있는 경우에 앞지르기를 시작한 경우 7점 감점
② 앞차가 다른 자동차를 앞지르고자 하는 경우 앞지르기를 시작하려고 한 경우 10점 감점
③ 앞지르기하고자 하는 경우 반대방향과 뒤쪽 교통에 주의하지 않고 진행한 경우 10점 감점
④ 시험용자동차를 앞지르기하고 있는 차의 앞지르기가 끝나기 전에 가속한 경우 3점 감점

【문제 73】 도로주행 기능검정의 「통행구분」 과제 중 「앞지르기방법 등 위반」 감점 항목이다. 맞는 것은?
① 도로의 중앙에서 좌측을 통행　　② 우측 길가장자리구역 통행
③ 측방간격확보 방해　　　　　　　④ 주의태만

정답 【66】③ 【67】② 【68】④ 【69】① 【70】② 【71】① 【72】① 【73】①

【문제 74】 도로주행 기능검정항목 중 「앞지르기방법 등 위반」에 대하여 7점이 감점되는 경우로 틀린 것은?
① 도로의 구부러진 곳, 오르막길의 정상부근, 급한 내리막길
② 교차로, 터널 안, 다리 위
③ 철길건널목, 또는 횡단보도 등의 앞가장자리에서 앞으로 100m 이내의 지점
④ 시·도경찰청장이 도로에서의 위험을 방지코저 안전표지에 의하여 지정한 곳

【문제 75】 도로주행 기능검정항목 중 「끼어들기 금지 위반」 감점기준은?
① 10점 감점　　　　　　　　　　② 7점 감점
③ 5점 감점　　　　　　　　　　　④ 감점 없음

【문제 76】 도로주행 기능검정항목 중 「차로 유지 미숙 시」 감점기준이다. 옳은 것은?
① 차로가 구분된 도로에서 지정된 차로로 통행하지 아니한 경우(차로 침범) 7점 감점
② 직선도로를 통행하거나 구부러진 도로를 돌 때 차로를 침범하여 통행한 경우 5점 감점
③ 차로가 구분된 도로에서 지정된 차로로 통행하지 아니한 경우 10점 감점
④ 직선도로 또는 커브를 돌 때 차로 침범 통행 시 3점 감점

【문제 77】 도로주행 기능검정항목 중 「차로 유지 미숙 시」 감점기준이다. 맞는 것은?
① 안전지대 또는 출입금지부분에 들어가거나 들어가려고 한 경우 5점 감점
② 안전지대 또는 출입금지부분에 들어가려고 한 경우 7점 감점
③ 안전지대에 들어간 경우 7점 감점
④ 출입금지구역에 들어가려고 한 경우 7점 감점

【문제 78】 도로주행 기능검정항목 중 「진로를 변경하려는 경우 안전을 확인하지 않은 경우」에 대한 감점기준은?
① 10점 감점　　② 7점 감점　　③ 5점 감점　　④ 감점 없음

【문제 79】 도로주행 기능검정항목 중 「진로변경신호 불이행 시」 감점기준이다. 맞는 것은?
① 진로변경신호를 전혀 하지 아니한 경우 10점 감점
② 진로변경 때 변경 신호를 하지 않은 경우 7점 감점
③ 진로변경이 끝날 때까지 변경신호를 계속하지 않은 경우 5점 감점
④ 진로변경이 끝난 후에도 신호를 중지하지 않은 경우 10점 감점

【문제 80】 도로주행 기능검정항목 중 「진로변경신호 불이행」으로 7점 감점되는 경우로 틀린 것은?
① 진로변경 30m 앞쪽지점부터 신호를 하지 않은 경우
② 진로변경이 끝날 때까지 신호를 계속 하지 않은 경우
③ 진로변경이 끝난 후에도 신호를 중지하지 않은 경우
④ 좌회전(유턴포함) 또는 우회전의 신호를 전혀 하지 않는 경우

정답 【74】③ 【75】② 【76】② 【77】① 【78】① 【79】② 【80】④

제2장 기능검정의 실제

【문제 81】 도로주행 기능검정항목 중 「진로변경 금지장소에서의 진로변경」의 경우 감점사항이다. 맞는 것은?
① 뒤차의 속도·방향을 급히 변경하게 할 우려가 있음에도 진로 변경한 경우 10점 감점
② 진로변경이 금지된 교차로, 횡단보도 등에서 진로변경하는 경우 7점 감점
③ 진로변경시기를 놓치고 진로를 바꾸지 않았기 때문에 뒤차의 통행에 방해가 된 경우 7점 감점
④ 진로를 바꾸지 않아 뒤쪽에서 오는 차의 통행에 방해가 된 경우 7점 감점

【문제 82】 도로주행 기능검정항목 중 「진로변경 신호 미중지」에 대한 감점기준이다. 옳은 것은?
① 좌·우회전 시 신호를 전혀 하지 않은 경우 5점 감점
② 교차로 또는 회전하고자 하는 지점 30m 전에서 좌·우 회전신호를 하지 않은 경우 5점 감점
③ 좌·우회전이 끝날 때까지 신호를 계속하지 않은 경우 5점 감점
④ 진로변경이 끝난 후에도 변경 신호를 중지하지 않는 경우 7점 감점

【문제 83】 도로주행 기능검정항목 중 「교차로 진입통행 위반 시」 감점기준이다. 맞는 것은?
① 우회전시 미리 도로의 우측 가장자리로 서행하지 않은 경우 7점 감점
② 좌회전시 미리 도로중앙선을 따라 교차로 중심 안쪽으로 서행하지 않은 경우 10점 감점
③ 교차로에서 좌·우회전을 하고자 손이나 등화로 신호하는 차의 진행을 방해한 때 10점 감점
④ 진행신호일지라도 교차로에 정지할 우려가 있음에도 진입한 때 10점 감점

【문제 84】 도로주행 기능검정항목 중 「서행 위반 시」 감점기준이다. 맞는 것은?
① 좌회전 또는 우회전 시 서행하지 않은 경우 7점 감점
② 오르막길의 정상 부근에서 서행하지 않은 경우 5점 감점
③ 교통정리를 하지 않고 있는 교차로에 진입 시에 서행하지 않은 경우 10점 감점
④ 경사가 급한 내리막에서 서행하지 않은 경우 5점 감점

【문제 85】 도로주행 기능검정항목 중 「신호 또는 지시에 따르지 않은 경우」 채점기준이다. 맞는 것은?
① 적색신호 시에 정지선에 정지하지 않고 진행한 경우 실격처리
② 녹색신호에 진행하지 않고 정지신에 징지한 경우 10점 감점
③ 경찰공무원 등의 위험방지를 위한 지시를 무시하고 진행한 경우 7점 감점
④ 황색신호에 우회전 중 보행자의 보행을 방해한 경우 5점 감점

【문제 86】 도로주행 기능검정항목 중 「횡단하는 보행자보호의무위반 시」 채점이다. 옳은 것은?
① 보행자가 횡단보도 통행 시 정지선 앞에 일시정지하지 않은 경우 실격처리
② 신호나 지시에 따라 횡단하는 보행자의 통행을 방해한 경우 7점 감점
③ 교통정리 없는 도로를 횡단하는 보행자의 통행을 방해한 경우 7점 감점
④ 보행자가 횡단보도를 통행 시 정지선 앞에 일시정지하지 않은 경우 7점 감점

정답 【81】② 【82】④ 【83】① 【84】③ 【85】① 【86】①

【문제 87】 도로주행 기능검정항목 중 「주행종료 시」 감점기준이다. 틀린 것은?
① 주차 브레이크를 당기지 않은 경우 5점 감점
② 엔진시동을 끄지 않은 경우 5점 감점
③ 기어를 1단 또는 후진으로 하지 않은 경우 7점 감점
④ 자동변속기 자동차의 경우는 선택레버를 P의 위치로 두지 않은 때 5점 감점

【문제 88】 도로주행 기능검정항목 중 「급브레이크 사용」에 대한 감점기준이다. 맞는 것은?
① 뒤차가 추돌할 위험이 있을 정도로 감속하는 경우 10점 감점
② 급제동 시 1m 미만으로 활주한 경우 10점 감점
③ 뒤따라오는 차가 추돌위험이 있을 정도로 감속이나 정지한 경우 5점 감점
④ 차안에 있는 사람이 심히 요동할 정도의 강한 제동을 한 경우 7점 감점

【문제 89】 시험 종료 후 주차브레이크를 당기지 않은 경우의 감점기준인 것은?
① 5점   ② 7점   ③ 10점   ④ 실격

【문제 90】 도로주행 기능검정항목 중 「종료 엔지 미정지」 감점기준으로 옳은 것은?
① 5점 감점   ② 10점 감점
③ 7점 감점   ④ 감점 없음

【문제 91】 도로주행 기능검정 실격기준이다. 틀린 것은?
① 5회 이상 클러치조작 불량으로 엔진이 정지된 경우
② 3회 이상 출발불능 또는 응시자가 시험을 포기하는 의사를 표시한 경우
③ 교통사고를 야기한 경우 또는 운전능력 부족으로 교통사고 야기위험이 현저한 경우
④ 출발 시부터 종료 시까지 좌석안전띠를 착용하지 않은 경우

【문제 92】 도로주행 기능검정 중 클러치 조작불량으로 인한 엔진정지, 급브레이크 사용을 몇 회 이상이 되면 실격처리 되는가?
① 2회   ② 3회
③ 4회   ④ 5회

【문제 93】 도로주행 기능검정 항목 중 10점을 감점하는 항목이다. 아닌 것은?
① 급브레이크 사용
② 주차브레이크 미해제
③ 서행 위반과 일시정지 위반
④ 진로변경시 안전 미확인

정답 【87】③ 【88】④ 【89】① 【90】① 【91】① 【92】② 【93】①

3 기능검정 시 주의사항

【문제 1】 기능검정원이 갖추어야 할 수검자에 대한 적절한 응대요령이다. 잘못된 것은?
① 간결하고 평범한 표현
② 상대방의 입장에서 공정한 처리
③ 합격결정권자로서 권위확보
④ 긴장해 있는 수검자를 배려하는 언행

【문제 2】 기능검정원이 기능검정을 하려할 때 사고예방방법이다. 옳지 못한 것은?
① 기능검정실시 전 기능검정차량의 정비점검
② 수검자의 기능상황을 파악하여 위급상황에 대비
③ 사고발생 시에 대비하여 여러 가지 대책의 사전검토
④ 위험상황발생 시에도 즉시 감점사항 기록

【문제 3】 기능검정용자동차의 정비점검방법이다. 잘못된 것은?
① 정비되고 성능이 양호한 차량을 사용한다.
② 기능검정원은 응시생에게 점검을 실시케하여 잘 못할 경우 감점한다.
③ 기능검정원은 주행장치 외에도 방향지시기, 와이퍼, 유리창, 타이어 등을 점검한다.
④ 기능검정원은 검정차량을 직접 점검하여 이상 유무를 확인한다.

【문제 4】 기능검정원이 수검자의 기능상황 파악과 사전조치 요령이다. 적절하지 못한 것은?
① 수검자의 기능상황을 정확히 파악 대응한다.
② 미숙자에 대하여는 위험장소 통과 시 보조조작을 준비한다.
③ 미숙자에 대하여는 항상 주의를 기울이며 위험 감지 시 즉각 대처한다.
④ 감점체크의 기록은 위험한 지점에서도 해야 한다.

【문제 5】 기능검정원이 「기능검정채점표」에 손으로 기록할 때의 방법으로 틀린 것은?
① 감점내용 난에 체크마크(✔)로 감점할 때마다 감점사항을 수검자에게 알려준다.
② 중지사항 또는 기능검정원의 보조에 해당하는 경우에는 해당항목에 체크한다.
③ 채점 종료 시에 감점소계, 감점총계 및 득점의 수치를 기입한다.
④ 채점표는 검정결과를 설명하는 중요자료이므로 정확하게 기록하여야 한다.

【문제 6】 기능검정원이 기능검정 종료 후 요점충고를 할 때 유의사항이다. 잘못된 것은?
① 기능검정원이 기능검정결과에 대하여 필요한 강평을 하는 것을 요점충고라 한다.
② 합격자에게는 친절하게 합격을 축하하고 운전상 유의사항 등 조언은 삼간다.
③ 불합격자에게는 운전상 주된 결함에 대하여 이후 연습지침을 조언한다.
④ 충고는 간결하고 정중하게 하여야 한다.

정답 3. 【1】③ 【2】④ 【3】② 【4】④ 【5】① 【6】②

제3장 기능검정의 기술연구

제1절 기능검정의 문제점 연구

1 선별과 교육

기능검정의 본질은 기능시험과 같이 안전하고 원활한 운전능력을 가진 사람을 선별하는데 있다. 그렇지만 기능검정과제를 아무리 충실히 하더라도 도로상의 정보를 모두 파악할 수 없고 채점의 레벨 업(level up)에도 한계가 있다.

즉, 기능검정의 선별기능에 대해서도 스스로 한계가 있다고 생각할 수 있지만, 기능검정은 사고예방의 기능을 높이는 것에 대한 교육적 기능도 갖고 있다.

(1) 기능검정이나 기능검정의 합격수준 그 자체가 연습한 노력의 목표를 가리킨다.
(2) 불합격자에 대하여 잘못을 지적하고 구체적인 연습지침을 부여한다.
(3) 합격자에 대해서도 조언함으로써 앞으로 운전상 유의해야 할 것을 인식시킨다.
(4) 교육생에게서 일어나는 잘못을 지적하고 다음의 교육에 반영시킬 수 있어야 한다.

위의 (2), (3)항에 대해서는 기능검정 직후 긴장감이 있는 장소에서 조언을 하는 만큼 그 효과는 크고 사람에 따라서는 「평생 잊지 못한다.」는 경우도 대부분이다.

또한 위의 (4)항에 대해서는 교육생에게 일어나는 잘못을 교육에 반영시키는 것도 기능검정원임무의 하나이며 학원의 지도기술향상에 커다란 발전이 되는 것이다.

기능검정원은 이러한 효과를 충분히 이해하고 적절한 선별과 효과적인 교육을 행할 수 있는 실무능력을 갖지 않으면 안 된다.

2 객관성과 수치

노련한 기능검정원으로부터 흔히 듣는 말은 「10m만 주행하면 판정할 수 있다.」라고 한다. 상당히 근거 있는 이야기라 할 수 있지만 기능시험이나 기능검정에서 그와 같은 방법을 택하면 주관적 판단이라는 비판을 받을 수 있다.

한 사람의 기능검정원이 「능숙하다」, 「서투르다」라고 판정한다 해도 다른 기능검정원도 같은 판단을 한다고는 할 수 없다. 「능숙하다」, 「서투르다」라고 판단한 근거는 무엇인지 그 근거가 되는 행동을 분석해서 각각의 행동에 대하여 분석평가함으로써 판단의 근거가 일반적이면 평가자가 바뀐다 해도 평가는 변하지 않는다. 우리의 판단은 편견에 사로잡히거나 주변조건에 좌우되기 쉽고「10m만 달리면 알 수 있다.」는 식의 오류에 빠지기 쉽다.

이와 같은 판단방법이 잘못이라고 할 수도 없지만, 주관적 측면이나 객관적 측면에 무게를 너무 두는 것도 둘 다 정확한 사실을 파악하기에는 위험성이 있다는 것을 알아야 한다.

사람의 감각을 측정하는 경우 수치화해서 판정하는 것이 필요하며, 수치화하는 것으로 객관성이 생겨 응시생의 이해도 얻을 수 있을 것이다. 그러나 이 수치화는 한편 커다란 판정상의 위험성이 있다는 점도 고려하지 않으면 안 된다. 수치가 판정의 주된 대상으로 뒤바뀌어, 본래 의미의 내용을 잊어버리고 마는 것이다. 그 숫자가 갖는 의미는 무엇일까, 무엇을 판정하려고 하고 있는지를 이해하고 있지 않으면 판정을 잘못해 버린다. 숫자 그 자체가 갖는 명확성이 사람의 심리를 모두 명확하게 결론지어 버린다고 생각하면 위험하다. 여기에 수치이용효과에 한계가 있다.

더욱 중요한 것은 기능검정 그 자체에도 한계가 있다는 것이다. 겨우 10~20분의 기능검정으로 응시생의 운전능력 전부를 평가한다는 것은 쉽지 않기 때문이다.

제한된 시간 내에 가능한 한 많은 응시생에 관한 자료를 모아 정확하게 그 운전형태를 파악하여 혼잡한 교통장면에서 충분히 대처할 수 있는 능력을 가졌는지의 여부를 종합적으로 판정하는 중대한 책임이 있음을 기능검정원은 충분히 자각해야 한다.

제2절 관찰의 기술과 관찰태도

1 관찰의 기술

(1) 광배효과(후광효과 : Halo effect)

사람이나 물체의 특징적인 인상이나 평가가 다른 전반적인 부분까지 미치는 효과를 말한다.

사람은 누구나 다른 사람에 대한 판단을 하는 경우 하나 하나의 특성에 대하여 섬세한 평가를 하기보다, 전체를 장점·단점이라는 그 부분적인 평가만을 하기 쉬운데 이러한 성질이 광배효과가 되어 나타난다.

예를 들면 응시생에 대하여 좋은 인상(전반적인 인상)을 갖고 있으면 그 응시생을 평가할 때에 모든 특성을 훌륭하다고 평가해버리는 잘못이 바로 이것이다. 혹은 이와 반대로 전반적인 면에서 좋지 않으면 판단해 봐서 두세 가지 특징에서 좋은 면이 있더라도 그것을 좋다고 하지 않는 경우도 있다.

사람은 신과 달라 모든 면에서 만능이 아니다. 어떤 사람이라도 장점 하나나 둘은 있는 것이다. 그런데 광배효과를 적용시켜 버리면 이와 같은 면이 뒤집어져 객관적인 판단을 할 수가 없게 된다. 광배 효과의 방지책으로서는 평가자에게 분석적인 의견을 발표하도록 하는 훈련이 필요하다.

(2) 중심화 경향(집중화 경향 : Central effect)

사람에게는 「매우 뛰어나다..」, 「매우 뒤떨어진다..」와 같은 극단적인 평가를 피하려 하는 경향이 있기 때문에 평가자가 아닌 모두에게 똑같은 표준적인 평가를 하고 만다. 이와 같은 경향을 중심화 경향 또는 집중화 경향이라 부른다.

(3) 관대화 경향(Generosity error)

실제보다도 훨씬 잘 보는 경향을 관대화 경향이라 한다. 잘 알고 있는 사람이나 친한 사람에 대해서는 이런 현상이 작용하기 쉽다. 반대로 이런 경향을 피하려 해서 실제보다도 나쁜 점수를 주는 사람도 있지만 심리적 메카니즘(Mechanism : 심리작용)은 어느 것이나 같다고 할 수 있다.

(4) 논리적 오차

이것은 광배효과(후광효과)와 같은 성질의 것이다. 일류대학에 입학할 수 있는 사람은 우수한 사람이므로, 그 대학을 나온 사람은 모두 훌륭한 인물이라고 평가해 버리는 잘못을 말한다.

(5) 근접오차

평가할 때 서로 가까이하고 있는 특성은 평가결과의 일치도가 높고, 떨어져 있는 특성은 일치도가 낮은 경향을 말한다. 이런 경향은 평가할 시간적 간격에 대해서도 보여진다. 즉, 시간적으로 가까이에서 평가한 방법이 시간적으로 떨어져 평가할 때보다 특성의 평가가 일치한다.

(6) 대비오차

자신이 갖고 있는 성질을 타인이 갖고 있을 경우, 평가자는 무의식적으로 그것을 피해 반대방향으로 평가해 버리는 경향을 말한다. 이것은 자신의 척도로 재기 때문에 이 같은 오차를 초래하게 된다.

2 관찰태도

관찰평가에 임하여 얼마나 외부적 조건에 민감하게 반응하는가를 잘 알고 있다. 그렇다면 기능검정에 있어서는 어떠한 태도로 임해야 하는 것일까.

평가에 잘못이 없는지를 항상 반성하는 겸허함이 필요하지만 관찰평가에 임해서의 기본적인 태도는 다음과 같다.

(1) 항상성을 갖는다.

기능검정원은 항상 냉정함이 필요하며 기분이 고르지 못하거나 감성적이 되면 객관적인 평가를 할 수 없다.

(2) 분석적인 관찰을 한다.

광배효과(후광효과)에서도 설명했지만 사람의 판단은 주관적이며 첫인상에 따라 판단하는 등 그릇된 평가를 하기 쉽기 때문에 항상 분석적인 관찰평가를 해야 한다.

제3절　설득 기술

1 설득기술의 의의

　　설득기술이란 자신이 생각하고 있는 것, 무언가를 상대에게 해주고 싶을 때 상대를 이해시키거나 행동으로 옮기게 하는 화술이다. 다만, 자신이 생각하고 있는 것, 이해시키는 것을 억지로 하게 하는 것은 설득이라 할 수 없다. 마음으로부터 우러나와서 그렇게 해야 한다는 마음이 자발적으로 행동을 하게 하는 것을 말한다.

　　기능검정원으로서 업무상 필요한 특성 중의 첫째는 운전기능의 선별기술이고 둘째는 설득기술이다. 전문학원의 업무내용은 대부분 설득결과에 달려 있다.

　　설득기술이 있는 사람은 기능검정원으로서 선별기술과 지도능력이 뛰어나다고 해도 좋다.

　　예를 들면 기능검정에서 불합격한 응시생이 「내 실력으로 불합격은 당연하다. 판정에는 불만이 없다.」라고 생각하는 것과「기능검정방법이 이상하다. 내 실력으로 합격 안 될 리 없다.」라고 생각하는 것에는 커다란 차이가 있다.

　　기능검정원은 기능검정의 결과가「타당하다.」라고 응시생이 인정해야 하는 판정을 해야 하고 이것은 선별기술은 물론 설득기술에 의한 것이 크다.

　　설득에는 여러 가지 수단과 방법이 있지만 문제는 자신에게 가장 알맞은 방법을 확립해서 그 기술을 숙달시키는 것이 중요하다.

2 설득의 심리과정

　　설득이란 다음과 같은 심리과정을 거치는 것이다.

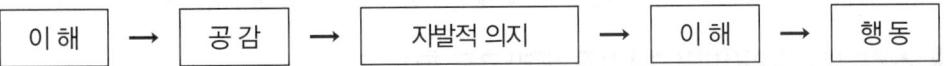

　　기능검정원은 기능검정 현장에서 기능검정의 권위 등을 고려하여 위협 설득, 감정 설득, 이론 설득 등을 하기 쉬운데 설득방법 중 가장 효과적인 심리설득을 이용하는 것이 가장 좋다.

3 설득의 일반적 기초조건

(1) 설득자의 의욕과 성실

　　설득의 확신과 상대에 대한 성실함을 갖는 것이 중요하다.

(2) 설득하려는 사항의 이해

　　설득자 스스로 설득하려는 사항을 이해하지 않으면 의욕도 없고 방법론도 나오지 않는다. 설득점을 찾기 위해서는 상대방의 이야기도 잘 듣는 것이 필요하다.

(3) 상대방에 대한 배려

설득할 때의 상대방의 조건, 장소, 상태 또는 인격, 성격 등에 대하여 배려하여야 한다.

(4) 설득자가 상대방에게 주는 인상

설득내용이 아무리 상대를 위한 것이라 하더라도 상대방에게 나쁜 인상을 주는 한 설득은 성공하지 못한다. 또한 태도나 말, 목소리 등에 의하여 경계심이나 불안한 마음을 일으키게 해서는 안 된다. 인간적인 매력과 기능검정원으로서의 실력이 없으면 설득할 수 없다.

(5) 자존심을 지켜주는 설득

사람은 자존심의 동물이다. 다른 사람으로부터 명령을 받거나 설득을 당했기 때문에 한다라고 하는 것에는 저항이 있기 마련이다. 자신의 자발적인 의지에 의하여 한다라는 마음이 생기게 해야 된다. 따라서 상대방의 자존심을 지켜주는 것이 효과적이다.

4 피그말리온 효과(Pygmalion effect)

(1) **개념요약** : 타인의 기대나 관심으로 인하여 능률이 오르거나 결과가 좋아지는 현상을 말한다.

(2) 일명 "로젠탈 효과", "자성적 예언", "자기충족적 예언"이라고도 한다.

(3) 그리스 신화에 나오는 조각가 "피그말리온"의 이름에서 유래한 심리학 용어이다.

(4) 타인이 나를 존중하고 나에게 기대하는 것이 있으면 기대에 부응하는 쪽으로 변하려고 노력하여 그렇게 된다는 것을 의미한다.

※ 미국 "캔블랜차드"저서 "칭찬은 고래도 춤추게 한다"의 제목을 연상하면 교육에 참고가 될 것임

5 스티그마 효과(일명 "낙인효과"라고도 함)

(1) **개념요약** : 다른 사람에 무시당하고 부정적인 낙인이 찍히면 행태가 나쁜쪽으로 변해가는 현상을 말한다.

(2) 남들이 자신을 긍정적으로 생각해 주면 그 기대에 부응하려고 노력하는 것을 말한다.

(3) 반대로 부정적으로 평가해 낙인을 찍게 되면 부정적인 행태를 보이게 되는 경향성을 말한다.

(4) 스티그마 효과와 반대되는 "피그말리온 효과(Pygmalion effect)는 긍정적 기대를 받게 되면 긍정적 형태를 보이는 경향성을 말한다.

제3장 적중출제예상문제

【문제 1】 기능검정의「선별과 교육적 기능」을 설명한 것이다. 틀린 것은?
① 기능검정원의 노력에 따라 기능검정의 선별기능에 한계가 있을 수 없다.
② 기능검정의 본질은 안전하고 원활한 운전자를 선별하는데 있다.
③ 기능검정의 과제를 아무리 충실히 한다 해도 채점의 레벨 업에 한계가 있다.
④ 기능검정은 사고예방의 기능을 높이는 것에 대한 교육적 기능도 가지고 있다.

【문제 2】 기능검정의 교육적 기능에 대한 설명이다. 잘못된 것은?
① 불합격자에 대하여 잘못을 지적하고 구체적인 연습지침을 부여한다.
② 합격자에 대하여서도 조언함으로써 앞으로 운전상 유의할 것을 인식시킨다.
③ 응시생에게 일어나는 잘못을 지적하고 이를 교육에 반영시킬 수 있다.
④ 기능검정 직후 현장에서의 조언은 긴장감 때문에 효과가 없다.

【문제 3】 기능검정 채점을 수치화해서 판단하는 이유로 가장 적절한 것은?
① 판정상 위험이 전혀 없다.
② 객관성이 확보되어 수검자의 이해를 얻을 수 있다.
③ 공정한 판단이 곤란하다.
④ 기능검정원의 주관적 판단이 될 수 있다.

【문제 4】 기능검정의 채점을 수치화해서 판단하는 이유로 볼 수 없는 것은?
① 채점을 수치화하면 객관성이 확보된다.
② 채점이 수치화되어 판정하기 쉽다.
③ 채점의 수치화는 판정상 위험이 전혀 없다.
④ 수검자로부터 이해를 얻을 수 있다.

【문제 5】 기능검정채점을 수치화하여 판단하는 경우의 문제점으로 볼 수 없는 것은?
① 수치가 판정의 주된 대상으로 바뀌어 본래의 의미를 잊어버리기 쉽다.
② 수치가 갖는 의미와 판정하려는 목적을 이해하지 못하면 잘못 판정하게 된다.
③ 수치화하면 기능검정 중에 수검자의 운전능력을 전부 평가할 수 있다.
④ 객관적 판단에 무게를 너무 두는 경우 정확한 판단에 위험을 줄 수 있다.

【문제 6】 관찰의 기술 중 기능검정 평가 시 잘못을 범하기 쉬운 경우가 아닌 것은?
① 광배효과와 논리적 오차
② 분석적인 관찰평가
③ 근접오차와 대비오차
④ 중심화 경향과 관대화 경향

【문제 7】 기능검정 관찰의 기술 중「광배효과」에 대한 설명이다. 틀린 것은?
① 응시생의 특징적인 인상이나 평가가 다른 전반적인 부분까지 미치는 효과이다.
② 수검자의 인상이 좋으면 다른 모든 특성도 좋은 것으로 평가해 버리는 효과이다.
③ 수검자의 인상이 좋지 않으면 두세 개의 좋은 특성도 좋지 않게 평가하는 효과이다.
④ 광배효과 방지책은 평가자의 평가내용을 다른 사람에게 재평가하게 하는 것이다.

정답 【1】① 【2】④ 【3】② 【4】③ 【5】③ 【6】② 【7】④

【문제 8】 수험생과 기능검정원간에 마찰이 많이 발생하는 이유는?
① 기능검정원의 언어와 태도 ② 기능검정원의 복장
③ 응시생의 복장 ④ 기능검정원의 외모에서 느껴지는 인상

【문제 9】 기능검정결과를 응시생이 순순히 받아들이도록 하는 방법이다. 가장 올바른 것은?
① 인간적인 신뢰감을 형성한다. ② 고압적인 자세로 결과를 발표한다.
③ 긴장감과 불안감을 조성한다. ④ 능란한 말솜씨로 유연하게 발표한다.

【문제 10】 도로주행검정을 실시할 때 잘 알거나 친한 사람에 대하여 나타나는 경향은?
① 광배효과 ② 관대화 경향 ③ 중심화 경향 ④ 논리적 오차

【문제 11】 관찰의 기술 중 실제보다 훨씬 잘 보는 경향은?
① 관대화 경향 ② 광배효과 ③ 중심화 경향 ④ 논리적 오차

【문제 12】 관찰의 기술 중 일류대학을 나온 사람은 모두 훌륭한 사람이라고 평가해 버리는 경향은?
① 관대화 경향 ② 광배효과 ③ 논리적 오차 ④ 중심화 경향

【문제 13】 관찰의 기술 중 극단적인 평가를 피하고 모두 똑같은 표준적인 평가를 하려는 경향은?
① 관대화 경향 ② 중심화 경향 ③ 광배효과 ④ 논리적 오차

【문제 14】 기능검정의 관찰기술 중 자신의 성질을 타인이 갖고 있을 경우 무의식적으로 그것을 피해 반대방향으로 평가해 버리는 경향은?
① 근접오차 ② 논리적 오차 ③ 중심화 경향 ④ 대비오차

【문제 15】 관찰 평가에 임하는 기능검정원의 기본적이고 바른 기능검정 관찰태도는?
① 중심화 경향으로 판단한다. ② 냉정하고 분석적인 관찰로 평가한다.
③ 관대화 경향으로 판단한다. ④ 광배효과에 따라 판단한다.

【문제 16】 기능검정을 관찰하는 기능검정원의 태도에 대한 설명이다. 잘못된 것은?
① 기능검정원은 항상 분석적인 관찰 평가에 임해야 한다.
② 기능검정원의 태도가 감상적이면 안 된다.
③ 기능검정원의 주관적인 태도로 관찰해야 한다.
④ 기능검정원은 항상 냉정하게 관찰해야 한다.

【문제 17】 관찰의 기술 중 「오차」에 대한 설명이다. 틀린 것은?
① 논리적 오차란 일류대학 나온 사람은 모두 훌륭한 사람으로 평가해 버리는 경향
② 근접오차란 서로 가까이 있으면 평가의 일치도가 높고 떨어져 있으면 낮은 경향
③ 대비오차란 자기가 가진 성질을 타인이 가진 경우 그것을 피해 반대로 평가하는 경향
④ 근접오차란 시간적으로 가까운 평가방법이 오랜 후 평가보다 일치도가 낮은 경향

정답 【8】① 【9】① 【10】② 【11】① 【12】③ 【13】② 【14】④ 【15】② 【16】③ 【17】④

【문제 18】 서로 가까이 있는 경우 평가결과의 일치도가 높고, 떨어져 있는 경우 낮은 경향은?
① 대비오차
② 연습효과
③ 근접오차
④ 최초의 법칙

【문제 19】 기능검정원의 업무상 필요한 특성으로 볼 수 없는 것은?
① 운전기능의 선별기술
② 광배효과
③ 지도능력
④ 설득기술

【문제 20】 기능검정 현장에서 기능검정원의 설득기술에 대한 설명이다. 아닌 것은?
① 설득기술이란 무언가를 상대방에게 해 주고 싶을 때 상대를 이해시키는 화술이다.
② 자신이 생각하는 것을 억지로 하게 하는 것은 설득이라 할 수 없다.
③ 마음으로 우러나와 자발적으로 행동하게 만드는 것을 설득기술이라 한다.
④ 상대를 이해시키고 억지로 하게 하는 것도 설득의 기술로 보아야 한다.

【문제 21】 설득을 하기 위한 일반적인 기초 조건이다. 아닌 것은?
① 설득상 필요한 경우 상대방의 자존심 무시
② 설득자가 설득하려는 사항의 확실한 이해
③ 설득자의 태도나 목소리 말씨 등 상대방에게 주는 좋은 인상
④ 설득의 확신과 상대방에 대한 성실성

【문제 22】 기능검정 현장에서 수검자에게 설득하는 방법 중 가장 바람직한 설득방법은?
① 심리 설득
② 위협 설득
③ 감정 설득
④ 이론 설득

【문제 23】 중요한 부분의 설득에 대한 심리과정을 옳게 설명한 것은?
① 이해 → 공감 → 이해 → 자발적 의지 → 행동
② 이해 → 공감 → 자발적 의지 → 이해 → 행동
③ 이해 → 자발적 의지 → 공감 → 이해 → 행동
④ 이해 → 자발적 의지 → 이해 → 공감 → 행동

【문제 24】 "타인의 기대나 관심으로 인하여 능률이 오르거나 결과가 좋아지는 현상"(칭찬은 고래도 춤추게 한다)의 용어가 아닌 것은?
① 피그말리온 효과
② 로젠탈 효과
③ 자성적 예언
④ 스티그마 효과

【문제 25】 다른 사람들에게 무시 당하고 부정적인 낙인이 찍히면 행태가 나쁜 쪽으로 변해가는 현상을 말하는 용어는?
① 스티그마(낙인) 효과
② 자기충족적 예언
③ 피그말리온 효과
④ 로젠탈 효과

정답 【18】③ 【19】② 【20】④ 【21】① 【22】① 【23】② 【24】④ 【25】①

제4장 기능검정 시 안전운전 지식

제1절 안전운전의 기초지식

운전은 자동차의 진행에 따라 복잡다양하게 변화하는 도로환경과 교통상황에 대응하면서 자동차를 안전하게 움직이기 위한 작업이다. 운전자는 운전 중에 끊임없이 「인지 → 판단 → 조작」이라는 운전의 3단계 과정을 반복하고 있다.

[운전의 3단계]

인지단계	→	판단단계	→	조작단계
교통상황에 주의하고 이상 발견 예 전방에 보행자 발견		이상을 인지 후 그것에 대하여 어떤 행동을 취할 것인지 판단 예 이대로 진행하면 충돌위험이 있으므로 감속할 것을 판단		판단결과에 따라 손발을 사용하여 운전조작 예 가속페달에서 발을 떼고 브레이크를 밟는다.

이러한 인지 · 판단 · 조작의 어느 하나의 단계에서 실수라도 하면 사고가 발생하게 된다. 특히 사고의 약 90% 이상이 운전자의 인지가 늦어져 판단착오로 발생하는 것이다.

1 안전운전

주행하고 있는 자동차에는 관성, 원심력, 중력 등 물리적 힘이 작용하여 강하고 복잡한 힘이 발생하고 있다. 게다가, 사람의 감각과 판단능력에는 한계가 있다. 자동차를 안전하게 운전하는 것은 상당히 복잡함에 틀림없다.

그래서 다른 차와 보행자 등과의 조화를 유지하면서, 접촉을 피해 안전한 운전을 하기 위해서 중요한 다음 사항에 유의하여야 한다.

(1) 자신의 운전능력의 한계를 인식한다.
(2) 자동차를 움직이는 물리적 힘을 충분히 이해한다.
(3) 교통법규를 반드시 지킨다.
(4) 시시각각 변화하는 교통정보와 사고경향을 파악한다.
(5) 운전하는 자동차의 구조와 성능을 잘 알고 있어야 한다.

2 안전띠의 착용

(1) 사람이 지탱할 수 있는 힘의 한계

사람이 양손과 양다리를 사용하여 인체를 지탱하는 힘은 체중의 2~3배 정도가 한계로, 시속 7km 이하 속도에서 충돌할 때에는 충격을 지탱하는 것이 가능하다. 하지만 시속 7km 이상의 속도인 경우에는 사람이 지탱할 수 있는 한계를 넘어선다.

충돌한 경우 그 충격을 양손과 양다리를 대신하여 인체의 피해를 줄이는 것이 바로 안전띠의 역할이다.

(2) 안전띠 착용의 효과

자동차를 운전할 때는 운전자 자신은 물론 동승자도 안전띠를 착용하도록 해야 한다. 안전띠를 착용하면 2차적인 충격을 예방하고 다음과 같은 효과가 있다.
① 충돌 시 머리와 가슴에 충격이 적어진다.
② 충돌로 문이 열려도 자동차 바깥으로 튕겨 나가지 않는다.
③ 운전자세가 바르게 되고 피로가 적어진다.
④ 안전운전의 마음가짐이 강해진다.

안전띠를 착용하지 않았을 경우의 통계를 보면, 교통사고로 충돌 시 충격으로 유리창, 핸들, 계기판 등에 부딪치거나, 자동차 바깥으로 튕겨 나가는 경우가 대부분이다.

(3) 안전띠 착용 시 주의

안전띠는 바르고 정확하게 착용하지 않으면 충돌 시 안전띠가 복부에 압박을 가하여 내장파열을 일으키는 등 돌이킬 수 없는 위험을 맞게 된다.
① 목이 걸리지 않도록 한다.
② 좌석을 뒤로 너무 젖히지 말아야 한다.
③ 복부를 꽉 조이게 하여서는 안 된다.
④ 안전띠를 꼬이지 않게 한다.
⑤ 안전띠를 집게나 보조 장구 등으로 고정시키면 안 된다.
⑥ 둘이서 같이 착용하여서도 안 된다.

3 운전과 성격

(1) 운전적성

동일한 조건과 환경 하에서 운전을 하는데도 사고를 여러 번 일으킨 사람과 한 번도 일으키지 않은 사람이 있다. 이것은 운전자 개인의 성격이 운전에 커다란 영향을 끼침을 나타낸다. 안전한 운전을 위해서는 자신의 성격을 알고 그것을 예방하는 운전을 하는 것이 중요하다.

(2) 사고를 일으키기 쉬운 성격적 경향

사고를 일으키기 쉬운 사람의 성격적 경향으로는 다음과 같은 점을 들 수 있다.

① 동작의 부정확 : 동작은 교통상황에 신속·정확하게 대응이 이루어지는 것이 필요하다. 생각보다 행동이 먼저 일어나서는 안 된다.
② 발끈하기 쉬운 성격 : 예를 들면, 추월당하게 되면 곧 발끈하는 등 자신의 감정을 조절하는 힘이 약한 사람은 주의가 필요하다.
③ 신경질적인 성격 : 매사에 끙끙 앓기 쉬운 사람, 작은 일에도 구애받기 쉬운 사람은 운전 중에도 다른 일에 신경을 쓰기 쉽기 때문에 주의가 필요하다.

4 방어운전

운전자는 스스로 사고의 가해자가 되지 않도록 노력하는 것은 당연하고 타인의 부주의로 인한 교통사고의 피해자가 되는 일을 예방해야 한다. **방어운전**이라 함은 본인 스스로 올바른 운전을 하는 것뿐 아니라, 다른 운전자와 보행자 등이 교통법규를 지키지 않는 위험한 행동을 하더라도 거기에 대비하여 사고를 사전에 예방할 수 있는 운전을 하는 것을 말한다.

(1) 인지·판단·조작의 기술

운전의 3단계 요소인 인지·판단·조작을 신속·정확하게 할 수 있는 기술을 습득할 수 있도록 끊임없이 노력하여야 하며 이 중 한 개의 조그만 오차도 사고로 이어짐을 명심해야 한다.

(2) 방어운전의 5원칙(Harold Smith, 미국)

① 운전중 진행방향을 주행속도의 3~4배 정도 멀리본다.
② 교통상황을 폭 넓게 전체적으로 파악한다.
③ 눈을 계속 움직여 위험상황을 놓치지 않도록 한다.
④ 다른 운전자가 자신을 볼 수 있도록 신호를 보내는 등 의사소통을 한다.
⑤ 만일의 사태에 대비하여 충분한 공간을 확보한다.

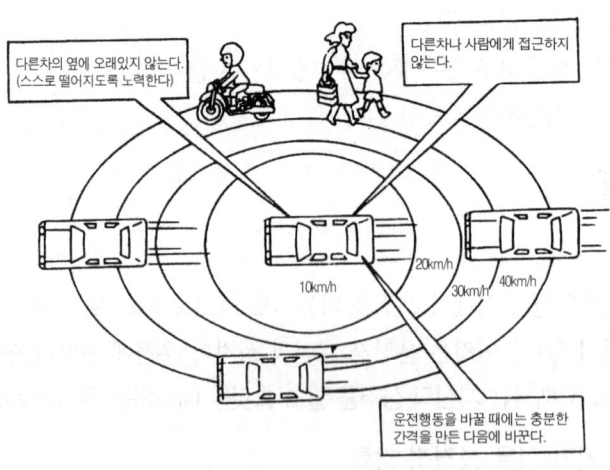

[방어운전 : 안전한 공간을 만든다]

제2절 운전자의 특성

1 젊은 층 운전자의 특성

젊은 층의 운전자가 신체기능, 운전기능, 감각기능 등이 양호하다고 해서 반드시 사고의 발생 수가 적다고는 말할 수 없다.

(1) 의식태도의 일반적 경향

일률적으로 말할 수는 없지만, 젊은 운전자에게서 나타나는 일반적인 경향으로 다음과 같은 경우가 있다.

① **공격적인 운전태도** : 자신의 판단과 행동이 항상 올바르다는 확신을 갖고, 자신의 행동에 방해가 되는 것에 대해서는 이것을 배제하려는 경향이 있다. 특히, 다른 차에게 추월당하면, 발끈하고 곧 끝까지 앞지르기(추월)를 하려고 한다.

② **비협조적인 운전태도** : 다른 사람에게 불신감을 가지고 있기 때문에 상대방에 대하여 배타적이 되며 보행자를 방해자로 취급하고, 다른 방향에서 진입하는 차량을 방해하려 한다.

③ **충동적인 운전태도** : 교통상황을 확인하지 않고 또는 냉정한 판단을 하기 전에 자동차를 달리려는 타입으로, 신호를 지키거나 출발이 늦은 차에 대하여 빨리 진행하라고 독촉하는 경우 등 심한 짜증을 부린다. 이러한 운전자는 과속함이 틀림없다.

④ **자기 과시적인 운전태도** : 근사한 운전을 하는 것으로 사람들의 주목을 받으려는 것 때문에 자기 과시성이 강한 사람은 실력이 동반되지 않은 겉모양의 행동에 자기만족을 하는 위험성이 있다. 이와 같은 행동은 대부분의 경우 자신이 위험한 운전조작을 하고 있다는 사실을 알지 못하기 때문에 공포로 변한다.

⑤ **자기도취 및 과잉반응의 운전태도** : 스피드의 쾌감, 커브에서의 운전능력한계를 시험하는 등 위험한 운전에 동기를 부여하여, 자신의 실력과 현실을 혼동해 버리는 위험힌 운진행동을 하는 경향이 있다.

(2) 젊은 층 운전자의 사고특징

① 운전면허를 취득 후 3년 미만이 많다.
② 운전목적이 업무보다는 레저가 대부분이다.
③ 사고발생시간대는 야간보다 **이른 아침**, 요일별로는 **일요일과 토요일**에 많다.
④ 과속에 의한 사고가 많다.
⑤ 한눈 팔기 운전으로 인한 **추돌사고**가 많다.
⑥ 진로변경과 추월할 때나 추월당할 때 **직진 가속 시** 사고가 많다.
⑦ 안전띠 미착용 사고가 많다.

2 고령운전자의 특성

고령화 사회가 진행됨에 따라 노약자와 자동차 사회와의 관계는 밀접해지고 있다. 이제까지는 고령운전자는 피해자의 입장에 있는 경우가 대부분이지만, 최근에는 사고의 가해자 입장이 되는 경우가 증가하고 있다.

고령운전자는 안전운전에 주의하고 있음에도 불구하고 의외로 많은 사고를 일으키는 경향을 볼 수 있는데 일반적으로 다음의 특성이 있기 때문이라고 말할 수 있다. 자신의 특성을 잘 이해하고 안전운전에 유의해야 한다.

(1) 고령운전자에게서 나타나는 특징

① 피로 시 신속한 회복이 어렵다.
② 주의력 배분과 집중력이 떨어진다.
③ 순간적인 판단력이 떨어진다.
④ 과거의 경험에 따르는 경향이 있다.
⑤ 시력이 떨어진다.
⑥ 정확함이 떨어진다.
⑦ 정보에 대한 판단이 늦다.
⑧ 반응시간이 늦다.

(2) 고령운전자의 사고 특징

① 운전면허를 받고 20년 지난 고령운전자와 고령 초보운전자의 사고가 두드러진다.
② 일시정지나 통행우선순위 또는 우회전에 의한 사고가 많다.
③ 젊은 사람에 비하여 피해정도가 크다.
④ 깜박하는 사이에 상대를 못 보는 사고가 많다.

(3) 고령운전자에게 많은 사고원인의 특성

① 상대방이 양보해 주겠지 하는 어리석은 판단의 기대감이 있다.
② 상대방을 미리 발견해도 판단 잘못으로 대응이 늦다.
③ 과속은 조심해도 감속의 타이밍이 늦다.
④ 멀리서는 상대를 인지하면서 진행도중에 상대로부터 눈을 뗀다.
⑤ 위험에 직면해서도 가속 페달에서 발을 떼는 것이 늦다.
⑥ 상대를 발견했는데도 불구하고 브레이크를 밟지 않는 경우도 많다.

3 어린이의 행동 특성

(1) 거리나 속도측정능력이 부족하다.

어린이는 공간과 거리에 대한 지각력이 부족하기 때문에 거리나 속도 측정능력이 떨어진다. 그러므로 달려오는 차를 보고도 피할 수 있을 것이라 생각하고 뛰어드는 경우가 있으므로 주의한다.

(2) 주위집중력과 판단능력이 부족하다.

어린이는 한 가지 일에 열중하면 다른 일은 생각하지 않는 경향이 있다. 예를 들면 공놀이에 열중하다가 공이 도로로 굴러가면 그 공을 줍기 위하여 차의 위험은 생각지 않고 도로로 뛰어드는 경향이 있다.

(3) 민첩성이 부족하다.

어린이는 위험에 직면하게 되면 그 위험으로부터 회피하기 위한 반응이 늦고 정확하지 못하다. 예를 들면 횡단보도를 건너다가 달려오는 차를 보고도 차에 대한 위험을 인식하고 회피하는 동작이 늦어 갈팡질팡하는 경우가 있다.

(4) 시각 및 청각능력이 취약하다.

어린이는 눈높이가 낮아 시야가 매우 좁다. 성인과 달리 길을 가다가 주변에 접근하여 오는 차를 발견하는데도 시각과 청각을 활용하기보다는 자기 가까이 접근해 와야 확인하므로 위험할 때가 많다.

(5) 정서 불안 시 자제력이 약화 된다.

어린이는 마음이 불안하거나 기분이 좋아 흥분상태일 때에는 차분하게 대처하지 못한다. 이런한 상태에서는 자동차의 위험에 대처할 수 없기 때문에 사고를 당할 확률이 높다.

4 연령에 의한 시력 등의 변화

(1) 시력의 변화

시력은 연령과 함께 서서히 변화하고, 그 가운데에서 자동차의 운전에 중요한 역할을 하고 있는 동체시력은 연령이 40대 전까지는 그다지 큰 변화가 없지만, 40대 이후부터 저하되는 경향이 있다. 특히, 50대가 되면 현저히 저하되고 60대 이후에는 저하가 가속된다.

(2) 밝기에 따른 시력변화

밝은 곳에서는 물체가 쉽게 보이지만, 야간이나 어두운 곳에서는 보기 어려워진다. 물체를 보기 어렵게 되는 경향은 중·장년층이 될수록 심해진다.

(3) 청력의 변화

동일한 음(소리)을 들을 수 있는 거리(가청거리)는 고음(예를 들면 엔진 음과 기계음)의 경우 연령이 50대에서는 20대에 비해 약 절반 정도로 들린다.

(4) 브레이크 지각반응시간의 변화

운전자가 위험을 느끼고 브레이크를 밟고 브레이크가 듣기 시작하는 순간까지의 시간(지각반응시간)도 나이가 많아짐에 따라 조금씩 길어지는 경향이 있다.

제3절 자동차 사각의 위험성

운전자가 운전석에 앉은 상태로 자동차의 바깥을 볼 경우 시계가 차체 등으로 가리어 볼 수 없는 부분이 생긴다. 이 때 볼 수 없는 부분을 사각지대(사각)이라 한다.

사각에는 **자동차 차체에 의한 사각, 다른 차량에 의한 사각, 교차로 등에서의 사각** 등이 있다. 특히, 차체의 전후 또는 측방 사각부분에 보행자가 있어 큰 사고로 이어지는 경우가 많다. 운전 중 사각은 운전자가 항상 볼 수 없는 곳에 위험이 숨어 있을지도 모르는 것이다.

「볼 수 없는 부분에 사람 등이 없다는 판단은 위험한 상황을 불러올 수도 있다.」라고 하는 생각을 가지고 신중한 운전을 해야 한다.

1 자동차 차체에 의한 사각

자동차에 따라 약간의 차이는 있지만 대부분은 자동차차체에서 오는 사각부분이 있다. 사각을 보완하는 것으로서 자동차안전기준에서는 후사경만을 의무화하고 있지만 사각지대 거울 등을 부착함으로써 도움을 받을 수 있지만 사각을 완전히 잡을 수는 없다.

(1) 전방 및 후방 사각

전방 및 후방 사각이란 자동차의 앞쪽과 뒤쪽이 보이지 않는 범위로서 자동차의 종류에 따라 다소 차이가 있다. 운전석에 앉아 있는 사람의 눈높이가 지상 1.28m인 승용차를 기준으로 하면 사각의 범위는 운전석의 앞쪽은 4.25m이고 뒤쪽은 7.15m로 운전석의 뒤쪽이 앞쪽보다 사각의 범위가 훨씬 크다.

(2) 측면 사각

자동차의 양측 옆으로 나타나는 사각으로 운전석 왼쪽은 1.15m 정도이고 오른쪽은 4.4m 정도로 운전석 왼쪽보다 운전석 오른쪽의 사각이 훨씬 크다.

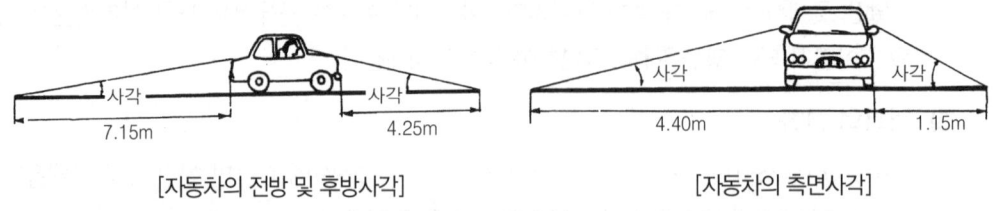

[자동차의 전방 및 후방사각] [자동차의 측면사각]

2 교차로의 사각

(1) 위험한 좌우방향의 사각

자동차에서 보면 특히 좌우방향에서 오는 이륜차 등은 차체가 작은 이유로 쉽게 발견되기가 어렵다. 안전을 확보하기 어려운 교차로에서는 반드시 일시정지하든가 서행하여 안전을 확인하고 진행할 필요가 있다.

(2) 도로모퉁이에서의 사각

교차로를 우회전할 때에 짧은 커브로 돌면 운전석의 **오른쪽** 방향이 커지면서 크게 위험이 높아진다.

(3) 커브길에서의 사각

커브길에서는 장해물이 있으면 장해물에 의한 사각의 증대로 사각의 범위가 더 넓어질 수 있다. 그러므로 통과하기 나쁜 커브길에서는 대향차와 충돌이나 보행자가 뛰어나오는 등 사고의 위험이 높기 때문에 이와 같은 커브를 주행할 때에는 **통과 가능한 거리의 절반 이내에서 정지 가능한 속도**로 운전하는 것이 중요하다.

3 다른 차량에 의한 사각

(1) 주정차 차량에 의한 사각

양쪽 주정차의 경우에는 사각이 양쪽에 형성되기 때문에 한쪽 주차에 비하여 보행자 등의 발견이 곤란해진다. 또한 연속 주차의 경우에는 단독 주차의 경우보다 사각지대가 많아 위험하다.

(2) 반대방향 차량에 의한 사각

교차로에서 좌회전하는 경우에는 반대방향(정지) 차의 뒤에 사각이 생긴다. 반대방향(정지) 차와 거리가 짧은 만큼 사각도 커지고 위험도 높아진다. 특히, 이륜차는 차체가 작아 사각에 들어오기 쉽기 때문에 주의할 필요가 있다.

(3) 전방의 차에 의한 사각

전방의 차에 붙어갈 때에도 사각이 생긴다. 그 사각지대는 전방의 차와 거리가 짧은 만큼 크게 되고 위험도 증대한다.

제4장 　 적중출제예상문제

【문제 1】 운전 3단계의 순서를 예를 들어 설명한 것으로 맞지 않는 것은?
① 인지단계 → 조작단계 → 판단단계
② 이상 발견 → 행동방향 판단 → 손발을 이용 운전조작
③ 무단횡단 자 발견 → 충돌위험 있으므로 감속판단 → 가속페달 떼고 브레이크 조작
④ 인지단계 → 판단단계 → 조작단계

【문제 2】 운전실수의 요인으로 볼 수 없는 것은?
① 인지의 늦음　　　　　　　　　② 판단의 착오
③ 제동장치의 고장　　　　　　　④ 조작의 실수

【문제 3】 도로상에 뛰어든 어린이의 발견이 늦어 사고가 발생한 경우 어느 단계의 실수인가?
① 조작단계　　　　　　　　　　② 인지단계
③ 판단단계　　　　　　　　　　④ 제동단계

【문제 4】 앞차의 급제동으로 급브레이크를 밟는다는 것이 가속페달을 밟아 추돌한 경우의 실수는?
① 인지단계에서의 실수　　　　　② 판단단계에서의 실수
③ 조작단계에서의 실수　　　　　④ 앞차의 실수

【문제 5】 자동차의 안전운전에 대한 설명으로 맞지 않는 것은?
① 시시각각 변화하는 교통정보와 사고상황을 파악한다.
② 사람의 감각과 판단능력에는 한계가 있을 수 없다.
③ 운전하는 자동차의 구조와 성능을 잘 알고 있어야 한다.
④ 자동차를 움직이는 물리적 힘을 충분히 이해하고 있어야 한다.

【문제 6】 좌석안전띠와 사람이 지탱할 수 있는 힘의 한계를 설명한 것으로 맞지 않는 것은?
① 사람이 양손과 양다리를 사용하여 인체를 지탱하는 힘은 체중의 2~3배 정도가 한계이다.
② 사람이 지탱할 수 있는 속도에 대한 충격력의 한계는 시속 7km 정도이다.
③ 충돌 시의 충격을 양손과 양다리를 대신하여 인체의 피해를 줄이는 것이 안전띠이다.
④ 사고피해를 줄이기 위하여 운전자만은 항상 안전띠를 착용하여야 한다.

【문제 7】 좌석안전띠 착용의 효과에 대한 설명이다. 아닌 것은?
① 안전띠를 착용하면 1차적인 충격을 예방한다.
② 충돌 시 머리와 가슴에 충격이 적어진다.
③ 충돌로 차문이 열려도 차 바깥으로 튕겨나가지 않는다.
④ 운전자세가 바르게 되고 피로가 적어진다.

정답　【1】①　【2】③　【3】②　【4】③　【5】②　【6】④　【7】①

【문제 8】 좌석안전띠 착용을 할 때의 주의할 사항이다. 아닌 것은?
① 안전띠가 꼬이지 않게 착용한다.
② 안전띠 하나로 두 사람이 같이 착용해도 된다.
③ 목이 걸리지 않도록 한다.
④ 복부를 꽉 조이게 하여서는 안 된다.

【문제 9】 운전자의 적성을 설명한 것으로 맞지 않는 것은?
① 동일한 조건과 환경에서 사고를 여러번 일으킨 사람과 내지 않는 사람이 있다.
② 운전자 개인의 성격이 운전에 커다란 영향을 미친다.
③ 자신의 성격을 알고 그것을 예방하는 운전을 하는 것이 중요하다.
④ 성격이 급한 운전자는 침착한 운전자보다 사고위험이 낮다.

【문제 10】 사고를 일으키기 쉬운 성격의 사람이다. 아닌 것은?
① 주변 교통 환경에 신속정확하게 대응하는 동작이 부정확한 사람
② 추월당할 때마다 발끈하는 등 자신의 감정을 조절하는 힘이 약한 사람
③ 매사에 끙끙 앓는 등 신경질적인 사람
④ 인지·판단과 동시에 행동하는 사람

【문제 11】 위험에 접근하지 않으려고 안전한 공간을 만들면서 운전하는 방법이다. 틀린 것은?
① 다른 차와 스스로 떨어지려고 노력한다.
② 다른 차의 경음기 소리에 민감하게 반응할 줄 안다.
③ 다른 차나 보행자에게 접근하지 않는다.
④ 운전행동을 바꿀 때에는 충분한 공간을 만든 다음에 바꾼다.

【문제 12】 방어운전의 의미에 대한 설명이다. 맞지 않는 것은?
① 다른사람의 부주의로 인한 교통사고를 예방하는 운전이다.
② 다른 운전자와 보행자의 위험한 행동에 대비하는 운전이다.
③ 방어운전이란 다른 사람의 올바른 운전을 기대하는 것을 말한다.
④ 중앙선 침범해오는 반대방향 차를 발견하면 이를 피하는 운전이다.

【문제 13】 젊은 층의 운전자가 보여주는 일반적인 경향이다. 아닌 것은?
① 공격적이며 비협조적인 운전태도 ② 충동적이고 자기 과시적인 운전태도
③ 자기도취 및 과잉반응의 운전태도 ④ 방어적인 운전태도

【문제 14】 젊은 운전자가 다른 차에게 추월당하면 발끈하여 끝까지 추월하려고 하는 태도는?
① 비협조적인 운전태도 ② 공격적인 운전태도
③ 충동적인 운전태도 ④ 자기도취 및 과잉반응의 운전태도

정답 【8】② 【9】④ 【10】④ 【11】② 【12】③ 【13】④ 【14】②

【문제 15】 젊은 운전자의 일반경향 중 상대에게 배타적이고 보행자를 방해자로 취급하는 태도는?
① 공격적인 운전태도
② 충동적인 운전태도
③ 비협조적인 운전태도
④ 자기과시적인 운전태도

【문제 16】 젊은 운전자의 일반경향 중 신호를 지키거나 출발이 늦으면 심한 짜증을 부리는 태도는?
① 충동적인 운전태도
② 자기과시적인 운전태도
③ 비협조적인 운전태도
④ 자기도취 및 과잉반응의 운전태도

【문제 17】 젊은 운전자의 일반적 경향 중 근사한 운전으로 사람들의 주목을 받으려는 태도는?
① 충동적인 운전태도
② 자기과시적인 운전태도
③ 자기도취 및 과잉반응의 운전태도
④ 공격적인 운전태도

【문제 18】 젊은층 운전자의 사고특징이다. 아닌 것은?
① 운전목적이 레저보다 업무 중 사고가 대부분이다.
② 과속에 의한 사고가 많다.
③ 한눈 팔기 운전으로 인한 추돌사고가 많다.
④ 운전면허취득 후 3년 미만 자의 사고가 많다.

【문제 19】 젊은 운전자의 일반경향 중 자신의 실력과 현실을 혼동하여 위험한 운전을 하는 태도는?
① 공격적인 운전태도
② 충동적인 운전태도
③ 자기 과시적인 운전태도
④ 자기도취 및 과잉반응의 운전태도

【문제 20】 젊은층 운전자의 특성중 의식태도의 일반적 경향이 아닌 것은?
① 공격적인 운전태도
② 자기 과시적인 운전태도
③ 비협조적인 운전태도
④ 위험을 미리 발견하고도 판단 잘못으로 대응이 늦다.

【문제 21】 젊은 운전자에게 나타나는 일반적 사고의 특징은?
① 일요일과 토요일에 많이 발생한다.
② 고령 층에 비해 피해정도가 크다.
③ 깜빡하는 사이 상대를 못 보는 사고가 많다.
④ 일시정지나 통행우선 순위위반 또는 우회전 사고가 많다.

【문제 22】 고령운전자에게서 나타나는 일반적 특징이다. 틀린 것은?
① 과거의 경험에 의해 조심 운전한다.
② 주의력의 배분과 집중력이 떨어진다.
③ 순간적인 판단력이 떨어진다.
④ 피로 시 신속한 회복이 어렵다.

【문제 23】 고령운전자에게서 나타나는 특징이다. 맞지 않는 것은?
① 반응시간이 늦다.
② 자기도취에 빠져 운전능력한계를 시험한다.
③ 과거의 경험에 따르는 경향이 있다.
④ 정보에 대한 판단이 늦다.

정답 【15】③ 【16】① 【17】② 【18】① 【19】④ 【20】④ 【21】① 【22】① 【23】②

【문제 24】 고령운전자에게서 나타나는 사고 특징인 것은?
① 젊은 사람에 비하여 피해정도가 적다.
② 깜빡하는 사이 상대를 못 보는 사고가 많다.
③ 중앙선 침범 및 과속으로 인한 사고가 많다.
④ 면허를 취득한지 20년 넘은 고령운전자의 사고가 아주 적다.

【문제 25】 다른 운전자와 보행자 등이 위험한 행동을 하더라도 이 위험을 예방하는 운전은?
① 기술운전   ② 안전운전   ③ 방어운전   ④ 양보운전

【문제 26】 고령운전자에게 많은 사고원인의 특성이다. 틀린 것은?
① 상대방이 양보해주겠지 하는 어리석은 판단과 기대감이 있다.
② 상대방을 미리 발견해도 판단 잘못으로 대응이 늦다.
③ 한눈 팔기 운전으로 인한 추돌사고가 많다.
④ 멀리서는 상대를 인지하면서 진행도중에 상대로부터 눈을 뗀다.

【문제 27】 고령운전자에게 많은 사고원인의 특성인 것은?
① 감속 시는 타이밍이 빠르나 과속 시는 조심을 안 한다.
② 위험에 직면해서도 가속 페달에서 발을 떼는 것이 늦다.
③ 상대방을 발견하면 급하게 브레이크 페달을 밟는다.
④ 중앙선 침범 및 과속 등으로 인한 사고가 많다.

【문제 28】 교통사고 위험에 대한 어린이의 행동특성으로 볼 수 없는 것은?
① 상대방이 피해 주겠지 하는 생각을 갖는다.
② 거리나 속도측정능력 또는 주의력 집중과 판단능력이 부족하다.
③ 민첩성이 부족하고 시각 및 청각능력이 취약하다.
④ 정서불안 시 자제력이 약화된다.

【문제 29】 연령에 의한 시력·청력 등 감각의 변화를 설명한 것이다. 잘못된 것은?
① 운전에 중요한 동체시력은 40대 이후부터 저하되는 경향이 있다.(시력의 변화)
② 중·장년층이 되면 어두운 곳에서 물체를 보는 것이 어렵다.(밝기에 따른 시력변화)
③ 청력은 50대가 되면 20대에 비하여 엔진소리 등이 반 정도로 들린다.(청력의 변화)
④ 연령이 많아짐에 따라 브레이크 지각 반응시간이 짧아진다.(지각반응시간의 변화)

【문제 30】 자동차 사각에 대한 설명이다. 틀린 것은?
① 운전석에서 자동차 바깥을 보았을 때 볼 수 없는 부분을 사각이라 한다.
② 자동차 차체의 사각, 다른 차량에 의한 사각, 교차로 등에서의 사각이 있다.
③ 사각부분은 일부분에 불과하므로 큰 문제는 되지 않는다.
④ 볼 수 없는 부분에 이륜차 등 위험이 있다는 생각으로 안전을 확인해야 한다.

정답 【24】② 【25】③ 【26】③ 【27】② 【28】① 【29】④ 【30】③

【문제 31】 자동차 차체에 의한 사각을 설명한 것이다. 적절하지 못한 것은?
① 자동차 차체의 사각은 자동차의 구조에 따라 약간의 차이가 있다.
② 후사경은 자동차의 사각부분을 보완하는 기능을 한다.
③ 사각지대거울 등을 부착하면 사각지대 해소에 도움이 된다.
④ 운전석에서는 차체의 우측보다 좌측에 사각이 크다.

【문제 32】 운전석에서 보았을 때 자동차의 사각범위가 가장 짧은 곳은?
① 자동차의 후방   ② 자동차의 좌측방
③ 자동차의 전방   ④ 자동차의 우측방

【문제 33】 교차로의 사각에 대한 설명이다. 틀린 것은?
① 좌우방향에서 오는 이륜차 등은 차체가 작아 발견이 어렵다.
② 교차로에서 우회전 시 짧은 커브로 돌면 우측방향이 크게 위험하다.
③ 같은 커브라도 장애물이 있으면 사각의 범위가 증대할 수 있다.
④ 좁은 커브에서는 되도록 빨리 통과하는 것이 안전하다.

【문제 34】 사각으로 인한 위험으로부터 안전운전방법이다. 맞지 않는 것은?
① 차체의 사각해소를 위하여 사각지대거울을 부착한다.
② 위험한 좌우방향사각지대는 반드시 일시정지 또는 서행하여 안전 확인 후 진행한다.
③ 교차로에서 우회전 시는 가급적 짧은 커브로 돌아간다.
④ 좁은 커브길에서는 즉시 정지 가능한 속도로 운전해야 한다.

【문제 35】 커브길에서의 사각에 대한 설명이다. 틀린 것은?
① 좁은 커브길에서는 즉시 정지 가능한 속도로 운전해야한다.
② 같은 커브라도 장해물이 있으면 사각의 범위가 작아진다.
③ 좁은 커브길에는 보행자가 튀어나오는 등 사고위험이 높다.
④ 통과하기 나쁜 커브길에서는 대향차와의 충돌위험이 매우 높다.

【문제 36】 다른 차량에 의한 사각에 대한 설명이다. 틀린 것은?
① 한쪽으로 주차된 곳이 양쪽으로 주차된 곳보다 위험하다.
② 양쪽으로 주차된 곳이 한쪽으로 주차된 곳보다 보행자 등의 발견이 곤란해진다.
③ 연속 주차된 곳이 단독 주차된 곳보다 사각이 많아 위험하다.
④ 한 종류의 차량이 주차된 곳보다 여러 종류의 차량이 주차된 곳이 위험하다.

【문제 37】 반대방향차량의 사각에 대한 설명이다. 맞지 않는 것은?
① 교차로에서 좌회전하는 경우에는 반대방향에 정지된 차의 뒤에 사각이 생긴다.
② 교차로에서 우회전 시는 반대방향에 정지된 차의 뒤에 사각이 생긴다.
③ 이륜차는 차체가 작아 사각에 들어오기 쉽기 때문에 주의할 필요가 있다.
④ 반대방향(정지) 차와 거리가 짧은 만큼 사각도 커지고 위험도 높아진다.

정답 【31】④ 【32】② 【33】④ 【34】③ 【35】② 【36】① 【37】②

제4편

기능 및 학과교육 실시요령

〈기능 및 학과교육 공통과목〉

제1장 **운전교육에 필요한 기본지식** ················ 555
제2장 **자동차운전기법과 안전운전지식** ··········· 592
제3장 **자동차의 구조와 점검** ·························· 606

〈기능교육 단독과목〉

제4장 **기능교육의 기본이념** ··························· 607
제5장 **기능교육의 실제** ································· 627

〈학과교육 단독과목〉

제6장 **학과교육의 기본이념** ··························· 652
제7장 **학과교육의 실제** ································· 665
제8장 **학과교육과정별 지도목표** ····················· 690

제1장 운전교육에 필요한 기본지식

제1절 전문학원의 교육목표

1 전문학원교육의 필요성

(1) 교통사고의 일반적인 요인을 살펴보면 **첫째 인적요인**(Human Factor), **둘째 차량요인**(Vehicle Factor), **셋째 환경요인**(Environmental Factor) 또는 도로요인(Roadway Factor)으로 구분할 수 있으며, 인적요인은 운전자와 보행자 측면이고, 환경요인은 **도로구조나 안전시설** 측면이며, 차량요인은 **자동차의 구조나 작동불량**으로 인한 것을 말한다.

(2) 교통사고의 원인을 분석해 보면 어느 한 가지 요인에 의하여 일어나는 경우도 있으나 대개는 인적요인과 복합된 두 가지 이상의 요인으로 인하여 발생하고 있으며 그 중 **인적요인으로 인한 교통사고가 90% 이상**을 차지하고 있다.

(3) 교통사고의 원인 중 큰 비중을 차지하는 인적요인은 운전자나 보행자의 **신체적·생리적 조건**, 위험의 인지나 회피에 대한 **심리적 조건**, 운전자의 **운전적성과 자질**, **운전습관 및 태도** 등에 의한 것이다.

(4) 인적요인 중에서도 교통사고는 주로 운전자의 과실에 의하여 발생되고 있으므로, 교통사고의 감소대책은 자동차운전전문학원에서 체계적인 운전교육을 통하여 안전운전에 대한 필요한 지식과 기능 그리고 바람직한 운전태도를 갖춘 안전한 운전자를 양성하는 것만이 사고 없는 밝고 쾌적한 교통문화사회를 이룩할 수 있는 지름길인 것이다. 따라서 운전교육의 중요성이 강조되고 전문학원에서 초보운전자의 교육을 지도하는 **강사의 전문성과 도덕성**이 크게 요구되고 있는 것이다.

(5) 특히, 오늘날 우리나라 자동차문화에서 운전자에게 절대적으로 요구하고 있는 것은 **양보와 배려하는 자세**이다. 다른 사람에게 폐를 끼치거나 나쁜 영향을 주어서는 안 된다는 강한 의지의 운전태도는 밝고 명랑한 분위기 조성은 물론 교통사고를 줄일 수 있는 첩경이므로 운전교육 중 이러한 점을 강조하고 습관화되도록 인성을 변화시켜 나가야 할 것이다.

(6) 결론적으로 전문학원의 운전교육은 「운전에 백지인 사람을 위험이 따르는 자동차를 도로에서 실질적으로 운전할 수 있도록 교육」하는 것이기 때문에, 이들을 교육하는 강사는 「사고를 내지 않고 사고를 당하지 않는 안전한 운전자」를 양성해야 하는 막중한 책임이 있음을 인식하고 사명감을 가지고 안전운전자 양성에 임하여야 한다. 안일하게 운전면허시험에 합격시키는 것만을 목적으로 교육해서는 절대로 안 된다는 사실을 명심하여야 한다.

2 전문학원 교육이수자의 교통사고율 분석

전문학원의 교육을 이수한 사람과 그렇지 않는 사람의 교통법규 준수태도나 교통사고 회피능력을 비교 평가함으로써 전문학원의 운전교육이 실질적으로 교통안전에 얼마만큼 기여하였는가를 계량적으로 분석하였다.

[전문학원 이수자와 비이수자의 교통사고현황 비교]

구 분	조사대상자수 (비율)	법규위반단속횟수 (비율)	중요법규단속횟수 (비율)	인피사고횟수 (비율)
비이수자	147,618 (100)	8,375 (5.67)	5,703 (3.86)	1,812 (1.23)
이수자	174,032 (100)	5,367 (3.08)	4,134 (2.38)	936 (0.54)
감소횟수 (감소율)	+26,414 (15.18)	-3,008 (35.92)	-1,569 (27.51)	-876 (48.34)

※ 조사대상은 1999년 1월부터 4월까지 신규로 운전면허를 취득한 사람이 1999년 7월부터 12월까지 교통사고와 법규위반 자료를 분석한 것이다(도로교통공단 교통과학연구원 보고에서).

위 표에 의하면 조사대상자수는 전문학원 이수자가 비이수자 수에 비하여 26,414명(15.18%)이 많은데도, 전문학원 이수자가 비이수자에 비하여 인피교통사고 발생건수가 876건(48.34%)이 감소했고, 법규위반은 3,008건(35.92%), 중요법규위반은 1,569건(27.51%)이 감소하는 등 전문학원제도의 가시적인 효과가 나타나고 있다.

제2절 기초적인 교육지식

남을 가르치기 위해서는 기본적인 교육지식과 풍부한 경험을 바탕으로 교육에 임해야 한다. 이를 위하여 지도하는 강사는 가르치는 내용에 대하여 완벽하게 숙지하지 않으면 제대로 된 교육을 실시할 수 없다. 즉, 「가르친다는 것은 배운다는 것」과 같은 맥락에서 생각하고 연구해야 한다. 사전에 충분한 준비 없이 교육에 임한다면 질문에 대하여 정확한 답변을 할 수 없어 당황하게 되고 교육생으로부터 신뢰도 잃어버리게 된다.

또한 강사는 자신이 가르치는 교육생이 자기가 원하는 대로 행동하기를 기대해서는 안 된다. 이러한 이해가 부족하면 지도하는 강사도 답답해지고 배우는 교육생도 흥미를 잃게 되어 그 교육은 효과를 거둘 수 없게 되고 만다.

강사는 자신이 가르치는 내용은 물론이고 자신이 가르치는 교육생들을 좋아하며 사랑하고 이해할 수 있어야 보람과 긍지를 느낄 수 있다.

> **해설**
>
> **강사가 갖추어야할 자세(The art teaching 중에서)**
> 1. 교육과목 중 필수적인 내용을 기억하고 있어야 한다.
>   강사는 자기의 교육과목에 대하여 필수적인 것은 모두 기억하고 있어야 하고 수업에 임하여 무엇을 이야기해야 할 것인가를 준비하고 있어야 한다.
> 2. 강한 의지와 결단력을 가져야 한다.
>   강사는 학습에 있어서 교육생들의 천성적인 반감을 극복시키기 위하여 결단력 있는 사람이어야 한다. 교육생은 공부하기를 좋아하지 않는다. 권위를 좋아하는 사람은 아무도 없다. 그러나 교육생에게 권위의 원칙을 존경하도록 가르쳐 좋고 나쁜 것을 선택할 수 있는 능력을 가르쳐야 한다.
> 3. 진심에서 우러나는 친절함을 가져야 한다.
>   나이 어린 교육생도 자기를 사랑하는 강사를 빨리 알아본다. 만일 강사가 진실로 자기 자신의 교과목을 알고 이해하도록 만드는 데 흥미가 있고 교육생에게 도움을 주려한다면 교육생은 그 사실을 느끼고 친절한 강사로 인정하게 될 것이다.
> 4. 강사의 중요한 자질 중의 하나인 유머감각을 가져야 한다.
>   훌륭한 강사의 가장 중요한 자질 중의 하나는 유머감각이다. 그 유머는 교실 내의 학생들을 집중시키며, 중요한 과목들의 진정한 양상을 제시하는데 도움을 주게 된다.

1 학습의 원리

(1) 학습의 의미

학습(Learning)이란 **개인이 환경과 상호 작용하는 과정에서 여러 가지 형태의 비교적 지속적인 변화들**을 말한다. 선천적으로 이미 형성되어 있는 행동과 신경계통의 성숙으로 말미암아 자연적으로 일어나는 변화 또는 피로나 약물 등으로 인하여 일어나는 일시적인 변화들은 학습이라 할 수 없다.

결국 학습이란 **경험에 의하여 행동이 변하여 가는 과정**을 말한다. 학습은 「무엇을 배운다」라고 하는 것처럼 새로운 행동의 형태를 갖추기 위하여 이루어지는 것이지만 그것이 반드시 의식적인 행동으로 이루어지지 않더라도 경험에 의하여 행동이 변하여 간다면 이것 역시 학습이라고 할 수 있다.

이처럼 우리들이 어떤 상황에 직면하면 그 새로운 상황에 적응하기 위하여 다양한 행동을 하면서 경험을 쌓아 그 의미를 이해하고 그 기능을 익히는 정도에 따라 태도가 바뀌어 가는 것이다. 따라서 바람직한 방향의 학습목적을 이루기 위해서는 강사의 적절한 경험을 알려주는 등의 노력이 있어야 한다.

(2) 학습의 심리학적 의미와 교육학적 의미

일반적으로 학습이란 후천적으로 일정한 지식 및 기술 또는 인식 및 행동능력을 획득하는 것을 말하는데 이는 지금까지 자기가 「알지 못하고 하지 못하던 것을 알 수 있고 할 수 있게 하는 것」이 바로 학습이다.

① 학습의 심리학적 의미

학습의 심리학적 의미는 유기체가 환경에 적응하여 가는 과정에서 동일한 상황을 반복 경험함으로써 행동이 영속적인 형태로 바뀌어 보다 효과적으로 환경에 적응하여 가는 것이라고 할 수 있다. 즉, 「환경에 적응하기 위해서 일어나는 행동의 변용을 학습」이라고 한다. 따라서 심리학적 의미의 학습은 현실에 대한 어떤 행동의 변용이라는 결과를 중시하고 있다.

② 학습의 교육학적 의미

학습의 교육학적 의미는 「결과적으로는 아무런 변화가 없었다 하더라도 **잘 안 되는 것을 잘 되게 하려고 시도해 본 것 그 자체를 중시하는 과정**으로서의 학습」을 포함하여 정의하고 있다. 따라서 심리학적 의미로서의 학습은 결과를 중요시하기 때문에 수행이라는 개념과 분리하여 정의하고 있으며, 교육학적 의미의 학습은 학습과정을 중시하는 것으로 정의하고 있다.

(3) 학습의 형태

① 관찰과 기억이 주축이 되는 학습

관찰한 결과를 일정한 말과 연결시켜 그것이 무엇인가? 어디에 속하는가? 등을 기억하는 것에 의하여 새로운 지식을 획득하는 경우의 학습을 말한다.

② 기억과 연습이 중심이 되는 학습

단어의 학습이나 인명, 지명, 연대, 부호 또는 공식 등의 학습과 같이 주로 기억적인 것이고 기억을 확고하게 하기 위하여 복습하고 연습하는 경우의 학습을 말한다.

③ 사고력을 중심으로 하는 학습

여러 가지 문제를 해결할 때 하는 학습으로서 기억이나 지각, 기타의 작용이 따른다. 주어진 문제의 전체와 부분, 부분과 부분간에 있는 여러 기능 관계를 발견하는 과정에서 사고가 주로 작용하는 학습을 말한다.

④ 연습이 중심이 되는 학습

여러 가지 기능을 익히고 기술을 습득하려고 하는 경우 기법, 수법, 도구나 기계의 원리, 활용법 등을 이해하고 기억할 필요가 있을 때 그것을 중심으로 반복 연습하여 숙달하는 과정의 학습을 말한다.

2 학습형성의 대표적 이론

학습이 어떻게 성립하는가에 대하여 많은 연구가 있었고 여러 가지 입장에서 설명되고 있으나 그 중에서 조건반사설, 시행착오설, 통찰설 등이 대표적인 이론이며, 운전전문학원의 교육에 있어서도 이러한 이론을 적용하면 교육에 많은 도움이 될 것이다.

(1) 조건반사설(條件反射說)(파블로프(Pavlov) 주장)

개에게 종소리나 메트로놈(Metronom, 박자기)의 소리를 들려주면서 먹이를 주는 것을 반복하면, 곧 개는 종소리나 메트로놈의 소리를 듣는 것만으로도 타액을 분비하게 된다. 우리들이 「김장김치나 레몬」을 연상하게 되면 입안에 「침」이 고이는 것과 마찬가지의 현상을 나타낸다. 이러한 현상을 조건반사라고 하며, 이러한 조건반사에 의하여 학습이 성립된다고 하는 이론을 조건반사설이라 한다. 운전 중 위험한 상황을 만나게 되면 무의식중에 오른쪽 발이 액셀레이터 페달에서 브레이크 페달로 옮겨가듯이 긴급사태 회피행동 등의 메커니즘(Mechanism)에서 그 예를 찾아볼 수 있다.

① 고전적 조건화의 법칙

조건반응의 형성은 한번 주어졌던 자극에 대한 제1의 반응이 그 다음 주어지는 제2의 반응과 같거나 또는 강(强)하지 않으면 조건반사과정은 형성되지 않는다는 법칙

② 일관성의 원리(The consistency principle)

러시아의 생리학자 파블로프(Pavlov)의 실험에서 종소리만의 조건을 제시하였기 때문에 무조건 반응이 일어났던 것이고 만일 종소리 대신 이런 저런 조건을 제시한다면 무조건 반응이 일어나지 않는다. 그러므로 제2의 반응은 제1의 조건에 정착한다는 원리이다.

③ 계속성의 원리(The continuity principle)

조건화는 여러 번의 계속 반응에서 이루어진다는 원리이다. 파블로프가 타액과정에서 얻은 실험결과를 보면 40~60회를 실시하여 이루어졌다고 한다.

④ 작동적 조건화 또는 도구적 조건화

학습 성립의 과정을 볼 때 파블로프의 실험과 같이 생리적 조건화에 의해서만이 이루어지는 것이 아니고 선택적이고 의지적인 행동에 의해서도 조건화가 일어나는데, 이것을 작동적(Operant) 조건화 또는 도구적(Instru-mental) 조건화라고 한다.

(2) 시행착오설(試行錯誤說)(손다이크(Thorndike) 주장)

첫째, 닫힌 상자 안에 배고픈 고양이를 넣은 뒤 우연히 고양이가 발판을 누르게 되면 문이 열리면서 먹이를 먹을 수 있도록 한 실험으로, 고양이는 이러한 과정을 수십 회 거듭한 끝에

한번의 시행착오 없이 즉시 발판을 밟고 나와 먹이를 먹게 된다는 고양이의 실험결과와 둘째, 입구에서 출구까지 복잡한 미로를 만들어 놓고 출구에 먹이를 놓아둔 후 입구에 쥐를 넣으면 쥐가 미로를 빠져나와 먹이를 먹게 하는 실험으로 쥐는 계속 반복한 결과 시행착오 없이 빠르게 미로를 빠져나와 먹이를 먹게 된다는 쥐의 미로실험결과에서처럼 인간도 문제 상황에 부딪쳤을 때 올바른 반응을 취할 수 있도록 하기 위해서는 많은 시행과 잘못을 쌓아가는 중에 우연히 성공해서 이것을 반복하는 가운데 불필요한 동작이 없어지고 효과적인 동작이 완성되어 학습이 이루어진다는 이론이 시행착오설이다.

① 효과의 법칙(The law of effect)

자극과 반응의 결합은 그 결과가 만족감이 크면 클수록 강화되고 반대로 만족하지 못하거나 불쾌감을 수반하면 약화된다는 법칙이다.

② 준비의 법칙(The law of readiness)

학습자(學習者)가 어떤 것을 학습하기 위하여서는 이미 심신의 준비가 되어 있을 때 학습하면 학습과정이 쉽게 성립될 수 있으나 준비가 되어 있지 않은 때에는 학습과정이 잘 일어나지 않거나 미약하다는 법칙이다.

③ 연습의 법칙(The law of exercise)

이 법칙은 사용의 법칙과 불사용의 법칙이라고도 하는데 어떤 자극에 대한 반응은 조건이 동일하다면 자극에 결합된 횟수에 비례하여 결합이 강하고 사용하지 않으면 결합이 약하다는 법칙이다.

(3) 통찰설(洞察說)(퀼러(Kohler) 주장)

문제 상황에 대한 전체적 예상 또는 목적과 수단과의 관계예상이 성립함으로써 「아! 알았다.」라고 하듯이 돌연 문제가 해결되는 수가 있는데 이렇게 학습이 성립되는 이론을 통찰설이라고 한다.

① 유사성의 법칙(The law of similarity)

동질의 법칙이라고도 하는데 퀼러(Kohler)에 의하여 학습과정에서 통찰되는 것으로 유사성을 가진 내용끼리는 학습이 비교적 쉽게 일어나고 유사성이 없는 것은 학습이 잘 일어나지 않는다는 법칙이다.

② 근접성의 법칙(The law of proximity)

어떤 사실을 학습할 때 전체적이나 부분적으로 가깝게 접근하여 있을수록 그만큼 학습이 용이하고 멀리 떨어져 있을 때에는 반대현상을 나타낸다는 법칙을 말한다.

③ 폐쇄의 법칙(The law of closure)

근접성의 법칙보다 한층 더 그 관계가 밀접한 것으로 접근이 유리할 때에 폐쇄적일 정도로 가까운 것은 지각과정형성이 용이하다고 하는 법칙이다.

④ 계속성의 법칙(The law of good continuation)
지각과정은 계속하면 할수록 용이하다는 법칙이다.

3 학습과정의 피드백(Feedback)

학습과정에서 학습자 자신이 학습목표를 설정하고 자기의 행동과 학습목표와의 오차를 평가하고, 자기 자신이 피드백 정보를 얻고, 그 정보에 따라 자신의 힘으로 정보를 처리하는 것을 말하며, 전 학습과정을 가르치는 강사는 전문적인 입장에서 학습자를 돕는 역할을 하는 것이다.

이것은 학습자에게만 적용되기보다는 강사는 학습자로부터 학습자는 강사로부터 상호 의사소통을 함으로써 이루어지는 것이며, 전문학원 강사에게 가장 중요한 학습방법이라고 할 수 있다.

강사는 학습자에게 그가 어떠한 진전을 이루고 있는지를 알리는 기준을 제공해 줄 때 좀 더 효율적으로 진행될 뿐만 아니라 강사에게도 역시 마찬가지이기 때문이다.

4 지속적이고 반복적인 학습

안전한 운전자가 되기 위해서는 전문학원에서 배우는 과정을 이수한 것만으로 결코 완벽하다고 볼 수가 없다.

자동차 운전은 운전면허를 취득한 것으로 운전에 대한 배움이 끝났다고 할 수 없기 때문에 지속적으로 교통법규와 예절을 비롯하여 자동차의 특성 등 관련 지식을 몸에 익혀야 할 필요가 있다는 점을 교육생에게 주지시켜야 한다.

5 학습의 요인

교육생은 경우에 따라서는 시행착오를 되풀이하기도 하고 비약적으로 학습을 진행하는 경우도 있다. 따라서 교육과정에 따라 교육생의 능력 및 특성을 파악하여 그 교육생에게 맞는 운전교육을 진행하여 가는 일이 매우 중요하다.

적절한 반응행동발견에는 강사의 가르침과 교육생이 다른 사람이 동자을 모방하는 것과 관련이 있다는 사실을 명심하여야 한다. 교육생은 강사의 모범적인 동작을 모방함으로써 시행착오적 행동을 많이 하지 않고 올바른 동작을 빠르게 익힐 수 있다.

따라서 학습이 효과적이며 능률적으로 이루어지기 위해서는 교육과정의 충분한 이해와 교육생 각각의 심리적인 특성 등을 잘 이해하고 파악해야 한다.

(1) 학습준비도(Readiness)의 파악

학습준비도란 어떤 학습에서 성공하기 위한 조건으로서 학습자의 성숙정도를 의미한다. 즉, 학습이 효과적으로 이루어지기 위하여 필요한 학습자의 준비상태를 말한다. 준비도와 유사한 개념으로는 **출발 전 행동, 학습의 경향성, 적성, 발달과정** 등이 있으며, 준비도의 결정요인으로는 **성숙, 생활연령, 정신연령, 선행경험정도, 개인차** 등이 있다.

학습에 있어서 준비도는 반드시 필요한 학습자의 준비상태이므로 강사는 수업 전에 학습자의 준비도를 파악하여 선행학습이 부족한 교육생에게는 이를 보충해주고 준비된 특성, 즉 개인차에 맞는 학습이 이루어지도록 하여야한다.

(2) 학습의 동기부여

동기부여란 교육을 받는 사람에게 학습의욕을 일으키게 하여 적극적인 학습태도를 만들게 한 후 이로 인하여 자발적으로 교육효과를 거둘 수 있도록 하는 것이다. **동기부여를 일으킬 수 있는 주요요인들은 흥미(興味), 상벌(賞罰), 칭찬(稱讚), 질책(叱責), 경쟁(競爭), 요구수준(要求水準)** 등이 있다.

자동차운전교육은 운전면허를 취득함으로써 행동범위를 확대하겠다는 분명한 목적의식이 있지만 시간적·경제적인 면에서 조금이라도 빨리 운전면허를 취득하고 싶다는 이유 때문에 기초적인 지식이나 예절 등을 소홀히 하기 쉽다. 따라서 이러한 기본적인 사항에 관한 학습에 있어서 더욱더 동기부여가 필요한 것이다.

① 흥미(興味)

흥미란 일정한 대상에 대한 자발적인 관심이나 태도이며 행동을 개발하고 유지해 가는 원동력이 되는 것이다. 교육생의 대부분은 자동차의 운전이나 조작 등에 대해서는 강한 관심을 나타내지만 운전자로서 사회적 책임이나 행동에 대한 내용에 있어서는 학습의 흥미가 없기 때문에 잘 이해시키고 흥미를 갖도록 하는 것이 중요하다.

② 상벌, 칭찬, 질책, 경쟁

학습의욕을 일으키는 것으로 상벌, 칭찬, 질책, 경쟁 등이 있는데 사람에게는 누구나 사회적으로 인정받고 싶어하는 인간의 본성적 욕구를 이용하여 학습의욕을 북돋아 주는 것이 중요하다.("도움표"란의 학설 참조)

상벌 등에서 주의해야 할 점은 칭찬함으로써 성공감·우월감이 생겨 학습의욕이 더욱 높아질 수도 있지만 간혹 우월감에 사로잡히는 경우가 있고, 잘못된 학습에 대한 질책은 반성을 통하여 학습의욕을 불러일으키는 경우도 있지만 열등감에 사로잡혀 교육의욕을 상실하는 경우도 있으므로 필요 없이 우월감이나 열등감에 사로 잡혀 학습의욕을 떨어뜨리는 일이 없도록 주의하여야 한다.

학습의욕을 높이는데 있어서는 칭찬이 질책보다 효과가 있는 경우가 대부분이다. 실험 결과에 의하면 능력이 있는 사람에게는 질책하는 것도 효과를 볼 수 있지만 능력이 부족하거나 열등감에 빠져 있는 사람에게는 질책하는 것은 효과가 없고 칭찬하는 것이 훨씬 효과적이다. 또한 남성과 여성을 비교할 때 남성은 질책하여도 효과가 있는 경우가 있으나 여성에게는 효과가 없고 오히려 역효과가 나타난다고 한다.

따라서 질책을 하는 경우에는 방법과 정도에 따라 신중을 기해야 한다. 잘못하면 필요 없는 오해가 극단적으로 이어질 수 있기 때문이다.

질책의 효과를 기대하기 위해서는 다음사항을 모두 만족시켜야 하며 만약 한 가지라도 만족시키지 못하면 문제발생 소지가 높다.

㉮ 강사와 교육생이 서로 마음을 이해할 수 있고 대인관계가 좋아야 한다.
㉯ 교육생 스스로 잘못을 인정해야 한다.
㉰ 교육생이 각오하는 질책 정도 이내이어야 한다.
㉱ 잘못된 일이 일어난 직후이어야 한다.
㉲ 질책의 결과로 교육의 적극적인 전이가 일어나야 한다.

해설

질책하기보다 칭찬하는 것이 효과가 크다는 실험결과

이 표는 학습동기부여의 수단으로서 상벌이 어떤 영향을 주는지 실험한 결과이다. 초등학교 4학년과 6학년 학생을 대상으로 다음과 같은 조건으로 실시하였다.
1. 칭찬 : 항상 칭찬하는 실험그룹
2. 질책 : 무조건 질책하는 실험그룹
3. 방임 : 칭찬도 질책도 하지 않는 실험그룹
4. 비교 : 실험을 위한 비교대상그룹

실험결과에 의하면 질책실험그룹은 최초의 2회까지는 효과가 있었지만 이후 학습효과가 감퇴되었고 칭찬실험그룹은 학습이 점점 나아져 성적도 향상되었다.
방임 및 비교대상 실험그룹은 성적에 특별한 변화가 없었다.

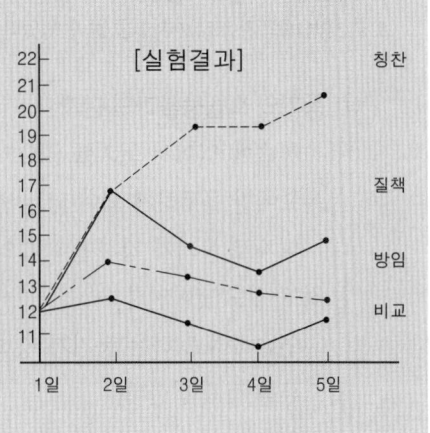

※ 피그말리온 효과(Pygmalion effect)와 스티그마 효과(Stigma effect)에 대한 설명은 544쪽을 참조하세요.

③ 요구수준

사람들은 흔히 어떤 행동을 하려고 할 때 「나는 이 정도까지는 할 수 있을 꺼야!」라는 도달목표를 정하게 되는데 이와 같은 목표의 높이를 요구수준이라 한다.

요구수준을 스스로 정하여 행동의 결과가 요구수준에 도달하면 성공이라고 생각하고 도달하지 못하면 실패라고 생각한다. 그리고 성공하면 다음 목표의 요구수준은 높아지게 되고 실패하면 낮아지게 된다. 요구수준을 어느 정도의 수준에 두는가 하는 것은 대단히 어려운 문제로 그 수준이 적절하면 성취감을 느끼면서 학습의욕도 높아지지만, 그 수준이 너무 높으면 반대로 실패감은 물론 초조감이나 열등감으로 발전하게 되어 의욕을 상실하게 된다.

반대로 요구수준이 너무 낮아서 항상 성공한다면 성공은 이루나 자신의 능력을 충분히 발휘하지 못하고 욕구를 만족시키지 못하게 된다. 따라서 강사는 개개인 교육생의 능력이나 태도 등을 관찰하여 각각의 교육생 수준에 맞는 적절한 요구수준을 설정하도록 조언한다면 성취감은 물론 자신감을 갖게 하여 학습을 원활히 진행하는 데 도움이 될 것이다.

교육진도가 뒤떨어져 있어 열등감을 갖기 쉬운 교육생에게는 가능한 한 많은 성공기회를 갖게 하고 격려와 칭찬으로 이끌어 주어야 하고 반대로 강하면서도 능력이 있는 교육생에게는 칭찬과 질책에 의하여 동기를 마련하도록 하는 것이 바람직하다.

해설

학습결과를 알려주고 학습하면 교육효과가 크다는 실험결과

학습결과를 알려주면서 연습시키는 그룹과 학습결과를 전혀 알려주지 않고 연습만을 하게 하는 그룹의 성적을 10회째부터 조건을 바꾸어 실험한 결과로, 학습결과를 알고 한 그룹은 모르고 연습하는 그룹보다 성적의 향상이 두드러졌다. 이러한 실험에서 알 수 있듯이 학습결과를 모르고 연습하기보다는 자신의 학습결과를 파악하면서 연습하는 쪽이 훨씬 학습효과가 크다는 사실을 알 수 있었다.

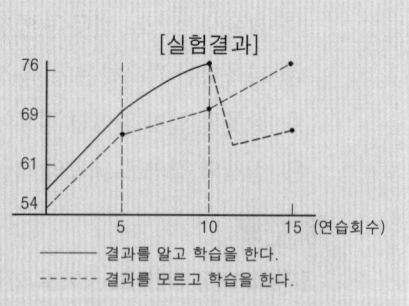

④ 동기와 학습능률과의 관계

학습에 있어서 **동기를 일으키면 일으킨 만큼 학습속도가 빨라진다.** 그러나 너무 강하면 목표에만 몰두하게 되어 넓은 범위의 학습수단을 적절히 사용하지 못하게 된다.

대체로 동기가 강하면 학습의 내용량이 많아지고 질도 높아지나, 약하면 약할수록 양도 적고 질도 낮아진다.

연습하려고 하는 동기가 강하게 유발되면 학습하고자 하는 주의나 흥미 때문에 비교적 오류를 적게 범한다.

해설

학습의 동기부여에 대한 설명의 요점
1. 요구수준이 높으면 : 실패감ㆍ초조감ㆍ열등감을 품게 되며, 싫은 기분이 든다.
2. 요구수준이 적당하면 : 성공감을 갖고 학습의욕이 높아진다.
3. 학습결과를 알려주고 학습하면 : 학습효과가 훨씬 높아진다.
4. 학습에 있어서 동기를 일으키면 : 동기를 일으킨 만큼 학습속도는 빨라진다.
5. 대체로 동기가 강하면 학습의 내용량이 많고 질이 좋으며, 약할수록 양도 적고 질도 낮다.
6. 학습하려고 하는 동기가 강하게 유발되면 학습하고자 하는 유인 때문에 비교적 오류를 적게 범한다.

6 개인차에 따른 학습지도

동일한 조건에서 학습을 한다 해도 똑같은 결과를 얻을 수가 없는데 이는 교육생 각각의 개인차(個人差)가 있기 때문이다. 전문학원에서도 마찬가지로 교육생에게 일률적인 교육을 하더라도 똑같은 결과를 기대할 수는 없다.

교육생 개개인의 특징과 능력에 따른 적절한 교육이 중요하다. 이를 위해서는 실제의 교육진도를 관찰하면서 그 교육생에 맞는 교육을 하고, 교육생에게 직접 자신의 적성(겁이 많다, 운동신경이 둔하다 등)을 질문하여 참고하는 것도 좋은 방법이다.

7 기억(파지)과 망각

(1) 기억의 과정과 망각

기억의 과정은 완전히 이해하는 **기명**(記銘)과 외우고 있는 **파지**(把持), 잊었던 것을 **상기**(想起)하는 **재생**(再生) 등으로 나눌 수 있고, 외운 것을 기억해 낼 수 없거나 완전히 잊어버리고 마는 **망각**(忘却)이 있다.

> **해설**
>
> **기억과 망각과 관련한 용어의 해설**
> 1. 파지(把持) : 과거의 학습경험이 어떠한 형태로 현재와 미래의 행동에 영향을 주는 작용을 한다. 이와 같이 학습된 행동이 지속되는 것을 파지라고 한다.
> 2. 망각(忘却) : 학습된 행동이 지속되지 않고 소실되는 현상을 말한다.
> 3. 기억의 과정
>   ① 기명(記銘) : 행동이나 경험의 수행에서 신경계에 흔적을 형성하는 것을 말한다.
>   ② 파지(把持) : 일단 기명된 신경계의 흔적(학습된 내용)이 일정기간동안 지속되는 것을 말한다. 파지되지 못하고 변용, 소실되는 현상을 망각(忘却)이라 한다.
>   ③ 재생(再生) : 보존된 인상이 다시 의식으로 떠오르는 것을 말한다.
>   ④ 재인(再認) : 과거에 경험했던 것과 같은 비슷한 상태에 부딪쳤을 때 떠오르는 것을 말한다.

(2) 완전한 이해로 기억의 파지

기억을 파지해 두기 위해서는 망각하는 것을 막는 것도 중요하지만 완전히 이해할 때의 조건도 크게 영향을 미치기 때문에 기억 그 자체를 소홀히 할 수는 없다. 아무리 오래된 일이라도 인상 깊었던 일은 잊어버리지 않는 원리와 같다.

(3) 기명(記銘)의 종류

① 논리적 기명(論理的記銘)

의미적으로 관련이 있는 것. 즉, 논리적 내용을 갖는 기명

② 도식적 기명(圖式的記銘)

재료 그 자체에는 일정한 관계가 없지만 A, B, C, D, E 순서라든가 숫자풀이 노래 등과 같이 일정한 순서나 공식에 맞추어 외우는 기명

③ 기계적 기명(機械的記銘)

무의미하고 무관계인 것을 단지 그대로 외우는 기명

※ 위 세 가지 기명 가운데 **논리적 기명**은 잘 파지되어 재생하기 쉽지만 **기계적 기명**은 가장 파지하기 곤란하고 잊기 쉬운 것이라 할 수 있다.

④ 망각을 진행시키는 요인

망각을 진행시키는 요인으로는 시간의 요인이 있다. 즉, 시간이 지나면 기억한 것에 대한 파지가 감소하지만 그렇다고 망각은 시간의 요인만으로 진행되는 것이 아니며 다음과 같은 요인들이 있다.

㉮ 학습한대로 연습을 하지 않고 방치한다.
㉯ 순서가 뒤바뀌어 학습한 내용이 비슷하다.
㉰ 앞에서 학습한 내용의 파지를 어렵게 하는 나중에 학습한 비슷한 내용
㉱ 기명할 때의 태도
㉲ 환경조건의 변경
㉳ 신체적 정신적 충격을 받는 일
㉴ 알코올의 영향

> **해설**
>
> **망각의 원인**
> 1. 불사용의 법칙(Ebbinghaus : Thorndike의 주장) : 기명된 신경흔적이 사용되지 않거나 연습하지 않음으로써 시간이 경과함에 따라서 자연 소멸되는 것
> 2. 간섭(Jenkins Dallenbach)
>   ① 선행간섭 : 선행학습의 파지가 후속학습의 파지를 방해하는 것
>   ② 후행간섭 : 후속학습의 파지가 선행학습의 파지를 방해하는 것
> 3. 기억흔적의 변용(Koffka의 주장) : 게스탈트(Gestalt) 심리학에서 망각은 기억흔적의 변용이라는 의미이다. 즉, 지각하는 내용을 기명 시에 과거 경험으로 형성된 파지내용과 관련해서 인지구조 내의 재체제화가 이루어지므로 재생할 때 변동되어 나타난다.
> 4. 정서에 의한 일시적 억압(Freud : 정신분석학) : 망각이란 불쾌한 정서를 수반하는 내용이 억압되어 일시적으로 무의식 속에서 잠재함으로써 나타나는 것이다.

(4) **망각을 방지하는 방법**

㉮ 최초의 학습을 가능한 한 완전하게 한다.
㉯ 학습 직후 적절한 계획을 세워 반복해서 연습한다(반복학습).
㉰ 학습내용에 의미 있는 논리적 관계를 설정한다.
㉱ 나중에 학습한 내용이 앞서 학습한 내용의 파지를 저해하지 않도록 한다.
㉲ 학습방법을 학습내용과 일치시킨다.
㉳ 학습경험에 즐거움을 수반시킨다.

> **해설**
>
> **파지와 망각에 대한 연구결과**
> 1. 교육심리학자의 연구결과에 의하면 동기부여의 인상적인 내용 즉, 시청각 내용 등에 있어서는 [A 그림]과 같이 일수의 경과에 관계 없이 감소되지 않고 파지(把持)되고 있지만, 그 이외의 사항은 2일이 지난 후에는 50% 이상 잊어버리고 만다고 한다.
> 2. 또한 [B 그림]과 같이 새로운 학습은 앞의 학습을 복습한 뒤에 이루어져야 한다. 즉, 전날 가르친 것(외운 것)은 50%는 망각하고 있기 때문에 복습에 의하여 이끌어내지 않으면 안 되는 것이 교육 심리학의 입장에서 강조되고 있다.
> 3. 망각은 언어적인 기억에 비하면 운동의 기억은 잘 잊어버리지 않는다. 언어적인 기억이라도 의미가 없는 것보다는 의미가 있는 것은 잘 잊어버리지 않는다. 모처럼 외운 것을 잊어버린다면 얼마나 실망이 되겠는가?
> 4. 잊어버리지 않기 위해서는 의미를 이해하고 외우면 망각이 적어진다. 그것도 가능한 한 원리를 이해하고 기억하는 것이 효과적이다.
> 5. 또 학습량에 있어서도 최초의 학습량이 적으면 망각은 급속하게 신행되고 학습량이 많으면 망각의 진행속도는 느려진다.
>
>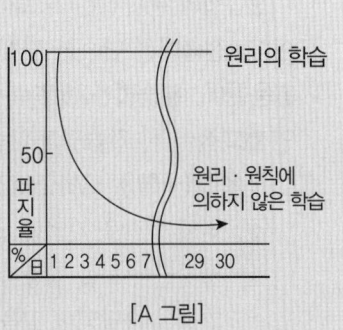
>
> [A 그림]
>
>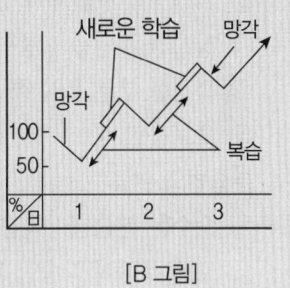
>
> [B 그림]

8 연습방법과 태도

연습이란 일정한 목적을 가지고 능력을 향상시키기 위하여 학습을 되풀이하는 과정과 그 효과를 포함하는 전체과정이다. 학습에 있어서 연습은 단순한 반복이 아니라 행동할 때마다 강화를 수반하는 것이 더 효과적이다.

하지만 연습방법의 선택에 있어서는 학습자의 연령, 개인의 능력, 경험, 학습재료의 종류 및 규모 등에 따라 달라질 수 있다.

(1) 연습의 3단계

① 1단계(의식적 연습)

학습을 진행하는 과정에서 하나하나 의식하고 모든 힘과 정성을 다하여 연습하는 단계

② 2단계(기계적 연습)

반복연습함에 따라서 쉽고 신속하고 또한 정확한 행동을 갖추는 단계

③ 3단계(응용적 연습)

전단계의 연습에서 얻은 것을 종합적으로 이용하여 하나의 종합된 학습을 완성시키는 단계

(2) 전습법(全習法)과 분습법(分習法)(학습과제량에 따른 분류)

전습법과 분습법은 가르치는 학습내용이나 재료 및 과제량을 기준으로 할 때 실시하는 연습이다. **전습법**은 단순한 과제이고 부분적으로 의미가 없는 경우에 **전체를 연결하여 연습할 때 활용**한다. **분습법**은 매우 복잡하거나 개별적인 연습으로 구성되었을 때 각각 분리하여 활용하면 **효과적**이다. 전습법과 분습법을 선택할 때 학습자 측면에서 고려할 요인은 다음과 같다.

① 전습법(全習法 : Whole method)
  ㉮ 전체 동작을 기억해 낼 수 있는 능력이 있을 때
  ㉯ 장시간 주의를 집중할 수 있을 때
  ㉰ 기술이 숙달되어 있을 때

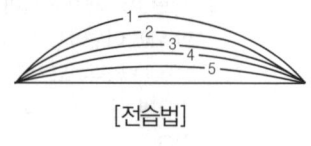
[전습법]

② 분습법(分習法 : Part method)
  ㉮ 기억능력에 한계가 있을 때
  ㉯ 장시간 주의를 집중할 수 없을 때
  ㉰ 특정한 부분 동작 학습에 어려움이 있을 때
  ㉱ 초보자일 때

[순수한 분습법]

③ 분습법의 분류
  ㉮ 순수한 분습법 : 학습하고자하는 내용을 1, 2, 3으로 구분하여 학습한 후 그것이 일정한 수준에 도달하면 나중에 각 부분을 전체로 하여 교습하는 방법
  ㉯ 점진적 분습법 : 1과 2를 따로 구분하여 학습한 후 그것이 일정한 수준에 도달하면 1과 2를 하나로 하여 학습한다. 이어서 4부분을 학습하여 어느 일정한 수준에 도달하면 마지막으로 1, 2, 4 각 부분을 전체로 하여 학습하는 방법
  ㉰ 반복적 분습법 : 처음에는 1부분을 학습하고 다음에는 1과 2, 다음에는 1, 2, 3부분을 함께 학습하는 방법

[점진적 분습법]

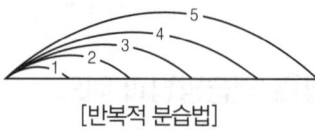
[반복적 분습법]

[전습법과 분습법의 비교]

구분	전습법(Whole method)	분습법(Part method)
의미	학습과제를 하나의 전체로 묶어서 학습하는 방법	학습과제를 부분적으로 나누어 조금씩 학습하는 방법
장점	1. 망각이 적다. 2. 반복이 적다. 3. 연합(병합)이 생긴다. 4. 시간과 노력이 적다.	1. 학습이 빠르다. 2. 범위가 적어서 적당하다. 3. 길고 복잡한 학습에 적당하다. 4. 의미가 없는 학습 자료에 적당하다.
효과	연습을 많이 한 뒤 효과적이다.	연습 초기에 효과적이다.

(3) 집중연습법(집중법)과 분산연습법(분산법)(연습과 휴식시간에 따른 분류)

연습시간과 휴식시간을 기준으로 실시하는 연습이다. 집중법은 연습시간을 많이 하고 휴식시간을 적게 하는 방법이고, 분산법은 연습중간에 충분한 휴식시간을 배정하는 방법이다.

집중법과 분산법을 선택할 때 학습자 측면에서 고려할 요인은 다음과 같다.

① 집중법(Massed practice)
- ㉮ 복잡한 것일 때
- ㉯ 부분 동작들로 구성된 것일 때
- ㉰ 준비운동을 필요로 하는 것일 때
- ㉱ 처음 경험하는 과제일 때

② 분산법(Distributed practice)
- ㉮ 단순하고 권태를 느끼게 하는 것일 때
- ㉯ 쉽게 피로를 느낄 때
- ㉰ 미숙할 때
- ㉱ 과제를 해낼만한 충분한 능력이 없을 때
- ㉲ 주의가 산만하거나 주의집중력이 약할 때

[집중연습법(집중법)과 분산연습법(분산법)의 비교]

구분	집중연습법(집중법)	분산연습법(분산법)
의미	학습내용을 쉬지 않고 계속해서 반복하는 방법	일정한 휴식시간을 두고 몇 회로 나누어서 학습하는 방법
효과적인 경우	• 자료가 쉽고 짧은 경우 • 학습하기 전에 준비운동 같은 것이 필요할 때 • 의미가 있는 학습(시·산문)이나 길고 곤란한 자료나 문제해결의 학습일 경우 • 과거의 학습효과로 적극적인 전이가 용이한 경우 • 잘 알고 있거나 어느 정도 이해가 되어 있는 학습 자료일 경우 • 학습 자료가 의미 있고 생산적인 경우	• 자료가 길고 어려울 때 • 학습과제가 유의성이 없는 경우 • 학습과제나 작업량이 많을 때 (무의미한 철자, 숫자의 기억 등) • 학습내용이 학습자의 수준에 어려울 때 • 학습의 초기단계일 때 • 학습자의 준비도가 낮고 많은 노력이 필요할 때

③ 분산법이 집중법보다 효과적인 이유
- ㉮ 연습시간 동안에 소모된 에너지를 보충할 수 있는 휴식시간이 있다.
- ㉯ 이 휴식시간을 통해 연습시간의 지루함, 권태감을 없앤다.
- ㉰ 학습자가 더욱 연습에 주의 집중할 수 있게 한다.

(4) 적극적인 태도와 소극적인 태도

어떤 내용을 학습하는데 있어서 단순히 읽는 것에 그치는 경우와 가능한 한 내용을 많이 생각해 내어 능동적으로 복습하는 경우와는 그 효과에 있어서 커다란 차이가 있다. 다시 말하면 학습현장에서 그 학습자가 적극적인 학습태도인지 또는 소극적인 학습태도인지에 따라 학습내용의 이해와 운전기능 숙달측면에서 현저한 차이를 보이게 되는 것이다.

적극적인 태도의 교육생은 항상 모르는 내용에 대해 끊임없이 의문을 가지고 질문을 두려워하지 않고 많은 질문을 하여 가능한 한 많이 배우려고 노력하는 모습을 보인다.

따라서 지도하는 강사는 교육생의 태도를 가능한 빨리 파악하여 적극적인 태도로 교육에 참여토록 동기를 유발하는데 노력을 게을리 해서는 안 될 것이다.

9 학습의 전이(轉移)

일상생활에서 과거의 학습경험이 새로운 습관의 형성이나 지식·기능을 습득하는데 도움이 되어 학습이 용이하게 된다든지 또는 이와는 반대로 과거의 경험이 오히려 새로운 학습에 방해가 되어 더욱 어렵게 되는 경우가 있다. 이와 같이 이전의 학습이 새로운 학습을 촉진하는 경우, 또는 억제·방해하는 경우를 학습의 전이라고 하는데 적극적인 전이와 소극적인 전이의 두 가지 종류가 있다.

(1) 적극적인 전이

이전에 행한 학습이 다음의 학습을 수행하는데 도움을 주는 경우로서, 예를 들면 덧셈학습을 한 것이 다음에 행하는 곱셈학습을 하는데 도움을 준다든지 또는 자전거를 잘 타면 오토바이 운전연습도 쉽다든지 자동차 운전이 가능하면 오토바이 운전도 쉽게 배울 수 있는 경우를 말한다.

(2) 소극적인 전이

이전에 행한 학습이 다음의 학습을 수행하거나 획득하는데 있어서 방해가 되거나 지체하게 하는 경우로, 예를 들면 자동변속기자동차운전에 익숙한 사람이 수동변속기자동차를 운전할 경우 페달조작에 혼란을 가져오는 경우를 말한다.

(3) 학습의 전이조건

① 동일요소에 의한 전이

학습재료 및 방법에 있어서 동일한 요소가 있으면 있을수록 학습전이가 많이 일어난다.

> **해설**
>
> **동일요소에 의한 전이의 예**
> 1. 플로어 시프트(Floor Shift : 승용차와 같이 운전석 옆에 설치되어 있는 기어 레버) 레버조작에 익숙해 있으면 컬럼 시프트(Colum-Shift : 소형화물차와 같이 핸들 바로 아래 옆에 붙어 있는 기어 레버) 레버조작도 쉽게 이해하고 익힌다.
> 2. 덧셈에 익숙하면 곱셈을 쉽게 배운다.
> 3. 한국역사를 공부하면 한국문학을 쉽게 배운다.
> 4. 어떠한 문제해결을 위해 익혀진 탐구력과 주의를 집중시키는 태도는 제2의 문제를 해결하는 조건이 된다.

② 일반화에 의한 전이

　　어떤 내용의 학습원리를 이해하게 되면 그것이 새로운 장면에 적용되어 전이가 일반화된다는 것으로 **어떤 상황에 대한 경험은 다른 상황에서도 적응할 수 있게 된다는 의미이다.** 예를 들면 방향전환코스 운전연습에 숙달되면 좁은 모퉁이 주행 시와 주차 시에도 안전하게 돌아나갈 수 있다.

③ 학습자의 지능에 의한 전이

　　지능이 높을수록 많은 적극적인 전이가 일어나고, 이와는 반대로 지능이 너무 낮으면 오히려 소극적 전이가 일어날 수 있다. 그러나 기능에 있어서는 연습시간은 이러한 격차를 줄일 수 있는 변수로 작용한다.

④ 학습방법에 의한 전이

　　학습하는 방법도 전이를 일으키는 중요한 조건이 된다. 한 실험연구에 의하면 세 집단에게 6가지 종류의 기억검사를 실시한 후 **첫 번째** 그룹에게는 연습을 시키지 않았고, **두 번째** 그룹에게는 평상 시 수업과 같이 지도하였고, **세 번째** 그룹에게는 기억하는 방법에 대하여 여러 가지를 지도한 후 먼저 실시한 동일한 종류의 기억검사를 실시한 결과 마지막 그룹인 세 번째 그룹의 성적이 가장 뛰어났다고 한다.

⑤ 학습태도에 의한 전이

　　학습자의 학습태도 여하에 따라 전이에 영향을 주게 되므로 강사는 처음부터 끝까지 충실한 **교육내용 설명과 연습으로 교육수준을 높여** 교육생으로 하여금 **적극적인 전이가 일어나도록 유도하는 것이 필요하다.** 그 예로서 국어 과목시간에 글자를 깨끗이 쓸 것을 강조하고 이어서 다른 과목시간에도 그렇게 해야 한다는 중요성을 인식시키면 다른 과목까지 전이가 일어나 글자를 깨끗이 쓰게 된다.

⑥ 학습 분량에 의한 전이

　　학습 분량이 전이조건이 된다는 것은 상식적인 문제이다. 한 가지 기능을 충실히 연습했다면 그와 유사한 다른 기능에 있어서도 적극적인 전이가 일어나기 쉬운 것이다. 이와는 반대로 한 가지 기능의 연습정도가 수준 이하라든지 분명치 않은 연습이라면 오히려 소극적인 전이가 일어나 다음 단계의 학습을 방해하기도 한다.

⑦ 두 학습 사이의 시간에 의한 전이

　　학습시간의 길고 짧음도 전이의 조건이 된다. 이것은 학습결과의 기억여부와 관계되는 것으로 너무 오랜 시간의 휴식을 한 후에 다음 단계의 학습을 시키면 전이가 잘 일어나지 않는다. 반대로 연습한 직후에 다음 단계의 학습을 하기보다, 어느 정도 시간이 경과한 후 즉, 적절한 휴식을 취한 후에 하는 것은 오히려 적극적인 전이가 일어난다.

10 기능의 습득

(1) 하나의 기술적인 조작을 이해하고 반복연습을 함으로써 그 기술이 몸에 익혀 비슷한 다른 상황에서도 응용할 수 있기까지의 습득한 기술을 「기능」이라 한다. 자동차운전조작에 관한 기술의 습득도 다양한 상황의 지각(知覺)과 인지(認知), 그에 따른 반응(反應)과 동작(動作)을 잘 융화시킬 수 있도록 반복해서 연습하는 일이 필요하다.

(2) 교육생을 가르치는데 있어서 학습이 진행 중인 경우에는 말(언어)에 의한 가르침이나 시범에 의한 가르침이나 둘 다 효과적이지만 초보단계에서는 말에 의한 가르침은 가능한 한 적게 하고 강사가 간단한 시범을 보이고 교육용자동차 또는 모의운전장치를 이용해서 연습시키는 것이 바람직하다.

(3) 연습이 어느 정도 진행되고 나서는 교육생의 학습능력에 따라 시범 및 말에 의한 가르침(운전조작상의 기술적 전문용어에 의한 설명도 이해할 수 있으므로)을 병행할 수 있기 때문에 시범적 조작에 있어서도 정확히 이해하면서 따라할 수 있게 되므로 어려운 기능도 쉽게 익히게 된다.

(4) 자동차운전교육은 연습을 계속함에 따라 그 기능이 점점 향상되지만 도중에 진도가 멈추는 경우도 종종 일어난다. 이러한 원인은 교육생의 흥미가 감퇴되고 피로가 쌓이기 때문으로 이를 해결하기 위해서는 교육생을 주의 깊게 관찰한 후 원인을 분석하여 교정해 주는 한편 계속 연습을 할 수 있는 동기를 부여하고 학습의욕을 높여주면 좋은 결과를 얻을 수 있게 된다. 이러한 상황을 극복하고 나면 비약적인 발전을 기대할 수 있다.

11 학습지도의 준비

(1) 목표의 설정

전문학원교육의 궁극적인 목표는 안전하고 우수한 운전자 양성에 있다. 따라서 운전자 양성교육에 필요한 교육에 대해서는 교육단계에 따라 합리적이며 계획적인 목표를 설정하여 가르칠 필요가 있다. 따라서 교육은 도로교통법령에서 정한 교육과정표에 따라 그에 맞춰 교육목표를 정하는 것이 바람직하다.

(2) 교안의 작성

교육의 교안은 교과서를 중심으로 하여 작성되어야 한다. 50분의 교육시간이 짧게 느껴지지만 체계적이고 효과적인 교육을 한다면 기대 이상의 충분한 효과를 거둘 수 있는 교육시간이다.

비교적 짧은 교육시간이지만 충분한 내용을 교육하기 위해서는 학습심리의 메커니즘을 기초로 해서 교육항목과 내용을 충분히 음미한 후, 적절한 계획 아래 쓸데없이 시간을 보내는 일이 없도록 배려하여 구성하고 작성하여야 한다. 이러한 점을 고려하여 만든 교안이야말로 교육생에게 신뢰감을 주는 동시에 학습의욕을 불러일으킬 수 있다.

(3) 학습 진행방법의 연구

학습 진행에 있어서 교육생의 학습의욕을 높이고 능률적인 교육이 될 수 있도록 하는 것은 전적으로 강사의 능력에 달려 있다. 그러나 일반적으로 강사의 교육방법을 보면 과거 선배들로부터 배운 내용을 답습하여 자신도 모르게 흉내내는 데 그치는 등 창의성이 결여되어 있는 경우가 많다. 물론 선배들의 교육방법이 잘못되었다고 할 수는 없지만 적어도 교육생이 쉽게 이해하고 강사를 믿고 따르도록 하기 위해서는 이론적으로 뒷받침된 교육방법을 연구하고 개발하는 것이 유능한 강사로서의 자격조건이 됨을 명심하여야 한다.

하트(Hart. F, W)가 1만 명의 고교생을 대상으로 좋아하는 선생님, 유능한 선생님 등의 인간상을 나타내도록 한 조사결과를 보면, 좋아하는 선생님은 밝고 수업에 열성적인 반면 싫어하는 선생님은 잔소리꾼으로 나타나고 있다.

[교육생이 좋아하는 선생님(강사)의 평가]

순위	좋아하는 교사상(좋아하는 선생님)	빈도수
1	공부에 도움이 되는 것을 해 주고, 수업은 분명하게 설명하고 예를 사용한다.	1,950
2	유쾌하고 행복하며 유머감각이 있다.	1,429
3	인간적이고 우호적이며 중립적이어서 우리들 중 한 사람이라는 느낌을 갖게 한다.	1,024
4	학생에 대하여 흥미를 갖고 이해심이 깊다.	937
5	수업을 재미있게 진행하여 공부하고 싶은 의욕을 불러일으키게 한다.	805

순위	싫어하는 교사상(싫어하는 선생님)	빈도수
1	성미가 까다롭고 웃는 일이 없으며 잔소리가 심하고 성격이 급하여 화를 잘 낸다.	1,708
2	공부를 위한 것은 잘해 주지 않고 내용에 대하여 잘 설명해 주지 않는다.	1,025
3	불공평하고 특정한 사람만 좋아하며 누구를 막론하고 지나치게 원망한다.	859
4	엘리트 의식이 강하여 교만하고 학생 개개인에 대한 관심이 없다	775
5	비열하고 이성적이지 못하며 지나치게 엄격하다.	652

순위	좋아하지 않지만 유능한 교사상(유능한 선생님의 인간성)	빈도수
1	강제적이고, 표준적이며, 엄격해 "덕분에 공부했다"라는 느낌을 갖게 한다.	267
2	수업내용이 훌륭하고, 수업에 계획성이 있다.	155
3	수업내용을 너무나 잘 알고 있어 명쾌한 해설로 쉽게 전달한다.	95
4	너무 엄격하여 절대 용서하지 않는다.	85
5	수업을 흥미롭게 진행한다.	46

> **해설**
> 로빙거(J. L. Lobinger)가 제시하는 좋아하는 선생님상
> 1. 자신이 가르치는 교육의 중요성에 대한 확신이 있어야 한다.
> 2. 선생님은 그가 가르치는 이유에 대한 신념이 있어야 한다.
> 3. 좋은 선생님은 그가 가르치는 것이 무엇인지 알며 그 목표와 이상을 알아야 한다.
> 4. 좋은 선생님은 학생들이 원하는 것을 알며 학생들을 보다 더 이해하려고 노력한다.
> 5. 좋은 선생님은 민주적인 태도로 학생들과 동료 같은 친교 속에 들어갈 수 있어야 한다.

(4) 강사의 태도

① 용모와 복장을 단정히 하여 깔끔한 모습을 보여주어야 한다.
② 언행을 조심하고 자세를 바르게 함으로써 강사의 품위를 유지한다.
③ 교육생에게 친밀감과 안정성을 줄 수 있도록 친절과 성의를 보인다.
④ 자유로운 의사표시나 활동을 할 수 있도록 배려하는 자세를 가진다.
⑤ 동작은 세련되고 말은 고상하게 구사하여 교육생에게 인격적 감화를 주도록 한다.
⑥ 시선은 항상 교육생을 관찰하며 이해정도와 잘못된 점을 파악하여 교정하여야 한다.

12 교수방법의 형태

교수 방법의 형태는 다음과 같다.

첫째로 학습활동중심 형태인 독서, 문답, 청취, 보고, 토의, 관찰, 조사, 구성, 실험, 창작, 극화, 실습 등을 통해서 전개되는 방법

둘째로 문제학습, 연습학습, 감상학습, 구안학습 등 **학습의 목적형태**로 전개되는 방법

셋째로 집단학습, 개별학습, 공동학습, 개인학습 등 **학습의 조직형태**로 전개되는 방법

넷째로 자율학습, 지도학습, 타율학습 등 **학습자의 지위형태**로 전개되는 방법 등 학습의 대상, 내용, 목표 등에 따라 달라질 수 있기 때문에 누구에게나 정확하게 들어맞는 정형화된 방법은 없다고 할 수 있다.

(1) 강의법(Lecture method)

전통적인 교육에서 유일한 방법으로 사용되어 왔으며 고대 희랍시대부터 현재에 이르기까지 사용해 오고 있는 가장 기본적인 방법이다. 즉, **강사가 교재·교과서 기타교육내용을 선정하여 계획한 후 그것을 교육생에게 전달하는 방법**이다. 교육생은 이러한 설명을 듣고 필기하고 암기하는 등 강사가 중심이 되며 교육생은 **수동적·피동적인 입장에서 교육을 받게** 된다. 강의식 교수법의 장점과 단점은 다음과 같다.

① 장점(長點)
㉮ 짧은 시간 내에 많은 분량의 지식정보내용을 전달할 수 있다.

㉯ 동시에 많은 사람에게 동일한 내용을 전달할 수 있다.

㉰ 교육준비가 비교적 간편하다.

② 단점(短點)

㉮ 강사의 일방적인 설명에 교육생은 피동적으로 움직일 수 밖에 없다.

㉯ 개인차를 무시한 획일적 교육방법이다.

㉰ 내용전달에 있어 듣는 사람입장에서 받아들이게 되어 종합적인 전달이 힘들다.

㉱ 교육생의 주의를 집중시키기 어렵다.

(2) 면담식 교수법(문답법)

고대로부터 근대에 이르기까지 동서양의 성자나 철인들은 제자들을 가르치는 방법에 있어 바로 **대화법**(Dialogue), **문답법**(Question & Answer method) 또는 **면담법**을 사용하여 왔다. 특히 논리적 사고능력, 진리의 바른 소득, 진리의 실천상 오해, 착각, 편견, 위선 등을 깨우치기 위한 **전통적인 방법**이기도 하였다.

(3) 토의법(Discussion method)

토의법은 공동학습의 한 형태로서 학습의 사회화를 꾀하는 민주적인 방법이다. 토의법은 학습자 자신만으로는 해결할 수 없는 문제에 부딪쳤을 때 서로 의견을 교환하고 집단사고에 의하여 그 문제를 해결하려는 것이다. 그뿐 아니라 그 집단사고과정에서 각자가 자유롭게 의견을 발표하고 너그럽게 타인의 의견을 받아들여 협동적으로 문제를 해결하는 과정에서 **자유와 협동의 정신**을 기르려는 것이다.

(4) 문제해결식 교수법

성인교육과정에서 이론적 지식과 원리 등 단편적 기술만을 습득하기 때문에 실제상황을 접하게 될 때 복잡·미묘한 상황 등 변화하는 문제들을 즉각적으로 해결해 낼 수 없게 되는 문제점이 발생하게 된다. 따라서 이 문제해결 방법은 **이론과 실제를 이어주는 응용력과 사고력, 판단력** 등을 폭넓게 길러주어야 하는 것이다.

(5) 촉진학습법(Accelerated learning method)

촉진학습이란 보통학습이 시도하는 정도를 넘는 학습경험준비를 지도하는데 사용되는 용어이다. 촉진학습은 더욱 빠른 진도로 학습하기 위하여 더 많은 재료를 마련하고 다양한 학습경험 그리고 **통상적 교육**을 위해 요구되는 것보다 한층 고도의 종합적 사고와 추상적 능력을 요구하는 복잡한 학습이다.

따라서 진도가 빠르고 우수한 교육생은 학습이 늦은 보통 교육생보다 훨씬 다양한 능력과 동기형태를 보여줌으로써 학습의 성과를 보다 높이 마련하도록 촉진하는 학습지도방법이다.

(6) 구안법(Project method)

교육생 스스로가 목적하고 계획하여 수행하는 일련의 학습활동을 중심으로 전개되는 학습지도방법의 한 형태를 말한다.

(7) 프로그램학습(Programmed learning)

집단교육의 폐단을 극복하고 특별한 형태로 짜여진 교재에 의하여 학습자료를 제시하고 교육생에게 개별학습을 시켜서 특정한 학습목표까지 무리없이 확실하게 도달시키기 위한 학습 방법이 프로그램학습이다.

학습은 자기 스스로 행함으로써 성립된다는 근본원리에 입각하여 교육생이 주어진 교재와 직접 대결하여 자기 활동을 통해서 학습을 진행시키는 것이다. 그리고 교재는 학생들의 능력에 기초를 두는 동시에 교재의 비약적 발전을 통제함으로써 학습의 계속적 진행을 시도한다.

일반적으로 직능양성과정의 통신교육 교재의 형식이나 각 기업체 및 정부 소속 야간 훈련기관에서 자기계발용 독학교재의 형태로 사용되고 있다. 이 프로그램 학습은 이론적으로나 실제적으로나 교육적 효과가 뛰어난 방법으로 인정되고 있으며 학습효과의 달성이 빠르고 정착력이 강하여 점차 널리 환영을 받고 있다.

(8) 시범실습식 교수법

시범실습식 교수방법은 어떤 기능을 습득시키기 위하여 강사 등이 시범을 보이고 교육생이 모방하여 필요한 기능을 습득시키도록 하는 방법인데, 이로 인하여 기능의 숙달, 표준작업수행 능력의 정착, 즉각적인 활동능력의 정착 등에 효과가 있다.

(9) 협동학습(Cooperative learning)

협동학습은 교육생들 상호간에 경쟁하기보다는 서로 협동하여 학습하도록 하는 방법으로 교육생간 또는 집단간의 편견과 적대감을 감소시키는 학습이다.

(10) 시청각적 방법

시청각적 방법은 좁은 의미로 영화, 슬라이드, VTR, 텔레비전, 빔프로젝터 등을 사용하는 교육방법이지만 좀 더 넓은 의미에서 보면 강의를 듣거나 책을 읽거나 하는 언어적인 학습방법에 대하여 이것을 보충하는 형태로 시청각적 방법을 이용하고 있다.

(11) 팀 티칭(Team teaching)

팀 티칭 교육이란 교사들이 협동해서 지도하는 교수방법으로 그 뜻은 교육생의 개인차를 고려하여 지도함으로써 강사의 능력을 효율적으로 발휘할 수 있어 학교의 시설과 시간을 효과적으로 이용할 수 있는 교육방법이다.

(12) 역할 연기(役割演技 : Role playing)

역할 연기는 소집단(小集團) 수업의 한 형태로 문제 상황의 설정, 교육생들의 역할배정, 다른 역할 연기자와의 상호작용, 연기할 내용에 대한 토의 등으로 구성된다.

역할 연기는 특히 다른 사람의 감정과 태도를 탐색하는 데 유리하고, 또한 정보, 사실, 개념, 원리 및 추론 등의 학습에 유용하다.

13 전문학원의 교육

(1) 전문학원의 특성

① 학습목적의 동일성

교육생의 경우 전문학원에 입학할 때의 목적은 운전면허를 취득하기 위한 지식과 기능을 배우기 위함이지만, 운전면허를 취득한 후의 목적은 다양할 것이다.

따라서 전문학원에서의 교육은 단순히 운전면허를 취득하기 위한 교육뿐만 아니라 운전면허를 취득한 후에도 자동차문화사회의 일원으로서 무거운 사회적 책임이 뒤따르고 있다는 사실을 인식시키고 우수한 운전자가 되기 위해서는 어떻게 해야 하는가 등을 피부로 느낄 수 있도록 엄격하면서도 따뜻한 교육환경을 만들어 양질의 초보운전자 양성이라는 공동목적을 달성할 수 있도록 노력하여야 한다.

② 교육생 개인적 차이

전문학원의 교육생은 연령, 성별, 신체기능, 지능, 성격, 직업, 학력, 자동차에 대한 예비지식 등 다양한 차이가 있기 때문에 일률적인 교육으로 동일한 효과를 올린다는 것은 불가능하다. 때문에 강사는 교육생 개개인이 갖고 있는 다양한 차이를 염두에 두고 조기에 각 개인의 성별, 성격, 지능 등을 파악하여 적절한 교육이 이루어지도록 노력하여야 한다.

③ 교육생의 심리적 특성

전문학원과 교육생과의 관계를 한마디로 표현한다면 운전면허증 취득이다. 예를 들면 가장 저렴한 수강료로 가장 짧은 시간에 단 한 번만에 합격하고자 하는 생각을 가지고 있는 것이다. 얼마나 위험한 생각인가? 이러한 위험한 생각은 자신의 생명이 담보된 운전교육을 완벽하게 배우겠다는 생각이 없다고 볼 수 있다.

그 책임은 우리 사회 모두의 책임이지만 작게는 자동차운전을 가르치는 강사나 전문학원에 있다고 보아진다. 강사는 운전기술에 대한 원리 및 법칙에 대한 고도의 전문지식을 연구하고 그것을 기초로 한 교수능력을 함양하여 교육생에게 신뢰감을 주고 완벽하게 교육을 받아야 겠다는 동기를 부여하고, 전문학원도 교통사고예방과 사회공교육기관으로서의 책임을 가지고 진실된 교육이 되도록 노력하여야 한다.

(2) 집단학습과 개별학습

① 집단학습

집단을 대상으로 한 학습의 대부분은 강의법이지만 이 방법은 교수법으로서 가장 오래 전부터 행해지고 있는 지식전달을 위한 방법으로 효과가 있는지 없는지보다 능률적인 방법의 하나로 볼 수 있고, 목적의식을 가진 성인을 대상으로 한 경우에 적합하다.

㉮ 장점(長點)
- ㉠ 중요한 개념과 지식을 명확하게 전달할 수 있다.
- ㉡ 교육생들의 흥미유발이나 동기부여가 용이하다.
- ㉢ 교육생이 가지는 의문에 대하여 적절한 예측이 가능하다.
- ㉣ 보충자료를 주는 것이 가능하다.

㉯ 단점(短點)
- ㉠ 교육생은 수동적이며 효과적 수강태도를 교육생 스스로 유지하지 않으면 안 된다.
- ㉡ 가르치는 내용 등은 교육생의 이해와는 관계없이 진행되고, 강사의 지식체계에만 의존할 수밖에 없다.
- ㉢ 교육생의 반응이 강사에게 전달되어 다음 단계의 교육내용과 교육방법결정에 반영(FeedBack)되는 일이 거의 없다.

② 개별학습

한 사람이 아닌 다수를 대상으로 하는 학습은 효과적인 학습법이라 말할 수 있지만 능률을 기대할 수 없다. 전문학원의 교육과정 중 기능교육은 개별학습에 의존해야 하는 것이 현실이다.

기능교육에 사용되는 교육교재로서 가장 많이 사용되는 것이 자동차이므로 강사는 교육 도중 발생할 수 있는 사고 및 안전에 대하여 각별히 주의해야 한다.

㉮ 장점(長點)
- ㉠ 교육생은 확실한 목적의식 아래 활동적으로 행동할 수 있다.
- ㉡ 교육생의 이해정도와 학습도달목표의 성취정도를 즉시 파악할 수 있다.
- ㉢ 이해할 수 없는 사항과 조작에 대해서는 시범으로 대신할 수 있다.

㉯ 단점(短點)
- ㉠ 교육생이 강사의 지도능력에 의존할 수밖에 없다.
- ㉡ 교육생이 도달할 수 있는 기능의 관찰이 올바르게 이루어지지 않거나 지도가 타성적이며 자기중심적으로 되기 쉽다.
- ㉢ 강사가 교육생에게 선입관과 편견을 갖게 되어 부적절한 지도가 되기 쉽다.
- ㉣ 수많은 교육생을 교육하는 경우 강사의 피로·권태로 인하여 지도의욕이 감퇴되어 교육생에게 응대태도가 나빠진다.

제1장 적중출제예상문제

【문제 1】 자동차운전 전문학원의 교육목표에 대한 설명이다. 맞지 않는 것은?
 ① 학과교육과 기능교육의 일체화로 현장감 넘치는 교육을 실시한다.
 ② 인성을 변화시켜 안전하고 예절바른 운전자를 배출한다.
 ③ 체계적인 운전교육을 통하여 법규준수가 습관화되도록 한다.
 ④ 운전면허시험의 합격률을 높이는 것을 최고의 교육목표로 한다.

【문제 2】 건전한 교통문화를 정착시키기 위한 전문학원의 바람직한 교육방향인 것은?
 ① 운전기능만을 숙달시킴으로써 곧 사회에 대한 책임을 성취한다.
 ② 학과교육은 학과시험문제 풀이로 하고 운전기능위주로 교육을 실시한다.
 ③ 체계적인 운전교육을 통하여 교통도덕이 몸에 밴 안전한 운전자를 양성하는데에 있다.
 ④ 전문학원도 기업체이므로 공 기능보다 영리를 우선으로 운영한다.

【문제 3】 교통사고 발생요인 가운데 교통사고 발생률이 가장 높은 요인은?
 ① 환경적요인   ② 차량적요인   ③ 인적요인   ④ 도로요인

【문제 4】 전문학원 강사가 갖추고 있어야 할 자세이다. 옳지 못한 것은?
 ① 교육과목 중 필수적인 내용을 기억하고 있어야 한다.
 ② 교육생을 의도대로 끌고 갈 수 있는 강한 권위의식을 가져야 한다.
 ③ 진심에서 우러나는 친절함을 가져야 한다.
 ④ 강사의 중요한 자질 중의 하나인 유머감각을 가져야 한다.

【문제 5】 학습의 의미에 대한 설명이다. 맞는 것은?
 ① 피로나 약물 등으로 일시적으로 변하는 것을 말한다.
 ② 선천적으로 형성되어 있는 행동이 자연적으로 일어나는 변화를 말한다.
 ③ 의식적인 행동이 아니더라도 경험에 의하여 행동이 자연적으로 변해가는 과정을 말한다.
 ④ 신경계통의 성숙으로 자연적으로 일어나는 변화를 말한다.

【문제 6】 학습의 심리학적 의미를 설명한 것이다. 맞지 않는 것은?
 ① 유기체가 동일한 상황을 반복 경험함으로써 환경에 적응하는 형태로 변하는 것이다.
 ② 환경의 변화에 적응하기 위하여 일어나는 행동의 변용을 말한다.
 ③ 현실에 대한 어떤 행동의 변용이라는 결과를 중시한다.
 ④ 학습이란 반드시 의식적인 행동으로 인하여 이루어져야 하는 것을 말한다.

【문제 7】 학습의 교육학적 의미를 설명한 것이다. 잘못된 것은?
 ① 결과적으로 아무런 변화가 없어도 잘되게 하려고 시도해 본 과정을 중시한다.
 ② 심리학적 의미는 결과를 중시하지만 교육학적 의미는 과정을 중시한다.
 ③ 교육학적 의미는 결과를 중시하지만 심리학적 의미는 과정을 중시한다.
 ④ 일반적으로 알지 못하고 하지 못하던 것을 알게 하고 하게 하는 것이 학습이다.

정답 【1】④ 【2】③ 【3】③ 【4】② 【5】③ 【6】④ 【7】③

【문제 8】 학습의 형태를 분류한 것이다. 아닌 것은?
① 연습이 중심이 되는 학습형태
② 관찰과 기억이 주축이 되는 학습형태
③ 사고력을 중심으로 하는 학습형태
④ 신경계통의 성숙으로 자연적인 변용형태

해설 ①, ②, ③ 외에 기억과 연습이 중심이 되는 학습형태가 있다.

【문제 9】 단어, 인명, 지명 등 주로 기억적인 것을 기억하기 위해 복습하고 연습하는 학습형태는?
① 사고력을 중심으로 하는 학습형태
② 기억과 연습이 중심이 되는 학습형태
③ 연습이 중심이 되는 학습형태
④ 관찰과 기억이 중심이 되는 학습형태

【문제 10】 관찰한 결과에 대하여 연구하고 기억하여 새로운 지식을 획득하는 형태는?
① 연습이 중심이 되는 학습형태
② 기억과 연습이 중심이 되는 학습형태
③ 사고력을 중심으로 하는 학습
④ 관찰과 기억이 주축이 되는 학습형태

【문제 11】 기술습득을 위해 기법, 기계의 원리 등을 기억하려고 반복 연습하는 학습형태는?
① 연습이 중심이 되는 학습형태
② 기억과 연습이 중심이 되는 학습형태
③ 사고력을 중심으로 하는 학습형태
④ 관찰과 기억이 중심이 되는 학습형태

【문제 12】 여러 가지 문제를 해결하는데 기억이나 지각 등 사고에 의하여 해결하는 학습형태는?
① 사고력을 중심으로 하는 학습형태
② 기억과 연습이 중심이 되는 학습형태
③ 연습이 중심이 되는 학습형태
④ 관찰과 기억이 중심이 되는 학습형태

【문제 13】 학습형성의 대표적인 이론으로 볼 수 없는 것은?
① 조건반사설 ② 통찰설 ③ 시행착오설 ④ 관찰설

【문제 14】 운전 중 위험상황을 만나게 되면 무의식 중에 급브레이크 페달을 밟게 된다는 학설은?
① 조건반사설 ② 통찰설 ③ 피드백설 ④ 시행착오설

【문제 15】 조건반사설에 대한 설명이다. 틀린 것은?
① 개에게 종소리를 들려주며 먹이 주기를 반복하면 종소리만 들어도 침을 흘리는 현상
② 학습 성립과정을 볼 때 생리적 조건화에서만 조건반사설이 성립
③ 사람이 김장김치나 레몬을 연상하면 입 안에 타액이 분비되는 현상
④ 러시아의 생물학자 파블로프에 의하여 주장된 학습이론

【문제 16】 조건반응의 형성은 한번 주어졌던 자극에 대한 제1의 반응이 다음 주어지는 제2의 반응과 같거나 강하지 않으면 조건반사가 일어나지 않는다는 법칙은?
① 일관성의 원리
② 고전적 조건화의 법칙
③ 계속성의 원리
④ 자동적 조건화 또는 도구적 조건화

정답 【8】④ 【9】② 【10】④ 【11】① 【12】① 【13】④ 【14】① 【15】② 【16】②

제1장 운전교육에 필요한 기본지식

【문제 17】 계속적이고 반복적인 교육에 의하여 의식적인 조작행동이 무의식적인 조작행동으로 숙달되는 과정을 체계적으로 설명한 학설과 관계없는 것은?
① 조건반사설
② 러시아의 생리학자 파블로프의 개에 대한 타액반응 실험
③ 시행착오설
④ 일정한 훈련을 받으면 동일한 반응이나 새로운 행동의 변화를 가져올 수 있다는 학설

【문제 18】 시행착오설의 각종 법칙을 설명한 것이다. 틀린 것은?
① 많은 시행착오 끝에 우연히 성공하면 그 성공을 반복하여 완성시킨다는 이론
② 시행착오설에는 효과의 법칙·준비의 법칙 및 연습의 법칙 등이 있다.
③ 효과의 법칙은 자극과 반응의 결합이 만족하면 강화되고 불만족하면 약화된다는 법칙
④ 연습의 법칙은 자극에 결합된 사용횟수가 많으면 반응이 약하고 사용 않으면 강하다는 법칙

【문제 19】 쥐가 입구에서 출구까지 복잡한 미로를 여러 번의 실패 끝에 빠져 나와 먹이를 먹게 된 뒤부터는 시행착오 없이 쉽게 미로를 빠져나와 먹이를 먹게 된다는 학설은?
① 조건반사설   ② 통찰설   ③ 시행착오설   ④ 관찰설

【문제 20】 문제 상황에 대한 전체적 예상이 성립함으로써 돌연 문제가 해결된다는 학습이론은?
① 통찰설   ② 시행착오설   ③ 관찰설   ④ 조건반사설

【문제 21】 통찰설에 대한 여러 법칙과 관련이 있는 것이다. 아닌 것은?
① 근접성의 법칙   ② 폐쇄의 법칙   ③ 유사성의 법칙   ④ 일관성의 법칙

【문제 22】 시행착오설에 대한 여러 가지 법칙과 관련이 있는 것이다. 다른 것은?
① 폐쇄의 법칙   ② 준비의 법칙   ③ 효과의 법칙   ④ 연습의 법칙

【문제 23】 통찰설 중 어떤 사실을 학습할 때 전체적이나 부분적으로 가깝게 접근하여 있을수록 그만큼 학습이 용이하고 그렇지 못할 때에는 반대현상을 나타내는 법칙은?
① 유사성의 법칙   ② 근접성의 법칙   ③ 폐쇄의 법칙   ④ 계속성의 법칙

【문제 24】 학습과정의 피드백(Feedback)에 관한 설명이다. 틀린 것은?
① 학습자 자신이 학습목표를 설정하고 행동하여 그 목표와의 오차를 평가한다.
② 자기 자신이 피드백정보를 얻고 자신의 힘으로 그 정보를 처리한다.
③ 강사는 학습자에게 진전사항을 알려주지 않아야 더 효과적인 진행이 이루어진다.
④ 전문학원 강사의 가장 중요한 학습방법이라고 할 수 있다.

◎ 해설 학습형성의 대표적 이론과 관련법칙
1. 조건반사설 : 일정한 훈련을 받으면 동일한 반응이나 새로운 행동변화를 가져온다는 이론. 고전적 조건화의 법칙, 일관성의 원리, 계속성의 원리, 자동적·도구적 조건화가 있다.
2. 시행착오설 : 많은 시행착오 끝에 우연히 성공하면 그 성공을 반복 학습하여 완성한다는 이론. 효과의 법칙, 준비의 법칙, 연습의 법칙 등이 있다.
3. 통찰설 : 문제 상황에 대한 전체적 예상이 성립함으로써 돌연 문제가 해결되는 수가 있다는 이론. 유사성의 법칙, 근접성의 법칙, 폐쇄의 법칙, 계속성의 법칙 등이 있다.

정답 【17】③ 【18】④ 【19】③ 【20】① 【21】④ 【22】① 【23】② 【24】③

【문제 25】 학습자의 학습 준비도에 대한 설명으로 맞지 않는 것은?
① 강사는 수업 후에 학습자의 준비도를 파악하여 부족분을 참고해 지도한다.
② 학습준비도란 어떤 학습에 성공하기 위한 조건으로서 학습자의 성숙정도를 의미한다.
③ 학습이 효과적으로 이루어지기 위하여 필요한 학습자의 준비상태를 말한다.
④ 준비도의 결정요인은 성숙, 생활연령, 정신연령, 선행경험정도, 개인차 등이다.

【문제 26】 학습자의 학습준비도의 결정적 요인이다. 아닌 것은?
① 선행경험도   ② 생활연령   ③ 신체상태   ④ 개인차

【문제 27】 기능교육에 있어서「동기부여」에 대한 설명이다. 틀린 것은?
① 동기란 어떠한 자극이 사람의 마음을 움직여 행동을 실행에 옮기도록 하는 것이다.
② 행동을 실행에 옮기도록 이끄는 것을 동기유발 또는 동기부여라 한다.
③ 동기부여에는 외적 동기부여와 내적 동기부여가 있다.
④ 외적 동기부여는 주체적인 호기심, 성취욕, 명예욕 등으로 일어난다.

【문제 28】 기능교육에 있어서 동기의 역할이다. 틀린 것은?
① 동기는 행동을 환기시킨다.   ② 동기는 행동을 강제하게 한다.
③ 동기는 행동을 선택하게 한다.   ④ 동기는 행동의 방향을 제시하고 종결시킨다.

【문제 29】 동기부여와 운전교육에 대한 내용이다. 잘못된 것은?
① 교육생에게 학습의욕을 일으켜 적극적인 학습참여로 교육효과를 거두는 것이다.
② 운전교육에서 기초적인 지식·예절 등 기본적인 학습에 더욱더 동기부여가 필요하다.
③ 동기를 유발할 수 있는 요인은 흥미, 상벌, 칭찬, 질책, 경쟁 등이 있다.
④ 동기유발 요인 중 칭찬보다 잘못에 대한 질책이 바른 지도를 위해 더 효과적이다.

【문제 30】 기능교육에 있어서「동기부여」를 위한 방안이다. 잘못된 것은?
① 적절한 연습목표를 설정하고 목표달성에 따른 포상 등 능동적 참여를 유도한다.
② 바람직한 행동은 보상하고 잘못된 행동은 벌을 준다.
③ 학습결과를 알려주는 등 호기심을 자극하여 연습효과를 향상시킨다.
④ 성공경험을 느끼게 하는 것은 좋으나 경쟁심을 유발하는 것은 무익하다.

【문제 31】 동기부여를 위한「질책」이 효과를 거두기 위하여 유의할 사항이다. 틀린 것은?
① 질책의 효과로 소극적인 전이가 일어나야 한다.
② 강사와 교육생간에 상호 이해하고 인간관계가 좋아야 한다.
③ 교육생이 잘못을 인정하고 각오하는 질책정도 이내이어야 한다.
④ 잘못된 일이 일어난 직후이어야 한다.

【문제 32】 동기부여를 위하여「경쟁심을 이용하는 방법」에 대한 설명이다. 옳은 것은?
① 진도가 늦은 교육생에게 경쟁에서 뒤지고 있다는 생각을 갖도록 한다.
② 진도가 늦은 교육생에게 격려와 관심으로 의욕을 보충해주는 노력을 한다.

정답 【25】① 【26】③ 【27】④ 【28】② 【29】④ 【30】④ 【31】① 【32】②

③ 진도가 늦은 교육생에게 불안감과 초조감을 불러일으킨다.
④ 다른 사람은 나보다 앞서고 있다는 생각을 갖도록 한다.

【문제 33】 동기부여를 위하여 「성공경험을 느끼게 하는 방법」의 설명이다. 가장 적절한 것은?
① 다른 사람은 나와 같거나 더 서툴 것이라는 생각을 갖게 한다.
② 연습결과를 알려줌으로써 호기심을 불러일으켜 연습효과를 높인다.
③ 교육생에게 성취감을 느끼게 하여 다음단계 연습에서 의욕을 높인다.
④ 적정한 연습목표를 설정하고 목표달성에 따른 보상으로 연습효과를 높인다.

【문제 34】 「동기부여」 개념에 대한 설명으로 가장 적절한 것은?
① 동기에 의하여 맹목적으로 행동을 감행하게 하는 것이 동기의 기능이다.
② 어떠한 자극이 사람의 마음을 움직여 행동하도록 이끄는 것을 동기부여라 한다.
③ 외적인 동기부여는 주체적인 호기심, 성취욕 등이 행동하도록 이끄는 것이다.
④ 내적인 동기부여는 어떤 외부의 조건이 행동하도록 이끄는 것이다.

【문제 35】 동기부여를 일으킬 수 있는 주요 요인이다. 아닌 것은?
① 칭찬   ② 흥미   ③ 정신연령   ④ 요구수준

【문제 36】 동기부여로 교육생의 학습효과를 높이기 위한 방안으로 볼 수 없는 것은?
① 상과 벌을 준다.   ② 적절한 연습 목표를 설정토록 한다.
③ 경쟁심을 불러일으킨다.   ④ 학습결과를 알려주지 않는다.

【문제 37】 동기부여로 교육생의 학습의욕을 높이기 위한 방안이다. 아닌 것은?
① 동기부여 방법 중 요구수준을 성공하면 다음 목표에서 높아지고 실패하면 낮아진다.
② 잘못된 조작 행동은 반드시 벌을 주어야 동기부여의 효과가 증대될 수 있다.
③ 성공경험을 느끼게 하면 다음단계에서 연습의욕이 높아진다.
④ 학습결과를 알려주는 것은 학습효과를 높이기 위해 매우 의미 있는 일이다.

【문제 38】 학습의 동기부여에 대한 설명이다. 틀린 것은?
① 학습에 있어서 동기를 일으키면 일으킨 만큼 학습속도가 빨라진다.
② 학습결과를 알려주고 학습하면 학습효과가 훨씬 높아진다.
③ 대체로 동기가 강하면 학습량이 적고 질도 낮아진다.
④ 학습동기가 강하게 유발되면 학습하고자하는 유인 때문에 오류를 적게 범한다.

【문제 39】 개인차에 따른 학습지도방법을 설명한 것이다. 잘못된 것은?
① 동일한 조건에서 학습해도 똑같은 결과를 얻을 수 없는 것은 교육생 개인차 때문이다.
② 교육생 개개인의 능력과 개인차에 따른 적절한 교육이 중요하다.
③ 교육생의 실제 교육진도를 관찰하면서 그 교육생에 맞는 교육을 해야 한다.
④ 교육생에게 자신의 적성(겁이 많다, 운동신경이 둔하다)을 묻는 것은 삼가야 한다.

정답 【33】③ 【34】② 【35】③ 【36】④ 【37】② 【38】③ 【39】④

【문제 40】 기억과 망각과 관련된 용어의 해설이다. 맞지 않는 것은?
① 재인 : 과거에 경험했던 사실을 완전히 잊어버리는 현상
② 망각 : 학습된 행동이 지속되지 않고 소실되는 현상
③ 기명 : 행동이나 경험의 수행이 신경계에 흔적을 남기는 현상
④ 파지 : 과거의 학습행동이 지속되어 현재와 미래의 행동에 영향을 주는 현상

◎해설 학습의 동기부여에 대한 설명의 요점
1. 요구수준이 높으면 : 실패감·초조감·열등감을 품게 되며, 싫은 기분이 든다.
2. 요구수준이 적당하면 : 성취감을 갖고 학습의욕이 높아진다.
3. 학습결과를 알려주고 학습하면 : 학습효과가 훨씬 높아진다.
4. 학습에 있어서 동기를 일으키면 : 동기를 일으킨 만큼 학습속도는 빨라진다.
5. 대체로 동기가 강하면 학습의 내용량이 많고 질이 좋으며, 약할수록 양도 적고 질도 낮다.
6. 학습하려고 하는 동기가 강하게 유발되면 학습하고자 하는 유인 때문에 비교적 오류를 적게 범한다.

【문제 41】 과거에 경험했던 것과 비슷한 상태에 부딪쳤을 때 떠오르는 것의 용어는?
① 파지   ② 재인   ③ 재생   ④ 기명

【문제 42】 기억의 과정 중 행동이나 경험의 수행에서 신경계에 흔적을 형성하는 것의 용어는?
① 파지   ② 기명   ③ 망각   ④ 재인

【문제 43】 망각을 진행시키는 요인이다. 아닌 것은?
① 수면을 취하는 경우   ② 신체적 정신적 충격을 받은 경우
② 순서가 뒤바뀌어 학습한 내용이 비슷한 경우 ④ 학습한대로 연습하지 않고 방치하는 경우

【문제 44】 망각을 진행시키는 요인이다. 맞는 것은?
① 시간   ② 피로   ③ 수면   ④ 운동

【문제 45】 망각을 방지하는 방법을 설명하였다. 맞지 않는 것은?
① 최초의 학습을 가능한 한 완전하게 한다.
② 학습 직후 적절한 계획을 세워 반복해서 연습한다(반복연습).
③ 학습방법을 학습내용과 일치시키지 않는다.
④ 학습내용에 의미 있는 논리적 관계를 설정한다.

【문제 46】 교육심리학자의「파지와 망각에 대한 연구결과」를 설명한 것이다. 틀린 것은?
① 인상적인 내용은 시간의 경과에 관계없이 파지되고 있다.
② 인상적이지 못한 사항은 2일이 지난 후에는 50% 이상 잊어버리고 만다고 한다.
③ 새로운 학습은 전날 가르친 것을 복습하여 잊어버린 50%를 끌어낸 후 해야 한다.
④ 최초의 학습량이 적으면 망각의 속도가 느리고 학습량이 많으면 빨라진다.

【문제 47】 연습방법의 3단계법을 설명한 것이다. 틀린 것은?
① 연습이란 목적에 따른 능력을 향상시키기 위하여 학습을 되풀이하는 과정과 그 효과이다.
② 제1단계는 학습 진행과정에서 하나하나 의식하고 정성을 다하여 연습하는 단계이다.

정답 【40】① 【41】② 【42】② 【43】① 【44】① 【45】③ 【46】④ 【47】④

③ 제2단계는 반복연습함에 따라서 쉽고 신속하고 또한 정확한 행동을 갖추는 단계이다.
④ 제3단계는 전 단계의 연습에서 얻은 것을 종합하여 복습하는 단계이다.

【문제 48】 연습방법 중 전습법과 분습법에 대한 설명이다. 맞지 않는 것은?
① 전습법은 단순한 과제를 전체를 하나로 묶어 학습하는 방법이다.
② 분습법은 단순한 과제를 부분적으로 나누어 학습하는 방법이다.
③ 전습법과 분습법은 학습내용과 과제의 양을 기준으로 분류한 것이다.
④ 분습법에는 순수한 분습법, 점진적 분습법, 반복적 분습법이 있다.

【문제 49】 전습법과 분습법을 선택할 때 교육생 측면에서 고려한 요인이 아닌 것은?
① 전습법은 전체동작을 기억해 낼 수 있는 능력이 있을 때 선택한다.
② 전습법은 기술이 숙달되었을 때 선택한다.
③ 분습법은 초보자일 때와 기억능력에 한계가 있을 때 선택한다.
④ 분습법은 장시간 주의를 집중할 수 있을 때 선택한다.

【문제 50】 교육생 측면에서 전습법을 선택할 때 고려사항이다. 아닌 것은?
① 전체 동작을 기억해 낼 수 있는 능력이 있을 때   ② 장시간 주의를 집중할 수 있을 때
③ 기억능력에 한계가 있을 때   ④ 기술이 숙달되어 있을 때

【문제 51】 교육생 측면에서 분습법을 선택할 때 고려할 사항이다. 아닌 것은?
① 기술이 숙달되어 있을 때   ② 특정한 부분동작 학습에 어려움이 있을 때
③ 초보자일 때   ④ 장시간 주의를 집중할 수 없을 때

【문제 52】 학습내용과 과제의 양을 기준하여 분류한 것으로 맞는 것은?
① 전습법과 분산법   ② 전습법과 분습법   ③ 집중법과 분산법   ④ 집중법과 분습법

【문제 53】 연습시간과 휴식시간을 기준으로 하여 분류한 연습방법이다. 맞는 것은?
① 전습법과 분산법   ② 전습법과 분습법   ③ 집중법과 분산법   ④ 집중법과 분습법

【문제 54】 연습방법 중 분습법의 장점 및 효과에 대한 설명이다. 틀린 것은?
① 길고 복잡한 학습에 적당하다.   ② 학습이 빠르다.
③ 연습 초기에 효과적이다.   ④ 의미가 있는 학습자료에 적당하다.

【문제 55】 분습법 중 학습내용을 1, 2, 3으로 구분 학습한 후 일정한 수준에 도달하면 이를 종합하여 학습하는 방법은?
① 순수한 분습법   ② 점진적 분습법   ③ 반복적 분습법   ④ 집중적 분습법

【문제 56】 분습법 중 학습내용 1, 2를 따로 구분하여 학습한 후 이를 하나로 종합하고 이어서 4를 학습하여 일정수준에 도달하면 1, 2, 4 부분을 전체로 종합하여 학습하는 방법은?
① 순수한 분습법   ② 점진적 분습법   ③ 반복적 분습법   ④ 집중적 분습법

정답 【48】② 【49】④ 【50】③ 【51】① 【52】② 【53】③ 【54】④ 【55】① 【56】②

【문제 57】 분습법 중 처음에는 1부분을 학습하고 다음에는 1과 2 부분을 다음에는 1, 2, 3 부분을 함께 학습하는 방법은?
  ① 집중적 분습법   ② 점진적 분습법   ③ 반복적 분습법   ④ 순수한 분습법

【문제 58】 연습방법 중 전습법의 장점 및 효과에 대한 설명이다. 아닌 것은?
  ① 망각이 적다.   ② 연습 초기에 효과적이다.
  ③ 연습을 많이 한 뒤 효과적이다.   ④ 시간과 노력이 적다.

【문제 59】 집중연습법과 분산연습법에 대한 설명이다. 틀린 것은?
  ① 집중연습법이 분산연습법에 비하여 효과적이다.
  ② 집중연습법은 연습시간을 많이 하고 휴식시간을 적게 하는 연습방법이다.
  ③ 분산연습법은 연습시간을 적게 하고 휴식시간을 많이 하는 연습방법이다.
  ④ 연습시간과 휴식시간을 기준으로 분류한 연습방법이다.

【문제 60】 교육생 측면에서 집중연습법을 선택할 때 고려할 사항이다. 아닌 것은?
  ① 복잡한 것일 때   ② 부분 동작들로 구성된 것일 때
  ③ 준비운동을 필요로 하는 것일 때   ④ 주의가 산만하거나 집중력이 약할 때

【문제 61】 교육생 측면에서 분산연습법을 선택할 때 고려할 사항이 아닌 것은?
  ① 쉽게 피로를 느낄 때   ② 단순하고 권태를 느끼게 하는 것일 때
  ③ 처음 경험하는 과제일 때   ④ 과제를 해낼만한 충분한 능력이 없을 때

【문제 62】 집중연습법의 의미와 효과적인 경우를 설명한 것이다. 아닌 것은?
  ① 학습내용을 쉬지 않고 계속해서 하는 연습방법
  ② 학습하기 전에 준비운동 같은 것이 필요한 때
  ③ 잘 알고 있거나 어느 정도 이해가 되어 있는 학습자료일 경우
  ④ 학습자의 준비도가 낮고 많은 노력이 필요한 때

【문제 63】 분산연습법의 의미와 효과적인 경우를 설명한 것이다. 아닌 것은?
  ① 일정한 휴식시간을 두고 몇 회로 나누어 연습하는 방법이다.
  ② 학습 자료가 의미 있고 생산적인 경우 효과적이다.
  ③ 학습과제나 작업량이 많을 때 효과적이다(무의미한 철자, 숫자의 기억 등).
  ④ 학습내용이 학습자의 수준에 어려울 때 효과적이다.

【문제 64】 분산연습법이 집중연습법보다 효과적인 이유를 설명한 것이다. 맞지 않는 것은?
  ① 연습시간 동안에 소모된 에너지를 보충할 수 있는 휴식시간이 있다.
  ② 휴식시간을 통해 연습시간의 지루함이나 권태감을 없앤다.
  ③ 학습자가 더욱더 연습에 주의를 집중할 수 있게 한다.
  ④ 학습과제가 유익하고 생산적이 된다.

정답 【57】③ 【58】② 【59】① 【60】④ 【61】③ 【62】④ 【63】② 【64】④

【문제 65】 기능교육에 있어서 학습의 전이에 대한 설명으로 적절하지 못한 것은?
① 과거의 학습경험이 새로운 학습을 촉진하거나 억제·방해하는 것을 학습의 전이라 한다.
② 학습의 전이에는 적극적(+) 전이와 소극적(-) 전이의 두 종류가 있다.
③ 적극적(+) 전이는 이전에 행한 학습경험이 새로운 학습에 도움을 주는 경우를 말한다.
④ 소극적(-) 전이는 이전에 행한 학습경험이 새로운 학습을 보완하는 것을 말한다.

【문제 66】 학습의 전이 중 적극적 전이에 대한 설명이다. 틀린 것은?
① 자동차운전이 가능하면 오토바이 운전도 쉽게 배울 수 있는 것이 적극적 전이이다.
② 과거의 학습경험이 새로운 학습을 용이하게 하는 것을 적극적 전이라 한다.
③ 적극적 전이는 이전에 행한 학습이 새로운 학습에 방해가 되어 더욱 어렵게 하는 것이다.
④ 적극적 전이는 자전거를 잘 타면 오토바이 운전연습도 쉬운 경우이다.

【문제 67】 「과거 학습경험이 새로운 학습을 촉진하거나 방해하는 사실」을 무엇이라 하는가?
① 학습전이효과 ② 학습효과 ③ 학습단계효과 ④ 학습내용효과

【문제 68】 학습의 전이조건이다. 틀린 것은?
① 동일요소와 일반화에 의한 전이 ② 학습목표에 의한 전이
③ 학습자의 지능에 의한 전이 ④ 학습방법에 의한 전이
◎ 해설 ①, ③, ④ 외에 학습 태도에 의한 전이, 학습 분량에 의한 전이, 두 학습 사이의 시간에 의한 전이가 있다.

【문제 69】 학습의 전이에 관한 조건으로 올바르지 않은 것은?
① 교육생의 지능이 높을수록 소극적인 전이가 일어난다.
② 어떤 학습원리를 이해하면 그것이 새로운 장면에 적용되어 전이가 일반화된다.
③ 어떤 기능에 연습분량이 많으면 그와 유사한 다른 기능에서 적극적 전이가 일어난다.
④ 동일한 요소가 있으면 있을수록 학습전이가 많이 일어난다.

【문제 70】 학습의 전이 중 동일 요소에 의하여 발생한 전이의 예로써 틀린 것은?
① 덧셈에 익숙하면 곱셈을 쉽게 이해하고 익힌다.
② 곡선코스 운전에 익숙하면 커브길 주행요령도 쉽게 체득한다.
③ 두 학습 간에 공통된 요소가 있으면 반드시 적극적 전이가 일어난다.
④ 승용차의 레버조작이 익숙하면 소형화물차의 레버조작을 쉽게 이해하고 익힌다.

【문제 71】 어떤 학습원리를 이해하면 새로운 장면에 적용되어 적극적 전이가 일어나는 것은?
① 일반화에 의한 전이 ② 학습방법에 의한 전이
③ 학습자의 지능에 의한 전이 ④ 학습태도에 의한 전이

【문제 72】 교육생의 지능이 높으면 적극적 전이가 일어나고 낮으면 소극적 전이가 일어나는 것은?
① 학습방법에 의한 전이 ② 학습태도에 의한 전이
③ 학습자의 지능에 의한 전이 ④ 학습의 분량에 의한 전이

정답 【65】④ 【66】③ 【67】① 【68】② 【69】① 【70】③ 【71】① 【72】③

【문제 73】 어떤 과목에 대하여 글자를 깨끗하게 쓸 것을 강조하고 다른 과목도 그 중요성을 인식시키면 다른 과목까지 깨끗하게 쓰게 되는 전이에 해당하는 것은?
① 학습태도의 전이
② 학습자의 지능에 의한 전이
③ 학습의 분량에 의한 전이
④ 학습방법에 의한 전이

【문제 74】 어떤 기능을 충실히 연습하면 그와 유사한 다른 기능에 적극적 전이가 일어나는 것은?
① 학습자의 지능에 의한 전이
② 학습태도에 의한 전이
③ 학습방법에 의한 전이
④ 학습 분량에 의한 전이

【문제 75】 연습 직후 다음 단계의 연습을 하는 것보다 어느 정도 시간이 경과하거나 적절한 휴식 후에 하면 적극적 전이가 일어나는 것은?
① 학습방법에 의한 전이
② 두 학습 사이의 시간에 의한 전이
③ 학습자의 지능에 의한 전이
④ 학습태도에 의한 전이

【문제 76】 교육생에게 기능을 습득하게 하는 방법이다. 아닌 것은?
① 기능은 어떤 기술의 반복연습으로 몸에 익혀 유사 상황에 응용할 수 있는 기술이다.
② 초보단계에서는 강사가 설명으로 가르친 다음 연습시키는 것이 바람직하다.
③ 연습함에 따라 기능이 향상하나 도중에 진도가 멈추면 동기를 부여해야 한다.
④ 동기부여로 진도가 멈추는 상황을 극복하면 비약적인 발전을 기대할 수 있다.

【문제 77】 교육생에게 학습결과를 알려줌으로써 학습효과에 미치는 영향으로 가장 효과적인 것은?
① 결과를 알려주지 않고 방치하는 경우
② 학습할 때마다 결과를 계속 알려주고 잘못된 부분을 찾아 질책하는 경우
③ 필요한 때만 알려주는 경우
④ 학습할 때마다 결과를 계속 알려주고 잘한 점을 칭찬하는 경우

【문제 78】 학습지도의 준비사항이다. 아닌 것은?
① 목표의 설정
② 교안의 작성
③ 교육생의 요구수준의 확인
④ 학습 진행방법의 연구

【문제 79】 교육생이 좋아하는 강사의 인상이다. 좋지 않은 것은?
① 유쾌하며 행복하고 유머감각이 있다.
② 교육생에 대하여 흥미를 갖고 이해심이 깊다.
③ 수업을 재미있게 진행하여 공부하고 싶은 의욕을 불러일으킨다.
④ 강제적이며 표준적이고 엄격하다.

정답 【73】① 【74】④ 【75】② 【76】② 【77】④ 【78】③ 【79】④

【문제 80】 교육생이 싫어하는 강사의 인상이다. 아닌 것은?
① 성미가 까다롭고 웃는 일이 없으며 잔소리가 심하다.
② 불공평하고 특정한 사람만 좋아하고 누구를 막론하고 지나치게 원망한다.
③ 엘리트 의식이 강하여 교만하고 교육생 개개인에 대한 관심이 없다.
④ 강제적이고 표준적이며 너무 엄격하다.
　해설　강제적이고 표준적이며 너무 엄격한 것은 유능한 교사상이다.

【문제 81】 강사의 바람직한 태도를 설명한 것이다. 맞지 않는 것은?
① 용모와 복장을 단정히 하여 깔끔한 모습을 보여주어야 한다.
② 교육생에게 친밀감과 안정성을 줄 수 있도록 친절과 성의를 보인다.
③ 동작은 세련되고 말은 고상하게 구사하여 권위의식을 가져야한다.
④ 언행을 조심하고 자세를 바르게 함으로써 강사의 품위를 유지한다.

【문제 82】 교수방법의 형태 중 강의법에 대한 설명이다. 아닌 것은?
① 공동학습의 한 형태로 학습의 사회화를 꾀하는 민주적인 방식이다.
② 고대 희랍시대부터 현재까지 사용해온 가장 기본적인 방법이다.
③ 교육생은 설명을 듣고 필기하고 암기하는 등 강사 중심의 교육방법이다.
④ 강사가 교육내용을 선정하여 그것을 전달하는 방법이다.

【문제 83】 교수방법의 형태 중 강의법의 장점에 대한 설명이다. 단점인 것은?
① 교육준비가 비교적 간편하다.
② 강사의 일방적인 설명에 교육생은 능동적으로 움직일 수 없다.
③ 동시에 많은 사람에게 동일한 내용을 전달할 수 있다.
④ 짧은 시간 내에 많은 분량의 지식 정보내용을 전달할 수 있다.

【문제 84】 빠른 진도로 학습하기 위하여 더 많은 재료를 마련하고 다양한 학습경험과 한층 고도의 종합적 사고와 능력을 요구하는 학습방법은?
① 프로그램　　　　　　　　　② 토의법
③ 촉진학습법　　　　　　　　④ 강의법

【문제 85】 교수학습의 형태에서 서로 의견을 교환(자유로운 토론)하고 집단의 사고에 의하여 문제를 해결하려는 학습방법은?
① 프로그램 학습　　　　　　　② 토의법
③ 강의법　　　　　　　　　　④ 촉진학습법

【문제 86】 교수법에서 이론과 실제를 이어주는 응용력, 사고력 및 판단력 등을 폭넓게 길러주는 학습방법은?
① 문제해결식 교수법　　　　　② 촉진학습법
③ 강의법　　　　　　　　　　④ 프로그램 학습

정답　【80】 ④　【81】 ③　【82】 ①　【83】 ②　【84】 ③　【85】 ②　【86】 ①

【문제 87】 특별한 형태로 짜여진 교재에 의하여 학습자료를 제시하고 개별학습을 시켜 특정한 학습목표까지 무리없이 확실하게 도달시키기 위한 학습방법은?
① 토의법   ② 프로그램 학습   ③ 촉진학습법   ④ 강의법

【문제 88】 전문학원 교육의 특성에 대한 설명이다. 아닌 것은?
① 학습목적의 동일성   ② 교육생의 개인적 차이
③ 강사 자질의 동일성   ④ 교육생의 심리적 특성

【문제 89】 전문학원 교육의 특성을 설명한 것이다. 옳지 못한 것은?
① 교육생의 심리는 짧은 기간 안에 교육받고 빨리 면허를 따려는 위험한 생각이다.
② 교육생이 전문학원에 입학하는 목적은 운전면허취득으로 동일하다.
③ 모든 교육생은 운전면허를 취득한 후에도 그 목적은 동일한 것이다.
④ 전문학원 교육생은 연령, 성별, 지능, 성격, 학력 등 다양한 차이가 있다.

【문제 90】 전문학원의 집단학습과 개별학습에 대한 설명이다. 틀린 것은?
① 집단학습은 집단을 대상으로 하는 강의법으로 가장 오래된 지식전달방법이다.
② 집단학습은 목적의식을 가진 성인을 대상으로 하는 경우에 적합하다.
③ 개별교육은 개별로 교육하는 방식으로 전문학원 기능교육은 개별학습에 의존한다.
④ 개별교육은 교육생이 수동적이며 효과적 태도는 교육생 스스로 유지해야 한다.

【문제 91】 전문학원 집단학습의 장점에 대한 내용이다. 아닌 것은?
① 중요한 개념과 지식을 분명하게 전달할 수 있다.
② 보충자료를 주는 것이 가능하다.
③ 교육생의 흥미유발이나 동기부여가 용이하다.
④ 교육생의 이해정도와 학습도달목표 성취정도를 즉시 파악할 수 있다.

【문제 92】 전문학원 집단학습의 단점이다. 장점인 것은?
① 교육생은 수동적이며, 효과적 수강태도를 교육생 스스로 유지하지 않으면 안 된다.
② 교육생이 가지는 의문에 대하여 적절한 예측이 가능하다.
③ 교육생의 반응이 다음 단계의 교육내용과 방법 결정에 반영되는 일이 거의 없다.
④ 교육내용은 교육생의 이해와는 관계없이 진행되고 강사의 지식체계에만 의존하고 있다.

【문제 93】 전문학원 개별학습의 장점이다. 아닌 것은?
① 교육생은 확실한 목적의식 아래 활동적으로 행동할 수 있다.
② 교육생의 이해정도와 학습도달목표의 성취정도를 즉시 파악할 수 있다.
③ 교육생의 흥미유발이나 동기부여가 용이하다.
④ 이해할 수 없는 사항과 조작에 대해서는 시범으로 대신할 수 있다.
해설 교육생의 흥미유발이나 동기부여가 용이한 것은 집단학습의 장점이다.

정답 【87】② 【88】③ 【89】③ 【90】④ 【91】④ 【92】② 【93】③

【문제 94】 전문학원 개별학습의 단점이다. 장점인 것은?
① 교육생이 강사의 지도능력에 의존할 수밖에 없다.
② 교육생에 대한 선입관과 편견을 갖게 되어 부적절한 지도가 되기 쉽다.
③ 수많은 교육생의 지도로 인한 피로 · 권태로 교육생에 대한 응대태도가 나빠질 수 있다.
④ 교육생은 확실한 목적 의식 아래 활동적으로 행동할 수 있다.

【문제 95】 로빙거(J. H. Lobinger)가 제시하는 좋아하는 선생님 상이다. 잘못된 것은?
① 강제적이며 표준적이며 엄격하여 잘못을 용서하지 않는다.
② 좋은 선생님은 자신이 가르치는 것이 무엇인지 알며 그 목표와 이상을 알아야 한다.
③ 좋은 선생님은 학생들이 원하는 것을 알며 학생들을 보다 더 이해하려고 노력한다.
④ 좋은 선생님은 민주적인 태도로 학생들과 동료 같은 친교 속에 들어갈 수 있어야 한다.

【문제 96】 조건반사설을 주장한 러시아의 생리학자는 누구인가?
① 손다이크(Thorndike)
② 파블로프(Pavlov)
③ 퀼러(Kohler)
④ 코프카(Koffka)

> **해설** 학습형성의 이론 등과 주장한 학자
> 1. 손다이크 : 고양이의 문 여는 실험과 쥐의 미로실험을 통해 많은 시행착오 끝에 우연히 성공하면 그 성공을 반복하여 불필요한 동작이 없어지고 효과적인 동작이 완성된다는 「시행착오설」을 주장
> 2. 파블로프 : 개에게 먹이를 줄 때마다 종소리를 들려주면 개는 종소리만 들리면 먹이를 주지 안 해도 타액이 분비된다는 현상을 조건반사라 하며, 이 실험을 통하여 일정한 훈련을 받으면 동일한 반응이나 새로운 행동의 변화를 가져올 수 있다는 학습이론인 「조건반사설」을 주장
> 3. 퀼러 : 문제상황에 대한 전체적 예상이 성립함으로써 「아! 알았다.」고 하듯이 돌연 문제가 해결되는 수가 있는데 이렇게 학습이 성립된다는 「통찰설」을 주장
> 4. 코프카 : 지각하는 내용을 기명 시에 과거 경험으로 형성된 파지내용과 관련하여 인지구조 내의 재체제화가 이루어지므로 재생할 때 변동되어 나타난다는 「기억흔적의 변용」을 주장

【문제 97】 고양이의 문 여는 시험과 쥐의 미로실험을 통해 많은 시행착오 끝에 우연히 성공하면 그 성공을 반복하여 불필요한 동작이 없어지고 효과적인 동작이 완성된다는 「시행착오설」을 주장한 학자는?
① 손다이크(Thorndike)
② 파블로프(Pavlov)
③ 퀼러(Kohler)
④ 코프카(Koffka)

【문제 98】 문제상황에 대한 전체적인 예상이 성립함으로써 「아! 알았다.」고 하듯이 돌연 문제가 해결되는 수가 있는데 이렇게 학습이 성립된다는 「통찰설」을 주장한 학자는?
① 손다이크(Thorndike)
② 파블로프(Pavlov)
③ 퀼러(Kohler)
④ 코프카(Koffka)

【문제 99】 지각하는 내용을 기명 시에 과거 경험으로 형성된 파지내용과 관련하여 인지구조 내의 재체재화가 이루어지므로 재생할 때 변동되어 나타난다는 「기억흔적의 변용」을 주장한 학자는?
① 손다이크(Thorndike)
② 파블로프(Pavlov)
③ 퀼러(Kohler)
④ 코프카(Koffka)

정답 【94】④ 【95】① 【96】② 【97】① 【98】③ 【99】④

제2장 자동차운전기법과 안전운전지식

제1절 자동차운전기법

1 자동차운전의 본질과 운전이론

　　자동차의 운전이란 단순히 자동차를 움직이는 것이 아니라 도로상에서 안전하고 원활하게 주행하는 것이다.

　　자동차운전은 운전자가 자동차의 운전장치를 조작하여 도로상을 운행하는 것이기 때문에 운전자, 자동차, 도로 가운데 어느 하나라도 결함이 있으면 안전운전을 할 수가 없게 된다.

　　그러나 최종적으로는 운전자가 자신의 의지에 따라 운전행동을 하는 것이기 때문에 운전자는 자기 자신의 일은 물론 자동차와 도로 등 운전에 관한 본질적인 사항을 충분히 이해하고 운전할 필요가 있다.

(1) 운전은 「인지 · 판단 · 조작」 과정을 통해 이루어진다.

① 「인지」는 운전을 위한 정보를 눈으로 보고 입수하는 과정이며 그 정보의 대부분은 시각에 의해 얻어지고 있다. 정보의 입수는 관찰을 통해 전방은 물론 후방이나 측방 등 넓은 범위에서 이루어져야 한다. 전방시야의 확보와 후사경(back mirror)에 의한 후방시야의 확보가 필요한 것은 이들을 통해 정보의 입수가 용이하게 이루어질 수 있도록 하기 때문이다.

② 「판단」은 입수한 정보를 이미 기억하고 있는 지식(경험했거나, 배웠거나, 보았거나, 들은 지식)과 연결시켜 다음 행동을 결정하는 중요한 과정이다.

③ 「조작」은 판단(때로는 예측)에 의해 결정된 행동을 실제로 운전장치를 조작하여 자동차를 움직이는 과정이다. 운전행동의 기본은 올바른 순서로 확실하게 하는 것이며 그것은 연습의 반복에 의하여 형성되는 것이다. 따라서 행동을 하기 전에 행동을 예고(신호)하는 일이 사고방지에 중요한 것이다.

(2) 운전 중의 자동차는 자연의 법칙과 물리적인 힘에 지배를 받는다.

① 이동하고 있는 물체는 원심력, 관성 등 기타 물리적 힘의 영향을 받게 된다. 운전자는 자동차의 구조와 성능은 물론 이러한 자연의 법칙을 잘 이해하고 있어야 그 법칙에 맞추어 안전운전을 할 수 있다.

② 운전이론이란 운전에 필요한 사항에 대한 이론적인 근거를 말하지만 여기에서는 자동차의

기본적인 움직임인 「자동차를 달리게 하는 것」「자동차의 방향을 바꾸는 것」「자동차를 멈추게 하는 것」에 대하여 강사로서 반드시 알고 있어야 하는 필요한 지식을 설명하고자 한다.

2 자동차운전에 필요한 기초지식

(1) 자동차와 운전의 법칙

① 정지하고 있는 자동차는 그대로 정지상태를 계속 유지하려하고, 주행하고 있는 자동차는 그대로 속도를 유지하려고 하는 성질을 갖고 있다. 이 성질을 관성력이라고 하며 자동차의 가속 또는 제동 시에 「저항」으로 작용한다.

② 주행 중의 자동차는 그 중량에 비례하고 속도의 제곱에 비례하는 운동에너지를 갖고 있고, 이 에너지가 자동차를 멈추기 어렵게 하거나, 커브에서 원심력으로 작용하거나 충돌 시에 파괴력이 되어 나타나기도 한다.

③ 주행 중 차에 걸리는 힘은 이론적으로 차의 중심에 걸린다고 생각할 수 있는데, 그 중심은 정지 시에는 일정한 점으로 설정할 수 있다. 그러나 자동차가 가속 시나 감속 시 또는 회전 시에는 각각 그 중심이 이동하기 때문에 구체적으로 어느 위치라고 특정하기는 곤란하다. 자동차의 중심은 일반적으로 가속 시에는 차체 뒷부분으로, 감속 시에는 차체 앞부분으로, 이동하는 것으로 생각하여도 된다.

④ 자동차 현가장치(Suspension)의 상태에 따라 평탄하지 않은 도로에서는 진동이나 흔들림을 일으켜 핸들조작에 영향을 미친다는 사실을 알아둘 필요가 있다.

(2) 자동차 핸들의 조작

자동차의 핸들은 차의 직진성을 유지하는 동시에 자동차의 방향을 바꾸는 중요한 장치이다. 올바른 방향조종을 위해서는 차바퀴(타이어)를 포함한 조향장치의 기능과 특성을 이해하고 있어야 한다.

① 조향은 앞바퀴가 회전하고 있을 때 유효하게 행하여진다.

자동차의 조향은 앞바퀴의 방향을 바꿈에 따라 행하여지는데 이것은 앞바퀴가 노면과의 사이에서 미끄러지지 않게 하고 구르게 됨에 따라 유효하게 되는 것이다. 브레이크 조작 등에 의하여 차륜의 회전이 멈추었을 때에는 마음대로 조향할 수 없다는 사실을 인식시킬 필요가 있다.

② 핸들의 조작각도와 앞바퀴의 조타각도는 상당히 다르다.

㉮ 핸들의 회전은 스티어링(steering) 기어 등의 조향장치에 의해 감속되어 앞바퀴로 전달되면서 그 방향을 바꾼다. 감속의 비율은 차종에 따라 다르다. 일반적으로 중량이 많은 대형차일수록 크게 되어 있다.

㉯ 앞바퀴가 좌·우로 완전히 방향을 바꾸는 각도는 66도이며, 핸들을 5회전시켜야 한다. 굴절코스의 주행에서는 이 조작만을 짧은 모퉁이에서 해야 하므로 핸들조작은 신속하게

하고 속도는 충분히 줄일 필요가 있다.
③ 자동차 회전 중에는 원심력이 작용한다.
㉮ 회전 중인 자동차에는 속도의 제곱에 비례하여 회전반경에 반비례하는 원심력이 작용한다. 자동차가 커브를 안전하게 통과할 수 있는 것은 원심력에 상응하는 구심력이 작용하기 때문에 일반적으로 타이어와 노면간의 마찰력이 이 작용을 하고 있다.
㉯ 이것을 각 차륜에서 보면 앞바퀴의 회전방향은 자동차의 진행방향에 대하여 일정한 각도를 갖고 있으므로 타이어는 옆으로 미끄러지는 동시에 이것이 옆 방향의 마찰력(cornering force)을 발생시켜 원심력에 대항하는 동시에 복원력을 작용시키게 된다.
㉰ 마찰력은 타이어의 구조나 캠버각(camber角) 등에 의하여 다르다. 원심력이 강하고 마찰력이 약하면 차는 옆으로 미끄러지며, 원심력도 강하고 마찰력도 강하면 전복하는 원인이 된다.
④ 고속회전하면 회전중심이나 회전반경이 저속회전 시와 다르다.
저속회전 시의 각 차륜은 뒤차축의 연장선상의 한 점을 중심으로 동심원을 그리고 돌지만 고속회전 시에는 각 차륜이 미끄러져 회전의 중심과 회전반경이 바뀐다. 이 움직임은 극히 복잡다양하게 결정된다.

> **해설**
>
> **오버스티어(Over steer)와 언더 스티어(Under steer)**
> 1. **오버 스티어** : 자동차가 회전 시 옆으로 미끄러짐이 뒷바퀴에 강하게 일어나면 차는 정상적인 진로보다 회전반경이 작아지는 현상을 말한다.
> 2. **언더 스티어** : 자동차가 옆으로 미끄러지는 것이 앞바퀴에 강하게 일어나면 차는 정상적인 진로보다 회전반경이 커지게 되는 현상을 말한다.
> ※ 이러한 현상은 중심위치, 축거와 윤거와의 관계 등 차량의 기본구조에서 기인하는 것 외에도 타이어의 공기압, 노면마찰계수 등의 영향을 받는 것이지만 최근의 승용차에서는 회전 시의 조향조작을 고려하여 약간 「언더 스티어」로 설계된 것이 많다.

3 자동차의 속도제어

(1) 가속과 가속체인지(Change)

① 최근의 자동차는 가속능력과 최고속도가 극히 높아 성능적으로 충분히 교통현상에 대응할 수 있는 능력을 갖고 있다. 기능교육에 있어서는 도로상에서 다른 교통의 정상적인 흐름을 방해하지 않을 수 있을 만큼의 능력을 익히지 않으면 안 된다.
② 변속체인지는 주행 상 필요한 토크(Torque ; 회전력)를 선택하는 조작으로 본질적으로는 속도조절을 위한 조작은 아니지만 실질적으로 속도제어를 하기 때문에 동시에 생각해 볼 수 있다.

③ 변속체인지의 시기는 그 목적으로 봐서 가속 시와 감속 시와는 다른 것이며, 또한 가속 시에도 엔진의 출력, 노면의 상황, 비탈의 유무 및 가속의 정도에 따라 달라진다. 급속히 가속하려고 할 경우에는 저속기어로도 충분히 가속할 수 있음을 알 수 있다. 즉, 급가속의 경우에는 가속저항이 크기 때문에 엔진의 토크가 최대의 상태에서 행하지 않으면 안 된다.

④ 중형승용차엔진의 최대토크는 3,500RPM(매분 회전수)정도로 되어 있는데, 실험에 의하면 최고속도 40km/h의 평탄한 도로에서는 통상의 가속으로 1,800RPM 정도, 최고속도 50km/h 도로에서는 2,000RPM~2,500RPM 정도로 운행하는 사람이 많았다.

⑤ 한편 숙련운전사 사이에서도 상당한 개인차를 볼 수 있다. 따라서 변속기의 교육은 속도 또는 거리에 따라 선택적으로 하는 것보다는 강사의 경험에 의하여 지도하는 편이 효과가 있을 것으로 생각된다. 그렇지만 교육장 내의 코스에서는 지도의 특성 때문에 일반적으로 조기에 가속체인지하도록 지시받고 있는데 이것은 사후 가속의 여유를 잃게 하는 것이 되어 충분한 설명을 필요로 한다.

(2) 감속과 제동

주행 중인 자동차는 속도의 제곱에 비례하는 운동에너지를 갖고 있으며 인간의 판단과 조작과의 관계에서 차를 멈추는 일은 가장 어려운 조작이 된다.

① 차는 급히 멈추지 않는다.

전방에 장애물을 발견하고 차가 정지하기까지 다음과 같은 과정을 거치게 된다.

공주거리	제동거리	정지거리
• 장애물을 발견하고 정지를 결정 • 엑셀레이터 페달에서 발을 뗀다. • 브레이크 페달에 발을 올린다. • 이 사이에 달린 거리 : 공주거리 • 소요시간(0.65초) : 공주시간	• 브레이크 페달을 밟아 브레이크가 듣기 시작한다. • 차가 정지한다. • 이 사이에 달린 거리 : 제동거리 • 소요시간(0.1초) : 제동시간	• 공주거리와 제동거리를 합한 거리 : 정지거리 • 공주 거리와 제동 거리에 소요시간(0.75초) : 정지시간

※ 공주거리는 속도에 비례하고, 제동거리는 속도의 제곱에 비례하며 노면과 마찰계수에 반비례한다.

② 강하게 브레이크를 밟아도 짧은 거리에서 멈추지 않는다.

㉮ 급정지하려고 힘껏 브레이크를 밟고 차바퀴가 잠기게(lock)하면 가장 단거리에서 정지할 것이라는 생각은 잘못이다. 바퀴가 잠겨서 타이어와 노면 간에 활주(skid)를 시작하면 마찰력이 급격히 감소(정마찰에서 동마찰로 변화)하지만 제동거리는 오히려 길어진다.

㉯ 가장 짧은 거리에 정지시키기 위해서는 브레이크 페달을 밟고 차륜의 회전이 멈추기 직전에 한번 페달을 늦추어 다시 페달을 밟는 조작을 2~3회 빠르게 하는 방법이 좋다고 한다. 그러나 이와 같은 제동은 고도의 기능을 필요로 하고 또한 급제동으로 인한 안정을 잃을 우려가 있으므로 미리 도로교통에 대한 상황판단을 정확하게 하여 가능한 한

급제동을 하지 않는 운전을 하도록 지도할 필요가 있다.
㉳ 엔진 브레이크의 직접적인 효과는 내리막에서 **페이드(Fade)와 베이퍼 록(Vaperlock) 현상의 방지 및 제동효과를 높이는데** 있지만 그 외에 엔진 브레이크를 작동시키는 동안을 「판단」 하는 시간으로 활용하는 습관을 기르도록 함으로써 운전에 여유를 생기게 하는 효과가 있다.

> **해설**
>
> **페이드(Fade)와 베이퍼 록(Vaper lock)현상**
> 1. **페이드 현상** : 내리막길에서 짧은 시간 안에 풋 브레이크를 너무 많이 사용하면 마찰열이 브레이크 라이닝의 재질을 변화시켜 마찰계수가 떨어지면서 브레이크가 밀리거나 듣지 않는 현상을 말한다.
> 2. **베이퍼 록 현상** : 긴 내리막길에서 풋 브레이크를 너무 자주 사용하면 브레이크의 드럼과 라이닝이 과열되어 휠 실린더 등의 브레이크 오일 속에 기포가 생기게 되면서 브레이크 페달을 밟아도 유압이 전달되지 않아 브레이크가 작동되지 않는 현상을 말한다.

③ 커브의 통과는 슬로우 인(slow in)이 가장 중요하다.
㉮ 일반적으로 커브 길을 통과할 때는 커브에 가까운 직선부분에서 충분히 감속하고 코너링(conering ; 회전) 중에는 액셀레이터 페달을 가볍게 밟아 차륜으로 동력을 조금 전하면서(파워온 상태) 커브 내에서는 안전속도를 유지하고 커브를 돌아갈 때에는 전방의 안전을 계속 확인하면서 가속하여 민첩하게 통과하는 **슬로우 인→패스트 아웃(slow in→ fast out)**주행이 안전한 방법으로 알려져 있다.

> **해설**
>
> **파워 온(Power on)과 파워 오프(Power off)**
> 1. **파워 온** : 코너링(회전) 중에 액셀레이터 페달을 가볍게 밟아 차륜으로 동력을 조금 전하는 상태
> 2. **파워 오프** : 코너링(회전) 중에 파워 온과 반대로 액셀레이터 페달에서 발을 뗀 상태

㉯ 커브길을 파워 온(Power on)의 상태에서 통과하려면 커브길 앞에서 속도를 충분히 떨어뜨리는 것을 전제로 한다. 반대로 커브에 들어섰을 때의 속도가 너무 빠르면 발이 가속페달에서 떨어져 브레이크를 밟게 되며, 이 경우에는 원심력의 영향을 받거나 브레이크를 강하게 밟으면 미끄러지거나(slip) 회전(spin)을 일으키기 쉬워 매우 위험하다.
㉰ 한편 커브에서의 속도변화와 회전반경의 관계에 있어서 전륜자동차와 후륜자동차는 차이가 있다. **후륜자동차(FR)**는 커브에서 가속하면 **회전반경이 작아지고 전륜자동차(FF)**는 회전반경이 크게 되는(전륜이 외측으로 밀려나가는)경향이 있으므로 주의할 필요가 있다.

제2절 안전운전지식

1 자동차의 여러 가지 운동

(1) 바운싱(Bouncing : 상·하진동)

차체가 일정방향으로 향한 상태에서 상하 방향으로 움직이는 운동으로서 비교적 고속으로 주행하고 있는 경우 노면이 갑자기 높게 되어 있거나 낮게 되어있을 때 생긴다.

(2) 피칭(Piching : 앞·뒤진동)

차체의 앞부분이 상하로 움직이는 진동으로서 급제동을 걸었을 때 생기는데 계속되지 않고 곧 없어지게 된다.

(3) 롤링(Rolling : 좌·우진동)

차체가 좌우로 경사져서 흔들리는 것으로써 동요하는 중심축은 일반적인 무게 중심보다 아래에 있게 된다. 이 축을 롤축(Roll axis)이라 하고, 차체가 기울어지는 각을 롤각(Roll angle)이라 한다.

(4) 요잉(Yawing : 차체후부진동)

차체가 상하축의 둘레로 흔들리는 것으로써 조향핸들을 급히 조작할 경우, 그리고 레일 위나 미끄럼이 생기기 쉬운 노면을 달릴 때 생기기 쉽다.

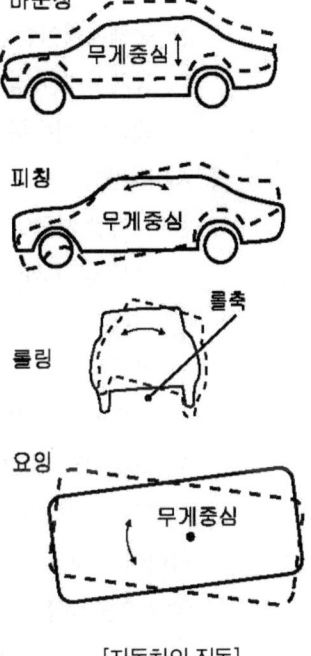

[자동차의 진동]

2 자동차운전에 필요한 감각

운전 중 위험한 상태를 인지하는 것은 주로 시각(시야, 시력, 색채), 청각에 의한 것이지만 운전자의 심신상태가 시청각에 많은 영향을 준다. 운전자의 시청각을 통해 들어오는 정보를 인지해서 위험한 상태임을 인식하는 것이 가장 중요하다. 정보를 등한시하고 지나쳤을 때에는 인지는 무의미해지고 무의미한 인지는 교통사고를 피할 수 없게 되어 결과는 교통사고로 이어진다.

(1) 위험의 인지

「인지」란 운전 중에 끊임없이 변화하는 **도로교통** 환경이 주로 시각 및 청각에 의하여 얻어지는 단계를 말하지만, 실제로 발생한 사고의 약 60%가 위험을 인지하지 않았든지, 인지가 늦었다고 하는 극히 초보적인 단계에서의 실수가 원인이다. 인지하는데 가장 관계가 있는 인간의 기능은 시각능력이다. 이 가운데 가장 중요한 것이 시력이고 이외 시야, 색의 지각, 순응, 현혹이라는 눈의 기능 및 현상이 운전에 영향을 끼치고 있다.
① 시력(視力)

물체를 확실히 볼 수 있는 것은 주시점 부근의 극히 좁은 범위로 그 부분 이외의 것은 잘 보이지 않기 때문에 운전 중에는 한 곳을 오래 집중 주시하지 말고 전방을 넓게 전체를 고루 살펴보아야 한다.

② 동체 시력(動體視力)
- ㉮ 동체시력이란 움직이는 물체를 보거나 자신이 움직이면서 물체를 보는 것을 말한다.
- ㉯ 동체시력은 정지하고 있을 때의 시력에 비해 많이 떨어지며, **속도가 빠를수록 시력이 감퇴**(고속일수록 동체시력이 떨어진다)되어 그만큼 위험상황의 발견이 늦어지게 된다.

③ 시야(視野)
- ㉮ 시야란 사람이 눈의 위치를 바꾸지 않고 멀리 바라볼 수 있는 범위를 말한다.
- ㉯ 보통 **정지 시의 시야는 한쪽 눈으로 좌우 각각 160도 정도, 양안이면 200도 정도**이다.
- ㉰ 이때 색깔을 완전히 확인할 수 있는 범위는 더욱 좁아 좌우 각각 35도 부근까지이다. 따라서 시야 바깥쪽일수록 더욱 확인할 수 없게 되어 신호나 안전표지 등은 잘 살피지 않으면 놓칠 위험이 높다.

④ 시력(視力)과 피로(疲勞)

피로가 심하면 그 영향은 눈에서부터 가장 뚜렷하게 나타나서 주의력이 산만해지고 동체시력이 현저히 저하되므로 피로한 상태에서의 운전은 대단히 위험하다.

⑤ 명암 순응(明暗 順應)

일반적으로 눈이 명암에 순응할 때까지는 시력이 현저하게 떨어지기 때문에 회복할 때까지는 속도를 낮추고 충분한 주의를 하면서 주행하여야 한다.
- ㉮ 명순응 : 어두운 장소에서 갑자기 밝은 장소로 이동하면 잠깐 동안 아무것도 볼 수 없다가 곧 눈이 순응하면서 조금씩 볼 수 있게 되는 현상을 말한다.
- ㉯ 암순응 : 밝은 장소에서 갑자기 어두운 장소로 이동하면 잠깐 동안 아무것도 볼 수 없다가 곧 눈이 순응되면서 조금씩 볼 수 있게 되는 현상을 말한다.

⑥ 현혹(眩惑)

야간에 마주 오는 차의 불빛을 직접적으로 받으면 한순간 시력을 잃어버리는 현상을 현혹이라 한다. 현혹상태에서 자동차를 운전하면 매우 위험하므로 서행하거나 반드시 자동차를 세우고 회복 시까지 기다려야 한다.

(2) 속도와 거리판단능력

사람의 판단력은 정확한 것이 아니어서 판단착오로 일으키는 사고가 많으므로 판단능력의 오차를 고려하여 항상 여유 있게 판단해야 한다.

① 속도감각

속도 감각은 주변 환경의 흐름 등을 통하여 눈으로 얻어지는 것이나 이에 따른 사람의 속도 판단은 반드시 정확한 것이 아니다.

② 속도감

좁은 도로에서는 실제 속도보다 빠르게 느껴지나, 차로가 많은 고속도로와 같이 주변이 트인 곳에서는 느리게 느껴진다.

③ 거리 판단의 능력

속도의 경우와 같이 거리의 판단에 있어서도 정확하지 못하고 사람에 따라 큰 차이가 있으며, 특히 밤이나 안개 속에서는 거리 판단이 더욱 어렵다.

④ 운전자의 감각·판단에 영향을 주는 조건

㉮ 속도 : 고속도로 등 주위가 트이면 속도가 느리다고(느리게) 느껴진다.

㉯ 차의 크기 : 같은 거리에 있어도 큰 차는 가깝게 보이고, 작은 차는 멀리 있는 듯이 보여진다.

㉰ 야간 : 주변이 어두워 잘 보이지 않기 때문에 속도감을 덜 느끼게 된다. 또 다른 차의 전조등 불빛으로 속도 판단을 잘못할 수가 있다.

㉱ 그 밖의 음주, 피로, 질환 등 운전자의 신체에 영향을 주는 요인들이 있으면 판단을 하는데 착오를 일으킬 확률이 높다.

3 자동차에 작용하는 물리적 현상

(1) 커브와 원심력

① 커브길을 주행하는 **자동차는 커브 바깥쪽으로 미끄러지려고 하는 원심력이 있고,** 그 힘이 타이어와 노면과의 마찰저항보다 크면 자동차는 전복되거나 길 밖으로 미끄러지기(전복되기) 쉽다.

② 원심력의 크기는 커브 반경이 작을수록 중량이 무거울수록 비례해서 커지며 또한 **속도의 제곱에 비례해서 커진다.**

③ 커브길을 운전할 때에는 항상 원심력이 작용한다는 생각을 하고 커브가 시작되기 전 직선 도로에서 브레이크로 충분히 속도를 줄인 후에 원심력을 약하게 하여 안전하게 돌아나가도록 해야 한다.

(2) 속도와 충격력

차가 충돌하면 운동에너지에 의하여 그 차나 충돌한 대상을 파괴하거나, 운전자를 튀어나가게 하는데, 이 운동에너지는 속도의 제곱에 비례하여 커지므로 속도가 빠르면 빠를수록 충돌에 의한 피해는 커지게 된다. 따라서 고속으로 운전할 때에는 특히 주의하여야 한다.

① 자동차가 충돌했을 때 얼마나 큰 피해가 발생하느냐는 **충돌 순간의 자동차 속도와 중량**에 따라 달라지는데 속도가 빠를수록 중량이 무거울수록 또한 딱딱한 물체에 충돌했을 때일수록 더 커진다.

② 자동차의 충격력은 속도의 제곱에 비례해서 커진다. 때문에 속도가 2배가 되면 충격력은 4배가 된다.

③ 시속 60km로 콘크리트 벽에 충돌한 경우는 14m 높이(건물 5층 높이)에서 떨어진 경우와 같은 충격력을 받는다.

(3) 수막 현상(하이드로플레이닝 ; Hydroplaning)

① 비가 내려 물이 고여 있는 도로 위를 자동차가 고속으로 달리면 타이어와 노면 사이에 수막층(약 10mm)이 생겨 마치 차가 수상스키를 타는 것과 같은 상태가 되는 것을 「수막 현상」이라 한다.

② 수막 현상이 발생하면 자동차 타이어와 노면 사이의 마찰저항이 급격히 떨어지며, 핸들과 브레이크 기능이 상실되면서 자동차가 중앙선을 넘어 가든가 길 밖으로 미끄러지는 등 사고 위험이 매우 크다.

③ 수막 현상은 승용차의 경우 보통 시속 90km 이상 달리면 발생되지만 타이어의 마모상태와 공기압에 따라 달라진다. 공기압이 낮거나 타이어가 마모된 경우에는 시속 70km 속도에서도 발생할 수 있다.

④ 이러한 수막 현상을 예방하기 위해서는 비 오는 날 급제동을 삼가며, 이 현상이 일어나면 핸들을 꼭 잡고 엔진 브레이크를 사용하여 서서히 속도를 감속하는 것이 중요하다.

(4) 베이퍼 록(Vaper lock)과 페이드(Fade) 현상

① 베이퍼 록(Vaper lock) 현상

「베이퍼 록 현상」은 긴 내리막길에서 풋(발) 브레이크를 너무 자주 사용하면, 브레이크의 드럼과 라이닝이 과열되어 휠 실린더 등의 브레이크 오일 속에 기포가 생기게 되면서 브레이크 페달을 밟아도 유압이 전달되지 않아 브레이크가 작동되지 않는 현상을 말한다.

② 페이드(Fade) 현상

「페이드 현상」은 내리막길 등에서 짧은 시간 안에 풋 브레이크를 지나치게 많이 사용하면 마찰열이 브레이크 라이닝의 재질을 변화시켜 마찰계수가 떨어지면서 브레이크가 밀리거나 듣지 않는 현상을 말한다.

③ 베이퍼 록 및 페이드 현상의 예방

「베이퍼 록 현상」이나 「페이드 현상」이 발생하면 브레이크가 듣지 않게 되어 대형교통사고의 원인이 되므로, 긴 내리막길을 내려갈 때에는 풋(발) 브레이크보다 엔진 브레이크를 주

제2장 자동차운전기법과 안전운전지식

로 사용함으로써 방지할 수 있다.

(5) 스탠딩 웨이브(Standing wave) 현상

① 「스탠딩 웨이브 현상」은 타이어 공기압력이 부족한 상태에서 시속 100km 이상 고속으로 주행하면 접지면과 떨어지는 타이어의 일부분이 변형되어 물결모양으로 나타나게 되는 현상을 말한다.

② 타이어에 「스탠딩 웨이브 현상」이 나타나면 타이어 내부 온도가 높아지게 되고 결국 타이어가 파열되면서 사고가 발생한다.

③ 따라서 고속도로를 운전할 때에는 일반도로의 경우보다 타이어 공기압을 20~30% 정도 더 높이도록 하는 것이 좋다.

4 자동차의 사각(死角)

운전자가 운전석에 앉은 상태에서 차 밖을 보는 경우 시계가 차체 등에 가리어 보이지 않는 부분이 있다. 이 보이지 않는 부분을 사각(死角) 또는 시사각(視死角)이라 하며 **자동차 차체에 의한 사각, 교차로 등에서의 사각, 다른 차량에 의한 사각** 등으로 구분하고 있다.

(1) 자동차 차체에 의한 사각

모든 자동차에는 범위의 차이는 있으나 그 자동차 자체의 구조에서 오는 사각부분이 있다. 이 사각을 보완하기 위하여 실외 후사경(사이드 미러) 및 실내 후사경(룸 미러) 등을 장착하고 있으나, 차가 출발할 때에는 실내·외 후사경으로도 확인할 수 없는 부분을 반드시 확인하여야 한다.

(2) 교차로 등에서의 사각

① 교차로에서의 사각

사륜차에서 보면 왼쪽방향에서 오는 이륜차는 차체가 작은데다가 오른쪽에 붙어 주행하기 때문에 발견하지 못하는 경우가 있다. 안전 확인이 어려운 교차로에서는 반드시 일시정지하여 안전을 확인 후 진행하여야 한다.

② 커브에서의 사각

커브길에서는 장해물이 있고 없음에 따라 사각의 범위가 달라진다. 전방확인이 어려운 좁은 커브에서는 대향차와의 충돌 또는 보행자를 충격하는 사고의 위험성이 높다. 이와 같은 커브를 주행할 때에는 확인 가능한 중간지점에서 즉시 정지할 수 있는 속도로 서행하여야 한다.

(3) 다른 차량에 의한 사각

① 주·정차 차량에 의한 사각

양쪽에 주·정차된 차량이 있는 경우는 사각이 양쪽에 있기 때문에 한쪽 주차에 비하여 보행자 등의 발견이 곤란하다. 그리고 연속주차의 경우에는 단독주차에 비하여 사각이 되는 부분이 많으므로 더 위험하다.

② **대향 차량에 의한 사각**

교차로에서 좌회전하는 경우는 대향(정지)차에 가려진 곳이 사각이 된다. 대향(정지)차와의 거리가 짧을수록 사각이 커지고 위험도 증대한다. 특히, 이륜차는 차체가 작아 사각에 들기 쉬우므로 주의하여야 한다.

③ **앞차에 의한 사각**

앞차를 따라 진행할 때에도 사각이 있다. 그 사각은 앞차와의 거리가 짧을수록 커지고 위험도 증대한다.

④ **어린이에 대한 사각**

어린이는 신장이 작기 때문에 주·정차 차량이 승용차일지라도 사각이 되기 쉽다.

⑤ **측면사각**

자동차의 옆으로 나타나는 사각으로 운전석 쪽인 좌측이 1.15m 정도이고, 조수석 쪽인 우측이 4.4m 정도로 우측 사각이 더 크다.

⑥ **전방 및 후방사각**

자동차의 앞쪽과 뒤쪽이 보이지 않는 범위로서 자동차의 종류에 따라 다르다. 운전석에 앉아 있는 **사람의 눈높이가 지상 1.28m인 승용차를 기준**으로 하면 운전석의 앞쪽은 4.25m이고 운전석의 뒤쪽은 7.15m로 운전석에서 볼 때 앞쪽보다 뒤쪽의 사각이 훨씬 크다.

> **해설**
>
> **사각의 위험성과 안전운전**
> 1. 실제의 도로교통에서는 사각으로 되어 있는 곳이 너무나 많다. 무사고 운전자는 사각인 곳에 위험이 없는가를 확실히 살피고 항상 신중한 운전을 한다. 그러나 사고를 일으킨 운전자의 말을 들어보면,
>   - 주차차량 속에서 보행자가 뛰어나오리라고 생각하지 못했다.
>   - 커브에서 대향차가 오리라고 생각하지 못했다.
>   - 교차로 왼쪽에서 차가 주행하여 오리라고 생각하지 못했다.
>   등 사각에 대한 위험을 예측 못하거나 다른 교통은 없을 것이라는 잘못된 판단 때문인 것이다.
> 2. 시야에 들어오지 않는 교통 및 지금 볼 수 없는 교통에도 주의를 기울이고 또 예측 못할 교통은 없는지 확인하여야 한다.
> 3. 차체의 앞부분 또는 옆부분의 사각에 보행자가 있을 경우, 큰 사고로 이어지는 예가 흔히 있다. 운전 중 사각을 전혀 없앨 수 없기 때문에 운전자는 「보이지 않는 곳에 위험이 있다.」는 마음을 가지고 항상 신중한 운전을 하여야 한다.

제2장 　 적중출제예상문제

【문제 1】 자동차 운전의 본질에 관한 설명이다. 잘못된 것은?
① 운전이란 단순히 도로 상에서 자동차를 움직이는 행동을 말한다.
② 운전은 관찰, 인지, 판단, 행동(조작)의 과정이며 어느 하나의 실수는 사고로 이어진다.
③ 운전 중인 자동차는 자연의 법칙과 물리적 힘에 영향을 받는다.
④ 운전자 자신은 물론 차와 도로 등 운전에 관한 본질적인 사항을 이해해야 한다.

【문제 2】 자동차 운전과정에 대한 설명이다. 틀린 것은?
① 운전은 인지, 판단, 행동(조작)의 반복과정이다.
② 인지란 교통상 정보를 시각을 통해 입수하는 과정이다.
③ 판단이란 입수한 정보를 분석하는 과정이다.
④ 행동(조작)이란 판단에 의해 결정된 정보를 운전조작에 적용하는 과정이다.

【문제 3】 자동차 운전과정 중 「관찰」에 대한 설명이다. 틀린 것은?
① 관찰은 운전을 위한 정보를 입수하는 과정이다.
② 정보는 대부분 청각에 의해 입수되고 있다.
③ 관찰은 전·후방은 물론 측방 등 넓은 범위에서 이루어져야 한다.
④ 정보는 대부분 시각에 의하여 입수하고 있다.

【문제 4】 운전이 이루어지는 과정을 설명한 것이다. 틀린 것은?
① 인지는 주로 운전자의 청각과 후각을 통하여 이루어진다.
② 판단은 입수한 정보를 기억하고 있는 지식과 연결시켜 행동을 결정하는 과정이다.
③ 인지는 운전을 위한 정보를 눈으로 보고 입수하는 과정이다.
④ 조작은 판단에 의해 결정된 행동을 실제로 운전장치 조작에 실행하는 과정이다.

【문제 5】 자동차 운전이 이루어지는 과정에 대한 설명이다. 잘못된 것은?
① 운전은 관찰→인지→판단→조작의 과정을 통해 이루어진다.
② 운전 중의 자동차는 자연의 법칙과 물리적인 힘에 지배를 받지 않는다.
③ 운전자·자동차·도로 중 어느 하나의 결함이 있어도 교통사고로 이어질 수 있다.
④ 관찰은 전방은 물론 후방과 측방 등 넓은 범위에서 이루어져야 한다.

【문제 6】 자동차 운전과정 중 「판단」에 대한 설명이다. 가장 옳은 것은?
① 입수한 정보를 이미 기억하고 있는 지식과 결부시켜 다음 행동을 결정하는 과정이다.
② 교통 상 정보를 전방시야와 후방시야를 통해 입수하는 과정이다.
③ 시각과 청각에 의해 정보를 입수하는 과정이다.
④ 결정된 행동을 실제로 운전장치조작에 적용하는 과정이다.

정답 【1】① 【2】③ 【3】② 【4】① 【5】② 【6】①

【문제 7】 자동차 운전과정 중 「행동(조작)」에 대한 설명이다. 틀린 것은?
① 행동이란 판단에 의해 결정된 정보를 실제 운전장치조작에 적용하는 과정이다.
② 행동의 기본은 올바른 순서로 확실하게 조작하는 것이다.
③ 행동을 하기 전에 행동을 예고하는 일은 사고발생의 위험이 된다.
④ 올바른 순서로 조작하기 위해서는 끊임없는 연습의 반복에 의하여 형성된다.

【문제 8】 자동차와 운전의 법칙에 대하여 설명한 것이다. 옳지 못한 것은?
① 주행하고 있는 자동차는 계속 주행하려는 성질에 있다. 이를 관성력이라 한다.
② 주행 중의 차에 걸리는 운동에너지는 모두 차의 중심에 걸린다.
③ 주행 중인 자동차의 운동에너지는 그 중량에 비례하고 속도의 제곱에 비례한다.
④ 관성력은 자동차 가속 또는 제동 시에 「저항」으로 작용한다.

【문제 9】 주행 중 차에 걸리는 힘의 중심방향에 대한 설명이다. 가장 옳은 것은?
① 가속 또는 감속 시 걸리는 방향이 일정하다.
② 가속 시에는 차체 앞부분이고 감속 시에는 차체 뒷부분이다.
③ 이론적으로는 어떤 경우에도 차의 중심에 걸린다.
④ 가속 시에는 차체 뒷부분으로 감속 시에는 차체 앞부분으로 이동된다.

【문제 10】 올바른 핸들 조작을 위한 조향장치의 기능을 설명한 것이다. 틀린 것은?
① 고속회전 시나 저속회전 시 회전중심이나 회전반경은 동일하다.
② 핸들의 조작각도와 앞바퀴의 조타각도는 상당히 다르다.
③ 조향은 앞바퀴가 회전하고 있을 때 유효하게 행하여진다.
④ 회전 중인 자동차에는 원심력이 작용한다.

【문제 11】 자동차 핸들의 조작각도와 앞바퀴의 조타각도에 대한 차이를 설명한 것이다. 틀린 것은?
① 굴절코스는 짧은 모퉁이에서 조작하므로 핸들조작은 빠르게 속도는 줄여야 한다.
② 앞바퀴를 좌우로 완전히 바꾸기 위해서는 핸들을 5회전시켜야 한다.
③ 앞바퀴가 좌우로 완전히 바꾸는 각도는 45도이다.
④ 앞바퀴가 좌우로 완전히 방향을 바꾸는 각도는 66도이다.

【문제 12】 회전 중인 자동차의 원심력에 관한 설명이다. 틀린 것은?
① 원심력이란 커브길을 돌 때에 바깥쪽으로 미끄러지려고 하는 힘이다.
② 원심력이 강하고 마찰력이 약하면 차가 옆으로 미끄러진다.
③ 원심력도 강하고 마찰력도 강하면 차가 전복하는 원인이 된다.
④ 원심력은 커브반경이 클수록 커지고 속도의 제곱에 비례해서 적어진다.

【문제 13】 자동차가 고속으로 회전하면 저속회전 시보다 회전중심이나 회전반경이 달라지는 현상을 설명한 것이다. 틀린 것은?
① 저속회전 시 각 차륜은 뒤 차축 연장선상의 한 점을 중심으로 동심원을 그리며 돈다.
② 고속회전 시는 각 차륜이 미끄러져 회전의 중심과 회전반경이 바뀌게 된다.

정답 【7】③ 【8】② 【9】④ 【10】① 【11】③ 【12】④ 【13】③

③「오버 스티어」란 회전 시 뒷바퀴가 미끄러져 정상진로보다 회전반경이 커지는 현상이다.
④「언더 스티어」란 회전 시 앞바퀴가 미끄러져 정상진로보다 회전반경이 커지는 현상이다.

【문제 14】 자동차가 회전 시 뒷바퀴가 미끄러져 정상적인 진로보다 회전반경이 작아지는 현상은?
① 언더 스티어(Under steer)
② 리버스 스티어(Reverse steer)
③ 뉴트럴 스티어(Neutral steer)
④ 오버 스티어(Over steer)

【문제 15】 자동차가 회전 시 앞바퀴가 미끄러져 정상적인 진로보다 회전반경이 커지는 현상은?
① 언더 스티어(Under steer)
② 오버 스티어(Over steer)
③ 뉴트럴 스티어(Neutral steer)
④ 리버스 스티어(Reverse steer)

【문제 16】 자동차의 감속과 제동에 관한 설명이다. 틀린 것은?
① 차는 급히 멈추지 않는다.
② 강하게 브레이크를 밟으면 짧은 거리에서 멈추게 된다.
③ 커브의 통과는 슬로 인(Slow-in)이 가장 중요하다.
④ 커브의 통과는 파워 온(Power-on)의 상태가 가장 안전하다.

【문제 17】 자동차의 정지거리에 대한 설명이다. 아닌 것은?
① 정지거리는 자동차의 무게, 도로여건, 주행속도 등에 따라 차이가 있다.
② 위험을 발견하고 브레이크 페달을 밟아 차가 완전히 정지한 때까지의 거리이다.
③ 공주거리와 제동거리를 합한 값으로 표시된다.
④ 위험을 인지하고 브레이크가 걸리기 직전까지 자동차가 그대로 달린 거리이다.

【문제 18】 자동차가 커브 길을 돌아갈 때에 가장 안전한 운전방법은?
① 슬로 인(Slow-in)→패스트 인(Fast-in)
② 슬로 인(Slow-in)→패스트 아웃(Fast-out)
③ 패스트 인(Fast-in)→슬로 아웃(Slow-out)
④ 슬로 아웃(Slow-out)→패스트 아웃(Fast-out)

【문제 19】 자동차의 내륜차에 대한 설명이다. 틀린 것은?
① 핸들 각도가 클수록 내륜차는 작아진다.
② 핸들 각도가 클수록 내륜차도 커진다.
③ 커브 안쪽으로 회전하는 앞바퀴가 뒷바퀴보다 회전반경이 큰 차이를 내륜차라 한다.
④ 내륜차는 핸들을 최대로 돌렸을 때 최대치가 된다.

【문제 20】 자동차의 외륜차에 대한 설명이다. 틀린 것은?
① 커브 바깥쪽으로 회전하는 앞바퀴가 뒷바퀴보다 회전반경이 큰 차이를 외륜차라 한다.
② 핸들을 최대로 돌린 상태에서 커브 바깥쪽 앞바퀴가 그리는 원호의 반경을 최소회전반경이라 한다.
③ 커브길 주행 시 안쪽 바퀴는 적게 돌고 바깥쪽 바퀴는 크게 돌아간다.
④ 외륜차보다 내륜차가 약간 크다.

정답 【14】④ 【15】① 【16】② 【17】④ 【18】② 【19】① 【20】④

【문제 21】 자동차의 제동과정의 용어에 대한 설명이다. 맞지 않는 것은?
① 정지거리는 위험을 인지하고 브레이크를 밟아 차가 정지할 때까지의 거리
② 제동거리는 브레이크가 듣기 시작하여 차가 정지하기까지의 거리
③ 제동거리는 위험을 인지하고 브레이크가 걸리기 직전까지 달린 거리
④ 공주거리는 위험을 인지하고 브레이크가 걸리기 직전까지 차가 달린 거리

【문제 22】 자동차운전과 시야에 관한 설명이다. 틀린 것은?
① 시야란 눈의 위치에 따라 가장 잘 보이는 시력의 범위를 말한다.
② 차의 속도가 빨라질수록 운전자가 확인할 수 있는 시야는 좁아진다.
③ 피로할 때에는 동체시력이 저하되므로 운전하지 않는 것이 좋다.
④ 시야란 사람이 눈의 위치를 바꾸지 않고 멀리 바라볼 수 있는 범위를 말한다.

【문제 23】 자동차의 사각에 대한 설명이다. 틀린 것은?
① 사각은 운전자가 운전석에서 안전을 확인할 수 없는 범위와 각도를 말한다.
② 운전석에 비하여 조수석 쪽의 사각이 짧다.
③ 자동차의 후방시야는 백미러가 비추는 범위로 한정된다.
④ 자동차의 전방시야는 팬더와 창틀 등에 의거 방해를 받는다.

※ 자동차에 작용하는 물리적 힘 핵심요약(185쪽) 및 자동차의 사각 등에 대한 핵심요약(189쪽)과 자동차에 작용하는 물리적인 힘의적중출제예상문제(199쪽)에 구체적으로 출제되어 있으므로 찾아서 공부하시기 바랍니다.

제3장
자동차의 구조와 점검

제1편 교통안전수칙 「제4장 자동차의 구조와 점검」의 요약설명(81쪽)과 적중출제예상문제(102쪽)가 동일하여 이 장에서는 생략하니 제1편 제4장 자동차의 구조와 점검을 참조하여 공부하시기 바랍니다.

정답 【21】③ 【22】① 【23】②

제4장 기능교육의 기본이념

제1절 기본적인 유의사항

1 계획적인 교육

(1) 전문학원의 기능교육은 **도로교통법시행규칙 제106조제1항 별표32의 운전면허의 종별 교육과목 및 교육시간** 등에 정한 바에 따라 순서별 단계별로 실시하도록 규정되어 있다. 왜냐하면 평지에서 제대로 출발하지 못하는 사람이 빨리 배우기를 원한다고 하여 경사로에서 출발하는 교육을 한다면 그 교육이 제대로 이루어질 수 없을 뿐 아니라 오히려 역효과만 초래하기 때문이다.

(2) 운전을 배우려는 교육생들 가운데는 기초적이고 이론적인 지식은 생략하고 기능조작연습만을 원하는 경우도 있고, 현재 진행 중인 교육과정이 아직 완전하지 않은 상태에서 다음 과정의 교육을 원하는 경우가 종종 있다.

(3) 만약 전문학원의 기능강사가 계획적인 단계별 교육을 벗어나 교육생이 원하는 대로 이끌려 간다면 원하는 만큼의 교육효과는 전혀 기대할 수 없을 것이다.

2 개인차에 따른 교육의 유형

(1) 전문학원의 교육생은 성별과 연령·학력·성격·직업에 있어서 다양하고 개인차가 크기 때문에 기능교육목표 수준에 도달하기까지의 소요시간도 각기 다르디. 특히 남녀 성별과 연령에 의한 차가 두드러지게 나타난다. 실험결과를 살펴보면 개인차에 의한 기능교육의 숙달속도와 소요시간과의 관계에 따라 A형(순조로운 발전형), B형(급속발전 후 도중 침체형), C형(완만한 발전형), D형(대기만성형)의 **4가지 형태로 나타난다**.

(2) 다음 도표와 같이 A형~D형처럼 다양한 형태의 개인차이(個人差異)가 있으므로 사전에 이러한 차이를 잘 파악하여 각 개인의 능력과 적성에 맞는 교육을 하는 것이 바람직하며, 교육생의 개인차를 고려한 지도를 함으로써 1 : 1 교육의 장점을 살릴 수 있다.

① A형 (순조로운 발전형)

기능교육시간이 경과함에 따라 숙달되고 꾸준히 향상되는 형으로 젊고 원만한 성격을 가진 사람에게 해당한다.

② B형 (급속발전 후 도중 침체형)

처음에는 의욕을 가지고 시작하기 때문에 어느 수준까지는 소요되는 시간에 비해 숙달되는 속도가 급격히 향상되지만 어느 한계에 이르러서는 숙달 속도가 침체된다. 성격의 변화가 심하거나 급한 성격의 젊은이에게 많다.

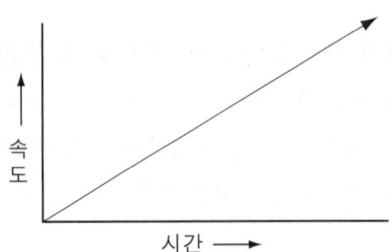

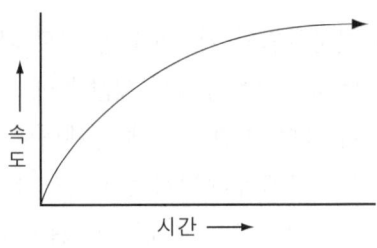

③ C형 (완만한 발전형)

교육시간에 비해 숙달되는 속도가 조금씩 서서히 향상되는 형으로 기능교육시간 경과에 따른 숙달되는 속도가 일정치 않은 것이 특징으로 주로 여성에게 많다.

④ D형 (대기만성형)

처음에는 시간경과에 따른 숙달속도가 매우 느리지만 일단 차에 익숙해지기 시작하면 급속히 향상되는 형으로 주로 나이가 많은 연장자에게 많다.

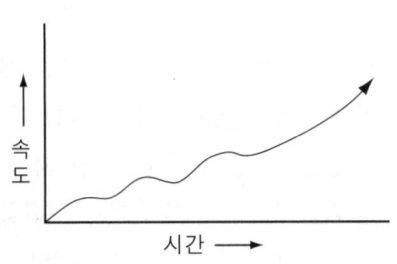

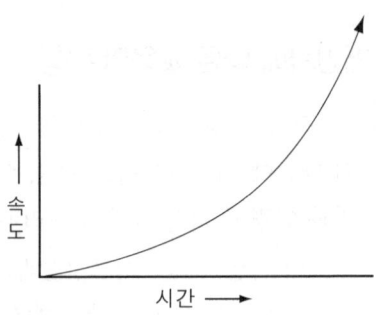

[개인차에 따른 교육진행속도 실험결과]

3 여성운전자의 행동특성에 따른 교육

우리나라 여성운전자의 급증에 따른 여성운전자의 교통사고가 해마다 증가하고 있어 여성운전자에 대한 기능교육에 특별한 관심이 요구된다. 이에 따라 여성운전자의 특성을 이해하고 이에 대비한 전문학원 교육방안을 강구하는 것이 필요하다.

(1) 여성운전자의 특성

① 여성운전자의 일반적인 행동특성은 신체적으로 기계조작에 따른 체력이 부족하고 운전 시 감정의 변화가 심한 편이며 사물을 객관적으로 보는 능력이 대체적으로 약한 편이다.
② 일반적으로 여성운전자는 남성에 비해 두려움이 많은 편이어서 후진할 때 두려움을 많이 느낀다든지, 지리에 어두운 초행길에서 운전할 때 두려워하는 경향이 있다.
③ 여성운전자는 돌발 상황에 직면했을 때 판단력이나 반응 동작이 남성보다 느리게 나타나며, 자동차의 운전속도도 남성운전자에 비하여 비교적 느린 편이다.
④ 반면에 여성운전자는 섬세함과 불안의식이 강하여 비교적 교통법규를 잘 지키는 특성이 있어 대형교통사고의 위험성에 덜 노출되고 있다.

(2) 여성운전자의 운전지식 이해 정도

운전면허시험에 합격한 사람에 대하여 운전관련지식의 이해정도를 설문지를 통하여 알아본 결과 운전관련지식 7개항의 질문에서 남성운전자는 대부분 보통 이상의 이해수준을 가지고 있는 반면, 여성의 경우에는 평균적으로 3개 항목은 보통 이하이고 나머지 항목에서는 보통 이상으로 나타나고 있었다. 여성에 대하여 운전지식이 부족한 다음 3개 항목에 대하여는 보다 세심한 교육계획으로 보완해야 할 필요성이 있다.

① 운전지식의 이해정도가 보통 이하인 항목
  ㉮ 자동차의 고장원인 발견과 조치방법
  ㉯ 자동차의 운동역학적 특성(원심력, 마찰계수)
  ㉰ 자동차의 구조와 작동원리
② 운전지식의 이해정도가 보통 이상인 항목
  ㉮ 보행자 위험행동 예측과 예방에 대한 지식
  ㉯ 주행차량 위험요소(급정거 등)의 예측과 예방
  ㉰ 차량의 통행구분과 주행속도
  ㉱ 운전자의 요인(반응시간, 시력, 판단력 등)이 운전에 미치는 영향

(3) 여성운전자의 운전기능 자신감 정도

운전하기 직전의 운전면허시험 합격자에 대한 운전기능의 자신감 정도를 알아본 결과 10개 항의 질문 중 남성의 경우는 모든 문항에서 평균적으로 보통 이상으로 나타난 반면에 여성의 경우는 고속도로 통행, 야간운전, 악천후 운전 등에서는 보통 이하의 응답을 보여 대조적이다.

① 자신감이 보통 이하인 항목
  ㉮ 야간운전
  ㉯ 고속도로 통행
  ㉰ 나쁜 기상 조건하에서(눈, 비, 안개 등) 안전운행

② 자신감이 보통 이상인 항목
  ㉮ 고갯길, 커브길 등에서의 주행   ㉯ 안전한 주·정차
  ㉰ 도로의 안전한 진입과 이탈방법   ㉱ 안전한 앞지르기
  ㉲ 교차로 및 건널목 통과   ㉳ 앞차 뒤따르기와 안전거리 유지
  ㉴ 진로변경 시 적절한 신호조작

4 명확한 지도와 조언

(1) 자동차 주요부분의 명칭과 기능을 교육생에게 설명할 때에는 간결하고 구체적으로 하여야 하며 필요시는 실물을 보여주고 기능을 눈여겨보도록 하는 것이 좋다.

(2) 일반적으로 교육생은 기계적인 구조나 작동에 대한 지식과 이해도가 낮은 경우가 많기 때문에 어려운 영어나 기계적인 용어의 장황한 설명은 오히려 교육생에게 혼동을 주게 되므로 앞으로의 교육진도에 장애가 되거나 심지어 내용 이해에 대한 포기상태가 되기도 한다. 이런 경우「자세하게 설명했는데 왜 이해하지 못하느냐?」하는 질책까지 섞인다면 교육생은 배우려는 의욕마저 상실하게 된다.

(3) 가능하면 일상생활과 관련지어진 현상과 비교하여 가장 쉽게 설명하되 가장 핵심적이고 명확한 내용이어야 한다. 자칫 잘못되거나 오해하기 쉽고 엉뚱한 것을 비유하여 강의했을 때 수강생들은 오히려 어리둥절해 하거나 잘못된 지식을 갖게 되므로 유의하여야 한다.

(4) 교육내용을 이해시킨 후에는 그 내용을 정확히 이해했는지, 잊어버리지 않았는지를 간접적인 질문을 통해 확인해 보는 것이 필요하다. 이 때는 교육생의 이해와 기억을 위한 부드러운 지도와 조언이 앞으로의 교육진도향상에 좋은 영향으로 작용할 것이다.

5 기본원칙에 의한 교육

(1) 기능교육은 이론과 실기로 구분하여 실시하지만 어느 한쪽만 치우치는 교육이 되어서는 안 되며, 반드시 이론을 설명한 후에 그 이론에 맞게 시범이 필요하면 반드시 시범을 보인 다음 교육생이 실습하는 순서로 연결되어야 한다. 이렇게 되자면 가장 기초적인 이론과 실습에서부터 시작되어야 하며 이러한 기본원칙을 벗어난 교육이 되지 않도록 하여야 한다.

(2) 교육생이 자동차 조작장치의 명칭이나 기능을 충분히 익히지 않은 상태에서 기능실습을 익히려고 한다면 운전조작 행동이 잘못되거나 잦은 실수로 기능향상을 기대하기 어려울 것이며, 또한 클러치와 브레이크 페달, 액셀레이터 페달 등의 조작기능이 숙달되지 않은 상태에서 코스나 주행연습을 시작했을 때 그 결과는 자칫 사고로 이어지게 될

수도 있다.

(3) 기능강사가 교육생의 기능실습 진도가 너무 늦다거나 너무 빠르다하여 교육생의 기능실습 중 멋대로 하는 행동을 방치한다거나, 기본원칙에 벗어나는 교육생의 의견이나 주장을 판단 없이 그대로 받아들이는 등 교육생의 비위만을 맞추는 식의 교육이 되지 않도록 해야하며, 이러한 노력은 가르치는 강사나 배우는 교육생이 다같이 노력하여야 한다.

(4) 기능강사는 안전운전을 위한 기본원칙에 충실한 교육을 위하여 항상 견인차 역할을 해야 하며, 교육생의 조그마한 운전행동에 이르기까지 주의를 기울여 지도하여야 한다.

(5) 기능강사의 적절한 엄격함이 교육생을 위하는 마음에서 우러나오는 것이라는 인상을 줄 때 기능강사는 비로소 사회적인 신뢰와 교육생에게 좋은 평가를 받게 될 것이며 교육생도 스스로 노력하는 마음이 생길 것이다. 무엇보다도 안전운전자 육성을 위한 강사의 진심에서 우러나오는 열의와 끈기는 전문학원의 교육목표 달성에 절대 필요한 과제인 것이다.

6 반복적 교육

(1) 기능교육은 이론을 바탕으로 실제적인 운전조작을 할 수 있도록 하여 운전기능을 몸에 익히는 일이며, 한두 번의 연습으로 되는 것이 아니라 **계속적인 반복교육을 통하여 몸에 익히도록 하여야 한다.**

(2) 반복교육이란 단순한 반복적인 운전행동을 의미하는 것이 아니라 교육생의 운전조작행동을 주의 깊게 관찰하여 결함을 파악하고 그 결함의 원인을 탐구한 후 바른 조작이 되도록 교정지도하는 일련의 반복과정을 말한다.

즉, 운전조작요령설명 → 조작행동관찰 → 결함파악 → 원인탐구 → 교정지도의 반복과정이 이루어져야 한다.

(3) 이러한 일련의 반복적 교육과정을 통하여 의식적인 행동에서 무의식적인 행동, 즉 조건반사의 단계까지 도달하면서 **교육생의 운전조작은 의식적인 조작행동에서 무의식적인 조작행동으로 숙달이 되는 것이다.**

> **해설**
> **조건반사 이론(러시아의 생리학자 I.P.Pavlov가 주장)**
> 1. **파블로프의 조건반사 이론** : 새로운 행동의 성립을 조건화에 의해 설명하는 이론으로 일정한 훈련을 받으면 동일한 반응이나 새로운 행동의 변화를 가져올 수 있다는 학습이론
> 2. **파블로프의 조건반사 실험** : 개에게 벨소리를 울리는 것과 동시에 음식을 주는 행동을 40~60회 정도 반복한 후, 이번에는 음식을 주지 않고 벨소리만 들려주었더니 개는 음식을 주었을 때와 똑같이 침을 분비한다는 실험결과

7 교육효과의 현상

운전기능의 향상은 계속적인 반복적 교육을 통하여 연습효과가 나타나게 되는데, 이러한 연습효과는 비교적 겉에서 쉽게 알 수 있게 드러나는 **양적인 진보**와 겉으로 드러나지 않고 자신도 느끼지 못하는 **질적인 진보**의 두 가지 종류로 구분할 수가 있다.

양적인 진보는 일정한 시간 내에 주행한 거리, 운전조작의 실수나 잘못된 횟수, 코스별 통과 여부 등 **기능향상의 정도**를 말하고, 질적인 진보는 숙련정도에 따라 미숙련기·반숙련기·숙련기로 구분하는데 이러한 관계를 각 연습단계별, 즉 **사전학습단계·초기단계·중기단계(정체기·비약기)·후기단계**로 구분해서 다음과 같이 그림으로 나타낸 것이 연습곡선이다.

[연 습 곡 선]

연습단계 양적진보 단계 질적 진보단계	사전학습 (제1단계) 사전학습	초 기 (제2단계) 진보향상	중 기		후 기 (제5단계) 원숙한 진보
			정체기 (제3단계) 진보의 정체	비약기 (제4단계) 급격한 진보	
숙련기					
반숙련기					
미숙련기					

↑ 기능의 진보   연습량 →

(1) 양적진보

양적진보는 제1단계인 **사전학습단계**, 제2단계인 **진보 향상단계**, 제3단계인 **진보의 정체단계**, 제4단계인 **급격한 진보단계**, 제5단계인 **원숙한 진보단계** 등 5단계로 구분한다.

① 제1단계(사전학습단계)

    교육생이 운전기능에 대하여 전혀 모르는 상태이거나 **자동차관련서적을 통해 기초적인 자동차구조나 지식을 익힌 경우**를 말하는데 교육생마다 정도의 차이는 있을 수 있지만 잠재적인 학습이 이루어진 상태라 볼 수 있다(잠재학습기로서 기계 또는 자동차교통관계의 사전지식훈련이 된 상태).

② 제2단계(진보향상단계)

    실질적인 연습의 단계 즉, **초기단계**를 말하며 자동차엔진시동을 비롯해서, 전진과 후진, 정지 등의 초보적인 운전조작에서부터 시작된다. 이 단계에서는 운전석에 앉는 자세 등 운전조작습관이 형성되는 단계이기 때문에 운전조작의 중요한 시기에 해당되며, 교육생의 의욕에 따라 시간적 흐름에 따라 **급속한 진보의 향상**이 보이므로 초기에 해당되나 **상당히 급격한 진보단계**이다.

③ 제3단계(진보의 정체단계)
  ㉮ 초기의 급속한 진보가 외관상으로 떨어지고 운전연습의 능률이 오르지 않는 현상이 나타나면서 연습곡선의 정체현상이 나타나 **기능의 질적 진보가 양적 진보를 따라가지 못하게 되고 인지(認知)가 재구성되어 있는 상태**로 볼 수 있다.
  ㉯ 이러한 현상은 연습방법이 잘못되어 있거나 또는 수강생이 반복적인 연습에 싫증을 느끼거나 계속적인 연습으로 인한 피로가 쌓여있는 경우로, 이때 강사는 어떠한 원인에서 비롯된 것인지를 정확히 관찰해서 적절한 조치를 취하도록 해야 한다.
  ㉰ 이 경우 그대로 연습을 계속 반복하여 제4단계로 진행하기도 하지만, **연습에 대한 격려와 적절한 휴식 또는 운전동작의 개선을 시도해 봄직하다.**

④ 제4단계(급격한 진보단계)
  제3단계의 진보의 정체단계를 극복하고 급진전하는 상태에 돌입하기 때문에 「비약기」라고도 한다. 제3단계의 정체현상을 벗어나면서 새로운 의욕과 함께 질적인 면에서도 급격한 변화를 보인다.

⑤ 제5단계(원숙한 진보단계 : 후기)
  진보가 최종 단계에 도달하여 생리적·기계적 한계에 도달함으로써 눈에 보이는 진보가 적다. 이 단계가 되기까지는 **몇 년의 연습이 필요**하며 **전문학원에서 행하여지는 교육시간 중에는 도달하기 어렵다.**

(2) 질적 진보

질적 진보는 운전기능의 숙련된 정도를 말하고 또한 질적 진보는 양적 진보의 추진력을 낳게 하는데 **미숙련기를 시작으로 하여 반숙련기를 거쳐, 숙련기로 진보**한다.

① 미숙련기
  미숙련기에서는 운전동작이 느리고 끊어지며 어색하여 원활하게 연결되지 않는다.
  예를 들면 엔진시동이 걸린 후에도 엔진시동 스위치를 계속 돌리고 있거나, 출발할 때 클러치 페달과 액셀레이터 페달의 조작이 조화를 이루지 못하여 시동이 걸린 엔진이 자주 꺼지거나 자동차가 울컥대는 일이 많다.
  또한 기어변속에 있어서도 일일이 눈으로 보고 레버위치를 확인한다거나 또는 기어를 다시 넣어 보기도 하고 방향지시등을 켜고 한참 후에 차로를 바꾼다거나 방향지시등을 켜 놓은 채로 계속 주행하기도 한다.
  일시정지선에 멈춘 후 다시 출발할 때에도 안전을 확인하는 시간이 늦고, 생각하고 난 후 출발에 필요한 동작을 취하기 때문에 동작이 원활하지 못하다.

② 반숙련기
  미숙련기를 지나 반숙련기로 접어들기 시작하면 엔진시동을 비롯하여 출발과 정지동작이 부드러워지고 기어변속을 할 때에도 일일이 기어레버를 눈으로 확인하는 동작은 생략되고 각각의 동작은 연결되면서 어색한 동작과 불필요한 동작은 줄어들기 시작한다.

③ 숙련기

반숙련기가 지나고 숙련기에 이르게 되면 개개의 동작을 의식하지 않게 되고 처음 동작에서부터 완료동작까지 지체가 없는 안정된 매끄러움을 보이게 된다. 불필요한 동작은 생략하면서 목적을 이루게 되며 필요한 최소한의 동작만을 취하기 때문에 동작에 여유가 생기고 점차 운전조작연습량이 증가함에 따라 의식적인 운전조작 단계에서 무의식적인 조작단계로까지 향상하게 된다.

8 휴식과 연습

(1) 운전기능연습에 있어서 가장 중요한 것은 계속적인 반복연습이지만 연습만 계속한다고 해서 기능이 빨리 진보하는 것은 아니다.

(2) 1회 연습 계속시간에 따른 능률과 피로의 관계를 실험한 결과에 따르면 1시간마다 10분 정도의 휴식을 갖는 것이 가장 능률적이라고 한다.

(3) 또한 기능연습의 회수간격과 방법은 어떻게 하는 것이 효과적인가는 집중해서 연습하는 집중법보다 1일 1시간 정도씩 매일 연습하도록 하는 분산법이 보다 효과적이다.

(4) 연습곡선에 있어서 운전조작의 올바른 방법을 찾아내는 단계(연습곡선의 초기와 정체기)는 분산법이 효과적이고, 기억하는 단계인 비약기에는 집중법이 효과적이라는 것이다.

(5) **기능교육에서 분산법이 효과적인 이유는 다음과 같다.**

① 피로나 싫증을 막을 수 있다.
② 집중연습방법에 있어서는 나쁜 운전습관으로 고정되기 쉽지만 **분산연습방법**에 있어서는 운전정지(휴식) 중에 교정할 수 있다.
③ 운전기능교육의 연습초기에는 **집중연습방법**이 효과적이지만 **분산연습방법**에서는 운전정지(휴식) 중에 잘못된 조작의 발견과 다음 동작의 계획을 생각할 수가 있다.

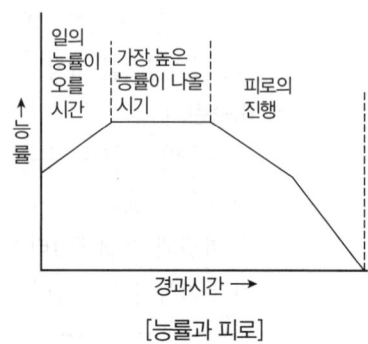

[능률과 피로]

제2절 안전운전에 필요한 지식

전문학원에서는 전 교육기간을 통하여 안전하고 인명존중사상을 바탕으로 교통규칙(법규)의 준수, 양보정신, 운전예절을 실제로 몸에 익히게 하여 안전한 운전자를 양성하는 것이 매우 중요하다. 이를 위해서는 학과교육과 기능교육의 일체화 교육이 필요하다.

1 교통법규의 준수와 예절

(1) 초보운전단계에서 배우게 되는 지식과 기능은 교육생 본인의 습관으로 굳어져 조건반사적 행동으로 나타나게 된다. 따라서 처음 배울 때 나쁜 습관이나 버릇이 생겼을 경우에는 위험한 운전으로 이어져 사고의 원인이 되기도 하기 때문에 **기능강사는 초보단계에서 예절의 중요성을 인식시켜 교육하는 것이 매우 중요**하다.

(2) 도로는 운전자와 보행자 모두의 공유 공간이므로 자동차를 운전할 때에는 잘못된 의식이나 우월감 또는 자기중심적인 사고방식을 버리고 **교통법규를 준수하고 운전자로서의 예절을 몸에 익히도록 하는** 것이 다른 무엇보다 중요하다.

(3) 전문학원의 기능강사는 다음 사항에 유의하여 법규준수와 교통예절교육을 하여야 한다.
  ① 교육생에게 준법운전이나 운전예절의 필요성에 대하여 구체적이고 사실적인 사례를 들어 설명하고 이해시켜야 한다.
  ② 도로주행교육을 통하여 준법운전과 운전예절을 몸에 익히고 실천하도록 지도한다.
  ③ 운전기본조작의 단계에서 교통법규를 무시하는 나쁜 운전조작에 대해서는 엄중하게 지적하여 잘못을 바로 잡도록 하고 절대로 그냥 지나치는 일이 없도록 하여야 한다.

2 기능강사 스스로 모범운전 실천

(1) 가르치는 기능강사 스스로 모범을 보이는 것은 모든 교육에서 필요한 것이지만, 특히 기능교육에 있어서는 더욱 중요하다. 교육생은 기능강사의 모범적인 행동을 본받게 되므로, 교통법규준수와 교통예절교육을 가장 효과적으로 전달할 수 있는 수단인 것이다.

(2) 기능강사가 언어적 표현으로 설명하고 시범을 보여 익히게 하는 것은 직접적인 교육방법으로 가장 높이 평가되고 있다. 항상 교육생이 지켜보고 있다는 사실을 염두에 두고 모범을 보이는 것이야말로 무언의 교육으로 그 효과가 대단히 큰 것이다.

(3) 반대로 기능강사가 난폭한 운전이나 위험한 운전행동을 교육생에게 보이게 된다면 교육의 근본이 무너지고 기능강사에 대한 신뢰성과 존경하는 마음도 한순간에 사라지게 된다. 결국 기능강사 자신이 모범을 보이지 않으면 교육자로서의 자질이 없다고 할 수 있다.

3 도로주행교육 시 사고예방

도로주행교육은 기본적인 조작과 기본적인 주행을 기초로 하여 실제 도로교통현장에 적응하면서 운전 기술을 익히는 것이므로, 우수한 운전자 양성을 위해 가장 중요한 현장교육이며 반드시 필요한 교육인 것이다.

도로주행교육은 복잡 다양한 교통현장에서 다른 교통의 흐름을 정확하게 살피는 등 다음 사항에 유의하여야 한다.

(1) 도로주행교육 시 일반적 유의사항
① 정상적인 교통의 흐름을 방해하지 않는 원활한 운전을 하도록 한다.
② 위험을 예측하는 운전(인지·판단·조작의 원활한 운전)을 하도록 한다.
③ 예측하지 못한 돌발 상황 발생시 인지·판단·조작능력을 길러준다.
④ 관찰·판단·행동예고·행동이라는 일련의 운전조작 과정을 지도한다.
⑤ 교통법규를 지키는 마음의 자세를 갖도록 한다.
⑥ 다른 교통에 대한 양보와 배려하는 마음을 갖도록 한다.
⑦ 보행자의 보호에 유의하도록 한다.
⑧ 공해방지를 고려한 운전(교통 환경에 친화적인 운전)을 하도록 한다.

(2) 도로주행교육 시 사고예방을 위한 유의사항
① 항상 기능강사 스스로가 핸들을 잡고 있는 이상의 주의력과 긴장을 유지하도록 하여야 한다.
② 교통의 흐름이 장내기능교육장과 다르고 다른 교통의 예상치 못한 움직임을 미리 인식하여야 한다.
③ 지시나 보조조작의 시기가 늦지 않도록 항상 대비하는 자세를 가져야 한다.
④ 교육생의 운전능력을 과신해서는 안 된다. 교육생은 강사에게 의존하고 있다는 심리상태를 잊어서는 아니 된다.
⑤ 노인, 어린이 및 자전거 등 교통약자에 대한 배려를 잊지 말아야 한다.
⑥ 교육시간 후반에 이르면 교육생은 정신적 피로가 쌓여 판단력이 둔화되어 있다는 사실을 염두에 두어야 한다.
⑦ 주행 중에는 필요한 지시·조언·주의는 교육생의 판단이나 조작에 방해가 되지 않도록 그 시기를 잘 선택하여야 한다.
⑧ 교육과 관계없는 잡담이나 농담 또는 심리적 압박을 일으키는 지시 등으로 교육생의 정신적 안정성을 해치는 일이 없도록 하여야 한다.

4 방어운전

(1) 방어운전이란 다른 운전자나 보행자의 행동 등에 관계없이 항상 스스로를 보호하고 지켜 사고를 미리 예방하는 운전방법을 말한다.

(2) 방어운전은 소극적인 운전방법이 아니라 자신의 생명은 물론 타인 생명도 동시에 지킬 수 있는 적극적인 운전방법이다.

(3) 최근 좌석안전띠나 에어백 등 여러 종류의 안전장치가 개발되고 있지만 절대적인 안전장치는 없다는 것이 사실이다.

(4) 오늘날 교통상황은 한치 앞도 예상할 수 없음을 인식하고 스스로 대처하여 지키는 방어

운전을 생활화하지 않으면 안 될 것이다.

(5) 따라서 모든 운전자는 방어운전요령을 알아야 하며 전문학원 강사는 교육생에게 위험한 상황에 대비한 방어운전요령을 반복 교육하여 빠른 예측과 효과적인 대처로 사고를 당하거나 내지 않는 안전운전자가 되도록 하여야 할 것이다.

(6) **일반도로에서의 방어운전**
① 제동 시에는 여유 있는 자세로 **브레이크 페달을 여러 번 나누어 밟아** 뒤따르는 자동차가 알수 있도록 해야 하며 **급브레이크 사용을 삼간다.**
② 주행 중에는 앞차에 주의하면서 적어도 **전방 4대 내지 5대 정도의 교통상황까지** 살펴 앞차가 갑자기 정지하더라도 피할 수 있는 안전거리를 확보하여야 한다.
③ 대형화물자동차나 버스의 바로 뒤를 따라갈 때에는 전방의 교통상황을 알 수 없기 때문에 막연한 앞지르기는 삼가야 하고 **적당한 시기에서 바로 뒤를 따라가지 않도록 떨어져야 한다.**
④ 후방에서 자동차가 접근해 올 때에는 후사경을 보고, 뒤따르는 차의 움직임에 주의하면서 진행해야 한다. 뒤따르는 차가 앞지르기를 하려고 한다면 가급적 속도를 늦추는 등 **양보 운전하는 것이 좋다.**
⑤ 진로를 변경할 때에는 시간적으로 여유를 갖고 상대방이 잘 알 수 있도록 자신이 변경하고자 하는 방향을 신호하여 상대방이 그 신호를 이해했는지를 확인 후 정확한 순서에 의하여 서서히 변경하여야 한다.
⑥ 신호 없는 교차로를 통과할 때에는 좁은 도로에서 튀어나오는 차 등에 주의하면서 서행하고 좌우의 안전을 반드시 확인하여야 한다.
⑦ 횡단하는 보행자나 횡단중인 보행자가 있을 때에는 **반드시 일시정지** 하여야 한다.
⑧ 어린이가 부근에 있거나 공이 굴러오는 것이 눈에 띄면 뒤이어 어린이가 갑자기 달려 나오는 수가 있으므로 어린이와의 간격을 충분히 두고 서행 또는 일시정지한 후 안전을 확인하고 주행해야 한다.
⑨ 다른 차의 옆을 지나갈 때에는 다른 차가 급히 진로를 변경하여도 여유가 있을 정도의 충분한 간격을 두고 주행한다.

(7) **야간운행 시의 경우**
① 야간에는 자신의 위치를 분명히 알릴 수 있도록 **차폭등·미등·전조등을 켜고 운전하여야** 한다. 흔히 교차로 신호대기 중에 보면 자신의 전조등을 끄는 경우를 종종 보게 되는데 잘못된 운전방법이다.
② **야간에 졸음운전은** 음주운전보다 더 위험하기 때문에 주의하여야 한다.
③ 이 외에 운전자의 심신상태, 자동차 정비상태, 도로의 조건, 날씨상태 등에도 많은 영향을 미치기 때문에 주의하여야 한다.

제4장 적중출제예상문제

【문제 1】 기능교육의 기본적인 이념이라고 할 수 없는 것은?
① 안전운전자 양성을 위한 기능강사의 도덕성과 전문성의 연마
② 안전운전에 대한 지식과 기능을 갖춘 바람직한 교통사회인 육성
③ 면허취득이 주목적이므로 한번에 합격할 수 있는 방법의 교육
④ 남에게 폐를 끼치지 않고 양보와 배려할 줄 아는 교통예절의 체질화교육

【문제 2】 자동차운전 전문학원 기능교육의 목적이다. 적절하지 못한 것은?
① 안전하고 바람직한 운전자 양성
② 운전면허시험 합격 위주의 교육
③ 바른 운전예절을 갖춘 교통사회인으로 육성
④ 다른 운전자와 보행자를 배려할 줄 아는 교통예절의 고취

【문제 3】 강사가 건전한 교통문화를 정착시키기 위하여 가장 먼저 선행되어야 할 사항은?
① 운전면허시험합격을 위하여 운전기능에 대한 중점교육
② 운전면허시험에 합격할 수 있도록 교통법령의 암기교육
③ 안전운전에 대한 지식과 운전기능을 갖춘 교통사회인이 되도록 하는 교육
④ 정상적인 운전에 지장이 없는 체격조건을 구비시키기 위한 교육

【문제 4】 바람직한 운전자 양성을 위하여 강사에게 가장 중하게 요구되는 것은?
① 청렴성과 정직성
② 용감성과 대담성
③ 공평성과 획일성
④ 도덕성과 전문성

【문제 5】 기능교육을 담당하는 강사가 갖추어야 할 마음가짐이다. 옳지 못한 것은?
① 전문성을 가져야 한다.
② 책임감과 사명감을 가져야 한다.
③ 도덕성을 가져야 한다.
④ 면허시험 합격에만 집착하여야 한다.

【문제 6】 기능교육이 체계적으로 이루어져야 하는 이유이다. 가장 적절한 것은?
① 운전면허시험에 단 한 번에 합격할 수 있도록 하기 위하여
② 일정한 교육과정을 단계적으로 상호 관련시켜 최종목표에 도달하기 위하여
③ 교육생의 운전습득능력에 따라 일부 과목을 생략하기 위하여
④ 혼잡도로에서 요령 있게 빨리 빠져나갈 수 있는 기술을 습득하기 위하여

【문제 7】 기능교육의 효과를 거두기 위하여 실시하는 계획적인 교육방법은?
① 정해진 교육과정에 따라 단계적으로 실시하는 교육
② 수강생이 원하는 경우는 이론을 생략하고 기능위주로 실시하는 교육
③ 모든 교육은 수강생이 원하는 대로 실시하는 교육
④ 기능강사와 수강생이 협의하여 필요한 내용만 실시하는 교육

정답 【1】③ 【2】② 【3】③ 【4】④ 【5】④ 【6】② 【7】①

【문제 8】 개인차에 따른 기능교육의 숙달속도와 소요시간 관계를 4가지 유형으로 분류한 것이다. 맞지 않는 것은?
① A형 – 순조로운 발전형
② B형 – 급속히 발전 후 도중 침체형
③ C형 – 완만한 발전형
④ D형 – 처음과 끝이 일정한 형

【문제 9】 개인차에 따른 기능교육의 숙달속도와 소요시간 관계를 4가지 유형으로 분류한 것이다. 맞지 않는 것은?
① 젊고 원만한 성격을 가진 사람은 교육시간 경과에 따라 숙달속도가 꾸준히 향상된다.
② 급한 성격의 젊은이는 처음에는 급격히 숙달되다가 한계에 이르면 침체된다.
③ 여자는 교육시간에 비하여 숙달속도가 느리나 나중에는 빨라진다.
④ 나이 많은 사람은 처음에는 숙달속도가 매우 느리나 익숙해지면 급속히 향상된다.

【문제 10】 기능교육목표수준 도달까지의 소요시간 차가 가장 두드러지게 나타나는 요인은?
① 직업과 성격   ② 성별과 연령   ③ 학력과 직업   ④ 연령과 성격

【문제 11】 젊고 착실한 사람이 기능교육목표 도달까지 소요시간과 숙달속도는 어떻게 나타나는가?
① 교육시간 경과에 따라 숙달속도가 꾸준히 향상된다.
② 처음에는 숙달속도가 급격히 향상되지만 한계에 이르면 침체된다.
③ 교육시간에 비하여 숙달속도가 느리거나 일정하지 않다
④ 처음에는 숙달속도가 매우 느리나 익숙해지면 급속히 향상한다.

【문제 12】 급한 성격의 젊은이는 기능교육목표 도달까지 소요시간과 숙달속도가 어떻게 나타나는가?
① 순조로운 발전을 한다.
② 한 걸음씩 서서히 능숙하게 된다.
③ 처음에는 급속히 발전하나 어느 한계에 이르면 침체된다.
④ 처음에는 진도가 느리나 노력해서 차에 익숙해지면 급속히 발전한다.

【문제 13】 기능교육의 소요시간에 따라 숙달정도가 처음에는 매우 느리나 익숙해지면 급속히 향상 되는 사람은?
① 젊고 원만한 성격을 가진 사람
② 성격이 급한 젊은이
③ 여성
④ 나이 많은 사람

【문제 14】 기능교육의 소요시간에 따라 숙달속도가 조금씩 서서히 향상되는 계층은?
① 젊고 원만한 성격을 가진 사람
② 성격이 급한 젊은이
③ 여성
④ 나이 많은 사람

정답 【8】④ 【9】③ 【10】② 【11】① 【12】③ 【13】④ 【14】③

【문제 15】 기능교육의 소요시간에 따라 숙달속도가 처음에는 급격히 향상되지만 한계에 이르면 침체되는 계층은?
① 젊고 원만한 성격을 가진 사람
② 성격이 급한 젊은이
③ 여성
④ 나이 많은 사람

【문제 16】 여성에 대한 기능교육 소요시간에 따라 나타나는 숙달속도의 현상은?
① 교육시간 경과에 따라 숙달속도가 꾸준히 향상된다.
② 처음에는 숙달속도가 매우 느리나 익숙해지면 급속히 향상된다.
③ 처음에는 숙달속도가 급격히 향상되지만 어느 한계에 이르면 침체된다.
④ 교육시간에 비하여 숙달속도가 느리거나 시간 경과에 따라 일정하지 않다.

【문제 17】 나이 많은 사람은 기능교육 소요시간에 따라 숙달속도가 어떻게 나타나는가?
① 처음에는 급속히 발전하나 도중에 교육이 침체되는 현상을 보인다.
② 처음에는 진도가 느리나 노력하여 차에 익숙해지면 급속히 향상한다.
③ 조금씩 서서히 향상되다가 시간의 경과에 따라 일정하지 않게 된다.
④ 기능교육시간이 경과함에 따라 숙달되는 속도도 꾸준히 향상된다.

【문제 18】 여성운전자의 특성 중 장점을 설명한 것으로 틀린 것은?
① 성격이 섬세하므로 사람의 생명에 대한 관심이 높다.
② 항상 안전운전을 함으로 대형교통사고에 노출되지 않는다.
③ 운동신경이 발달하여 위급상황에 대처능력이 빠르다.
④ 비교적 교통법규를 잘 지키는 편이다.

【문제 19】 초보운전자인 여성운전자의 일반적 특성 중 단점을 설명한 것이다. 다른 것은?
① 성격이 섬세하고 불안의식이 강하여 법규를 준수하려는 의식이 높다.
② 위험한 상황을 회피하거나 피해를 최소화하기 위한 반응 동작이 둔하다.
③ 돌발적인 사태에 직면했을 때 판단하는 능력이 남성보다 낮다.
④ 여성의 경우가 일반적으로 남성보다 운전속도가 느리다.

【문제 20】 우리나라 여성운전자가 남성운전자와 다른 일반적 특징이다. 아닌 것은?
① 대형교통사고 발생률이 높다.
② 돌발 상황에 대비하는 판단능력과 반응 동작이 둔하다.
③ 성격이 섬세하고 불안의식이 강하여 안전운전의식이 높다.
④ 속도가 느리기 때문에 교통상 장애를 유발하기도 한다.

【문제 21】 기능교육에 있어서 기본적 유의사항이 아닌 것은?
① 계획적인 교육
② 교육생의 원에 따른 교육
③ 명확한 지도와 조언
④ 개인차를 고려한 교육

정답 【15】② 【16】④ 【17】② 【18】③ 【19】① 【20】① 【21】②

【문제 22】 여성운전자의 효과적인 기능교육을 위하여 고려할 사항이다. 틀린 것은?
① 여성에 대한 특징, 운전지식 이해도 등을 고려한 교육 실시
② 남녀 차별 없이 공평하고 획일적으로 교육 실시
③ 교육목표 달성을 위하여 단계적으로 상호 관련된 계획적인 교육
④ 여성의 운전기능에 대한 자신감 정도를 파악하여 뒤떨어지는 부분 보완

【문제 23】 기능교육의 명확한 지도와 조언방법이다. 아닌 것은?
① 자동차부품의 명칭과 기능 등을 간결하고 구체적으로 설명한다.
② 필요 시 실물을 보여주고 기능을 이해하도록 설명한다.
③ 어려운 기계적인 설명을 이해할 때까지 장황하게 설명한다.
④ 가능하면 일상생활과 관련된 현상과 비교하여 쉽게 설명한다.

【문제 24】 기능교육의 명확한 지도와 조언방법이다. 가장 옳은 것은?
① 간결하고 구체적이며 부드럽게 설명한다.
② 장황하게 깊이 있게 설명한다.
③ 감정적으로 지시하거나 조언을 한다.
④ 처음 자동차를 대하기 때문에 대충 설명하고 익숙해지면 자세히 설명한다.

【문제 25】 기본원칙에 의한 기능교육실시방법이다. 틀린 것은?
① 반드시 이론을 설명한 후 그것을 교육생이 실습해 보는 순서로 행한다.
② 기초적인 이론과 실습에서부터 시작하여 단계적으로 실시한다.
③ 안전운전을 위하여 교육생의 조그마한 운전행동에도 주의를 기울여 지도한다.
④ 교육생의 숙달속도가 다르기 때문에 교육생의 요구에 따라 지도한다.

【문제 26】 교육생의 교육효과를 향상시키기 위한 방법으로 가장 옳은 것은?
① 교육생의 자유로운 행동을 묵인하는 등 방임적인 방법으로 교육한다.
② 교육생의 작은 운전행동에 이르기까지 주의 깊게 관찰하면서 지도하여야 한다.
③ 강사가 좋아하는 교육생을 기준으로 하여 교육한다.
④ 교육생에게 강사의 권위를 내세워 엄격하게 지도한다.

【문제 27】 기능교육의 반복적 연습실시방법으로 맞지 않는 것은?
① 이론을 바탕으로 실제적인 운전조작을 반복 실시하여 몸에 익히도록 한다.
② 교육생의 운전조작행동 중 결함을 파악하여 반복적으로 교정 지도한다.
③ 반복교육이란 단순한 반복적 운전행동을 의미한다.
④ 반복연습은 의식적인 조작행동에서 무의식적 조작행동으로 숙달되는 것이다.

【문제 28】 기능교육의 반복적 교정교육 실시과정의 올바른 순서는?
① 조작요령 설명 – 조작행동 관찰 – 결함파악 – 원인탐구 – 교정지도
② 조작요령 설명 – 조작행동 관찰 – 원인탐구 – 결함파악 – 교정지도
③ 조작요령 설명 – 조작행동 관찰 – 교정지도 – 원인탐구 – 결함파악
④ 조작요령 설명 – 결함파악 – 조작행동 관찰 – 원인탐구 – 교정지도

정답 【22】② 【23】③ 【24】① 【25】④ 【26】② 【27】③ 【28】①

【문제 29】 기능교육의 효과적 교육방법이다. 가장 옳은 것은?
① 반복적 교육보다 진도에 충실한 교육이 가장 효과적이다.
② 실기를 바탕으로 한 이론의 반복적 교육이 효과적이다.
③ 실기만을 바탕으로 한 반복적 교육이 가장 효과적이다.
④ 이론을 바탕으로 한 실기의 반복적 교육이 효과적이다.

【문제 30】 기능교육에 임하는 기능강사의 바람직한 자세이다. 아닌 것은?
① 기초적인 이론을 설명한 후 기능실습을 하는 등 기본원칙에 의한 교육을 한다.
② 교육생의 성격, 성별, 연령 등 개인차에 따른 적절한 교육을 한다.
③ 자동차 부품의 명칭 등은 장황하고 깊이 있게 설명한다.
④ 적절한 엄격함도 안전운전을 위함이라는 인상을 심어주면 효과가 있다.

【문제 31】 반복적인 기능교육을 통하여 나타나는 연습효과를 설명한 것이다. 틀린 것은?
① 기능교육의 효과는 양적진보와 질적진보 두 가지로 구분할 수 있다.
② 양적인 진보는 주행거리, 운전조작 실수횟수, 코스통과여부 등 기능향상정도를 말한다.
③ 질적인 진보는 숙련정도에 따라 미숙련기, 반숙련기, 숙련기 등으로 구분된다.
④ 질적인 진보는 겉으로 들어나나 양적인 진보는 자신도 느끼기 어렵다.

【문제 32】 기능교육결과 나타나는 효과의 양적진보 5단계를 순서대로 바르게 나열한 것은?
① 사전학습단계-진보정체단계-급격한 진보단계-진보향상단계-원숙한 진보단계
② 사전학습단계-진보향상단계-진보정체단계-급격한 진보단계-원숙한 진보단계
③ 사전학습단계-진보정체단계-진보향상단계-급격한 진보단계-원숙한 진보단계
④ 사전학습단계-급격한 진보단계-진보정체단계-진보향상단계-원숙한 진보단계

【문제 33】 기능교육결과 나타나는 효과의 양적진보를 단계별로 설명한 것이다. 틀린 것은?
① 사전학습단계는 운전기능에 무지하거나 자동차 관련 서적을 통해 일부지식을 익힌 단계
② 진보향상단계는 운전연습의 초기단계로 운전석에 앉는 자세와 운전조작습관의 형성단계
③ 진보의 정체단계는 운전연습의 능률이 오르지 않는 단계
④ 원숙한 진보단계는 정체단계를 극복하고 급진전상태에 돌입하는 단계

【문제 34】 기능교육효과의 양적진보단계 중 정체를 극복하고 급진전하는 단계는?
① 진보향상단계(제2단계)
② 진보정체단계(제3단계)
③ 급격한 진보단계(제4단계)
④ 원숙한 진보단계(제5단계)

【문제 35】 기능교육효과 중 생리적, 기계적 한계에 도달하여 눈에 보이는 진보가 적은 단계는?
① 원숙한 진보단계
② 진보정체단계
③ 진보향상단계
④ 급격한 진보단계

정답 【29】④ 【30】③ 【31】④ 【32】② 【33】④ 【34】③ 【35】①

【문제 36】 기능교육의 양적진보 중 운전기능의 질적진보가 양적진보를 따라가지 못하는 단계는?
① 제2단계의 진보향상단계　　　　② 제3단계의 진보정체단계
③ 제4단계의 급격한 진보단계　　　④ 제5단계의 원숙한 진보단계

【문제 37】 기능교육효과의 진보단계 중 진보의 정체가 일어나는 이유이다. 아닌 것은?
① 연습방법의 잘못　　　　　　　② 계속적인 장시간 연습으로 피로의 누적
③ 반복연습에 대한 싫증　　　　　④ 기능의 양적진보가 질적진보에 못 미침

【문제 38】 기능교육효과의 양적진보단계 중 진보정체단계에서 정체현상을 극복하는 방법으로 잘못된 것은?
① 진보향상단계에서 다시 시작　　② 연습에 대한 강사의 격려
③ 적절한 휴식　　　　　　　　　④ 운전동작의 개선

【문제 39】 연습효과 중 겉에서 쉽게 알 수 있도록 드러나는 양적 진보는 몇 단계로 구분하는가?
① 5단계　　② 4단계　　③ 3단계　　④ 6단계

【문제 40】 기능교육의 연습효과가 겉으로 드러나지 않고 자신도 느끼지 못하는 진보는?
① 양적 진보　　② 급속진보　　③ 질적 진보　　④ 반복진보

【문제 41】 연습효과 중 양적진보단계로 운전조작의 중요한 시기에 해당되며 수강생의 의욕과 시간적 흐름에 따라 급속한 진보의 향상이 보이는 단계는?
① 1단계(사전학습단계)　　　　　② 2단계(진보향상단계)
③ 4단계(급격한 진보단계)　　　　④ 5단계(원숙한 진보단계)

【문제 42】 연습효과 중 양적진보단계로 교육생마다 정도의 차이는 있을 수 있지만 잠재적인 학습이 이루어진 상태에 해당하는 단계는?
① 제1단계 : 사전학습단계　　　　② 제2단계 : 진보향상단계
③ 제3단계 : 진보의 정체단계　　　④ 제4단계 : 급격한 진보단계

【문제 43】 연습효과 중 양적진보단계로 전문학원 교육시간 중에는 도달하기 어려운 단계는?
① 제2단계 : 진보향상단계　　　　② 제3단계 : 진보의 정체단계
③ 제4단계 : 급격한 진보관계　　　④ 제5단계 : 원숙한 진보단계

【문제 44】 기능교육효과의 양적인 진보와 질적인 진보를 설명한 것이다. 틀린 것은?
① 질적인 진보는 숙련정도에 따라 구분된다.
② 질적인 진보는 겉으로 드러나지 않고 본인도 쉽게 알 수 없다.
③ 양적인 진보는 기능향상의 정도를 나타낼 수 있다.
④ 양적인 진보는 겉으로 드러나지 않아 잘 알 수 없다.

정답　【36】②　【37】④　【38】①　【39】①　【40】③　【41】②　【42】①　【43】④　【44】④

【문제 45】 기능교육효과의 질적진보 중 미숙련기에 해당하는 것은?
① 운전동작이 느리고 끊어지며 어색하여 원활하게 연결이 되지 않는다.
② 의식적인 운전조작에서 무의식적인 조작으로 향상한다.
③ 각각의 동작이 연결되면서 어색한 동작과 불필요한 동작은 줄어들기 시작한다.
④ 기어변속을 할 때 일일이 기어레버를 눈으로 확인하는 동작이 생략된다.

【문제 46】 질적진보단계에서 미숙련기에 해당하는 운전동작이다. 아닌 것은?
① 엔진시동이 걸린 후에도 엔진 시동스위치를 계속 돌리고 있다.
② 클러치와 액셀레이터 페달의 조작동작이 고르지 않아 시동이 자주 꺼진다.
③ 운전 자세나 동작에 있어서 부드럽고 연결성이 있게 된다.
④ 방향지시등을 켜고 한참 후에 차로를 바꾸거나 켜놓은 채로 계속 주행하기로 한다.

【문제 47】 운전기능의 숙련정도를 나타내는 질적진보의 진보단계로 볼 수 없는 것은?
① 숙련기   ② 반숙련기   ③ 미숙련기   ④ 진보의 향상기

【문제 48】 기능교육효과의 연습곡선 중 고원상태(Plateau)에 대한 설명이다. 잘못된 것은?
① 고원상태를 극복해도 학습의 성과는 미미하다.
② 고원상태에 이르면 강사, 교육생 모두 싫증을 느끼고 비관적이다.
③ 고원상태란 운전연습시간을 늘려도 진보나 성과가 오르지 않는 상태이다.
④ 고원상태는 동기부여의 저하, 피로, 포화, 급격한 변화 등에 의하여 일어난다.
◉ 해설 고원상태를 극복하면 학습의 성과는 놀라울 정도로 비약적인 발전을 한다.

【문제 49】 기능교육 양적진보단계 중 중기의 제3단계(정체기)에 해당하는 내용으로 맞는 것은?
① 연습방법이 잘못되었거나 교육생이 반복연습에 싫증을 느낄 때 발생하는 단계이다.
② 운전석에 앉는 자세라든가 운전조작 습관이 형성되는 중요한 시기의 단계이다.
③ 기초적인 자동차 구조나 지식을 익히고 있는 시기에 해당하는 단계이다.
④ 정체를 극복하고 새로운 의욕과 함께 급격한 기능의 향상을 보이는 단계이다.

【문제 50】 기능교육 시 운전연습과 휴식은 어떻게 조정하는 것이 가장 능률적인 배분인가?
① 2시간 연습하고 1시간 휴식한다.   ② 1일 2시간씩 매일 연습한다.
③ 계속적으로 반복 연습한다.   ④ 1시간 연습하고 10분간 휴식한다.

【문제 51】 실험결과 운전연습과 휴식시간을 어떻게 배분하는 것이 가장 능률적으로 나타났는가?
① 2시간마다 30분간 휴식   ② 1시간마다 15분간 휴식
③ 1시간마다 10분간 휴식   ④ 3시간마다 30분간 휴식

【문제 52】 기능연습의 회수간격은 어떻게 조정하는 것이 가장 효과적인가?
① 1일 1시간 정도씩 매일 연습   ② 1일 2시간 정도씩 매일 연습
③ 1일 3시간 정도씩 매일 연습   ④ 1일 4시간 정도씩 매일 연습

정답 【45】① 【46】③ 【47】④ 【48】① 【49】① 【50】④ 【51】③ 【52】①

【문제 53】 연습방법에 있어 집중법에 대한 설명이다. 옳은 것은?
① 학습자의 준비도가 낮고 많은 노력이 필요할 때 효과적이다.
② 과거의 학습효과로 적극적인 전이가 용이한 경우에 효과적이다.
③ 연습의 초기단계일 때 효과적이다.
④ 자료가 길고 어려울 때 효과적이다.

【문제 54】 기능연습에 있어서 분습법과 집중법의 선택시기를 설명한 것이다. 맞지 않는 것은?
① 운전연습에서 진보의 향상단계와 진보의 정체단계에서는 분습법이 효과적이다.
② 운전연습에서 급격한 진보단계에서는 집중법이 효과적이다.
③ 운전연습의 회수간격은 분습법보다 집중법이 더 효과적이다.
④ 분습법은 운전연습을 하고 휴식시간에 자신의 나쁜 습관을 교정할 수 있다.

【문제 55】 기능강사가 도로주행교육 시 중점 지도해야 할 운전예절이다. 맞지 않는 것은?
① 교통법규를 지키는 마음자세
② 제동장치의 조작상태
③ 보행자의 보호
④ 다른 교통에 대한 양보와 배려

【문제 56】 기능강사가 초기연습단계에서 강조해야 할 운전예절이다. 틀린 것은?
① 운전면허는 운전을 허용한다는 뜻이며 안전을 보장하는 것이 아님을 인식시킨다.
② 도로는 모든 이용자의 공유공간이므로 자기중심적인 사고로 운전하도록 한다.
③ 교통법규는 안전규칙이며 서로간의 약속이므로 반드시 지킬 것을 강조한다.
④ 운전 중 우선순위가 애매한 때에는 양보하는 것이 최선임을 이해시킨다.

【문제 57】 기능강사가 운전예절교육을 실시함에 유의할 사항이다. 옳지 않은 것은?
① 기본조작단계에서 경미한 법규무시나 나쁜 습관은 지나치는 것이 더 효과적이다.
② 준법정신과 운전예절에 대하여 구체적인 사례를 들어 필요성을 이해시킨다.
③ 도로주행교육을 할 때 준법정신과 운전예절의 중요성을 강조하고 실천하도록 한다.
④ 기본조작단계에서 법을 무시하는 나쁜 습관에 대하여 엄격히 지적하여 시정토록 한다.

【문제 58】 기능강사가 도로주행교육 시 안전운전을 중점 지도해야 하는 이유이다. 잘못된 것은?
① 운전면허시험에 합격할 수 있는 요령을 최종 지도해야 하기 때문이다.
② 안전하고 바람직한 운전자양성을 위한 최종단계이기 때문이다.
③ 지금까지의 모든 과정이 실행되는 가장 중요한 종합운전과정이기 때문이다.
④ 정확한 운전조작은 물론 운전예절이 몸에 밴 안전운전자를 배출하기 위해서이다.

【문제 59】 기능강사가 도로주행교육 시 안전운전을 위하여 중점 지도할 사항이다. 잘못된 것은?
① 정상적인 교통을 방해하지 않는 원활한 운전
② 위험을 예측하는 운전
③ 복잡한 도로에서 빨리 빠져나갈 수 있는 운전기술
④ 예측하지 못한 돌발 상황이 발생하였을 때의 인지·판단·조작 능력지도

정답 【53】② 【54】③ 【55】② 【56】② 【57】① 【58】① 【59】③

【문제 60】 기능강사가 도로주행교육 중 교통사고방지를 위하여 유의할 사항이다. 틀린 것은?
① 기능강사가 스스로 핸들을 잡고 있는 이상의 주의력과 긴장을 유지한다.
② 구두지시나 보조 장치 조작시기가 늦어지지 않도록 빠른 조치를 강구한다.
③ 교통의 움직임과 흐름이 장내기능교육장과 같다는 것을 인식시킨다.
④ 도로상에서는 모든 차가 예상외로 빠른 속도로 움직인다는 것을 이해시킨다.

【문제 61】 기능강사가 도로주행교육 중 교통사고방지를 위하여 유의할 사항으로 잘못된 것은?
① 교육전반은 후반보다 정신적·신체적 피로가 쌓여 판단력이 떨어지므로 주의
② 주행 중 필요한 지시나 조언을 할 때는 운전에 방해되지 않도록 시기선택에 주의
③ 교육과 관계없는 잡담이나 지시 등은 집중력을 떨어트리므로 삼가도록 주의
④ 노인, 어린이, 자전거 등 교통취약요인에 대하여 특히 주의

【문제 62】 기능강사가 일반도로에서 방어운전에 대하여 중점 지도할 사항이다. 잘못된 것은?
① 급브레이크를 밟지 않는 여유 있는 운전을 하도록 한다.
② 버스 등 대형차의 뒤를 따를 때에는 멀리 떨어져 운전하게 한다.
③ 앞차와의 안전거리를 확보하고 4~5대 앞차의 상황까지 살피도록 습관화한다.
④ 브레이크를 밟을 때는 일시에 힘껏 밟아 브레이크등이 켜지도록 한다.

【문제 63】 방어운전에 대한 설명이다. 틀린 것은?
① 방어운전은 다른 차나 보행자의 행동으로부터 스스로를 보호하려는 운전방법이다.
② 방어운전은 소극적인 운전방법으로 자신은 물론 타인의 생명도 지키는 운전방법이다.
③ 모든 운전자는 방어운전요령을 익혀 사고를 내지 않고 당하지 않도록 해야 한다.
④ 좌석안전띠나 에어백 등의 안전장치도 자신의 생명을 완전하게 지켜주지 못한다.

【문제 64】 기능강사가 일반도로에서 방어운전에 대하여 중점 지도할 사항이다. 아닌 것은?
① 버스 등 대형차의 바로 뒤에서 급차로 변경이나 앞지르기를 삼가도록 한다.
② 뒤에서 차가 접근할 때에는 후사경을 통해 뒤차의 움직임에 주의하도록 한다.
③ 뒤차가 앞지르기를 시도할 때에는 위험하므로 앞지르기하지 못하게 한다.
④ 진로변경 시 방향지시등을 켜고 상대방의 인식여부를 확인 후 서서히 변경토록 한다.

【문제 65】 기능강사가 일반도로에서 방어운전에 대하여 중점 지도할 사항이다. 틀린 것은?
① 녹색신호에 튀어나오는 차나 보행자에 대비하여 안전을 확인 후 운행토록 한다.
② 공이 굴러오면 어린이가 갑자기 뛰어나오는 경우가 있으니 대비토록 한다.
③ 신호 없는 교차로에서 갑자기 달려 나오는 차에 대비하여 서행토록 한다.
④ 횡단보도를 횡단하는 보행자가 있는 경우 서행하도록 한다.

【문제 66】 기능강사가 야간운전 시 방어운전에 대하여 중점 지도할 사항이다. 잘못된 것은?
① 야간에 졸음운전은 음주운전보다 더 위험하니 주의하도록 한다.
② 마주 오는 차가 하향등을 켜고 접근할 때에는 반드시 일시정지토록 한다.
③ 신호 없는 교차로 통과 시는 전조등 불빛을 변환하여 자신의 존재를 알리도록 한다.
④ 커브길에서 상대방의 전조등불빛을 보면 서행 또는 일시정지토록 한다.

정답 【60】③ 【61】① 【62】④ 【63】② 【64】③ 【65】④ 【66】②

제5장 기능교육의 실제

기능교육이란 운전기능을 일정한 목표 수준까지 도달시키기 위하여 지도와 연습으로 몸에 익히게 하는 교육과정이다. 따라서 운전에 필요한 지식을 충분히 이해시키고 이것을 기능에 반영시켜 운전자가 일일이 의식하지 않아도 운전조작이 될 수 있도록 반복하는 교육을 말한다.

제1절 기능교육 4단계 교육법

기능교육시간은 1시간을 50분으로 하고 미리 교육할 내용과 순서를 정하여 계획적으로 실시해야 한다. 계획적인 교육을 위해서는 도로교통법시행규칙에 따라 단계적으로 교육하는 것이 가장 효과적이다.

4단계 교육법은 학습을 합리적인 순서 또는 단계를 밟아 실시하는 것을 말하고 그 내용은 제1단계는 **교육의 준비**, 제2단계는 **교육내용과 조작의 설명**, 제3단계는 **실질지도**, 제4단계는 **효과의 확인과 보충지도**의 순으로 되어 있다.

이 4단계 교육법은 진도가 순조로운 교육생에게 적용되는 일반적인 방법에 해당되며, 교육생의 능력이나 성격, 진도 등의 개인차에 따라 적정단계의 생략이나 시간의 배분 등을 기능강사가 조절하여 진행할 수 있다.

1 제1단계 기능교육의 준비단계

이 단계에서는 교육생에게 자동차운전연습에 들어갈 마음의 준비를 갖추게 함과 동시에 교안의 결정, 단계별 시간의 배분 등, 효과적인 기능교육을 위한 준비단계로 다음 사항에 유의하여 실시한다.

(1) 교육에 맞는 환경조성

교육초기의 교육생은 운전에 대한 긴장감과 공포를 갖는 경우가 많기 때문에 친해지기 쉬운 말이나 가벼운 인사로 부드러운 분위기를 만들어 교육생이 배우기 쉽고 강사가 가르치기 쉬운 환경을 만드는 일이다.

(2) 운전기능의 수준 확인

운전기능에 필요한 이론을 어느 정도 알고 있는지, 실제 운전기능에 어느 정도 도달해 있는지를 질문하는 등 교육생의 기능정도를 확인한 후 앞으로의 교육을 결정한다.

(3) 교안의 결정

앞으로 어떠한 방법으로 지도할 것인가 하는 교안은 앞서 언급한 계획적인 교육방법에 따르되, 교육생의 기능정도와 관련해서 무리 없고 효과적인 교육이 될 수 있는 교안을 적용하도록 해야 한다.

2 제2단계 교육내용 및 조작설명단계

이 단계에서는 제1단계에서 학습의욕을 갖게 했으므로 기능강사의 교육내용이나 운전조작방법을 설명하여 수강생의 흥미와 관심을 유지하고 고조시키는 단계로 다음과 같은 점에 유의하여 실시한다.

(1) 학습내용과 조작에 대한 설명은 교육생에게 의욕과 자신감을 주는 방향으로 배려하여야 한다.

(2) 운전조작에 대한 내용을 가르칠 때에는 흥미를 유발할 수 있도록 설명하여야 한다.

(3) 도입에 의해 흥미를 주었다면 교육의 구체적 내용을 설명하고 목표를 분명히 정해 주어야 한다.

(4) 설명은 정확한 순서로 알기 쉽게 해야 하며, 특히 운전조작의 순서는 시범을 보이면서 반복하여 설명하여야 한다.

(5) 운전조작의 가장 중요한 핵심과 요점을 반드시 설명하고「이것만은 꼭 알아 두어야 한다.」라고 그 중요성을 강조하여야 한다.

(6) 설명은 간결하게 하고, 한번에 모든 것을 설명할 것이 아니라, 적절히 구분하여 이해시키고 생각하게 하면서 실제조작을 머릿속에 연상하도록 하여야 한다.

3 제3단계 실질지도단계

이 단계는 제2단계에서 설명한 교육내용을 실제로 현장에서 지도하는 단계이며 기능교육의 핵심단계이다. 이 단계에서는 실제 운전조작의 반복교육을 통하여 잘못된 조작이나 방법 등을 교정하여 나아가야 한다. 교육실시에 유의사항은 다음과 같다.

(1) 정확한 순서에 따라 조작의 요점을 강조하면서 교육하여야 한다.

(2) 처음부터 능숙하게 할 수 없기 때문에 실수나 잘못 등은 질책할 것이 아니라, 그때 그때 따뜻한 태도와 배려있는 말로 교정해 나가야 한다.

(3) 반복연습은 단순한 조작의 되풀이로 끝나게 하지 말고 조작의 기본에서 응용하는 쪽으로 점차 수준을 높여 나가야 한다.

제5장 기능교육의 실제

(4) 잘된 점은 칭찬하여 다음 단계의 연습의욕을 높이도록 하고 잘못된 점은 격려와 부드러운 조언으로 연습의욕이 저하되지 않도록 배려하여야 한다.

4 제4단계 효과의 확인 및 보충지도단계

이 단계는 기능교육의 마무리단계로서 교육효과를 측정하고 확인한다. 만약 교육목표에 도달하지 못했거나 미흡한 점이나 결함의 교정이 충분하지 않은 경우에는 추가로 보충교육을 하여야 한다. 이 단계에서는 특히 다음사항에 유의하여야 한다.

(1) 교육생의 기능도달정도를 본인에게 알려주고 연속하여 2~3회의 운전조작 실기를 관찰하여 객관적으로 판정한 후 잘된 점과 잘못된 점은 무엇이며 고쳐야할 점은 무엇인지를 사실대로 지적하여 교육생이 스스로 느끼고 고쳐갈 수 있도록 하여야 한다.

(2) 추가보충지도는 초기단계에서는 많은 시간을 할애하고 점차적으로 줄여나간다.

(3) 추가보충지도에서도 완전히 고칠 수 없는 점은 별도로 기록을 남기고 계속하여 보완할 수 있도록 하여야 한다.

(4) 마지막 종료단계에서는 비록 실수나 잘못한 점이 많다하더라도 잘된 점은 칭찬하고 격려하여 본인 스스로 보충연습과 다음단계의 새로운 기능교육에서 연습의욕을 갖도록 하고 웃는 얼굴로 교육을 마무리하여야 한다.

(5) 교육생의 기능교육결과가 좋지 않을 때에는 기능강사 자신의 교육방법이나 내용 또는 개인차에 따른 적용이 잘못되거나 부족한 점이 없었는지 겸허하게 반성하여 다음교육에 반영될 수 있도록 연구 노력하여야 한다.

제2절 교육계획의 운용

기능교육에서 가장 중요한 것은 개개인의 기능강사가 학습의 기본이념을 기초로 교육계획을 어떻게 활용하면서 교육할 것인가 하는 것을 연구·검토하여야 한다.

기능강사는 계획적이고 단계적인 기능교육을 위해서는 교육반별 교육시간과 교육과목 및 교육내용에 따라 적정한 교육이 이루어지도록 교육계획을 작성하여야 한다.

기능교육의 목표는 운전면허시험 합격에도 있지만 우수한 운전자를 육성함에 있기 때문에 운전에 필요한 전반적인 기능을 교육생들이 효과적으로 몸에 익힐 수 있도록 노력하여야 한다.

1 기능교육의 통일된 지도

동일한 기능을 가르치면서도 A기능강사와 B기능강사의 교육방법이나 설명 등에 차이가 있거나, 기능강사의 개인적인 경험과 상식만으로 교육을 실시한다면 문제가 아닐 수 없다. 중요한 것은 누가 언제 어떠한 기능교육 항목을 담당하더라도 교육생의 진도와 이후의 교육방향을 항상 파악하고 순조로운 진행이 되어야 한다는 점이다. 따라서 기능강사의 교육계획은 통일되어야 하고 이를 위해서는 다음과 같은 사항이 고려되어야 한다.

(1) 교육계획은 내용과 진행방법 등의 통일을 기하기 위하여 전문학원 내에서 기능강사들 간의 교양훈련, 토론, 회의 등 정기적인 모임을 갖도록 하여야 한다.

(2) 교육계획은 교과서를 중심으로 하여 구체적으로 명시하고 학과교육계획과의 균형 및 일체화를 배려한 것이어야 하며, 모든 강사가 그 내용을 정확히 알고 이해하여야 한다.

(3) 기능강사의 교안은 교육생의 개인차와 진도 등에 맞추어 적정하게 작성되어야 한다.

2 교육진도 및 성숙도의 확인

기능교육은 각 교육항목을 독립적으로 교육하는 것이 아니라, 상호 유기적으로 연결시켜 기능교육 회수의 누적에 따라 필요한 수준에 도달하도록 한 것이기 때문에 단위시간 내의 연습목표를 너무 무리하게 잡지 말고 **기능목표를 80% 범위 내에서 정하는 것이 바람직하다.**

교육생의 기능성숙도의 판단은 담당 기능강사의 판단이 크게 작용하기 때문에 주관적인 판단에 사로잡히지 말고 객관적인 입장에서 판단하여야 한다. 따라서 평소에 기능강사들 간에도 이러한 판단기준의 범위를 벗어나지 않도록 의견교환 등을 할 필요가 있다.

기능강사가 교육종료 후 수강증의 교육확인란에 날인하는 것은 교육생의 기능교육성숙도와 교육의 진도상황을 확인하는 의미가 있다할 것이다.

3 기능교육 후의 강평과 기록

기능교육 후 실시하는 강평은 다음 세 가지 목표가 있다.

(1) 기능교육시간에 실시한 항목, 순서, 연습시간 등을 교육생에게 쉽게 확인시킬 수 있다.

(2) 교육항목마다 습득한 항목과 불충분한 항목을 확실히 구분하여 확인시킬 수 있고 불충분한 항목은 그 원인을 구체적으로 이해시킬 수 있다.

(3) 불충분한 항목의 복습에 대해서는 주의사항을 구체적으로 설명하고 기록하여 다른 기능강사가 담당하더라도 기능의 혼동이나 중복됨이 없이 다음 단계 기능교육이 이루어질 수 있도록 한다.

4 보충교육

(1) 교육생의 운전능력이 불완전한 경우에는 다음 사항을 충분히 이해시킨 후 보충교육을 실시한다.

① 교육과정에서 정한 교육시간은 기능교육에 필요한 최소한의 시간이며 운전능력이 부족한 경우 당연히 보충교육을 실시하여 완벽한 기능을 익혀야 한다는 점을 이해시킨다.
② 보충교육은 완전하지 못한 운전기능을 바로 잡는 교육이므로 불필요한 것이 아니라 완전한 운전기능을 익히기 위하여 절대 필요한 교육이라는 점을 이해시킨다.
③ 불완전한 과정에서 다음과정으로 진행하면 제대로 교육이 이루어질 수 없을 뿐 아니라 시간만 낭비하게 된다는 사실을 이해시킨다.
④ 보충교육을 하지 않고 다음 과정으로 진행하면 잘못된 운전행태가 습관으로 굳어져 지금보다 더 진도가 늦어진다는 사실을 이해시킨다.

(2) 교육생의 기능숙달이 완전하지 못한 것은 반드시 어떤 원인이 있으며 이를 모두 교육생에게 돌리거나 무책임하게 방치하는 일이 없도록 하여야 하며 빠른 시간 내에 교정하여 숙달시키는 일이 기능강사로서 해야 할 의무임을 명심하여야 한다.

제3절 전문학원의 기능교육

전문학원의 기능교육은 장내기능교육과 도로주행기능교육으로 구분하여 실시한다. 장내기능교육은 기본조작과 응용주행으로 다시 나누어지는데 면허종별에 따라 약간의 차이가 있다.

전문학원에서 실시하는 면허종별 교육은 제1종 보통(연습)면허 및 제2종 보통(연습)면허 교육이 기본이지만, 제1종 대형, 제1종 특수면허(대·소형견인차, 구난차), 제2종 소형면허코스 시설이 되어 있는 전문학원에서는 이에 대한 교육도 실시하고 있다.

전문학원의 기능교육 및 도로주행교육은 1일 최대 4시간을 초과할 수 없고, 각각 3개월 이내에 교육을 수료하여야 하고, 기능교육시간은 1시간을 50분으로 한다. 다만, 아래 표의 교육시간은 최소 교육시간이므로 전문학원의 운영 등에 관한 원칙이 정하는 바에 따라 최소교육시간 이상의 교육을 할 수 있다.

기능 교육과목 및 교육시간과 교육내용을 살펴보면 다음과 같다.

1 장내기능교육

(1) **장내기능교육 과목 및 교육시간** (규칙제106조제1항, 별표32)

교육과목	면허종별	보통(연습)면허	대형면허, 대형견인차면허 및 구난차면허	소형견인차 면허	소형면허	원동기장치 자전거면허
기능교육	기본조작	4시간	5시간	2시간	5시간	4시간
	응용주행		5시간	2시간	5시간	4시간
	소계	4시간	10시간	4시간	10시간	8시간

① 위 표의 교육시간은 최소교육시간이므로 해당 전문학원의 운영 등에 관한 원칙이 정하는 바에 따라 최소교육시간 이상의 교육을 할 수 있다.
② 기능교육 및 도로주행교육은 위 표에서 정한 시간 이상의 교육을 실시함을 원칙으로 하되, 다음 각 호의 경우에는 예외로 할 수 있다.
   ㉮ 제2종 보통면허소지자(자동변속기 제외)가 제1종 보통면허를 취득하려는 경우에는 위 표에서 정한 각 단계별 시간의 **최소 1/2 이상 실시한 경우 수료한 것으로 본다.**
   ㉯ 원동기장치자전거면허 소지자가 제2종 소형운전면허를 취득하려는 경우에는 위 표에서 정한 각 단계별 시간의 **최소 1/2 이상 실시한 경우 수료한 것으로 본다.**
   ㉰ 제1종 또는 제2종 운전면허(제2종 소형면허 및 원동기장치자전거면허는 제외한다)를 받은 사실이 증명되는 사람이 제1종 또는 제2종 운전면허를 받으려는 경우의 기능교육은 영 제60조제2항 및 영 제66조제1항에 따른 학원의 운영 등에 관한 원칙이 정하는 범위에서 학감 또는 설립·운영자가 자율적으로 실시한다.
   ㉱ 보통(연습)면허의 기능교육시간과 도로주행교육시간은 전문학원의 설립, 운영자가 교육생과 협의하여 자율적으로 정할 수 있다. 다만 기능교육과 도로주행교육을 각각 **4시간 이상, 모두 합하여 총 10시간 이상 교육하여야 한다.**
③ 교육시간은 **50분을 1시간으로 하되, 1일 교육생 1명당 교육시간은 4시간을 초과하지 않아야 한다.**

(2) 전문학원의 교육과정별·단계별 교육내용
① **제1종 보통(연습)면허 및 제2종 보통(연습)면허**
   ㉮ 제1단계(1교시~3교시) : 운전장치 조작, 차로준수, 돌발시 급제동, 경사로, 직각주차, 교차로 통과, 가속요령 등
   ㉯ 제2단계(4교시) : 1단계 교육과정에 대한 종합적인 운전
② **제1종 대형면허**
   ㉮ 제1단계(1교시~5교시) : 운전장치조작, 경사로 운전, 모퉁이 통행, 방향전환, 기어변속능력, 평행주차 요령, 돌발상황 대응 요령, 엔진 시동상태 유지 등
   ㉯ 제2단계(6교시~10교시) : 1단계 교육과정에 대한 종합적인 운전
③ **제1종 특수면허 중 대형견인차 및 구난차**
   ㉮ 제1단계(1교시~5교시) : 운전장치 조작, 피견인차 연결 및 분리방법, 전·후진요령(구난차의 경우 굴절·곡선 통과요령)
   ㉯ 제2단계(6교시~10교시) : 방향전환요령, 주차요령 등
④ **제1종 특수면허 중 소형견인차**
   ㉮ 제1단계(1교시~3교시) : 운전장치조작, 방향전환, 굴절코스, 곡선통과, 전후진 요령

㈏ 제2단계(4교시) : 1단계 교육과정에 대한 종합적인 운전
⑤ 제1종 소형면허
㉮ 제1단계(1교시~5교시) : 운전장치조작 · 경사로 운전, 모퉁이 통행, 방향전환, 기어변속능력, 평행주차요령 · 돌발상황 대응요령 · 엔진시동상태 유지 등
㈏ 제2단계(6교시~10교시) : 1단계 교육과정에 대한 종합적인 운전
⑥ 제2종 소형면허
㉮ 제1단계(1교시~5교시) : 이륜자동차 취급방법, 굴절 · 곡선 · 좁은 길 코스 통과요령, 연속진로전환코스 통과요령, 시동상태 유지 등
㈏ 제2단계(6교시~10교시) : 교육과정에 대한 종합운전
⑦ 원동기장치자전거면허
㉮ 제1단계(1교시~4교시) : 원동기장치자전거 취급방법, 굴절 · 곡선 · 좁은 길 코스 통과요령, 연속진로전환코스 통과요령, 시동상태 유지 등
㈏ 제2단계(5교시~8교시) : 교육과정에 대한 종합운전

(3) 전문학원의 장내기능 교육방법
① 동승교육 : 1단계 과정에 있는 교육생에 대하여 기능교육강사가 기능교육용 자동차의 운전석 옆자리에 승차하여 운전석에서 수강하는 교육생 1명에 대하여 실시하는 교육으로서, 2단계 과정 또는 최소교육시간 외의 교육과정에 있는 교육생이라도 원하는 경우에는 동승교육을 실시하여야 한다.
② 단독교육 : 2단계 과정 또는 최소교육시간 외의 교육과정에 있는 교육생에 대하여 기능교육강사가 기능교육용 자동차에 함께 승차하지 아니하고 교육생 단독으로 실시하는 운전연습으로서 다음과 같이 실시한다.
㉮ **단독교육시 강사 1명이 담당할 수 있는 교육용 자동차 대수**
  - 제1종 특수 · 대형면허 : 교육용 자동차 5대 이하
  - 제1종 · 제2종 보통면허 : 교육용 자동차 10대 이하
  - 제2종 소형 및 원동기장치자전거면허 : 교육용 자동차 10대 이하
㈏ 이 경우 기능교육보조원(기능교육강사를 보조하는 사람을 말한다)을 배치하여 강사를 보조하게 할 수 있다.
㈐ 담당 기능교육강사는 교육생에게 안전사고예방에 대한 교육을 실시할 것
③ 개별코스 교육 : 보통연습면허 이외의 면허의 1단계 과정에 있어서 교육생의 운전능력이 부족하다고 판단되는 코스에 대하여 4시간의 범위에서 3명 이내의 교육생과 함께 실시할 수 있다.

④ 모의운전장치 교육 : 1단계 과정 중 운전장치 조작의 경우 2시간을 초과하지 아니하는 범위에서 다음 기준에 따라 모의운전장치로 실시할 수 있다. 다만, 제1종 보통 연습면허 및 제2종보통연습면허의 경우에는 기능교육의 최소교육시간 이외의 교육과정에서만 모의운전장치로 교육을 실시할 수 있다.

 ㉮ 모의운전장치 1대당 교육할 수 있는 인원 : 1시간당 1명
 ㉯ 강사 1명이 동시에 지도할 수 있는 인원 : 5명 이내

(4) 장내기능교육 코스 및 교육용 자동차 (규칙제65조 및 규칙제70조제1항)

 학원 및 전문학원의 장내기능교육은 [별표23] 기능시험코스의 종류·형상 및 구조(322쪽 참조)에 의거 설치된 장내기능교육장에서 규칙제70조에 규정된 장내 기능시험 및 도로주행시험에 사용되는 자동차의 종별(330쪽 도움 참조)에 적합한 자동차로 실시한다.

2 도로주행 기능교육

 장내기능시험에 합격한 사람에 대하여 실제 도로의 교통흐름 속에서 운전연습을 하게 되며, 지금까지 배운 운전장치의 조작방법과 기초적인 기본주행 등을 바탕으로 신속하게 주변도로의 정보를 파악하여 정확한 판단에 의한 바른 조작순서로 안전하게 운전할 수 있도록 지도하여야 한다.

(1) 교육내용 및 교육시간

① 도로주행교육시간은 제1종·제2종 보통(연습)면허 공히 최소시간 6시간(대형, 특수면허 및 소형면허, 원동기장치자전거면허는 도로주행교육이 없음)으로 규정되어 있다(404쪽 별표 32, "운전면허의 종별 교육과목, 교육시간 및 교육방법" 참조하여 시험준비요망).
② 교육시간은 50분을 1시간으로 하되 1일 1명당 4시간을 초과하지 않아야 한다.
③ 교육내용은 도로주행 시 운전자의 마음가짐, 주변교통과 합류하는 방법, 속도선택, 교차로 통행방법 위험을 예측한 방어운전요령 등에 대하여 실시한다.

(2) 도로주행 교육용 도로의 지정 (규칙제124조제3항·제4항)

① 전문학원의 설립·운영자는 도로주행기능검정을 실시하고자 하는 경우에는 **2개소 이상의 도로**를 선정한 후「도로주행검정실시도로 지정신청서」에 도로주행기능검정 실시도로가 표시된 축척 1만분의 1의 지도를 첨부하여 시·도경찰청장에게 제출하여야 한다.
② 시·도경찰청장은「도로주행검정 실시도로지정서」에 의하여 통지하여야 한다. 이 경우 요일·시간대 및 통행량에 따라 도로주행기능검정의 시간 및 장소를 제한할 수 있다.

(3) 도로주행 교육을 실시하기 위한 도로의 기준

 ※ 별표25「도로주행시험을 실시하기 위한 도로의 기준」(336쪽 참조하여 시험준비요망)

(4) 도로주행 교육방법

① 도로주행 기능강사가 도로주행용 자동차에 같이 승차하여 지도하여야 한다.
② 교육생과 기능강사의 1:1 단독교육을 원칙으로 하되 교육에 장애가 없을 시 **교육생 1명을 동승**시킬 수 있다.
③ 도로주행기능강사는 교육생의 본인여부를 확인하고 교육생원부 및 수강증에 서명 날인하여야 한다.
④ 운전면허 또는 연습면허를 받은 사람에 대하여 지정된 도로에서 교육하여야 한다.
⑤ 교육생이 교통법규를 준수하여 안전하게 운전할 수 있도록 지도하여야 한다.
⑥ 교육 중 예측하지 못한 상황이 발생하면 교육생이 당황하지 않도록 신속히 대처하여야한다.

3 정원초과 교육의 금지 등 (규칙제109조)

(1) 학원 또는 전문학원을 설립·운영하는 자는 산정한 학원 또는 전문학원의 정원을 초과하거나 일시수용능력인원을 초과하여 교육을 하여서는 아니 된다(제1항).

(2) 학원 또는 전문학원을 설립·운영하는 자는 **도로주행교육을 받는 교육생의 정원이 장내 기능교육을 받는 교육생 정원의 3배를 초과하지 아니하도록** 하여야 한다(제2항).

(3) 학원 또는 전문학원의 정원은 장내 기능교육장의 일시수용능력 인원에 1일 최대교육 횟수(20회)를 곱하여 산정한 인원으로 한다(제3항).

> **해설**
>
> **학원 또는 전문학원의 정원 산정기준(규칙제109조제3항)**
> 1. 장내 기능교육장 일시수용능력인원 산정방법
>   ㉮ 제1종 보통연습면허 및 제2종 보통연습면허의 경우
>   - 해당기능교육장의 면적 300제곱미터당 : 1명
>   (다만, 개별코스를 설치한 경우 기능교육장 면적의 30% 한하여 인정)
>   ㉯ 제1종 대형면허의 경우
>   - 해당기능교육장의 면적 900제곱미터당 : 1명
>   ㉰ 대형견인차면허, 소형견인차면허 및 구난차면허의 경우
>   - 대형견인차면허 및 소형견인차면허의 경우 : 해당 기능교육코스 1개당 1명
>   - 구난면허의 경우 : 해당 기능교육코스 1조당 2명
>   ㉱ 제2종 소형면허 또는 원동기장치자전거면허의 경우
>   - 해당기능교육장의 면적 50제곱미터당 : 1명
> 2. 1일 최대 교육 횟수 : 20회
>   [예시] 제1종·제2종 보통연습면허의 기능교육장 면적 6,600m^2의 경우
>   300m^2당 1인이므로 일시수용인원 22인×최대교육회수 20회=정원 440명

4 기능강사의 배치기준

(1) 전문학원의 기능강사 배치기준 (영제67조제1항제2호)
① 제1종 대형면허 : 교육용 자동차 10대당 3명 이상
② 제1종 및 제2종 보통연습면허 : 각각 교육용 자동차 10대당 5명 이상
③ 제1종 특수면허 : 각각 교육용 자동차 2대당 1명 이상
④ 제2종 소형 및 원동기장치자전거면허 : 교육용 자동차 10대당 1명 이상

(2) 학원의 기능강사 배치기준 (영제64조제2항제2호)
① 제1종 대형, 제1종 및 제2종 보통연습면허 : 각각 교육용 자동차 10대당 3명 이상
② 도로주행 : 교육용 자동차 1대당 1명 이상
③ 제1종 특수면허 : 각각 교육용 자동차 2대당 1명 이상
④ 제2종 소형면허 또는 원동기장치자전거면허 : 각각 교육용 자동차 등 10대당 1명 이상

5 기능교육용 자동차의 확보

기능검정은 그 자체가 운전면허 기능시험에 준하여 행하여지는 것이므로, 기능교육용(기능검정용) 자동차는 당연히 규칙제70조에 따른 운전면허 기능시험 또는 도로주행시험에 사용하는 자동차의 기준에 적합하여야 하며, 그 차의 종류, 도색과 표지, 확보기준 등은 다음과 같다.

(1) 운전면허 기능시험 또는 도로주행시험에 사용되는 자동차의 종별 (규칙제70조)

영제48조제2항 또는 영제49조제3항에 따라 기능시험 또는 도로주행시험에 사용되는 자동차등의 종별은 다음 각 호의 구분과 같다.
※ [규칙제70조] 「장내기능시험 및 도로주행시험에 사용되는 자동차의 종별」(330쪽 참조하여 시험준비요망)

(2) 도로주행교육용 자동차의 도색 및 표지 (영제63조제3항, 규칙제102조제2항)

기능교육용 자동차에는 별표31에 따라 표지등(도로주행교육용 자동차에 한한다)을 설치하고 시·도경찰청장이 교육용 자동차의 확인 시 학원별로 부여한 차량고유번호의 표시와 도색 및 표지를 하여야 한다.
※ 별표31 「교육용 자동차의 도색 및 표지」 (411쪽 참조하여 시험준비요망)

(3) 기능 및 도로주행교육용 자동차의 확보기준 (영제63조제1항, 제67조제2항 별표5)
① 기능 및 도로주행교육용 자동차의 공통기준 (별표5의 9. 가. 409쪽 참조)
  ㉮ 교육용 자동차(전문학원의 기능검정용 자동차 포함)가 교육 중 발생한 사고로 인한 손해를 전액 보상할 수 있는 보험에 가입하여야 한다.
  ㉯ 강사가 위험을 방지할 수 있는 별도의 제동장치 등 필요한 장치를 갖춰야 한다.

㉰ 전문학원의 경우 자동변속기, 수동 브레이크, 좌측 보조 액셀이레이크, 우측의 방향지시기, 핸들선회장치 등이 장착된 장애인 기능교육용 자동차 및 도로주행 교육용 자동차를 각각 1대 이상 확보하여야 한다.

㉱ 고장 등에 대비하여 적정한 예비용 자동차를 확보하여야 한다.

② **기능교육용 자동차의 기준** (별표5의 9. 나. 410쪽 참조)

㉮ 교육생이 기능교육을 받는데 지장이 없을 정도의 대수를 확보하여야 한다.

㉯ 기능교육에 지장이 없는 대수를 확보함에 있어 **기능교육장 면적 300m²당 1대를 초과하지 않도록** 하여야 한다.

㉰ 「자동차관리법」 제44조에 따른 자동차검사대행자 또는 동법제45조에 따른 지정정비사업자가 행정안전부령이 정하는 바에 따라 실시하는 검사를 받은 자동차를 사용하여야 한다.

③ **도로주행교육용 자동차의 기준** (별표5의 9. 다. 410쪽 참조)

㉮ 학원 또는 전문학원을 설립·운영하는 자의 명의로 학원 또는 전문학원의 소재지를 관할하는 행정기관에 등록된 자동차를 사용하여야 한다. 다만, 관할이 다른 행정기관에 등록된 경우에는 관할 시·도경찰청장의 승인을 얻어 사용할 수 있다.

㉯ 도로주행교육용 자동차의 대수는 해당 학원 또는 전문학원 기능교육장에서 동시에 교육이 가능한 최대의 자동차 대수를 초과하지 않도록 하여야 한다.

㉰ 자동차관리법 제43조에 따른 정기검사를 받은 자동차를 사용하여야 한다.

제4절 장내기능교육의 지도

기능교육은 처음으로 운전자가 되기 위하여 자동차를 접하게 된다. 따라서 우선 자동차에 대한 두려움을 없애고 올바른 운전자의 마음가짐과 자동차의 구조 및 각종 운전장치의 취급에 관한 기초 이론과 지식을 먼저 설명하고, 그 다음에 그 과제를 수행하는데 필요한 실습요령을 설명하는 순서로 진행하지만 한정된 교육시간 관계로 부족한 부분이 있을 수 있다. 이러한 점을 감안하여 기능교육 교재를 충분히 활용할 수 있도록 하여야 한다.

제1종 대형면허의 과제별 장내기능교육 방법은 기능교육장 출발지점의 도로 가장자리에 주차된 자동차에 승차한 후 스스로 운전하여 기능교육장에 배치된 교육(채점) 과제를 순서에 따라 연습한 다음 자동차를 지정된 주차지점(종료 선을 통과한 후 공간)의 도로 가장자리에 주차하고 자동차에서 내려오도록 하는 것을 자신 있게 할 수 있을 때까지 반복하여 지도하는 것이다.

> **해설**
>
> 기능강사가 교육생이 교육용 자동차에 승차하기 전 지도할 사항
> 1. 자동차의 승·하차와 운전자세(자동차에 올라 출발하기까지)
>   ① 안전하게 자동차에 승차하는 법과 하차하는 법을 가르친다.
>   ② 올바른 운전자세와 운전석 조정법과 후사경 조절방법을 가르친다.
>   ③ 안전띠의 중요성을 강조하고 착용방법을 설명한다.
> 2. 자동차 운전장치의 기능과 조작(자동차에 올라 출발하기까지)
>   ① 운전장치의 기능과 자동차의 주행원리를 이해시키고 각종 장치의 올바른 조작방법을 설명한다. 타 장치의 명칭 및 조작방법을 설명한다.
>   ② 핸들조작법, 각 페달조작법, 주차 브레이크 사용법, 엔진 브레이크 사용법, 기타 장치의 명칭 및 조작방법을 설명한다.

1. 별표23. 제1종 대형면허[기능시험코스의 종류·형상 및 구조](332쪽 참조)
2. 별표24. 제1종 대형면허[장내기능시험의 채점 및 합격기준](342쪽 참조)

2. 제1종 및 제2종 보통연습면허의 장내기능시험 시험방법 및 감점기준 등

1. 코스 종류 및 시험방법 ※ 별표23 「기능시험코스의 종류·형상 및 구조 "1의2"」(324쪽 참조)

코스의 종류·형상	시 험 방 법
가. 출발코스	가) 출발시 전·후·좌·우의 교통상황을 확인하고, 좌측방향지시등을 작동하면서 출발하여 차로 중앙으로 진입하는지 여부 나) 진입 후 방향지시등을 소등하는지 여부
나. 경사로코스	가) 오르막 정지구간에서 3초 이상 정지하였다가 50센티미터 이상 후진하지 아니하고 출발하는지 여부 나) 이 경우 정지 구간은 오르막 시작점 1미터 지점부터 상부 곡선부 시작점 1미터 못 미친 지점의 30센티미터 폭까지로 하고, 해당 정지 구간 이탈 범위는 자동차의 앞범퍼를 기준으로 판단
다. 가속코스	가) 가속코스 시작 지점통과 후 시속 20킬로미터 이상의 속도를 유지하고 2단 또는 3단으로 기어변속을 하는지 여부 나) 가속코스 종료 지점 통과 전 시속 20킬로미터 미만의 속도로 감속하고 2단 또는 3단에서 1단 또는 2단으로 기어변속을 하고 주행하는지 여부 다) 가)에도 불구하고 자동변속기 자동차의 경우에는 시작지점부터 종료지점까지 시속 20킬로미터 이상의 속도를 유지하는지 여부
라. 직각주차코스	가) 120초 이내에 나)를 이행하는지 여부 나) 전진으로 진입하여 후진으로 차고의 확인선을 뒷바퀴가 접촉하고 나서 주차브레이크를 작동하고 다시 해제한 후 전진으로 되돌아 나오되, 직각주차코스를 벗어나기 전까지 검지선을 접촉하거나 차체가 주차구획선을 벗어나지 않고 통과

코스의 종류·형상	시험방법
마. 신호교차로코스	가) 신호기의 신호에 따라 운전하는지 여부 나) 구체적으로 직진신호 시 직진하고, 우회전할 때에는 우회전방향지시등을 작동하고 우회전을 하며, 정지신호인 때에는 정지하고, 좌회전신호인 때 좌회전 방향지시등을 작동하여 좌회전하는지 등을 확인 다) 좌회전을 포함하여 1회 이상 신호교차로 통과
바. 종료코스	가) 종료시 전·후·좌·우의 교통상황을 확인하고, 우측방향지시등을 작동하면서 차를 도로 우측에 붙여 정지

비고
1. 가목에서 바목까지의 코스는 다음 각 목의 조건을 모두 갖춘 연장거리 300미터 이상의 콘크리트 등으로 포장된 도로로 연결한다.
   가. 도로의 폭은 7미터 이상으로 하고 3미터 너비의 2개 이상의 차로(제1종 대형면허 시험코스로도 사용하려는 경우에는 너비를 3미터 내지 3.5미터로 한다)를 설치함
   나. 10~15센티미터 너비의 중앙선을 표시하고, 중앙선부터 3미터 지점에 10~15센티미터 너비의 길가장자리선을 설치함
   다. 길가장자리선부터 25센티미터 이상의 간격으로 연석을 설치하되, 연석은 높이 10센티미터 이상, 너비 10센티미터 이상으로 함
2. 운전면허시험장의 기능시험장, 운전(전문)학원의 기능교육장은 부지의 형상에 따라 개별시험코스의 순서에 관계없이 설치할 수 있다. 〈이하 332쪽 별표 23 참조〉

2. 감점기준(별표24의 2)

1) 기본조작

시험항목	감점기준	감점방법
가) 기어변속	5	• 시험관이 주차 브레이크를 완전히 정지 상태로 조작하고, 응시생에게 시동을 켜도록 지시하였을 때, 응시생이 정지 상태에서 시험관의 지시를 받고 기어변속(클러치 페달조작을 포함한다)을 하지 못한 경우
나) 전조등 조작	5	• 정지 상태에서 시험관의 지시를 받고 전조등을 조작하지 못한 경우(하향, 상향 각 1회씩 전조등 조작시험을 실시한다)
다) 방향지시등 조작	5	• 정지 상태에서 시험관의 지시를 받고 방향지시등을 조작하지 못한 경우
라) 앞유리창닦이기 (와이퍼) 조작	5	• 정지 상태에서 시험관의 지시를 받고 앞유리창닦이기(와이퍼)를 조작하지 못한 경우

※ 비고 : 기본조작 시험항목은 가)~라) 중 일부만을 무작위로 실시한다.

2) 기본주행 등

시험항목	감점기준	감점방법
가) 차로 준수	15	• 나)~차)까지 과제수행 중 차의 바퀴 중 어느 하나라도 중앙선, 차선 또는 길가장자리구역선을 접촉하거나 벗어난 경우
나) 돌발상황에서 급정지	10	• 돌발등이 켜짐과 동시에 2초 이내에 정지하지 못한 경우 • 정지 후 3초 이내에 비상점멸등을 작동하지 않은 경우 • 출발 시 비상점멸등을 끄지 않은 경우
다) 경사로에서의 정지 및 출발	10	• 경사로 정지검지구역 내에 정지한 후 출발할 때 후방으로 50센티미터 이상 밀린 경우
라) 좌회전 또는 우회전	5	• 진로변경 때 방향지시등을 켜지 않은 경우
마) 가속코스	10	• 가속구간에서 시속 20킬로미터를 넘지 못한 경우
바) 신호교차로	5	• 교차로에서 20초 이상 이유 없이 정차한 경우
사) 직각주차	10	• 차의 바퀴가 검지선을 접촉한 경우 • 주차브레이크를 작동하지 않을 경우 • 지정시간(120초) 초과 시(이후 120초 초과시마다 10점 추가 감점)
아) 방향지시등 작동	5	• 출발시 방향지시등을 켜지 않은 경우 • 종료시 방향지시등을 켜지 않은 경우
자) 시동상태 유지	5	• 가)부터 아)까지 및 차)의 시험항목 수행 중 엔진시동 상태를 유지하지 못하거나 엔진이 4천RPM이상으로 회전할 때마다
차) 전체 지정시간(지정속도 유지) 준수	3	• 가)부터 자)까지의 시험항목 수행 중 별표 23 제1호의2 비고 제6호다목1)에 따라 산정한 지정시간을 초과하는 경우 5초마다 • 가속구간을 제외한 전 구간에서 시속 20킬로미터를 초과할 때마다

3) 합격기준
  ① 각 시험항목별 감점기준에 따라 감점한 결과 100점 만점에 80점 이상을 얻은 경우 합격으로 한다.
  ② ①에도 불구하고 다음의 어느 하나에 해당하는 경우에는 실격으로 한다.
    가) 점검이 시작될 때부터 종료될 때까지 좌석안전띠를 착용하지 않은 경우
    나) 시험 중 안전사고를 일으키거나 차의 바퀴가 하나라도 연석에 접촉한 경우
    다) 시험관의 지시나 통제를 따르지 않거나 음주, 과로 또는 마약·대마 등 약물 등의 영향으로 정상적인 시험 진행이 어려운 경우
    라) 특별한 사유 없이 출발지시 후 출발선에서 30초 이내 출발하지 못한 경우
    마) 경사로에서 정지하지 않고 통과하거나, 직각주차에서 차고에 진입해서 확인선을 접촉하지 않거나, 가속코스에서 기어변속을 하지 않는 등 각 시험코스를 어느 하나라도 시도하지

않거나 제대로 이행하지 않은 경우
바) 경사로 정지구간 이행 후 30초를 초과하여 통과하지 못한 경우 또는 경사로 정지구간에서 후방으로 1미터 이상 밀린 경우
사) 신호 교차로에서 신호위반을 하거나 앞 범퍼가 정지선을 넘어간 경우

제5절 도로주행 기능교육의 지도

전문학원의 도로주행강사는 장내기능시험에 합격하고 연습운전면허를 취득한 교육생에 대하여 실제도로의 일반적인 교통흐름 속에서 6시간의 도로주행연습을 지도하게 된다.

지금까지 장내교육장에서 지도한 운전장치의 조작방법과 기초적인 기본주행 등을 바탕으로 신속하게 주변도로상황에 적응하면서 위험을 예측한 운전이 가능하도록 하는 한편 교육생의 운전동작에 세심한 주의를 기우려 교통사고를 일으키거나 당하지 않도록 지도하여야 한다.

특히 전문학원교육의 마지막단계인 도로주행교육은 교육생 평생의 운전행태를 좌우할 가장 중요한 기회임을 인식하고, 정확하고 엄격한 자세로 계획적이고 개인차를 고려한 반복교육을 실시하여 교육생의 의식적인 운전동작이 무의식적인 운전동작으로 전환되도록 함은 물론 준법의식과 교통예절이 몸에 밴 안전운전자가 되도록 다음의 과제와 항목에 대하여 지도하여야 한다.

1 도로주행 기능교육의 지도과제 및 항목과 감점 (규칙제68조제1항, 제2항)

① 도로교통법시행규칙 제67조(도로주행시험)에 의한 「도로주행시험의 시험항목 · 채점기준 및 합격기준」 등은 별표26(350쪽 참조)과 같다.
② 제1항에 따른 도로주행시험의 채점은 도로주행시험용 자동차에 같이 탄 운전면허시험관이 전자(태블릿 PC)채점기에 직접 입력하거나 전자채점기로 자동채점하는 방식으로 한다.
③ 다만, 전자(태블릿 PC)채섬기의 고장 등으로 전자채점이 곤란한 경우에는 다음의 도로주행시험 채점표(제51호서식)에 운전면허시험관이 직접 기록하는 수기방식으로 채점한다.

과제번호	감점수 감점항목	10	7	5
1	출발전 준비(3)	주차브레이크 미해제( )	출발전 차량점검 및 안전 미확인( )	차문닫힘 미확인( )
2	운전 자세(1)			정지중 기어미중립( )
3	출발(10)	20초 내 미출발 ( )	10초 내 미시동( ), 주변 교통방해( ), 엔진정지( ), 급조작 · 급출발( )	신호안함( ), 심한 시동장치 신호중지( ), 진동 조작미숙 신호계속( ) ( ) ( )
4	가속 및 속도 유지(3)			저속( ), 속도 유지 불능( ), 가속 불가( )

과제번호	감점항목\감점수	10	7			5	
5	제동 및 정지(4)		급브레이크 사용( )			엔진브레이크 사용미숙( )	제동 방법미흡( ), 정지 때 미제동( )
6	조향(1)		핸들 조작 미숙 또는 불량( )				
7	차체감각(2)		우측안전 미확인( )		1미터 간격 미유지( )		
8	통행구분(4)		지정차로 준수위반( ), 앞지르기 방법 등 위반( ) 끼어들기 금지위반( )			차로유지 미숙( )	
9	진로변경(8)	진로변경시 안전미확인( )	진로변경 신호 불이행( ), 진로변경 30미터 전 미신호( ), 진로변경 신호 미유지( ), 진로변경 신호 미중지( )	진로변경 과다( ), 진로변경 금지장소에서의 진로변경( )	진로변경 미숙( )		
10	교차로 통행 등(7)	서행 위반( ) 일시정지 위반( ) 횡단보도 직전 일시정지 위반( )	교차로 진입통행 위반( ), 신호차 방해( ), 꼬리물기( ), 신호없는 교차로 양보 불이행( )				
11	주행종료(3)					종료주차브레이크미작동( ), 종료 엔진미정지( ), 종료주차확인 기어미작동( )	
실격		현저한 운전능력 부족(3회 이상 엔진정지, 3회 이상 급브레이크, 3회 이상 급조작·급출발)( ), 안전거리 미확보 등으로 교통사고 위험이나 교통사고 야기( ), 음주, 휴대전화 사용 등 또는 교통안전과 소통을 위한 시험관의 이행지시 불응( ), 신호위반( ), 중앙선 침범( ), 보행자 보호 위반( ), 어린이통학버스 보호 위반( ), 지정속도 위반(지정최고속도 10km초과)( ), 어린이·노인 및 장애인 보호구역에서 지정속도 위반(지정최고속도 초과 즉시)( ), 좌석안전띠 미착용( ), 긴급자동차 진로 미양보( )					

※ 도로주행시험은 100점을 만점으로 하되, 70점 이상을 합격으로 한다.

제6절 소형·원동기장치자전거 및 특수면허의 지도

1 제2종 소형면허 및 원동기장치자전거면허의 기능교육 (규칙제65조)

(1) 제2종 소형면허 등의 기능교육의 진행순서

제2종 소형 및 원동기장치자전거면허의 기능교육진행순서는 굴절코스·곡선코스·좁은 길 코스·연속진로전환코스의 순서로 행한다.

① 굴절코스 통과요령
  ㉮ 안전모를 쓰고 턱 끈을 알맞게 맨 후 승차한다.
  ㉯ 전진으로 진입하여 검지선 접촉이나 발이 땅에 닿지 아니하고 통과한다.
② 곡선코스(S자형) 통과요령 : 굴절코스를 통과 후 계속해서 전진으로 진입하여 검지선 접촉이나 발이 땅에 닿지 아니하고 통과한다.
③ 좁은 길 코스 통과요령 : 곡선코스를 통과한 후 계속해서 전진으로 진입하여 검지선 접촉이나 발이 땅에 닿지 아니하고 통과한다.

④ 연속진로전환코스 통과요령 : 좁은 길 코스를 통과한 후 마지막 코스인 연속진로전환코스를 화살표 방향으로 진입하여 진로변경(갈지자로 진행)하면서 검지선 접촉이나, 발이 땅에 닿거나, 중간에 일정한 간격으로 세워놓은 라바콘(가칭 장애물)을 접촉하지 아니하고 통과하면 된다. 이상의 4개 코스를 무사히 통과한 후 시험용차를 원 위치에 주차시키고 하차하면 교육이나 시험이 종료된다.

(2) 채점기준

시험항목	감점기준	감점방법
1. 굴절코스 전진	10	검지선을 접촉한 때마다 또는 발이 땅에 닿을 때마다
2. 곡선코스 전진	10	검지선을 접촉한 때마다 또는 발이 땅에 닿을 때마다
3. 좁은길 코스 통과	10	검지선을 접촉한 때마다 또는 발이 땅에 닿을 때마다
4. 연속진로 전환코스 통과	10	검지선을 접촉한 때마다 발이 땅에 닿을 때마다 또는 라바콘을 접촉한 때마다

(주) 1. 1, 2호의 코스는 분리하여 코스별로 실시한다.
    2. 다륜형 원동기장치자전거만을 운전하는 것을 조건으로 하는 원동기장치자전거운전면허의 경우 위 ①항과 ②항의 코스만을 실시하며 이 경우 각 코스의 규격은 1.2.의 규정에도 불구하고 다음과 같이 한다.

굴절코스			곡선코스		
폭	ㄱ	2.0미터	폭	ㄱ	2.0미터
모퉁이사이 길이	ㄴ	10.0미터	진입구 반경	ㄴ	7.0미터
출입구쪽 길이	ㄷ	3.0미터	외측원주의 길이	ㄷ	3.8미터
모퉁이의 반경	ㄹ	1.0미터	출구 반경	ㄹ	6.0미터

(3) 합격기준

각 시험항목별 감점기준에 따라 감점한 결과 100점 만점에 90점 이상을 얻은 때 합격으로 한다. 다만, 다음의 경우에는 실격으로 한다.
① 운전미숙으로 20초 이내에 출발하지 못한 때
② 시험과제를 하나라도 이행하지 아니한 때
③ 시험 중 안전사고를 일으키거나 코스를 벗어난 때

2 특수면허(구난차 및 대형·소형견인차)의 기능교육 (규칙제65조)

(1) 구난차면허의 교육순서

① 굴절 및 곡선코스 통과요령
  ㉮ 견인차에 피견인차를 연결하고, 분리하는 동작요령을 숙지시킨다.
  ㉯ 견인차에 피견인차를 5분 이내에 연결하고 굴절 및 곡선코스를 검지선 접촉 없이 전진으로 통과한다.
  ㉰ 굴절 및 곡선코스를 무사히 통과하였으면 정지하여 피견인차를 5분 이내에 분리한다.
② 방향전환 코스 통과요령
  ㉮ 피견인차를 견인차에서 떼어낸 후 견인차에 승차하여 방향전환(차고지코스)코스에 전

진으로 진입한 후 차고지에 후진으로 진입하여 확인선을 접촉한 다음 검지선 접촉 없이 되돌아 나오면 된다.
㉮ 각 코스의 시험지정시간은 3분 이내(굴절·곡선·방향전환코스는 모두 9분임)에 실시 완료하여야 한다.
㉯ 구난차면허의 총 지정시간은 19분 이내이다.

(2) 대형 견인차면허의 교육순서
① 시험시간이 시작되면 견인차(트렉터)에 피견인차(트레일러 등)를 5분 이내에 연결한다.
② 연결이 완료되면 견인차(트렉터)에 승차하여 출발점에서 화살표 방향으로 전진하여 A지점의 확인선을 접촉하여야 한다.
③ 그 후 다시 동일지점(A지점)에서 후진으로 B지점(가칭 차고지)의 확인선을 접촉한 후 다시 A지점으로 전진하였다가 확인선을 접촉한 후 후진으로 출발지점에 도착한다.
④ 교육생(응시자)은 견인차(트렉터)에서 하차하여 피견인차(견인차 등)를 5분 이내에 분리작업을 종료함으로써 교육(시험)이 종료된다.
⑤ 견인차면허 시험의 총 지정시간은 15분 이내로 되어 있다.
〈소형견인차면허 교육순서 생략〉

(3) 구난차 및 대형·소형견인차의 채점기준

	시험항목	감점기준	감점방법
구난차	1. 피견인차 연결	10	• 연결방법이 미숙하거나 연결시간 5분 초과 시마다
	2. 굴절코스 견인통과	10	• 지정시간 3분 초과 시마다 또는 검지선 접촉 시마다
	3. 곡선코스 견인통과	10	• 지정시간 3분 초과 시마다 또는 검지선 접촉 시마다
	4. 피견인차 분리	10	• 분리방법이 미숙하거나 분리시간 5분 초과 시마다
	5. 방향전환코스 통과	10	• 확인선 미접촉하거나 지정시간 3분 초과 시마다 또는 검지선 접촉 시마다
대형 견인차	1. 피견인차 연결	10	• 연결방법이 미숙하거나 연결시간 5분 초과 시마다
	2. 방향전환코스 견인통과	20	• 확인선 미접촉하거나 지정시간 5분 초과 시마다 또는 검지선 접촉 시마다
	3. 피견인차 분리	10	• 분리방법이 미숙하거나 분리시간 5분 초과 시마다
소형 견인차	1. 굴절코스 견인 통과	10	• 지정시간 3분 초과 시마다 또는 검지선 접촉 시마다
	2. 곡선코스 견인통과	10	• 지정시간 3분 초과 시마다 또는 검지선 접촉 시마다
	3. 방향전환코스 견인통과	10	• 확인선을 미접촉하거나 지정시간 3분 초과 시마다 또는 검지선 접촉 시마다

(4) 합격기준
각 시험항목별 감점기준에 따라 감점한 결과 100점 만점에 90점 이상을 얻은 때 합격으로 한다. 다만, 다음의 경우에는 실격으로 한다.
① 특별한 사유 없이 20초 이내에 출발하지 못한 때
② 시험과제를 어느 하나라도 이행하지 아니한 때
③ 시험 중 안전사고를 일으키거나 코스를 벗어난 때

제5장 적중출제예상문제

【문제 1】 전문학원 기능교육 실시목적에 대한 설명이다. 틀린 것은?
① 운전기능을 의식적인 조작에서 무의식적인 조작으로 바꾸어가는 과정이다.
② 운전면허시험 합격만을 목적으로 운전기능에 대하여 연습하는 과정이다.
③ 학과교육과 일체화로 준법의식을 갖춘 안전운전자를 양성하는 과정이다.
④ 남에게 폐를 끼치지 않고 양보할 줄 아는 예절바른 운전자를 육성하는 과정이다.

【문제 2】 기능교육 4단계 교육법을 설명한 것이다. 아닌 것은?
① 제1단계는 학습의욕을 갖게 함과 동시에 교안작성 등 효과적인 교육의 준비단계이다.
② 제2단계는 교육내용과 운전조작방법을 설명하여 흥미를 고조시키는 단계이다.
③ 제3단계는 실제로 운전을 지도하는 단계로 기능교육의 핵심단계이다.
④ 제4단계는 정확한 순서에 따라 조작의 요점을 강조하면서 교육하는 단계이다.

【문제 3】 운전기능 4단계 교육법의 교육순서로 맞는 것은?
① 기능교육준비단계→교육내용·조작설명단계→효과확인·보충지도단계→실질지도단계
② 기능교육준비단계→실질지도단계→교육내용·조작설명단계→효과확인·보충지도단계
③ 기능교육준비단계→교육내용·조작설명단계→실질지도단계→효과확인·보충지도단계
④ 교육내용·조작설명단계→기능교육준비단계→효과확인·보충지도단계→실질지도단계

【문제 4】 운전기능 4단계 교육법 중 제1단계인 준비단계의 유의사항이다. 아닌 것은?
① 교육생이 배우기 쉽고 강사가 가르치기 쉬운 분위기와 환경을 조성한다.
② 효과적인 교육을 위해 교안을 작성한다.
③ 교육생이 운전기능에 대하여 알고 있는 수준을 확인한다.
④ 교육생의 긴장감을 조장하여 운전 중 사고를 일으키지 않도록 한다.

【문제 5】 운전기능 4단계 교육법 중 제2단계인 교육내용 및 설명단계의 사항이다. 아닌 것은?
① 운전조작순서는 반복해서 실제로 해 보이며 알기 쉽게 설명한다.
② 교육생이 운전기능에 대한 이해가 어느 정도인지 직접 물어보면서 확인한다.
③ 설명은 간단하게 구분해서 이해시키고 실제조작을 연상하도록 교육한다.
④ 운전조작의 가장 중요한 핵심과 요점을 설명한 후 꼭 알아둘 것을 강조한다.

【문제 6】 운전기능 4단계 교육법 중 제3단계인 실제지도단계의 유의사항이다. 맞지 않는 것은?
① 정확한 순서에 따라 조작의 요점을 강조하면서 조작하게 한다.
② 실수나 잘못 등은 재발방지 차원에서 엄중히 경고한다.
③ 지시나 조언은 성숙도에 따라 줄여가며 스스로 판단할 수 있도록 유도한다.
④ 반복연습은 조작의 기본에서 응용하는 쪽으로 점차 수준을 높여나간다.

정답 【1】② 【2】④ 【3】③ 【4】④ 【5】② 【6】②

【문제 7】 4단계 교육법 중 제4단계인 효과의 확인 및 보충지도단계의 유의사항이다. 아닌 것은?
① 연속된 2~3회의 실기연습결과를 평가하여 장단점과 보완사항을 알린다.
② 보충지도는 초기단계에 많이 할애하고 점차적으로 줄여나간다.
③ 지시나 조언은 성숙도에 따라 조금씩 늘려 빨리 익히도록 한다.
④ 추가보충지도에서도 완전 수정되지 않는 점은 별도 기록유지 후 계속 보완 지도한다.

【문제 8】 운전기능 4단계 교육법 중 제3단계인 실제지도단계에서 피해야 할 사항은?
① 실수나 잘못을 따뜻한 태도와 배려있는 말로 교정
② 지시나 조언은 성숙도에 따라 줄여가며 스스로 판단하는 방향으로 유도
③ 잘된 점은 칭찬하고 잘못한 점은 격려와 부드러운 조언으로 연습의욕을 고양
④ 반복연습은 단순한 연습으로 되풀이하여 숙달토록 지도

【문제 9】 운전기능 4단계 교육법 중 교육에 맞는 환경 분위기조성 및 교안의 결정단계는?
① 제4단계인 효과의 확인 및 보충단계
② 제3단계인 실질지도연습단계
③ 제1단계인 기능교육의 준비단계
④ 제2단계인 교육내용 및 조작 설명단계

【문제 10】 운전기능 4단계 교육법 중 운전조작방법설명에 따라 교육생의 흥미를 고조시키는 단계는?
① 제2단계 교육내용 및 조작 설명단계
② 제4단계 효과의 확인 및 보충지도단계
③ 제3단계 실질지도연습단계
④ 제1단계 기능교육의 준비단계

【문제 11】 운전기능 4단계 교육법 중 정확한 순서에 따라 교육의 요점을 강조하는 단계는?
① 제3단계 실질지도연습단계
② 제4단계 효과의 확인 및 보충지도단계
③ 제2단계 교육내용 및 조작 설명단계
④ 제1단계 기능교육의 준비단계

【문제 12】 운전기능 4단계 교육법 중 교육효과를 측정하고 보충 지도하는 단계는?
① 제1단계 기능교육의 준비단계
② 제2단계 교육내용 및 조작 설명단계
③ 제3단계 실질지도연습단계
④ 제4단계 효과의 확인 및 보충지도단계

【문제 13】 운전기능 4단계 교육법 중 마지막 단계인 효과 확인을 할 때의 유의사항으로 맞지 않는 것은?
① 수강생의 운전조작 수준을 본인에게 알려준다.
② 추가보충지도는 초기단계에는 적은 시간을 할애하고 점차적으로 늘려나간다.
③ 추가보충지도에서도 완전히 고칠 수 없는 점은 별도로 기록을 남기고, 차후 계속 보완한다.
④ 최종단계에서 비록 결함이 있어도 좋은 점은 칭찬하여 웃는 얼굴로 마무리한다.

【문제 14】 기능교육계획의 중요 운용사항으로 볼 수 없는 것은?
① 기능교육의 통일성 있는 지도
② 교육생의 운전경력 확인
③ 기능교육 후의 강평과 기록
④ 운전능력 불완전한자 보충교육

정답 【7】③ 【8】④ 【9】③ 【10】① 【11】① 【12】④ 【13】② 【14】②

제5장 기능교육의 실제

【문제 15】 기능교육계획의 운용에 대한 설명이다. 틀린 것은?
① 기능연습지도방법과 운전기능 조작요령 등의 통일적 운영
② 기능강사는 교육생의 기능성숙도의 확인을 위하여 수강증에 날인
③ 교육항목, 순서, 연습시간, 불충분한 항목 등의 기록유지
④ 기능강사의 개인적인 경험이나 상식에 따라 다양한 방법으로 교육

【문제 16】 기능교육의 통일된 지도에 대하여 검토되어야 할 사항이다. 아닌 것은?
① 교육계획과 진행방법의 의사통일을 위해 강사의 교양훈련, 토론회 등을 갖는다.
② 교육계획은 교과서를 중심으로 학과교육계획과 균형 및 일체화가 되도록 배려해야 한다.
③ 강사의 개인경험과 상식에 따른 교육지도는 통일적지도의 일환이다.
④ 기능강사가 작성하는 교안은 교육생의 개인차와 진도 등에 맞추어 작성해야 한다.

【문제 17】 기능교육계획운용상 기능강평의 필요성이다. 적절하지 못한 것은?
① 기능강사의 경험이나 느낌 등 주관적인 강평으로 교육효과를 높일 수 있다.
② 기능교육시간에 실시한 항목·순서·연습시간을 교육생에게 쉽게 확인시킬 수 있다.
③ 습득한 항목과 불충분한 항목을 확실히 구분하여 불충분한 원인을 이해시킬 수 있다.
④ 불충분한 내용을 기록하여 다른 강사가 담당하더라도 중복 없이 교육할 수 있게 한다.

【문제 18】 기능습득이 불충분한 교육생에게 보충교육이 필요한 이유이다. 아닌 것은?
① 기능이 불완전한 과정에서 다음 과정으로 진행하면 효과적인 교육이 이루어질 수 없다.
② 보충교육을 생략하면 잘못된 운전행태가 습관으로 굳어져 진도가 더 늦어질 수 있다.
③ 교육생의 자존심을 상하게 하므로 불충분하더라도 다음 과정으로 진행하여야 한다.
④ 보충교육은 불충분한 기능을 바로 잡는 교육이므로 절대 필요하다.

【문제 19】 장내기능교육의 평가 및 확인의 목적을 설명한 것으로 옳지 못한 것은?
① 다음 단계의 기능으로 갈 것인지, 불충분한 항목을 연장 교육할 것인지를 판단하게 한다.
② 평가와 확인은 다른 강사가 담당하더라도 중복 없이 다음 교육이 이어지게 한다.
③ 기능강사 자신의 교육방법이나 내용, 부족한 점을 찾아내어 반성하는데 있다
④ 교육생으로 하여금 각 단계별 자신의 기능습득 여부를 파악케 한다.

【문제 20】 기능교육평가결과 불충분한 경우 보충교육의 필요성을 설명한 것이다. 틀린 것은?
① 기능습득의 목표가 미달한 때 보충교육을 받지 않으면 안 된다는 것을 이해시킨다.
② 보충교육 없이 다음 단계로 가면 더욱 결함이 커져 진도가 더 늦어짐을 이해시킨다.
③ 보충교육항목, 결함사항, 원인, 주의사항, 그 밖의 필요사항을 착안하여 지도한다.
④ 보충교육을 하여도 기능향상이 되지 않는 교육생은 보충교육을 중지한다.

【문제 21】 기능교육평가를 할 때 착안사항이다. 잘못된 것은?
① 개인적인 감정에 이끌려 안이하거나 지나치게 엄격한 판정을 삼간다.
② 평가기준에 있는 사항은 필요 시 일부 생략하거나 지나쳐도 된다.
③ 각 기능강사간의 판정에 따른 격차와 마찰을 최소화한다.
④ 평가결과에 따라 다음 교육으로 가거나 보충교육을 실시한다.

정답 【15】④ 【16】③ 【17】① 【18】③ 【19】③ 【20】④ 【21】②

【문제 22】 운전기능의 보충교육을 할 때 착안사항이다. 아닌 것은?
① 교육생이 교육받은 항목에 대한 이론과 조작방법의 이해여부
② 조작기능에 장애요소로 작용하는 잠재적인 원인유무
③ 평가 당시 평소의 실력이 나오지 않았는지 여부
④ 강사의 교육내용과 교육방법의 개선사항유무

【문제 23】 운전기능에 대한 보충교육의 필요성을 가장 적절하게 설명한 것은?
① 운전면허기능시험에 반드시 합격할 수 있도록 하기 위하여
② 전문학원의 수입을 높이고 학원수료생의 합격률을 높이기 위하여
③ 불완전한 과정에서 다음단계로 진행하면 완전한 교육이 안되어 시간만 낭비하므로
④ 기능숙달이 늦거나 안 되는 사람에 대하여 교육포기를 종용하기 위하여

【문제 24】 전문학원의 장내기능교육과 도로주행교육은 각각 몇 개월 이내에 수료해야 하는가?
① 각각 3개월 이내 ② 각각 4개월 이내 ③ 각각 5개월 이내 ④ 각각 6개월 이내

【문제 25】 전문학원의 장내기능교육과 도로주행교육은 하루 몇 시간씩 받을 수 있는가?
① 각각 4시간 이내 ② 각각 3시간 이내 ③ 각각 5시간 이내 ④ 각각 8시간 이내

【문제 26】 전문학원의 제1종 보통(연습)면허의 장내기능교육시간인 것은?
① 2시간   ② 3시간   ③ 4시간   ④ 5시간

【문제 27】 전문학원의 제2종 보통(연습)면허 장내기능교육시간인 것은?
① 3시간   ② 2시간   ③ 4시간   ④ 5시간

【문제 28】 전문학원의 제1종 보통(연습)면허 도로주행교육 시간인 것은?
① 6시간   ② 10시간   ③ 15시간   ④ 20시간

【문제 29】 전문학원의 제2종 보통(연습)면허 도로주행교육 시간인 것은?
① 5시간   ② 6시간   ③ 7시간   ④ 8시간

【문제 30】 전문학원의 제1종 대형면허 및 대형견인차면허반의 장내기능교육 시간인 것은?
① 10시간   ② 5시간   ③ 15시간   ④ 20시간

【문제 31】 전문학원의 소형면허 기능교육 시간인 것은?
① 기본조작 8시간, 응용조작 10시간   ② 기본조작 10시간, 응용조작 8시간
③ 기본조작 5시간, 응용조작 5시간   ④ 기본조작 8시간, 응용조작 8시간

【문제 32】 전문학원의 원동기장치자전거면허의 기능교육 시간인 것은?
① 기본조작 4시간, 응용주행 4시간   ② 기본조작 5시간, 응용주행 5시간
③ 기본조작 5시간, 응용주행 10시간   ④ 기본조작 4시간, 응용주행 6시간

정답 【22】④ 【23】③ 【24】① 【25】① 【26】③ 【27】③ 【28】① 【29】② 【30】① 【31】③ 【32】①

【문제 33】 전문학원의 보통연습면허 교육생의 기능교육시간과 도로주행교육시간으로 옳은 것은?
① 기능교육 2시간, 도로주행교육 5시간
② 기능교육 4시간, 도로주행교육 6시간
③ 기능교육 2시간, 도로주행교육 8시간
④ 기능교육 4시간, 도로주행교육 7시간

【문제 34】 전문학원 교육생에 대한 기능교육방법이다. 아닌 것은?
① 동승교육
② 연수교육
③ 단독교육
④ 모의운전장치에 의한 교육

【문제 35】 전문학원 기능교육 중 동승교육방법에 대한 설명이다. 틀린 것은?
① 동승교육은 기능강사가 교육생과 함께 기능교육용자동차에 타고 지도하는 교육이다.
② 기능교육과정 중 1단계 교육과정에 있는 교육생에 대하여 동승 지도한다.
③ 기능교육과정 중 2단계 교육과정에 있는 교육생은 동승교육 할 수 없다.
④ 기능강사는 운전자세, 준법의식, 안전운전의식이 몸에 배도록 교정 지도한다.

【문제 36】 전문학원 기능교육 중 단독교육방법에 대한 설명이다. 틀린 것은?
① 단독교육은 교육용자동차에 교육생 단독으로 승차하여 운전연습 하는 것이다.
② 단독교육 시는 교육대상인원을 고려하여 기능강사 1명 이상을 배치하여야 한다.
③ 단독교육 시는 기능교육보조원을 배치하여 기능강사를 보조하게 할 수 있다.
④ 단독교육을 희망하지 않는 사람도 기능숙달을 위하여 단독교육을 실시해야 한다.

【문제 37】 전문학원의 개별코스교육실시방법에 대한 설명이다. 아닌 것은?
① 기능교육 1단계과정에 있는 교육생 중 운전능력이 부족한 코스에 대하여 실시한다.
② 개별코스 교육은 기능보조원이 기능강사를 대리하여 실시할 수 있다.
③ 기능강사 1명이 3명 이내의 교육생과 함께 실시할 수 있다.
④ 교육생 1명이 4시간의 범위에서 실시할 수 있다.

【문제 38】 전문학원의 모의운전장치에 의한 교육방법으로 틀린 것은?
① 기능교육과정의 운전조작장치교육은 2시간 초과하지 않는 범위 내에서 실시할 수 있다.
② 모의운전장치 1대당 교육할 수 있는 인원은 1시간당 1명으로 한다.
③ 기능강사 1명이 동시에 지도할 수 있는 교육생은 5명 이내로 한다.
④ 모의운전장치교육은 제2종 보통연습면허에 한하여 실시할 수 있다.

【문제 39】 전문학원의 장내기능교육장설치기준에 대한 설명이다. 틀린 것은?
① 기능교육장의 면적은 학과교육장 등을 포함하여 6,600m^2 이상이어야 한다.
② 출발코스, 경사로코스 등 기능교육 코스가 규정에 적합하게 설치되어 있어야 한다.
③ 장내기능교육장의 총 연장거리는 700m 이상이어야 한다.
④ 도로 폭은 3m(대형면허시험코스를 병행 시는 3~3.5m) 이상이어야 한다.

【문제 40】 전문학원 기능강사 1명이 모의운전장치로 동시에 교육할 수 있는 교육생 정원은?
① 5명 이내
② 4명 이내
③ 3명 이내
④ 2명 이내

정답 【33】② 【34】② 【35】③ 【36】④ 【37】② 【38】④ 【39】① 【40】①

【문제 41】 전문학원에서 모의운전장치 1대로 시간당 교육할 수 있는 교육인원은?
① 5명 이내
② 3명 이내
③ 1명 이내
④ 10명 이내

【문제 42】 전문학원에서 제1종 대형면허 및 특수면허에 대한 교육방법이다. 틀린 것은?
① 기능교육과정 중 5시간 이상 교육받은 경우는 교육생 단독교육을 할 수 있다.
② 제1종 대형면허의 기능교육시간은 10시간이고 제1종 구난차면허는 15시간이다.
③ 교육생 단독교육 시는 기능강사 1명당 교육용자동차 5대 이하로 한다.
④ 제1종 대형면허와 제1종 대형견인차면허의 기능교육시간은 동일하게 10시간이다.

【문제 43】 도로주행교육을 실시하기 위한 도로의 지정기준이다. 아닌 것은?
① 도로의 총 연장거리는 5km 이상이어야 하며 기능교육장구간은 포함할 수 없다.
② 매시 40km의 속도로 주행할 수 있는 400m의 지시속도구간이 있어야 한다.
③ 차로변경이 가능한 편도 2차로 이상 도로가 있어야 한다.
④ 좌·우회전 및 직진이 가능한 교차로가 한 개 또는 수 개 있어야 한다.

【문제 44】 전문학원의 도로주행교육 실시방법이다. 틀린 것은?
① 도로주행교육과정에서 법규준수 및 교통예절이 몸에 배도록 지도한다.
② 운전면허를 가진 자나 연습면허를 받은 사람에 대하여 면허종별에 따라 실시한다.
③ 도로주행강사가 교육용자동차에 교육생과 동승하거나 교육생 단독교육 할 수 있다.
④ 돌발 상황에 대비하여 기능강사가 운전하는 이상의 긴장과 주의를 기울여야 한다.

【문제 45】 전문학원 기능강사의 배치기준이다. 맞지 않는 것은?
① 제1종·제2종 보통연습면허의 장내기능교육 강사는 교육용자동차 10대당 5명 이상
② 도로주행기능교육 강사는 도로주행교육용자동차 1대당 1명 이상
③ 제1종 대형면허는 교육용자동차 10대당 3명 이상
④ 제2종 소형 및 원동기장치자전거면허는 교육용자동차 10대당 2명 이상

【문제 46】 전문학원의 장내기능 및 도로주행교육용 자동차의 확보기준이다. 틀린 것은?
① 장내기능교육용 차량은 기능교육장면적 $300m^2$당 1대를 초과하지 않는 범위에서 확보
② 고장에 대비 장내기능 및 도로주행용 차량의 20%를 초과하지 않는 예비용 차량의 확보
③ 도로주행용 차량은 장내교육장에서 동시에 교육 가능한 최대 자동차 대수의 3배를 초과하지 않을 것
④ 장애인의 장내기능교육용 및 도로주행교육용 차량 각각 1대 이상 확보

【문제 47】 기능강사가 교육생이 차에 타고 출발하기까지 지도할 사항으로 맞지 않는 것은?
① 안전하게 자동차에 승차하는 방법과 하차하는 방법을 지도한다.
② 올바른 운전자세와 운전석 조정방법과 후사경의 조절방법을 지도한다.
③ 교육용자동차의 점검요령과 고장 시의 조치요령을 지도한다.
④ 운전 장치의 기능과 자동차의 주행원리를 이해시키고 올바른 조작방법을 지도한다.

정답 【41】③ 【42】② 【43】① 【44】③ 【45】④ 【46】② 【47】③

【문제 48】 기능강사가 경사로코스 통과요령에 대한 지도방법으로 틀린 것은?
① 오르막 정지구간에 3초 이상 정지한 후 30초 이내에 정지구간에서 출발 통과하도록 지도한다.
② 정지했다가 출발 시 후방으로 50cm 이상 밀리지 않도록 지도한다.
③ 엔진을 꺼트리지 않고 출발하도록 클러치, 브레이크 등의 조작요령을 지도한다.
④ 정지했다가 출발 시 후방으로 50cm 이상 밀린 때는 실격처리 됨을 지도한다.

【문제 49】 기능강사가 굴절코스 통과요령에 대하여 지도하는 방법이다. 틀린 것은?
① 굴절코스는 골목길이나 모퉁이 등의 길에서 회전하는 능력을 익히기 위한 과제임을 설명한다.
② 굴절코스는 직진으로 진입하여 검지선 접촉 없이 3분 이내 통과토록 지도한다.
③ 굴절코스에서는 차를 천천히 조작하는 요령과 올바른 진로선택 능력을 지도한다.
④ 진행하고 싶은 방향으로 핸들을 돌리면 된다는 원칙을 이해시켜 습관화되게 한다.

【문제 50】 기능강사가 제1종 대형면허의 방향전환코스 통과요령에 대한 지도방법이다. 맞지 않는 것은?
① 후진으로 방향을 전환하거나 차고에 주차하는 능력을 익히기 위한 코스이다.
② 전진으로 들어가서 후진으로 차고에 진입 뒷바퀴로 확인선을 접촉 후 되돌아 나온다.
③ 후진할 때 안전 확인과 내륜차의 원리를 이해시켜 안전운전요령을 지도한다.
④ 방향전환코스의 통과요령을 익숙할 때까지 반복 지도하여 숙달시킨다.

【문제 51】 제1종 대형면허 장내기능시험의 합격 및 실격기준으로 맞지 않는 것은?
① 합격기준은 100점 만점에 감점결과 80점 이상이다.
② 특별한 사유 없이 출발선에서 30초 이내 출발하지 못하면 실격된다.
③ 특별한 사유 없이 교차로 내에서 30초 이상 정차하면 실격된다.
④ 출발에서 종료 시까지 총 지정시간을 5초 초과하면 실격처리 된다.

【문제 52】 제1종 보통(연습)면허 또는 제2종 보통(연습)면허의 감점기준의 시험항목에 대한 설명이다. 아닌 것은?
① 운전장치 조작 중 기어변속
② 운전장치조작 중 전조등 조작
③ 차로 준수이행
④ 운전장치조작 중 급정지

【문제 53】 제1종 및 제2종 보통(연습)면허의 시험항목의 감점기준으로 틀린 것은?
① 기어변속 : 5점 감점
② 앞유리창 닦이기 : 5점 감점
③ 차로준수 : 15점 감점   정
④ 돌발상황 급정지 : 20점 감점

【문제 54】 전문학원의 도로주행 교육항목 중 시험항목이 아닌 것은?
① 경사로 정지 및 통과 1회
② 엔진 브레이크 사용 미숙
③ 제동방법 미흡
④ 진로변경 신호 불이행

【문제 55】 전문학원의 도로주행 시험항목에서 10점감점 과제가 아닌 것은?
① 주차브레이크 미해제
② 20초 내 미출발
③ 출발시간 지연
④ 서행위반

정답 【48】 ④ 【49】 ② 【50】 ③ 【51】 ④ 【52】 ④ 【53】 ④ 【54】 ① 【55】 ③

제6장 학과교육의 기본이념

제1절 학과교육의 중요성과 일체화 등

1 학과교육의 중요성

(1) 자동차운전 전문학원의 학과교육은 운전자로서 갖추어야할 인성을 변화시키는 중요한 교육이라 할 수 있다. 올바른 교통문화를 정착시키기 위하여 가장 필요한 것은 우리가 정한 **교통규칙을 지킬 수 있는 우수한 운전자를 배출하는 것**이다.

(2) 자동차가 사회생활의 필수품이 된 현대사회에서 요구되는 운전자의 모형은 단순히 운전기능만으로는 부족하고, 교통법규를 준수하고 다른 사람에게 피해를 주지 않고, 양보할 줄 아는 등 교통도덕과 예절이 몸에 배고 자동차사회의 일원으로서 책임을 다할 줄 아는 사람이어야 한다.

(3) 전문학원에서는 이러한 우수한 운전자를 양성하기 위하여 운전자가 갖추어야 할 필요한 지식·기능은 물론 운전자로서의 교통도덕과 예절을 갖추어 이를 실천에 옮길 수 있도록 하는 교육이 실시되어야 한다. 즉, 초보운전자로서 자동차운전 전문학원에서 받은 교육은 그 사람이 자동차사회에서 우수한 운전자의 한 사람으로 자리매김할 수 있도록 하는 중요한 의미를 가지고 있으므로 이러한 사회의 기대에 부응할 수 있도록 하는 교육이 이루어져야 한다.

[학과교육 장면]

(4) 자동차운전은 운전기능·교통법규·교양 및 예절이 일체화될 수 있는 교육이어야 한다. 특히 학과교육은 교통법규, 자동차의 점검지식, 안전운전에 필요한 안전운전지식 등을 가르치는 것은 물론이고 항상 기능교육과 일체화시킬 수 있도록 지식에서부터 기능으로, 기능에서부터 태도로, 태도에서 습관으로, 습관에서 성격 및 인격으로 나아갈 수 있도록 일관되게 반복하는 교육으로서의 의미를 가지고 있다. 단순히 머리에서 기억하는 것이 아니라 **몸에 익혀 실천하도록 지도하여야** 하며, 또한 학과교육은 단순히 운전면허시험에 합격하기 위한 교육이 아니라는 점을 교육생들에게 인식시켜 주어야 한다.

2 도로교통에 적응할 수 있는 교육

(1) 교통법규는 도로에서 위험과 장애를 방지하고 제거하여 안전하고 원활한 교통을 확보함으로써 교통의 흐름을 순조롭게 하는데 필요한 최소한 도의 규정인 것이다. 그러므로 법규와 지식을 단순히 이해하고 암기하는 것만으로는 실용가치가 없으며 실제로 운전을 하는 현장에서 법규에 규정된 내용에 따라 정확하게 판단하고 올바르게 행동함으로써 비로소 가르치고 배운 가치가 나타나는 것이다.

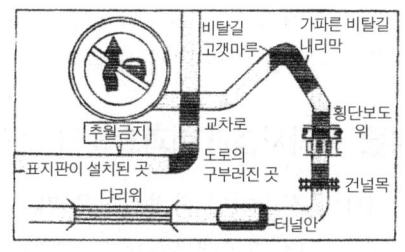

[앞지르기 금지장소]

(2) 따라서 전문학원의 학과강사는 학과교육내용을 단순한 지식으로만 가르칠 것이 아니라 배운 것을 실제의 교육현장에 임하여 실천에 옮길 수 있는 교육을 함으로써 실제의 운전에 도움이 되고 살아있는 교육이 될 수 있도록 하는 것이다.

(3) 예를 들면, 법제22조제3항의 형식적 규정에는 앞지르기 금지 장소로
   ① 교차로·터널 안 또는 다리 위
   ② 도로의 구부러진 곳
   ③ 비탈길의 고갯마루 부근 또는 가파른 비탈길의 내리막
   ④ 시·도경찰청장이 도로에서의 위험을 방지하고 교통의 안전과 원활한 소통을 확보하기 위하여 필요하다고 인정하는 곳으로서 안전표지에 의하여 지정한 곳 등에서는 앞지르기를 금지하고 있다.
   그러나 왜 금지하고 있는지는 일일이 규정되어 있지 않다.
   그러므로 학과강사는 이러한 곳에서는 왜 앞지르기가 금지되어 있는지?
   이러한 곳에서 앞지르기를 하면 어떠한 위험이 있는지? 등을 설명하여야 한다.
   그리고 앞지르기 허용지점에서 앞지르기할 때에 필요한 시간과 거리, 앞지르기 시의 주의, 앞지르기 순서, 앞지르기 당하는 차의 입장 등 앞지르기에 관한 여러 문제들을 아울러 교육함으로써 교육생의 이해에 도움을 주게 된다. 그러므로 학과강사는 이러한 교육방법의 연구가 필요한 것이다.
   이와 같이 교육생에 대하여는 우선「운전」이란 단순히「차라는 기계를 움직인다.」는 사실뿐만 아니라 도로상을 법령에 따라「항상 바르게 통행한다」는 사실을 인식시키는 것이 중요하다.

(4) 「차의 운전이란 커다란 에너지를 가진 차를 인간이 통제(control)하는 일련의 작업이다」
   그러므로 교육생에 대하여는 운전기능의 향상을 도모함과 동시에 항상 법규에 따라 안전운전을 해야 한다고 하는 자각을 갖게 하기 위한 교육을 하는 것이 필요하다. 그런 의

미에서 학과교육은 단순한 지식의 교육이 아니라 실제의 운전과 관련지어 이해시키고 기능교육을 통해 체득하고 습관화시켜 나가는 과정인 것이다.

3 학과시험과 학과교육의 범위

(1) 운전면허의 학과시험은 자동차등 및 도로교통에 관한 법령의 지식과 자동차 등의 관리방법 및 안전운전에 필요한 점검요령, 친환경 경제운전에 필요한 지식 등의 지식을 제대로 이해하고 있는지 여부를 필기시험방법을 통하여 평가하고 있으며, 그 내용은 운전사로서 당연히 알고 있어야 할 최소한의 지식인 것이다. 이러한 학과시험의 범위는 도로교통법 제83조제1항제2호·제3호·제5호에 다음과 같이 규정하고 있으며 운전면허시험은 이 범위 안에서 출제되고 있다.

① **자동차 등 및 도로교통에 관한 법령에 대한 지식에 관한 시험(영제46조)**
  ㉮ 도로교통법 및 동법에 따른 명령에 규정된 사항
  ㉯ 교통사고 처리특례법 및 동법에 따른 명령에 규정된 사항
  ㉰ 자동차관리법 및 동법에 따른 명령에 규정된 사항 중 자동차 등의 등록과 검사에 관한 사항
  ㉱ 경찰청장이 제정한 교통안전수칙과 교통안전교육에 관한 지침에 규정된 사항

② **자동차 등의 관리방법과 안전운전에 필요한 점검요령에 관한 시험(영제47조)**
  ㉮ 자동차 등의 기본적인 점검요령
  ㉯ 경미한 고장의 분별
  ㉰ 운전장치의 관리방법(유류절약운전방법 포함)
  ㉱ 경찰청장이 제정한 교통안전수칙과 교통안전교육에 관한 지침에 규정된 사항

(2) 전문학원의 학과교육은 법령에서 정한 운전면허의 종별 교육과목 및 교육시간에 따라 교육을 실시하고 있으며, 그 내용은 운전면허 학과시험의 출제범위 뿐만 아니라 안전운전에 필요한 여러 가지 지식에 대하여도 교육을 실시하고 있다. 그 이유는 전문학원에서 운전자를 가르치는 최종목표는 안전하게 운전할 수 있는 우수한 운전자를 배출하려는데 있기 때문이다.

그러나 근간 일부 교육생 중에는 전문학원에서의 학과교육을 기피하고 「운전면허예상문제집」만을 암기하여 운전면허 학과시험에 합격한 후 기능교육만 받고 운전면허를 취득하려는 경향이 있다. 이는 일시적인 편안함을 위해 영원한 안전을 포기하는 행위로 매우 위험한 생각이라 아니할 수 없다.

그러므로 전문학원의 학과강사는 이러한 현상에 편승하여 학과교육을 소홀히 하는 일이 있어서는 안 될 것이며, 전 교육생이 단순히 암기뿐만 아니라 그 내용을 익히고 이해

하였다는 사실의 확인이 필요하다.

특히, 학과강사는 교육환경과 교육방법의 개선 등을 통하여 교육생이 학과교육을 꼭 받아야겠다는 인식의 전환을 갖도록 동기부여에 부단한 노력을 기울여야 한다.

4 학과교육과 기능교육의 일체화

(1) 학과강사, 기능강사 및 기능검정원의 일체적인 연결교육

① 전문학원은 운전면허를 취득하려는 사람들의 교육기관으로 운전에 필요한 체계적인 교육을 통하여 실제 도로상에서 안전하게 운전할 수 있도록 만드는 것이 중요하다. 전문학원에서 체계적이고 효과적인 운전이 가능하도록 교육하기 위해서는 학과교육과 기능교육이 일체화가 되어야 한다. 그러므로 학과교육은 학과시험 합격만을 목적으로 하거나 기능교육과 완전히 분리된 별개의 교과과정으로 운영되어서는 안 된다. 사람의 정신과 육체가 하나가 되어 움직이듯이 운전자가 자동차를 운전할 때에는 학과교육에서 배운 지식과 기능교육에서 배운 운전기능이 하나가 되어 잘 조화함으로써 안전한 운전을 할 수 있고 실용적인 지식이 될 수 있는 것이다.

② 특히, 유의해야할 것은 학과강사의 기능교육에 대한 배려의 유무이다. 학과강사는 단순히 학과만 가르치면 되고 기능교육과는 관계가 없다고 생각하는 사람이 있다면 학과강사로서의 자질이 부족하다고 볼 수 있다. 따라서 학과강사의 자격요건을 강화한 것도 학과교육과 기능교육의 일체화를 제도적으로 명확히 하려는 의도라 하겠다.

③ 전문학원에서「기능시험은 나중에 치기 때문에 학과교육을 먼저 받으라」고 하는 일이 있다고 한다면 기능교육과의 일체화는 이루어질 수 없는 것이다. 학과교육과 기능교육을 규정에 따라 단계별로 실시하되 학과교육에서 배운 것이 기능교육에서 연관성을 갖고 효과적으로 활용될 수 있도록 교과과정의 배려는 물론 교육방법의 끊임없는 연구와 노력이 병행되어야 할 것이다.

④ 그리고 학과교육과 기능교육의 일체화는 강사들만의 노력으로 달성할 수 있는 것이 아니고 전문학원 학감의 교육시간 할당의 결정, 학과강사의 학과교육내용과 기능강사의 기능교육 내용의 연계 등 전반적인 문제로 전문학원 전체가 노력하지 않으면 안 된다.

(2) 교육생의 관심있는 마음가짐과 공교육 기관으로서의 책임의식

① 또한 학과교육과 기능교육의 일체화는 전문학원 강사나 학원만의 노력으로 이루어지는 것이 아니고 교육생들이 관심을 가지고 규정된 교과과정을 모두 이수하겠다는 마음가짐이 중요하다. 교육생이 학과교육은 운전면허시험에 합격하기 위한 하나의 과정으로 생각하고 단순히 운전면허시험문제 풀이정도로 인식하여 문제풀이 요령만을 요구하고, 학과강사도 이에 편승하게 되면 효과적인 일체화교육은 이루어질 수 없게 되는 것이다.

② 학과강사는 교육생의 인기에 영합하려는 생각에서 벗어나 전문학원을 명실상부한 공교육기관으로 만들어 양질의 운전자를 양성하겠다는 책임의식을 가지고 일체화교육의 실현에 노력해야 하며, 이를 위한 방안으로 학과교육 및 기능교육 내용의 검토, 기능강사들과 상호 토론, 교육생의 반응과 성향, 변화하는 태도 및 운전면허취득자의 운전태도 등 전반적인 면에서 관심을 가지고 연구 검토해 나가야 할 것이다.

제2절 학과교육의 기본적 유의사항

1 이해할 수 있는 교육

학과강사가 강의를 함에 있어서 우선 주의해야 할 것은 교육생에게 강의하는 내용을 어떻게 이해시킬 수 있는가 하는 것이다.

기능교육과 같이 한 사람이 한 사람씩을 상대하여 교육하면 항상 교육받는 사람의 반응이나 태도를 파악하면서 교육을 진행시킬 수 있지만, 학과강의는 다수의 교육생을 대상으로 하기 때문에 그들 각자는 연령, 성별, 직업, 학력, 경력, 취미 등을 달리하고 수강 태도도 다양한데 이러한 대상 모두에게 강의한 내용을 이해할 수 있도록 하는 것은 현실적으로 어려운 일이다.

그렇다고 해서 교육생의 이해정도를 확인하지 않고 정해진 교과내용만을 단지 일방통행 식으로 전달하는 것만으로는 교육의 효과를 거둘 수 없다. 그러므로 강의내용을 이해할 수 있는 교육을 하기 위해서는 다음사항에 유의하여야 한다.

(1) 강의할 내용에 맞추어 교안을 작성하되 교육생 입장에서 불필요한 내용은 없는지 강의한 내용이 무리하거나 무익한 것은 없는가를 항상 검토하고 부족한 부분이나 새로운 내용에 대하여 수시로 보완해나가야 한다.

(2) 법령의 규정이나 자동차부품의 명칭 등을 어려운 영어나 한자표현으로 해설하지 말고 이해하기 쉬운 말, 일상에서 사용하는 쉬운 단어로 표현한다.

(3) 교재를 읽는데 그치지 말고 시청각 교재 등을 활용하여 교육생의 시각에 호소하는 교육을 한다.

(4) 일방통행식인 강의가 아니라 가끔 질문을 유도하여 교육생들을 발표에 참여케 함으로써 교육생 스스로 교육에 참가하고 있다는 적극적인 수강태도를 이끌어내도록 유도한다.

(5) 핵심적인 요점을 지적해 준다. 「이 항목은 대단히 중요합니다. 기억해 두십시오. 이대로 꼭 하십시오」라는 식으로 강조하되 이러한 용어를 너무 자주 사용하는 것은 좋지 않다.

(6) 명랑한 태도, 항상 웃는 얼굴로 여유를 갖고 강의를 하되, 청산유수식으로 강의한 내용을 억지로 외우도록 하여서는 안 된다. 재미있고 여유 있는 강의기법으로 교육에 임할 수 있도록 노력하여야 한다.

2 기능교육과 일체화되는 학과교육

학과교육은 기능교육과 일체를 이루어 그 기능을 발휘할 수 있도록 하여야 한다. 즉, 이론을 바탕으로 한 기능교육이 이루어져야 실제 도로에서 그 지식을 활용할 수 있다. 그렇게 하기 위해서는 학과강사는 학과교육을 실시함에 있어 다음 사항에 유의하여야 한다.

(1) 운전자에게 필요한 내용중심 교육

① 강사가 법령의 규정을 해석할 경우에도 항상 교육생으로 하여금 그 내용을 운전 중 실천에 옮겨가야 한다는 생각을 갖도록 해서 이해시켜야 한다.
② 시험문제를 풀어 가는 식의 설명이나 단순한 법조문의 해설로 끝내지 말고, 교육생이 운전자로서 상황에 따라 적절한 판단을 할 수 있도록 교육방법과 교재에 대한 창의적 연구가 이루어져야 한다.

(2) 구체적인 교통의 실제 사례의 중심 교육

법령이든 안전운전에 관한 지식이든 그것이 실제교통현장에서 운전기능으로 활용될 수 있는 것이어야 한다. 이와 같이 강의를 하기 위해서는 구체적인 사례를 신문이나 방송 또는 잡지 등을 활용하여 스크랩하고 일상에서 준비해 두었다가 활용하여야 한다.

예를 들면 「교차로의 정의」에 대하여 설명하는 경우, 교육생 누구나 알고 있는 장내 기능교육장의 교차로를 떠올리게 하고 교차로사진 등을 보여주면서 설명하면 교육생은 교차로의 정의를 자신의 것으로 이해하게 되

[교차로 통행 시 안전 확인]

며, 도로주행교육 시는 교차로에 다가갈 때 그 당시의 설명을 기억해 내면서 실제 활용하는 지식으로 습관화되는 것이다.

3 인상에 남는 교육

인상에 남는 교육이란 강사가 큰 소리로 강조하거나 강사자신을 인상에 남도록 하는 것이 아니라, 교육생이 공감을 표시하고 모르던 내용을 깨우쳐 알게 될 때 「음! 과연 그렇군!」 하고 수긍한 뒤 배운 내용을 자신의 것으로 기억하고, 이 후 교통현장에서 활용할 수 있도록 깊은 인상을 심어주는 것이며, 이처럼 깊은 인상에 남는 교육을 위해서는 다음 사항을 명심하여야 한다.

(1) 실제사례를 적절한 기회에 활용하여 설명한다.

　　실제로 교통현장에서 있었던 사례는 듣는 사람에게 깊은 인상을 심어주고 관심을 불러 일으켜서 마음에 와 닿게 한다. 「이런 경우에는 이러한 사례가 있습니다.」하며 성공한 사례와 실패한 사례를 구체적으로 제시하여 교육생의 관심을 이끌어 내고 실패한 사례에 대하여는 반복하여 실패하는 사례가 없도록 예방할 수 있는 지식과 교훈을 강조한다.

(2) 전체를 설명 후 요점을 강조하여 교육생의 기억(주의)을 환기한다.

　　나열된 항목을 하나하나 설명하는 것은 피하고 전체를 설명한 다음 어렵고 중요한 사항에 대해서는 요점을 강조하여 교육생의 주의를 환기시킨다. 예를 들면 「지금까지 설명한 것은 몇 가지가 됩니다. 그것은 무엇 무엇입니다. 그 중에서 제일 중요한 것은 무엇입니다.」라는 식으로 설명하여 교육생으로 하여금 중요한 항목을 다시 한번 깨우쳐 기억하도록 한다. 그렇게 함으로써 실제 상황에 부딪히더라도 응용할 수 있는 지혜가 생겨 어려움을 면하게 된다. 그러므로 강의에 있어서 요점을 강조하는 것은 그만큼 중요하다.

(3) 강의 후 질문을 하여 깊은 인상(기억)을 남긴다.

① 교육생에게 질문을 하면 그 답변할 내용을 생각하고 표현함으로써 교육생은 그 내용을 기억하게 되고 강하게 인상지어지는 것이다.
② 교육생에게 학습내용의 이해와 깊은 인상을 심어주기 위해서는 강사의 질문이 커다란 효과가 발생하므로 중요한 사항은 질문하는 것이 꼭 필요하다.
③ 질문 시기는 교육생의 학습준비상황을 파악하기 위하여 설명하기에 앞서할 수도 있고, 이해도를 측정하기 위하여 설명한 후에도 할 수 있다.
④ 질문한 후에 답변을 잘 하였을 경우에는 그것을 인정하면서 칭찬해 주고, 답변을 하지 못하였을 경우라도 할 수 있다는 용기를 가지게 하고 자존심을 상하게 하는 언행은 삼가야한다. 교육생이 이러한 문제로 두려움을 갖게 되면 교육의 효과를 기대할 수 없기 때문에 조심하여야 한다.

4 강의를 받은 교육생이 스스로 생각하게 하는 교육

　　학과교육은 단순히 강의한 내용을 「기억하도록 하는 것」으로 그치는 것이 아니라 교육생이 그와 관련된 문제를 스스로 생각하게 하고 해답을 얻어낼 수 있도록 하여야 한다. 학과시험에 출제되고 있는 문제는 「운전자로서 그 문제를 이해하고 안전운전을 위해 필요한 것인지 여부를 판단하여 실제운전에 응용할 수 있도록 요구하고 있는 것」이 대부분이다.

　　문제를 단순히 기억하고 있을 뿐 그 문제가 무엇을 요구하는 것인지 또는 실제행동에 있어서 어떻게 해야 하는 것인지 판단할 수 없는 사람은 합격점을 얻기 어렵게 되어 있는 것도 그 출제자의 의도를 명확하게 파악하지 못하기 때문이다.

제5장 학과교육의 기본이념

   교육내용을 장황하게 설명해서 강의를 전개하여 나가는 것은 매우 열심히 하는 것 같지만 교육생에게는 강의 내용이 흐려져서 이해하기 어렵고 오히려 역효과를 초래할 염려가 있으므로 간단명료하게 설명하고 교육생이 그 내용을 이해할 수 있도록 하는 강의가 필요하다.
   교육생이 스스로 생각하게 하는 강의를 하기 위해서는 다음 사항에 유의하여야 한다.

(1) 강의 도중에 가끔 정답과 결론을 내리지 말고 교육생에게 「이 문제를 어떻게 생각하십니까?」 「정답이 무엇입니까?」 「이러한 상황에 부딪쳤을 때 어떻게 하면 위험을 피할 수 있습니까?」 라는 등의 의문을 갖게 하는 것도 필요하다.

(2) 교육생에게 생각할 시간을 주기 위하여 약간의 시간적 간격을 두는 것도 필요하다. 학과강사는 교육생에게 강의내용을 다시 한번 생각해볼 기회를 주기 위하여 특히 중요한 사항을 설명할 때에는 잠시 시간을 주는 것이 필요하다.

(3) 질문은 일반적으로 기억질문(記憶質問)과 사고질문(思考質問) 두 가지로 크게 나눌 수 있는데, 문답학습의 기억질문(記憶質問)에서는 강사중심의 전체적 성격을 갖기 쉬운 사실을 경계해야 하고, 강사의 질문에 의하여 교육생의 사고를 자극하고 지도하는 사고질문(思考質問)에서는 교육생에게 사고(思考)할 기회를 줌으로써 문답의 교육화가 충분히 이루어지고 가르친 바가 산지식이 될 수 있게 되는 것이다.

5 창의적인 연구를 위한 강의

(1) 학과교육은 학과강사의 열의와 강의기법에 그 성패가 달려 있다. 여러 사람을 한자리에 모아놓고 강의하는 학과교육은 기능교육과는 달리 자칫하면 학과강사 한 사람의 독무대로 되어 일방적으로 진행되기 쉽다. 그렇게 되면 교육생의 반응이나 흥미를 갖게 하기보다는 교과진도를 마치기 위한 강의를 한다는 인상을 남기게 되어 강의효과를 기대할 수 없게 된다.

(2) 강사의 가르치는 방법이 훌륭하다고 평가받고 있는 강사는 그 강사만이 가지고 있는 독특한 강의법이 있고 교육생에게 감명을 주는 기술이 있다.

(3) 강사의 강의요령은 강사의 평소 노력과 창의적인 연구에 의하여 이루어지는 것이지 단순히 잔재주를 부리거나 궤변 같은 화술로 되는 것이 아니다. 훌륭한 강의기법은 하루아침에 이루어지는 것이 아니라 항상 수강생이 요구하는 것과 강의한 내용에 대한 반응 및 효과를 확실히 파악하여 다음 강의에 활용해 가는데서 얻어지는 것이다.

(4) 특히 강사는 말하는 방법, 교재내용, 교육항목의 요점 등이 교육생에게 쉽게 이해될 수 있도록 끊임없이 노력하고 연구하여야 한다.

제6장 적중출제예상문제

1 학과교육의 중요성 등

【문제 1】 학과강사가 길러야 하는 현대사회가 요구하는 운전자의 모형으로 적절하지 못한 것은?
① 교통법규와 질서를 잘 지킬 수 있는 우수한 운전자 양성
② 교통도덕과 예절이 몸에 배어 다른 사람에게 피해를 주지 않는 운전자 양성
③ 교통규칙준수보다 운전능력이 뛰어난 운전자 양성
④ 국가자격증소유에 상응한 교통사회인의 책임을 다하는 운전자 양성

【문제 2】 학과교육의 교육목표로 옳지 못한 것은?
① 교통도덕, 교통법규, 운전매너 등을 중심으로 교육하여 인성을 변화시킨다.
② 기능교육과 밀접한 관계를 가지고 반복 교육하여 초보자의 기본자세를 확립시킨다.
③ 교통법령 및 구조에 관한 지식만을 암기시켜 운전면허시험에 합격시킨다.
④ 교통법령 등 지식의 이해뿐만 아니라 행동으로 실천하는 운전자가 되게 한다.

【문제 3】 학과교육의 목표에 대한 설명이다. 적당하지 못한 것은?
① 교통도덕과 교통법규를 잘 지키도록 한다.
② 학과교육보다 기능교육에 중점을 두도록 배려하며 교육한다.
③ 초보운전자의 기본자세를 확립시킨다.
④ 자동차의 점검지식을 익히게 한다.

【문제 4】 학과교육의 범위에 속하는 것이다. 아닌 것은?
① 운전 장치의 조작 및 운전능력
② 자동차관리법령 중 자동차 등의 등록과 검사에 관한 사항
③ 자동차의 점검요령·경미한 고장의 분별 및 운전 장치의 관리방법
④ 교통법령·교통사고 처리특례법령·교통안전수칙 및 사고발생 시 응급처치요령

◎ 해설 "②, ③, ④"외에 "친환경 경제운전에 필요한 지식과 기능"이 있다.

【문제 5】 학과교육의 범위에 해당되지 않는 것은?
① 운전자의 정신교육
② 기능교육과의 일체적 연결교육
③ 합격을 위한 문제 숙지요령 교육
④ 실제운전에 적용할 수 있는 교육

【문제 6】 자동차 운전에 필요한 학과교육항목으로 볼 수 없는 것은?
① 교통도덕과 법규
② 자동차 검사
③ 운전예절
④ 안전운전

정답 1. 【1】③ 【2】③ 【3】② 【4】① 【5】③ 【6】②

【문제 7】 학과교육을 할 때 다뤄야 할 교육내용이다. 적절하지 못한 것은?
① 능숙한 운전기술의 고취　　② 양보와 배려를 할 줄 아는 마음
③ 운전매너　　　　　　　　　④ 준법정신

【문제 8】 학과교육과 기능교육의 일체화에 대한 설명이다. 아닌 것은?
① 학과교육과 기능교육은 사람의 정신과 인체처럼 일체화되어야 한다.
② 학과교육과 기능교육을 일체화 · 융합화하여 현장에서 응용할 수 있도록 해야 한다.
③ 학과강사에게도 기능교육에 대한 이해와 배려를 갖도록 자질을 강화해야 한다.
④ 학과강사는 학과교육만 실시하면 되고 기능교육과 연계시킬 필요가 없다.

【문제 9】 학과교육을 기능교육과 일체화가 되도록 하기 위한 학과강의기법이다. 틀린 것은?
① 단순한 법령해설로만 강의를 끝낸다.
② 강의 후 질문을 하여 기억(환기)을 시킨다.
③ 강의 후 요점을 강조한다.
④ 운전자로서 상황에 따라 적절한 판단을 할 수 있도록 실제사례중심으로 강의한다.

【문제 10】 학과교육을 기능교육과 일체화되도록 하기 위한 학과강의기법이다. 잘못된 것은?
① 강의내용을 도로운전에서 실천하도록 이해시킨다.
② 시험문제를 풀어 가는 식의 설명이나 해설로 강의한다.
③ 운전자로서 상황에 따라 적절히 판단할 수 있도록 창의적이고 연구토록 강의한다.
④ 사례를 예로 들어가며 실제상황에서 활용되도록 설명한다.

【문제 11】 학과교육과 기능교육의 일체화란?
① 학과교육을 강화하여 실제 운전기능을 향상시키는 것이다.
② 면허취득위주의 교육이 아니라 운전기능위주의 교육을 말한다.
③ 학과교육과 기능교육은 사람의 정신과 신체처럼 일체화가 되어야 함을 말한다.
④ 학과교육으로 기능교육을 대체하는 것을 말한다.

【문제 12】 운전교육의 일체화를 위한 방안이다. 틀린 것은?
① 학과강사의 기능교육에 대한 배려와 이해　　② 학과교육과 기능교육의 일체화 융합화
③ 학과에서 배운 내용을 기능으로 연결 행동화　④ 학과교육은 기능교육을 위한 보조적 기능

【문제 13】 전문학원 학과교육의 질적 향상을 위한 내용이라 할 수 없는 것은?
① 운전면허시험의 합격률을 높이기 위한 합격위주의 교육목표 설정
② 전문학원설립자는 학과교육을 위하여 시청각교육시설의 확충
③ 급격한 교통환경 변화에 적응할 수 있는 현실적인 교안의 작성
④ 교통법령 등을 풀이하는데 그치지 말고 도로에서 응용할 수 있는 교육의 추진

정답　【7】①　【8】④　【9】①　【10】②　【11】③　【12】④　【13】①

【문제 14】 교육목표 설정에 대한 설명으로 볼 수 없는 것은?
① 평가의 기준이 된다.
② 교육목표는 추상적 개념으로 진술된다.
③ 교수·학습활동의 지침이 된다.
④ 내용과 행동의 두 요인으로 규정된다.

【문제 15】 학습내용의 구성요소라고 할 수 없는 것은?
① 사실(실제 있거나 있었던 일)
② 원리와 법칙
③ 교수방법
④ 용어와 개념

【문제 16】 전문학원의 학과교육요령에 대한 내용이다 틀린 것은?
① 암기위주로 운전면허 학과시험에 합격시키는 것을 목표로 한다.
② 학과교육은 이론과 기능이 일체화되는 교육이어야 한다.
③ 배운 지식을 실제 행동으로 실천할 수 있도록 교육해야 한다.
④ 교통법령 등의 이해를 바탕으로 운전시 실제행동으로 실천할 수 있는 교육이어야 한다.

2 학과교육의 기본적 유의사항

【문제 1】 학과교육에 있어서 학과강사의 기본적 유의사항이다. 잘못된 것은?
① 정해진 교과과정을 진도에 어긋나지 않게 전달하는 교육
② 기능교육과 연계되고 인상과 기억에 남도록 하는 교육
③ 스스로 생각하게 하는 교육과 창의적 연구를 유도하는 교육
④ 교육생이 강의내용을 이해할 수 있도록 하는 교육

【문제 2】 학과교육에 있어서 유의해야 할 사항이다. 아닌 것은?
① 이해되는 교육
② 기능교육과 직결(일체화)되는 교육
③ 일방적인 강의로 요점만 강조하는 교육
④ 인상에 남는 교육

【문제 3】 학과교육 내용을 이해할 수 있도록 효과적으로 강의하는 방법이다. 틀린 것은?
① 강의내용이 무리하거나 무익하지 않도록 교안을 검토하고 보완해 나간다.
② 법령규정이나 자동차 부품의 명칭 등은 일상에서 쓰는 쉬운 말로 표현한다.
③ 가급적 질문을 제한하고 교육진도에 맞추어 교과내용을 진행한다.
④ 교재를 읽는데 그치지 말고 시청각 교재 등을 활용하여 교육생의 시각에 호소한다.

【문제 4】 교재를 효과적으로 이용함에 따른 장점이 아닌 것은?
① 학습동기 유발에 도움을 주고 학습활동을 적극적으로 하게 한다.
② 학습상의 격차를 넓혀준다.
③ 이해나 사고력을 촉진시키며 지식이나 기능의 습득을 확실하게 한다.
④ 강사를 도와서 강의능률을 높여준다.

정답 【14】② 【15】③ 【16】① 2.【1】① 【2】③ 【3】③ 【4】②

제6장 학과교육의 기본이념

【문제 5】 학과강사가 교과내용을 교육생이 이해하기 쉽도록 강의하는 방법이다. 아닌 것은?
① 요점을 지적해 주고 중요사항이므로 실천할 것을 강조한다.
② 청산유수식으로 차례차례 강의하고 외우게 한다.
③ 재미있고 자신 있는 강의기법으로 강의한다.
④ 명쾌한 태도와 웃는 얼굴로 여유를 가지고 말한다.

【문제 6】 학과강사가 강의를 할 때 유의사항이다. 잘못된 것은?
① 시청각 교재활용으로 교육효과를 극대화한다.
② 교육을 받는 사람의 특성에 맞는 교육내용을 선정하여 교육한다.
③ 교육을 받는 사람의 반응이나 태도를 수시로 관찰하며 가끔 질문한다.
④ 운전은 매우 중요하므로 주입식 방법으로 교육한다.

【문제 7】 학과교육을 위하여 필요한 사항이다. 틀린 것은?
① 강의내용은 운전자에게 필요한 사항으로 구성하여 강의한다.
② 구체적인 교통실례를 들어가며 교육을 한다.
③ 실제 교통현장에서 활용할 수 있는 생생한 교육을 한다.
④ 교통실례보다 시험합격에 필요한 사항을 강조하는 교육을 한다.

【문제 8】 학과교육에서 구체적인 사례를 들어 강의할 때 주의할 점이다. 아닌 것은?
① 강의하는 강사의 경험담도 좋은 사례로 볼 수 있다.
② 사례의 활용에 있어서 설명만으로 끝내는 것이 더욱 효과적이다.
③ 시청각 교재 등을 사용하여 시각에 호소한다.
④ 사실적인 사례는 교육생에게 강한 인상을 심어 주는데 효과적이다.

【문제 9】 교육효과를 높이기 위한 강의방법이다. 틀린 것은?
① 질문을 유도하여 기억에 남을 수 있게 한다.
② 실례를 적절한 기회에 사용하여 강의한다.
③ 교육진도에 맞추어 나갈 수 있도록 해설위주 일사천리로 강의한다.
④ 강의 후 요점을 간단하게 강조한다.

【문제 10】 학과강사가 교육생이 이해하기 쉽도록 강의하는 방법이다. 아닌 것은?
① 교육내용은 반드시 암기하도록 지도한다.
② 명쾌한 태도, 웃는 얼굴로 여유를 가지고 강의한다.
③ 요점을 정리해 주면서 중요부분은 기억하도록 강조한다.
④ 재미있고 유머러스한 강의기법으로 교육한다.

【문제 11】 인상에 남는 교육방법이다. 옳지 못한 것은?
① 실제사례를 적절한 기회에 활용한다. ② 질문을 유도하여 인상에 남게 한다.
③ 강의내용의 요점을 강조한다. ④ 큰 소리로 강조하여 인상에 남게 한다.

정답 【5】② 【6】④ 【7】④ 【8】② 【9】③ 【10】① 【11】④

제6장 학과교육의 기본이념

【문제 12】 교육효과를 극대화하기 위한 방안이다. 아닌 것은?
① 강사의 교과 진도에 맞추어 획일적으로 강의한다.
② 실제사례를 적절한 기회에 활용하여 강의한다.
③ 강의 후 강의내용의 요점을 강조한다.
④ 질문을 유도하여 기억에 남을 수 있도록 강의한다.

【문제 13】 지루하거나 싫증을 느끼지 않고 흥미를 끌 수 있는 강의방법이다. 옳지 않은 것은?
① 자극적인 강의내용
② 자기에게 관계있는 강의내용
③ 유머러스한 강의내용
④ 모든 사람이 알고 있는 강의내용

【문제 14】 교육생에게 인상에 남는 교육방법이다. 잘못된 것은?
① 중요한 사항에 대하여 요점을 강조하면서 다시 한번 깨우쳐 기억하도록 한다.
② 강사가 큰 목소리로 강조하면서 강사 자신을 인상에 남도록 한다.
③ 질문을 유도하여 그 내용을 기억하게 하고 깊은 인상을 심어준다.
④ 교통현장에서 있었던 성공한 사례와 실패한 사례를 알려주면서 관심을 이끌어낸다.

【문제 15】 인상에 남는 교육을 위하여 질문을 유도하는 강의 방법이다. 아닌 것은?
① 중요사항은 꼭 질문하는 것이 교육효과가 높다.
② 질문 시기는 반드시 학습내용을 설명한 후에 하여야 한다.
③ 질문에 대한 답변이 잘 되었을 때에는 칭찬해 준다.
④ 질문에 대한 답변이 틀렸을 때에는 용기를 주고 자존심을 상하지 않도록 한다.

【문제 16】 교육생이 스스로 생각하게 하는 강의를 위하여 유의할 사항이다. 잘못된 것은?
① 교육을 받는 사람이 스스로 생각하고 해답을 얻어낼 수 있도록 강의한다.
② 정답과 결론은 반드시 강사가 내리고 교육생은 이를 외우거나 이해하도록 한다.
③ 중요사항을 설명한 때에는 질문하는 시간을 주는 것이 필요한 때도 있다.
④ 질문기회를 주어 문답(대화)의 교육화가 이루어져 가르친 바가 산지식이 되게 한다.

【문제 17】 교육생이 학과교육을 받기 위해 강의실을 찾게 하는 방안이다. 아닌 것은?
① 강사에게 느껴지는 신뢰감
② 교육을 받는 사람에게 항상 최선의 노력을 경주하는 강사의 성실성
③ 강의보다는 재미있는 이야기와 지나친 농담
④ 잘 정리된 내용과 해설을 통하여 이해를 돕는 강의

【문제 18】 가르치는 방법이 훌륭하다고 평가받기 위한 강의방법이다. 아닌 것은?
① 계획된 교과진도를 마치기 위하여 교육생의 질문을 받지 않는다.
② 말하는 방법, 교재내용, 교육의 요점 등을 이해하기 쉽도록 끊임없이 연구한다.
③ 교육을 받는 사람이 강사에게 무엇을 바라고 있는가를 찾아내어 강의한다.
④ 강의내용에 대한 반응 및 효과를 파악하여 다음 교육에 반영한다.

정답 【12】① 【13】④ 【14】② 【15】② 【16】② 【17】③ 【18】①

제7장 학과교육의 실제

제1절 학과교육의 준비

　1시간이나 50분간의 강의시간은 강사의 학습준비와 열의가 부족하거나 강의기법이 서투르면 그 강의를 듣는 교육생에게는 지루하고 길게 느껴져서 더 듣고 싶지 않게 된다. 교육생이 졸거나 잡담을 하거나 무표정하게 다른 것을 생각하거나 아니면 다른 과목의 책을 펴놓고 읽는 것은 교육생의 태도에 문제가 있는 것이 아니라 교육생을 그러한 태도로 변하게끔 만들어버린 강사의 교육준비나 강의기법에 문제가 있는 것이다.

　교육생은 그 시간에 학과교육을 받기 위하여 강의실에 들어가는 것이므로 강사는 수강자에게 최선을 다했다고 하는 신뢰감과 충실감을 주고 강사 스스로도 그 강의내용의 효과를 인정할 수 있는 강의를 하기 위해서는 시간배분과 그 요점을 어디에 두고 진행해야 하는지 사전 준비를 충분히 하여야 한다.

1 교안의 작성과 검토

(1) 강의는 강의계획에 의하여 진행되어야 하며 강의계획에 대해서는 더욱 구체적인 1시간 또는 50분의 강의할 내용이 중점이 되고 그에 따른 사례나 교육기자재 기타 필요한 사항들을 명시한 교안을 작성하여야 한다.

(2) 교안은 지도요령이나 경험이 풍부한 강사는 반드시 성문화하여 작성하는 것이 아니지만 복식수업을 하는 경우라든가 복수의 강사가 같은 과정의 수업을 담당하는 경우 또는 경험이 없는 강사가 교육을 할 경우에는 교과내용의 통일성과 지도의 일관성을 확보하기 위하여 가능한 한 일관성 있는 교안을 작성하는 것이 효과적이다.

(3) 교안은 한번 작성한 것을 수 년간 반복 사용할 것이 아니라 항상 검토하고 보충하여 새로운 것은 보충하고 적절하지 않은 것은 삭제하여 **강의내용에 신선감을 주고 시간적 불균형은 없는지** 그 과목에 가르칠 **내용이 적절한지** 등을 끊임없이 **검토·보완해 나가야** 한다.

2 교안작성 요령

　강의내용은 논리성과 계통성이 연구되고 교육생의 의식과 수준에 맞는 태도화, 심정화, 개념화 및 내면화가 이루어질 수 있도록 구체적인 연구가 이루어져야 하며, 통일성 있고 효과적인 교육이 이루어지도록 강사의 면밀한 사전계획이 있어야 한다.

성인교육의 교안은 여러 가지 관점에서 다양한 양식과 내용이 포함되어야 하지만 전문학원 강사의 경우에는 교육생의 교육목적이 운전면허취득에 한정된 경우가 대부분이기 때문에 그 내용에 더욱 충실하여야 되는 것이다.

구체적인 양식과 실험결과가 필요한 것은 그러한 것들도 기록이 되어야 하고 태도나 심경의 내면화과정을 위한 것이라면 그러한 내용도 면밀하게 검토되어 교안에 포함되어야 하는 것이다.

교안작성 시 고려할 사항은 다음과 같다.

(1) 학습시킬 태도와 가치관을 가져야 한다.
(2) 학습할 내용의 개념을 명확히 하여야 한다.
(3) 교안에는 문제적인 것과 기지(機智)적인 것을 동시에 가지도록 하여야 한다.
(4) 실험적인 성격도 있어야 한다.
(5) 자율성을 가진 문제 상황이 형성되어야 한다.
(6) 바람직한 모형을 제공하여야 한다.
(7) 즐거운 감정적 경험을 도울 수 있도록 하여야 한다.
(8) 실제행동으로 옮길 수 있는 활동기회를 제공하여야 한다.
(9) 교육생 스스로가 바람직한 태도와 가치관을 발견하도록 장려·허용하여야 한다.

3 시청각 교재 준비

(1) 학과교육에 있어서 **시청각 교재의 활용은 교육효과를 높이기 위한 중요한 조건이다.** 시청각 교재는 단순한 보조수단으로 그치는 것이 아니라 교육내용을 더욱 구체화시켜 강의내용을 쉽게 이해시킬 수 있도록 하는 역할을 하기 때문에 교육내용에 맞추어 사전에 준비하여야 한다.

(2) 전문학원의 강의실에 시청각 교재가 비치되어 있다 하더라도 교육용으로 사용하고자 할 때는 사전에 사용방법과 그 내용에 맞는 각종 자료를 찾아 확보하여야 한다. 철저한 확인 또는 대책 없이 이를 활용하려고 하면 제대로 활용할 수 없어 당황해 하는 경우가 발생할 수 있다. 이는 교육생들의 신뢰감에 상처를 주기도 하고 교육의 효과를 떨어뜨릴 수도 있기 때문에 주의하여야 한다.

4 강의실 등 교육환경의 정비

(1) 강의실 등 교육환경은 교육생의 교육효과를 좌우할 수 있는 중요한 요건이 되므로 항상 깨끗하게 정비되어야 한다.

(2) 학과강사는 학과교육을 시작하기 전에 반드시 강의실을 둘러보고 **책상이나 의자 등을 점검하고 정돈하여야** 한다. 괘도나 시청각 교재 등을 교육과정에 맞게 준비해 두고, 그 자료의 정확성을 확인하고 특히, **각종 통계나 사례 등은 틀리지 않도록 확실히 확인하여야** 한다.

(3) 강의실 등 교육환경의 정비나 정돈이 아무 것도 아닌 것처럼 생각할 수도 있지만 학과강사의 조그마한 배려와 준비가 수강생에게는 편안함과 동시에 강의의 내용을 이해하기 쉽도록 하는 분위기를 조성할 수 있어 교육효과를 증진시킬 수 있는 계기가 될 것이다.

제2절 4단계 교육법

한 시간의 강의를 효과적이고 충실한 시간으로 진행하기 위해서는 교육방법에 따른 충분한 계획과 연출이 있어야 한다.

일반적으로 **4단계 교육법**이라 함은, 교육효과를 높이고 교육생에게 만족감을 주기 위한 교육방법으로서 특히, 집단화 교육에서 널리 이용되고 있다.

여기에서 말하는 교육의 단계는 효과적인 강의를 위한 하나의 패턴을 나타낸 것이며 교육항목의 내용과 중요도, 교육생의 이해도 등에 따라 다를 수 있겠으나 구체적인 것은 그때 그때의 시정에 따라 적절하게 사용하여야 한다.

※ 한 과정의 교육을 4단계로 구분하면 다음과 같다.

제1단계 : 학습의 도입단계
제2단계 : 학습내용의 본론
제3단계 : 응용사례의 활용
제4단계 : 학습의 정리 및 효과확인

1 제1단계 학습의 도입

제1단계의 도입은 학습의 기초 전개과정이다. 운동을 할 때 미리 준비운동을 해야 하는 것처럼 교육과정에서도 어떠한 취지로 그 교육을 한다는 도입단계가 있어야 하는 것이다.

운동에 들어가기 전 미리 준비운동을 하여 몸을 풀어놓아야 부상을 당하지 않고 운동의 효과를 올릴 수 있는 것과 같이 교육에서도 학습의 초기단계에서 그 학습을 왜 해야 하고 무엇이 중요한 것인가를 생각하게 하여 그 시간의 학습목표를 정확하게 파악토록 하는 것이 중요하다.

예를 들면 학교운동장에서 자기가 좋아하는 초등학생들에게 선생님이 구령을 붙여 정렬을 시키는 것과 같이 교육생 각자가 여러 가지 일을 생각하고 있을 때에 교육의 내용과 방향을 제시하여 일제히「교육을 받아야 하겠다. 이 시간은 무엇을 배운다.」고 하는 자세를 만드는 것이다.

도입의 구체적인 방법은 그 교육항목이나 교육생의 수준이나 이해정도에 따라 다소 차이는 있지만 약 5분 정도의 시간을 다음과 같은 방법으로 활용한다.

(1) 가벼운 화제로 흥미를 유발한다.

반드시 교육항목과 관련이 있을 필요가 있는 것은 아니지만 너무 깊은 내용이면 역효과를 나타낸다. 예를 들면「오늘 아침 출근 중에 재미있는 일이 있었어요.」라든가「이 과목은 ○○이 중요해서 꼭 알아야 해요」라고 말함으로써 교육생이 일제히 강사에게 주목하고 귀를 기울이게 함과 동시에 그 시간에 배울 과목에 대하여 관심을 가지게 한다.

이것은 교육생의 긴장을 풀어주고 주의를 집중시킴과 동시에 흥미를 유발한다.

(2) 그 시간에 강의할 요지를 간략하게 설명한다.

이것은 도입과 관련된 형태로서 강의 요점을 파악하는데 도움이 된다.

(3) 그 시간에 강의할 내용과 현실 사회문제를 연결하여 생각하게 한다.

뉴스는 신선하고 강의할 내용과 관련이 있는 것이어야 한다. 관련이 없는 뉴스를 말하면 오히려 무의미하게 된다.

2 제2단계 내용의 본론

제2단계는 도입에 의하여 끌어낸 교육생의 학습의욕을 한층 더 높여서 강의내용을 이해시키는 단계로서 강의할 내용이 중심이 되어야 한다. 강의할 내용의 본론은 다음과 같은 방법에 따라 전개되는 것이 일반적이다.

(1) 중점적인 교육내용

강의할 내용의 중요도와 필요성에 따라 다음 3개항으로 구분하여 중점적으로 강의하는 것이 바람직하다. 특히 ①항에 대하여는「왜 중요한지? 실제 운전에서는 어떻게 해야 하는지?」를 이론적으로 설명하여야 한다.

① 운전 중 반드시 기억하고 이해하여 두지 않으면 안 되는 사항
② 대체적인 지식으로 알아두는 것이 바람직한 사항
③ 그 외에 참고가 될 만한 사항으로 들려주는 정도의 사항

(2) 교육생의 반응 관찰

① 교육의 본론에 들어가면 강사의 표현은 전문적이고 점점 어렵게 되어 강사 한 사람의 독무대가 되어 일방통행식으로 되는 반면에 교육생들은 처음 들어보는 전문용어에 어리둥절해 하는 경우가 많다. 이러한 문제를 고려하여 강사는 항상 교육생의 반응을 관찰하고 때로는 긴장감을 풀어주어서 강의내용에 싫증을 느끼지 않도록 배려하는 자세가 필요하다.

② 강의하는 것이 아무리 중요한 사항이라 하더라도 계속하여 항목을 늘어놓고 이해하기를 요구하면 교육생이 따라갈 수 없게 되어 무슨 내용을 강의 받았는지 어리둥절하게 되어 이해하지 못한 상태로 끝나 버리고 만다.

(3) 요점을 기억시키는 요령

① 강의한 내용을 암기하고 이해시키기 위해서는 목표를 제시하고 문제의 초점을 파악하게 하여야 한다. 그것을 위해서는 강의가 순서 있고 이해하기 쉽도록 구성하여 진행되어야 한다.

② 그 시간에 강의한 것을 이해하지 못한 상태에서 진도만 나간다면 교육생은 더욱 어리둥절하게 된다는 사실을 인식하고 요점을 파악하여 이해시키고 기억하도록 하여야 한다.

(4) 다른 교육항목과의 연관성을 설명

학과와 기능과의 관련성도 중요하지만 학과교육의 단원은 각 항목이 독립 별개의 항목이 아니고 서로 연관이 있는 것이므로 상호간의 연관성을 반드시 설명해 주어 종합적으로 이해할 수 있도록 하여야 한다.

3 제3단계 사례의 활용

제2단계에서 교육한 내용은 제3단계에서 구체적으로 응용할 수 있도록 반복 학습해야 한다. 그렇게 하여 습득한 지식을 몸에 익히고 습관화하도록 해야 한다. 제3단계는 제2단계와 병행하거나 제2단계와 동시에 행하여지는 경우가 있는데 이 과정은 배운 것을 기억에 남기기 위한 가장 중요한 단계로 볼 수 있다. 특히, 제3단계는 실제 도로를 전제로 하여 시청각 교재나 교통사고사례 등을 적절히 활용하여 교육생에게 「운전자의 입장」에서 생각하게 하고 이해시킬 필요가 있으며 그 과정은 다음과 같다.

(1) 시각에 호소

제2단계에서 설명한 내용을 시청각 교재 등을 사용하여 보충하고, 시각에 호소하여 기억에 남도록 하는 것이 필요하다.

예를 들면 교차로 통행방법의 항목에서 구체적으로 교차로의 모형이나 도표를 이용하여 우회전, 좌회전, 마주오는 차, 뒤에 따라오는 차, 보행자 등 구체적인 관련대상을 나타내면서 도로교통법 제25조 (교차로의 통행방법)를 설명하면 그 통행방법과 아울러 교차로에서의 위험성과 준법의 필요성 등을 이해시킬 수 있을 것이다.

운전을 함에 있어서 운전자가 정보를 입수하여 활용할 수 있도록 판단하고 기억하게 하는 것은 대부분 시각을 수단으로 하고 있기 때문에 시각에 의한 복습은 교육효과를 더욱 증가시킬 수 있다.

(2) 사례의 활용

사실적인 사례는 교육생에게 강한 인상을 심어주어 기억하게 하는데 효과가 있다. 사례는 수강생과 전혀 관계없는 특별한 것이 아니라 누구에게나 일어날 수 있는 평범한 내용의 것이어야 하며 그러한 의미에서 강사의 경험담은 대단히 좋은 사례가 되는 것이다. 사례는 단순히 설명하는데 그치지 말고 사례에 따르는 경험적 교훈이나 문제점을 강의항목과 관련시켜 교육생과 함께 생각하는 방법으로 한다.

4 제4단계 학습내용의 정리 및 효과의 확인

강의를 시작한 후 40~50분이 경과한 시점에서는 마무리 정리를 하게 된다. 최종단계는 교육내용을 되돌아보고 마무리 정리를 함과 동시에 교육생의 이해정도와 교육효과를 측정해서 소기의 교육목적이 달성되었는지의 여부를 확인한다.

(1) 학습내용의 정리

중요한 학습내용으로 강조한 사항에 대하여는 다시 한 번 정리해서 마무리해야 한다.
「오늘 강의한 것 중에 중요한 것이 3가지 있습니다. 하나는 ○○이고 다음은 ○○입니다.」 하는 식으로 요점을 간결하게 정리한다.

(2) 질문에 대한 반응

중요한 항목은 정리해서 전체 또는 개개의 교육생에게 질문하여 그 이해하는 정도를 측정한다. 대부분의 교육생이 이해할 수 없었던 항목이나 잘못 알고 있는 항목에 대해서는 간략하게 정리하여 강조함과 동시에 다음 강의를 위하여 그 원인을 검토하여야 한다.

(3) 간단한 측정

교육 항목에 대하여 질문과 비슷한 실험을 실시하는 것도 교육효과를 확인하는 하나의 방법이다. 이 방법은 전체 교육생의 이해도를 파악할 수 있는 점에서 질문보다 좋지만 잘못하면 교육생의 심리적 저항을 가져올 수 있으며 단시간에 답변하게 하는 일이 어려운 것이 단점이다. 그러나 좋은 성적의 교육생에게는 만족감을 높이고 학습의욕을 높일 수 있는 일이므로 효과적인 방법으로 활용해야 한다. 제4단계의 간단한 측정은 5~10분 정도로 마무리하는 것이 효과적이다.

제3절 강의 시의 화술

다수의 교육생을 대상으로 하는 강의식 학과교육은 잘못하면 강사의 일방통행식이 되는 공통적인 단점으로 나타나 교육생의 동기나 흥미 학습 진도 등이 경시되기 쉬우며 추상적인 주입식 교육이 되어 이해하기 어렵고 살아있는 지식으로 활용될 수 없는 어려운 면이 있다.

또한 강사의 일방적인 강의는 교육생의 참여의식과 연구노력을 떨어뜨리기 쉽기 때문에 이러한 강의식 학습단점을 잘 파악하여 단점을 보완하고 강의기술을 향상시켜 효과적인 학습결과를 가져올 수 있도록 노력하여야 한다.

1 이해하기 쉬운 말의 사용

강의내용을 교육생에게 쉽게 이해시키기 위해서는 이해하기 쉬운 말과 표현으로 설명하여야 한다. 중요한 내용이라도 어려운 말로 표현한 것은 교육생이 이해하지 못한다. 「법률용어나 전문용어 또는 외국어를 필요 이상 사용하여 어렵게 떠들어야 말에 권위가 있고 실력 있는 강사로 인정받는다.」고 생각하는 사람이 있는데 이는 잘못된 것이다.

2 구체적인 말의 사용

강의는 구체적이고 사실적인 숫자나 예시를 들어가며 설명하여야 하며 추상적이거나 관념적인 말로 우회적인 표현을 하는 것은 내용이 아무리 충실하다고 하더라도 좋은 방법이라고 할 수 없다.

예를 들면,

(1) 잠시 기다려 주세요.

(2) A씨가 곧 오실 것이라고 생각합니다.

(3) 그 동안에 할 수 있겠지요.

식으로 표현하는 것보다는 「10분만 기다려 주세요.」「1시간이면 할 수 있겠지요.」라고 표현하는 것이 보다 좋은 방법인 것이다.

3 분명한 말로 대화

강사의 말이 확실하지 않으면 들으면서도 초조해지며 결국은 듣는 것이 고통스러워진다. 또한 확실하지 않은 말은

(1) 발음(發音)이 확실하지 않다.

(2) 말의 의미(意味)가 분명하지 않다.

(3) 의사(意思)가 분명하지 않다.

이상과 같은 세 가지가 있는데 특히 말끝이 불분명하면 상대방이 완전히 다른 의미로 이해하는 위험성이 있다. "~인 것 같습니다."와 "~아닌 듯 합니다."라는 식의 불명확하고 불확실한 말은 강사로서 실격이다. 분명한 말은 듣는 사람이 이해하기 쉬울 뿐만 아니라 마음을 온화하고 편안하고 즐겁게 한다.

4 신선한 말로 대화

말이 신선하다는 것은 뜻이 곱고 자극적이 아닌 정확한 말로 상대방의 감정을 움직일 수 있게 이야기하는 것이다. 내용이 아무리 훌륭하다고 하더라도 듣는 이가 우울하고 무겁게 느껴지면 흥미를 잃게 되고 지루하면서 졸리게 된다. 강사는 내용이 명확하고 신선한 화법으로 강의를 하여야 한다.

5 친근감 있는 화법사용

강의는 강사와 교육생의 뜻이 통하고 가르치고 배우는 이른바「사람과 사람과의 장(場)」으로서 그 곳에서는 깊은 인간관계와 신뢰성의 바탕에서 이루어져야 한다. 아무리 훌륭한 내용을 가지고 훌륭한 방법으로 가르친다고 하더라도 교육생이 귀를 기울여 듣지 않고 차가운 반응을 나타낸다고 하면 그 효과는 기대할 수 없는 것이다.

강사와 교육생이 좋은 인간관계를 만들어 내는 친근감 있는 화법과 강의기법이야말로 듣는 사람들의 마음을 열어서 서로 통하게 하는 매체인 것이다.

6 성실하고 진지한 화법사용

강의가 진실성이 없는 말뿐이고 상대방의 공감을 얻지 못하게 되면 실패작이 되고 만다. 강사의 강의에 핵심이 없고 감동을 주지 못하여 교육생들의 의욕과 열의를 잃어버리면 차가운 반응 밖에 나타나지 않고 그 강사에 대한 존경심도 없어지게 된다. 강사는 강의 중 자신의 모든 인격과 덕망, 지식과 열의를 바쳐 성의를 가지고 진지하게 이야기하여 교육생을 자기에게 끌어들일 수 있어야 성공하는 것이다.

제4절 질문의 기술

질문은 상대방의 생각을 확인하기 위한 대화인데 특히 강의에 있어서는 교육의 효과를 측정하고 높이기 위한 수단이다. 강사가 강의를 하고 질문하는 것은「학습의 효과를 높이고 학습의 욕을 촉진함과 동시에 교육생의 이해도를 측정하는」교수법의 중요한 일부분이다. 질문의 방법과 대답하는 방법 등 질문기술을 열거하면 다음과 같다.

1 질문의 중요성

사람들은 학교 다닐 때에 수업시간에 장난을 치거나 한눈을 팔다가 선생님으로부터 질문을 받고 대답을 못해 당황하거나 얼굴이 붉어졌던 기억이 있을 것이다. 이러한 때에는 면목이 없고 창피하여 쥐구멍이라도 있으면 들어가고 싶은 심정이었을 것이며, 그와 반대로 자신있는 답을 준비하고 있을 때에 지명을 받아 명쾌하고 정확한 답변을 하여 선생님으로부터「음, 잘했어!」라는 칭찬을 받았을 때의 만족감과 성공감은 이로 말할 수 없었을 것이다. 이와 같이 양쪽의 차이가 극명하게 드러나듯이 강사의 질문은 큰 힘을 발휘한다는 것을 알아야 한다.

교육생의 학습의욕을 높이고 비약적으로 발전되는 경우와 반대로 교육생의 감정을 해치고 학습의욕을 떨어뜨려 자신감을 잃게 하고 끝내는 학습을 포기하는 경우가 있기 때문에 강사는 학과교육에 있어서 질문의 중요성을 인식하고 효과적인 질문이 되도록 노력하여야 한다.

2 질문의 목적

질문은 교육생의 이해정도나 교육내용 등을 관찰하거나 다음과 같은 목적과 내용을 가지고 하는 것이 효과적이다.

(1) 교육생의 주의를 불러일으키고 학습내용에 주의력을 집중시키고자 할 때
(2) 학습사항을 이해시키기 위하여 교육생의 생각에 힌트를 주어 지도하고자 할 때
(3) 교육생의 이해정도를 측정하고자 할 때
(4) 강의한 내용의 단계와 구분을 알리고 그 때까지의 교육내용을 이해시키고자 할 때
(5) 학습효과를 수시로 측정하고자 할 때
(6) 질문의 목적이 명확하고 가르친 내용에 대답할 수 있는 질문이어야 한다.
(7) 상냥한 말로 상대가 질문하는 뜻을 분명히 알 수 있는 질문이어야 한다.
(8) 교육생의 수준과 능력에 맞는 질문이어야 한다.
(9) 단순한 내용의 질문이어야 한다.
(10) 암기하고 있지 않더라도 내용을 이해하고 있으면 대답할 수 있는 질문이어야 한다.

3 질문하는 대화내용의 구성

질문하는 대화내용은 문자의 구성과는 다르다. 질문과 대화에는 그에 적절한 구성요소가 구비되어야 하는데 이는 다음과 같다.

(1) 간단한 스타일로 순수하게 대화식으로 질문한다.
(2) 시간의 자연적 흐름에 유의한다.

(3) 적당한 반복을 되풀이한다.

(4) 말의 간격을 적절히 조절한다.

(5) 자신 있고 명랑한 태도로 한다.

(6) 음성이나 발음에 표정을 조화시켜서 진지한 태도로 보이게 한다.

(7) 세련된 말을 능숙하게 사용하고 유머를 잘 구사한다.

(8) 내용을 강조하거나 상대방이 공감할 수 있는 말을 능숙하게 사용한다.

(9) 여러 가지 사실이나 사례를 해설하고 교육생을 자유로이 조종해 간다.

(10) 듣는 사람이나 주위의 방해요인을 잘 처리할 수 있고 야유도 슬쩍 잘 받아넘기며 청중을 끌어당기는 매력을 가진다.

4 흥미롭게 말할 수 있는 화술자료

강의를 위시하여 모든 교육장면에서는 설명하고 해설하는 말 자체는 물론 내용과 요지를 흥미롭게 하는 것이 동기유발이 잘 되고, 지루하거나 싫증을 느끼지 않고 강의를 활기 차게 진행시킬 수 있는 근원이 된다. 대개 흥미를 끌 수 있는 말의 자료는 다음과 같다.

(1) 새롭고 색다른 것에 흥미가 있다.

(2) 자극적인 것에 흥미가 있다.

(3) 자기에게 관계 있는 것에 흥미가 있다.

(4) 개인의 비밀에 속하거나 사생활에 속하는 것에 흥미가 있다.

(5) 유머러스(Humorous)한 것에 흥미가 있다.

5 질문의 구비조건

교육은 강사가 강의한 것에 대하여 질문함으로써 교육생의 교육의욕을 자극하고 동기를 유발하여 교육생들의 창작활동을 육성하는 것이므로 강사의 질문에는 대략 다음과 같은 조건을 갖추어야 한다.

(1) 질문의 내용은 명확하고 간결해야 한다. 애매모호한 것은 금물이다.

(2) 반성적 사고를 자극하는 내용이어야 한다.

(3) 교육생의 능력, 지식 및 경험 등에 적응하도록 해야 한다.

(4) 질문은 정확한 표준말로 해야 한다.

(5) 하나의 질문에 두 개 이상의 해답을 포함하는 2중 또는 3중 질문은 교육생의 주의를 산

만하게 하므로 피해야 한다.

(6) 질문에는 목적이 포함되어 있어야 한다.

6 질문하는 방법과 질문 받는 방법

(1) 질문하는 방법

질문을 효과적으로 하는 방법에 대해서는 하나의 모형이 있다. 그 모형을 무시한 질문 방법을 취하게 되면 역효과가 될 수 있다. 질문하는 방법은 다음과 같다.

① 전체 교육생을 향하여 질문하고 반응을 보인 사람을 지명하여 대답시킨다.
② 질문에 대하여 아무런 반응을 보이지 않은 경우에는 조금 사이를 두고 특정인을 지명해서 대답하게 한다.
③ 지명하여 대답시킬 때에는 골고루 지명하여 편파적으로 하는 인상을 주지 않도록 한다.
④ 지명하여 대답시킬 때에는 지명의 순서가 동일하지 않도록 한다.
⑤ 지명 받은 사람이 대답할 수 없을 것이라고 생각될 때에는 빨리 다른 사람을 지명하여 대답 못한 사람이 전 교육생에게 수치를 당하지 않도록 한다.
⑥ 답이 틀려도 곧바로 잘못을 지적하지 않도록 한다.
⑦ 주의력이 떨어지거나 대답이 시원치 않은 교육생에게 계속 반복 지명하여서는 안 된다.

(2) 질문 받는 방법

교육생으로부터 질문을 받은 때에 대답하는 방법에도 신중한 배려가 필요하다. 특히, 질문을 받은 강사가 정확하게 답변을 하지 못하고 우물쭈물하거나 감정적이거나 그릇된 대답을 한다면 교육생으로부터 신뢰를 잃어 그 후의 강의의 효과는 기대할 수 없게 된다. 강사는 전문적으로 교육생의 어떠한 질문에도 대답할 수 있도록 지식을 축적하기 위하여 깊은 연구가 필요하며 불명확하고 애매모호한 대답을 하는 일이 없도록 꾸준히 노력하여야 한다. 질문에 대한 대답을 할 때에는 다음 사항에 주의할 필요가 있다.

① 질문자만이 아니라 전 교육생이 다들을 수 있도록 대답해야 한다.
② 한 사람의 질문에만 너무 긴 시간이 소요되지 않도록 하여 골고루 질문할 수 있는 기회를 준다.
③ 강의한 내용과 직접 관계없는 질문이나 적당하지 않은 질문은 그 취지를 확실히 하여 질문하는 시간에 장난기 어린 행동을 하는 일이 없도록 한다.
④ 교육생이 정확하게 이해할 수 있도록 요점을 명확하게 대답한다.
⑤ 좋은 질문은 칭찬해 준다.
⑥ 불명확한 것은 답을 보류했다가 나중에 내용을 확인 후 대답한다.

제5절 교과서 및 시청각 교재의 활용

사람이 정보를 모아 이것을 기억하고 분석 활용하는 것은 오각(시각, 청각, 후각, 촉각, 미각)의 작용에 의한다.

심리학상의 실험 자료에 의하면 사람이 기억하고 있는 것의 **75%까지는 시각에 의한 것이고 청각에 의한 것은 13%**에 불과하다고 한다. 특히, TV시대이고 영상매체시대라고 하는 현대는 모든 사람이 시각을 통한 정보입수에 익숙해져 있고 다른 방법으로는 효과가 적기 때문에, 학과교육도 시청각에 의한 교육이 커다란 비중을 차지하고 있는 방향으로 나아가고 있는 것이다. 이와 같은 교육의 흐름에 맞추어 교재 특히, 시청각 교재의 정비와 개발에 힘써야 한다.

1 교재(교과서)의 효과적인 이용

충실한 내용을 갖추고 있는 교재를 제대로 활용하지 못하면 안 된다. 강사는 교재를 해설하는 정도로 그치는 것이 아니라 충분히 이해하고 보충하여 잘 활용할 수 있어야하며 필요한 때에는 교육생에게 질문하여야 한다.

강사의 질문은 교육생에게 교과서에 의한 예습의 중요성과 필요성을 인식시키고 학습의욕을 불러일으키며 성취의욕을 충족시킨다. 그리고 질문을 함으로써 교육생은 교과서에서는 알지 못했던 것이나 이해하기 어려웠던 것 또는 새로운 의문을 해결하기 위하여 스스로 정보를 구하거나 강사에게 질문하거나 동료와의 토론을 통하여 이해하려고 한다. 이러한 의미에서 교과서는 학습지도상 기여하고 있는 역할과 기능은 대단히 큰 것이다.

그러나 교과서가 강의의 중심적 역할을 계속한다면 교과서만을 중요시하고 기본교재를 보충하는 시청각 교재를 소홀히 하게 되므로 교과서와 시청각 교재의 효율성이 떨어지게 된다. 그러므로 이의 효과적인 운영이 필요하다.

보조교재 특히, 시청각 교재는 기본교재의 내용을 쉽게 이해하게 하거나 이를 보충하는 효과가 있기 때문에 시청각 교재 등은 그와 같은 목적으로 널리 이용되고 있고 그 나름대로 충분한 존재의의가 있는 것이다. 즉, 시청각 교재는 교과서에서 효과적으로 이해시키기 어려운 내용을 효과적으로 전달하거나 교과서로는 표현할 수 없는 내용을 정확하게 표현함으로써 독자적인 기능과 역할을 다하게 되는 것이다.

교육과정에서 시청각 교재의 역할은 다음과 같다.

(1) **학습 동기유발에 도움을 주고 학습활동을 적극적으로 하게 한다.**

시청각 교재는 감각적이며 구체적이고 실제에 가까운 것이므로 교육생에게 학습에 대한 흥미를 불러 일으켜 학습의욕을 고취시키는데 기여한다.

(2) 이해나 사고력을 촉진시키며 지식이나 기능의 습득을 확실하게 한다.

시청각 교재는 복잡한 사항을 정리하고 단순화해서 교육생에게 이해하기 쉬운 형태로 나타낼 수 있기 때문에 친숙해지기 쉽고 이해하기 쉽다. 또한 기능에 관한 사항을 구체화하고 감각화해서 나타낼 수 있으며 기능을 구체적으로 응용하거나 실천으로 옮기는 것이 용이하게 된다.

(3) 학습상의 격차를 좁힌다.

교과서를 읽거나 강사가 설명하는 것만으로는 교육생이 이해하는 정도에 차이가 크다. 그러나 시청각 교재를 이용하여 교육하면 학습상의 격차를 상당한 정도까지 좁힐 수 있다.

(4) 강사를 도와서 강의능률을 높여준다.

시청각 교재는 대부분 충분한 시간·연구·비용 그리고 주도면밀한 배려와 검증과 교육적인 효과분석을 한 뒤에 제작하여 교육현장에 제공되는 것이기 때문에 이것을 잘 이용하면 강사는 자신의 강의능력 범위를 초과하여 교육효과를 발휘할 수 있다.

(5) 시청각 교재는 기본교재에 종속되는 것이 아니다.

현대와 같은 TV 등 시청각 매체의 정보화 사회에서 생활하고 있는 교육생에 대하여 시청각 교재를 적극적으로 활용하여 교육생의 학습의욕을 촉진시키는 것이야말로 학습효과를 높이는 수단이고 방법이다. 기본교재와 시청각 교재를 조화롭게 활용하는 것이야말로 학습효과의 제고에 크게 기여할 것이며 현대교육의 발전된 모습이라고 할 수 있다.

> **해설**
>
> **시청각 교재의 장·단점**
>
> | 장 점 | 단 점 |
> |---|---|
> | 1. 경험의 한계를 확대시킬 수 있다.
2. 학습의욕을 높이고 학습동기를 강화시킨다.
3. 현실의 재구성이다.
4. 공통의 경험을 동시에 제공한다.
5. 반복 이용과 자발적 학습이 가능하다.
6. 직관적 인지가 가능하다. | 1. 기자재를 필요로 한다.
2. 일방적 정보제공에 그칠 수 있다. |

2 시청각 교재의 연구와 개발

시청각교육에 사용되는 기자재는 주로 VTR, 영사기, 슬라이드 및 O.H.P(Over Head Projector) 등이다. 이러한 기자재로 사용하는 보조교재는 통일적인 교육과정에 적합한 교육항목 내지 교육제목에 맞도록 연구·개발하고 정비되어야 하며, 여기서는 강사의 열의와 노력만 있으면 필요한 것을 비교적 간단히 연구·개발할 수 있고 교육내용과 가장 밀접하고 효과적인 슬라이드 등을 개발하고 제작할 수 있는데 그 요점을 설명하면 다음과 같다.

(1) 슬라이드 필름의 특성

① 스크린에 영사해서 인상적이고 효과적으로 이해시킨다.
② 단체학습의 효과를 높여준다.
③ 교육생에게 흥미를 갖게 하고 주의력을 집중시킨다.
④ 자체 제작이 가능하다.
⑤ 영상과 같이 동적인 것을 표현하지 못하고 연결성이 없다.
⑥ 사용 시 강의실의 조명을 어둡게 해야 하므로 노트사용이 곤란할 수도 있다.

(2) O.H.P(Over Head Projector) 투영의 특성

① 강의실을 어둡게 하지 않아도 밝고 선명한 영상을 얻을 수 있다.
② 투영기와 스크린의 거리가 짧고 투명하여 교육생과 대면하여 사용할 수 있다.
③ 필요한 내용을 시트에 자유롭게 기입하거나 지울 수 있고 몇 장을 겹쳐서 사용할 수도 있다.
④ 비교적 특별한 기술과 많은 경비와 노력이 들지 않으며 자체 제작이 용이하다.

(3) 자체 제작할 때의 고려사항

슬라이드나 투영(Transparency)은 움직임이 없는 영상이지만 편집하는 수고가 필요 없고 간단하게 사물이나 현상을 현실에 가까운 형태로 자료화할 수 있기 때문에 자체 제작이 가능한 분야이다. 그러나 슬라이드나 투영에 적합한 한계가 있을 수 있기 때문에 다음과 같은 경우에만 사용한다.

① 자체제작이 필요한 경우
　㉮ 이미 제작된 보조교재가 없는 경우
　㉯ 이미 제작한 교재가 있어도 그 표현이 교과내용이나 교육생에게 적합하지 아니한 경우
　㉰ 주변의 가까운 문제로 그 지방의 특색이나 사고사례를 예(例)로 할 경우
　㉱ 자기가 강의하는 강의계획이나 학습전개에 맞출 경우 등이다.
② 자체 제작 진행요령
　㉮ 혼자의 힘으로는 어렵기 때문에 필요한 사람끼리 연결해서 조직적으로 추진하는 것이 효과적이다.
　㉯ 기획, 원고작성, 제작심의 등의 역할을 분담해서 추진하면 좋은 결과를 가져올 수 있다.

3 교재의 중요성과 교육적 의의

강사와 교육생 사이에 교육내용의 전달수단인 말은, 화술이 아무리 정교하고 능숙하게 실례를 들어 잘 표현한다 해도 듣는 사람의 받아들이는 방법과 이해도에 따라 다르게 인식되고 효

제7장 학과교육의 실제

과가 다르게 나타날 수도 있다. 이러한 점을 보충하여 보다 구체적인 지식으로 축적하고 오래 동안 기억시킬 수 있는 수단이 교재이다. 원래 학과교육은 성격을 달리하는 두개의 분야가 존재하며 다음과 같다.

(1) 문자와 말 등과 같이 기호화된 것을 매체로 한 교육

문자와 말 등과 같이 기호화된 것을 매체로 한 교육으로 강사가 강의를 하고 교본을 읽거나 시청각 교재 등을 통해서 새로운 지식을 몸에 익히게 하는 방법이다.

(2) 시각적 또는 청각적인 교재 등을 매체로 한 교육

시청각 교재 등을 매체로 한 교육으로 시각이나 청각에 의하여 교과과정의 의미와 내용을 직접 파악하고 이해하도록 하는 방법이다.

어느 것이나 학과교육의 교재로서의 교육적 의미는 매우 큰 것이다. 일본의 경우는 학원에서 기본교재나 시청각 교재를 정비하여 교육수준의 균형화와 균일화를 도모하고 교육생에 대하여 가능한 한 풍부한 지식과 기능을 연마할 수 있도록 법적으로 뒷받침하고 있다.

제6절 판서

1 판서의 의의와 기능

(1) 판서의 의의

판서라 함은 학과강사의 지도과정에서 교과서나 기타 모든 교육내용을 쉽게 이해할 수 있도록 흑판 위에 문장이나 그림 또는 문장과 그림을 혼합하여 그리거나 쓰면서 설명하는 것을 말한다.

근간에는 모조지에 사인펜으로 판서내용을 미리 마련하여 흑판에 붙이는 것을 비롯하여 슬라이드, 필름상영, TV 또는 OHP, 빔 프로젝트, 전자칠판 등으로 판서의 기능을 모두 발휘하면서 그 이상의 시각적, 청각적 효과를 거두기도 한다.

(2) 판서의 기능

① 시각에 호소하기 때문에 말보다 쉽게 이해할 수 있다.
② 지속성이 있기 때문에 시각적인 전후관계를 동일 평면상에 나타낼 수 있다.
③ 여러 사람에게 보이도록 할 수 있기 때문에 주의를 집중시킬 수 있다.
④ 전 학급 학습자가 함께 볼 수 있으므로 집단사고의 장을 마련할 수 있다.

⑤ 색채감과 다양한 구성이 가능하므로 학습의 흥미를 유발할 수 있다.
⑥ 잔상의 작용으로 인상을 깊게 할 수 있다.
⑦ 손으로 쓰기 때문에 기억이 오래 지속된다.

2 판서의 유형

(1) 판서내용에 따른 유형

① **문장형** : 주로 문장의 요점을 간단히 적는다.
② **낱말 나열형** : 낱말을 열거하거나 그 뜻 또는 풀이를 간단히 적는다.
③ **기호(수식)표시형** : A, B, C 등 기호나 수식, 악보 등을 표기한다.
④ **그림도식형** : 그림으로 도식하거나 수학의 도형 또는 그래프 등을 도식한다.
⑤ **관계도 도식형** : 선으로 관계를 연결하거나 시각적 계열 등을 도식화한다.
⑥ **도식형** : 이해하기 쉽게 문장, 낱말, 그림, 기호 등 복합적으로 도식화한다.

(2) 표시형태에 따른 유형

① **병렬형** : 학습내용을 같은 비중으로 순서대로 나열한다.
② **대조형** : 서로 대조적인 것을 가지런히 써 내려간다.
③ **구조화형** : 교재를 계통화하고 체계화해서 지도내용의 요점을 구조화한다.
④ **귀납형** : 부분을 묶어서 전체를 이해시키는 방법으로 각각의 사례를 묶어서 결론을 적어간다.

(3) 사용하는 용도에 따른 유형

① **제목 제시형** : 도입 시에 제목이나 단원 또는 목적, 방향, 문제 등을 제시한다.
② **활동형** : 해결할 문제를 분석하고 그 과정을 설명하며 사고의 추리를 해명한다.
③ **내용형** : 학습내용의 의미, 구조 등을 해설하거나 문자, 도형을 표시하고 자료를 설명한다.
④ **정리형** : 어떤 사실을 메모, 지적, 수정, 확인하거나 요지를 간추리고 정리한다.

3 판서의 방법

(1) 판서의 단위는 어떤 내용을 흑판 어느 위치에 쓸 것인가를 미리 계획한다.
(2) 판서의 문자는 가능한 한 정자에 짜임새 있는 글자를 써야 한다. 보통 한글을 써야 하고 불가피한 때에는 괄호 안에 한자나 외국어를 쓰도록 한다.
(3) 글씨의 크기는 뒤에 앉은 학습자라도 똑똑히 보일 정도로 써야 한다.
(4) 판서내용의 설명을 간결하면서 내용의 요점을 써야 한다.
(5) 판서내용이 강사에 가리어 보이지 않는 일이 없도록 위치에 주의하여야 한다.

(6) 판서내용을 학습자가 필기하면서 듣고 보고 하도록 훈련을 겸해 지도할 필요가 있다.

(7) 강사도 학습을 진행시켜가면서 판서하는 것을 원칙으로 한다.

(8) 수업 전에 미리 판서에 필요한 모든 도구 즉, 분필, 지우개, 자 등을 준비하여야 한다.

(9) 학습내용에 따라 색분필을 효과적으로 이용하면 시각적 효과를 더할 수 있다.

(10) 흑판이 너무 어둡거나 반사하는 일이 없도록 광선을 잘 조절하여야 한다.

(11) 글자 이외에 그림, 사진, 도표 등을 많이 이용하는 것이 좋다.

(12) 되도록 교육생에게 판서를 시키는 것이 효과적이다.

4 판서의 효과

(1) 학습자에게 통일적인 역할이 주어진다.

(2) 학습내용을 정착한 형태대로 학습자에게 주어진다.

(3) 학습내용의 형성 또는 인격의 형성이 이루어진다.

(4) 학습내용의 강화 또는 강조의 효과가 있다.

(5) 오랫동안 보유의 상태로 남겨두고 활용할 수 있다(보유의 효과).

(6) 필요에 따라 추가하거나 줄을 쳐서 강조하거나 자유로이 조정할 수 있다(가제의 효과).

(7) 적절한 시기에 문자화, 도형화해서 학습효과를 구성한다(구성의 효과).

(8) 관념의 시각화, 학습의 동기유발, 또는 사고능력의 조직화에 유효하다.

(9) 교습생의 참가, 반복연습, 집단학습, 또는 학급정신의 통일을 가능케 한다.

(10) 기술적 재능을 발휘할 기회를 준다.

제7장 적중출제예상문제

【문제 1】 강사의 학습준비 · 열의 · 강의기법이 부족할 때에 교육생에게 나타나는 현상이 아닌 것은?
① 강의시간이 지루하고 길게 느껴져서 더 듣고 싶지 않아진다.
② 졸거나 잡담을 하거나 무표정하게 다른 것을 생각하게 된다.
③ 학습내용의 이해와 깊은 인상을 심어준다.
④ 다른 과목의 책을 펼쳐 놓고 읽는다.

【문제 2】 강사가 강의준비를 위한 교안작성을 할 때 검토할 사항이다. 아닌 것은?
① 교과내용의 통일성과 일관성 확보를 위하여 교안작성이 필요하다.
② 한번 작성된 교안은 일관성 유지를 위해 수년간 계속 사용하는 것이 효과적이다.
③ 시간적 불균형이 없는지 가르칠 내용이 적절한지 끊임없이 검토 · 보완한다.
④ 경험이 없는 강사는 가능한 한 교안을 작성하는 것이 효과적이다.

【문제 3】 교안의 내용에 포함되어야 할 사항이다. 아닌 것은?
① 운전면허 취득 내용에 한정한다.
② 학습시킬 태도와 가치관을 갖도록 한다.
③ 학습할 내용의 개념을 명확히 한다.
④ 실제 행동으로 옮길 수 있는 활동기회를 제공한다.

【문제 4】 교안작성을 할 때 내용에 포함될 사항이다. 아닌 것은?
① 바람직한 모형을 제공한다.
② 학습시킬 태도와 가치관을 가지도록 한다.
③ 교육생 스스로보다 강사가 주입하도록 한다.
④ 실제행동으로 옮길 수 있는 활동기회를 제공한다.

【문제 5】 교안작성을 할 때 고려할 사항이다. 아닌 것은?
① 문제적인 요소와 기지(機智)적인 요소를 동시에 포함시켜야 한다.
② 실험적인 성격도 있어야 한다.
③ 자율성을 가진 문제 상황이 형성되어야 한다.
④ 문제적인 것만 포함시키는 것이 효과적이다.

【문제 6】 학과강사가 원활한 교육진행을 하기 위하여 사전에 준비할 사항이다. 아닌 것은?
① 교육생의 확보　　② 교육내용　　③ 교육방법　　④ 교육기자재

【문제 7】 강사와 교육생 사이에 교육내용을 지식으로 축적하고 오래 기억시킬 수 있는 수단은?
① 교재
② 교육생과 강사와의 질문
③ 강사의 강의내용
④ 평가

정답　【1】③　【2】②　【3】①　【4】③　【5】④　【6】①　【7】①

【문제 8】 교안 작성요령에 대한 설명이다. 아닌 것은?
① 교육생의 의식과 수준에 맞도록 작성한다.
② 전문학원의 교육목적인 운전면허합격방법에 치중하여 작성되어야 한다.
③ 구체적인 연구를 통한 통일성이 유지되어야 한다.
④ 각종 실험에 대한 결과와 수치 등이 기록되어야 한다.

【문제 9】 교육목표설정에 가장 핵심적인 것은?
① 강사의 활동
② 교육과정
③ 교육내용
④ 행동의 변화

【문제 10】 교육과정의 3요소가 아닌 것은?
① 학습경험
② 교육평가
③ 교육목표
④ 행정조직

【문제 11】 교육목표의 분류영역이 아닌 것은?
① 지적 영역
② 심리 운동적 영역
③ 평가적 영역
④ 정의적 영역

【문제 12】 교육효과를 높이기 위하여 한 과정의 교육을 4단계로 구분한 것으로 잘못된 것은?
① 제1단계 학습의 진행
② 제2단계 내용의 본론
③ 제3단계 응용사례의 활용
④ 제4단계 학습내용의 정리 및 효과의 확인

【문제 13】 단계별 교육을 실시해야 하는 이유로 적절하지 못한 것은?
① 교육의 효과를 높이기 위하여
② 집단화 교육에서 널리 이용하기 위하여
③ 교육생에게 만족을 주기 위하여
④ 개별화 교육에서 널리 이용하기 위하여

【문제 14】 4단계 교육법의 각 단계별 시간배분이 잘못된 것은?
① 제1단계 5분
② 제2단계 25분
③ 제3단계 15분
④ 제4단계 15분

【문제 15】 4단계 교육법 중 제2단계 학습과정은?
① 내용의 본론
② 학습의 도입
③ 응용사례의 활용
④ 학습내용의 정리, 효과 확인

【문제 16】 4단계 교육법 중 제3단계 학습과정은?
① 학습의 도입과정
② 학습내용의 본론과정
③ 사례의 활용과정
④ 정리 및 효과의 확인과정

정답 【8】② 【9】④ 【10】④ 【11】③ 【12】① 【13】④ 【14】④ 【15】① 【16】③

【문제 17】 4단계 교육법 중 운동하기 전 준비체조단계라고 볼 수 있는 것은?
① 응용사례의 활용단계　　　② 도입단계
③ 내용의 본론단계　　　④ 학습의 정리, 효과 확인단계

【문제 18】 4단계 교육법 중 학습도입단계에 대한 내용이다. 아닌 것은?
① 가벼운 화제로 흥미를 유발한다.
② 그 시간에 강의할 요지를 간단하게 설명한다.
③ 내용의 본론에 대하여 자세히 설명한다.
④ 그 시간에 강의할 내용과 현실사회문제를 연결해서 생각하게 한다.

【문제 19】 교육내용을 쉽게 이해시키기 위한 효과적인 강의기법으로 적절하지 못한 것은?
① 강의내용의 구성은 수강생에게 무리하거나 무익한 것이 없도록 한다.
② 교과내용을 정확하게 전달하되 질문은 하지 못하도록 한다.
③ 법령규정이나 자동차부품의 명칭 등은 일상생활에서 자주 쓰는 쉬운 말로 표현한다.
④ 교재와 더불어 시청각 교재 등을 활용한다.

【문제 20】 4단계 교육법 중 제1단계인 학습의 도입과정에 대한 설명이다. 틀린 것은?
① 도입은 학습의 기초 전개과정이다.
② 학습을 왜 해야 하고 무엇이 중요한 것인가를 생각하게 한다.
③ 교육내용과 방향을 제시하여 교육을 받아야 하겠다는 자세를 만든다.
④ 도입을 위한 시간 배정은 10분 정도면 적당하다.

【문제 21】 4단계 교육법 중 도입에서 이끌어낸 교육생의 학습의욕을 한층 더 높여서 강의내용을 이해시키는 단계는?
① 내용의 본론 단계　　　② 사례의 활용 단계
③ 학습도입 단계　　　④ 학습내용의 정리 및 효과의 확인 단계

【문제 22】 4단계 교육법의 단계별 구분을 바르게 연결한 것은?
① 제2단계 : 학습의 도입　　　② 제3단계 : 내용의 본론
③ 제1단계 : 응용사례의 활용　　　④ 제4단계 : 학습내용의 정리 및 효과의 확인

【문제 23】 4단계 교육법에 대한 설명이다. 옳지 못한 것은?
① 수강생에게 만족감을 주기에 좋다.　　　② 교육의 효과를 높이기에 바람직하다.
③ 개별화 교육에 많이 사용되고 있다.　　　④ 집단화 교육에 많이 사용되고 있다.

【문제 24】 학습의 기초 전개과정인 도입부분에 해당하는 사항은?
① 강의의 중심내용　　　② 사례의 활용
③ 학습내용의 정리　　　④ 강의할 요지의 간략한 설명

정답 【17】② 【18】③ 【19】② 【20】④ 【21】① 【22】④ 【23】③ 【24】④

【문제 25】 4단계 교육법의 제2단계 내용인 본론에 대한 전개방법으로 적절하지 못한 것은?
① 중점을 두어야할 내용을 중요도에 따라 구분하여 교육한다.
② 내용의 본론에 접어들어서는 진도에 충실한다.
③ 다른 교육내용과의 연관성을 반드시 설명한다.
④ 수강생의 반응을 관찰하고 긴장감을 풀어준다.

【문제 26】 4단계 교육법 중 제3단계인 사례의 활용에 대한 전개과정이 잘못된 것은?
① 제2단계에서 설명한 내용을 시청각교재 등을 사용하여 기억에 남도록 한다.
② 교통사고 사례, 경험담 등 경험적 교훈이나 문제점을 관련시켜 설명한다.
③ 사례는 누구나 만날 수 없고 교육생과 관계가 없는 특이한 것으로 한다.
④ 제2단계에서 습득한 지식을 몸에 익히고 활용할 수 있도록 한다.

【문제 27】 4단계 교육법 중 제4단계의 교육과정을 설명한 것이다. 틀린 것은?
① 교육내용을 뒤돌아보고 마무리 정리를 한다.
② 교육효과를 측정해서 소기의 교육목적이 달성되었는지의 여부를 확인한다.
③ 4단계의 간단한 측정은 5~10분 정도로 마무리하는 것이 효과적이다.
④ 시험에 의한 교육효과 측정은 교육생의 심리적 저항을 가져오므로 효과가 없다.

【문제 28】 효과적인 강의를 위한 화법이다. 잘못된 것은?
① 구체적인 용어를 사용한다.
② 친근감 있는 화법을 구사한다.
③ 외국어 등 전문용어를 사용한다.
④ 이해하기 쉬운 말을 사용한다.

【문제 29】 강의 기술의 기본원칙인 효과적으로 강의할 수 있는 화술이다. 아닌 것은?
① 이해하기 쉬운 말과 표현으로 설명한다.
② 구체적이고 사실적인 숫자나 예시를 들어가며 설명한다.
③ 추상적이고 관념적인 말을 우회적으로 표현한다.
④ 말은 정확하고 분명하게 표현한다.

【문제 30】 강의기술의 기본원칙 중 효과적으로 강의할 수 있는 화술이 아닌 것은?
① 자극적인 표현으로 기억에 남도록 한다.
② 참신하며 기분 좋은 화술로 강의한다.
③ 친근감 있는 말로 듣는 사람의 마음을 열어서 서로를 신뢰하도록 강의한다.
④ 성실하고 진지한 말로 상대방의 공감을 얻을 수 있도록 강의한다.

【문제 31】 효과적인 강의를 할 수 있는 화술인 것은?
① 발음이 확실하지 않은 말
② 말의 의미가 확실하지 않은 말
③ 의사가 분명하지 않은 말
④ 분명하고 확실한 말

정답 【25】② 【26】③ 【27】④ 【28】③ 【29】③ 【30】① 【31】④

【문제 32】 질문의 기술 중 흥미를 끌 수 있는 말의 요소이다. 아닌 것은?
① 새롭고 색다른 것이어야 한다.
② 자기에게 관계없는 것이어야 한다.
③ 개인의 비밀에 속하거나 사생활에 속하는 것이어야 한다.
④ 자극적인 것이거나 유머러스한 것이어야 한다.

【문제 33】 질문의 기술 중 흥미를 끌 수 있는 말의 요소이다. 아닌 것은?
① 자기에게 관계있는 내용
② 유머러스한 내용
③ 개인의 비밀에 속하는 내용
④ 모든 사람이 알고 있는 내용

【문제 34】 강의 중 강사의 질문에 대한 중요성을 설명한 것이다. 맞지 않는 것은?
① 효과적인 질문은 학습효과를 높이고 학습의욕을 촉진한다.
② 질문은 교육생의 이해도와 교육의 효과를 측정하기 위한 수단이 된다.
③ 잘못된 질문은 교육생의 감정을 해치고 학습의욕을 떨어뜨린다.
④ 강의 중 교육생에 대하여 가급적 질문하지 않는 것이 더 효과적이다.

【문제 35】 교육생에게 질문하는 목적이다. 잘못된 것은?
① 교육내용을 이해시키고 힌트를 주어 지도하기 위해서이다.
② 질문에 대한 두려움을 갖게 하여 교육의 효과를 높이기 위해서이다.
③ 교육효과를 수시로 측정하기 위해서이다.
④ 깊은 인상을 심어주기 위해서이다.

【문제 36】 질문을 효과적으로 하는 방법이다. 옳지 않은 것은?
① 전체 교육생을 향하여 질문하고 반응을 보인 사람을 지명하여 대답하게 한다.
② 지명해서 대답시킬 때는 골고루 지명하여 편파적인 인상을 주지 않도록 한다.
③ 주의력이 떨어지거나 대답이 시원치 않은 교육생은 계속 반복 지명한다.
④ 답이 틀려도 곧바로 잘못을 지적하지 않도록 한다.

【문제 37】 질문할 때의 대화방법을 설명한 것이다 옳지 못한 것은?
① 간단한 스타일로 순수하게 대화하는 형태로 질문한다.
② 주위의 방해요인이나 야유는 엄격하게 질책한다.
③ 질문을 반복하여 되풀이해서는 안 된다.
④ 세련된 말을 능숙하게 구사하고 유머러스하게 한다.

【문제 38】 강사가 질문할 때에 갖추어야 할 구비조건이다. 틀린 것은?
① 반성적인 사고를 자극하는 내용이어야 한다.
② 말씨는 표준말과 지방사투리를 혼용하는 것이 매력적이다.
③ 교육생의 능력·지식 및 경험 등에 적응하도록 한다.
④ 질문하는 내용은 명확하고 간결해야 한다.

정답 【32】② 【33】④ 【34】④ 【35】② 【36】③ 【37】② 【38】②

제7장 학과교육의 실제

【문제 39】 강사가 수강생으로부터 질문을 받은 때에 답변하는 방법이다. 잘못된 화술은?
① 질문자만이 아니라 교육생 전체가 다 들을 수 있도록 대답해야 한다.
② 교육생이 정확하게 이해할 수 있도록 요점을 명확하게 대답한다.
③ 불명확한 것은 답을 보류하였다가 나중에 내용을 확인한 다음 대답한다.
④ 강의한 내용과 관계없는 질문도 반드시 답변해 주어야 한다.

【문제 40】 강사가 교육생에게 질문해야할 시기를 설명한 것이다. 맞지 않는 것은?
① 교육을 받는 사람이 졸거나 잡담하고 있어 경고가 필요한 때
② 교육을 받는 사람의 주의를 불러일으키고 학습내용에 주의력을 집중시키고자 할 때
③ 교육을 받는 사람의 이해 정도를 측정하고자 할 때
④ 학습효과를 수시로 측정하고자 할 때

【문제 41】 질문의 기술 중 질문과 대화의 구성요소이다. 적절하지 못한 것은?
① 간단한 스타일로 순수하게 대화식으로 질문한다.
② 시간의 자연적 흐름에 유의한다.
③ 질문에 대답 못하더라도 답할 때까지 기다린다.
④ 말의 간격을 적절히 조정한다.

【문제 42】 학습동기를 유발하는 질문의 조건 중 부적합한 것은?
① 질문의 내용은 명확하고 간결해야 한다.
② 교육을 받는 사람의 능력과 지식에 맞는 것을 선정한다.
③ 한 가지 질문으로 두 개 이상의 답을 요구한다.
④ 질문은 교육목적에 부합되는 것이 좋다.

【문제 43】 효과적인 질문방법의 모형이다. 잘못된 것은?
① 교육을 받는 모든 사람을 향하여 질문하고 반응을 보인 사람에게 대답시킨다.
② 질문에 반응을 보이지 않는 경우에는 조금 사이를 두고 특정인을 지명한다.
③ 지명해서 대답시킬 때에는 고르게 지명한다.
④ 지명해서 대답시킬 때에는 지명의 순서가 동일하도록 해야 한다.

【문제 44】 교육을 받는 사람들에게 질문할 때 유의해야 할 사항이다. 잘못된 것은?
① 자존심을 상하게 하는 언행을 삼가야 한다.
② 답변에 대하여 인정해야 한다.
③ 질문에 대하여 두려움을 갖게 한다.
④ 답변을 못한 경우라도 용기를 심어 주어야 한다.

【문제 45】 교육생의 질문에 대한 답변방법이다. 적절하지 못한 것은?
① 질문자만 보지 말고 전원이 듣도록 답한다.
② 한 사람의 질문으로 너무 긴 시간을 허비하지 않도록 한다.
③ 교육내용에 관계없거나 부적당한 질문도 답변해야 한다.
④ 교육을 받는 사람들이 정확하게 이해할 수 있도록 요점을 명확하게 답한다.

정답 【39】④ 【40】① 【41】③ 【42】③ 【43】④ 【44】③ 【45】③

【문제 46】 교재의 효과에 대한 설명이다 옳지 못한 것은?
① 정보의 입수는 강사의 설명을 들으면서 교재를 보고 지식으로 기억하게 된다.
② 사람의 기억은 75%가 시각에 의한 것이고 청각에 의한 것은 13%라고 한다.
③ 영상매체시대의 현대는 시청각교재가 교육에 커다란 비중을 차지하고 있다.
④ 시청각교재는 기본교재이며 학과교재는 보충교재로 볼 수 있다.

【문제 47】 교재가 가지는 교육적 의미를 설명한 것이다. 틀린 것은?
① 문자와 말 등과 같이 기호화된 것을 매체로 한 교육 자료이다.
② 시험문제를 풀고 해설하는데 중요한 의미를 두는 것이 교재이다.
③ 시각이나 청각에 의하여 교육과정의 의미와 내용을 파악하고 이해하게 된다.
④ 강사의 강의를 듣고 교재를 읽으면서 새로운 지식을 몸에 익히게 된다.

【문제 48】 기본교재와 시청각교재의 효과적인 활용방법에 대한 설명이다. 틀린 것은?
① 기본교재는 시청각교재에 종속한다.
② 시청각교재는 기본교재의 내용을 쉽게 이해하도록 보충하는 효과가 크다.
③ 시청각교재는 기본교재에서 표현할 수 없는 내용을 정확하게 표현하는 기능이 있다.
④ 기본교재만을 중요시하고 시청각교재를 소홀히 하면 교육효과가 떨어진다.

【문제 49】 강사가 효과적인 강의를 위하여 사례 등을 활용하는 방법이다. 틀린 것은?
① 시청각교재 등을 사용하여 시각에 호소한다.
② 사례의 활용에 있어서 단순히 설명만으로 끝내는 것이 더욱 효과적이다.
③ 강의하는 강사의 경험담도 좋은 사례로 볼 수 있다.
④ 사실적인 사례는 수강생에게 강한 인상을 심어주는데 효과적이다.

【문제 50】 시청각교재가 교육과정에서 담당하는 역할이다. 옳지 못한 것은?
① 학습동기의 유발에 도움을 주고 학습활동을 적극적으로 하게 된다.
② 이해나 사고력을 촉진시키며 지식과 기능의 습득을 확실하게 한다.
③ 강사를 도와서 강의 능률을 높여준다.
④ 현대사회에서는 기본교재가 시청각교재에 종속한다.

【문제 51】 시청각교재를 활용함으로써 기대할 수 있는 효과이다. 아닌 것은?
① 기본교재의 내용을 쉽게 이해시킬 수 있다.
② 교재로서는 표현할 수 없는 내용을 정확하게 표현할 수 있다.
③ 시청각교재는 학습지도상 기여하는 역할과 기능이 기본교재보다 낮다.
④ 기본교재의 내용을 보충할 수 있는 효과를 지닌다.

【문제 52】 시청각 교재를 효과적으로 이용함에 따른 교육과정에서 역할이다. 틀린 것은?
① 학습동기 유발에 도움을 주지만 학습활동을 소극적으로 하게 한다.
② 학습상의 격차를 좁혀준다.
③ 이해나 사고력을 촉진시키며 지식이나 기능의 습득을 확실하게 한다.
④ 강사를 도와서 강의 능률을 높여준다.

정답 【46】④ 【47】② 【48】① 【49】② 【50】④ 【51】③ 【52】①

【문제 53】 시청각교육의 기자재로 볼 수 없는 것은?
① VTR, 슬라이드 ② 컬러복사기 ③ O.H.P ④ 영사기

【문제 54】 슬라이드 필름의 장점은?
① 연결성이 있어 교육효과가 높다. ② 흥미를 갖게 하여 주의력을 집중시킬 수 있다.
③ 동적인 것을 표현할 수 있다. ④ 노트사용이 편리하다.

【문제 55】 슬라이드 필름의 특성에 대한 설명이 아닌 것은?
① 교육을 받는 사람들에게 흥미를 갖게 하고 주의력을 집중시킨다.
② 교실의 조명을 어둡게 해야 하므로 노트 사용이 곤란할 수도 있다.
③ 자체적으로 제작하기가 가능하다.
④ 영상과 같이 동적인 표현을 할 수 있다.

【문제 56】 O.H.P(Over Head Project)의 특징이 아닌 것은?
① 투영기와 스크린의 거리가 짧아서 교육생과 대면하여 강의할 수 있다.
② 강의실을 어둡게 해야 하므로 노트 사용이 곤란하다.
③ 특별한 기술이나 많은 경비가 안 들고 자체 제작이 가능하다.
④ 필요한 내용을 자유롭게 기입·삭제하거나 겹쳐 사용할 수 있다.

【문제 57】 판서방법에 대한 설명으로 틀린 것은?
① 판서내용의 설명은 간결하면서 내용의 요점을 써야 한다.
② 글자 이외에 그림, 사진, 도표 등을 많이 이용하는 것이 좋다.
③ 교육을 받는 사람들에게 판서를 시키는 것은 좋지 못하다.
④ 판서는 어떤 내용을 흑판 어느 위치에 쓸 것인가 미리 계획한다.

【문제 58】 판서의 기능에 대한 설명이다. 아닌 것은?
① 시각에 호소하기 때문에 말보다 쉽게 이해할 수 있다.
② 지속성이 있기 때문에 시각적인 전후관계를 동일 평면상에 나타낼 수 있다.
③ 잔상의 작용으로 인상을 깊게 할 수 없다.
④ 손으로 쓰기 때문에 기억이 오래 지속된다.

【문제 59】 판서의 유형에 따른 구분이다. 아닌 것은?
① 판서의 내용에 따른 유형 : 문장형, 낱말나열형, 도식형 등
② 표시 형태에 따른 유형 : 병렬형, 대조형, 귀납형 등
③ 사용하는 용도에 따른 유형 : 제목제시형, 활동형, 정리형 등
④ 판서의 방법에 따른 유형 : 그림도식형, 구조화형, 내용형 등

【문제 60】 판서의 효과로 볼 수 없는 것은?
① 보유의 효과 ② 청각의 효과 ③ 가제의 효과 ④ 구성의 효과

정답 【53】② 【54】② 【55】④ 【56】② 【57】③ 【58】③ 【59】④ 【60】②

제8장
학과교육과정별 지도목표

제1절 전문학원 학과교육 지도목표

전문학원에서 학과교육을 실시하는 것은 다른 사람에게 폐를 끼치지 않고 도덕성과 준법성을 갖춘 안전운전자를 양성하는데 목적이 있으며, 이러한 목적을 달성하기 위하여 운전자로서 반드시 알아두어야 할 최소한의 법령과 지식을 [별표32](414쪽 참조) 전문학원의 운전면허의 종별교육과목 및 교육시간 등에 따라 제1종, 제2종 보통(연습)면허와 대형면허, 특수면허는 각각 3시간, 소형면허와 원동기장치자전거면허는 각각 5시간씩으로 규정되어 있으며 학과교육 내용은 다음과 같다.

> **해설**
> [별표32] 전문학원의 운전면허 종별 학과교육과목 및 교육시간 등(규칙제106조제1항)
> 1. 제1종·제2종 보통(연습)면허 : 3시간
> 2. 대형면허 및 대형견인차 및 구난차면허 : 3시간
> 3. 소형견인차면허 : 3시간
> 4. 소형면허, 원동기장치자전거면허 : 5시간

1 제1종·제2종 보통연습면허(3시간), 소형면허, 원동기장치자전거면허(5시간)의 학과교육 내용

(1) 교통사고 실태 및 인명존중
(2) 사각지대와 운전
(3) 인간의 능력과 차에 작용하는 자연의 힘
(4) 초보운전자의 교통사고 사례
(5) 야간운전
(6) 악천후 운전
(7) 교통사고 발생 시 조치
(8) 보험
(9) 안전운전 장치의 이해
(10) 고속주행 시 안전운전

2 제1종 대형면허(3시간)의 학과교육내용

(1) 대형자동차 운전 및 구조적 특징
(2) 교통사고 실태 및 인명존중
(3) 사각지대와 운전
(4) 인간의 능력과 차에 작용하는 자연의 힘

(5) 대형 교통사고 사례 (6) 야간운전

(7) 악천후 운전 (8) 교통사고 발생 시 조치

(9) 보험 (10) 안전운전 장치의 이해 등

3 제1종 특수면허 중(대형견인차 · 구난차)(3시간)의 학과교육 내용

(1) 견인차 및 구난차의 구조적 특징 (2) 교통사고 실태 및 인명존중

(3) 사각지대와 운전 (4) 인간의 능력과 차에 작용하는 자연의 힘

(5) 대형 교통사고 사례 (6) 야간운전

(7) 악천후 운전 (8) 교통사고 발생 시 조치

(9) 보험 (10) 안전운전 장치의 이해 등

4 소형견인차(3시간)의 학과교육 내용

차량견인시 주의사항, 견인차의 구조적 특징, 교통사고 실태 및 인명존중, 사각지대와 운전, 인간의 능력과 차에 작용하는 자연의 힘, 대형 교통사고사례, 야간운전, 악천후운전, 교통사고발생 시 조치, 보험, 안전운전 장치의 이해 등

제2절 전문학원의 학과교육 진행방법

자동차운전학원에는 강의실 1실당 학과강사 1명 이상을, 전문학원에는 1일 매 8시간당 학과강사 1명 이상을 배치하여야 하며 학과강사는 다음 기준에 따라 학과교육을 실시하여야 한다.

1 교육과목 및 교육시간

(1) 별표32의 운전면허의 종별 교육과목 · 교육시간(414쪽 참조)에 따라 교육하여야 한다.

(2) 교육시간은 50분을 1시간으로 하되, 1일 1명당 7시간을 초과하지 않아야 한다.

(3) 학과교육 · 장내기능교육 · 도로주행교육은 각각 3개월 이내에 수료하여야 한다.

(4) 응급처치 교육은 응급의학 관련 의료인이나 응급구조사 또는 응급처치에 관한 지식과 경험이 있는 강사로 하여금 실시토록 하여야 한다.

2 교육시간의 확보

(1) 강사가 갑작스러운 질병이나 기타 사정으로 교육 도중에 수업을 중단한 경우 해당시간

을 이어받아 교육을 실시한 강사가 교육생원부 및 수강증에 전자 서명하여야 한다.

(2) 교육생이 **교육시작 후 10분 이상 지각한 경우는** 그 시간에 대한 **교육은 받지 않은 것으로** 한다.

(3) 교육을 위한 강사의 기자재 준비시간 등은 교육시간으로 인정하여서는 아니 된다.

3 교육기자재 등 사전 교육준비

(1) 학과강사는 교육기자재, 교육내용, 교육방법 등을 고려하여 교육이 원활히 진행될 수 있도록 사전준비를 하여야 한다.

(2) 비디오, 영화 등 시청각교육은 **학과교육시간의 2분의 1 이하로** 하고 강사는 교육생의 질문을 유도하는 방식으로 교육하여야 한다.

(3) 전문학원의 교과서는 경찰청장의 감수를 받은 것으로 사용한다.

4 교육 실시방법

(1) 전문학원 원칙에 의하여 교육반을 편성하되, 교육내용이 동일한 경우에는 반별구분 없이 교육할 수 있다.

(2) 교육방법은 학과교육 과목 및 시간표에 의거 실시하되, 교육여건에 따라 교육단계 및 교육순서에 관계없이 교육할 수 있다.

(3) 의사, 간호사 등 인명구조원의 자격증을 소지한 사람은 응급처치 과목에 대한 교육을 이수한 것으로 본다.

(4) 학과강사는 교육을 받은 교육생에 대하여 본인여부를 매시간 확인 후 수강증과 교육생 원부에 날인하고 일일 교육실시사항을 학감에게 보고하여야 한다.

(5) 학과교육은 교통도덕과 교통법규 및 안전운전매너를 중심으로 교육하되 도로교통에 있어서 안전운전 할 수 있도록 인성을 변화시켜야 한다.

(6) 학과교육은 항상 기능교육과 밀접한 관계를 가지고 지식에서 기능으로, 기능에서 안전운전으로, 안전운전에서 질서를 지키는 습관으로, 인성과 결부시켜 인격으로 승화될 수 있도록 뚜렷한 목적의식을 가지고 반복교육을 실시하여 초보운전자의 기초를 확립토록 하여야한다.

(7) 학과강사는 자격증을 패용하고 교육에 임하여야 한다.

제8장 적중출제예상문제

【문제 1】 학과교육의 지도목표로서 가장 옳은 것은?
① 자동차의 구조 및 교통법령을 암기시키는 교육
② 도덕성과 준법성 및 안전운전에 필요한 지식을 기능교육과 연결시켜 교육
③ 기능시험에 합격한 사람에게 교통법령에 대한 지식의 교육
④ 운전면허시험에 합격시키기 위하여 학과시험출제예상문제에 대한 교육

【문제 2】 학과교육의 지도목표이다. 잘못된 것은?
① 다른 사람에게 폐를 끼치지 않는 안전운전자를 육성함에 있다.
② 자동차운전에 대한 이론을 바탕으로 기능교육과 연결시켜 이해시키는데 있다.
③ 교통사회인으로서의 도덕성과 준법성 및 종합적인 지식을 가르치는데 있다.
④ 자동차의 구조나 교통법령을 암기시켜 운전면허시험에 합격시키는데 있다.

【문제 3】 자동차운전전문학원의 운전면허 종별 학과교육시간이다. 틀린 것은?
① 제1종 대형면허, 견인 및 구난차면허는 3시간이다.
② 제1종 보통연습면허는 3시간이다.
③ 제2종 보통연습면허는 2시간이다.
④ 원동기장치자전거면허는 5시간이다.

【문제 4】 자동차운전전문학원의 학과교육 과목이다. 아닌 것은?
① 자동차 등 및 도로교통에 관한 법령에 관한 지식
② 교통법규에 따라 운전하는 능력
③ 자동차 등의 취급방법에 관한 지식
④ 자동차 등의 구조에 관한 지식

【문제 5】 학과교육과목 중 자동차 등 및 도로교통에 관한 법령의 지식에 속하시 않는 것은?
① 도로교통법 및 같은 법에 의한 명령에 규정된 사항
② 교통사고 처리특례법 및 같은법에 의한 명령에 규정된 사항
③ 자동차 관리법령 중 자동차 등의 등록과 검사에 관한 사항
④ 운전장치를 조작하는 능력에 관한 사항

【문제 6】 학과교육과목 중 자동차등의 구조 및 관리방법에 관한 지식에 속하지 않는 것은?
① 자동차 등의 구조에 관한 초보적인 지식
② 운전 중 지각 및 판단능력
③ 운전장치의 관리방법(유류절약 운전방법 등)
④ 자동차 등의 점검 및 고장 분별요령

정답 【1】② 【2】④ 【3】③ 【4】② 【5】④ 【6】②

【문제 7】 자동차운전면허시험의 학과시험 출제비율이다. 맞는 것은?
① 자동차 등 및 도로교통에 관한 법령 95%, 자동차 등의 관리 및 점검 5%
② 자동차 등 및 도로교통에 관한 법령 96%, 자동차 등의 관리 및 점검 4%
③ 자동차 등 및 도로교통에 관한 법령 92%, 자동차 등의 관리 및 점검 8%
④ 자동차 등 및 도로교통에 관한 법령 90%, 자동차 등의 관리 및 점검 10%

◎ 해설 학과시험문제의 출제비율(규칙제63조)
1. 자동차 등 및 도로교통에 관한 법령의 지식에 관한 사항 : 95%
2. 자동차 등의 관리방법 및 안전운전에 필요한 점검요령에 관한 사항 : 5%

【문제 8】 자동차운전면허시험 중 학과시험의 합격기준이다. 틀린 것은?
① 제1종 운전면허는 100점 만점에 70점 이상 득점 시 합격
② 제2종 운전면허는 100점 만점에 60점 이상 득점 시 합격
③ 원동기장치자전거면허는 100점 만점에 60점 이상 득점 시 합격
④ 제1종 및 제2종 면허 모두 100점 만점에 80점 이상 득점 시 합격

【문제 9】 자동차운전전문학원의 학과교육 실시방법이다. 옳지 못한 것은?
① 학과교육은 정원의 범위 안에서 실시하여야 한다.
② 교육생 1명에 대한 학과교육시간은 1일 7시간을 초과할 수 없다.
③ 보통(연습)면허의 학과교육시간은 6시간이다.
④ 학과 · 장내기능 · 도로주행교육을 각각 3개월 이내에 마쳐야 한다.

【문제 10】 학과교육 실시방법에 대한 설명이다. 잘못된 것은?
① 전문학원 원칙에 의하여 교육반을 편성하여 교육하여야 한다.
② 학과교육을 할 때 사용되는 교재는 경찰청장이 감수한 교재를 사용해야 된다.
③ 학과강사는 교육생원부 및 수강증에 수강사실을 확인 · 날인하여야 한다.
④ 의사, 간호사 등 인명구조자격증을 가진 사람도 응급처치 교육을 받아야 한다.

【문제 11】 자동차운전전문학원 학과강사의 학과교육 실시방법이다. 틀린 것은?
① 미리 교육계획을 작성하고 이에 의하여 교육을 실시하여야 한다.
② 강사는 교육 중 학과강사 자격증을 패용하여야 한다.
③ 교과서와 시청각 교재 등 교육교재를 활용하여 교육을 실시한다.
④ 응급처치 교육은 전문학원의 학과강사자격증이 있으면 누구든지 강의를 할 수 있다.

【문제 12】 자동차운전전문학원 학과강사가 교육을 할 때 시간 인정기준이다. 잘못된 것은?
① 강사의 질병 등 사정으로 수업을 중단한 때는 다른 강사가 승계하여 계속해야 한다.
② 교육생이 교육시작 후 10분 이상 지각한 때는 그 시간의 교육은 인정하지 않는다.
③ 비디오 등 시청각 교육은 교육시간의 3분의 1 이하로 한다.
④ 교육을 위한 강사의 기자재 준비시간은 교육시간으로 인정하지 않는다.

정답 【7】① 【8】④ 【9】③ 【10】④ 【11】④ 【12】③

【문제 13】 자동차운전전문학원 강사의 학과교육 실시방법이다. 틀린 것은?
① 의사, 간호사 등의 자격증을 가진 사람도 응급처치 교육을 받아야 한다.
② 강사는 교육실시 후 본인 여부를 확인하고 교육생원부와 수강증에 날인한다.
③ 응급처치 교육은 응급처치 교육을 받아 자격증을 소지한 사람이 교육을 하여야 한다.
④ 교육반은 원칙에 의거 편성하되 교육내용이 같으면 반별 구분 없이 교육을 할 수 있다.

【문제 14】 자동차운전전문학원의 학과교육에 대한 내용 중 잘못된 것은?
① 배운 지식을 실제행동에서 실천할 수 있도록 교육하여야 한다.
② 안전운전할 수 있도록 인성을 변화시키는 교육을 하여야 한다.
③ 전문학원의 학과교육은 운전면허시험에 합격위주로 실시되어야 한다.
④ 전문학원의 학과교육은 기능과 이론이 일체화되고 연계되는 교육이어야 한다.

【문제 15】 자동차운전전문학원의 학과교육강사 배치기준이다. 맞는 것은?
① 강의실 1실당 1명 이상
② 교육생 정원 160명당 1명 이상
③ 교육생 정원 200명당 1명 이상
④ 1일 학과교육 8시간당 1명 이상

정답 【13】① 【14】③ 【15】④

MEMO

특별부록
위험예측 그림문제

위험예측 그림문제 정답 고르기

「위험예측 그림문제」는 자동차 운전 중 발생하는 실제상황을 그림으로 제시한 것이다. 교통안전수칙 시험출제문제 중 「위험예측 그림문제」가 출제되고 있다. 이 그림문제는 운전 중 운전자의 종합대처능력을 측정하기 위한 것으로써 이러한 그림문제를 풀기 위해서는 그림과 [도로상황]을 보고 종합 판단하는 능력을 갖추어야 한다. 대체로 그림은 승용차 안 운전석에서 실제 도로상황을 보고 판단하는 것이다. 대체로 정답을 고르는 요령은 다음과 같다.

1 안전한 운전방법

(1) 안전거리를 유지하며 서행한다.
(2) 속도를 줄여 기다렸다가 진행한다.
(3) 보행자의 유무를 살피면서 서행하여 통과한다.
(4) 앞차가 갑자기 멈출 것을 고려하여 여유 있게 따라간다.
(5) 앞차와의 간격을 두고 천천히 좌회전한다.
(6) 브레이크를 나누어 밟아 점진적으로 멈춘다.

2 위험한 운전방법

(1) 가속하여 교차로를 통과한다.
(2) 다소 과격하게 그대로 통과한다.
(3) 앞차와의 간격을 좁혀서 진행한다.
(4) 경음기나 전조등으로 주의를 주면서 통과한다.
(5) 차선을 약간 침범하여 빠져나간다.
(6) 옆 차가 끼어들지 모르므로 가속하여 통과한다.

【문제 1】 시속 50km 상태로 황색점멸 신호가 있는 교차로를 접근 중이다. 교차로를 직진하려고 할 때 가장 올바른 운전방법은?

도로상황
- 차량 신호는 황색점멸
- 오른쪽 도로에 승용차(일시정지 상태)
- 전방 화물차 좌회전
- 후사경 속의 자동차

① 속도를 낮추어 서행하면서 트럭 앞과 도로 좌우의 상황을 살펴보며 안전하게 주행한다.
② 트럭 앞에서 반대 차로의 차가 좌회전해 들어올지 모르므로 오른쪽으로 재빠르게 교차로를 통과한다.
③ 오른쪽 교차로에 승용차는 일시정지해 있으므로 그대로 진행한다.
④ 신호가 황색점멸이므로 반드시 일시정지하여 안전을 확인한 다음 진행한다.

【문제 2】 터널 안을 주행 중이다. 이 상황에서 가장 적절하지 않은 운전방법은?

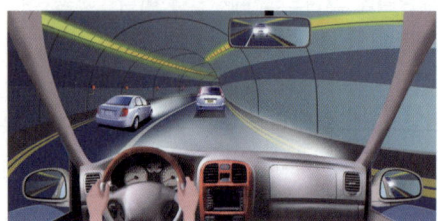

도로상황
- 편도 2차로 도로
- 차선은 백색 실선

① 터널 안에서 다른 차에 앞지르기를 유발하면 위험하므로 앞차와의 차간거리를 다소 좁힌다.
② 전조등을 켜서 전방을 잘 살펴보는 한편 자신의 위치도 파악한다.
③ 터널 안에서는 진로변경이 금지되어 있기 때문에 차로변경을 하지 않도록 한다.
④ 터널 안에서는 차간거리나 속도감각이 떨어지므로 특히 앞차의 제동등에 유의하며 주행한다.

【문제 3】 주택가 이면도로를 시속 30km로 주행 중이다. 골목길 끝에서 좌회전하려고 한다. 이 상황에서 가장 올바른 운전방법은?

도로상황
- 차로가 설치되지 않은 좁은 도로
- 주택가 이면도로의 어린이와 유아 통행

① 골목길 끝에서 차량이 좌회전해서 들어오면 보행자에 방해받아 내 방향으로 들어올 수 있으므로 다소 가속하여 골목길 끝에 먼저 다가선다.
② 다른 차는 없으므로 그대로 주행하여 골목길에서 멈춰선 다음 안전을 확인하며 좌회전한다.
③ 좌측에서 어린이와 유모차를 끄는 보행자가 다가오므로 차의 좌측으로부터 안전거리를 유지하며 서행한다.
④ 좌측에서 어린이와 유모차를 끄는 보행자가 다가오므로 경적을 울려 주의를 주면서 신속하게 통과한다.

정답 【1】① 【2】① 【3】③

【문제 4】 편도 2차로 도로를 주행 중 1차로가 공사 중에 있다. 왼쪽 앞차가 내 앞으로 차로를 변경하려 할 때 가장 올바른 운전방법은?

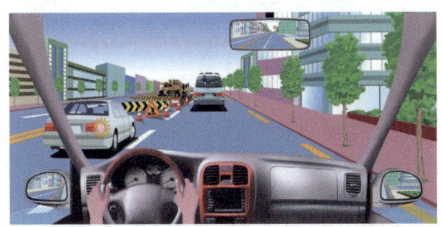

[도로상황]
- 1차로는 공사 중임
- 1차로의 차량이 끼어들려고 한다.

① 앞차와의 여유가 있으므로 가속하여 주행한다.
② 1차로의 차량이 끼어들지 못하므로 속도를 내어 주행한다.
③ 1차로의 차량이 끼어들지 모르므로 속도를 줄여서 주행한다.
④ 일시정지하여 끼어들 수 있도록 양보한 다음 뒤 따라 서행한다.

【문제 5】 한가한 주택가 도로를 시속 40km 속도로 주행 중 전방의 트럭이 속도를 줄이고 있다. 가장 올바른 운전방법은?

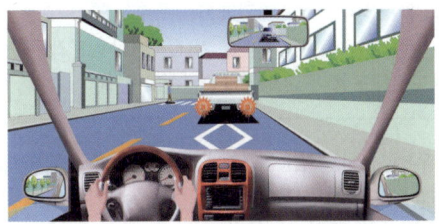

[도로상황]
- 중앙선은 황색 점선
- 횡단보도 예고 표시
- 후사경 속의 자동차

① 반대차로의 차량이 보이지 않으므로 그대로 속도를 내어 앞지르기한다.
② 트럭이 횡단보도 보행자 등으로 인하여 멈출지도 모르므로 속도를 줄인 다음 횡단보도를 통과한 후에 전방의 상황을 고려하여 앞지르기한다.
③ 트럭 전방상황을 확인할 수 없으므로 반대 차로에 걸쳐 주행하면서 이상이 없을 때 앞지르기한다.
④ 트럭이 오래 정지할 수 있고 뒤의 차도 앞지르기를 준비하므로 뒤의 차를 고려해 앞지르기한다.

【문제 6】 시속 30km 속도로 교차로에 접근 중 교차로 진입전 진행신호가 녹색등화에서 황색등화로 바뀌었을 때의 올바른 운전방법은?

[도로상황]
- 1차로는 공사 중임
- 1차로의 차량이 끼어들려고 한다.

① 황색신호이므로 정지선에 정확히 멈추기 위해서 급브레이크를 밟는다.
② 갑자기 서게 되면 후속차와의 추돌우려가 있으므로 그대로 교차로를 통과한다.
③ 황색신호라도 다소의 여유가 있으므로 가속하여 교차로를 통과한다.
④ 갑자기 정지하게 되면 후속차와 추돌할 수 있으므로 브레이크를 나누어서 밟아 점진적으로 멈춘다.

정답 【4】④ 【5】② 【6】④

【문제 7】 시내도로를 시속 40km로 주행하고 있다. 이 상황에서는 특히 주의해야 할 것은?

[도로상황]
- 우측 차로 전방에 주행하는 이륜차
- 여유있게 접근하는 특수차량
- 우측 차로 전방에 버스가 있음

① 버스 앞으로 무단 횡단할지도 모르는 보행자
② 우측 이륜차의 갑작스런 차로변경
③ 앞 승용차의 급정지
④ 버스의 갑작스런 출발

【문제 8】 농촌지역의 도로를 시속 40km의 속도로 주행하고 있다. ㅏ자형 교차로에서 직진하려고 할 경우 가장 올바른 운전방법은?

[도로상황]
- 편도 1차로 지방도로
- 신호기가 없는 ㅏ자형 교차로
- 반대방향 차는 좌회전 신호를 보내며 교차로에 접근 중
- 우측도로에도 차가 교차로에 접근하고 있다.

① 반대방향 차가 좌회전 신호를 보내지만 직진인 내쪽이 우선이므로 속도를 그대로 유지하며 진행한다.
② 좌회전차가 먼저 교차로에 진입해 좌회전할지 모르므로 경적, 전조등으로 주의를 주며 가속하여 진행한다.
③ 반대방향 차의 좌회전 또는 우측도로 차의 진입이 예상되므로 서행하며 교차로에 접근 후 다른 차의 상황을 보며 통과한다.
④ 신속하게 교차로에 접근하여 반대방향 차가 좌회전을 마친 후 즉시 진행한다.

【문제 9】 교외 지방도로를 시속 60km로 진행 중이다. 뒤에서 트럭이 앞지르기하려고 한다. 가장 올바른 운전방법은?

[도로상황]
- 편도 1차로 지방도로
- 내차 뒤에서 트럭이 진행
- 반대편 전방 50m 거리에서 승용차가 접근 중

① 뒤차가 앞지르게 하기에는 위험한 상황이므로 가속하여 앞지르기를 막는다.
② 뒤차가 앞지르게 하기에는 위험한 상황이므로 현재의 속도로 주행하다가 반대편 차가 진행하면 속도를 낮춰 앞지르게 한다.
③ 그대로 진행하면 위험상황이므로 브레이크를 밟아 급히 감속하여 뒤차가 앞으로 들어올 수 있도록 한다.
④ 신속히 브레이크를 밟아 감속하면서 차를 길 가장자리로 붙여 뒤차가 앞으로 빠져 나갈 수 있도록 한다.

정답 【7】② 【8】③ 【9】②

【문제 10】 신호기가 설치되지 않는 교차로에서 우회전하고자 한다. 가장 올바른 운전방법은?

｛도로상황｝
- 우회전하려는 전방의 트럭
- 후사경 속의 이륜차
- 우회전 방향에 횡단 보행자

① 우회전 시 오른쪽 뒤에서 다가오는 이륜차와 접촉사고의 위험이 있으므로 이륜차를 먼저 보내고 우회전한다.
② 전방의 트럭이 횡단보도 앞에서 갑자기 멈출 수 있으므로 앞차와 보행자 움직임에 주의하면서 서행으로 우회전한다.
③ 우회전 시 뒤에서 오는 이륜차가 통과하면 말려들 위험이 있으므로 통과하지 못하도록 보도와의 간격을 좁히면서 우회전한다.
④ 우회전하는 전방 트럭만 주시하면서 뒤따라 우회전한다.

【문제 11】 일방통행로를 주행하고 있다. 동승자를 내려주기 위해 잠시 정차하려고 한다. 가장 올바른 운전방법은?

｛도로상황｝
- 일방통행로
- 전·후방의 주차된 차량
- 후사경 속의 승용차

① 교차로 밖에 공간이 없으므로 인도에 걸쳐 정차한다.
② 이 부근은 주·정차 금지 장소이므로 정차할 수 있는 곳을 찾아 정차한다.
③ 좌측 후방의 주차차량 바로 앞에 후진하여 정차한다.
④ 전방의 인도에 주차한 차량 부근에 정차한다.

【문제 12】 교외 도로를 시속 60km 속도로 진행 중 급커브길에 접근해야 할 경우 올바른 운전방법은?

｛도로상황｝
- 좌로 굽은 편도 1차로 도로
- 후사경 속의 승용차

① 마주오는 차가 없으므로 현 주행속도 그대로 주행한다.
② 마주오는 차가 중앙선을 넘어 올 수 있으므로 경음기를 울려 주의시키며 그대로의 속도로 주행한다.
③ 커브를 다 통과하기 전에 커브 레일에 부딪칠 수 있으므로 중앙선에 붙여 주행한다.
④ 시야확보가 어렵고 커브 앞쪽의 상황을 알 수 없으므로 속도를 줄이고 다소 우측으로 붙여 주행한다.

정답 【10】② 【11】② 【12】④

【문제 13】 교차로의 직진·좌회전 신호에서 앞차를 따라 좌회전하려고 한다. 가장 올바른 운전 방법은?

도로상황
- 좌회전 봉고 및 직진 승용차
- 후사경(룸미러) 속의 후속차량

① 앞차량의 전방 교통상황을 볼 수 없기 때문에 좌측 안쪽으로 빠져 시야를 확보하면서 천천히 좌회전한다.
② 앞차량의 전방 교통상황을 볼 수 없기 때문에 앞차와의 간격을 다소 벌려 시야를 확보하면서 천천히 좌회전한다.
③ 앞차량의 교통상황을 볼 수 없기 때문에 바깥쪽으로 빠져나가 시야를 확보하면서 천천히 좌회전한다.
④ 뒤차량도 좌회전하고자 하므로 앞차에 붙여 신속히 좌회전한다.

【문제 14】 정체 중인 교차로에 접근중이다. 가장 올바른 운전방법은?

도로상황
- 차량 신호는 녹색
- 편도 3차로 도로의 2차로를 주행 중
- 후사경 속의 다소 멀리 보이는 후속차

① 전방에 우회전 차량이 계속 밀고 들어오고 있으므로 우선권 확보를 위해 재빨리 교차로에 진입한다.
② 보행자도 차도에 내려선 것으로 보아 신호가 바뀔 무렵이므로 재빨리 교차로에 진입한다.
③ 전방의 교차로가 정체 중이므로 녹색신호라 하더라도 정지선에서 기다리면서 상황을 보아 진입한다.
④ 전방의 교차로가 정체 중이므로 녹색신호라 하더라도 횡단보도를 통과해서 멈춘 후 상황을 보아 진입한다.

【문제 15】 시속 25km로 신호등이 없는 횡단보도에 접근하고 있다. 가장 올바른 방법은?

도로상황
- 신호등이 없는 횡단보도를 횡단하는 보행자
- 후사경 속의 자동차

① 보행자의 움직임에 주의하면서 서행으로 통과한다.
② 보행자와의 사이에는 여유가 있으므로 그대로 통과한다.
③ 일시정지하여 보행자가 횡단한 후 통과한다.
④ 경적으로 주의를 주면서 가속하여 통과한다.

정답 【13】② 【14】③ 【15】③

도로표지 판의 종류

[크라운출판사 제공]

비도시지역의 도로

도시지역의 도로

고속국도

MEMO

MEMO

크라운출판사 도서 안내

운전면허 필기시험문제

정가 13,000원

기능강사 필기시험 총정리문제
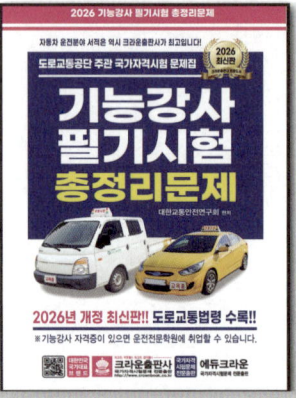
정가 16,000원

운전면허시험 제1,2종 보통면허 합격출제문제

정가 12,000원

한번에 끝내주기 택시운전자격시험총정리문제 대구·경북·강원

정가 13,000원

한번에 끝내주기 택시운전자격시험총정리문제 광주·전라·제주

정가 13,000원

한번에 끝내주기 택시운전자격시험총정리문제 대전·충남·충북

정가 13,000원

크라운출판사 도서 안내

1일이면 합격! 끝내주는! 화물운송종사 자격시험문제
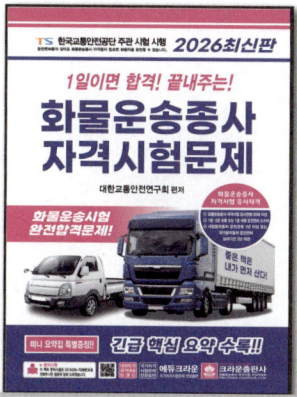
정가 13,000원

완전합격 화물운송종사 자격시험 총정리문제

정가 16,000원

1일이면 합격! 끝내주는! 버스운전 자격시험출제문제

정가 15,000원

완전합격 버스운전 자격시험문제

정가 13,000원

한번에 끝내주기 택시운전 자격시험 총정리문제 서울·경기·인천

정가 13,000원

한번에 끝내주기 택시운전 자격시험 총정리문제 부산·울산·경남

정가 13,000원

※ 가격은 변경될 수 있으며, 크라운출판사 홈페이지를 참고하시기 바랍니다.

기능검정원·기능/학과강사 필기시험 출제예상문제

발 행 일	2026년 1월 10일 개정17판 1쇄 인쇄
	2026년 1월 20일 개정17판 1쇄 발행
저 자	대한교통안전연구회
발 행 처	크라운출판사 http://www.crownbook.co.kr
발 행 인	李尙原
신고번호	제 300-2007-143호
주 소	서울시 종로구 율곡로13길 21
공 급 처	(02) 765-4787, 1566-5937
전 화	(02) 745-0311~3
팩 스	(02) 743-2688, 02) 741-3231
홈페이지	www.crownbook.co.kr
I S B N	978-89-406-4995-4/ 13550

판권
본사
소유

특별판매정가 36,000원

이 도서의 판권은 크라운출판사에 있으며, 수록된 내용은 무단으로 복제, 변형하여 사용할 수 없습니다.
Copyright CROWN, ⓒ 2025 Printed in Korea

이 도서의 문의를 편집부(02-6430-7007)로 연락주시면 친절하게 응답해 드립니다.